Struktur und Reaktivität der Biomoleküle

Eine Einführung in die Organische Chemie

WILEY-VCH

Struktur und Reaktivität der Biomoleküle

Eine Einführung in die Organische Chemie

Albert Gossauer

Verlag Helvetica Chimica Acta · Zürich

Prof. Dr. Albert Gossauer
Chemiedepartement
Universität Freiburg Schweiz

E-Mail: albert.gossauer@unifr.ch

Das vorliegende Werk wurde sorgfältig erarbeitet und hergestellt. Dennoch übernehmen Autor und Verlag für die Richtigkeit von Angaben, Hinweisen und Ratschlägen sowie für eventuelle Druckfehler keine Haftung.

Lektorat: Thomas Kolitzus, Dr. M. Volkan Kisakürek
Produktionsverantwortlicher: Bernhard Rügemer
Einbandgestaltung: Jürg Riedweg

Zum Titelbild:

Das Meer, in dem das Leben seinen Ursprung fand, beherbergt zahlreiche Lebensformen, deren Vielfalt noch immer nur erahnt werden kann. Die Leuchtqualle *Aequorea victoria* kommt im Pazifischen Ozean im Bereich der Nordamerikanischen Küste von Kalifornien bis Vancouver reichlich vor. Um den Seitenrand ihres Glockenkörpers, dessen Durchmesser 8 – 20 cm betragen kann, befinden sich die lichterzeugenden Organe (Photozyten), die ein blaugrünes Licht ausstrahlen. Die *blaue* Biolumineszenz wird durch ein Protein (Aequorin) erzeugt, welches das Luciferin *Coelenterazin* als prosthetische Gruppe enthält. Letzteres wird durch Aufnahme von Sauerstoff 'aktiviert' und zerfällt in Gegenwart von Ca^{2+}-Ionen in das Apoprotein (Apoaequorin), Coelenteramid und CO_2. Aequorin kann dann aus dem Apoprotein und Coelenterazin regeneriert werden. In den nativen Photozyten wird die Farbnuance der Lumineszenz durch das so genannte Grün Fluoreszierende Protein (GFP) bewirkt, welches das blaue Licht der Biolumineszenz absorbiert und grünes Licht (λ_{max} = 510 nm) emittiert. Wegen der ionenabhängigen Lichtemission wird Aequorin seit 1970 als Lumineszenzindikator für Ca^{2+}-Ionen in der Zellphysiologie verwendet. In der Molekularbiologie andererseits findet das GFP als Lumineszenzsonde zum Studium der Genexpression, Proteinlokalisierung sowie zahlreicher anderer metabolischer Prozesse Anwendung.

Die Deutsche Bibliothek – CIP-Einheitsaufnahme
Ein Titeldatensatz für diese Publikation ist bei der Deutschen Bibliothek erhältlich

ISBN-10 3-906390-29-2
ISBN-13 978-3-906390-29-1

© Verlag Helvetica Chimica Acta AG, Postfach, CH-8042 Zürich, Schweiz, 2006

Alle Rechte, insbesondere die der Übersetzung in andere Sprachen, vorbehalten. Kein Teil dieses Buches darf ohne die schriftliche Genehmigung der Verlages in irgendeiner Form (durch Fotokopie, Mikrofilm oder ein anderes Verfahren) reproduziert oder in eine von Maschinen (insbesondere von Datenverarbeitungsgeräten) verwendbare Sprache übertragen oder übersetzt werden. Die Wiedergabe von Warenbezeichnungen, Handelsnamen oder sonstigen Kennzeichen in diesem Buch berechtigt nicht zur Annahme, dass diese frei benutzt werden dürfen. Vielmehr kann es sich auch dann um eingetragene Marken oder sonstige gesetzlich geschützte Kennzeichen handeln, wenn diese nicht eigens als solche ausgewiesen sind.

All rights reserved, including those of translation into other languages. No part of this book may be reproduced in any form (by photoprinting, microfilm, or any other means), nor transmitted into a machine language, without the written permission of the publishers. Registered names, trademarks, etc. used in this book, even when not specifically marked as such, are not to be considered unprotected by law.

Druck: Konrad Triltsch, Print und digitale Medien, D-97199 Ochsenfurt-Hohestadt
Gedruckt auf säurefreiem, chlorarm gebleichtem Papier
Printed in Germany

Den Ärztinnen und Ärzten, die in den Jahren 1982 bis 1989 und
1992 bis 2003 ihr Medizinstudium an der Universität Fribourg
begannen.

*Mache es dir zur Regel, zu jeder neuen Idee ja zu sagen. Denke nur
an alles, was für sie spricht. Du wirst dann Leute genug treffen, die
dir auseinandersetzten, weshalb sie nichts taugt.*

Han You (768–824)

Vorwort

Was ist Leben? Keine andere Frage hat die menschliche Phantasie aller Kulturen und Zeiten in höherem Maße inspiriert als diese; und doch gibt es keine Antwort darauf, die Philosophen, Künstler und Naturwissenschaftler gleichermaßen befriedigen kann. Nichtsdestoweniger stellt ohne Zweifel das von der Molekularbiologie im vergangenen 20. Jahrhundert errungene Verständnis der Mechanismen der Prozesse, die sich in lebenden Organismen abspielen, die größte Leistung des menschlichen Intellekts überhaupt dar.

Im gleichen Zeitraum entwickelte sich ebenfalls die Chemie zu einer Wissenschaft, deren Hauptzielsetzung nach wie vor die Synthese immer komplexerer Moleküle ist. In der Tat befasste sich das Teilgebiet der *organischen* Chemie in seiner früheren Entwicklung im 19. Jahrhundert ausschließlich mit jenen Stoffen, die in den *Organen* der Lebewesen erzeugt werden. Für die Aufklärung ihrer Strukturen, d.h. der räumlichen Anordnung ihrer konstituierenden Atome, standen damals kaum analytische Methoden zur Verfügung, so dass der Beweis für jene vorgeschlagene Struktur, die sich schließlich als die richtige erweisen sollte, durch die chemische Synthese einer mit dem Naturstoff in allen seinen makroskopisch feststellbaren Eigenschaften identischen Substanz erbracht werden musste. Die im Zuge dieser Zielsetzung entwickelte Methodik erlaubte nach und nach auch die Synthese von Stoffen, die nie zuvor in der Natur als Bestandteile lebender Organismen gefunden worden waren, beispielsweise die erstmals von *William Henry Perkin* (1838–1907) und *Peter Grieß* (1829–1888) aus Anilin hergestellten künstlichen Farbstoffe sowie die später von *Leo Hendrik Baeckeland* (1863–1944) und *Hermann Staudinger* (1881–1965) für die industrielle Produktion zugänglich gemachten polymeren Kunststoffe. Die von *Grieß* entdeckten Azo-Farbstoffe wurden wenige Jahre später vom berühmten Arzt und Chemiker *Paul Ehrlich* (1854–1915), dem Gründer der modernen Chemotherapie, für die gezielte Bekämpfung von Krankheitserregern eingesetzt. Die sozialen, wirtschaftlichen und wissenschaftlichen Auswirkungen dieser Errungenschaften der (organischen) Chemie, welche zur Hegemonie der Industrieländer im 20. Jahrhundert und zum damit verbundenen Wohlstand unserer Gesellschaft wesentlich beigetragen haben, sind daran zu erkennen, dass *ca.* 70% des Produktionswertes der chemischen Industrie die Herstellung von Pharmaka, Kunststoffen und synthetischen Farbstoffen repräsentiert.

Andererseits vollzog sich bereits sehr früh eine Trennung zwischen der 'Organischen Chemie', die sich hauptsächlich auf die Untersuchung der so genannten – meist niedermolekularen – sekundären Metabolite konzentrierte, und jener Wissenschaft (anfänglich physiologische Chemie genannt), welche die Grundlagen der modernen Biochemie stellen sollte, indem sie sich die Strukturaufklärung der primären Metabolite – Nucleinsäuren, Proteine, Polysaccharide und Lipide – zum Ziel setzte. So entfaltete sich die Chemie der Naturstoffe (Farb- und Duftstoffe, Hormone, Vitamine, Toxine, u. a.), deren Herstellung im Laboratorium zugleich als Quelle größerer Mengen schwer zugänglicher physiologisch aktiver Substanzen und als Beweis für die atomare Struktur der betreffenden Moleküle diente, als eine hauptsächlich synthetisch orientierte Wissenschaft, während sich die physiologische Chemie eher der Analyse jener Stoffe (insbesondere der Proteine und der Nucleinsäuren) widmete, deren Strukturen zur damaligen Zeit zu komplex waren (und z. T. noch sind), um synthetisch hergestellt werden zu können. Die hauptsächlich von *Johann Friedrich Miescher* (1811–1887), *Ernst Felix Hoppe-Seyler* (1825–1895), *Albrecht Kossel* (1853–1927) und *Phoebus Aaron Levene* (1869–1940) durchgeführten bahnbrechenden Arbeiten über die Struktur und Funktion der Nucleinsäuren schafften die Voraussetzung für die Aufklärung der Protein-Biosynthese, die sich in der zweiten Hälfte des 20. Jahrhunderts vollzog. Die Tatsache, dass an dieser Errungenschaft auch Chemiker wie *Emil Fischer* (1852–1919), dessen gigantisches Werk die Grundlage für sämtliche späteren Arbeiten über Kohlenhydrate, Proteine und Purin-Derivate darstellt, von Anfang an beteiligt waren, bekundet, dass die divergenten Entwicklungen der organischen und der physiologischen Chemie, Letztere als Vorläufer der gegenwärtigen Molekularbiologie, eher in der unterschiedlichen Methodik beider Disziplinen als in deren Fragestellung begründet waren.

Die seit Anfang der dreißiger Jahre des 20. Jahrhunderts vollzogene Entwicklung von analytischen – vornehmlich physikalischen – Methoden, die nicht auf der Quantifizierung von makroskopischen Beobachtungen, sondern auf der Wechselwirkung elektromagnetischer Strahlung mit den konstitutiven Bestandteilen der Moleküle beruhen, ermöglichte die Aufklärung bzw. Verifizierung der Strukturen immer komplexerer sowohl natürlicher als auch synthetischer Stoffe, deren Aufbau z. T. der Phantasie des Chemikers entsprang. Im selben Schritt wurden neue Verbindungsklassen bekannt, wobei die von *François Auguste Victor Grignard* (1871–1935) und *Henry Gilman* (1893–1986) entwickelten metallorganischen Verbindungen zukunftsweisend waren, sowie neue synthetische Methoden erfunden, welche die organische Chemie, deren Zielsetzung längst nicht mehr etymologisch zu verstehen war, fast unbegrenzte Möglichkeiten zur Bildung beliebiger Molekülstrukturen boten. Mit Recht kann man heute behaupten, dass die Zugänglichkeit eines Stoffes auf synthetischem Wege nur noch von der richtigen Wahl der Reaktionsbedingungen ... und der Geschicklichkeit des Experimentators abhängt, was auch bedeutet, dass die Chemie trotz der bedeutenden Fortschritte theoretischer Ansätze ihren grundsätzlich empirischen Charakter beibehalten hat.

Im Laufe der vorstehend erläuterten Entwicklung des Fachgebietes der organischen Chemie sind seine Grenzen zu anderen Disziplinen der Naturwissenschaften – falls sie je bestanden haben – unschärfer geworden, eine Tatsache, die in einer gegenüber der Chemie kritisch eingestellten Gesellschaft die Gefahr eines Identitätsverlustes in sich birgt. Wie die anorganische Chemie hat sich auch die organische Chemie in zwei Hauptrichtungen entwickelt: jene einer der Physik nahe stehenden Materialwissenschaft, welche die Synthese neuer Stoffe mit verbesserten oder gar neuen Eigenschaften anstrebt, wobei sie oft durch in der Natur vorkommende operationelle Systeme inspiriert wird, und jene einer 'Biowissenschaft', deren Vielfalt von Anwendungen im Zusammenwirken mit der Zellbiologie das 21. Jahrhundert insbesondere im Bereich der Medizin als das Jahrhundert der Biologie erscheinen lässt.

Die erfolgreiche Zusammenarbeit von Spezialisten auf verschiedenen Fachgebieten erfordert jedoch eine erhöhte Bereitschaft zum jeweiligen Verständnis anderer Disziplinen. Das vorliegende Lehrbuch stellt einen Versuch dar, die von führenden Vertretern der chemischen Industrie vermehrt geforderte Kommunikation zwischen Biologen und Chemikern zu fördern. Sein Konzept lässt sich folgendermaßen zusammenfassen: Die Mechanismen chemischer Reaktionen und zwar nur jener, die im Zellmetabolismus relevant sind, werden am Beispiel einfacher Reaktionen der organischen Chemie erläutert. Innerhalb der einzelnen Abschnitte des Haupttextes beschreiben *petit*-geschriebene Absätze biologisch relevante Stoffe oder enzymatische Reaktionen, die mit dem Vorhergehenden in engem Zusammenhang stehen. Der wichtige didaktische Grundsatz, keine Begriffe zu verwenden, die nicht vorher definiert worden sind, wurde zwar im Haupttext befolgt, er konnte aber wegen der vordergründigen Stellung der chemischen Zusammenhänge in den *petit*-geschriebenen Abschnitten nicht eingehalten werden. Dem Leser wird daher der Inhalt dieser Abschnitte beim zweiten Durchlesen des Buches besser verständlich. Darüber hinaus werden im Haupttext die Grundlagen der Struktur (einschließlich Nomenklatur und Etymologie fachlicher Begriffe) und Reaktivität organischer Moleküle in dem Umfang beschrieben, der in einem modernen Grundkurs in organischer Chemie an der Universität üblich ist.

Auf eine Einführung in die Theorie der Molekülorbitale, wie sie in den gängigen Lehrbüchern der organischen Chemie durchaus üblich ist, wurde jedoch verzichtet. Der Autor schließt sich damit der Kritik des berühmten Chemikers *Linus Pauling* am didaktischen Nutzen der Theorie der Molekülorbitale für das Verständnis der experimentellen Grundlagen der Chemie an (s. H. A. Bent, 'Should orbitals be X-rated in beginning chemistry courses?', *J. Chem. Educ.* **1984**, *61*, 421–422). Gegenüber der zwar viel aussagekräftigeren dafür aber weniger anschaulichen Methode der Molekülorbitale besteht der didaktische Vorzug der mittlerweile 'außer Mode' geratenen Methode der Valenzelektronen (sog. VB-Methode) und deren Zentralpostulat der Mesomerie, die Anfang der dreißiger Jahre des 20. Jahrhunderts von *R. Robinson* (1932), *C. K. Ingold* (1933), *L. Pauling* (1933), *G. W. Wheland* (1935) u. a. entwickelt wurden, darin, chemische Reaktionen, die allgemein als Bruch und Bildung chemischer Bindungen zwischen den Atomen verstanden werden, als 'Verlagerungen' von Elektronen darzustellen, ein heute noch in der organischen Chemie üblicher Formalismus, der zwar nicht als 'physikalische Realität' sondern als Interpretation der Struktur der Moleküle aufzufassen ist. Mit dem Einzug der Quantenmechanik in die Chemie durch die Beiträge von *E. Hückel* (1937), *C. A. Coulson* (1939), *H. C. Longuet-Higgins* (1947), *R. S. Mulliken* (1949) u. a. gelang es zwar die physikalischen und chemischen Eigenschaften organischer Moleküle *quantitativ* zu erfassen, ja sogar ihre Parameter ausgehend von wenigen Postulaten zu berechnen, musste man aber folgerichtig auf eine Darstellung der Elektronen – insbesondere bei Molekülen mit delokalisierten Bindungen in angeregten Zuständen – als lokalisierte Materialteilchen verzichten. Für ein *qualitatives* Verständnis der Struktur und Reaktivität organischer Moleküle ist dagegen – von wenigen Ausnahmen abgesehen – die Methode der Valenzelektronen völlig ausreichend, und zwar nach dem Leitspruch: 'man rechnet mit der MO-Methode, man spricht aber die VB-Sprache!' (*J. A. A. Ketelaar*, 1958).

Im Gegensatz zu Lehrbüchern der Biochemie berücksichtigt die vorliegende Abhandlung sowohl primäre Metabolite (einschließlich ihrer präbiotischen Bildung) als auch wichtige Naturstoffe. Bei der Auswahl der angegebenen Beispiele für Natur- und Kunstprodukte war es maßgebend, einen Einblick in die Vielfalt der Stoffe zu vermitteln, die den Alltag der modernen Gesellschaft gestalten, um das Interesse für ein über den Rahmen des Lehrbuches hinausgehendes Studium der Chemie biologischer Prozesse zu wecken. Ferner werden anhand von mehr als hundert Lebenswerken berühmter Wissenschaftler die geschichtlichen Zusammenhänge aufgezeichnet, die das 20. Jahrhundert als die Epoche der großen Errungenschaften der modernen Chemie und Physik charakterisieren. Der Titel des Buches soll darauf hinweisen, dass im Gegensatz zu Monographien über *bioorganische* Chemie keine chemischen bzw. biomimetischen Synthesen von Naturstoffen Gegenstand seines Inhaltes sind.

Kommentare, Anregungen und die konstruktive Kritik der Leser dieses Lehrbuches sind jederzeit willkommen. Den Mitarbeitern meines damaligen Instituts für Organische Chemie, den Herren *Felix Fehr*, *Nicolas Hoyler* und *Fréddy Nydegger* möchte ich für die unentbehrliche technische Hilfe, die sie während der Entstehung des Manuskripts leisteten, besonders herzlich danken. Dem Leiter der Werkstatt der Chemischen Institute, Herrn *Alphonse Crottet*, danke ich für die sorgfältige Anfertigung der Modelle, deren Aufnahmen zur Illustration des Buches dienten. Mein besonderer Dank gebührt ebenfalls Herrn Prof. Dr. *Hans-Jürgen Hansen* (Institut für Organische Chemie der Universität Zürich) sowie Herrn *Thomas Kolitzus* (Verlag Helvetica Chimica Acta) für die wertvollen Hinweise, die ihre kritische und aufmerksame Begutachtung des gesamten Manuskripts hervorbrachte.

Albert Gossauer
Fribourg, im Juni 2006

Inhaltsverzeichnis

1. Einleitung   1

1.1.	Fachgebiet Organische Chemie	1
1.2.	Herkunft der Naturstoffe	2
1.3.	Klassifizierung der Naturstoffe	7
1.4.	Die kovalente Bindung	8
1.5.	Bindungsdissoziationsenergie	9
1.6.	Bindungspolarisierung: Elektronegativität	12
1.7.	Das Dipolmoment	14
1.8.	Intermolekulare Wechselwirkungen	16
1.9.	Die *van-der-Waals*-Kräfte	17
1.10.	Der Mechanismus chemischer Reaktionen	18
1.11.	Die Kinetik chemischer Reaktionen	21
1.12.	'Stabile' und reaktive Moleküle	29
1.13.	Die Gestalt der Moleküle	32
1.14.	Isomerie	36
1.15.	Die funktionelle Gruppe	38
1.16.	Nomenklatur der organischen Verbindungen	39
	Weiterführende Literatur	40
	Übungsaufgaben	40

2. Alkane   41

2.1.	Kohlenwasserstoffe	41
2.2.	Ursprung des Erdöls	42
2.3.	Isomerie der Alkane	43
2.4.	Nomenklatur der Kohlenwasserstoffe	44
2.5.	Methan	45
2.6.	Struktur des Methan-Moleküls	46
2.7.	Chiralität	48
2.8.	Chiralität und Symmetrie	49
2.9.	Optische Aktivität	54
2.10.	Spezifikation der Chiralität	58
2.11.	Diastereoisomere	61
2.12.	Experimentelle Bestimmung von Bindungsenergien	65

2.13.	Bestimmung der Summenformel organischer Verbindungen	68
2.14.	Mechanismus der Verbrennung: Die radikalische Substitution	70
2.15.	Der Übergangskomplex chemischer Reaktionen	72
2.16.	Atmung	74
2.17.	Enzymatische Oxidation von Alkanen	79
2.18.	Ethan	83
2.19.	Konformationsisomere	84
2.20.	Butan	86
2.21.	Cycloalkane	87
2.22.	Cyclohexan	90
2.23.	Alkylcyclohexane	92
2.24.	Polycyclische Alkane	94
2.25.	Nomenklatur der Polycycloalkane	96
	Weiterführende Literatur	97
	Übungsaufgaben	97

3. Ungesättigte Kohlenwasserstoffe 99

3.1.	Alkene	99
3.2.	Ethylen	99
3.3.	π-Konformere: (Z/E)-Isomerie	102
3.4.	Reaktivität der Alkene	102
3.5.	Die katalytische Hydrierung	103
3.6.	Stereoselektivität der katalytischen Hydrierung	104
3.7.	Stereospezifität	106
3.8.	Die elektrophile Addition	108
3.9.	Regioselektivität der elektrophilen Addition: Die *Markownikow*-Regel	110
3.10.	Prochiralität	111
3.11.	Polymerisation	113
3.12.	Konjugierte Alkene	117
3.13.	Mesomerie	117
3.14.	Resonanz-Energie	119
3.15.	1,4-Addition	120
3.16.	*Diels–Alder*-Reaktion	121
3.17.	Die allylische Bindung	121
3.18.	Sigmatrope Umlagerungen	122
3.19.	Terpene	124
3.20.	Signalstoffe	133
3.21.	Farbstoffe	135
3.22.	Carotinoide	138
3.23.	Reaktivität photochemisch angeregter Moleküle	141
3.24.	Elektrocyclische Reaktionen	143
3.25.	Autoxidation	144

3.26.	Cycloalkene	149
3.27.	Allene und Alkine	152
	Weiterführende Literatur	156
	Übungsaufgaben	157

4. Aromatische Kohlenwasserstoffe 159

4.1.	Aromatizität	159
4.2.	Polycyclische Aromaten	164
4.3.	Valenzisomere	167
4.4.	Elektrophile aromatische Substitution	168
4.5.	Der induktive Effekt	170
4.6.	Pericyclische Reaktionen	172
4.7.	Biogenese der Benzol-Derivate	173
	Weiterführende Literatur	174
	Übungsaufgaben	174

5. Alkohole, Phenole und ihre Derivate 175

5.1.	Nomenklatur der Alkohole	175
5.2.	Biosynthese der Alkohole	176
5.3.	Polyalkohole	178
5.4.	Reaktivität der Alkohole	179
5.5.	H-Brücken-Bindung	180
5.6.	Acidität der Alkohole	181
5.7.	Polare und apolare Lösungsmittel	183
5.8.	Phenole	183
5.9.	Reaktivität der Phenole: Der mesomere Effekt	185
5.10.	Oxidationszahl von C-Atomen	189
5.11.	Oxidation der Alkohole	190
5.12.	Oxidation der Phenole	191
5.13.	Die S_N2-Reaktion	194
5.14.	Intermolekulare Dehydratisierung von Alkoholen: Ether-Bildung	196
5.15.	Monomolekulare nucleophile Substitution (S_N1-Reaktion)	197
5.16.	Die *Walden*'sche Umkehrung	200
5.17.	Die S_N1'-Reaktion	201
5.18.	Reaktivität der Carbenium-Ionen	202
5.19.	Dehydratisierung von Alkoholen	203
5.20.	Regioselektivität der $E1$-Reaktion	204
5.21.	*Wagner–Meerwein*-Umlagerungen	205
5.22.	Pinakol-Umlagerung	208
5.23.	Ether	209

5.24.	Reaktivität der Ether	211
5.25.	Luftoxidation der Ether	212
5.26.	Oxonium-Salze	213
5.27.	Epoxide	214
5.28.	Steroide	220
	Weiterführende Literatur	223
	Übungsaufgaben	224

6. Thiole und ihre Derivate   227

6.1.	Thiole und Thioether	227
6.2.	Disulfide	229
6.3.	Redox-Reaktionen	230
6.4.	Sulfoxide und Sulfone	235
6.5.	Organische Schwefelsäuren	236
	Weiterführende Literatur	237
	Übungsaufgaben	237

7. Amine   239

7.1.	Nomenklatur der Amine	239
7.2.	Struktur der Amine	240
7.3.	Biogene Amine	241
7.4.	Hormone	245
7.5.	Alkaloide	248
7.6.	Reaktivität der Amine	250
7.7.	Basizität der Amine	250
7.8.	Nucleophilie der Amine	251
7.9.	Die *Hofmann*'sche Eliminierung	254
7.10.	Aromatische Amine	256
7.11.	Bildung von Diazonium-Ionen	257
7.12.	Synthetische Farbstoffe	258
7.13.	Chemotherapie	262
	Weiterführende Literatur	265
	Übungsaufgaben	266

8. Carbonyl-Verbindungen   269

8.1.	Die Carbonyl-Gruppe	269
8.2.	Steroid-Hormone	270
8.3.	Chinone	273
8.4.	Chinone im Zellmetabolismus	275
8.5.	Natürliche Farbstoffe	277

8.6.	Die Reaktivität der Carbonyl-Gruppe	279
8.7.	Die *Prins*-Reaktion	283
8.8.	Polymerisation der Aldehyde	284
8.9.	Die α-Ketol-Umlagerung	285
8.10.	Reaktivität der Aldehyde und Ketone	285
8.11.	Reduktion der Carbonyl-Gruppe	286
8.12.	Oxidation der Carbonyl-Gruppe	288
8.13.	Nucleophile Addition von Alkoholen: Acetal-Bildung	292
8.14.	Nucleophile Addition von Aminen: Imin-Bildung	295
8.15.	Reduktion der Imine	299
8.16.	(C–H)-Acide Verbindungen: Enolate	300
8.17.	Oxidation der Enolate	305
8.18.	Enol-ether: Die *Claisen*-Umlagerung	307
8.19.	Die Imin–Enamin-Tautomerie	308
8.20.	Die Aldol-Addition	310
8.21.	Das Vinylogie-Prinzip: *Michael*-Addition	313
8.22.	Cyanhydrine: Die Benzoin-Kondensation	315
8.23.	Kohlenhydrate	317
8.24.	Die *Fischer*'sche Spezifikation der Chiralität	318
8.25.	Struktur der Monosaccharide	322
8.26.	Konformationen der Zucker-Moleküle	327
8.27.	Nachweis von Sacchariden	327
8.28.	Präbiotische Bildung der Monosaccharide	329
8.29.	Metabolismus der Monosaccharide	333
8.30.	Zuckersäuren	335
8.31.	Disaccharide	338
8.32.	Glycoside	341
8.33.	Polysaccharide	342
	Weiterführende Literatur	350
	Übungsaufgaben	350

9. Carbonsäuren und ihre Derivate 353

9.1.	Nomenklatur der Carbonsäuren	353
9.2.	Acidität der Carbonsäuren	354
9.3.	Gesättigte Carbonsäuren	358
9.4.	Ungesättigte Carbonsäuren	359
9.5.	Hydroxy- und Oxocarbonsäuren	362
9.6.	Aminosäuren	370
9.7.	Nichtproteinogene Aminosäuren	374
9.8.	Biosynthese der Aminosäuren	374
9.9.	Metabolismus der Aminosäuren	379
9.10.	Aromatische Carbonsäuren	383
9.11.	Reaktivität der Carbonsäuren	386
9.12.	Säureanhydride	386

9.13.	Decarboxylierung	387
9.14.	Austausch der Sauerstoff-Atome	394
9.15.	Veresterung	395
9.16.	Lipide	398
9.17.	Reaktivität der Carbonsäure-ester	407
9.18.	Ester-Hydrolyse	407
9.19.	Umesterung	408
9.20.	Ester-Ammonolyse	409
9.21.	Esterenolate: Die *Claisen*-Kondensation	410
9.22.	Thiocarbonsäuren	413
9.23.	Metabolismus der Fettsäuren	415
9.24.	Acetogenine	418
9.25.	Amide	424
9.26.	Amidoide funktionelle Gruppen	426
9.27.	Reaktivität der Amide	429
9.28.	Peptide	431
9.29.	Struktur der Peptide	433
9.30.	Oligopeptide	436
9.31.	Proteine	441
9.32.	Enzyme	449
9.33.	Metabolismus der Proteine	457
9.34.	Nitrile	457
9.35.	Präbiotische Synthese der Aminosäuren	459
	Weiterführende Literatur	461
	Übungsaufgaben	461

10. Heterocyclische Verbindungen 465

10.1.	Nomenklatur der Heterocyclen	465
10.2.	Heteroaromaten	467
10.3.	Azole	468
10.4.	Pyrrol-Farbstoffe	472
10.5.	1*H*-Indol	475
10.6.	Indol-Alkaloide	480
10.7.	Oxazole	482
10.8.	1*H*-Imidazol	483
10.9.	Thiazol	485
10.10.	Azine	486
10.11.	Benzopyridine	494
10.12.	Tautomerie der Heteroaromaten	500
10.13.	Diazine	501
10.14.	Pteridin	504
10.15.	Purine	510
10.16.	Nucleoside und Nucleotide	514
10.17.	Nucleinsäuren	521
10.18.	Funktion der Nucleinsäuren	526

10.19. Biosynthese der Nucleinsäuren	536
10.20. Präbiotische Synthese der Nucleotide	539
10.21. Katabolismus der Nucleotide	542
Weiterführende Literatur	549
Übungsaufgaben	549
Lösungen	**553**
Glossar	**571**
Abbildungsverzeichnis	**581**
Register	**589**

1. Einleitung

1.1. Fachgebiet Organische Chemie

Organische Chemie ist von ihrer Herkunft her die Chemie der lebenden Materie. Chemie schlechthin beschäftigt sich mit der Umwandlung von Stoffen ineinander, wobei sich die Struktur und die grundlegenden Eigenschaften der sich konstituierenden Moleküle ändern.

Die Etymologie des Namens *Chemie* für die Wissenschaft, die aus der mittelalterlichen *Alchemie* (*al* ist das arabische bestimmte Geschlechtswort) hervorgegangen ist, ist ungewiss. Möglicherweise stammt er aus dem altchinesischen Wort *jin*, *chin* oder *kim* für Gold, dessen Gewinnung durch Umwandlung anderer Metalle insbesondere ein Bestreben der Alchemisten war.

Gegenstand der organischen Chemie ist die Beschreibung der Eigenschaften und Umwandlungen der Abkömmlinge des sechsten Elements im Periodensystem, des *Kohlenstoffs*. Dass traditionsgemäß die Kohlensäure und deren Salze (Carbonate) zum Fachgebiet der anorganischen Chemie zählen, während Harnstoff (das Diamid der Kohlensäure) sowie Pentazol (eine Verbindung, die kein Kohlenstoff-Atom enthält) zu den 'organischen' Stoffen gehören, weist lediglich auf die Schwierigkeit hin, im Sprachgebrauch eingebürgerte Begriffe definitionsgemäß abzugrenzen.

Aus welchen Gründen wird aber die Chemie eines einzelnen Elements des Periodensystems von derjenigen aller anderen abgesondert? In der Tat sind mehr Verbindungen des Kohlenstoffs bekannt, als von allen anderen Elementen zusammen (*Fig. 1.1*). Die Gründe für diese Vielfalt liegen in den besonderen Eigenschaften dieses Elements, nämlich:

1) Kohlenstoff bildet kovalente Bindungen mit zwei, drei oder vier Liganden, so dass sowohl lineare als auch planare bzw. dreidimensionale Strukturen entstehen können. Viele dieser Strukturen sind *isomer* zueinander (s. *Abschn. 1.14*), wodurch eine Vielfalt von Molekülen aus wenigen Atomen gebildet werden können.
2) Kohlenstoff geht Bindungen mit sich selbst ein unter Bildung beliebig langer Ketten. Bei anderen Elementen (Bor, Schwefel,

1.1.	Fachgebiet Organische Chemie
1.2.	Herkunft der Naturstoffe
1.3.	Klassifizierung der Naturstoffe
1.4.	Die kovalente Bindung
1.5.	Bindungsdissoziationsenergie
1.6.	Bindungspolarisierung: Elektronegativität
1.7.	Das Dipolmoment
1.8.	Intermolekulare Wechselwirkungen
1.9.	Die *van-der-Waals*-Kräfte
1.10.	Der Mechanismus chemischer Reaktionen
1.11.	Die Kinetik chemischer Reaktionen
1.12.	'Stabile' und reaktive Moleküle
1.13.	Die Gestalt der Moleküle
1.14.	Isomerie
1.15.	Die funktionelle Gruppe
1.16.	Nomenklatur der organischen Verbindungen

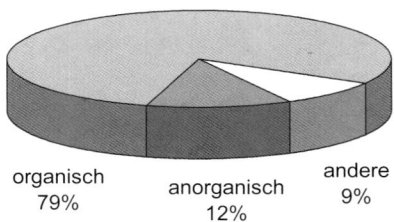

organisch 79% anorganisch 12% andere 9%

Fig. 1.1. *Von den 15 120 266 im Juni 1996 im* Chemical Abstracts *registrierten chemischen Verbindungen sind mehr als 12 Millionen Derivate des Kohlenstoffes* (aus *STNews* **1996**, *12/7*, 2).

Silizium), die ebenfalls kovalente Bindungen mit sich selbst bilden können, sind die Dimensionen der daraus resultierenden Moleküle wesentlich kleiner.

3) Ebenfalls kann Kohlenstoff starke Bindungen, die durch Wasser nicht gespalten werden, nicht nur mit Wasserstoff sondern auch mit den so genannten *Heteroatomen*, d. h. Atomen anderer Elemente (hauptsächlich Stickstoff, Sauerstoff, Schwefel und Halogene), bilden. Dabei ist eine ausgeprägte Bevorzugung bestimmter Elemente, wie beispielsweise diejenige des Siliziums für Sauerstoff und Fluor, nicht vorhanden.

4) Ferner kann Kohlenstoff im Gegensatz zu den meisten Elementen des Periodensystems kovalente Doppel- und Dreifachbindungen mit sich selbst sowie mit anderen Elementen (Sauerstoff, Schwefel, Stickstoff u. a.) bilden. Zahlreiche der daraus resultierenden Strukturen können ebenfalls als Isomere vorliegen.

Es ist somit verständlich, dass gerade Kohlenstoff-Verbindungen die Grundlage der lebenden Materie darstellen. Ein wichtiges Teilgebiet der Organischen Chemie, Naturstoffchemie genannt, befasst sich deshalb mit den Stoffen, die Bestandteile der verschiedenen Arten von Zellen sind.

1.2. Herkunft der Naturstoffe

Der Begriff 'Organische Chemie' geht auf den schwedischen Chemiker *Jöns Jakob von Berzelius* zurück. Seiner Auffassung nach war die Bildung 'organischer' Stoffe auf die Aktivität einer den lebenden Organismen innewohnenden Kraft (*vis vitalis*) zurückzuführen (*Fig. 1.2*). Sein Schüler *Friedrich Wöhler* konnte 1828 mit einem damals Aufsehen erregenden Versuch beweisen, dass Harnstoff (ein typischer aus Harn isolierter 'organischer' Stoff) durch Erhitzen von Ammonium-cyanat (eine 'anorganische' Substanz) im Laboratorium erzeugt werden kann:

$$(N{\equiv}C{-}O)^- \ NH_4^+ \rightarrow O{=}C(NH_2)_2$$

Jöns Jacob Baron Berzelius (1779–1848)
'ein berühmter Chemiker, ein unbekannter Arzt', Professor an der Chirurgischen Schule in Stockholm, bestimmte durch seinen Einfluss über mehr als 5 Jahrzehnte die Entwicklung der Chemie in Europa. Zu seinen bahnbrechenden Leistungen gehören u. a. entscheidende Verbesserungen der Labortechnik, insbesondere der organischen Elementaranalyse, die Gründung der später überholten *dualistischen* Theorie, die Einführung chemischer Symbole beruhend auf den Anfangsbuchstaben der Elemente, sowie die Entdeckung mehrerer bis anhin unbekannter Elemente (z. B. Silicium, Zirkonium, Tantal) und Verbindungen (Fleisch-Milchsäure, Stärke, Brenztraubensäure, Chlorophyll u. a.). (*Edgar Fahs Smith* Collection, mit Genehmigung der University of Pennsylvania Library, Philadelphia)

Fig. 1.2. *Originalaufnahme aus J. J. Berzelius 'Lehrbuch der Chemie' (2. Band, S. 1, Druck und Verlag der J. B. Metzler'schen Buchhandlung, Stuttgart, 1832)*

Friedrich Wöhler (1800–1882) Professor für Chemie und Pharmazie an der Universität Göttingen, gilt aufgrund seiner Harnstoff-Synthese als der Begründer der synthetischen organischen Chemie. Zu seinen Leistungen gehören u.a. die Herstellung von Aluminium, die Isolierung von Beryllium, Yttrium und kristallinem Silicium, die enzymatische Spaltung von Amygdalin, die Synthesen von Oxalsäure, Benzoesäure (aus Benzaldehyd), Benzoyl-chlorid und Benzamid, sowie die Isolierung des Kokains und die Entdeckung des Calcium-carbids. (Mit Genehmigung der Royal Society of Chemistry, Library and Information Centre, London)

Obwohl die Struktur des Harnstoffs erst fünfzig Jahre später (1879) von *Rudolf Leuckart* (*Abschn. 8.15*) aufgeklärt wurde, gilt *Wöhler*s Experiment als die Gründung der organischen chemischen Synthese. Nichtsdestoweniger blieb die Überzeugung, dass die Entstehung lebender Organismen der (Bio)Synthese der Naturstoffe vorausgegangen war, bis Mitte des zwanzigsten Jahrhunderts unverrückbar. Erst 1953 gelang es *Stanley L. Miller* an der Universität Chicago, die 1920 vom russischen Chemiker *Oparin* formulierte Hypothese über die Entstehung von organischen Verbindungen in der sekundären Erdatmosphäre, die sich vermutlich vor 5 bis 4,5 Jahrmilliarden entwickelte, experimentell zu beweisen. Bei diesen Experimenten wurden Mischungen aus Ammoniak, Methan und Wasserdampf, welche die Zusammensetzung der reduzierenden Uratmosphäre simulierten (*Abschn. 2.16*), in einem geschlossenen System bei 80 °C während mehrerer Tage erhitzt und elektrischen Entladungen ausgesetzt (*Fig. 1.3*). Dabei wurde die Bildung biologisch wichtiger Moleküle wie Aminosäuren (Glycin, Alanin, Serin, Asparaginsäure u.a.), Milchsäure, Bernsteinsäure u.a. beobachtet. Eine entscheidende Rolle bei der 'präbiotischen' (d.h. vor der Entwicklung lebender Organismen stattgefundenen) Synthese organischer Moleküle spielte höchstwahrscheinlich Cyanwasserstoff (HCN). HCN kann sich in der

Stanley L. Miller (*1930)
führte an der Universität von Chicago (Illinois), als Doktorand bei Prof. *Harold Clayton Urey* (1893–1981), dem Entdecker des Deuteriums, seine berühmten Experimente durch, welche die Bildung von organischen Molekülen unter präbiotischen Bedingungen bewiesen. In seiner späteren Tätigkeit im Departement für Chemie und Biochemie der Universität von Kalifornien, San Diego, befasste sich *Miller* hauptsächlich mit der Bildung von Einschlussverbindungen (sog. Clathrate). (Mit freundlicher Genehmigung von Prof. *Miller* (University of California, San Diego))

Alexander Iwanowitsch Oparin (1894–1980)
Professor für Biochemie an der Universität Moskau (1929), später (1946) Leiter des Instituts für Biochemie der Akademie der Wissenschaften der UdSSR, arbeitete hauptsächlich über Enzymwirkungen in der lebenden Zelle. Seine 1924 veröffentlichte Hypothese über die Entstehung des Lebens, die 1928 unabhängig von ihm im Wesentlichen auch vom englischen Biologen *John Burdon Sanderson Haldane* (1892–1964) formuliert wurde, konnte 1953 durch die Experimente von *S. Miller* bestätigt werden.

Fig. 1.3. *Rekonstruktion der von* Stanley L. Miller *verwendeten Apparatur zur Simulation der in der sekundären Erdatmosphäre vermutlich stattgefundenen Synthese organischer Moleküle*

sekundären Erdatmosphäre bei Reaktionen des Typs

$$CH_4 + NH_3 \rightarrow HCN + 3\,H_2$$

durch Wärme (Vulkanausbrüche), ultraviolettes Licht (Sonnenstrahlung) oder elektrische Entladungen (Blitze) in großen Mengen gebildet haben. HCN ist seinerseits der Vorläufer einer Reihe reaktionsfreudiger organischer Stoffe wie Propargylnitril ($HC\equiv C-C\equiv N$), Cyanamid ($H_2N-C\equiv N$), Aminomalondinitril ($H_2N-CH(CN)_2$) u.a., welche im Zuge der *chemischen Evolution* zu noch komplexeren Strukturen weiter reagieren können. Es ist bemerkenswert, dass ähnliche organische Verbindungen im interstellaren Raum gefunden worden sind. Bisher ist das Undeca-2,4,6,8,10-pentainnitril das größte Molekül, das mit Hilfe von Radioteleskopen in den so genannten Dunkelnebeln nachgewiesen worden ist:

$$H-C\equiv C-C\equiv C-C\equiv C-C\equiv C-C\equiv C-C\equiv N$$

Im Laboratorium lässt sich sogar die Bildung biologisch wichtiger Moleküle wie *Adenin*, welches in verschiedenen für den primären Metabolismus unentbehrlichen Verbindungen (DNA, RNA, ATP, NADH, FAD, *S*-Adenosylmethionin, Coenzym A u.a.) vorkommt (Abschn. 10.16), unter 'präbiotischen' Bedingungen nachvollziehen.

Im Anschluss an die Experimente von *Stanley L. Miller* wurden hauptsächlich in der Arbeitsgruppe von *Leslie E. Orgel* am *Salk Insti-*

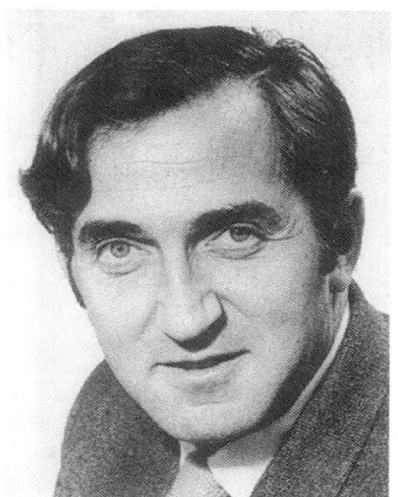

Leslie Eleazer Orgel (*1927) seit 1964 Professor und Direktor des Laboratoriums für Chemische Evolution am *Salk Institute for Biological Studies*, begann seine akademische Laufbahn in der theoretischen anorganischen Chemie mit Beiträgen zur Ligandenfeldtheorie der Übergangsmetalle. (Mit freundlicher Genehmigung von Prof. L. E. Orgel (Salk Institute))

tute for Biological Studies in San Diego, Kalifornien, umfangreiche Untersuchungen unternommen, um die Mechanismen der präbiotischen Synthese der Nucleotide (s. *Abschn. 10.20*) aufzuklären und deren nichtenzymatische Polymerisierung zu Nucleinsäuren nachzuweisen.

Inzwischen ist die Annahme von *Urey* und *Miller*, dass die präbiotische Atmosphäre stark reduzierend war, ernsthaft in Frage gestellt worden. Nach den jüngsten geochemischen Rekonstruktionen muss die Erde den größten Teil ihres Wasserstoffs bereits im Zuge ihrer Abkühlung verloren haben, so dass eher CO_2 als CH_4 als Hauptkohlenstoffquelle übrig blieb. Unter solchen Bedingungen wäre die Ausbeute an Aminosäuren durch elektrische Entladungen erheblich geringer gewesen. Es ist jedoch seit langem bekannt, dass bei der Bestrahlung wässriger Lösungen von Fe(II)-Salzen mit UV-Licht gemäß folgender Gleichung Wasserstoff entsteht:

$$2\,Fe^{2+} + 3\,H_2O \rightarrow Fe_2O_3 + 4\,H^+ + H_2$$

Möglicherweise diente der so entstandene Wasserstoff der Bildung größerer Mengen von CH_4, NH_3, HCN, H_2S und weiteren energiereichen Molekülen, die als Substrate der abiotischen Synthese organischer Moleküle dienten.

Ein wichtiges aktuelles Forschungsgebiet der organischen Chemie befasst sich mit der Untersuchung der Wechselwirkungen zwischen niedermolekularen Stoffen, die zur Bildung von so genannten 'Supramolekülen' führen. Es ist nämlich in den letzten Jahren den Chemikern bewusst geworden, dass autonome Morphogenese* und reproduktive Invarianz*, die neben der *Teleonomie* als die wesentlichen Merkmale der lebenden Materie betrachtet werden müssen (*J. Monod*: 'Le hasard et la nécessité', Paris, 1970), in der Tat inhärente Eigenschaften von Molekülen sind, welche die strukturellen Voraussetzungen zur Selbstorganisation und autokatalytischen (*Abschn. 1.11*) Replikation (Vervielfältigung) erfüllen.

Während autonome Morphogenese und reproduktive Invarianz auch die Bildung von Kristallen durch Aggregation von Ionen oder Molekülen charakteri-

Jacques Lucien Monod (1910–1976) Professor für Biochemie an der Sorbonne in Paris (1955) und ab 1967 am Collège de France, wurde 1965 für seine bahnbrechenden Beiträge zur Molekularbiologie der Zelle – 1960: Entdeckung von DNA-Sequenzen (sog. *Operone*), welche die Genexpression bei Bakterien regulieren (*Abschn. 10.18*), 1961: Entdeckung der Rolle der *messenger*-RNA als Übermittler der genetischen Information für die Proteinbiosynthese vom Zellkern in das Cytoplasma (*Abschn. 10.18*), 1965: Postulat des *Symmetriemodells* zur Erklärung des kinetischen Verhaltens allosterischer Enzyme (*Abschn. 9.32*) – zusammen mit *François Jacob* und *André Michel Lwoff* mit dem *Nobel*-Preis für Medizin und Physiologie ausgezeichnet. (Aufnahme: UPI/Bettmann)

Louis Pasteur (1822–1895)
Professor für Chemie an der Pariser *Ecole des Beaux-Arts* (1863) und an der Sorbonne in Paris (1867), begründete durch seine Arbeiten, mit denen er den Beweis erbrachte, dass Gärung und Krankheiten von Mikroorganismen verursacht werden, die Mikrobiologie und deren Spezialgebiet der Bakteriologie. Nachdem es ihm 1848 bei Untersuchungen über die Kristallform der Weinsäure, die sich in den Fässern mit gärendem Wein ausscheidet, die erste Trennung von Enantiomeren gelang (*Abschn. 2.7*), widmete sich *Pasteur*, veranlasst durch Probleme der französischen Getränkeindustrie, der Untersuchung der alkoholischen Gärung. Er entdeckte dabei, dass diese immer durch von außen hinzukommende Mikroorganismen verursacht wird, die durch vorsichtiges Erhitzen abgetötet werden können. Dieser Prozess wird heute *Pasteurisierung* genannt. Im Auftrag der französischen Regierung untersuchte *Pasteur* die von Protozoen der Spezies *Nosema bombycis* verursachte Fleckenkrankheit (Pebrine) der Seidenraupen, die 1865 die Seidenindustrie in Südfrankreich zu zerstören drohte. Bei diesen Untersuchungen gelangte *Pasteur* zur Überzeugung, dass – wie bei der Gärung – auch bei Krankheiten Mikroorganismen die Ursache sind und erkannte anaerobe Bakterien als Erreger der Sepsis (sog. Blutvergiftung) und eitriger Erkrankungen. Ab 1881 griff *Pasteur* auf die Arbeiten des englischen Landarztes *Edward Jenner* (1749–1823) zurück, der 1796 zum ersten Male die Impfung (*Vakzination*) gegen Pocken mit Lymphe von an den für den Menschen ungefährlichen Kuhpocken Erkrankten erfolgreich angewandt hatte. Es gelang *Pasteur* auch, einen Impfstoff gegen Tollwut zu gewinnen, den er 1885 erstmals erfolgreich erprobte. *Pasteurs* bahnbrechende Arbeiten wurden 1888 durch die Gründung des *Pasteur*-Instituts in Paris geehrt, das er bis zu seinem Tode leitete. (Mit Genehmigung der Royal Society of Chemistry, Library and Information Centre, London)

sieren, unterscheidet sich die lebende Materie dadurch, dass Fehler, die bei der Reproduktion auftreten müssen, damit eine Evolution überhaupt möglich ist, im Gegensatz zu sporadischen Fehlanordnungen im Kristallgitter vom Nachkommen übernommen werden. Der Evolutionsprozess entscheidet dann, ob der aufgetretene 'Fehler' zum Überlebensvorteil wird oder nicht. Dieses dritte Merkmal der lebenden Materie umschreibt der Begriff *Teleonomie* (griech. τέλος (*télos*): Ziel, Ende, Vollendung, und νόμος (*nómos*): Regel, Gesetz), der 1958 vom amerikanischen Biologen *Colin Pittendrigh* als Antonym zum aristotelischen Begriff der *Teleologie* (griech. λόγος (*lógos*): Wort, Lehre) in die Naturlehre eingeführt wurde. Die teleonomische Betrachtungsweise ersetzt die teleologische Frage *wozu?* durch die Frage: *welchen arterhaltenden Wert hat eine im Verlauf der Evolution geprägte Gestalt?* Sie will damit erreichen, dass auch der Prozess der Gestaltbildung kausal durch Mutation und Selektion verstanden werden kann. Da unter geeigneten Bedingungen die Fähigkeit der Polynucleotid-Moleküle sich gegenenfalls unter Veränderung der Basensequenz zu reproduzieren (*Abschn. 10.18*) eine inhärente Eigenschaft dieser Moleküle ist, besteht ihre *Teleonomie* in der Reproduktion selbst. Aus biologischer Sicht lässt sich somit der viel gesuchte 'Sinn des Lebens' in der Reproduktion selbst, als unausweichliche Notwendigkeit für das Fortbestehen der Spezies, finden.

Der von *Rudolf Virchow* (1821–1902), dem Begründer der Zellularpathologie, basierend auf den von *Louis Pasteur* gelieferten experimentellen Beweisen formulierte Grundsatz: '*omnia cellula e cellula*' vermochte zwar am Ende des 19. Jahrhunderts die von *Aristoteles* (384–322 v. Chr.) geprägte aber niemals experimentell bestätigte Vorstellung der 'Urzeugung' (*generatio spontanea*) zu widerlegen, ließ aber die Frage nach der Herkunft der ersten lebenden Zelle unbeantwortet. Aus heutiger Sicht kann eine chemische Evolution, die sich bis zum Beginn der biologischen Evolution entfaltete, *a priori* nicht ausgeschlossen werden.

1.3. Klassifizierung der Naturstoffe

Die Definition von 'Natur' ist *per se* problematisch. Da der Mensch selbst ein Bestandteil der Natur ist, sind alle Stoffe, die mit dem Metabolismus seiner somatischen oder intellektuellen Tätigkeit zusammenhängen, Naturstoffe. Nur diejenigen Stoffe, die beabsichtigt oder unbeabsichtigt als Produkte der *bewussten* schöpferischen Tätigkeit des menschlichen Intellekts entstanden sind, dürfen von den Naturstoffen abgesondert werden.

Naturstoffe können entweder gemäß ihrer physiologischen *Funktion* oder aufgrund ihrer chemischen *Struktur* klassifiziert werden. Ist die Funktion eines Naturstoffes unspezifisch definiert, so besteht verständlicherweise keinerlei Beziehung zu seiner chemischen Struktur, und somit ist eine derartige Gruppenzuordnung für eine systematische Klassifizierung nicht geeignet. Dies ist der Fall für Naturstoffe, die als *Farbstoffe* (*Abschn. 3.21*), *Vitamine* (*Abschn. 3.22*), *Hormone* (*Abschn. 7.4*) usw. bezeichnet werden.

Eine zeitgemäßere Klassifikation der Mehrzahl der Naturstoffe gibt *Fig. 1.4* wieder. Sie beruht auf der *Biogenese* der wichtigsten Klassen von Naturstoffen, welche in den meisten Fällen ihren Strukturtypen entsprechen. Demnach werden Naturstoffe grundsätzlich in primäre und sekundäre Metabolite unterteilt. Bei den primären Metaboliten handelt es sich um Stoffe, welche allen lebenden Organismen gemein sind. Sie stellen die Grundlage des Phänomens 'Leben' überhaupt. Dazu gehören die Nucleinsäuren als selbstreplikative Träger der genetischen Information, die Proteine als Katalysa-

Naturstoffe sind alle chemischen Verbindungen, deren Strukturen weder vom Menschen konzipiert worden noch als Derivate der vom Menschen konzipierten Verbindungen nachträglich entstanden sind.

Unter **Biogenese** eines Naturstoffes versteht man einen plausiblen, jedoch nicht bewiesenen Weg, auf dem der betreffende Naturstoff im lebenden Organismus synthetisiert wird. Sind alle Vorläufer dieses Stoffes experimentell nachgewiesen, so spricht man von dessen **Biosynthese**.

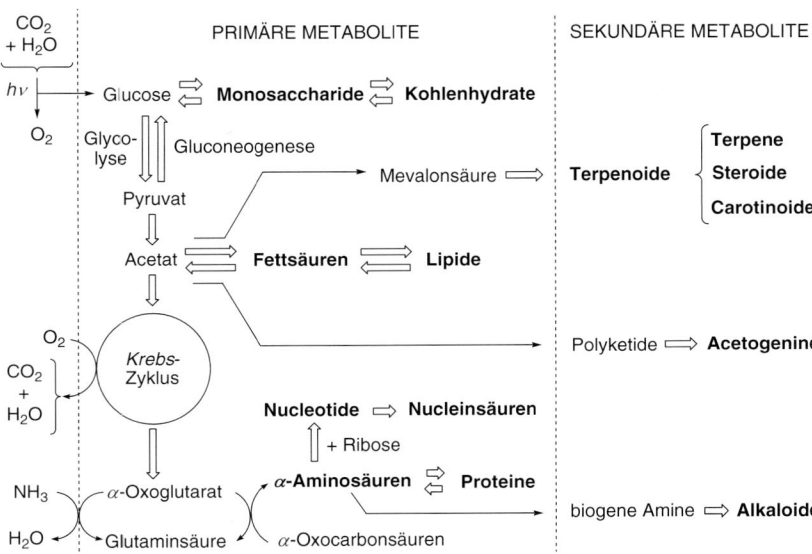

Fig. 1.4. *Hauptklassen von Naturstoffen und ihre Beziehung zum primären Metabolismus**

toren (Enzyme) aller biochemischen Reaktionen sowie als operationelle und strukturbildende Elemente aller lebenden Organismen, die Lipide als Bildner von Kompartimenten innerhalb der Zellen, ohne die ein Stoffwechsel unmöglich wäre, und die Polysaccharide (Glycane), welche die 'Brennstoffe' darstellen, aus denen sich der lebende Organismus die Energie holt, die für alle endergonischen biochemischen Reaktionen verbraucht wird.

Wie einige Proteine sind manche Polysaccharide (hauptsächlich bei Bakterien und Pflanzen) strukturbildende Elemente der Organismen. Die meisten sekundären Metabolite sind für die Aufrechterhaltung des Metabolismus ebenfalls unentbehrlich. Sie sind jedoch nicht ubiquitär. Ein und derselbe sekundäre Metabolit kann für einige Organismen essenziell sein, für andere nicht. Oft dienen sie der Verteidigung eines Organismus gegen andere oder der Kommunikation mit anderen Organismen. Beispiele dafür sind zahlreiche Gifte (Toxine) bzw. Hormone, Pheromone (Lockstoffe) und Duftstoffe (*Abschn. 3.20*).

1.4. Die kovalente Bindung

> Ein **Molekül** ist eine Gruppe von einer begrenzten Anzahl von Atomen, die durch kovalente Bindungen miteinander verbunden sind.

> Die **Kräfte**, welche die Atome in einem Molekül zusammenhalten, werden als **kovalente Bindungen** bezeichnet.

> Die **Bindungslänge** ist der Abstand zwischen den Kernen von zwei durch eine kovalente Bindung miteinander verbundenen Atomen.

> Der **kovalente Radius** wird als die Hälfte des Bindungsabstands zwischen zwei miteinander gebundenen Atomen desselben Elements in einem Molekül definiert.

Im Gegensatz zu Metallen oder kristallinen Salzen, die aus dreidimensionalen Anordnungen von Atomen bzw. Ionen* bestehen, deren Anzahl undefiniert ist, sind organische Stoffe aus *Molekülen* zusammengesetzt. Kovalente Bindungen zwischen den Atomen, aus denen ein Molekül zusammengesetzt ist, bestimmen seine *Struktur* (Konstitution und Geometrie).

Kovalente Bindungen sind durch ihre *Länge* und ihre *Dissoziationsenergie** charakterisiert. Beide Größen sind experimentell zugänglich. Die Abstände zwischen den Kernen der Atome eines Moleküls können durch Röntgenstrukturanalyse von Molekülkristallen mit hoher Genauigkeit bestimmt werden. Aus diesen Werten lassen sich die *kovalenten Radien* der einzelnen Atome leicht ermitteln (*Tab. 1.1*). Atomare kovalente Radien werden zur Abschätzung von experimentell nicht bestimmten Bindungslängen in Molekülen sowie zur Konstruktion von Molekülmodellen verwendet (s. *Abschn. 1.13*). Allerdings wird dabei vorausgesetzt, dass atomare kovalente Radien *additiv* sind, und zwar unabhängig von der Konstitution des gesamten

Tab. 1.1. *Apolare kovalente Radien (r) einiger Atome in Einfachbindungen*

Atom	r [pm]	Atom	r [pm]
H	37	Cl	99
F	72	S	102
O	73	P	106
N	75	Br	114
C	77	I	133

Moleküls, eine Annahme, die wegen der Polarisierung kovalenter Bindungen zwischen ungleichen Atomen (s. *Abschn. 1.6*) nur innerhalb einer gewissen Fehlergrenze zutrifft.

1.5. Bindungsdissoziationsenergie

Wie bereits erwähnt, weist jede kovalente Bindung eine charakteristische Dissoziationsenergie auf. Zwischen der Länge einer Bindung (l_0) und deren Dissoziationsenergie (D) besteht eine reziproke Beziehung, die in *Fig. 1.5* durch die so genannte *Morse*-Kurve graphisch dargestellt ist.

Die *Morse*-Kurve stellt die Änderung der potentiellen Energie ($E(l)$) eines aus zwei Atomen bestehenden Systems in Abhängigkeit von der Entfernung (l) zwischen den beiden Atomkernen dar (Man stelle sich das eine Atom – z.B. Kohlenstoff – am Koordinatenanfangspunkt vor, das andere – z.B. Wasserstoff – gleitend entlang der Abszisse). Bei genügend großem Abstand zwischen den Atomen tritt keine Wechselwirkung auf. Die entsprechende Energie des Systems wird konventionsgemäß als Null definiert, obwohl bei der *Morse*-Gleichung der Nullpunkt der Energie beim Minimum der Kurve (d.h. bei $l = l_0$) liegt. Der (je nach Definition positive oder negative) Wert der Bindungsdissoziationsenergie (D) wird somit durch den Abstand des Kurvenminimums zur Nulllinie angegeben, d.h. der Bruch einer Bindung kann nur unter Zufuhr von Energie erfolgen.

> **Bindungsdissoziationsenergie** ist die Energie, die benötigt wird, um zwei durch eine kovalente Bindung miteinander gebundene Atome unter homolytischer Spaltung der kovalenten Bindung 'unendlich' weit voneinander zu entfernen.

Der von *F. Lipmann* (s. *Abschn. 10.16*) eingeführte Begriff der 'energiereichen Bindung' des Adenosin-triphosphats (ATP) vermag zwar zu veranschaulichen, welche Bindung des Moleküls in Gegenwart von Wasser unter Freisetzung von Energie bevorzugt gespalten wird, ist aber konzeptuell falsch. Tatsächlich ist die im Adenosin-triphosphat 'gespeicherte' Energie nichts anderes als die Reaktionswärme, die bei der Einstellung des nachstehenden Gleichgewichtes, das unter physiologischen Bedingungen nach rechts verschoben ist, frei wird (*Abschn. 10.16*):

$$ATP + H_2O \rightleftharpoons ADP + H_3PO_4 \quad (ADP = \text{Adenosin-diphosphat})$$

Die untere Grenze des Bindungsabstandes wird durch die elektrostatische Abstoßung der an der kovalenten Bindung nicht beteiligten Rumpfelektronen sowie durch die Abstoßung der Kerne der miteinander gebundenen Atome limitiert. Dadurch ergibt sich für jede kovalente Bindung eine charakteristische Bindungslänge l_0, welche durch das Minimum der *Morse*-Kurve, bestimmt wird. In Wirklichkeit aber oszillieren die Atome, die durch eine kovalente Bindung miteinander gebunden sind, um die durch den Bindungsabstand l_0 definierte Gleichgewichtslage. Als mechanisches Modell für eine kovalente Bindung kommt deshalb eine Schraubenfeder, die zwei Kugeln miteinander verbindet, der Wirklichkeit näher als ein Stab. Die Amplitude der oben genannten Oszillation nimmt mit zunehmender

$$E(l) = D\,(1 - e^{-a(l-l_0)})^2$$
(*a*: eine Bindungskonstante)

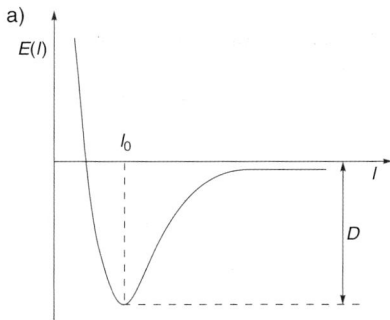

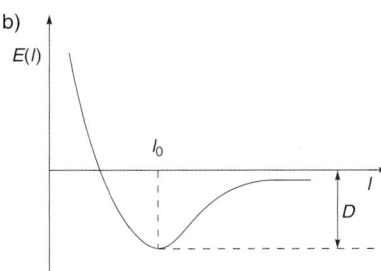

Fig. 1.5. Morse-*Gleichung und deren graphische Darstellung* a) *für starke und* b) *für schwache kovalente Bindungen*

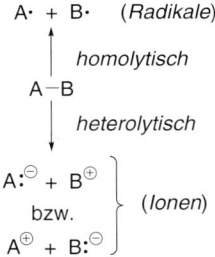

Fig. 1.6. *Homolytische und heterolytische Spaltung einer kovalenten Bindung*

Temperatur zu, so dass die Bindungsdissoziationsenergie temperaturabhängig ist. Jede kovalente Bindung zwischen zwei Atomen weist eine eigene *Morse*-Kurve auf. Mit wenigen Ausnahmen nimmt die Bindungsdissoziationsenergie einer Bindung mit abnehmender Bindungslänge zu, d.h. das Minimum der Kurve flacht sich ab, wenn l_0 größer wird (s. *Fig. 1.5,b*).

Bindungsdissoziationsenergien werden in Kilojoule (1 kJ = 10^3 Joule*) oder in Kilokalorien (1 kcal = 10^3 Kalorien*) angegeben. *Tab. 1.2* fasst die Bindungsdissoziationsenergien von kovalenten Bindungen zwischen den in organischen Verbindungen am häufigsten vorkommenden Atomen zusammen. Bei den so definierten Bindungsdissoziationsenergien handelt es sich um die benötigte Energie, um kovalenten Bindungen *homolytisch* zu spalten. Eine kovalente Bindung kann aber auch *heterolytisch* gespalten werden (*Fig. 1.6*; s. *Abschn. 1.6*).

Tab. 1.2. *Bindungsdissoziationsenergien* (in Kilojoule pro Mol = kJ mol^{-1}) *kovalenter Bindungen zwischen Atomen desselben Elements in diatomigen Molekülen bzw. zwischen tetragonalen C-Atomen und Atomen anderer Elemente.* 4. Spalte: Längen der letztgenannten Bindungen.

X	D [kJ mol^{-1}]		l_{C-X} [pm]
	X–X	C–X	
H	434	415	111
D	439	447,6	110,6
F	158	488	135
O	498	360	143
N	945	308[a]	147
C	–	344	154
Cl	243	330	177
Br	193	288	194
I	151	216	214

[a]) Sehr konstitutionsabhängig.

Radikale sind elektrisch ungeladene Moleküle, die eine ungerade Zahl von Elektronen enthalten.

Sind keine Solvatationseffekte vorhanden (*Abschn. 1.9*), so erfordert die homolytische Spaltung einer kovalenten Bindung, die zu (ungeladenen) Radikalen führt, weniger Energie als die heterolytische Spaltung, denn bei der Letzteren muss neben der Bindungsdissoziationsenergie auch die *Coulomb*'sche Anziehung der dabei gebildeten Ionen überwunden werden. Die heterolytische Bindungsspaltung wird hauptsächlich in polaren Lösungsmitteln beobachtet, weil die Solvatationsenergie der entstandenen Ionen deren elektrostatische Wechselwirkung übersteigt. In der Gasphase hingegen dominiert die homolytische Bindungsspaltung, die vermutlich bei mehr enzymatischen Reaktionen eine Rolle spielt, als bisher angenommen, denn viele dieser Reaktionen finden in hydrophoben 'Taschen' des Enzyms statt.

Der Energiegehalt eines Moleküls ist stets kleiner als derjenige der einzelnen Atome zusammen (wäre er größer, würde sich das Molekül spontan in seine Bestandteile zersetzen). Demnach ist die Bildung einer kovalenten Bindung stets ein *exothermer* Prozess.

Chemische Reaktionen, die unter Freisetzung von Energie (Wärme) ablaufen, werden als *exotherm* oder *exergonisch* bezeichnet, je nachdem ob die freigesetzte Reaktionswärme auf die Abnahme der *Enthalpie* (ΔH)* bzw. der *Freien Enthalpie* (ΔG)* des entsprechenden Systems bezogen wird. Gemäß der thermodynamischen Definition von ΔH ($= H_{\text{Produkte}} - H_{\text{Edukte}}$) und ΔG ($= G_{\text{Produkte}} - G_{\text{Edukte}}$) sind beide Größen < 0. Reaktionen, bei denen $\Delta H > 0$ oder $\Delta G > 0$ ist, werden *endotherm* bzw. *endergonisch* genannt.

Die mit der Bildung von einem Mol* einer Substanz aus den entsprechenden Elementen in ihren Standardzuständen – d. h. im Aggregatzustand (fest, flüssig oder gasförmig), in dem sie sich bei 298,15 K und Atmosphärendruck befinden – verbundene Änderung der Enthalpie des Systems wird als **Standardbildungsenthalpie** (ΔH_f^0) definiert.

Der Energiegehalt eines Moleküls setzt sich aus den Bindungsdissoziationsenergien seiner kovalenten Bindungen zusammen. Der Energiegehalt eines Moleküls wird entweder als seine *Bildungsenthalpie* (ΔH_f) oder als *Atomisierungsenergie* bestimmt. Der Unterschied zwischen beiden Größen wird in *Fig. 1.7* am Beispiel zweier Stoffe (Isobuten (= 2-Methylprop-1-en) und Cyclobutan) veranschaulicht, deren Moleküle dieselbe Anzahl gleicher Atome enthalten. Bei zweiatomigen Molekülen ist die Atomisierungsenergie identisch mit der Bindungsdissoziationsenergie. Bindungsdissoziationsenergien organischer Moleküle werden meist indirekt aus den experimentell leicht zugänglichen Verbrennungswärmen (ΔH_c) der entsprechenden Stoffe bestimmt (s. *Abschn. 2.12*).

Die **Atomisierungsenergie** ist diejenige Energie, die benötigt wird, um ein Molekül in der Gasphase in seine Atome zu zerlegen. Sie ist (mit umgekehrtem Vorzeichen) gleich der Energie, die bei der Bildung desselben Moleküls aus den konstituierenden Atomen in der Gasphase frei wird.

Während die Bildung eines Moleküls aus den dazugehörigen Atomen in der Gasphase immer ein exothermer Prozess ist, kann die Bildung eines organischen Stoffes aus seinen konstituierenden Elementen, deren Bildungsenthalpie in den Standardzuständen definitionsgemäß gleich null gesetzt wird, exotherm ($\Delta H_f^0 < 0$) oder endotherm ($\Delta H_f^0 > 0$) sein, je nachdem ob die Atomisierungsenergie des Moleküls größer bzw. kleiner ist als die Summe der Sublimationswärme des Graphits (720 kJ mol^{-1}) und der Atomisierungsenergie aller anderen Elemente, die im Molekül enthalten sind.

Gemäß einem 1858 veröffentlichten Vorschlag von *Archibald Scott Couper* (1831–1892) werden kovalente Bindungen in chemischen Strukturformeln durch einen Strich zwischen den Symbolen der zwei miteinander gebundenen Atome dargestellt. Nach der späteren (1916) Auffassung von *Gilbert Newton Lewis* (1875–1946) symbolisiert der Strich ein Paar von Elektronen mit antiparallelen Spins (d. h. mit entgegengesetzten Eigendrehimpulsen in Bezug auf ihre Translationsrichtung), wobei es gleichgültig ist, ob je ein Bindungselektron aus den beiden miteinander gebundenen Atomen stammt, oder beide Elektronen 'ursprünglich' einem Atom gehörten. Im letztgenannten Falle wird die kovalente Bindung als *dative Bindung* bezeichnet und meist mit einem Pfeil symbolisiert, dessen Richtung die formale 'Herkunft' des Elektronenpaares angibt (s. *Fig. 7.1*).

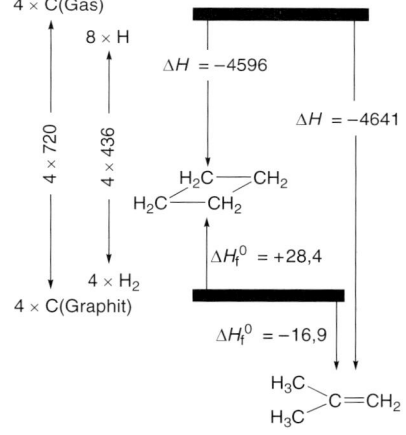

Fig. 1.7. *Bildung vom Isobuten (= 2-Methylprop-1-en) und Cyclobutan aus ihren Atomen in der Gasphase bzw. aus den Elementen in ihrem Standardzustand* (schematisch; Werte in kJ mol^{-1})

Eine **kovalente Bindung** ist eine Bindung zwischen Atomen, deren Wirksamkeit im ständigen Austausch von Elektronen zwischen den miteinander gebundenen Atomen begründet ist.

In der modernen Physik ist die 'Bindungskraft' im Austausch der Bindungselektronen zwischen den zwei miteinander gebundenen Atomen begründet. Man stelle sich dabei zwei Tischtennisspieler vor, die während des Spiels durch den hin und her fliegenden Ball in einem bestimmten Abstand zueinander 'gehalten' werden. Das Vorliegen einer kovalenten Bindung, die aus zwei Elektronen (e_1^- und e_2^-) besteht, kann somit mit dem gleichzeitigen Vorkommen in ein und demselben Molekül (A–B) zweier so genannter Grenzstrukturen (s. Abschn. 3.13) der Form [$Ae_1^- Be_2^- \leftrightarrow Ae_2^- Be_1^-$] verstanden werden. Auch andere stabilisierende Kräfte zwischen materiellen Teilchen werden als 'Austauschkräfte' interpretiert (Tab. 1.3). Werden beispielsweise zwischen zwei entgegengesetzt geladenen Partikeln ständig (virtuelle) Photonen ausgetauscht, erzeugt der Austausch die bekannte elektromagnetische Kraft. Deshalb kann man sich das Atom als das materielle Teilchen vorstellen, dessen Bestandteile (der Kern und die Elektronen) durch den Austausch virtueller Photonen zusammengehalten werden. Ebenso wie Photonen die Elektronen in ihrer Umlaufbahn um den Atomkern halten, sorgen im Kern selbst Partikel, die *Gluonen* genannt werden, für den Zusammenhalt der Quarks, aus denen die Nucleonen (Protonen und Neutronen) bestehen.

Tab. 1.3. *Grundlegende Austauschkräfte*

Wechselwirkung zwischen ...	Austauschteilchen	Spin
elektrischen Ladungen	Photon	1
Atomen	Elektron	½
Quarks	Gluon	1

1.6. Bindungspolarisierung: Elektronegativität

Im Gegensatz zu Bindungslängen lassen sich Bindungsdissoziationsenergien durch Addition von Beiträgen der einzelnen miteinander gebundenen Atome nicht berechnen. Der Grund liegt darin, dass kovalente Bindungen zwischen Atomen verschiedener Elemente *polarisiert* sind. **Je stärker eine kovalente Bindung polarisiert ist, umso stärker ist sie**, denn bei ihrem Bruch muss nicht nur die Bindungsdissoziationsenergie sondern auch die *Coulomb*'sche Anziehungskraft zwischen den elektrischen Ladungen des Dipols überwunden werden. Da der Energiegehalt des gesamten Moleküls aus der Summe der Dissoziationsenergien der vorhandenen Bindungen resultiert, **wird der Energiegehalt eines Moleküls durch die Bindungspolarisation herabgesetzt.**

Wären Bindungsdissoziationsenergien additiv, so sollte in erster Näherung die Bindungsdissoziationsenergie einer Bindung zwischen

Linus Carl Pauling (1901–1994)
Professor für Chemie am California Institute of Technology in Pasadena (1931), am Center for the Study of Democratic Institutions in Santa Barbara (1963) sowie an den Universitäten California in San Diego (1967) und Standford (1969), erhielt 1954 den *Nobel*-Preis für Chemie für seine Arbeiten über die Natur der chemischen Bindung und 1962 den Friedensnobelpreis für sein Engagement gegen die Anwendung von Atomwaffen. (© *Nobel*-Stiftung)

verschiedenen Atomen gleich dem arithmetischen Mittelwert der Bindungsdissoziationsenergien der kovalenten Bindungen zwischen zwei Atomen des jeweiligen Elements sein. Ausgehend von dieser Annahme fand *Pauling*, dass die experimentell bestimmten Bindungsdissoziationsenergien stets größer sind, als der oben genannte Mittelwert, d. h.:

$$D_{A-B} > \frac{D_{A-A} + D_{B-B}}{2} \quad \text{oder:} \quad D_{A-B} = \frac{D_{A-A} + D_{B-B}}{2} + \Delta$$

wobei $\Delta > 0$ ist. *Pauling* setzte die Differenz zwischen den beiden Werten (Δ) proportional dem Quadrat der Differenz zwischen den *Elektronegativitäten* (*EN*) der miteinander gebundenen Atome:

$$\Delta = 23 \, (EN_A - EN_B)^2$$

wobei die Proportionalitätskonstante gleich dem Umrechnungsfaktor zwischen den Energieeinheiten Elektronvolt und Kilokalorien (1 eV = 23,063 kcal mol^{-1}) ist.

Aus experimentell bestimmten Dissoziationsenergien von Bindungen zwischen Atomen verschiedener Elemente lässt sich eine Elektronegativitätsskala aufstellen, die allerdings mehr qualitative als quantitative Bedeutung hat (*Tab. 1.4*).

Tab. 1.4. *Elektronegativitätswerte einiger Elemente nach* L. Pauling. Die angegebenen Elektronegativitäten basieren nicht auf dem arithmetischen sondern auf dem *geometrischen* Mittelwert zwischen errechneten und experimentell bestimmten Bindungsdissoziationsenergien. Konzeptuell ist der Unterschied zwischen beiden Rechenverfahren ohne Belang.

Atom	Elektronegativität	Atom	Elektronegativität
H	2,1	Br	2,8
P	2,1	N	3,0
C	2,5	Cl	3,0
S	2,5	O	3,5
I	2,5	F	4,0

Trotz ihres Namens sind die so definierten Elektronegativitäten keine elektrischen sondern thermodynamische Größen. Eine alternative Definition der Elektronegativität wurde von *Mulliken* entwickelt und theoretisch begründet. Demnach sind die Elektronegativitätswerte (x) dem arithmetischen Mittel aus den Ionisierungsenergien (I)* und den Elektronenaffinitäten (*EA*) der Bindungspartner in ihren Valenzzuständen proportional. Daraus resultiert:

$$x = 1/2 \, (I + EA)$$

Robert Sanderson Mulliken (1896–1986)
Professor an den Universitäten Chicago (1931) und Florida State in Tallahassee (1964), erhielt 1966 für seine grundlegenden Arbeiten über die chemische Bindung und die elektronische Struktur der Moleküle mit Hilfe der Methode der Molekülorbitale den *Nobel*-Preis für Chemie. (© *Nobel*-Stiftung)

Tab. 1.5. *Molekulare Eigenschaften, die mit dem Begriff der Elektronegativität zusammenhängen*

- Oxidationszahl des C-Atoms (*Abschn. 5.10*)
- Dipolmoment (*Abschn. 1.7*)
- Wasserstoffbrücken-Bindung (*Abschn. 5.5*)
- Acidität kovalent gebundener H-Atome (*Abschn. 5.6*)
- Nucleophile Substitution (*Abschn. 5.13*)

Die **Oxidationszahl** eines Atoms in einem Molekül ergibt sich aus der Differenz zwischen der Anzahl der Valenzelektronen des betreffenden Atoms und der Anzahl von Elektronen, die ihm im Molekül zugeteilt werden, indem man *1)* das Elektronenpaar jeder kovalenten Bindung zwischen Atomen verschiedener Elemente dem Atom höherer Elektronegativität zuordnet, und *2)* Atomen desselben Elements, die kovalent miteinander gebunden sind, je ein Bindungselektron zuordnet.

Die nach diesem Verfahren errechneten Werte sind proportional (x[Mulliken]/x[Pauling] ≈ 3,15) zu den in *Tab. 1.4* angegebenen Elektronegativitäten. Der Vorteil der *Pauling*'schen Skala besteht darin, dass sie auf experimentell leicht zugänglichen Größen beruht, während Ionisierungsenergien und Elektronenaffinitäten von Atomen in den Valenzzustand, in dem sie im Molekül vorkommen (d.h. keine freien Atome) nur mit Hilfe theoretischer Methoden zugänglich sind.

Der Begriff der Elektronegativität hat sich als ein heuristisches Prinzip in der Chemie bestens bewährt. Mit ihm hängen mehrere wichtige Eigenschaften organischer Moleküle zusammen (*Tab. 1.5*), die in den nachfolgenden Abschnitten behandelt werden.

Von weitreichender Bedeutung, weil sie bei den in *Tab. 1.4* angegebenen Elektronegativitätswerten nicht berücksichtigt wird, ist die Abhängigkeit der Elektronegativität eines Atoms *in einem Molekül* von seiner Oxidationszahl, d.h. von der Anzahl von Bindungselektronen, die ihm zugeordnet werden (s. *Abschn. 5.10*). Verständlicherweise jedoch ist die **Elektronegativität eines Atoms um so größer, je größer seine Oxidationszahl ist**. Darum nimmt die Elektronegativität des C-Atoms in der 1950 von *William E. Moffitt*, theoretisch abgeleiteten Reihenfolge zu:

$$C_{tetragonal} < C_{trigonal} < C_{digonal}$$

Der höheren Elektronegativität trigonaler C-Atome (*Abschn. 1.12*) gegenüber tetragonalen zufolge sind die kovalenten Bindungen einer (C=C)-Gruppe mit Liganden, deren Elektronegativität ≤ 2,5 ist, stärker polarisiert und *somit stärker* als entsprechende Bindungen bei einem Alkan (*Abschn. 3.5*).

Je größer die Differenz der Elektronegativitäten zweier durch eine kovalente Bindung verknüpfter Atome ist, um so ausgeprägter wird der *ionische Charakter* der kovalenten Bindung, d.h. deren *heterolytische* Spaltung wird begünstigt, vorausgesetzt, dass das Medium die Solvatation (*Abschn. 1.9*) der daraus resultierenden Ionen gewährleistet.

So lässt sich begründen, dass die Acidität von Wasserstoff-Atomen, die an Heteroatome gebunden sind, in der Regel stärker ist, als die der C-ständigen H-Atome, wobei die hohe Solvatationsenergie des H^+-Ions eine wichtige Rolle spielt.

1.7. Das Dipolmoment

Der Bindungspolarisation zufolge stimmen die Schwerpunkte der Kern- und Elektronenladungen von zwei miteinander kovalent gebundenen Atomen nicht überein, sondern sie sind um einen Abstand *d* voneinander entfernt; sie bilden einen elektrischen Dipol. Das entsprechende *Dipolmoment* ist ein Vektor, dessen Richtung mit der Bindungsachse übereinstimmt, und zwar mit dem negativen Ende (Pfeilspitze) am Atom höherer Elektronegativität. (In der

1. Einleitung

Physik wird der Richtungssinn des elektrischen Dipolmoments umgekehrt definiert, nämlich von der Minus- zur Plusladung).

Der nummerische Betrag des Dipolmoments ist gleich dem Produkt aus der elektrischen Ladung des Elektrons ($q = 4{,}8029 \times 10^{-10}$ esu) und dem Abstand zwischen den Schwerpunkten der Ladungen (in Å) und wird in *Debye* (D) angegeben:

$$|\mu| = q \times d$$

Da aber der Abstand d nicht bekannt ist, wird der nummerische Betrag des Dipolmoments als Produkt aus der Bindungslänge und einer *partiellen* Elektronenladung (δq) gleichgesetzt:

$$|\mu| = \delta q \times l$$

und die Bindungspolarisation als Vektor zwischen den partiellen Ladungen dargestellt:

$$\overset{\delta^{\oplus} \longleftrightarrow \delta^{\ominus}}{\text{A}\mathrm{\rule{1em}{0.4pt}}\text{B}}$$

Die meisten organischen Verbindungen weisen Dipolmomente zwischen 0 und 4 D (in Sonderfällen bis 7 D) auf. Dipolmomente können experimentell nicht direkt bestimmt werden. Man erhält sie aus der molaren* Polarisation P, die mit der Dielektrizitätskonstante (ε), der Dichte (ρ) und der Molmasse (M) der entsprechenden Substanz korreliert ist, unter Anwendung der *Debye*-Gleichung (*Tab. 1.6*):

$$P \equiv \frac{\varepsilon - 1}{\varepsilon + 1} \frac{M}{\rho} = \frac{4\pi N}{3}\left(\alpha + \frac{\vec{\mu}^2}{3 k_B T}\right)$$

(N ist die *Avogadro*-Zahl, k_B die *Boltzmann*-Konstante und T die absolute Temperatur*)

Die *Debye*-Gleichung beinhaltet zwei wichtige Aspekte der 'Verschiebung' von Elektronen innerhalb kovalenter Bindungen, nämlich die *Polarisation*, die durch das Dipolmoment des Moleküls ($\vec{\mu}$) ausgedrückt wird und die *Polarisierbarkeit* (α), welche im temperaturunabhängigen Glied der Gleichung auftritt. Aus diesem Grunde ist die Dielektrizitätskonstante von Substanzen, die kein Dipolmoment aufweisen, nicht gleich null (vgl. *Tab. 5.2*).

Peter Joseph Wilhelm Debye (1884–1966), Professor für Physik an den Universitäten Utrecht (1912), Göttingen (1914), Zürich (1920), Leipzig (1927), Berlin (1935) und Ithaca (1940), erhielt 1936 den *Nobel*-Preis für seine Beiträge zur Aufklärung der Molekülstruktur durch Dipolmomentmessungen sowie Röntgenstrahlendiffraktion. (© *Nobel*-Stiftung)

Die Nichtübereinstimmung der Schwerpunkte der negativen und positiven Ladungen zweier kovalent miteinander gebundener Atome wird **Bindungspolarisation** genannt.

Die Fähigkeit von Elektronen, die zu einer kovalenten Bindung gehören, sich unter dem Einfluss eines externen elektrischen Feldes entlang der Bindungsachse zu verschieben, wird **Bindungspolarisierbarkeit** genannt.

Tab. 1.6. Dipolmomente einiger kovalenter Bindungen

Bindung	$\vec{\mu}$ [D]	Bindung	$\vec{\mu}$ [D]
C–H	0,30	O–H	1,53
C–N	0,40	C–Cl	1,56
C–O	0,86	C=O	2,40
C=N	0,90	C≡N	3,60
N–H	1,31		

Die Polarisierbarkeit einer kovalenten Bindung ist ein Maß für die Fähigkeit der Bindungselektronen, sich unter dem Einfluss eines externen elektrischen Feldes entlang der Bindungsachse zu verschieben. Da das externe elektrische Feld durch Ionen im Medium verursacht werden kann, spielt die Polarisierbarkeit einer Bindung bei chemischen Reaktionen in der kondensierten Phase eine sehr wichtige Rolle. Die Polarisierbarkeit einer kovalenten Bindung nimmt mit zunehmender Entfernung der Bindungselektronen von den Kernen (d.h. mit dem Atomradius) der miteinander gebundenen Atome zu.

Aus diesem Grunde sind (C−H)-Bindungen im Gegensatz zu (C−C)-Bindungen sehr wenig polarisierbar (s. *Abschn. 3.5*).

Andererseits weisen einige apolare kovalente Bindungen zwischen Atomen gleicher Elektronegativität (z.B. C−S oder C−I) starke Polarisierbarkeit auf, wodurch sie in vielen Fällen die Reaktivität eines Moleküls bestimmen (*Abschn. 7.8*).

Das mit Hilfe der *Debye*-Gleichung bestimmte Dipolmoment ist das Dipolmoment des gesamten Moleküls. Nur im Falle eines zweiatomigen Moleküls stimmt das Bindungsdipolmoment mit dem Gesamtdipolmoment des Moleküls überein. Aus dem Vergleich mehrerer Verbindungen können deshalb die Dipolmomente einzelner Bindungen errechnet werden (*Tab. 1.6*). Da Dipolmomente Vektoren sind, resultiert das Dipolmoment eines polyatomigen Moleküls aus der *vektoriellen* Summe der Dipolmomente seiner Bindungen. Aus diesem Grunde haben symmetrische Moleküle – z.B. Tetrachlorkohlenstoff (CCl_4), dessen Cl-Atome wie bei allen Derivaten von CH_4 um das zentrale C-Atom tetraedrisch angeordnet sind (*Abschn. 2.6*) – kein Dipolmoment, obwohl die einzelnen Bindungen stark polarisiert sind (*Tab. 1.6*). Ferner geht aus *Fig. 1.8* hervor, dass das Dipolmoment des Dichloromethans (CH_2Cl_2) und des Chloroforms ($CHCl_3$) kleiner sind als der Wert, den man durch vektorielle Summe des Dipolmoments der (C−Cl)-Bindung in Methylchlorid (CH_3Cl) erhalten würde. Der Grund liegt darin, dass das Bindungsdipolmoment der (C−Cl)-Bindung in den verschiedenen oben genannten Molekülen nicht dasselbe ist. Je mehr Cl-Atome an das C-Atom gebunden sind, umso größer wird die Oxidationszahl und somit die Elektronegativität des Letzteren (*Abschn. 1.6*). Demzufolge werden die Bindungsdipolmomente der (C−Cl)-Bindungen kleiner.

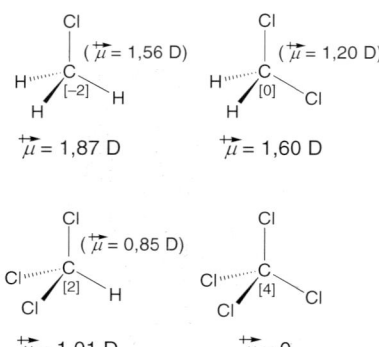

Fig. 1.8. *Dipolmomente* (in Debye) *der Chloromethane.* In runden Klammern: Bindungsmoment der (C−Cl)-Bindung; in eckigen Klammern: Oxidationszahl des C-Atoms.

1.8. Intermolekulare Wechselwirkungen

Die im *Abschn. 1.1* erwähnte Tendenz zur Bildung immer komplexerer Systeme, die nicht immer dem thermodynamischen Gesetz der Minimierung der Freien Enthalpie folgt, scheint eine inhärente Eigenschaft der Materie zu sein. So werden aus Atomen Moleküle, aus Molekülen Makromoleküle (Polymere), aus Makromolekülen

Aggregate ('Supramoleküle'), aus Mikroorganismen Symbionten, aus Zellen Organe, aus Individuen Gesellschaften gebildet.

Auf molekularer Ebene werden die stabilisierenden Kräfte zwischen den konstituierenden Bestandteilen *schwache Wechselwirkungen* genannt. Sie gehören zu drei Typen:

- *van-der-Waals*-Kräfte (*Abschn. 1.9*)
- Wasserstoffbrücken-Bindungen (*Abschn. 5.5*)
- Hydrophobe Wechselwirkungen (*Abschn. 9.16*)

Während die Bildung von Molekülen durch das Zustandekommen kovalenter Bindungen zwischen den konstituierenden Atomen zu erklären ist (*Abschn. 1.4*), können komplexere Strukturen der Makromoleküle sowie zahlreiche chemische Phänomene, welche in der kondensierten Phase beobachtet werden, nur durch die schwachen Wechselwirkungen verstanden werden. Letztere können sowohl *intermolekular* (zwischen Molekülen) als auch intramolekular (innerhalb eines Moleküls) sein.

Die Energie derartiger schwacher Bindungen beträgt nur 4 bis 25 kJ mol^{-1}; sie werden somit bei Raumtemperatur oder unter physiologischen Bedingungen ständig gebrochen und wieder gebildet. Da ihre Zahl bei einem Makromolekül hoch ist, spielen sie jedoch beispielsweise für die Stabilisierung sowohl supramolekularer Strukturen wie Membranen, Ribosomen, Virushüllen u. a. als auch der dreidimensionalen Gestalt von Proteinen und Nucleinsäuren bzw. für die gegenseitige 'Erkennung' von Molekülen (Wechselwirkungen zwischen Enzym und Substrat, Hormon und Rezeptor u. a.) eine wichtige Rolle.

1.9. Die *van-der-Waals*-Kräfte

Im Gegensatz zu den aus Ionen zusammengesetzten Verbindungen (z. B. Kochsalz: Na$^+$Cl$^-$), deren dreidimensionale kristalline Strukturen durch starke elektrostatische (*Coulomb*'sche) Kräfte stabilisiert werden, sind die Wechselwirkungen zwischen Molekülen schwach (s. *Abschn. 1.8*). Dass dennoch zahlreiche organische Verbindungen in flüssiger oder fester Form vorkommen, rührt von den so genannten intermolekularen *van-der-Waals*-Kräften her.

Es handelt sich dabei ebenfalls um elektrostatische Wechselwirkungen zwischen entweder permanent im Molekül vorhandenen oder durch die Vibration der Atome im Molekül momentan auftretenden elektrischen Dipolen (*Abschn. 1.8*). Wie es im Allgemeinen bei elektrostatischen Kräften der Fall ist, nimmt die Intensität der intermolekularen *van-der-Waals*-Kräfte mit abnehmendem Abstand zwischen den Molekülen zu. Da aber Moleküle bedingt durch ihre Zusammensetzung aus Atomkernen und Elektronen einen Raum beanspruchen, können sich die Moleküle in einem Kristall, der die kompakteste der möglichen Anordnungen darstellt, nur bis zu einem bestimmten Abstand nähern.

Johannes Diderik van der Waals (1837–1923) promovierte nach neunjähriger Tätigkeit als Physiklehrer an der Universität Leiden. Vier Jahre später (1877) erhielt er den Lehrstuhl für Physik an der Universität Amsterdam. Seine Arbeiten über die Zustandsgrößen der realen Gase und der Flüssigkeiten wurden 1910 mit dem *Nobel*-Preis für Physik gewürdigt. (© *Nobel*-Stiftung)

> Der **van-der-Waals-Abstand** wird definiert als der minimale Abstand in molekularen Kristallen zwischen Atomkernen desselben Elements, die nicht zum selben Molekül gehören.
>
> Der **van-der-Waals-Radius** beträgt die Hälfte des *van-der-Waals-Abstandes*.

Dieser Abstand wird durch die äußeren Atome des Moleküls bestimmt, die sich gewissermaßen im Kristall gegenseitig 'berühren'. Wie im Falle der kovalenten Bindung zwischen Atomen, lassen sich diese Abstände, welche *van-der-Waals*-Abstände genannt werden, durch Messung der Diffraktion von Röntgenstrahlen bestimmen. Daraus können die entsprechenden *van-der-Waals*-Radien einzelner Atome ermittelt werden (*Tab. 1.7*). Während sich jedoch die *van-der-Waals*-Radien von Elementen wie Wasserstoff und den Halogenen leicht ermitteln lassen, muss der *van-der-Waals*-Radius des C-Atoms, das nicht an der Molekülperipherie liegt, aus dem Radius der Methyl-Gruppe (200 pm) geschätzt werden.

Tab. 1.7. Van-der-Waals-*Radien einiger Atome*

Atom	r [pm]	Atom	r [pm]
D	119,6	Cl	180
H	120	S	185
F	135	P	190
C	[a]	Br	195
O	140	I	215
N	150		

[a] Experimentell nicht messbar.

Van-der-Waals-Kräfte spielen für die Löslichkeit der Substanzen in dem Medium, in dem chemische Reaktionen stattfinden, eine entscheidende Rolle. Elektrostatische Wechselwirkungen zwischen den Dipolmomenten der Moleküle des Lösungsmittels und derjenigen der gelösten Stoffe führen zur *Solvatisierung* (oder *Solvatation*) Letzterer. Dies ist ein exothermer Prozess, der in vielen Fällen reaktive Zwischenprodukte bei chemischen Reaktionen stabilisiert (*Abschn. 3.8*).

1.10. Der Mechanismus chemischer Reaktionen

Eine chemische Reaktion, so wie sie durch eine *chemische Reaktionsgleichung* beschrieben wird, besteht in der Umwandlung einer oder mehrerer Verbindung(en), die Substrate, Reaktanden oder Edukte genannt werden, in neue Stoffe (die *Produkte* der Reaktion), wobei kovalente Bindungen gespalten und neue gebildet werden. Eine chemische Reaktionsgleichung, bei der die Strukturen der Edukte und der Produkte wiedergegeben sind, stellt den *formalen* Ablauf der Reaktion dar. Somit gibt es formal nur fünf verschiedene Typen von Reaktionen in der organischen Chemie:

- intramolekulare Umlagerung
- Substitution*
- Addition*
- Eliminierung
- Redox-Reaktion

Darüber hinaus beschreibt der *Mechanismus* einer chemischen Reaktion aus welchen Schritten die Reaktion besteht, ihre Stereoselektivität und welche Nebenprodukte gebildet werden können. So kann z. B. eine (formale) Substitutionsreaktion grundsätzlich nach einem der nachstehenden Mechanismen stattfinden:

- simultan erfolgende Spaltung und Bildung je einer kovalenten Bindung (*Abschn. 5.13*),
- nacheinander erfolgende Spaltung und Bildung je einer kovalenten Bindung (*Abschn. 2.14* und *5.15*),
- Eliminierung und darauf folgende Addition (*Abschn. 9.23*),
- Addition und darauf folgende Eliminierung (*Abschn. 4.4*).

Die in den älteren Lehrbüchern der organischen Chemie angewandte Umrandung der an der chemischen Reaktion beteiligten Atome ist zwar oft mnemonisch sehr nützlich (*Fig. 1.9*), sie gibt jedoch nicht die Tatsache wieder, dass die Umwandlung der Substrate einer chemischen Reaktion in die entsprechenden Produkte in den meisten Fällen nicht direkt, sondern in mehreren *Reaktionsschritten* unter Bildung von kurzlebigen Intermediaten (Zwischenprodukten) stattfindet, deren Zersetzung letztlich die Produkte der Reaktion liefern (*Abschn. 1.12*).

Die Bildung eines Esters durch Reaktion eines Alkohols mit einer Carbonsäure beispielsweise (*Abschn. 9.15*) kann als Substitution des Wasserstoff-Atoms der Hydroxy-Gruppe der Carbonsäure durch den Alkyl-Rest des Alkohols oder als Substitution des H-Atoms des Alkohols durch den Carbonsäure-Rest (Acyl-Rest) aufgefasst werden. Beide Prozesse können *formal* als Abspaltung eines H_2O-Moleküls unter Vereinigung der übrig gebliebenen Atome zum Ester-Molekül interpretiert werden. *A priori* bestehen also für die Abspaltung des H_2O-Moleküls zwei Möglichkeiten (*Fig. 1.10*), worüber nur durch die Aufklärung des *Mechanismus* der Reaktion entschieden werden kann.

Die Kenntnis des Mechanismus einer chemischen Reaktion setzt somit die Aufklärung der Struktur *aller* molekularen Spezies (und zwar auch derjenigen, die weder isoliert noch mit den zur Verfügung stehenden analytischen Methoden nachgewiesen werden können), die während der Reaktion gebildet werden, sowie der Reihenfolge ihrer Bildung voraus. Die Kenntnis der Mechanismen chemischer Reaktionen ist nicht nur die Voraussetzung für das Verständnis der molekularen Reaktivität, sondern auch für die Planung von Synthesen neuer oder bereits bekannter Stoffe sowie die Entwicklung neuartiger Reagenzien. Darüber hinaus lassen sich die Mechanismen der Mehrzahl enzymatisch katalysierter Reaktionen anhand analoger chemischer Prozesse deuten (*Tab. 1.8*).

Leider sind heute noch die Mehrzahl der postulierten Reaktionsmechanismen lediglich vereinfachte *Rationalisierungen* eines Reaktionsgeschehens, die zwar für eine systematische Klassifizierung chemischer Reaktionen in eine relativ kleine Anzahl von Reaktionstypen

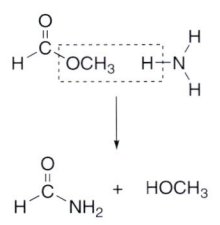

Fig. 1.9. *Chemische Reaktionsgleichung der Ammonolyse von Methyl-formiat*

In reaktionsmechanistischem Sinne ist ein **Zwischenprodukt** ein Molekül, das in einer mehrstufigen Reaktion sowohl als Produkt eines Reaktionsschrittes, wie auch als Reaktand des darauf folgenden fungiert.

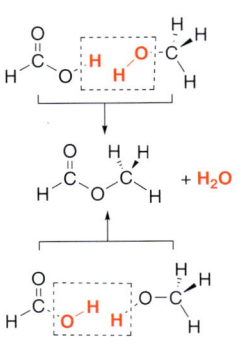

Fig. 1.10. *Bei der Bildung eines Esters aus der entsprechenden Carbonsäure* (Ameisensäure) *und einem Alkohol* (Methanol) *wird formal ein H_2O-Molekül abgespalten.*

Tab. 1.8. *Reaktionsmechanistisch analoge chemische und enzymatische Reaktionen*

Chemische Reaktion	Enzymatisch katalysierte Reaktion	*Abschn.*
Aldol-Addition	Biosynthese des Fructose-1,6-bisphosphats	8.20
Allyl-Umlagerung	Dimethylallyl-pyrophosphat $\rightleftharpoons$ Isopentenyl-pyrophosphat	3.9
Benzoin-Kondensation	2-Acetyllactat-Synthese	9.8
Claisen-Kondensation	Biosynthese von Acetoacetyl-Coenzym A	9.23
Claisen-Umlagerung	Chorisminsäure $\rightarrow$ Präphensäure	8.18
Cope-Umlagerung	Germacren A $\rightarrow$ β-Elemen	3.18
Diels–Alder-Addition	Biosynthese des Solanopyrons A im Pilz *Alternaria solani*	3.16
Friedel–Crafts-Alkylierung	Alkylierung der 1,4-Dihydroxynaphthoesäure	4.5
kationische Polymerisation	Biosynthese von Geranyl- und Farnesyl-pyrophosphat	3.19
Keto–Enol-Tautomerie	Glycerinaldehyd-3-phosphat $\rightleftharpoons$ Dihydroxyaceton-1-phosphat	8.16
α-Ketol-Umlagerung	2-Acetyllactat $\rightarrow$ 3-Hydroxy-2-oxovalerat	9.8
Meerwein–Ponndorf–Verley-Reduktion	Acetaldehyd $\rightleftharpoons$ Ethanol, u. a.	8.11
Phenol-Oxidation	Hypericin-Biosynthese u. a.	5.12
S_N2-Reaktion	Biosynthese von Adrenalin, Phosphatidylcholin, u. a.	7.8
Wagner–Meerwein-Umlagerung	α-Terpineol $\rightarrow$ Borneol, u. a.	3.19

von außerordentlichem Nutzen sind, aber bei der Voraussage der Reaktivität eines Moleküls aufgrund seiner Struktur oft versagen. Dennoch ist die Entwicklung von Modellvorstellungen über den Mechanismus chemischer Reaktionen eine wichtige Voraussetzung für das Verständnis der Beziehung zwischen Struktur und Reaktivität der Moleküle. Die Chemie, deren Methodik grundsätzlich empirisch ist, ist heute noch sehr weit von ihrer Zielsetzung entfernt, die Struktur der Produkte einer Reaktion aufgrund der Kenntnis der Struktur der Reaktanden und der Reaktionsbedingungen voraussagen zu können. Jedoch besitzen Modellvorstellungen einen großen heuristischen Wert, weil sie oft zu neuen Experimenten stimulieren und dadurch die Möglichkeit zu neuen Entdeckungen offen halten.

Welche experimentellen Möglichkeiten stehen dem Chemiker zur Aufklärung des Mechanismus einer Reaktion zur Verfügung? Im Wesentlichen die fünf nachstehenden:

1) Untersuchung der Kinetik der Reaktion (ggf. in verschiedenen Lösungsmitteln oder unter Einbeziehung von Isotopeneffekten).
2) Isolierung oder analytischer Nachweis von Zwischenprodukten.
3) Durchführung der gleichen Reaktion mit Substraten, deren Struktur derjenigen mutmaßlicher Zwischenprodukte gleicht.
4) Ersatz der Reaktanden durch Analoga mit geringfügig veränderter Konstitution. (Die kleinste Veränderung besteht im Ersatz geeigneter Atome des Moleküls durch eines ihrer Isotope).
5) Untersuchung der Stereoselektivität der Reaktion.

Beispiele für die Anwendung der vorstehenden Methoden, die insgesamt auch für die Untersuchung der Mechanismen enzymatisch

1. Einleitung

katalysierter Reaktionen angewendet werden können, werden in den folgenden Kapiteln dieses Buches angegeben. Im nachstehenden Abschnitt werden die wichtigsten Begriffe erläutert, die mit der Untersuchung der Kinetik chemischer Reaktionen im Zusammenhang stehen.

1.11. Die Kinetik chemischer Reaktionen

Einen ersten Einblick in den Mechanismus einer chemischen Reaktion gewährt die Bestimmung der Reaktionsgeschwindigkeit in Abhängigkeit der Konzentration der Reaktanden, d.h. die Untersuchung der *Reaktionskinetik*.

Die Geschwindigkeit chemischer Reaktionen, die *temperaturabhängig* ist, wird durch die Änderung der Konzentration (c) der Reaktanden oder Produkte der Reaktion pro Zeiteinheit – üblicherweise die Sekunde (s) – angegeben:

$$\text{Reaktionsgeschwindigkeit} = \frac{dc}{dt}$$

Im einfachsten Fall ist die Reaktionsgeschwindigkeit zur Konzentration einer einzigen Komponente im Reaktionsmedium direkt proportional, d.h.:

$$\frac{dc}{dt} = -k_1 c$$

wobei das negative Vorzeichen angibt, dass die Konzentration des Substrats im Laufe der Reaktion abnimmt. Eine Reaktion, welche diese Proportionalität aufweist, wird Reaktion *erster Ordnung* genannt. Die Proportionalitätskonstante k ist die *Reaktionsgeschwindigkeitskonstante*. Ihr Kehrwert ($\tau = 1/k_1$) wird *mittlere Lebensdauer* des zerfallenden Stoffes genannt.

Die Integration der obigen Differentialgleichung ergibt:

$$\ln\frac{c}{c_0} = -k_1 t \quad \text{bzw.} \quad c = c_0 e^{-k_1 t}$$

wobei c_0 die Konzentration des Substrats zum Beginn der Reaktion ($t = 0$) ist. Dies ist eine Exponentialfunktion zwischen den Variablen c und t, die in *Fig. 1.11* graphisch dargestellt ist.

Eine entsprechende Beziehung für die Zunahme der Konzentration des Produktes während der Reaktion resultiert aus der Integration der Differentialgleichung (*Fig. 1.11*):

$$\frac{dc}{dt} = +k_1 c$$

Da die Geschwindigkeit einer Reaktion von der Konzentration der Reaktanden abhängt, ist sie nicht konstant. Im Allgemeinen nimmt

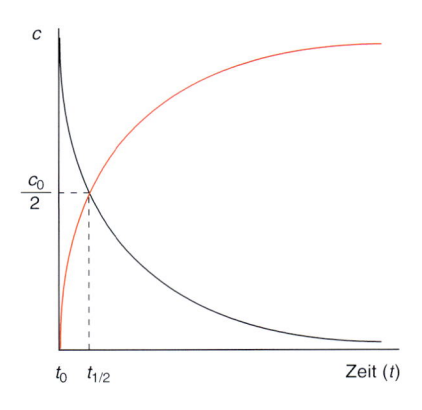

Fig. 1.11. *Änderung der Substrat- (——) bzw. Produkt-Konzentration (——) als Funktion der Zeit bei Reaktionen erster Ordnung*

sie ab, bis ein Gleichgewicht erreicht wird (d.h. die Geschwindigkeiten der Hin- und Rückreaktion sind gleich), oder (bei irreversiblen Reaktionen) bis das Substrat der Reaktion vollständig verbraucht wird. Es ist somit zweckmäßig, nicht Reaktionsgeschwindigkeitskonstanten, sondern die so genannten Halbwertszeiten ($\tau_{1/2}$) chemischer Reaktionen miteinander zu vergleichen, die als diejenigen Zeiten definiert werden, in welchen *die Hälfte* der ursprünglich vorhandenen Moleküle reagiert haben. Für eine Reaktion erster Ordnung resultiert aus der Integration der entsprechenden Differentialgleichung zwischen $t = 0$ (Beginn der Reaktion) und $t = \tau_{1/2}$:

$$\ln \frac{c_0/2}{c_0} = -k_1(\tau_{1/2} - 0)$$

so dass:

$$\ln 2 = k_1 \cdot \tau_{1/2} \quad \text{bzw.} \quad \tau_{1/2} = \frac{\ln 2}{k_1}$$

Bei Reaktionen erster Ordnung entspricht somit die Dimension der Reaktionsgeschwindigkeitskonstanten (k_1) dem Kehrwert der Zeit, der in s^{-1} oder Hertz (Hz) angegeben wird.

Außer bei Reaktionen erster Ordnung, einschließlich des Zerfalls radioaktiver Atomkerne, sind derartige Exponentialfunktionen für zahlreiche natürliche Prozesse charakteristisch. In der Biologie sind sowohl die Zellteilung, bei der in jeder Generation aus einem Individuum zwei hervorgehen, als auch die Sterberate einer Population von der Größe der Population abhängig. Da die Änderung der jeweiligen Rate mit gleichem Vorzeichen wie die Veränderung der Populationszahl erfolgt, sind derartige Prozesse entscheidend für die Evolution der Spezies.

Bei einfachen Reaktionen, bei denen sich zwei Moleküle des Substrats zu einem einzigen Molekül des Produkts vereinigen, und zwar gemäß der Gleichung:

$$2\,A \rightarrow B$$

ist die Reaktionsgeschwindigkeit zum *Quadrat* der Substrat-Konzentration direkt proportional:

$$\frac{dc}{dt} = -k_2 c^2$$

Derartige Reaktionen weisen eine Kinetik *zweiter Ordnung* auf. Durch Integration der entsprechenden Differentialgleichung erhält man:

$$\frac{1}{c} - \frac{1}{c_0} = k_2 t$$

wobei c_0 die Substrat-Konzentration zum Beginn der Reaktion ($t = 0$) ist (*Fig. 1.12*).

Die Halbwertszeit ($\tau_{1/2}$) der Reaktion wird erreicht, wenn $c = c_0/2$, so dass:

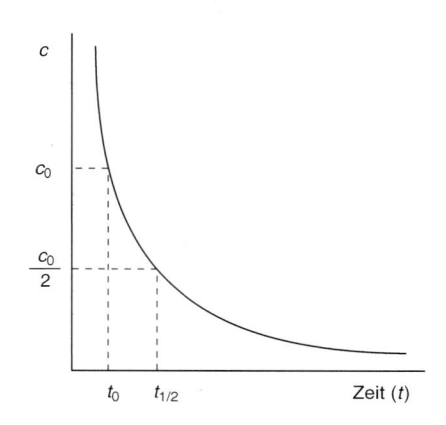

Fig. 1.12. *Bei Reaktionen zweiter Ordnung folgt die Änderung der Substrat-Konzentration als Funktion der Zeit einem hyperbolischen Verlauf.*

$$\frac{2}{c_0} - \frac{1}{c_0} = k_2(\tau_{1/2} - 0)$$

Demzufolge hängt die Halbwertszeit von Reaktionen zweiter Ordnung von der Anfangskonzentration des Substrats ab:

$$\tau_{1/2} = \frac{1}{k_2 c_0}$$

wobei die Dimension der Reaktionsgeschwindigkeitskonstanten (k_2) l mol^{-1} s^{-1} ist.

Sind an der Bildung der Produkte mehrere Stoffe beteiligt, so wird im Allgemeinen die Reaktionsgeschwindigkeit von den Konzentrationen aller dieser Stoffe sowie von deren stöchiometrischen Koeffizienten (m, n, p, ...) in der Reaktionsgleichung abhängen:

$$\frac{dc}{dt} = -k[A]^m[B]^n[C]^p ...$$

Die **Reaktionsordnung** ist gleich der Summe der Exponenten der Konzentrationen der Reaktanden, welche die Geschwindigkeit der Gesamtreaktion bestimmen.

In diesen Fällen ist die Reaktionsordnung gleich der *Summe* der Exponenten der Konzentrationen in der Reaktionsgeschwindigkeitsgleichung:

$$\text{Reaktionsordnung} = m + n + p + ...$$

Die Geschwindigkeit einer Reaktion ist eine *makroskopische* Größe, die in der Regel mit Hilfe einfacher analytischer Mittel gemessen werden kann. Die quantitative Beziehung zu *molekularen* Parametern, die für den Mechanismus der Reaktion maßgebend sind, wurde 1889 von *Arrhenius*, basierend auf der fünf Jahre früher von *van't Hoff* (s. Abschn. 2.6) für reversible Reaktionen abgeleiteten Temperaturabhängigkeit der Gleichgewichtskonstanten (Abschn. 2.19) hergestellt. Die *Arrhenius*-Gleichung stellt heute noch eine hinreichend genaue Beziehung zwischen der Temperaturabhängigkeit der Reaktionsgeschwindigkeitskonstanten und der so genannten *Aktivierungsenergie* (E_a) dar, d. h. der minimalen durchschnittlichen Energie, die ein Molekül besitzen muss, damit die Reaktion eintreten kann:

$$\frac{d \ln k}{dT} = \frac{E_a}{RT^2}$$

wobei R die Gaskonstante* und T die absolute Temperatur* ist.

Durch Integration der *Arrhenius*-Gleichung erhält man:

$$\ln k = -\frac{E_a}{RT} + A$$

Die Integrationskonstante (A) wird *Frequenzfaktor* genannt; er ist ein Maß für die Häufigkeit der Zusammenstöße zwischen den Molekülen

Svante August Arrhenius (1859–1927) wurde 1903 für seine Theorie der elektrolytischen Dissoziation, deren bereits in seiner Doktorarbeit formulierte Ansätze von seinen Lehrern heftig kritisiert wurden, mit dem *Nobel*-Preis ausgezeichnet. 1906 stellte *Arrhenius* die Hypothese der Panspermie auf, die den Ursprung des irdischen Lebens im Weltall vermutet, aus dem Organismen durch Meteorite auf die Erde gebracht worden sind. Diese Vorstellung wurde später u. a. vom britischen Astronomen und Mathematiker *Sir Fred Hoyle* (*1915) aufgegriffen und modifiziert. (Mit Genehmigung der Royal Society of Chemistry, Library and Information Centre, London)

Struktur und Reaktivität der Biomoleküle

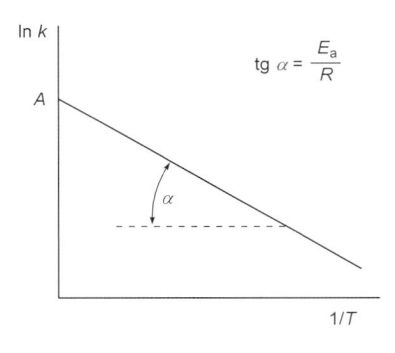

Fig. 1.13. *Bestimmung der Aktivierungsenergie (E_a) und des Frequenzfaktors (A) der Arrhenius-Gleichung aufgrund der Temperaturabhängigkeit der Reaktionsgeschwindigkeit*

der Reaktanden, unabhängig davon, ob sie genügend Energie für die Reaktion besitzen oder nicht.

Aufgrund der linearen Beziehung zwischen $\ln k$ und dem Kehrwert des Produktes $R \times T$ können E_a und A anhand der Neigung bzw. Ordinatenabschnitt der Geraden bestimmt werden, die durch Auftragen von $\ln k$ gegen $1/T$ in einem zweidimensionalen cartesischen (d.h. rechtwinkligen) Koordinatensystem erhalten wird (*Fig. 1.13*).

Eine Interpretation der empirischen Parameter E_a und A liefert die Theorie der absoluten Reaktionsgeschwindigkeiten, die 1935 von *Eyring* und *Polanyi* entwickelt wurde. Sie geht vom Konzept des Übergangskomplexes chemischer Reaktionen aus (*Abschn. 2.15*) und verwendet die Methoden der statistischen Thermodynamik zur Bestimmung der Reaktionsgeschwindigkeitskonstante:

$$k = -\frac{k_B T}{h} e^{-\Delta G^{\ddagger}/RT}$$

Die *Eyring–Polanyi*-Gleichung enthält somit nur noch physikalische Grundkonstanten, nämlich die *Boltzmann*- (k_B)* und die *Planck*'sche

Henry Eyring (1901–1981)
Professor für Chemie an den Universitäten Princeton in New Jersey (1938) und Utah in Salt Lake City (1946), widmete sich während seiner gesamten Forschertätigkeit dem Arbeitsgebiet der Reaktionskinetik. In späteren Jahren beschäftigte er sich jedoch mit Fragen der Molekularbiologie. (Mit Genehmigung des Special Collections Dept. J. Willard Marriott Library, University of Utah, Salt Lake City)

John Charles Polanyi (*1929)
Professor für Chemie an der Universität Toronto (1962), erhielt 1986 zusammen mit *Dudley Robert Herschbach* und *Yuan Tseh Lee* für seine Beiträge zur Dynamik elementarer chemischer Prozesse den *Nobel*-Preis für Chemie. (© *Nobel*-Stiftung)

Konstante $(h)^*$, neben der Freien Aktivierungsenthalpie ($\Delta G^\ddagger$) der Reaktion.

Der Faktor $k_B T/h$ in der *Eyring*-Gleichung beträgt bei Raumtemperatur (25 °C, 298,15 K) $6{,}2 \times 10^{12}$ s^{-1}. Dieser Wert, welcher der Lebensdauer des Übergangskomplexes entspricht, gibt ungefähr die Geschwindigkeit wieder, mit der ein Reaktionsschritt in der Gasphase abläuft, der keine Aktivierungsenthalpie ($\Delta H^\ddagger = 0$) und keine Aktivierungsentropie* ($\Delta S^\ddagger = 0$) erfordert. Bei den meisten Reaktionen der organischen Chemie, die innerhalb eines Tages ablaufen, liegt die Reaktionsgeschwindigkeitskonstante zwischen 10^{-4} und 10^{-5} s^{-1}.

Im Gegensatz zur *Arrhenius*-Gleichung, die für jede beliebige Reaktionsgeschwindigkeitskonstante gilt, behandelt die Theorie des Übergangszustandes nur Geschwindigkeitskonstanten individueller Schritte. Sofern die *Arrhenius*-Gleichung auf die mikroskopische Geschwindigkeitskonstante eines einzelnen Reaktionsschrittes bezogen wird, lassen sich aufgrund der bekannten thermodynamischen Beziehungen

$$\Delta G = \Delta H - T\Delta S; \qquad \Delta H = \Delta E + p\Delta V$$

$$\text{und } p\Delta V = \Delta n\, RT$$

nachstehende Korrelationen zwischen der *Arrhenius*- und der *Eyring*-Gleichung leicht herstellen:

$$E_a = \Delta H^\ddagger + (n-1)RT \quad \text{und}$$

$$A = -\frac{e^{(n-1)}k_B T}{h} e^{\Delta S^\ddagger/R}$$

wobei n die *Molekularität* der Reaktion angibt.

Reaktionen, bei denen ein einziges Molekül an der Bildung des Übergangskomplexes beteiligt ist, werden als *monomolekular* bezeichnet. Bei monomolekularen Reaktionen ($n = 1$) ist $E_a = \Delta H^\ddagger$. Da bei Raumtemperatur (~300 K) das Produkt RT klein ist, beträgt der Unterschied zwischen E_a und $\Delta H^\ddagger$ bei bimolekularen Reaktionen ($n = 2$) nur ungefähr 2,5 kJ mol^{-1}, ein Wert, der innerhalb der Fehlergrenze bei der experimentellen Bestimmung von Aktivierungsenergien chemischer Reaktionen liegt.

Als Beispiel für eine monomolekulare Reaktion sei die oberhalb 140 °C stattfindende thermische Zerlegung des *endo*-Cyclopentadien-Dimers aufgeführt, die in umgekehrter Richtung als dessen Bildung aus zwei Cyclopentadien-Molekülen stattfindet (*Fig. 1.14*).

Die mit Hilfe der *Arrhenius*-Gleichung experimentell bestimmten Reaktionsparameter sind: $\Delta H^\ddagger = 138$ kJ mol^{-1} und $\Delta S^\ddagger = -8$ J mol^{-1}.

Da die Reaktion außerdem *einstufig*, d.h. in *einem* Reaktionsschritt, abläuft, hängt ihre Geschwindigkeit nur von der entspre-

---

Die **Molekularität** einer Reaktion wird als die Anzahl der Moleküle, die an der Bildung des Übergangskomplexes des reaktionsgeschwindigkeitsbestimmenden Schritts der Reaktion beteiligt sind, definiert.

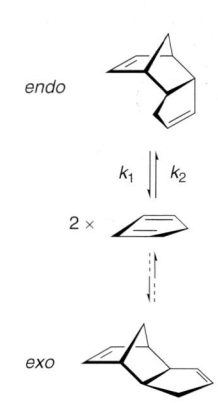

Fig. 1.14. *Reversible thermische Dimerisierung des Cyclopentadiens*

Eine **einstufige Reaktion** ist eine Reaktion, bei der die Umwandlung der Edukte in die Produkte unter Bildung von nur einem Übergangskomplex stattfindet.

chenden Reaktionsgeschwindigkeitskonstanten (k_1) und der Konzentration des Substrats ab; sie ist somit *erster* Ordnung:

$$\frac{dc}{dt} = -k_1[\text{Cyclopentadien-Dimer}]$$

Die Spaltung des Cyclopentadien-Dimers ist wie erwähnt eine reversible Reaktion. Unterhalb 140 °C liegt hauptsächlich das Dimer des Cyclopentadiens vor. Die bei der Bildung des Letzteren freiwerdende Energie ergibt sich aus der Differenz der Standardbildungsenthalpien des Produktes und des Ausgangsstoffes (zwei Cyclopentadien-Moleküle); sie beträgt somit: $\Delta H^0 = 188 - 2 \times 132 = -76$ kJ mol^{-1}. Die experimentell bestimmten Reaktionsparameter für die Dimerisierung des Cyclopentadiens betragen in der Gasphase: $\Delta H^\ddagger = 65$ kJ mol^{-1} und $\Delta S^\ddagger = -142$ J mol^{-1}. Die im Vergleich zur Spaltung des Cyclopentadien-Dimers sehr hohe Aktivierungsentropie der Dimerisierung steht im Einklang mit der Abnahme der Zahl der sich im Reaktionsraum frei beweglichen Teilchen infolge der Bildung eines 'geordneten' Übergangskomplexes aus je *zwei* Molekülen des Eduktes.

Gemäß der stöchiometrischen Gleichung hängt die Reaktionsgeschwindigkeit der Dimerisierung des Cyclopentadiens von der Konzentration des Substrats im Quadrat ab. Es handelt sich somit um eine Reaktion zweiter Ordnung:

$$\frac{dc}{dt} = -k_2[\text{Cyclopentadien}]^2$$

Obwohl auf den ersten Blick der Eindruck entstehen kann, dass Molekularität und Reaktionsordnung gleichbedeutend sind, ist diese Schlussfolgerung nur richtig, wenn bestimmte Bedingungen zutreffen, die von der oben erläuterten Dimerisierung des Cyclopentadiens erfüllt werden. Findet beispielsweise eine monomolekulare Reaktion an einer Oberfläche (z. B. der eines Enzyms) statt, so hängt ihre Geschwindigkeit nicht von der Konzentration des Substrats im Medium ab. Vom kinetischen Standpunkt aus gesehen ist eine Reaktion, deren Geschwindigkeit konstant ist, eine Reaktion *nullter* Ordnung (!):

$$\frac{dc}{dt} = -k$$

> Der **geschwindigkeitsbestimmende Schritt** einer mehrstufigen Reaktion ist jener bei dem die Freie Aktivierungsenthalpie ($\Delta G^\ddagger$) am größten ist (s. *Abschn. 3.8*).

Andererseits kann eine mehrstufige Reaktion, deren monomolekularer reaktionsgeschwindigkeitsbestimmender Schritt nicht der erste ist, eine Kinetik höherer Ordnung als 1 aufweisen (*Abschn. 5.15*). Ferner weisen bimolekulare Reaktionen, die autokatalytisch verlaufen (s. unten) oder bei denen ein Reaktand in großem Überschuss (z. B. als Lösungsmittel) vorhanden ist, eine Kinetik *pseudo-erster Ordnung* auf, weil sich die Konzentration eines der Reaktionspartner im Laufe der Reaktionszeit kaum ändert.

Wie bereits erwähnt, ist die Dimerisierung vom Cyclopentadien eine reversible Reaktion. Bei jeder Temperatur befinden sich das Cyclopentadien und sein Dimer im thermodynamischen Gleichgewicht, so dass die Zusammensetzung des Reaktionsgemisches *thermodynamisch kontrolliert* ist, d.h. sie wird von der bei der Reaktion freigesetzten Energie gemäß:

$$\Delta G^0 = -RT \ln K$$

bestimmt, wobei K die Gleichgewichtskonstante der Reaktion ist:

$$K = \frac{[\text{Cyclopentadien-Dimer}]}{[\text{Cyclopentadien}]^2}$$

> Eine Reaktion ist **thermodynamisch kontrolliert**, wenn alle Reaktionsschritte reversibel sind.

Die Gleichgewichtskonstante (K) einer reversiblen Reaktion kann größer oder kleiner als 1 sein, je nachdem wie sie definiert wird. Mit Ausnahme der Säure/Base-Gleichgewichtskonstanten (*Abschn. 5.6*) wird K üblicherweise mit den Konzentrationen der energieärmeren Reaktionskomponenten im Zähler und denjenigen der energiereicheren im Nenner definiert, so dass $K > 1$ ist. Ferner werden Reaktionsgleichungen so geschrieben, dass sie von links nach rechts *exotherm* (*Abschn. 1.5*) stattfinden. Diese Konvention entspricht dem 2. Hauptsatz der Thermodynamik (Prozesse, die spontan stattfinden, sind irreversibel), wonach chemische Reaktionen spontan ablaufen, wenn sie *exergonisch*, d.h. unter Abnahme der *Freien Enthalpie* (ΔG)* des Systems stattfinden. Somit ist die bei der Reaktion freiwerdende Energie = $-\Delta G^0$.

Ein thermodynamisches Gleichgewicht ist ein *dynamisches* Gleichgewicht, d.h. bei jeder Temperatur ist die Bildungsgeschwindigkeit des Produktes gleich der Geschwindigkeit der Rückbildung des Edukts:

$$k_2[\text{Cyclopentadien}]^2 = \frac{dc}{dt} = k_1[\text{Cyclopentadien-Dimer}]$$

$$\text{und folglich: } K = \frac{k_2}{k_1}$$

Somit ist die Gleichgewichtskonstante einer chemischen Reaktion gleich dem Quotienten der Geschwindigkeitskonstanten der Reaktionen in exothermer (exergonischer) und endothermer (endergonischer) Richtung.

Prinzipiell ist jede chemische Reaktion *reversibel*, d.h. deren Produkte können unter den gegebenen Reaktionsbedingungen dieselben Verbindungen liefern, aus denen sie hervorgegangen sind. Dieses so genanntes *Prinzip der mikroskopischen Reversibilität* ist eine unmittelbare Konsequenz der Theorie des Übergangskomplexes, dessen Bildung sowohl in exothermer als auch in endothermer Reaktionsrichtung den kleinsten Energieaufwand erfordert.

Im Allgemeinen jedoch gilt, je exothermer eine Reaktion ist, desto niedriger ist ihre Aktivierungsenthalpie (*Bell–Evans–Polanyi-Prinzip*). Ist somit die Aktivierungsenthalpie der Umwandlung der

| | Produkte einer Reaktion in die dazugehörigen Substrate größer als 128 kJ mol^{-1}, so findet sie so langsam statt, dass die Produktbildung als *irreversibel* betrachtet werden kann (*Abschn. 1.12*).

Eine Reaktion ist praktisch **irreversibel**, wenn die Freie Aktivierungsenthalpie der entsprechenden Rückreaktion größer als 128 kJ mol^{-1} ist.

Es sei an dieser Stelle darauf hingewiesen, dass der Terminus *irreversibel* in der Thermodynamik und in der Reaktionskinetik nicht dasselbe bedeutet. Gemäß dem 2. Hauptsatz der Thermodynamik sind irreversible Prozesse jene Vorgänge (z. B. die Ausdehnung eines Gases im Vakuum), die nicht ohne Zufuhr von Energie in den ursprünglichen Zustand zurückkehren. Wird das Gleichgewicht einer chemischen Reaktion erreicht, so wird die ursprüngliche Zusammensetzung des Reaktionsgemisches ebenfalls nicht spontan wieder hergestellt, obwohl die Reaktionen, die zur Einstellung des Gleichgewichtes führen, reversibel sind.

Bei der Dimerisierung des Cyclopentadiens können beispielsweise zwei isomere Verbindungen entstehen, die als *endo-* und *exo-*Cyclopentadien-Dimere bezeichnet werden (s. *Fig. 1.14*). Da das *exo-*Cyclopentadien-Dimer, dessen Energiegehalt *kleiner* ist als der des *endo-*Isomers, nach demselben Mechanismus wie Letzteres gebildet wird, kann die empirisch beobachtete *Selektivität* der Reaktion für das *endo-*Isomer nur durch die unterschiedlichen Bildungsgeschwindigkeiten von beiden Isomeren erklärt werden. Im Gegensatz zu Reaktionen, die zur Einstellung eines chemischen Gleichgewichtes führen, bei dem die energetisch ärmeren Produkte überwiegen, sind vorwiegend *irreversible* Reaktionen *kinetisch* kontrolliert, wenn die Zusammensetzung des Reaktionsgemisches von den relativen Bildungsgeschwindigkeiten der verschiedenen Produkte abhängt.

Eine chemische Reaktion ist **selektiv**, wenn von mehreren möglichen Reaktionsprodukten bevorzugt eines gebildet wird.

Wie bereits erwähnt, ist die Geschwindigkeit chemischer Reaktionen temperaturabhängig. Durch Division der *Eyring*-Gleichung einer Reaktion, die bei der absoluten Temperatur T' durchgeführt wird, durch die Gleichung derselben Reaktion, die bei der Temperatur T langsamer stattfindet, (d. h. $T' > T$) lässt sich leicht berechnen:

$$\ln \frac{k'}{k} = \ln \frac{T'}{T} + \frac{\Delta H^{\ddagger}}{R}\left(\frac{T'-T}{TT'}\right)$$

Ist $\Delta H^{\ddagger} \approx 118\,\text{kJ mol}^{-1}$ (ein durchschnittlicher Wert für zahlreiche Reaktionen, deren Halbwertszeit bei $T = 373\,\text{K}$ (100 °C) eine Stunde beträgt), so resultiert bei Erhöhung der Reaktionstemperatur um $\Delta T = 10\,°\text{C}$:

$$\ln \frac{k'}{k} = \frac{118}{8{,}31}\frac{10}{373^2} \approx 1,\ \text{bzw.}\ \frac{k'}{k} = 2{,}718$$

Dies ist die bekannte Faustregel, dass eine Erhöhung der Reaktionstemperatur um *ca.* 10 °C eine Verdoppelung der Reaktionsgeschwindigkeit bewirkt.

Katalysatoren setzen die Aktivierungsenthalpie chemischer Reaktionen herab, indem sie die Struktur des Übergangskomplexes verändern, ohne jedoch dabei die Zusammensetzung des Reaktionsgemisches und somit die Thermodynamik der Reaktion zu beeinflussen.

Ferner hängt die Geschwindigkeit einer chemischen Reaktion von der Wirkung von *Katalysatoren* (griech. κατάλυσις (*katálysis*): Auflösung) ab, d. h. Komponenten des Reaktionsgemisches, welche die Geschwindigkeit der Reaktion beschleunigen, ohne jedoch die Thermodynamik derselben zu beeinflussen. Da Katalysatoren im Allgemeinen an der Bildung des Übergangskomplexes beteiligt sind und nach der Umsetzung der Substrate in die Produkte wieder freigesetzt werden, bleibt ihre Konzentration im Reaktionsmedium konstant. Sowohl die Geschwindigkeit der Produktbildung als auch der entsprechenden Rückreaktion hängt jedoch von der Konzentration des Katalysators ab:

$$\frac{dc}{dt} = -k[\text{Substrat(e)}][\text{Katalysator}]$$

Von besonderer Bedeutung vom Standpunkt der Biologie und der Evolutionstheorie sind Reaktionen, die *autokatalytisch* verlaufen, d. h. bei denen das Produkt der Reaktion seine eigene Bildung katalysiert. Da die Reaktionsgeschwindigkeit mit steigender Konzentration des Katalysators zunimmt, sind autokatalytische Reaktionen durch eine so genannte *Induktionsperiode* charakterisiert, nach deren Ablauf die Reaktionsgeschwindigkeit sprunghaft zunimmt (*Fig. 1.15*).

Das gleiche Verhalten wird bei enzymatisch katalysierten Reaktionen beobachtet, bei denen das als Katalysator fungierende Enzym durch eine vom Substrat induzierte Änderung seiner Konformation – so genannte allosterische Umwandlung (*Abschn. 9.31*) – seine Effektivität erhöht.

Wie bereits erwähnt, gewährt die Untersuchung der Kinetik einer Reaktion einen ersten Einblick in ihren Mechanismus; präzise Aussagen über den tatsächlichen Reaktionsmechanismus sind jedoch nur anhand subtilerer Methoden möglich.

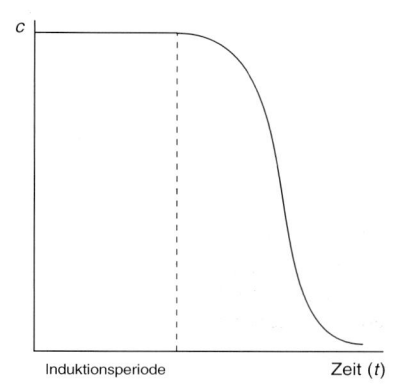

Fig. 1.15. *Charakteristisch für autokatalytische Reaktionen ist die* sigmoide (S-ähnliche) *Form der graphischen Darstellung ihrer Reaktionskinetik.*

1.12. 'Stabile' und reaktive Moleküle

Es gibt kaum einen anderen Begriff in der Chemie, der zu soviel Verwirrung Anlass gibt wie der der 'Stabilität'. In der Alltagssprache verbindet man Stabilität mit Standfestigkeit und Unveränderlichkeit (lat. *stare*: stehen, sich aufhalten), wobei missachtet wird, dass oft wirtschaftliche Systeme oder gesellschaftliche Ordnungen ihre Stabilität der Anpassungsfähigkeit (d. h. ihrer Fähigkeit, sich zu verändern) verdanken. In der Physik werden als stabil jene materiellen Systeme (z. B. ein Pendel) bezeichnet, welche nach Abschaltung äußerer Einflüsse in die ursprüngliche Lage bzw. den ursprünglichen Zustand zurückkehren. Somit ist die physikalische Stabilität eines Systems mit seinem Gehalt an potentieller Energie verbunden. Die Chemie befasst sich aber mit Umwandlungen von Stoffen, die in den seltensten Fällen vollständig rückläufig gemacht werden können. Es ist somit nicht richtig, im physikalischen (thermodynamischen) Sinne von der 'Stabilität' *eines* Stoffes zu sprechen, denn dieser Begriff trifft nur für Systeme zu, die aus zwei oder mehreren Stoffen bestehen und im Gleichgewicht zueinander stehen. Die bei der Einstellung des Gleichgewichtes freiwerdende Energie ist dabei das Maß für die relativen Energiegehalte beider Systeme.

Wird aber mit 'Stabilität' die Reaktionsträgheit eines Stoffes gemeint, so spielt dabei der Energiegehalt dieses Stoffes in Bezug auf denjenigen der Reaktionsprodukte keine Rolle. So ist beispielsweise Methan zwar im herkömmlichen Sinne ein energiereicher Stoff, er gehört aber zur Substanzklasse der gesättigten Kohlenwasserstoffe, welche sich durch geringe Reaktivität auszeichnen. In der Tat sind Methan-Moleküle in den natürlichen Vorräten über mehr als 100 Jahrmillionen unverändert geblieben, solange kein Sauerstoff damit in Berührung gekommen ist. Ein Gemisch aus Methan und Sauerstoff stellt dagegen ein so genanntes *metastabiles** System dar, d. h. einen Zustand, der nur durch Beseitigung einer Hemmung in einen stabilen Zustand übergeht: es genügt, die Reaktion zu initiieren (s. *Abschn. 2.14*), damit sie unter Freisetzung erheblicher Energie (der Verbrennungsenergie) und Bildung von Kohlendioxid und Wasser spontan abläuft. Somit kann in der Chemie der Begriff 'Stabilität' eines Moleküls nur unter Berücksichtigung seiner Umgebung definiert werden und ist mit der Geschwindigkeit der Reaktionen verknüpft, die ein Stoff mit anderen Reaktionspartnern eingehen kann.

Einzelne Moleküle sind *intrinsisch kinetisch* stabil, sofern sie sich nicht spontan in kleinere Moleküle zersetzen. Setzen wir die Halbwertszeit – d. h. die Zeit die notwendig ist, damit die Hälfte der Stoffmenge reagiert hat – der monomolekularen (s. *Abschn. 1.11*) Umsetzung eines Moleküls willkürlich auf 32 Jahre (*Tab. 1.9*), so ergibt sich nebenstehende Definition der kinetischen 'Stabilität'.

Die thermodynamische Stabilität eines Moleküls bezieht sich dagegen auf seinen Energiegehalt in Bezug auf die freien Atome, aus denen es besteht (s. *Abschn. 1.5*). Somit ist ein Vergleich der thermodynamischen Stabilität von Molekülen, deren atomare Zusammensetzung verschieden ist (z. B. Methan, Stickstoff, Wasser, Kohlendioxid u. a.), nicht möglich, denn es fehlt ein Referenzwert, der für alle gleich ist.

Als intrinsisch nicht stabil, d. h. *reaktiv*, gelten im Allgemeinen organische Moleküle, deren Atome – sofern sie den Elementen der

> Ein Molekül wird im herkömmlichen Sinne als intrinsisch '**stabil**' bezeichnet, wenn die Aktivierungsenthalpie seiner monomolekularen Zersetzung mehr als 128 kJ mol^{-1} beträgt.

Tab. 1.9. *Beziehung zwischen der Freien Aktivierungsenthalpie ($\Delta G^{\ddagger}$) bei 298,15 K (25,0 °C) und den kinetischen Parametern von Reaktionen erster Ordnung.* Zum Vergleich sind einige physikalische Prozesse aufgeführt.

$\Delta G^{\ddagger}$ [kJ mol^{-1}]	k [s^{-1}]	$t_{1/2}$ [s]	Ereignis
0	$6,2 \times 10^{12}$	10^{-13}	Zeit eines Elektronenüberganges ($10^{-15} - 10^{-16}$ s)
12	5×10^{10}	$1,4 \times 10^{-11}$	Lebensdauer von σ-Konformeren (*Abschn. 2.19*)
42	3×10^{5}	2×10^{-6}	Lebensdauer angeregter Elektronenkonfigurationen ($10^{-6} - 10^{-9}$ s)
84	10^{-2}	51	schnelle chemische Reaktionen
128	7×10^{-10}	10^{9} (32 Jahre)	Trennbarkeitsgrenze für individuelle chemische Spezies
168	3×10^{-17}	2×10^{16} (729 Mio. Jahre)	Alter der Erde $14,5 \times 10^{16}$ s (4,6 Mia. Jahre)

zweiten Periode des Periodensystems angehören – weniger als 8 Elektronen in der Valenzschale enthalten (sog. *Oktett-Regel*).

Wie viele Atome in einem Molekül an ein bestimmtes Atom gebunden sein können, wird von der *Koordinationszahl* des Letzteren bestimmt. Das Kohlenstoff-Atom kann Koordinationszahlen von 1 bis 5 aufweisen (*Tab. 1.10*). C-Atome mit der Koordinationszahl 2, 3 und 4 werden als *digonal, trigonal,* bzw. *tetragonal* bezeichnet (dieselben C-Atome werden in der elementaren quantenmechanischen Behandlung der kovalenten Bindung (s. *Abschn. 2.6*) als sp-, sp^2- bzw. sp^3-hybridisiert bezeichnet).

Die Koordinationszahl eines Atoms ist nicht identisch mit seiner '*Valenzzahl*', ein Begriff, der heute in der Chemie kaum noch verwendet wird. Dennoch ist es oft nützlich beim Zeichnen von Strukturformeln zu berücksichtigen, dass bei allen geläufigen organischen Molekülen das C-Atom die Valenzzahl 4 (entsprechend $4 \times 2 = 8$ Valenzelektronen) aufweist, d.h. es gehen immer vier Striche (welche die kovalente Bindungen symbolisieren) von jedem C-Atom aus.

Als Moleküle werden jedoch nicht nur die submikroskopischen Bestandteile von Stoffen bezeichnet, die als 'stabil' betrachtet werden können, sondern auch Anordnungen von Atomen, die nur sehr kurzzeitig bei chemischen Reaktionen vorkommen (*Tab. 1.10*). Von den Verbindungen, die ein einziges C-Atom mit Wasserstoff bilden kann, ist nur CH_4 im herkömmlichen Sinne 'stabil' (in Gegenwart von Sauerstoff jedoch metastabil). Alle anderen in *Tab. 1.10* aufgeführten Moleküle sind, entweder weil sie die 'Oktett-Regel' verletzen ($\cdot CH_4^-$, $:CH_2$, $\cdot CH_3$, $\dot{C}H$, CH_3^+, $\cdot CH_4^+$), oder wegen ihrer hohen Basizität ($:CH_3^-$) bzw. Acidität (CH_5^+), zu reaktiv, um unter normalen Bedingungen isoliert werden zu können. Als isolierte Mole-

> Die **Koordinationszahl** eines Atoms in einem Molekül ist die Zahl der Liganden (Atome oder Gruppen von Atomen), die an dieses Atom gebunden sind.

> Die **Valenzzahl** (Bindigkeit) eines Atoms ist gleich der Zahl der Elektronen, die ein Atom aufnehmen oder abgeben muss, damit seine äußere Schale Edelgaskonfiguration erhält.

Tab. 1.10. *Bisher bekannte Kohlenstoffhydride*

Koordinations-zahl	Elektrische Ladung des Moleküls		
	-1	0	$+1$
1	–	$\dot{C}H$ Methylidin	–
2	–	$:CH_2$ Methylen (ein *Carben*)	–
3	$:CH_3^-$ Methanid (ein *Carbanion*)	$\cdot CH_3$ Methyl (ein *Radikal*)	CH_3^+ Methylium (ein *Carbenium*-Ion)
4	$\cdot CH_4^-$ (ein Radikal-Anion)	CH_4 Methan (ein *Alkan*)	$\cdot CH_4^+$ (ein Radikal-Kation)
5	–		CH_5^+ Methanium (ein *Carbonium*-Ion)

küle in der Gasphase (im interstellaren Raum!) können sie jedoch existieren.

Die einzige unter normalen Bedingungen isolierbare diatomige C-Verbindung, bei der das C-Atom die Koordinationszahl 1 aufweist, ist das Kohlenmonoxid (CO). Die Koordinationszahl 2 weist der Kohlenstoff bei 'stabilen' Verbindungen auf, die jeweils nur ein C-Atom enthalten, nämlich Kohlendioxid (CO_2) und Schwefelkohlenstoff (CS_2). Das C-Atom kann außerdem die Koordinationszahl 2 (z. B. im Acetylen: $HC\equiv CH$) oder 3 (z. B. im Ethylen: $H_2C=CH_2$) bei Verbindungen aufweisen, die mehrfache (C,C)-Bindungen enthalten.

Bei jeder chemischen Reaktion treten neben den Stoffen, die miteinander reagieren (Edukte), und den Produkten kurzlebige Spezies auf, von denen es drei verschiedene Typen gibt (*Tab. 1.11*). Je nach ihrer Konstitution unterscheidet man ferner zwischen sieben verschiedenen Typen von reaktiven Zwischenprodukten organischer Reaktionen (*Tab. 1.12*).

Tab. 1.11. *Typen von Molekülen*

- Stabile Moleküle
- Reaktive Zwischenprodukte
- Übergangskomplexe
- Angeregte Zustände

Tab. 1.12. *Reaktive Zwischenprodukte organischer Reaktionen*

- Radikale
- Radikal-Kationen
- Radikal-Anionen
- Carbene
- Carbenium-Ionen
- Carbonium-Ionen
- Carbanionen

Während die wichtige Rolle der *Radikale* im Zellmetabolismus in jüngster Zeit zunehmend erkannt worden ist, sind *Carbene* als Zwischenprodukte enzymatischer Reaktionen bisher nicht in Betracht gezogen worden. Aus diesem Grunde werden Bildung und Reaktivität der Carbene im vorliegenden Buch nicht behandelt.

Carbonium-Ionen und Carbenium-Ionen sind *Carbokationen** (in der Nomenklatur organischer Verbindungen deutet die Endung *-ium* auf ein positiv geladenes Molekül hin). Vor 1972 wurden Carbenium-Ionen als *klassische*, Carbonium-Ionen als *nichtklassische Carbonium-Ionen* bezeichnet. Tatsächlich stellt das *Carbenium-Ion* (George A. Olah, 1972) die konjugierte Säure* eines Carbens dar:

$$:CH_2 + H^+ \rightleftharpoons CH_3^+$$

Bei den Carbonium-Ionen, die hauptsächlich als Zwischenprodukte molekularer Umlagerungen auftreten (*Abschn. 5.21*), weist das C-Atom die Koordinationszahl 5 auf (*Tab. 1.10*). Derartige hypervalente Verbindungen des Kohlenstoffs sind unter Beteiligung der Elektronen der 1s-Schale an der Bindung mit dem fünften Liganden möglich. Carbonium-Ionen (z. B. CH_5^+) sind sowohl in der Gasphase als auch in Lösung in Gegenwart so genannter *Supersäuren* (Gemische aus Flusssäure (HF) oder Fluorsulfonsäure (FSO_3H) und SbF_5 u. a.), deren Acidität bis 10^{12} mal höher als die der Schwefelsäure sein kann, nachgewiesen worden.

Radikal-Kationen werden beispielsweise in der Gasphase beobachtet, wenn organische Moleküle durch Zusammenstoß mit Elektronen ionisiert werden (*Abschn. 2.12*). Radikal-Anionen – z. B. das *Ketyl-Radikal* (*Abschn. 8.11*) – treten dagegen oft in Lösung als Zwischenprodukte von Reaktionen organischer Substrate mit Alkalimetallen auf. Radikal-Anionen von Alkyl-halogeniden dienen als Vorläufer der Carbanionen, die im Allgemeinen nicht durch die Abspaltung eines Protons* von einem Alkan zugänglich sind (*Abschn. 8.16*). Carbanionen werden in der Nomenklatur organischer Verbindungen mit der Endung *-id* charakterisiert (s. *Tab. 1.10*)

1.13. Die Gestalt der Moleküle

Obwohl Moleküle makroskopische Ausmaße erreichen können (die Länge eines 4×10^6 Basenpaare enthaltenden DNA-Moleküls beträgt 1,36 mm), besitzt die überwiegende Mehrzahl von ihnen submikroskopische Dimensionen und besteht aus einigen wenigen bis einigen hundert Atomen. Moleküle werden nebst ihrer Elementarzusammensetzung (d.h. Summenformel) durch die Verknüpfung ihrer Atome untereinander und ihre räumliche Gestalt charakterisiert.

Eine chemische Strukturformel soll die Lage aller Atome im Molekül wiedergeben. Es wäre jedoch oft unübersichtlich, jedes Atom eines Moleküls durch sein Symbol darzustellen (*Fig. 1.16,a*). Darüber hinaus ist die in *Fig. 1.16,a* dargestellte Formel unvollständig, denn sie stellt nur die *Konstitution*, nicht aber die *Konfiguration* des Moleküls dar (s. *Abschn. 2.7*). Aus diesem Grunde sind die Strukturformeln, die der Chemiker benutzt, Ideogramme, die für den nicht Eingeweihten oft unverständlich sind.

Grundsätzlich wird bei der Darstellung organischer Molekülstrukturen auf die Kennzeichnung von C- und H-Atomen – außer wenn Letztere an Heteroatome gebunden sind – durch ihre chemischen Symbole verzichtet. C-Atome werden an den Intersektionen von zwei oder mehr Bindungen vorausgesetzt. Entsprechend ihrer Koordinationszahl befinden sich an jedem Punkt, der ein C-Atom darstellt, H-Atome, die aber nicht in der Strukturformel erscheinen (*Fig. 1.16,b*).

Will man jedoch eine funktionelle Gruppe, die beispielsweise an einer Reaktion beteiligt ist, hervorheben, so wird sie mit den chemischen Symbolen der konstituierenden Atome dargestellt. Regeln dafür existieren nicht. Beispielsweise genügt es meistens, um Methan darzustellen, die Bruttoformel (CH_4) anzugeben; selten wird man dafür seine Strukturformel verwenden (s. *Abschn. 2.5*). Es wäre andererseits unangemessen, einen Punkt oder einen Strich als Formel für Methan bzw. Ethan zu verwenden. Strukturformeln müssen ferner die räumliche Anordnung der Atome wiedergeben. Dafür gibt es auf der Papierebene zwei Möglichkeiten:

1) Wird das Gesamtmolekül planar dargestellt, so werden die Bindungen mit Liganden (Atome oder Gruppen von Atomen), die sich oberhalb der Ebene befinden, mit einem Keilstrich dargestellt (*Fig. 1.16,b*), jene mit Liganden, die sich unterhalb der Ebene befinden, mit einer gestrichelten Linie, die oft auch die Form eines Keils aufweist, dessen Spitze, je nach Geschmack des Zeichners, sowohl nach 'vorne' als auch nach 'hinten' gerichtet sein kann (s. *Fig. 2.5*).

2) Zweckmäßiger ist die Perspektivdarstellung (*Fig. 1.16,c*), welche die tatsächliche Raumstruktur des Moleküls wiedergibt, wie sie experimentell z.B. durch Röntgenstrahlendiffraktion bestimmt werden kann (*Fig. 1.16,d*).

Ferner ermöglichen die im *Abschn. 1.9* erwähnten *van-der-Waals*- und kovalenten Radien nebst den ebenfalls experimentell bestimmbaren Bindungswinkeln die Konstruktion von Molekülmodellen, die unentbehrlich sind, um die räumliche Gestalt der Moleküle zu erfassen.

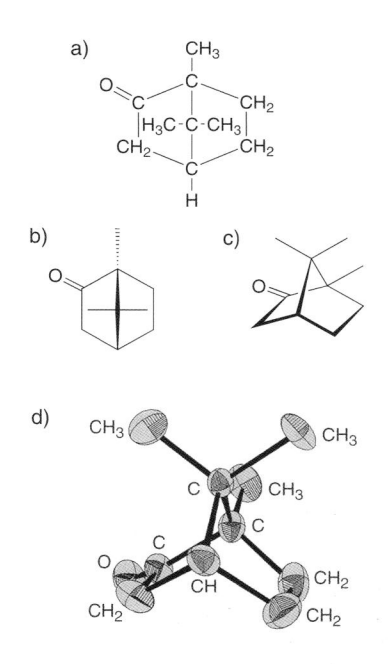

Fig. 1.16. *Verschiedene Strukturformeln für (+)-Campher.* In *d*, die nach dem *National Laboratory* in Tennessee (USA) ORTEP-Zeichnung (Oak Ridge Thermal Ellipsoid Plot) genannt wird, sind die Bereiche, in denen die C-Atome und das O-Atom vibrieren (s. *Abschn. 1.5*), durch Ellipsoide dargestellt.

André Samuel Dreiding (*1919) lehrte von 1969 bis zu seiner Emeritierung im Jahre 1987 als Ordinarius für organische Chemie an der Universität Zürich. Zu seinen Beiträgen zur Chemie der Naturstoffe gehören die Strukturaufklärung und Synthese von Betalain-Farbstoffen (s. *Abschn. 8.14*).

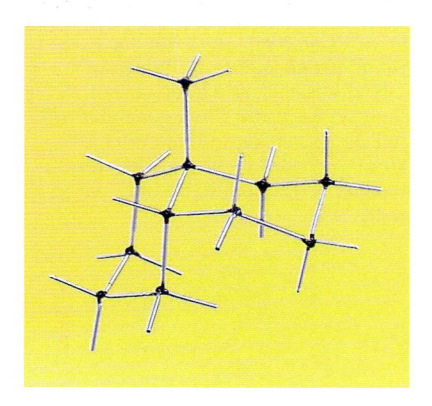

Fig. 1.17. Dreiding-*Modell des cis-4a-Methyldecalins* (s. *Abschn. 2.24*)

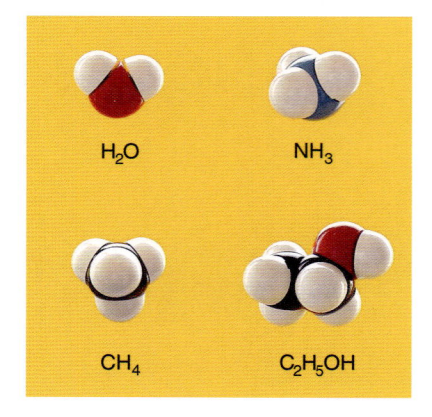

Fig. 1.18. *Kalottenmodelle einiger einfacher Moleküle*

Die einfachsten Modelle sind die so genannten *Dreiding*-Modelle, von denen es mehrere aus Kunststoff hergestellte, preiswerte Varianten im Handel gibt (*Fig. 1.17*). Ihre Einheiten bestehen aus Stäbchen und Röhrchen, welche an einem den Atomkern darstellenden Zentralpunkt zusammengelötet sind. Die Stäbchen und Röhrchen einer Einheit entsprechen in ihrer Anzahl und räumlichen Anordnung den Bindungen des darzustellenden Atoms. Ihre Längen sind proportional (1 cm = 40 pm) der Länge der Bindung des jeweiligen Atoms mit einem H-Atom. Das freistehende Ende eines Stäbchens oder Röhrchens repräsentiert also den Kern eines H-Atoms. Die Einheiten werden zu Molekülmodellen zusammengesetzt, indem jeweils ein Stäbchen einer Einheit in ein Röhrchen einer anderen hineingeschoben wird. Ein Anschlag sorgt dafür, dass das Stäbchen nur soweit eingeführt werden kann, bis der Abstand der Zentralpunkte dieser zwei Einheiten die gleiche Proportionalität zum Kernabstand der miteinander verbundenen Atome zeigt. Obwohl die so konstruierten Molekülmodelle mit einsteckbaren halbkreisartigen Plastikplättchen ergänzt werden können, die beim Drehen das *van-der-Waals*-Volumen des H-Atoms beschreiben, dienen *Dreiding*-Modelle hauptsächlich dazu, die dreidimensionale Struktur von Molekülen nicht aber die Raumerfüllung ihrer Atome zu veranschaulichen.

Um die Raumerfüllung besser darzustellen, verwendet man so genannte Kalottenmodelle: *Stuart–Briegleb-* oder *CPK-* (*Corey–Pauling–Koltun*) Modelle (*Fig. 1.18*). Die Raumerfüllung wird hier auf Kosten der Anschaulichkeit der Geometrie gut wiedergegeben. Der Radius der kugelabschnittförmigen Einheiten entspricht dem *van-der-Waals*-Radius des jeweiligen Elements, der Abstand zwischen dem Mittelpunkt der Schnittfläche und dem Kugelzentrum dem kovalenten Radius. Auch bei diesen Modellen sind die Dimensionen der einzelnen Elemente proportional zu den atomaren Größen (100 pm = 1,5 bzw. 1,25 cm). Die verschiedenen Elemente werden durch Farben symbolisiert: weiß für H, schwarz für C, rot für O, blau für N, usw. (*Fig. 1.19*).

Hochmolekulare Strukturen (z.B. Polymere, Proteine oder Nucleinsäuren) lassen sich jedoch heutzutage besser auf dem Bildschirm eines Computers darstellen (*Fig. 1.20*). Die dafür verwendeten EDV-Programme benutzen allerdings dieselben atomaren Parameter (*van-der-Waals*-Radien, Bindungslängen und -winkel), die im Vorausgegangenen erläutert worden sind. Derartige Computerbilder werden hauptsächlich verwendet, um Struktur und Wirkung von Chemotherapeutika bei deren Wechselwirkung mit Proteinen oder Enzymen zu korrelieren.

Zahlreiche Eigenschaften der Moleküle hängen von der Symmetrie ihrer Struktur ab (siehe z.B. *Abschn. 2.1*). Symmetrische Objekte (darunter geometrische Figuren, Kristalle und Moleküle) können im Allgemeinen Symmetrieachsen und/oder Symmetrieebenen besitzen. Daraus ergeben sich zwei mögliche *Symmetrieoperationen*, deren

1. Einleitung

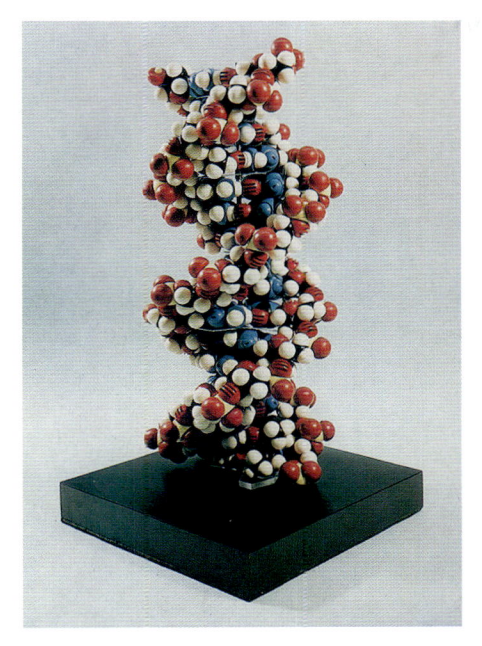

Fig. 1.19. CPK-*Modell eines Fragments eines B-DNA-Moleküls*

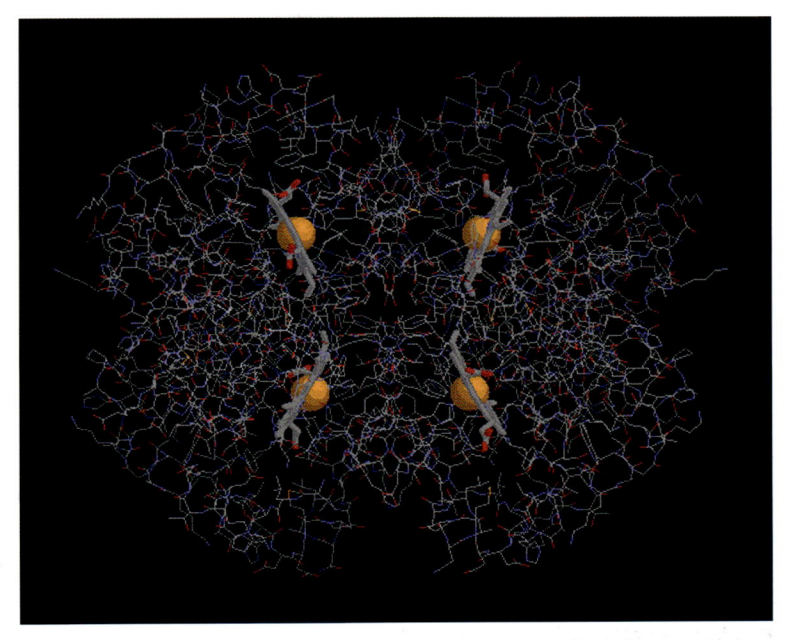

Fig. 1.20. *Dreidimensionale Struktur des Hämoglobins.* Die vier prosthetischen Gruppen (Häm-Moleküle) und die darin enthaltenen Eisen(II)-Ionen sind im Vergleich zum Apoprotein (dem Globin) vergrößert dargestellt.

Anwendung das sich in einem Punkt des Raumes fixierte Objekt in sich selbst überführt: Drehung um die eigene Symmetrieachse bzw. Spiegelung in der Symmetrieebene. In der zur Mathematik gehörenden Gruppentheorie werden Symmetrieoperationen als Elemente einer so genannten *Punktgruppe* behandelt, wobei jede Gruppe durch die Anzahl und geometrischen Eigenschaften ihrer Elemente definiert wird. Demnach werden Symmetrieachsen, die in der Gruppentheorie mit C_n symbolisiert werden, durch ihre *Zähligkeit* (n) charakterisiert, während Symmetrieebenen, die allgemein mit σ symbolisiert werden, nach ihrer geometrischen Anordnung in Bezug auf die vorhandenen Symmetrieachsen mit den tiefgestellten Symbolen v, h und d unterschieden werden. So werden Symmetrieebenen, die eine Symmetrieachse enthalten als σ_v, diejenigen, die senkrecht zu einer Symmetrieachse angeordnet sind als σ_h und diejenigen, die den Winkel zwischen zwei Symmetrieachsen halbieren als σ_d bezeichnet.

Objekte, die zwar eine Symmetrieebene aber keine Symmetrieachse besitzen, gehören der Punktgruppe C_s an. Objekte, die nur eine Symmetrieachse aber keine Symmetrieebene besitzen, gehören den Punktgruppen C_n an. Andere *C*-Gruppen enthalten neben Symmetrieebenen nur eine Symmetrieachse, während Punktgruppen, die mehrere Symmetrieachsen enthalten, generell mit *D* bezeichnet werden. Gruppen höherer Symmetrie (z. B. T_d und O_h) werden gemäß den entsprechenden geometrischen Figuren (Tetraeder bzw.

> Durch Drehung um eine Symmetrieachse wird ein Objekt kongruent mit sich selbst. Geschieht dies *n* mal im Laufe einer vollen Umdrehung, wird die **Zähligkeit** der Symmetrieachse = 360/*n* definiert.

Tab. 1.13. *Punktgruppen einiger symmetrischer organischer Moleküle*

Gruppe	Symmetrieelemente	Beispiele
C_s	nur σ	H₂C=CHCl
C_{nv}	$C_n + n\,\sigma_v$	cis-CHCl=CHCl (C_{2v})
C_{nh}	$C_n + \sigma_h$	trans-CHCl=CHCl (C_{2h})
D_{nd}	$C_n + n\,C_2 + n\,\sigma_d$	Allen (D_{2d}) (Abschn. 3.27)
D_{nh}	$C_n + n\,C_2 + \sigma_h + n\,\sigma_v$	H₂C=CH₂ (D_{2h}); Benzol (D_{6h}) (Abschn. 4.1)
T_d	$4\,C_3 + 3\,C_2 + 6\,\sigma_d$	Methan; Adamantan (Abschn. 2.25)

Oktaeder) bezeichnet. Daraus resultieren die in *Tab. 1.13* aufgeführten Symmetriegruppen, die bei organischen Molekülen am häufigsten vorkommen.

Zu einer besonderen Kategorie von Punktgruppen, die S_n genannt werden, gehören Objekte, die nur eine *Drehspiegelachse* besitzen; sie werden jeweils durch Drehung um $360/n$ Winkelgrad um eine Achse und darauf folgende Spiegelung in einer zur Drehachse senkrecht stehenden Ebene in sich selbst überführt (s. *Abschn. 2.8*).

1.14. Isomerie

> Verbindungen, welche die gleiche Bruttoformel aufweisen, werden **Isomere** genannt.
>
> **Konstitutionsisomere** sind Isomere, die sich durch die Reihenfolge der im Molekül miteinander verknüpften Atome unterscheiden.
>
> **Stereoisomere** sind Isomere, die sich durch die Anordnung ihrer Atome im Raum – nicht aber durch die Verknüpfung ihrer Atome untereinander – voneinander unterscheiden.

Mehratomige Molekülstrukturen können in isomeren Formen vorkommen (griech. ἴσος (*ísos*): gleich, ähnlich; μέρος (*méros*): Teil). Bei organischen Verbindungen sind bereits bei aus relativ wenigen Atomen bestehenden Molekülen mehrere Strukturen möglich, die sich durch die Verknüpfung der Atome untereinander und/oder die räumliche Anordnung dieser voneinander unterscheiden. In *Tab. 1.14* sind die verschiedenen Klassen von Isomeren zusammengefasst, deren Definitionen in den nächsten Kapiteln gegeben werden. Eine rationelle Klassifizierung der Isomere anhand der heute bestehenden Definitionen und Begriffe ist jedoch unmöglich, weil Letztere nicht systematisch sondern chronologisch entstanden sind, bevor alle Möglichkeiten der Isomerie organischer Moleküle bekannt waren. Die in *Tab. 1.14* angegebene Klassifizierung, welche sämtliche Typen der Isomere berücksichtigt, hat den entscheidenden didaktischen Vorzug, streng dichotom zu sein, d. h.

1. Einleitung

Tab. 1.14. *Dichotome Klassifizierung der Isomere*

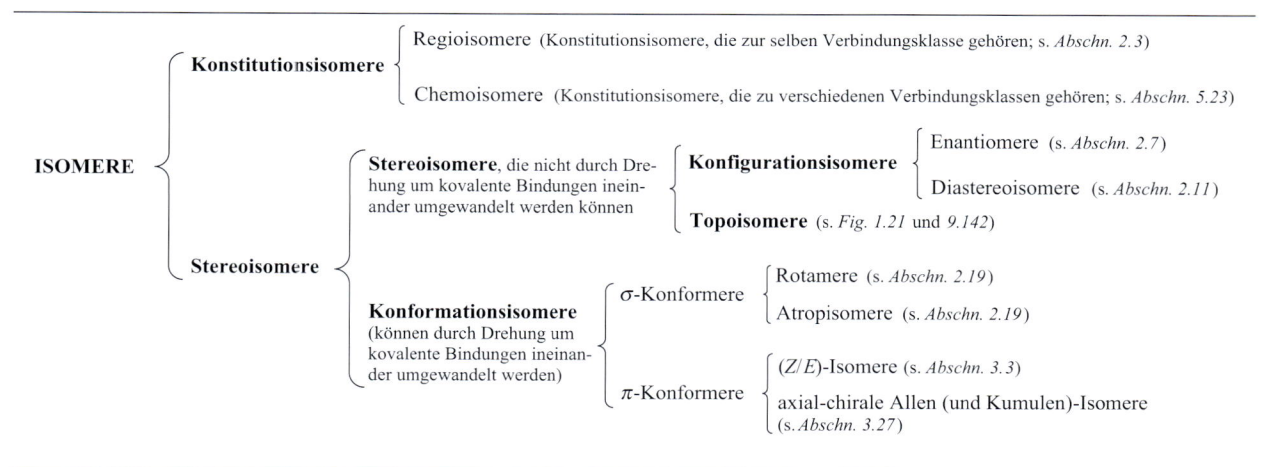

ISOMERE
- **Konstitutionsisomere**
  - Regioisomere (Konstitutionsisomere, die zur selben Verbindungsklasse gehören; s. *Abschn. 2.3*)
  - Chemoisomere (Konstitutionsisomere, die zu verschiedenen Verbindungsklassen gehören; s. *Abschn. 5.23*)
- **Stereoisomere**
  - **Stereoisomere**, die nicht durch Drehung um kovalente Bindungen ineinander umgewandelt werden können
    - **Konfigurationsisomere**
      - Enantiomere (s. *Abschn. 2.7*)
      - Diastereoisomere (s. *Abschn. 2.11*)
    - **Topoisomere** (s. *Fig. 1.21* und *9.142*)
  - **Konformationsisomere** (können durch Drehung um kovalente Bindungen ineinander umgewandelt werden)
    - σ-Konformere
      - Rotamere (s. *Abschn. 2.19*)
      - Atropisomere (s. *Abschn. 2.19*)
    - π-Konformere
      - (Z/E)-Isomere (s. *Abschn. 3.3*)
      - axial-chirale Allen (und Kumulen)-Isomere (s. *Abschn. 3.27*)

jeder (Gattungs)Begriff wird in zwei Glieder unterteilt, welche Artbegriffe darstellen. Eine adäquate Bezeichnung für das gemeinsame Merkmal von Konfigurationsisomeren und Topoisomeren fehlt jedoch bisher. Im Gegensatz zu *Topomeren* (griech. τόπος (*tópos*): Ort, Stelle), die ohne Bindungsbruch ineinander umgewandelt werden können (*Abschn. 2.22*), entstehen *Topoisomere* sowohl durch Verknotungen cyclischer Moleküle ausreichender Größe (*Fig. 1.21*) als auch wenn chemisch selbständige Untereinheiten durch Verkettungen zusammengehalten werden, so dass sie ein einziges Molekül darstellen.

Aus triftigen Gründen, die mit der Dichotomie der in *Tab. 1.14* dargestellten Klassifizierung zusammenhängen, werden im vorliegenden Lehrbuch (Z/E)-Isomere (ursprünglich *cis/trans*-Isomere genannt), die sich durch die geometrische Anordnung der Liganden der Atome, die durch eine Doppelbindung gebunden sind, voneinander unterscheiden, in die Klasse der Konformere, als π-Konformere, eingeordnet, obwohl sie in den Lehrbüchern der Stereochemie den Konfigurationsisomeren zugeordnet werden. Der Leser wird sich jedoch später überzeugen können, dass (Z/E)-Isomere (*Abschn. 3.3*) weder Enantiomere sind (*Abschn. 2.7*), noch irgendeine Gemeinsamkeit mit den eigentlichen Diastereoisomeren (und somit mit den gleichnamigen cyclischen *cis/trans*-Isomeren) aufweisen (s. *Abschn. 2.23*). Mit Ausnahme der Enantiomere, die definitionsgemäß chiral sind, und der (Z/E)-Isomere, die achiral sind, können alle übrigen Stereoisomere chiral oder achiral sein (*Abschn. 2.7*).

Topoisomere sind Stereoisomere, die durch Verkettung, Verknotung oder Einfädelung cyclischer Moleküle resultieren.

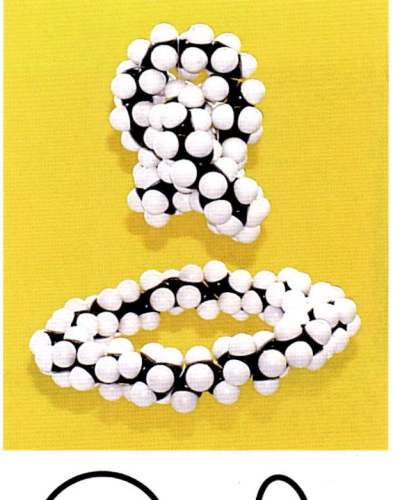

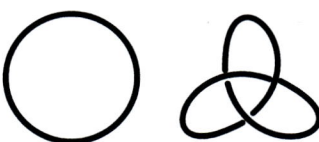

Fig. 1.21. *Ringförmige und 'verknotete' Cyclotripentacontan-Moleküle* ($C_{53}H_{106}$) *sind Topoisomere derselben Art, die bei DNA-Molekülen vorkommt* (s. *Fig. 9.142*).

1.15. Die funktionelle Gruppe

> Eine **funktionelle Gruppe** ist eine Gruppe von Atomen in einem Molekül, die weitgehend unabhängig der Konstitution des gesamten Moleküls die charakteristischen physikalischen und chemischen Eigenschaften des Letzteren bestimmt.

Von einigen 'Modeerscheinungen' in den sechziger Jahren des 20. Jahrhunderts abgesehen hat sich der Begriff der funktionellen Gruppe als Ordnungsprinzip für das Studium der Struktur und Reaktivität organischer Moleküle nach wie vor am besten bewährt (*Tab. 1.15*).

Sind zwei oder mehr funktionelle Gruppen in ein und demselben Molekül ausreichend voneinander getrennt, so weist das Molekül die für beide funktionellen Gruppen charakteristischen Eigenschaften auf. Je weniger (C,C)-Bindungen zwischen den funktionellen Gruppen vorhanden sind, desto größer ist der Einfluss, den sie gegenseitig aufeinander ausüben, so dass dadurch eine neue funktionelle Gruppe entsteht, deren Eigenschaften nur zum Teil denjenigen der einzelnen Komponenten entsprechen. So ist z. B. eine Amid-Gruppe formal aus einer Amino- und einer Carbonyl-Gruppe zusammenge-

Tab. 1.15. *Wichtigste funktionelle Gruppen in der Naturstoffchemie*

Funktionelle Gruppe	Verbindungsklasse		Präfix	Suffix
—OH	Alkohole		Hydroxy-	-ol
—O—(C)*	Ether		Oxy-	-ether
—N<	Amine		Amino-	-amin
>C=C<	Alkene		–	-en
>C=O	Aldehyde	—C(=O)H	Formyl-	-al
	Ketone	—C(=O)—(C)*	Oxo-	-on
	Carbonsäuren	—C(=O)OH	Carboxy-	-säure
	Carbonsäureester	—C(=O)O—(C)*	[Alk]oxycarbonyl-	-ester
	Carbonsäureamide	—C(=O)N<	Carbamoyl-	-amid
>C=N—	Imine		Imino-	-imin
—C≡C—	Alkine		–	-in
—C≡N	Nitrile		Cyano-	-nitril

(C)* stellt ein beliebiges (digonales, trigonales oder tetragonales) C-Atom dar.

setzt; sie hat jedoch keine ausgeprägten basischen Eigenschaften, wie sie für die Amino-Gruppe charakteristisch sind. Die Anzahl der funktionellen Gruppen in der organischen Chemie ist relativ groß. In *Tab. 1.15* sind die wichtigsten zusammengefasst, die bei der Mehrzahl der Naturstoffe vorkommen. Organische Stoffe werden aufgrund der im Molekül vorhandenen (haupt)funktionellen Gruppe in Verbindungsklassen unterteilt.

1.16. Nomenklatur der organischen Verbindungen

Organische Verbindungen werden entweder mit ihrem Trivialnamen, dessen Etymologie historisch bedingt ist, oder mit Hilfe der systematischen Nomenklatur benannt. Die enorme Zahl von bekannten organischen Verbindungen zwingt zur Anwendung der systematischen Nomenklatur; ihr Nachteil besteht jedoch manchmal in der Länge und Unübersichtlichkeit der daraus resultierenden Namen, so dass oft der Trivialname bevorzugt wird. International verbindliche Regeln für die systematische Nomenklatur organischer Verbindungen, die erstmals 1892 in Genf erarbeitet wurde, werden seit 1947 von der IUPAC (*International Union of Pure and Applied Chemistry*) periodisch ergänzt und aktualisiert.

Bei der systematischen Nomenklatur wird zunächst der Kohlenwasserstoff genannt und nummeriert, welcher der zu benennenden Verbindung zugrunde liegt (*Abschn. 2.4*). Anschließend werden die funktionellen Gruppen im Molekül mit Hilfe von Präfixen oder Suffixen angegeben (*Tab. 1.15*). Ihre Positionen im Molekül werden mit den Ziffern (*Lokanten*) der C-Atome, an die sie gebunden sind, angegeben. Der systematische Name enthält nur ein Suffix, welches der funktionellen Hauptgruppe angehört, aber so viele Präfixe wie andere funktionelle Gruppen im Molekül vorhanden sind. Welche funktionelle Gruppe mit dem Suffix genannt wird, entscheidet die Prioritätsreihenfolge:

Carbonsäure > Carbonsäure-ester > Carbonsäure-amid > Nitril > Aldehyd > Keton > Alkohol > Amin > Imin > Ether.

Die Position eines Substituenten in Bezug auf die hauptfunktionelle Gruppe eines Moleküls wird manchmal mit einem griechischen Buchstaben als Lokanten angegeben (α für das C-Atom, das an die funktionelle Gruppe gebunden ist, β für das nächste C-Atom in der C-Kette, usw.), wobei ω für das letzte C-Atom der Kette unabhängig von ihrer Länge verwendet wird. Heute werden diese Lokanten jedoch nicht im systematischen Namen einer definierten Verbindung angewandt, sondern hauptsächlich um die Position eines Substituenten in Bezug auf die hauptfunktionelle Gruppe des Moleküls im Allgemeinen anzugeben.

Weiterführende Literatur

K. Dose, 'Präbiotische Evolution und der Ursprung des Lebens. Ein kritischer Rückblick', *Chemie in unserer Zeit* **1987**, *21*, 177–185.

G. Barnickel, 'Molecular Modelling – von der Theorie zur Wirklichkeit', *Chemie in unserer Zeit* **1995**, *29*, 176–185.

M. Orchin, F. Kaplan, R. S. Macomber, R. M. Wilson, M. Zimmer, 'The Vocabulary of Organic Chemistry', J. Wiley & Sons, Inc., New York, 1980.

Übungsaufgaben

1. Wie ändert sich die Entropie eines Stoffes bei Übergang des Aggregatzustandes von fest über flüssig nach gasförmig?

2. Die Halbwertszeit des radioaktiven Zerfalls von Tritium (^{3}H) ist 12,43 Jahre. Wie hoch ist die Tritium-Konzentration einer Probe, deren Aktivität 14,4 Ci mmol^{-1} beträgt? (1 Curie (Ci) entspricht $3,7 \times 10^{10}$ Bequerel (Bq) d.h. $3,7 \times 10^{10}$ Zersetzungen pro Sekunde; 1 mol enthält 6×10^{23} Moleküle).

3. Unter günstigen Bedingungen teilen sich die Zellen des Darmbakteriums *Escherichia coli* bei 27 °C alle 20 min. In einem Becher von 100 ml Inhalt kommt das Zellwachstum nach 12 Stunden zum Stillstand, wenn sich zu Beginn des Experimentes ein einziges Bakterium im Kulturmedium befunden hat. Wie hoch ist dann ungefähr die Populationsdichte in dem Becher? Wie lang wäre die Zeit, wenn sich zu Beginn des Experimentes zwei Bakterien im Kulturmedium befunden hätten? Wie viele Generationen wären nötig, um eine Population zu erreichen, welche der Anzahl von eigenen Zellen im erwachsenen menschlichen Körper (etwa 6×10^{13}) entspricht?

4. In den Muskeln wird Sauerstoff vom Myoglobin (griech. *μῦς* (Gen. *μυός*) (*mȳs* (Gen. *mȳós*)): Maus (später Muskel)) anstelle des Hämoglobins (*Abschn. 2.16*) transportiert. Die Gleichgewichtskonstante K für die Bindung von Sauerstoff an Myoglobin (Mb) beträgt: $K = [\text{MbO}_2]/[\text{Mb}][\text{O}_2] = 10^6$. Die Geschwindigkeitskonstante für die Anlagerung von O_2 an Myoglobin ist $\vec{k} = 2 \cdot 10^7$ mol^{-1} l s^{-1}. Welche Geschwindigkeitskonstante ($\overleftarrow{k}$) ergibt sich für die Dissoziation des Sauerstoffes vom Oxymyoglobin?

2. Alkane

2.1. Kohlenwasserstoffe

Kohlenwasserstoffe sind organische Verbindungen, deren Moleküle nur aus C- und H-Atomen zusammengesetzt sind. Je nach ihrem Wasserstoff-Gehalt werden sie als gesättigte bzw. ungesättigte Kohlenwasserstoffe bezeichnet (*Tab. 2.1*).

Kohlenwasserstoffe stellen das Grundgerüst dar, an dem durch formale Substitution von H-Atomen durch funktionelle Gruppen die meisten organischen Moleküle aufgebaut werden. Kohlenwasserstoffe können entweder *aliphatisch* (griech. ἀλοιφή (*aloiphḗ*): Salbe) oder *aromatisch* sein. Letztere werden in *Kap. 4* behandelt.

Sowohl gesättigte als auch ungesättigte aliphatische Kohlenwasserstoff-Moleküle können kettenförmig oder cyclisch sein. Acyclische gesättigte Kohlenwasserstoffe, deren C-Atome in geraden oder verzweigten Ketten angeordnet sind, werden auch *Paraffine* (lat. *parum*: zu wenig und *affinis*: verwandt) genannt, ein Name der 1830 von *Carl Ludwig Freiherr von Reichenbach* (1788–1869) eingeführt wurde. Die Gruppenbezeichnung 'alicyclische (aliphatisch cyclische) Verbindungen' umfasst sowohl gesättigte als auch ungesättigte cyclische Kohlenwasserstoffe und ihre Derivate.

Sämtliche acyclischen gesättigten Kohlenwasserstoffe weisen die allgemeine Bruttoformel: C_nH_{2n+2} auf. Bei cyclischen gesättigten (*Abschn. 2.21*) sowie acyclischen ungesättigten (mit nur einer Doppelbindung) Kohlenwasserstoffen (*Abschn. 3.1*) lautet die allgemeine Bruttoformel C_nH_{2n}. Acyclische nicht verzweigte Alkane bilden eine so genannte *homologe* Reihe (griech. ὁμολογέω (*homologéō*): übereinstimmen), eine Bezeichnung, die von *Charles Frédéric Gerhardt* (1816–1856) eingeführt wurde.

Es ist bemerkenswert, dass innerhalb der homologen Reihe linearer Alkane Glieder mit einer geraden Anzahl von C-Atomen unge-

Tab. 2.1. *Klassifizierung der Kohlenwasserstoffe*

gesättigt	Alkane (Paraffine)
	Cycloalkane (Naphthene)
ungesättigt	Alkene (Olefine)
	Alkine
	aromatisch: Benzol und seine Derivate

- 2.1. Kohlenwasserstoffe
- 2.2. Ursprung des Erdöls
- 2.3. Isomerie der Alkane
- 2.4. Nomenklatur der Kohlenwasserstoffe
- 2.5. Methan
- 2.6. Struktur des Methan-Moleküls
- 2.7. Chiralität
- 2.8. Chiralität und Symmetrie
- 2.9. Optische Aktivität
- 2.10. Spezifikation der Chiralität
- 2.11. Diastereoisomere
- 2.12. Experimentelle Bestimmung von Bindungsenergien
- 2.13. Bestimmung der Summenformel organischer Verbindungen
- 2.14. Mechanismus der Verbrennung: Die radikalische Substitution
- 2.15. Der Übergangskomplex chemischer Reaktionen
- 2.16. Atmung
- 2.17. Enzymatische Oxidation von Alkanen
- 2.18. Ethan
- 2.19. Konformationsisomere
- 2.20. Butan
- 2.21. Cycloalkane
- 2.22. Cyclohexan
- 2.23. Alkylcyclohexane
- 2.24. Polycyclische Alkane
- 2.25. Nomenklatur der Polycycloalkane

Organische Verbindungen, deren Bruttoformel sich um eine CH$_2$-Gruppe unterscheiden, werden **Homologe** genannt.

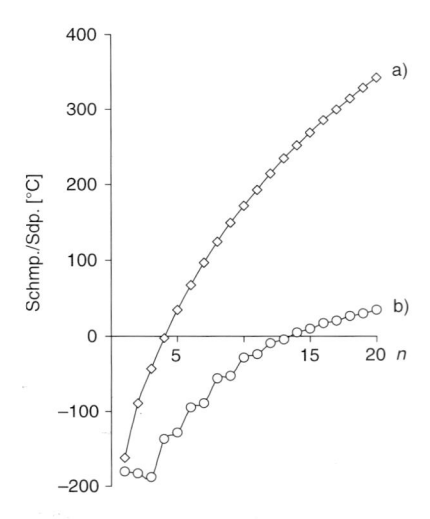

Fig. 2.1. a) *Siede- und* b) *Schmelztemperaturen unverzweigter Alkane* (*n* = Anzahl C-Atome)

fähr bei der gleichen Temperatur schmelzen wie ihre *nächst höheren* Homologen mit einer ungeraden Anzahl von C-Atomen, d. h. die Schmelzpunkte Ersterer sind *höher* als es bei einem gleichmäßigen, nur von der Molmasse abhängigen Anstieg zu erwarten wäre. Die entsprechenden Siedetemperaturen nehmen dagegen kontinuierlich zu (*Fig. 2.1*). Eine plausible Erklärung für dieses Verhalten, das bei Carbonsäuren besonders augenfällig ist, wird im *Abschn. 9.2* gegeben.

Während die Siedetemperatur einer Flüssigkeit hauptsächlich von den *van-der-Waals*-Kräften zwischen den Molekülen abhängt (*Abschn. 1.9*), die im Allgemeinen mit zunehmender Molmasse und größerer Polarisation der Bindungen im Molekül stärker werden, spielt beim Schmelzvorgang eines Kristalls auch die Entropiedifferenz (ΔS) zwischen dem festen und dem flüssigen Zustand eine entscheidende Rolle. Da diese Differenz kleiner ist, je ähnlicher die molekulare Ordnung im flüssigen und im festen Zustand (d. h. je höher die Symmetrie der Moleküle) ist, benötigen kristalline Stoffe, deren Moleküle symmetrisch sind, gemäß des thermodynamischen Satzes $\Delta G_f = \Delta H_f - T\Delta S_f$ mehr Energie zum Schmelzen (f steht für Fusion = Schmelzen) als jene, deren Moleküle unsymmetrisch sind.

Die Mehrzahl der bekannten Kohlenwasserstoffe können aus Erdöl durch fraktionierte Destillation oder durch Rektifikation (eine Destillationsmethode, die nach dem Gegenstromprinzip arbeitet) gewonnen werden. Zur Gewinnung von Treibstoffen wird das Rohöl in verschiedene Fraktionen aufgetrennt: Leichtbenzin (36–100 °C), dessen flüchtigere Fraktion (30–70 °C) Petrolether genannt wird, Schwerbenzin (100–150 °C), Ligroin (150–180 °C), Gasöl (200–360 °C), das aus Kerosin (180–270 °C) und Dieselöl besteht, und Schwer- oder Schmieröle (> 350 °C). Der Destillationsrückstand besteht aus Asphalt, Bitumen und Erdölwachs. Der Gehalt an den verschiedenen Fraktionen ist vom Ursprungsgebiet des Rohöls abhängig (*Tab. 2.2*). Naphtha (babylonisch *naptu*: Erdöl) ist die an Cycloalkanen (in der Petrochemie heute noch *Naphthene* genannt) angereicherte Fraktion der Erdölrektifikation.

2.2. Ursprung des Erdöls

Wegen der chemischen Zusammensetzung des Erdöls (bakterielle sekundäre Metabolite wie Porphyrine (*Abschn. 10.4*) und Hopane (*Abschn. 3.19*) sind im Erdöl enthalten) gilt seine Herkunft aus orga-

Tab. 2.2. *Zusammensetzung der Rektifikationsfraktionen einiger Rohöle* (in Gew.-%)

Ursprungsgebiet	Gas	Leichtbenzin	Schwerbenzin	Naphtha	Gasöl	Rückstand
Nordafrika	3,2	8,8	16,0	26,3	18,2	27,5
Nordsee	2,0	5,8	11,0	18,6	19,1	43,5
Naher Osten	1,3	4,7	7,9	16,4	15,3	54,4
Nordamerika	0,4	2,4	6,5	15,6	19,6	55,5
Südamerika	–	0,1	1,1	4,4	9,6	84,8

nischen Stoffen und seine Bildung im Meer (Salz- oder Brackwasser) als ziemlich sicher.

Ein ständiger Regen von abgestorbenem tierischen und pflanzlichen Plankton aber auch von Hohltieren und Krebsen führte zu Ablagerungen am Meeresboden, über die sich dann eine Schicht von Sedimentgesteinen (Tonteilchen, Sandkörner und Kies) legte. Sind solche Sedimente feinkörnig (feinklastisch), ist schon knapp unter der Oberfläche kaum oder überhaupt kein Sauerstoff mehr vorhanden, so dass anaerobe Bakterien die Kohlenhydrate, Eiweißstoffe und Fette der abgestorbenen Lebewesen reduktiv zersetzen, wobei vor allem methanreiches 'trockenes Erdgas' (*Abschn. 2.5*), Wasser, Kohlendioxid und *Kerogen* gebildet werden. Letzteres ist die Sammelbezeichnung für die in Sedimenten fein verteilte, gelbe bis braune, feste organische Substanz, die in organischen Lösungsmitteln und alkalischen Lösungen unlöslich ist.

Wenn sich die Sedimente immer mehr in einer Tiefe von 2000 bis 3500 Metern gestapelt haben, steigt die Temperatur auf 50–80 °C unter zunehmendem Druck an. Unter diesen Bedingungen entstehen schließlich mit Hilfe von Tonmineralien als Katalysatoren die Erdölkohlenwasserstoffe und Erdgase, die reich an Ethan, Propan und Butan sind. Das Erdöl sammelt sich in feinen Tröpfchen in den Poren des umgebenden, mittlerweile verdichteten und kompakten Sediments, Erdölmuttergestein genannt. Nachfolgende Sedimente setzen das Erdöl erheblich unter Druck. Die Öltröpfchen in den Porenräumen schließen sich zu größeren, fadenförmigen Gebilden zusammen (primäre Migration), und sie werden schließlich zusammen mit dem Porenwasser und dem Erdgas aus dem Muttergestein ausgetrieben. Diese so genannte sekundäre Migration wird gestoppt, wenn die Flüssigkeit auf ein Gestein stößt, dessen zu geringer Porenraum einen weiteren Aufstieg nicht mehr gestattet. In den Erdöl-Speichergesteinen – das sind vor allem Sande und Sandsteine, Kalke und Dolomite – können sich also ganze Ölseen ansammeln, in denen dann nach geologischen Zeiträumen häufig eine Trennung des Gemisches nach der Dichte eintritt: über dem Öl sammelt sich eine Erdgaskappe, unter dem Öl ist das so genannte Randwasser (*Fig. 2.2*).

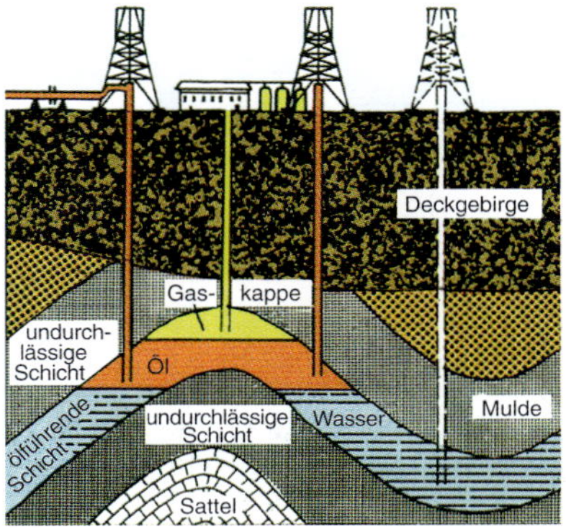

Trotz den Befunden, die für den im Vorangegangenen erläuterten Bildungsprozess sprechen, kann ein abiotischer Ursprung des Erdöls nicht völlig ausgeschlossen werden. In der Tat kommt Methan sowohl in der Masse als auch in der Atmosphäre der Planeten Uranus und Neptun in riesigen Mengen vor, so dass nicht auszuschließen ist, dass auch höhere Kohlenwasserstoffe unter abiotischen Bedingungen – z. B. nach einem der *Fischer–Tropsch*-Synthese analogen Prozess (*Abschn. 2.5*) oder durch Polymerisation von Ethylen (*Abschn. 3.11*) – gebildet werden konnten. Mit Ausnahme von Erdölvorkommnissen in einer Gesteinsformation an der Nordküste Australiens, deren Alter, falls sie in dem Gestein entstanden sind, in dem sie gefunden wurden, auf 1,4 Milliarden Jahre (im Jungpräkambrium) geschätzt wird, sprechen jedoch für die biotische Entstehung des Erdöls die Tatsachen, dass die älteste erdölhaltige Formation aus dem Kambrium (vor *ca.* 570–500 Millionen Jahren) stammt, sowie dass die meisten Lagerstätten in Ablagerungen aus der Jura- und Kreidezeit (vor *ca.* 200–140 bzw. 140–65 Mio. Jahren) bzw. aus dem Tertiär (vor *ca.* 65–2,5 Mio. Jahren) gefunden worden sind.

Fig. 2.2. *Erdöllagerstätten* (schematisch). Je nach Bohrstelle wird Erdgas, Erdöl oder Randwasser zutage gefördert.

2.3. Isomerie der Alkane

Je nach Anzahl der C-Atome können Kohlenwasserstoff-Moleküle verschiedene Strukturen besitzen. Da Kohlenwasserstoffe keine funktionelle Gruppen enthalten, sind konstitutionsisomere Strukturen regioisomer zueinander (vgl. *Abschn. 1.14*). Die Anzahl der möglichen regioisomeren Alkane wächst mit zunehmender Anzahl

Regioisomere sind Konstitutionsisomere, die zur selben Verbindungsklasse gehören.

Tab. 2.3. *Anzahl der möglichen Alkan-Isomere* (C_nH_{2n+2}) (aus: R. E. Davis, P. J. Freyd, '$C_{167}H_{336}$ Is the Smallest Alkane with More Realizable Isomers than the Observed Universe Has Particles', *J. Chem. Educ.* **1989**, *66*, 279–281).

n	nur Regioisomere	einschl. Stereoisomere
1	1	1
2	1	1
3	1	1
4	2	2
5	3	3
6	5	5
7	9	11
8	18	24
9	35	55
10	75	136
15	4 347	18 127
20	366 319	3 396 844
40	62 481 801 147 341	13 180 446 189 326 100

der C-Atome sehr schnell (*Tab. 2.3*), so dass die meisten der Isomere, wenn sie nicht in der Natur vorkommen, niemals synthetisiert worden sind.

2.4. Nomenklatur der Kohlenwasserstoffe

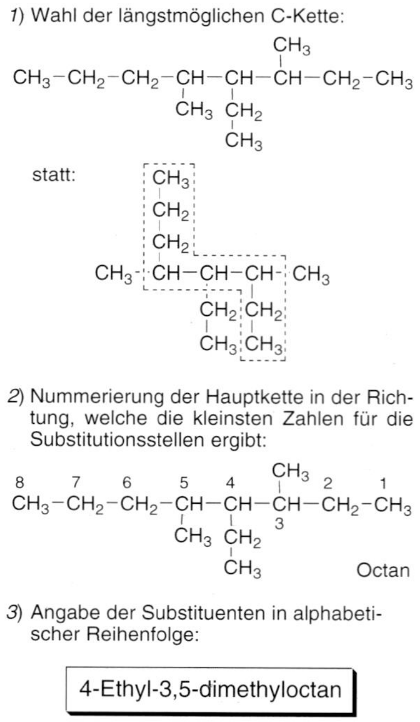

Die ersten Glieder der homologen Reihe der Alkane (Methan, Ethan, Propan und Butan) werden mit Trivialnamen genannt (*Abschn. 1.16*), die von denjenigen des Methanols, des Ethyl-ethers, der Propionsäure bzw. der Buttersäure abgeleitet sind (s. jeweils dort). Die Namen der nachfolgenden Glieder setzen sich aus einem dem griechischen Zahlwort, das der Anzahl der C-Atome entspricht (z. B. πέντε (*pente*) für 5), abgeleiteten Präfix und der Endung -*an* zusammen. *Neopentan* (griech. νέον (*néon*): neu) ist eine frühere Bezeichnung für 2,2-Dimethylpropan.

Die Grundregeln der systematischen Nomenklatur der Alkane sind in *Fig. 2.3* erläutert. Es geht aus dem Beispiel in *Fig. 2.3* hervor, dass die Substituenten an der C-Hauptkette mit Namen bezeichnet werden, die vom Namen des entsprechenden Alkans durch Ersatz der Endung -*an* durch -*yl* abgeleitet werden. Derartige Substituenten werden *Radikale* genannt.

Die Bezeichnung *Radikal* ist in der chemischen Nomenklatur jedoch zweideutig: sie wird sowohl als Synonym für 'Rest' oder Gruppen von Atomen, welche Teil eines Moleküls sind, als auch für meist kurzlebige Zwischenprodukte einer Reaktion (sog. 'freie Radikale') verwendet (s. *Abschn. 1.12*).

Oft werden verzweigte Radikale von ihren linearen Isomeren, die als 'normal' (abgekürzt: *n*-) bezeichnet wurden, durch Präfixe unter-

Fig. 2.3. *Grundregel der IUPAC-Nomenklatur*

schieden. Ein vorgestelltes i- für iso- (griech. ἴσος (ísos): gleich, ähnlich) bezeichnet eine Verzweigung mit zwei Methyl-Gruppen am Ende einer C-Kette (z. B. i-Pentyl = $(CH_3)_2CH-CH_2-CH_2-$). Die Bezeichnung für die *tert*-Butyl-Gruppe $((CH_3)_3C-)$ nimmt Bezug auf das Vorhandensein eines *tertiären* C-Atoms im Radikal (s. *Abschn. 2.12*). In der modernen systematischen Nomenklatur werden diese Bezeichnungen immer weniger gebraucht.

Die Zahlen, welche die Substitutionsstelle angeben (sog. *Lokanten*), werden grundsätzlich durch einen Bindestrich vom Namen des Substituenten getrennt. Kommt ein Substituent mehrmals vor, so wird dies mit entsprechenden Präfixen (Di- für zweimal, tri- für 3×, tetra- für 4×, usw.) angegeben. Die Positionen in der C-Hauptkette, an die die Substituenten gebunden sind, werden mit Zahlen angegeben, welche mit Kommata voneinander getrennt werden. Kommt der gleiche Substituent mehrmals an derselben Substitutionsstelle vor, wird die Zahl dieser Position wiederholt.

2.5. Methan

Das erste Glied in der Reihe der homologen Alkane ist das Methan (CH_4), welches unter Atmosphärendruck gasförmig ist. Die Siedetemperatur oder der Siedepunkt (Sdp.) beträgt $-161,5\,°C$. Trockenes Erdgas besteht fast ausschließlich aus Methan. Seine Bedeutung als primäre Energiequelle in den Industrieländern rührt von der Freigabe einer beträchtlichen Wärmemenge ($\Delta H^0 = -896$ kJ mol^{-1}) bei seiner Reaktion mit Sauerstoff (Verbrennung) her.

Ebenfalls von technischem Interesse ist die Verwendung von Methan für die Herstellung von *Synthesegas* (das Gemisch aus CO und H_2), das als Ausgangsstoff für eine Vielzahl technischer Produkte dient:

$$CH_4 + H_2O \rightarrow CO + 3\,H_2$$

Hohe Temperaturen sind dabei notwendig (850 °C in Gegenwart eines Nickel-Katalysators), um die exotherme Reaktion ($\Delta G^0 = -28,5$ kJ mol^{-1}) von Kohlenmonoxid mit Wasserdampf zu unterdrücken:

$$CO + H_2O \rightleftharpoons CO_2 + H_2$$

Synthesegas wird in Gegenwart von Eisen- oder Kobalt-Katalysatoren je nach den Reaktionsbedingungen in Methanol bzw. Kohlenwasserstoffe umgewandelt (*Fischer–Tropsch*-Synthese)

$$n\,CO + 2n\,H_2 \rightarrow (CH_2)_n + n\,H_2O$$

Biologisch wird Methan beim anaeroben Abbau organischer Stoffe gebildet. Methan wird von den so genannten methanogenen Bakterien produziert, welche das letzte Glied einer anaeroben Nahrungskette sind, an deren Anfang Polysaccharide, Proteine und Fette stehen (*Fig. 2.4*). Für die Synthese von CH_4 verwenden methanogene Bakterien entweder Acetat oder Kohlendioxid und Wasserstoff, der von mit ihnen in Symbiose lebenden gärenden Bakterien produziert

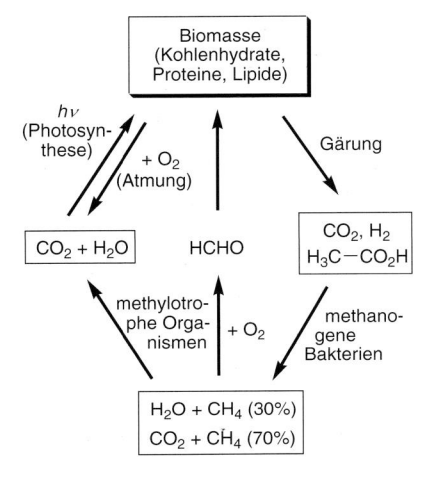

Fig. 2.4. *Kreislauf des Kohlenstoffs in lebenden Organismen*

wird. Beide methanbildenden Reaktionen sind exotherm ($\Delta H^0 = -35$ bzw. -165 kJ mol^{-1}).

Von einigen methanogenen Bakterien (*Pseudomonas carboxidovorans* u.a.) wird auch CO zu CH$_4$ umgesetzt. Die Reaktion: CO + H$_2$O(flüssig) → CO$_2$ + H$_2$ ($\Delta G^0 = -20$ kJ mol^{-1}) wird *in vivo* von der *CO-Dehydrogenase* (*Acetyl-Coenzym-A-Synthase*) katalysiert (s. *Fig. 2.41* in *Abschn. 2.17*). Die Gesamtmenge des biologisch erzeugten Methans ist beträchtlich; man schätzt, dass 1–1,5% des Kohlenstoffs, der durch Mineralisation aus der organischen Substanz wieder in atmosphärisches Kohlendioxid übergeht, zunächst als Methan in die Atmosphäre gelangt. Methan wird in Sumpfgebieten (daher sein Name 'Sumpfgas'), Reisfeldern und Wattenmeeren, aber auch im Pansen der schätzungsweise mehr als 10^9 Wiederkäuer, die auf der Erde leben, gebildet.

2.6. Struktur des Methan-Moleküls

Die vier H-Atome des Methan-Moleküls sind tetraedrisch um das C-Atom angeordnet. Somit beträgt der Winkel (Valenzwinkel) zwischen den (C–H)-Bindungen **109,5°** (*Fig. 2.5*).

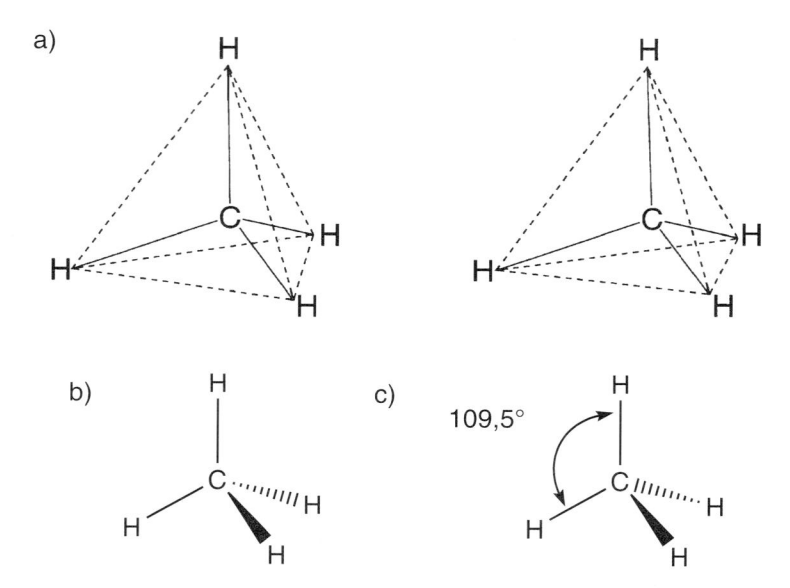

Fig. 2.5. a) *Stereoskopische Darstellung und* b),c) *Perspektivzeichnungen des Methan-Moleküls* (s. *Abschn. 1.13*). Die H-Atome befinden sich an den Spitzen eines Tetraeders. Bei der Perspektivzeichnung befinden sich das C-Atom und zwei der H-Atome in der Papierebene. Konventionsgemäß wird die dem Beobachter zugewandte (C–H)-Bindung mit einem fett gedruckten keilförmigen Strich, dessen Spitze sich am C-Ende befindet, dargestellt; die dem Beobachter abgewandte (C–H)-Bindung wird mit einem gestrichelten keilförmigen Strich dargestellt, dessen Spitze sowohl auf das C-Atom (*b*) als auch auf das H-Atom (*c*) gerichtet werden kann. Stereoskopische Bildpaare (*a*) können mit dem Computer generiert werden und simulieren dann für jedes Auge ein Bild eines aus leicht unterschiedlichem Blickwinkel betrachteten dreidimensionalen Objekts. Mit Hilfe geeigneter Stereobrillen oder durch Schielen auf einen imaginären Bezugspunkt hinter der Papierebene kann dann das Gehirn durch Überlagern der beiden Bilder den räumlichen Eindruck wieder herstellen.

Jacobus Henricus van't Hoff
(1852–1911), Professor für Chemie an den Universitäten Amsterdam (1878) und Berlin (1896), veröffentlichte seine Theorie zur Begründung der optischen Isomerie im September 1874. Seine Entdeckung der Gesetze der chemischen Dynamik und des osmotischen Drucks in Lösungen wurde 1901 mit dem *Nobel*-Preis für Chemie gewürdigt. (© *Nobel*-Stiftung)

Die tetraedrische Struktur des Methans wurde erst 1874 von *van't Hoff* postuliert und gleichzeitig mit *Le Bel* als Ursache der optischen Aktivität chiraler chemischer Verbindungen (*Abschn. 2.7*) erkannt.

Spätestens an dieser Stelle wird in den modernen Lehrbüchern der organischen Chemie eine Einführung in die elementare quantenmechanische Theorie der kovalenten Bindung gegeben, und der Begriff der 'Hybrid-Orbitale', der jeglicher physikalischer Realität entbehrt, eingeführt.

Allerdings ist die Quantenmechanik*, wenn es darum geht, die physikalischen und chemischen Eigenschaften der Moleküle *quantitativ* zu erfassen, zu einem unentbehrlichen Werkzeug des Chemikers geworden. Für ein *qualitatives* Verständnis der Struktur und Reaktivität organischer Moleküle ist dagegen – von wenigen Ausnahmen abgesehen (s. *Abschn. 3.2* und *Kap. 4*) – eine phänomenologische Beschreibung der Eigenschaften kovalenter Bindungen völlig ausreichend.

Joseph Achille Le Bel (1847–1930) fand gleichzeitig mit *van't Hoff* – aber unabhängig von ihm – die Begründung der optischen Isomerie auf der Grundlage der Untersuchungen von *Louis Pasteur* über die Beziehungen zwischen molekularer Asymmetrie und kristallographischer Enantiomorphie. Er veröffentlichte seine Ergebnisse zwei Monate später (im November 1874) als *van't Hoff*. *Le Bel* verzichtete auf eine akademische Laufbahn und widmete sich als wohlhabender Privatmann seinen wissenschaftlichen Arbeiten in Paris. (*Edgar Fahs Smith* Collection, mit Genehmigung der University of Pennsylvania Library, Philadelphia)

Beispielsweise veranschaulicht ein einfaches aus Luftballons konstruiertes Modell des Methan-Moleküls deutlich, dass die tetraedrische Geometrie des Moleküls als einzige kompatibel mit der Forderung ist, dass vier identische Liganden (die H-Atome) gleiche Abstände zu einem Mittelpunkt (dem C-Atom) halten und gleichzeitig am weitesten voneinander entfernt sind (*Fig. 2.6*). Letztere Bedingung ergibt sich aus der durch den *van-der-Waals*-Radius wiedergegebenen Raumbeanspruchung der Liganden (*Abschn. 1.9*).

Bedingt durch die hohe Bindungsdissoziationsenergie von (C–H)-Bindungen (*Abschn. 1.5*) sowie die reguläre Geometrie des Moleküls weist Methan, so wie alle Paraffine überhaupt, geringe Reaktivität auf. Lediglich die Reaktionen mit Wasser bei hohen Temperaturen (Herstellung von 'Synthesegas'), Halogenen und Sauerstoff, welche unter *homolytischer* Spaltung der (C–H)-Bindungen ablaufen (*Abschn. 2.14*), sind von praktischem Interesse.

Fig. 2.6. *Luftballonmodell des Methan-Moleküls*

2.7. Chiralität

Die von *Le Bel* und *van't Hoff* postulierte Struktur des Methan-Moleküls (*Abschn. 2.6*) erklärte zum ersten Mal das Vorkommen von Stoffen, deren Moleküle zwar dieselbe Konstitution, jedoch verschiedene Konfigurationen aufweisen (s. *Tab. 1.14*). Moleküle, deren Konfigurationen spiegelbildlich zueinander sind, werden als *chiral* bezeichnet.

Chiralität (griech. χείρ (*cheir*): Hand) bedeutet 'Händigkeit', eigentlich Spiegelbildlichkeit (*Fig. 2.7*). Der Begriff, der 1884 von

Fig. 2.7. '*Chiralität II*' Lithographie (1977). (Mit freundlicher Genehmigung des Künstlers, *Hans Erni* (*1909), Luzern)

Sir William Thomson, Lord Kelvin of Largs (1824–1907) eingeführt wurde, indem er eine geometrische Figur oder Gruppe von Punkten chiral nannte, wenn ihr ideelles Spiegelbild nicht zur Deckung mit sich selbst gebracht werden kann, geriet zunächst in Vergessenheit, tauchte dann aber Mitte des 20. Jahrhunderts in der Kernphysik und 1958 in der Stereochemie (*Lancelot Law Whyte*) wieder auf. Aus der Definition der Chiralität geht hervor, dass es sich dabei um eine geometrische, nicht nur auf Moleküle beschränkte Eigenschaft handelt. Die *n*-Dimensionalität bezieht sich nicht auf für den menschlichen Intellekt unvorstellbare Hyperräume, sondern auf wohlvertraute ein-, zwei- und dreidimensionale Objekte.

In der Tat sind zahlreiche Dinge unseres alltäglichen Lebens chiral. Die zwei Kännchen auf *Fig. 2.8* sind spiegelbildlich und können nicht 'zur Deckung' gebracht werden. Ebenso kann eine Stricknadel in einem engen Rohr nicht durch Hin- und Herschieben (d. h. ohne den durch das Rohr definierten eindimensionalen Raum zu verlassen) auf ihr Spiegelbild so gelegt werden, dass gleichzeitig beide Köpfe und Spitzen örtlich übereinstimmen. Ferner sind einige Buchstaben des lateinischen Alphabets chiral im *zweidimensionalen* Raum. Der Buchstabe **N** beispielsweise kann nicht durch Gleiten und Drehen auf der Papierebene sein Spiegelbild völlig verdecken (*Fig. 2.9*). Bild und Spiegelbild sind daher weder translations- noch rotations*kongruent*. Dies ist dagegen möglich mit dem Buchstaben **A**. Somit ist der Buchstabe **N** im zweidimensionalen Raum chiral, der Buchstabe **A** dagegen *achiral* (d. h. nicht chiral). Auch Moleküle, die als planar betrachtet werden können, können im zweidimensionalen Raum chiral sein. Im dreidimensionalen Raum werden sie als *prochiral* bezeichnet (*Abschn. 3.10*).

In der Physik resultiert die Chiralität aus der Kombination der Translation mit einer Drehung. Der Drehimpuls von Elementarteilchen (sowie auch von Tennisbällen), die sich im Raum bewegen und gleichzeitig um die eigene Achse drehen, kann im oder gegen den Uhrzeigersinn gerichtet sein (*Fig. 2.10*). Daraus resultieren zwei Bewegungen, die spiegelbildlich zueinander sind. Diese Art der Bewegung kommt auch bei Schrauben vor, deren 'Drehsinn' (rechts oder links) von der Helizität ihrer Gangrichtung abhängt. Somit sind sämtliche spiralförmigen Gegenstände, darunter Schneckenhäuschen und die Stängel der Rankengewächse chiral (*Fig. 2.11*).

> Die Eigenschaft einer *n*-dimensionalen Figur im *n*-dimensionalen Raum nicht translations- oder rotationskongruent mit ihrem Spiegelbild zu sein, wird *n*-dimensionale **Chiralität** genannt (*V. Prelog*, 1972).

Fig. 2.8. *Dreidimensionale Chiralität.* Rechts: chirales Kännchen für Rechtshänder und *links*: das gleiche, gespiegelte Kännchen für Linkshänder.

Fig. 2.9. *Zweidimensionale Chiralität.* Der Buchstabe **A** ist achiral, der Buchstabe **N** ist chiral.

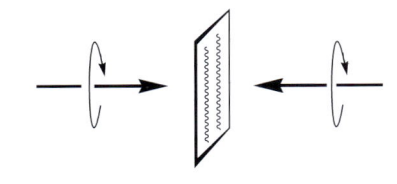

Fig. 2.10. *Chiralität rotierender Teilchen, die sich im Raum bewegen*

2.8. Chiralität und Symmetrie

Es fällt bei allen oben angegebenen Beispielen auf, dass das Fehlen einer internen Symmetrieebene, welche das Objekt in zwei spiegelbildliche Hälften teilt, das Kriterium für das Vorliegen von Chiralität im jeweiligen *n*-dimensionalen Raum ist. In der Tat ist dies auch eine ausreichende, obwohl nicht notwendige, Bedingung für die Chiralität eines Moleküls.

Struktur und Reaktivität der Biomoleküle

H₃C—CH₂—CH₂—CH₂—CH₂—CH₂—CH₃
Heptan

H₃C—CH₂—CH₂—CH₂—CH(CH₃)—CH₃
Isoheptan (2-Methylhexan)

H₃C—CH₂—CH₂—CH(CH₃)—CH₂—CH₃
3-Methylhexan

H₃C—CH₂—CH(CH₃)—CH(CH₃)—CH₃
2,3-Dimethylpentan

(H₃C)₂CH—CH₂—CH(CH₃)₂
2,4-Dimethylpentan

H₃C—CH₂—CH₂—C(CH₃)₂—CH₃
2,2-Dimethylpentan

H₃C—CH₂—C(CH₃)₂—CH₂—CH₃
3,3-Dimethylpentan

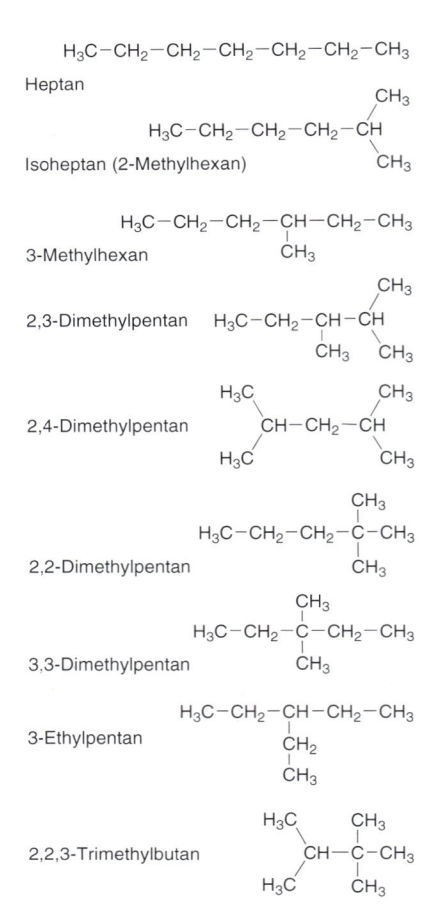

H₃C—CH₂—CH(CH₂CH₃)—CH₂—CH₃
3-Ethylpentan

(H₃C)₂CH—C(CH₃)₂—CH₃
2,2,3-Trimethylbutan

Fig. 2.12. *Die neun Regioisomere der Bruttoformel C₇H₁₆*

Enantiomere sind *Stereoisomere*, die spiegelbildlich zueinander sind.

Konfigurationsisomere sind Stereoisomere, die durch Drehung um kovalente Bindungen nicht ineinander umgewandelt werden können.

Fig. 2.11. *Hopfen* (*Humulus lupulus* L.; *links*) *und Blauregen* (= Glyzine: *Wisteria sinensis*; *rechts*) *sind Beispiele für links- bzw. rechtsschraubenförmige Stängel in der Natur.*

Es gibt nämlich Moleküle, die *achiral* sind, obwohl sie keine interne Symmetrieebene aufweisen. Notwendig für das Auftreten der Chiralität ist nämlich das Fehlen einer *Drehspiegelachse* (s. Abschn. 1.13). Chirale Moleküle (bzw. dreidimensionale geometrische Figuren) können jedoch Symmetrieachsen besitzen; sie werden dann als *dissymmetrisch* bezeichnet. Moleküle (bzw. geometrische Figuren), die *kein* Symmetrieelement besitzen, sind *asymmetrisch*.

Unter den neun möglichen Regioisomeren des Heptans (*Fig. 2.12*) gibt es zwei (3-Methylhexan und 2,3-Dimethylpentan), deren Moleküle keine Symmetrieebene aufweisen. Beide sind somit chiral: sie kommen je in zwei stereoisomeren, zueinander spiegelbildlichen Strukturen vor, die *Enantiomere* oder früher *optische Antipoden* (griech. πούς (*pous*): Fuß) genannt werden (*Fig. 2.13*). Dadurch erhöht sich die Gesamtzahl der Isomere der Bruttoformel C₇H₁₆ auf elf (s. *Tab. 2.3*).

Die Bezeichnung Enantiomer (griech. ἐναντίος (*enantíos*): gegenüberliegend und μέρος (*méros*): Teil) bezieht sich auf Moleküle. Die ursprünglich für spiegelbildliche makro- und mikroskopische Objekte (z. B. Kristalle) zutreffende Bezeichnung *enantiomorph* (griech. μορφή (*morphé*): Gestalt, Form) wird auch für spiegelbildliche Atom-Liganden, sofern sie getrennt vom Gesamtmolekül betrachtet werden, sowie für spiegelbildliche Konformationen eines Moleküls (s. *Abschn. 2.20* und *2.23*) verwendet, denn Enantiomere schlechthin sind *Konfigurationsisomere*; deren gegenseitige Umwandlung (*Inversion der Konfiguration* oder *Racemisierung*) nur entweder unter Bindungsbruch (*Abschn. 5.13*) oder über einen Übergangskomplex, bei dem das C-Atom und die vier daran gebundenen Atome in einer Ebene liegen (*Abschn. 7.2*), möglich ist. Letztgenannter Prozess

$[\alpha]_D^{20} = -9{,}43$ $[\alpha]_D^{20} = +9{,}43$

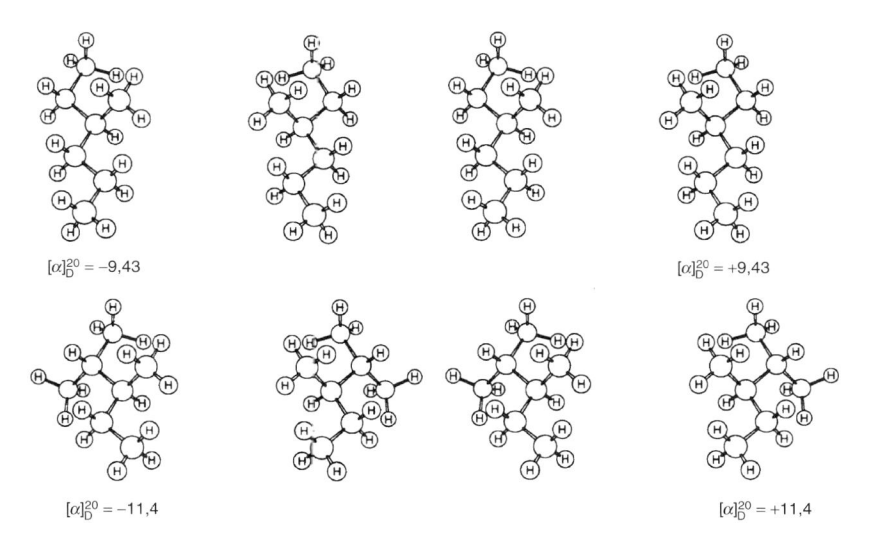

$[\alpha]_D^{20} = -11{,}4$ $[\alpha]_D^{20} = +11{,}4$

Fig. 2.13. *Stereoskopische Darstelllungen (s. Fig. 2.5) der chiralen Heptan-Isomere*

ist experimentell bisher nicht beobachtet worden. Der theoretisch berechnete Energiegehalt des entsprechenden Übergangskomplexes schwankt je nach Methode zwischen 398 und 1047 kJ mol^{-1}. Der jüngste errechnete Wert für das Methan-Molekül beträgt 530 kJ mol^{-1}.

Aus historischen Gründen (*Abschn. 2.9*) wird in den Lehrbüchern der organischen Chemie der Begriff der Chiralität am Beispiel des asymmetrischen C-Atoms erklärt. In der Tat aber genügen vier verschiedene Atome, die sich nicht alle in einer Ebene befinden, um ein chirales Molekül zu bilden. Konzeptuell übergeordnet (und aus heutiger Sicht auch besser verständlich) ist somit die Betrachtungsweise, die molekulare Chiralität auf eine *topographische Eigenschaft* bestimmter Gruppierungen von Atomen zurückführt. Sie geht vom geometrischen Grundsatz aus, dass in einem cartesischen Raum drei Punkte eine Ebene definieren. Sind die Abstände zwischen diesen Punkten untereinander verschieden (d.h. die drei Punkte bilden ein irreguläres Dreieck), so ist die durch sie definierte Ebene eine *Prochiralitätsebene*. Mit dieser Definition wird zum Ausdruck gebracht, dass je nachdem von welcher Seite der Ebene das Dreieck betrachtet wird, Letzteres als sein eigenes Spiegelbild erscheint (*Fig. 2.14*), obwohl es selbstverständlich ist, dass jede durch drei beliebige Punkte definierte Ebene (welche die Gesamtheit der Punkte darstellt, die mit Hilfe von nur zwei Raumkoordinaten bestimmt werden *kann*) unendlich ist, und sie unterscheidet sich somit durch keine besondere Eigenschaft von anderen Ebenen.

Für abstrakte stereochemische Betrachtungen werden Moleküle durch geometrische Figuren (Stereomodelle) dargestellt, welche nur die stereochemisch relevanten Eigenschaften und deren Beziehungen untereinander wiedergeben. In der organischen Chemie, in der man hauptsächlich mit ein- bis vierbindigen Atomen zu tun hat, ist es

Ein **asymmetrisches C-Atom** ist ein tetragonales Kohlenstoff-Atom, dessen vier Liganden verschiedene Konstitution aufweisen.
(*J. H. van't Hoff*, 1874)

Besitzt ein Molekül als einzige Symmetrieebene eine Ebene, die durch ein Atom und zwei daran gebundene morphologisch verschiedene Liganden definiert wird, so ist das Molekül (im dreidimensionalen Raum) **prochiral**. Die Symmetrieebene ist somit eine Prochiralitätsebene.

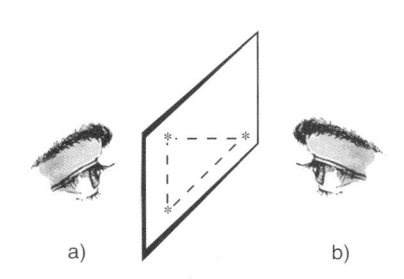

Fig. 2.14. *Dasselbe Dreieck erscheint als sein eigenes Spiegelbild je nachdem ob es von* a) *oder* b) *betrachtet wird.*

zweckmäßig, die einfachsten Figuren des zwei- und dreidimensionalen Raumes (sog. *Simplexe*) als Stereomodelle zu verwenden. Sowohl das Simplex des zweidimensionalen Raumes, das reguläre Dreieck, als auch das Simplex des dreidimensionalen Raumes, das Tetraeder, können chiral oder achiral sein. Um enantiomorphe Figuren zu erzeugen, ist wenigstens ein chirales Simplex notwendig.

Das Stereomodell wird dadurch chiral, dass die gleichwertigen Ecken eines achiralen Simplexes durch verschiedene Liganden besetzt sind, deren Permutation zu Stereoisomeren führt. Achirale Liganden werden mit achiralen großen Blockbuchstaben (z. B. **A**, **M**, **T**), die chiralen mit (im zweidimensionalen Raum) chiralen Buchstaben (z. B. **F**, **L**, **N**) und ihre enantiomorphen mit ihren zweidimensionalen Spiegelbildern (Ⅎ, ſ, И) dargestellt. Achirale zweidimensionale Simplexe resultieren aus der Besetzung von mindestens zwei Ecken mit homomorphen (griech. ὁμός (*homós*): gleich) Liganden (d. h. Liganden gleicher Konstitution und gegebenenfalls gleicher Konfiguration). Die Ebene, die durch ein derartiges Simplex definiert wird, teilt den Raum in zwei *homotope* (griech. τόπος (*tópos*): Ort, Stelle) Halbräume. Homomorphe Liganden, die sich in homotopen Halbräumen befinden, werden ebenfalls als homotop bezeichnet. Sie können durch Drehung um eine C_n-Symmetrieachse untereinander ausgetauscht werden; das dadurch resultierende Simplex ist identisch mit dem Original (*Fig. 2.15, a*). Homotope Liganden sind auch in einer chiralen Umgebung (z. B. von einem Enzym) nicht

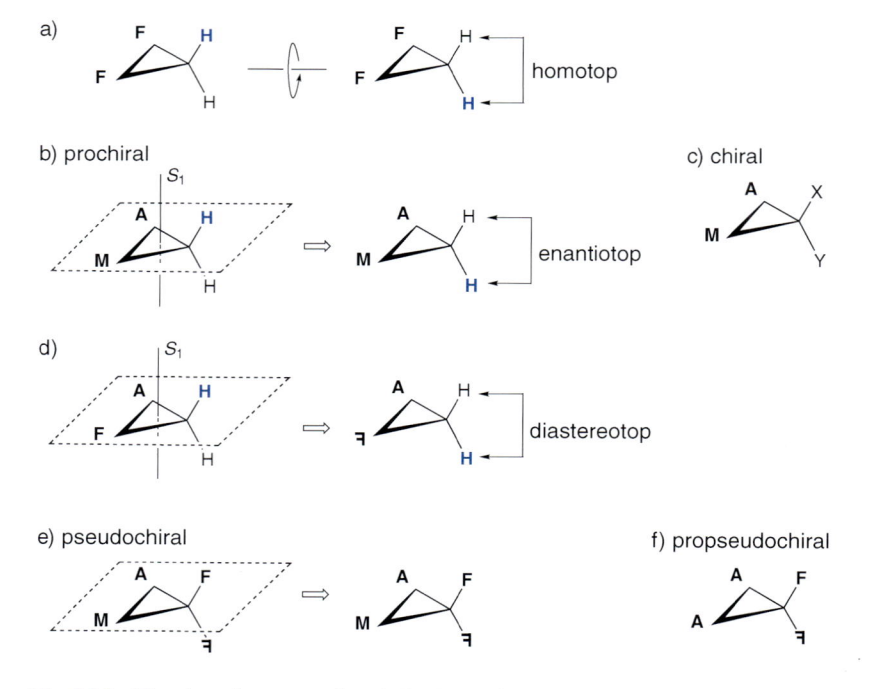

Fig. 2.15. *Für abstrakte stereochemische Betrachtungen werden Moleküle durch geometrische Figuren* (Simplexe) *dargestellt.* Man beachte, dass die Konfiguration chiraler Liganden, die durch im zweidimensionalen Raum chirale Buchstaben (**F** und Ⅎ) dargestellt sind, sich bei der Rotation um eine Achse nicht ändert.

unterscheidbar. Liganden, die sich nicht in homotopen Halbräumen befinden, werden als *heterotop* (griech. ἕτερος (*héteros*): verschieden) bezeichnet. Sie können entweder *enantiotop* oder *diastereotop* (griech. διά (*diá*): durch, hindurch) zueinander sein.

Sind die drei Ecken eines zweidimensionalen Simplexes mit heteromorphen Liganden besetzt, so ist das Simplex im zweidimensionalen Raum chiral, im dreidimensionalen Raum *prochiral* (*Fig. 2.15,b*). Die Ebene, die durch ein derartiges Simplex definiert wird, teilt den Raum in zwei *enantiotope* Halbräume. Homomorphe Liganden, die sich in enantiotopen Halbräumen befinden, werden als enantiotop bezeichnet. Enantiotope Liganden können durch Spiegelung in einer Symmetrieebene des Moleküls untereinander ausgetauscht werden (eigentlich durch Drehung um eine C_n-Symmetrieachse und darauf folgende Spiegelung in einer dazu senkrecht stehenden Symmetrieebene – so genannte *Drehspiegelachse* S_n – wobei die einfache Spiegelung einer S_1-Drehspiegelachse entspricht). Enantiotope Liganden wie sie an prochiralen C-Atomen vorkommen sind in einer chiralen Umgebung (z. B. von einem Enzym) unterscheidbar. Die Stereochemie prochiraler Enzymsubstrate wird in *Abschn. 3.10* ausführlich behandelt.

Sind die Liganden, die sich in enantiotopen Halbräumen befinden, heteromorph, so liegt der bekannteste Fall der Chiralität vor, der durch das so genannte *asymmetrische* C-Atom repräsentiert wird (*Fig. 2.15,c*).

Ist einer der Liganden des zweidimensionalen Simplexes chiral, so sind die Halbräume, die durch die Simplexebene getrennt sind, *diastereotop* zueinander. Homomorphe Liganden, die sich in diesen Halbräumen befinden, können zwar durch Anwendung der S_n-Symmetrieoperation untereinander ausgetauscht werden, das dadurch resultierende Simplex ist aber nicht identisch mit dem Original (*Fig. 2.15,d*). Derartige *diastereotope* Liganden sind auch in einer achiralen Umgebung unterscheidbar. Diastereomorphe Figuren enthalten somit wenigstens zwei chirale Simplexe, deren relative Orientierung die Diastereomorphie bedingt.

Eine besondere Form der Konfigurationsisomerie tritt auf, wenn das zweidimensionale Simplex zwei chirale Liganden gleicher Konstitution enthält. Ist die Konfiguration beider Liganden dieselbe, so sind die dreidimensionalen Halbräume, die durch die Ebene des Simplexes getrennt sind, *homotop* zueinander; homomorphe Liganden, die sich in diesen Halbräumen befinden, lassen sich durch Drehung um eine Symmetrieachse untereinander austauschen (*Fig. 2.15,a*). Sind dagegen die beiden chiralen Liganden enantiomorph, so befinden sich die homomorphen Liganden in diastereotopen Halbräumen und lassen sich durch Anwendung der S_n-Symmetrieoperation nicht austauschen. Befinden sich zwei enantiomorphe Liganden in enantiotopen Halbräumen, so ist das dreidimensionale Stereomodel *pseudochiral*. Reflexion in der Prochiralitätsebene ergibt ein Simplex, das mit dem Original identisch ist (*Fig. 2.15,e*). Werden die beiden heteromorphen Liganden durch ein Paar homomorpher Liganden ersetzt, so wird das daraus resultierende Stereomodel als *pseudoasymmetrisch* oder *pseudochiral* bezeichnet (*Fig. 2.15,f*). Pseudochirale C-Atome kommen oft bei den *meso*-Isomeren der Monosaccharid-Moleküle vor (*Abschn. 2.9*).

Zusammenfassend lassen sich sämtliche bekannte Formen der Konfigurationsisomerie anhand nachstehender Korrelationen definieren (vgl. *Tab. 2.4*):

chiral	Zwei heteromorphe achirale Liganden in enantiotopen Halbräumen.
prochiral	Zwei homomorphe Liganden in enantiotopen Halbräumen bzw. zwei heteromorphe Liganden in homotopen Halbräumen
pseudochiral	Zwei enantiomorphe Liganden in enantiotopen Halbräumen
propseudochiral	Zwei enantiomorphe Liganden in homotopen Halbräumen.

Tab. 2.4. *Typen der Konfigurationsisomerie*

Liganden	Halbraum	
	homotop	enantiotop
homomorph: **A,A** oder **F,F**	achiral	prochiral
enantiomorph: **F,Ⅎ**	propseudochiral	pseudochiral
heteromorph: **A,M**	prochiral	chiral

Obwohl die Chiralität eine Eigenschaft ist, die ausschließlich von der Geometrie des *gesamten* Moleküls gegeben ist, beruht sie bei den meisten der chiralen Naturprodukte auf dem Vorhandensein von einem oder mehreren *asymmetrischen* C-Atom(en) in ihren Molekülen (sog. *zentrale Chiralität*). Chirale Moleküle können aber außer Chiralitätszentren (auch *stereogene* Zentren genannt) andere *Chiralitätselemente* (Chiralitätsachsen oder -ebenen) enthalten, die bedingen, dass Bild und Spiegelbild des Moleküls nicht kongruent zueinander sind (s. *Abschn. 3.27*). Bei den oben erwähnten enantiomeren Alkanen ist jeweils das C(3)-Atom asymmetrisch. CHBrClF ist das chirale Molekül, das mit der kleinsten Anzahl von Atomen bisher synthetisiert worden ist (*Fig. 2.16*).

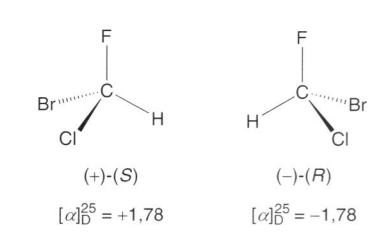

Fig. 2.16. *Enantiomere Bromochlorofluoromethane*

2.9. Optische Aktivität

In einer *achiralen* Umgebung (ein abstrakter Begriff, der eigentlich nur für ein einziges chirales Molekül gilt) ist der Energiegehalt von Enantiomeren gleich; sie sind energetisch *entartet*. Da beide Enantiomere eines chiralen Stoffes identische Eigenschaften (Siedetemperatur, Schmelzpunkt, Löslichkeit in achiralen Lösungsmitteln, Reaktivität gegenüber achiralen Reagenzien, usw.) aufweisen, können sie mit herkömmlichen analytischen Methoden nicht voneinander unterschieden werden. Die einfachste physikalische Methode, welche die Differenzierung von Enantiomeren ermöglicht, ist die Polarimetrie. Dabei wird die Neigung der Schwingungsebene eines linearpolarisierten Lichtstrahls gemessen, der die zu analysierende Probe durchdringt. Ist die untersuchte Probe *optisch aktiv*, wird die Polarisationsebene des Lichtes um einen bestimmten Winkel (α) nach rechts oder nach links 'gedreht'.

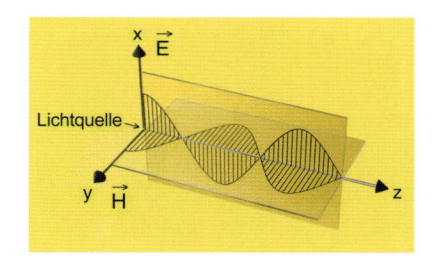

Fig. 2.17. *Linearpolarisiertes Licht als elektromagnetische Welle*

Die Eigenschaft einiger flüssiger oder gelöster organischer Stoffe, die Schwingungsrichtung des linearpolarisierten Lichtes zu drehen, wurde 1815 vom französischen Physiker *Jean-Baptiste Biot* (1774–1862) entdeckt. Dabei sprach er die Vermutung aus, dass die Ursache des Phänomens in der asymmetrischen Molekülstruktur zu suchen ist. Auch die Anwendung des Polarimeters für die Zuckerbestimmung geht auf seine Arbeiten zurück.

Licht pflanzt sich im Raum als elektromagnetische Welle fort. Elektromagnetische Wellen sind transversal, d. h. der elektrische und der magnetische Vektor schwingen senkrecht zueinander und zur Ausbreitungsrichtung (*Fig. 2.17*). Im Licht, das Temperaturstrahler (glühende Körper) aussenden, sind alle Polarisationsrichtungen gleichmäßig vorhanden. Zwar erzeugt der Emissionsakt eines einzelnen Atoms polarisiertes Licht, aber in der Temperaturstrahlung überlagern sich sehr viele solcher Einzelemissionen in völlig ungeordneter Weise, so dass der elektrische (und magnetische) Vektor in allen Ebenen schwingt, die durch die Ausbreitungsgerade (die z-Achse in *Fig. 2.17*) und jeden beliebigen Punkt im Raum definiert sind. Solches Licht heißt natürliches oder unpolarisiertes Licht. Licht, in dem das elektrische Feld nur in einer Ebene schwingt, wird dagegen als *linearpolarisiert* bezeichnet.

Die Ebene, die senkrecht zur Schwingungsebene des elektrischen Vektors steht (d. h. die Schwingungsebene des magnetischen Vektors), wird irreführenderweise Polarisationsebene genannt. Vollständig linearpolarisiertes Licht kann entweder durch Reflexion oder durch Doppelbrechung in anisotropen Kristallen (z. B. Kalkspat) erzeugt werden (*Fig. 2.18*). Kristalle oder Filter, die aus natürlichem Licht polarisiertes machen, heißen Polarisatoren.

Fig. 2.18. *Die Doppelbrechung in Kalkspat-Kristallen* ($CaCO_3$) *erzeugt zwei linearpolarisierte Lichtstrahlen gleicher Intensität, deren Polarisationsebenen senkrecht zueinander stehen.*

Dieselbe Vorrichtung kann auch als Analysator dienen, mit dem man die Polarisation und ihre Schwingungsrichtung nachweist. Ein Polarimeter besteht somit aus einem Polarisator und einem Analysator, die koaxial angeordnet sind. Stellt man die Polarisationsrichtung des Analysators senkrecht zur Polarisationsrichtung des Polarisators, so wird kein Licht durchgelassen (*Fig. 2.19,a*) Bringt man nun einen 'optisch aktiven' Stoff in das Glas, das sich im Lichtweg zwischen dem Polarisator und dem Analysator befindet, wird das Gesichtsfeld heller (*Fig. 2.19,b*), so dass man das Glas bzw. den darauf liegenden Analysator um den Drehwinkel α (in *Fig. 2.19,c*, ungefähr 36° gegen Uhrzeigersinn) nachstellen muss (Pfeil), um wieder Dunkelheit zu erreichen.

Eine plausible Erklärung für dieses Phänomen ist in der Wechselwirkung des asymmetrischen elektrischen Feldes, das ein chirales Molekül umgibt, und den Photonen des polarisierten Lichtes zu finden. Im *Abschn. 1.5* wurde darauf hingewiesen, dass Photonen Elementarteilchen mit einem Spin (± 1) sind; ihre Bewegung in der Fortpflanzungsrichtung des Lichtes ist somit chiral (s. *Fig. 2.10*) und wird in der Nähe eines chiralen Moleküls je nach dem Drehsinn des Spins in verschiedenem Maße beeinflusst. Im Rahmen des Wellenmodells der elektromagnetischen Strahlung postulierte *Augustin Fresnel*, dass die Chiralität des Lichtes durch eine sich im Raum fortpflanzende Welle dargestellt werden kann, die Spitze deren elektrischen Vektors (und selbstverständlich des damit assoziierten

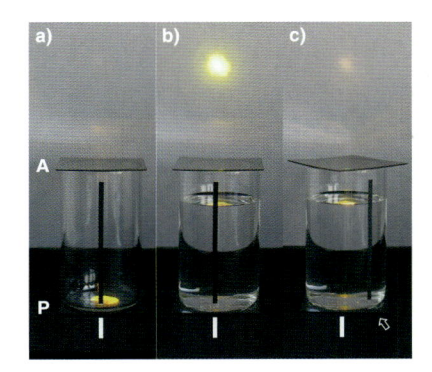

Fig. 2.19. *Mit zwei parallel zueinander angeordneten* Polaroid® *Folien, die als Polarisator* (P) *bzw. Analysator* (A) *dienen, lässt sich ein einfaches Polarimeter herstellen. Im abgebildeten Modell wurde als Lichtquelle ein Hellraumprojektor mit einer durchsichtigen gelben Folie als Lichtfilter und eine Lösung von 70 g D-Fructose* ($[\alpha]_D^{20} = -92$) *in 100 ml* H_2O *als optisch aktive Substanz verwendet.*

Augustin Jean Fresnel (1788–1827) der französische Ingenieur für Straßen- und Brückenbau trug mit seinen theoretischen und experimentellen Arbeiten (*Fresnel*-Stufenlinse, *Fresnel*-Biprisma, *Fresnel*-Zonenkonstruktion u.a.) zum Durchbruch der Wellentheorie des Lichtes bei, die hauptsächlich von *Christiaan Huygens* (1629–1695) aufgestellt und später von *James Clerk Maxwell* (1831–1879) entwickelt wurde.

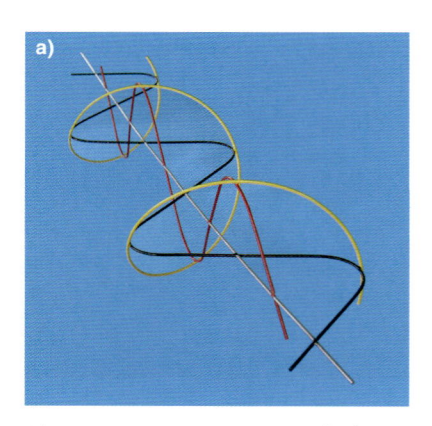

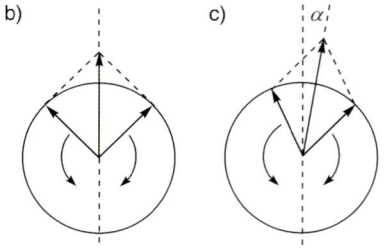

magnetischen Vektors) eine spiralförmige Linie um die Fortpflanzungsachse des Lichtes beschreibt. Ein derartiger Lichtstrahl ist *zirkularpolarisiert* (*Fig. 2.20,a*). Pflanzen sich zwei zirkularpolarisierte Lichtstrahlen, deren Drehrichtung entgegengesetzt ist, in Phase fort, so oszilliert der aus der vektoriellen Summe beider elektrischen Vektoren resultierende Vektor in einer Ebene. Die entsprechende elektromagnetische Strahlung ist linearpolarisiert. Betrachtet man den Lichtstrahl in seiner Fortpflanzungsrichtung, so kreisen beide Vektoren des zirkularpolarisierten Lichtes um die Fortpflanzungsachse in einer Ebene (die Papierebene in *Fig. 2.20,b*), die senkrecht zur Blickrichtung des Beobachters steht. Wird durch Wechselwirkung mit dem asymmetrischen elektrischen Feld eines chiralen Moleküls eines der zirkularpolarisierten Lichtstrahlen gebremst, so pflanzen sich die beiden elektromagnetischen Wellen nicht mehr in Phase fort; die vektorielle Summe ihrer elektrischen Vektoren ergibt einen elektrischen Vektor des linearpolarisierten Lichtes, der nunmehr in einer Ebene schwingt, die in Bezug auf die in *Fig. 2.20,b* dargestellte Ebene geneigt ist (*Fig. 2.20,c*). Je nachdem, ob der rechts oder links zirkularpolarisierte Lichtstrahl gebremst wird, findet die Neigung der Ebene, in welcher der Vektor des linearpolarisierten Lichtes oszilliert, nach links bzw. rechts statt.

Der Wert des Drehwinkels α hängt von der Anzahl der Moleküle des optisch aktiven Stoffes ab, die vom linearpolarisierten Strahl erfasst werden, d.h. von der Konzentration der Lösung (c in g/ml) und der Länge der Röhre (l in dm), in der die Lösung enthalten ist:

$$\alpha = c \times l \times [\alpha]_\lambda^T$$

Die Proportionalitätskonstante wird *spezifische Drehung* $[\alpha]_\lambda^T$ genannt. Im Gegensatz zum Drehwinkel (α), der in Winkelgraden gemessen wird, sind die Dimensionen von $[\alpha]_D$ Winkelgrad cm^2 g^{-1}, weshalb ihre dimensionslose Wertangabe der mit *nur* einem hochgestellten ° (für Winkelgrad) vorzuziehen ist. Die spezifische Drehung ist charakteristisch für die untersuchte Substanz und gibt das Vorzeichen des experimentell gemessenen Drehwinkels an. Substanzen, deren spezifische Drehung positiv ist, werden *dextrorotatorisch* (rechtsdrehend) genannt und mit einem Pluszeichen (+), das ihrem Namen vorangestellt wird, gekennzeichnet. Ist ihre spezifische Drehung negativ, so sind sie *lävorotatorisch* (linksdrehend) und werden mit (−) gekennzeichnet. Die früheren Bezeichnungen *d*- und *l*- für dextro- bzw. lävorotatorische Enantiomere werden heute nicht mehr verwendet.

Fig. 2.20. a) *Zirkularpolarisiertes Licht als Überlagerung zweier linearpolarisierter Lichtstrahlen, deren Phasenverschiebung 1/4 λ beträgt.* Nur die von den Spitzen der beiden senkrecht zueinander schwingenden elektrischen Vektoren des linearpolarisierten Lichtes (*rot* und *schwarz*) bzw. deren vektoriellen Summe (*gelb*) im Raum beschriebenen Wege sind dargestellt. b) *Ebenso resultiert linearpolarisiertes Licht durch Überlagerung von zwei gleichphasigen Strahlen rechts- und linkszirkularpolarisierten Lichtstrahlen* (Frontansicht). c) *Aus der Verzögerung einer der beiden zirkularpolarisierten Lichtstrahlen resultiert eine 'Drehung' der Polarisationsebene linearpolarisierten Lichtes.*

Die spezifische Drehung hängt sowohl von der Wellenlänge λ des verwendeten Lichtes als auch von der Temperatur ab. Letztere wird als hochgestellte Zahl (z.B. 20 °C) angegeben. Normalerweise werden spezifische Drehungen mit Hilfe einer Natriumlampe bestimmt; die entsprechende Wellenlänge der Emission (λ_{max} der charakteristischen D-Linie bei 589 nm) wird mit einem tiefgestellten D vermerkt. Typische $[\alpha]_D$-Werte aliphatischer Verbindungen liegen zwischen 20 und 40° cm² g^{-1}. Werte bis $[\alpha]_D = 9600$ sind jedoch möglich.

Die Verwendung von Licht der Wellenlänge $\lambda_{max} = 589$ nm zur Messung der optischen Drehung hängt mit der Erfindung vom berühmten deutschen Chemiker *Robert Wilhelm Bunsen* (1811–1899) des nach ihm genannten Gasbrenners zusammen. In dessen bis zu 1500 °C heiße kaum leuchtende Flamme gehalten, dient ein Stück Kochsalz als nahezu monochromatische gelbe Lichtquelle. Mit bloßem Auge lässt sich mit einer Natriumdampflampe eine Genauigkeit bei der Messung der optischen Drehung von bestenfalls ± 0,005° erzielen.

Enantiomere weisen immer denselben absoluten Wert der spezifischen Drehung auf, lediglich das Vorzeichen ist entgegengesetzt (s. *Fig. 2.13* und *2.16*). Wie bereits erwähnt, sind sämtliche physikalischen und chemischen Eigenschaften der Enantiomere identisch, sofern sie nicht mit chiralen Methoden festgestellt werden. Da alle Enzyme chiral sind, kommen chirale Naturprodukte, die in den lebenden Zellen synthetisiert werden, fast immer als reine Enantiomere vor.

Die spiegelbildliche Struktur eines chiralen Naturproduktes wird oft mit dem Präfix *ent-* (für Enantiomer) gekennzeichnet. Die biologisch aktive Komponente eines Stereoisomerenpaares wird *Eutomer* (griech. εὖ (eu): gut), die weniger aktive (bzw. inaktive) *Distomer* genannt (*Everhardus Jacobus Ariëns*, 1976). Der Quotient beider Aktivitäten – das *eudismische Verhältnis* – ist ein Maß für die Stereoselektivität eines biologischen Prozesses.

Im Laboratorium dagegen werden bei der Synthese eines chiralen Stoffes unter Anwendung herkömmlicher Reagenzien beide Enantiomere in gleichen Mengen (als *Racemat*) erhalten. Dieser Grundsatz gilt jedoch nur, wenn eine sehr große Zahl von Molekülen an der Reaktion beteiligt ist.

> Ein **Racemat** besteht aus dem äquimolaren Gemisch beider Enantiomere einer chiralen Verbindung.

Ließen sich z.B. nur zwei Moleküle eines prochiralen Substrats mit einem achiralen Reagenz in chirale Moleküle umwandeln, so wäre die Bildung des Racemats mit 50% Wahrscheinlichkeit zwar statistisch bevorzugt, jene eines einzigen Enantiomers jedoch mit je 25% Wahrscheinlichkeit ebenfalls möglich. Die Tatsache, dass die statistische Wahrscheinlichkeit der Bildung eines Enantiomerenüberschusses sogar bei der Reaktion von 10^7 Molekülen (ca. 10^{-16} mol) 0,021% beträgt, stellt eine Alternative zu nichtstochastischen Mechanismen der präbiotischen Entstehung der *Homochiralität* der Naturstoffe (s. *Abschn. 9.6*) als Folge sehr selten eintretender Reaktionen, die von autokatalytischen Prozessen gefolgt werden, dar.

Ein racemisches Gemisch weist keine optische Drehung auf, weil sich die Beiträge der beiden Enantiomere gegenseitig aufheben.

Will man die Substanz als reines Enantiomer charakterisieren, so ist eine Trennung beider Enantiomere voneinander (*Racemat-Spaltung*) notwendig, für die dem Chemiker verschiedene sowohl physikalische als auch chemische Methoden zur Verfügung stehen. Bei bereits bekannten Stoffen lässt sich anschließend die Reinheit der Präparate durch Vergleich ihrer spezifischen Drehung mit dem Wert des reinen Enantiomers ermitteln. Eine Racemat-Spaltung ist jedoch nicht möglich, wenn sich beide Enantiomere schnell ineinander umwandeln (s. *Abschn. 2.23*).

Die erste Trennung von Enantiomeren gelang 1848 *Louis Pasteur* (*Abschn. 1.2*) bei der Kristallisation von racemischem Natrium-ammonium-tartrat unterhalb 27 °C. Daraus schloss er im Jahre 1860 auf eine 'asymmetrische' Anordnung der Atome in optisch aktiven Molekülen. Erst 1874 klärte jedoch die von *van't Hoff* und *Achille Le Bel* (s. *Abschn. 2.6*) postulierte dreidimensionale Struktur des Methans die Ursache für die optische Aktivität chiraler organischer Verbindungen auf.

2.10. Spezifikation der Chiralität

Die Konfiguration eines Moleküls wird *unabhängig* von seiner spezifischen Drehung durch ein Symbol (sog. Deskriptor) spezifiziert, das nichts anderes beschreibt als die räumliche Anordnung der Atome, so wie sie in der entsprechenden Strukturformel dargestellt sind. Die räumliche Struktur eines Enantiomers in Bezug auf ein feststehendes Koordinatensystem (d. h. die *Topographie* des Moleküls) wird durch seine *absolute Konfiguration* definiert. Für die Spezifikation der absoluten Konfiguration verwendet man heutzutage hauptsächlich die von *Cahn*, *Ingold*, und *Prelog* zwischen 1951 und 1956

Sir Christopher Kelk Ingold
(1893–1970), Professor für organische Chemie an der Universität Leeds (1924) und am University College in London (1930), begründete mit seinen grundlegenden Untersuchungen der Mechanismen organischer Reaktionen (vor allem mit den Begriffen der nucleophilen Substitution und der Eliminierungsreaktionen) das Gebiet der physikalischen organischen Chemie. Seine 1951 zusammen mit dem Herausgeber des *Journal of the Chemical Society of London*, *Robert S. Cahn* (1899–1981) vorgeschlagene 'Sequenzregel' stellt die Grundlage einer allgemein gültigen Konvention zur Spezifikation der Konfiguration chiraler Moleküle dar, die unter späterer Beteiligung von *Vladimir Prelog* erarbeitet wurde. (Mit Genehmigung der Royal Society of Chemistry, Library and Information Centre, London)

Vladimir Prelog (1906–1997)
Ordinarius für organische Chemie an der ETH Zürich, leistete bahnbrechende Beiträge zur Synthese mittelgroßer Ringsysteme. Seine späteren Untersuchungen von Stoffwechselprodukten von Mikroorganismen führten zur Entdeckung der Antibiotika Nonactin und Boromycin. Zu den von *Prelog* isolierten und in ihrer Struktur aufgeklärten mikrobiellen Metaboliten gehören u. a. auch die (eisenhaltigen) Siderochrome (darunter sowohl Antibiotika wie Ferrimycin als auch deren antagonistisch wirkende Wuchsstoffe, wie Ferrioxamin) und die Makrolactam-Antibiotika. *Prelog* erhielt 1975 zusammen mit *Sir John Warcup Cornforth* (*1917) den *Nobel*-Preis für seine Beiträge zur Stereochemie organischer Moleküle. (© *Nobel*-Stiftung)

zuerst formulierten Grundregeln, die in *Fig. 2.21* am Beispiel der Milchsäure erläutert sind. Demnach werden Enantiomere als (*R*) (lat. *rectus*: gerade) bzw. (*S*) (lat. *sinister*: links) bezeichnet je nach der 'Drehrichtung', die sich nach Anwendung der 3. Regel ergibt.

Für die *Spezifikation* der molekularen Chiralität kann jede Prochiralitätsebene (*Abschn. 3.10*) verwendet werden, die durch drei verschiedene Atome (oder Gruppen von Atomen) in einem Molekül definiert wird. Bei der *Cahn–Ingold–Prelog*-Konvention (*CIP*-Konvention) wird die Ebene gewählt, die durch die drei Atome höchster Priorität definiert wird. Die Position des Atoms kleinster Priorität setzt dann die absolute Konfiguration fest. Es wäre jedoch ebenfalls möglich, die Prochiralitätsebene durch das zentrale (asymmetrische) C-Atom und die beiden Liganden höchster Priorität zu definieren, und die absolute Konfiguration durch die Position des Liganden dritthöchster Priorität in Bezug auf diese Ebene festzusetzen.

Gemäß der *CIP*-Konvention ist die absolute Konfiguration des in *Fig. 2.13* dargestellten (−)-3-Methylhexans (*R*), diejenige des (−)-2,3-Dimethylpentans ist (*S*). Man beachte, dass zwischen dem Vorzeichen der optischen Drehung und dem Deskriptor der absoluten Konfiguration kein Zusammenhang besteht.

Dass ein derartiger Zusammenhang nicht existieren *kann*, ist eigentlich selbstverständlich. Zunächst einmal hängt bei manchen Substanzen das Vorzeichen der optischen Drehung sowohl vom Lösungsmittel als auch von der Konzentration ihrer Lösungen ab (*Tab. 2.5*), obwohl dabei die absolute Konfiguration des Moleküls dieselbe ist. Ferner hängt die optische Drehung einer Substanz von der Wellenlänge ab (*Fig. 2.22*). Findet im Messbereich keine Lichtabsorption statt (s. *Abschn. 3.21*), so nimmt der absolute Wert der optischen Drehung mit abnehmender Wellenlänge des linearpolarisierten Lichtes monoton zu. Wird das Licht von der analysierten Substanz absorbiert, so kann sogar bei der entsprechenden Wellenlänge die Umkehrung des Vorzeichens der optischen Drehung beobachtet werden. Bei der Wellenlänge des Absorptionsmaximums ist die optische Drehung null, obwohl es sich bei der gemessen Substanz um ein reines Enantiomer handelt, dessen räumliche Struktur selbstverständlich unabhängig von den Messbedingungen ist. Dieses Phänomen, das *Cotton*-Effekt genannt wird, ist in *Fig. 2.22* am Beispiel des Camphers abgebildet. Obwohl theoretische Ansätze vorhanden sind, die ermöglichen, das Vorzeichen des *Cotton*-Effektes aufgrund der dreidimensionalen Struktur des Moleküls vorauszusagen, ist man heute noch in den meisten Fällen auf die Anwendung von empirischen Regeln angewiesen.

Bisher gibt es eine einzige Methode (die anomale Dispersion von Röntgenstrahlen in Kristallen), die ermöglicht, die absolute Konfiguration von Molekülen experimentell zu bestimmen. Mit ihrer Hilfe gelang es *Bijvoet* (ausgesprochen *bäivut*) im Jahre 1951 die absolute Konfiguration des Natrium-rubidium-(+)-tartrats zu bestimmen, dessen relative Konfiguration mit derjenigen des D-Glycerinaldehyds bereits korreliert war (*Abschn. 9.5*).

---

1) Festsetzung der Rangordnung der vier Liganden eines Chiralitätszentrums (hier C-Atom) gemäß ihrer Priorität (Ordnungszahl der betreffenden Atome im Periodensystem). Haben zwei oder mehr Liganden den gleichen Rang, so wird ihre Prioritätsreihenfolge festgesetzt, indem ein entsprechender Vergleich der Ordnungszahlen der nächsten Atome in den Liganden gemacht wird, bis eine Entscheidung getroffen werden kann.

2) Das Chiralitätszentrum wird von der Seite betrachtet, die dem Liganden kleinster Priorität abgewandt ist:

3) Zuordnung der absoluten Konfiguration gemäß der Drehrichtung (rechts oder links), die daraus resultiert, wenn man die Liganden in der Reihenfolge ihrer Priorität abzählt:

(+)-(*S*)-Milchsäure (Fleischmilchsäure)

(−)-(*R*)-Milchsäure (Gärungsmilchsäure)

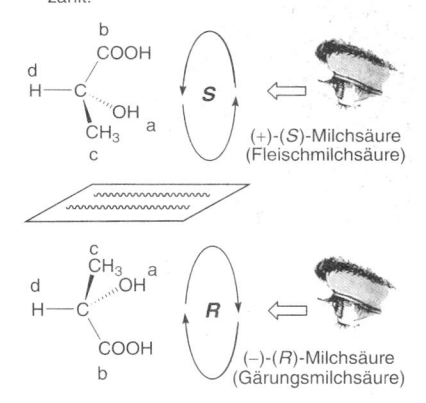

Fig. 2.21. *Hauptregel der* CIP (*Cahn–Ingold–Prelog*)-*Konvention*

Johannes Martin Bijvoet (1892–1980) war Inhaber des Lehrstuhls für Allgemeine Chemie an der Universität Utrecht von 1939 bis zu seiner Emeritierung im Jahre 1962. Seine wichtigsten wissenschaftlichen Beiträge betreffen die Analyse der Kristallstruktur optisch aktiver Verbindungen. (*Biographical memoirs of fellows of the Royal Society (London)*, Vol. 29, 1983, p. 26)

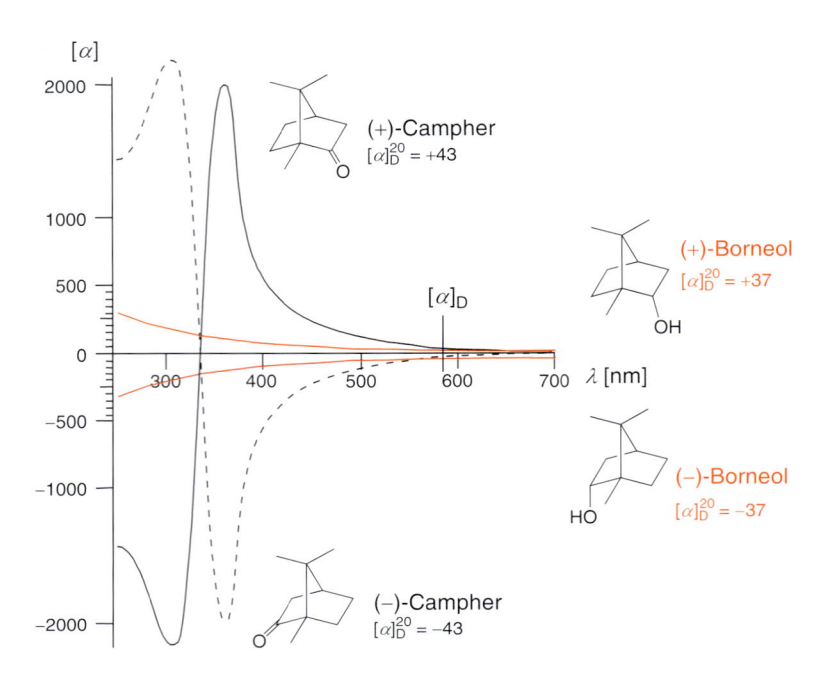

Fig. 2.22. *Wellenlängenabhängigkeit der spezifischen Drehung* (optische Rotationsdispersion oder ORD genannt) *von (+)- und (−)-Borneol* (——) *sowie (+)-* (——) *und (−)-Campher* (— — —) *in Ethanol*

(+)-Campher $[\alpha]_D^{20} = +43$
(+)-Borneol $[\alpha]_D^{20} = +37$
(−)-Borneol $[\alpha]_D^{20} = -37$
(−)-Campher $[\alpha]_D^{20} = -43$

Tab. 2.5. *Spezifische optische Drehungen wässriger Lösungen von (S)-Äpfelsäure bei verschiedenen Konzentrationen und Temperaturen*

Konz. [%]	$[\alpha]_D^{10}$	$[\alpha]_D^{20}$	$[\alpha]_D^{30}$
70,12		+3,34	
64,00	+4,10	+2,72	+1,99
46,47		+1,00	
40,44	+1,31	+0,54	−0,12
36,66		+0,09	
28,67	+0,33	−0,35	−0,83
21,65	−0,44	−0,90	−1,43
16,65		−1,58	
8,40		−2,30	

Im Gegensatz zur absoluten Konfiguration stellt die *relative Konfiguration* nur eine eindeutige Beziehung zwischen den Konfigurationen zweier Chiralitätselemente (im einfachsten Fall asymmetrischer C-Atome) her, von denen eines als Referenz genommen wird. Beide Chiralitätselemente können sowohl verschiedenen Molekülen als auch ein und demselben Molekül angehören, d.h. die relative Konfiguration kann *inter*- bzw. *intramolekular* bestimmt werden. Die Spezifikation der relativen Konfiguration impliziert die Kenntnis der absoluten Konfiguration des als Referenz gewählten asymmetrischen C-Atoms nicht; sie stellt lediglich fest, ob die Konfiguration beider Atome gleich oder entgegengesetzt ist.

Intramolekulare Konfigurationskorrelationen können mit Hilfe verschiedener analytischer Methoden durchgeführt werden. Da bei vorgegebener Konfiguration eines der asymmetrischen C-Atome die Inversion der relativen Konfiguration des anderen zu *Diastereoisomeren* führt (*Abschn. 2.11*), ist die Unterscheidung Letzterer auch ohne Anwendung chiraler Methoden möglich. Der einfachste Fall liegt jedoch vor, wenn aufgrund der Gesamtsymmetrie des Moleküls ein Diastereoisomer achiral (d.h. optisch inaktiv), das andere dagegen chiral (und somit in Enantiomere zerlegbar) ist.

Intermolekulare Konfigurationskorrelationen sind immer eindeutig, wenn Moleküle ineinander umgewandelt werden, ohne das asymmetrische C-Atom an der Reaktion zu beteiligen. Nach diesem Verfahren stellte *Emil Fischer* zu Beginn des 20. Jahrhunderts eine Vielzahl von Korrelationen her, hauptsächlich in der Reihe der Kohlenhydrate und der α-Aminosäuren, indem er als Referenzverbindung den Glycerinaldehyd wählte (*Abschn. 8.24*).

2.11. Diastereoisomere

Kommen in einem Molekül mehrere stereogene C-Atome (bzw. Chiralitätselemente) vor, so sind mehr als zwei Konfigurationsisomere möglich. Ihre Anzahl zu bestimmen ist eine Aufgabe der Komplexionslehre, denn man hat zwei Elemente (die (*R*)- und (*S*)-Deskriptoren) auf n Plätze (die Anzahl der Chiralitätszentren) zu verteilen. Somit ist die Anzahl der Möglichkeiten (Variationen mit Wiederholung von $n = 2$ Elementen auf p Plätzen):

$$^{w}V_p(n) = 2^p$$

Demnach gibt es von einer Verbindung, die zwei asymmetrische C-Atome enthält (z.B. 3,4-Dimethylheptan), vier mögliche Konfigurationsisomere. Da Enantiomere nur paarweise vorkommen können, ist jedes der in *Fig. 2.23* oben dargestellten Moleküle nicht enantiomer sondern *diastereoisomer* (bzw. *diastereomer*) zu den unten dargestellten und *vice versa*. Diastereoisomere haben, im Gegensatz zu Enantiomeren, verschiedene physikalische und chemische Eigenschaften. Da sie in der Regel verschiedene Bildungsenthalpien haben, werden sie bei chemischen Synthesen in verschiedenen Mengen gebildet, allerdings als racemisches Gemisch der beiden entsprechenden Enantiomere.

Bislang gibt es keine zufriedenstellende Nomenklatur für Diastereoisomere (*Tab. 2.6*). Wenn nur zwei aufeinander folgende Chiralitätszentren vorhanden sind, werden häufig die auf die Trivialnamen zweier Zucker, *Erythrose* bzw. *Threose* (*Abschn. 8.24*), zurückgehenden Präfixe *erythro-* und *threo-* angewandt. Eine eindeutige Definition dieser Bezeichnungen ist jedoch nur im Falle von Diastereoiso-

---

Diastereoisomere sind Konfigurationsisomere, die nicht spiegelbildlich zueinander sind.

Befinden sich an zwei direkt miteinander verbundenen asymmetrischen C-Atomen zwei Paare identischer Liganden, so bezeichnet man als *erythro*-**Diastereoisomer** diejenige Verbindung, deren Moleküle in einer ekliptischen Konformation vorkommen können, bei der sich beide Paare identischer Liganden gegenüberstehen. Das andere Diastereoisomer wird als ***threo*** bezeichnet.

Struktur und Reaktivität der Biomoleküle

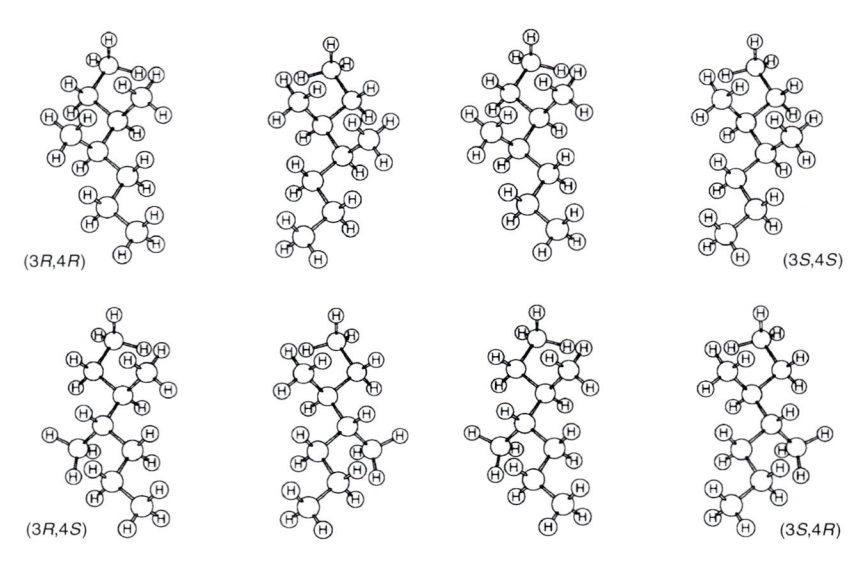

(3R,4R)   (3S,4S)

(3R,4S)   (3S,4R)

Fig. 2.23. *Stereoskopische Darstellungen enantiomerer und diastereoisomerer 3,4-Dimethylheptane*

Fig. 2.24. *Gestaffelte* (links) *und ekliptische* (rechts) *Konformationen des* threo- (oben) *und* erythro-*3,4-Dimethylheptans* (unten), *die durch Drehung um die (C(3)–C(4))-Bindung resultieren*

meren möglich, bei denen mindestens zwei der Liganden der beiden asymmetrischen C-Atome paarweise identisch sind (*Fig. 2.24*).

Nicht wesentlich vorteilhafter ist die Verwendung der Präfixe *syn*- bzw. *anti*- (*Satoru Masamune*, 1980), welche das Vorliegen der C-Kette in der Zickzack- (an allen Bindungen der C-Kette gestaffelten) Konformation voraussetzt. Die *syn/anti*-Deskriptoren können jedoch auch dann verwendet werden, wenn die Chiralitätszentren nicht benachbart sind.

Die Anzahl der Stereoisomere von Molekülen mit *n* Chiralitätszentren reduziert sich, wenn einige Anordnungen der asymmetrischen C-Atome durch Drehung der Moleküle im Raum in andere Anordnungen des Stereoisomerensatzes übergeführt werden können. Das *erythro*-Diastereoisomer des 3,4-Dimethylhexans ist beispielsweise identisch (d. h. durch Rotation und Translation kongruent) mit seinem Spiegelbild (*Fig. 2.25*).

Eine Reduktion der Anzahl von Konfigurationsisomeren tritt im Allgemeinen bei linearen Molekülen des Typs: X–[CRR']$_n$–X auf, zu dem hauptsächlich Abkömmlinge der Monosaccharide mit R = H und R' = OH gehören (*Abschn. 8.25*). Ist die Zahl der asymmetrischen C-Atome *ungerade*, so lässt sich die Hälfte der Konfigurationsisomere in entsprechende Konfigurationsisomere der anderen Hälfte überführen, indem man durch Drehung des Moleküls um 180° Anfang und Ende der C-Kette vertauscht. Die Anzahl möglicher Konfigurationsisomere beträgt somit: $Z_u = 2^p/2$. Lineare Moleküle mit einer ungeraden Zahl von Chiralitätszentren können zwar keine C_2-Symmetrieachse, jedoch eine Symmetrieebene besitzen (*Fig. 2.26*). Im letztgenannten Fall sind sie achiral. Das zentrale C-Atom, das sich in der Symmetrieebene befindet, ist an zwei Liganden gebunden, die zwar dieselbe Konstitution aber spiegelbildliche Konfigurationen aufweisen. Ein derartiges C-Atom wird als *pseudoasymmetrisch* bezeichnet (*Abschn. 2.8*). Isomere mit entgegengesetzten Konfigurationen am pseudoasymmetrischen C-Atom (z. B. Ribit und Xylit) sind diastereoisomer zueinander.

Tab. 2.6. *Geläufig verwendete Präfixe zur Bezeichnung von Diastereoisomeren und* (in den gelben Feldern) *(Z/E)-Isomeren* (s. *Abschn. 1.14*)

Beispiel		alt		neu	
		erythro	*threo*	$\begin{bmatrix} R,R \\ S,S \end{bmatrix} = (R^*,R^*)$	$\begin{bmatrix} R,S \\ S,R \end{bmatrix} = (R^*,S^*)$
		meso		(R^*,S^*)	
		syn[a])		*anti*[a])	
		cis	*trans*	*(Z)* (s. *Abschn. 3.3*)	*(E)*
		cis	*trans*	*cis*	*trans*
		syn[a])	*anti*[a])	*(Z)*	*(E)*
		syn[a])	*anti*[a])	*r*	*s*
		endo[b])	*exo*[b])		
		α	β (s. *Abschn. 5.28*)		
		α	β (s. *Abschn. 8.25*)		

[a]) Die Präfixe *syn* und *anti* werden ebenfalls zur Bezeichnung von Konformationsisomeren (*Abschn. 2.18* und *10.16*) verwendet. [b]) Die Präfixe *endo* und *exo* werden ebenfalls zur Bezeichnung konformationsisomerer Nucleoside (*Abschn. 10.16*) verwendet.

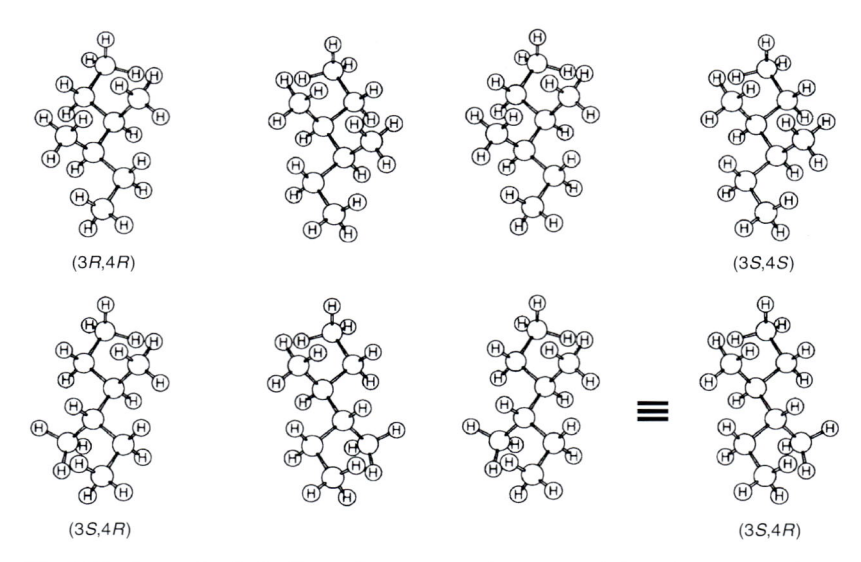

Fig. 2.25. *Stereoskopische Darstellungen enantiomerer und diastereoisomerer 3,4-Dimethylhexane*

Fig. 2.26. *Das C(3)-Atom des Ribits (auch Adonit genannt) ist pseudoasymmetrisch: Bei der Spiegelung des Moleküls ändert sich seine Konfiguration nicht.*

Tab. 2.7. *Anzahl der Konfigurationsisomere linearer und cyclischer Moleküle des Typs $X-(CRR')_n-X$ bzw. $(CRR')_n$ (p = Anzahl der Chiralitätszentren)*

p	2^p	$Z_{\text{lin.}}$	$Z_{\text{cycl.}}$
2	4	3	–
3	8	4	2
4	16	10	4
5	32	16	4
6	64	36	9

Man verwendet das Präfix *meso-* als Deskriptor der relativen Konfiguration eines achiralen Diastereoisomers in einer Gruppe von Konfigurationsisomeren, die mindestens ein chirales Konfigurationsisomer enthält.

Eine besondere Eigenschaft pseudoasymmetrischer Atome ist, dass ihre Konfiguration zwar durch Austausch der heteromorphen Liganden invertiert wird, bei der Spiegelung des Moleküls jedoch unverändert bleibt. Um diesem Merkmal Rechnung zu tragen, wird die absolute Konfiguration pseudoasymmetrischer Atome unter Anwendung der Sequenzregel $(R) > (S)$ für die enantiomorphen Liganden mit kleinen Deskriptoren *r* oder *s* (statt (R) bzw. (S)) spezifiziert (s. Abschn. 2.8).

Bei Molekülen mit einer *geraden* Zahl asymmetrischer C-Atome kommen dagegen Anordnungen einer *gleichen* Zahl asymmetrischer Zentren entgegengesetzter Konfiguration vor, die eine zweizählige (C_2) Symmetrieachse besitzen. Derartige Anordnungen werden somit durch Drehung um diese Achse nicht in andere Diastereoisomere der Gruppe sondern in sich selbst überführt. Da Chiralitätszentren, die durch Drehung um die Symmetrieachse ihre Plätze vertauschen, dieselbe Konfiguration haben müssen, bedingen die Konfigurationen der Hälfte der Chiralitätszentren im Molekül die Konfiguration der anderen Hälfte. Demzufolge ist die Anzahl der Anordnungen (Z), die sich durch Drehung um 180° um die Symmetrieachse in sich selbst überführen lassen: $Z = 2^{p/2}$. Wie im Falle von Molekülen mit einer ungeraden Zahl von Chiralitätszentren lässt sich die Hälfte der übrigen Konfigurationsisomere in entsprechende Konfigurationsisomere der anderen Hälfte überführen; die Gesamtzahl der möglichen Konfigurationsisomere beim Vorliegen einer geraden Zahl von Chiralitätszentren beträgt somit:

$$Z_g = 2^{p/2} + \frac{2^p - 2^{p/2}}{2}$$

Bei cyclischen Anordnungen asymmetrischer C-Atome, die gleiche Liganden tragen, reduziert sich die Anzahl möglicher Konfigurationsisomere noch mehr, weil sich die meisten Anordnungen durch zyklische Permutationen der Chiralitätszentren ineinander überführen lassen. *Tab. 2.7* fasst den vorstehend erläuterten Sachverhalt für $p = 2-6$ zusammen.

Beim Vorliegen einer intramolekularen Symmetrieebene sind die betreffenden Anordnungen der Chiralitätszentren achiral (*Abschn. 2.7*); sie werden als *meso*-Formen bezeichnet. Ist die Anzahl der asymmetrischen C-Atome *gerade*, so lässt sich jede achirale lineare Anordnung durch Drehung um 180° in ihr Spiegelbild überführen. Darüber hinaus bedingt auch hier die absolute Konfiguration der Hälfte der asymmetrischen C-Atome diejenige der anderen Hälfte, so dass die Anzahl achiraler Anordnungen: $Z = 2^{p/2}/2$ beträgt. Beim Vorliegen einer *ungeraden* Zahl asymmetrischer C-Atome sind jedoch zwei mögliche Konfigurationen des sich in der Symmetrieebene des Moleküls befindenden C-Atoms möglich, so dass die Anzahl der achiralen Anordnungen (nunmehr $Z = 2^{(p-1)/2}$) doppelt so groß ist, als die der achiralen Anordnungen, die bei der nächst kleineren geraden Anzahl asymmetrischer C-Atome vorkommen.

Aus *Fig. 2.27* geht hervor, dass das *erythro*-Diastereoisomer des 3,4-Dimethylhexans achiral ist, obwohl im Molekül zwei asymmetrische C-Atome vorhanden sind. Es handelt sich um eine *meso*-Form, die durch das Vorhandensein einer internen Symmetrieebene, welche das Molekül in zwei zueinander spiegelbildliche Hälften teilt, charakterisiert ist. Demzufolge ist das *erythro*-3,4-Dimethylhexan optisch inaktiv: die identischen Beiträge zur optischen Rotation beider asymmetrischen C-Atome, die sich im Molekül befinden, sind entgegengesetzt und heben sich sozusagen gegenseitig auf.

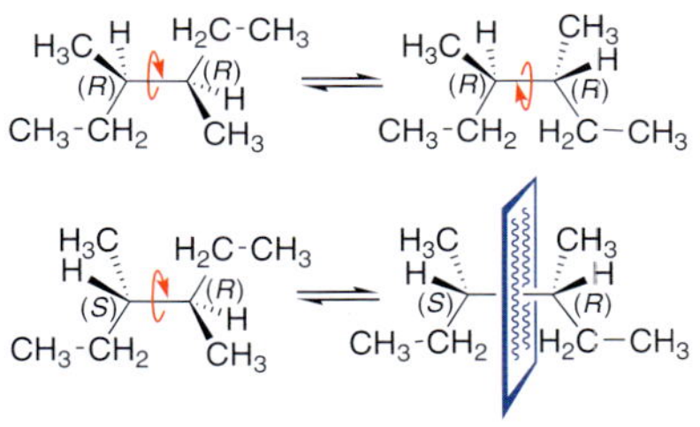

Aus demselben Grund gibt es nur drei Isomere der Weinsäure: (+)- und (−)-Weinsäure, die ein Enantiomerenpaar bilden, und die so genannte (optisch inaktive) *meso*-Weinsäure, deren asymmetrische C(2)- und C(3)-Atome entgegengesetzte Konfigurationen aufweisen (*Abschn. 9.5*)

Fig. 2.27. *Gestaffelte* (links) *und ekliptische Konformationen* (rechts) *des* threo- (oben) *und* erythro-*3,4-Dimethylhexans* (unten), *die durch Drehung um die (C(3)−C(4))-Bindung resultieren*

2.12. Experimentelle Bestimmung von Bindungsenergien

Bei höheren Temperaturen reagieren organische Stoffe im Allgemeinen mit dem in der Luft enthaltenen Sauerstoff unter Freisetzung von Wärme, d.h. sie *verbrennen*. Die bei der Verbrennung von Kohlenwasserstoffen (z.B. Methan) gebildeten Produkte sind ausschließlich Kohlendioxid und Wasser:

$$CH_4 + O_2 \rightarrow CO_2 + 2\,H_2O(fl.) \quad (\Delta H_c^0 = -895 \text{ kJ mol}^{-1})$$

Aus der kalorimetrisch leicht messbaren Verbrennungswärme des Methans lässt sich die Bindungsenergie der (C−H)-Bindungen experimentell bestimmen.

Da aufgrund des Energieerhaltungssatzes die Verbrennung von 1 mol Graphit und 2 mol Wasserstoff dieselbe Energie liefert, als wenn beide Elemente – deren Bildungsenthalpien unter Standardbedingungen konventionsgemäß gleich null sind (*Abschn. 1.5*) – zuerst zu Methan reagieren und dann Letzteres verbrannt wird, resultiert die Standardbildungsenthalpie des Methans (ΔH_f^0) aus der Differenz dessen Verbrennungswärme und der Summe der Verbrennungswärme von Kohlenstoff (Graphit) und der Bildungsenthalpie von H_2O(fl.) (*Fig. 2.28*):

$$\Delta H_f^0(CH_4) = 895 - (393 + 2 \times 286) = -70 \text{ kJ mol}^{-1}$$

Die **Bindungsenergie** ist der Mittelwert aus den Bindungsdissoziationsenergien gleicher Bindungen in einem polyatomigen Molekül.

Struktur und Reaktivität der Biomoleküle

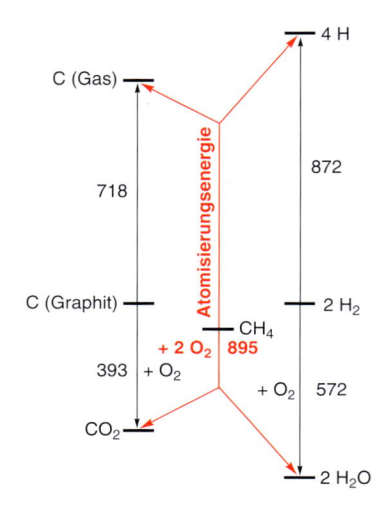

Fig. 2.28. *Aus dem Energieerhaltungssatz lässt sich die Atomisierungsenergie organischer Moleküle bestimmen* (Werte in kJ mol^{-1}).

Im Gegenteil zur *Atomisierungsenergie*, welche (mit umgekehrtem Vorzeichen) der bei der Bildung eines Moleküls aus den konstituierenden *Atomen* in der Gasphase frei werdenden Energie gleich ist (*Abschn. 1.5*), gibt die Bildungsenthalpie des Moleküls die Energie an, die bei der Bildung desselben aus den Elementen der konstituierenden Atome frei wird. Somit resultiert die Atomisierungsenergie eines Moleküls aus der Summe seiner Bildungsenthalpie (mit umgekehrtem Vorzeichen) und der Energie, die bei der Dissoziation der Elemente in ihre Atome benötigt wird, d. h. die Sublimationsenthalpie des Graphits (718 kJ mol^{-1}) und die Dissoziationsenergie des Wasserstoff-Moleküls (436 kJ mol^{-1}). Somit beträgt die bei der Atomisierung des Methans

$$CH_4 \rightarrow C(Gas) + 4\,H$$

benötigte Energie

$$\Delta H^0_{at}(CH_4) = 70 + (718 + 2 \times 436) = +1660 \text{ kJ mol}^{-1}$$

Wie bereits erwähnt (*Abschn. 1.5*), resultiert die Atomisierungsenergie aus der Summe der Dissoziationsenergien der im Molekül vorhandenen Bindungen. Da die vier (C–H)-Bindungen des CH_4-Moleküls äquivalent sind, beträgt die Dissoziationsenergie *einer* Bindung ein Viertel der Atomisierungsenergie des Moleküls. Allerdings handelt es sich bei dem so bestimmten Wert (415 kJ mol^{-1}) nicht um die Dissoziationsenergie der (C–H)-Bindung gemäß der im *Abschn. 1.5* gegebenen Definition. Dies wird durch die im Falle des Methans ebenfalls experimentell zugänglichen Dissoziationsenergien der einzelnen Bindungen verdeutlicht (*Fig. 2.29*), wobei erwartungsgemäß die Summe der Dissoziationsenergien der vier (C–H)-Bindungen wiederum die Atomisierungsenergie des CH_4-Moleküls ergibt.

$$CH_4 \xrightarrow[+437 \text{ kJ mol}^{-1}]{-H^\cdot} \cdot CH_3 \xrightarrow[+460 \text{ kJ mol}^{-1}]{-H^\cdot} :CH_2 \xrightarrow[+425 \text{ kJ mol}^{-1}]{-H^\cdot} \dot{C}H \xrightarrow[+338 \text{ kJ mol}^{-1}]{-H^\cdot} \dot{C}\cdot$$

$$\Sigma = +1660 \text{ kJ mol}^{-1}$$

Fig. 2.29. *Bei der sukzessiven Spaltung der (C–H)-Bindungen des Methans entstehende Moleküle*

Es ist eigentlich selbstverständlich, dass die Dissoziationsenergie *einer* Bindung im CH_4-Molekül nicht identisch mit der aus der Verbrennungswärme berechneten mittleren Bindungsenergie ist, denn jedes Molekül, das bei der sukzessiven Spaltung der einzelnen (C–H)-Bindungen entsteht, ist eine eigene Spezies, deren Energiegehalt nicht vom Energiegehalt der anderen abhängt.

Die aus der sukzessiven Spaltung der (C–H)-Bindungen des CH_4-Moleküls resultierenden Spezies (Methyl-Radikal, Methylen, Methylidin und atomarer Kohlenstoff) können im Massenspektrum des Methans nachgewiesen werden (*Fig. 2.30*). Allerdings entsprechen die beobachteten Signale nicht den Fragmenten selbst, sondern den durch Zusammenstoß mit Elektronen in der Gasphase gebildeten *Radikal-Kationen* derselben Masse.

Auf die oben erläuterte Weise lässt sich ebenfalls die Atomisierungsenergie des Ethans aus seiner Verbrennungswärme berechnen:

$$C_2H_6 + 7/2\ O_2 \rightarrow 2\ CO_2 + 3\ H_2O\ (\Delta H_c^0 = -1558\ \text{kJ mol}^{-1})$$

so dass die entsprechende Standardbildungsenthalpie des Ethans beträgt:

$$\Delta H_f^0(C_2H_6) = 1558 - (2 \times 393 + 3 \times 286) = -86\ \text{kJ mol}^{-1}$$

und dessen Atomisierungsenergie:

$$C_2H_6 \rightarrow 2\ C(\text{Gas}) + 6\ H$$

$$\Delta H_{at}^0(C_2H_6) = 86 + (2 \times 718 + 3 \times 436) = +2830\ \text{kJ mol}^{-1}$$

Definitionsgemäß setzt sich die Atomisierungsenergie des Ethans aus den Beiträgen seiner sechs (C–H)-Bindungen und der (C–C)-Bindung zusammen. Unter der Voraussetzung, dass die Energie der (C–H)-Bindungen im Ethan die gleiche ist wie beim Methan, lässt sich die Energie der (C–C)-Bindung durch Subtraktion des sechsfachen Betrags der vorher ermittelten Energie der (C–H)-Bindung berechnen:

$$2830 - 6 \times 415 = 340\ \text{kJ mol}^{-1}$$

Die so erhaltenen Werte der Bindungsenergien in CH_4 und C_2H_6, sowie Werte für andere Bindungen, die aus den so genannten *Benson*-Tabellen entnommen werden können, ermöglichen die Berechnung der Energiegehalte beliebiger organischer Moleküle. Beispielsweise beträgt die aus der Verbrennungswärme des Butans bestimmte Atomisierungsenergie:

$$C_4H_{10} + 13/2\ O_2 \rightarrow 4\ CO_2 + 5\ H_2O\ (\Delta H_c^0 = -2875\ \text{kJ mol}^{-1})$$

$$\Delta H_f^0(\text{Butan}) = 2875 - (4 \times 393 + 5 \times 286) = -127\ \text{kJ mol}^{-1}$$

$$\Delta H_{at}^0(\text{Butan}) = 127 + (4 \times 718 + 5 \times 436) = +5179\ \text{kJ mol}^{-1}$$

Die Abweichung des aus den Beiträgen der Bindungsenergien errechneten Wertes:

Ein **Spektrum** ist die graphische Darstellung der Abhängigkeit irgendeiner Form von Energie gegenüber der Anzahl von Teilchen, die ein und denselben Gehalt an entsprechender Energie aufweisen (beim Massenspektrum handelt es sich um die kinetische Energie der im Massenspektrometer erzeugten Radikal-Ionen einer Substanz).

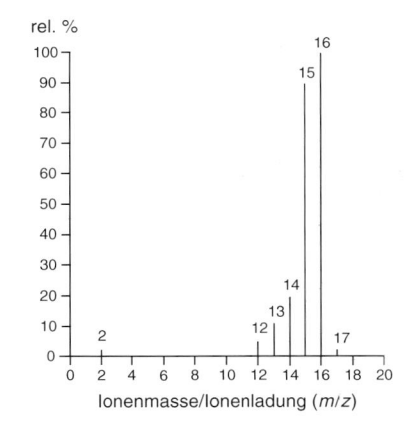

Fig. 2.30. *Massenspektrum von Methan*

Tab. 2.8. *Bindungsdissoziationsenergien von (C−H)-Bindungen.* C-Atome werden als primär, sekundär, tertiär oder quartär bezeichnet, je nachdem ob sie mit einem, zwei, drei bzw. vier anderen C-Atom(en) kovalent gebunden sind.

(C−H)-Bindungstyp		[kJ mol^{-1}]
Methan	H−CH$_3$	437
primär	C−CH$_3$	410
sekundär	C−CH$_2$−C	398
tertiär	C−CH(C)−C	381

$$3 \times 344 + 10 \times 415 = +5182 \text{ kJ mol}^{-1}$$

ist von gleicher Größenordnung wie die übliche Fehlergrenze bei der experimentellen Bestimmung von Bindungsenergien (± 8 kJ mol^{-1}). Die Übereinstimmung mit empirisch erhaltenen Werten ist somit überraschend gut, obwohl im Allgemeinen die Bindungsdissoziationsenergien der einzelnen (C−H)-Bindungen in einem Molekül verschieden sind (s. *Fig. 2.29* und *Tab. 2.8*).

Tatsächlich ist die oben berechnete *Bindungsenergie* der (C−C)-Bindung im Ethan um 28 kJ mol^{-1} kleiner als die entsprechende Bindungsdissoziationsenergie (*Abschn. 2.18*), weil der Mittelwert der Bindungsdissoziationsenergien von (C−H)-Bindungen mit primären C-Atomen kleiner als 415 kJ mol^{-1} ist (vgl. *Tab. 2.8*). Ferner ist der Unterschied zwischen Energie und Dissoziationsenergie einer Bindung sehr wichtig, denn Letztere bestimmt oft die Regioselektivität von Reaktionen, die unter homolytischer Spaltung kovalenter Bindungen ablaufen. In der Tat nimmt die Dissoziationsenergie einer (C−H)-Bindung mit zunehmender Anzahl von (C−C)-Bindungen am selben C-Atom ab (*Tab. 2.8*). Dies erklärt u. a. auch, dass Neopentan (mit 12 (H−C$_{prim}$)-Bindungen) einen kleineren Energiegehalt ($\Delta H_f^0 = -168$ kJ mol^{-1}) aufweist als Pentan ($\Delta H_f^0 = -147$ kJ mol^{-1}), das nur sechs (H−C$_{prim}$)-Bindungen enthält.

2.13. Bestimmung der Summenformel organischer Verbindungen

Die vollständige Verbrennung organischer Stoffe stellt ebenfalls die Grundlage für die von *Justus von Liebig* entwickelte analytische Methode dar, welche noch heute die Bestimmung der Bruttozusammensetzung organischer Moleküle mit einer Genauigkeit von $\pm 0{,}3\%$ ermöglicht.

Das Verfahren soll am folgenden Beispiel erläutert werden: 291 mg Butan werden in Gegenwart eines geeigneten Katalysators vollständig verbrannt und die Mengen an freigesetztem Kohlendioxid

Justus Freiherr von Liebig (1803–1873)
Professor für Chemie an den Universitäten Gießen (1824) und München (1852), führte die erste systematische Experimentalausbildung in das Studium der Chemie ein, indem er Lehre und Forschung miteinander verband. Sein 1842 erschienenes Werk '*Die Thierchemie oder die organische Chemie und ihre Anwendung auf Physiologie und Pathologie*' stellt den ersten Versuch einer naturwissenschaftlichen Grundlage der Medizin dar. Viele seiner Entdeckungen fanden Anwendung in der Nahrungsmittelchemie (u. a. die Herstellung von Fleischextrakt) und Agrikultur. Seine Erkenntnisse über die Stoffe, die den Pflanzen zur Nahrung dienen, stellten die Grundlage der modernen Mineraldüngerlehre dar. (*Edgar Fahs Smith* Collection, mit Genehmigung der University of Pennsylvania Library, Philadelphia)

(881 mg) und Wasser (451 mg) gewogen. Da 1 mol CO_2 12,01 g Kohlenstoff bzw. 1 mol Wasser $2 \times 1,008 = 2,016$ g Wasserstoff enthält, betragen die in den Verbrennungsprodukten enthaltenen Gewichte beider Elemente:

$$C = 881 \times \frac{12,01}{44,01} = 240 \text{ mg}$$

bzw.
$$H = 451 \times \frac{2,016}{18,016} = 51 \text{ mg}$$

Dieselben Mengen müssen in der analysierten Probe enthalten gewesen sein, so dass ihre prozentualen Anteile betragen:

$$C = 240/291 = 82,5\%$$

bzw.
$$H = 51/291 = 17,5\%$$

Die Division durch die entsprechenden Atomgewichte liefert die Anzahl von Grammäquivalenten der entsprechenden Elemente:

$$C = 82,5/12,01 = 6,87$$

bzw.
$$H = 17,5/1,008 = 17,36$$

Das Verhältnis der Anzahl der Atome beider Elemente in der Bruttoformel beträgt somit:

$$17,36/6,87 = 2,527 \approx 2,5$$

Die Bruttoformel, die mit dem oben errechneten Verhältnis übereinstimmt, ist C_4H_{10}, die Bruttoformel des Butans. Da es sich bei den errechneten Atomkoeffizienten jedoch um relative Werte handelt, stimmt jedes Mehrfache der kleinsten Bruttoformel mit den analytischen Werten überein, so dass eine Bestimmung der Molmasse der Substanz erforderlich ist, um diese vollständig zu charakterisieren. Ist die Summe der bei der Verbrennung der Probe erhaltenen Prozentwerte nicht 1, so wird in Abwesenheit anderer Elemente die Differenz zu 100% als der Anteil von Sauerstoff in der Probe, der nach dieser Methode nicht direkt bestimmbar ist, gesetzt.

Obwohl moderne analytische (meist spektroskopische) Methoden die Verbrennungsanalyse organischer Verbindungen weitgehend verdrängt haben, bleibt sie ein einfaches Verfahren, das vor allem als zuverlässiges Kriterium für die Reinheit der untersuchten Substanz dient.

Antoine Laurent de Lavoisier
(1743–1794), erkannte die Luft als ein Gemisch aus Stickstoff und dem kurz davor (1774) von *Joseph Priestley* (1733–1804) entdeckten Oxygen (Sauerstoff). Damit widerlegte *Lavoisier* die 1697 vom deutschen Arzt und Chemiker *Georg Ernst Stahl* (1660–1734) vertretene Auffassung, dass Verbrennung in der Freisetzung einer in allen brennbaren Stoffen enthaltenen Substanz – dem so genannten *Phlogiston* (griech. φλόξ (phlox): Flamme, Feuer) – besteht, und schuf eine einheitliche die Verbrennung, Kalzination und Atmung umfassende Theorie. Mit seinem 1789 erschienenen Buch 'Traité élémentaire de chimie' legte *Lavoisier* den Grundstein der modernen Chemie. Als ehemaliges Mitglied der Gesellschaft der Generalsteuerpächter geriet *Lavoisier* in die Intrigen der französischen Revolution und wurde durch die Guillotine hingerichtet. (*Edgar Fahs Smith* Collection, mit Genehmigung der University of Pennsylvania Library, Philadelphia)

2.14. Mechanismus der Verbrennung: Die radikalische Substitution

Die Rolle des Sauerstoffes bei der Verbrennung organischer Verbindungen wurde vom französischen Chemiker *Antoine Laurent de Lavoisier* zuerst erkannt. Obwohl die Mechanismen der zahlreichen Reaktionen, die sich bei diesem Prozess abspielen, sehr komplex sind, sollen sie auf vereinfachte Weise an dieser Stelle behandelt werden und zwar aus folgenden Gründen:

1) Die Grundreaktionen, die bei der Verbrennung von Kohlenwasserstoffen und anderen organischen Substanzen stattfinden, sind Beispiele für Reaktionen zwischen so genannten *freien Radikalen*, welche bei zahlreichen Umsetzungen organischer (und biologisch relevanter) Stoffe eine wichtige Rolle spielen.
2) Lebende Organismen, deren Metabolismus vom in der Luft vorhandenen Sauerstoff abhängt (sog. *Aerobier*) setzen Energie mit Hilfe chemischer Reaktionen frei, die formal als 'Verbrennung' energiespeichernder Stoffe (Kohlenhydrate, Fette u.a.) betrachtet werden können (s. *Abschn. 9.5*).

Die in der Luft enthaltenen Sauerstoff-Moleküle sind trotz ihrer geraden Zahl an Valenzelektronen *Biradikale*, d.h. sie besitzen zwei ungepaarte Elektronen. Ihre Darstellung mit Hilfe einer *Lewis*-Formel, bei der jedes O-Atom ein ungepaartes Elektron trägt (*Fig. 2.31,a*), ist jedoch nicht zufriedenstellend, denn sowohl die hohe Dissoziationsenergie (494 kJ mol^{-1}) als auch der kurze Abstand (120,74 pm) zwischen den O-Atomen im O_2-Molekül für das Vorliegen einer Doppelbindung sprechen. Tatsächlich aber stellen zwei durch eine Doppelbindung miteinander gebundene O-Atome (*Fig. 2.31,b*) ein anderes Molekül dar, nämlich das des so genannten *Singulett*-Sauerstoffs.

Singulett-Sauerstoff, welcher um 96 kJ mol^{-1} energiereicher als Triplett-Sauerstoff (das Biradikal) ist, entsteht aus Letzterem durch Einwirkung von Licht in Gegenwart geeigneter Farbstoffe (sog. Photosensibilisatoren), die ihre Anregungsenergie auf den Triplett-Sauerstoff übertragen (*Abschn. 3.23*). Die Eigenschaften des Singulett-Sauerstoffs wurden 1931 von *Hans Kautsky* (1891–1966) an der Universität Heidelberg zum ersten Mal beschrieben. Es dauerte aber mehr als 30 Jahre bis seine Entdeckung in der Fachwelt breite Anerkennung fand. Singulett-Sauerstoff ist äußerst reaktiv; organische Moleküle werden in seiner Gegenwart meist zerstört (*Abschn. 3.23*). Wäre Singulett-Sauerstoff statt Triplett-Sauerstoff in der Luft vorhanden, so wäre kein Leben in der uns bekannten Form möglich.

Triplett-Sauerstoff ist zwar imstande mit organischen Molekülen zu reagieren, die Aktivierungsenergie dieser Reaktionen ist jedoch aufgrund des Spinerhaltungssatzes verhältnismäßig hoch (ca. 85 kJ mol^{-1}). Dies bewahrt die meisten organischen Substanzen (und auch Organismen) davor, an der Luft spontan zu verbrennen.

a) $:\overset{.}{\text{O}}-\overset{.}{\text{O}}:$ b) $\overset{..}{\text{O}}=\overset{..}{\text{O}}$

Fig. 2.31. Lewis-*Formeln des Triplett-* (*a*) *und Singulett-Sauerstoff-Moleküls* (*b*)

Organische Stoffe sind somit in Gegenwart von Luftsauerstoff *kinetisch* stabil (s. *Abschn. 1.12*).

Freie Radikale dagegen reagieren leicht mit Triplett-Sauerstoff und lösen eine Kettenreaktion aus, die man als Verbrennung kennt. Die Verbrennung eines Brennstoffes (z.B. Methan) wird meist durch eine Zündungsreaktion (Streichholz, Funke o.ä.) in Gang gesetzt. Bei dieser Startreaktion wird durch ein freies Radikal (**R·**) eine (C−H)-Bindung des CH_4-Moleküls homolytisch gespalten und ein Methyl-Radikal gebildet:

$$CH_4 + R\cdot \rightarrow \cdot CH_3 + HR \tag{1}$$

Aufgrund seines biradikalischen Charakters reagiert der Luftsauerstoff spontan mit dem Methyl-Radikal unter Bildung eines Methylperoxyl-Radikals:

$$\cdot CH_3 + \cdot O-O\cdot \rightarrow H_3C-O-O\cdot \tag{2}$$

Eine typische Reaktion der Radikale ist die *Abstraktion* eines H-Atoms, da sich H-Atome in organischen Molekülen häufig an deren Peripherie befinden:

$$H_3C-O-O\cdot + CH_4 \rightarrow H_3C-O-OH + \cdot CH_3 \tag{3}$$

Bei der Abstraktion eines H-Atoms aus dem Methan durch das Methylperoxyl-Radikal entstehen ein Hydroperoxid und ein neues Methyl-Radikal, das mit einem weiteren Sauerstoff-Molekül reagieren kann. Auf diese Weise werden so viele Methyl-Radikale in der *Reaktion 2* verbraucht, wie sie in der *Reaktion 3* entstehen. Beide Reaktionen zusammen stellen die *Fortpflanzung* einer *Kettenreaktion* dar, die im Prinzip nur mit einem einzigen Substrat gemäß *Reaktion 1* gestartet wird.

Hydroperoxide (z.B. $H_3C-O-OH$) sind labile Moleküle. Die homolytische Spaltung der (O−O)-Bindung, deren Bindungsdissoziationsenergie nur ungefähr $180\,kJ\,mol^{-1}$ beträgt, liefert zwei neue Radikale, die wiederum mit Methan unter Abstraktion eines H-Atoms reagieren können:

$$H_3C-O-OH \rightarrow H_3C-O\cdot + \cdot OH \tag{4}$$

$$H_3C-O\cdot + CH_4 \rightarrow H_3COH + \cdot CH_3 \tag{5}$$

$$\cdot OH + CH_4 \rightarrow \cdot CH_3 + H_2O \tag{6}$$

Dadurch wird die *Reaktion 2* noch mehr unterstützt, und die Verbrennung vom Methan schreitet fort. Andererseits ist Methanol (H_3COH in *Gleichung 5*) auch ein Brennstoff, der nach einem ähnlichen

Mechanismus bis zur Bildung von CO_2, einem der Endprodukte der Verbrennung vom Methan, weiterreagiert.

Methanol ist das Produkt der *formalen* Substitution eines H-Atoms des CH_4-Moleküls durch eine OH-Gruppe. Reaktionsmechanistisch handelt es sich jedoch nicht um eine 'direkte' Substitutionsreaktion wie die nucleophile Substitution, die im *Abschn. 5.13* erläutert wird.

Allerdings sind die Folgeschritte der Verbrennungsreaktion viel komplexer, weil es mehrere plausible Wege gibt, die zur Bildung von CO_2 als Endprodukt führen können. *Fig. 2.32* gibt einen solchen Reaktionsverlauf wieder, der sich auf die Reaktivität bekannter freier Radikale stützt. Der Verbrennungsprozess wird somit solange stattfinden, bis das Methan oder der Sauerstoff aufgebraucht sind. Prinzipiell kann jedoch eine Kettenreaktion durch *Rekombination* von Radikalen zum Stillstand kommen. Ein derartiger Kettenabbruch findet z. B. statt, wenn zwei Methyl-Radikale miteinander reagieren:

$$\cdot CH_3 + \cdot CH_3 \rightarrow H_3C-CH_3 \text{ (Ethan)} \qquad (7)$$

Im Falle der Verbrennung jedoch spielt diese Nebenreaktion eine untergeordnete Rolle, denn Ethan selbst ist auch ein Brennstoff.

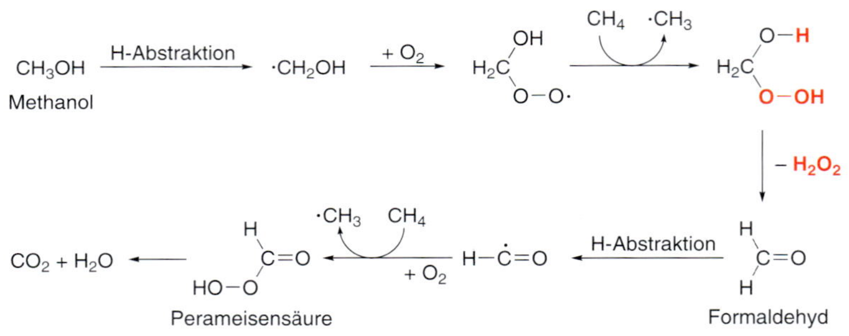

Fig. 2.32. *Mögliche Zwischenprodukte der Verbrennung von Methanol*

2.15. Der Übergangskomplex chemischer Reaktionen

Beim Kettenfortpflanzungsprozess (*Reaktion 3*; *Abschn. 2.14*) reagiert ein freies Radikal ($H_3C-O-O\cdot$) mit einem CH_4-Molekül unter Bildung eines Methyl-Radikals und Methyl-hydroperoxids ($H_3C-O-OH$). Damit die Übertragung eines H-Atoms von einem Molekül zum anderen stattfinden kann, ist es notwendig, dass die miteinander reagierenden Moleküle zumindest während einer kurzen Zeit in Berührung kommen. In der Tat finden in einem Gasgemisch – insbesondere bei hohen Temperaturen – sehr häufige und heftige Zusammenstöße zwischen den Molekülen statt; nicht alle dieser Zusammenstöße führen jedoch zum Bruch von kovalenten Bindungen. Wenn im oben genannten Fall eine (C–H)-Bindung des CH₄-Moleküls gespalten wird, wird gleichzeitig die (O–H)-Bindung des Methyl-hydroperoxids gebildet. Dies ist energetisch wichtig, denn die für die Spaltung der (C–H)-Bindung benötigte Energie wird durch die bei der Bildung der (O–H)-Bindung freiwerdende Energie zum Teil kompensiert. Die transiente Spezies, bei der die Übertragung des H-Atoms stattfindet, wird 'Übergangskomplex', 'Kollisionskomplex' oder auch 'Übergangszustand' genannt. Letztere Bezeichnung ist jedoch in Anbetracht der sehr kurzen Lebensdauer derartiger Moleküle semantisch weniger geeignet. Die mutmaßliche Struktur des Übergangskomplexes der radikalischen H-Abstraktion gibt *Fig. 2.33* wieder.

Damit während der chemischen Reaktion kovalente Bindungen gespalten und neue gebildet werden, müssen im Übergangskomplex der Reaktion Verlagerungen der Bindungselektronen stattfinden, die bei der Formulierung des Reaktionsmechanismus durch (meist gebogene) Pfeile symbolisiert werden, welche die Richtung angeben, in der sich die Bindungselektronen 'bewegen'. Bei der in *Fig. 2.33* dargestellten Reaktion beispielsweise wird das H-Atom des Methan-Moleküls unter *homolytischer* Spaltung (*Abschn. 1.5*) einer der (C–H)-Bindungen des Letzteren auf das Methylperoxyl-Radikal übertragen. Solche Verlagerungen einzelner Elektronen werden durch 'Halbpfeile' (angelhakenförmige Pfeile) symbolisiert (vgl. *Abschn. 3.8*):

$$H_3C-H + \cdot O-OCH_3 \rightarrow H_3C\cdot + HO-OCH_3$$

Übergangskomplexe chemischer Reaktionen werden üblicherweise mit dem Symbol '‡' gekennzeichnet. Da es sich dabei um energiereiche Spezies handelt, ist sowohl ihre Lebensdauer extrem kurz (ungefähr 10^{-12} s) als auch ihre Konzentration im Reaktionsgemisch äußerst niedrig. Aus diesen Gründen entzieht sich der Übergangskomplex prinzipiell der Beobachtung mittels analytischer Methoden; es handelt sich somit dabei um ein *hypothetisches Molekül*, welches die Interpretation der Kinetik chemischer Reaktionen erleichtert (*Abschn. 1.11*) und die Stereoselektivität chemischer Reaktionen gut erklärt (*Abschn. 5.13*).

Als Folge des Prinzips der mikroskopischen Reversibilität ist die Struktur des Übergangskomplexes einer *einstufigen* Reaktion dieselbe, wenn die Reaktion von den *Edukten* ('Ausgangsstoffe') zu den Produkten fortschreitet oder umgekehrt. Dies bedeutet, dass die Reaktion in beiden Richtungen denselben Mechanismus haben muss, damit der zweite Hauptsatz der Thermodynamik nicht verletzt wird.

Charakteristisch für den in *Fig. 2.33* dargestellten Übergangskomplex ist die *lineare* Anordnung der drei an der H-Abstraktion betei-

---

Ein **Übergangskomplex** ist ein hypothetisches, energiereiches Molekül, das mit dem kleinstmöglichen Energieaufwand aus den Reaktanden gebildet wird und sich sowohl unter Rückbildung Letzterer als auch unter Bildung der Produkte der Reaktion zersetzen kann.

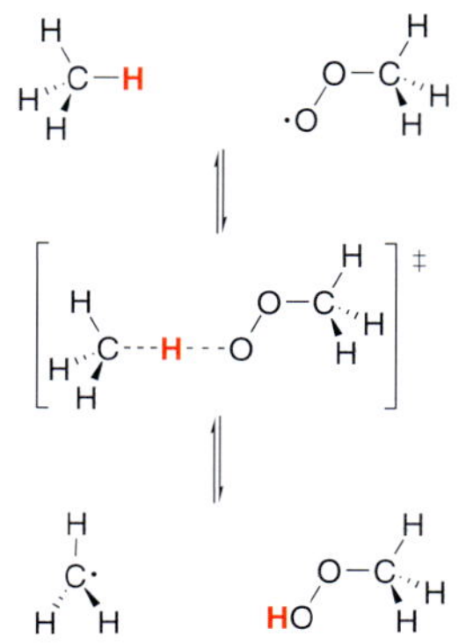

Fig. 2.33. *Übergangskomplex der radikalischen H-Abstraktion*

Eine **einstufige Reaktion** ist eine Reaktion, bei der die Umwandlung der Edukte in die Produkte unter Bildung von nur einem Übergangskomplex stattfindet.

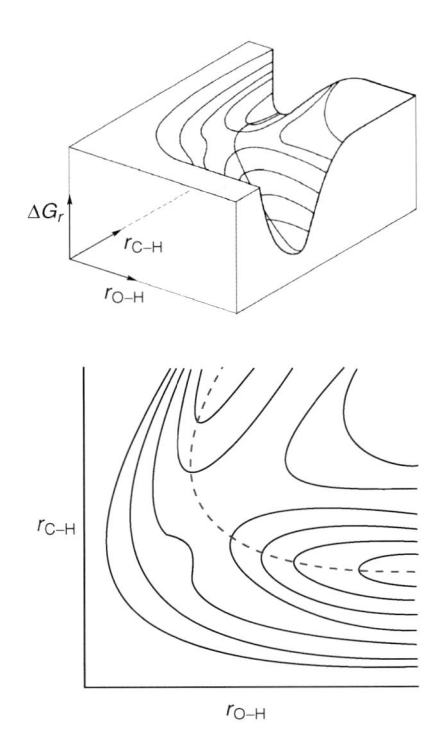

Fig. 2.34. *Verlauf der potentiellen Energie während einer Dreizentren-Reaktion und dessen Projektion auf die Horizontalebene*

> Bei Dreizentren-Reaktionen ist die **Reaktionskoordinate** die 'gestreckte' (auf eine Dimension reduzierte) Projektion auf die Horizontalebene eines cartesischen Koordinatensystems der Linie, die auf der dreidimensionalen Energiefläche Edukt und Produkt auf dem Weg des kleinsten Energieaufwandes miteinander verbindet.

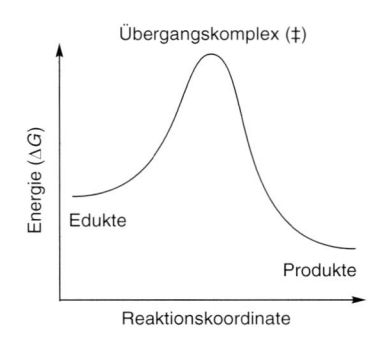

Fig. 2.35. *Energie-Diagramm einer einstufigen Reaktion*

ligten Atome. Da in erster Näherung alle anderen Atome und deren Bindungen untereinander während der Reaktion keine Änderung erfahren, ist die Gesamtenergie des Übergangskomplexes nur noch eine Funktion der Abstände zwischen dem H-Atom, das ausgetauscht wird, und den C- und O-Atomen, zwischen denen der Austausch stattfindet. Der Energiegehalt derartiger 'Dreizentren-Systeme' lässt sich auf der z-Achse eines dreidimensionalen cartesischen Koordinatensystems als Funktion der (C–H)- und (O–H)-Abstände, welche auf die x- bzw. y-Achse aufgetragen werden, darstellen, so dass eine sattelförmige 'Energieoberfläche' daraus resultiert (*Fig. 2.34*). Dort wo die Energieoberfläche von der Ebene durchschnitten wird, welche die x- und z-Achsen enthält, erscheint die *Morse*-Kurve der (C–H)-Bindung (*Abschn. 1.5*). Dementsprechend gibt der Schnitt der Energieoberfläche durch die Ebene, die von den y- und z-Achsen definiert wird, die *Morse*-Kurve der (O–H)-Bindung wieder.

Jeder Punkt auf der Energieoberfläche stellt eine isomere Struktur des Übergangskomplexes dar. Damit die Reaktion jedoch mit dem minimalen Energieaufwand verläuft, kommen nur die Strukturen vor, die sich auf dem kürzesten Weg von den Edukten über den Sattelpunkt zu den Produkten befinden. Die Linie, welche diese Strukturen verbindet, stellt das 'Energieprofil' der Reaktion dar, dessen Projektion auf die Vertikalebene, welche die dem Edukt und dem Produkt entsprechende Minima enthält, das bekannte Energie-Diagramm einer einstufigen Dreizentren-Reaktion ergibt (*Fig. 2.35*). Bei dieser Art der Darstellung wird die Gesamtenergie des Systems während der Reaktion auf die Ordinatenachse gegen die so genannte *Reaktionskoordinate* (als Abszisse) aufgetragen.

Die nebenstehende Definition der Letzteren mag unverständlich anmuten. In der Tat aber beschreibt sie nichts anderes als das Verfahren, das in der Kartographie angewendet wird, um beispielsweise das Profil einer Bergwanderung zweidimensional darzustellen. Auch hier ist der Wanderweg (die rote Linie in *Fig. 2.36*, oben) nicht gerade. Seine gestreckte Projektion ist die Horizontallinie in *Fig. 2.36*, unten.

Topologisch kann jedes Molekül, das aus n beliebigen Atomen besteht, als Punkt auf einer $(3n + 1)$-dimensionalen 'Energiehyperfläche' dargestellt werden. Obwohl ein derartiger mehrdimensionaler Raum sich unserem Vorstellungsvermögen entzieht, ist die Abstraktion des Begriffes 'Reaktionskoordinate' auf polyatomige Moleküle durchaus möglich, so dass Energieprofile des in *Fig. 2.35* dargestellten Typs zur Veranschaulichung des Verlaufes einer Reaktion im Allgemeinen angewendet werden.

2.16. Atmung

Sauerstoffverbrauchende Organismen (sog. *Aerobier*) decken ihren Energiebedarf durch die Reaktion organischer Substrate (hauptsächlich Kohlenhydrate und Fette), die reich an Kohlenstoff und Wasserstoff sind, mit dem in der Luft vorhandenen Sauerstoff, wobei Kohlendioxid (CO_2) und Wasser als Endprodukte ausgeschieden werden. Die Gesamtheit der Prozesse, die sich von der Aufnahme des Sauerstoffs bis zur Abgabe von CO_2 und Wasser abspielen, wird als *Atmung* bezeichnet. Die verschiedenen Enzyme, die an der Zellatmung beteiligt sind, bilden eine *Elektronentransportkette* (*Abschn. 6.3*).

Im Einklang mit der Hypothese einer reduzierenden sekundären Erdatmosphäre (*Abschn. 1.2*) belegen geopaläontologische Untersuchungen, dass in Sedimentgesteinen, die älter als 1,8 Milliarden Jahre sind, eisenhaltige Mineralien hauptsächlich die niedrigere Oxidationsstufe (Fe^{II}) aufweisen. Folglich muss die damalige Erdatmosphäre reduktive Eigenschaften gehabt und keinen oder nur wenig molekularen Sauerstoff enthalten haben (*Fig. 2.37*). Nahezu der gesamte freie und der in den Meeren, Flüssen und Seen gelöste Sauerstoff ist biologischen Ursprungs, d. h. entstanden durch die Tätigkeit lebender Organismen (Cyanobakterien), welche mit Hilfe der Sonnenenergie Kohlendioxid (CO_2) und Wasser in Kohlenhydrate (s. *Abschn. 8.29*) unter Freisetzung von Sauerstoff als Nebenprodukt (sog. *oxygene Photosynthese*) umwandeln. Atmung und Photosynthese sind somit für den Kreislauf des Kohlenstoffes in der gegenwärtigen Biosphäre verantwortlich (*Fig. 2.38*).

Formal gleicht der Gesamtprozess der Atmung der Verbrennung organischer Stoffe, bei der CO_2 und H_2O ebenfalls als Endprodukte gebildet werden (*Abschn. 2.12*). So wird bei der Atmung z. B. Glucose in CO_2 und H_2O durch Reaktion mit Luftsauerstoff gemäß nachstehender stöchiometrischer Gleichung umgewandelt:

$$C_6H_{12}O_6 + 6\,O_2 \rightarrow 6\,CO_2 + 6\,H_2O \quad (\Delta H_c^0 = -2870 \text{ kJ mol}^{-1})$$

Ungefähr 38% der dabei freigesetzten Energie wird für die Umwandlung von Adenosin-bisphosphat (ADP) in Adenosin-triphosphat

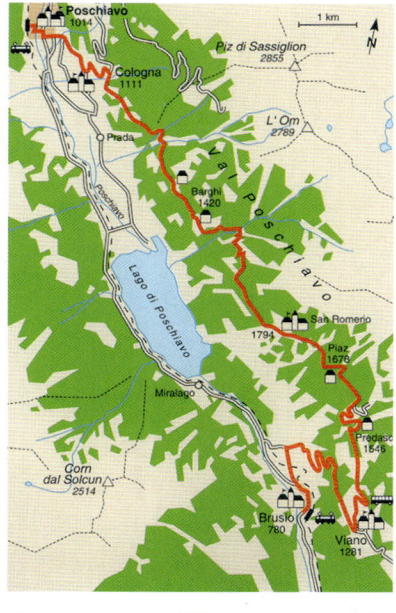

Fig. 2.36. *Leichte Bergwanderung über dem Puschlav* (Graubünden)

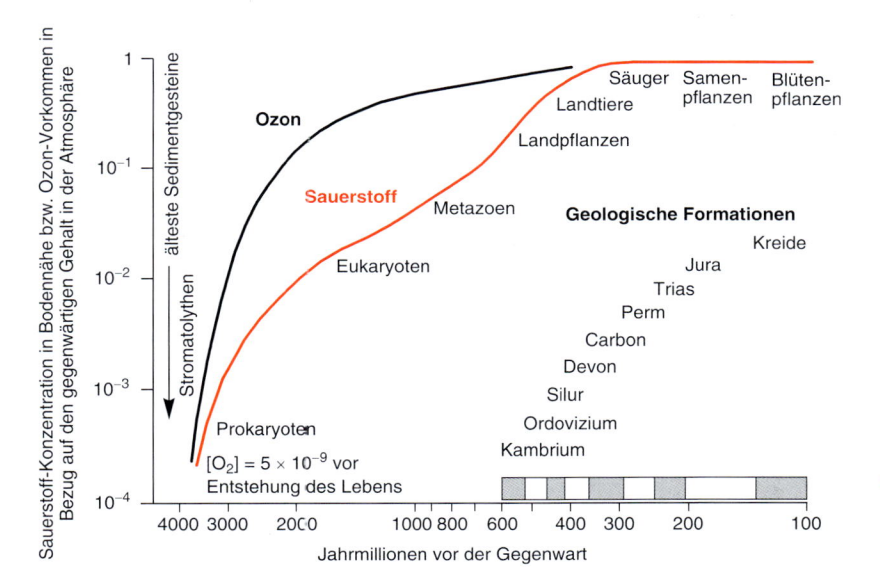

Fig. 2.37. *Evolution des Sauerstoff-* (——) *und des Ozon-Gehalts* (——) *in der Erdatmosphäre*

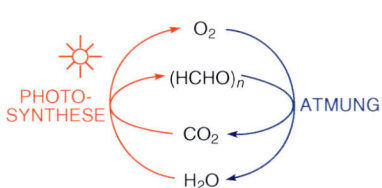

Fig. 2.38. *Kreislauf des Kohlenstoffes in der Biosphäre*

(ATP), den wichtigsten Energiemittler der lebenden Organismen (s. *Abschn. 10.16*), verwendet.

Die bei der Atmung stattfindende Oxidation organischer Substrate unterscheidet sich jedoch von der Verbrennung eines organischen Stoffes durch zwei charakteristische Merkmale:

1) Zwar wird bei der Atmung *formal* Glucose in CO_2 und H_2O durch Reaktion mit Luftsauerstoff umgewandelt, aber das O-Atom des Wassers stammt *ausschließlich* aus dem Luftsauerstoff, so dass die genaue Gleichung lautet:

$$C_6H_{12}O_6 + 6\,O_2 + 6\,H_2O \rightarrow 6\,CO_2 + 12\,H_2O$$

Bei der Atmung findet also – im Gegensatz zur Verbrennung – keine Mischung der O-Atome verschiedenen Ursprungs statt.

2) Der aerobe Metabolismus besteht in einer *kontrollierten* Verbrennung, d.h. der Entzug von Elektronen aus dem Substrat durch den molekularen Sauerstoff erfolgt schrittweise, wobei eisenhaltige Proteine die entscheidende Rolle spielen.

Tatsächlich handelt es sich bei der Umwandlung von Sauerstoff in Wasser, die sowohl bei der Verbrennung als auch bei der Atmung stattfindet, um eine *Reduktion* des Sauerstoffs, bei der vier Elektronen je Sauerstoff-Molekül benötigt werden (*Fig. 2.39, rechts*). Die Reaktion findet nicht in einem Schritt statt, vielmehr werden drei Oxidationsstufen schrittweise durchlaufen, deren entsprechende Zwischenprodukte (Superoxid-Anion, Peroxid-Anion und Hydroxyl-Radikal) sowie die konjugierten Säuren der zwei ersteren (Hydroperoxid-Radikal bzw. Wasserstoff-peroxid) extrem cytotoxisch (zelltoxisch) sind.

Bei den meisten Tieren besteht die Atmung aus dem Transport des im Blut bzw. in der Hämolymphe physikalisch nur in geringem Maße gelösten Luftsauerstoffs zu den Körperzellen und der dort stattfindenden Reduktion von O_2 zu Wasser. Bei beiden Prozessen spielen *eisenhaltige* Enzyme, bei denen Eisen-Ionen entweder Bestandteil so genannter *prosthetischer Gruppen* (*Abschn. 9.32*) sind oder direkt von Aminosäuren der Polypeptid-Kette komplexiert werden, die Hauptrolle.

Von den vier bekannten Typen von Atmungspigmenten, die dem Transport von Sauerstoff dienen, enthalten drei (Hämoglobin, Chlorocruorin und Hämerythrin) Eisen(II)-Ionen. Sowohl beim *Hämoglobin*, das bei allen Vertebraten und einigen Wirbellosen (Regenwurm, Wasserlungenschnecken, Seegurken u.a.) vorkommt, als auch beim grünen *Chlorocruorin*, das sich z.B. in der Hämolymphe der Polychaeten (Borstenwürmern) befindet, ist das Eisen-Ion Bestandteil der prosthetischen Gruppe. Im *Hämerythrin*, das man bei marinen Würmern findet, ist dagegen das zweiwertige Eisen-Ion direkt an die Polypeptidkette gebunden. Das für Weichtiere (Mollusken), Spinnen und Skorpione charakteristische *Hämocyanin* enthält mehrere Kupfer-Ionen, die ebenfalls direkt an die Polypeptid-Kette gebunden sind.

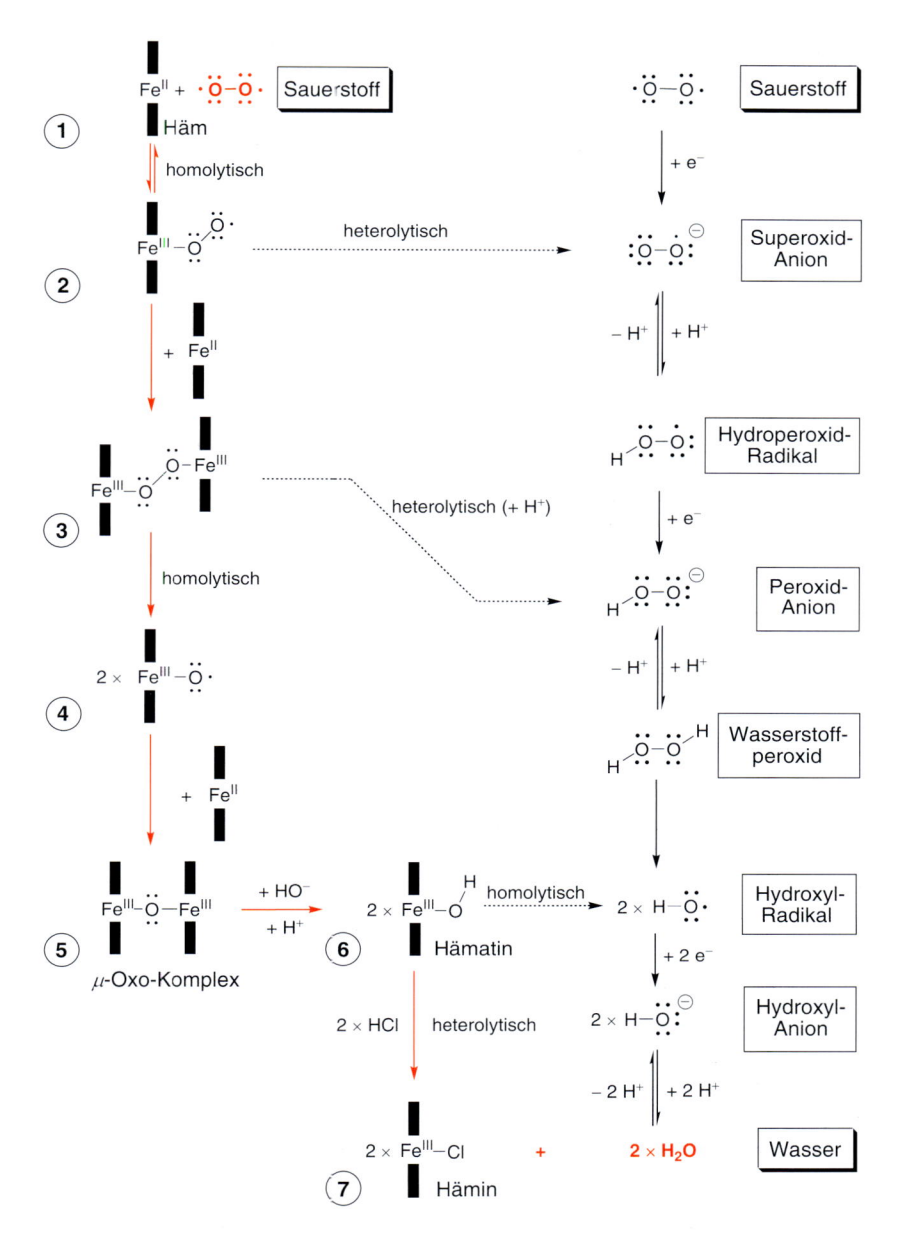

Fig. 2.39. *Gegenüberstellung der Oxidation von Häm* (symbolisiert durch ■Fe■) *in vitro* (*links*) *und den Zwischenprodukten der Reduktion von* O_2 *zu* H_2O (*rechts*)

Die Funktion dieser Enzyme lässt sich am besten veranschaulichen, wenn man die *in vitro* Oxidation einer typischen eisenhaltigen prosthetischen Gruppe – des *Häms* – als Modell zu Grunde legt (*Fig. 2.39, links*). Die dabei auftretenden Zwischenprodukte gehören zu einem allgemein gültigen Reaktionsablauf, der auch zum besseren Verständnis der Mechanismen enzymatischer Oxygenierungen (*Abschn. 2.17*) dient.

Struktur und Reaktivität der Biomoleküle

Häm (der Fe^{II}-Komplex des *Protoporphyrins*) ist die farbgebende, eisenhaltige Komponente des Blutfarbstoffes (*Hämoglobin*) und gleichzeitig der für die Funktion des Enzyms maßgebende Teil des Moleküls (*Abschn. 10.4*). Dieser wichtige Bestandteil der roten Blutkörperchen (*Erythrozyten*) von Vertebraten hat die Funktion, Sauerstoff in die Zellen zu transportieren, die aufgrund der Körpergröße durch einen physikalischen Diffusionsmechanismus nicht erreichbar wären. Die prosthetische Gruppe des Hämoglobins kann aus Blut (z. B. Rinderblut) in beliebigen Mengen leicht isoliert werden. Dabei wird aber nicht das Häm sondern der entsprechende Fe^{III}-Komplex, das *Hämin* (meist als Chlorid) isoliert. Der Grund liegt darin, dass bei der Zerstörung der räumlichen Struktur des Hämoglobins (Denaturierung), welche mit dem Isolierungsprozess einhergeht, die schützende Funktion des Proteins aufgehoben wird.

Die Bindung des O_2-Moleküls an das Fe^{II}-Ion des Häms, die in den Lungenbläschen (Alveolen) bzw. in den Kiemenlamellen der in Wasser atmenden Tieren stattfindet, ist reversibel: die *homolytische* Spaltung der (Fe—O)-Bindung setzt Sauerstoff in den einzelnen Organen frei und regeneriert das Häm, das für den Transport von CO_2 aus den Zellen zur Verfügung steht (Reaktion **1** $\rightleftharpoons$ **2** in *Fig. 2.39*).

Wird dagegen die (Fe—O)-Bindung *heterolytisch* gespalten, so wird das Fe^{II}-Ion des Häms irreversibel zum Fe^{III}-Ion oxidiert unter gleichzeitiger Bildung des Superoxid-Anions.

Um die verheerenden Folgen dieser sporadisch auftretenden Reaktion zu vermeiden, verfügen lebende Organismen sowohl über ein Enzym (die *Hämin-Reductase*), welches das Häm regeneriert, als auch ein Enzym (die *Superoxid-Dismutase*), welches das Superoxid-Anion in Wasserstoff-peroxid (H_2O_2) und O_2 umwandelt:

$$2\,O_2^- + 2\,H^+ \rightarrow H_2O_2 + O_2$$

H_2O_2 selbst ist ebenfalls cytotoxisch, es wird daher durch ein weiteres, in allen Zellen vorkommendes Enzym (die *Catalase*) in Wasser und Sauerstoff umgewandelt:

$$2\,H_2O_2 \rightarrow 2\,H_2O + O_2$$

Letztgenannte Reaktion, die im Reagenzglas durch mehrere Schwermetall-Ionen (darunter Fe^{III}-Ionen!) katalysiert wird, ist exotherm ($\Delta H^0 = -99$ kJ mol^{-1}). Es ist bemerkenswert, dass der Bombardierkäfer (*Brachinus crepitans* L.) eine ca. 100 °C heiße *p*-benzochinon-haltige (*Abschn. 8.3*) Aerosolwolke zur Abwehr seiner Angreifer ausstößt, die durch die *Catalase* katalysierte heftige Zersetzung von H_2O_2 erzeugt wird.

Bei der *in vitro* Oxidation des Häms reagiert vermutlich das primär gebildete Oxyhäm (**2**) mit einem zweiten Häm-Molekül unter Bildung des μ-Peroxo-Komplexes **3**. Durch die darauf folgende homolytische Spaltung der (O—O)-Bindung von **3** entstehen zwei Moleküle des Zwischenprodukts **4**, dessen Reaktion mit einem dritten Häm-Molekül schließlich zum so genannten μ-Oxo-Komplex **5** führt. Letzterer wird durch H_2O in zwei Hämatin-Moleküle (**6**) zerlegt, eine Reaktion, bei der es sich um eine nucleophile Substitution am Fe-Atom handelt (vgl. *Abschn. 5.13*). In Gegenwart von Salzsäure (wässr. HCl) wird das *Hämin* (eigentlich Chlorhämin) als Endprodukt der Reaktion isoliert. Somit lautet die Stöchiometrie der gesamten Reaktion:

$$4\,\text{Häm} + O_2 + 4\,\text{HCl} \rightarrow 4\,\text{Hämin} + 2\,H_2O$$

Die Reaktion des Häms mit molekularem Sauerstoff ist deshalb nur solange reversibel, bis kein zweites Häm-Molekül mit dem Oxyhäm (**2**) reagieren kann. Die Reversibilität der Sauerstoff-Fixierung ist durch die besondere Struktur des Proteins (Globin), welches das Häm-Molekül umhüllt, gewährleistet. Es ist bekannt, dass dieses Protein das Häm-Molekül derart 'schützt', dass ein O_2-Molekül nur an eine Seite des Letzteren angelagert werden kann. Wird das Protein denaturiert, so kann sich der μ-Peroxo-Komplex **3** bilden, und das Fe^{II}-Ion wird irreversibel oxidiert.

Ist der Sauerstoff an den Körperzellen angelangt, übernehmen ebenfalls eisenhaltige Proteine, deren prosthetische Gruppen – so genannte *Cytochrome* – Derivate des Häms sind, die Aufgabe, Elektronen auf das O_2-Molekül zu übertragen.

Im Gegensatz zum Häm findet bei den von den Cytochromen katalysierten Reaktionen eine reversible Umwandlung des gebundenen Fe-Ions zwischen dem zwei- und dreiwertigen Oxidationszustand statt. Im Falle der *Cytochromoxidase*, die als Endglied der in den Mitochondrien lokalisierten Atmungskette (*Abschn. 6.3*) Elektronen direkt von der prosthetischen Gruppe (dem *Cytochrom c*) auf O_2 überträgt, entspricht der Mechanismus der Reaktion dem der Oxidation von Häm *in vitro* (*Fig. 2.39, links*) mit dem Unterschied, dass ein Cu^I-Ion anstelle des zweiten Fe^{III}-Ions im Komplex **3** als Elektronendonator fungiert (*Fig. 2.40*).

Aufgrund ihrer zentralen Funktion als Elektronenüberträger in der Atmungskette kommen Cytochrome in allen Tieren, Pflanzen und aeroben Mikroorganismen vor. Am Anfang der Atmungskette befinden sich die Enzyme, die den organischen Substraten, die als 'Brennstoffe' der Atmung dienen, Elektronen entziehen.

Mit der Erschließung der sauerstoffhaltigen Atmosphäre als Lebensraum konnten zwar lebende Organismen im Laufe der biologischen Evolution erheblich mehr Energie aus den verfügbaren Nährstoffen gewinnen, sie wurden aber der lebensbedrohenden Gefahr des Umgangs mit dem Sauerstoff ausgesetzt. Aus diesem Grunde waren sie auf Mechanismen angewiesen, welche die als Zwischenprodukte der Sauerstoff-Reduktion auftretenden Stoffe effizient unschädlich machen. Lebende Zellen verfügen somit über eine Reihe von Enzymen (*Superoxid-Dismutase*, *Catalase* u.a.) sowie verschiedene Radikal-Fänger (Glutathion, Ascorbinsäure, Vitamine K, Harnsäure, Bilirubin u.a.), welche mit den Zwischenprodukten der Sauerstoff-Reduktion, falls sie die Glieder der Atmungskette verlassen, reagieren. Darüber hinaus verfügen Aerobier über Enzyme, die Luftsauerstoff sowohl zur Biosynthese lebenswichtiger Metabolite als auch zur Freisetzung von Energie durch Oxidation organischer Substrate verwenden.

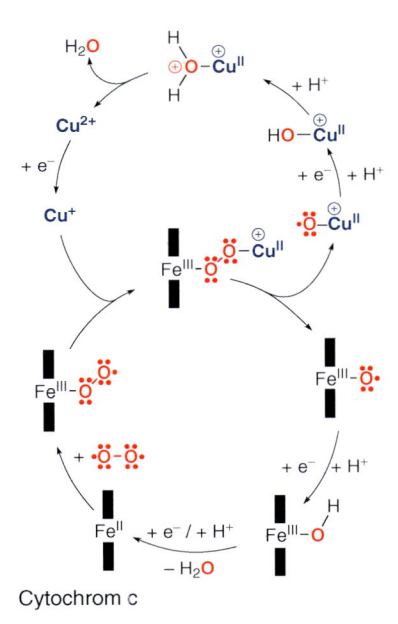

Fig. 2.40. *Mechanismus der Reduktion von O_2 durch die Cytochrom-Oxidase*

2.17. Enzymatische Oxidation von Alkanen

Wie bereits erwähnt, wird Sauerstoff bei der Atmung ausschließlich in Wasser umgewandelt, während die organischen Substrate durch Entzug von Elektronen oxidiert werden. Im Allgemeinen findet jedoch die Oxidation organischer Moleküle auf einem der folgenden Wege statt:

a) durch Entzug von Elektronen aus dem Substrat
b) durch Eliminierung von Wasserstoff (Dehydrierung)
c) durch Inkorporation von Sauerstoff (Oxygenierung) bzw. von Atomen anderer Elemente, die elektronegativer als Kohlenstoff sind (*Abschn. 5.10*)

Beim Prozess *c* kann das O-Atom aus dem Reagenz, aus dem Medium (vornehmlich H_2O) oder aus O_2 stammen. Dementsprechend sind enzymatisch katalysierte Reaktionen, die unter Beteiligung von O_2 ablaufen, entweder Umsetzungen, bei denen das O_2-Molekül nur die Funktion eines Elektronenakzeptors hat, oder Umsetzungen, bei denen das Substrat ein oder beide O-Atom(e) des O_2-Moleküls aufnimmt. Enzyme, die den erstgenannten Typ von Reaktionen katalysieren, werden *Oxidasen* genannt. Die Inkorporation von Sauerstoff in organische Substrate wird dagegen von den *Oxygenasen* katalysiert. Dabei wird unterschieden, ob beide O-Atome des O_2-Moleküls in das Substrat eingebaut werden (Dioxygenase-Reaktionen) oder nur ein O-Atom inkorporiert wird, während das andere als Elektronenakzeptor fungiert und H_2O bildet (Monooxygenase-Reaktionen).

Die Endprodukte der Inkorporation von O_2 in organische Substrate sind fast immer Alkohole (bzw. Phenole), Carbonyl-Verbindungen (Aldehyde oder Ketone) oder Carbonsäuren. Als reaktive Zwischenprodukte der von Oxygenasen katalysierten Reaktionen werden jedoch verschiedene sauerstoffhaltige Verbindungen gebildet, die zu den Stoffklassen der Peroxide, Dioxetane oder Epoxide gehören (*Abschn. 5.2*).

Die Verbrennung von Methan (*Abschn. 2.14*) stellt eine Oxidationsreaktion dar, bei der O-Atome in das organische Substrat inkorporiert werden. Wegen ihres Verlaufs als Kettenreaktion finden die Einzelschritte der Verbrennung von Methan unkontrolliert statt, so dass Zwischenprodukte der Verbrennung nicht isoliert werden können. Von der reaktionsmechanistisch analogen *kontrollierten* Reaktion machen jedoch zahlreiche so genannte *methylotrophe* Organismen zur Gewinnung von Energie und Synthese der Zellsubstanz gebrauch.

Bezüglich des Ursprungs der für metabolische Prozesse benötigten Energie unterscheidet man zwischen denjenigen Organismen, die Licht als Energiequelle zum Wachstum verwenden können (sog. *phototrophe* und *photoautotrophe* Organismen), und den *chemotrophen* Organismen, die durch Redox-Reaktionen (Atmung oder Gärung) aus den als Nährstoffe dienenden Substraten Energie gewinnen. Bezüglich des Ursprungs der zwei wichtigsten Elemente (Kohlenstoff und Wasserstoff), die zum Aufbau der Zellsubstanz dienen, unterscheidet man zwischen *autotrophen* und *heterotrophen* Organismen, je nachdem ob sie die überwiegende Menge des Zellkohlenstoffs durch Inkorporation von CO_2 oder aus organischen Substraten beziehen, bzw. zwischen *organotrophen* und *lithotrophen* Organismen, je nachdem ob sie organische Substrate bzw. anorganische Verbindungen (H_2, H_2O, H_2S, NH_3 u. a.) als Wasserstoff-Donatoren verwenden.

Die einfachsten Formen heterotropher bzw. chemoautotropher Lebewesen stellen die *methylotrophen* Organismen und die methanbildenden Bakterien dar.

2. Alkane

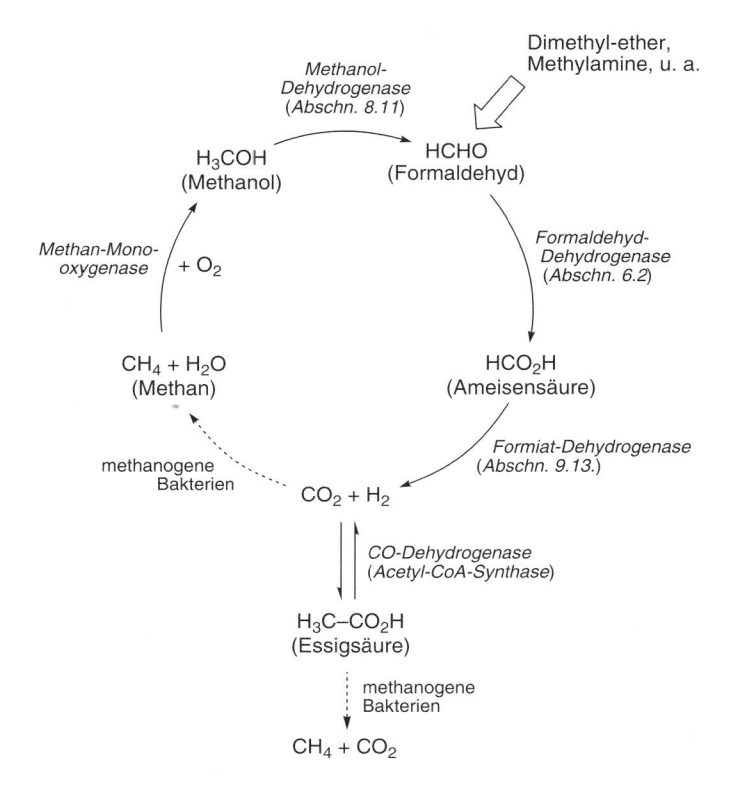

```
                    Dimethyl-ether,
                    Methylamine, u. a.
     Methanol-              ⬇
     Dehydrogenase
     (Abschn. 8.11)
   H₃COH ──────────→  HCHO
   (Methanol)          (Formaldehyd)
                              ╲
   Methan-Mono-                Formaldehyd-
   oxygenase    + O₂           Dehydrogenase
                               (Abschn. 6.2)
   CH₄ + H₂O           HCO₂H
   (Methan)            (Ameisensäure)
          ↖
           methanogene       Formiat-Dehydrogenase
           Bakterien         (Abschn. 9.13.)
                CO₂ + H₂ ←
                   ↕ CO-Dehydrogenase
                     (Acetyl-CoA-Synthase)
                H₃C–CO₂H
                (Essigsäure)
                   ⋮ methanogene
                   ⋮ Bakterien
                   ↓
                CH₄ + CO₂
```

Fig. 2.41. *Moleküle, die nur ein C-Atom enthalten, dienen als Substrate des Metabolismus sowohl* methylotropher *Organismen als auch methanbildender Bakterien, welche somit die einfachsten Formen heterotropher bzw. chemoautotropher Lebewesen darstellen.*

Zu den *methylotrophen* Organismen gehören Bakterien und Hefen, die Methan, Methanol, methylierte Amine, Dimethyl-ether, Formaldehyd und Formiat verwerten (*Fig. 2.41*). Die Oxidation von Methan zu Methanol führt zum Einbau von O_2 in das Molekül und wird durch eine *Methan-Monooxygenase* katalysiert, die bei methylotrophen Bakterien (*Methylomonas, Methylococcus capsulatus, Methylosinus trichosporium* u. a.) vorkommt. Ähnliche Enzyme kommen bei Mikroorganismen vor, die Kohlenwasserstoffe hydroxylieren und somit zum biologischen Abbau von Paraffinen, Erdöl und Kautschuk dienen.

Besonders wichtig vom ökologischen Standpunkt aus gesehen ist der oxidative Abbau langkettiger Kohlenwasserstoffe, die Bestandteile des Erdöls sind. Sie werden von einer großen Zahl von aeroben Bakterien (*Myco-* und *Corynebakterien, Nocardien, Pseudomonaden* u. a.) sowie Hefen (*Candida* sp.) oxidativ abgebaut. Der Abbau der Kohlenwasserstoffe verläuft in der Regel nur in Gegenwart von Sauerstoff. Das gilt für die aliphatischen Kohlenwasserstoffe – Methan, Ethan, Propan bis zu den festen Alkanen (Paraffinen) – und für die aromatischen Kohlenwasserstoffe (Benzol, Naphthalin, Anthracen) bis zu den polycyclischen Verbindungen. Der Abbauprozess beginnt am terminalen C-Atom der Alkan-Kette. Die weitere Oxidation der primär gebildeten Alkohole führt zu langkettigen Carbonsäuren, die dann nach dem bekannten Mechanismus des Fettsäure-Metabolismus (*Abschn. 9.23*) abgebaut werden. Ebenfalls am endständigen C-Atom (dem sog. ω-C-Atom) beginnt die Oxidation mittel- und langkettiger Fettsäuren in den Mikrosomen des endoplasmatischen Retikulums. Anschließend wird die OH-Gruppe oxidiert und die resultierenden Dicarbonsäuren werden über β-Oxidation (*Abschn. 9.23*) an beiden Enden weiter abgebaut. Die ω-Oxidation ist jedoch für den Katabolismus von Fettsäuren insgesamt vermutlich nur von geringer Bedeutung.

Die Mechanismen enzymatischer Oxygenierungsreaktionen und die Strukturen der dabei involvierten molekularen Spezies sind in der Regel komplex. Sie lassen sich jedoch auf ein einfaches überschaubares und für alle enzymatischen Oxygenierungen gültiges Schema reduzieren, wenn man die *in vitro* Oxidation des Häms als Modell zu Grunde legt (*Fig. 2.39, links*).

Anders als im Häm sind die Fe-Ionen der *Methan-Monooxygenase* und anderer damit verwandter Enzyme (*Kohlenwasserstoff-Hydroxylasen, Ribonucleotid-Reductase* (*Abschn. 10.19*) u. a.) nicht Bestandteil einer prosthetischen Gruppe, sondern dem *Hämerythrin* entsprechend (*Abschn. 2.16*) direkt an Aminosäuren (vornehmlich Cystein und Histidin) der Polypeptid-Kette gebunden, die dazu geeignete funktionelle Gruppen besitzen.

Der mutmaßliche Mechanismus der Sauerstoff-'Aktivierung' ist jedoch bei der Methan-Monooxygenase ähnlich wie beim Häm (*Fig. 2.42*). Die Bildung eines μ-Komplexes (**3**) ist durch die räumlich nahe Anordnung der beiden Fe-Ionen im Enzym – sie bilden zusammen mit S-Atomen ein so genanntes *cluster* (engl.: Haufen, Gruppe) – begünstigt. Die beiden Hälften des μ-Komplexes, die durch homolytische Spaltung der (O–O)-Bindung resultieren, übernehmen verschiedene katalytische Funktionen: eine Hälfte erzeugt durch Abstraktion eines H-Atoms vom Methan ein Methyl-Radikal, das mit der anderen Hälfte einen (Methoxy–Fe^{III})-Komplex bildet. Letzterer setzt durch Hydrolyse Methanol frei, während die Dissoziation des durch H-Abstraktion gebildeten (Hydroxy–Fe^{III})-Komplexes ein Hydroxid-Ion liefert. Beide Fe-Ionen befinden sich somit am Ende der Reak-

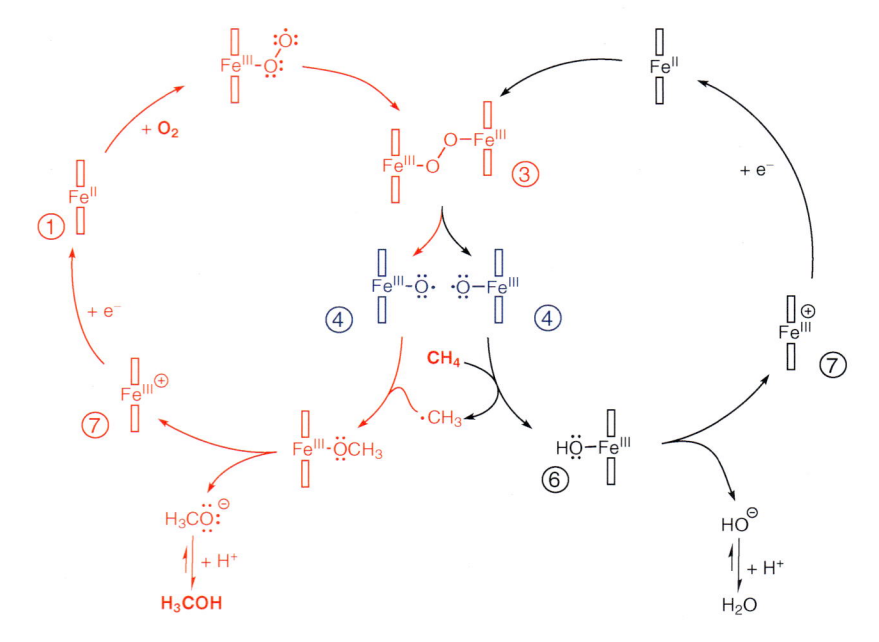

Fig. 2.42. *Plausibler Mechanismus der Oxidation von Methan durch die* **Methan-Monooxygenase**. Die zwei katalytischen Kreise sind in verschiedenen Farben dargestellt. Das Protein, das die Fe-Ionen umhüllt, ist durch ▭ ▭ symbolisiert. Die Oxidationsstufe des Fe-Ions in den nummerierten Verbindungen ist dieselbe wie in den entsprechenden Protoporphyrin-Komplexen in *Fig. 2.39*. Wegen der räumlichen nahen Anordnung der beiden Fe-Ionen treten höchstwahrscheinlich die in der Figur blau dargestellten Spezies in Wechselwirkung, so dass ein Bis-μ-oxo-di-eisen(IV)-Komplex als Zwischenprodukt vorliegt:

tion im dreiwertigen Zustand und werden durch Aufnahme je eines Elektrons in die reduzierte (Fe^{II}-haltigen) Oxidationsstufe zurückverwandelt. Letztere ist die einzige, die befähigt ist, Luftsauerstoff aufzunehmen (*Abschn. 2.16*).

Bei anderen Monooxygenasen, welche die Inkorporation von O$_2$ in organische Substrate katalysieren, sind die Fe-Ionen Bestandteil einer prosthetischen Gruppe, des so genannten *Cytochroms P450*, das ein Derivat des Häms ist. So wie die Methan-Monooxygenase sind cytochrom-P450-abhängige Monooxygenasen befähigt, Alkane zu funktionalisieren, obwohl Letztere aufgrund ihrer mangelnden Reaktivität als Substrate chemischer Reaktionen völlig ungeeignet sind. Das Produkt der enzymatischen Reaktion ist ein Alkohol (*Abschn. 5.2*).

2.18. Ethan

Wie im *Abschn. 2.14* erwähnt, führt die *Rekombination* zweier Methyl-Radikale zur Bildung von Ethan:

$$2 \cdot CH_3 \rightarrow H_3C{-}CH_3 \quad (\Delta H^0 = -368 \text{ kJ mol}^{-1})$$

Die dabei freiwerdende Energie ist gleich der *Bindungsdissoziationsenergie* der gebildeten (C–C)-Bindung. Die Reaktion weist keinen ausgeprägten Übergangszustand auf, d.h. fast jeder Zusammenstoß der freien Radikale führt zum Reaktionsprodukt (*Fig. 2.43*). Rekombinationsreaktionen einfacher Radikale haben somit meistens keine Aktivierungsenthalpie (*Abschn. 1.11*).

Die charakteristischen Parameter der (C–C)-Bindung sind in *Tab. 2.9* zusammengefasst. Die geringe Rotationsbarriere der (C–C)-Bindung im Ethan ist charakteristisch für so genannte σ-*Bindungen*. Diese Eigenschaft soll im Folgenden näher erläutert werden.

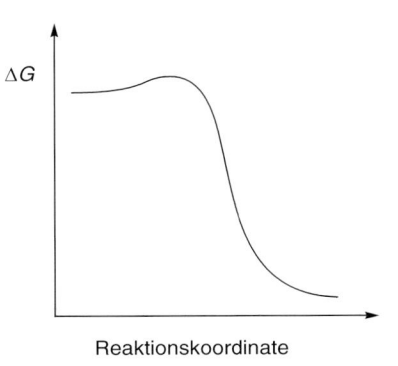

Fig. 2.43. *Energie-Diagramm der Radikal-Rekombination*

Eine **Sigma** (σ)-**Bindung** ist eine kovalente Zweielektronen-Bindung, bei der die Elektronen(dichte)verteilung rotationssymmetrisch in Bezug auf die Bindungsachse ist.

Tab. 2.9. *Charakteristische Eigenschaften der (C–C)-Bindung*

Bindungslänge	154 pm
Bindungsenergie	344 kJ mol^{-1}
Rotationsbarriere	12,18 ± 0,08 kJ mol^{-1}

Aus der Diskrepanz zwischen der experimentell bestimmten Entropie des Ethans und dem dritten Hauptsatz der Thermodynamik (Die molare Wärmekapazität aller Stoffe muss bei Annäherung an den absoluten Nullpunkt gegen Null streben) lässt sich ableiten, dass die Rotation um die Achse einfacher kovalenter Bindungen nicht 'frei' ist, sondern eines gewissen Energieaufwandes bedarf. Dies ist jedoch nicht der Fall bei kovalenten Bindungen mit einem einzigen Atom (z.B. bei einer (C–H)-Bindung), deren Drehimpuls, falls vorhanden, nicht messbar ist.

Die Gesetze der klassischen statistischen Mechanik verlangen, dass auf jeden mechanischen Freiheitsgrad eines Teilchens (d.h. jede der Bewegungen, die ein

2.19. Konformationsisomere

Konformationsisomere (Konformere) sind Stereoisomere, die durch Drehung um kovalente Bindungen ineinander umgewandelt werden können.

Die **Pitzer-Spannung** wird als der (positive) Beitrag zum Energiegehalt eines Moleküls definiert, der auf die Raumbeanspruchung der einzelnen Atome zurückzuführen ist.

Ethan ist das einfachste Molekül, an dem die interne Rotation verdeutlicht werden kann. Da die Rotation um eine σ-Bindung *per se* keiner Energie bedarf, liegt der Grund für die gehemmte Rotation um die (C–C)-Bindung in den Wechselwirkungen zwischen den Bindungselektronen der (C–H)-Bindungen einerseits und den H-Atomen der beiden Methyl-Gruppen andererseits. Letztere Wechselwirkung, die schließlich auch elektrostatischer Natur ist, beruht auf der Raumbeanspruchung der H-Atome, die durch ihre *van-der-Waals*-Radien zum Ausdruck kommt (*Abschn. 1.9*). Sie wird *Pitzer*-Spannung genannt.

Die räumliche Anordnung (Konformation), bei der die Entfernung zwischen den H-Atomen der beiden Methyl-Gruppen am größten ist, weist somit den kleinsten Energiegehalt auf. Diese Konformation wird als *gestaffelt* bezeichnet. Im Gegensatz dazu stellt die Konformation, bei der sich die H-Atome der beiden Methyl-Gruppen paarweise gegenüber stehen (*ekliptische* Konformation; griech. ἔκλειψις (*ékleipsis*): Mond- oder Sonnenfinsternis) die energiereichste Konformation dar. Die perspektivische Darstellung beider Konformationen gibt *Fig. 2.44*, *links* wieder.

Anschaulicher sind allerdings die so genannten *Newman*-Projektionen, bei denen die Blickrichtung des Beobachters entlang der Achse der (C–C)-Bindung gerichtet ist und das dem Beobachter zugewandte C-Atom durch einen Punkt symbolisiert ist, der sich in der Mitte eines Kreises befindet, welcher das dem Beobachter abgewandte C-Atom darstellt (*Fig. 2.44, rechts*). Der Übergang von einer räumlichen Anordnung zur anderen findet kontinuierlich statt, so dass das Ethan-Molekül in einer unendlichen Zahl von Konformationen vorliegen kann, von denen die oben erwähnten Extremwerte der Rotationsenergie darstellen.

Die Änderung der Energie des Moleküls während der Rotation um eine kovalente Bindung lässt sich gut veranschaulichen, wenn man ein Energie-Diagramm verwendet, in dem die Reaktionskoordinate durch den Diederwinkel (θ) ersetzt wird (*Fig. 2.45*). Der Diederwinkel wird von den zwei Ebenen gebildet, die jeweils durch die zwei C-Atome der (C–C)-Bindung und ein beliebiges H-Atom jeder Methyl-Gruppe definiert werden (s. *Fig. 2.44*).

Da die Energiebarriere zwischen der gestaffelten und ekliptischen Konformation des Ethan-Moleküls wesentlich kleiner als

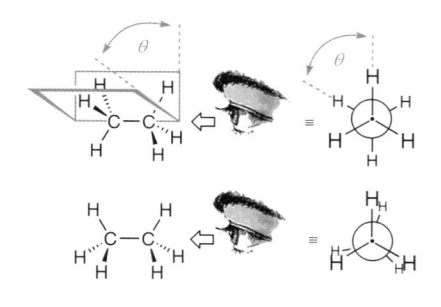

Fig. 2.44. *Perspektivdarstellungen und* Newman-*Projektionen der Konformationen mit jeweils dem kleinsten und größten Energiegehalt des Ethan-Moleküls*

Kenneth Sanborn Pitzer (1914–1997)
Professor an den Universitäten Kalifornien in Berkeley (1937), Rice (1961), Stanford (1968) und Berkeley (1971), untersuchte hauptsächlich die thermodynamischen Eigenschaften organischer Moleküle. (Mit Genehmigung des Stanford University News Service, Stanford, CA)

Melvin Spencer Newman (1908–1993)
Professor für Chemie an der Ohio State University. Zu seinem wissenschaftlichen Werk gehören wichtige Beiträge zum Verständnis der carcinogenen* Eigenschaften polycyclischer aromatischer Kohlenwasserstoffe (s. *Abschn. 5.27*) sowie zur Untersuchung nichtplanarer Derivate dieser Verbindungsklasse. Im Jahre 1955 synthetisierte *Newman* zum ersten Male Hexahelicen und trennte seine Enantiomere (s. *Fig. 4.6*). (Mit Genehmigung der Ohio State University, Photo Archives Columbus, OH)

128 kJ mol^{-1} ist, können die einzelnen Konformere nicht voneinander getrennt werden (vgl. *Abschn. 1.12*).

Tatsächlich findet die Rotation um die (C–C)-Bindung so schnell statt, dass die mittlere Lebensdauer jedes einzelnen Konformers nur 2×10^{-11} s beträgt. Dies begründet die Bezeichnung *Rotamere* (lat. *rota*: Rad) für diese Art von Konformationsisomeren. Wird jedoch der Enthalpiegehalt ekliptischer Konformationen durch sperrige Liganden an benachbarten Atomen einer Zweielektronen-Bindung derart erhöht, dass die freie Drehbarkeit um die Bindung gehindert

Rotamere sind σ-Konformere, die bei Raumtemperatur nicht voneinander getrennt werden können.

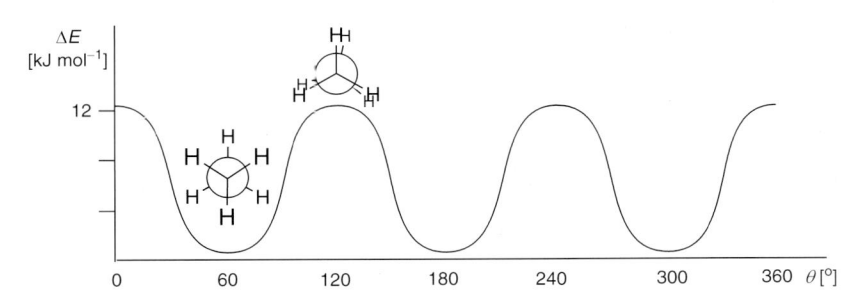

Fig. 2.45. *Konformationen des Ethans*

Atropisomere sind σ-Konformere, die bei Raumtemperatur voneinander getrennt werden können.

Tab. 2.10. *Beziehung zwischen der Gleichgewichtskonstanten bei 25 °C, der Differenz der Normalwerte der Freien Enthalpie und der Population des energetisch bevorzugten Zustandes der sich in thermodynamischem Gleichgewicht befindenden molekularen Spezies*

K (298,15 K)	$-\Delta G^0$ [kJ mol^{-1}]	Population [%]
2	1,72	67
5	3,98	83
10	5,86	91
20	7,54	95
100	11,3	99
1000	17,2	99,9
10000	23,0	99,99

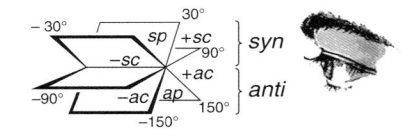

Fig. 2.46. *Zur Spezifikation des Diederwinkels wird der Kreis in sechs gleiche Ausschnitte geteilt.*

wird, so können einzelne Konformere isoliert werden. Für derartige Konformationsisomere prägte *R. Kuhn* (s. Abschn. 3.21) die Bezeichnung *Atropisomere* (griech. ἀ: ohne, τροπή (*tropḗ*): Wendung).

Die Population (Anzahl der Moleküle) jeder einzelnen Konformation ergibt sich aus der Differenz der Energiegehalte der sich im thermodynamischen Gleichgewicht befindenden Spezies. *Tab. 2.10* gibt die unter Anwendung der thermodynamischen Gleichung

$$\Delta G^0 = -RT \ln K$$

errechnete Beziehung zwischen der Differenz der Gehalte an Freier Enthalpie zweier sich im Gleichgewicht befindenden Spezies und der Population der energieärmeren Spezies wieder.

Es ist bemerkenswert, dass bereits eine Enthalpiedifferenz von 11,3 kJ mol^{-1}, die ungefähr der Rotationsbarriere der (C–C)-Bindung im Ethan entspricht, ausreicht, damit 99% der Moleküle die energieärmere Konformation einnehmen.

2.20. Butan

Beide oben erwähnten Konformationen des Ethan-Moleküls weisen eine dreizählige Symmetrieachse auf, die mit der Bindungsachse der (C–C)-Bindung übereinstimmt. Dies ist beim Butan nicht der Fall, und aus diesem Grunde gibt es je zwei ekliptische und gestaffelte Konformationen, deren Energiegehalte verschieden sind. Der Diederwinkel wird hier von den zwei Ebenen gebildet, die jeweils durch die zwei C-Atome der (C(2)–C(3))-Bindung und die an sie gebundenen Methyl-Gruppen definiert werden. Die ekliptischen Konformationen, deren Diederwinkel 0° und 120° betragen, werden als *syn*-periplanar (*sp*) bzw. *anti*-clinal (*ac*) bezeichnet. Die beiden gestaffelten Konformationen, deren Diederwinkel 60° und 180° betragen, werden *syn*-clinal (*sc*) bzw. *anti*-periplanar (*ap*) genannt (*Fig. 2.46*). *Syn*-clinale Konformationen werden auch als *windschiefe* oder *gauche* Konformationen bezeichnet.

Aufgrund der größeren 'Raumbeanspruchung' einer Methyl-Gruppe gegenüber einem H-Atom, einem Begriff, der bereits 1888 von *Viktor Meyer* (1848–1897) als sterische Hinderung geprägt wurde, weist die *syn*-periplanare Konformation des Butans den größeren Energiegehalt gegenüber der *syn*-clinalen Konformation auf. Bei der windschiefen Konformation macht sich die *Pitzer*-Spannung zwischen den beiden Methyl-Gruppen immer noch bemerkbar; darum ist die *anti*-periplanare Konformation die energieärmste aller Konformationen (*Fig. 2.47*).

Wie bereits erwähnt, kann die Population der *anti*-periplanaren und *gauche*-Konformationen aufgrund der Beziehung zwischen der Gleichgewichtskonstanten ihrer gegenseitigen Umwandlung und der Energiedifferenz beider Konformere ermittelt werden (vgl.

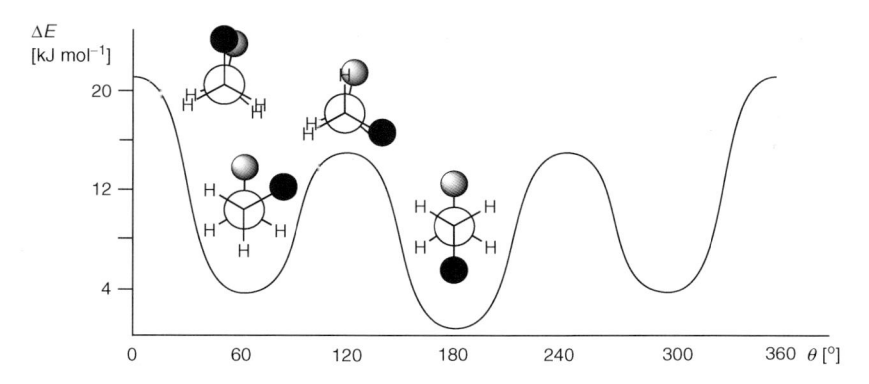

Fig. 2.47. *Konformationen des Butans.* Der Übersichtlichkeit halber sind die Methyl-Gruppen durch einen dunklen Kreis symbolisiert.

Tab. 2.10). Dabei müssen jedoch auch die statistischen Gewichte der beiden Konformationen berücksichtigt werden: während die *anti*-periplanare Konformation nur einmal vorkommt, gibt es zwei *gauche*-Konformationen, die zwar nicht identisch sind, aber, da sie *enantiomorph* (*Abschn. 2.8*) zueinander sind, denselben Gehalt an Freier Enthalpie besitzen.

Aus der Differenz der Freien Enthalpien (ΔG^0) zwischen den beiden Konformeren des Butans resultiert, dass bei Raumtemperatur (298,15 K) in der Gasphase 70% der Moleküle in der *anti*-periplanaren und 30% in der *gauche*-Konformation vorliegen. In der flüssigen Phase ist die Konformerenverteilung 56% *anti*-periplanar und 44% *gauche*.

Mit zunehmender Anzahl von (C–C)-Bindungen steigt auch die Anzahl der Konformere. Obwohl die *anti*-periplanare Konformation an jeder (C–C)-Bindung energetisch immer bevorzugt ist, können im thermodynamischen Gleichgewicht andere Konformationen stärker vertreten sein. Andererseits werden energetisch ungünstige Konformationen stärker benachteiligt. Aus diesem Grund kommen Moleküle von langkettigen Kohlenwasserstoffen in der flüssigen Phase nicht in haarnadelförmigen Konformationen ja sogar in Kristallen fast ausschließlich als 'gestreckte' (an allen (C–C)-Bindungen gestaffelte) Konformationen (s. *Fig. 9.4*) vor.

2.21. Cycloalkane

Gesättigte Kohlenwasserstoffe, deren C-Kette einen Ring bildet, werden *Cycloalkane* (in der Petrochemie heute noch *Naphthene*) genannt. Bei den *monocyclischen* Alkanen ist nur ein Ring vorhanden; ihre allgemeine Bruttoformel lautet: C_nH_{2n} bzw. $(CH_2)_n$.

Im Allgemeinen sind die Verbrennungswärmen von Cycloalkanen kleiner als die von Alkanen mit der gleichen Anzahl von C-Atomen (*Tab. 2.11*), was auf einen kleineren Energiegehalt ihrer Moleküle

Tab. 2.11. *Experimentell bestimmte Verbrennungswärmen der Alkane*

$$C_nH_{2n+2} + 1/2(3n+1) \, O_2 \rightarrow n \, CO_2 + (n+1) \, H_2O$$

n	$-\Delta H_c^0$ [kJ mol^{-1}]	$\delta(CH_2)^{a)}$ [kJ mol^{-1}]
2	1554	
3	2215	661
4	2873	658
5	3532	659
6	4190	658

$^{a)}$ $\bar\delta(CH_2) = 659$ kJ mol^{-1}

Tab. 2.12. *Experimentell bestimmte und berechnete Verbrennungswärmen der Cycloalkane*

$$C_nH_{2n} + 3n/2 \, O_2 \rightarrow n \, CO_2 + n \, H_2O$$

n	$-\Delta H_c^0$ [kJ mol^{-1}] exp.	ber.$^{a)}$	δ [kJ mol^{-1}]
3	2093	1977	116
4	2746	2636	110
5	3324	3295	29
6	3954	3954	0

$^{a)}$ $-\Delta H_{ber.}^0 = n \times 659$ kJ mol^{-1}

hindeuten würde. Da aber ein Vergleich der Bildungsenthalpien von Molekülen, die nicht isomer sind, nicht möglich ist (*Abschn. 1.12*), wird durch die Differenz der Verbrennungswärmen von zwei aufeinander folgenden Gliedern der homologen Reihe der Alkane die fiktive 'Verbrennungswärme' einer CH$_2$-Einheit ermittelt (*Tab. 2.11*). Wird dieser Mittelwert ($\bar\delta(CH_2)$) mit der Zahl von C-Atomen des jeweiligen Cycloalkans multipliziert, so sollte das Produkt die Verbrennungswärme des Letzteren ergeben, denn die Bruttoformel aller monocyclischen Cycloalkane lautet (CH$_2$)$_n$. Mit Ausnahme des Cyclohexans, weisen jedoch alle in *Tab. 2.12* aufgeführten Cycloalkane größere Verbrennungswärmen als die errechneten Werte auf. Worauf ist diese Diskrepanz zurückzuführen?

Zwangsläufig muss die Differenz zwischen den experimentell bestimmten Verbrennungswärmen der Cycloalkane und dem errechneten Wert den Beitrag der intramolekularen Wechselwirkungen zum gesamten Energiegehalt des Moleküls darstellen. Nimmt man an, dass die Ringe der Cycloalkane planar sind, so stünden bei dieser Geometrie, die allerdings nur beim Cyclopropan vorliegen *muss*, sämtliche (C–H)-Bindungen ekliptisch zueinander. Setzt man nunmehr voraus, dass der Beitrag jeden Paares ekliptischer (C–H)-Bindungen zum Energiegehalt des gesamten Moleküls der gleiche ist wie bei der ekliptischen Konformation des Ethans (*Abschn. 2.19*), so ergeben sich die in *Fig. 2.48* angegebenen maximalen *Pitzer*-Spannungen, die beim Vorliegen der planaren Geometrie zu erwarten wären. Tatsächlich aber sind die Energiegehalte des Cyclopropans und des Cyclobutans aber zu hoch, um damit erklärt werden zu können.

Wie bereits erwähnt (*Abschn. 2.6*), weisen Moleküle, die aus tetragonalen C-Atomen aufgebaut sind, ihren kleinsten Energiegehalt auf,

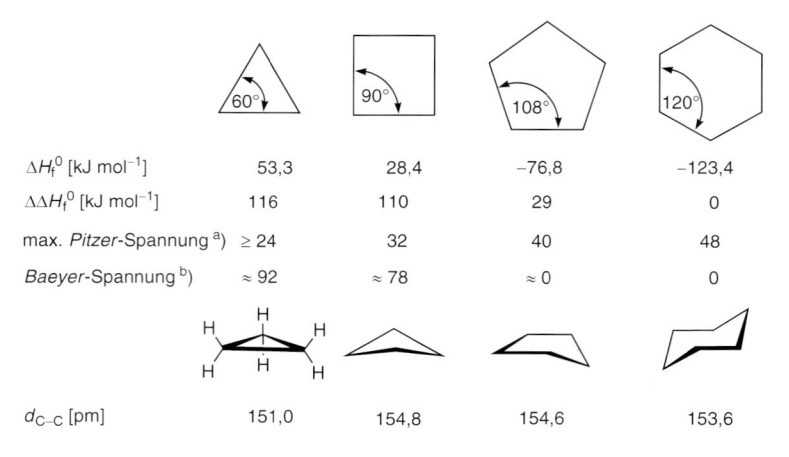

	60°	90°	108°	120°
ΔH_f^0 [kJ mol^{-1}]	53,3	28,4	–76,8	–123,4
$\Delta\Delta H_f^0$ [kJ mol^{-1}]	116	110	29	0
max. *Pitzer*-Spannung $^{a)}$	≥ 24	32	40	48
Baeyer-Spannung $^{b)}$	≈ 92	≈ 78	≈ 0	0
d_{C-C} [pm]	151,0	154,8	154,6	153,6

Fig. 2.48. *Bildungsenthalpien, Ringspannungsenergien und tatsächliche Geometrien von Cycloalkan-Molekülen.* $^{a)}$ Berechnete *Pitzer*-Spannungen der planaren Strukturen. $^{b)}$ Aus der Differenz zur experimentell bestimmten 'Spannungsenergie' geschätzte *Baeyer*-Spannungen.

wenn alle Winkel zwischen den σ-Bindungen 109,5° betragen. Demzufolge sollten Cycloalkane, bei denen Abweichungen von diesem Wert auf Grund der Ringgröße nicht vermieden werden können, energiereicher sein, als die entsprechenden offenkettigen Kohlenwasserstoffe. Diese 'Destabilisierung' des Moleküls wird *Baeyer*-Spannung genannt. Wie die *Pitzer*-Spannung beruht sie auf der Abstoßung der Bindungselektronen der σ-Bindungen, die sich bei jeder Verkleinerung oder Vergrößerung der Bindungswinkel zueinander nähern.

Allerdings lassen sich die Beiträge der *Baeyer*- und *Pitzer*-Spannung im Molekül kalorimetrisch nicht auseinander halten. Beispielsweise stehen im Cyclopropan auf Grund der Geometrie des Moleküls alle H-Atome ekliptisch zueinander. Die Differenz (116 kJ mol^{-1}) zwischen der experimentell bestimmten Verbrennungsenergie des Moleküls und dem errechneten Wert, der keine intramolekulare Wechselwirkungen berücksichtigt, beinhaltet sowohl die Ringspannung als auch den Beitrag der *Pitzer*-Spannung der sechs ekliptischen Wechselwirkungen der (C–H)-Bindungen. Nimmt man an, dass je drei ekliptische Wechselwirkungen denselben Beitrag leisten wie beim Ethan, so wäre der Beitrag der *Pitzer*-Spannung im Cyclopropan: $2 \times 12 = 24$ kJ mol^{-1}, und die eigentliche *Baeyer*-Spannung würde $116 - 24 = 92$ kJ mol^{-1} betragen (*Fig. 2.48*). Da aber die H-Atome im Cyclopropan sowohl aufgrund der kürzeren (C–C)-Bindungslänge (151 statt 154 pm) als auch des größeren (H–C–H)-Bindungswinkels (115 statt 109,5°) näher zusammen sind als beim Ethan, ist die *Pitzer*-Spannung zwischen den H-Atomen des Cyclopropans vermutlich etwas größer als 24 kJ mol^{-1}.

Cyclopropan *muss* planar sein. Die höheren Cycloalkane dagegen nehmen eine Geometrie an, welche den gesamten Energiegehalt des Moleküls minimiert. Aus diesem Grunde sind Cyclobutan und Cyclopentan nicht planar. Beim Cyclohexan führt die nicht planare Geometrie des Moleküls zu einer Struktur, die völlig spannungsfrei ist.

Trotz seiner hohen *Baeyer*-Spannung ist Cyclopropan ein recht 'stabiles' Molekül (s. *Abschn. 1.12*), dessen Derivate als Naturstoffe vorkommen (*Abschn. 3.19*). Erst bei 600 °C in Abwesenheit von Sauerstoff wandelt sich Cyclopropan innerhalb einer Stunde zu mehr als 80% in Propen um (*Fig. 2.49*). Der Grund für die kinetische Stabilität des Cyclopropans liegt in der hohen Aktivierungsenthalpie der Ringöffnung, die 265 kJ mol^{-1} beträgt, weil das primäre Produkt der Ringaufspaltung des Cyclopropans in der Gasphase ein energiereiches 1,3-Biradikal ist. In Abwesenheit anderer Reaktionspartner kann eine Stabilisierung nur erfolgen, indem ein H-Atom intramolekular 'wandert'; dieser Prozess erfordert aber mehr Energie als die Rückreaktion zum Cyclopropan.

Beim Cyclobutan führt die primäre Ringaufspaltung durch Bruch einer (C–C)-Bindung bei Temperaturen zwischen 350 und 450 °C zur Bildung eines 1,4-Biradikals. Die 'Stabilisierung' des Tetramethylen-Biradikals erfolgt jedoch nicht durch Umlagerung eines H-Atoms

Adolf von Baeyer (1835–1917) Ordinarius an den Universitäten Strassbourg (1872) und München (1873), wurde 1905 für den Beitrag seiner Arbeiten über Farbstoffe (*Abschn. 10.5*) und cyclische Kohlenwasserstoffe zur Förderung der organischen Chemie und der chemischen Industrie mit dem *Nobel*-Preis ausgezeichnet. (© *Nobel*-Stiftung)

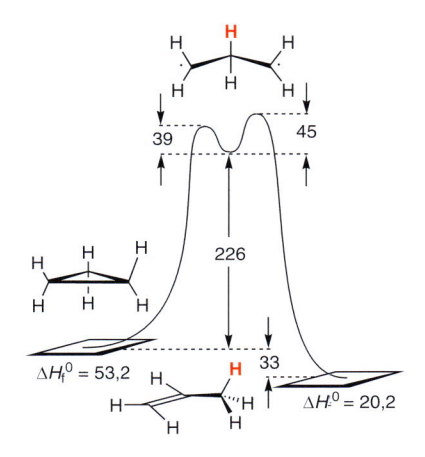

Fig. 2.49. Thermische Umwandlung des Cyclopropans in der Gasphase (Werte in kJ mol^{-1}; $\Delta H^{\ddagger}$ bei 772 K)

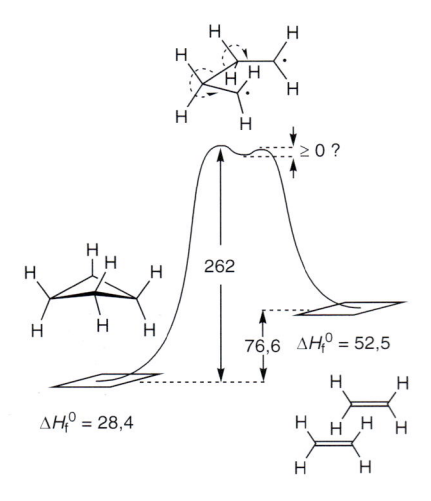

Fig. 2.50. *Energieprofil der thermischen Ringöffnung des Cyclobutans* (Werte in kJ mol^{-1}; $\Delta H^{\ddagger}$ bei 717 K)

sondern durch Spaltung der mittleren (C–C)-Bindung unter Bildung von zwei Molekülen Ethylen (*Fig. 2.50*).

Die enzymatisch katalysierte Ringöffnung des Cyclobutan-Ringes ist von physiologischer Bedeutung bei der Spaltung der Thymin-Dimere, die gelegentlich bei der Bestrahlung mit UV-B-Licht (*Abschn. 3.23*) von Thymin-Einheiten entstehen, die an aufeinander folgenden Positionen im selben Strang eines DNA-Moleküls (*Abschn. 10.17*) vorkommen (*Fig. 2.51*). Durch Licht geschädigte DNA-Abschnitte führen zu einer Verzerrung der normalen B-DNA-Struktur (s. *Abschn. 10.17*). Sie verhindern darüber hinaus die Replikation sowie die Transkription und verursachen so den Zelltod. Zur Reparatur der geschädigten DNA-Moleküle verfügen lebende Zellen über hochspezifische *Endonucleasen* (*Abschn. 9.32*), die Abschnitte, in denen sich die Thymin-Dimere befinden, 'ausschneiden', sowie über so genannte *Photolyasen*, die unter Einwirkung von kurzwelligem ($\lambda = 360$–390 nm) oder sichtbarem Licht ($\lambda = 430$–460 nm) das Thymin-Dimer reversibel spalten. Letztere sind bisher bei Pflanzen sowie bei einigen Bakterien, Amphibien, Reptilien, Fischen und Beuteltieren, nicht aber beim Menschen nachgewiesen worden. Man nimmt an, dass die durch Lichtabsorption angeregte prosthetische Gruppe der Photolyasen (ein Flavin-Derivat) ein Elektron auf die Carbonyl-Gruppen des Thymin-Dimers überträgt, wodurch die für die Spaltung des Cyclobutan-Ringes benötigte Aktivierungsenergie im entsprechenden Radikal-Anion stark herabgesetzt wird.

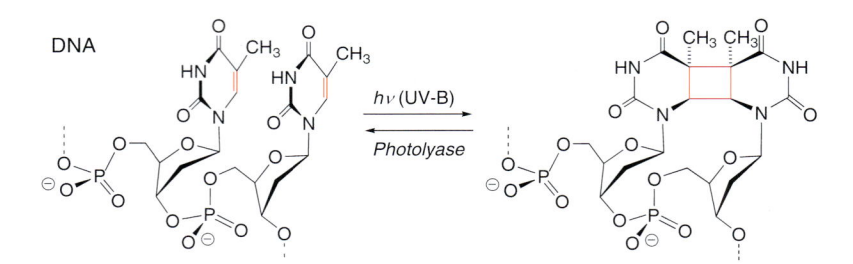

Fig. 2.51. *Die Bildung von Thymin-Dimeren innerhalb eines DNA-Stranges, die durch Bestrahlung mit Licht verursacht wird, kann enzymatisch rückgängig gemacht werden.*

Individuen, welchen die Reparationsenzyme fehlen, leiden unter einer genetisch bedingten autosomal-rezessiven Hautkrankheit, die *Xeroderma pigmentosum* genannt wird (*Fig. 2.52*). Ihre Haut ist extrem empfindlich gegen Sonnenlicht und UV-Bestrahlung. Während der Kindheit treten schwere Veränderungen der Haut auf, die sich im Laufe der Zeit verschlimmern. Gewöhnlich treten bösartige Hauttumore an mehreren Stellen auf, deren Metastasen zum Tod des Erkrankten noch vor dem dreißigsten Lebensjahr führen. Ursache dieses Syndroms ist die durch Bestrahlung mit Sonnenlicht bedingte Schädigung der DNA der Fibroblasten, welche bei gesunden Individuen jedoch durch die oben erwähnten Reparationsenzyme beseitigt werden.

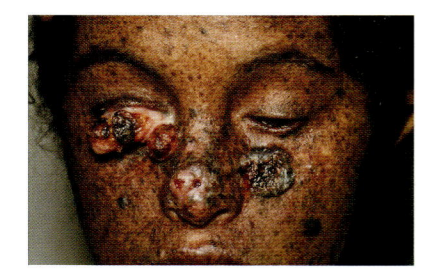

Fig. 2.52. *Durch Sonnenlicht verursachter Hautausschlag bei an Xeroderma pigmentosum leidenden Patienten*

2.22. Cyclohexan

Bereits 1890 wies *Hermann Sachse* (1862–1893) darauf hin, dass gefaltete Modelle des Cyclohexan-Moleküls konstruiert werden können, in denen die Tetraedergeometrie des tetragonalen C-Atoms beibehalten wird. Dadurch, dass das Cyclohexan-Molekül nicht planar ist, ist es weitgehend spannungsfrei. In der energieärmsten Konformation sind alle H-Atome gestaffelt zueinander angeordnet und alle Bindungswinkel im Ring betragen 111,4° (*Fig. 2.53*); sie sind somit wie die (C–C–C)-Bindungswinkel offenkettiger Alkane größer (z. B. in Propan 112,4°) als der Tetraederwinkel (109,5°).

Die energieärmste Konformation des Cyclohexan-Moleküls wird auf Grund seiner Gestalt *Sessel-Konformation* genannt. Bei dieser Konformation lassen sich zwei Gruppen von (C–H)-Bindungen unterscheiden: *axiale*, die parallel zur *dreizähligen* Symmetrieachse des Moleküls angeordnet sind, und *äquatoriale*, die sich nahe an der zur Drehachse senkrecht liegenden Äquatorialebene des Moleküls befinden.

Durch Drehung um die (C–C)-Bindungen entstehen verschiedene Konformationen des Cyclohexan-Moleküls, die alle wegen ihrer *Baeyer*- und/oder *Pitzer*-Spannung nur zu einem sehr geringen Prozentsatz im Gleichgewichtsgemisch vorliegen. Die charakteristischsten dieser Konformationen werden *Halbsessel*-, *Wannen*- (oder *Boot*-) und *Twist*- (engl. *twist*: verdrehen) Konformationen genannt (*Fig. 2.54*).

Diese Konformere stehen mit zwei Sessel-Konformationen des Cyclohexan-Moleküls, die zwar nicht unterscheidbar jedoch nicht identisch sind, im Gleichgewicht. Bei der Umwandlung einer Sessel-Konformation in die andere gehen sämtliche axialen (C–H)-Bindungen in äquatoriale über und umgekehrt. Aus diesem Grunde beobachtet man im Cyclohexan-Molekül mit Hilfe geeigneter analytischer (spektroskopischer) Methoden zwar bei Raumtemperatur zwölf äquivalente H-Atome, bei tiefen Temperaturen jedoch zwei Arten von je sechs H-Atomen.

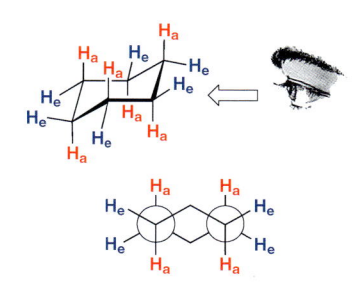

Fig. 2.53. *Perspektivzeichnung und Newman-Projektion des Cyclohexan-Moleküls.* Axiale und äquatoriale H-Atome sind mit a bzw. e gekennzeichnet.

Prozesse wie die oben erwähnte Ringinversion des Cyclohexan-Moleküls, bei denen identische Liganden ihre Positionen austauschen, werden *Topoisomerisierungen* (griech. τόπος (*tópos*): Ort, Stelle) genannt (*Horst Kessler*, 1971). Die davon abzuleitende Bezeichnung 'Topomer' für die ununterscheidbaren Molekül-

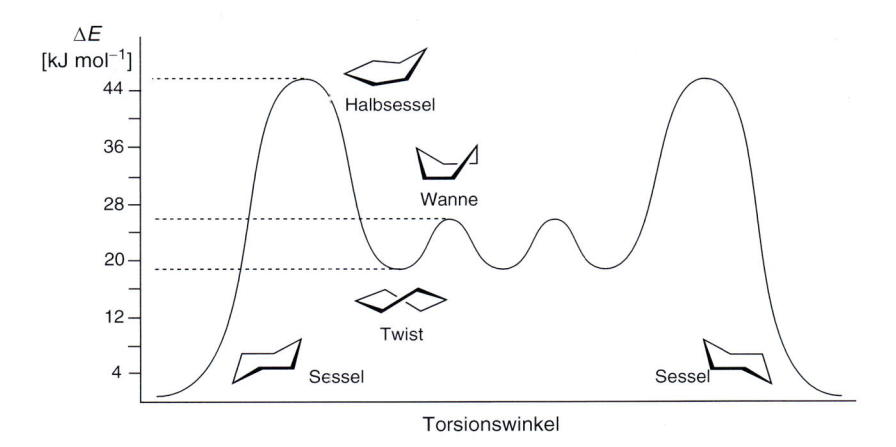

Fig. 2.54. *Konformationen des Cyclohexan-Moleküls*

strukturen, zwischen denen der Austausch stattfindet, ist jedoch irreführend (vgl. *Abschn. 1.14*). Topoisomerisierungen können nicht nur durch Rotation um kovalente Bindungen, sondern auch durch Valenzisomerisierung (*Abschn. 4.3*) oder Stickstoffinversion (*Abschn. 7.2*) erfolgen.

Da beide Sessel-Konformationen den gleichen Energiegehalt haben und sich sehr rasch ineinander umwandeln, können Cyclohexan-Moleküle bei chemischen Reaktionen als *statistisch* planar und alle zwölf H-Atome in der Regel als äquivalent betrachtet werden. Bei tiefen Temperaturen verlangsamt sich jedoch die Umwandlung der beiden Sessel-Konformationen ineinander; sie benötigt bei −80 °C bereits einige Sekunden.

2.23. Alkylcyclohexane

Wird ein H-Atom des Cyclohexan-Ringes durch eine Alkyl-Gruppe (z. B. eine Methyl-Gruppe) ersetzt, so sind die beiden Sessel-Konformationen nicht mehr energetisch entartet. Die Methyl-Gruppe kann entweder die äquatoriale oder die axiale Position einnehmen (*Fig. 2.55*). Die Differenz der Energiegehalte beider Konformationen lässt sich ziemlich genau aus dem Beitrag der *gauche*-Wechselwirkung im Butan abschätzen (vgl. *Fig. 2.47*). Es geht aus den in *Fig. 2.55* (*unten*) dargestellten *Newman*-Projektionen hervor, dass die (C(2)−C(3))- und (C(5)−C(6))-Bindungen des Cyclohexan-Ringes *anti*-periplanar zur äquatorialen aber *syn*-clinal zur axialen Methyl-Gruppe stehen. Demnach sollte die Enthalpiedifferenz zwischen den beiden Konformeren $2 \times 3{,}7 = 7{,}4$ kJ mol^{-1} betragen. Die experimentell bestimmte Differenz der entsprechenden freien Enthalpien beträgt $\Delta G^0 = 7{,}3 \pm 0{,}25$ kJ mol^{-1} und stimmt somit sehr gut mit dem durch Inkrementenrechnung erhaltenen Resultat überein.

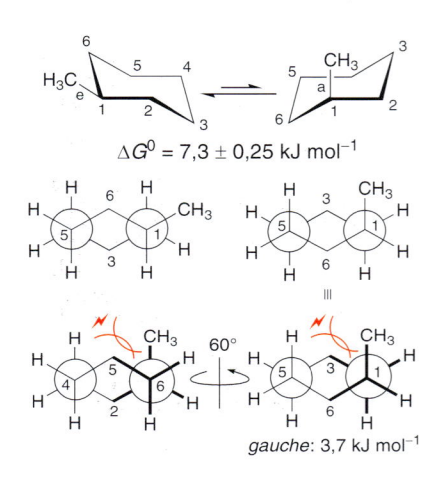

Fig. 2.55. *Perspektivzeichnungen und Newman-Projektionen des Methylcyclohexans. Unten*: Zwei Ansichten der energiereicheren Konformation. (Die Benutzung von Molekülmodellen des *Dreiding*-Typs ist für ein besseres Verständnis unerlässlich.)

Die Enthalpiedifferenz von 7,3 kJ mol^{-1} zwischen den beiden Sessel-Konformationen des Methylcyclohexans kann auch als diaxiale Wechselwirkung der axialen Methyl-Gruppe mit den beiden axialen H-Atomen, die an die C(3)- und C(5)-Atome des Cyclus gebunden sind, aufgefasst werden (s. unten). Mit dem Bezug auf die *syn*-clinale (*gauche*) Konformation des Butans (s. *Fig. 2.55*) wird aber der *quantitative* Beitrag der *Pitzer*-Spannung einleuchtender begründet.

Mit Hilfe der soeben erwähnten Inkrementenrechnung lassen sich ebenfalls die Enthalpieunterschiede mehrfach substituierter Cyclohexane abschätzen. Sind zwei Substituenten an den Cyclohexan-Ring gebunden, gibt es zwei Stereoisomere, die als *cis*- und *trans*-Formen bezeichnet werden.

Beim *cis*-Isomer befinden sich die beiden Substituenten auf derselben Seite der durch die vier Atome C(1), C(2), C(4) und C(5) definierten Ebene (s. *Fig. 2.56*). Beim *trans*-Isomer dagegen befinden sich die Substituenten auf gegenüberliegenden Seiten derselben

Ebene (*Fig. 2.57*). In beiden Sessel-Konformationen des *cis*-1,2-Dimethylcyclohexan-Moleküls steht ein Substituent axial, der andere äquatorial; beide Konformationen haben somit den gleichen Energiegehalt.

In der Tat sind beide Sessel-Konformationen des *cis*-1,2-Dimethylcyclohexans nicht identisch sondern spiegelbildlich (*enantiomorph*) zueinander. Da sie sich aber sehr rasch ineinander umwandeln, findet bei jedem Konformationswechsel *Racemisierung* statt. Es ist somit nicht möglich, ein einzelnes Enantiomer des *cis*-1,2-Dimethylcyclohexans zu isolieren, denn, obwohl einzelne Moleküle chiral sind, ist seine *statistisch planare* Struktur achiral (*Fig. 2.56*).

Beim *trans*-1,2-Dimethylcyclohexan dagegen stehen die Liganden entweder beide äquatorial oder beide axial; sie tauschen jedoch ihre Positionen jedesmal aus, wenn der Cyclohexan-Ring seine Konformation wechselt. Somit sind *cis*- und *trans*-1,2-Dimethylcyclohexan Stereoisomere, die sich nicht durch Drehung um kovalente Bindungen ineinander umwandeln lassen; es handelt sich dabei um *Diastereoisomere* (*Abschn. 2.11*).

So wie beim *cis*-1,2-Dimethylcyclohexan sind die Moleküle des *trans*-1,2-Dimethylcyclohexans chiral (*Fig. 2.57*). Beide Sessel-Konformationen jedes Enantiomers sind jedoch nicht spiegelbildlich: bei einer sind beide Methyl-Gruppen äquatorial, bei der anderen beide axial. Beim Konformationswechsel findet somit keine Racemisierung statt. Im Gegensatz zum *cis*-1,2-Dimethylcyclohexan hat die statistisch planare Struktur des *trans*-1,2-Dimethylcyclohexans keine Symmetrieebene.

Die Differenz der Energiegehalte beider Sessel-Konformationen des *trans*-1,2-Dimethylcyclohexans lässt sich wie im Falle des Methylcyclohexans durch Inkrementenrechnung abschätzen: zwei axiale Methyl-Gruppen tragen mit $2 \times 2 \times 3{,}7 = 14{,}8$ kJ mol^{-1} zum Energiegehalt des Moleküls bei; zwei äquatoriale Methyl-Gruppen dagegen üben nur eine gegenseitige *gauche*-Wechselwirkung aus. Die Enthalpiedifferenz zwischen beiden Konformationen beträgt somit: $\Delta H^0 = 14{,}8 - 3{,}7 = 11{,}1$ kJ mol^{-1}.

Beim 1,3-Dimethylcyclohexan sind die Energiegehalte beider Sessel-Konformationen des *trans*-Isomers gleich (*Fig. 2.58*), während das *cis*-1,3-Dimethylcyclohexan in zwei Sessel-Konformationen vorliegen kann, deren Energiegehalte verschieden sind (*Fig. 2.59*).

trans-1,3-Dimethylcyclohexan ist ebenfalls chiral. Im Unterschied zum *trans*-1,2-Dimethylcyclohexan sind die Sessel-Konformationen beider Enantiomere jeweils nicht unterscheidbar, denn sie enthalten je eine axiale und eine äquatoriale Methyl-Gruppe (s. *Fig. 2.58*). Eine Racemat-Spaltung ist somit sowohl beim *trans*-1,3-Dimethylcyclohexan als auch beim *trans*-1,2-Dimethylcyclohexan prinzipiell möglich.

Bei der Schätzung der Enthalpiedifferenz zwischen beiden Konformationen des *cis*-1,3-Dimethylcyclohexans kommt aber ein wichtiger Beitrag vor, der von der Inkrementenrechnung nicht berücksichtigt wird, nämlich die *Pitzer*-Spannung zwischen den

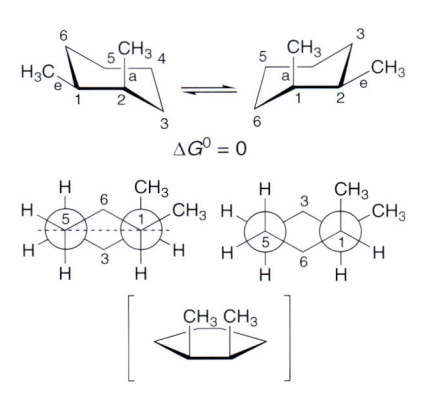

Fig. 2.56. *Perspektivzeichnungen, Newman-Projektionen und statistisch planare Struktur der Sessel-Konformationen des* cis*-1,2-Dimethylcyclohexans*

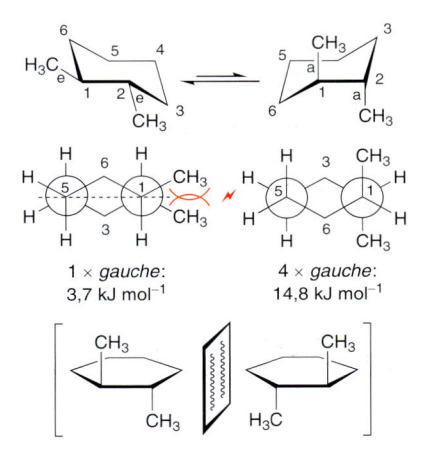

Fig. 2.57. *Perspektivzeichnungen, Newman-Projektionen und statistisch planare Strukturen der Sessel-Konformationen des* trans*-1,2-Dimethylcyclohexans*

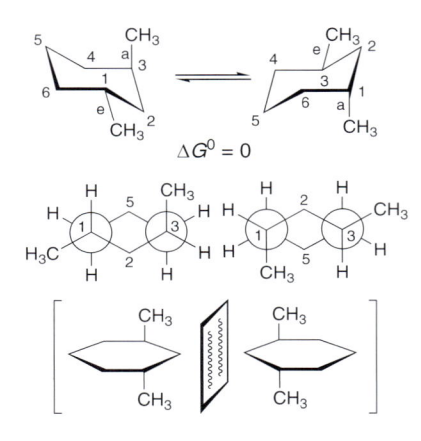

Fig. 2.58. Perspektivzeichnungen, Newman-*Projektionen und statistisch planare Strukturen der Sessel-Konformationen des* trans-*1,3-Dimethylcyclohexans*

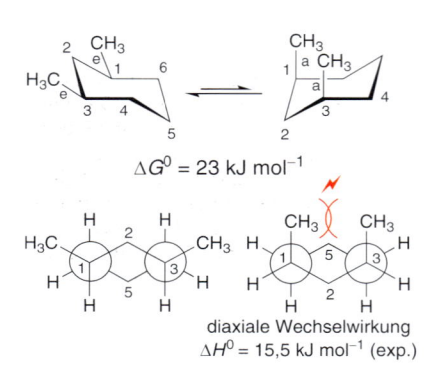

Fig. 2.59. Perspektivzeichnungen und Newman-*Projektionen des* cis-*1,3-Dimethylcyclohexans*

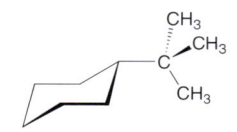

Fig. 2.60. Perspektivzeichnung des tert-*Butylcyclohexans*

Methyl-Gruppen in der Konformation, bei der beide axial stehen. Der experimentell bestimmte Wert dieser so genannten *diaxialen Wechselwirkung* beträgt $\Delta H^0 = 15{,}5$ kJ mol^{-1}. Sie stellt somit den entscheidenden Beitrag für die Bevorzugung der diäquatorialen Sessel-Konformation im thermodynamischen Gleichgewicht dar. *Tab. 2.13* fasst den vorstehend erläuterten Sachverhalt zusammen.

Ist das *van-der-Waals*-Volumen des Substituenten größer als bei der Methyl-Gruppe, so kann der Beitrag der diaxialen Wechselwirkung die 'Isolierbarkeitsgrenze' von 128 kJ mol^{-1} überschreiten (vgl. *Abschn. 1.12*). tert-Butylcyclohexan (*Fig. 2.60*) beispielsweise kommt nur in Konformationen vor, bei denen die tert-*Butyl*-Gruppe äquatorial steht. Dieser Umstand wird oft benutzt, um die Stereoselektivität chemischer Reaktionen bei Cyclohexan-Derivaten zu untersuchen.

Tab. 2.13. *Energiebeiträge der Methyl-Substituenten am Cyclohexan-Ring*

Substituent(en)	[kJ mol^{-1}]
pro axiale Methyl-Gruppe	$2 \times 3{,}7$
pro Paar benachbarter äquatorialer bzw. äquatorial/axialer Methyl-Gruppen	3,7
pro Paar *cis*-ständiger axialer Methyl-Gruppen	15,5

2.24. Polycyclische Alkane

Formal kann man sich die Bildung von Polycycloalkanen durch Verbrückung zweier gegenüberliegender Atome vorstellen, die Glieder einer ringförmigen C-Kette sind. Die Verbrückung kann entweder durch eine direkte kovalente Bindung, wodurch ein *anelliertes* (lat. *anellus*: Ringelchen) System entsteht, oder durch eine aus einem oder mehreren C-Atom(en) bestehende Gruppe erfolgen. Im erstgenannten Falle können die beiden daraus resultierenden Ringe *cis*- oder *trans*-verknüpft sein. Einige Beispiele sind in *Fig. 2.61* dargestellt. Die *trans*-Verknüpfung, die beim Hydrindan und größeren Bicycloalkanen energieärmer als die *cis*-Verknüpfung ist, ist bei anellierten Cyclopropan-Derivaten, welche weniger als neun C-Atomen enthalten, aus geometrischen Gründen nicht möglich. Die *trans*-Isomere von anellierten Cyclobutan-Derivaten, die weniger als acht C-Atome enthalten, sind ebenfalls bisher nicht synthetisiert worden.

Es ist zu beachten, dass die *cis*-Verknüpfung die konformative Beweglichkeit der Ringe nicht beeinträchtigt. Beim *cis*-Decalin beispielsweise stehen beide Konformere, die aus dem Austausch von axialen in äquatoriale Bindungen resultieren, im thermodynamischen Gleichgewicht (*Fig. 2.62*). Beim *trans*-Decalin dagegen müssen beide H-Atome an den 'Brückenköpfen' die axialen Positionen besetzen (*Fig. 2.63*). Wären sie äquatorial, so müsste einer der Ringe die

$\Delta H_f^0 = +217$ kJ mol^{-1}
Bicyclo[1.1.0]butan

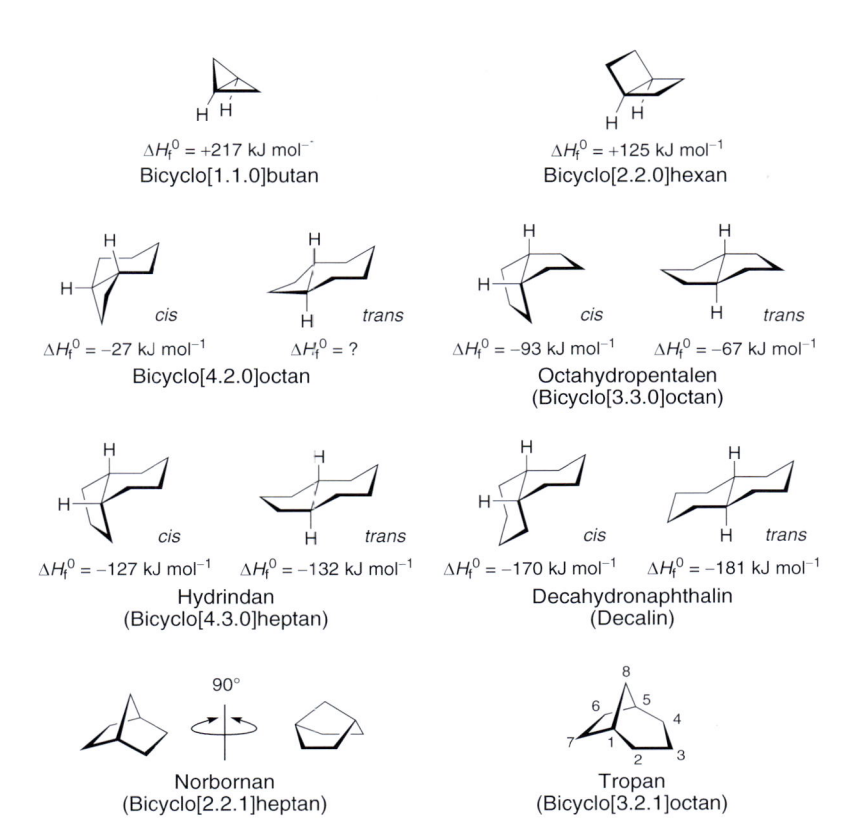

$\Delta H_f^0 = +125$ kJ mol^{-1}
Bicyclo[2.2.0]hexan

cis $\Delta H_f^0 = -27$ kJ mol^{-1}
trans $\Delta H_f^0 = $?
Bicyclo[4.2.0]octan

cis $\Delta H_f^0 = -93$ kJ mol^{-1}
trans $\Delta H_f^0 = -67$ kJ mol^{-1}
Octahydropentalen
(Bicyclo[3.3.0]octan)

cis $\Delta H_f^0 = -127$ kJ mol^{-1}
trans $\Delta H_f^0 = -132$ kJ mol^{-1}
Hydrindan
(Bicyclo[4.3.0]heptan)

cis $\Delta H_f^0 = -170$ kJ mol^{-1}
trans $\Delta H_f^0 = -181$ kJ mol^{-1}
Decahydronaphthalin
(Decalin)

Norbornan
(Bicyclo[2.2.1]heptan)

Tropan
(Bicyclo[3.2.1]octan)

Fig. 2.61. *Strukturen einiger Bicycloalkane*

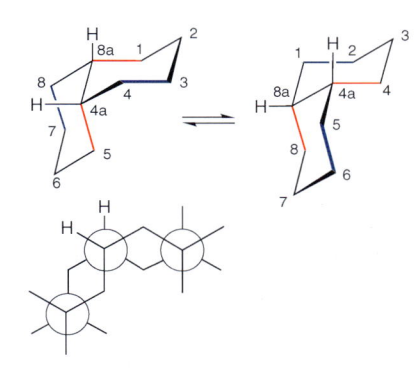

Fig. 2.62. *Perspektivzeichnungen und Newman-Projektionen des cis-Decalins* (cis-Decahydronaphthalin). Der Übersichtlichkeit halber ist die rechte Perspektivzeichnung in Bezug auf die linke um 60° gegen den Uhrzeigersinn gedreht. Man beachte, dass beide Konformationen enantiomorph zueinander sind.

axialen Positionen des anderen überbrücken, was erst bei Ringen von 8 oder mehr C-Atomen möglich ist.

Der kleineren Differenz der Bildungsenthalpien beider Hydrindan-Isomere zur Folge wird oft bei Cyclisierungsreaktionen, die zur Anellierung eines sechs- mit einem fünfgliedrigen Ring führen, die Bildung des *cis*-verknüpften Isomers wegen der größeren Flexibilität und somit des höheren Entropiegehaltes des Letzteren, der zu einem kleineren ΔG_f^0 führt, bevorzugt.

Sowohl *cis*- als auch *trans*-Decalin haben keine *Baeyer*-Spannung. Beim *cis*-Decalin kommen jedoch *gauche*-Wechselwirkungen zwischen den in *Fig. 2.62* rot gekennzeichneten Bindungen sowie je zwischen der rot und der blau gekennzeichneten Bindung, die nicht zum selben Ring gehört, vor. Setzt man zur Schätzung der Enthalpiedifferenz von beiden Isomeren den für Methylcyclohexane (*Abschn. 2.23*) verwendeten Wert von 3,7 kJ mol^{-1} der *gauche* Wechselwirkung zwischen (C–C)-Bindungen im Butan ein, so ergibt sich eine Differenz der Bildungsenthalpien von *cis*- und *trans*-Decalin von $3 \times 3,7 = 11,1$ kJ mol^{-1}, die mit dem experimentell bestimmten Wert ($\Delta H^0 = 11,3$ kJ mol^{-1}) ausgezeichnet übereinstimmt.

Decalin und *trans*-Hydrindan stellen Partialstrukturen des Grundgerüsts der Steroide dar (*Abschn. 5.28*).

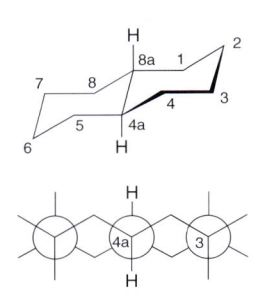

Fig. 2.63. *Perspektivzeichnung und Newman-Projektion des* trans-*Decalins* (trans-Decahydronaphthalin)

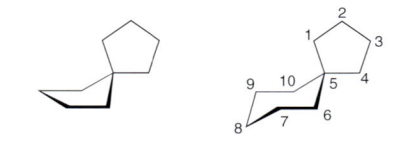

Struktur und Reaktivität der Biomoleküle

Spiro[4.4]nonan   Spiro[5.4]decan

Fig. 2.64. *Zwei Ringe mit nur einem gemeinsamen Atom bilden eine Spiro-Einheit.*

Bicyclische Alkane, bei denen ein einziges C-Atom Glied beider Ringe ist (*Fig. 2.64*), werden *Spirane* genannt (griech. σπεῖρα (*speíra*): Windung, Gewinde). Im Allgemeinen werden Molekülstrukturen, die sich durch Ersatz der C-Atome eines Spirans durch Heteroatome ableiten, auch als *Spiro-Verbindungen* bezeichnet.

2.25. Nomenklatur der Polycycloalkane

Der systematische Name polycyclischer Kohlenwasserstoffe besteht aus vier Teilen (s. *Fig. 2.61*): *1)* einem nummerischen Präfix (Bi-, Tri-, Tetra-, *etc.*), das die Anzahl vorhandener Ringe (d.h. wie viele Bindungen gebrochen werden müssen, um zu einer offenen C-Kette zu gelangen) angibt; *2)* der Bezeichnung *Cyclo-*; *3)* einer Reihe von drei oder mehr Zahlen in eckigen Klammern, die in der nummerischen Reihenfolge und durch *Punkte* voneinander getrennt die Längen der C-Ketten angeben, welche die Brückenköpfe verbinden und *4)* dem Namen des Kohlenwasserstoffs, welcher die *Gesamtzahl* der C-Atome im Molekül angibt. Man beachte, dass die arithmetische Summe der in eckigen Klammern angegebenen Zahlen gleich der Anzahl von C-Atomen *minus* 2 (den Brückenkopf-Atomen) des polycyclischen Kohlenwasserstoffs ist.

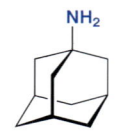

<small>Bei bicyclischen Systemen beginnt die Bezifferung der Formel bei einem Brückenkopf und geht durch die *längste* Brücke zum zweiten Brückenkopf und von dort durch die zweitlängste Brücke zum ersten Brückenkopf zurück. Von hier geht die Bezifferung weiter durch die drittlängste Brücke wieder zum zweiten Brückenkopf (s. *Fig. 2.61*).</small>

1-Adamantanamin
1-Aminotricyclo[3.3.1.1^{3,7}]decan

Fig. 2.65. *1-Aminoadamantan* (1-Adamantanamin) *zeigt antivirale Wirkung gegen RNA-Viren (insbesondere Influenza A2-Viren), indem es das Eindringen des Virus durch die Zellwand erschwert und die Freisetzung der RNA hemmt.*

<small>Die Bezifferung des bicyclischen Systems stellt die Grundlage für die Benennung von Polycycloalkanen mit mehr als zwei Ringen dar, welche durch weitere Verbrückung gegenüberliegender Atome gebildet werden können. Die Brückenlängen, die möglichst kurz sein sollen, werden in die eckigen Klammern einbezogen, wobei die miteinander verbrückten Positionen durch hochgestellte, möglichst niedrige Zahlen angegeben werden, die in nummerischer Reihenfolge und je durch ein *Komma* voneinander getrennt sind (*Fig. 2.65*). Direkte kovalente Bindungen zwischen Atomen (z.B. C(*m*) und C(*n*) des zugrunde liegenden bicyclischen Systems) werden mit $0^{m,n}$ angegeben (s. *Fig. 3.67*).</small>

Die systematische Benennung der Spiro-Verbindungen folgt weitgehend den vorstehend angegebenen Regeln: Die Anzahl der Glieder der einzelnen Ringe, außer dem gemeinsamen Atom (sog. *Spiro-Atom*), wird durch Zahlen angegeben, die in nummerischer Reihenfolge und getrennt durch Punkte zwischen dem Präfix *Spiro* und dem Namen des zugrunde liegenden Alkans in eckigen Klammern angeführt werden.

Die Nummerierung der Atome des Spiro-Moleküls weicht dagegen von den Regeln ab, die für Polycycloalkane gültig sind: sie beginnt nämlich in unmittelbarer Nachbarschaft zum Spiro-Atom und wird entlang der Atome des kleineren Ringes (wenn die Größe beider Ringe verschieden ist) fortgesetzt. Dann werden das Spiro-

Atom und anschließend die Atome des größeren Ringes nummeriert (s. *Fig. 2.64*).

Einige anellierte Bicyclen werden jedoch nicht gemäß den vorstehenden Regeln benannt, sondern unter Bezugnahme auf die Trivialnamen der entsprechenden ungesättigten Kohlenwasserstoffe: z.B. Decahydronaphthalin (Decalin) aus Naphthalin, usw. In diesen Fällen beginnt die Nummerierung nicht an einem beliebigen Brückenkopf, sondern entsprechend den für kondensierte aromatische Kohlenwasserstoffe geltenden Regeln (*Abschn. 4.2*).

Weiterführende Literatur

A. C. Rosenzweig, S. J. Lippard, 'Structure and biochemistry of methane monooxygenase', *Transition Met. Microb. Metab.* **1997**, 257–279.

R. S. Cahn, C. Ingold, V. Prelog, 'Spezifikation der molekularen Chiralität', *Angew. Chem.* **1966**, *78*, 413–447; *Angew. Chem., Int. Ed.* **1966**, *5*, 747–748.

V. Prelog, G. Helmchen, 'Pseudoasymmetrie in der organischen Chemie', *Helv. Chim. Acta* **1972**, *55*, 2581–2598.

C. Reichardt, 'Optische Aktivität und Molekülsymmetrie', *Chemie in unserer Zeit* **1970**, *4*, 188–193.

G. Snatzke, 'Circulardichroismus und optische Rotationsdispersion – Grundlagen und Anwendung auf die Untersuchung der Stereochemie von Naturstoffen', *Angew. Chem.* **1968**, *80*, 15–26; *Angew. Chem., Int. Ed.* **1968**, *7*, 14–25.

H.-J. Federsel, 'Chirale Arzneimittel', *Chemie in unserer Zeit* **1993**, *27*, 78–87.

Übungsaufgaben

1. Methan (Schmp. $-182{,}5\,°C$) als erstes Glied der homologen Reihe der Alkane schmilzt ungefähr bei derselben Temperatur wie Ethan (Schmp. $-183{,}3\,°C$), obwohl Letzteres eine gerade Zahl von C-Atomen enthält (*Fig. 2.1*). Erklären Sie diese Anomalie.

2. Geben Sie anhand der Daten in *Fig. 2.1* die ungefähre Anzahl von C-Atomen der unverzweigten Alkane an, die in den verschiedenen Fraktionen der Erdölrektifikation (Benzin, Ligroin, Kerosin und Dieselöl) enthalten sind.

3. Warum würde sich Bicyclo[1.1.0]butan (s. *Fig. 2.61*) als Treibstoff besser eignen als jeder andere Kohlenwasserstoff mit der gleichen Anzahl von C- und H-Atomen?

4. Die thermodynamischen Parameter der Synthesegas-Reaktion: $CO + H_2O \rightarrow CO_2 + H_2$ betragen in der Gasphase: $\Delta H^0 = -41{,}2$ kJ mol^{-1}, $\Delta S^0 = -42{,}6$ J mol^{-1} K und $\Delta G^0 = -28{,}5$ kJ mol^{-1}. Berechnen Sie anhand der Verdampfungsenthalpie und -entropie des Wassers ($\Delta H^0_{vap} = 44{,}01$ kJ mol^{-1} bzw. $\Delta S^0_{vap} = 118{,}8$ J mol^{-1}) die entsprechenden Werte für die enzymatisch katalysierte Reaktion, die mit flüssigem Wasser statt Wasserdampf stattfindet.

5. Die katalytische Hydrierung von Cyclopropan führt zu Propan, wobei 158 kJ mol^{-1} freigesetzt werden. Berechnen Sie anhand der experimentell bestimmten Dissoziationsenergie der (C–H)-Bindung des Cyclopropans (446 kJ mol^{-1}) dessen (C–C)-Bindungsenergie. Verwenden Sie für Propan die im *Abschn. 2.12* angegebenen Werte der (C–H)- und (C–C)-Bindungsenergien.

6. Berechnen Sie die prozentuale Zusammensetzung von Kohlenstoff und Wasserstoff in einem Kohlenwasserstoff der Bruttoformel $C_{30}H_{62}$. Könnte man dieses Alkan von den nächsten Homologen ($C_{29}H_{60}$ und $C_{31}H_{64}$) aufgrund ihrer Verbrennungsanalyse unterscheiden?

7. Sind nachstehende Aussagen richtig oder falsch?
   a) Eine achirale Konformation mit einer Symmetrieachse muss auch eine Symmetrieebene haben.
   b) Eine achirale Konformation mit einer Symmetrieebene muss auch eine Symmetrieachse haben.
   c) Die Anwesenheit einer Symmetrieebene ist eine hinreichende aber keine notwendige Bedingung für Spiegelsymmetrie.

8. Die Strukturen folgender Verbindungen sollen angegeben werden:
   a) C_5H_{10} (optisch aktiv)
   b) C_6H_{12} (zwei achirale Stereoisomere) und C_6H_{12} (optisch aktiv)

9. Spezifizieren Sie die absoluten Konfigurationen nach der *Cahn–Ingold–Prelog*-Konvention aller chiralen C-Atome des Cholesterols (s. *Fig. 3.10*). Wie viele Stereoisomere sind von dieser Verbindung möglich? Zeichnen Sie die Perspektivformel des dem Naturstoff entsprechenden Enantiomers (*ent*-Cholesterol).

10. Die optische Drehung einer optisch aktiven Verbindung wurde in Toluol-Lösung bei verschiedenen Konzentrationen in einem 2 dm langen Rohr gemessen. Die optische Drehung einer 2%-igen Lösung betrug +20°, die einer 4%-igen +40°, während die Drehung einer 5%-igen Lösung −40° statt der erwarteten +50° war. Wie lässt sich diese Beobachtung erklären?

11. In 100 ml Wasser sind 15 g einer Probe enthalten, die aus 40% D-Weinsäure ($[\alpha]_D = -12,7$), 23% L-Weinsäure und 37% *meso*-Weinsäure besteht. Wie hoch ist die optische Drehung dieser Lösung, wenn sie in einer 10 cm langen Polarimeterröhre gemessen wird?

12. Zu welchen Symmetriegruppen (s. *Abschn. 1.13*) gehören nachstehende Moleküle?
   a) Ethan (in der gestaffelten Konformation)
   b) Ethan (in der ekliptischen Konformation)
   c) Cyclohexan (in der Sessel-Konformation)
   d) Cyclohexan (in der Twist-Konformation)

3. Ungesättigte Kohlenwasserstoffe

3.1. Alkene

Die klassenbestimmende funktionelle Gruppe der *Alkene* oder *Olefine* ist die (C=C)-Bindung, deren charakteristische Parameter in *Tab. 3.1* zusammengefasst sind.

Tab. 3.1. *Charakteristische Parameter der (C=C)-Bindung*

Bindungslänge:	134 pm
(C=C)-Bindungsenergie:	596 kJ mol^{-1}
Rotationsbarriere:	*ca.* 260 kJ mol^{-1}

Die Nomenklatur der Alkene folgt den in *Fig. 2.3* gegebenen Grundregeln für die Benennung der Alkane, indem die Endung *-an* durch *-en* ersetzt wird. Die Position der Mehrfachbindung in der C-Kette wird durch den kleineren der beiden Lokanten der durch die (C=C)-Bindung miteinander verbundenen C-Atome angegeben und der Endung *-en* vorangestellt. Zur Benennung ungesättigter Radikale wird die Endung *-en* mit dem Suffix *-yl* ergänzt. Ist der Rest (Radikal) *über* die Doppelbindung mit der Hauptkette des Moleküls verbunden, wird die Endung *-yl* durch *-yliden* ersetzt (z.B. Methyliden (H$_2$C=), Ethyliden (H$_3$C–CH=) usw.).

Die Regeln der systematischen Nomenklatur lassen für die Gruppe H$_2$C= auch die Bezeichnung *Methylen* zu. In Analogie zur Gruppe Ethan-1,2-diyl (–CH$_2$–CH$_2$–), die *Ethylen* genannt wird, sollte jedoch der Name *Methylen* als Synonym von Methandiyl (–CH$_2$–) nur dann verwendet werden, wenn es sich um Brücken *zwischen* zwei Atomen handelt.

Die in *Tab. 3.2* aufgeführten Trivialnamen einiger von Alkenen abgeleiteter Reste kommen oft in der Literatur vor. Sie werden jedoch in der modernen systematischen Nomenklatur nicht mehr verwendet.

3.2. Ethylen

Der einfachste Vertreter der Alkene ist das *Ethylen* (H$_2$C=CH$_2$). Seine Bildung aus zwei Methylen-Molekülen (s. *Abschn. 1.12*), die nicht nur eine wichtige Rolle für seine Synthese im interstellaren

- 3.1. Alkene
- 3.2. Ethylen
- 3.3. π-Konformere: (*Z/E*)-Isomerie
- 3.4. Reaktivität der Alkene
- 3.5. Die katalytische Hydrierung
- 3.6. Stereoselektivität der katalytischen Hydrierung
- 3.7. Stereospezifität
- 3.8. Die elektrophile Addition
- 3.9. Regioselektivität der elektrophilen Addition: Die *Markownikow*-Regel
- 3.10. Prochiralität
- 3.11. Polymerisation
- 3.12. Konjugierte Alkene
- 3.13. Mesomerie
- 3.14. Resonanz-Energie
- 3.15. 1,4-Addition
- 3.16. *Diels–Alder*-Reaktion
- 3.17. Die allylische Bindung
- 3.18. Sigmatrope Umlagerungen
- 3.19. Terpene
- 3.20. Signalstoffe
- 3.21. Farbstoffe
- 3.22. Carotinoide
- 3.23. Reaktivität photochemisch angeregter Moleküle
- 3.24. Elektrocyclische Reaktionen
- 3.25. Autoxidation
- 3.26. Cycloalkene
- 3.27. Allene und Alkine

Tab. 3.2. *Trivial- und systematische Namen einiger ungesättigter Radikale*

Trivialname	systematischer Name	Formel
Vinyl[a]	Ethenyl	$H_2C=CH-$
Allyl[b]	Prop-2-enyl	$H_2C=CH-CH_2-$
Isopropenyl	1-Methylethenyl	$H_2C=C(CH_3)-$
Crotyl[c]	(E)-But-2-enyl	$H_3C-CH=CH-CH_2-$
Prenyl[d]	3-Methylbut-2-enyl	$(CH_3)_2C=CH-CH_2-$

[a]) Aus dem lat. *vinum*: Wein. Formal wird die Ethenyl-Gruppe vom Vinyl-alkohol abgeleitet. Letzterer ist ein Tautomer des Acetaldehyds (s. *Abschn. 8.16*), welcher ein Oxidationsprodukt des Ethanols (Weingeist) ist. [b]) Der Trivialname *Allyl* für das Prop-2-enyl-Radikal ist auf die Struktur der geruchgebenden Komponenten der ätherischen Öle von Liliengewächsen der Gattung *Allium* (Lauch) zurückzuführen (*Abschn. 6.2*). [c]) Aus dem Samenöl des Purgierbaumes (*Croton tiglium*), eines in Ostasien beheimateten Wolfsmilchgewächses (Euphorbiaceae), wird *Crotonsäure* ((E)-But-2-ensäure) isoliert. [d]) *Isopren* stellt das charakteristische Strukturelement der Terpenoide dar (*Abschn. 3.19*).

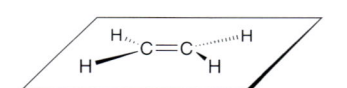

Fig. 3.1. *Ethylen*

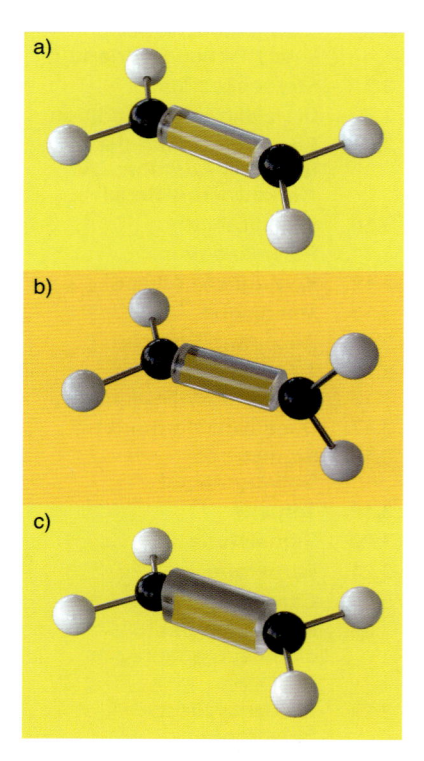

Fig. 3.2. *Im Gegensatz zur Einfach- oder Dreifachbindungen (Abschn 3.27), die je eine* Hückel-*Zahl (Abschn. 4.1) von Elektronen enthalten, bestehen kovalente Doppelbindungen aus vier Elektronen, die in einer rotationssymmetrischen (zylindrischen) Anordnung (a und b) keine geschlossene Elektronenkonfiguration bilden. Sie ist jedoch in einer weniger symmetrischen Anordnung (c) möglich.*

Raum spielt, sondern auch einen möglichen Weg zu seiner Entstehung unter präbiotischen Bedingungen darstellt, ist stark exotherm:

$$2 \times :CH_2 \rightarrow H_2C=CH_2 \ (\Delta H^0 = -720 \text{ kJ mol}^{-1})$$

Ethylen ist ein Pflanzenhormon (*Abschn. 7.4*). Es beschleunigt Fruchtreifung, Blatt- und Fruchtabfall sowie das Altern der Pflanzen. Exogen angewandtes Ethylen bewirkt ebenfalls schnelleres Reifen und Ausfärben von Früchten. Darauf beruht die Verwendung von Ethylen zur künstlichen Ausreifung von grün geernteten Früchten (Bananen, Orangen, Zitronen u. a.).

Das Ethylen-Molekül setzt sich aus sechs Atomen (zwei C- und vier H-Atomen) zusammen (*Fig. 3.1*). Die Gesamtzahl der Bindungselektronen ist somit 12, von denen 8 in den vier (C−H)-Bindungen lokalisiert sind. Die Bindung zwischen den beiden C-Atomen des Ethylens, die als *Doppelbindung* bezeichnet wird, enthält somit vier Elektronen.

Prinzipiell kann das Ethylen-Molekül in zwei Extremkonformationen vorkommen (vgl. *Abschn. 2.19*): Bei der einen befinden sich alle sechs Atome des Moleküls in einer Ebene (ekliptische Konformation; *Fig. 3.2,a*), bei der anderen stehen die jeweils durch ein C-Atom und die zwei daran gebundenen H-Atome definierten Ebenen senkrecht zueinander (gestaffelte Konformation; *Fig. 3.2,b*). Letztere weist die kleinere *Pitzer*-Spannung auf. Experimentell lässt sich jedoch beweisen, dass Ethylen im thermodynamischen Gleichgewicht ausschließlich in der planaren Konformation vorkommt (s. aber *Abschn. 3.21*). Die (H−C−H)- und (H−C−C)-Bindungswinkel sind jedoch nicht gleich; sie betragen 117,6° bzw. 121,2°. Im Gegensatz zu Ethan ist die Energiedifferenz zwischen beiden Konformationen sehr hoch; sie beträgt *ca.* 260 kJ mol^{-1}. Die einleuchtendste Erklärung dafür bietet die LCAO (lineare Kombination von Atomorbitalen) Methode im Rahmen der elementaren quantenmechanischen Theorie der kovalenten Bindung. Wir wollen jedoch die Planarität der (C=C)-Bindung als experimentelle Tatsache hinnehmen und die stereochemischen Konsequenzen für die Struktur und Reaktivität der Alkene daraus ableiten.

Aus der hohen Rotationsbarriere der (C=C)-Bindung lässt sich folgern, dass die Elektronendichteverteilung um die Achse der Doppelbindung nicht rotationssymmetrisch ist (*Fig. 3.2,c*). Bei der am häufigsten verwendeten Modellvorstellung werden die vier Elektronen der (C=C)-Bindung formal in zwei Paare nach dem *Pauli*-Prinzip* (d. h. mit antiparallelen Spins) aufgeteilt: ein Elektronenpaar bildet eine σ-Bindung zwischen den Atomen, das andere Elektronenpaar eine so genannte π-Bindung.

Während die Elektronen der σ-Bindung eine rotationssymmetrische Anordnung in Bezug auf die Bindungsachse (wie im Falle des Ethans) aufweisen, resultiert die π-Bindung aus der Wechselwirkung zweier Elektronen, deren Aufenthaltswahrscheinlichkeit oberhalb und unterhalb der Molekülebene am größten ist. Die Drehung um die (C=C)-Bindung bedeutet somit eine vorübergehende Aufhebung der Wechselwirkung zwischen den π-Elektronen.

Aus der Verbrennungswärme des Ethylens:

$$C_2H_4 + 3\,O_2 \rightarrow 2\,CO_2 + 2\,H_2O(\text{fl.}) \quad (\Delta H_c^0 = -1410 \text{ kJ mol}^{-1})$$

lässt sich nach dem in *Abschn. 2.10* beschriebenen Verfahren die Bildungsenthalpie des Moleküls kalorimetrisch bestimmen (*Fig. 3.3*):

$$\Delta H_f^0(C_2H_4) = 1410 - (2 \times 393 + 2 \times 286) = +52 \text{ kJ mol}^{-1}$$

Die entsprechende Atomisierungsenergie beträgt somit:

$$\Delta H_{at}^0(C_2H_4) = -52 + (2 \times 718 + 2 \times 436) = +2256 \text{ kJ mol}^{-1}$$

Nimmt man an, dass die Bindungsenergie der (C–H)-Bindungen im Ethylen die gleiche ist wie im Methan (und Ethan), lässt sich die Energie der (C=C)-Bindung annähernd berechnen:

$$2256 - 4 \times 415 = \mathbf{+596 \text{ kJ mol}^{-1}}$$

Die aus der Bildungsenthalpie des Methylens (:CH$_2$) ermittelte Dissoziationsenergie der (C=C)-Bindung des Ethylens (720 kJ mol^{-1}) zeigt jedoch, dass die durchschnittliche Bindungsenergie der (C–H)-Bindungen im Ethylen mit 415 kJ mol^{-1} erheblich überschätzt wird (vgl. *Abschn. 2.12*).

Vergleicht man nun die Bindungsenergie der (C=C)-Bindung des Ethylens mit derjenigen der (C–C)-Bindung des Ethans, so stellt man fest, dass die Bindungsenergie einer (C=C)-Bindung nicht das doppelte der (C–C)-Bindung (2 × 340 kJ mol^{-1}) ausmacht. Unter der Voraussetzung, dass die σ-Komponente der (C=C)-Bindung ebenso stark wie die (C–C)-Bindung im Ethan ist, resultiert für die Energie der π-Bindung:

> Zwei durch eine Doppelbindung verknüpfte C-Atome sowie die vier an sie gebundenen Atome liegen **in einer Ebene**.

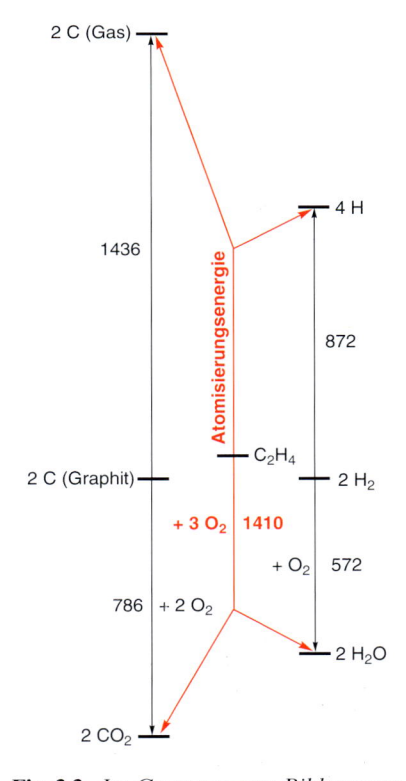

Fig. 3.3. Im Gegensatz zur Bildung von Ethan ist die Bildung von Ethylen aus den konstituierenden Elementen ein endothermer Prozess (schematisch; Werte in kJ mol^{-1}).

$$596 - 340 = \mathbf{256 \text{ kJ mol}^{-1}}$$

In der Terminologie der Theorie der Molekülorbitale bedeutet dies, dass die π-Elektronen ein höheres Energieniveau als die σ-Elektronen einnehmen und somit leichter 'verfügbar' für chemische Reaktionen sind.

3.3. π-Konformere: (Z/E)-Isomerie

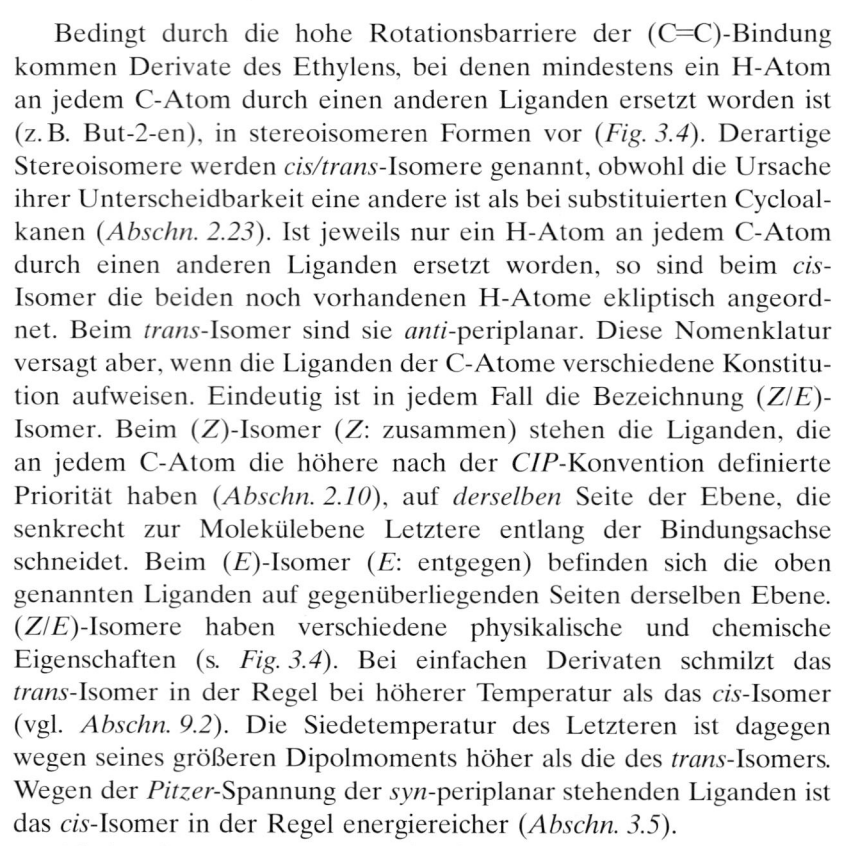

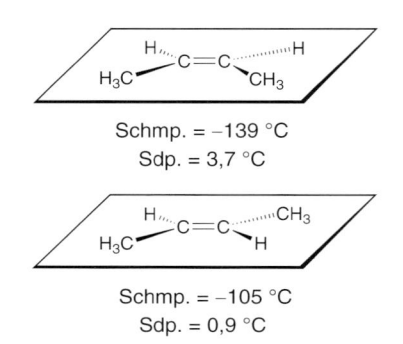

Schmp. = –139 °C
Sdp. = 3,7 °C

Schmp. = –105 °C
Sdp. = 0,9 °C

Fig. 3.4. *(Z)- und (E)-But-2-en*

Bedingt durch die hohe Rotationsbarriere der (C=C)-Bindung kommen Derivate des Ethylens, bei denen mindestens ein H-Atom an jedem C-Atom durch einen anderen Liganden ersetzt worden ist (z. B. But-2-en), in stereoisomeren Formen vor (*Fig. 3.4*). Derartige Stereoisomere werden *cis/trans*-Isomere genannt, obwohl die Ursache ihrer Unterscheidbarkeit eine andere ist als bei substituierten Cycloalkanen (*Abschn. 2.23*). Ist jeweils nur ein H-Atom an jedem C-Atom durch einen anderen Liganden ersetzt worden, so sind beim *cis*-Isomer die beiden noch vorhandenen H-Atome ekliptisch angeordnet. Beim *trans*-Isomer sind sie *anti*-periplanar. Diese Nomenklatur versagt aber, wenn die Liganden der C-Atome verschiedene Konstitution aufweisen. Eindeutig ist in jedem Fall die Bezeichnung (*Z/E*)-Isomer. Beim (*Z*)-Isomer (*Z*: zusammen) stehen die Liganden, die an jedem C-Atom die höhere nach der *CIP*-Konvention definierte Priorität haben (*Abschn. 2.10*), auf *derselben* Seite der Ebene, die senkrecht zur Molekülebene Letztere entlang der Bindungsachse schneidet. Beim (*E*)-Isomer (*E*: entgegen) befinden sich die oben genannten Liganden auf gegenüberliegenden Seiten derselben Ebene. (*Z/E*)-Isomere haben verschiedene physikalische und chemische Eigenschaften (s. *Fig. 3.4*). Bei einfachen Derivaten schmilzt das *trans*-Isomer in der Regel bei höherer Temperatur als das *cis*-Isomer (vgl. *Abschn. 9.2*). Die Siedetemperatur des Letzteren ist dagegen wegen seines größeren Dipolmoments höher als die des *trans*-Isomers. Wegen der *Pitzer*-Spannung der *syn*-periplanar stehenden Liganden ist das *cis*-Isomer in der Regel energiereicher (*Abschn. 3.5*).

Wie bereits erwähnt, können (*Z/E*)-Isomere bei Raumtemperatur voneinander getrennt werden. Formal stellt die Drehung um die (C=C)-Bindung die (momentane) Aufhebung der π-Bindung dar, so dass der in *Tab. 3.1* angegebene Betrag von *ca.* 260 kJ mol^{-1} der dafür benötigten Energie gleicht. Eine vorübergehende Aufhebung der π-Komponente der (C=C)-Bindung findet dagegen unter Zufuhr elektromagnetischer Energie (Licht) statt (*Abschn. 3.21*).

3.4. Reaktivität der Alkene

Drei Reaktionstypen sind charakteristisch für die Alkene:
- katalytische Hydrierung
- elektrophile Addition
- Cycloaddition

3.5. Die katalytische Hydrierung

In Gegenwart eines Katalysators (Platin, Nickel, Palladium u. a.) findet die Addition eines H_2-Moleküls an die (C=C)-Bindung statt. Das Reaktionsprodukt ist das entsprechende Alkan.

Die Umwandlung eines Alkens in das entsprechende Alkan ist im Allgemeinen ein exothermer Prozess, bei dem die *Hydrierungswärme* freigesetzt wird. Ihr Wert lässt sich anhand von Bindungsenergien leicht berechnen; sie beträgt z. B. für das Ethylen:

*Die Anlagerung von Wasserstoff an chemische Verbindungen wird **Hydrierung** genannt.*

$$H_2C=CH_2 + H_2 \rightarrow H_3C-CH_3$$

Thermodynamischer Prozess	$-\Delta H^0$ [kJ mol^{-1}]
Aufhebung der π-Bindung:	-256
Dissoziation des H_2-Moleküls:	-436
Knüpfung von (C–H)-Bindungen:	$+(2 \times 415)$
Hydrierungswärme ($-\Delta H^0_{hydr.}$):	138

Die so errechnete Hydrierungswärme stimmt sowohl mit dem experimentell bestimmten Wert als auch mit der Differenz der Bildungsenthalpien des Ethylens ($\Delta H^0_f = +52,5$ kJ mol^{-1}) und des Ethans ($\Delta H^0_f = -83,8$ kJ mol^{-1}) sehr gut überein.

Da die Bildungsenthalpie der Elemente aus den entsprechenden Atomen unter den so genannten Standardbedingungen (Atmosphärendruck und Raumtemperatur (298,15 K)) definitionsgemäß gleich null gesetzt wird (*Abschn. 1.5*), ist die Hydrierungswärme eines Alkens gleich der *Differenz* der Bildungsenthalpien des Alkens und des entsprechenden Alkans.

Darum stellt die katalytische Hydrierung von ungesättigten Kohlenwasserstoffen nicht nur eine wichtige Reaktion in der organischen Synthese, sondern auch eine einfache Methode zur Bestimmung der relativen Energiegehalte regioisomerer Alkene dar. Beispielsweise erhält man bei der katalytischen Hydrierung von But-1-en sowie (*E*)- und (*Z*)-But-2-en *dasselbe* Produkt (Butan). Die kalorimetrisch bestimmten Hydrierungswärmen sind aber verschieden, woraus die relativen Energiegehalte der drei Moleküle bestimmt werden können (*Fig. 3.5*). Selbstverständlich gelangt man zum selben Ergebnis, wenn man die Bildungsenthalpien der drei Kohlenwasserstoffe durch Verbrennung bestimmt. Die Differenz der Energiegehalte von (*E*)- und (*Z*)-But-2-en ist in der *Pitzer*-Spannung zwischen den CH_3-Gruppen beim Letzteren begründet. Warum aber ist But-1-en energiereicher als die beiden But-2-ene?

Es gibt mehrere mehr oder weniger einleuchtende Erklärungen für diesen Befund. Die einfachste von ihnen ergibt sich aus der Tatsache, dass vinylische (C–C)-Bindungen, d.h. jene zu doppelt gebundenen C-Atomen, um *ca.* 50 kJ mol^{-1} stärker sind als entsprechende

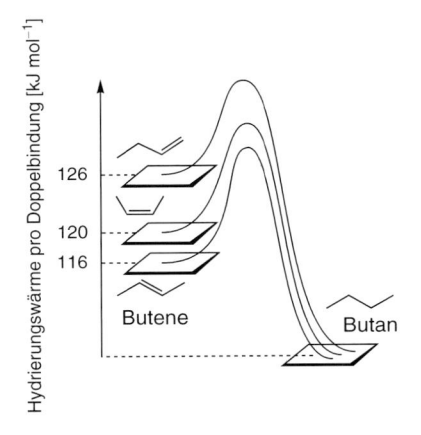

Fig. 3.5. *Relative Energiegehalte der Buten-Isomere* (in kJ mol^{-1})

$\Delta H_f^0 =$ +20,0   −7,1   −11,4   −16,9   −41,8   −68,2

Fig. 3.6. *Reihenfolge der Energiegehalte alkyl-substituierter Alkene* (in kJ mol^{-1} für R = CH$_3$)

kovalente Bindungen zwischen tetragonalen C-Atomen in Alkanen (z. B. 406 kJ mol^{-1} in Propen gegenüber 356 kJ mol^{-1} in Propan), während die Differenz der Bindungsdissoziationsenergien von (C−H)-Bindungen mit trigonalen und gesättigten C-Atomen nur halb so groß ist (z. B. 435 kJ mol^{-1} in Ethylen gegenüber 410 kJ mol^{-1} in Ethan). Da die Atomisierungsenergie des Moleküls aus der Summe der Beiträge der Dissoziationsenergien der einzelnen Bindungen resultiert (*Abschn. 1.5*) nimmt der Energiegehalt eines Alkens um so mehr ab, je höher substituiert seine (C=C)-Bindung ist (*Fig. 3.6*).

Die höhere Dissoziationsenergie vinylischer (C−C)-Bindungen resultiert aus den verschiedenen Elektronegativitäten trigonaler und tetragonaler C-Atome (*Abschn. 1.6*), die letztlich mit der höheren Oxidationszahl (*Abschn. 5.10*) der Letzteren begründet ist. Bei (C−H)-Bindungen macht sich dieser Unterschied wegen ihrer geringeren Polarisierbarkeit gegenüber (C−C)-Bindungen (*Abschn. 1.6*) weniger bemerkbar.

Prinzipiell ist die Hydrierung von (C=C)-Bindungen eine reversible Reaktion. Da aber die freigesetzte Hydrierungswärme relativ hoch ist, findet die Dehydrierung eines Alkans bei Raumtemperatur auch in Gegenwart von Katalysatoren, welche die Aktivierungsenthalpie der Reaktion herabsetzen (*Abschn. 1.11*), nur sehr langsam statt.

Dennoch vermögen einige Enzyme, (C=C)-Bindungen zwischen ursprünglich gesättigte C-Atome einzuführen und zwar nicht nur in unmittelbarer Nachbarschaft elektronenziehender (meist Carboxylat-) Gruppen (*Abschn. 3.7* und *9.23*), sondern auch an chemisch nicht 'aktivierten' Positionen (*Abschn. 9.4*).

3.6. Stereoselektivität der katalytischen Hydrierung

Die Addition von zwei Liganden an eine Mehrfachbindung kann prinzipiell auf drei verschiedenen Wegen erfolgen:

1) *syn*-stereoselektiv
2) *anti*-stereoselektiv
3) nicht stereoselektiv

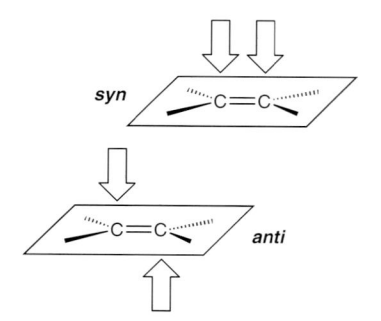

Fig. 3.7. *Stereoselektivität der Addition an die (C=C)-Bindung*

Die zwei ersten Möglichkeiten sind in *Fig. 3.7* schematisch dargestellt. Werden Produkte sowohl der *syn*- als auch der *anti*-Addition bei derselben *kinetisch kontrollierten* Reaktion gebildet, so ist der Prozess nicht stereoselektiv.

Die Stereoselektivität einer Reaktion beschreibt somit, *wie* die Reaktion aus stereochemischer Sicht stattfindet, und sie ist unabhängig von der Struktur des Substrats. Dennoch kann die Stereoselektivität einer Reaktion nur dann experimentell nachgewiesen werden, wenn das Substrat in stereoisomeren Strukturen vorkommt, aus deren Struktur die Geometrie des Übergangskomplexes der Reaktion abgeleitet werden kann. Demzufolge können stereoselektive Reaktionen je nach Struktur des Substrats sowohl *diastereoselektiv* als auch *enantioselektiv* sein. Mehrstufige Reaktionen sind selten stereoselektiv. Im Falle katalytischer oder enzymatischer Reaktionen, bei denen mehrere Reaktionszentren des Substrats involviert sind, ist jedoch ein einstufiger Verlauf keine notwendige Bedingung für deren Stereoselektivität.

Die katalytische Hydrierung von Alkenen ist ein typisches Beispiel einer *syn*-stereoselektiven Addition. So erhält man durch Hydrierung von 1,2-Dimethylcyclohexen *cis*-1,2-Dimethylcyclohexan als Hauptprodukt (84%) und nicht das *trans*-Isomer (*Abschn. 2.23*); die Reaktion ist somit diastereoselektiv. Die bevorzugte Bildung des *cis*-Isomers ist ferner ein Beweis dafür, dass die Addition der beiden H-Atome von *derselben* Seite der (C=C)-Bindung des vermutlich auf der Katalysator-Oberfläche adsorbierten Substrats stattgefunden hat (*Fig. 3.8*). Allerdings ist diese Schlussfolgerung nur dann richtig, wenn keiner der Liganden der trigonalen C-Atome ein H-Atom ist, denn es wäre nicht möglich, zwischen den bereits im Substrat vorhandenen H-Atomen und denjenigen, die aus dem für die Hydrierung verwendeten Wasserstoff stammen, zu unterscheiden.

Eine Möglichkeit, die Stereoselektivität von Reaktionen zu untersuchen, bei denen sowohl im Substrat als auch im Reagenz gleiche Atome vorhanden sind, besteht jedoch darin, Isotope des betreffenden Elements zu verwenden. Hauptsächlich bei der Untersuchung der Stereoselektivität enzymatischer Reaktionen wird diese Methode oft angewandt, wobei der Umstand, dass es zwei stabile Isotope des Wasserstoffs, nämlich ^{1}H und ^{2}H (Deuterium) sowie das langlebige (Halbwertszeit des β-Zerfalls: 12,26 Jahre) radioaktive Isotop ^{3}H (Tritium) gibt, besonders vorteilhaft ist. In stereochemischer Hinsicht besteht der Vorteil dieser Methodik darin, dass asymmetrische C-Atome unter minimaler Veränderung der gewünschten Molekülstruktur erzeugt werden können. Da Isotope dieselbe Ordnungszahl im Periodensystem haben, wird in der *CIP*-Konvention für die Zuordnung der absoluten Konfiguration derartiger Chiralitätszentren die Prioritätsreihenfolge der entsprechenden Liganden aufgrund ihrer Atomgewichte festgelegt.

Wird beispielsweise Deuterium (^{2}H$_2$ = D$_2$) statt Wasserstoff (^{1}H$_2$) für die Hydrierung der (C=C)-Bindung des (*Z*)-But-2-ens verwendet, so enthält das gebildete [2,3-^{2}H$_2$]Butan zwei asymmetrische C-Atome *entgegengesetzter* Konfiguration, ein Beweis dafür, dass die katalyti-

> Eine chemische Reaktion ist **stereoselektiv**, wenn von mehreren möglichen stereoisomeren Reaktionsprodukten bevorzugt eines gebildet wird.

> Eine chemische Reaktion ist **diastereoselektiv**, wenn von mehreren möglichen diastereoisomeren Reaktionsprodukten bevorzugt eines gebildet wird.

> Eine chemische Reaktion ist **enantioselektiv**, wenn von zwei möglichen enantiomeren Reaktionsprodukten bevorzugt eines gebildet wird.

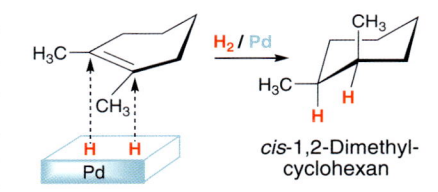

Fig. 3.8. *Stereoselektive katalytische Hydrierung des 1,2-Dimethylcyclohexens*

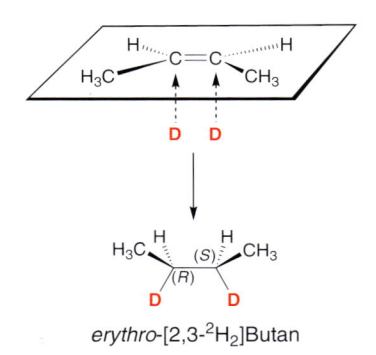

Fig. 3.9. syn-*Stereoselektive Addition von* $^2H_2$ *an (Z)-But-2-en*

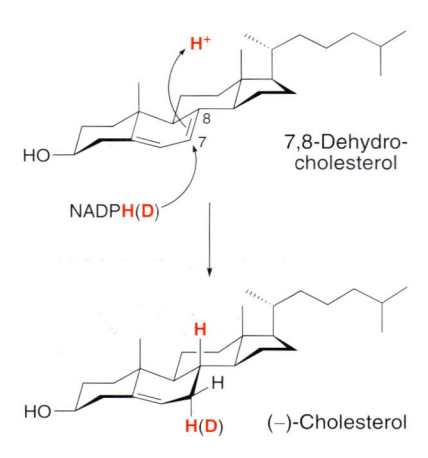

Fig. 3.10. *Enzymatische,* anti-*stereoselektive Hydrierung des 7,8-Dehydrocholesterols*

sche Hydrierung auch in diesem Fall *syn*-stereoselektiv stattgefunden hat (*Fig. 3.9*).

Enzymatische Additionen von Wasserstoff an (C=C)-Bindungen sind dagegen mit wenigen Ausnahmen – z. B. die Hydrierung von *Desmosterol* zu *Cholesterol* (*Abschn. 5.28*) – *anti*-stereoselektiv. Die unterschiedliche Stereoselektivität der enzymatischen H$_2$-Anlagerung und der katalytischen Hydrierung ist in den Mechanismen beider Reaktionen begründet. Bei der katalytischen Hydrierung findet vermutlich Übertragung von *zwei H-Atomen* zum auf der Katalysator-Oberfläche adsorbierten Substrat statt (*Fig. 3.8*). Dagegen wird bei der enzymatisch katalysierten Hydrierung von (C=C)-Bindungen, auf die keine elektronenziehende funktionelle Gruppe einwirkt (*Abschn. 8.21*), zuerst durch Addition eines *Protons* ein Carbenium-Ion gebildet (*Abschn. 3.8*), das anschließend mit einem aus dem Coenzym (meist NADPH) stammenden *Hydrid-Ion* (H:⁻) reagiert (s. *Abschn. 10.10*).

Ein Beispiel für die letztgenannte Reaktion stellt die als letzter Schritt der Biosynthese des Cholesterols stattfindende Hydrierung der (C(7)=C(8))-Bindung des 7,8-Dehydrocholesterols dar. Die Struktur des Produktes beweist, dass das H-Atom, welches an das C(8)-Atom gebunden ist, von der 'oberen Seite' (sog. β-Seite) des in *Fig. 3.10* dargestellten 7,8-Dehydrocholesterol-Moleküls angelagert worden ist. Da im Produkt das C(7)-Atom an zwei H-Atome gebunden ist, lässt sich die Stereoselektivität der enzymatischen Reaktion nur unter Verwendung eines Wasserstoff-Isotops feststellen. Wird somit die Reaktion in Gegenwart von NADP^{2}H durchgeführt, so beweist die *axiale* Position des ^{2}H-Atoms an der C(7)-Position des entstandenen Cholesterols, dass die Hydrierung der (C(7)=C(8))-Bindung seines Vorläufers *anti*-stereoselektiv stattgefunden hat. Ferner beweist die Tatsache, dass das ^{2}H-Atom an das C(7)- und nicht an das C(8)-Atom gebunden ist, dass die Reaktion regioselektiv stattfindet, d. h. das Hydrid-Ion wird an die C(7)-Position und das Proton aus dem Medium an die C(8)-Position addiert und nicht umgekehrt.

3.7. Stereospezifität

Oft wird Stereospezifität als eine quantitativ hohe Stereoselektivität verstanden. In der Tat aber handelt es sich um völlig verschiedene Begriffe. Die Stereoselektivität bezieht sich auf den Mechanismus einer Reaktion, die Stereospezifität ist die wechselseitige Beziehung zwischen stereoisomeren Edukten und Reaktionsprodukten. Eine Reaktion kann stereoselektiv sein, obwohl weder die Edukte noch die Produkte in stereoisomeren Strukturen vorkommen. Die Stereoselektivität einer Reaktion ist aber die Voraussetzung dafür, dass unter Verwendung geeigneter Substrate Stereospezifität beobachtet werden kann. Aus der Stereospezifität einer Reaktion wird die Stereoselektivität ihres Mechanismus abgeleitet.

Der Unterschied zwischen Selektivität und Spezifität kann am folgenden Beispiel erläutert werden: Wählt eine Person aus einer Menge Kugeln verschiedener Farbe nur die roten aus, so führt sie eine Selektion (lat. *legere*: auslesen) aus, die

---

Kommen sowohl Edukt als auch Produkt einer Reaktion in zwei oder mehreren stereoisomeren Formen vor, so ist die Reaktion **stereospezifisch**, wenn jedes der stereoisomeren Produkte aus nur einem der stereoisomeren Edukte gebildet wird.

nur von der Farbe der Kugel, nicht aber von der Person bestimmt wird. Werden dagegen je eine weibliche und eine männliche Person damit beauftragt, rote bzw. blaue Kugel aus der Menge herauszuholen, so besteht eine Spezifitätsbeziehung (lat. *species*: Art, Gestalt) zwischen dem Geschlecht des Auslesers und der Farbe der Kugel, die über den eigentlichen Selektionsprozess hinausgeht.

Entsprechend der im *Abschn. 3.6* erläuterten Synthese von (2R,3S)-[2,3-$^2H_2$]Butan aus (Z)-But-2-en erhält man durch katalytische Hydrierung der (C=C)-Bindung der [2,3-$^2H_2$]Maleinsäure, die ihrerseits durch katalytische Addition von Deuterium an Acetylendicarbonsäure ($HO_2C-C\equiv C-CO_2H$) leicht zugänglich ist, *erythro*-[2,3-$^2H_2$]Bernsteinsäure (*Fig. 3.11*).

Wird dagegen [2,3-$^2H_2$]Fumarsäure, das (E)-Isomer der [2,3-$^2H_2$]Maleinsäure, katalytisch hydriert, so erhält man das Racemat der *threo*-[2,3-$^2H_2$]Bernsteinsäure, die chiral ist, weil beide asymmetrischen C-Atome die gleiche absolute Konfiguration aufweisen (*Fig. 3.12*).

Die Werte von $[\alpha]_D$ für Verbindungen, deren Chiralität auf dem Ersatz von ^1H-Atomen durch ^2H Atome beruht, sind in der Regel sehr klein, aber messbar. Für [1-^2H]Ethanol z. B. beträgt $[\alpha]_D^{25} = \pm 0,28$, wobei das (R)-Enantiomer dextrorotatorisch ist. Bei $\lambda_{max} = 250$ nm beträgt die spezifische Drehung der (R)-[2-^2H]Bernsteinsäure $[\alpha]_{250}^{24} = -20$.

[2,3-$^2H_2$]Fumarsäure wird jedoch in die (achirale) *erythro*-[2,3-$^2H_2$]Bernsteinsäure umgewandelt, wenn sie als Substrat der *Succinat-Dehydrogenase*, ein Enzym, das im Citronensäure-Zyklus die reversible Umwandlung von Bernsteinsäure in Fumarsäure katalysiert (*Abschn. 9.5*), verwendet wird (*Fig. 3.13*). Definitionsgemäß sind alle diese Reaktionen stereospezifisch.

Bernsteinsäure ist ein Produkt der Gärung, das bei zahlreichen chemoorganotrophen anaeroben Bakterien (s. *Abschn. 2.17*) mit Hilfe der *Fumarat-Reductase*, welche die *konjugierte Addition* eines Hydrid-Ions an die (C=C)-Bindung der Fumarsäure katalysiert (*Abschn. 8.21*), biosynthetisiert wird. Die dabei freiwerdende Energie wird zur Biosynthese von ATP verwendet (*Abschn. 10.16*). Die umgekehrt bei Aerobiern von der *Succinat-Dehydrogenase* katalysierte Umwandlung der Bernsteinsäure in Fumarsäure ist eine endotherme Reaktion; die Differenz der Bildungsenthalpien beider Verbindungen in der Gasphase beträgt $\Delta H_f^0 = 147$ kJ mol^{-1}. Trotzdem vermag die *Succinat-Dehydrogenase*, ebenso wie die ebenfalls FAD-abhängigen *Acyl-Coenzym-A-Dehydrogenasen* (*Abschn. 10.14*), die beim Fettsäure-Abbau die Dehydrierung gesättigter Fettsäuren unmittelbar neben der Carboxy-Gruppe katalysieren (*Abschn. 9.23*), (C=C)-Bindungen durch Abstraktion von H-Atomen, die an gesättigte C-Atome gebunden sind, in das Substrat einzuführen. Obwohl es sich bei diesen Reaktionen formal um die Umkehrung der von Reductasen katalysierten Hydrierung der (C=C)-Bindung des Substrats handelt, werden sie vermutlich von der Abspaltung eines Protons des α-ständigen C-Atoms und der darauf folgenden Oxidation des gebildeten Esterenolats (*Abschn. 9.21*) eingeleitet.

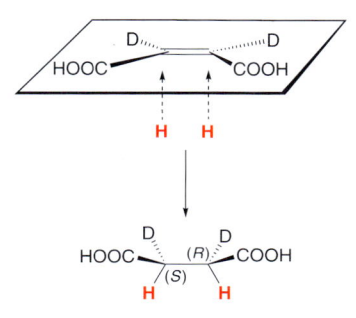

erythro-[2,3-$^2H_2$]Bernsteinsäure

Fig. 3.11. syn-*Stereoselektive Hydrierung der [2,3-$^2H_2$]Maleinsäure*

(+)-[2,3-$^2H_2$]Bernsteinsäure

(−)-[2,3-$^2H_2$]Bernsteinsäure

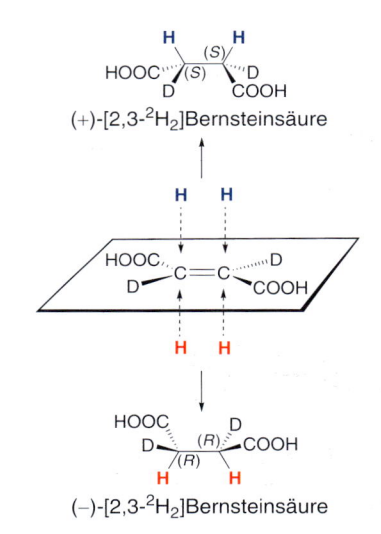

Fig. 3.12. syn-*Stereoselektive Hydrierung der [2,3-$^2H_2$]Fumarsäure*

Fumarat-Reductase | Succinat-Dehydrogenase

erythro-[2,3-$^2H_2$]Bernsteinsäure

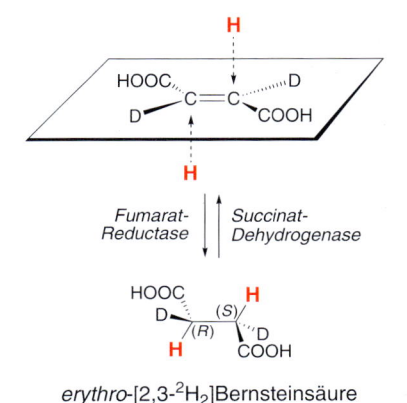

Fig. 3.13. anti-*Stereoselektive Hydrierung der [2,3-$^2H_2$]Fumarsäure*

Struktur und Reaktivität der Biomoleküle

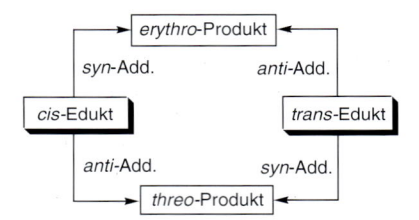

Fig. 3.14. *Stereospezifische Beziehungen zwischen Edukten und Produkten stereoselektiver Additionsreaktionen*

Die charakteristischste Reaktion der (C=C)-Bindung ist die **elektrophile Addition**.

Die Anlagerung von H_2O-Molekülen an gelöste Teilchen unter Bildung von Solvaten (Hydraten) wird *Hydratation* genannt. Die Anlagerung von Wasser an chemische Verbindungen, die unter Bruch einer der (H–O)-Bindungen stattfindet, wird dagegen als **Hydratisierung** bezeichnet.

Fig. 3.15. *Säurekatalysierte Addition von H_2O an Isobuten*

Die durch die Stereospezifität einer Reaktion ausgedrückte wechselseitige stereochemische Beziehung zwischen den Edukten und den Produkten chemischer Reaktionen (*Fig. 3.14*) ist außerordentlich wichtig für die Aufklärung von Reaktionsmechanismen sowohl organischer als auch enzymatischer Reaktionen. Weitere Beispiele werden in späteren Abschnitten erläutert.

3.8. Die elektrophile Addition

Bei Alkenen stellt die (C=C)-Bindung einen Ort **hoher Elektronendichte** dar. Aus diesem Grunde reagieren Olefine mit Elektrophilen (griech. φίλος (*phílos*): liebend, deutet auf die Affinität für Elektronen hin) unter Bildung von Additionsprodukten. Beispielsweise reagiert Isobuten (2-Methylpropen) in Gegenwart einer Mineralsäure (z. B. verdünnte H_2SO_4) unter Anlagerung eines Protons und Bildung eines *Carbenium-Ions*, das durch Solvatisierung stabilisiert wird (*Fig. 3.15*). Die darauf folgende Addition von H_2O führt zur *Hydratisierung* der (C=C)-Bindung. Reaktionen dieses Typs werden nicht nur chemisch sondern auch enzymatisch katalysiert.

Wie bereits erwähnt (*Abschn. 2.15*), werden bei chemischen Reaktionen kovalente Bindungen gespalten und neue gebildet indem Bindungselektronen 'verlagert' werden. Bei der Anlagerung eines Protons (der Einfachheit halber werden Reaktionen organischer Verbindungen in Medien, die das H_3O^+-Ion enthalten, als Reaktionen mit H^+-Ionen formuliert) an eine (C=C)-Bindung werden zwei Elektronen der Letzteren benötigt, um die neue (H–C)-Bindung zu bilden. Im Gegensatz zu Verlagerungen einzelner Elektronen, die mit angelhakenförmigen Pfeilen symbolisiert werden (*Abschn. 2.15*), werden Verlagerungen von Elektronenpaaren durch (meist gebogene) herkömmliche Pfeile symbolisiert, welche die Richtung angeben, in der sich die Bindungselektronen formal 'bewegen':

$$H_2C=CH_2 + H^{\oplus} \longrightarrow H_2\overset{\oplus}{C}-CH_2\overset{H}{}$$

Man beachte, dass bei der Bildung der (H–C)-Bindung zwar zwei Elektronen 'verschoben' werden, aber nur eines davon 'gehörte' ursprünglich dem C-Atom, das im Carbenium-Ion die positive Ladung trägt. Da die Anzahl der Valenzelektronen des C-Atoms, an welches das Proton gebunden wird, während der Reaktion unverändert bleibt, trägt das Carbenium-Ion nur eine positive Ladung.

Im reaktionsmechanistischen Sinne sind Carbenium-Ionen *Zwischenprodukte* chemischer Reaktionen, die aufgrund ihrer Reaktivität und geringer Konzentration im Reaktionsmedium nur in Sonderfällen besonders strukturierter Moleküle als Salze isoliert werden können. Bei einem Carbenium-Ion handelt es sich somit nicht um den Übergangskomplex der Reaktion, der *per se* eine hypothetische Spezies ist (*Abschn. 2.15*).

Die drei Liganden eines Carbenium-Ions befinden sich in einer Ebene. Die Planarität des Moleküls ist ebenso selbstverständlich wie die tetraedrische Anordnung der vier H-Atome im Methan-Molekül (*Abschn. 2.6*); sie ist die einzige, die vereinbar mit der Forderung ist, dass die drei an das Zentralatom gebundenen Liganden am weitesten voneinander entfernt sind.

Das durch Anlagerung eines Protons gebildete Carbenium-Ion reagiert mit einem H_2O-Molekül unter Bildung eines protonierten *tert*-Butanol-Moleküls (s. *Abschn. 5.6*). Der entsprechende Alkohol ist das Endprodukt der Addition an die (C=C)-Bindung. Wegen der hohen Reaktivität des Carbenium-Ions ist der zweite Schritt der Reaktion (die Anlagerung von H_2O) ein schneller Prozess, so dass die Geschwindigkeit der Reaktion durch die *endotherme* Bildung des Carbenium-Ions bestimmt wird. Aus diesem Grunde wird die Gesamtreaktion, die *reversibel* ist (*Abschn. 5.19*), als *elektrophile* Addition bezeichnet, obschon im Laufe der Reaktion sowohl ein Elektrophil (das Proton) als auch ein Nucleophil (das H_2O-Molekül) angelagert worden sind.

Je nach Säure-Konzentration kann das Hydrogensulfat-Ion, das ebenfalls ein Nucleophil ist, beim zweiten Schritt der Addition an die (C=C)-Bindung mit H_2O konkurrieren. Das Reaktionsprodukt ist in diesem Falle ein Monoalkyl-sulfat, das isoliert werden kann (*Fig. 3.15*). In der Regel jedoch wird bei der Aufarbeitung des Reaktionsgemisches Letzteres mit H_2O verdünnt, wobei das Monoalkylsulfat unter Bildung des entsprechenden Alkohols (dasselbe Produkt der direkten Addition von H_2O an die (C=C)-Bindung) hydrolysiert wird.

Auf dieser Reaktion beruht die technische Synthese von Ethanol nach dem Schwefelsäureverfahren, bei dem Ethylen in 98%iger H_2SO_4 bei 55–80 °C absorbiert und anschließend das entstandene Gemisch aus Ethyl-hydrogensulfat und Diethyl-sulfat bei 70–100 °C hydrolysiert wird.

Der Reaktionsverlauf der elektrophilen Addition lässt sich mit Hilfe eines Energie-Diagramms am besten veranschaulichen

ΔH^0 (flüssig) = –37,5 kJ mol^{-1}

Carbenium-Ion

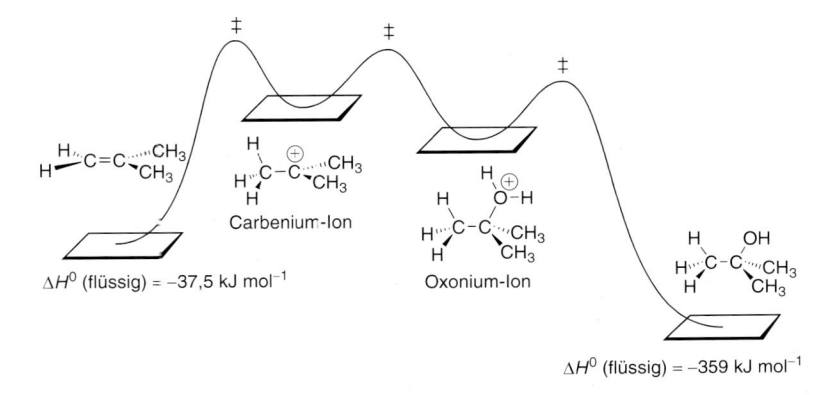

Oxonium-Ion

ΔH^0 (flüssig) = –359 kJ mol^{-1}

Fig. 3.16. *Energie-Diagramm der säurekatalysierten Addition von H_2O an Isobuten*

Sind alle Atome eines Moleküls in einer Ebene, so wird dieses unter Vernachlässigung seiner durch das *van-der-Waals*-Volumen der Atome bedingten 'Dicke' als zweidimensional oder **planar** betrachtet. Dieselbe Definition gilt auch für funktionelle Gruppen als Teile eines Moleküls.

(*Fig. 3.16*). Es geht daraus hervor, dass die Addition von H₂O an die (C=C)-Bindung eines Alkens über mehrere in *Fig. 3.16* mit ‡ gekennzeichnete Übergangskomplexe abläuft, von denen nur der erste die Geschwindigkeit der Reaktion bestimmt. Eine ausführlichere Diskussion der Kinetik mehrstufiger Reaktionen wird später (*Abschn. 5.15*) geführt.

3.9. Regioselektivität der elektrophilen Addition: Die *Markownikow*-Regel

Regioisomere sind Konstitutionsisomere, die zur selben Verbindungsklasse gehören.

Bei der soeben erläuterten Anlagerung von Wasser an die (C=C)-Bindung des Isobutens ist die Bildung eines tertiären Carbenium-Ions als Primärprodukt der Reaktion vorausgesetzt worden. Tatsächlich aber kann die Protonierung* der (C=C)-Bindung eines unsymmetrisch substituierten Alkens (wie Isobuten) zu zwei *regioisomeren* Carbenium-Ionen führen, deren Energiegehalte im Allgemeinen verschieden sind. In den meisten Fällen, z.B. bei der Addition von H₂O an Isobuten (*Fig. 3.17*) ist jedoch die Reaktion regioselektiv (*Alfred Hassner*, 1968), d.h. man beobachtet die bevorzugte Bildung eines der beiden regioisomeren Additionsprodukte, und zwar desjenigen, bei dem 'das Nucleophil an das wasserstoffärmere der beiden ungesättigten C-Atome gebunden wird'. Diese 1870 von *Markownikow* empirisch aufgestellte Regel lässt sich durch die Bildung eines Carbenium-Ions als Zwischenprodukt der Reaktion leicht begründen. Da (C–C)-Bindungen leichter polarisierbar sind als (C–H)-Bindungen (*Abschn. 1.7*), wird der Elektronenbedarf des (positiv geladenen) Carbenium-Ions besser 'befriedigt', je mehr seiner Liganden C-Atome sind (vgl. *Abschn. 3.5*).

Ganz allgemein nimmt der Energiegehalt von Carbenium-Ionen in dieser Reihenfolge ab:

$$C^+(\text{primär}) \gg C^+(\text{sekundär}) > C^+(\text{tertiär})$$

so dass primäre Carbenium-Ionen, wenn sie nicht resonanzstabilisiert sind (*Abschn. 3.17*), höchstwahrscheinlich in Lösung nicht vorkommen. Das Isopropyl-Kation ist somit das einfachste Alkylcarbenium-Ion, das in Lösung nachgewiesen worden ist.

Der Elektronenbedarf (die Elektrophilie) des positiv geladenen C-Atoms, der unter Umständen für den Reaktionsablauf maßgebend sein kann, nimmt allerdings in der entgegengesetzten Reihenfolge zu. Wegen der Reversibilität der Addition des Protons an die

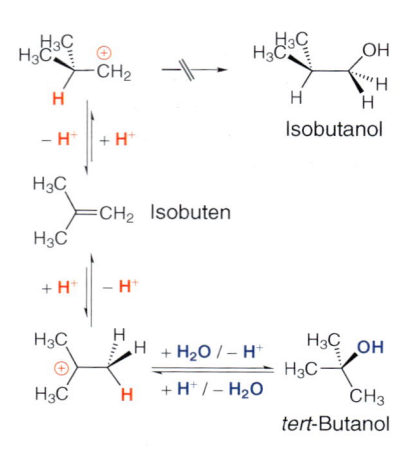

Fig. 3.17. *Regioselektivität der elektrophilen Addition* (*Markownikow*-Regel)

Vladimir Vasilevič Markownikow (1838–1904)
Professor an den Universitäten Kazan, Odessa und Moskau, entdeckte im kaukasischen Erdöl Kohlenwasserstoffe, die er Naphthene nannte und als Cycloalkane erkannte. (*Edgar Fahs Smith* Collection, mit Genehmigung der University of Pennsylvania Library, Philadelphia)

(C=C)-Bindung überwiegt jedoch im thermodynamischen Gleichgewicht der Bildung des Zwischenprodukts das tertiäre Carbenium-Ion, welches zum *tert*-Butanol weiterreagiert (*Fig. 3.17*).

Die Reversibilität der Protonierung von (C=C)-Bindungen ist ebenfalls der Grund für die säurekatalysierte *Isomerisierung* von Alkenen. In Gegenwart verdünnter H$_2$SO$_4$ wird beispielsweise But-1-en zum Teil in But-2-en umgewandelt, wobei das nach der *Markownikow-Regel* aus But-1-en gebildete Carbenium-Ion durch Abspaltung eines der an das C(3)-Atom gebundenen H-Atome als Proton in das But-2-en übergeht (*Fig. 3.18*). Derartige Verschiebungen von (C=C)-Bindungen innerhalb der C-Atome einer Allyl-Gruppe werden *Allyl-Umlagerungen* genannt (vgl. *Abschn. 3.17*).

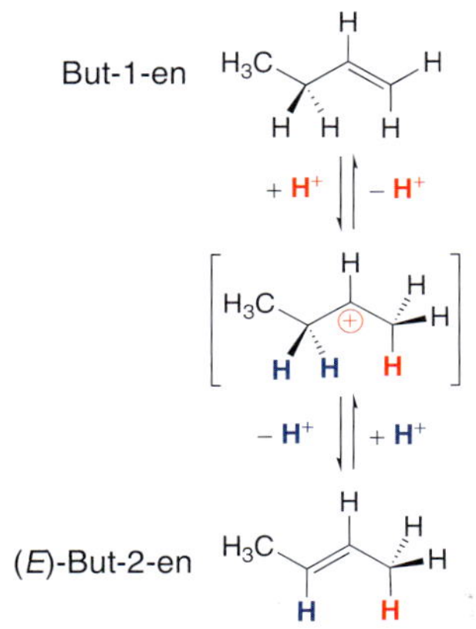

Die von der *Isopentenyl-pyrophosphat-Isomerase* katalysierte reversible Umwandlung des Dimethylallyl-pyrophosphats, des biogenetischen Vorläufers aller Terpene (*Abschn. 3.19*), in Isopentenyl-pyrophosphat ist ein Beispiel einer enzymatisch katalysierten Allyl-Umlagerung, die vermutlich unter Bildung eines Carbenium-Ions als Zwischenprodukt stattfindet (*Fig. 3.19*).

Fig. 3.18. *Säurekatalysierte Allyl-Umlagerung*

Bei **molekularen Umlagerungen** werden Isomere ineinander umgewandelt, indem einzelne Liganden das Atom wechseln, an das sie gebunden sind.

3.10. Prochiralität

Das Produkt der *Markownikow*-Addition von H$_2$O an die (C=C)-Bindung des But-1-ens ist eine chirale Verbindung, die in zwei enantiomeren Strukturen ((*R*)- und (*S*)-Butan-2-ol) vorkommt (*Fig. 3.20*). Da Enantiomere stets den gleichen Energie-Gehalt aufweisen (*Abschn. 2.9*), gibt es *a priori* keinen Grund zur bevorzugten Bildung eines der beiden Enantiomeren, sofern alle für die Reaktion verwendeten Reagenzien und Lösungsmittel achiral sind. Darum besteht das Produkt der Reaktion, die ohnehin reversibel ist, aus einem äquimolekularen Gemisch der beiden Enantiomeren, einem Racemat.

Vom mechanistischen Standpunkt aus gesehen, muss man sich jedoch vergegenwärtigen, dass die Bildung jedes Enantiomers des Butan-2-ols durch Annäherung des Nucleophils (das H$_2$O-Molekül) von nur einer der beiden Seiten der (C=C)-Bindung des But-1-ens erfolgt. Aufgrund dieser Tatsache wird das C(2)-Atom des Letzteren, aus dem das asymmetrische C-Atom des Butan-2-ols hervorgeht, als *prochiral* bezeichnet.

Das C(2)-Atom des Propens ist ebenfalls prochiral. Da aber die Anlagerung eines Protons an dessen (C=C)-Bindung zu einem achiralen Carbenium-Ion führt, ist diese Reaktion für die Erläuterung des Begriffes der Prochiralität weniger geeignet.

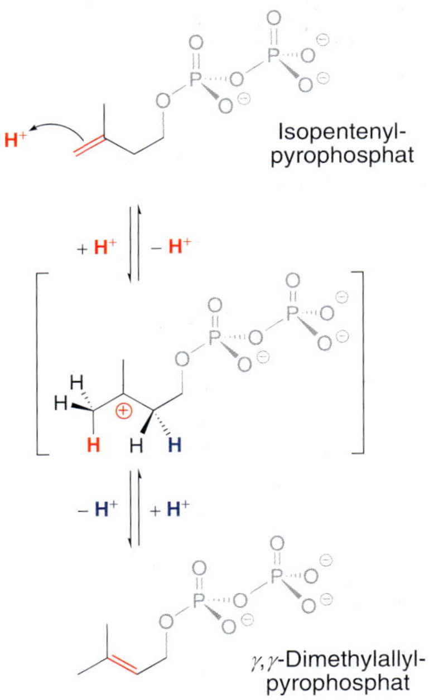

Ebenso wie vier verschiedene Liganden an einem tetragonalen C-Atom Letzteres zum Chiralitätszentrum eines Moleküls gestalten, stellt jedes Atom, das an zwei verschiedene Liganden in nichtlinearer Anordnung gebunden ist, ein Zentrum der Prochiralität dar. Im zweidimensionalen Raum, d.h. in der durch das prochirale Atom und

Fig. 3.19. *Von der* Isopentenyl-pyrophosphat-Isomerase *katalysierte Reaktion*

Struktur und Reaktivität der Biomoleküle

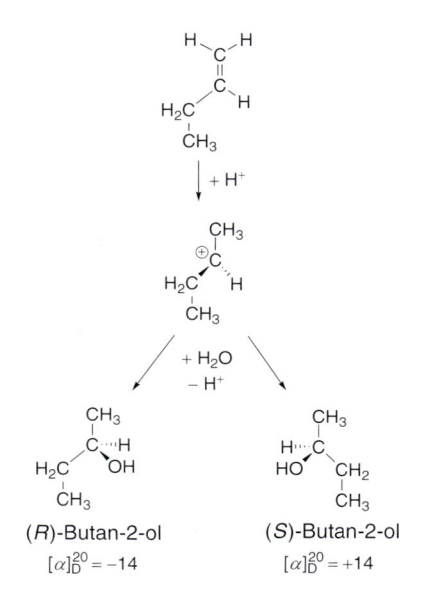

Fig. 3.20. Elektrophile Addition von H_2O an But-1-en

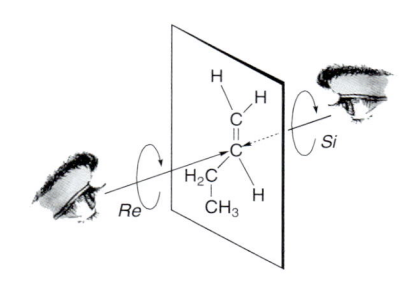

Fig. 3.21. Das prochirale C(2)-Atom im But-1-en-Molekül

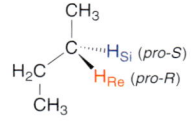

Fig. 3.22. Prochiralität des sekundären C-Atoms des Butans

seine beiden Liganden definierten Ebene (sog. Prochiralitätsebene) ist die Anordnung chiral (vgl. *Abschn. 2.8*). Da trigonale C-Atome in derselben Ebene liegen, die durch ihre Liganden definiert wird, ist jedes der C-Atome einer (C=C)-Bindung sowie das C-Atom der Carbonyl-Gruppe (*Abschn. 8.1*) prochiral, wenn ihre Liganden untereinander nicht identisch sind. Ebenfalls ist das durch Protonierung der (C=C)-Bindung des But-1-ens nach der *Markownikow*-Regel gebildete Carbenium-Ion prochiral.

Die Prochiralitätsebene teilt den Raum um die prochirale Gruppe von Atomen in zwei *enantiotope* 'Halbräume' (*Abschn. 2.8*). Je nachdem von welcher Seite der Prochiralitätsebene das prochirale C-Atom betrachtet wird, ist die Reihenfolge der Liganden in einer vorgegebenen Richtung verschieden; genauer ausgedrückt: beide Reihenfolgen sind spiegelbildlich zueinander. Demnach werden die Seiten der Prochiralitätsebene als *Re* oder *Si* bezeichnet, je nachdem ob die Reihenfolge der nach der *CIP*-Konvention definierten Prioritäten der Liganden des prochiralen Atoms eine Sequenz im bzw. gegen den Uhrzeigersinn ergibt (*Fig. 3.21*).

Gemäß der Definition prochiraler Moleküle (*Abschn. 2.8*) sind auch Moleküle, die *tetragonale* C-Atome enthalten, an die nur ein Paar gleicher Liganden gebunden ist (*Fig. 3.22*), ebenfalls prochiral im dreidimensionalen Raum (*Kenneth R. Hanson*, 1966). Jeder der Liganden gleicher Konstitution befindet sich auf einer der gegenüberliegenden Seiten der Prochiralitätsebene, die durch das tetragonale C-Atom und seine beiden ungleichen Liganden definiert ist; ihre Positionen sind somit *enantiotop* zueinander. Um sie zu unterscheiden, wird von einem der Liganden gleicher Konstitution das von den restlichen Liganden definierte Dreieck betrachtet: entspricht die Reihenfolge der nach der *CIP*-Konvention definierten Prioritäten einer Sequenz im Uhrzeigersinn, liegt der als Beobachtungspunkt gewählte Ligand auf der *Re*-Seite und wird mit einem dem Atom-Symbol tiefgestellten *Re* gekennzeichnet. Der andere Ligand gleicher Konstitution wird dementsprechend mit einem tiefgestellten *Si* gekennzeichnet. Eine alternative Möglichkeit besteht darin, einem der gleichen Liganden willkürlich die Priorität gegenüber dem anderen zu geben. Je nach der Konfiguration, die unter Anwendung der *CIP*-Konvention für das prochirale Zentralatom daraus resultiert, wird der gewählte Ligand als *pro-R* bzw. *pro-S* gekennzeichnet.

Zusammenfassend lässt sich nachstehender Vergleich anstellen:
Im dreidimensionalen Raum sind
planare Moleküle entweder *achiral* oder *prochiral*
dreidimensionale Moleküle *achiral, prochiral* oder *chiral*.

Sind beide trigonalen C-Atome, die durch eine (C=C)-Bindung miteinander verbunden sind, prochiral, so müssen die beiden Seiten, von denen die Prochiralitätsebene betrachtet werden kann, mit den Deskriptoren *beider* C-Atome gekennzeichnet werden. Die Bezeichnung der durch die Prochiralitätsebene getrennten Halbräume ist in diesen Fällen für das (*E*)- und (*Z*)-Isomer verschieden. Beispielsweise sind beide Deskriptoren einer und derselben Seite der (C=C)-Bindung des (*E*)-But-2-ens gleich (*Re,Re* bzw. *Si,Si*), während sie beim (*Z*)-But-2-en entgegengesetzt sind (*Fig. 3.23*).

Im Gegensatz zum (*E*)-But-2-en, welches wie der Buchstabe **N** im zweidimensionalen Raum chiral ist (vgl. *Abschn. 2.7*), ist das (*Z*)-Isomer – wie der Buchstabe **A** – achiral, obwohl beide C-Atome, die durch die (C=C)-Bindung miteinander verbunden sind, prochiral sind. Entsprechend der (*R,S*)-Weinsäure im dreidimensionalen Raum stellt somit (*Z*)-But-2-en eine *meso*-Form im zweidimensionalen Raum dar (vgl. *Abschn. 2.11*). Die durch die Molekülebene getrennten Halbräume sind somit *homotop* (*Abschn. 2.8*). Diese Tatsache spielt für das Verständnis der Stereoselektivität enzymatischer Reaktionen an (C=C)-Bindungen (beispielsweise bei der Addition von H_2O an Fumar- und Maleinsäure) eine wichtige Rolle (*Abschn. 9.5*).

Die enantiotopen Seiten eines prochiralen Atoms können von chiralen Reagenzien und selbstverständlich auch vom Reaktionszentrum eines Enzyms als verschieden 'erkannt' werden (*Abschn. 8.11*). In diesen Fällen ist die entsprechende Reaktion *enantioselektiv*. Die bei der Knüpfung der Bindung zwischen dem prochiralen Carbenium-Ion und einem achiralen Nucleophil (z.B. das H_2O-Molekül) freigesetzte Bindungsenthalpie ist dagegen die gleiche, unabhängig von welcher der enantiotopen Seiten des Carbenium-Ions die Annäherung des Nucleophils stattfindet. Daher ist das bei der elektrophilen Addition von H_2O an But-1-en gebildete Butan-2-ol racemisch.

Die säurekatalysierte Anlagerung von H_2O an die (C=C)-Bindung ist somit *weder enantioselektiv noch diastereoselektiv*. Der Grund für die fehlende Diastereoselektivität liegt darin, dass im Gegensatz zur katalytischen Hydrierung (*Abschn. 3.6*) während der Lebensdauer des als Zwischenprodukt intermediär auftretenden Carbenium-Ions Rotation um die σ-Bindung stattfinden kann, welche beim Edukt Bestandteil der (C=C)-Bindung war.

Demzufolge führt die säurekatalysierte Anlagerung von H_2O an die (C=C)-Bindung eines Alkens zum gleichen Gemisch aus *erythro*- und *threo*-Produkten (beide als Racemate) und zwar unabhängig davon, ob es sich beim Edukt um das (*Z*)- oder das (*E*)-Isomer handelt. Der Übersichtlichkeit halber ist dieser Sachverhalt, der für alle Alkene gilt, die *cis/trans*-Isomerie aufweisen, in *Fig. 3.24* am Beispiel des $[2,3\text{-}^2H_2]$But-2-ens erläutert.

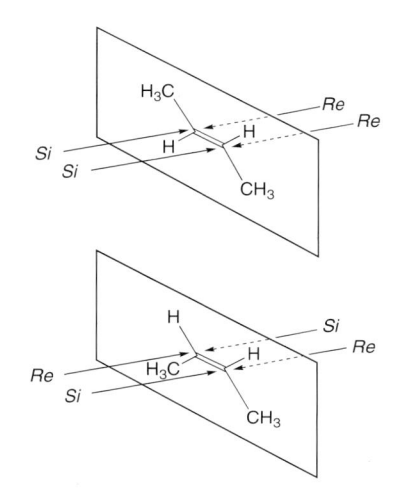

Fig. 3.23. *Enantiotope und homotope Seiten des* (E)- *bzw.* (Z)-*But-2-en-Moleküls*

3.11. Polymerisation

Die Konstitution der Produkte der elektrophilen Addition an die (C=C)-Bindung hängt maßgeblich von der konjugierten Base der als Katalysator verwendeten Mineralsäure ab. Geht das Anion (z.B. Cl^-) eine stärkere Bindung mit dem C-Atom als H_2O ein, so erhält man das Additionsprodukt des Chlorwasserstoffs (HCl) an das Alken statt des entsprechenden Alkohols. Wird die Reaktion dagegen in Gegenwart von Mineralsäuren durchgeführt, deren konjugierte Base keine starke Bindung mit dem C-Atom bildet (z.B. $HClO_4$),

Struktur und Reaktivität der Biomoleküle

Fig. 3.24. *Nicht stereoselektive, elektrophile Addition an die (C=C)-Bindung.* Die gestrichelten Pfeile weisen auf die Diastereoisomere hin, die (allerdings jeweils als Racemate) entstehen würden, wenn die Reaktion diastereoselektiv wäre.

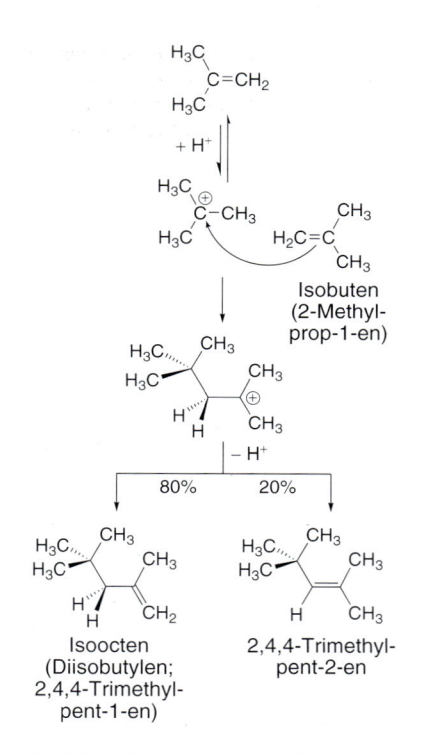

Fig. 3.25. *Säurekatalysierte Dimerisierung von Isobuten.* Der Name Isoocten für 2,4,4-Trimethylpent-1-en ist irreführend. Dessen Hydrierungsprodukt, das auch fälschlicherweise Isooctan genannt wird, dient als Standard für die Bestimmung der Klopffestigkeit (Oktanzahl) von Benzin.

oder verwendet man *Lewis*-Säuren als Katalysatoren, konkurriert mit der Reaktion des Nucleophils die elektrophile Addition des Carbenium-Ions an die (C=C)-Bindung von nicht protonierten Molekülen, die im Reaktionsmedium aufgrund der Reversibilität der Protonierung vorhanden sind. So reagiert beispielsweise Isobuten in Gegenwart 60%iger H_2SO_4 bei 70 °C unter Bildung zweier *Dimere* (Isoocten und 2,4,4-Trimethylpent-2-en) im Verhältnis 4:1 (*Fig. 3.25*). Mit einer *Lewis*-Säure (BF_3 oder $AlCl_3$) in Gegenwart von H^+-Ionen erhält man dagegen ein *Additionspolymer* (das Polyisobutylen).

Im Gegensatz zu Kondensationspolymeren (*Abschn. 8.33*) ist die Bruttoformel eines Additionspolymeren ein Mehrfaches derjenigen des Monomers.

Wie bei der elektrophilen Addition beruht somit der Mechanismus der *kationischen Polymerisation* auf der hohen Elektronendichte der (C=C)-Bindung, die als Nucleophil gegenüber dem Carbenium-Ion fungiert (*Fig. 3.26*). Zur Herstellung von Additionspolymeren aus Alkenen werden nicht nur Säuren, sondern auch Radikale (radikalische Polymerisation) oder Anionen (anionische Polymerisation) als Initiatoren verwendet. Die Mechanismen der verschiedenen Polymerisationstypen entsprechen aber dem der kationischen Polymerisation (*Fig. 3.27*). Der Kettenabbruch erfolgt bei der anionischen Polymerisation meist durch Aufnahme eines Protons, bei der radikalischen Polymerisation durch Radikal-Rekombination (*Abschn. 2.14*) oder -Disproportionierung.

3. Ungesättigte Kohlenwasserstoffe

Fig. 3.26. *Kationische Polymerisation des Isobutens*

Infolge des hohen Energiegehaltes primärer Carbenium-Ionen (*Abschn. 3.9*), ist die protonenkatalysierte Polymerisation des Ethylens – im Gegensatz zu derjenigen des Isobutens – nicht möglich. Die radikalische Polymerisation des Ethylens zu hochmolekularen Produkten erfordert sehr hohen Druck (1000–2000 bar) bei etwa 200 °C. Erst mit Hilfe der 1953 von *Karl Ziegler* erfundenen metallorganischen Katalysatoren wurde die Herstellung von Polyethylen (PE) ohne Anwendung von Druck möglich. Ferner ermöglichen die so genannten *Ziegler–Natta*-Katalysatoren, die meist aus Triethyl-aluminium und TiCl$_4$ zusammengesetzt sind, die stereoselektive Polymerisation leicht zugänglicher Monomere. Ist nämlich das monomere Alken unsymmetrisch substituiert, so kann das entsprechende Polymer entweder einen ungeordneten sterischen Aufbau aufweisen (*ataktische* Polymere) oder einen geordneten, wobei die Chiralitätszentren der C-Kette entweder nur eine Konfiguration oder abwechselnd spiegelbildliche Konfigurationen aufweisen können (*isotaktische* bzw. *syndiotaktische* Polymere) (*Fig. 3.28*).

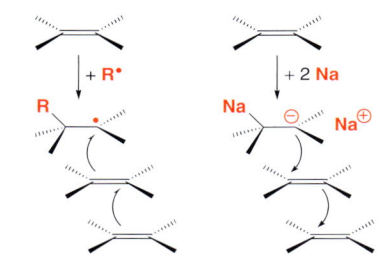

Fig. 3.27. *Radikalische und anionische Polymerisation von Alkenen (Der Übersichtlichkeit halber sind die Liganden der (C=C)-Gruppe nicht spezifiziert.)*

Je nach verwendetem Monomer erhält man Polymere mit spezifischen Eigenschaften, die in der modernen Gesellschaft vielseitige Anwendungen finden (*Tab. 3.3* und *3.4*). Poly(vinylester) (hauptsächlich Poly(vinylacetat)) werden als Bindemittel für Dispersionsfarben und in Klebstoffen ('Alleskleber') verwendet (*Tab. 3.5*). Cyanoacrylate, die Ester der 2-Cyanoacrylsäure, sind besonders rasch polymerisierende Monomere, die ebenfalls zur Herstellung von Klebstoffen dienen, die sich durch großes Haftvermögen und rasches Abbinden (sog. 'Sekundenkleber') auszeichnen. Bis-GMA (*Bowen*-Monomer) ist das zur Herstellung von Dentalkompositwerkstoffen am häufigsten

Tab. 3.3. *Chronologie der Erfindung der polymeren Kunststoffe (vgl. Tab. 8.6)*

Jahr	Kunststoff	Erfinder
1907	Bakelit	Leo Hendrik Baekeland (USA)
1909	Polyisopren	Fritz Hofmann (F. Bayer & Co., D)
1913	PVC	Friedrich Heinrich Klatte (D)
1932	Plexiglas	Otto Röhm (D)
1935	Polyethylen	Eric Fawcett, R. Gibson (ICI, GB)
1937	Polyurethan	Otto Bayer (I.G. Farbenind. AG, D)
1938	Teflon	Roy J. Plunkett (DuPont, USA)
1954	Polypropylen	Giulio Natta (I)

Fig. 3.28. *Sterische Anordnungen bei Polymeren (z. B. Polypropylen)*

Tab. 3.4. Handelsnamen von einigen Additionspolymeren

Monomer		Polymer
Ethylen	H$_2$C=CH$_2$	PE, *Hostalen*®
Vinyl-chlorid	H$_2$C=CHCl	PVC
Tetrafluoroethylen	F$_2$C=CF$_2$	*Teflon*®
Styrol	H$_2$C=CH–C$_6$H$_5$	Polystyrol (*Styropor*®)
Vinyl-acetat	H$_3$C–C(=O)–O–CH=CH$_2$	PVAC
Acrylonitril (Prop-2-ennitril)	H$_2$C=CH–CN	*Orlon*®, *Dralon*®
Methacrylsäure-methyl-ester	H$_2$C=C(CH$_3$)–COOCH$_3$	*Plexiglas*®
Bis-GMA		

Tab. 3.5. *Gebräuchliche organische Klebstoffe*

- Polyvinyl-Harze
- Epoxid-Harze (s. *Abschn. 5.27*)
- Formaldehyd-Harze
  Phenol-Harze (s. *Abschn. 8.20*)
  Harnstoff-Harze
  Melamin-Harze (s. *Abschn. 10.20*)
- Gummen (z. B. *Gummi arabicum* (*Abschn. 8. 25*))
- Kleister (s. *Abschn. 8.33*)
- Leime (s. *Abschn. 9.31*)

verwendete Monomer, dessen radikalische Polymerisation durch Bestrahlung mit Licht induziert wird.

Dentalkomposite bestehen im Wesentlichen aus fein gemahlenen Glaspulvern (*ca.* 80 Gew.-%) und Estern der Methacrylsäure. Ihre Eigenschaften resultieren aus dem Zusammenwirken der Polymer-Matrix, der Füllstoffe verschiedener Korngröße, einem Haftvermittler für die Füllstoffoberflächen sowie einem System aus Photoinitiatoren (meist α-Diketone), Stabilisatoren und Pigmenten. Bis-GMA, dessen systematischer Name (1-Methylethyliden)bis[4,1-phenylenoxy(2-hydroxypropan-1,3-diyl)]-bis(2-methylprop-2-enoat) lautet, wird durch Reaktion von 2,2-Bis(4-hydroxyphenyl)propan mit Glycidylmethacrylat (2,3-Epoxypropanol Methacrylsäure-ester) hergestellt, worauf das Akronym zurückzuführen ist.

Die kationische Polymerisation von Alkenen spielt in der Biosynthese der Terpenoide (*Abschn. 3.19*) eine wichtige Rolle. Man nimmt an, dass die Bildung der für diese Substanzklasse charakteristischen Strukturen nach einem der kationischen Polymerisation von Ethylen ähnlichen Mechanismus abläuft.

3.12. Konjugierte Alkene

Im *Abschn. 1.15* wurde darauf hingewiesen, dass die charakteristischen Eigenschaften eines Moleküls nur dann einzelnen funktionellen Gruppen zugeordnet werden können, wenn Letztere ausreichend voneinander entfernt sind. Aus diesem Grunde weisen Moleküle, bei denen zwei oder mehrere (C=C)-Bindungen *konjugiert* sind, Eigenschaften auf, die von denen der Alkene verschieden sind. Der Prototyp für derartige Systeme ist das Buta-1,3-dien. Die besonderen Eigenschaften dieser Verbindung, die mit der Konjugation der (C=C)-Bindungen zusammenhängen, sind in *Tab. 3.6* zusammengefasst. Bereits der kürzere Abstand (148 statt 154 pm) der Einfachbindung zwischen den Atomen C(2) und C(3) deutet auf eine intramolekulare Wechselwirkung zwischen den (C=C)-Bindungen hin, deren Bindungslänge von 134 pm jedoch dem 'normalen' Wert entspricht. Für diese und andere in *Tab. 3.6* aufgeführten besonderen Eigenschaften des Butadiens wird die *Delokalisierung* der π-Elektronen der (C=C)-Bindungen über alle C-Atome des Moleküls verantwortlich gemacht.

> Doppel(Mehrfach)bindungen, die in einem Molekül alternierend mit Einfachbindungen angeordnet sind, werden als **konjugierte** Doppel-(Mehrfach)bindungen bezeichnet.

Tab. 3.6. Molekulare Parameter des Buta-1,3-dien-Moleküls, die auf die Delokalisierung der π-Elektronen zurückzuführen sind

Länge der (C(2)–C(3))-Bindung:	148 pm
Rotationsbarriere um die (C(2)–C(3))-Bindung:	16 kJ mol^{-1}
Hydrierungswärme je (C=C)-Bindung:	119 kJ mol^{-1}
Lichtabsorption (λ_{max}):	217 nm
Bevorzugt elektrophile 1,4-Addition statt 1,2-Addition.	

3.13. Mesomerie

Vom thermodynamischen Standpunkt aus gesehen bedeutet die Delokalisierung von Elektronen eine Zunahme der Entropie des Systems und somit eine 'Stabilisierung' desselben. Im Rahmen der quantenmechanischen Theorie der kovalenten Bindung lassen sich heutzutage die charakteristischen Eigenschaften von Molekülen mit delokalisierten Bindungselektronen mit Hilfe verschiedener rechnerischer Verfahren, die zum Teil unabhängig von experimentellen Eingaben sind, quantitativ erfassen. Für die qualitative Deutung der oben genannten Eigenschaften konjugierter Systeme hat sich jedoch in der Chemie eine Methode bewährt, die zwar auf einem weniger soliden theoretischen Fundament beruht, aber schnelle, oft zutreffende Voraussagen über die Reaktivität zahlreicher Verbindungen aufgrund der Struktur ihrer Moleküle ermöglicht. Diese so genannte VB (engl. *valence bond*)-Methode geht von dem Postulat aus, dass Moleküle mit delokalisierten Elektronen nicht durch eine einzige Strukturformel, sondern durch einen Satz von so genannten *Resonanz-* oder *Grenz-*

Fig. 3.29. *Wichtigste Typen von Resonanz-Strukturen des Butadiens gemäß VB-Methode*

Jede Verteilung der Elektronen um die Atomkerne eines Moleküls stellt eine **Elektronenkonfiguration** desselben dar.	*strukturen* dargestellt werden (*Fig. 3.29*). Jede Resonanz-Struktur stellt eine mögliche, jedoch als einzige nicht vorkommende *Elektronenkonfiguration* des betreffenden Moleküls dar. Dieses Postulat der VB-Methode beruht auf dem Grundsatz, dass es unmöglich ist, Ort und Impuls (Energie) eines Teilchens (des Elektrons) mit beliebiger Genauigkeit zu bestimmen (*Heisenbergs* Unschärferelation). Die Gesamtheit der Resonanz-Strukturen, die mit doppelköpfigen Pfeilen voneinander getrennt werden (*Fig. 3.29*), wird als Resonanz- oder Mesomerie-Hybrid (griech. μέσον (*méson*): Mitte) bezeichnet. Das reelle Molekül resultiert somit aus einer Superposition aller Resonanz-Strukturen, wobei ihre Beteiligung am Resonanz-Hybrid gewichtet ist (*Fig. 3.30*).

Resonanz-Strukturen (auch Grenz- oder Mesomerie-Strukturen genannt) sind topologisch identische Molekülstrukturen, die durch Verschiebung von Elektronen ineinander umgewandelt werden können.

Die Gesamtheit der Resonanz-Strukturen wird als **Resonanz-Hybrid** (Mesomerie-Hybrid) bezeichnet.

Die Notwendigkeit mehrerer Grenzstrukturen zur Beschreibung der Elektronenverteilung in kovalenten Bindungen beweist die Unzulänglichkeit der herkömmlichen chemischen Formel bei der Herstellung einer Korrelation zwischen *Struktur* und *Reaktivität* eines Moleküls. Ebenso genügen die vom deutschen Psychiater *Ernst Kretschmer* (1888–1964) in der Konstitutionstypologie eingeführten Körperbautypen des Menschen (pyknisch, leptosom, athletisch bzw. dysplastisch) nicht, um den *Charakter* – d. h. das Verhalten eines Menschen in einer gegebenen Situation – zu beschreiben. Ein dem VB-Modell analoges Verfahren bestünde darin, den Charakter eines Individuums durch einen *gewichteten* Satz von Momentaufnahmen, in denen es lachend, weinend oder ernst erscheint, darzustellen.

Bei der Formulierung von Grenzstrukturen müssen hauptsächlich zwei Bedingungen erfüllt werden:

1) Die Lage der Atome im Molekül bleibt unverändert, d. h. bei allen Grenzstrukturen sind die Abstände und Winkel entsprechender Bindungen gleich.

2) Alle Grenzstrukturen enthalten dieselbe Anzahl von gepaarten Elektronen.

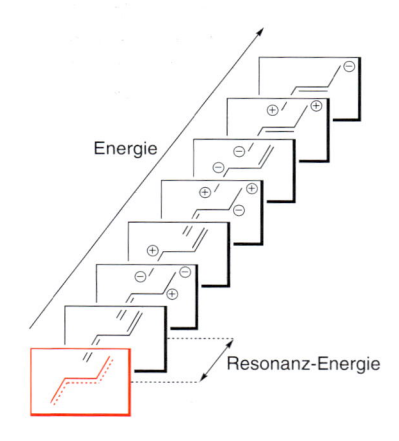

Fig. 3.30. *Das tatsächliche Buta-1,3-dien-Molekül als Superposition hypothetischer Resonanz-Strukturen*

Unter diesen Voraussetzungen lassen sich für das Butadien-Molekül mehrere Resonanz-Strukturen postulieren, von denen einige in *Fig. 3.29* dargestellt sind. Ihre relative Beteiligung (Gewicht) am Resonanz-Hybrid lässt sich nur sehr grob qualitativ abschätzen.

So sind beispielsweise sämtliche dipolaren Grenzstrukturen wesentlich energiereicher als die herkömmliche Formel des Butadiens (**a** in *Fig. 3.29*), die allerdings keine Elektronendelokalisierung voraussetzt. Aufgrund der im *Abschn. 3.9* erwähnten Bevorzugung sekundärer Carbenium-Ionen, sollte Grenzstruktur **b** (und die entsprechende Struktur, bei der die (C=C)-Bindung und die dipolare

Bindung ihre Lagen vertauschen) energetisch ärmer als Grenzstruktur **c** sein. Aufgrund der größeren Entfernung zwischen den Ladungen sollte Grenzstruktur **d** energiereicher als **b** und **c** sein. Allerdings lässt sich der kürzere Abstand der (C(2)=C(3))-Bindung des Butadiens durch die Beteiligung der Resonanz-Struktur **d** am Mesomerie-Hybrid am besten erklären. Ferner verlangt Grenzstruktur **d**, dass sämtliche C-Atome des Butadiens in einer Ebene liegen (vgl. *Abschn. 3.2*).

Es hat in der Vergangenheit nicht an theoretischen Ansätzen gefehlt, die 'Gewichtsverteilung' der einzelnen Resonanz-Strukturen im Mesomerie-Hybrid zu berechnen. Sie wurden jedoch alle von der theoretisch besser fundierten MO-Methode überholt.

Es gibt zwei Konformationen des Butadien-Moleküls, die planar sind und somit durch den Beitrag der Resonanz-Energie (*Abschn. 3.14*) bevorzugt sind; sie werden s-*cis* bzw. s-*trans* genannt (*Fig. 3.31*).

Experimentell lässt sich die Enthalpiedifferenz zwischen beiden Konformationen sowie die Rotationsbarriere der (C–C)-Bindung bestimmen. Sie betragen 12 bzw. 16 kJ mol^{-1}. Der höhere Energiegehalt der s-*cis*-Konformation ist auf die sterische Wechselwirkung (*Pitzer*-Spannung) zwischen den 'nach innen gerichteten' endständigen H-Atomen zurückzuführen. Sie hat zur Folge, dass der Diederwinkel (*Abschn. 2.19*) um die (C(2)–C(3))-Bindung nicht 0 sondern 38° beträgt.

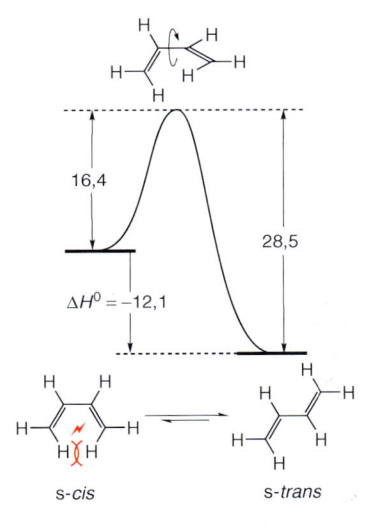

Fig. 3.31. *Bevorzugte Konformationen des Butadien-Moleküls* (Werte in kJ mol^{-1}, ±1,7 kJ mol^{-1}). Mit den Deskriptoren s-*cis* und s-*trans* werden *syn*- bzw. *anti*-periplanare Konformationen bezeichnet, die sich durch Drehung um die Einfachbindung (s für engl. *single bond*) eines konjugierten Systems ineinander überführen lassen.

3.14. Resonanz-Energie

Wie bereits erwähnt, bewirkt die Delokalisierung der Elektronen eines konjugierten Systems eine Herabsetzung der Freien Enthalpie des betreffenden Moleküls. Der entsprechende Energiebetrag wird in der VB-Methode *Resonanz-Energie* genannt. Die Resonanz-Energie eines Moleküls lässt sich halbempirisch berechnen, indem man postuliert, dass der Energiegehalt der energieärmsten Resonanz-Struktur aus den Energiebeiträgen ihrer nicht in Wechselwirkung stehenden Strukturelemente resultiert.

Demnach sollte die Hydrierungswärme des Buta-1,3-diens, wenn keine Wechselwirkung zwischen den (C=C)-Bindungen vorhanden wäre, doppelt so hoch sein wie die Hydrierungswärme des But-1-ens, das ebenfalls Butan als Reaktionsprodukt liefert (*Fig. 3.32*). Die Differenz zwischen der doppelten Hydrierungswärme des But-1-ens und der experimentell bestimmten Hydrierungswärme des Butadiens entspricht somit definitionsgemäß der Resonanz-Energie des Letzteren.

Die **Resonanz-Energie** wird als Differenz zwischen dem tatsächlichen Energiegehalt eines Moleküls und demjenigen der energieärmsten Resonanz-Struktur desselben definiert.

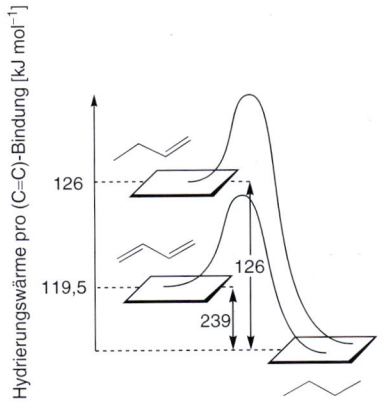

Resonanz-Energie: 2 × 126 – 239 = 13 kJ mol^{-1}

Fig. 3.32. *Hydrierungswärmen von But-1-en und Butadien* (schematisch)

3.15. 1,4-Addition

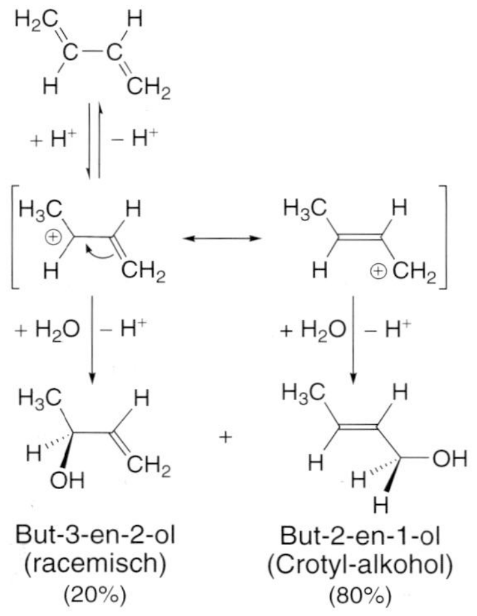

Mit Hilfe des VB-Modells können nicht nur molekulare Parameter sondern auch Reaktionsabläufe, die charakteristisch für Systeme mit delokalisierten Elektronen sind, *qualitativ* leicht interpretiert werden. Wider Erwarten wird beispielsweise bei der säurekatalysierten Addition von H_2O an Butadien bei 25 °C das 1,2-Addukt (But-3-en-2-ol) nur als Nebenprodukt gebildet (*Fig. 3.33*). Hauptprodukt der Reaktion ist das (*E*)-But-2-en-1-ol (*Crotyl-alkohol*).

Wie im Falle der Hydratisierung von Monoalkenen (*Abschn. 3.8*) wird beim ersten Schritt der Reaktion eine der (C=C)-Bindungen des Butadiens gemäß der *Markownikow*-Regel protoniert. Das dabei gebildete Carbenium-Ion (das *Crotyl-Kation*) stellt aber ein System delokalisierter Elektronen dar, denn die π-Elektronen der zum Carbenium-Ion konjugierten (C=C)-Bindung können sozusagen 'in die Lücke springen', wodurch die positive Ladung delokalisiert wird. Das Zwischenprodukt der Reaktion, welches die Grundstruktur eines *Allyl-Kations* (*Abschn. 3.17*) aufweist, ist somit ein Mesomerie-Hybrid zwischen den beiden in *Fig. 3.33* dargestellten Resonanz-Strukturen. Die darauf folgende Addition des Nucleophils (in diesem Falle das H_2O-Molekül) kann nunmehr entweder an das endständige oder an das mittelständige C-Atom erfolgen, wodurch zwei regioisomere Reaktionsprodukte möglich sind, deren relativer Anteil im Allgemeinen von den jeweiligen Reaktionsbedingungen abhängt.

Aufgrund des niedrigeren Energiegehalts eines sekundären Carbenium-Ions ist die linke Resonanz-Struktur in *Fig. 3.33* stärker im Mesomerie-Hybrid vertreten, d. h. die *Elektronendichte* des Moleküls ist am kleinsten an den mittelständigen C-Atomen. Demzufolge entsteht bei tiefen Temperaturen, bei denen die Reaktion des Carbenium-Ions mit dem Nucleophil kinetisch kontrolliert ist, bevorzugt das 1,2-Addukt. Bei Raumtemperaturen dagegen ist die Reaktion reversibel, und infolgedessen wird das thermodynamisch bevorzugte Isomer, welches die höher substituierte (C=C)-Bindung enthält, zum Hauptprodukt der Reaktion.

Weniger einfach gestaltet sich die Interpretation des Mechanismus der katalytischen Hydrierung konjugierter Olefine, bei der oft die Bildung von Produkten der formalen 1,4-Addition von H_2 beobachtet wird. Führt man die Hydrierung von Butadien mit nur einem Äquivalent H_2 durch, bis kein Edukt mehr nachweisbar ist, so enthält das Reaktionsprodukt nur sehr wenig Butan. Bei Raumtemperatur in Gegenwart von Palladium als Katalysator besteht das Reaktionsgemisch aus But-1-en (5%) sowie (*Z*)- und (*E*)-But-2-en (26 bzw. 68%). Da aber das gleiche Verhältnis der Konzentrationen von Buten-Isomeren gefunden wird, wenn Letztere in Gegenwart von Palladium und H_2 im thermodynamischen Gleichgewicht vorliegen, ist es unwahrscheinlich, dass die obige Zusammensetzung des Reaktionsge-

Fig. 3.33. *Elektrophile Addition an Butadien*

Otto Paul Hermann Diels (1876–1954) Professor an den Universitäten Berlin (1914) und Kiel (1916), entdeckte 1928 zusammen mit seinem damaligen Mitarbeiter *Kurt Alder* (1902–1958) die nach ihnen genannte Reaktion. Für ihre Entdeckung wurden sie 1950 mit dem *Nobel*-Preis ausgezeichnet. Zuvor hatte *Diels* die Struktur des Grundgerüstes der Steroide aufgeklärt (*Abschn. 4.2*). (© *Nobel*-Stiftung)

misches den Anteil der 1,2- und 1,4-Addition von H_2 an das Butadien wiedergibt. Die Untersuchung der Kinetik der Reaktion zeigt, dass die Hydrierung der Buten-Isomere *in Gegenwart von Butadien* sehr langsam stattfindet, so dass Butan, das unter geeigneten Reaktionsbedingungen das Hauptprodukt der Reaktion sein kann, direkt durch Hydrierung von Butadien und nicht als Folgeprodukt der sukzessiven Addition von zwei H_2-Molekülen gebildet wird.

3.16. *Diels–Alder*-Reaktion

Die *Diels–Alder*-Reaktion stellt eine Art von 1,4-Addition an ein Dien dar, bei der aber der andere Reaktionspartner (das sog. *Dienophil*) keine ionische Spezies ist. Aufgrund ihrer hohen Stereoselektivität (je nach Struktur der Edukte sind bis acht isomere Produkte möglich, von denen meistens aber nur ein racemisches Hauptprodukt entsteht, dessen relative Konfiguration voraussagbar ist), wird generell postuliert, dass die *Diels–Alder*-Reaktion ein einstufiger Prozess ist.

Eine Differenzierung zwischen Verschiebung von einzelnen Elektronen oder von Elektronenpaaren ist in diesem Fall hinfällig (*Fig. 3.34*). Ein derartiger Prozess, bei dem der Übergangskomplex im Idealfall ein System cyclisch delokalisierter Elektronen darstellt (s. *Abschn. 4.6*) wird *Cycloaddition* genannt. Die *Diels–Alder*-Reaktion ist somit eine [4 + 2]-Cycloaddition, weil vier Elektronen des Diens und zwei des Dienophils bei der Bildung des Addukts involviert sind. Die *Diels–Alder*-Reaktion läuft schneller ab, wenn das Dienophil eine 'elektronenarme' (C=C)-Bindung (*Abschn. 8.21*) enthält (*Fig. 3.35*).

Obwohl die *Diels–Alder*-Reaktion eine der vielseitigsten Methoden der synthetischen organischen Chemie ist, gelang es erst vor kurzem in einigen wenigen Fällen nachzuweisen, dass sie auch zum Repertoire enzymatisch katalysierter Reaktionen gehört (s. *Tab. 1.8*).

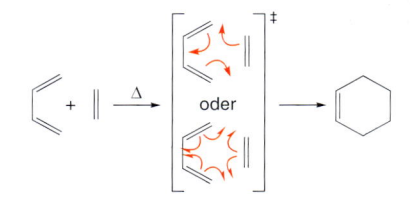

Fig. 3.34. Diels–*Alder-Reaktion* (schematisch)

Cycloadditionen sind einstufige Reaktionen, bei denen sich zwei oder mehrere Reaktionspartner ausschließlich unter Umwandlung von π- in σ-Bindungen zu einem cyclischen Addukt vereinen.

Fig. 3.35. Diels–*Alder-Reaktion des Butadiens mit Acrolein* (Propenal)

3.17. Die allylische Bindung

Aufgrund der Elektronendelokalisierung ist der Energiegehalt des im *Abschn. 3.15* erwähnten Crotyl-Kations kleiner als bei nichtkonjugierten Carbenium-Ionen. Im Allgemeinen zeichnen sich Bindungen, deren Bruch zur Bildung eines *Allyl*-Systems führt, durch ihre relativ kleine Bindungsdissoziationsenergie aus, und zwar unabhängig davon,

Fig. 3.36. *Resonanz-Strukturen des Allyl-Radikals, Allyl-Kations und Allyl-Anions*

ob es sich beim Zwischenprodukt der Reaktion um ein Radikal, ein Carbenium-Ion oder ein Carbanion handelt (*Fig. 3.36*).

Beträgt die Bindungsdissoziationsenthalpie der (C−H)-Bindungen der CH_3-Gruppen des Propans $\Delta H^0 = 410$ kJ mol^{-1} (vgl. *Tab. 2.8*), so ist der entsprechende Wert für das Propen nur 360 kJ mol^{-1}. Ebenfalls sind die H-Atome der CH_3-Gruppe des Propens acider (pK_s = 43) als die des Propans (p$K_s \approx 50$) (s. *Tab. 8.2*).

Die Elektronendelokalisierung im Allyl-System bedingt eine Delokalisierung des Reaktionszentrums im Molekül, so dass zahlreiche Reaktionen, bei denen das Zwischenprodukt eine Allyl-Spezies ist, unter Verlagerung der (C=C)-Bindung ablaufen (*Allyl-Umlagerung*). Dazu gehören sowohl die elektrophile Addition an konjugierte Polyene (*Abschn. 3.15*) als auch Substitutionsreaktionen (*Abschn. 5.17*), die unter Bildung von Carbenium-Ionen oder Carbanionen als Zwischenprodukte stattfinden. Auf die energetisch bevorzugte Spaltung allylischer Bindungen ist ebenfalls die beobachtete Regioselektivität bei der Ringaufspaltung von Cycloalkenen zurückzuführen (*Abschn. 3.26*).

3.18. Sigmatrope Umlagerungen

Eine besondere Art von Allyl-Umlagerungen stellen Reaktionen dar, die ohne Bildung eines Zwischenproduktes verlaufen. Derartige Umlagerungen lassen sich formal als Reaktionen interpretieren, bei denen homolytische Spaltung der allylischen σ (*Sigma*)-Bindung und Rekombination der dabei gebildeten Radikale am anderen Ende des konjugierten Systems einstufig ablaufen. Derartige Reaktionen, die intramolekular stattfinden, werden *sigmatrope* Umlagerungen genannt (griech. τροπέω (*tropéō*): umwenden); ihre *Ordnung* wird durch die Anzahl der Atome in den beiden durch Bruch der allylischen σ-Bindung resultierenden Fragmenten, deren Bindungen zu anderen Atomen im Molekül verändert werden, definiert.

Der einstufige Verlauf der thermischen Umlagerung des (2*E*,4*Z*)-6-Methyl-octa-2,4-diens in 3-Methylocta-3,5-dien (*Fig. 3.37*) ist durch die Stereoselektivität der Reaktion des (+)-(*S*)-Enantiomers des Eduktes, bei dem das H-Atom an

Sigmatrope Umlagerungen sind einstufig verlaufende Molekülumlagerungen, bei denen eine durch eine oder mehrere Doppel- oder Dreifachbindungen flankierte σ-Bindung unter Reorganisation des π-Elektronensystems in eine neue Position umgelagert wird.

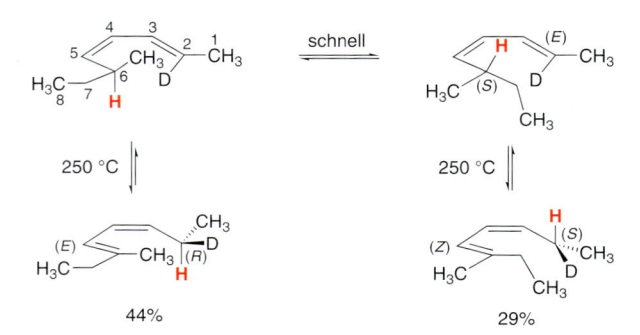

Fig. 3.37. *Stereoselektive [1,5]-sigmatrope Umlagerung des (2E,4Z,6S)-6-Methyl-[2-²H]octa-2,4-diens (D steht für ²H)*

C(2) durch Deuterium ersetzt wurde, bewiesen worden. Demnach handelt es sich dabei um eine sigmatrope Umlagerung der Ordnung [1,5]. Derartige sigmatrope Umlagerungen, bei denen sich das umgelagerte Atom nach wie vor der Reaktion auf derselben Seite der durch die Atome des konjugierten System definierten Ebene befindet, werden als *suprafacial* (lat. *supra*: oben, *facies*: Gesicht) bezeichnet. *Antarafaciale* (griech. ἀντα (*anta*): entgegen, gegenüber) sigmatrope Umlagerungen, bei denen das umgelagerte Atom während der Reaktion die Seite des Moleküls 'wechselt', sind ebenfalls möglich, wenn das konjugierte System so verdrillt werden kann, das dessen Anfang und Ende übereinander stehen.

Dementsprechend wird die *in vivo* Umwandlung vom Präcalciferol (*Abschn. 3.26*), die auch *in vitro* ablaufen kann, in Calciferol als eine sigmatrope [1,7]-H-Verschiebung interpretiert (*Fig. 3.38*), obwohl bisher der (experimentell allerdings sehr schwer zu erbringende) Beweis für den stereochemischen Verlauf der enzymatischen Reaktion fehlt.

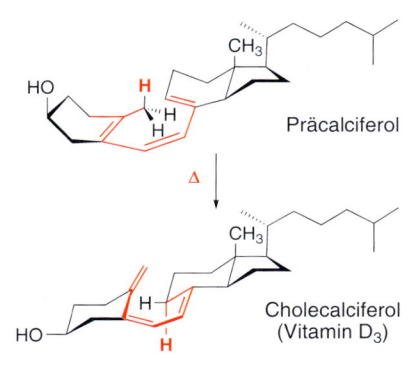

Fig. 3.38. *Umwandlung des Präcalciferols in Cholecalciferol*

Bei sigmatropen Umlagerungen können nicht nur (C–H)-Bindungen sondern auch kovalente σ-Bindungen zwischen C-Atomen oder sogar zwischen Heteroatomen gespalten bzw. gebildet werden. Zu den sigmatropen Umlagerungen von (C–C)-Bindungen gehört die thermische Isomerisierung von Hexa-1,5-dien-Derivaten (sog. *Cope*-Umlagerung).

Erhitzt man beispielsweise Hexa-1,5-dien auf 200 °C, so lässt sich mit Hilfe geeigneter (spektroskopischer) Methoden feststellen, dass eine reversible Umwandlung zwischen zwei Strukturen stattfindet, die zwar dieselbe Verbindung darstellen, bei denen aber die Lagen der endständigen (trigonalen) C-Atome und der mittelständigen (tetragonalen) C-Atome vertauscht sind (*Fig. 3.39*). Obwohl die Reaktion formal als Endergebnis der homolytischen Spaltung der allylischen (C–C)-Bindung des Edukts und der darauf folgenden Rekombination der gebildeten Allyl-Radikale interpretiert werden kann, deutet die hohe Stereospezifität aller bisher untersuchten *Cope*-Umlagerungen darauf hin, dass die Spaltung der allylischen (C–C)-Bindung und die Rekombination der Allyl-Radikale einstufig ablaufen. Es handelt sich somit um sigmatrope Umlagerungen der Ordnung [3,3].

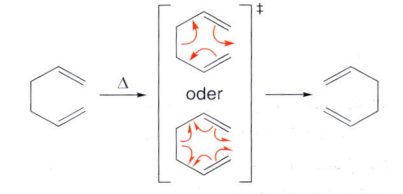

Fig. 3.39. Cope-*Umlagerung* (schematisch)

Darüber hinaus spricht die bei der *Cope*-Umlagerung einiger Derivate des Hexa-1,5-diens beobachtete Stereospezifität für den um 24 kJ mol^{-1} kleineren Energiegehalt eines Übergangskomplexes der Reaktion, dessen Geometrie der Sessel- statt der Wannen-Konformation des Cyclohexans ähnelt (s. *Abschn. 4.6*). Ein Beispiel dafür stellt die thermische Umwandlung von Germacren A in β-Elemen dar (*Fig. 3.40*), eine Reaktion, die vermutlich auch bei der Biosynthese des Letzteren eine Rolle spielt. Elemene sind Sesquiterpene (*Abschn. 3.19*), die

Arthur Clay Cope (1909–1966) entdeckte die nach ihm genannte molekulare Umlagerung im Jahre 1940 während seiner Tätigkeit als außerordentlicher Professor am Bryn Mawr College (Philadelphia). Nach einem Aufenthalt an der Columbia University in New York (1941–1945) wurde *Cope* zum Ordinarius am Massachusetts Institute of Technology (Boston) berufen, wo er sich hauptsächlich der Untersuchung cyclischer Olefine mittlerer Ringgröße widmete. (Mit Genehmigung des Museums, Cambridge, MA)

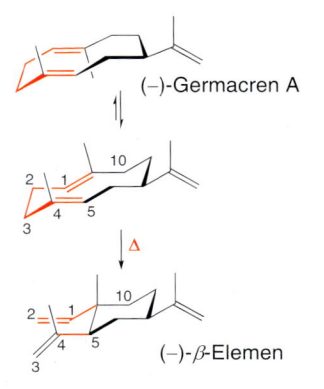

Fig. 3.40. *Stereoselektive* Cope-*Umlagerung des (−)-Germacrens*

u. a. im Elemiharz, einem Exsudat der auf den Philippinen wachsenden Baumart *Canarium luzonicum*, vorkommen.

Edukt und Produkt der *Cope*-Umlagerung sind Konstitutionsisomere; sie gehören jedoch zu einer besonderen Klasse von Konstitutionsisomeren, die *Valenzisomere* genannt werden (*Abschn. 4.3*). Der Übergangskomplex der *Cope*-Umlagerung stellt analog demjenigen der *Diels–Alder*-Reaktion (*Abschn. 3.16*) ein System cyclisch delokalisierter Elektronen dar (*Abschn. 4.6*).

Nach dem gleichen Mechanismus finden Isomerisierungen von Molekülen statt, die durch Ersatz von einem oder mehreren C-Atom(en) des Hexa-1,5-diens durch Heteroatome (O, N, S u. a.) resultieren. Obwohl sie in der präparativen organischen Chemie aufgrund ihrer Stereoselektivität eine wichtige Rolle spielen, ist bisher nur eine Reaktion dieser Art bekannt, die enzymatisch katalysiert wird (*Abschn. 8.18*).

3.19. Terpene

Terpene bilden eine umfangreiche Gruppe von Naturstoffen, deren Moleküle formal aus *Isopren* (2-Methylbuta-1,3-dien)-Einheiten aufgebaut sind. Dieses zuerst von *Otto Wallach* erkannte Herleitungsprinzip erwies sich später auch für die Carotinoide und Steroide gültig (*Ružička*'s Isoprenregel), so dass es sinnvoll ist, Letztere sowie zahlreiche Terpene, die infolge sekundärer enzymatischer Umwandlungen der Isoprenregel nicht gehorchen, in die Verbindungsklasse der Terpenoide einzugliedern. Terpene werden nach Anzahl der Isopren-Einheiten, aus denen das Molekül aufgebaut ist, eingeteilt (*Tab. 3.7*).

Tab. 3.7. Klassifizierung der Terpene

Terpen-Klasse	Anzahl C-Atome	die wichtigsten Vertreter
Monoterpene	10	Geraniol, Limonen, Pinen, Bornylen, ...
Sesquiterpene	15	Farnesol
Diterpene	20	Geranylgeraniol, Phytol
Sesterterpene	25	Geranylfarnesol
Triterpene	30	Squalen → Steroide
Tetraterpene	40	Phytoen → Carotinoide
Polyterpene	100–30000	Guttapercha, Kautschuk

Otto Wallach (1847–1931)
Ordinarius an der Universität Göttingen (1889), beschäftigte sich bis 1884 vorzugsweise mit Strukturfragen der organischen Chemie. Danach wandte er sich auf Rat von *A. Kekulé* der Erforschung der Terpene zu, deren gemeinsame Herkunft aus Isopren er erkannte. Seine bahnbrechenden Arbeiten zur Strukturaufklärung mono- und bicyclischer Terpene wurden 1910 mit dem *Nobel*-Preis gewürdigt.
(© *Nobel*-Stiftung)

Leopold (Lavoslav) Ružička (1887–1976)
Professor an der Universität Utrecht (1926) und an der Eidgenössischen Technischen Hochschule Zürich (1929), wurde 1939 für seine Arbeiten über Polymethylene und höhere Terpene mit dem *Nobel*-Preis ausgezeichnet. Durch die Synthese cyclischer Ketone mit bis zu 34 C-Atomen im Ring konnte *Ružička* das von *A. von Baeyer* (*Abschn. 2.21*) aufgestellte Postulat, nachdem derartig große Ringe nicht existenzfähig sind, widerlegen. Zu seinen wichtigen wissenschaftlichen Beiträgen gehören ferner die 1933 gelungene Strukturaufklärung und erstmalige Synthese eines Sexualhormons (Androsteron), die Partialsynthese des Testosterons und die Isolierung von Lanosterol aus dem Wollfett. (© *Nobel*-Stiftung)

Der Name Terpen ist von Terpentin (griech. τερπνός (*terpnós*): erfreulich, angenehm), einem ursprünglich aus angeritzten Terpentinpistazien (lat. *terebinthus*; griech. τερέβινθος (*terébinthos*)) ausfließenden und eingesammelten zähflüssigen Harz abgeleitet. Im heutigen Sprachgebrauch ist Terpentin die zusammenfassende Bezeichnung für überwiegend aus Kiefernarten des Mittelmeerraums (hauptsächlich *Pinus palustris*, *P. silvestris* und *P. maritima*) durch Anschneiden der Rinde gewonnenes Harz, aus dem verschiedene Terpene isoliert werden können.

Obwohl es unter präbiotischen Bedingungen leicht gebildet werden konnte (*Abschn. 8.7*), ist Isopren (= 2-Methylbuta-1,3-dien) in der Natur bisher nicht nachgewiesen worden; sein biogenetisches Äquivalent ist das Dimethylallyl-pyrophosphat (*Fig. 3.41*), ein Regioisomer des Isopentenyl-pyrophosphats (*Abschn. 3.9*), das durch decar-

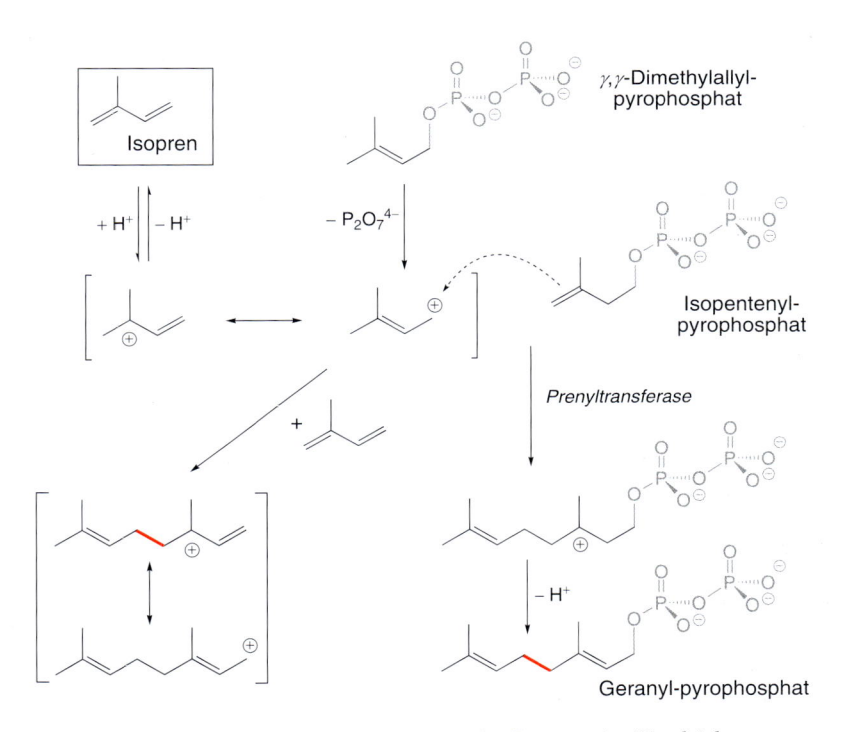

Fig. 3.41. *Die säurekatalysierte Dimerisierung des Isoprens im Vergleich zur enzymatisch katalysierten* Prenylierung (Prenyl ist der Trivialname des 3-Metylbut-2-enyl-Radikals) *von Isopentenyl-pyrophosphat, die bei der Biosynthese des Geranyl-pyrophosphats stattfindet.*

Struktur und Reaktivität der Biomoleküle

boxylative Eliminierung aus Mevalonsäure biosynthetisiert wird (*Abschn. 9.13*).

Entsprechend der Rückreaktion der elektrophilen Addition von H_2SO_4 an die (C=C)-Bindung des Ethylens (s. *Fig. 3.15*) führt die Abspaltung des Pyrophosphat-Ions beim Dimethylallyl-pyrophosphat zu einem Carbenium-Ion, das infolge der Elektronendelokalisierung bei konjugierten Systemen (vgl. *Abschn. 3.15*) identisch mit dem Produkt der Protonierung von Isopren ist. In *Fig. 3.41* sind die Einzelschritte der von der *Prenyltransferase* katalysierten Kondensation von Dimethylallyl-pyrophosphat mit Isopentenyl-pyrophosphat, die zum Geranyl-pyrophosphat führen, der formalen Dimerisierung von Isopren gegenübergestellt.

Durch Hydrolyse des Geranyl-pyrophosphats entsteht *Geraniol*, ein Bestandteil des Palmarosaöls (95%) und des Geraniumöls (40–50%) sowie zahlreicher anderer ätherischer Öle (*Fig. 3.42*). Wegen seines angenehmen rosenartigen Geruchs wird Geraniol in der Parfümerie und Genussmittelindustrie verwendet. Durch H_2O-Abspaltung entsteht aus Geraniol *Ocimen*, das als Isomerengemisch in verschiedenen ätherischen Ölen (z. B. in den Blättern von Basilikum, Sellerie und Tomaten sowie in Citrusfrüchten und Piment) vorkommt.

Geranyl-pyrophosphat ist der biogenetische Vorläufer aller Monoterpene. Sein (Z)-Isomer, das *Neryl-pyrophosphat* (*Abschn. 5.17*) weist die geeignete Geometrie für die intramolekulare Cyclisierung auf, welche die Biosynthese der mono- und bicyclischen Monoterpene ermöglicht. Bei derartigen Cyclisierungen handelt es sich um elektrophile Additionen von Carbenium-Ionen an (C=C)-Bindungen, die reaktionsmechanistisch der Polymerisation des Isobutens völlig analog sind (*Fig. 3.43*).

Fig. 3.42. *Geraniol ist zu 40–50% im ätherischen Öl der Geranium (Pelargonium zonale) enthalten.*

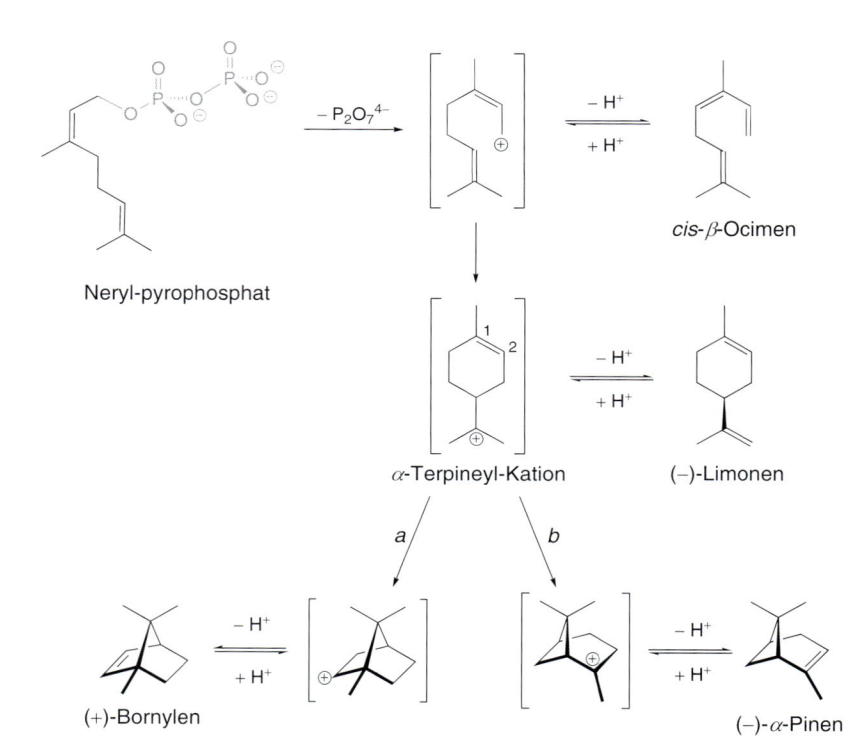

Fig. 3.43. *Biosynthese wichtiger mono- und bicyclischer Monoterpene. Letztere entstehen durch Anlagerung des Carbenium-Ions an die C(1)- (a) bzw. C(2)-Position (b) des Menthan-Grundgerüstes.*

Limonen (vgl. *Abschn. 5.20*), welches das *Menthan*-Gerüst aufweist, ist das in der Natur am weitesten verbreitete Monoterpen. In den meisten ätherischen Ölen (Pomeranzenschalenöl (90%), Kümmelöl (40%), Zitronenöl u.a.) kommt das rechtsdrehende Enantiomer vor. (−)-Limonen ist dagegen ein Bestandteil des Edeltannen- und Fichtennadelöls. Auch das Racemat kommt in mehreren ätherischen Ölen vor.

Ebenfalls in ätherischen Ölen, vor allem aus Nadelhölzern (lat. *pinus*: Kiefer), kommen die *Pinene* vor, von denen drei Regioisomere (α-, β- und das seltene δ-Pinen) bekannt sind. Hauptquelle der Pinene ist das *Terpentinöl*, das α- (60–65%) und β-Pinen (30–35%) enthält. Bornylen (Born-2-en) entsteht durch H₂O-Abspaltung aus *Borneol* (vgl. *Abschn. 5.21*) bzw. dessen *C(2)*-Epimer, dem *Isoborneol*.

Eine wichtige Klasse bicyclischer Monoterpene bilden die Derivate des *Thujans*, die biogenetisch ebenfalls vom Menthan-Grundgerüst abgeleitet werden, und zwar durch Isomerisierung des α-Terpineyl-Kations zum Terpinen-4-yl-Kation (*Abschn. 5.21*) und darauf folgende Addition des Letzteren an die endocyclische (C=C)-Bindung (*Fig. 3.44*). Das bekannteste Derivat des Thujans ist das α-*Thujon*, das neben seinem (4*S*)-Isomer, dem (+)-β-Thujon, in den ätherischen Ölen vieler Pinaceen, Labiaten und Compositen, insbesondere aber im Wermutöl, das aus dem als Unkraut weit verbreiteten Beifuß gewonnen wird, vorkommt (*Fig. 3.45*). Thujon ist ein starkes Nervengift, das neben allgemeinen Vergiftungserscheinungen bleibende degenerative Schädigungen des Zentralnervensystems, besonders des Gehirns, hervorrufen kann. Wegen seiner Löslichkeit in Alkohol ist Thujon sowohl im Wermutwein als auch in dem besonders in den Künstlerkreisen des 19. Jahrhunderts in Frankreich sehr beliebten Absinthlikör enthalten, dessen regelmäßiger Genuss zu schweren psychischen Schäden (Halluzinationen, tiefe Depressionen, bis hin zum Selbstmord) sowie zum völligen Verfall der Persönlichkeit führen kann. Im Gegensatz zum Wermutwein enthält Wermuttee kaum Thujon, weil Letzteres in H₂O kaum löslich ist.

Fig. 3.45. *Beifuß* (*Artemisia vulgaris*) *kommt als Unkraut weit verbreitet vor.*

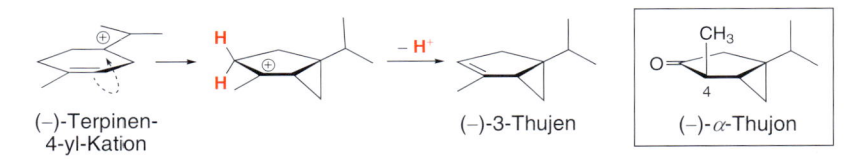

Fig. 3.44. *Umwandlung des Terpinen-4-yl-Kations in das Thujan-Grundgerüst*

Als Vorläufer des isoprenoiden Teils zahlreicher Indol-Alkaloide (*Abschn. 10.6*) kommt dem *Loganin*, das aus Geranyl- (bzw. Neryl-)pyrophosphat durch Cyclisierung und Oxidation der endständigen C-Atome biosynthetisiert wird, Bedeutung zu (*Fig. 3.46*). Das in *Fig. 3.46* rot hervorgehobene C-Grundgerüst des Loganins (das *Iridan*) ist für einen Typ terpenoider Cyclopentan-Derivate, die *Iridoide* genannt werden, charakteristisch. Mehrere hundert Iridoide sind im Pflanzenreich weit verbreitet und dienen einigen Insekten (z. B. Ameisen der Gattung *Iridomyrmex*) als Abwehrstoffe und Pheromone (*Abschn. 3.20*).

Nach dem gleichen Reaktionsmechanismus der Bildung des Geranyl-pyrophosphats (sog. 'Kopf–Schwanz'-Kondensation von Isopren-Einheiten) werden bei der Biosynthese des Farnesyl- und Geranylgeranyl-pyrophosphats weitere Isopentenyl-pyrophosphat-Moleküle in die wachsende Isopren-Kette sukzessive inkorporiert (*Fig. 3.47*). Vermutlich katalysiert sogar dasselbe Enzym – die *Prenyltransferase* – die Biosynthese des Geranyl- und Farnesyl-pyrophosphats. Farnesyl- und

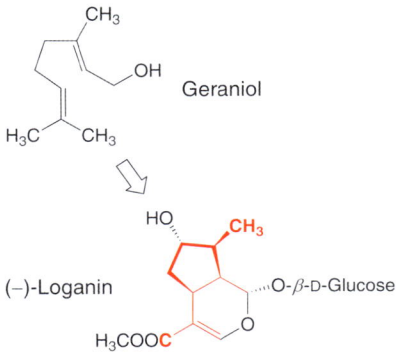

Fig. 3.46. *Zahlreiche Experimente zur Aufklärung der Biosynthese des Loganins sind mit Madagaskar-Immergrün* (*Catharanthus roseus*) *durchgeführt worden.*

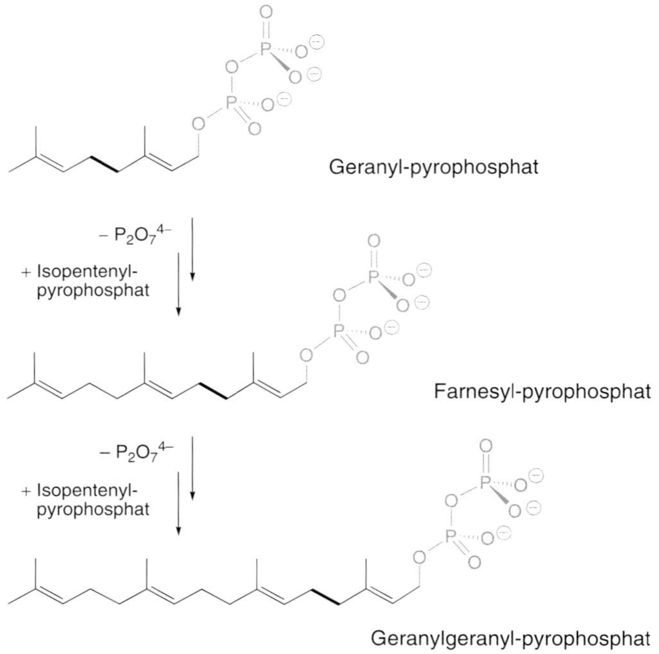

Fig. 3.47. *Biosynthese des Farnesyl- und Geranylgeranyl-pyrophosphats*

Geranylgeranyl-pyrophosphat sind die biogenetischen Vorläufer der Sesqui- (lat. *sesqui*: anderthalb) bzw. Diterpene.

Die Hydrolyse des Farnesyl-pyrophosphats führt zum Farnesol, einem nach Maiglöckchen riechenden Terpenoid, das als Bestandteil der Bakteriochlorophylle *c*, *d* und *e* eine wichtige Rolle spielt. Ebenso eine wichtige Rolle spielt das *Geranylgeraniol* als Bestandteil des Bakteriochlorophylls *a* und insbesondere sein Hexahydro-Derivat, das *Phytol*, als Bestandteil der Chlorophylle (*Abschn. 10.4*).

Analog dem Neryl-pyrophosphat bei den Monoterpenen (s. *Abschn. 5.17*) stellt das (2Z)-Farnesyl-pyrophosphat den biogenetischen Vorläufer der mono- und bicyclischen Sesquiterpene dar, die eine Vielfalt von Strukturen aufweisen und hauptsächlich im Pflanzenreich weit verbreitet sind. Von den mehr als 200 verschiedenen Typen sesquiterpenoider C-Grundgerüste, sind in *Fig. 3.48* nur die am häufigsten vorkommenden dargestellt.

Eine zentrale Rolle für die Biogenese vieler Sesquiterpene spielen Vorläufer mit den Grundgerüsten des Bisabolans und des Germacrans. γ-Bisabolen und seine Isomere kommen in verschiedenen Pflanzenölen (Bergamott-, Citrusöl u.a.) als Riechstoffe vor. Zu den wichtigsten Folgeprodukte der Germacrane, von denen bisher *ca.* 100 Verbindungen bekannt sind, gehören α-*Bulnesen*, ein Sesquiterpen mit Azulen-Grundgerüst (*Abschn. 4.2*), das im Guajakholz (*Bulnesia sarmienti*) vorkommt, die *Selinene*, die im Öl aus den Samen des Selleries (*Apium graveolens*) enthalten ist, und die *Elemene* (*Abschn. 3.18*).

Sesquiterpene mit dem Grundgerüst des 1,6-Dimethyl-4-isopropyldecalins (Cadalin) werden als *Cadinane*, oder *Cadalane*, bezeichnet. β-*Cadinen*, der Hauptbestandteil des Wachholderteeröls (Cade-Öl), das durch trockene Destillation des

Fig. 3.48. *Biogenese der wichtigsten mono- und bicyclischen Sesquiterpene.* Die Namen der entsprechenden C-Grundgerüste sind in Klammern angegeben. Neben den Pfeilen stehende Zahlen weisen auf die Atome hin, zwischen denen jeweils eine neue (C–C)-Bindung (rot hervorgehoben) entsteht. Man beachte, dass die Nummerierung der bicyclischen Sesquiterpene nicht den Regeln der systematischen Nomenklatur folgt.

Holzes und der Zweige vom Wachholder (*Juniperus communis*) gewonnen wird, ist das im Pflanzenreich am meisten verbreitete Sesquiterpen.

Humulene und Caryophyllene kommen oft in denselben Pflanzen vor. Das monocyclische α-Humulen (α-Caryophyllen) und das bereits 1834 aus dem Öl der Gewürznelke (*Eugeria caryophyllita*) isolierte β-Caryophyllen sind in der Natur weit verbreitet. Humulen kommt u. a. im ätherischen Öl des Hopfens (*Humulus lupulus*) vor, ist aber weder mit *Humulon* noch mit *Lupulon*, den bitter schmeckenden Stoffen, die bei längerer Lagerung des Hopfens entstehen, konstitutiv verwandt.

Wird die 'Kopf–Schwanz'-Kondensation von Isopren-Einheiten fortgesetzt, so entstehen Additionspolymere (Kautschuk, Guttapercha, Balata), die im Milchsaft (Latex) zahlreicher Dikotiledonen vorkommen. Die Anzahl der Monomer-Einheiten im Kautschuk schwankt zwischen 8000 und 30 000. Da jedes Isopren-Molekül zwei (C=C)-Bindungen enthält, ist im Polyisopren eine (C=C)-Bindung pro Monomer-Einheit vorhanden, die beim Kautschuk zu 98% *cis*-Anordnung

Hermann Staudinger (1881–1965) damals Professor an der Eidgenössischen Technischen Hochschule in Zürich und später (1926) an der Universität Freiburg i. Br., erbrachte mit der Aufklärung der Polymer-Struktur des Kautschuks im Jahre 1921 den Beweis für die Existenz von Molekülen mit mehreren tausend Atomen, die er *Makromoleküle* nannte. Seine diesbezüglichen bahnbrechenden Arbeiten wurden 1953 mit dem *Nobel*-Preis für Chemie gewürdigt. (© *Nobel*-Stiftung)

aufweist (*Fig. 3.49*). Im Gegensatz dazu ist Guttapercha (Balata) aus nur *ca.* 100 Isopren-Einheiten aufgebaut, deren (C=C)-Bindungen zu 97% *trans*-Anordnung aufweisen.

Kautschuk (von indian. *caa ochu*: weinender Baum) oder Naturgummi wird hauptsächlich aus dem im Amazonas-Gebiet beheimateten Kautschukbaum *(Hevea brasiliensis)* gewonnen. Rohkautschuk, der durch Ausfällen der im Latex suspendierten Tröpfchen und anschließendes Trocknen und Räuchern erhalten wird, ist nur wenig wärme- und sauerstoffbeständig. Er erweicht bereits oberhalb 30 °C und wird dabei klebrig. Beim 1839 von *Charles Nelson Goodyear* (1800–1860) entdeckten Vulkanisationsprozess, der durch Erhitzen mit Schwefel auf 130–140 °C bzw. durch Behandeln mit S_2Cl_2 bei Raumtemperatur durchgeführt wird, werden die Makromoleküle des Polymers unter Bildung von S-Brücken, die durch Addition an die (C=C)-Bindungen gebildet werden, teilweise vernetzt. Man erhält den hochelastischen, wesentlich wärmebeständigeren 'Gummi'. Die zur Herstellung von Autoreifen erforderliche Sauerstoffbeständigkeit und Abriebfestigkeit werden durch Zusatz von Antioxidantien bzw. Ruß, Zink-oxid oder anderen Füllstoffen erhöht. Guttapercha wird unter anderem für die Kaugummiherstellung und als Isoliermaterial (z.B. für Tiefseekabel) verwendet.

Es ist bemerkenswert, dass Geranylfarnesyl-pyrophosphat das längste Oligomer des Dimethylallyl-pyrophosphats ist, das durch 'Kopf–Schwanz'-Kondensation von Isopren-Einheiten biosynthetisiert wird. Davon abgeleitete *Sesterterpene* – z.B. Geranylfarnesol, das im Wachs von *Ceroplastes albolineatus* vorkommt – sind selten. Die primären Vorläufer der Tri- und Tetraterpene, *Squalen* bzw. *Phytoen* (griech. φυτόν (*phytón*): Pflanze), werden dagegen durch 'Kopf–Kopf'-Kondensation zweier Moleküle des Farnesyl- bzw. Geranylgeranyl-pyrophosphats biosynthetisiert (*Fig. 3.50*).

Squalen wurde erstmalig aus dem Leberöl des Dornhais (*Squalus acanthias*) isoliert; es findet sich aber auch in Oliven-, Weizenkeim-, Erdnussöl u. a. pflanzlichen Ölen sowie in Hefe und Säugergewebe. Squalen dient zur Herstellung des Squalans (Dodecahydrosqualen), das als Schmiermittel, Transformatorenöl und als Salbengrundlage in der pharmazeutischen Industrie Verwendung findet.

Besondere Bedeutung kommt dem Squalen und dem Phytoen als biogenetischen Vorläufern zweier wichtiger Gruppen von Naturstoffen zu, nämlich die der *Steroide* (*Abschn. 5.28*) bzw. die der *Carotinoide* (*Abschn. 3.22*). Trotz der strukturellen Ähnlichkeit, die zwischen Squalen und Phytoen besteht, ist die enzymatische Umwandlung des Präsqualen-pyrophosphats in Squalen NADPH-abhängig (*Abschn. 10.10*), wodurch die (C(15)–C(15′))-Bindung des Reaktionsproduktes gesättigt ist, während die entsprechende Biosynthese des Phytoens nicht reduktiv abläuft. In den höheren Pflanzen ist vermutlich 15-*cis*-Phytoen der biogenetische Vorläufer der Carotinoide. Das entsprechende *trans*-Isomer ist jedoch aus Bakterien (*Mycobacterium* sp. u.a.) isoliert worden.

Eine reaktionsmechanistisch überzeugende, experimentell nachprüfbare Erklärung für den Prozess der 'Kopf–Kopf'-Kondensation gibt es bisher nicht. Auch teleonomisch (d.h. im Hinblick auf die Rolle des Squalens als biogenetischer Vor-

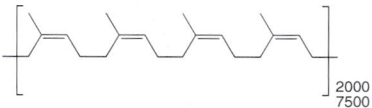

Fig. 3.49. *Kautschuk wird vorwiegend aus dem Milchsaft* (Latex) *des Kautschukbaumes* (Hevea brasiliensis) *gewonnen.*

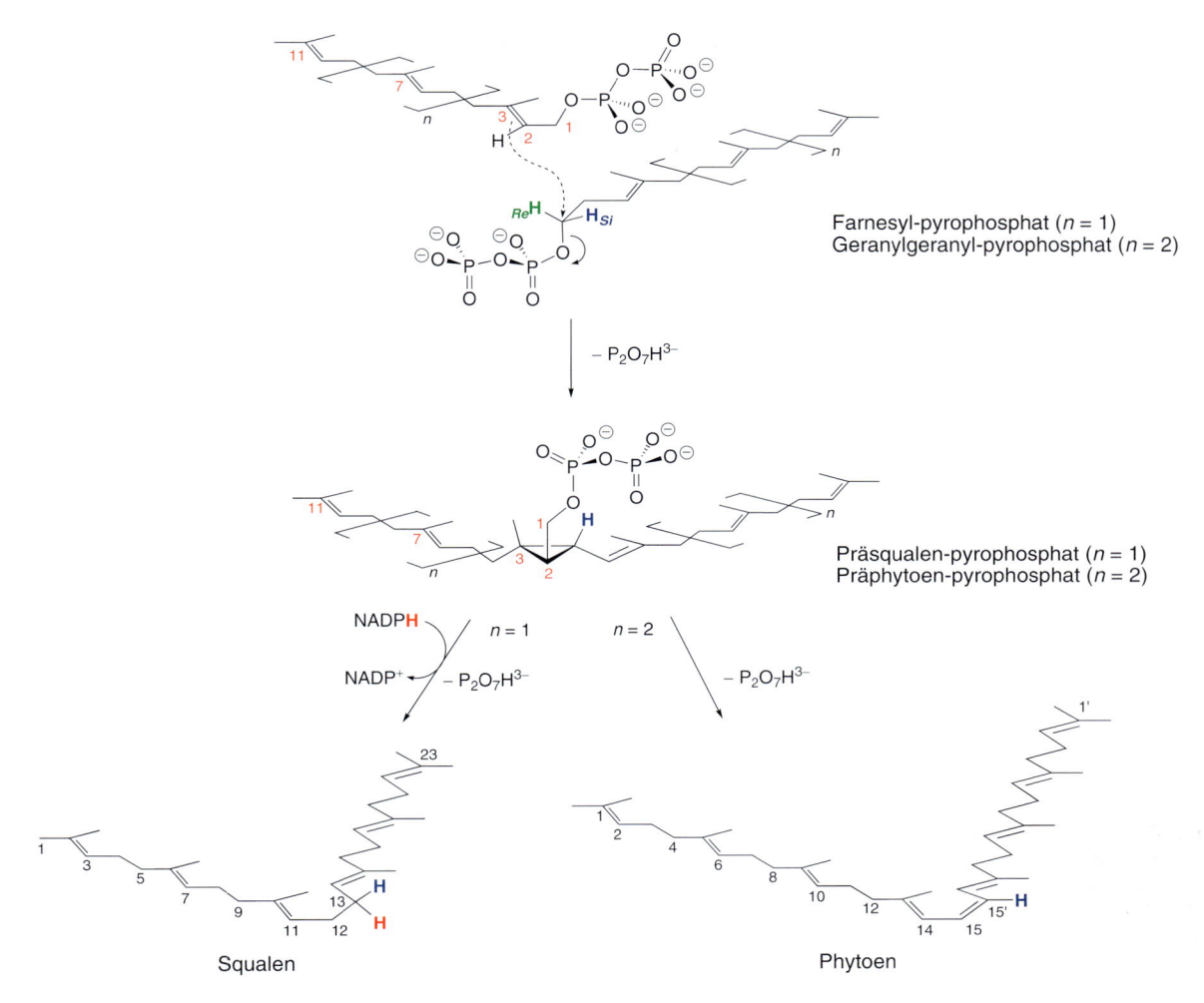

Fig. 3.50. *Biosynthese des Squalens und des Phytoens.* Man beachte die verschiedene Nummerierung der C-Atome in Squalen und Phytoen. Der Übersichtlichkeit halber sind die Strukturen des Squalens und des Phytoens in der s-*cis*-Konformation der (C(11)−C(12))- bzw. (C(14)−C(15))-Bindung dargestellt, obwohl die entsprechenden Moleküle bevorzugt in der s-*trans*-Konformation vorliegen (s. *Fig. 3.53* bzw. *3.62*)

läufer des Cholesterols, dessen wichtigste Funktion die Stabilisierung von Zellmembranen ist), wird der Grund der Abweichung von der 'Kopf–Schwanz'-Kondensation nicht selbstverständlich (*Abschn. 5.28*). Man kann vermuten, dass in einer früheren Phase der chemischen Evolution C_2-symmetrische Moleküle wie das Squalen selbst oder die heute bekannten bakteriellen Carotinoide (*Abschn. 9.16*) für die Stabilisierung doppelschichtiger Membranen von Vorteil gewesen sind. Dafür spricht, dass die ebenfalls als Bestandteil der Cytoplasmamembran der Archaebakterien vorkommenden glycerinhaltigen Derivate des 16, 16′-Biphytanyls, die vermutlich durch 'Schwanz–Schwanz'-Dimerisierung zweier Diterpenoid-Fragmente biosynthetisiert werden, ebenfalls C_2-Symmetrie aufweisen.

Als Zwischenprodukte der Biosynthese von Squalen und Phytoen sind Cyclopropan-Derivate (sog. Präsqualen- bzw. Präphytoen-pyrophosphat) isoliert worden, deren absolute Konfiguration aufgeklärt werden konnte. Demnach findet ihre Bildung mit hoher Stereoselektivität statt: nach Abspaltung der Pyrophosphat Gruppe eines der Reaktionspartner findet Addition des C(1)-Atoms an die (C=C)-Bindung

Struktur und Reaktivität der Biomoleküle

Fig. 3.51. Gewisse Ester der Chrysanthemumsäure (sog. Pyrethroide) sind Inhaltsstoffe des Pyrethrums, eines hauptsächlich aus den Blütenkörbchen der Dalmatinischen Wucherblume (Tanacetum cinerariifolium) gewonnenen Extrakts, dessen Wirkung als Insektizid um 1828 in Europa bekannt wurde.

des anderen Reaktionspartners statt, und zwar von der *Re*-Seite des (prochiralen) C(2)-Atoms des Letzteren. Der Cyclopropan-Ring wird unter Abspaltung des H_{Re}-Atoms gebildet, das ursprünglich an das elektrophile C(1)-Atom gebunden war (*Fig. 3.50*).

Obwohl in der Substanzklasse der Terpenoide Cyclopropan-Derivate keine Seltenheit sind, ist die Bildungsweise des Präsqualen- und Präphytoen-pyrophosphats ungewöhnlich. In den meisten Fällen wird der Cyclopropan-Ring durch intramolekulare kationische Cyclisierung der 'regulären' (d. h. durch 'Kopf–Schwanz'-Kondensation von Dimethylallyl-pyrophosphat-Einheiten biosynthetisierten) isoprenoiden C-Kette gebildet. Ein Beispiel dafür ist die bereits erwähnte Biosynthese des Thujan-Grundgerüstes (s. *Fig. 3.44*). In anderen Fällen wird der Cyclopropan-Ring durch Deprotonierung des Carbonium-Ions gebildet, das bei der *Wagner–Meerwein*-Umlagerung von CH_3-Gruppen als Zwischenprodukt fungiert (*Abschn. 5.21*). Eine weitere Variante stellt die Biosynthese der *Chrysanthemumsäure* (*Fig. 3.51*) und anderer daraus stammender 'irregulärer' Monoterpene dar, bei denen der Cyclopropan-Ring vermutlich durch Addition von Dimethylallylpyrophosphat an die (C=C)-Bindung des Dimethylallyl- (statt des Isopentenyl)-pyrophosphats gebildet wird.

Squalen ist der biogenetische Vorläufer der Triterpene, deren größte Gruppe von den *Sapogeninen*, den Aglyconen der *Saponine*, gebildet wird. Saponine sind glycosidische (*Abschn. 8.32*) Inhaltsstoffe zahlreicher Pflanzen, die in Wasser kolloidale, seifenartige Lösungen bilden (lat. *sapo*: Seife) und daher früher als Waschmittel verwendet wurden. Als Aglycone der Saponine kommen entweder Triterpene oder Steroide vor (s. *Abschn. 5.28*).

Saponine werden auch von einigen marinen Wirbellosen als Abwehrstoffe gebildet: Triterpen-Saponine von Seegurken und Seewalzen (*Holothuroidea*) und Steroid-Saponine (*Abschn. 5.28*) von Stachelhäutern (z. B. Seesternen). Triterpen-Sapogenine sind hauptsächlich in zweikeimblättrigen Pflanzen (Seifenkraut, Sojabohnen, Efeublätter, Rosskastaniensamen, Süßholzwurzel, Ginsengwurzel, Alpenveilchen u. a.) enthalten. Die meisten Triterpen-Sapogenine sind Derivate des β-Amyrins (Olean-12-en-3β-ol), eines pentacyclischen Triterpens, das in zahlreichen Pflanzen vorkommt. Das Grundgerüst des β-Amyrins leitet sich vom *Oleanan* ($C_{30}H_{52}$), einem im Erdöl enthaltenen gesättigten Kohlenwasserstoff, ab (*Fig. 3.52*).

Während Saponine als Glycoside biologisch meist wenig aktiv sind, sind die freigesetzten Aglycone, insbesondere für Fische, sehr toxisch. Aus diesem Grunde wurden Saponine von den Eingeborenen Südamerikas für den Fischfang benutzt, indem sie die saponinhaltigen Pflanzen ins Wasser tauchten. Für Warmblüter sind Sapogenine zwar ungiftig, sie verursachen aber bei direkter Zufuhr in die Blutbahn bereits bei hoher Verdünnung Hämolyse. Einige Sapogenine besitzen antibiotische Aktivität, vor allem gegen niedere Pilze.

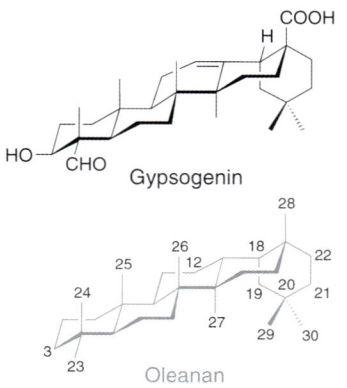

Fig. 3.52. Gypsogenin, ein Triterpen-Sapogenin mit Oleanan-Grundgerüst, kommt im Seifenkraut (Saponaria officinalis) vor (zur Nummerierung der C-Atome vgl. Abschn. 5.28).

Zwei wichtige Triterpene sind ferner das Cycloartenol (*Abschn. 5.21*) und das Lanosterol (*Abschn. 5.27*). Letzteres ist der biogenetische Vorläufer der Steroide bei Tieren und Pilzen. Bei Pflanzen und Algen dagegen werden Steroide aus Cycloartenol biosynthetisiert.

Steroide werden nur von Aerobiern biosynthetisiert. Konstitutiv damit verwandte Triterpenoide, beispielsweise das *Diplopten*, werden dagegen unter anaeroben Bedingungen gebildet. Diplopten (22(29)-Hopen) stellt das Grundgerüst der *Hopanoide* dar, welche anstelle des Cholesterols zur Stabilisierung der Zellmembran von Bakterien verschiedener taxonomischer Gruppen dienen (s. *Abschn. 9.16*). Auch die Biosynthese des Diploptens, die vermutlich durch säurekatalysierte Cyclisierung des Squalens stattfindet, verläuft mechanistisch analog der formalen säurekatalysierten Polymerisation des Ethylens (*Fig. 3.53*).

3.20. Signalstoffe

Zahlreiche Terpene und Carotinoide dienen aufgrund ihrer charakteristischen Düfte bzw. Farben der Kommunikation zwischen lebenden Organismen; sie sind Signalstoffe. Im Allgemeinen kann man Signalstoffe, die in der Fachsprache auch *Semiochemikalien* (griech. σῆμα, σημεῖον (*séma, sēmeíon*): Zeichen) genannt werden, in vier Kategorien einteilen (*Tab. 3.8*).

Während Riech- und Farbstoffe im herkömmlichen Sinne nur von geeigneten Organen wahrgenommen und die davon ausgehenden Empfindungen vom Gehirn verarbeitet werden müssen, dienen Hormone und Neurotransmitter der Kommunikation zwischen einzelnen Zellen (*Abschn. 7.4*). Dennoch besitzen zahlreiche Riechstoffe hormonelle Wirkung, indem sie bei Tieren Verhaltensmuster auslösen, die spezifisch für die wahrgenommene Substanz sind. Zu dieser Kategorie gehören die so genannten *Pheromone*, die auf Individuen *derselben* Art wirken, sowie Stoffe, die Signalwirkung zwischen Individuen *verschiedener Arten* auslösen. Je nachdem, ob die physiologische Antwort von Vorteil für den produzierenden Organismus, für den Empfänger oder für beide ist, werden die letztgenannten Stoffe als *Allomone* (z. B. Wehrsekrete vieler Insekten oder des Stinktiers sowie *Fraßhemmer*, mit denen sich einige Pflanzen gegen herbivore Insekten schützen), *Kairomone* (z. B. Duftstoffe, die Fressfeinden oder Parasiten bei der Ortung ihrer Beute bzw. ihres Wirtes helfen) bzw. *Synomone* (z. B. Blütenduftstoffe) bezeichnet.

Die Bezeichnungen *Pheromon* (griech. φέρω (*phérō*): tragen), *Allomon* (griech. ἄλλος (*állos*): ein anderer), *Kairomon* (griech. καίριος (*kaírios*): am rechten Platz, passend) und *Synomon* (griech. σύν (*syn*): zugleich) sind aus dem Begriff Hor<u>mon</u> abgeleitete Kurzworte. Pheromone, die auch *Ektohormone* (griech. ἐκτός (*ektós*): außerhalb) genannt werden, dienen der Integration der Einzelindividuen innerhalb der Population. Sie unterscheiden sich von den eigentlichen Hormonen dadurch, dass sie von exokrinen Drüsen in die Umgebung abgegeben werden und stärker artspezifisch sind. Zu den Pheromonen gehören sowohl Stoffe, die langfristige Umstellungen bewirken (z. B. die Königinsubstanz der Honigbiene, welche die Ovarialentwicklung der Arbeiterinnen hemmt), als auch jene Stoffe, welche die Aggregation der Individuen, die Kastenerkennung, die Spurenmarkierung oder die Mitteilung von Alarmsignalen ermöglichen. Eine wichtige

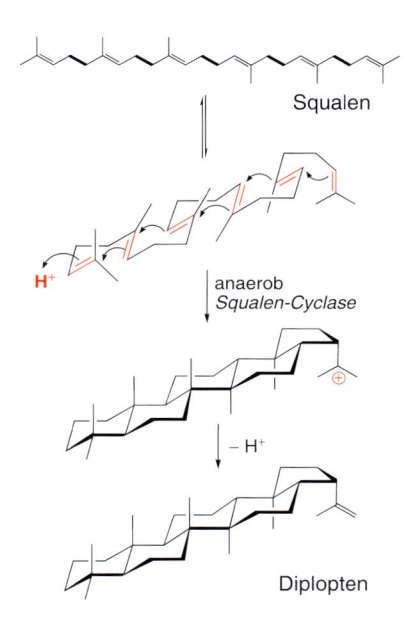

Fig. 3.53. *Vermutlicher Mechanismus der Biogenese des Diploptens in* Bacillus acidocaldarius

Tab. 3.8. *Typische Signalstoffe*

Riechstoffe
Farbstoffe
Hormone
Neurotransmitter

Struktur und Reaktivität der Biomoleküle

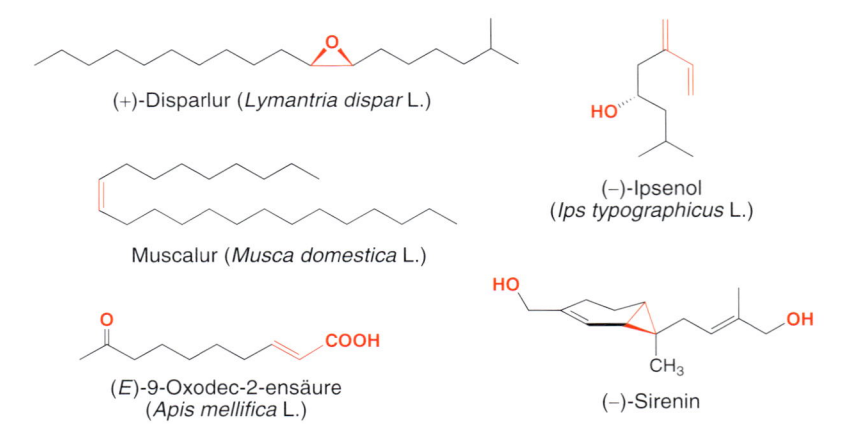

Fig. 3.54. *Pheromone sind oft Produkte des Terpen- oder Fettsäure-Metabolismus.*

Funktion der Pheromone ist ihre Wirkung als Sexuallockstoffe, die hauptsächlich bei Insekten das geschlechtliche Verhalten des Partners steuern, oder gar als so genannte *Abstinone* die Kopulation verhindern.

Bei den meisten Pheromonen handelt es sich um niedermolekulare Stoffe, deren Strukturen vor allem von den Terpenen und Fettsäuren abgeleitet sind (*Fig. 3.54*). Der Sexuallockstoff der Stubenfliege (*Musca domestica*), das *Muscalur*, ist beispielsweise ein ungesättigter Kohlenwasserstoff (*cis*-Tricos-9-en). (+)-*Disparlur*, der Lockstoff des Schwammspinners (*Lymantria dispar*) und des Nonnenfalters (*L. monacha*), die gefürchtete Forstschädlinge sind, wird vermutlich durch Epoxidierung (*Abschn. 5.27*) des entsprechenden Alkens (*cis*-2-Methyloctadec-7-en) biosynthetisiert. Interessanterweise produziert der weibliche Nonnenfalter (−)-Disparlur, das den Anflug männlicher Schwammspinner hemmt. Ebenfalls wirkt die vorerwähnte Königinsubstanz der Honigbiene (*Apis mellifica*), deren Hauptwirkstoff *trans*-9-Oxodec-2-ensäure ist, als Sexuallockstoff auf Drohnen beim Hochzeitsflug. Inzwischen sind jedoch Pheromone nicht nur in Arthropoden, sondern auch in Protozoen sowie in höheren Tieren wie Fischen, Kriechtieren und Säugern nachgewiesen worden (*Abschn. 8.2*). Bei Insekten stammen wahrscheinlich zahlreiche Pheromone von den entsprechenden Wirtspflanzen. So wird *Ipsenol*, einer der Lockstoffe des Buchdruckers (*Ips typographus*) und mehrerer anderer Borkenkäferarten (*Fig. 3.55*), vermutlich aus Myrcen biosynthetisiert, das in den befallenen Bäumen vorkommt.

Das erste in seiner Struktur aufgeklärte Pheromon war das *Bombykol* des Seidenspinners (*Bombyx mori*), das 1959 nach über 20-jähriger Arbeit zur Anreicherung und Isolierung als (10*E*,12*Z*)-Hexadeca-10,12-dien-1-ol von *Adolf Butenandt* (s. *Abschn. 8.2*) charakterisiert werden konnte (*Fig. 3.56*). Nur 60 Moleküle dieses Pheromons in 1 l Luft wirken bei den Männchen bereits als eindeutig erregend.

Aus niederen Pflanzen sind vereinzelt Substanzen mit der Wirkung von Sexualpheromonen isoliert worden. Entweder werden sie von einem Organismus gebildet und bewirken beim Geschlechtspartner die Entwicklung von Sexualorganen, oder sie werden von weiblichen Gameten ausgeschieden und locken chemotaktisch die männlichen Gameten an. Zur zweiten Gruppe gehören u. a. die Gametenlockstoffe (*Gametone*) der Braunalgen und das *Sirenin*, ein Sesquiterpen, das von Flagellatenpilzen der Gattung *Allomyces* gebildet wird. Da Gametone in der Tat der Kommunikation zwischen Zellen dienen, sind sie eigentlich als Hormone zu betrachten.

Fig. 3.55. *Einige Borkenkäferarten werden mit Hilfe synthetisch hergestellter Pheromone bekämpft.*

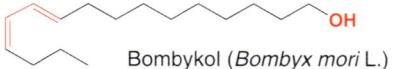

Fig. 3.56. *Zur Aufklärung der Molekülstruktur des Bombykols wurden mehr als 500 000 Duftdrüsen der Weibchen des Seidenspinners (Bombyx mori L.) benötigt.*

3.21. Farbstoffe

Bekanntlich setzt sich das für das menschliche Auge sichtbare Licht aus elektromagnetischen Wellen zusammen, deren Wellenlänge zwischen 380 und 780 nm beträgt. Ein Farbstoff ist ein Stoff, dessen Moleküle einen Teil dieser elektromagnetischen Strahlung absorbieren. Die vom Auge wahrgenommene Farbe ist dabei die zur absorbierten Strahlung *komplementäre* Farbe. Die vielfältige Farbnuancierung natürlicher und künstlicher Farbstoffe resultiert aus der subtraktiven Mischung dreier Farben, nämlich Cyan, Magenta und Gelb, die komplementär zu den Grundfarben der additiven Farbmischung, Rot, Grün bzw. Blau, sind (*Fig. 3.57*).

Die zuerst von *Leonardo da Vinci* (1452–1519) beschriebene und später (1672) von *Sir Isaac Newton* (1642–1727) mit Hilfe eines Glasprismas wissenschaftlich gedeutete Zerlegung des Lichtes in die Spektralfarben bewies, dass Farben vom Licht selbst erzeugt werden. Später (1730) erkannte der Maler und Kupferstecher *Jakob Christof Le Blon* (1667–1741), dass alle Farben durch additive Mischung von drei Grundfarben erzeugt werden können. Die Theorie der drei Grundempfindungen wurde jedoch 1807 von *Thomas Young* (1773–1829) aufgestellt und später (1852) von *Hermann Ludwig Ferdinand von Helmholtz* (1821–1894) weiterentwickelt. Dagegen vermochte sich die 1810 formulierte Farbenlehre des berühmten *Johann Wolfgang von Goethe* (1749–1832), der seine phänomenologische Betrachtung der Farben physiologisch zu erklären versuchte, nicht durchzusetzen.

Während einige Tiere (Kaninchen, Hunde, Ratten u. a.) unfähig sind, Farben zu unterscheiden, ist bei der Honigbiene und wahrscheinlich beim Großteil der übrigen anthophylen Insekten das sichtbare Spektrum zu kleineren Wellenlängen verschoben (von 300 bis

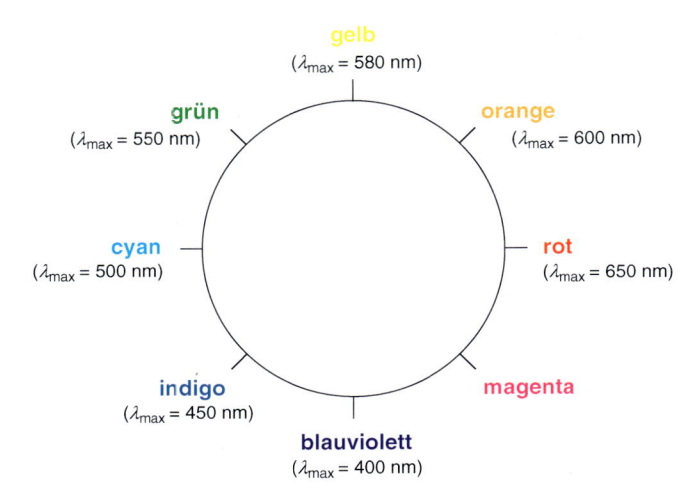

Fig. 3.57. *Im so genannten* Newton'schen Farbenkreis *ist das sichtbare Spektrum durch die nichtchromatische (im sichtbaren Spektrum nicht vorhandene) Farbe Magenta (eine Mischung aus Blauviolett und Rot) zu einem Kreis geschlossen, wobei sich komplementäre Farben diametral gegenüber befinden. Absorbiert z. B. ein Stoff Licht bei einer der angegebenen Wellenlängen, so weist er ungefähr die dazu komplementäre Farbe auf.*

Farbenkreis:
- gelb (λ_{max} = 580 nm)
- orange (λ_{max} = 600 nm)
- rot (λ_{max} = 650 nm)
- magenta
- blauviolett (λ_{max} = 400 nm)
- indigo (λ_{max} = 450 nm)
- cyan (λ_{max} = 500 nm)
- grün (λ_{max} = 550 nm)

650 nm). Dies bedeutet, dass sie Farben zwar nach erstaunlich ähnlichen physiologischen Mechanismen, aber doch ganz anders als der Mensch sehen.

In der Tat dient *Retinal* (*Abschn. 3.23*) bei allen sehenden Organismen als Chromophor. Das Farbensehen wird von drei Rezeptor-Typen in den Zapfenzellen vermittelt, die Homologe des *Rhodopsins* sind. Beim Menschen liegen die Absorptionsmaxima der drei Farbrezeptoren bei $\lambda_{max} = 426, 530$ und 560 nm, während bei der Biene die entsprechenden Rezeptoren bei $\lambda_{max} = 340, 430$ und 530 nm absorbieren.

Mit Sicherheit haben Farbstoffe bei der biologischen Evolution eine wichtige Rolle gespielt. Als Signalstoffe (*Abschn. 3.20*) dienen sie sowohl als Lockstoffe (*Synomone*) der Pflanzen gegenüber Insekten als auch als Warnung giftiger Tiere für ihre potentiellen Angreifer (s. *Fig. 5.68*) oder als Tarnung in der Mimikry. Auch die psychologische Wirkung einiger Farben bei höher entwickelten Organismen (rot ruft Aggressivität hervor, grün dagegen beruhigt) ist vermutlich ein Atavismus, dessen Ursprung in der chemischen Struktur des Blutfarbstoffes, Häm, und des Blattgrüns, Chlorophyll, zu suchen ist.

Quantitativ lässt sich das von einem Stoff absorbierte Licht mit einem Spektralphotometer messen. Bei diesem Gerät wird das von einer Lichtquelle (einer Glüh- oder Quecksilberdampflampe) ausgestrahlte Licht mit Hilfe eines Prismas oder Diffraktionsgitters in seine monochromatischen (aus einer Farbe bestehenden) Komponenten zerlegt und deren Intensität mit einem geeigneten Detektor gemessen. Die von der Farbstoffprobe absorbierte Licht(Energie)-menge kann auf diese Weise als Funktion der Wellenlänge aufgetragen werden. Man erhält so ein Absorptionsspektrum* (s. *Abschn. 2.12*). Die Wellenlänge, bei der die Lichtabsorption am größten ist, wird als λ_{max} bezeichnet. Aufgrund der Beschaffenheit des Detektors wird mit einem Spektralphotometer ein wesentlich größerer Bereich des Spektrums elektromagnetischer Wellen erfasst (bei herkömmlichen Geräten von 200 bis 800 nm) als das menschliche Auge wahrnehmen kann. Die damit erhaltenen Spektren werden als UV/VIS-Spektren (UV: Ultraviolett, jenseits (lat. *ultra*) der Wellenlänge von 400 nm bzw. VIS aus engl. *visible*: sichtbar) bezeichnet (*Fig. 3.58*).

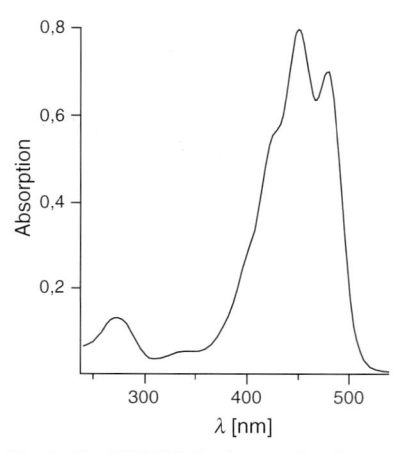

Fig. 3.58. *UV/VIS-Spektrum des β-Carotins*

Was bewirkt aber beim Molekül die als elektromagnetische Strahlung absorbierte Energie? Die Antwort lautet: Sie verändert die Elektronenkonfiguration des Moleküls, das in einen angeregten Zustand versetzt wird. Die Lebensdauer des *Singulett-Anregungszustandes* ist sehr kurz (10^{-9} bis 10^{-6} s); oft kehrt das Molekül unter Ausstrahlung elektromagnetischer Energie (*Fluoreszenz*) in den *Grundzustand*, d. h. in den Zustand, in dem sich die Moleküle im thermodynamischen Gleichgewicht mit ihrer Umgebung befinden, zurück. Bei acyclischen *Chromophoren* (griech. χρῶμα (*chróma*): Farbe und φέρω (*phérō*): tragen) lässt sich die Elektronenkonfiguration des durch Absorption von Licht 'angeregten' Moleküls durch eine größere Beteiligung

Der Teil eines Moleküls, der elektromagnetische Strahlung (Licht) absorbiert, wird **Chromophor** genannt.

(Gewicht) bestimmter dipolarer Resonanz-Strukturen am Mesomerie-Hybrid veranschaulichen. Beispielsweise geben die mesomeren Formeln **b** und **c** in *Fig. 3.59* die experimentell nachweisbare Verschiebung der Elektronen im Anregungszustand des Ethylens von der Mitte der π-Bindung zu den C-Atomen entlang der Bindungsachse sowie die Aufhebung der π-Bindung im angeregten Zustand wieder. Allerdings muss es auf den formalen Charakter obiger Betrachtungsweise, die ggf. nur für die äußerst kurze Zeitspanne der Lichtabsorption gilt, ausdrücklich hingewiesen werden, denn die Elektronenkonfiguration des angeregten Zustands des Ethylens wird durch die gleiche Beteiligung beider Resonanz-Strukturen **a** und **b** in *Fig. 3.59* beschrieben und ist somit nicht polarisiert (*Fig. 3.60*).

Im Gegensatz zu den Resonanz-Strukturen ist allerdings die Geometrie des angeregten Zustandes oft verschieden von der des Grundzustandes desselben Moleküls. Beim Ethylen befinden sich beispielsweise die angeregten Moleküle vorwiegend in der gestaffelten Konformation.

Je größer die Elektronendelokalisierung ist, desto kleiner ist die Energiedifferenz zwischen dem Grund- und dem Anregungszustand. Da sich linear konjugierte Systeme wie Radioantennen verhalten, deren Länge in einer Proportionalitätsbeziehung zur empfangenen Wellenlänge steht, nimmt mit der Länge des konjugierten Polyens die Wellenlänge des absorbierten Lichtes zu (vgl. *Abschn. 8.14*). Beträgt λ_{max} des Ethylens 165 nm, so absorbiert Buta-1,3-dien bereits bei 217 nm. Bei höher konjugierten Polyenen nimmt die Wellenlänge des Absorptionsmaximums durchschnittlich um *ca.* 30 nm je zusätzliche (C=C)-Bindung zu. Jede (C=C)-Bindung übt somit einen so genannten *bathochromen* Effekt (griech. $\beta\alpha\vartheta\acute{\upsilon}\varsigma$ (*bathýs*): tief) aus. Substituenten an den C-Atomen der Polyen-Kette können das Absorptionsmaximum entweder bathochrom oder *hypsochrom* (griech. $\acute{\upsilon}\psi\eta\lambda\acute{o}\varsigma$ (*hypsēlós*): hoch), d. h. zu kleineren Wellenlängen verschieben. Beispielsweise verstärken Alkyl-Gruppen an den trigonalen C-Atomen des konjugierten Systems in der Regel den bathochromen Effekt um jeweils *ca.* 5 nm. Deshalb sind *Carotinoide* gelb oder orangefarbig (*Abschn. 3.22*).

Fig. 3.59. *Resonanz-Strukturen des Ethylens*

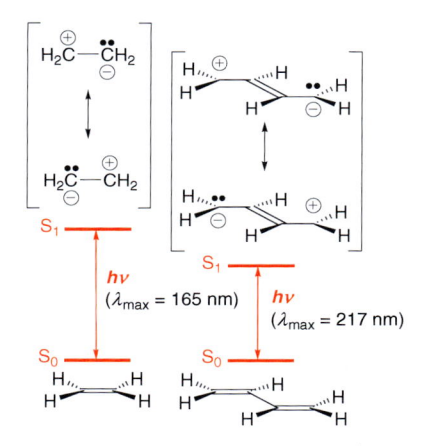

Fig. 3.60. *Grund- und Singulett-Anregungszustände von Ethylen und Butadien*

Beispielsweise stimmt die Wellenlänge des Absorptionsmaximums (λ_{max} = 504 nm) vom Lycopen, dem Hauptfarbstoff der Tomate, mit dem errechneten Wert (λ_{max} = 217 + 9 × 30 + 6 × 5 = 517 nm) annähernd gut überein. Die Tatsache, dass β-Carotin, der Hauptfarbstoff der Karotten, bei kürzeren Wellenlängen (λ_{max} = 477 nm) absorbiert, obwohl die Chromophore beider Farbstoffe elf konjugierte (C=C)-Bindungen enthalten, ist darauf zurückzuführen, dass die endocyclischen (C=C)-Bindungen beim β-Carotin nicht coplanar mit dem konjugierten System sind (*Fig. 3.62*).

Neben den Carotinoiden kommen in der Natur viele Farbstoffe vor, deren Chromophore nicht aus linearen sondern aus cyclischen Systemen delokalisierter Elektronen bestehen (*Abschn. 8.5*).

3.22. Carotinoide

Carotinoide sind neben den Chlorophyllen bei Bakterien und Pflanzen (*Abschn. 10.4*) sowie den Melaninen bei Tieren (*Abschn. 10.5*) die am meisten verbreiteten aller Farbstoffe in lebenden Organismen. Schätzungsweise werden in der Natur jährlich 10^8 Tonnen Carotinoide biosynthetisiert. Das am häufigsten vorkommende Carotinoid ist *Fucoxanthin* (*Abschn. 3.27*), das charakteristische Pigment zahlreicher Meeresalgen. Carotinoide kommen nicht nur in zahlreichen Früchten (*Fig. 3.61*), sondern auch in Tieren vor, obwohl Letztere nicht befähigt sind, sie *de novo* zu synthetisieren.

Das wichtigste Carotinoid ist das β-Carotin, der Hauptfarbstoff der Karotten (*Daucus carota*) und in der Frucht der Wassermelone (*Citrullus vulgaris*), das im tierischen Organismus in Retinol (*Vitamin A*) umgewandelt wird (*Abschn. 3.23*) und aus diesem Grund Provitamin A genannt wird, obwohl es das eigentliche Vitamin ist.

Fig. 3.61. *Carotinoide sind die Farbstoffe zahlreicher Früchte.*

Vitamine sind für den Zellmetabolismus unentbehrliche exogene organische Stoffe, die nicht vom betreffenden Organismus biosynthetisiert werden können.

Der Name *Vitamin* (lat. *vita*: Leben) wurde um 1912 vom polnisch-amerikanischen Biochemiker *Casimir Funk* (1884–1967) aufgrund der Vermutung geprägt, dass es sich bei dem basischen Inhaltsstoff der Reisschalen, dessen Fehlen in der Nahrung 1897 als Ursache der Mangelkrankheit Beriberi von *Chistiaan Eijkman* (*Abschn. 10.9*) erkannt worden war, um ein *Amin* (*Abschn. 7.7*) handelte. Die Isolierung des Thiamins (Vitamin B$_1$) als erstes Vitamin überhaupt gelang aber erst im Jahre 1926 (*Abschn. 10.9*). Vitamine bilden eine Gruppe strukturell äußerst unterschiedlicher Naturstoffe, die aus diesem Grunde in verschiedenen Kapiteln des vorliegenden Buches behandelt werden. Abhängig von ihrer chemischen Struktur sind Vitamine entweder wasserlöslich (alle Vitamine der B-Gruppe sowie die Vitamine C und H und der PP-Faktor) oder fettlöslich (Vitamine A, E und K sowie einige ungesättigte Fettsäuren, die manchmal als Vitamine F bezeichnet werden). Im heutigen Sprachgebrauch werden Vitamine als exogene essentielle Stoffe verstanden, die als Enzym-Cofaktoren (*Abschn. 9.32*) wirksam sind.

Bei der Biosynthese der Carotinoide spielt das *Lycopen* eine zentrale Rolle. Es wird durch sukzessive Dehydrierung des *Phytoens* (*Abschn. 3.19*) enzymatisch gebildet und dient als Vorläufer des *β-Carotins* und anderer sowohl offenkettiger als auch ringhaltiger Carotinoide (*Fig. 3.62*).

Lycopen ist der Hauptfarbstoff der Tomate (*Lycopersicon esculentum*); es kommt aber auch in den Früchten (Hagebutten) der Wildrose (*Rosa canina*, u. a.) und anderen Pflanzen, sowie in den Deckflügeln des Marienkäfers (*Coccinella septempunctata*) vor. Bei der enzymatischen Umwandlung des Lycopens in β-Carotin handelt es sich um die intramolekulare elektrophile Addition von Carbenium-Ionen, die vermutlich durch Protonierung der endständigen (C=C)-Bindungen des

Richard Johann Kuhn (1900–1967)
Professor an der Eidgenössischen Technischen Hochschule in Zürich (1926) und später (1929) Direktor des Instituts für Chemie am damaligen *Kaiser-Wilhelm*-Institut für Medizinische Forschung in Heidelberg, erkannte als Erster die Polyen-Struktur der Carotinoide und der Vitamine A. Seine Arbeiten über Carotinoide und Vitamine (chromatographische Trennung der α-, β- und γ-Carotine (1931), Isolierung (1933) und Synthese des Lactoflavins, Synthese des Vitamins A (1937), Strukturaufklärung und Synthese des Pyridoxins (1939), Synthese der Pantothensäure (1940), u. a.) wurden 1938 mit dem *Nobel*-Preis für Chemie gewürdigt, den er erst nach Ende des 2. Weltkrieges entgegen nehmen konnte. (Mit Genehmigung der Österreichischen Nationalbibliothek, Wien)

Paul Karrer (1889–1971)
Professor an der Universität Zürich, klärte im Jahre 1930 die Konstitution des β-Carotins auf, die er 1950 durch chemische Synthese bestätigte. Für seine Arbeiten über Pflanzenfarbstoffe und Vitamine (Isolierung des Crocetins (1928), Aufklärung der Struktur des Vitamins A (1931), Strukturaufklärung und Synthese des Vitamins B_2 (1935) und des Vitamins E (1938), Reinisolierung des Vitamins K (1939), Synthese des Vitamin B_1-Pyrophosphats (1945) u. a.) wurde *Karrer* zusammen mit *W. N. Haworth* (Abschn. 8.26) im Jahre 1937 mit dem *Nobel*-Preis ausgezeichnet.
(© *Nobel*-Stiftung)

Lycopens entstehen, an die benachbarten (C=C)-Bindungen des konjugierten Systems (*Fig. 3.62*).

Sauerstoffhaltige Carotinoide werden heute allgemein *Xanthophylle* (griech. ξανθός (xanthós): gelb; φύλλον (phýllon): Blatt) genannt. Der von *J. J. von Berzelius* (Abschn. 1.2) als Xanthophyll bezeichnete Farbstoff und das von *R. Willstätter* (Abschn. 10.4) aus Eidotter isolierte *Lutein* (lat. *luteus*: (gold)gelb) waren

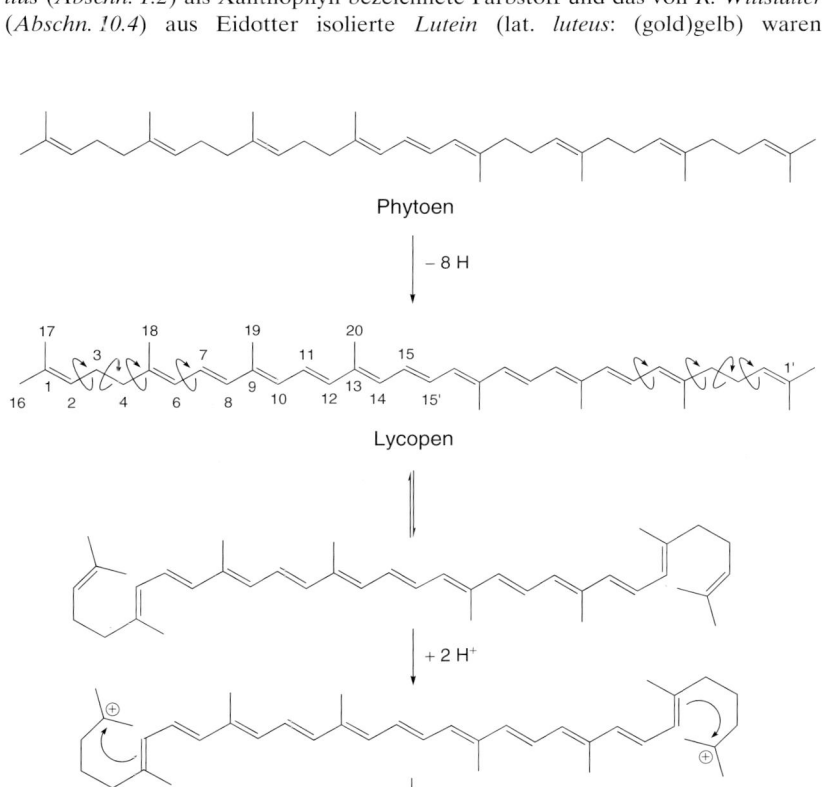

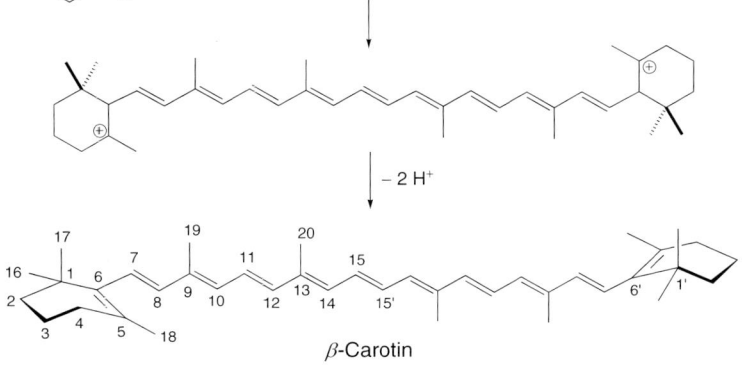

Fig. 3.62. *Biosynthese des Lycopens und des β-Carotins*

ursprünglich dieselbe Verbindung. Xanthophylle kommen sehr oft als natürliche Farbstoffe vor und sind meist zusammen mit Flavonoiden (*Abschn. 9.24*) für die Farbe hauptsächlich gelber Blüten verantwortlich (vgl. *Abschn. 8.5*): Lutein in den Blütenblättern der gelben Narzisse (*Narcissus pseudonarcissus*), *Taraxanthin* (5,6-Epoxylutein) in den Blüten des Löwenzahns (*Taraxacum officinale*) und im Hahnenfuß (*Ranunculus* sp.), *Violaxanthin* (*Abschn. 5.27*) in den Blüten des Stiefmütterchens (*Viola tricolor*), des Rapses (*Brassica napus*), des Goldregens (*Cytisus laburnum*), und der Forsythie (*Forsythia suspensa*), *Zeaxanthin* (($3R,3'R$)-Dihydroxy-β-carotin), der Hauptfarbstoff in gelben Maiskörnern (*Zea mays*); kommt auch im Eidotter vor. Dessen tiefroter Dipalmitinsäure-ester (*Physalin*) tritt als Inhaltsstoff in den Früchten der Lampionsblume (*Physalis alkekengi*) auf. Bei manchen Früchten – z.B. Bananen (*Musa sapientum*) – und vergilbten Blättern (*Fig. 3.63*) tritt die Farbe der Carotinoide erst in Erscheinung, wenn das (grüne) Chlorophyll (*Abschn. 10.4*) im Zuge von Reifungs- bzw. Alterungsprozessen der Chloroplasten zu farblosen Produkten, die *keine* Carotinoide sind, abgebaut wird.

Lutein ist ferner aus den Kokons des Seidenspinners (*Bombyx mori*), aus Bienenhonig und aus den Federn des Pirols (*Oriolus auratus*) isoliert worden. Bei anderen Vogelarten (Kanarienvogel, Wellensittich u. a.) werden vermutlich die mit der Nahrung aufgenommenen Carotinoide enzymatisch umgewandelt, bevor sie im Gefieder abgelagert werden. Flamingos (*Phoenicopterus ruber* u. a.) speichern in ihrem Gefieder neben *Canthaxanthin*, ein Carotinoid, das auch in Pfifferlingen (*Cantharellus cinnabarinus*) vorkommt, Astaxanthin und andere Carotinoide, die vermutlich mit der Nahrung aufgenommen werden. *Astaxanthin* (griech. ἀστακός (*astakós*): Hummer) ist die prosthetische Gruppe mehrerer Carotenoproteine, die hauptsächlich in zahlreichen Krebsarten (Hummer, Garnelen u. a.) vorkommen. Erst wenn das Protein in kochendem Wasser denaturiert wird, kommt jedoch die rote Farbe der Carotinoid-Moleküle zum Vorschein. An der Luft wird außerdem das Astaxanthin zu *Astacen* oxidiert, wodurch die intensive rote Farbe der zum Verzehr zubereiteten Tiere zurückzuführen ist. Astaxanthin ist ebenfalls das Hauptpigment in der Haut des Goldfisches (*Carassius auratus*) und im Fleisch des Wildlachses (*Trutta salar*). Alle oben erwähnten Carotinoide sind Carotin-Derivate. Beim *Capsanthin*, dem Hauptfarbstoff der reifen Paprikaschoten (*Capsicum annuum*), ist einer der endständigen Cyclohexenyl-Ringe durch Umlagerung des C-Gerüstes in einen Cyclopentyl-Ring umgewandelt worden.

In einigen Prokaryonten* spielen die Carotinoide bei der mechanischen Stabilisierung von Zellmembranen eine wichtige Rolle (*Abschn. 9.16*). Eine bedeutende physiologische Funktion der Carotinoide besteht ferner darin, die Organellen der Photosynthese vor Photooxidation zu schützen, indem sie selbst mit Sauerstoff reagieren (*Abschn. 3.25*). Carotinoide und damit verwandte Polyene sind lipo-

Fig. 3.63. *Beim* Ginkgo biloba *werden die Carotinoide über die ganze Vergilbung der Blätter hinweg vollständig erhalten.*

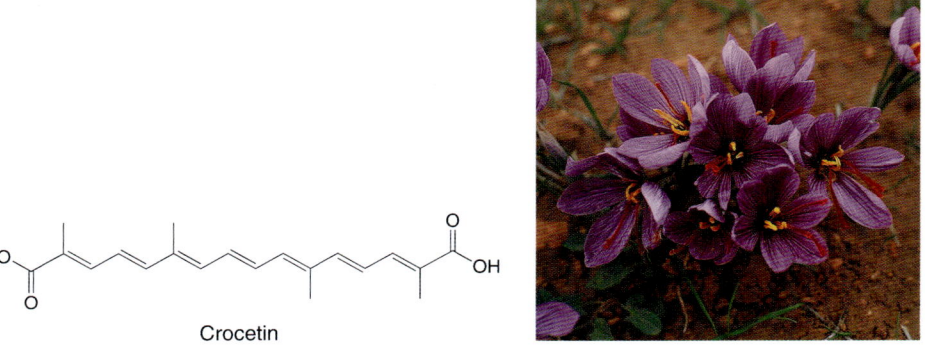

Fig. 3.64. *Crocetin ist das Aglucon des* Crocins, *das in den Stigmata des Safrans* (Crocus sativus L.) *vorkommt.*

phile (d. h. fettlösliche und somit wasserunlösliche), gegen Säuren, Sauerstoff und Licht empfindliche Verbindungen. Deswegen eignen sie sich als Farbstoffe zum Färben von Textilien nicht. Zu den wenigen Ausnahmen zählt das *Crocetin*, dessen Digentiobiose-ester (*Crocin*) der farbgebende Inhaltsstoff der Safrannarben ist (*Fig. 3.64*).

Safran ist die Quelle für einen der ältesten Farbstoffe, die zum Färben von Textilien verwendet wurden. Er war erwiesenermaßen bereits im 2. Jahrtausend v. Chr. bekannt und gehörte im 13. und 14. Jahrhundert n. Chr. zu den beliebtesten Farbstoffen überhaupt. Safran ist ein Direktfarbstoff (d. h. er kann ohne Beize aufgezogen werden) für Wolle, Seide und Baumwolle. Um ein Kilogramm Safrangelb zu erhalten, sind 120- bis 130-tausend Krokusblüten erforderlich. In großen Dosierungen ruft Safran schwere toxische Erscheinungen hervor, die mit dem Tode enden können.

3.23. Reaktivität photochemisch angeregter Moleküle

Zahlreiche chemische Reaktionen können durch Bestrahlung mit Licht induziert werden. Die Untersuchung derartiger Prozesse ist Gegenstand der *Photochemie*, deren Grundsatz lautet, dass nur vom Molekül absorbiertes Licht (*Abschn. 3.21*) imstande ist, eine Reaktion auszulösen (*Grotthus–Draper*-Gesetz).

Dennoch können Moleküle, die im Frequenzbereich des für die Reaktion verwendeten Lichtes nicht absorbieren, in Gegenwart eines *Photosensibilisators* angeregt werden. Derartige Prozesse, bei denen die Anregungsenergie eines Moleküls auf andere Moleküle übertragen wird (sog. *Photosensibilisierung*) sind von besonderer Bedeutung in der Biologie der photoautotrophen Organismen (s. *Abschn. 2.17*). Der 'einleuchtende' Mechanismus, bei dem das vom angeregten Molekül emittierte Licht von einem anderen Molekül absorbiert wird, spielt jedoch bei photochemischen Photosensibilisierungsprozessen eine untergeordnete Rolle, weil sowohl der Bruchteil der lichtausstrahlenden Moleküle je absorbiertes Photon (sog. *Quantenausbeute* der Fluoreszenz) in der Regel weniger als 20% beträgt, als auch die Wahrscheinlichkeit, dass das in eine beliebigen Raumrichtung ausgestrahlte Photon ein anderes Molekül trifft, sehr klein ist. Für die intermolekulare Übertragung der Anregungsenergie kommen somit hauptsächlich zwei strahlungslose Mechanismen in Frage: *1*) Durch Zusammenstoß des angeregten Moleküls mit einem Molekül im Grundzustand (*David L. Dexter*) und *2*) durch Dipol–Dipol-Induktion (*Theodor Förster*), d.h. das durch Lichtabsorption im Sensibilisator-Molekül entstandene elektrische Dipolmoment (vgl. **b** in *Fig. 3.59*) erzeugt ein elektrisches Feld, das eine dementsprechende Ladungstrennung innerhalb der Akzeptor-Moleküle verursacht, die sich in räumlicher Nähe (bei in Lösungen statistisch verteilten Molekülen ungefähr 4 nm) befinden. Da im Gegensatz zur oben erwähnten Emission eines Photons das vom Dipolmoment des Sensibilisators erzeugte elektrische Feld sich in alle Raumrichtungen erstreckt, ist die Effizienz dieses Energieübertragungsmechanismus wesentlich höher. Aus diesem Grunde spielt der *Förster*-Mechanismus bei biologischen Photorezeptoren (Chloroplasten in den grünen Pflanzen, Phycobilisomen in photoautotrophen Bakterien) die entscheidende Rolle (s. *Abschn. 10.4*).

Durch direkte Lichtabsorption oder Photosensibilisierung angeregte Moleküle unterscheiden sich durch ihre Geometrie (*Abschn. 3.21*) und Reaktivität von Molekülen, die sich im Grundzustand, d.h. im thermodynamischen Gleichgewicht mit ihrer Umgebung befinden. Da die Halbwertszeit des Anregungszustandes (sog. *Relaxationszeit*) äußerst kurz ist (*Abschn. 3.21*), finden Reaktionen photoangeregter Moleküle entweder intramolekular oder nur mit sehr reaktiven Reaktionspartnern statt. In den meisten Fällen wird jedoch die Anregungsenergie entweder auf die Vibrationen der Bindungen im Molekül 'verteilt', so dass sie schließlich als thermische Energie an die Umgebung abgegeben, oder – insbesondere bei cyclischen, starren Molekülen – als *Fluoreszenzemission* ausgestrahlt wird (*Abschn. 3.21*).

Die lichtinduzierte (*Z*/*E*)-Isomerisierung von (C=C)-Bindungen ist ein Beispiel für *monomolekulare* Reaktionen, die vom Anregungszustand eines Moleküls ausgehen. In *Abschn. 3.3* wurde auf das Vorkommen von (*Z*)- und (*E*)-Isomeren aufgrund der hohen Energiebarriere der Rotation um die (C=C)-Bindung hingewiesen. Im Anregungszustand ist jedoch die π-Komponente der Doppelbindung aufgehoben (s. *Fig. 3.60*), so dass eine gegenseitige Transformation beider Isomere durch Bestrahlung mit Licht möglich ist. Eine derartige Reaktion stellt den Primärprozess des Sehvorgangs bei allen Tieren dar (*Fig. 3.65*).

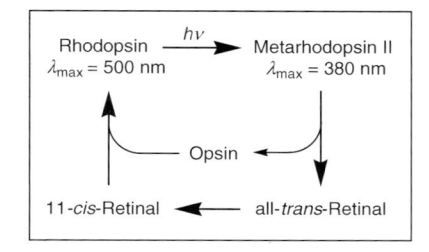

Fig. 3.65. *Vereinfachte schematische Darstellung des Retinal-Zyklus beim Sehvorgang*

Es gibt zwei Arten von Photorezeptorzellen bei Wirbeltieren; sie werden wegen ihrer unterschiedlichen Gestalt Zapfen und Stäbchen genannt. Die Zapfen funktionieren bei starkem Licht und sind für das Farbensehen verantwortlich (*Abschn. 3.21*), während die Stäbchen auch bei schwachem Licht arbeiten, aber keine Farbe wahrnehmen. Das Sehpigment in den Stäbchenzellen ist das *Rhodopsin*, dessen kovalent gebundener Chromophor – das 11-*cis*-Retinal – unter Lichteinwirkung in das all-*trans*-Isomer umgewandelt wird (*Fig. 3.66*). Hydrolytische Spaltung des Letzteren aus Metarhodopsin II (photoangeregtes Rhodopsin) setzt das Apoprotein (Opsin) frei, welches mit 11-*cis*-Retinal das Rhodopsin regeneriert (*Fig. 3.65*). Die Rückverwandlung von all-*trans*-Retinal in das 11-*cis*-Isomer, erfolgt im Dunkeln über mehrere Schritte, die von der NAD^+-abhängigen *Retinal-Isomerase* katalysiert werden, wobei zuerst der entsprechende Alkohol (all-*trans*-Retinol) gebildet wird.

Die eigentliche Umwandlung von Lichtenergie in einen Nervenimpuls wird von der Reaktion des Metarhodopsins II mit einem anderen Protein – dem *Transducin* – eingeleitet, wobei die Hydrolyse von cyclischem GMP (*Abschn. 10.16*) induziert wird. Die Abnahme der Konzentration des cyclischen GMP hat eine Schließung kationenspezifischer Kanäle und damit eine Hyperpolarisation der Plasmamembran der Sehzellen zur Folge (vgl. *Abschn. 7.3*). Dank diesem Amplifikationsmechanismus genügt ein einziges Lichtquantum (Photon), um den Fluss von mehr als einer Million Na^+-Ionen zu blockieren.

Trotz der extrem kurzen Lebensdauer des Anregungszustandes können photochemisch angeregte Moleküle aber auch mit anderen Molekülen reagieren, die sich in ihrem Grundzustand befinden, wobei sich die Reaktivität der Moleküle ein und desselben Stoffes im Grund- und Anregungszustand wegen ihrer verschiedenen Elektronenkonfiguration grundsätzlich unterscheidet. Ein Beispiel derartiger *intermolekularer* Reaktionen ist die *Photocyclodimerisierung* des Cyclopentens, das bei Bestrahlung in Aceton mit UV-Licht *trans*-Tricyclo[5.3.0.0^{2,6}]decan liefert (*Fig. 3.67*).

Auf eine der *Photocyclodimerisierung* des Cyclopentens analoge Reaktion ist vermutlich die in *Abschn. 2.21* erwähnte Bildung von Dimeren des Thymins, welches als Bestandteil der DNA-Moleküle (*Abschn. 10.17*) aufeinander folgende Positionen im selben Strang einnehmen kann, bei der Bestrahlung von DNA-Molekülen mit UV-B-Licht (*Abschn. 3.26*) zurückzuführen.

Von präparativem Interesse sind ferner lichtinduzierte Cycloadditionen von Alkenen an die (C=O)-Gruppe (*Paterno–Büchi*-Reaktion) sowie an Singulett-Sauerstoff (*Abschn. 3.25*).

Fig. 3.66. *Photoisomerisierung des Retinals*

11-*cis*-Retinal λ_{max} = 376 nm

all-*trans*-Retinal λ_{max} = 380 nm

Fig. 3.67. *Photodimerisierung des Cyclopentens*

trans-Tricyclo-[5.3.0.0^{2,6}]decan

3.24. Elektrocyclische Reaktionen

Zu den einstufigen intramolekularen Reaktionen photochemisch angeregter Moleküle gehören auch Reaktionen, an denen Systeme konjugierter (C=C)-Bindungen beteiligt sind. Beispielsweise entsteht bei der Bestrahlung einer Lösung von Butadien in Diethyl-ether Cyclobuten als Hauptprodukt (*Fig. 3.68*). Die umgekehrte Reaktion, bei der Cyclobuten in Butadien umgewandelt wird, ist ebenfalls möglich (*Abschn. 3.26*).

Reaktionen dieser Art, die sowohl durch Licht als auch thermisch induziert werden können, werden elektrocyclische Reaktionen oder *Cycloisomerisierungen* genannt. Reaktionsmechanistisch gehören sie zu der Klasse chemischer Reaktionen, die als *pericyclische* Reaktionen (*Abschn. 4.6*) bezeichnet werden.

Als Nebenprodukt (5–6%) der Cycloisomerisierung von Butadien wird Bicyclo[1.1.0]butan gebildet. In Gegenwart eines Photosensibilisators reagieren dagegen zwei Butadien-Moleküle unter Bildung von *trans*-1,2-Divinylcyclobutadien als Hauptprodukt (51%). Da Moleküle nicht nur einen sondern mehrere verschiedene angeregte Zustände aufweisen, hängt die Konstitution der Produkte der licht-

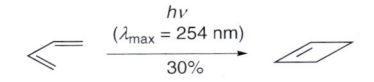

Fig. 3.68. *Photocyclisierung des Butadiens*

Als **elektrocyclische Reaktionen** werden sowohl einstufige Reaktionen, bei denen sich zwischen den Enden eines linearen, konjugierten Systems eine σ-Bindung bildet, als auch die Umkehrung dieses Vorganges bezeichnet.

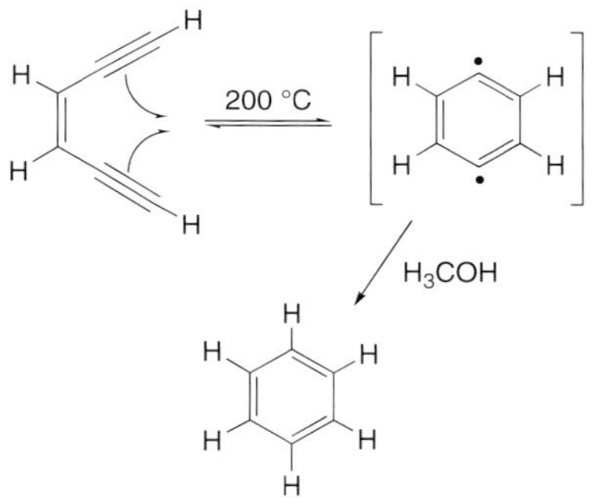

Fig. 3.69. *Cycloisomerisierung des cis-Hexa-3-en-1,5-diins* (*Robert G. Bergman*, 1972)

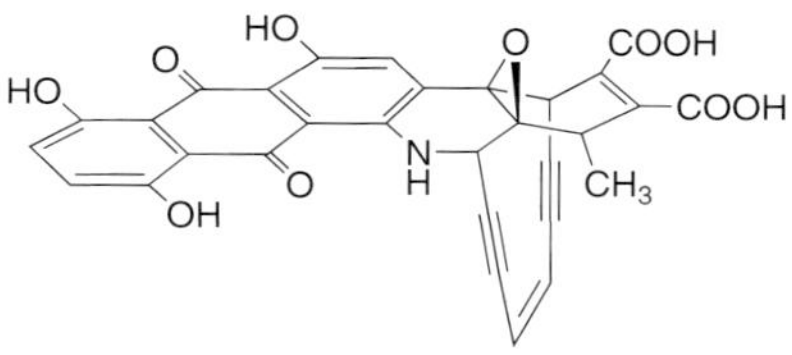

Fig. 3.70. *Das violettfarbene Dynemicin A charakterisiert eine Gruppe von Endiin-Antibiotika, die aus* Micromonospora *sp. isoliert worden sind.*

Die spontan (anscheinend ohne Mitwirkung eines Drittstoffes) stattfindende Inkorporation von Luftsauerstoff in ein organisches Substrat wird **Autoxidation** genannt.

induzierten Reaktion vom Anregungszustand ab, von dem aus die Reaktion stattfindet.

Eine interessante reversible Cycloisomerisierung findet statt, wenn verdünnte Lösungen (< 0,01M) des polymerisationsfreudigen cis-*Hex-3-en-1,5-diins* bei 200 °C erhitzt werden (*Fig. 3.69*). Als reaktives Zwischenprodukt der Reaktion entsteht ein Biradikal, welches unter H-Abstraktion (*Abschn. 2.14*) Benzol bildet (s. *Abschn. 4.1*).

Auf Reaktionen dieser Art beruht wahrscheinlich die Fähigkeit der so genannten *Endiin-Antibiotika*, zu denen u. a. die Calicheamicine, Esperamicine und Dynemicine gehören (*Fig. 3.70*), DNA zu spalten. Als Primärschritt der Reaktionsfolge, die zum DNA-Bruch führt, wird hauptsächlich die Abstraktion des an das C(5')-Atom des DNA-Moleküls (s. *Abschn. 10.17*) gebundenen H-Atoms vermutet. Das daraus resultierende Alkyl-Radikal kann mit molekularem Sauerstoff unter Bildung eines Hydroperoxids reagieren (vgl. *Abschn. 2.14*), dessen Folgeprodukte eine leicht spaltbare Phosphat-Bindung enthalten. Endiin-Antibiotika sind als Breitbandantibiotika und vor allem als Cytostatika von besonderem Interesse.

3.25. Autoxidation

Im Gegensatz zur Verbrennung, der Reaktion fast aller organischen Stoffe mit Sauerstoff bei *hoher* Temperatur (*Abschn. 2.12*), sind einige organische Verbindungen – insbesondere Alkene, Ether (*Abschn. 5.23*) und Enolate (*Abschn. 8.17*) – befähigt, Sauerstoff in ihre Moleküle bei Raumtemperatur zu inkorporieren.

Die Produkte dieser Reaktionen sind *Hydroperoxide* und/oder *Dioxetane* (*Abschn. 5.2*). Reaktionsmechanistisch ist jedoch von Bedeutung, ob das O_2-Molekül im Grund- oder im angeregten Zustand reagiert. Die relativ geringe Bindungsdissoziationsenergie allylischer (C–H)-Bindungen (*Abschn. 3.17*) erklärt die besonders leichte Oxidierbarkeit der ungesättigten Fettsäuren, die ein Bestandteil der Fette und Öle sind (*Abschn. 9.16*). Die Reaktion wird von einem freien Radikal ausgelöst, das ein H-Atom in allylischer Position abstrahiert (vgl. *Abschn. 2.14*). Das gebildete (resonanzstabilisierte) Allyl-Radikal reagiert anschließend mit Luftsauerstoff unter Bildung eines Peroxid-Radikals, das durch H-Abstraktion in das entsprechende Hydroperoxid übergeht (*Fig. 3.71*).

Bei derselben Reaktion ist die Bildung eines *Dioxetans* durch Addition des allylischen Hydroperoxid-Radikals an die benachbarte (C=C)-Bindung ebenfalls möglich (*Fig. 3.71*). Das Reaktionsprodukt ist ein Radikal, das wiederum ein H-Atom abstrahieren oder mit einem zweiten O_2-Molekül reagieren kann.

In der Regel sind Dioxetane nicht stabil; sie zersetzen sich spontan unter Bildung von zwei Molekülen, die je eine Carbonyl-Gruppe enthalten. Die Spaltung des in *Fig. 3.71* dargestellten Dioxetans hat somit den Bruch der C-Kette unter Bildung ungesättigter Carbonyl-Verbindungen zur Folge, die für den unangenehmen Geruch ranziger Fette und Öle verantwortlich gemacht werden (vgl. *Abschn. 9.4*).

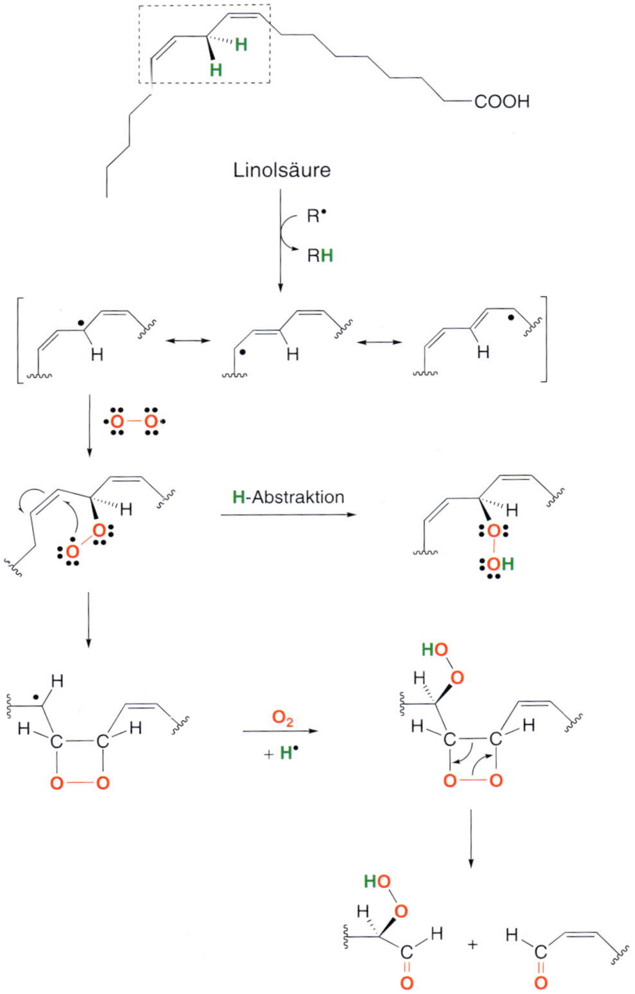

Fig. 3.71. *Plausibler Mechanismus der Autoxidation von Linolsäure*

Findet die Reaktion des O$_2$-Moleküls mit den (C=C)-Bindungen ungesättigter Fettsäuren statt, die als Bestandteile von Lipiden in Zellmembranen vorkommen, so werden Letztere zerstört, ein Prozess, der zum Absterben der Zelle führt. Derartige Reaktionen werden in der Biologie mit Alterungsprozessen bei pluricellulären Organismen in Zusammenhang gebracht, wobei es auf die entscheidende Rolle der freien Radikale, welche die Reaktionsfolge auslösen, hingewiesen werden muss (*Abschn. 2.14*). Darüber hinaus spielen Hydroperoxide im Zellmetabolismus – beispielsweise bei der Biosynthese der Prostanoide (*Abschn. 9.4*) – eine wichtige Rolle.

Im Gegensatz zu den im Vorangehenden erläuterten Autoxidationen mit Triplett-Sauerstoff (^{3}O$_2$) findet unter Einwirkung von Licht die Inkorporation von Singulett-Sauerstoff (^{1}O$_2$) in organische Moleküle vermutlich ohne Bildung freier Radikale als Zwischenprodukte

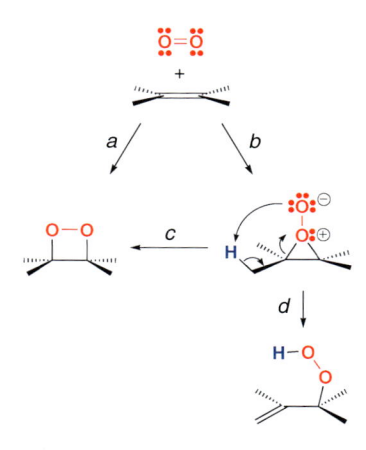

Fig. 3.72. *Produkte der Reaktion von $^1O_2$ mit Monoolefinen*

Die einstufige Addition der endständigen Atome einer Allyl-Gruppe an eine Mehrfachbindung, die unter Allyl-Umlagerung und Bruch der allylischen Bindung stattfindet, wird **En-Reaktion** genannt.

Fig. 3.73. *Reaktion von 2,4-Dimethylpent-2-en mit $^1O_2$*

statt. Da aber die Produkte der Reaktion vom $^3O_2$ und $^1O_2$ mit Alkenen dieselben sind, nämlich entweder Allyl-Hydroperoxide oder Dioxetane, ist es experimentell schwierig zwischen den beiden reaktiven Spezies zu unterscheiden.

Im *Abschn. 2.14* wurde darauf hingewiesen, dass $^1O_2$ aus dem in der Luft vorhandenen $^3O_2$ durch Einwirkung von Licht in Gegenwart eines Triplett-Photosensibilisators (*Abschn. 3.23*) gebildet wird. Die Lebensdauer von $^1O_2$ in Wasser beträgt 2 µs; sie ist 10-mal länger in D_2O.

Unter den verschiedenen Mechanismen, die für die Dioxetan-Bildung bei der Reaktion von $^1O_2$ mit Olefinen vorgeschlagen worden sind, werden hauptsächlich zwei in Betracht bezogen, nämlich die einstufige Cycloaddition des O_2-Moleküls an die (C=C)-Bindung des Alkens (*a* in *Fig. 3.72*) und die Bildung eines *Perepoxids* als Primäraddukt (*b* in *Fig. 3.72*), das sich anschließend in das isomere Dioxetan umlagert (*c* in *Fig. 3.72*). Obwohl die Dioxetan-Bildung hoch stereospezifisch in Bezug auf die Geometrie ((*Z*) bzw. (*E*)) des Alkens ist, lassen sich beide Mechanismen experimentell nicht voneinander unterscheiden, so dass eine Entscheidung zugunsten eines der Mechanismen auf Grund theoretischer Argumente rein spekulativ ist. Das Perepoxid kann auch als Zwischenprodukt bei der Bildung von Allyl-Hydroperoxiden auftreten (*d* in *Fig. 3.72*), welche die übliche Reaktion ist, wenn ein H-Atom in allylischer Position bezüglich der (C=C)-Bindung vorhanden ist, an die $^1O_2$ addiert wird. Es ist jedoch auch möglich, dass die Reaktion einstufig gemäß dem Mechanismus der so genannten *En-Reaktion* (*Abschn. 4.6*) verläuft (*Fig. 3.73*).

Die Bildung von Dioxetanen findet hauptsächlich mit elektronenreichen Alkenen statt. Wie bereits erwähnt, zersetzen sich die meisten Dioxetane spontan unter Bildung von zwei Molekülen, die je eine (C=O)-Gruppe enthalten. Die in *Fig. 3.74* wiedergegebene Reaktion, bei der ein stabiles Dioxetan isoliert werden kann, stellt somit eine Ausnahme dar.

Die experimentell bestimmte Aktivierungsenergie der thermischen Zersetzung des in *Fig. 3.74* dargestellten Dioxetans beträgt 146 ± 8 kJ mol^{-1}. Sie ist im Vergleich zur Aktivierungsenergie der spontanen Zersetzung des 3,3,4,4-Tetramethyldioxetans (113 kJ mol^{-1}) bemerkenswert hoch. Die thermische Zersetzung eines Dioxetans wird von Lichtemission begleitet (*Chemilumineszenz*). Sie ist dadurch zu erklären, dass eine der beiden dabei gebildeten Carbonyl-Verbindungen im elektronisch angeregten Zustand freigesetzt wird. Derselbe Prozess findet bei der Biolumineszenz (der Lichtemission durch lebende Organismen) statt (*Abschn. 8.17*).

Bei der Reaktion konjugierter Diene mit $^1O_2$ können sowohl 1,2-Addukte als auch cyclische *Peroxide* gebildet werden (*Fig. 3.75*). Letztere sind vermutlich die Produkte einer der *Diels–Alder*-Reaktion formal analogen [4 + 2]-Cycloaddition des $^1O_2$-Moleküls an das Dien-Molekül im Grundzustand (*Abschn. 3.16*).

Ein natürliches Terpen-1,4-peroxid ist das *Ascaridol*, das als Hauptkomponente des ätherischen Öls vom Gänsefuß (*Chenopodium* sp.) vorkommt. Im Blatt der Pflanze wird α-Terpinen in Gegenwart von Luftsauerstoff und Chlorophyll *a* (*Abschn. 10.4*) als Photosensibilisator unter Einwirkung von Sonnenlicht zum Endoperoxid umgesetzt (*Fig. 3.76*). Die gleiche Reaktion findet *in vitro* statt. Ascaridol ist ein Anthelmintikum, das vor allem gegen Spulwürmer (*Ascaris lumbricoides*) wirksam ist.

Die Reaktivität von $^1O_2$ gegenüber (C=C)-Bindungen ist auch die Ursache für das Verblassen von gefärbten Gegenständen, die an der Luft dem Sonnenlicht ausgesetzt werden. Im *Abschn. 3.21* wurde darauf hingewiesen, dass der Chromophor eines organischen Farbstoffs aus einem System konjugierter (C=C)-Bindungen besteht. Bei den meisten Bleichprozessen fungiert der Farbstoff selbst als Photosensibilisator für die Bildung von $^1O_2$, der anschließend an die (C=C)-Bindungen angelagert wird. Die Folgereaktionen führen zu einer Verkürzung des konjugierten Systems und somit zu einer Löschung der Farbe.

Auch in der Biologie spielen photosensibilisierte Oxygenierungen organischer Moleküle innerhalb lebender Zellen eine wichtige Rolle (*Abschn. 2.14*). Der durch Lichtabsorption angeregte Sensibilisator kann sowohl freie Radikale erzeugen, als auch $^3O_2$-Moleküle zu $^1O_2$ anregen. Werden bei der Bildung der oben erwähnten Folgeprodukte beider Prozesse die (C=C)-Bindungen ungesättigter Fettsäuren, die Bestandteile von Lipiden in Zellmembranen sind (*Abschn. 9.16*), in Mitleidenschaft gezogen, so kann die Zerstörung der entsprechenden Organellen zum Absterben der Zelle führen.

Bereits 1897 beobachtete *Oscar Raab* während seines Medizinstudiums im pharmakologischen Laboratorium von Prof. *Hermann von Tappeiner* (1847–1927) an der *Ludwig-Maximilian*-Universität zu München, dass die toxische Wirkung von Acridin-Farbstoffen (*Abschn. 7.13*) auf Infusorien im Licht erheblich gesteigert wird. Auf Vorschlag von *von Tappeiner* bezeichnet man die durch fluoreszierende Verbindungen hervorgerufene Lichtsensibilisierung von Organismen als *photodynamischen Effekt*. In Pelztierfarmen und zoologischen Gärten wird davon Gebrauch gemacht, indem man dem Trinkwasser Methylenblau oder andere Farbstoffe zusetzt, die bewirken, dass pathogene Mikroorganismen bereits durch normales Tageslicht abgetötet werden.

Auf demselben Prinzip beruht eine sich noch in der Entwicklungsphase befindende Therapie maligner Tumore (*photodynamische Therapie*), bei der zuerst ein geeigneter Photosensibilisator in den Patienten eingespritzt und danach das kranke Gewebe mit Licht bestrahlt wird. Bei selektiver Anreicherung des Photosensibilisators im Tumorgewebe bewirkt das Licht das Absterben der Tumorzellen (*Fig. 3.77*).

In vivo wird die Bildung von Dioxetanen durch intramolekulare Dioxygenasen katalysiert (*Abschn. 2.17*), die Eisen oder Kupfer enthalten. In einigen Fällen sind Eisen–Porphyrin-Komplexe nachgewiesen worden, die vermutlich das O_2-Molekül entsprechend dem allgemeinen Mechanismus der Häm-Oxidation (*Abschn. 2.16*) aktivieren (*Fig. 3.78*).

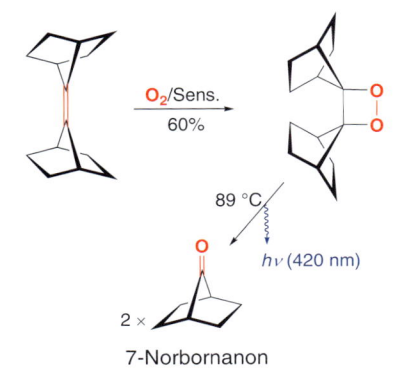

Fig. 3.74. Reaktion von 7,7'-Binorbornyliden mit $^1O_2$ in CH_2Cl_2 und thermische Spaltung des gebildeten Dioxetans

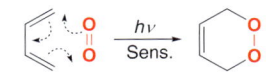

Fig. 3.75. [4 + 2]-Cycloaddition von $^1O_2$ an konjugierte (C=C)-Bindungen (schematisch)

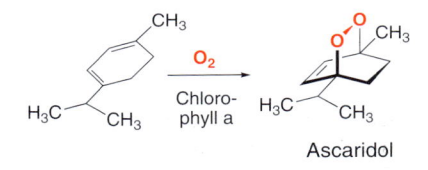

Fig. 3.76. Photosensibilisierte Cycloaddition von $^1O_2$ an α-Terpinen

Eine wichtige Rolle spielen vermutlich Dioxetane als Primärprodukte der Biosynthese sekundärer Metabolite, die durch oxidativen Abbau von Carotinoiden biosynthetisiert werden. Beispielsweise synthetisieren tierische Zellen *Retinal* durch oxidative Spaltung des β-Carotins (*Fig. 3.79*), das aus diesem Grunde auch Provitamin A$_1$ genannt wird, obschon es das eigentliche Vitamin ist (*Abschn. 3.22*).

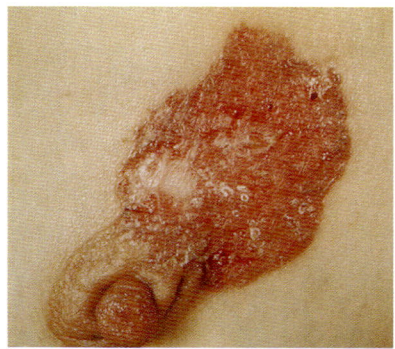

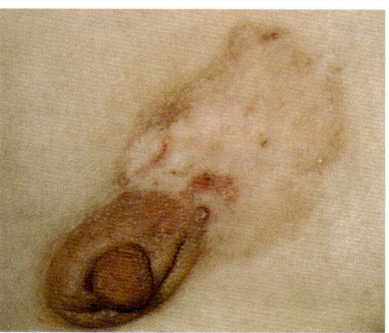

Fig. 3.77. *Photodynamische Therapie eines Rumpfhautbasalioms mit δ-Aminolävulinsäure als Biosynthese-Vorläufer des Protoporphyrins IX, das als Photosensibilisator wirkt.* Oben: *zum Beginn der Behandlung,* unten: *nach 5 Wochen.*

Fig. 3.79. *Enzymatische Umwandlung von β-Carotin in Retinal*

Der dem Retinal entsprechende Alkohol (Retinol) wird Vitamin A$_1$ (früher *Axerophthol*) genannt. Vitamin A$_1$ und sein 3,4-Didehydro-Derivat (Vitamin A$_2$) gehören zu den fettlöslichen Vitaminen (s. *Abschn. 3.22*). Symptome eines Vitamin-A$_1$-Mangels sind zunächst Nachtblindheit (Hemeralopie), später Atrophie und Verhornung der Haut und Hornhaut (*Xerophthalmie*). Bei Heranwachsenden kommt es außerdem zu Störungen des Wachstums und der Knochenbildung. Andererseits äußern sich Hypervitaminosen, die bedingt durch ihre fettreiche Nahrung insbesondere bei den Eskimos beobachtet werden u.a. durch schmerzhafte Schwellungen des Periosts, Blutungen und Haarausfall. Fettsäure-ester des Retinols (meist Palmitat) werden nebst der durch Oxidation der Aldehyd-Gruppe des Retinals gebildeten *Retinsäure* (Vitamin-A-Säure) in der Leber gespeichert. Synthetisch hergestellte Derivate des Retinols (sog. *Retinoide*) werden bei verschiedenen Hautkrankheiten – z.B. Psoriasis (*Abschn. 9.15*) und anderen Hyper- bzw. Dyskeratosen – eingesetzt, weil sie eine Auflockerung der Hornhautschicht bewirken. In einigen Fällen sind Retinoide auch zur Prophylaxe und Therapie von Krebserkrankungen erfolgreich angewendet worden.

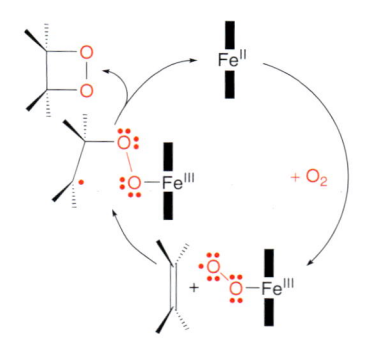

Fig. 3.78. *Plausibler Reaktionsmechanismus der von Dioxygenasen katalysierten Bildung von Dioxetanen*

Zu den Produkten der oxidativen Spaltung von Carotinoiden gehören auch die *Ionone* und die physiologisch wichtige *Abscisinsäure* (*Fig. 3.80*). Letztere ist ein Pflanzenhormon, das den Blatt- und Fruchtfall induziert (lat. *abscīdĕre*: abschneiden) und als Antagonist anderer Pflanzenhormone wie Auxine und Cytokinine (*Abschn. 10.5*), Wachstum und Samenkeimung bei höheren Pflanzen hemmt. Obwohl die Abscisinsäure ein Sesquiterpen ist, wird sie nicht direkt aus Farnesyl-pyrophosphat sondern aus all-*trans*-Violaxanthin (*Abschn. 5.27*) biosynthetisiert.

Ionone (oder Jonone) bilden eine Gruppe äußerst geruchsstarker natürlicher Duftstoffe, die in Gemüse, Früchten (besonders in Beeren), Tee und Tabak weit verbreitet sind. Mit 22% ist α-Ionon die Hauptkomponente im Veilchenblütenöl. Ionone gehören zu den Norisoprenoiden, weil die Anzahl der C-Atome ihrer Moleküle der Isoprenregel nicht entspricht.

Die enzymatische Bildung von Dioxetanen durch Inkorporation von molekularem Sauerstoff findet auch statt, wenn die (C=C)-Bindung Bestandteil eines aromatischen Ringes (*Kap. 4*) ist. Die von Dioxygenasen katalysierte Umwandlung von Benzol in *Brenzcatechin* findet vermutlich unter Bildung eines Dioxetans als Primärprodukt statt (*Fig. 3.81*). Brenzcatechin und *Protocatechusäure* (3,4-Dihydroxybenzoesäure) sind die Produkte des oxidativen Abbaus der Mehrzahl aromatischer Verbindungen, die durch zahlreiche Bakterien zu Muconsäure bzw. β-Carboxymuconsäure über die entsprechenden Dioxetane weiter abgebaut werden.

Analog findet im Metabolismus aromatischer Carbonsäuren der Abbau der Homogentisinsäure (*Abschn. 9.10*), sowie die enzymatische Umwandlung des Tryptophans in Formylkynurenin (*Abschn. 10.5*) und die Biosynthese der Chinolinsäure (*Abschn. 10.10*) statt.

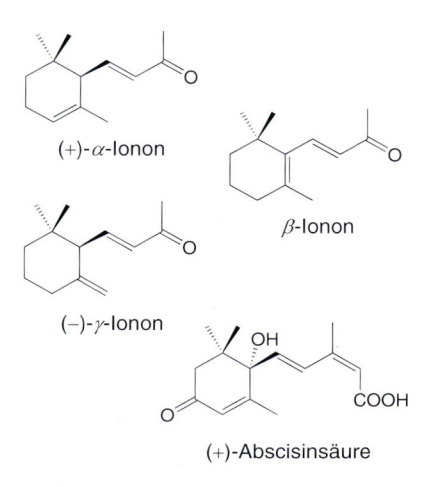

Fig. 3.80. *Einige Norisoprenoide und die Abscisinsäure werden durch oxidativen Abbau von Carotinoiden biosynthetisiert.*

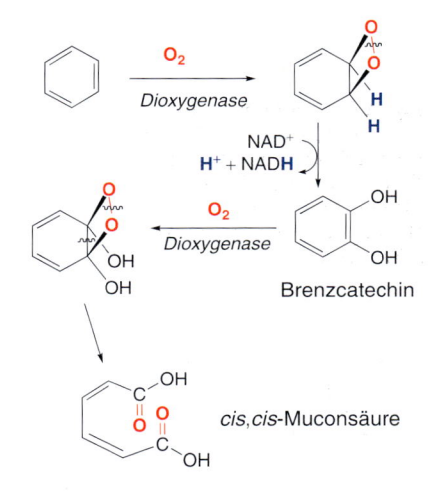

Fig. 3.81. *Enzymatischer Abbau aromatischer Ringe*

3.26. Cycloalkene

Cyclische Kohlenwasserstoffe, bei denen (C=C)-Bindungen Glieder eines Ringes sind, werden *Cycloalkene* genannt (*Fig. 3.82*). Die chemische Reaktivität von Cyclopenten und Cyclohexen weist keine nennenswerten Besonderheiten auf; sie gleicht der von offenkettigen Alkenen, die isolierte (C=C)-Bindungen enthalten. Cyclohexen kommt in zwei energetisch bevorzugten Konformationen vor: die Wannen- und die Halbsessel-Konformation (**a** bzw. **b** in *Fig. 3.82*). Im Gegensatz zum Cyclohexan, dessen Sessel-Konformation den kleinsten Energiegehalt aufweist (*Abschn. 2.22*), kann Cyclohexen in der Sessel-Konformation nicht vorkommen, weil sie die von der (C=C)-Bindung geforderte Planarität der beiden trigonalen C-Atome und deren vier Liganden (*Abschn. 3.2*) nicht erfüllen *kann*. Aus diesem Grunde ist die Darstellung von Cyclohexen-Ringen durch die Strukturformel **c** (*Fig. 3.82*), obwohl sie in wissenschaftlichen Publikationen z. T. renommierter Forscher gelegentlich vorkommt, nicht zutreffend.

Wegen der größeren Abweichung vom Valenzwinkel des trigonalen C-Atoms (der (C–C=C)-Winkel beim Propen beträgt 124,7°) ist die Ringspannung des Cyclopropens (226 kJ mol^{-1}) so beträchtlich, dass diese Verbindung oberhalb $-80\,°C$ rasch polymerisiert.

Struktur und Reaktivität der Biomoleküle

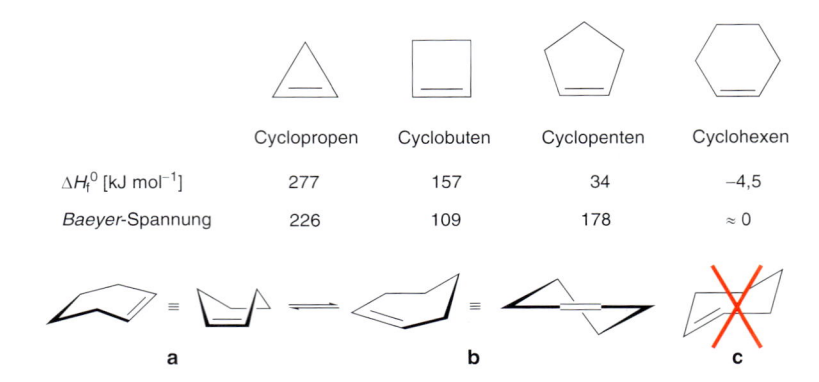

	Cyclopropen	Cyclobuten	Cyclopenten	Cyclohexen
ΔH_f^0 [kJ mol^{-1}]	277	157	34	–4,5
Baeyer-Spannung	226	109	178	≈ 0

Fig. 3.82. *Standardbildungsenthalpien in der Gasphase und Ringspannungsenergien von Cycloalkenen, sowie energetisch bevorzugte Konformationen des Cyclohexen-Moleküls*

Dennoch kommen Cyclopropen-Derivate – z.B. *Malvaliasäure* (2-Octylcycloprop-1-en-1-heptansäure) und *Sterculiasäure* (2-Octylcycloprop-1-en-1-octansäure) – als Bestandteile der Triglyceride in den Samen von Baumwolle (*Gossypium hirsutum*) u. a. Malvengewächsen vor.

Die Ringspannung im Cyclobuten (109 kJ mol^{-1}) ist annähernd die gleiche wie die des Cyclopropans (vgl. *Fig. 2.48*). Auch Cyclobuten wird thermisch (durch Temperaturerhöhung) aufgespalten (*Fig. 3.83*). Die Aktivierungsenthalpie der Reaktion ist jedoch wesentlich niedriger als beim Cyclopropan (134 statt 272 kJ mol^{-1}), so dass diese Differenz nicht durch die Ringspannung erklärt werden kann (*Fig. 3.84*). Sie hat zwei Gründe: *1)* Bei der Ringaufspaltung des Cyclobutens wird eine allylische Bindung gebrochen (vgl. *Abschn. 3.17*), und *2)* im Gegensatz zum Trimethylen-Diradikal (vgl. *Fig. 2.49*) ist das bei der Ringaufspaltung des Cyclobutens gebildete Biradikal kein Zwischenprodukt der Reaktion sondern stellt eine Resonanz-Struktur des Butadiens dar (vgl. *Abschn. 3.13*).

Da die Aufspaltung des Cyclobuten-Ringes mit der Bildung der (C=C)-Bindungen des Butadiens einhergeht, ist die Reaktion *einstufig*. Somit ist die Umwandlung von Cyclobuten in Butadien definitionsgemäß (*Abschn. 3.24*) eine elektrocyclische Ringöffnung, deren Übergangskomplex ein System cyclisch delokalisierter Elektronen darstellt (*Abschn. 4.6*).

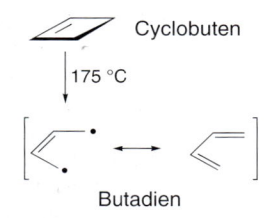

Fig. 3.83. *Thermische Ringaufspaltung des Cyclobutens*

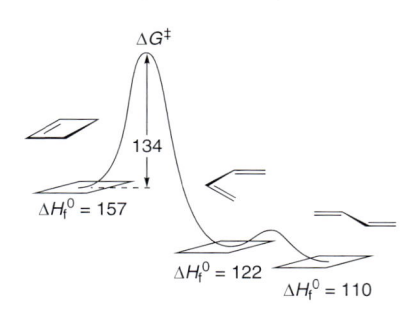

Fig. 3.84. *Energieprofil der Cycloisomerisierung von Cyclobuten bei 450 K (Werte in kJ mol^{-1})*

Bei zahlreichen Cycloisomerisierungen 3,4-disubstituierter Cyclobuten- und 1,4-disubstituierter Butadien-Derivate wird eine Stereospezifität beobachtet, die davon abhängt, ob die Reaktion photochemisch oder thermisch induziert wird. Eine theoretische Deutung dieser Beobachtungen wurde 1965 von *Robert B. Woodward* (1917–1979) und *Roald Hoffmann* (*1937) mit der Aufstellung der *Regel der Erhaltung der Orbitalsymmetrie* gegeben, die zwar als reaktionsmechanistische Grundlage aller pericyclischen Reaktionen (also solche mit einem cyclischen Übergangszustand) von außerordentlicher Bedeutung sind, aber zum Verständnis enzymatisch katalysierter Reaktionen entbehrt werden können.

Als einstufige Reaktion ist die Cycloisomerisierung des Cyclobutens im Prinzip reversibel. Doch die sehr unterschiedlichen Energiegehalte von Cyclobuten und Butadien verhindern, dass beim Erhitzen des Letzteren die endotherme Umwandlung in Cyclobuten stattfindet. Wird aber dem Butadien die nötige Energie zugefügt, nämlich durch Bestrahlung mit Licht, so lässt es sich, wie bereits erwähnt, in Cyclobuten umwandeln (*Abschn. 3.24*). Auch die *photolytische* (griech. λύσις (*lýsis*): Auflösung, Trennung) Umwandlung des Cyclobutens in Butadien ist möglich (*Fig. 3.85*). Da aber Cyclobuten Licht, dessen Wellenlänge weniger als 200 nm beträgt, nicht absorbiert, bedarf die praktische Durchführung der Reaktion spezieller Apparaturen (vgl. *Abschn. 3.23*).

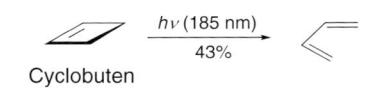

Fig. 3.85. *Photolytische Ringaufspaltung des Cyclobutens*

Konjugierte Polyene brauchen dagegen weniger Energie, um angeregt zu werden, d.h. sie absorbieren längerwelliges Licht als isolierte (C=C)-Chromophore (*Abschn. 3.21*). Aus diesem Grund wird die Cycloisomerisierung von Cycloalkenen, die konjugierte (C=C)-Bindungen enthalten, oft beobachtet.

Eine wichtige Reaktion dieses Typs ist die Aufspaltung des Cyclohexadien-Chromophors des Ergosterols und 7,8-Didehydrocholesterols zu den entsprechenden *Präcalciferolen*, welche nichtenzymatisch in der Epidermis der Tiere durch Einwirkung der UV-B-Strahlung des Sonnenlichtes stattfindet (*Fig. 3.86*). Durch anschließende Umlagerung eines der H-Atome der C(10)-ständigen CH_3-Gruppe werden aus den entsprechenden Präcalciferolen *Ergo-* und *Cholecalciferol* (Vitamin D_2 bzw. D_3) gebildet (*Abschn. 3.18*).

In vitro werden bei der Bestrahlung von Ergosterol außer Präcalciferol sein (*E*)-Isomer *Tachysterin* (griech. ταχύς (*tachýs*): schnell) und *Lumisterin* (lat. *lumen*: Licht), ein Isomer des Ergosterols mit umgekehrten Konfigurationen der Chiralitätszentren C(9) und C(10), gebildet. *Calciferole* (griech. φέρω (*phérō*): tragen) spielen eine essentielle Rolle beim Calcium- und Phosphor-Metabolismus. Im menschlichen Organismus wird Cholesterol zum entsprechenden 7,8-Dihydro-Derivat umgewandelt (*Abschn. 5.28*), welches unter Einwirkung von Licht in Präcalciferol übergeht. Dessen Folgeprodukt, das Vitamin D_3 (Cholecalciferol), kommt auch hauptsächlich im Lebertran vor. Das ursprünglich von *Windaus* (s. *Abschn. 5.28*) genannte Vitamin D_1 erwies sich später als ein äquimolares Gemisch aus Calciferol und Lumisterin. Da unter normalen physiologischen Bedingungen Mensch und Säugetiere ausreichende Mengen Cholecalciferol selbst biosynthetisieren, ist die historisch begründete Bezeichnung Vitamin D nach heutigen Kenntnissen nicht zutreffend.

Weder Vitamin D_3 noch Vitamin D_2 (Ergocalciferol) ist jedoch hormonal aktiv (vgl. *Abschn. 8.2*). Das biologisch aktive, vom Vitamin D_3 abgeleitete Hormon ist das entsprechende 1,25-Dihydroxy-Derivat (*Calcitriol*), welches die Synthese des calciumbindenden Proteins (*Ca*BP) in den Zellen des oberen Dünndarms induziert (*Fig. 3.86*). An der Biosynthese des 1,25-Dihydroxycalciferols sind zwei Hydroxylasen beteiligt (*Abschn. 5.3*), die in verschiedenen Organen (Leber und Niere) gebildet werden. Vitamin-D-Mangel, der durch unzureichende UV-Licht-Exposition hauptsächlich in sonnenarmen Gebieten im Winter bedingt ist, führt bei Erwachsenen zu Osteomalazie (Knochenerweichung), bei Kindern zu Rachitis, die durch typische Skelettveränderungen an Schädel (*Caput quadratum*), Rippen und Metaphysen des heranwachsenden Patienten charakterisiert ist (*Fig. 3.87*). Die besonders bei Frauen nach der Menopause (Wegfall der Follikelreifung) oft auftretende

---

Nach seiner biologischen Wirkung wird die Sonnenstrahlung im kurzwelligen Bereich in **UV-A** (nahes UV: λ von 400 bis 315 nm) und **UV-B** (*Dorno*-Strahlung: λ von 315 bis 280 nm) unterteilt. Der Bereich zwischen 280 und 200 nm wird als fernes UV bezeichnet. Sonnenstrahlung im UV-A-Bereich verursacht hauptsächlich die Bräunung der Haut. Ungeachtet ihrer schädlichen Wirkung für die DNA ist die UV-B-Strahlung für die Photosynthese des Vitamins D unentbehrlich.

Fig. 3.86. *Lichtinduzierte Bildung des Präcalciferols und enzymatische Folgereaktionen*

Fig. 3.87. *Das Jesuskind in* Albrecht Dürers *Gemälde* 'Maria mit dem Kinde' *(1512, Kunsthistorisches Museum Wien) weist die charakteristischen Merkmale der Vitamin-D-Mangel-Rachitis auf: Vorspringen von Stirn und Scheitelhöcker mit Hinterhauptsabflachung* (Caput quadratum), *Thoraxdeformation, schlaffer Bauchdecke und Auftreibung der Epiphysen an Hand und Fußgelenken.*

Neigung zu Knochenfrakturen und -verformungen (Osteoporose) ist ebenfalls auf die Beziehung zwischen der Biosynthese des Calciferols und der Sexualhormone, beide Metabolite des Cholesterols, zurückzuführen (*Abschn. 8.2*). Andererseits wird Vitamin D im Gegensatz zu wasserlöslichen Vitaminen im Körper festgehalten, weshalb eine zu hohe Vitamin-D-Aufnahme nach einiger Zeit zur Vitamin-D-Vergiftung führt. Die hohe Calcium-Konzentration im Serum hat nämlich eine anormale Calcifizierung verschiedener weicher Gewebe zur Folge. Besonders anfällig für diesen Vorgang sind die Nieren, in denen sich Nierensteine bilden. Außerdem führt die Vitamin-D-Vergiftung zur starken Demineralisierung der Knochen, die brüchig werden. Die Tatsache, dass die menschliche Haut um so stärker pigmentiert ist, je näher die Bevölkerung am Äquator lebt, wird durch die Hypothese erklärt, dass die Hautpigmentierung dazu dient, überschüssige Sonnenstrahlung auszufiltrieren und so eine Vitamin-D-Vergiftung zu verhindern.

3.27. Allene und Alkine

Propadien und seine Derivate werden *Allene* genannt; sie gehören zu den Kohlenwasserstoffen mit aufeinander folgenden (C=C)-Bindungen, die allgemein als *Kumulene* (lat. *cumulare*: anhäufen) bezeichnet werden.

Eine bemerkenswerte strukturelle Eigenart der Allene ist, dass die terminalen Liganden in senkrecht zueinander stehenden Ebenen angeordnet sind (*Fig. 3.88*), wodurch einige Derivate – z.B. das 1,3-Dimethylallen (*Fig. 3.89*) – chiral sein können, obwohl sie kein asymmetrisches C-Atom enthalten (s. *Tab. 1.14*). Derartige Moleküle werden im Gegensatz zu den bisher behandelten *zentral-chiralen* Molekülen, die ein Chiralitätszentrum (z.B. ein asymmetrisches C-

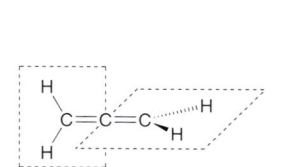

Fig. 3.88. *Struktur des Allen-Moleküls*

Atom) enthalten, als *axial-chiral*, und die durch die drei linear angeordneten C-Atome definierte Gerade als *Chiralitätsachse* bezeichnet.

Zur Spezifikation der absoluten Konfiguration axial-chiraler Verbindungen wird das Molekül von einem auf der verlängerten Chiralitätsachse liegenden Punkt aus betrachtet, wobei es belanglos ist, welches Ende der Chiralitätsachse dem Beobachter zugewandt ist. Konventionsgemäß haben Liganden, die sich näher beim Beobachter befinden, den Vorrang gegenüber den Liganden am ferneren Ende der Chiralitätsachse, so dass bei der Festsetzung der Prioritätsreihenfolge der Liganden gemäß den *CIP*-Regeln (*Abschn. 2.10*) die Lage des Liganden höherer Priorität am ferneren Ende der Chiralitätsachse in Bezug auf die Prochiralitätsebene, die durch die Chiralitätsachse und die beiden dem Beobachter zugewandten Liganden definiert wird, ausschlaggebend ist (*Fig. 3.89*).

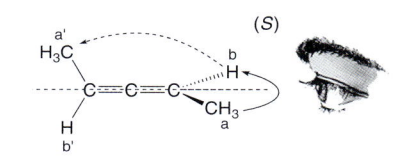

Fig. 3.89. *Spezifikation der absoluten Konfiguration des (+)-1,3-Dimethylallens*

Einige Naturprodukte sind enantiomerenreine Allen-Derivate; z. B. das *Fucoxanthin* (*Fig. 3.90*), ein Carotinoid, das neben Chlorophyll (*Abschn. 10.4*) der am häufigsten vorkommende natürliche Farbstoff ist.

Axiale Chiralität kann bei substituierten Kumulenen mit einer *geraden* Zahl von Doppelbindungen vorkommen. Substituierte Kumulene mit einer ungeraden Zahl von (C=C)-Bindungen können dagegen als (*E/Z*)-Isomere vorkommen, da sich die vier Liganden an den endständigen C-Atomen in einer Ebene befinden. Allerdings nimmt mit wachsender Zahl der kumulierten (C=C)-Bindungen nicht nur die Energiebarriere der Racemisierung bzw. (*E/Z*)-Isomerisierung ab, sondern auch die Polymerisationstendenz der Kumulene zu, so dass sie sich der Isolierung entziehen: bei $+40\,°C$ beträgt die Halbwertszeit des Pentatetraens (C_5H_4) in verdünnter $CHCl_3$-Lösung nur *ca.* 20 Minuten.

Allene und *Alkine* sind konstitutionsisomere Verbindungen, die oft ineinander umgewandelt werden können. Das Allen selbst tritt als Gemisch mit seinem Isomer, dem Methylacetylen (Propin) auf. In der Gasphase bei $300\,°C$ besteht das Gemisch aus *ca.* 20% Allen und 80% Propin:

$$H_2C=C=CH_2 \rightleftharpoons H_3C-C\equiv CH \quad (\Delta G^0 = -5 \pm 3 \text{ kJ mol}^{-1})$$

(+)-Fucoxanthin

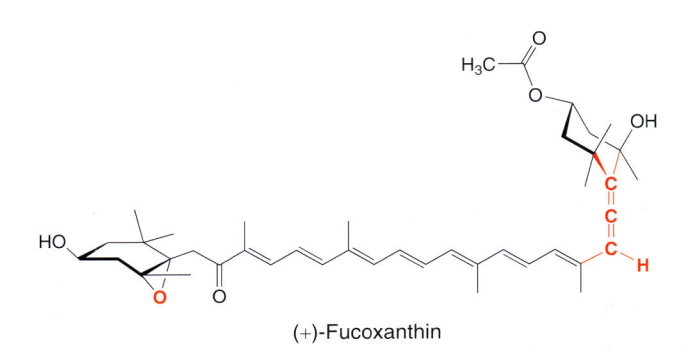

Fig. 3.90. *Fucoxanthin spielt bei der Photosynthese in Braunalgen (Phaeophytae) eine wichtige Rolle.*

Die Isomerisierung erfolgt jedoch nur in Gegenwart von Katalysatoren (Aktivkohle oder starke Basen); reines Allen ist bis 400 °C stabil.

Der einfachste Vertreter der Verbindungsklasse der Alkine, die durch das Vorhandensein dreifacher kovalenter Bindungen zwischen zwei C-Atomen charakterisiert sind, ist das Ethin oder *Acetylen*. Seine Bildung aus zwei Methylidin-Radikalen (s. *Abschn. 1.12*), die nicht nur eine wichtige Rolle bei der Bildung von Acetylen im interstellaren Raum spielt (Acetylen ist in der Atmosphäre des Jupiter nachgewiesen worden), sondern auch einen möglichen Weg seiner Synthese unter abiotischen Bedingungen darstellt, ist stark exotherm:

$$2 \times \cdot\dot{C}H \rightarrow HC\equiv CH \quad (\Delta H^0 = -962 \text{ kJ mol}^{-1})$$

Reines Acetylen ist ein farbloses, narkotisch wirkendes Gas von etherischem Geruch, das mit hell leuchtender Flamme brennt:

$$HC\equiv CH + 5/2\, O_2 \rightarrow 2\, CO_2 + H_2O \quad (\Delta H^0_c = -1300 \text{ kJ mol}^{-1})$$

Im Gegensatz zu Ethylen und Ethan ist Acetylen ziemlich gut löslich in Wasser. Der unangenehme Geruch des technischen Acetylens rührt von Verunreinigungen wie H_2S, H_3P sowie organischen Schwefel- und Phosphor-Verbindungen her.

Die Zersetzung von Acetylen in Kohlenstoff und Wasserstoff ist stark exotherm:

$$HC\equiv CH \rightleftharpoons 2\, C + H_2 \quad (\Delta H^0 = -226 \text{ kJ mol}^{-1})$$

Unverdünntes Acetylen kann daher unter Normaldruck bereits bei 160 °C zerfallen und detonieren. Im Gemisch mit Luft ist Acetylen außerordentlich explosiv, und zwar in sehr variablen Mischungsverhältnissen (2–82%).

Acetylen stellt einen wichtigen Ausgangsstoff bei der technischen Synthese einer Vielzahl von Produkten dar. Seine Chemie entwickelte sich hauptsächlich in Deutschland in den 30er Jahren des 20. Jahrhunderts durch die Arbeiten von *Walter Reppe*. Sie ist gekennzeichnet durch die Verwendung von Acetylen unter Druck (bis 30 bar) bei hohen Temperaturen in Gegenwart von Metallcarbonylen und Schwermetall-acetyliden als Katalysatoren. Mit der Entwicklung der Petrochemie (*Abschn. 2.2*) hat einerseits die Bedeutung des Acetylens zugunsten anderer Rohstoffe wie Ethylen und anderer Olefine nachgelassen, andererseits sind die technischen Herstellungsverfahren für Acetylen überwiegend auf die Basis petrochemischer Grundstoffe gestellt worden.

Die charakteristischen Parameter der (C≡C)-Bindung sind in *Tab. 3.9* zusammengefasst. Wegen der linearen Anordnung der Liganden der digonalen C-Atome kann die Rotationsbarriere der (C≡C)-Bindung (falls sie überhaupt vorhanden ist) prinzipiell nicht nachgewiesen werden (s. *Abschn. 2.18*).

Tab. 3.9. *Charakteristische Parameter der (C≡C)-Bindung*

Bindungslänge:	120 pm
Bindungsenergie:	962 kJ mol^{-1}
Rotationsbarriere:	0?

Walter Reppe (1892–1969) wirkte als Chemiker nach seiner Promotion an der Universität München (1920) bei der *Badischen Anilin- und Sodafabrik* (*BASF*) in Ludwigshafen (Deutschland). Von 1939 bis zum Ende des 2. Weltkrieges war er Direktor der IG-Farben-Industrie. Außer den Verfahren der Acetylen-Chemie wurden unter seiner Leitung u. a. die katalytische Hydrierung von Acetaldehyd zu Ethanol sowie Verfahren zur Produktion von Ethylen-oxid und Ethylenglycol entwickelt. (Mit Genehmigung der Royal Society of Chemistry, Library and Information Centre, London)

Die Nomenklatur der Alkine folgt den in *Fig. 2.3* gegebenen Grundregeln für die Benennung der Alkane, indem die Endung -*an* durch -*in* ersetzt wird (vgl. *Abschn. 3.1*). Das dem Allyl-Radikal entsprechende Prop-2-inyl-Radikal (HC≡C–CH$_2$–) wird auch mit dem Trivialnamen *Propargyl* bezeichnet.

Im Allgemeinen bilden terminale Alkine Metall-Salze. Als solches bildet Propargyl-alkohol, der wie *Propan* drei C-Atome enthält, mit Silber-Ionen (lat. *argentum*: Silber) ein unlösliches Salz, worauf der Trivialname zurückzuführen ist.

Mit Ausnahme der Acidität, die Alkine mit einer terminalen (sich am Ende der C-Kette befindenden) Dreifachbindung charakterisiert, ist die chemische Reaktivität der Alkene und Alkine sehr ähnlich. Beispielsweise verläuft die katalytische Hydrierung der Alkine mit H$_2$ in Gegenwart von Pd oder Ni über Alkene als Zwischenprodukte, die unter geeigneten Reaktionsbedingungen abgefangen werden können, zu den entsprechenden Alkanen.

Bedingt durch die Tautomerisierungsfähigkeit der Enole (*Abschn. 8.16*) sind jedoch die Produkte der elektrophilen Addition von H$_2$O an Alkine, die von Hg^{II}-Ionen besonders effektiv katalysiert wird, nicht Alkohole sondern *Ketone* (*Fig. 3.91*). Die entsprechende Addition von H$_2$O an Acetylen ist stark exergonisch ($\Delta G^0 = -112$ kJ mol^{-1}). Sie stellte früher ein wichtiges technisches Verfahren zur Herstellung von Acetaldehyd dar, das heute durch die Oxidation von Ethylen mit Luftsauerstoff (*Wacker–Hoechst*-Verfahren) weitgehend verdrängt worden ist.

Die gleiche Reaktion findet enzymatisch sowohl im mesophilen anaeroben Bakterium *Pelobacter acetylenicus* als auch in einigen aeroben Bakterien (*Mycobacterium lacticola, Nocardia rhodochrous* u. a.) statt. Bemerkenswerterweise enthält das entsprechende Enzym, die *Acetylen-Hydratase*, Wolfram als Cofaktor (s. *Abschn. 9.32*).

Die hohe Dissoziationsenergie der (C–H)-Bindung endständiger Alkine (548 kJ mol^{-1}) deutet auf die starke Polarisation der Bindung hin. Dennoch ist die Acidität des Acetylens so gering, dass sie in wässriger Lösung nicht beobachtet werden kann. In stark basischem Medium ist jedoch das Gleichgewicht zwischen terminalen Alkinen und den entsprechenden Allenen zugunsten der Ersteren verschoben. Ferner vermögen starke Basen (z. B. Natrium-amid (NaNH$_2$)) in flüssigem Ammoniak die H-Atome an der (C≡C)-Bindung des Acetylens,

Die zwei durch eine Dreifachbindung verknüpften C-Atome sowie die zwei an sie gebundenen Atome sind **linear** angeordnet.

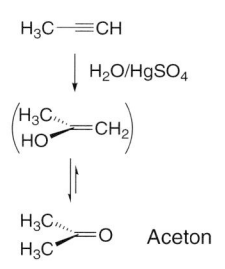

Fig. 3.91. *Die Addition von Elektrophilen an Alkine gehorcht der* Markownikow-*Regel.*

im Gegensatz zu denen der Alkene, durch Metall-Ionen zu ersetzen. Derartige Metall-Verbindungen werden Acetylide (Acetylenide) oder auch, wenn sie kein H-Atom enthalten, *Carbide* genannt. Während Alkali- und Erdalkali-carbide sich bereits mit H_2O unter Freisetzung von Acetylen zerlegen lassen, werden die Schwermetall-acetylide erst mit verdünnter Salzsäure hydrolysiert. Silber(I)- und Kupfer(I)-acetylid liegen als Polymere vor und sind in trockenem Zustand äußerst explosionsempfindlich.

Einige Carotinoide (z.B. *Crocoxanthin*, *Alloxanthin* u.a.), deren Moleküle (C≡C)-Bindungen enthalten, kommen hauptsächlich in marinen Organismen (Flagellaten, Diatomeen, Tunikaten u.a.) vor. Die meisten Acetylen- und Allen-Derivate, die in der Natur vorkommen, sind jedoch aus Korbblütlern (*Compositae*) und Doldengewächsen (*Umbelliferae*) sowie einigen Basidiomyceten isoliert worden. Sie sind in der Regel labile Metabolite, die durch Wärme, Licht und Sauerstoff leicht zerstört werden. Es handelt sich dabei um sekundäre Produkte des Acetat-Metabolismus, die durch Dehydrierung von Fettsäuren oder Terpenoiden biosynthetisiert werden. Die Tatsache, dass natürliche *Polyacetylene* in der Regel unverzweigte C-Ketten aufweisen, deutet daraufhin, dass sie durch Dehydrierung von Fettsäuren (hauptsächlich Ölsäure) biosynthetisiert werden (*Fig. 3.92*). Der Mechanismus der Dehydrierung, für den es keine chemische Analogie gibt, ist nicht bekannt. Einige natürliche konjugierte Polyalkine werden durch enzymatisch katalysierte Addition von H_2O oder H_2S in Furan- bzw. Thiophen-Derivate (*Abschn. 10.1*) umgewandelt. Unter den Letzteren sind einige Derivate des α-Terthiophens, das aus drei direkt aneinander gebundenen Thiophen-Ringen besteht, bekannt.

'Dehydromatricaria-ester'

Fig. 3.92. *Der Methyl-ester der Dec-2-en-4,6,8-triinsäure (sog. Dehydromatricaria-ester) wurde erstmalig aus den Wurzeln vom gemeinen Beifuß (s. Fig. 3.45) isoliert.*

Weiterführende Literatur

K. Lürssen, 'Das Pflanzenhormon Ethylen', *Chemie in unserer Zeit* **1981**, *15*, 122–129.

M. C. Pirrung, 'Ethylene biosynthesis from 1-aminocyclopropanecarboxylic acid', *Acc. Chem. Res.* **1999**, *32*, 711–718.

H. Cherdron, 'Moderne Aspekte der Kunststoffe', *Chemie in unserer Zeit* **1975**, *9*, 25–32.

A. Lendlein, 'Polymere als Implantatwerkstoffe', *Chemie in unserer Zeit* **1999**, *33*, 279–295.

D. V. Banthorpe, B. V. Charlwood, M. J. O. Francis, 'The biosynthesis of monoterpenes', *Chem. Rev.* **1972**, *72*, 115–155.

H. Inouye, S. Uesato, 'Biosynthesis of iridoids and secoiridoids', *Progr. Chem. Org. Nat. Prod.* **1986**, *50*, 169–236.

G. Rücker, 'Sesquiterpene', *Angew. Chem.* **1973**, *85*, 895–907; *Angew. Chem., Int. Ed.* **1973**, *12*, 793–806.

G. A. Cordell, 'Biosynthesis of sesquiterpenes', *Chem. Rev.* **1976**, *76*, 425–460.

D. E. Cane, 'Enzymatic Formation of Sesquiterpenes', *Chem. Rev.* **1990**, *90*, 1089–1103.

P. M. Dewick, 'The biosynthesis of C_5–C_{20} terpenoid compounds', *Nat. Prod. Rep.* **1995**, *12*, 507–534.

I. Abe, M. Rohmer, G. D. Prestwich, 'Enzymatic cyclization of squalene and oxidosqualene to sterols and triterpenes', *Chem. Rev.* **1993**, *93*, 2189–2206.

D. M. Harrison, 'The biosynthesis of triterpenoids, steroids, and carotenoids', *Nat. Prod. Rep.* **1990**, *7*, 459–484.

C. D. Poulter, 'Biosynthesis of non head-to-tail terpenes. Formation of 1'–1 and 1'–3 linkages', *Acc. Chem. Res.* **1990**, *23*, 70–77.

K. Hostettmann, M. Hostettmann, A. Marston, 'Saponins', in 'Methods in Plant Biochemistry, Vol. 7', Hrsg. B. V. Charlwood und D. V. Banthorpe, Academic Press, London, 1991, S. 435–471.

G. Ohloff, 'Die Chemie des Geruchssinnes', *Chemie in unserer Zeit* **1971**, *5*, 114–124.

F.-J. Marner, 'Chemische Kriegslisten zur Abwehr von Schadinsekten', *Chemie in unserer Zeit* **1993**, *27*, 88–95.

H. J. Bestmann, O. Vostrowsky, 'Chemische Informationssysteme der Natur: Insektenpheromone', *Chemie in unserer Zeit* **1993**, *27*, 123–133.

G. Sandmann, 'Carotenoid biosynthesis in microorganisms and plants', *Eur. J. Biochem.* **1994**, *223*, 7–24.

C. H. Eugster, E. Märki-Fischer, 'Chemie der Rosenfarbstoffe', *Angew. Chem.* **1991**, *103*, 671–689; *Angew. Chem., Int. Ed.* **1991**, *30*, 654.

G. Britton, 'Carotenoids and polyterpenoids', *Nat. Prod. Rep.* **1991**, *8*, 223–249.

N. I. Krinski, 'The biological properties of carotenoids', *Pure Appl. Chem.* **1994**, *66*, 1003–1010.

L. Stryer, 'Die Sehkaskade', *Spektrum der Wissenschaft*, Sept. **1987**, S. 86–95.

W. Bollag, 'Retinoids in oncology. Experimental and clinical aspects', *Pure Appl. Chem.* **1994**, *66*, 995–1002.

H. F. DeLuca, J. Burnmeister, H. Darwish, J. Krisinger, 'Molecular mechanism of the action of 1,25-dihydroxyvitamin D_3', in 'Comprehensive Medicinal Chemistry. Vol. 3', Pergamon Press, Oxford, 1990, S. 1129–1143.

A. Hirth, U. Michelsen, D. Wöhrle, 'Photodynamische Tumortherapie', *Chemie in unserer Zeit* **1999**, *33*, 84–94.

F. Bohlmann, 'Natürliche Acetylenverbindungen', *Chemie in unserer Zeit* **1969**, *3*, 107–110.

Übungsaufgaben

1. Formulieren Sie die Strukturen aller Isomere der Bruttoformel C_5H_{10}. Wie lauten ihre systematischen Namen gemäß der IUPAC-Nomenklatur?

2. Sämtliche nachstehenden Namen sind falsch. Geben Sie die richtigen Namen an:
    a) 2-Methylcyclopenten
    b) 2-Methyl-*cis*-pent-3-en
    c) *trans*-But-1-en
    d) (*E*)-3-Ethylpent-3-en

3. Anhand der Werte der (C=C)- und (C–H)-Bindungsenergie (596 bzw. 415 kJ mol^{-1}) soll die Standardbildungsenthalpie (ΔH_f^0) des Ethylens ($H_2C=CH_2$) berechnet werden.

4. Die Rotationsbarriere der CH_3-Gruppe in Propen beträgt *ca.* 8,4 kJ mol^{-1}. Welche ist die Konformation mit dem höchsten bzw. kleinsten Energiegehalt?

5. Anhand der Hydrierungswärmen ($-\Delta H^0$-Werte in kJ mol^{-1}) von Methylidencyclopentan (112,3), 1-Methylcyclopenten (96,3), Methylidencyclohexan (116,3), 1-Methylcyclohexen (107,0), Ethyl-

idencyclopentan (104,2), 1-Ethylcyclopenten (98,6), Ethylidencyclohexan (110,2) und 1-Ethylcyclohexen (105,0) soll der relative Energiegehalt von Cycloalkenen gegenüber den entsprechenden Isomeren mit exocyclischer Doppelbindung beurteilt werden. Wie erklärt man die größeren Energieunterschiede bei den Methyl-Derivaten?

6. Welche Produkte können bei der katalytischen Hydrierung von 4-Methyl- bzw. 4-*tert*-Butyl-1-methylidencyclohexan entstehen? Unter der Voraussetzung, dass während der Reaktion keine Allyl-Umlagerung der (C=C)-Bindung stattfindet, welches sind Ihrer Meinung nach die Hauptprodukte?

7. Liegt das Substrat einer kinetisch kontrollierten chemischen Reaktion als Gemisch von Isomeren vor, deren Umwandlung zu verschiedenen Produkten führt, so hängt die Zusammensetzung des Reaktionsgemisches – vorausgesetzt, dass die Energiebarrieren der Umwandlung der Isomere des Ausgangsstoffes ineinander klein gegenüber den Aktivierungsenthalpien der einzelnen Reaktionen sind – nur von der Differenz der jeweiligen Freien Aktivierungsenthalpien und nicht von der Population der einzelnen Isomere im Reaktionsgemisch ab. Beweisen Sie unter Anwendung der *Eyring–Polanyi*-Gleichung (*Abschn. 1.11*) und der thermodynamischen Beziehung: $\Delta G^0 = -RT \ln K$ (*Abschn. 2.19*) diesen in der dynamischen Stereochemie besonders wichtigen Grundsatz (sog. *Curtin–Hammet*'sches Prinzip) für eine Reaktion des Typs:

$$P_A \leftarrow A \rightleftharpoons B \rightarrow P_B$$

8. Die Bildungsenthalpien des *cis*- und *trans*-Stilbens ((Z)- bzw. (E)-1,2-Diphenylethylen) betragen in der Gasphase 252 bzw. 236 kJ mol^{-1}. Welches Isomer wird bei der partiellen katalytischen Hydrierung von Tolan (1,2-Diphenylacetylen) auf Palladium-Katalysatoren bevorzugt (je nach verwendetem Katalysator bis zu 100%) gebildet?

4. Aromatische Kohlenwasserstoffe

4.1. Aromatizität

Der Begriff *Aromatizität* charakterisiert ein System cyclisch delokalisierter Elektronen. Der Prototyp aromatischer Verbindungen ist das Benzol, welches ein System cyclisch konjugierter (C=C)-Bindungen darstellt. Seine charakteristischen molekularen Parameter sind in *Tab. 4.1* zusammengefasst.

Tab. 4.1. *Charakteristische Eigenschaften des Benzol-Moleküls*

(C–C)-Bindungslänge:	139.7 pm
'Dicke' des Ringes	370 pm
Resonanz-Energie:	151 kJ mol^{-1}
Hohe magnetische Anisotropie[a]	
Reaktivität:	überwiegend Substitution statt Addition

[a] Die magnetische Suszeptibilität (χ_m) diamagnetischer Stoffe ist eine additive Eigenschaft der Materie. Sie wird gemessen, indem man die Kraft bestimmt, die ein magnetisches Feld bekannter Intensität auf den Stoff ausübt. Bei aromatischen Verbindungen ist die magnetische Suszeptibilität abhängig von der Orientierung der Moleküle im Magnetfeld. Derartige Messungen werden jedoch in organisch-chemischen Laboratorien selten durchgeführt.

4.1.	Aromatizität
4.2.	Polycyclische Aromaten
4.3.	Valenzisomere
4.4.	Elektrophile aromatische Substitution
4.5.	Der induktive Effekt
4.6.	Pericyclische Reaktionen
4.7.	Biogenese der Benzol-Derivate

Als **aromatisch** werden monocyclische Systeme von konjugierten Doppelbindungen mit einer Gesamtzahl von **4n + 2** delokalisierten Elektronen bezeichnet (*Hückel*-Regel).

Verschiedene Derivate des Benzols sind aus wohlriechenden ätherischen Ölen (Mandel, Zimt u.a.) isoliert worden (*Abschn. 9.10*), weshalb *A. Kekulé* die Bezeichnung *aromatisch* für diese Verbindungsklasse prägte. Benzol, das im Erdöl nur in sehr kleinen Mengen (*ca.* 1%) vorkommt, wird aus dem Steinkohlenteer, der auch mehrere Methyl-Derivate des Benzols (*Toluol, Xylol,* u.a.) enthält (*Fig. 4.1*),

Friedrich August Kekulé von Stradonitz (1829 – 1896) ordentlicher Professor an den Universitäten Gent (1857) und Bonn (1867), formulierte 1858 die Vierwertigkeit des C-Atoms und ergänzte sie durch die Lehre von der direkten (C–C)-Bindung. Die Veröffentlichung beider Postulate, die zur späteren Erklärung der rätselhaften Struktur des Benzols führten, geschah nur fünf Wochen vor der Verlesung der gleichen Ergebnisse des schottischen Chemikers *Archibald Scott Couper* (1831 – 1892) in der französischen Akademie der Wissenschaften. (Nachdruck aus 'Liebigs Experimentalvorlesung' (Ed. O. P. Kratz und C. Priesner), © 1983 Verlag Chemie GmbH, mit freundlicher Genehmigung des Wiley-VCH-Verlages, Weinheim)

Erich Armand Arthur Joseph Hückel (1896–1980)
Professor für theoretische Physik an der Universität Marburg, begründete zwischen 1930 und 1937 die nach ihm genannte halbempirische HMO (*Hückel*-Molekülorbital)-Methode zur Lösung quantenmechanischer Wellengleichungen, eine Theorie, die erst mit der Aufstellung der Regeln von *Woodward* und *Hoffmann* im Jahre 1965 (*Abschn. 4.6*) die ihr gebührende Anerkennung fand. Bei der *Hückel*'schen Definition der Aromatizität ergibt sich die Zahl $4n + 2$ ($n = 0, 1, 2, ...$) aus der Reihenfolge der Molekülorbitale cyclisch konjugierter Systeme. Im Gegensatz zu linear konjugierten Systemen, deren Molekülorbitale übereinander (wie die Sprossen einer Leiter) angeordnet sind, kommen die Molekülorbitale monocyclischer konjugierter Systeme, außer jenem niedrigster und höchster Energie, paarweise entartet vor, so dass das erste Energieniveau mit zwei, die darüber liegenden aber mit je vier Elektronen aufgefüllt werden. Insofern trifft die obige Definition für polycyclische Systeme wie Naphthalin, das zwar 10 π-Elektronen enthält aber im einfachen HMO-Modell keine entarteten Molekülorbitale aufweist, nicht zu. (Mit freundlicher Genehmigung des Bildarchivs der Gesellschaft Deutscher Chemiker, Frankfurt a. M.)

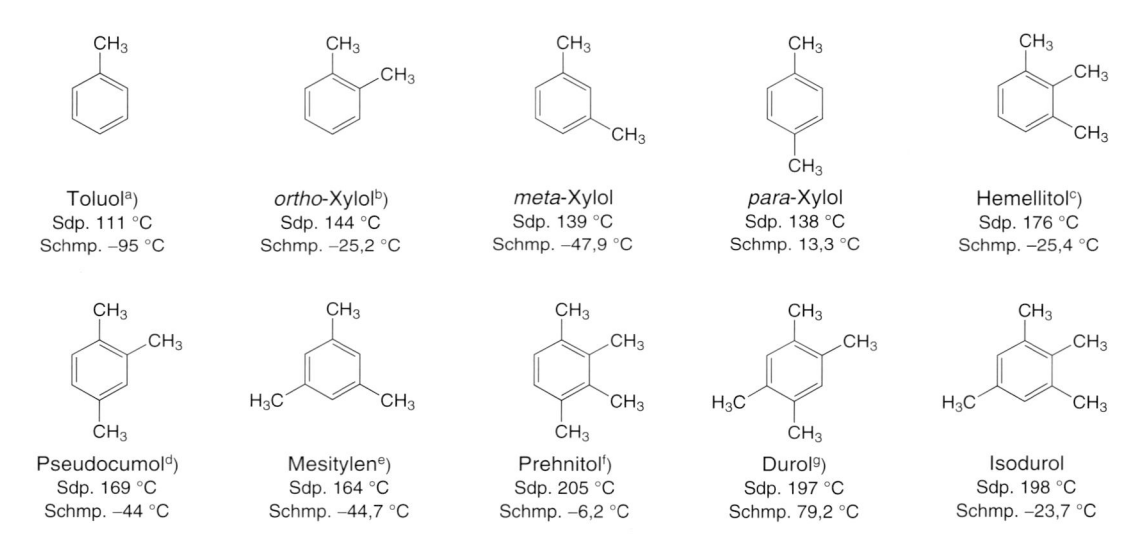

Toluol[a]	ortho-Xylol[b]	meta-Xylol	para-Xylol	Hemellitol[c]
Sdp. 111 °C	Sdp. 144 °C	Sdp. 139 °C	Sdp. 138 °C	Sdp. 176 °C
Schmp. −95 °C	Schmp. −25,2 °C	Schmp. −47,9 °C	Schmp. 13,3 °C	Schmp. −25,4 °C

Pseudocumol[d]	Mesitylen[e]	Prehnitol[f]	Durol[g]	Isodurol
Sdp. 169 °C	Sdp. 164 °C	Sdp. 205 °C	Sdp. 197 °C	Sdp. 198 °C
Schmp. −44 °C	Schmp. −44,7 °C	Schmp. −6,2 °C	Schmp. 79,2 °C	Schmp. −23,7 °C

Fig. 4.1. *Strukturformel und Trivialnamen der Alkyl-Derivate des Benzols, die in Erdöldestillaten vorkommen.* [a] *Toluol* wurde 1841 zum ersten Male durch Brenzdestillation des Tolubalsams isoliert, welcher aus dem in Südamerika (Tolú ist eine Hafenstadt in Kolumbien) beheimateten Baum *Myroxylon balsamum* gewonnen wird. Technisch wird Toluol durch Destillation des Steinkohlenteers oder durch *reforming* von Erdölfraktionen erhalten. [b] *Xylol* wurde 1850 von *Auguste André Thomas Cahours* (1813–1891) unter den Produkten der trockenen Holzdestillation (griech. ξύλον (*xýlon*): Holz) entdeckt. Von den drei Regioisomeren Xylolen ist nur das *para*-Isomere aufgrund seiner höheren Symmetrie oberhalb 0 °C ein Feststoff. [c] Der Trivialname *Hemellitol* nimmt Bezug auf die Hemimellitsäure (Benzol-1,2,3-tricarbonsäure), welche halb so viele (griech. ἡμί- (*hēmí*): halb) Carboxy-Gruppen enthält wie die Mellitsäure (Benzolhexacarbonsäure). Letztere kommt in der Natur, meist auf Klüften von Braunkohlenlagern, als Aluminium-Salz (Honigstein) vor, dessen Name (griech. μέλι (*méli*): Honig) auf seine honigartige Färbung zurückzuführen ist. [d] *Pseudocumol* (griech. ψευδής (*pseudés*): falsch) ist ein Isomer des Cumols (*Abschn. 4.4*). [e] *Mesitylen* wurde 1838 von *Robert John Kane* (1809–1890) durch Behandlung von Mesit, das er mit Aceton identifizierte, mit H_2SO_4 erhalten. Das zuvor (1833) von *Carl Ludwig Freiherr von Reichenbach* (1788–1869) aus rohem Holzgeist gewonnene Mesit (griech. μεσίτης (*mesítēs*): (Ver)Mittler), wies Eigenschaften auf, die sowohl denen des Alkohols und des Diethyl-ethers ähnelten. [f] Die durch Oxidation von *Prehnitol* erhaltene Benzoltetracarbonsäure kristallisiert in großen Prismen, die Ähnlichkeit mit dem Mineral Prehnit (einem Calcium-aluminium-silikat, das vom niederländischen Obersten *Hendrik van Prehn* (1733–1785) am Kap der Guten Hoffnung entdeckt wurde) aufweisen. [g] *Durol* (lat. *durus*: hart) ist der einzige bei Raumtemperatur feste Kohlenwasserstoff der Benzol-Reihe.

Eilhard Mitscherlich (1794–1863) wurde 1825 Professor an der Universität Berlin. Seine Untersuchungen des Isomorphismus von Kristallen schufen die Voraussetzung für eine Systematik der Mineralien. Durch trockene Destillation des Calcium-Salzes der Benzoesäure erhielt er Benzol und beschäftigte sich anschließend mit der Herstellung seiner Derivate (Nitrobenzol, Azobenzol, Benzolsulfonsäure u.a.). Er leistete ebenfalls wichtige Beiträge zur Chemie der Kohlenhydrate (Charakterisierung der Trehalose, Gewinnung von Invertzucker (*Abschn. 8.31*) u.a.). (*Edgar Fahs Smith* Collection, mit Genehmigung der University of Pennsylvania Library, Philadelphia)

oder durch Veredelung (*reforming*) von Erdölfraktionen in Gegenwart geeigneter Katalysatoren gewonnen.

Benzol wurde erstmals 1825 durch *Michael Faraday* (1791–1867) im Londoner Leuchtgas, das durch trockene Destillation von Steinkohle (Verkokung) gewonnen wurde, entdeckt. Sein Name (ursprünglich Benzin) geht jedoch auf die 1833 von *Eilhard Mitscherlich* gemachte Entdeckung zurück, dass Benzol durch trockene Destillation des Calcium-Salzes der *Benzoesäure* hergestellt werden kann. Letztere kommt zu 10–20% in Benzoe-Harzen (malaiisch *lubân djawi*: Weihrauch, später in Südamerika zu banjawi, belzui, benzui und benzoe abgewandelt) vor, die aus verschiedenen südostasiatischen Balsamarten (*Styrax benzoides, S. benzoin* u.a.) gewonnen werden. Später schlug *Augustin Laurent* (1807–1853) für Benzol die Bezeichnung phène (griech. φαίνω (*phaínō*): leuchten, erscheinen) vor, woraus Phenol und *Phenyl-* (griech. ὕλη (*hýlē*): Stoff), abgeleitet wurden.

Phenyl ist das durch Entfernung eines der ringständigen H-Atome des Benzols resultierende Radikal. Durch Entfernung eines der ringständigen H-Atome des Toluols wird ein (*ortho-*, *meta-* oder *para-*) *Tolyl*-Radikal gebildet. Wird dagegen ein H-Atom aus der Methyl-Gruppe des Toluols entfernt, so wird das resultierende Radikal *Benzyl* genannt. Aromatische Radikale im Allgemeinen werden als *Aryl*-Radikale bezeichnet.

Große Schwierigkeiten ergaben sich vor mehr als 130 Jahren bei der Aufstellung der Strukturformel des Benzols, das, obwohl es aufgrund seiner Summenformel (C_6H_6) stark ungesättigt sein musste, sich in seinem Reaktionsverhalten jedoch von den damals bekannten ungesättigten aliphatischen Kohlenwasserstoffen deutlich unterschied.

Von besonderer Bedeutung waren zwei experimentelle Beobachtungen:

1) Bei der Substitution eines der H-Atome des Benzols durch eine andere Gruppe wird nur ein monosubstituiertes Produkt gebildet, d.h. die sechs C-Atome des Benzols sind äquivalent;
2) bei der Substitution von zwei H-Atomen des Benzols durch andere Gruppen werden nur drei disubstituierte Derivate (z.B. *Xylole*) erhalten, welche heute noch mit den Präfixen *ortho-*, *meta-* und *para-*differenziert werden (s. *Fig. 4.1*).

Obwohl die zuerst erwähnte Beobachtung für eine cyclische Struktur sprach, war die Bildung von nur drei disubstituierten Produkten nicht zu erklären, wenn der Ring je drei Einfach- und Doppelbindun-

Fig. 4.2. Kekulé-*Strukturformel des Benzols* (**a** und **b**), *hypothetische Struktur des 'Cyclohexa-1,3,5-triens'* (**c**) *und* Robinsons *Darstellung des π-Elektronensextetts des Benzols* (**d**)

gen enthalten sollte, denn das aus den verschiedenen Bindungslängen resultierende irreguläre Sechseck (*Fig. 4.2*, **c**) die Existenz von zwei verschiedenen *ortho*-disubstituierten Benzol-Derivaten bedingen würde.

Erst 1865 beschrieb *A. Kekulé* das Benzol als eine cyclische Verbindung, in der sechs CH-Gruppen abwechselnd durch Einfach- und Doppelbindungen miteinander verbunden sind und postulierte, dass zwischen diesen Bindungen ein dauernder Platzwechsel stattfindet (Oszillationstheorie). Aus der Sicht der VB-Methode (*Abschn. 3.13*) stellen die beiden von *Kekulé* vorgeschlagenen Strukturen zwei Elektronenkonfigurationen gleichen Energiegehalts des Benzol-Moleküls dar (*Fig. 4.2*). Sie wandeln sich somit nicht ständig ineinander um, sondern sie beschreiben das reelle Molekül nur in ihrer Gesamtheit als Mesomerie-Hybrid (*Abschn. 3.13*). Die dazugehörige Resonanz-Energie kann nach dem gleichen halbempirischen Verfahren ermittelt werden, das im *Abschn. 3.14* für das Butadien beschrieben wurde, nämlich durch Vergleich der experimentell zugänglichen Hydrierungswärme des Benzols mit denjenigen des Cyclohexens und des Cyclohexa-1,3-diens.

Da alle drei Verbindungen Cyclohexan als Produkt ihrer vollständigen Hydrierung liefern, ist der Vergleich der freigesetzten Hydrierungswärmen möglich (*Fig. 4.3*). Die hypothetische Hydrierungs-

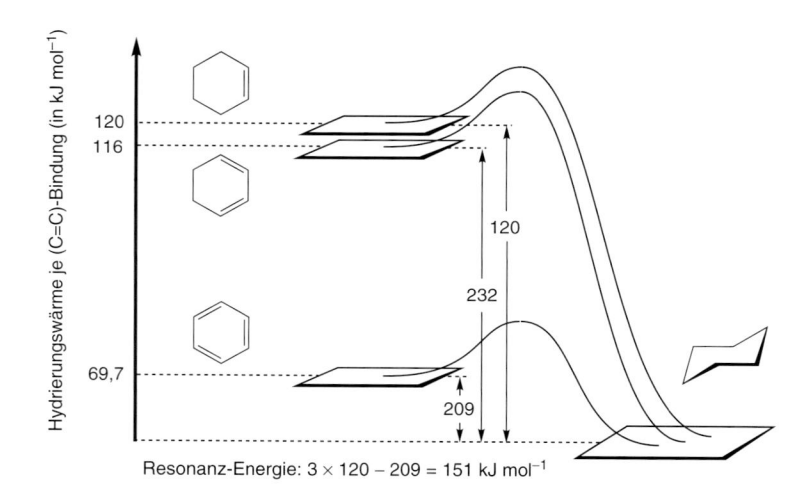

Fig. 4.3. *Hydrierungswärmen von Cyclohexen, Cyclohexa-1,3-dien und Benzol* (schematisch)

wärme jeder *Kekulé*-Struktur des Benzols ist somit die eines 'Hexa-1,3,5-triens' und somit dreimal so hoch wie diejenige des Cyclohexens. Die Differenz zur gemessenen Hydrierungswärme des Benzols beträgt 151 kJ mol^{-1}.

Im Verhältnis zur Resonanz-Energie des Cyclohexa-1,3-diens, die durch Vergleich der entsprechenden Hydrierungswärme mit derjenigen des Cyclohexens auf 8 kJ mol^{-1} geschätzt werden kann (*Fig. 4.3*), fällt die Resonanz-Energie des Benzols extrem hoch aus. Sie ist offenbar darauf zurückzuführen, dass die beiden (apolaren) *Kekulé*-Strukturen des Benzols denselben Energiegehalt aufweisen, sie sind in der Sprache der Physik energetisch *entartet*. Das Benzol-Molekül kann somit durch irgendeine der beiden *Kekulé*-Strukturen dargestellt werden im Bewusstsein jedoch, dass alle (C,C)-Bindungen äquivalent sind. Nach einem Vorschlag von *R. Robinson* (s. *Abschn. 7.5*) kann das π-Elektronensextett des Benzols ebenfalls durch einen Kreis im Sechseck symbolisiert werden (*Fig. 4.2*).

Obwohl die Hydrierung des Benzols zwangsläufig schrittweise stattfindet, können die Zwischenprodukte der Reaktion – Cyclohexa-1,3-dien und Cyclohexa-1,4-dien, sowie Cyclohexen – nicht isoliert werden, weil sie schneller Wasserstoff addieren als das Benzol selbst. Im Gegensatz zur exothermen Hydrierung eines Alkens (*Abschn. 3.5*) benötigt die Hydrierung der (C=C)-Bindungen des Benzols wegen der Aufhebung der cyclischen Elektronendelokalisierung Energie, und zwar die gleiche, die bei der Bildung von Benzol aus Cyclohexa-1,3-dien freigesetzt wird:

$$\text{Cyclohexa-1,3-dien} \rightleftharpoons C_6H_6 + H_2 \ (\Delta H^0 = -22 \text{ kJ mol}^{-1})$$

Da die Bildungsenthalpie von H$_2$ (sowie aller anderen Elemente) im Standardzustand gleich null ist (*Abschn. 1.5*), spiegelt die Reihenfolge der in *Fig. 4.3* dargestellten cyclischen Kohlenwasserstoffe ihre entsprechenden Bildungsenthalpien wider, d.h. die Bildung von Benzol durch *Dehydrierung* von Cyclohexen oder Cyclohexadien ist ein *exothermer* Prozess. Aus diesem Grund wirken cyclische ungesättigte Kohlenwasserstoffe in Gegenwart eines Katalysators oft als Hydrierungsmittel, die in der präparativen organischen Chemie oft angewendet werden (*Fig. 4.4*). Man nennt einen solchen Prozess *Transfer-Hydrierung*.

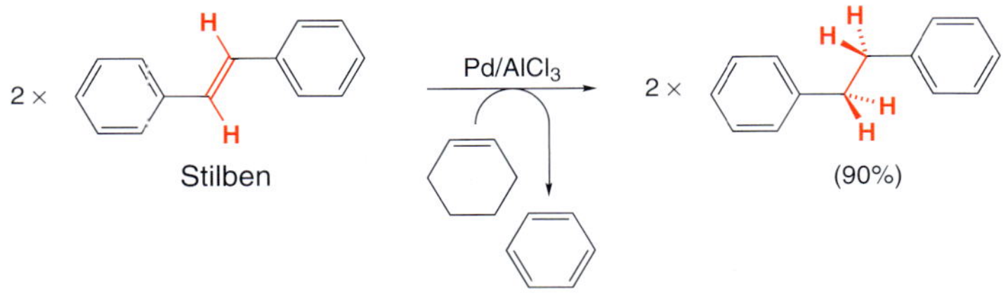

Fig. 4.4. *Cyclohexen kann als Wasserstoff-Donator bei katalytischen Hydrierungen verwendet werden.*

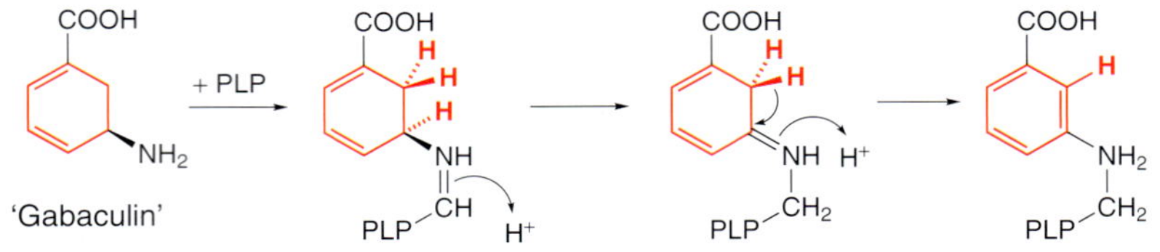

Fig. 4.5. *Gabaculin* (3-Amino-2,3-dihydrobenzoesäure) *blockiert die Chlorophyll-Biosynthese in Pflanzen.* PLP = Pyridoxal-phosphat.

Auf der exothermen Bildung des Benzol-Ringes beruht ebenfalls der Wirkungsmechanismus des *Gabaculins* (3-Amino-2,3-dihydrobenzoesäure), das die Biosynthese von δ-Aminolävulinsäure, einem Vorläufer des Chlorophylls (*Abschn. 10.4*), in Pflanzen inhibiert (*Fig. 4.5*). Da das entsprechende Enzym – eine *Aminotransferase* – Pyridoxal-phosphat als Cofaktor verwendet (*Abschn. 10.10*), ersetzt Gabaculin die α-Aminosäure, die als Substrat des Enzyms fungiert. Statt der vom Enzym katalysierten Azaallyl-Umlagerung (*Abschn. 8.19*) findet jedoch die energetisch viel günstigere Abspaltung eines Protons des Cyclohexadien-Ringes unter Bildung des aromatischen Ringes der 3-Aminobenzoesäure statt. Da Letztere durch eine nichthydrolysierbare (C–N)-Bindung an das Enzym kovalent gebunden ist, wirkt Gabaculin als ein irreversibler Inhibitor der *Aminotransferase*.

Derartige irreversible Inhibitoren, die Suizid-Inhibitoren (auch mechanismusgestützte Inhibitoren) genannt werden, spielen eine zentrale Rolle in der modernen Entwicklung von Pharmaka (s. *Abschn. 7.13*), da sie häufig sehr effektiv sind und wenige Nebenwirkungen aufweisen. Zu den Suizid-Inhibitoren gehören u.a. Difluoromethylornithin, das ebenfalls mit Pyridoxal-phosphat reagiert und sich bei der Behandlung der afrikanischen *Tripanosomiasis* (afrikanische Schlafkrankheit) in klinischen Versuchen als hochwirksam erwiesen hat, sowie Azaserin und Acivicin, die als Inhibitoren der *Glutamin-Amidotransferase* bei der Nucleinsäure-Biosynthese (*Abschn. 10.19*) in Krebszellen als vielversprechende Chemotherapeutika gelten.

4.2. Polycyclische Aromaten

Obwohl die theoretische Begründung der für aromatische Kohlenwasserstoffe charakteristischen *Hückel*'schen Zahl delokalisierter Elektronen nur bei monocyclischen Systemen gerechtfertigt ist (*Abschn. 4.1*), weisen 'benzenoide' (d.h. aus zwei oder mehreren Benzol-Ringen mit jeweils zwei gemeinsamen benachbarten C-Atomen aufgebaute) Polycyclen beim Vorhandensein einer ungeraden Zahl von (C=C)-Bindungen ebenfalls hohe Resonanz-Energien auf. Das einfachste Beispiel derartiger Kohlenwasserstoffe, die so genannte *anellierte* (kondensierte) Ringe enthalten, ist das *Naphthalin*.

Andere polycyclische Verbindungen sind entweder durch chemische Synthese oder als Produkte der Destillation von Steinkohlen- und Braunkohlenteer zugänglich (*Fig. 4.6*).

Die Nummerierung anellierter aromatischer Kohlenwasserstoffe wird anders durchgeführt als diejenige der Polycycloalkane (*Abschn. 2.25*). Sie beginnt am C-Atom, das sich am nächsten einer zwei Ringen gemeinsam gehörenden Bindung

4. Aromatische Kohlenwasserstoffe

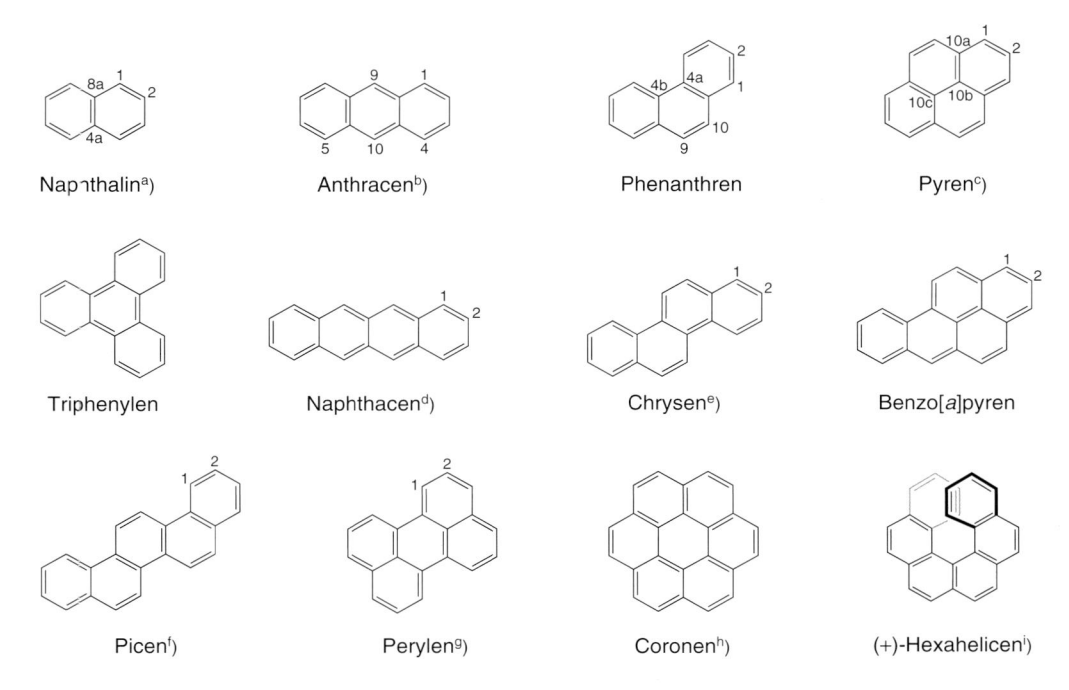

Naphthalin[a])   Anthracen[b])   Phenanthren   Pyren[c])

Triphenylen   Naphthacen[d])   Chrysen[e])   Benzo[a]pyren

Picen[f])   Perylen[g])   Coronen[h])   (+)-Hexahelicen[i])

Fig. 4.6. *Strukturformel und Trivialnamen einiger polycyclischer aromatischer Kohlenwasserstoffe, die* (außer Hexahelicen) *im Steinkohlenteer vorkommen.* [a]) *Naphthalin* wurde 1819 bei der Destillation des Steinkohlenteers entdeckt. Sein Name wurde von Naphtha, einer Abwandlung des persischen Wortes *naptu* (Erdöl) abgeleitet. Persien war die erste Fund- und Exportstätte dieses bereits im Altertum hoch geschätzten Naturproduktes. [b]) Man beachte die von der systematischen Nomenklatur abweichende Bezifferung des *Anthracens* (griech. ἄνθραξ (*ánthrax*): Kohle) und des *Phenanthrens*. [c]) Der Name *Pyren* (griech. πῦρ (*pyr*): Feuer) bezieht sich auf die Tatsache, dass Kohlenteer durch Trockendestillation entsteht. [d]) Die *lineare* Anellierung von Benzol-Ringen an das Anthracen liefert weitere Kohlenwasserstoffe, welche die Gruppenbezeichnung *(Poly)Acene* erhalten haben. Demnach wurde *Naphthacen* früher *Tetracen* genannt. Im Gegensatz zu *Chrysen* ist Naphthacen ein orangegelber Feststoff. [e]) Das aus Steinkohlenteer gewonnene, eigentlich farblose *Chrysen* ist durch Naphthacen verunreinigt, wodurch es eine gelbe Farbe (griech. χρυσός (*chrȳsós*): Gold) bekommt. [f]) *Picen*, das aus Braunkohlenteerpech (lat. *piceus*: aus Pech) isoliert wird, stellt das Grundgerüst zahlreicher Triterpene (Amyrine, Friedelane, Oleanane, Taraxerane, Ursane u. a.) dar (vgl. *Abschn. 3.19*). [g]) Die Substitution am C(1)- *und* C(8)-Atom des Naphthalins wurde früher als *peri*-Substitution bezeichnet. Der Name *Perylen* ist die Abkürzung von *peri*-Dinaphthylen. Perylen kristallisiert in goldgelben Blättchen. [h]) *Coronen* (lat. *corona*: Kranz, Krone) wird in reichlichen Mengen aus den Rückständen der Hydrierung von Steinkohle bzw. aus den hochsiedenden Anteilen des Steinkohlenteers gewonnen. [i]) *Hexahelicen* (griech. ἕλιξ (*hélix*): Gewinde) ist ein synthetischer polycyclischer aromatischer Kohlenwasserstoff, dessen Moleküle spiralig und somit chiral sind. Seine Synthese und Trennung der Enantiomeren gelang zum ersten Male *M. S. Newmann* (*Abschn. 2.19*) im Jahre 1955.

befindet und dem Ring angehört, der bei vorgegebener Orientierung des Moleküls auf der Papierebene am weitesten oben rechts angeordnet ist. Für die graphische Orientierung der Strukturformel gelten folgende Konventionen: *1)* Die sechsgliedrigen Ringe werden so orientiert, dass die durch zwei gegenüberliegende Ecken definierte Achse vertikal steht (s. *Fig. 4.6*); *2)* die größtmögliche Anzahl von Ringen muss sich auf einer Horizontalachse befinden, und *3)* sind zusätzliche Ringe vorhanden, die nicht linear angeordnet sind, so muss deren größtmögliche Anzahl oben rechts von der Horizontalachse angeordnet sein. Die Nummerierung wird im Uhrzeigersinn fortgesetzt. Atome, die zu zwei Ringen gehören, erhalten keine fortlaufende Nummer, sondern diejenige des vorangehenden Atoms gefolgt von einem Kleinbuchstaben (z.B. in Naphthalin die C-Atome 4a und 8a bzw. in *Phenanthren* die C-Atome 4a und 4b). Atome, die zu drei Ringen gehören (z.B. im *Pyren*), erhalten die größtmögliche Zahl und werden im Uhrzeigersinn mit Kleinbuchstaben in alphabetischer Reihenfolge gekennzeichnet.

Anellierte Kohlenwasserstoffe geben gewissermaßen die Struktur des Graphits wieder. Wie die Röntgenstrukturanalyse zeigt, sind die C-Atome im Graphit in

Fig. 4.7. *Durch Aromatisierung der Abietinsäure entsteht 7-Isopropyl-1-methylphenanthren.*

Schichten angeordnet, wobei jede Schicht ein ausgedehntes zweidimensionales Netz aus planaren hexagonalen Ringen ist. Die C-Atome innerhalb einer Schicht werden durch starke kovalente Bindungen zusammengehalten, die 142 pm (beim Benzol *ca.* 140 pm) lang sind. Die einzelnen Schichten, die 340 nm voneinander entfernt sind, werden nur durch relativ schwache *van-der-Waals*-Kräfte zusammengehalten. Die Schmiereigenschaften des Graphits sind somit darauf zurückzuführen, dass die Schichten aneinander vorbeigleiten können.

Zahlreiche Derivate des Naphthalins, Anthracens und Naphthacens kommen als Naturstoffe vor. Die Anwesenheit größerer polycyclischer Aromaten in Steinkohlen- und Braunkohlenteer ist vermutlich auf z. T. enzymatische Umwandlungen aliphatischer Verbindungen (Dehydrierungs- und Eliminierungsreaktionen, bei denen u. a. Alkyl-Substituenten abgespalten werden) zurückzuführen.

Beispielsweise lässt sich Abietinsäure, eine Diterpencarbonsäure, die der Hauptbestandteil der Harze ist, durch Erhitzen in Gegenwart von Schwefel, Selen oder Palladium in ein Derivat des Phenanthrens überführen (*Fig. 4.7*). Unter gleichen Bedingungen entsteht *Chrysen*, das in beträchtlichen Mengen im Steinkohlenteer enthalten ist, neben 15,16-Dihydro-17-methylcyclopenta[a]phenanthren (*Diels*-Kohlenwasserstoff) durch Aromatisierung des Cholesterols (*Abschn. 5.28*).

Neben den oben erwähnten benzenoiden aromatischen Kohlenwasserstoffen sind auch andere, durch Elektronenresonanz stabilisierte Systeme bekannt, die nicht aus Benzol-Ringen zusammengesetzt sind. Die bedeutendste Verbindung dieser Art ist das *Azulen* (span. *azul*: blau), dessen Derivate in mehreren Pflanzenextrakten vorkommen.

Fig. 4.8. *Im bläulichen Rohextrakt der Kamille (Matricaria chamomilla) kommt hauptsächlich das Chamazulen vor.*

Chamazulen, Guajazulen und andere Azulene sind in den ätherischen Ölen der Kamille (*Fig. 4.8*) und der Schafgarbe (*Achillea millefolium*) enthalten. Sie entstehen während der Wasserdampfdestillation der Pflanzenteile durch Umwandlung einiger darin enthaltener bicyclischer Sesquiterpene (*Proazulene*) wie *Bulnesen* (*Abschn. 3.19*). *Guajazulen* wird aus dem im Holz des Guajakbaums (vgl. *Abschn. 5.9*) vorkommenden *Guajol* gewonnen (*Fig. 4.9*), einem vom α-Bulnesen abgeleiteten Sesquiterpen (*Abschn. 3.19*). Aufgrund ihrer entzündungshemmenden Wirkung werden Azulen-Derivate in kosmetischen und pharmazeutischen Präparaten als entzündungshemmende Mittel (Antiphlogistika) verwendet.

Ebenfalls Derivate des Guajazulens sind die Farbstoffe, die in verschiedenen Arten der Blätterpilz-Gattung *Lactarius* (Milchlinge) vorkommen. Am bekanntesten ist der Edelreizker (*L. deliciosus*), der einen karottenroten Milchsaft enthält, der sich bei Verletzung der Fruchtkörper innerhalb weniger Minuten grünlich färbt. Der rote Farbstoff ist der dem *7,8-Dihydrolactaroviolin* entsprechende Alko-

Fig. 4.9. *Durch Abspaltung von H_2O und Dehydrierung wird aus Guajol Guajazulen (7-Isopropyl-1,4-dimethylazulen) gebildet.*

hol, der mit Stearinsäure verestert ist. Durch enzymatische Hydrolyse und darauf folgende Oxidation wird das violette, antibiotisch aktive *Lactaroviolin* (*Fig. 4.10*) gebildet, das neben anderen Azulen-Derivaten die grüne Farbe hervorruft.

Azulen ist ein nicht-benzenoides Isomer des Naphthalins (*Fig. 4.11*). Die auffälligste Eigenschaft des Azulens ist seine blaue Farbe. Obwohl die Absorptionsspektren des Azulens und des Naphthalins im kurzwelligen Bereich einander gleichen, deutet die bathochrome Verschiebung aller Banden des Azulens auf die relativ kleinere Mesomeriestabilisierung des Grundzustandes des Moleküls hin. Besonders ausgeprägt ist die bathochrome Verschiebung der längstwelligen Absorptionsbande, die beim Azulen bei $\lambda_{max} = 697$ nm vorkommt und für die blaue Farbe dieser Verbindung verantwortlich ist.

Im Grundzustand ist Azulen um 139 kJ mol^{-1} energiereicher als Naphthalin. Bei Temperaturen über 350 °C wird Azulen in Naphthalin umgewandelt. Die Reaktion findet ausschließlich unter Reorganisation der Valenzelektronen nicht aber der Atome statt. Es handelt sich um eine *Valenzisomerisierung*.

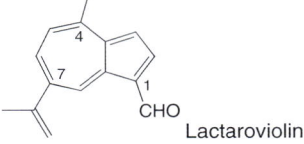

Fig. 4.10. Lactaroviolin *ist ein Umwandlungsprodukt des im Milchsaft des Edelreizkers* (Lactarius deliciosus) *enthaltenen orangeroten Farbstoffes ((7-Isopropenyl-4-methyl-6,7-dihydroazulen-1-yl)methyl stearat).*

4.3. Valenzisomere

*Kekulé*s Vorstellung von den 'oszillierenden' Bindungen musste später zugunsten des abstrakteren Begriffes der Mesomerie korrigiert werden. Es gibt aber tatsächlich Moleküle, bei denen zwei oder mehrere konstitutionsisomere Strukturen lediglich durch Verschiebung von Valenzelektronen ineinander umgewandelt werden können. Ein bemerkenswertes Beispiel dieser besonderen Klasse von Konstitutionsisomeren, die *Valenzisomere* genannt werden, ist das Cyclooctatetraen (*Fig. 4.12*). Obwohl es sich dabei um ein System cyclisch konjugierter (C=C)-Bindungen handelt, ist Cyclooctatetraen keine aromatische Verbindung, denn sie enthält 8 ($\neq 4n + 2$) π-Elektronen. Folglich ist das Cyclooctatetraen-Molekül nicht planar, denn eine planare Struktur mit endocyclischen Bindungswinkeln von 135° würde nicht nur Ringspannung aufweisen, sondern sie wäre darüber hinaus die Voraussetzung für die cyclische Delokalisierung der π-Elektronen, die bei Systemen, die keine *Hückel*-Zahl delokalisierter Elektronen enthalten, nicht zur Herabsetzung sondern zur Erhöhung des Energiegehalts des Moleküls führt. In der Tat ist Cyclooctatetraen ein typisches Polyen, welches in zwei valenzisomeren Strukturen vorkommt, die ineinander umgewandelt werden können. Ihre gegenseitige Umwandlung wird offensichtlich, wenn Ringpositionen geeignet substituiert sind (*Fig. 4.13*).

Ebenfalls werden bei der *Cope*-Umlagerung (*Abschn. 3.18*) sowie bei elektrocyclischen Reaktionen (*Abschn. 3.24*) Valenzisomere ineinander umgewandelt. Im Gegensatz zur Isomerisierung des Cyclooctatetraens findet jedoch in beiden Fällen Bruch bzw. Bildung von σ-Bindungen statt.

Azulen $\Delta H_f^0 = 289{,}1$ kJ mol^{-1} $\quad$ Naphthalin $\Delta H_f^0 = 150{,}3$ kJ mol^{-1}

Fig. 4.11. *Die thermische Umwandlung des Azulens in Naphthalin ist eine exotherme Reaktion.*

Als **Valenzisomere** werden Konstitutionsisomere bezeichnet, die durch gegenseitige Transformation von π- und σ-Bindungen ineinander umgewandelt werden können.

Fig. 4.12. *Strukturformel des Cycloocta-1,3,5,7-tetraens*

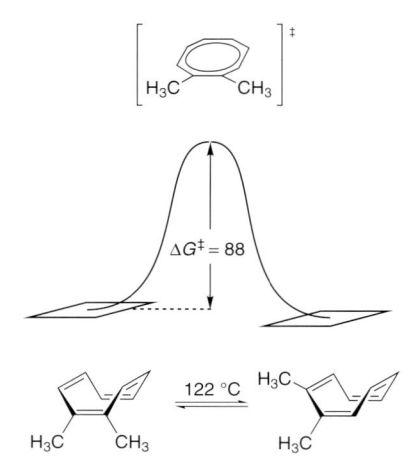

Fig. 4.13. *Valenzisomerisierung des 1,2-Dimethylcycloocta-1,3,5,7-tetraens ($\Delta G^\ddagger$ in kJ mol^{-1})*

Fig. 4.14. *Herstellung von [$^2H_6$]Benzol aus Benzol durch H-Austausch (D steht für ^{2}H)*

Obwohl auf den ersten Blick die Grenze zwischen Valenzisomerie und Mesomerie fließend zu sein scheint, handelt es sich dabei um konzeptuell völlig verschiedene Begriffe, denn: *1)* mesomere Strukturen müssen stets dieselbe Geometrie aufweisen; die räumliche Lage der Atome von Valenzisomeren ist dagegen verschieden, *2)* mesomere Strukturen stellen verschiedene Anordnungen der π-Elektronen eines ungesättigten Moleküls dar; bei den Valenzisomeren dagegen können sowohl π- als auch σ-Elektronen 'verschoben' werden, und *3)* die Energie des Resonanz-Hybrids ist stets kleiner als die der Resonanz-Strukturen, Valenzisomere können gleiche oder verschiedene Energiegehalte haben, sie sind jedoch von einer Energiebarriere (die Aktivierungsenthalpie ihrer gegenseitigen Umwandlung) voneinander getrennt. Im Gegensatz zum Mesomerie-Hybrid weist das *planare* System mit delokalisierten Elektronen (der Übergangskomplex der Valenzisomerisierung) eine höhere Energie als die Strukturen mit lokalisierten Bindungen auf (*Fig. 4.13*).

4.4. Elektrophile aromatische Substitution

Wie bereits erwähnt, sondern sich Benzol und seine Derivate von den nichtaromatischen ungesättigten Kohlenwasserstoffen durch ihre chemische Reaktivität ab. Obwohl es sich dabei nicht um die repräsentativste Reaktion des Benzols handelt, soll zunächst das chemische Verhalten des Letzteren gegenüber H$_2$O in Gegenwart einer Mineralsäure untersucht werden. Sowohl isolierte (C=C)-Bindungen (*Abschn. 3.8*) als auch konjugierte Alkene (*Abschn. 3.15*) reagieren mit 50–75%iger H$_2$SO$_4$ unter Bildung von Alkoholen. Unter gleichen Bedingungen reagiert Benzol anscheinend nicht. Wird aber die Reaktion mit 85%iger deuterierter Säure (^{2}H$_2$SO$_4$) in 'schwerem' Wasser (^{2}H$_2$O) bei 20 °C durchgeführt, so werden nach 3–4 Tagen sämtliche ^{1}H-Atome des Benzols gegen ^{2}H-Atome ausgetauscht (*Fig. 4.14*).

Diese Beobachtung lässt sich durch einen Reaktionsmechanismus erklären, dessen erster Schritt der gleiche ist wie bei der elektrophilen Addition an die (C=C)-Bindung (*Fig. 4.15*). Anders als bei der Letzteren reagiert jedoch das gebildete Carbenium-Ion (der sog. σ-Komplex) nicht mit einem Nucleophil, sondern unter Abspaltung eines der beiden Liganden des benachbarten tetragonalen C-Atoms als Kation. Da aufgrund der höheren Masse des Deuteriums (^{2}H−C)-Bindungen um 9,6 kJ mol^{-1} stärker als (^{1}H−C)-Bindungen sind, ist im thermodynamischen Gleichgewicht das deuterierte Reaktionsprodukt bevorzugt, so dass ein sukzessiver Austausch der ^{1}H-Atome durch ^{2}H-Atome stattfindet.

In der Tat wird bei der letztgenannten Reaktion das aromatische System cyclisch konjugierter (C=C)-Bindungen wieder hergestellt, was nicht der Fall wäre, wenn ein Nucleophil entsprechend der Addition von H$_2$O an Alkene mit dem σ-Komplex reagieren würde. Das Endprodukt der Reaktion (Cyclohexa-2,4-dien-1-ol) wäre somit analog dem Cyclohexa-1,3-dien (*Abschn. 4.1*) energiereicher als das Edukt (*Fig. 4.15*).

Formal stellt die vorstehend erläuterte Reaktion die Substitution eines ^{1}H-Atoms durch ein Elektrophil (das ^{2}H$^+$-Ion) dar. Reaktions-

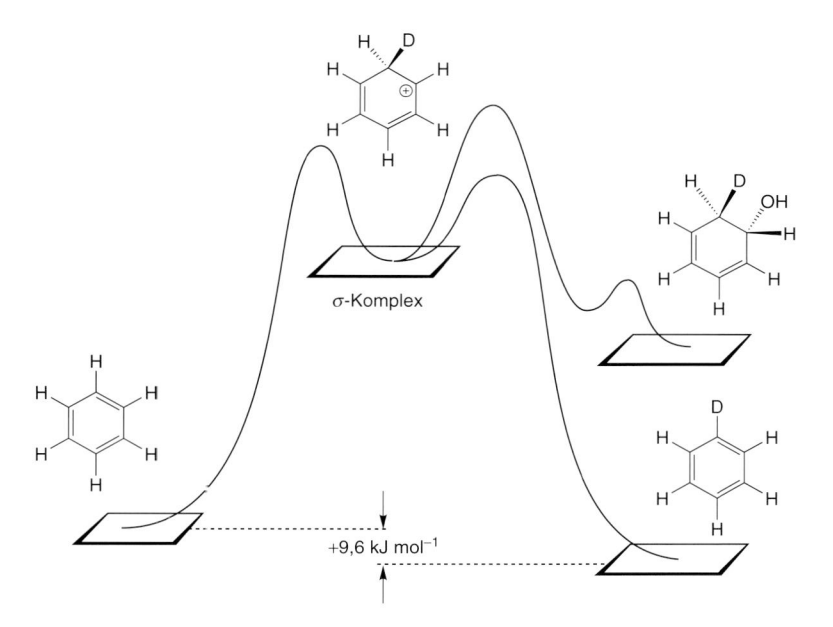

Fig. 4.15. *Energie-Diagramm der elektrophilen aromatischen Substitution gegenüber der elektrophilen Addition beim Benzol* (schematisch; D steht für ^{2}H)

Fig. 4.16. *Nitrierung des Benzols*

mechanistisch handelt es sich jedoch bei der *elektrophilen aromatischen Substitution* um die Addition eines Elektrophils, der die Eliminierung eines Protons folgt. Sie findet somit nach einem Additions–Eliminierungsmechanismus (oder kurz *AE*-Mechanismus) statt.

Von besonderer Bedeutung für die rasante Entwicklung der modernen chemischen Industrie, die in der zweiten Hälfte des 19. Jahrhunderts von der Vermarktung synthetischer Farbstoffe angetrieben wurde (*Abschn. 7.12*), war die 1834 von *E. Mitscherlich* (*Abschn. 4.1*) entdeckte Herstellung des Nitrobenzols durch Reaktion des Benzols mit *Nitriersäure* (einem Gemisch aus Salpeter- und Schwefelsäure). Das eigentliche Reagenz ist das *Nitronium-Ion* (NO_2^+), das bei der Reaktion beider Mineralsäuren gebildet wird:

$$HNO_3 + H_2SO_4 \longrightarrow NO_2^+ + HSO_4^- + H_2O$$

Gemäß dem vorstehend erläuterten *AE*-Mechanismus der elektrophilen aromatischen Substitution geht der bei der Addition des Elektrophils (in diesem Falle das Nitronium-Ion) gebildete σ-Komplex unter Abspaltung eines Protons in das Reaktionsprodukt über (*Fig. 4.16*).

Aufgrund seiner Nucleophilie kann Benzol auch mit Carbenium-Ionen unter Substitution von H-Atomen durch Alkyl-Gruppen reagieren (*Friedel–Crafts-Alkylierung*). Von industrieller Bedeutung ist die Reaktion des Benzols mit Propylen, das zum entsprechenden Isopropyl-Kation protoniert werden kann (*Fig. 4.17*). Das Reaktionsprodukt (*Cumol*), das ursprünglich durch Decarboxylierung der aus dem ätherischen Öl des Römischen Kümmels (*Cumium cyminum*) isolier-

Charles Friedel (1832–1899)
Ordinarius für Mineralogie (1876) und Organische Chemie (1884) an der Sorbonne, entdeckte 1877 zusammen mit dem Amerikaner *James Mason Crafts* (1839–1917), Professor an der Cornell University in Ithaca (New York) und am Massachusetts Institute of Technology (MIT) in Boston, während eines Aufenthaltes des Letzteren in Paris die katalytische Wirkung des AlCl$_3$ bei der Umsetzung von Aromaten mit Alkylhalogeniden oder Säure-chloriden. (*Edgar Fahs Smith* Collection, mit Genehmigung der University of Pennsylvania Library, Philadelphia)

Struktur und Reaktivität der Biomoleküle

Fig. 4.17. Synthese des Cumols durch Alkylierung von Benzol mit Propylen

Fig. 4.18. Enzymatische Alkylierung der 1,4-Dihydroxynaphthoesäure

James Mason Crafts (1839–1917) (*Edgar Fahs Smith* Collection, mit Genehmigung der University of Pennsylvania Library, Philadelphia)

ten Cuminsäure (*para*-Isopropylbenzoesäure) gewonnen wurde, dient als Ausgangsstoff für die technische Synthese des Phenols.

Alkylierungsreaktionen aromatischer Ringe werden offenbar auch enzymatisch katalysiert. Die Reaktion der 1,4-Dihydroxy-2-naphthoesäure, eines biogenetischen Vorläufers des Alizarins (*Abschn. 8.5*) mit Dimethylallyl-pyrophosphat stellt ein Beispiel für eine so genannte *Prenylierungsreaktion* (s. *Abschn. 3.19*) dar, die vermutlich nach dem Mechanismus der aromatischen Alkylierung abläuft (*Fig. 4.18*).

4.5. Der induktive Effekt

Ein wichtiger Aspekt der elektrophilen aromatischen Substitution betrifft die Beeinflussung der Regioselektivität der Reaktion durch die am aromatischen Ring bereits vorhandenen Substituenten. Bei der Reaktion des Toluols mit HNO_3 entsteht beispielsweise nicht ein Gemisch aus *ortho*-, *meta*- und *para*-Nitrotoluol im Verhältnis 2:2:1, wie es statistisch zu erwarten wäre (beim Toluol sind die Ringpositionen 2 und 6 sowie 3 und 5 bezüglich ihrer Reaktivität äquivalent), sondern ein deutlicher Überschuss des *ortho*- und *para*-Nitrotoluols gegenüber dem *meta*-Isomer (*Fig. 4.19*).

Dieses Ergebnis ist dadurch zu erklären, dass der σ-Komplex der elektrophilen aromatischen Substitution ein delokalisiertes vinyloges (eigentlich dienyloges) Carbenium-Ion darstellt (*Abschn. 3.17*). Nur an den Mesomerie-Hybriden der σ-Komplexe, die zur Bildung von *ortho*- und *para*-Nitrotoluol führen, ist je eine Resonanz-Struktur beteiligt, die ein tertiäres Carbenium-Ion darstellt (*Fig. 4.19*). Da derartige Resonanz-Strukturen energetisch bevorzugt sind (vgl. *Abschn. 3.13*), ist der Energiegehalt der σ-Komplexe (und somit der entsprechenden Übergangskomplexe ihrer Bildung) kleiner als derjenige des σ-Komplexes, der zur Bildung von *meta*-Nitrotoluol führt, so

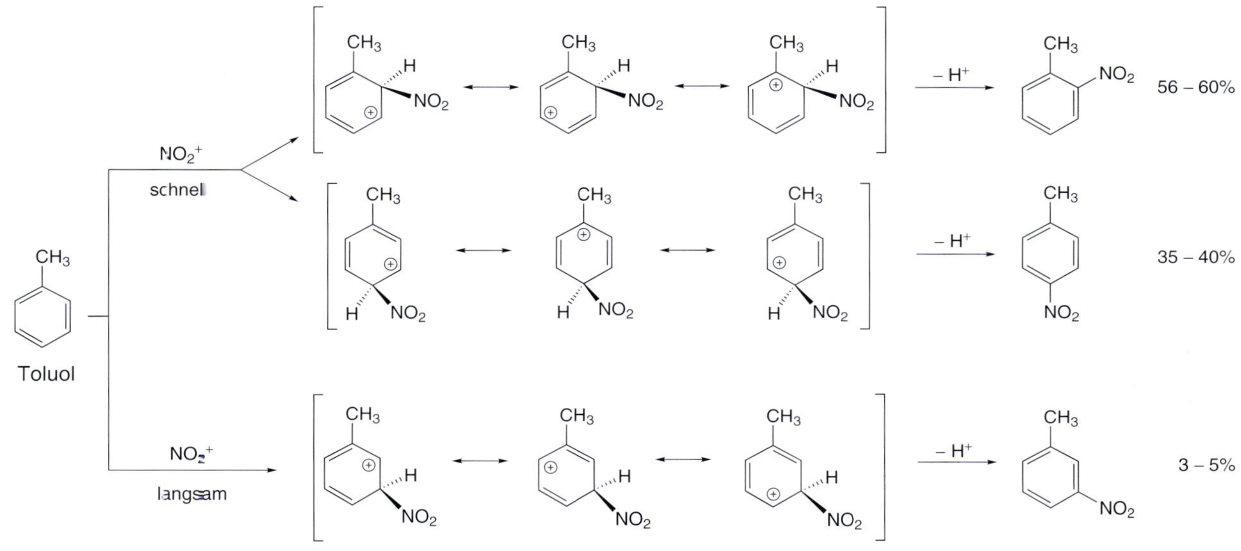

Fig. 4.19. *Resonanz-Strukturen der σ-Komplexe der aromatischen Substitution beim Toluol*

dass bei der kinetisch kontrollierten elektrophilen aromatischen Substitution die *ortho*- und *para*-Isomere schneller gebildet werden.

Bei wiederholter Behandlung des Gemisches aus *ortho*-, *meta*- und *para*-Nitrotoluol wird mit ansteigender Konzentration der Nitriersäure Trinitrotoluol (TNT) als Endprodukt erhalten (*Fig. 4.20*). Wie die Mehrzahl der organischen Nitro-Derivate ist TNT ein Explosivstoff. TNT ist jedoch ein sehr handhabungssicherer und stoßunempfindlicher Sprengstoff, der sich leicht vergießen lässt und durch Initialsprengstoffe zu heftiger Detonation gebracht werden kann. Seine Sprengwirkung wird als Vergleichswert für andere Explosivstoffe einschließlich der Kernwaffen herangezogen.

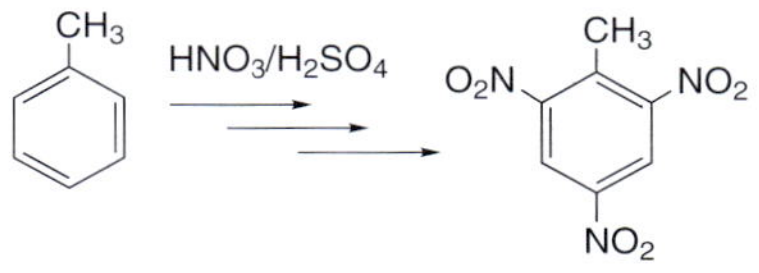

Fig. 4.20. *Herstellung von 2,4,6-Trinitrotoluol (TNT) aus Toluol*

Wie bereits erwähnt, ist der kleinere Energie-Inhalt der σ-Komplexe, deren positive Ladung in einem tertiären Carbenium-Ion lokalisiert werden kann, auf die geringere Elektronegativität des C-Atoms der Methyl-Gruppe gegenüber dem trigonalen C-Atom zurückzuführen (*Abschn. 3.5*).

Die 'Stabilisierung' des σ-Komplexes erfolgt somit durch Polarisation der σ-Bindung zwischen beiden C-Atomen. Substituenten an aromatischen Systemen, welche nach diesem Mechanismus die Regioselektivität der elektrophilen aromatischen Substitution beeinflussen, üben einen *induktiven Effekt* aus.

Findet die Verschiebung der σ-Elektronendichte vom Substituenten zum aromatischen System hin statt, so ist der induktive Effekt *positiv* ((+ *I*)-Effekt); im umgekehrten Fall ist er negativ (*Fig. 4.21*). Substituenten, die einen (+ *I*)-Effekt ausüben, begünstigen die elektrophile aromatische Substitution an den *ortho*- und *para*-Positionen des Phenyl-Ringes; jene, die ausschließlich einen (− *I*)-Effekt ausüben, an der *meta*-Position. Neben dem induktiven Effekt können

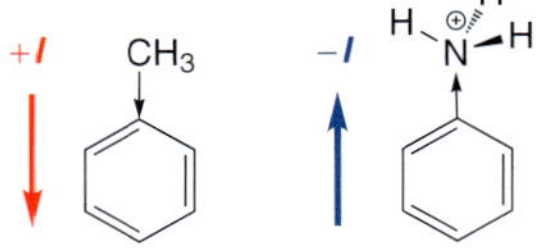

> Als **induktiver Effekt** eines Substituenten wird sein Einfluss auf die physikalischen und chemischen Eigenschaften eines Moleküls – insbesondere auf seine Reaktivität – bezeichnet, der von der Polarisation der σ-Bindung zwischen dem Substituenten und dem Rest des Moleküls herrührt.

Fig. 4.21. *Induktive Substituenteneffekte*

jedoch Substituenten an aromatischen Systemen einen so genannten *mesomeren* Effekt ausüben, wenn sie über nicht bindende Elektronenpaare oder Mehrfachbindungen verfügen (s. *Abschn. 5.9*).

4.6. Pericyclische Reaktionen

Pericyclische Reaktionen sind einstufige unkatalysierte Reaktionen, bei denen σ- und π-Bindungen über einen Übergangskomplex, der ein System cyclisch delokalisierter Elektronen darstellt, ineinander umgewandelt werden.

Der Begriff der Aromatizität hat sich als ein heuristisches Prinzip für die Deutung des Mechanismus chemischer Reaktionen erwiesen, deren Übergangskomplexe cyclisch delokalisierte Systeme von Elektronen darstellen. Zu diesem Typ von Reaktionen, die als *pericyclisch* bezeichnet werden, gehören u. a.

Cycloadditionen (*Abschn. 3.16*),
sigmatrope Umlagerungen (*Abschn. 3.18*) und
elektrocyclische Reaktionen (*Abschn. 3.24*)

Bei allen pericyclischen Reaktionen handelt es sich um *einstufige* Reaktionen, deren gemeinsames Merkmal ist, dass sie bei einer von den Reaktionsbedingungen (thermische oder photochemische Induktion) abhängigen Geometrie des Übergangskomplexes *stereospezifisch* ablaufen.

Bei den meisten vom präparativen Standpunkt aus gesehen interessanten pericyclischen Reaktionen, die unter Zufuhr thermischer Energie stattfinden, enthält der Übergangskomplex, wie das Benzol-Molekül, 6 delokalisierte Elektronen; seine Struktur ähnelt aber eher der Sessel- oder Wannen-Konformation des Cyclohexan-Ringes (*Fig. 4.22*). Ein derartiger Übergangskomplex wird durch den Beitrag

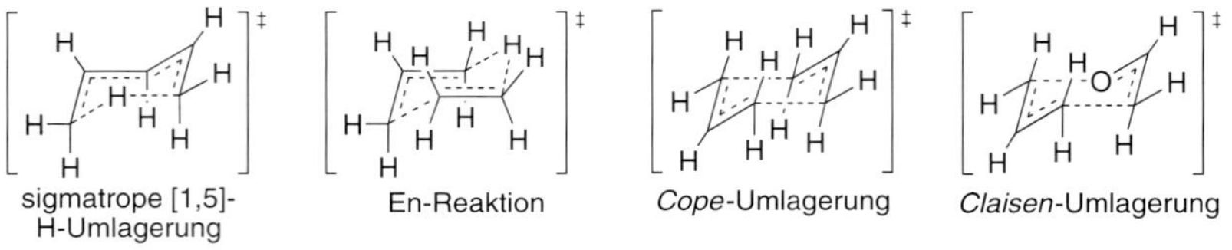

sigmatrope [1,5]-H-Umlagerung | En-Reaktion | *Cope*-Umlagerung | *Claisen*-Umlagerung

Fig. 4.22. *Postulierte cyclische Übergangskomplexe einiger pericyclischer Reaktionen*

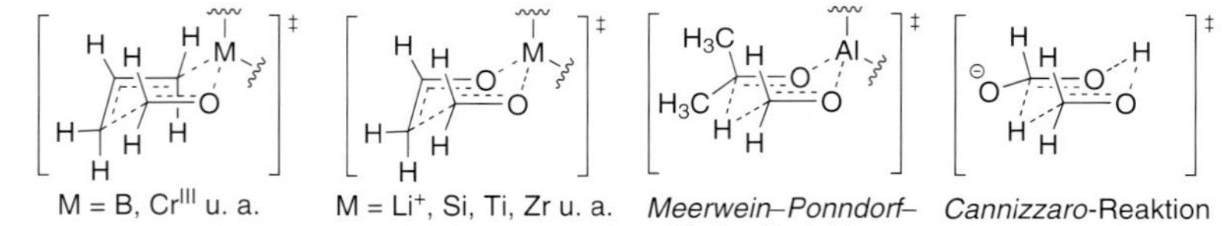

M = B, Cr^III u. a.
Addition von Allylmetall-Verbindungen an die Carbonyl-Gruppe | M = Li⁺, Si, Ti, Zr u. a. Aldol-Addition | *Meerwein–Ponndorf–Verley*-Reduktion | *Cannizzaro*-Reaktion

Fig. 4.23. *Verschiedene chemische Reaktionen, deren Übergangskomplexe als Systeme von 6 delokalisierten Elektronen postuliert werden.*

4. Aromatische Kohlenwasserstoffe

Robert Burns Woodward (1917–1979) Professor an der Harvard University in Cambridge (Massachusetts), wurde 1965 aufgrund seiner hervorragenden Beiträge zur Synthese komplexer Naturstoffe (Chinin (1945), Cholesterol und Cortison (1951), Lysergsäure (1956), Reserpin (1958), Chlorophyll *c* (1960), Colchicin, Strychnin und Tetracyclin (1963), Cephalosporin C (1966), Vitamin B_{12} (1973), Erythromycin A (1981) u.a.) mit dem *Nobel*-Preis ausgezeichnet. (© *Nobel*-Stiftung)

der Resonanz-Energie energetisch begünstigt, wodurch die Stereospezifität der Reaktion erklärt wird.

Darüber hinaus gibt es mehrere meist hoch stereospezifische Reaktionen organischer Moleküle, die zwar definitionsgemäß nicht zu den pericyclischen Reaktionen gehören, deren sesselförmige Übergangszustände aber ebenfalls delokalisierte Systeme von 6 Elektronen darstellen (*Fig. 4.23*).

Es muss jedoch hier wieder einmal betont werden, dass der einzige Hinweis auf die Struktur des Übergangskomplexes einer Reaktion die Stereoselektivität (bzw. -spezifität) derselben ist. Da die Stereoselektivität enzymatisch katalysierter Reaktionen jedoch von der Struktur des Enzym–Substrat-Komplexes abhängt, sind die Schlussfolgerungen der Theorie pericyclischer Reaktionen, die 1965 von *R. Woodward* und *R. Hoffmann* formuliert wurde (sog. *Woodward–Hoffmann*-Regel), für die Aufklärung der Mechanismen biosynthetischer Prozesse weniger relevant als in der Chemie.

4.7. Biogenese der Benzol-Derivate

Obwohl zahlreiche Produkte des zellulären Metabolismus Derivate des Benzols sind, spielt die im *Abschn. 4.4* erläuterte elektrophile aromatische Substitution bei ihrer Biogenese keine bedeutende Rolle. Die enzymatische Synthese aromatischer Verbindungen findet in der lebenden Zelle hauptsächlich durch Cyclisierung aliphatischer Vorläufer statt. Derivate, die einen Phenyl-Ring enthalten, werden meist aus *Shikimisäure* biosynthetisiert (*Fig. 4.24*). Polycyclische aro-

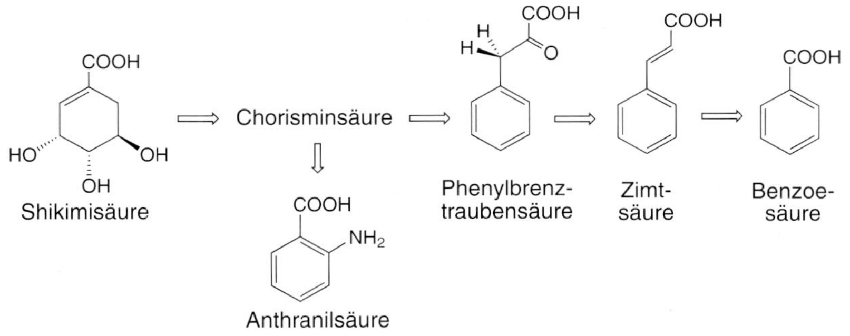

Roald Hoffmann (*1937) Professor an der Cornell University in Ithaca (New York), erhielt 1981 zusammen mit *Kenichi Fukui* (Universität Kyoto) für die Entwicklung quantenmechanischer Methoden zur theoretischen Behandlung chemischer Reaktionen den *Nobel*-Preis. (© *Nobel*-Stiftung)

Fig. 4.24. *Shikimisäure ist der Vorläufer der Biosynthese wichtiger, in lebenden Organismen vorkommender Benzol-Derivate.*

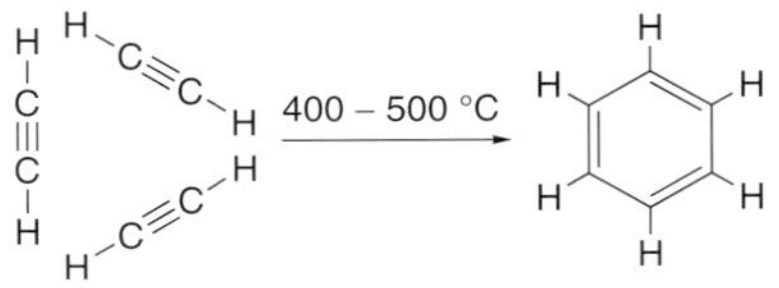

Fig. 4.25. *Thermische Trimerisierung des Acetylens*

matische Metabolite werden durch Cyclisierung von *Polyketiden* gebildet (*Abschn. 9.24*).

Im präbiotischen Erdzeitalter jedoch können erhebliche Mengen Benzol und einige seiner Derivate bereits vorhanden gewesen sein, weil die Bildung von Benzol durch Trimerisierung von Acetylen eine zwar langsame (sie erfordert Temperaturen über 400 °C) aber stark exotherme Reaktion ist ($\Delta H^0 = -599$ kJ mol^{-1}) (*Fig. 4.25*).

Die Ausbeute dieser schon von *Pierre Eugène Marcelin Berthelot* (1827–1907) ausgeführten Reaktion ist allerdings gering; sie kann unter Druck und in Gegenwart von Ni-Katalysatoren wesentlich gesteigert werden (bis 88% bei 60–70 °C und 15 bar). Technisch ist jedoch die Reaktion gegenwärtig uninteressant, denn die Herstellung von Acetylen ist kostspieliger als die des Benzols durch *reforming* von Erdölfraktionen.

Weiterführende Literatur

P. v. Ragué Schleyer, H. Jiao, 'What is aromaticity?', *Pure Appl. Chem.* **1996**, *68*, 209–218.

M. J. S. Dewar, 'Aromatizität und pericyclische Reaktionen', *Angew. Chem.* **1971**, *83*, 859–946; *Angew. Chem., Int. Ed.* **1971**, *10*, 761.

Übungsaufgaben

1. Erklären Sie, warum Naphthalin bevorzugt an C(1) (der α-Position) mit Elektrophilen reagiert.

2. Obwohl die aromatische elektrophile Substitution normalerweise an unsubstituierten Positionen des Benzol-Ringes stattfindet, wird bei der Nitrierung von *p*-Cymol (4-Isopropyl-1-methylbenzol) neben nur 8% 4-Isopropyl-1-methyl-3-nitrobenzol *p*-Nitrotoluol als Produkt der so genannten *ipso*-Substitution (lat. *ipso*: dasselbe) bis zu 10% gebildet. Erklären Sie diese Beobachtung.

5. Alkohole, Phenole und ihre Derivate

5.1. Nomenklatur der Alkohole

Die Strukturformel eines Alkohols resultiert aus derjenigen des entsprechenden Alkans durch Austausch eines H-Atoms durch die OH (Hydroxy)-Gruppe. Demzufolge werden Alkohole benannt, indem das Suffix *-ol* dem Namen des Alkans hinzugefügt wird. So wird aus Methan Methanol, aus Ethan Ethanol usw. (*Tab. 5.1*). Ist die Alkohol-Funktion nicht die Hauptgruppe, so wird das Präfix *hydroxy-* gefolgt vom Namen des entsprechenden Alkans verwendet. Die Position der funktionellen Gruppe wird in beiden Fällen durch den Lokanten des C-Atoms angegeben, an welches sie gebunden ist. Oft werden auch die Namen Methyl-alkohol, Ethyl-alkohol usw. angewandt. Von Benzol und seinen Derivaten abgeleitete Alkohole heißen *Phenole*, wenn die OH-Gruppe direkt an den aromatischen Ring gebunden ist (*Abschn. 5.8*).

Das Suffix *-ol* ist wohl von Öl abgeleitet. Daher kommt im deutschen Sprachgebrauch die Endsilbe *-ol* bei Trivialnamen von Verbindungen wie Benzol, Toluol, Pyrrol, Indol u. a. vor, die keine Alkohole sind. Der Name Alkohol stammt aus dem arab. *al kuhl* für eine aus Antimonsulfid bereitete Salbe zum Schwarzfärben der Augenlieder. Der Schweizer Arzt und Naturforscher *Paracelsus* (*Abschn. 7.13*) zog vermutlich den Bezug auf die feine Stofflichkeit und durch seine Flüchtigkeit kühlende Wirkung des Ethyl-alkohols.

Tab. 5.1. *Molekulargewicht sowie Siede-* (Sdp.) *und Schmelztemperatur* (Schmp.) *einiger Alkohole*

Alkohol	M.G.	Sdp. [°C]	Schmp. [°C]
Methanol	32,04	65	−93,9
Ethanol	46,07	79	−117,3
Propanol	60,10	98	−126,5
Isopropanol (Propan-2-ol)	60,10	82	−89,5
Butanol	74,12	117	−89,5
Isobutanol (2-Methylpropan-1-ol)	74,12	108	−108
sec-Butanol (Butan-2-ol)	74,12	100	−114,7
tert-Butanol (2-Methylpropan-2-ol)	74,12	83	25,5
Amyl-alkohol (Pentanol)	88,15	138	−79
Isoamyl-alkohol (3-Methylbutan-1-ol)	88,15	132	−117,2
Neopentyl-alkohol	88,15	114	52,5

- 5.1. Nomenklatur der Alkohole
- 5.2. Biosynthese der Alkohole
- 5.3. Polyalkohole
- 5.4. Reaktivität der Alkohole
- 5.5. H-Brücken-Bindung
- 5.6. Acidität der Alkohole
- 5.7. Polare und apolare Lösungsmittel
- 5.8. Phenole
- 5.9. Reaktivität der Phenole: Der mesomere Effekt
- 5.10. Oxidationszahl von C-Atomen
- 5.11. Oxidation der Alkohole
- 5.12. Oxidation der Phenole
- 5.13. Die S_N2-Reaktion
- 5.14. Intermolekulare Dehydratisierung von Alkoholen: Ether-Bildung
- 5.15. Monomolekulare nucleophile Substitution (S_N1-Reaktion)
- 5.16. Die *Walden*'sche Umkehrung
- 5.17. Die S_N1'-Reaktion
- 5.18. Reaktivität der Carbenium-Ionen
- 5.19. Dehydratisierung von Alkoholen
- 5.20. Regioselektivität der $E1$-Reaktion
- 5.21. *Wagner–Meerwein*-Umlagerungen
- 5.22. Pinakol-Umlagerung
- 5.23. Ether
- 5.24. Reaktivität der Ether
- 5.25. Luftoxidation der Ether
- 5.26. Oxonium-Salze
- 5.27. Epoxide
- 5.28. Steroide

Carl Wilhelm Scheele (1742–1786) führte von 1776 bis zu seinem Tode eine eigene Apotheke in Köping (Schweden). Seine Forschungen brachten wichtige Erkenntnisse über mehrere Elemente und zahlreiche anorganische und organische Verbindungen, die er zum ersten Mal isolierte. (*Edgar Fahs Smith* Collection, mit Genehmigung der University of Pennsylvania Library, Philadelphia)

Je nach dem Substitutionsgrad des C-Atoms, welches die funktionelle Gruppe trägt, unterscheidet man zwischen *primären*, *sekundären* und *tertiären* Alkoholen (s. *Fig. 5.8*).

Sekundäre und tertiäre Alkohole wurden früher als Derivate des *Carbinols* bezeichnet (z. B. Methylethylcarbinol statt Butan-2-ol). *Carbinol* ist der veraltete Name für *Methanol*. Selten gebraucht wird der Name *Neopentyl-alkohol* (griech. νέον (*néon*): neu) für 2,2-Dimethylpropan-1-ol. *Amyl-alkohole* (lat. *amylum*: Stärke) sind Bestandteile der Fuselöle, die in allen durch Hefe vergorenen Flüssigkeiten enthalten sind. Die Hauptkomponenten des Fuselöls sind Nebenprodukte des Isoleucin-, Leucin- und Valin-Stoffwechsels.

Der bei der Holzverkohlung (Zersetzung von Holz durch trockenes Erhitzen unter Luftausschluss) erhaltene *Holzgeist* besteht bis zu 45% aus Methanol, das 1661 vom englischen Naturforscher *Robert Boyle* (1627–1691) entdeckt wurde. Vermutlich in diesem Zusammenhang wurde Anfang des 19. Jahrhunderts der Name Methyl (griech. μέθυ (*méthy*): starkes Getränk, (süßer) Wein; ὕλη (*hýlē*): Wald, Holz, auch: Stoff, Material) für Verbindungen (darunter Methan) angewandt, die sich vom Methyl-alkohol ableiten. Getrunkenes oder als Dampf eingeatmetes Methanol ist sehr toxisch, weil es durch die *Alkohol-Dehydrogenase* (*Abschn. 8.11*) zu Formaldehyd oxidiert wird. Eine charakteristische Erscheinung der Methanol-Vergiftung bei Tieren ist die Abnahme des Sehvermögens oder gar Blindheit, die durch Blockierung der *Hexokinase* (*Abschn. 8.29*) der Netzhaut durch Formaldehyd hervorgerufen wird.

In kleinen Mengen bestimmen Amyl-alkohole (insbesondere Isoamyl-alkohol als Hauptkomponente) wesentlich das Bouquet des Weines mit, in höheren Konzentrationen jedoch wirken sie wegen ihres üblen Geruches ausgesprochen störend und sind auch gesundheitsschädlich. Isoamyl-alkohol (Gärungsamyl-alkohol) wurde bereits 1785 von *Scheele* als Produkt der Kartoffelgärung isoliert.

5.2. Biosynthese der Alkohole

Der Mechanismus der durch die *Methan-Monooxygenase* katalysierten Umwandlung von Methan in Methanol wurde im *Abschn. 2.17* erläutert. Andere Enzyme, die ebenfalls befähigt sind, die Inkorporation von O_2 in organische Substrate zu katalysieren, enthalten ein Derivat des Häms, das so genannte *Cytochrom P450* als prosthetische Gruppe, deren Name auf die Lichtabsorption bei λ_{max} 450 des Reaktionsprodukts des reduzierten (Fe^{II}-haltigen) Enzyms mit Kohlenmonoxid (CO) Bezug nimmt.

Am besten lässt sich der Mechanismus der cytochrom-P450-katalysierten Hydroxylierung organischer Verbindungen verstehen, wenn man die *in vitro* Oxidation des Häms als Modellreaktion zu Grunde legt (*Abschn. 2.16*). Im Gegensatz zu den Hydroxylierungen, die von der *Methan-Monooxygenase* katalysiert werden, wird vermutlich bei den cytochrom-P450-katalysierten Reaktionen nicht zuerst ein μ-Peroxo-Komplex sondern ein Hydroperoxy–Fe^{III}-Komplex gebildet, dessen Protolyse H_2O und ein Oxo–Fe^{IV}-Radikal-Kation freisetzt (*Fig. 5.1*).

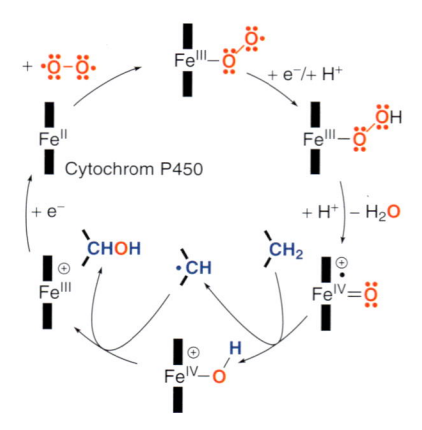

Fig. 5.1. *Plausibler Mechanismus der von cytochrom-P450-abhängigen Oxygenasen katalysierten Hydroxylierung von Alkanen*

5. Alkohole, Phenole und ihre Derivate

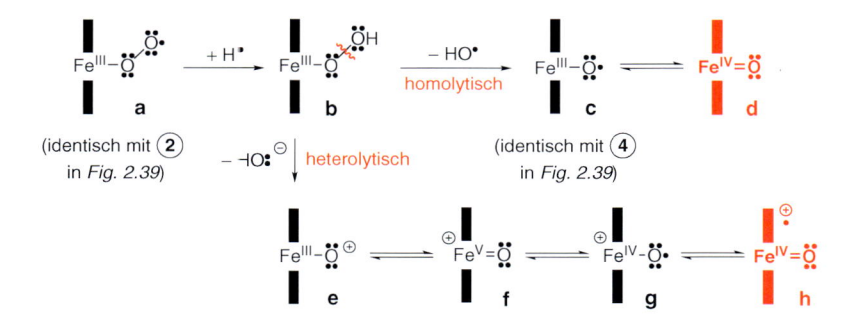

Fig. 5.2. *Fe^{IV}-Komplexe fungieren vermutlich als reaktive Spezies bei enzymatisch katalysierten Reaktionen.* Elektrische Ladungen, die auf dem Fe-Ion lokalisiert sind, werden üblicherweise nicht dargestellt.

Die Bildung des Hydroperoxy–Fe^{III}-Komplexes findet durch Aufnahme eines Elektrons, das bei Eukaryonten* schließlich aus dem als Cosubstrat benötigten NADPH (*Abschn. 19.10*) stammt, und eines Protons aus dem Medium statt. Je nachdem, ob die Spaltung der (O–O)-Bindung im Hydroperoxy-Komplex homolytisch oder heterolytisch stattfindet, werden Eisen-Komplexe gebildet, bei denen sich das Fe-Ion *formal* in so genannten *hypervalenten* Oxidationsstufen, nämlich Fe^{IV} bzw. Fe^{V}, befindet. Während der Fe^{IV}-Komplex (**d** in *Fig. 5.2*) jedoch die gängige, durch spektroskopische Daten belegte Formulierung bei cytochrom-P450-katalysierten Reaktionen ist, die unter *homolytischer* Spaltung der (O–O)-Bindung stattfinden wird die Bildung eines Fe^{V}-Komplexes (**f**) beim heterolytischen Bindungsbruch nicht allgemein akzeptiert. Bei derartigen Reaktionen liegt vermutlich die prosthetische Gruppe des Cytochroms P450 als Radikal-Kation eines Fe^{IV}-Komplexes (**h**) vor.

Die Reduktion des Fe^{IV}-Radikal-Kations findet anschließend unter Übernahme eines H-Atoms des Substrats und darauf folgender Substitution des an den Sauerstoff gebundenen Fe^{IV}-Liganden durch das gebildete Alkyl-Radikal statt (*Fig. 5.1*). Nach der Übertragung des O-Atoms auf das Substrat wird das Coenzym als Fe^{III}-Komplex freigesetzt, so dass ein Elektron benötigt wird (das zweite im katalytischen Zyklus), um Cytochrom P450 in der reduzierten (Fe^{II}-haltigen) Oxidationsstufe zu regenerieren. Letztere ist die einzige, die befähigt ist, Luftsauerstoff aufzunehmen (*Abschn. 2.16*).

Eine besonders wichtige Rolle spielt in Aerobiern die enzymatische Hydroxylierung von Steroiden bei der Biosynthese des Cholesterols (*Abschn. 5.28*) und der Gallensäuren (*Abschn. 9.3*) sowie bei der Bildung und Inaktivierung der Steroid-Hormone in der Leber (*Abschn. 8.2*). Ferner dienen Monooxygenasen dem Abbau und der Ausscheidung von lipophilen Substanzen, die durch Hydroxylierung in wasserlösliche Stoffe umgewandelt werden, sowie von *Xenobiotika*, d.h. nicht zur Nahrung gehörenden Substanzen, die dem betreffenden Organismus fremd sind (griech. ξένος (*xénos*): fremd) und zur Intoxikation der Zellen führen (*Abschn. 5.27*).

Die Endprodukte der Inkorporation von molekularem Sauerstoff in organische Substrate sind fast immer Alkohole (oder Phenole), Carbonyl-Verbindungen (Aldehyde oder Ketone) oder Carbonsäuren. Als reaktive Zwischenprodukte der von Oxygenasen katalysier-

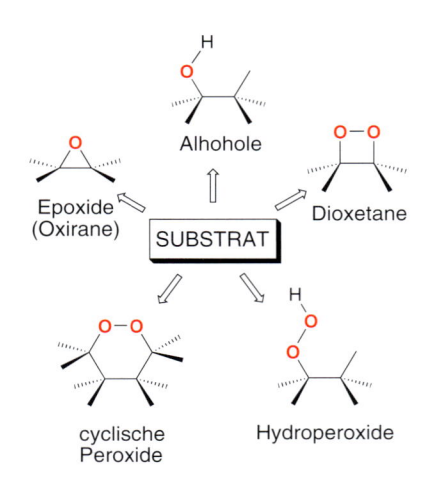

Fig. 5.3. *Produkte der enzymatischen Oxygenierung organischer Substrate*

Fig. 5.4. *Einige biologisch wichtige Polyalkohole*

ten Reaktionen werden jedoch verschiedene sauerstoffhaltige Verbindungen gebildet, die zu den Stoffklassen der Peroxide, Dioxetane oder Epoxide gehören (*Fig. 5.3*).

Sowohl bei der direkten Oxidation tetragonaler C-Atome als auch bei der Bildung der oben genannten primären Oxidationsprodukte wird molekularer Sauerstoff in organische Substrate inkorporiert; die entsprechenden Reaktionen finden somit nur in aeroben Organismen statt.

Außer durch direkte Oxidation tetragonaler C-Atome kann die Biosynthese von Alkoholen auf nachstehenden Wegen erfolgen:

1) Homolytische Spaltung der (O−O)-Bindung eines Hydroperoxids oder Peroxids und darauf folgende H-Abstraktion (*Abschn. 2.14*);
2) Addition von H_2O an (C=C)-Bindungen (*Abschn. 3.8*);
3) Hydrogenolytische oder hydrolytische Ringöffnung von Epoxiden (*Abschn. 5.27*);
4) Hydrierung von CO-Gruppen (*Abschn. 8.11*).

5.3. Polyalkohole

Moleküle mit mehreren OH-Gruppen werden als Polyalkohole bezeichnet (*Fig. 5.4*). Der einfachste Polyalkohol ist das *Ethylenglycol* oder *Glycol* (griech. γλυκύς (*glykýs*): süß).

Ethylenglycol wird u. a. als Gefrierschutzmittel angewandt (ein (1:1)-Gemisch aus Ethylenglycol und H_2O gefriert bei $-40\,°C$). Im menschlichen Organismus wird Ethylenglycol zu Oxalsäure (*Abschn. 9.1*) oxidiert und wirkt daher auch stark toxisch durch Ablagerung von schwerlöslichen Salzen der Oxalsäure (Calcium-oxalat u. a.) in der Niere. Da die Oxidation des Ethylenglycols zu Glycolaldehyd von der *Alkohol-Dehydrogenase* (*Abschn. 8.11*) katalysiert wird, wirkt Ethanol als konkurrierendes Substrat und unterbindet die enzymatische Oxidation des Ethylenglycols, das unschädlich ausgeschieden wird. Dennoch ist die Verwendung von Ethylenglycol zum Süßen von Wein gesetzlich untersagt.

Propan-1,2,3-triol, dessen Name *Glycerol* oder *Glycerin* von *Chevreul* (*Abschn. 9.16*) eingeführt wurde, spielt als Bestandteil der Lipide eine wichtige Rolle (*Abschn. 9.16*).

Durch die reversible enzymatische Umwandlung der Phosphorsäure-ester des Glycerins und des Dihydroxyacetons kann Glycerin sowohl als Nebenprodukt der Glycolyse biosynthetisiert als auch als Vorläufer der D-Glucose bei der Gluconeogenese dienen (*Abschn. 8.29*). Glycerin-phosphat dient ferner zum Elektronentransport durch die Mitochondrienmembran, indem es im Cytosol durch Reduktion von Dihydroxyaceton-phosphat gebildet, und innerhalb der Mitochondrien (s. *Abschn. 6.3*) zu Dihydroxyaceton-phosphat oxidiert wird.

Ebenso wichtig sind die *Cyclite* (Polyhydroxycyclohexane), von denen die *Inosite* (Cylohexanhexole) in vielen pflanzlichen und tierischen Organen vorkommen. Am wichtigsten ist das *myo*-Inosit oder *myo*-Inositol (griech. ἴς (Gen. ἰνός) (*īs* (Gen. *īnós*)): Sehne, Muskel, Nerv und μῦς (Gen. μυός) (*mȳs* (Gen. *mȳós*)): Maus, später: Muskel), von dem der menschliche Körper *ca.* 40 g enthält. *myo*-Inosit ist Bestandteil einiger Phospholipide (*Abschn. 9.16*); das entsprechende 1,4,5-Triphosphat ist ein sekundärer Botenstoff (*Abschn. 7.4*), der die intrazelluläre Mobilisierung von Ca^{2+}-Ionen aktiviert.

Eine charakteristische Eigenschaft der Polyalkohole, bei denen zwei oder mehrere OH-Gruppen an aufeinander folgende oder vicinale C-Atome (lat. *vicinus*: Nachbar) gebunden sind, ist ihre leichte, chemische oxidative Spaltung (z.B. mit Kalium-periodat oder Blei-tetraacetat), bei der zwei Carbonyl-Verbindungen (Aldehyde und/oder Ketone) gebildet werden. Ebenfalls oxidativ, aber nach einem anderen, bisher nicht eindeutig aufgeklärten Reaktionsmechanismus, wird bei der Biosynthese des Pregnenolons aus Cholesterol (*Abschn. 5.28*) die (C(20)−C(22))-Bindung des 20,22-Dihydroxycholesterols gespalten (*Fig. 5.5*). Pregnenolon ist der Vorläufer aller anderen Steroid-Hormone (*Abschn. 8.2*).

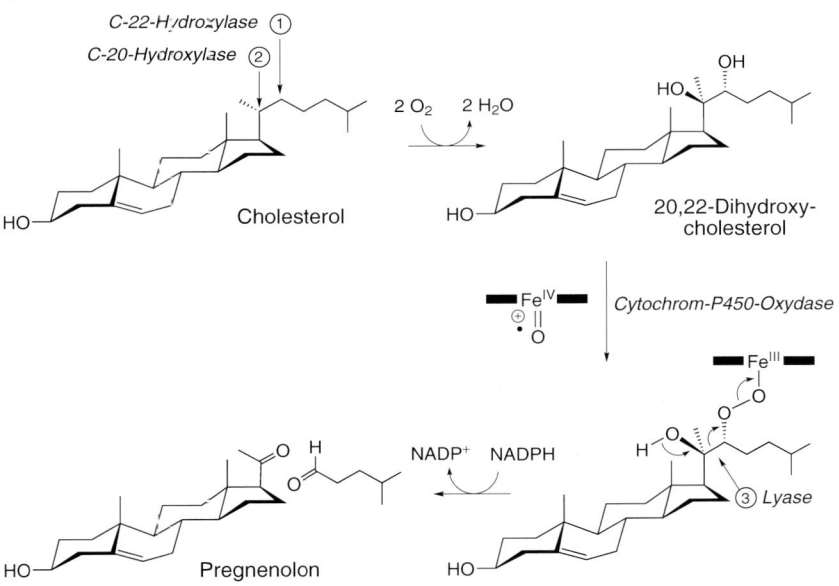

Fig. 5.5. *Enzymatisch katalysierte oxidative Spaltung der Isoprenoid-Kette des Cholesterols*

Die Reaktion wird in den Mitochondrien der Zellen der Nebennierenrinde, wo große Mengen von Steroiden produziert werden, durch ein aus mehreren Enzymen bestehendes System katalysiert, dessen sauerstoff-bindende Stelle Cytochrom P450 enthält. Die prosthetischen Gruppen der Enzyme, welche das C(20)- und C(22)-Atom des Cholesterols hydroxylieren, enthalten dagegen Fe-Ionen, die nicht an Häm gebunden sind (vgl. *Abschn. 2.17*).

5.4. Reaktivität der Alkohole

Die charakteristischen chemischen Eigenschaften der Alkohole sind:

- Fähigkeit zur Bildung von H-Brücken-Bindungen
- Acidität des O-gebundenen H-Atoms

- Oxidation
- Nucleophile Substitution der OH-Gruppe
- Dehydratisierung (Eliminierung von H₂O)

Die vorstehend erwähnten chemischen Eigenschaften der Alkohole hängen mit der Polarisierung der (C–O)-Bindung zusammen. Auch die höhere Dissoziationsenergie dieser Bindung, die im Methanol 381 kJ mol^{-1} beträgt, gegenüber einer (C–C)-Bindung (339 kJ mol^{-1}) ist damit begründet, dass kovalente Bindungen zwischen Atomen verschiedener Elemente *polarisiert* sind (*Abschn. 1.6*)

5.5. H-Brücken-Bindung

Formal leiten sich Alkohole von Wasser ab, indem ein H-Atom durch einen Alkyl-Rest ersetzt ist. Es ist daher nicht erstaunlich, dass einige Eigenschaften der Alkohole jenen des Wassers ähnlich sind. Alkohole sieden deshalb bei wesentlich höheren Temperaturen als die entsprechenden Alkane (*Tab. 5.1*).

Die Siedetemperatur einer Flüssigkeit hängt hauptsächlich von den schwachen Wechselwirkungen zwischen den Molekülen ab. (*Abschn. 1.8*). Da im Allgemeinen die *van-der-Waals*-Kräfte (*Abschn. 1.9*) mit zunehmender Molmasse und größerer Polarisation der Bindungen im Molekül stärker werden, leuchtet es nicht ein, dass die drei in *Fig. 5.6* abgebildeten Verbindungen derart verschiedene Siedetemperaturen aufweisen. Das größte Dipolmoment weist das Acetaldehyd-Molekül auf; trotz den somit wirkenden *van-der-Waals*-Kräften ist die Siedetemperatur von Ethanol um 58 °C höher (!). Der Grund dieser Anomalie liegt – wie beim Wasser – in der Fähigkeit der Alkohol-Moleküle intermolekulare H-Brücken-Bindungen zu bilden (*Fig. 5.7*).

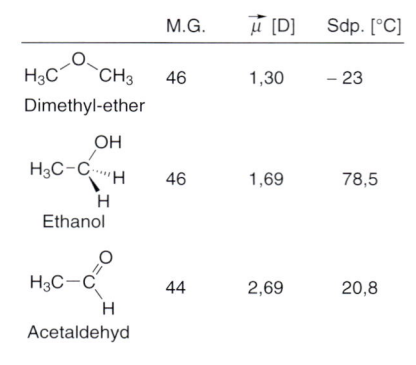

	M.G.	$\vec{\mu}$ [D]	Sdp. [°C]
H₃C–O–CH₃ Dimethyl-ether	46	1,30	–23
H₃C–C(OH)(H)(H) Ethanol	46	1,69	78,5
H₃C–C(=O)H Acetaldehyd	44	2,69	20,8

Fig. 5.6. *Dipolmoment* (in Debye) *und Siedetemperatur* (beim Atmosphärendruck) *dreier organischer Verbindungen von annähernd gleicher Molekularmasse* (M.G.)

Fig. 5.7. *Intermolekulare H-Brücken-Bindungen beim Ethanol* (schematisch)

Beim Schmelzvorgang eines Kristalls spielt dagegen die Entropiedifferenz (ΔS) zwischen dem festen und dem flüssigen Zustand die entscheidende Rolle (*Abschn. 2.1*). Da diese Differenz kleiner ist, je höher die Symmetrie der Moleküle ist, benötigen kristalline Stoffe, deren Moleküle symmetrisch sind, mehr Energie zum schmelzen ($\Delta G_f = \Delta H_f - T\Delta S_f$) als jene, deren Moleküle unsymmetrisch sind. Man beachte, dass *tert*-Butanol und Neopentyl-alkohol, deren Moleküle fast kugelförmig sind, die einzigen der in *Tab. 5.1* aufgeführten Alkohole sind, die bei Raumtemperatur Feststoffe sind.

Im Allgemeinen werden H-Brücken-Bindungen von H-Atomen, die an ein Heteroatom (Donator) gebunden sind, und nichtbindenden Elektronenpaaren von *Lewis*-Basen* (Akzeptor) gebildet. Es handelt sich dabei um schwache Wechselwirkungen (*Abschn. 1.8*), deren Dissoziationsenergie zwischen 20 bis 40 kJ mol^{-1} liegt. Verständlicherweise sind intramolekulare H-Brücken-Bindungen stärker als intermolekulare. Ferner sind *lineare* H-Brücken-Bindungen (d.h. jene bei denen Donator, Akzeptor und das 'verbrückende' H-Atom auf einer Gerade liegen) stärker als gewinkelte. In der Regel beträgt der Abstand zwischen Donator und Akzeptor bei intermolekularen H-Brücken-Bindungen 260–290 pm. Vermutlich handelt es sich bei den meisten intermolekularen H-Brücken-Bindungen überwiegend um elektrostatische Dipol–Dipol-Wechselwirkungen zwischen der (polarisierten) (H–Donator)-Bindung und den nichtbindenden Elektronenpaaren des Akzeptors, die durch die kleine Raumbeanspruchung des H-Atoms begünstigt werden. Extrem kurze H-Brücken-Bindungen (< 245 pm) können zudem durch Protonenaustausch zwischen Donator und Akzeptor verstärkt werden, insbesondere wenn Donator und Akzeptor ihre Rollen vertauschen können, ohne dass dabei elektrische Ladungen auftreten (*Abschn. 8.16*).

H-Brücken-Bindungen spielen bei biologischen Prozessen eine sehr wichtige Rolle: sie fixieren beispielsweise die Sekundärstruktur von Proteinen (*Abschn. 9.29*) und ermöglichen die spezifische Basenpaarung in den Nucleinsäuren (*Abschn. 10.16*).

5.6. Acidität der Alkohole

So wie das Wasser haben Alkohole amphoteren Charakter. Alkohole sind somit schwache Säuren, deren pK_s-Werte ($pK_s = -\log K_s$)* in H_2O zwischen 15,54 (für Methanol) und 18 liegen (*Fig. 5.8*). Im Allgemeinen nimmt die Acidität der OH-Gruppe der Alkohole mit dem Substitutionsgrad des C-Atoms, welches die funktionelle Gruppe trägt, ab; d.h. in der Reihenfolge: primär > sekundär > tertiär.

		Alkohol	$pK_s(ROH)$	$pK_s(ROH_2^+)$
Wasser	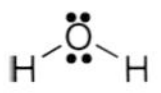 H–Ö–H		15,74	−1,74[a]
Ethanol	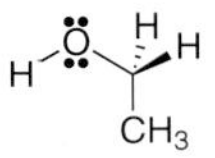 H–Ö–CH(H)(CH₃)	primär	16	−2,4
Isopropanol	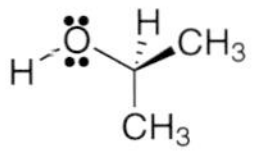 H–Ö–CH(CH₃)(CH₃)	sekundär	17	−3,2
tert-Butanol	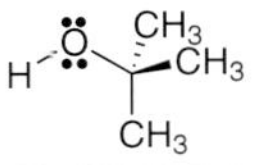 H–Ö–C(CH₃)₃	tertiär	18	−3,8

$$R-\overset{..}{\underset{..}{O}}{}^{\ominus} + H^{\oplus} \rightleftharpoons R-\overset{..}{\underset{..}{O}}H \qquad R-OH + H^{\oplus} \rightleftharpoons R-\overset{\oplus}{O}H_2$$

$$K_s = \frac{[R-O^-][H^+]}{[R-OH]} \qquad K_s = \frac{[R-OH][H^+]}{[R-OH_2^+]}$$

Fig. 5.8. *Alkohole als Säuren und Basen.* [a] Man beachte, dass die Aciditätskonstante des Oxonium-Ions (H_3O^+) $K_s = [H_2O]$ ist und somit $pK_s = -\log 55{,}5 = -1{,}74$.

In wässriger Lösung findet die Ionisation des Alkohols gemäß nachstehender Gleichung statt:

$$R-OH + H_2O \rightleftharpoons R-O^- + H_3O^+$$

deren Gleichgewichtskonstante lautet:

$$K = [RO^-][H_3O^+]/[ROH][H_2O]$$

da aber [H_2O] (die molare Konzentration des Wassers in Wasser) konstant ist (sie beträgt $1000/18{,}016 = 55{,}5$ mol l^{-1}), wird die eigentliche *Aciditätskonstante* (in Wasser) durch das Produkt:

$$K_s = K \times [H_2O]$$

definiert, so dass:

$$K_s = [RO^-][H_3O^+]/[ROH]$$

bzw. unter Berücksichtigung, dass [H_3O^+] = [H^+]:

$$K_s = [RO^-][H^+]/[ROH]$$

Somit ist K_s die Gleichgewichtskonstante der Reaktion:

$$R-OH \rightleftharpoons R-O^- + H^+$$

welche in Analogie zu den Redox-Reaktionen (*Abschn. 6.3*) die 'Halbreaktion' eines Säure/Base-Gleichgewichtes darstellt.

Man bemerke jedoch, dass gegen die thermodynamische Konvention (*Abschn. 1.11*) sämtliche Säure/Base-Gleichungen in *endothermer* Richtung geschrieben bzw. die entsprechenden Aciditätskonstanten $K_s < 1$ definiert werden.

Ist kein Wasser vorhanden, wird die Ionisation des Alkohols durch die Basizität der eigenen Alkohol-Moleküle unterstützt (sog. *Autoprotolyse* des Alkohols):

$$2\ R-OH \rightleftharpoons R-O^- + R-OH_2^+$$

deren Gleichgewichtskonstante ist:

$$K = [RO^-][ROH_2^+]/[ROH]^2$$

bzw. $\quad K_s = K \times [ROH]$

Die so definierte K_s ist somit die Aciditätskonstante der konjugierten Säure des Alkohols, die entsprechend dem Oxonium-Ion (H_3O^+) *Alkyloxonium-Ion* genannt wird. Alkyloxonium-Ionen spielen eine wichtige Rolle bei der Reaktion von Alkoholen mit Säuren (*Abschn. 5.15* und *5.19*).

Infolge der vorhandenen Protonen (bzw. ROH_2^+-Ionen)-Konzentration lösen sich Alkali- und Erdalkalimetalle sowie Aluminiumamalgam in Alkoholen unter Freisetzung von H₂ und Bildung der entsprechenden Alkoholate, z. B.:

2 CH₃CH₂OH + 2 Na → H₂ + 2 CH₃CH₂O⁻Na⁺ (Natrium-ethanolat)

2 (CH₃)₃COH + 2 K → H₂ + 2 (CH₃)₃CO⁻K⁺ (Kalium-*tert*-butanolat)

Alkoholate werden oft als Basen verwendet (*Abschn. 9.21*), weil ihre Löslichkeit in organischen Lösungsmitteln jene von Alkalimetallhydroxiden übertrifft. Natrium-methanolat ist eine ebenso starke Base wie Natrium-hydoxid. Kalium-*tert*-butanolat ist eine noch stärkere Base, weil *tert*-Butanol gegenüber Methanol einen höheren pK_s-Wert aufweist. Aluminium-isopropanolat (*Fig. 5.9*) wird zur Hydrierung von Aldehyden und Ketonen verwendet (*Abschn. 8.11*).

Aluminium-isopropanolat

Fig. 5.9. *In Lösung bei Raumtemperatur kommt Aluminium-isopropanolat drei- bis vierfach assoziiert vor.*

5.7. Polare und apolare Lösungsmittel

Je nach der Struktur ihrer Moleküle werden Lösungsmittel in *apolar* oder *polar* eingeteilt. Letztere können protisch oder aprotisch sein (*Tab. 5.2*). Als protische oder protogene Lösungsmittel werden solche bezeichnet, die unter Freisetzung von Protonen ionisiert werden können. Dennoch werden organische flüssige Stoffe, bei denen H-Atome, die an ein C-Atom gebunden sind, sauren Charakter (pK_s ≤ 8) haben, in der Regel nicht als protische Lösungsmittel bezeichnet.

Somit beschränkt sich die vorangehende Definition auf Lösungsmittel, bei denen die ionisierbaren H-Atome an ein Heteroatom (meist Sauerstoff) gebunden sind. Protische Lösungsmittel solvatisieren die darin gelösten Moleküle hauptsächlich aufgrund ihrer Fähigkeit, H-Brücken-Bindungen zu bilden (*Abschn. 5.5*).

Tab. 5.2. *Empirische Polaritätsskala gebräuchlicher Lösungsmittel für chemische Reaktionen* (rot: protische, blau: polare, grün: apolare Lösungsmittel). *Dielektrizitätskonstanten (ε bei 20 °C) sind gegenüber den entsprechenden Verbindungen angegeben. Ganzzahlige Referenzwerte aus C. Reichardt, 'Lösungsmittelpolarität – Was ist das?', Nachr. Chem. Tech. Lab.* **1997**, *45*, 759–763.

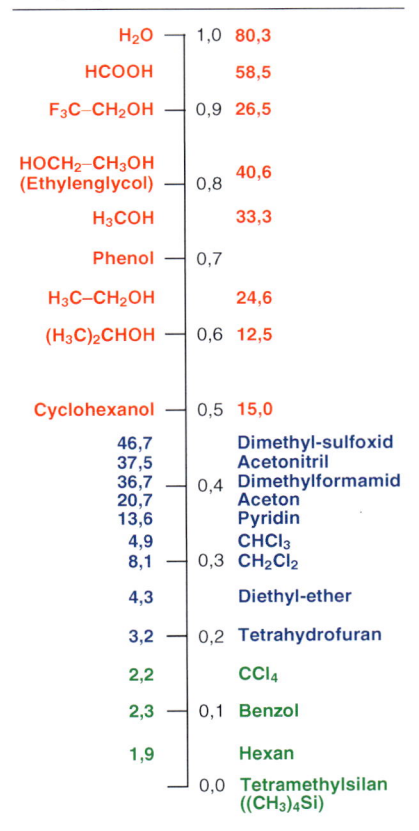

H₂O	1,0	80,3
HCOOH		58,5
F₃C–CH₂OH	0,9	26,5
HOCH₂–CH₃OH (Ethylenglycol)	0,8	40,6
H₃COH		33,3
Phenol	0,7	
H₃C–CH₂OH		24,6
(H₃C)₂CHOH	0,6	12,5
Cyclohexanol	0,5	15,0
46,7 37,5 36,7 20,7 13,6	0,4	Dimethyl-sulfoxid Acetonitril Dimethylformamid Aceton Pyridin
4,9 8,1	0,3	CHCl₃ CH₂Cl₂
4,3		Diethyl-ether
3,2	0,2	Tetrahydrofuran
2,2		CCl₄
2,3	0,1	Benzol
1,9		Hexan
	0,0	Tetramethylsilan ((CH₃)₄Si)

5.8. Phenole

Die für die OH-Gruppe charakteristische Acidität ist beim *Phenol* (*Fig. 5.10*) und bei seinen Derivaten wesentlich ausgeprägter als bei

Phenol
pK_s = 9,89

Phenolat

Fig. 5.10. *Ionisation des Phenols und Elektronendelokalisation im Phenolat-Ion*

Friedlieb Ferdinand Runge (1794–1867)
war von 1828 bis 1831 außerordentlicher Professor in Breslau (heute Wroclaw), und danach (1832) Leiter der Chemie Produktenfabrik zu Oranienburg, eines Preußischen Staatsunternehmens, das er 1852, zwei Jahre nach dessen Privatisierung, verlassen musste. Durch seine hervorragenden Entdeckungen (erstmalige Isolierung des Chinins (1819) und des Koffeins (1820) sowie 1822 (vier Jahre vor *Robiquet*) des Purpurins (*Abschn. 8.5*)) wurde *Runge* zum Wegbereiter der modernen Naturstoffchemie und der Farbstoffsynthese. Im Steinkohlenteer entdeckte er die Karbolsäure (Phenol), das Pyrrol und das Kyanol (Anilin). Aus dem Letzteren stellte er das Anilinschwarz als ersten synthetischen organischen Farbstoff her (*Abschn. 7.12*). Ferner entdeckte *Runge* die Nutzung von Stearin und Paraffin zur Kerzenherstellung, sowie die so genannten *Runge*-Musterbilder, welche die Urform der Papierchromatographie darstellen. (*Edgar Fahs Smith* Collection, mit Genehmigung der University of Pennsylvania Library, Philadelphia)

Antiseptika sind chemische Substanzen, die möglichst *unspezifisch* das Wachstum pathogener Mikroorganismen (hauptsächlich Bakterien) hemmen (sog. Bakteriostatika) oder sie abtöten (sog. Bakterizide).

aliphatischen Alkoholen. Der Grund liegt in der Delokalisierung eines der nichtbindenden Elektronenpaare (und somit der negativen Ladung) des O-Atoms im Phenolat-Ion. Dadurch wird der Energiegehalt des Phenolat-Ions um den Betrag der damit verbundenen Resonanz-Energie herabsetzt (*Fig. 5.10*).

Phenol wurde 1834 von *Friedlieb Ferdinand Runge* (1794–1867) im Steinkohlenteer entdeckt und *Carbolsäure* genannt. Der Name Phenol (griech. φαίνω (*phaínō*): leuchten, erscheinen) wurde später (1843) von *Charles Frédéric Gehardt* (1816–1856), der dieselbe Verbindung durch Destillation der Salicylsäure (*Abschn. 9.10*) erhielt, aus der Bezeichnung *phène* für Benzol abgeleitet. Wegen seiner unspezifischen bakteriostatischen Wirkung wurde Phenol 1867 vom englischen Chirurg *Joseph Lister* (1827–1912) als Antiseptikum (griech. σήπω (*sepo*): verfaulen, verwesen) in der Medizin eingesetzt.

Substituenten am aromatischen Ring nehmen einen markanten Einfluss auf die soeben erwähnte Elektronendelokalisierung. Die verschiedene Acidität der *Kresole* beispielsweise steht mit dem $(+I)$-Effekt der CH_3-Gruppe, die eine negative Ladung am C-Atom, an das sie gebunden ist, destabilisiert, im Einklang (*Fig. 5.11*).

Der Name Kresol bedeutet Kreosotöl. Kreosot (griech. κρέας (*kréas*): Fleisch (Nahrungsmittel) und σώζω (*sózō*): schützen) ist ein aus der hochsiedenden Buchenholzteer-Fraktion durch Extraktion mit Natronlauge erhaltenes gelbliches Öl. Beim Räuchern von Fleischwaren mit Buchenholz wirkt der Rauch durch seinen Kreosot-Gehalt konservierend.

Andererseits bewirkt die Delokalisierung der nichtbindenden Elektronenpaare am O-Atom der OH-Gruppe am Benzol-Ring eine Erhöhung der Elektronendichte des Letzteren, wodurch die Substitution der ringständigen H-Atome durch Elektrophile beschleunigt wird (*Abschn. 5.9*).

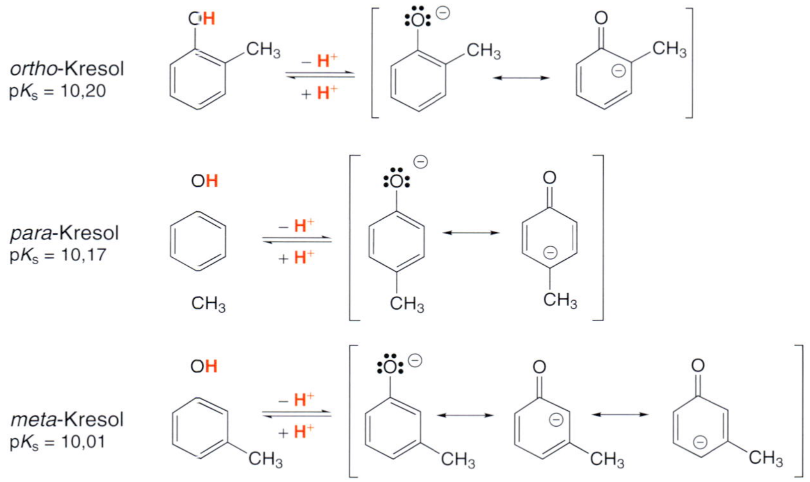

Fig. 5.11. pK_s-Werte (in H_2O, 25 °C) der Kresole. Der Energiegehalt der Resonanz-Strukturen, bei denen sich die negative Ladung am substituierten C-Atom des aromatischen Ringes befindet, wird durch den $(+I)$-Effekt der CH_3-Gruppe erhöht.

5.9. Reaktivität der Phenole: Der mesomere Effekt

Die chemische Reaktivität der Phenole weist wenig Gemeinsamkeit mit jener der aliphatischen Alkohole auf (vgl. *Abschn. 5.6*). Zwar führt die Oxidation von Phenolen (hauptsächlich jenen, die mit elektronengebenden funktionellen Gruppen an den *ortho*- und *para*-Positionen substituiert sind) zu Carbonyl-Verbindungen, aber bei der Reaktion ist die Oxidation des C-Atoms, das an die OH-Gruppe gebunden ist, stets mit der Oxidation eines zweiten C-Atoms des aromatischen Ringes gekoppelt (*Abschn. 5.12*). Ferner wird bei Phenolen weder die nucleophile Substitution der OH-Gruppe noch deren Eliminierung beobachtet. Die markanteste Reaktion der Phenole ist die elektrophile Substitution am aromatischen Ring. Analog zum Toluol (*Abschn. 4.5*) reagiert Phenol mit Nitriersäure unter Bildung von 2,4,6-Trinitrophenol (*Fig. 5.12*).

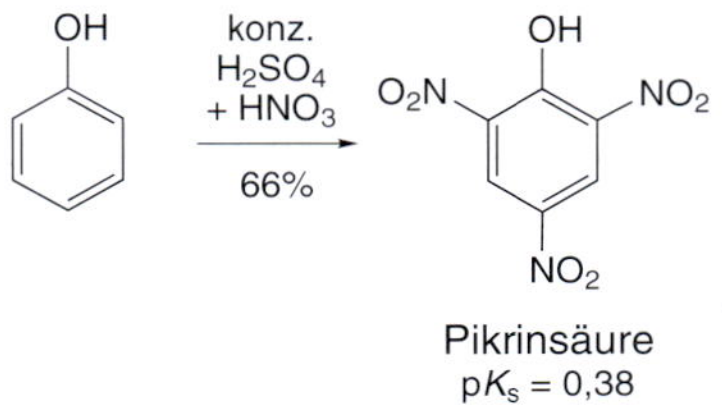

Fig. 5.12. *Synthese der Pikrinsäure*

2,4,6-Trinitrophenol (*Pikrinsäure*) ist ein hellgelber, bitter schmeckender (griech. πικρός (*pikrós*): bitter) giftiger Feststoff, dessen wässrige Lösung Seide, Wolle, Leder und andere Eiweißstoffe leuchtend gelb färbt. Wie die Mehrzahl der organischen Nitro-Derivate ist die Pikrinsäure ein Explosivstoff, der hauptsächlich im ersten Weltkrieg für die Herstellung von Brisanzgranaten verwendet, später jedoch durch das 2,4,6-Trinitrotoluol aufgrund der leichteren Handhabung des Letzteren verdrängt worden ist.

Die dirigierenden Effekte der OH-Gruppe des Phenols und der CH_3-Gruppe des Toluols haben jedoch verschiedene Ursachen. Beim Phenol ist nicht der induktive Effekt des Substituenten maßgebend für die Herabsetzung der positiven Ladung des σ-Komplexes (*Abschn. 4.5*), sondern die bereits erwähnte Delokalisierung der nichtbindenden Elektronenpaare am O-Atom der OH-Gruppe, welche die elektrophile Substitution an den *ortho*- und *para*-Positionen begünstigt (vgl. *Fig. 5.10*). Ein derartiger Substituenteneffekt, der die ('stabilisierende') Resonanz-Energie des σ-Komplexes erhöht, wird als *mesomerer Effekt* bezeichnet.

Der mesomere Effekt hängt im Prinzip nicht von der Elektronegativität des Heteroatoms der dirigierenden funktionellen Gruppe ab. Verfügt diese über Mehrfachbindungen, die in Konjugation mit dem aromatischen Ring stehen, so können die π-Elektronen des aromatischen Ringes ebenfalls in die funktionelle Gruppe delokalisiert werden. Somit kann der mesomere Effekt – analog dem induktiven Effekt – positiv (+ M) oder negativ (− M) sein, je nachdem ob Elektronen vom Substituenten in den aromatischen Ring bzw. von diesem in den Substituenten delokalisiert werden (*Fig. 5.13*). Beim (− M)-Effekt wird die Elektronendichte im aromatischen Ring herabgesetzt, so dass die elektrophile aromatische Substitution im Vergleich zum Benzol *langsamer* und an der *meta*-Position bezüglich des bereits vorhandenen Substituenten stattfindet.

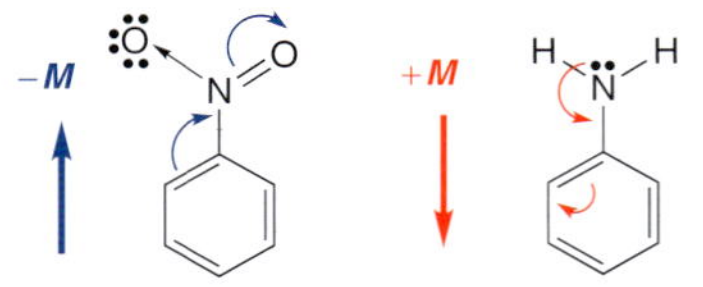

Fig. 5.13. *Mesomere Effekte beim Nitrobenzol und beim Anilin* (*Abschn. 7.10*)

Entsprechend der Nitrierung des Phenols führt die Reaktion mit elementarem Brom zu Substitution an den *ortho*- und *para*-Positionen des aromatischen Ringes. In H$_2$O (in dem z. T. das Phenolat-Ion vorliegt) wird 2,4,6-Tribromophenol quantitativ gebildet (*Fig. 5.14*); in apolaren Lösungsmitteln (CCl$_4$, CS$_2$ u.a.) bei 0 °C erhält man *para*-Bromophenol als Hauptprodukt (80–84%), welches vom *ortho*-Isomer begleitet wird.

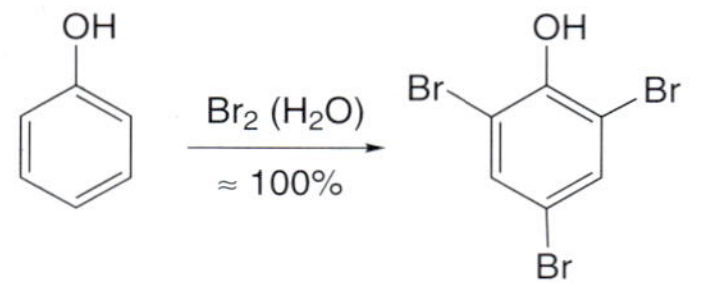

Fig. 5.14. *Synthese des 2,4,6-Tribromophenols*

Halogenophenole – insbesondere Polychlorophenole – werden hauptsächlich als Desinfektions- und Holzschutzmittel verwendet und dienen als Zwischenprodukte zur Herstellung von Chlorophenoxyessigsäuren, die als wirksame Herbizide eingesetzt werden (s. *Abschn. 5.23*). Der Methyl-ether des 2,4,6-Trichlorophenols (2,4,6-Trichloroanisol), der bei der Chlorbleichung von Kork gebildet wird, verursacht hauptsächlich den gelegentlich auftretenden 'Korkgeschmack' vom Wein. Bereits bei Konzentrationen von 30 ng/l (die niedrigste Konzentration überhaupt, die vom menschlichen Geruchssinn wahrgenommen wird) ist 2,4,6-Trichloroanisol wahrnehmbar.

Bei der Bromierung des Phenols fungiert das Br$^+$-Ion als Elektrophil, das durch heterolytische Spaltung der (Br−Br)-Bindung des Halogen-Moleküls gebildet wird. An der Dissoziation des Letzteren ist vermutlich das Substrat beteiligt, welches mit molekularem Brom zuerst einen so genannten π-*Komplex* bildet, aus dem der σ-Komplex hervorgeht (*Fig. 5.15*)

Eine Vielzahl aromatischer Halogen-Derivate kommt vor allem in marinen Organismen vor. Bei den Vertebraten spielt das *Thyroxin* (griech. ϑυρεός (*thyreós*): Türstein, spätgriech. auch großer Schild), welches neben *Triiodothyronin* von der Schilddrüse produziert wird, eine sehr wichtige Rolle (*Fig. 5.16*). Es handelt sich dabei um zwei Hormone (*Abschn. 7.4*), die in fast allen Geweben (außer im Gehirn des Erwachsenen) den Stoffwechsel regulieren, indem sie proteingebunden

Fig. 5.15. *Phenole bilden mit Brom spektroskopisch nachweisbare π-Komplexe.*

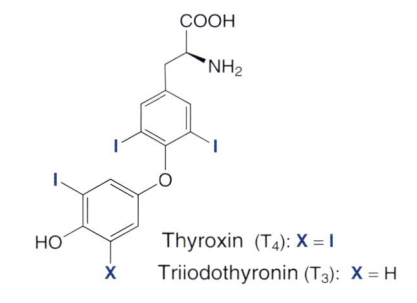

Fig. 5.16. *Thyroxin und Triiodothyronin sind Hormone, die in der Schilddrüse synthetisiert werden.*

in den Zellkern gelangen und damit die Geschwindigkeit der Synthese zahlreicher Stoffwechselenzyme steigern. Bewohner von Gegenden mit geringem Iod-Gehalt im Boden leiden oft an *Hypothyreose* (Schilddrüsenunterfunktion), die mit einer Vergrößerung der Schilddrüse, dem so genannten Kropf, einhergeht. Junge Tiere benötigen die Schilddrüsenhormone, damit Wachstum und Entwicklung normal verlaufen. Hypothyreose im Fetalstadium und in der früheren Kindheit führt zu irreversiblen körperlichen und geistigen Schäden (Kretinismus). Bei der enzymatischen Synthese des Thyroxins (T_4) und des Triiodothyronins (T_3) ist die Aminosäure *Tyrosin* (*Abschn. 9.6*) der Vorläufer.

Es ist bemerkenswert, dass die I-Atome des Thyroxins und des Triiodothyronins die Positionen der aromatischen Ringe besetzen, die bei einer elektrophilen aromatischen Substitution mit Tyrosin als Substrat bevorzugt wären. In der Tat sind Enzyme (so genannte *Haloperoxidasen*), welche die Biosynthese von Halogen-Derivaten katalysieren, nur in Gegenwart von Wasserstoff-peroxid (H_2O_2) und Halogenid-Ionen ($X^- = I^-$, Br^- oder Cl^-) aktiv, so dass als eigentliche Halogenierungsspezies X^+-Ionen vermutet werden können. Bakterielle Chloroperoxidasen sind metallfrei. Aus dem weitverbreiteten Knotentang *Ascophyllum nodosum*, der Chloro- und Brommethan produziert, sind vanadiumhaltige Haloperoxidasen isoliert worden. Haloperoxidasen aus Pilzen und Warmblütern (darunter die Iodoperoxidase, welche die Biosynthese von T_3 und T_4 katalysiert) enthalten eine prosthetische Hämin-Gruppe, die an der Oxidation des Halogenid-Ions beteiligt ist (*Fig. 5.17*). Bei der Halogenierung aromatischer Ringe wird vermutlich ein X^+-Ion aus dem Hämin-Hypohalogenid freigesetzt, das durch Anlagerung des Halogenid-Ions an den Oxo–Fe^{IV}-Komplex des Porphyrin-Liganden (*Abschn. 5.3*) entsteht. Der Oxo–Fe^{IV}-Komplex wird aus der Hämatin-Gruppe des Enzyms nach Ligandenaustausch der OH-Gruppe mit H_2O_2, der durch die höhere Acidität des Letzteren ($pK_s = 11,8$) gegenüber H_2O ($pK_s = 15,7$) thermodynamisch begünstigt wird, durch heterolytische Spaltung der (O–O)-Bindung gebildet.

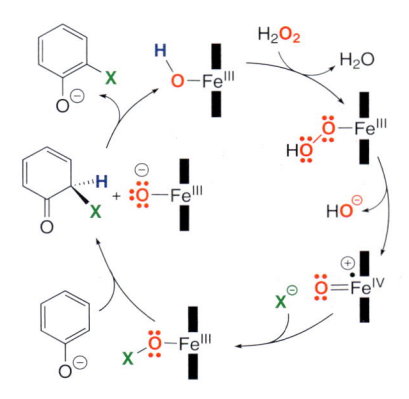

Fig. 5.17. *Plausibler Mechanismus der Reaktionen, die von Haloperoxidasen katalysiert werden*

Mesomere Effekte können ferner synergetisch* wirken, wenn die entsprechenden Substituenten am aromatischen Ring konjugiert zueinander stehen. Aus diesem Grunde ist die Acidität des *ortho*- und *para*-Nitrophenols wesentlich höher als die des *meta*-Nitrophenols (*Fig. 5.18*), denn die negative Ladung der entsprechenden Phenolat-Ionen kann nur bei den beiden Ersteren in die NO_2-Gruppe delokalisiert werden.

Sind mehrere NO_2-Gruppen vorhanden, so wird die Acidität dementsprechend erhöht. Beispielsweise erreicht das 2,4,6-Trinitrophenol ($pK_s = 0,38$) die Acidität einer Mineralsäure, wodurch der Name *Pikrinsäure* begründet ist.

Bei den Benzoldiolen (*Brenzcatechin*, *Resorcin* und *Hydrochinon*), die in basischem Medium Dianionen bilden können, steht andererseits der Delokalisierung der negativen Ladung des Phenolat-Ions der ($+M$)-Effekt der anderen OH-Gruppe entgegen.

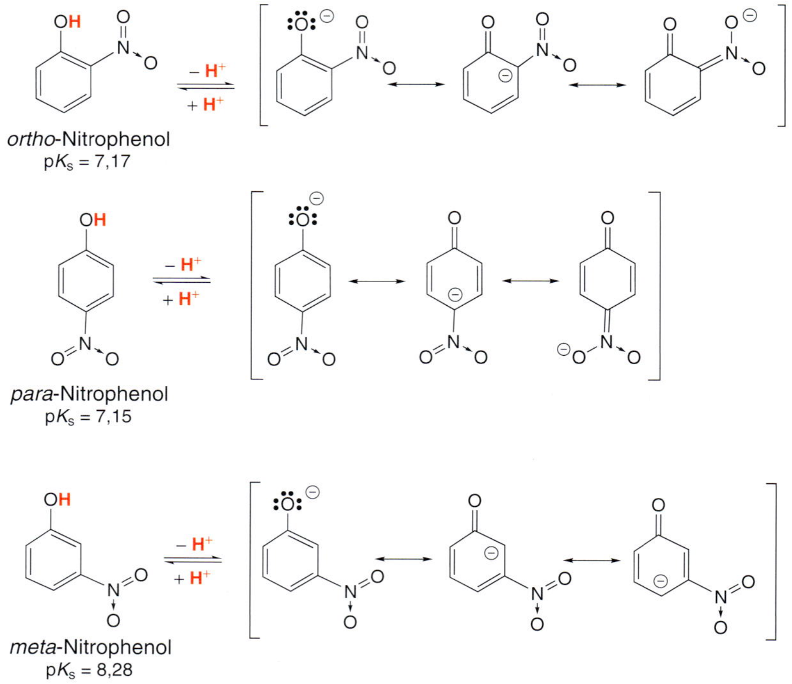

Struktur und Reaktivität der Biomoleküle

Fig. 5.18. pK_s-*Werte* (in H_2O, 25 °C) *der Nitrophenole.* Der Energiegehalt der Resonanz-Strukturen, bei denen sich die negative Ladung am substituierten C-Atom des aromatischen Ringes befindet, wird durch den $(-M)$-Effekt der NO_2-Gruppe herabgesetzt.

Der Name *Resorcin* stammt aus dem lat. *resina*: Harz und Orcin, der früheren Bezeichnung für 3,5-Dihydroxytoluol. Letzteres wurde 1829 von *Pierre Jean Robiquet* (1780–1840) durch alkalische Behandlung der Inhaltsstoffe von Flechten der Gattung *Rocella* erhalten.

Brenzcatechin oder *Catechol* sind die Trivialnamen des Benzol-1,2-diols, das 1839 von *Edgard Hugo Emil Reinsch* (1809–1884) durch trockene Destillation (Brenzen) des Harzes des in Indien und Burma beheimateten Strauches *Acacia catechu* erstmals isoliert wurde. Der Monomethyl-ether (*Abschn. 5.23*) des Brenzcatechins, das Guajakol (2-Methoxyphenol), ist eine gewürzartig duftende Verbindung, die aus Buchenholzteer und aus dem Harz des in Mittel- und nördlichen Südamerika beheimateten Guajakbaumes (*Guaiacum officinale, Bulnesia sarmienti* u. a.) isoliert werden kann. Es wurde früher als Hustenmittel verwendet.

Am deutlichsten wird die Wechselwirkung der beiden OH-Gruppen am aromatischen Ring bei den zweiten Ionisationskonstanten: *Resorcin*, bei dem die negativen Ladungen des Dianions nicht in ein C-Atom des aromatischen Ringes delokalisiert werden können, welches an ein O-Atom gebunden ist, weist eine zweite Dissoziationskonstante auf, die fünfmal höher ist (entsprechend $\Delta pK_s \approx -0{,}7$) als diejenige der *ortho*- und *para*-Isomere. Bei den Letzteren wird der Energiegehalt des Mesomerie-Hybrids des Dianions durch die aufeinander entgegenwirkenden (M)-Effekte beider Phenolat-Gruppen erhöht. Aus demselben Grund ist die erste Dissoziationskonstante des *Hydro-*

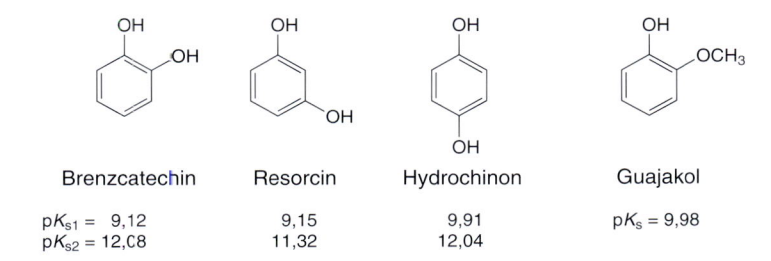

OH
  OH
	OH
	  OH
		OH
		  OH
			OH
			  OCH$_3$

Brenzcatechin	Resorcin	Hydrochinon	Guajakol
pK_{s1} = 9,12 pK_{s2} = 12,08	9,15 11,32	9,91 12,04	pK_s = 9,98

Fig. 5.19. *Acidität der Benzoldiole*

chinons kleiner als die des *meta*-Isomers, d. h. Resorcin ist die stärkere Säure (*Fig. 5.19*).

Der überraschend hohe Wert der ersten Dissoziationskonstante des *Brenzcatechins* ist vermutlich auf die Bildung einer intramolekularen H-Brücken-Bindung zwischen der ionisierten und der nichtionisierten OH-Gruppe zurückzuführen. Damit im Einklang steht, dass die Acidität des *Guajakols*, bei dem diese (stabilisierende) H-Brücken-Bindung nicht möglich ist, derjenigen des Hydrochinons und nicht der des Brenzcatechins gleicht.

5.10. Oxidationszahl von C-Atomen

Im Gegensatz zu Reaktionen, die zwischen Ionen stattfinden, ändert sich die Anzahl der Valenzelektronen des C-Atoms in einem Molekül auch dann nicht, wenn das Molekül Elektronen abgibt oder aufnimmt. Aus diesem Grunde wird in der organischen Chemie die *Oxidationszahl* eines kovalent gebundenen C-Atoms bestimmt, indem man alle Elektronen jeder kovalenten Bindung dem Atom mit der höheren Elektronegativität zuteilt (*Abschn. 1.6*). Ist der Ligand auch ein C-Atom, so wird den beiden durch die kovalente Bindung miteinander gebundenen C-Atomen je ein Bindungselektron zugeteilt. Die Anzahl der dem C-Atom verbleibenden Elektronen wird anschließend von 4 (der Anzahl der Valenzelektronen im elementaren C-Atom) subtrahiert. Die daraus resultierende (positive oder negative) Zahl ist die Oxidationszahl des betreffenden C-Atoms im Molekül (*Fig. 5.20*).

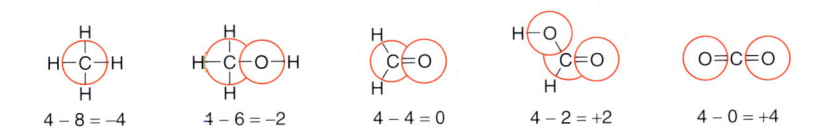

$$CH_4 \quad CH_3OH \quad CH_2O \quad HCOOH \quad CO_2$$
$$4-8=-4 \quad 4-6=-2 \quad 4-4=0 \quad 4-2=+2 \quad 4-0=+4$$

Fig. 5.20. *Oxidationszahlen des C-Atoms*

Es mag verwundern, dass die nach diesem Verfahren bestimmte Oxidationszahl des C-Atoms im Formaldehyd und des zentralen C-Atoms im 2,2-Dimethylpropan dieselbe ist.

Bei chemischen Reaktionen bleibt die Summe der Oxidationszahlen *aller* Atome der an der Reaktion beteiligten Moleküle oder Ionen konstant. Bei Reaktionen, bei denen ein Austausch von Elektronen zwischen den Reaktionspartnern stattfindet (Redox-Reaktionen) wird die Änderung der Oxidationszahl des C-Atoms zum stöchiometrischen Ausgleich der Reaktionsgleichung verwendet.

Als Beispiel möge die Oxidation von Methanol zu Formaldehyd unter Einwirkung von Chrom-trioxid (CrO_3) in Gegenwart von H_2SO_4 dienen; der stöchiometrische Ausgleich der *Reaktionsgleichung 1* wird in vier Schritten vollzogen: *1)* Die Reaktionsgleichung wird in die zwei Gleichungen zerlegt, welche die Oxidation des Substrats bzw. die Reduktion des Oxidationsmittels darstellen. *2)* Je die Anzahl der von einem Äquivalent des Substrats abgegebenen bzw. des Oxidationsmittels aufgenommenen Elektronen wird durch die Differenz der Oxidationszahlen der entsprechenden Elemente ermittelt. *3)* Die stöchiometrischen Koeffizienten in *Gleichung 3* werden so gewählt, dass ebenso viele Elektronen vom Substrat abgegeben wie vom Oxidationsmittel aufgenommen werden. *4)* Zum Ladungsausgleich werden andere sich im Reaktionsmedium befindende Ionen (z.B. SO_4^{2-}) verwendet:

$$CH_3OH + CrO_3 \xrightarrow{H_2SO_4} CH_2O + Cr^{3+} + H_2O \quad (1)$$
Oxidationszahl $\quad -2 \qquad +6 \qquad\qquad\quad 0 \qquad +3$

$$CH_3OH \xrightarrow{-2e^-} CH_2O + 2H^+ \qquad CrO_3 + 6H^+ \xrightarrow{+3e^-} Cr^{3+} + 3H_2O \quad (2)$$

$$3\,CH_3OH + 2\,CrO_3 + 6H^+ \longrightarrow 3\,CH_2O + 2\,Cr^{3+} + 6\,H_2O \quad (3)$$

$$3\,CH_3OH + 2\,CrO_3 + 3\,H_2SO_4 \longrightarrow 3\,CH_2O + Cr_2(SO_4)_3 + 6\,H_2O \quad (4)$$

5.11. Oxidation der Alkohole

Alkohole können mit einer Vielzahl von Reagenzien (meist Cr^{VI}-Verbindungen) oxidiert werden, wobei sich *primäre, sekundäre* und *tertiäre* Alkohole durch die Konstitution ihrer Oxidationsprodukte leicht voneinander unterscheiden lassen (*Fig. 5.21*). So entsteht durch Oxidation eines primären Alkohols ein *Aldehyd*, der meist zur entsprechenden Carbonsäure weiter oxidiert wird (*Abschn. 8.12*). Sekundäre Alkohole liefern *Ketone*, die nur unter schärferen Bedingungen unter Spaltung von (C–C)-Bindungen zu Carbonsäuren oxidiert werden können.

Formal stellt die Oxidation eines Alkohols zur entsprechenden Carbonyl-Verbindung (Aldehyd oder Keton) die Abspaltung des H-Atoms der OH-Gruppe nebst einem der H-Atome, die an das benachbarte C-Atom gebunden sind, dar. Somit kann die Bildung von Aldehyden und Ketonen aus Alkoholen auch als Dehydrierung aufgefasst werden. Da bei tertiären Alkoholen kein H-Atom am C-Atom, wel-

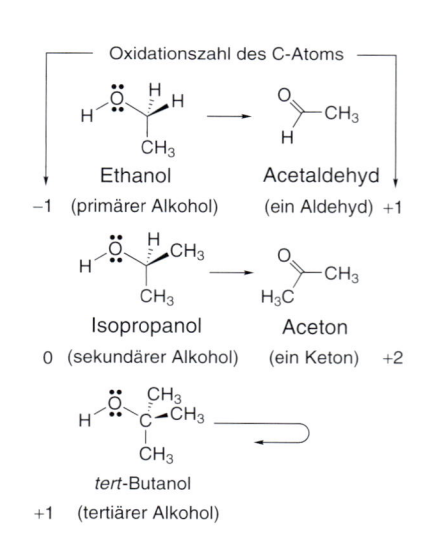

Fig. 5.21. *Oxidation der Alkohole*

Oxidationszahl des C-Atoms

Ethanol → Acetaldehyd
−1 (primärer Alkohol) (ein Aldehyd) +1

Isopropanol → Aceton
0 (sekundärer Alkohol) (ein Keton) +2

tert-Butanol
+1 (tertiärer Alkohol)

ches die OH-Gruppe trägt, vorhanden ist, können sie ohne Bruch von (C–C)-Bindungen nicht oxidiert werden. Stattdessen wird in saurem Medium, in dem die meisten Oxidationen durchgeführt werden, H_2O abgespalten (*Abschn. 5.19*).

Die Oxidation der in den lebenden Zellen vorkommenden Alkohole wird von *Oxidoreductasen* (meist *Dehydrogenasen* genannt) katalysiert. Da es sich dabei um die Rückreaktion der Hydrierung von Carbonyl-Gruppen handelt, wird der Mechanismus der enzymatischen Oxidation von Alkoholen am Beispiel der Reduktion von Acetaldehyd in *Abschn. 8.11* erläutert.

5.12. Oxidation der Phenole

Die meisten Phenole färben sich an der Luft unter Lichteinwirkung mehr oder weniger intensiv rot. Das Entstehen dieser Rotfärbung wird als ein Oxidationsvorgang angesehen, bei dem ein Gemisch verschiedener Reaktionsprodukte gebildet wird. In der Tat sind Phenole aufgrund des $(+M)$-Effekts des O-Atoms (*Abschn. 5.9*) elektronenreiche aromatische Verbindungen, die insbesondere im alkalischen Medium, in dem das Phenolat-Ion vorliegt, leicht oxidierbar sind.

Bei der für viele (jedoch nicht alle) Phenole und Enole (*Abschn. 8.16*) charakteristische Färbung, die durch Reaktion mit Eisen(III)-chlorid in wässriger Lösung beobachtet wird, handelt es sich um die Bildung eines Komplexes und nicht um eine Oxidation.

Phenole können jedoch nicht analog den aliphatischen sekundären Alkoholen, deren Oxidation zu den entsprechenden Ketonen dem Entzug von zwei H-Atomen gleichkommt, oxidiert werden, weil am C-Atom, das an die OH-Gruppe gebunden ist, kein H-Atom vorhanden ist. Somit findet die Oxidation der OH-Gruppe der Phenole entweder unter Bildung eines Radikals (Einelektronen-Oxidation) oder – wenn es sich um eine Zweielektronen-Oxidation handelt – gekoppelt mit der Oxidation eines zweiten C-Atoms des aromatischen Rings statt.

Starke Oxidationsmittel (z. B. Kalium-permanganat in neutralem oder basischem Medium) spalten den aromatischen Ring des Phenols unter Bildung von Oxalsäure (*Abschn. 9.1*) u. a. Produkten auf. In schwach saurem Medium dagegen entsteht neben anderen Produkten das 4,4′-Dihydroxy-1,1′-biphenyl. Eindeutiger findet jedoch die Reaktion substituierter Phenole (z. B. 2,6-Dimethylphenol) mit Luftsauerstoff in schwach alkalischem Medium unter Bildung dimerer Kondensationsprodukte* statt, wobei in Gegenwart von Ag^I- oder Fe^{III}-Ionen vergleichsweise wenig Nebenprodukte entstehen (*Fig. 5.22*).

Das Primärprodukt der Reaktion ist ein *Aryloxy-Radikal*, dessen nicht gepaartes Elektron im aromatischen Ring delokalisiert ist. Durch Radikal-Rekombination entsteht ein 4,4′-Dihydroxy-1,1′-

Fig. 5.22. *Oxidative Kupplung von Phenolen*

biphenyl-Derivat, das oft durch weitere Oxidation das entsprechende *Diphenochinon* liefert.

Derartige Reaktionen spielen bei der Biosynthese einiger Alkaloide eine wichtige Rolle (*Abschn. 10.11*). Sie dienen vermutlich auch der Biosynthese einer charakteristischen Gruppe von Farbstoffen, die sowohl in Pflanzen als auch in Insekten vorkommen. Beispielsweise ist *Hypericin*, das aus Emodin (*Abschn. 9.24*) biosynthetisiert wird (*Fig. 5.23*), ein fluoreszierender, kirschroter Farbstoff des Johanniskrauts (*Fig. 5.24*). Hypericin sowie das strukturverwandte *Fagopyrin* aus Buchweizen (*Fagopyrum esculentum*) zeigen einen starken photodynamischen Effekt (vgl. *Abschn. 3.23*), der sich durch Hautentzündungen bei Weidetieren mit hellem Fell nach Aufnahme der oben genannten Pflanzen mit dem Futter äußert (sog. Hypericismus bzw. Fagopyrismus).

Fig. 5.23. *Biosynthese des Hypericins*

Fig. 5.24. *Hypericin kommt im Johanniskraut (*Hypericum perforatum* L.) vor.*

Ähnliche Farbstoffe – z. B. *Erythroaphin* (mit Perylen-Grundgerüst) und *Xylindein* – kommen in der Hämolymphe verschiedener Arten von Blattläusen (*Aphidae*) bzw. in Pilzen (*Chlorociboria aeruginosa*) vor, die abgefallene, faule Äste von Buchen, Eichen und Birken befallen, und sie mit grüner Farbe überziehen.

Phenoxy-Radikale sind ebenfalls die primären reaktiven Spezies bei der Biosynthese des *Lignins*, das neben *Cellulose* (*Abschn. 8.33*) der Hauptinhaltsstoff

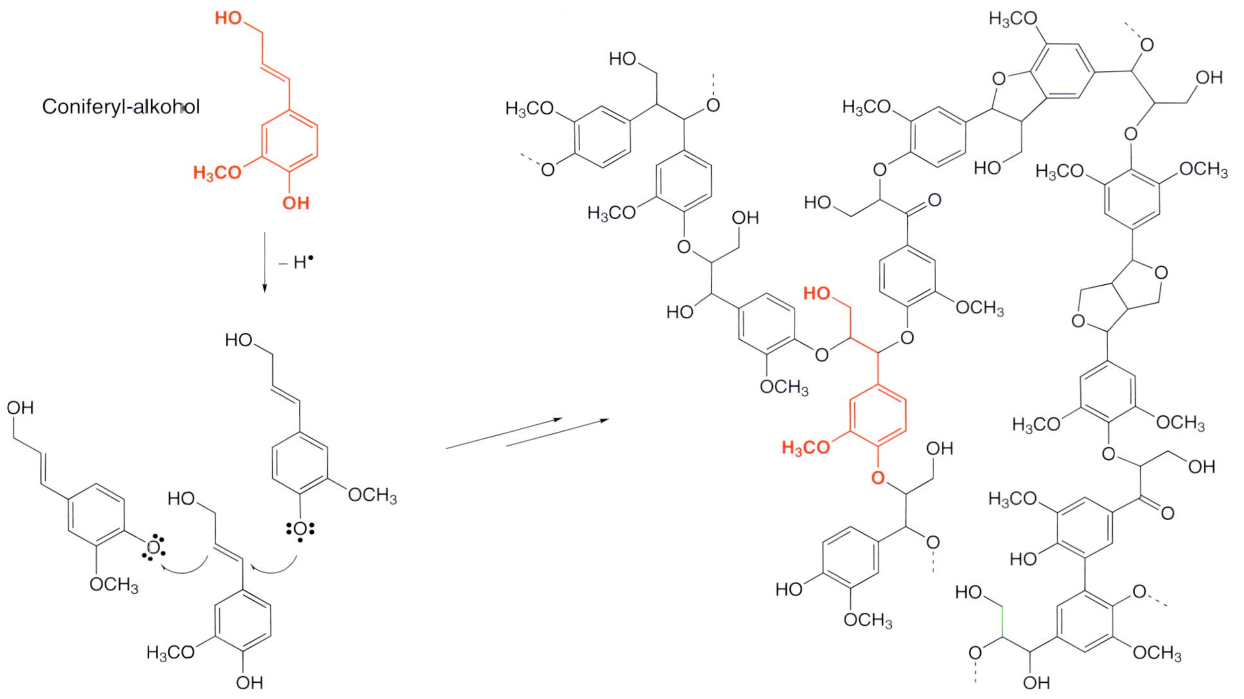

5. Alkohole, Phenole und ihre Derivate

Fig. 5.25. *Das obige Konstitutionsschema zeigt einen repräsentativen zweidimensionalen Ausschnitt aus einem* ca. 20- bis 40-mal *größeren Molekül des Lignins der Buche* (Fagus silvatica).

des Holzes ist. Es handelt sich dabei um ein hochmolekulares, zweidimensionales Netzwerk, das durch Radikalpolymerisation des *Coniferyl-alkohols* (3-Methoxy-*p*-cumaryl-alkohol) gebildet wird (*Fig. 5.25*).

Coniferyl-alkohol kommt als 4-*O*-β-Glucopyranosid (*Coniferin*) hauptsächlich im Kambialsaft von Nadelbäumen (*Coniferae*) vor. Da Coniferin wasserlöslich ist und nicht spontan polymerisiert, dient es zum Transport des Coniferyl-alkohols in die Zellen, in denen nach Spaltung des Glycosids mit Emulsin (s. *Abschn. 8.32*) die Lignin-Biosynthese stattfindet. Der biogenetische Vorläufer des Coniferyl-alkohols ist die *Zimtsäure*, die durch Abspaltung von Ammoniak aus Phenylalanin biosynthetisiert wird (*Abschn. 9.10*).

Als Monomere des Lignins fungieren neben Coniferyl-alkohol *p-Cumaryl-* und *Sinapyl-alkohol* (3,5-Dimethoxy-*p*-cumaryl-alkohol), deren relative Anteile charakteristisch für verschiedene Pflanzengruppen sind: Nadelholz-Lignin weist einen größeren Anteil an Coniferyl-, Laubholz-Lignin an Sinapyl- und Gräser-Lignin (hauptsächlich im Stroh enthalten) an *p*-Cumaryl-alkohol-Einheiten auf. Bei allen diesen Alkoholen handelt es sich um Phenol-Derivate, die unter Einwirkung spezifischer Peroxidasen (*Abschn. 5.2*) Phenoxy-Radikale bilden, deren Reaktion mit der (C=C)-Bindung eines gleichen Moleküls zum Additionspolymeren führt. Die Radikalpolymerisation, die ohne weitere Beteiligung von Enzymen abläuft, ist ein stochastischer Prozess, weshalb Lignin, das als weißes amorphes Pulver isoliert werden kann, chemisch kein einheitlicher Stoff ist. Neben den im Lignin am häufigsten (zu 65%) vorkommenden Phenylpropan-Einheiten sind auch 1,2-Diarylpropan-, Biphenyl-, Benzofuran- und andere Strukturelemente vorhanden, deren Bildung auf die Delokalisierung des Elektrons in den Phenoxy-Radikalen zurückzuführen ist.

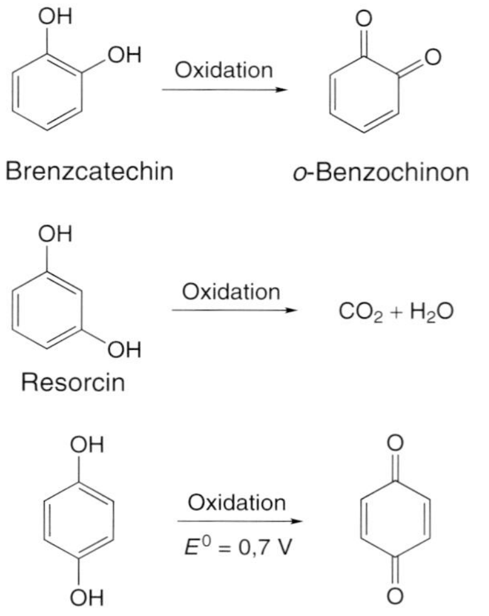

Fig. 5.26. *Oxidation der Benzoldiole*

Im Gegensatz zur vorstehend erwähnten Einelektronen-Oxidation der Phenole, die in den meisten Fällen unter Bildung von Phenoxy-Radikalen als Primärprodukte verläuft, ist die Zweielektronen-Oxidation der OH-Gruppe der Phenole, bei der zwei Elektronen rasch nacheinander dem Oxidationsmittel übertragen werden, mit der Oxidation eines zweiten C-Atoms des aromatischen Ringes gekoppelt.

Am leichtesten lassen sich *ortho*- und *para*-Benzoldiole sowie ihre Derivate unter Bildung der entsprechenden *Chinone (Abschn. 8.3)* oxidieren (*Fig. 5.26*). Ein *meta*-Chinon existiert nicht, denn es ist nicht möglich, einen Cyclohexadien-Ring zu formulieren, wenn sich die Carbonyl-Gruppen an den C(1)- und C(3)-Atomen befinden. Sogar Phenol liefert bei der Oxidation mit Kalium-dichromat *para*-Benzochinon, allerdings in schlechterer Ausbeute als Hydrochinon.

5.13. Die S_N2-Reaktion

Alkyloxonium-Ionen sind starke Säuren ($pK_s \approx -2$ bis -4), welche im Gleichgewicht mit den dazugehörigen konjugierten Basen (den Alkohol-Molekülen) stehen (s. *Fig. 5.8*).

Während die *homolytische* Spaltung der (C–O)-Bindung, deren Dissoziationsenergie 381 ± 8 kJ mol^{-1} beim Methanol beträgt, fast soviel Energie bedarf wie die Spaltung einer (O–H)-Bindung (435 ± 8 kJ mol^{-1} beim Methanol), befindet sich im Alkyloxonium-Ion ein 'präformiertes' H_2O-Molekül, dessen Bindung mit dem C-Atom bedeutend schwächer als die (C–O)-Bindung im Alkohol ist. Aus diesem Grunde vermögen Nucleophile unter gleichzeitiger Bildung einer kovalenten Bindung mit dem C-Atom das Nucleofug (das H_2O-Molekül) zu verdrängen. Dieser Prozess wird *bimolekulare nucleophile Substitution* (S_N2-Reaktion) genannt.

Die Reaktion von Methanol mit Salzsäure beispielsweise verläuft in zwei Schritten:

Zunächst wird das Methanol-Molekül protoniert:

$$H_3C-OH + HCl \rightleftharpoons H_3C-OH_2^+ + Cl^- \qquad (1)$$

Im zweiten Schritt findet die Substitution des H_2O-Moleküls durch das Cl^--Ion statt:

$$H_3C-OH_2^+ + Cl^- \longrightarrow H_3C-Cl + H_2O \qquad (2)$$

Der Reaktionsverlauf lässt sich mit Hilfe eines Diagramms am besten veranschaulichen (*Fig. 5.27*).

Demnach handelt es sich bei der eigentlichen Substitutionsreaktion (d.h. wenn man von der *Gleichgewichtsreaktion 1* absieht) um einen *einstufigen* Prozess, bei dem die Substitution des H_2O-Moleküls durch das Cl^--Ion reaktionsgeschwindigkeitsbestimmend ist. Reaktionsmechanistisch sind zwei Reaktanden (das Alkyloxonium-Ion und

---

Als **Nucleofuge** (lat. *fugio*: fliehen) werden Atome oder funktionelle Gruppen bezeichnet, die bei chemischen Reaktionen samt dem Elektronenpaar der kovalenten Bindung, die sie an das Substrat-Molekül bindet, abgespalten werden.

Die einstufige Reaktion, bei der Austausch eines Liganden am tetragonalen C-Atom gegen ein Nucleophil stattfindet, wird S_N2-**Reaktion** genannt.

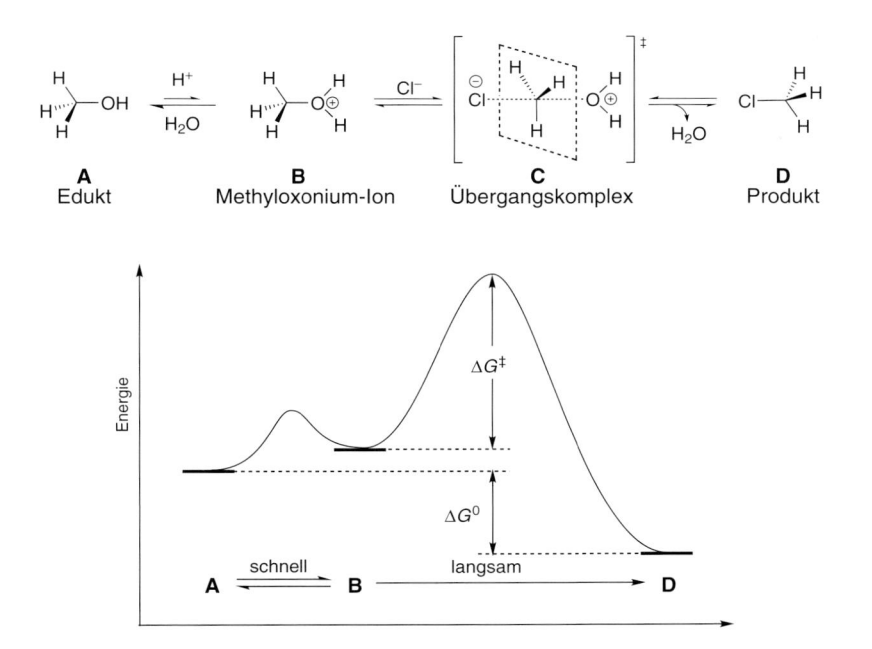

Fig. 5.27. *Energie-Diagramm der S_N2-Reaktion von Methanol mit Salzsäure*

das Cl^--Ion an der Bildung des Übergangskomplexes beteiligt, d.h. die Reaktion ist *bimolekular*, worauf sich die Zahl im S_N2-Präfix bezieht. Die Geschwindigkeit der Reaktion hängt somit von der Konzentration der Cl^-- und Alkyloxonium-Ionen ab:

$$dc/dt = k[H_3C-OH_2^+][Cl^-]$$

Da aber gemäß *Gleichung 1* die Reaktanden im Gleichgewicht mit den Substraten stehen:

$$K = [H_3C-OH_2^+][Cl^-]/[H_3C-OH][HCl]$$

hängt die Reaktionsgeschwindigkeit von den Konzentrationen beider Substrate ab:

$$dc/dt = kK[H_3C-OH][HCl] = k'[H_3C-OH][HCl]$$

d.h. die Reaktion ist *zweiter* Ordnung.

Die Protonierung des O-Atoms der Alkohole stellt die mechanistisch einfachste Methode dar, um die OH-Gruppe für deren nucleophile Substitution zu 'aktivieren'. In der präparativen organischen Chemie werden aber häufiger andere Alkohol-Derivate – vornehmlich Sulfonsäure-ester (s. *Abschn. 6.5*) zu diesem Zweck verwendet.

Ebenso spielen bei enzymatischen Reaktionen, die unter Eliminierung der OH-Gruppe der Alkohole stattfinden, die entsprechenden *Phosphate* oder *Pyro*-

5.14. Intermolekulare Dehydratisierung von Alkoholen: Ether-Bildung

Aufgrund des Mechanismus der bimolekularen nucleophilen Substitution (*Abschn. 5.13*) ist es naheliegend, dass die Geschwindigkeit der Reaktion von der Beschaffenheit des Nucleophils abhängt. Wird zur 'Aktivierung' der OH-Gruppe des Alkohols eine *Brønsted-Säure** verwendet, deren konjugierte Base* ein ungeeignetes Nucleophil ist (s. *Abschn. 7.8*), so können Moleküle des Substrats, die nicht protoniert sind, als Nucleophil fungieren; das Produkt der Reaktion ist ein *Ether*. Beispielsweise wird Diethyl-ether als Produkt der *intermolekularen* Dehydratisierung des Ethanols in Gegenwart von H_2SO_4 bei 140 °C hauptsächlich gebildet (*Fig. 5.28*). Bei 170 °C unter gleichen Bedingungen ist dagegen Ethylen das Produkt der *intramolekularen* Abspaltung von H_2O (*Abschn. 5.19*). Sowohl bei der Ether-Bildung als auch bei der Eliminierungsreaktion ist die schwache Nucleophilie des HSO_4^--Ions entscheidend für den Reaktionsverlauf. Aufgrund seines Herstellungsverfahrens wurde Diethyl-ether früher *Schwefeläther* genannt (*Abschn. 5.23*).

Fig. 5.28. *Intermolekulare säurekatalysierte Dehydratisierung des Ethanols*

Die im vorhergehenden Abschnitt beschriebene intermolekulare Dehydratisierung von Alkoholen eignet sich selbstverständlich nicht für die Synthese von Ethern, bei denen zwei verschiedene Alkyl-Gruppen an das O-Atom gebunden sind. Letztere lassen sich jedoch durch Reaktion eines Alkalimetall-alkoholats (z. B. Natrium-ethanolat; s. *Abschn. 5.6*) mit einem Alkyl-halogenid (z. B. Methyl-iodid) gemäß der nachstehenden stöchiometrischen Gleichung leicht herstellen (*Williamson*'sche Ether-Synthese):

$$C_2H_5O^- \ Na^+ + ICH_3 \longrightarrow C_2H_5OCH_3 + NaI$$

Bei der Reaktion wird das Halogen-Atom des Alkyl-halogenids durch das (negativ geladene) Alkoholat-Ion substituiert; es handelt sich somit um eine *nucleophile* Substitution, die sich kinetisch von der im *Abschn. 5.13* erläuterten S_N2-Reaktion nicht unterscheidet (*Fig. 5.29*). Demnach hängt die Reaktionsgeschwindigkeit von der

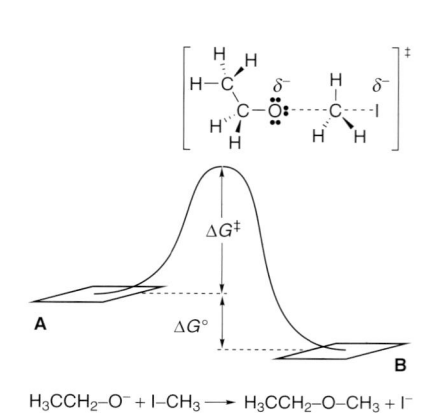

Fig. 5.29. *Energie-Diagramm der S_N2-Reaktion von Natrium-ethanolat mit Methyl-iodid*

Konzentration der beiden an der Bildung des Übergangskomplexes beteiligten Spezies ab; d. h., die Reaktion ist zweiter Ordnung:

$$dc/dt = -k[\text{C}_2\text{H}_5\text{O}^-][\text{ICH}_3]$$

Zahlreiche enzymatische Reaktionen, die von den *Phenol-* bzw. *Catechol-O-Methyltransferasen* katalysiert werden, finden nach dem Mechanismus der *Williamson*'schen Synthese statt, wobei S-Adenosylmethionin anstelle des bei chemischen Reaktionen meist verwendeten Methyl-iodids als 'Methylierungsreagenz' fungiert (*Fig. 5.30*). S-Adenosylmethionin ist ein besonders wirksames 'Methylierungsreagenz', nicht nur weil die positive Ladung des Sulfonium-Ions (*Abschn. 6.1*) die Elektrophilie des C-Atoms der CH$_3$-Gruppe erhöht, sondern auch weil es analog dem Methyl-iodid ein weiches Nucleofug (S-Adenosylhomocystein) enthält (vgl. *Abschn. 7.8*).

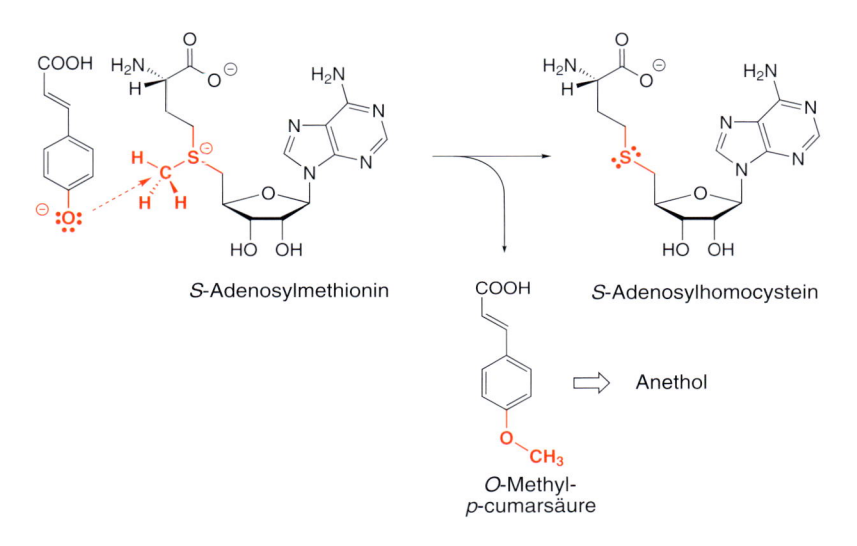

Alexander Williams Williamson (1824–1904), Professor an der Universität London, entdeckte 1850 die nach ihm benannte Ether-Synthese, welche bis heute die allgemeinste Methode zur Herstellung von Verbindungen dieser Klasse darstellt. (*Edgar Fahs Smith* Collection, mit Genehmigung der University of Pennsylvania Library, Philadelphia)

Fig. 5.30. *Enzymatische Methylierung der* p-*Cumarsäure*

5.15. Monomolekulare nucleophile Substitution (S_N1-Reaktion)

Im Gegensatz zu Methanol und primären Alkoholen, deren entsprechende Alkyloxonium-Ionen als Substrate der S_N2-Reaktion fungieren (*Abschn. 5.13* und *5.14*), kann bei einigen sekundären und hauptsächlich bei tertiären Alkoholen die Spaltung des H$_2$O-Moleküls aus dem Alkyloxonium-Ion ohne Beteiligung des Nucleophils stattfinden. Das primäre Produkt der Reaktion ist ein *Carbenium-Ion*, dessen Reaktion mit dem Nucleophil die eigentliche Substitutionsreaktion vollzieht. Die Reaktion von *tert*-Butanol mit Salzsäure beispielsweise verläuft in drei Schritten: Zunächst wird das *tert*-Butanol-Molekül wie im Falle der S_N2-Reaktion protoniert:

$$(\text{CH}_3)_3\text{C–OH} + \text{H}^+ \rightleftharpoons (\text{CH}_3)_3\text{C–OH}_2^+ \qquad (1)$$

Danach wird das H$_2$O-Molekül abgespalten:

$$(CH_3)_3C-OH_2^+ \rightarrow (CH_3)_3C^+ + H_2O \qquad (2)$$

Das Produkt dieser Reaktion ist ein Carbenium-Ion (das *tert*-Butyl-Kation oder *Trimethylmethylium*-Ion: $(CH_3)_3C^+$) ein energiereiches Molekül, das sofort mit dem Anion der für die Reaktion verwendeten Säure (in diesem Falle HCl) unter Bildung von *tert*-Butyl-chlorid (2-Chloro-2-methylpropan) reagiert:

$$(CH_3)_3C^+ + Cl^- \rightarrow (CH_3)_3C-Cl \qquad (3)$$

Der Reaktionsverlauf ist in *Fig. 5.31* graphisch dargestellt. Gemäß dem vorstehend erläuterten Reaktionsmechanismus handelt es sich bei der eigentlichen Substitutionsreaktion (d.h. wenn man von der *Gleichgewichtsreaktion 1* absieht) um einen *zweistufigen* Prozess, dessen geschwindigkeitsbestimmender Schritt die Bildung des Carbenium-Ions aus dem protonierten Edukt ist. Weil an der Bildung des Übergangskomplexes des reaktionsgeschwindigkeitsbestimmenden Schrittes der Reaktion nur ein Molekül (das protonierte *tert*-Butanol-Molekül) beteiligt ist, ist die Reaktion *monomolekular* und wird somit S_N1-Reaktion genannt.

Der Austausch eines Liganden am tetragonalen C-Atom, der unter Bildung eines Carbenium-Ions als Zwischenprodukt stattfindet, wird **S_N1-Reaktion** genannt.

In Carbenium-Ionen ist das C-Atom trigonal und befindet sich in der von seinen drei Liganden definierten Ebene (*Abschn. 3.8*). Carbenium-Ionen sind die

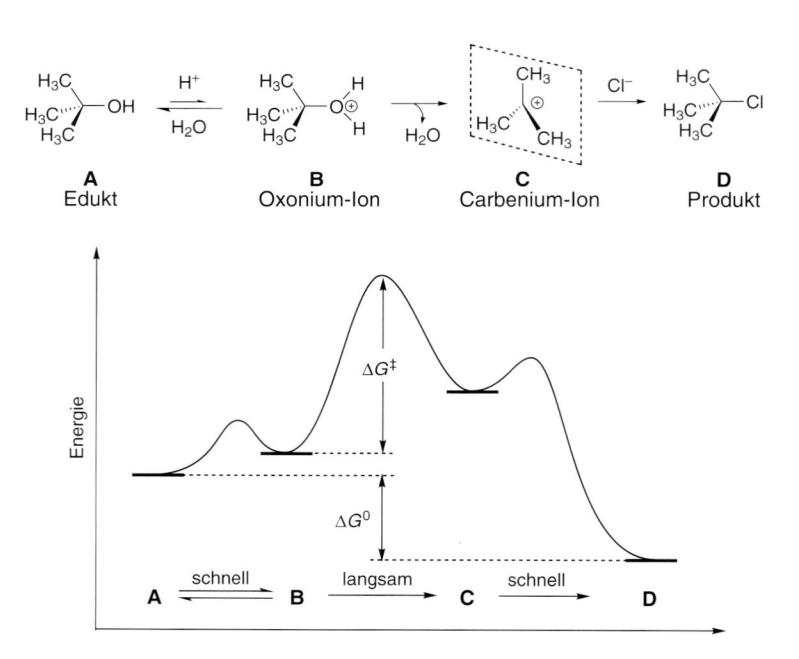

Fig. 5.31. *Energie-Diagramm der S_N1-Reaktion von* tert-*Butanol mit Salzsäure*

konjugierten Säuren der Carbene. Bei *Carbo*nium-Ionen (z.B. CH_5^+) hingegen ist die Koordinationszahl des C-Atoms fünf *(Abschn. 1.12)*.

Das *tert*-Butyl-Kation ist ein kurzlebiges reaktives *Zwischenprodukt* der Reaktion in reaktionsmechanistischem Sinne *(Abschn. 1.10)*. Aufgrund ihrer Reaktivität und geringen Konzentration im Reaktionsmedium können Carbenium-Ionen nur in Sonderfällen besonders strukturierter Moleküle als Salze isoliert werden. Bei der Bildung des Übergangskomplexes des reaktionsgeschwindigkeitsbestimmenden Schrittes der oben genannten Reaktion wird die (C–O)-Bindung fortschreitend gelockert *(Fig. 5.32)*. In der kondensierten Phase wird das freigesetzte *Carbenium-Ion* von den polaren Lösungsmittel-Molekülen umhüllt *(solvatisiert)*, wodurch Solvatisierungsenergie freigesetzt wird. Wegen der stärkeren Lokalisierung der elektrischen Ladung im Carbenium-Ion ist die ('stabilisierende') Solvatisierungsenergie des Letzteren größer als die des Übergangskomplexes der S_N2-Reaktion, bei dem die elektrische Ladung zwischen dem Nucleophil und dem Nucleofug verteilt ist (s. *Fig. 5.27* und *5.29*). Infolgedessen wird bei Erhöhung der Polarität des Mediums eine S_N1-Reaktion in der Regel beschleunigt, eine S_N2-Reaktion dagegen verlangsamt. Im Folgenden soll jedoch gezeigt werden, dass sich die Molekularität der S_N-Reaktion nicht aus der Reaktionsordnung folgern lässt.

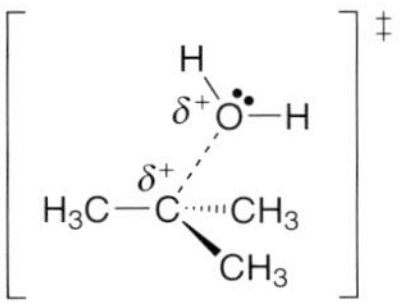

Da der reaktionsgeschwindigkeitsbestimmende Schritt der Reaktion in der Dissoziation des *tert*-Butyloxonium-Ions besteht *(Gleichung 2)*, wird die Geschwindigkeit der Reaktion von der Konzentration des Letzteren im Reaktionsmedium bestimmt:

$$dc/dt = -k[(CH_3)_3COH_2^+]$$

Obwohl die Konzentration des *tert*-Butyloxonium-Ions nicht bekannt ist, kann sie aus der *Gleichgewichtsreaktion 1* entnommen werden:

$$K_s = \frac{[(CH_3)_3COH][H^+]}{[(CH_3)_3COH_2^+]}$$

Daraus resultiert:

$$\frac{dc}{dt} = -\frac{k}{K_s}[(CH_3)_3COH][H^+]$$

Bei der experimentellen Bestimmung der Reaktionsgeschwindigkeitskonstante wird jedoch ein Wert erhalten, der dem Quotienten k/K_s entspricht. Somit hängt die Reaktionsgeschwindigkeit von der Konzentration *zweier* Reaktionspartner ab, d.h. die Reaktion ist *zweiter* Ordnung. Da man zum selben Ergebnis käme, wenn die Reaktion bimolekular wäre *(Abschn. 5.13)*, lässt die Untersuchung der Reakti-

Fig. 5.32. *Übergangskomplex des reaktionsgeschwindigkeitsbestimmenden Schrittes der S_N1-Reaktion von* tert*-Butanol mit einer Säure*

onskinetik keine Schlussfolgerung über den Mechanismus der Reaktion zu.

Die Kinetik der vorerwähnten Reaktion ist charakteristisch für Prozesse, bei denen einem monomolekularen reaktionsgeschwindigkeitsbestimmenden Schritt eine Gleichgewichtsreaktion vorausgeht. Zu diesem Typ gehören auch enzymatische Reaktionen, die gemäß dem *Michaelis–Menten*-Modell ablaufen (*Abschn. 9.32*).

5.16. Die *Walden*'sche Umkehrung

Der Beweis für die postulierte Struktur des Übergangszustandes der S_N2-Reaktion wird erst durch die Stereospezifität der Substitution erbracht, die nur unter Verwendung von besonders strukturierten Substraten nachgewiesen werden kann. In *Fig. 5.33* sind beide Mechanismen der nucleophilen Substitution einander gegenübergestellt.

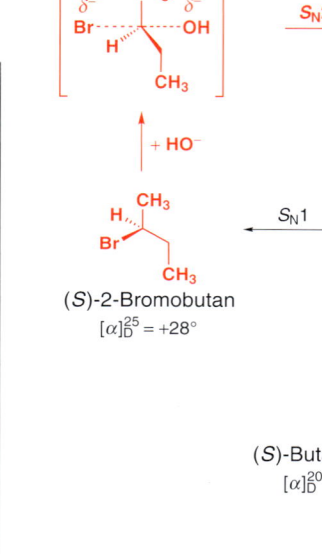

Fig. 5.33. *Gegenüberstellung der Produkte der S_N1- und S_N2-Reaktion optisch aktiver Substrate*

Paul von Walden (1863–1957)
Ordinarius für Chemie an den Universitäten St. Petersburg (1908) und Rostock (1919), entdeckte 1896 während seiner Tätigkeit als Assistenzprofessor in Riga die nach ihm benannte Konfigurationsinversion bei der gegenseitigen Umwandlung von Chlorbernsteinsäure in Äpfelsäure. Nach dem Ende des 2. Weltkrieges widmete er sich als Honorarprofessor der Universität Tübingen der Geschichte der Chemie. (*Edgar Fahs Smith* Collection, mit Genehmigung der University of Pennsylvania Library, Philadelphia)

Es geht daraus hervor, dass der S_N1-Mechanismus ausgehend von einem enantiomerenreinen Edukt zu einem racemischen Reaktionsprodukt führt, weil achirale Nucleophile (z. B. das Bromid-Ion) nicht zwischen den enantiotopen Seiten des prochiralen Carbenium-Ions unterscheiden können (*Abschn. 3.10*). Bei der S_N2-Reaktion dagegen findet Inversion der Konfiguration des asymmetrischen Reaktionszentrums statt (*Walden*'sche Umkehrung), weil das Nucleophil vom positiven Ende des Dipols der Bindung zwischen dem C-Atom und dem Nucleofug angezogen wird. Demzufolge wird aus einem optisch aktiven Edukt ein ebenfalls optisch aktives Produkt erhalten.

Die obige Definition der *Walden*'schen Umkehrung kann manchmal nicht zutreffen, wenn durch die Substitutionsreaktion die Rangordnung der am asymmetrischen C-Atom verbleibenden Liganden verändert wird (beispielsweise bei der nucleophilen Substitution des Halogen-Atoms der 2-Bromo-2-methylbutansäure gegen ein Hydrid-Ion).

5.17. Die S_N1'-Reaktion

Bei der Reaktion des Crotyl-alkohols mit Salzsäure entsteht wider Erwarten ein Gemisch aus 1-Chlorobut-2-en und racemischem 3-Chlorobut-1-en (*Fig. 5.34*). Bei der Bildung des Letzteren wird offenbar die Substitution der OH-Gruppe des Crotyl-alkohols durch das Nucleophil von einer Verlagerung der (C=C)-Bindung begleitet. Eine derartige Reaktion wird als *nucleophile Substitution unter Allyl-Umlagerung* bezeichnet und mit einem hochgestellten Strich nach dem Symbol S_N von der nucleophilen Substitution bei gesättigten Systemen unterschieden. Beim monomolekularen Reaktionsmechanismus lässt sich die 'Verschiebung' der (C=C)-Bindung durch Allyl-Umlagerung (*Abschn. 3.17*) des primär gebildeten Carbenium-Ions leicht erklären (*Fig. 5.34*).

Es ist bemerkenswert, dass bei der Biosynthese monocyclischer Terpene aus linearen Vorläufern der Umweg über einen S_N'-Mechanismus offenbar energetisch vorteilhafter ist, als die direkte (*E/Z*)-Isomerisierung einer (C=C)-Bindung. In der Tat ist die Bildung eines sechsgliedrigen Ringes aus Geranyl- oder Farnesyl-pyrophosphat aus geometrischen Gründen nicht möglich (*Abschn. 3.19*). Die entsprechenden (2*Z*)-Isomere (Neryl- bzw. (2*Z*)-Farnesyl-pyrophosphat), deren kationische Cyclisierung zu den monocyclischen Mono- bzw. Sesquiterpenen der Menthan- bzw. Bisabolan-Reihe führen (s. *Fig. 3.43* bzw. *3.48*), werden aus Linalyl- bzw. Nerolidoyl-pyrophosphat biosynthetisiert (*Fig. 5.35*). Letztere sind die Produkte der enzymatischen Allyl-Umlagerung von Geranyl- bzw. Farnesyl-pyrophosphat, die vermutlich gemäß dem Mechanismus der S_N1' Reaktion stattfindet. (−)-(*R*)-Linalool kommt in zahlreichen ätherischen Ölen (Rosen-, Neroli-, Lavendelöl u. a.) vor. Es ist der Hauptbestandteil des ätherischen Öls aus *Mentha arvensis*. (+)-(*S*)-Nerolidol ist ein Bestandteil des Orangenblütenöls und anderer ätherischer Öle.

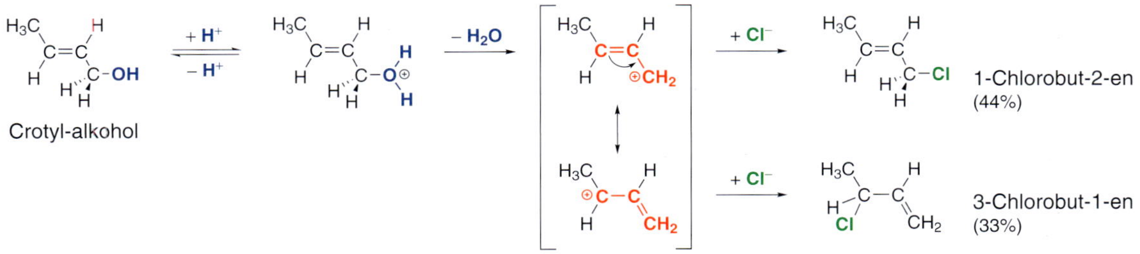

Fig. 5.34. *Produkte der Reaktion des Crotyl-alkohols mit Salzsäure*

Struktur und Reaktivität der Biomoleküle

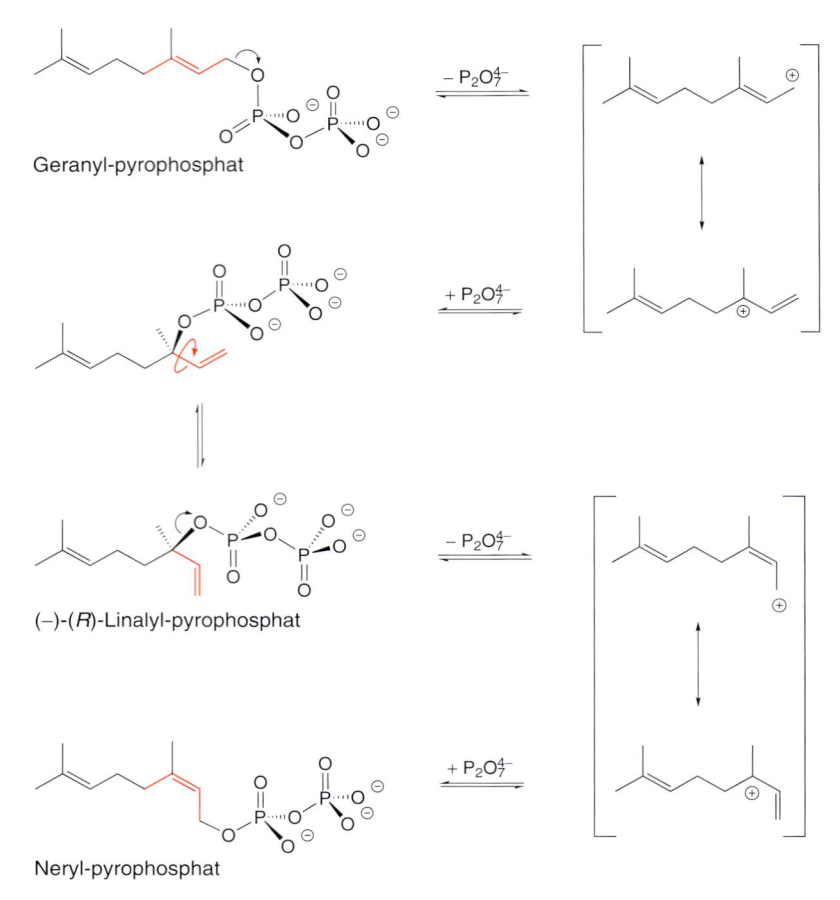

Fig. 5.35. *Biosynthese des Neryl-pyrophosphats*

5.18. Reaktivität der Carbenium-Ionen

Carbenium-Ionen können entweder durch Abspaltung eines geeigneten Nucleofugs oder durch Addition eines Protons an eine (C=C)-Bindung (*Abschn. 3.8*) gebildet werden.

Die konjugierte Base des *Methylium*-Ions (CH_3^+) ist das *Methylen* (:CH_2), ein Carben (*Abschn. 1.12*). In Lösung werden Alkylcarbenium-Ionen nicht am trigonalen sondern am α-ständigen C-Atom unter Bildung des entsprechenden Alkens deprotoniert. Carbenium-Ionen sind nicht nur Zwischenprodukte der S_N1-Reaktion sondern auch anderer wichtiger protonenkatalysierter Reaktionen der Alkohole, die in den darauf folgenden Abschnitten erläutert werden (*Fig. 5.36*).

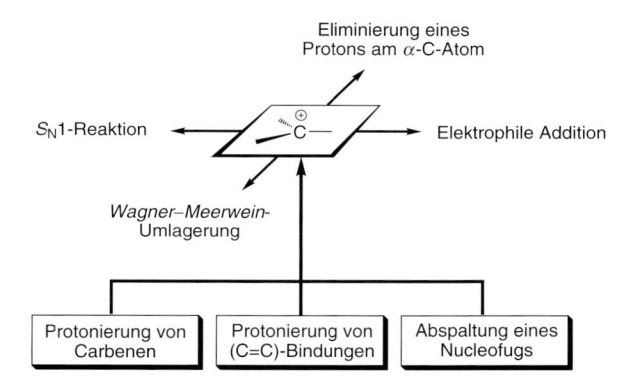

Fig. 5.36. *Bildung und Reaktivität der Carbenium-Ionen*

5.19. Dehydratisierung von Alkoholen

In Gegenwart von Säuren findet bei Alkoholen neben der Substitution der OH-Gruppe die Eliminierung von H_2O (*Dehydratisierung*) statt. Diese kann entweder inter- oder intramolekular erfolgen. Im erstgenannten Fall entsteht ein Ether (*Abschn. 5.14*). Bei der intramolekularen H_2O-Abspaltung wird ein Alken gebildet.

Die säurekatalysierte intramolekulare Dehydratisierung eines sekundären oder tertiären Alkohols verläuft meist unter Bildung eines Carbenium-Ions als Zwischenprodukt (*E*1-Reaktion). Die Reaktion von *tert*-Butanol mit H_2SO_4 beispielsweise führt zur Bildung von Isobuten (*Fig. 5.37*). Es handelt sich dabei um eine reversible Reaktion (s. *Abschn. 3.8*) des Carbenium-Ions, das monomolekular aus dem entsprechenden Alkyloxonium-Ion gebildet wird. Die Eliminierungsreaktion findet bevorzugt statt, wenn das im Reaktionsmedium vorhandene Nucleophil (in diesem Falle HSO_4^-) keine starke Bindung mit dem Carbenium-Ion eingeht. Ferner wird die Eliminierungsreaktion gegenüber der S_N1-Reaktion bei höheren Temperaturen begünstigt (vgl. *Abschn. 5.15*).

Fig. 5.37. *Bildung von Isobuten durch säurekatalysierte Dehydratisierung von* tert-*Butanol*

Formal würde aus Phenol durch H_2O-Abspaltung 1,2-Didehydrobenzol (auch *Benzyn* genannt) entstehen. Obwohl Didehydrobenzol (*Fig. 5.38*) und andere *Arine*, welche aufgrund ihres ausgeprägten dienophilen Charakters durch Cycloaddition an Diene aufgefangen werden können, als reaktive Zwischenprodukte bestimmter *nucleophiler* Substitutionsreaktionen am aromatischen Ring gebildet werden, ist ihre Bildung durch Dehydratisierung von Phenol und seiner Derivate bisher nicht nachgewiesen worden. Freilich handelt es sich bei der ($C\equiv C$)-Bindung

Fig. 5.38. *Formale Strukturen des 1,2-Dehydrobenzols*

5.20. Regioselektivität der *E*1-Reaktion

Je nach der Konstitution des Alkohols können bei der Eliminierung von H₂O verschiedene isomere Alkene entstehen. Da die als Zwischenprodukte der Reaktion auftretenden Carbenium-Ionen auch durch Protonierung von Alkenen zugänglich sind (*Abschn. 3.8*), ist die Dehydratisierung von Alkoholen in der Regel eine reversible Reaktion, bei der das thermodynamisch energieärmere Alken gebildet wird.

Aus diesem Grund wird bei der Dehydratisierung des 3-Methylbutan-2-ols bevorzugt 2-Methylbut-2-en und nicht 3-Methylbut-1-en gebildet (*Fig. 5.39*). Die Reaktion ist somit *regioselektiv* (*Abschn. 3.9*). Das energieärmere, höher substituierte Alken (*Abschn. 3.5*) wird als *Saytzev*-Produkt bezeichnet im Gegensatz zum 'endständigen' Alken, das *Hofmann*-Produkt (*Abschn. 7.9*) genannt wird. Im Allgemeinen wird bei reversiblen (thermodynamisch kontrollierten) Eliminierungen das *Saytzev*-Isomer gebildet, während bei kinetisch kontrollierten Reaktionen das endständige Olefin als Hauptprodukt entstehen kann.

Obwohl bei enzymatischen Reaktionen in der Regel nicht der Energiegehalt des Produktes, sondern seine physiologische Funktion in der lebenden Zelle entscheidend ist, lässt sich die Bildung der Produkte enzymatischer Reaktionen in den meisten Fällen anhand derselben reaktionsmechanistischen Vorstellungen deuten, die für chemische Reaktionen entwickelt worden sind.

Beispielsweise kann aus α-Terpineol, einem der Produkte der Cyclisierung von Neryl-pyrophosphat (*Abschn. 3.19*) durch Protonierung der OH-Gruppe und darauf folgende H₂O-Abspaltung, ein thermodynamisch günstiges tertiäres Car-

Aleksandr Michajlovic Zajcev (S*aytzev*) (1841–1910) Professor an der Universität Kazan, führte grundlegende Untersuchungen über die Reaktivität der Alkohole durch. Er entdeckte die Sulfoxide (1866) und die Lactone (1873). (Mit freundlicher Genehmigung des Museum of Kazan, School of Chemistry, Kazan (Russland))

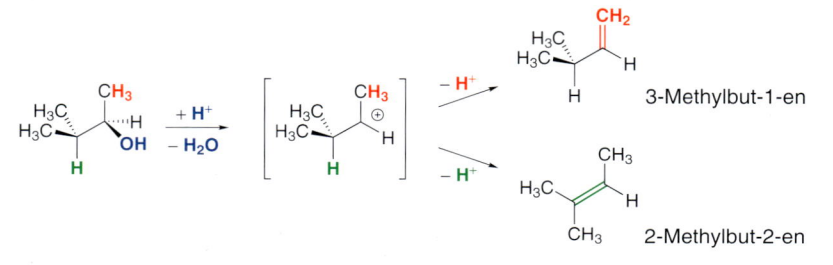

Fig. 5.39. *Regioselektivität der säurekatalysierten Dehydratisierung von 3-Methylbutan-2-ol*

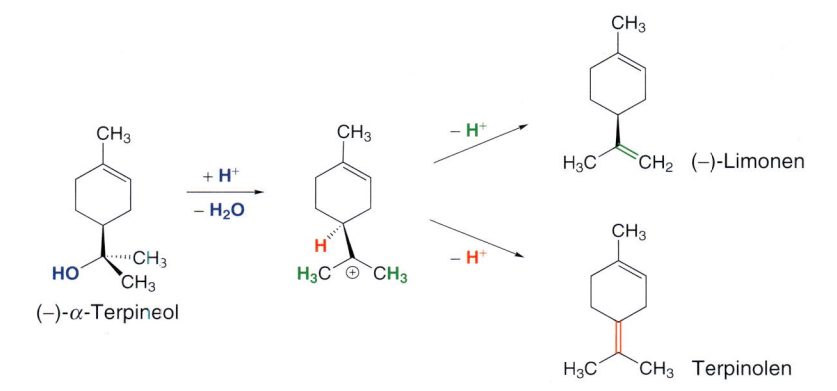

Fig. 5.40. *Biogenese des Terpinolens und des (−)-Limonens aus (−)-α-Terpineol*

benium-Ion entstehen, das unter Abspaltung eines Protons sowohl *Terpinolen* (das *Saytzev*-Produkt), ein Inhaltsstoff des Tannenöls, als auch *Limonen* (das *Hofmann*-Produkt) bilden kann (*Fig. 5.40*).

5.21. *Wagner–Meerwein*-Umlagerungen

Bei der Reaktion von 2,2-Dimethylpropan-1-ol (Neopentyl-alkohol) mit H_2SO_4 entsteht wider Erwarten 2-Methylbut-2-en. Die Erklärung für diese, mit dem herkömmlichen Mechanismus der Dehydratisierung von Alkoholen nicht zu vereinbarende Beobachtung, wurde 1923 von *Meerwein* gegeben. Es handelt sich um eine *molekulare Umlagerung*, bei der eine CH_3-Gruppe von einem C-Atom zum benachbarten mit den Elektronen der (C−C)-Bindung 'wandert' (*Fig. 5.41*). Derartige Molekülumlagerungen, bei denen ein Ligand samt den Bindungselektronen den Platz wechselt, werden als *anionotrop* (griech. τροπή (*tropé*): Wendung) bezeichnet. Sie gehören zur Klasse der sigmatropen Umlagerungen (*Abschn. 3.18*).

Umgestaltungen des C-Gerüstes dieser Art wurden bereits 1899 vom russischen Chemiker *Wagner* bei der Aufklärung der Struktur

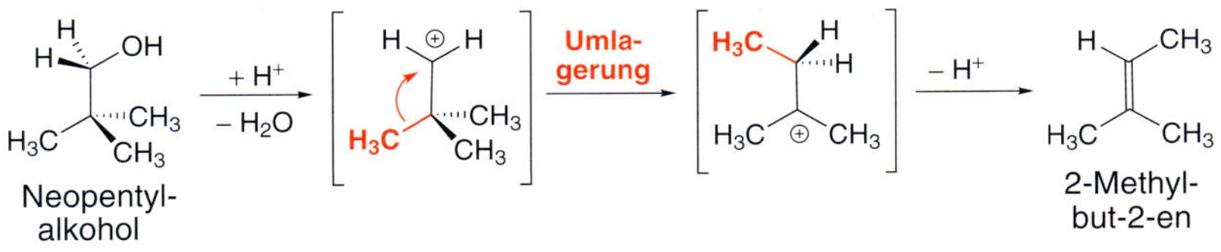

Fig. 5.41. Wagner–Meerwein-*Umlagerung des 2,2-Dimethylpropanols*

Hans Meerwein (1879–1965)
Professor an den Universitäten Königsberg (Kaliningrad) und Marburg, leistete neben zahlreichen anderen Beiträgen zur synthetischen organischen Chemie mit der Entdeckung der Carbokationen (Carbenium-Ionen) einen entscheidenden Beitrag zum Verständnis der Mechanismen organischer Reaktionen. (Mit freundlicher Genehmigung des Bildarchivs der Gesellschaft Deutscher Chemiker, Frankfurt a. M.)

Egor Egorovič Vagner (1849–1903)
(in deutschen Veröffentlichungen: *Georg Wagner*) Professor an der Universität Warschau, beschäftigte sich hauptsächlich mit der Oxidation ungesättigter Verbindungen und klärte die Konstitution zahlreicher Terpene mit Hilfe dieser Methodik auf. (Mit freundlicher Genehmigung des Museum of Kazan, School of Chemistry, Kazan (Russland))

von Terpenen (*Abschn. 3.19*) zwar entdeckt, aber nicht reaktionsmechanistisch gedeutet. Vermutlich spielen *Wagner–Meerwein*-Umlagerungen eine wichtige Rolle bei der Biosynthese von einer Vielzahl von Terpenoiden. Beispielsweise kann *Camphen*, ein bicyclisches Sesquiterpen, das in vielen ätherischen Ölen (z. B. Terpentin- und Bergamottenöl) vorkommt, durch Umlagerung des Bornyl-Kations gebildet werden, das durch Protonierung und darauf folgende H_2O-Abspaltung des *Borneols* entsteht (*Fig. 5.42*).

Fig. 5.42. *Bildung von Camphen aus Borneol*

(+)-Borneol (Borneo Campher) kommt hauptsächlich im ätherischen Öl von *Dryobalanops camphora* vor, einem auf Sumatra und Borneo (daher der Name) heimischen Baum. (−)-Borneol (Ngai Campher) ist in Baldrianöl, Citronellöl, Korianderöl, Thujaöl u. a. nachgewiesen worden.

Die Treibkraft für nichtenzymatische *Wagner–Meerwein*-Umlagerungen ist in der Regel der geringere Energiegehalt eines höher alkylierten Carbenium-Ions (*Abschn. 3.9*). Da (C–C)-Bindungen leichter polarisiert werden als (C–H)-Bindungen (*Abschn. 1.6*), nimmt der Energiegehalt von Carbenium-Ionen mit der Anzahl der Bindungen ab, die durch Polarisierung *stärker* werden, d. h. in der Reihenfolge:

$$C^+_{primär} \gg C^+_{sekundär} > C^+_{tertiär}$$

Wie bereits erwähnt, stellt die *Wagner–Meerwein*-Umlagerung die Verschiebung einer σ-Bindung zwischen zwei C-Atomen innerhalb des Moleküls dar. Das C-Atom, das 'wandert', weist im Übergangskomplex die Koordinationszahl fünf auf. Es handelt sich dabei um ein *Carbonium-Ion* (*Abschn. 1.12*), das während der Reaktion einen Teil der positiven Ladung des Carbenium-Ions übernimmt. Fände im Übergangskomplex Deprotonierung des Carbonium-Ions statt, so würde ein Cyclopropan-Ring anstelle des Produkts der *Wagner–Meerwein*-Umlagerung entstehen (*Fig. 5.43*).

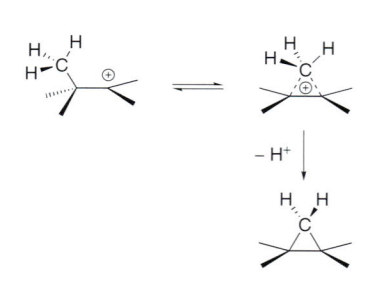

Fig. 5.43. *Bildung des Cyclopropan-Ringes bei der* Wagner–Meerwein-*Umlagerung*

Obwohl Cyclopropan-Derivate *chemisch* nicht auf diesem Wege hergestellt werden können, spielt vermutlich der oben erwähnte Mechanismus bei der enzymatischen Synthese von Naturprodukten, die Cyclopropan-Ringe enthalten, eine wichtige Rolle. Beispielsweise wird *Cycloartenol*, ein tetracyclisches Triterpen, das im Pflanzenreich weit verbreitet vorkommt (z. B. im Milchsaft von Wolfsmilchgewächsen (*Euphorbiaceae*), in den Blättern der Kartoffelpflanze (*Solanum tuberosum*), u. a.), bei der Steroid-Biosynthese in allen grünen Pflanzen als erstes nachweisbares Cyclisierungsprodukt des 2,3-Epoxysqualens anstelle des Lanosterols (*Abschn. 5.28*) gebildet (*Fig. 5.44*).

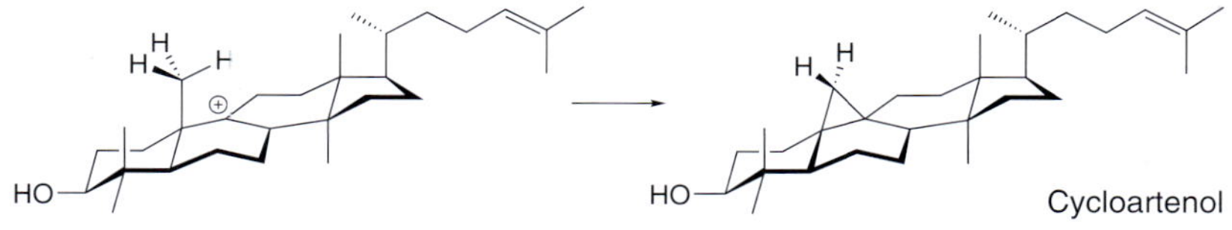

Fig. 5.44. *Biosynthese des Cycloartenols*

Fig. 5.45. *U-106305* (rot gezeichnete C-Atome stammen aus L-Methionin) *inhibiert in vitro das plasmatische Cholesteryl-ester-Transfer-Protein* (*Abschn. 9.16*).

Ebenso stammen die in *Fig. 5.45* rot gekennzeichneten C-Atome der Cyclopropan-Ringe des bemerkenswerten Metabolits U-106305, das aus *Streptomyceten*-Kulturen isoliert worden ist, nicht aus einem linearen Vorläufer mit 22 C-Atomen, sondern jeweils aus der CH_3-Gruppe von *S*-Adenosylmethionin (*Abschn. 6.1*), so dass jeder Cyclopropan-Ring vermutlich entsprechend dem des Cycloartenols gebildet wird.

Manche *Wagner–Meerwein*-Umlagerungen können formal als 'Wanderung' eines Hydrid-Ions (H^-) anstelle eines C-Atoms interpretiert werden (*Abschn. 5.27*). Aufgrund der Reversibilität der Anlagerung von Protonen an die (C=C)-Bindung kommt jedoch auch bei enantioselektiven enzymatischen Reaktionen eine Hydrid-Verschiebung der Abspaltung eines Protons des dem Carbenium-Ion benachbarten C-Atoms gefolgt von der Anlagerung eines Protons an das C-Atom, das ursprünglich die positive Ladung trug, gleich. Beispielsweise können die durch Protonierung der OH-Gruppe des α-Terpineols und des Terpinen-4-ols und darauf folgende H_2O-Abspaltung gebildeten

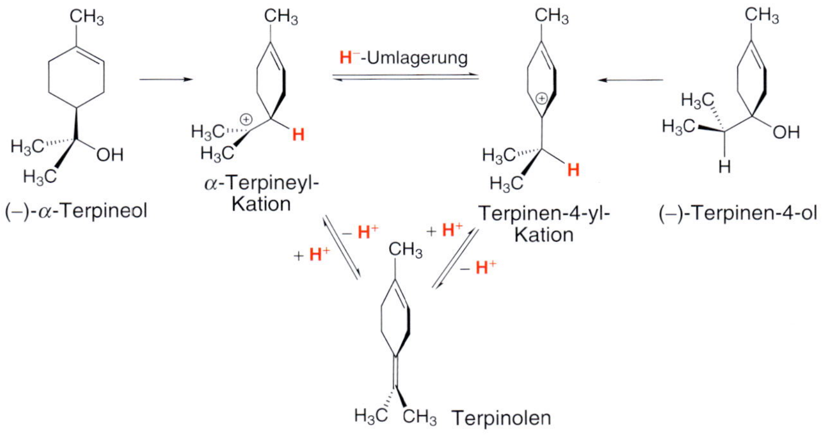

Fig. 5.46. *Enzymatische Transformationen monocyclischer Monoterpene*

Struktur und Reaktivität der Biomoleküle

Carbenium-Ionen entweder direkt unter Verschiebung eines Hydrid-Ions oder über Terpinolen ineinander umgewandelt werden (*Fig. 5.46*).

Dessen ungeachtet ist bei der enzymatisch katalysierten Umlagerung von Aren-epoxiden in Phenole die 'Wanderung' eines Hydrid-Ions oder dessen Äquivalent (ein H-Atom und ein Elektron) unter Verwendung von Isotopenmarkierungen experimentell nachgewiesen worden (*Abschn. 5.27*).

5.22. Pinakol-Umlagerung

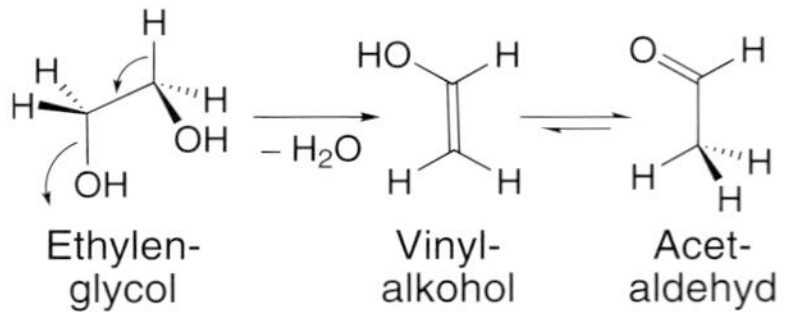

Gegenüber protischen Säuren verhalten sich vicinale Diole (Glycole) ebenso wie Alkohole. Glycole, bei denen die Abspaltung eines H_2O-Moleküls möglich ist, liefern Alkene, bei denen eines der trigonalen C-Atome an eine OH-Gruppe gebunden ist (*Fig. 5.47*). Es handelt sich dabei um *Enole* (Alken-Alkohole), die in der Regel in das thermodynamisch stabilere Oxo-Isomer (Aldehyd oder Keton) übergehen (*Abschn. 8.16*).

Fig. 5.47. *Dehydratisierung des Ethylenglycols*

Die enzymatische Umwandlung vicinaler Diole (Propan-1,2-diol u.a.) in die entsprechenden Aldehyde wird von der *Diol-Dehydratase*, einem Enzym, das in *Klebsiella pneumoniae* vorkommt, katalysiert. Der Mechanismus der enzymatisch katalysierten Reaktion ist aber komplexer als in *Fig. 5.47* dargestellt.

In manchen Fällen (z.B. beim Butan-2,3-diol) konkurriert jedoch mit der Bildung des Enols die *Wagner–Meerwein*-Umlagerung des Carbenium-Ions, das nach Protonierung einer der OH-Gruppen des Glycols und darauf folgender Abspaltung von H_2O entsteht. Das durch Umlagerung gebildete *Hydroxycarbenium-Ion*, das unter Abspaltung des an das O-Atom gebundenen Protons eine Carbonyl-Verbindung (Aldehyd oder Keton) liefert, ist energetisch bevorzugt gegenüber einem herkömmlichen Carbenium-Ion und zwar auch dann, wenn Letzteres tertiär ist. Diese Variante der *Wagner–Meerwein*-Umlagerung findet immer dann statt, wenn beide OH-Gruppen des vicinalen Alkohols tertiär sind. Sie wird nach dem Trivialnamen des einfachsten derartiger Glycole – dem *Pinakol* (Tetramethylglycol) – Pinakol-Umlagerung genannt (*Fig. 5.48*). Die Pinakol-Umlagerung sowie die damit mechanistisch analoge α-Ketol-Umlagerung (*Abschn. 8.9*) spielen bei der Biosynthese einiger Desoxysaccharide bzw. Aminosäuren eine wichtige Rolle.

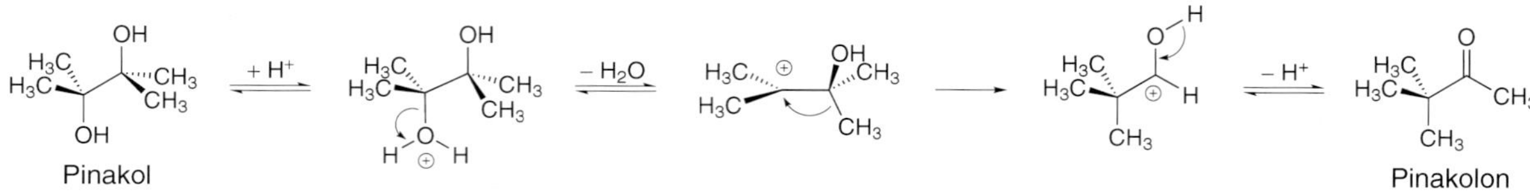

Fig. 5.48. *Mechanismus der Pinakol-Umlagerung*

5.23. Ether

Offenkettige Ether und Alkohole mit derselben Anzahl von C-Atomen sind *chemoisomer* zueinander. Die funktionelle Gruppe der Ether kann man entweder als Suffix (*-ether*) bezeichnen, dem die Namen der Sauerstoff-Liganden (Alkyl- oder Aryl-Gruppen) in alphabetischer Reihenfolge vorangestellt werden (z.B. Diethylether, Methyl-propyl-ether usw.), oder als Präfix, indem man beim Namen des dem Liganden, der weniger C-Atome enthält, entsprechenden Alkans die Endsilbe *-an* durch *-oxy* ersetzt (z.B. Methoxybenzol (*Anisol*) statt Methyl-phenyl-ether). Sind beide Liganden des O-Atoms gleich, so kann auch das Präfix *Oxy-* gefolgt vom Namen des Alkans verwendet werden (z.B. 1,1'-Oxybisethan statt Diethylether).

Chemoisomere sind Konstitutionsisomere, die nicht zur selben Verbindungsklasse gehören.

Der Name Ether (früher Äther), der vermutlich aufgrund seiner Flüchtigkeit aus dem griechischen Wort αἰθήρ (*aithēr*; die reine strahlende Himmelsluft) entstanden ist, wurde erstmals 1730 von *Sigismund August Frobenius* (?–1741) in den *Londoner Philosophical Transactions* bei der Bezeichnung *Spiritus Vini Aethereus* verwendet, obwohl seine Herstellung aus Weingeist und Schwefelsäure (Vitriol) vermutlich bereits im Mittelalter bekannt war (s. *Abschn. 5.14*). Daraus leitete später *Justus von Liebig* (*Abschn. 2.13*) die Bezeichnungen Ethyl-alkohol und Ethan ab.

Die Trivialnamen einiger cyclischer Ether – z.B. Tetrahydrofuran (THF), Tetrahydropyran u.a. – leiten sich von denjenigen der entsprechenden ungesättigten Heterocyclen ab (*Fig. 5.49*); ihre systematischen Namen werden gemäß der Nomenklatur der Heterocyclen zusammengesetzt (*Abschn. 10.1*). Ethylen-oxid (*Oxiran*) wird auch Epoxyethan genannt. Aufgrund der hohen *Baeyer*-Spannung dreigliedriger Ringe (*Abschn. 2.21*) nehmen Epoxide eine Sonderstellung bei den Ethern ein (*Abschn. 5.27*). Das als Lösungsmittel oft verwendete *Dioxan* ist das Tetrahydroderivat des *1,4-Dioxins*.

Im Gegensatz zu aromatischen Heterocyclen (*Kap. 10*) handelt es sich beim 1,4-Dioxin um ein (nichtaromatisches) System von acht delokalisierbaren Elektronen, dessen Synthese vermutlich aus diesem Grunde bisher nicht gelungen ist.

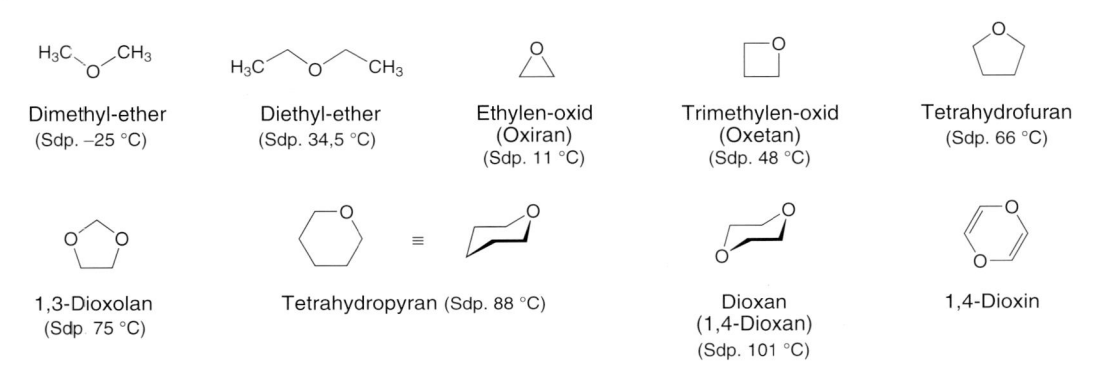

Fig. 5.49. *Einige wichtige Ether*

Fig. 5.50. *Synthese des Dibenzo-1,4-dioxins*

Dibenzo-Derivate des Dioxins (gemeinhin *Dioxine* genannt) sind dagegen durch trockene Destillation von *ortho*-Chlorphenolaten leicht zugänglich (*Fig. 5.50*). Chlorhaltige Dioxine – insbesondere das so genannte TCDD (2,3,7,8-Tetrachlorodibenzo-1,4-dioxin) – entstehen bei Verbrennungsprozessen sowie als Verunreinigungen bei der Synthese von Polychlorophenolen (z. B. 2,4,5-Trichlorophenol), die als Desinfektions- und Holzschutzmittel sowie als Zwischenprodukte zur Herstellung von Herbiziden dienen (*Abschn. 5.9*). Dioxine sind hochtoxische, teratogene* und carcinogene* Verbindungen, die u.a. chronische Hautkrankheiten (Chlorakne) verursachen. Besondere Aufmerksamkeit erlangte die Toxizität der Dioxine beim Störfall, der sich 1976 in Meda bei der italienischen Stadt Seveso in der Nähe von Mailand ereignete.

Zahlreiche Naturprodukte, insbesondere im Pflanzenreich, enthalten eine Methyl-ether-Gruppe, die meistens an einen Benzol-Ring gebunden ist (*Fig. 5.51*). *Coniferyl-alkohol* ist einer der monomeren biogenetischen Vorläufer des Lignins (*Abschn. 5.12*); durch oxidative Spaltung der (C=C)-Bindung seiner 3-Hydroxypropen-1-yl-Gruppe wird Vanillin (4-Hydroxy-3-methoxybenzaldehyd) und die entsprechende Carbonsäure gebildet. *Vanillin-* und *Veratrumsäure* treten natürlicherweise in den Alkaloiden auf, die aus den Wurzeln der weißen Nieswurz (*Veratrum album*) und damit verwandten Liliengewächsen isolierbar sind. Vanillinsäure entsteht außerdem beim Lignin-Abbau durch holzzerstörende Pilze.

Eugenol ist ein intensiv nach Nelken riechender Bestandteil zahlreicher etherischer Öle (Piment- und Pimentblätteröl, Bayöl, Zimtrindenöl u.a.). Nelkenöl besteht zu 80% aus Eugenol. Da Eugenol eine anästhesierende Wirkung besitzt, werden verschiedene seiner Ester als Betäubungsmittel in der Zahnheilkunde verwendet. Eugenol kann zu Vanillin oxidiert werden.

Anethol (griech. ἄνηθον (*ánēthon*): Dill (*Anethum graveolens*)) ist zu 80–90% im Anis- und Sternanisöl (*Pimpinella anisum* bzw. *Illicium verum*) enthalten (*Fig. 5.51*). Durch Oxidation des Anethols entsteht Anissäure (*p*-Methoxybenzoesäure), deren Decarboxylierung zum *Anisol* führt.

Bei den oben genannten Naturprodukten handelt es sich um Metabolite des Tyrosins und des 3,4-Dihydroxyphenylalanins (*Abschn. 9.6*), deren der *Williamson*'schen Reaktion analoge enzymatische Synthese von *O-Methyltransferasen* katalysiert wird (s. *Fig. 5.30*).

Tab. 5.3. *Relative Toxizität einiger repräsentativer giftiger Stoffe*[a]

Toxin	LD_{50} [µg/kg bei der Maus]*	Abschn.
Botulinus Toxin A	0,00003	9.30
Tetanus Toxin	0,0001	9.30
Maitotoxin	0,05	5.23
Cobra Neurotoxin	0,3	9.30
Batrachotoxin	2	5.28
Ricin	2,7	9.31
Saxitoxin	9	9.26
Tetrodotoxin	15	9.26
Bufotoxin	390	5.28
Strichnin	500	10.6
Muscarin	750	7.3
Samandarin	1500	5.28
Phalloidin	2000	9.30
NaCN	10000	9.34

Fig. 5.51. *Von Tyrosin biogenetisch abgeleitete Phenol-ether.* Anethol trägt zum Aroma vom Anisöl (aus *Pimpinella anisum*) bei.

[a] Die Daten, die aus verschiedenen Quellen stammen, berücksichtigen weder die Molmasse der einzelnen Toxine noch die Überlebenszeit der Versuchstiere; sie sind darum Annäherungswerte, die keinen quantitativen Vergleich zwischen den einzelnen Giftstoffen erlauben.

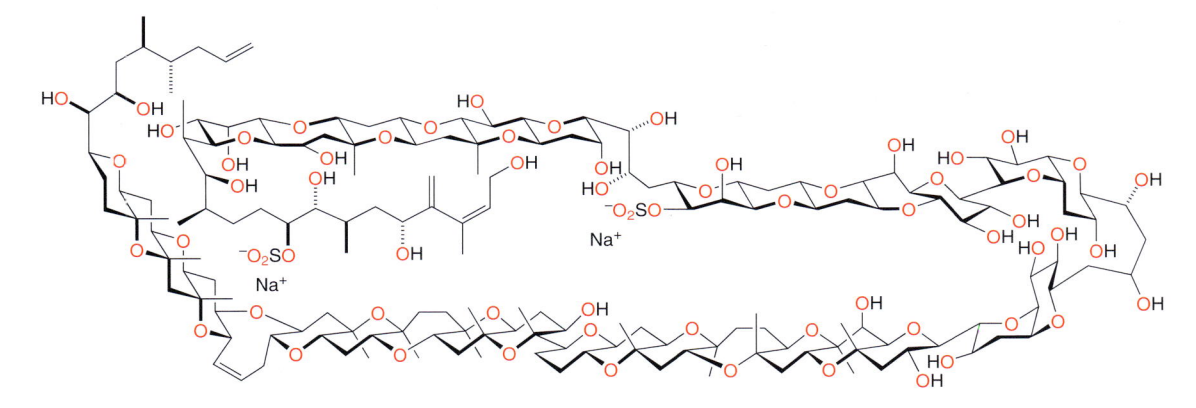

Fig. 5.52. *Das aus dem Kulturfiltrat des Dinoflagellaten* Gambierdiscus toxicus *isolierte* Maitotoxin *ist derzeit der komplexeste bekannte nichtpolymere Naturstoff.* Das aus 492 Atomen bestehende Molekül ($C_{164}H_{256}Na_2O_{68}S_2$) hat ein Molekulargewicht von 3425,90 Dalton; es enthält 98 Chiralitätszentren, so dass die unvorstellbare Zahl von mehr als 3×10^{30} Stereoisomere derselben Konstitution möglich sind.

Unter den Zahlreichen Naturprodukten, deren Moleküle Ether-Bindungen enthalten, sind die Polyether-Antibiotika und -Toxine besonders erwähnenswert. Polyether-Antibiotika bilden eine große Gruppe strukturell verwandter sekundärer Metabolite, die vornehmlich von Actinomyceten auf dem Polyketid-Weg (*Abschn. 9.23*) biosynthetisiert werden. Ihre antibiotische Wirksamkeit rührt von ihrer Fähigkeit her, als *Ionophore* (griech. φέρω (*phérō*): tragen) zu wirken, d.h. sie bilden mit ein- oder zweiwertigen Kationen Komplexe, die dazu dienen, Ionen durch Zellmembranen zu transportieren (s. *Abschn. 9.30*). Eine medizinische Anwendung der Polyether-Antibiotika ist jedoch durch ihre meist hohe Toxizität bislang ausgeschlossen (vgl. *Abschn. 9.28*). Die gleiche Eigenschaft charakterisiert die Polyether-Toxine. Beispielsweise wirkt *Maitotoxin* (*Fig. 5.52*) auf erregbare Zellmembranen durch Erhöhung ihrer Permeabilität für Ca^{2+}-Ionen. Maitotoxin gehört zu den Toxinen, die Vergiftungen verursachen, die gelegentlich insbesondere im pazifischen Raum nach dem Genuss verschiedener Riff-Fische (sog. *Ciguatera*-Vergiftungen) auftreten. Mit $LD_{50} = 50$ ng/kg (bei der Maus) ist Maitotoxin das stärkste bisher bekannte nichtproteinogene Toxin (*Tab. 5.3*).

5.24. Reaktivität der Ether

Aufgrund ihrer geringen Reaktivität und ihrer Polarität, die größer als die der Alkane ist, eignen sich Ether als Lösungsmittel.

Im Allgemeinen sind Ether reaktionsträge Verbindungen. Die Bindungsdissoziationsenergie der (C–O)-Bindung beträgt 335 kJ mol^{-1} beim Diethyl-ether. Sie ist somit ebenso stark wie eine (C–C)-Bindung. Drei Reaktionen der Ether sind jedoch im Zusammenhang mit enzymatischen Prozessen wichtig:

1) Hydrolyse der (C—O)-Bindung
2) Autoxidation
3) Bildung von Oxonium-Salzen

In saurem Medium findet die Spaltung der (C—O)-Bindung der Ether in der umgekehrten Reihenfolge ihrer Bildung statt (*Abschn. 5.14*).

Dialkyl-ether lassen sich somit mit konzentrierter Iod- oder Bromwasserstoffsäure spalten; die Reaktionsprodukte sind ein Alkohol und ein Alkyl-halogenid. Die Ether-Spaltung mit HBr findet langsamer als die mit HI statt, sie wird jedoch von weniger Nebenreaktionen begleitet. Bei der Spaltung von Phenol-ethern, die unter gleichen Bedingungen durchgeführt werden kann, wird stets die (O—Alkyl)-Bindung gespalten (*Abschn. 8.18*).

5.25. Luftoxidation der Ether

Bei Ethern ist die Bindungsdissoziationsenergie der (C—H)-Bindung am C-Atom, das an das O-Atom gebunden ist (α-ständiges C-Atom), kleiner ($\Delta H^0 = 385$ kJ mol^{-1}) als die durchschnittliche Bindungsenergie einer (C—H)-Bindung (415 kJ mol^{-1}). Der Einfluss des O-Atoms auf die Dissoziationsenergie der (C—H)-Bindungen des α-ständigen C-Atoms bei Ethern ist vergleichbar mit der Schwächung allylischer (C—H)-Bindungen bei Alkenen (*Abschn. 3.17*). Darum tritt bei Ethern bereits bei Raumtemperatur besonders unter Einwirkung von Licht leicht Autoxidation ein (*Abschn. 3.25*). Die Primärprodukte der Reaktion von Alkoxy-Radikalen mit Luftsauerstoff sind Ether-peroxide (*Fig. 5.53*), die sehr labil und daher äußerst explosionsfreudig sind (vgl. *Abschn. 2.14*).

Die Eindampfrückstände länger stehender etherischer Lösungen neigen daher zu schweren Detonationen, wenn man die Peroxide nicht vor der Destillation zerstört. Zur Verlangsamung der Peroxid-Bildung empfiehlt es sich, Ether in dunklen Flaschen aufzubewahren. Die hohe Explosionsgefahr des Diethyl-ethers im Gemisch mit O$_2$ oder Luft ist im Zusammenhang mit seiner früheren Verwendung als Narkosemittel nicht ohne Bedeutung. Diethyl-ether gehört zur Gruppe der Inhalationsnarkotika (*Fig. 5.54*), die aber in der moder-

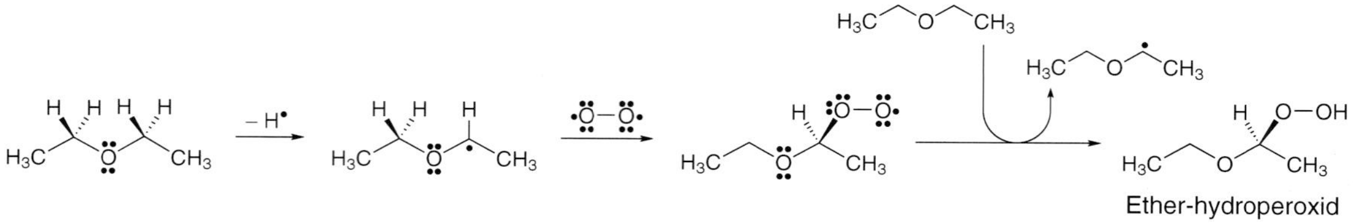

Fig. 5.53. *Mechanismus der Bildung von Ether-peroxiden*

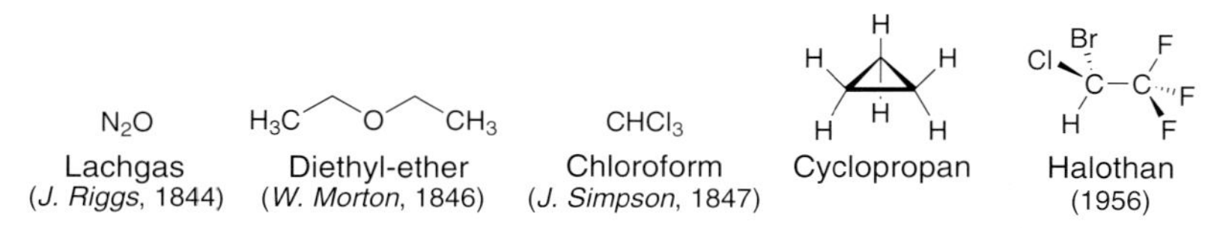

N₂O	H₃C–O–CH₃	CHCl₃	Cyclopropan	Halothan
Lachgas	Diethyl-ether	Chloroform		
(*J. Riggs*, 1844)	(*W. Morton*, 1846)	(*J. Simpson*, 1847)		(1956)

Fig. 5.54. *Bekannteste Inhalationsnarkotika*

nen Chirurgie von parenteral verabreichten Narkosemitteln (insbesondere die so genannten Neuroleptanalgetika) abgelöst werden.

Als Narkosemittel (griech. νάρκη (*nárkē*): Erstarrung) werden Stoffe bezeichnet, die vorübergehend einen schlafähnlichen Zustand hervorrufen, in dem Bewusstsein, Schmerzempfindung, Abwehr- und Muskelreflexe weitgehend abgeschaltet sind, während die lebenswichtigen Zentren der *medula oblongata*, die vor allem Atmung und Kreislauf steuern, möglichst unbeeinflusst bleiben sollten. Nachdem 1842 *W. E. Clarke* ihn bei einer Zahnextraktion eingesetzt hatte, wurde der Diethyl-ether zum ersten Mal am 16. Oktober 1846 im Massachusetts General Hospital zu Boston von *William Morton* (1819–1868) bei der Entfernung eines oberflächlich liegenden Tumors zur Inhalationsnarkose angewandt.

Die enzymatische Spaltung von Ether-Bindungen findet nicht hydrolytisch sondern oxidativ statt. Enzyme, die befähigt sind phenolische (O–CH₃)-Bindungen zu spalten, kommen außer in den Pflanzen, bei denen sie an der Alkaloid-Biosynthese beteiligt sind (s. *Abschn. 10.11*), in den Lebermikrosomen einiger Vögel (Huhn) und Säuger sowie in Mikroorganismen vor. Ihre Aktivität wird durch die Beteiligung von NADPH *und* NADH wesentlich erhöht. Da bei der Reaktion Formaldehyd freigesetzt wird, findet vermutlich primär, wie bei der Autoxidation der Ether, die Bildung eines Hydroperoxids statt, das vom NADPH zum entsprechenden Halbacetal (*Abschn. 8.13*) reduziert wird.

5.26. Oxonium-Salze

Ebenso wie Alkohole in Gegenwart von Säuren im Gleichgewicht mit den entsprechenden konjugierten Säuren (Alkyloxonium-Ionen) stehen, werden Ether am O-Atom unter Bildung von Dialkyloxonium-Salzen protoniert (s. *Fig. 5.28*). Beide Typen von Oxonium-Derivaten treten zwar als Zwischenprodukte der säurekatalysierten Bildung und Spaltung von Ethern auf, sie besitzen aber keine präparative Bedeutung. Trialkyloxonium-Salze (tertiäre Oxonium-Salze) sind dagegen nicht nur von theoretischem Interesse sondern auch besonders wirksame Alkylierungsmittel. Unter anderem lassen sich Trialkyloxonium-Salze durch Alkylierung von Ethern herstellen unter der Voraussetzung, dass das Gegenion ein sehr schwaches Nucleophil ist, und eine *Lewis*-Säure zum Abfangen des Nucleofugs vorhanden ist. Ein typisches Beispiel ist die Bildung von Triethyloxonium-tetrafluoroborat durch Reaktion von Diethyl-ether mit Ethyl-bromid in Gegenwart von Silber-tetrafluoroborat (*Fig. 5.55*).

Wie bereits erwähnt, sind Trialkyloxonium-Salze sehr starke Alkylierungsmittel, deren Reaktion mit den meisten Nucleophilen irreversibel verläuft. Sie sind darum im Gegensatz zu den entsprechenden

Fig. 5.55. *Herstellung von tertiären Oxonium-Salzen durch Alkylierung von Ethern*

Sulfonium-Salzen (*Abschn. 6.1*) für enzymatische Reaktionen, die grundsätzlich reversibel sind, nicht geeignet.

5.27. Epoxide

Epoxide stellen eine Sonderklasse der Ether dar. Epoxyethan wird auch Ethylen-oxid oder systematisch *Oxiran* genannt (*Abschn. 5.23*). *Glycid* (*Glycidol*: 2,3-Epoxypropan-1-ol) ist ein wichtiges Zwischenprodukt der Synthese so genannter *Glycidyl*-Derivate, die zur Herstellung von Tensiden, Kunstharzmonomeren, Konservierungs- und Arzneimitteln u. a. dient.

Als Zwischenprodukte des Metabolismus von Aerobiern spielen Epoxide ebenfalls eine wichtige Rolle. Sie werden unter Mitwirkung von cytochrom-P450-abhängigen Monooxygenasen durch Inkorporation von molekularem Sauerstoff aus der Luft in organische Substrate biosynthetisiert und dienen oft als Vorläufer bei der Biosynthese von Alkoholen (*Fig. 5.56*).

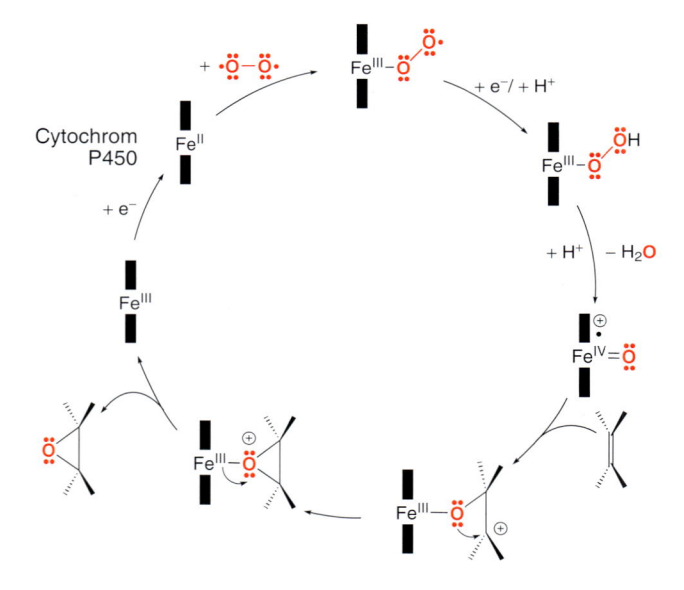

Fig. 5.56. *Plausibler Mechanismus der von cytochrom-P450-abhängigen Epoxidasen katalysierten Epoxidierung von (C=C)-Bindungen.* Für das Durchlaufen des Zyklus werden zwei Elektronen benötigt, die aus der damit gekoppelten Reaktion: $NADPH + H^+ \rightleftharpoons NADP^+ + 2\,e^- + 2\,H^+$ entstammen.

5. Alkohole, Phenole und ihre Derivate

Zahlreiche Naturprodukte, deren Moleküle Epoxid-Gruppen enthalten, kommen insbesondere bei Pflanzen und Mikroorganismen vor (vgl. *Fig. 3.70*). Oft handelt es sich dabei um Verbindungen, die aufgrund ihrer chemischen Reaktivität antibiotische Eigenschaften aufweisen und/oder als Abwehrstoffe dienen.

Eine wichtige, wenn auch noch nicht ganz verstandene Rolle (Änderung der Struktur der Chloroplastenmembran?) spielt bei der Photosynthese in höheren Pflanzen die in *Fig. 5.57* dargestellte gegenseitige Umwandlung des *Zeaxanthins* in *Violaxanthin* (zwei Derivate des β-Carotins). Beide Reaktionen des Zyklus sind irreversibel; die ascorbat-abhängige Desepoxidierung des Violaxanthins findet vermutlich unter Reduktion des Epoxids und darauf folgender Eliminierung von H$_2$O statt. Violaxanthin und Zeaxanthin sind im Pflanzenreich weit verbreitet (*Abschn. 3.22*). Violaxanthin ist erstmals aus den gelben Stiefmütterchenblüten (*Viola tricolor* L.) isoliert und charakterisiert worden.

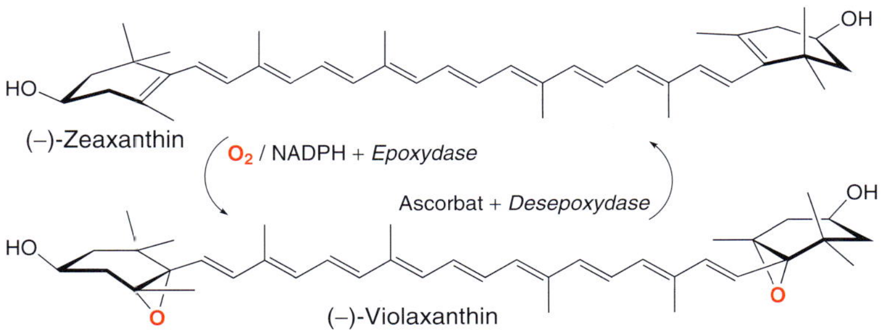

Fig. 5.57. *Der Violaxanthin-Zyklus bei den taxonomisch höheren Pflanzen*

Aufgrund der hohen *Baeyer*-Spannung dreigliedriger Ringe (*Abschn. 2.21*) lassen sich Epoxide durch Reaktion mit H$_2$ in Gegenwart eines Katalysators reduktiv öffnen. Das Reaktionsprodukt ist ein Alkohol (*Fig. 5.58*). Die entsprechende enzymatische Reaktion findet durch nucleophilen Angriff eines Hydrid-Ions statt, welches aus NADPH stammt (*Abschn. 10.10*). Chemisch können Epoxide auch mit Hilfe von Metall-hydriden in Alkohole umgewandelt werden. Hydrolytische Spaltung der (C–O)-Bindung findet bei Epoxiden ebenfalls wesentlich leichter als bei Ethern statt, und zwar sowohl in saurem als auch in alkalischem Medium.

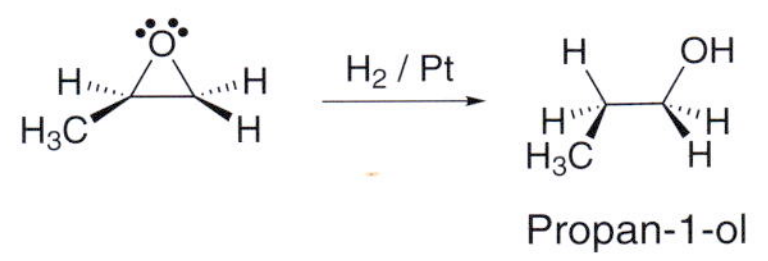

Fig. 5.58. *Hydrogenolytische Aufspaltung des Epoxid-Ringes*

Auf der leichten nucleophilen Aufspaltung des Oxiran-Ringes bei der Reaktion mit Nucleophilen (Alkoholen, Aminen, Carboxylat-Ionen u.a.) beruht die Herstellung von *Epoxid-Harzen*, die als Kunstlacke und Zweikomponenten-Klebstoffe (*Araldit®* (*Ciba-Geigy AG*), *Epicote®* (*Shell*) u.a.) von besonders hoher Festigkeit (Kohäsion) und Haftfähigkeit (Adhäsion) vielfache Verwendung (u.a. zur Verklebung von Stahl und Beton) finden (*Fig. 5.59*). Ungefähr 75% der handelsüblichen Epoxid-Harze sind Derivate des *Bisphenols A* (2,2'-Bis(4-hydroxyphenyl)propan), das durch Reaktion von Phenol mit Aceton hergestellt wird (vgl. *Abschn. 8.20*). 2,2-Bis[4-(2,3-epoxypropoxy)phenyl]propan, kurz DGEBA (Diglycidyl-ether des Bisphenols A) genannt, ist ein Derivat des Bisphenols A, das ebenfalls als Grundlage zur Synthese von Monomeren dient, die in der Zahnheilkunde zur Herstellung von Kompositwerkstoffen verwendet werden (*Abschn. 3.11*).

Bei unsymmetrisch substituierten Epoxiden hängt die *Regioselektivität* der Ringaufspaltung von den Reaktionsbedingungen ab, wie es

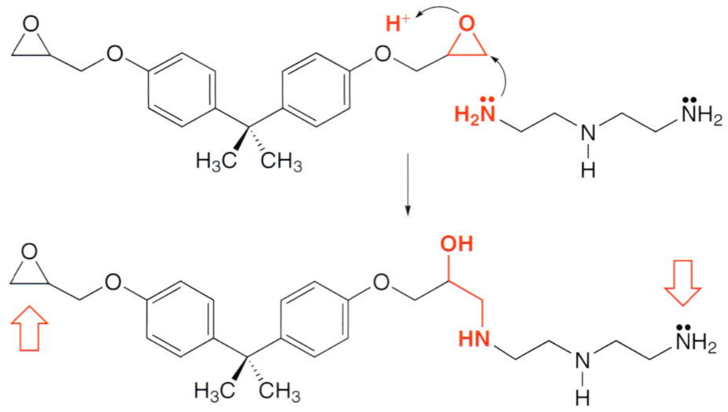

Fig. 5.59. *Durch Reaktion von Bis(2-aminoethyl)amin mit DGEBA entstehen bifunktionelle Moleküle* (rote Pfeile), *die polymerisationsfähig sind.*

am Beispiel der Solvolyse von optisch aktivem (*R*)-Propylen-oxid gezeigt werden kann. Unter basischen Bedingungen wird der Oxiran-Ring durch Annäherung des Nucleophils entsprechend dem Mechanismus der S_N2-Reaktion geöffnet (*Fig. 5.60*, rechts). Sind die C-Atome des Oxiran-Rings mit verschiedenen Liganden substituiert, so greift in der Regel das Nucleophil das weniger substituierte C-Atom an. Dafür gibt es zwei Gründe: *1)* Die Annäherung des Nucleophils an das höher substituierte C-Atom wird durch die Raumbeanspruchung der Substituenten erschwert. *2)* Die positive Partialladung des an das Nucleofug gebundenen C-Atoms wird besser kompensiert (d. h. das C-Atom ist weniger elektrophil), je mehr (C−C)-Bindungen von diesem Atom ausgehen (vgl. *Abschn. 3.9*). Damit im Einklang reagiert optisch aktives (*R*)-Propylen-oxid in basischem Medium unter *Retention* der Konfiguration des asymmetrischen C(2)-Atoms.

In Gegenwart einer Säure wird zunächst das O-Atom protoniert (*Fig. 5.60*, links). Die Aufspaltung des Oxiran-Ringes findet dann in der Regel ebenfalls durch Annäherung des Nucleophils von der dem O-Atom abgewandten Seite des Moleküls statt. Da aber die C-Atome des Oxiran-Ringes einen Teil der positiven Ladung des Oxonium-Ions übernehmen, ist bei unsymmetrisch substituierten Epoxiden der Bruch der (C−O)-Bindung mit dem höher substituierten C-Atom, welches das energieärmere potentielle Carbenium-Ion darstellt (*Abschn. 3.9*), bevorzugt. Demzufolge reagiert optisch aktives (*R*)-Propylen-oxid in saurem Medium unter Inversion der Konfiguration des asymmetrischen C(2)-Atoms.

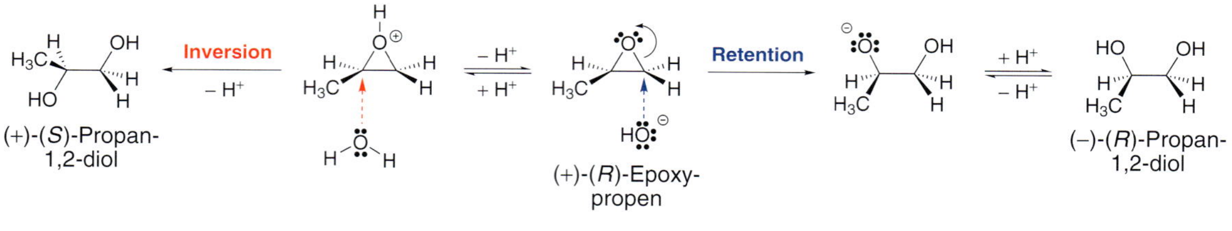

Fig. 5.60. *Hydrolytische Aufspaltung des Epoxid-Ringes*

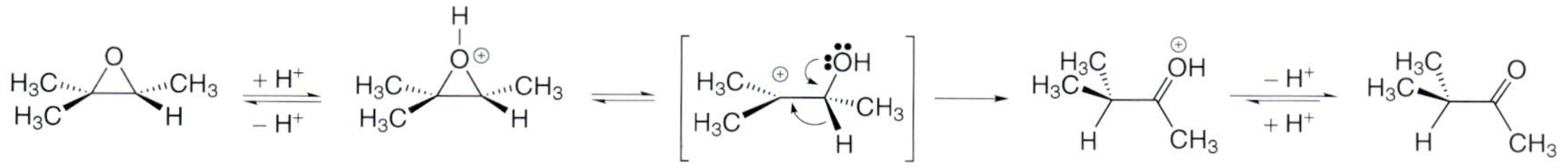

5. Alkohole, Phenole und ihre Derivate

Fig. 5.61. *Säurekatalysierte Umlagerung der Epoxide*

In Abwesenheit eines effizienten Nucleophils führt die säurekatalysierte Ringöffnung des Oxiran-Ringes zu einem Carbenium-Ion, das durch *Wagner–Meerwein*-Umlagerung in die entsprechende Carbonyl-Verbindung (Aldehyd oder Keton) übergeht (*Fig. 5.61*). Bei dieser Isomerisierungsreaktion, die auch thermisch stattfinden kann, wird bevorzugt die 'Wanderung' eines Hydrid-Ions gegenüber anderen Substituenten am Oxiran-Ring beobachtet.

Die von *Monooxygenasen* katalysierte Hydroxylierung von Aromaten verläuft offenbar über Aren-epoxide als reaktive Zwischenprodukte. Als Elektronendonator fungiert 5,6,7,8-Tetrahydrobiopterin (*Abschn. 10.14*). Bei der in Leberzellen stattfindenden Umwandlung von Phenylalanin in Tyrosin sowie bei der von der *Phenol-Oxidase* (*Tyrosinase*) katalysierten Oxidation des Tyrosins zu DOPA (3,4-Dihydroxyphenylalanin) sind die Produkte der enzymatischen Oxidation radioaktiv, wenn das Substrat-C-Atom, das enzymatisch hydroxyliert wird, mit Tritium (^{3}H) substituiert ist. Da bei einer nach dem Mechanismus der aromatischen Substitution verlaufenden Reaktion an der *para*-Position des Phenyl-Ringes des Phenylalanins das ^{3}H-Atom jedoch verloren gehen sollte (*Abschn. 4.4*), wird die Erhaltung von 90% der im Edukt vorhandenen Radioaktivität dadurch erklärt, dass die protolytische Aufspaltung eines primär gebildeten Aren-epoxids zu einem Carbenium-Ion führt, das durch *Wagner–Meerwein*-Umlagerung eines Hydrid-Ions in das entsprechende Cyclohexadienon-Derivat umgewandelt wird (*Fig. 5.62*). Diese Experimente wurden 1961 in den National Institutes of Health zu Bethesda, Maryland, USA, zum ersten Mal durchgeführt, womit die in der Biochemie übliche Bezeichnung *NIH shift* für die oben genannte *Wagner–Meerwein*-Umlagerung begründet ist. Man beachte, dass beim NIH shift beide an das C(3)-Atom gebundenen H-Atome mit gleicher Wahrscheinlichkeit abgespalten werden könnten, wobei nur 50% der Radioaktivität des Substrats im Endprodukt der Reaktion verbleiben würde. Tatsächlich sind aber die Bindungsdissoziationsenergien der (C–^{1}H) und (C–^{3}H)-Bindung aufgrund des so genannten *primären Isotopeneffekts* verschieden (s. *Abschn. 4.4*), wodurch zu erklären ist, dass 90% der Radioaktivität des Substrats im Endprodukt der Reaktion verbleibt.

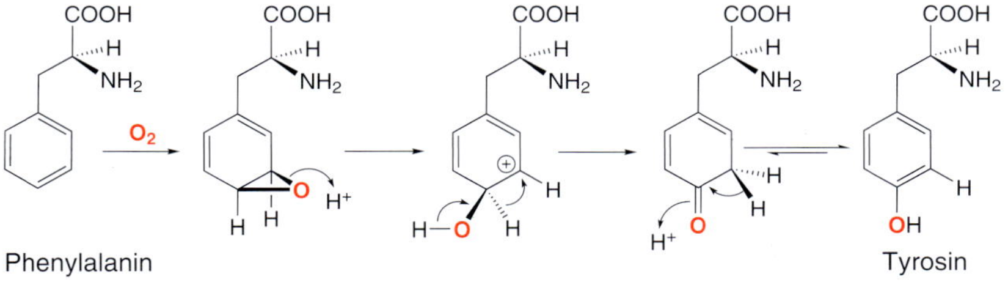

Fig. 5.62. *Enzymatische Umwandlung von Phenylalanin in Tyrosin*

Endprodukt der Reaktion ist das entsprechende thermodynamisch energieärmere Phenol-Tautomer (*Abschn. 8.16*). Phenol-Oxidasen (bei Pflanzen gelegentlich *Laccasen* genannt) sind im Pflanzenreich weit verbreitet (*Abschn. 8.32*) und bewirken u. a. das Nachdunkeln der Schnittflächen von Pflanzenteilen und Früchten. Bei Arthropoden und vor allem bei Tieren und beim Menschen katalysieren sie die Melanin-Bildung (*Abschn. 10.5*).

Wie bereits erwähnt (*Abschn. 5.2*) spielen bei Aerobiern enzymatische Reaktionen, bei denen Sauerstoff in organische Substrate inkorporiert wird, oft eine wichtige Rolle bei der Ausscheidung lipophiler Xenobiotika, die dadurch in wasserlösliche Stoffe umgewandelt werden. Paradoxerweise besitzen aber in manchen Fällen die primären Oxidationsprodukte aus bisher nicht geklärten Gründen mutagene Eigenschaften. Ein klassisches Beispiel stellt das *Benzpyren* dar (*Fig. 5.63*), ein polycyclischer aromatischer Kohlenwasserstoff, der als Produkt unvollständiger Verbrennung organischer Substanzen, z. B. bei Waldbränden, in Auto- und Industrieabgasen, im Zigarettenrauch, im Ruß, in Grillgerichten (aus dem Rauch von Holzkohle) u. a., ubiquitär vorkommt. Benzpyren gilt als die Ursache des so genannten Schornsteinfegerkrebses*, ein Tumor* der Hodenhaut, der sich hauptsächlich durch den Reiz des Rußes entwickelt.

Benzpyren ist das bisher bestuntersuchte Präcarcinogen. Tatsächlich belegen zahlreiche Studien, dass Benzpyren erst nach seiner Umwandlung in ein Diolepoxid (das 9,10-Epoxy-7,8-dihydroxybenzo[a]pyren) im endoplasmatischen Retikulum der Zelle imstande ist, genetische Mutationen der DNA (vermutlich durch Reaktion des Epoxid-Ringes mit der Amino-Gruppe des Guanins als Nucleophil) zu verursachen. Für das Tumorwachstum wird jedoch vermutlich die Mitwirkung eines Kocarzinogens* (am besten untersucht sind Phorbol-ester) benötigt.

Als Vorläufer der Biosynthese der Steroide bei Aerobiern (*Abschn. 5.28*) spielt Squalen-epoxid, das durch Inkorporation von molekularem Sauerstoff in das Squalen (*Abschn. 3.19*) enzymatisch gebildet wird, eine besonders wichtige Rolle. Durch protolytische Ringöffnung des Oxiran-Ringes des Squalen-epoxids entsteht ein tertiäres Carbenium-Ion, das die kationische Polymerisation der Polyisoprenoid-Kette auslöst (*Fig. 5.64*). Entsprechend der Biogenese des *Diploptens* (*Abschn. 3.19*) findet die enzymatische Bildung des *Dammaradienols* von einer Konformation des Squalen-epoxids aus statt, die der Geometrie des Endproduktes entspricht. Die kationische Polymerisation der Polyisoprenoid-Kette wird dabei durch Abspaltung eines Protons der CH$_3$(21)-Gruppe ohne vorhergehende *Wagner–Meerwein*-Umlagerung des primär gebildeten Carbenium-Ions abgebrochen.

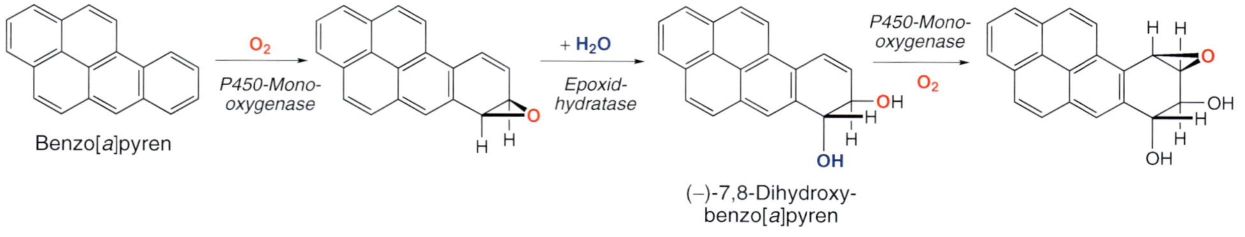

Fig. 5.63. *Metabolismus des Benzpyrens*

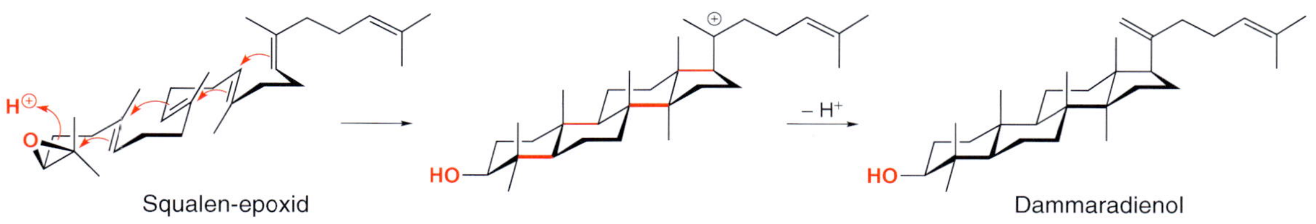

Fig. 5.64. *Biosynthese des Dammaradienols*

Dammaradienol ist ein Konstitutionsisomer des Lanosterols, das aus dem Harz von südostasiatischen Flügelfruchtgewächsen – hauptsächlich aus dem auf Sumatra heimischen Dammarbaum (*Shorea wiesneri*) – isoliert wird. Es dient u. a. als Bindemittel in Lacken und Firnissen sowie als Einschlussmittel für mikroskopische Präparationen und bei der Herstellung von Pflastern.

Bei der Biosynthese des *Lanosterols* und des *Cycloartenols* (*Abschn. 5.21*) liegt dagegen das Squalen-epoxid-Molekül in einer Konformation vor, die nicht der Geometrie des Endproduktes entspricht. Das primäre Produkt der kationischen Polymerisation der Polyisoprenoid-Kette ist ebenfalls ein tertiäres Carbenium-Ion, dessen positive Ladung am C(20)-Atom lokalisiert ist (*Fig. 5.65*). Seine Deprotonierung zum Endprodukt der enzymatischen Reaktion findet jedoch erst nach der *Wagner–Meerwein*-Umlagerung von zwei CH$_3$-Gruppen und (vermutlich) drei Hydrid-Ionen (s. *Abschn. 5.21*) sukzessiv statt (s. Kasten in *Fig. 5.65*).

Lanosterol (Lanosterin) und Cycloartenol sind tetracyclische Triterpene, die als biogenetische Vorläufer der Steroide bei Tieren bzw. Pflanzen fungieren. Lanosterol kommt im Wollfett (lat. *lana*: Wolle) der Schafe in größeren Mengen vor. Es ist der biogenetische Vorläufer des Cholesterols hauptsächlich bei Tieren.

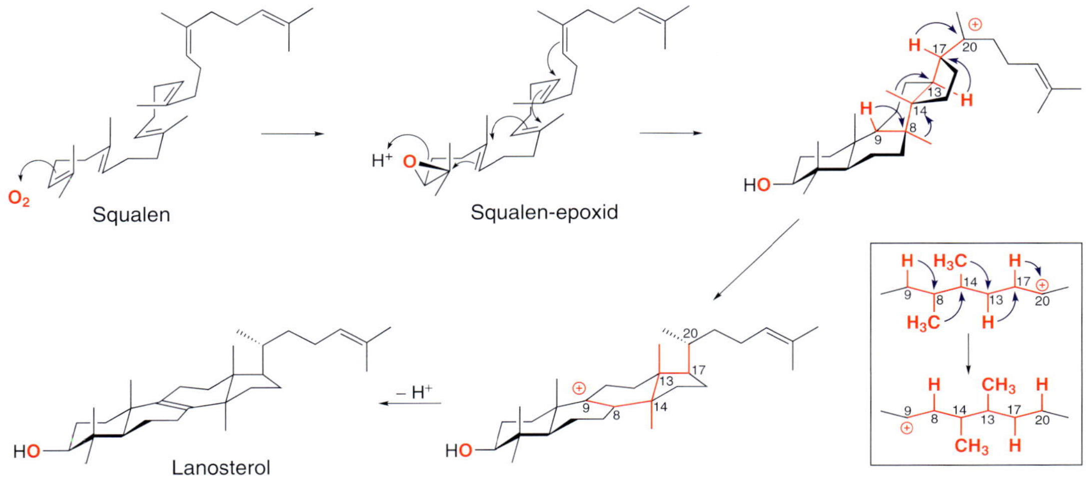

Fig. 5.65. *Biosynthese des Lanosterols*

5.28. Steroide

Der Name 'Ster*oid*' (griech. εἶδος (*eídos*): Aussehen, Gestalt, Form) wurde ursprünglich als Teil des von *Chevreul* (*Abschn. 9.16*) eingeführten Namens 'Cholesterin' (griech. χολή (*cholé*): Galle; στερεός (*stereós*): hart, fest) gebildet. Cholesterin (Cholesterol) ist ein Feststoff, welcher zum ersten Mal aus menschlichen Gallensteinen, die fast ausschließlich daraus bestehen, isoliert wurde. Unter der Bezeichnung *Steroide* wird eine sehr umfangreiche Gruppe von Naturprodukten und deren synthetischen Derivaten zusammengefasst, denen das Grundgerüst des Cyclopenta[*a*]phenanthrens zu Grunde liegt (*Fig. 5.66*).

Obwohl es sich dabei biogenetisch um vom Squalen abgeleitete Triterpenoide handelt, entspricht ihr C-Gehalt der Isoprenregel (*Abschn. 3.19*) nicht, weil im Zuge ihrer Biosynthese Alkyl-Gruppen sowohl nachträglich eingeführt (z. B. beim Ergosterol und Stigmasterol) als auch sukzessiv abgespalten werden. In *Fig. 5.66* sind die repräsentativen Tetracycloalkan-Grundgerüste der Steroide mit ihrem Trivialnamen wiedergegeben. Die dazugehörigen wichtigsten Gruppen der in der Natur vorkommenden Steroide sind in *Tab. 5.4* zusammengefasst. Die Bezifferung der Grundgerüste erfolgt auf die für das Cholestan angegebene Weise, so dass beim Wegfallen der Alkyl-Substituenten die Nummerierung der C-Atome des polycyclischen Systems unverändert bleibt.

Obwohl Steroid-Moleküle oft zweidimensional dargestellt werden, ist die Perspektivdarstellung vorzuziehen, weil sie die Konformation der Cyclohexan-Ringe und die räumliche Lage der Substituenten deutlich erkennen lässt. Bezüglich der Konfiguration des Grundgerüstes gehören die in der Natur vorkommenden Steroide zu zwei Haupttypen, die *Cholestan* und *Coprostan* genannt werden (*Fig. 5.66*). Sie

Adolf Windaus (1876–1959) Ordinarius für angewandte medizinische Chemie an der Universität Innsbruck (1913) und später (1915) für Chemie an der Universität Göttingen, lieferte wesentliche Beiträge zur Aufklärung der Struktur des Cholesterols. Seine Arbeiten, die zur Aufklärung der Konstitution der Steroide, des Vitamins D und des Histidins sowie zur Isolierung des Vitamins B_1 führten, wurden 1928 mit dem *Nobel*-Preis für Chemie gewürdigt. Die im *Nobel*-Vortrag vorgeschlagene Struktur des Cholesterols wurde jedoch 1932 von Windaus selbst aufgrund der von *John Desmond Bernal* (1901–1971) in Cambridge (U.K.) durchgeführten Analyse der Röntgenstrahlenbeugung korrigiert. (© *Nobel*-Stiftung)

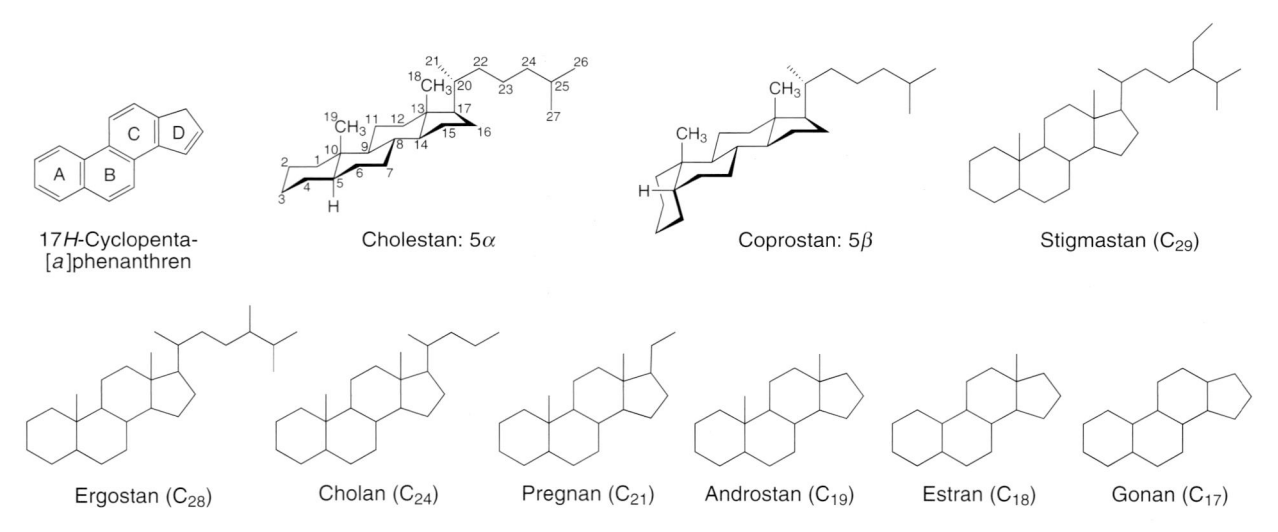

Fig. 5.66. *Grundgerüste der Steroide*

17*H*-Cyclopenta[*a*]phenanthren — Cholestan: 5α — Coprostan: 5β — Stigmastan (C_{29})

Ergostan (C_{28}) — Cholan (C_{24}) — Pregnan (C_{21}) — Androstan (C_{19}) — Estran (C_{18}) — Gonan (C_{17})

Tab. 5.4. *Klassifizierung der wichtigsten Steroide*

Steroid-Klasse		Beispiele
Cholestan-Derivate	Steroid-Sapogenine	Digitonin, Tigogenin, ...
Coprostan-Derivate	Gallensäuren	Cholsäure, ...
	Cardenolide	Digitoxigenin
	Bufotoxine	Bufalin, Batrachotoxin, ...
Sterine (Sterole)	Zoosterine	Cholesterol
	Phytosterine	Stigmasterol
	Mycosterine	Ergosterol
Steroid-Hormone		s. *Abschn. 8.2*
	Glucocorticoide	
	Mineralocorticoide	
	Sexualhormone (Androgene, Östrogene, Gestagene)	
	Ecdysone	
	Brassinosteroide	

unterscheiden sich dadurch, dass beim Ersteren alle Ringverknüpfungen *trans* sind, während bei Coprostan-Derivaten zwei Cyclohexan-Ringe (die mit A und B gekennzeichnet werden) *cis* verknüpft sind. Cholestan-Derivate sind somit flache, starre Moleküle, während Coprostan-Derivate eine Krümmung aufweisen, an der sie konformativ flexibel sind (*Abschn. 2.24*).

Im Allgemeinen werden Substituenten des Steroid-Grundgerüstes, welche sich bei der in *Fig. 5.66* wiedergegebenen räumlichen Ausrichtung *unterhalb* der Ringebenen befinden, mit dem griechischen Buchstaben α, jene, die sich oberhalb der Ringebenen befinden, mit β bezeichnet. Gehen (C=C)-Bindungen von C-Atomen aus, die im Steroid-Grundgerüst zu zwei Ringen gehören, so müssen im Zweifelsfall beide durch die Doppelbindung miteinander verknüpften Atome angegeben werden (z.B. Cholest-8(9)- bzw. -8(14)-en). In der früheren Nomenklatur wurden derartige Doppelbindungen mit $\Delta^{8,9}$ bzw. $\Delta^{8,14}$ gekennzeichnet.

Das wichtigste Steroid überhaupt ist das *Cholesterol* (Cholesterin); es ist der biogenetische Vorläufer aller in *Tab. 5.4* aufgeführten Klassen von Steroiden. Seine wichtigste Funktion bei den Tieren ist die Stabilisierung der Zellmembranen (*Abschn. 9.16*). Zum einfachen qualitativen Nachweis von Cholesterol dient die *Salkowski*-Reaktion: Eine Lösung von Cholesterol in $CHCl_3$ färbt sich rot, wenn sie mit konzentrierter H_2SO_4 behandelt wird.

Cholesterol wird in mehreren enzymatisch katalysierten Reaktionsschritten aus Lanosterol über *Zymosterol* (Cholesta-8,24-dien-3β-ol) und *Desmosterol* (Cholesta-5,24-dien-3β-ol) bzw. 7,8-Dehydrocholesterol (*Abschn. 3.6*) biosynthetisiert (*Fig. 5.67*). Sowohl für die Biosynthese von Lanosterol als auch für die Bildung von Zymosterol durch oxidativen Abbau von drei der im Lanosterol vorhandenen CH_3-Gruppen (*Abschn. 9.13*) wird O_2 benötigt; vermutlich kommt deswegen Cholesterol nur bei Eukaryonten vor. Pflanzenzellen enthalten kein oder nur sehr

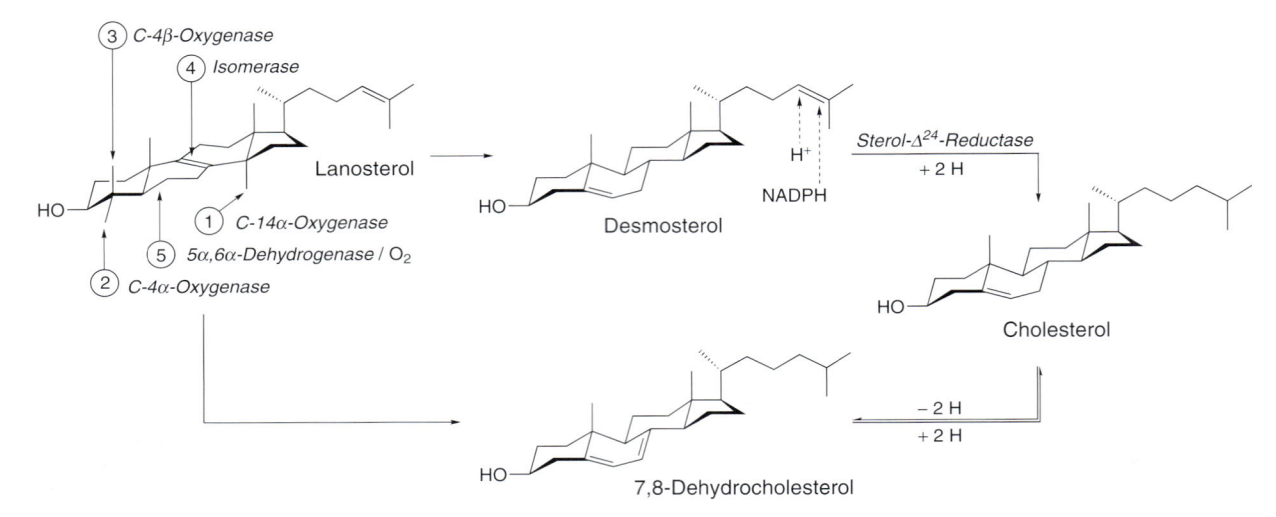

Fig. 5.67. *Enzymatische Umwandlung des Lanosterols in Cholesterol*

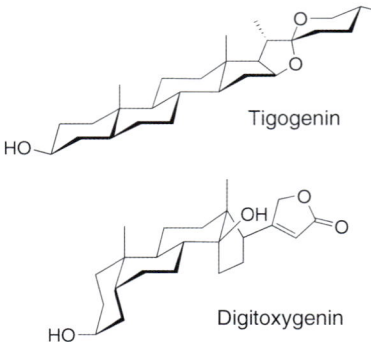

Fig. 5.68. *Tigogenin und Digitoxygenin kommen als Aglycone von Saponinen bzw. Cardenoliden im Fingerhut (Digitalis purpurea L.) vor.*

wenig Cholesterol, seine Funktion wird aber von analogen Triterpenen (Cycloartenol u.a.) bzw. Steroiden übernommen, die im Gegensatz zu den bei Tieren vorkommenden *Zoosterinen* als Phytosterine (bei Pflanzen) bzw. Mycosterine (bei Pilzen) bezeichnet werden.

Obwohl die meisten Zellen des menschlichen Organismus imstande sind, Cholesterol *de novo* zu synthetisieren, wird der Hauptteil des Cholesterols (*ca.* 80%) in der Leber und dem Darm biosynthetisiert und von dort aus mit Hilfe von Lipoproteinen (*Abschn. 9.16*) in die anderen Zellen transportiert. Ein Teil des sich im Organismus befindenden Cholesterols wird ferner mit der Nahrung aufgenommen (exogenes Cholesterol). Um eine Überproduktion von Cholesterol im Organismus zu vermeiden, inhibiert Cholesterol die Synthese der *3-Hydroxy-3-methylglutaryl-Coenzym-A-Reduktase*, wodurch die *de novo* Synthese der Mevalonsäure in der Leber gestoppt wird (*Abschn. 9.23*). Die wichtigste Störung des Cholesterol-Metabolismus im tierischen Organismus ist jedoch ein genetisch bedingter Mangel an Rezeptoren der Lipoproteine, welcher die Aufnahme des Cholesterols durch die Zellen verhindert und dadurch seine Konzentration im Blut ansteigen lässt (*Abschn. 9.16*).

Cholestan-Derivate kommen als Aglycone (Sapogenine) in den *Steroid-Saponinen* vor (vgl. *Abschn. 3.9*). Die meisten, jedoch nicht alle Steroid-Sapogenine sind Derivate des Cholestans. Beispielsweise ist *Diosgenin*, welches in Jamswurzel- (*Dioscorea*) und *Trillium*-Arten (Liliaceae) vorkommt, ein Cholest-5-en-Derivat. Bei allen Steroid-Sapogeninen ist die Isoprenoid-Kette an der C(17)-Position in eine Spiroketal-Gruppe umfunktioniert worden (*Fig. 5.68*). Steroid-Saponine treten hauptsächlich bei einkeimblättrigen Pflanzen, vor allem Lilien- (z.B. Maiglöckchen) und Jamswurzelgewächsen (Dioscoreaceae) auf. Unter den zweikeimblättrigen Pflanzen enthalten nur Fingerhut und Bockshornklee (*Trigonella foenum-graecum*) Steroid-Saponine. Als so genannte *Marine Sterole* kommen sie auch bei Stachelhäutern (z.B. Seesternen und Seewalzen) vor. Manche, sowohl Triterpen- als auch Steroid-Saponine (z.B. Digitoxin), bilden mit Cholesterol schwerlösliche bimolekulare Aggregate, aus denen die einzelnen Komponenten durch Lösen in Pyridin freigesetzt werden können. Diese Reaktion, die bereits vor vielen Jahrhunderten von den chinesischen Iatrochemikern zur Isolierung von Steroid-Hormonen aus dem Urin verwendet wurde, dient zur Gehaltsbestimmung von Cholesterol.

Coprostan stellt das Grundgerüst der *Gallensäuren* (*Abschn. 9.3*) sowie der *Cardenolide* und *Bufotoxine* dar. Cardenolide sind eine Gruppe von giftigen pflanzlichen Steroid-Glycosiden mit spezifischer Wirkung auf die Herzmuskulatur.

5. Alkohole, Phenole und ihre Derivate

Einige Cardenolid-Aglycone – z. B. das aus dem Fingerhut isolierte Digitoxygenin (*Fig. 5.68*) – sind von besonderer klinischer Bedeutung. Digitoxygenin inhibiert die durch *ATPase* katalysierte Dephosphorylierung der Na^+/K^+-Pumpe an der extrazellulären Seite der Cytoplasmamembran. Die dadurch bedingte Erhöhung der Na^+-Konzentration im Cytosol bewirkt eine Verminderung des Ca^{2+}-Transports in den extrazellulären Raum (s. *Abschn. 7.3*). Eine Erhöhung der Ca^{2+}-Konzentration im Cytoplasma der Muskelzelle bewirkt ihrerseits durch Aktivierung der Actin–Myosin-Wechselwirkung die Muskelkontraktion.

Bufotoxine (Bufadienolide, Krötengifte) sowie die *Batrachotoxine* (sog. Pfeilgifte) sind ebenfalls herzwirksame Giftstoffe, die im Sekret der Hautdrüsen der Kröte (*Bufo vulgaris*) und mit ihr verwandter Arten bzw. der südamerikanischen Frösche der Gattung *Phyllobates* u. a. enthalten sind. Ebenfalls aus Cholesterol wird das *Samandarin* und die mit ihm konstitutiv verwandten Salamander-Alkaloide biosynthetisiert. Beim Samandarin handelt es sich um ein Steroid-Alkaloid (*Abschn. 7.5*), in dem der A-Ring des Steroid-Gerüstes durch Spaltung der (C(2)–C(3))-Bindung und Inkorporation eines aus Glutamin stammenden Amino-N-Atoms modifiziert worden ist (*Fig. 5.69*). Neben der auffälligen Hautpigmentierung (s. *Abschn. 10.14*) dienen die Salamander-Alkaloide als Abwehrmittel gegen natürliche Feinde. Aufgrund ihrer bemerkenswerten antibiotischen Aktivität schützen sie aber auch die Haut der Tiere vor dem Befall durch Bakterien und Pilze.

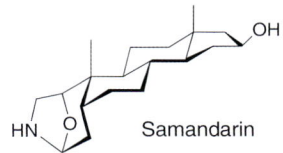

Fig. 5.69. *Das toxische* Samandarin *dient dem Feuersalamander (Salamandra maculosa) zur Abwehr seiner Feinde*

Weiterführende Literatur

D. C. Billington, 'The Inositol Phosphates. Chemical Synthesis and Biological Significance', VCH Verlagsgesellschaft, Weinheim, 1993.

V. L. Potter, D. Lampe, 'Die Chemie der Inositlipid-vermittelten zellulären Signalübertragung', *Angew. Chem.* **1995**, *107*, 2085–2125; *Angew. Chem., Int. Ed.* **1995**, *34*, 1933.

C. F. Van Sumere, 'Phenols and Phenolic Acids', in 'Methods in Plant Biochemistry. Vol. 1', Hrsg. J. B. Harborne, Academic Press, London, 1989, S. 29–73.

G. Krüger, 'Lignin, seine Bedeutung und Biogenese', *Chemie in unserer Zeit* **1976**, *10*, 21–29.

B. Monties, 'Lignins', in 'Methods in Plant Biochemistry, Vol. 1', Hrsg. J. B. Harborne, Academic Press, London, 1989, S. 113–157.

N. G. Lewis, E. Yamamoto, 'Lignin, Occurrence, biogenesis and biodegradation', *Ann. Rev. Plant Physiol. Plant Mol. Biol.* **1990**, *41*, 455–496.

M. J. Garson, 'The Biosynthesis of Marine Natural Products', *Chem. Rev.* **1993**, *93*, 1699–1733.

P. Rademacher, 'Chemische Carcinogene', *Chemie in unserer Zeit* **1975**, *9*, 79–84.

L. J. Goad, 'Phytosterols', in 'Methods in Plants Biochemistry, Vol. 7', Hrsg. B. V. Charlwood, D. V. Banthorpe, Academic Press, London, 1991, S. 369–434.

J. D. Connolly, R. A. Hill, 'Cardenolids', in 'Methods in Plants Biochemistry, Vol. 7', Hrsg. B. V. Charlwood, D. V. Banthorpe, Academic Press, London, 1991, S. 361–368.

G. Habermehl, 'Gifte als Lebenspartner', *Chemie in unserer Zeit* **1974**, *8*, 72–77.

E. Wistuba, 'Kleben und Klebstoffe', *Chemie in unserer Zeit* **1980**, *14*, 124–133.

Übungsaufgaben

1. Welche Sessel-Konformation des *cis*-Cyclohexan-1,3-diols steht mit dem Vorhandensein einer intramolekularen H-Brücken-Bindung im Einklang?

2. Die bevorzugte Konformation des 2,5-Di(*tert*-butyl)cyclohexan-1,4-diols, in dem alle vier Substituenten *cis*-ständig zueinander angeordnet sind, wird durch eine intramolekulare H-Brücken-Bindung stabilisiert. Um welche Konformation handelt es sich?

3. Zeichnen Sie die Strukturformeln aller möglichen Cyclohexan-1,2,3,4,5,6-hexole (Inosite). Wie viele von ihnen sind chiral?

4. Bei der Nitrierung von 4-Chloroanisol in Acetanhydrid entsteht ein einziges Mononitro-Derivat. Welches? Wird die gleiche Reaktion in wässriger Essigsäure durchgeführt, so entsteht 4-Nitrophenol in 37% Ausbeute. Schlagen Sie einen plausiblen Mechanismus für die letztgenannte Reaktion vor, bei der die elektrophile aromatische Substitution an einem bereits substituierten C-Atom – so genannte *ipso*-Substitution – stattfindet (vgl. Übungsaufgabe 2 in *Kap. 4*).

5. Berechnen Sie die stöchiometrischen Koeffizienten nachstehender Oxidation von Pentan-2-ol:

$$H_3C-CHOH-C_3H_7 + KMnO_4 + H_2SO_4 \rightarrow$$
$$H_3C-CO-C_3H_7 + MnSO_4 + K_2SO_4 + H_2O$$

6. Sowohl *Geraniol* (*Fig. 3.42*) als auch sein *cis*-Isomer (*Nerol*) kann *in vitro* durch Reaktion mit H_2SO_4 in α-Terpineol (*Fig. 5.46*) umgewandelt werden. Welches der beiden Isomere reagiert schneller? Schlagen Sie einen plausiblen Mechanismus für beide Reaktionen vor.

7. Im Gegensatz zu *tert*-Butanol bildet 1-Hydroxybicyclo[2.2.1]-heptan (Norbornan-1-ol) kein Olefin bei der Reaktion mit Säuren, obwohl es sich in beiden Fällen um tertiäre Alkohole handelt. Geben Sie eine Erklärung dafür. Berücksichtigen Sie dabei die von einer (C=C)-Bindung geforderte Molekülgeometrie (*Abschn. 3.2*).

8. Wie würden Sie Butan-1-ol in Butan-2-ol umwandeln?

9. Die säurekatalysierte Anlagerung von H_2O an α-Humulen (s. *Fig. 3.48*) führt zu α-Caryophyllen-alkohol (dessen C-Gerüst jedoch nicht dem Caryophyllan-Typ angehört!): Formulieren Sie die Strukturen der Zwischenprodukte, die durch aufeinander folgende intramolekulare Additionen von Carbenium-Ionen an (C=C)-Bindungen und *Wagner–Meerwein*-Umlagerungen gebildet werden.

5. Alkohole, Phenole und ihre Derivate

α-Humulen → α-Caryophyllen-alkohol (+ H⁺)

10. Behandelt man Pinakol, das in ^{18}O-haltigem Wasser gelöst ist, mit Säure, so enthält das im Reaktionsgemisch zurückgebliebene Pinakol ^{18}O-Atome. Die Untersuchung der Kinetik der Reaktion zeigt, dass die Geschwindigkeit des Austausches des O-Atoms zwei- bis dreimal größer ist als die Umlagerungsgeschwindigkeit. Welcher Zusammenhang besteht zwischen dieser Tatsache und dem Umlagerungsmechanismus?

11. Unreines (R)-Octan-2-ol mit der spezifischen Drehung $[\alpha]_D^{20} = -8{,}24$ wurde in das Natrium-Salz überführt und dieses mit Ethylbromid behandelt. Dabei bildete sich optisch aktiver Ethyl-octylether mit der spezifischen Drehung $[\alpha]_D^{20} = -14{,}6$. Welche absolute Konfiguration besitzt das Reaktionsprodukt? Wie groß wäre seine maximale optische Drehung, wenn man vom reinen (R)-Octan-2-ol ($[\alpha]_D^{20} = -9{,}9$) ausgegangen wäre?

12. Unsymmetrische Ether werden in der Regel nicht durch säurekatalysierte Reaktion zweier verschiedener Alkohole hergestellt. Doch wird ein Gemisch aus *tert*-Butanol und Methanol in Gegenwart von H_2SO_4 erhitzt, so erhält man *tert*-Butyl-methyl-ether in guter Ausbeute. Erklären Sie diesen Befund und begründen Sie, warum *tert*-Butyl-methyl-ether (Sdp. 55 °C) ein geeigneteres Lösungsmittel als Diethyl-ether in der Laboratoriumspraxis und im Technikumsmaßstab ist.

13. Die nucleophile Aufspaltung des Oxiran-Ringes bei Epoxycycloalkanen findet in der Regel unter axialer Annäherung des Nucleophils statt. Unter welchen Voraussetzungen steht die Bildung von (1S,2S,4R)-4-(*tert*-Butyl)cyclohexan-1,2-diol aus dem entsprechenden optisch aktiven *cis*-4-(*tert*-Butyl)-1,2-epoxycyclohexan (s. nebenstehende Formel) damit im Einklang? Welche (C–O)-Bindung des Letzteren wird bei der Hydrolyse des Epoxids in Gegenwart von 1N H_2SO_4 gespalten?

6. Thiole und ihre Derivate

6.1. Thiole und Thioether

Die Schwefel-Analoga der Alkohole und Ether werden Thiole (früher: Mercaptane) bzw. Thioether genannt (griech. ϑεῖον (*theíon*): Schwefel). Bei der systematischen Nomenklatur der Thiole wird das Präfix *Sulfanyl-* (*Mercapto-* in der älteren Literatur) bzw. das Suffix *-thiol* (z. B. Ethanthiol) statt *-ol* verwendet. Thioether werden mit der Endung *-sulfid* benannt, der die Namen der an das S-Atom gebundenen Radikale vorangestellt werden (z. B. Ethyl-methyl-sulfid).

Thiole bilden sehr stabile Quecksilber-Salze, worauf der Trivialname Mercaptane, *mercurium captans* (lat. *capio* (Part. *captum*): fassen, fangen), zurückzuführen ist. Wegen seiner Beweglichkeit wurde das Quecksilber von den Alchimisten *Mercurius* (der röm. Götterbote) genannt.

Im Allgemeinen gehören die charakteristischen Reaktionen der Alkohole und der Thiole zu den gleichen Reaktionstypen. Bedingt durch die verschiedenen atomaren Parameter der beiden Heteroatome (*Tab. 6.1*) weisen jedoch beide Verbindungsklassen Reaktivitätsunterschiede auf, die sowohl bei chemischen als auch bei enzymatischen Reaktionen von besonderer Bedeutung sind.

Tab. 6.1. *Vergleich einiger atomarer Parameter des O- und des S-Atoms*

Parameter	S	O
Ion (-2)-Radius [pm]	184	132
Elektronegativität	2,3	3,5
(A–H)-Bindungsenergie [kJ mol^{-1}]	377	498
Acidität von AH$_2$ (pK_s)	7,00	15,74
Redox-Potential E^0 [V]	$+0,142$	$+1,229$
Nucleophilie[a]	weich	hart

[a] Der Begriff der Nucleophilie wird im *Abschn. 7.8* erläutert.

Biologisch wichtige Derivate der Thiole sind die Aminosäuren Cystein, Homocystein und Methionin (*Fig. 6.1*) sowie das Coenzym A (*Abschn. 9.22*), welches Cysteamin (das Decarboxylierungsprodukt des Cysteins) als reaktive Einheit enthält.

6.1. Thiole und Thioether
6.2. Disulfide
6.3. Redox-Reaktionen
6.4. Sulfoxide und Sulfone
6.5. Organische Schwefelsäuren

Struktur und Reaktivität der Biomoleküle

Fig. 6.1. *Wichtigste schwefelhaltige α-Aminosäuren*

Cystein — Homocystein — Methionin

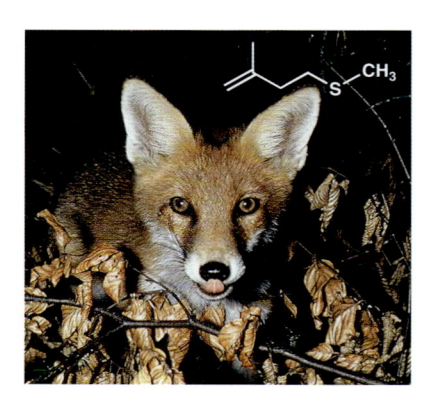

Fig. 6.2. *Aus dem Urin des Rotfuchses (Vulpes vulpes) ist Methyl-(3-methylbut-3-enyl)-sulfid isoliert worden.*

Für das menschliche Empfinden sind die meisten S-haltigen Verbindungen übelriechend. Sie rufen tatsächlich nicht nur den charakteristischen scharfen Geschmack zahlreicher Pflanzen (z. B. Zwiebelgewächse, Raps und Senf) sondern auch den Geruch von einigen Tieren hervor. Für den hauptsächlich während der Paarungszeit im Winter charakteristischen, durchdringenden Gestank des Rotfuchses sind beispielsweise Methyl-(3-methylbut-3-enyl)-sulfid und Methyl-(2-phenylethyl)-sulfid eindeutig verantwortlich (*Fig. 6.2*).

Da Schwefelwasserstoff (H_2S) eine stärkere Säure als H_2O ist (*Tab. 6.1*), sind Thiolat-Ionen zwar schwächere Basen als HO^-, aber bedeutend bessere Nucleofuge, eine Eigenschaft, die bei Substitutionsreaktionen eine sehr wichtige Rolle spielt (*Abschn. 7.8*). Aufgrund der geringeren Elektronegativität des S-Atoms und des größeren Radius des entsprechenden Anions, sind Thiolat-Ionen ebenfalls hervorragende Nucleophile. Aus diesem Grunde lassen sich Sulfonium-Salze durch Alkylierung von Thioethern wesentlich leichter herstellen als die entsprechenden Oxonium-Salze (*Fig. 6.3*).

Dimethyl-sulfid — Trimethylsulfonium-iodid ($pK_s = 28,5$) — Dimethylsulfonium-methylid

Fig. 6.3. *Herstellung von Sulfonium-Salzen durch Alkylierung von Thioethern*

In Gegenwart starker Basen (z. B. Alkalimetall-alkoholate) fungieren Sulfonium-Salze als (C–H)-acide Verbindungen (*Abschn. 8.16*), deren konjugierte Basen besonders reaktive Nucleophile sind (*Fig. 6.3*).

Analog den Oxonium-Salzen sind Sulfonium-Salze selbst wirksame Alkylierungsmittel. Da ihre Bildung aber weniger endotherm als die der Oxonium-Salze ist, kann man verstehen, warum *S*-Adenosylmethionin (*Fig. 6.4*) das wichtigste Coenzym ist, das an der enzymatischen Methylierung biologischer Substrate beteiligt ist (*Tab. 6.2*).

Zwei Typen von Reaktionen unterscheiden die Thiole von den entsprechenden Alkoholen:

1) Bildung von Disulfiden
2) Oxidation des Heteroatoms

Fig. 6.4. *S-Adenosylmethionin (SAM): ein biologisch wichtiges Sulfonium-Ion*

Tab. 6.2. *Einige methylierende Enzyme, die S-Adenosylmethionin als Coenzym verwenden*

Catechol *O*-Methyltransferase	*Abschn. 5.14*
Methyltransferasen bei der Biosynthese des Antibiotikums U-106305	*Abschn. 5.21*
Phenylethanolamin *N*-Methyltransferase	*Abschn. 7.8*
Glycin *N*-Methyltransferase bei der Biosynthese des Sarkosins	*Abschn. 9.7*
C-Methyltransferasen bei der Biosynthese des 5'-Desoxyadenosylcobalamins	*Abschn. 10.4*
Dimethylallyltryptophan *N*-Methyltransferase bei der Biosynthese der Lysergsäure	*Abschn. 10.6*
N-Methyltransferasen bei der Biosynthese von Pyrrolidin-Alkaloiden	*Abschn. 10.10*
Norreticulin *N*-Methyltransferase	*Abschn. 10.11*
DNA-(Cytosin-5) Methyltransferase	*Abschn. 10.13*
DNA-(Adenin-N^6) Methyltransferase	*Abschn. 10.17*
tRNA-Uracil Methyltransferase	*Abschn. 10.17*

6.2. Disulfide

Im Gegensatz zu Peroxiden, die nur durch Reaktion mit Derivaten des Sauerstoffs zugänglich sind, bei denen die (O—O)-Bindung bereits vorhanden ist, lassen sich Disulfide aufgrund des wesentlich niedrigeren Redox-Potentials des S-Atoms (*Tab. 6.1*) durch Oxidation von Thiolen leicht herstellen. Die Oxidation wird vorzugsweise mit H_2O_2 durchgeführt; sie findet jedoch in Gegenwart einer Base sogar mit Luftsauerstoff statt. Die Bildung von Disulfiden aus den entsprechenden Thiolen ist eine reversible Reaktion, die bei biologischen Prozessen eine wichtige Rolle spielt (*Fig. 6.5*).

Durch Oxidation von Cystein zu Cystin werden zwischen Peptid-Fragmenten intra- oder intermolekulare kovalente Bindungen hergestellt, welche z.T. die Tertiärstruktur der Proteine (*Abschn. 9.29*) bestimmen. Auf der Reversibilität der Reaktion beruht die kosmetische Erzeugung von Dauerwellen im Haar wenn Letzteres zuerst mit Thioglycolsäure (die am häufigsten verwendete Hauptkomponente der sog. 'Wellmittel' oder 'Entwickler') und danach mit Wasserstoff-peroxid (das 'Fixiermittel') behandelt wird. Thioglycolsäure bewirkt die reduktive Spaltung der Disulfid-Bindungen zwischen Cystin-Einheiten, die sich als Bestandteile des Keratins in parallel zueinander angeordneten Protein-Ketten befinden, wodurch sich das Haar verformen lässt. Wird das auf Dauerwickler gewickelte Haar mit H_2O_2 behandelt, so werden neue Disulfid-Bindungen geknüpft, die eine permanente Verformung stabilisieren.

Die Liponsäure (als Lysinamid) ist das Coenzym der *Dihydrolipoyl-Transacetylase*, welches zum Pyruvat-Dehydrogenase-Komplex gehört, der die oxidative Decarboxylierung der Brenztraubensäure katalysiert. Bei diesem Prozess ist das Liponsäure-amid an der Biosynthese des Acetyl-Coenzyms A direkt beteiligt (*Abschn. 9.13*).

Die von der *Glutathion-Peroxidase*, einem Enzym, welches das Selen-Analogon des Cysteins enthält (!), katalysierte Oxidation von Glutathion ist eine der Reaktionen, die zum Schutz aerober Organismen gegen die schädlichen Wirkungen der Nebenprodukte der enzymatischen Reduktion von molekularem Sauerstoff dienen (*Abschn. 2.16*). Glutathion ist ebenfalls erforderlich, um das Fe-Ion des Hämoglobins in der niedrigen Oxidationsstufe (Fe^{2+}) zu erhalten. Die von der *Glu-*

Fig. 6.5. *Enzymatisch katalysierte Redox-Reaktionen biologisch wichtiger Disulfide*

tathion-Peroxidase katalysierte Oxidation von Glutathion (GSH) zum entsprechenden Disulfid (GSSG) ist mit der Reduktion organischer Hydroperoxide zu H$_2$O und einem Alkohol gekoppelt:

$$2\ GSH + R\text{-}O\text{-}OH \rightarrow GSSG + H_2O + ROH$$

Die Rückverwandlung des Disulfids in Glutathion wird von der *Glutathion-Reductase* katalysiert. In lebenden Zellen ist mindestens 500 mal mehr Glutathion als vom entsprechenden Disulfid vorhanden.

Glutathion dient ebenfalls zur Regeneration der *Formaldehyd-Dehydrogenase*, eines NAD$^+$-abhängigen Enzyms, das in der Hefe sowie in der Leber verschiedener Wirbeltiere Formaldehyd zu Ameisensäure oxidiert.

Ebenso wie Thiole sind Disulfide für den charakteristischen stechenden Geruch einiger Naturprodukte verantwortlich (*Fig. 6.6* und *6.7*).

6.3. Redox-Reaktionen

Bei Redox-Reaktionen findet ein reversibler Austausch von Elektronen zwischen den Reaktionspartnern statt. Sie werden somit thermodynamisch ebenso behandelt wie Reaktionen, bei denen Protonen zwischen Säuren und Basen ausgetauscht werden (*Abschn. 5.6*). Die Energiegehalte der Verbindungen, die an Redox-Reaktionen teilnehmen, werden jedoch als elektrisches Potential (E^0 in Volt) ausgedrückt, welches proportional zur Änderung der Freien Enthalpie bei der Reaktion ist:

$$\Delta G^0 = -n \cdot F \cdot E^0$$

Fig. 6.6. *Allyl-disulfide kommen in Zwiebelgewächsen vor.*

Diallyl-disulfid im Knoblauch (*Allium sativum*)

Allyl-propyl-disulfid in der Zwiebel (*Allium cepa*)

Die Proportionalitätskonstante F (die *Faraday*-Konstante), deren Wert 96,5 kJ mol^{-1} V^{-1} beträgt, ist gleich dem Produkt der Elementarladung eines Elektrons mit der *Avogadro*'schen Zahl*. Die Anzahl der Elektronen, die bei der Reaktion ausgetauscht werden, wird mit n angegeben.

Das Elektrodenpotential einer Reaktion, bei der ein Elektronenakzeptor (*Ox*) zum entsprechenden Produkt (*Red*) gemäß:

$$Ox + 2\ e^- + 2\ H^+ \rightarrow Red$$

reduziert wird, gibt der als *Nernst*'sche Gleichung bekannte Ausdruck an:

$$E = E^0 - \frac{RT}{nF} \ln \frac{[Ox][H^+]^2}{[Red]}$$

wobei E^0 als das so genannte 'Normal-Redox-Potential' definiert wird.

Obwohl jede Halbreaktion eines Redox-Systems exergonisch verläuft, wenn der Elektronenakzeptor (*Ox*) in das entsprechende reduzierte Produkt (*Red*) umgewandelt wird:

$$Ox + 2\ e^- + 2\ H^+ \rightarrow Red + \text{Energie}$$

können die Reduktionspotentiale der Halbreaktionen positiv oder negativ sein, weil sie üblicherweise auf die Reaktion:

$$H^+ + e^- \rightarrow 1/2\ H_2$$

bezogen werden, deren Normal-Redox-Potential in Wasser bei 25 °C und [H$_3$O$^+$] = 1M (pH = 0) willkürlich als $E^0 = 0$ V definiert wird.

Da aber metabolische Reaktionen unter physiologischen Bedingungen meist in neutralen wässrigen Lösungen stattfinden, wird in der Biochemie statt des Normalpotentials E^0 das *physiologische* Normalpotential ($E^{0\prime}$), welches bei pH = 7 bestimmt wird, verwendet:

$$E = E^0 - \frac{RT}{F} \ln [H_3O^+] - \frac{RT}{nF} \ln \frac{[Ox]}{[Red]} = E^{0\prime} - \frac{RT}{nF} \ln \frac{[Ox]}{[Red]}$$

Somit beträgt die Differenz der beiden Potentiale bei Reaktionen, bei denen ebenso viele Elektronen wie Protonen beteiligt sind:

$$E^{0\prime} = E^0 - \frac{RT}{F} \ln [H_3O^+] = E^0 - 0{,}414\ V$$

Selbstverständlich ist bei pH-unabhängigen Redox-Reaktionen (z. B. Fe$^{3+} \rightleftharpoons$ Fe^{2+}) $E^{0\prime} = E^0$.

Einige $E^{0\prime}$-Werte biologisch wichtiger Redox-Reaktionen sind in *Tab. 6.3* angegeben.

Fig. 6.7. *Asparagusinsäure kommt im Spargel (Asparagus officinalis) vor.*

Im thermodynamischen Gleichgewicht sind die Potentiale der beiden Redox-Paare, die an der Reaktion teilnehmen, gleich, und demzufolge:

$$\Delta E^{0\prime} = \frac{RT}{nF} \ln K \quad \text{bzw.} \quad \Delta G^{0\prime} = -nF \cdot \Delta E^{0\prime}$$

Wie bereits erwähnt, können die Potentiale der Halbreaktionen eines Redox-Systems in Bezug auf die Wasserstoff-Elektrode positiv oder negativ sein. Für die gesamte Redox-Reaktion muss jedoch $\Delta E^0 > 0$ sein, damit die Reaktion selbstständig unter Abnahme von Freier Enthalpie ($\Delta G^0 < 0$) abläuft. Anhand der in *Tab. 6.3* aufgeführten E^0-Werte lässt sich somit ableiten, welchen Gleichgewichtszustand zwei Redox-Paare anstreben.

Beispielsweise wird die im *Abschn. 6.2* erwähnte Rückverwandlung von GSSG in Glutathion (GSH):

$$\text{GSSG} + 2\,e^- + 2\,H^+ \rightarrow 2\,\text{GSH} \quad E^{0\prime} = -0{,}23\,\text{V}$$

Tab. 6.3. *Standardreduktionspotentiale (H_2O, 25 °C) einiger biologisch wichtiger Halbreaktionen.* Definitionsgemäß bedeutet ein *hohes* Redox-Potential, eine größere Tendenz Elektronen abzugeben. Negative und positive Redox-Potentiale sind somit um so *höher*, je größer bzw. kleiner ihre *absoluten* E^0-Werte sind. Die in der vorliegenden Tabelle aufgeführten Reaktionen sind von oben nach unten in der Reihenfolge *abnehmender* Redox-Potentiale angeordnet. (Die meisten Daten stammen aus 'Handbook of Biochemistry and Molecular Biology, 3. Aufl.', 'Physical and Chemical Data', CRC Press, Cleveland, Ohio, 1976, Band I, S. 123–130.

Oxidierte Form	Reduzierte Form	n	$E^{0\prime}$ [V]
Succinat + CO_2	α-Oxoglutarat	2	−0,670
Acetat + 2 H^+	Acetaldehyd	2	−0,581
Ferredoxin (Fe^{3+})	Ferredoxin (Fe^{2+})	1	−0,432
2 H^+ (pH = 7)	H_2	2	−0,414
Acetylacetat + 2 H^+	β-Oxobutyrat	2	−0,346
Cystin + 2 H^+	Cystein	2	−0,340
NAD^+ + 2 H^+	NADH + H^+	2	−0,315
$NADP^+$ + 2 H^+	NADPH + H^+	2	−0,324
Lipoat + 2 H^+	Lipoat · 2 H	2	−0,290
Glutathion-Dimeres + 2 H^+	Glutathion · 2 H	2	−0,230
FAD + 2 H^+	$FADH_2$ (freies Coenzym)	2	−0,219
Acetaldehyd + 2 H^+	Ethanol	2	−0,197
Pyruvat + 2 H^+	Lactat	2	−0,185
Oxalacetat + 2 H^+	Malat	2	−0,166
FAD + 2 H^+	$FADH_2$ (in Flavoprotein)	2	≈ 0
2 H^+ (pH = 0)	H_2	2	0,000
Fumarat + 2 H^+	Succinat	2	0,031
Ubichinon + 2 H^+	Ubichinol	2	0,045
Dehydroascorbat + 2 H^+	Ascorbat	2	0,080
PQQ (s. *Fig. 10.46*)	PQQH2	2	0,120
Cytochrom c (Fe^{3+})	Cytochrom c (Fe^{2+})	1	0,254
O_2 + 2 H^+	H_2O_2	2	0,295
Fe^{3+}	Fe^{2+}	1	0,771
1/2 O_2 + 2 H^+	H_2O	2	0,815

Otto Heinrich Warburg (1883–1970) promovierte in Chemie (1906) bei *E. Fischer* (*Abschn. 8.24*) an der Humboldt Universität zu Berlin und 1911 zum Dr. med. in Heidelberg. Drei Jahre später wurde er Leiter einer Forschungsabteilung der *Kaiser-Wilhelm*-Gesellschaft in Berlin, wo er 1918 zum Professor ernannt wurde. Ab 1931 leitete er das für ihn gebaute *Kaiser-Wilhelm*-Institut (ab 1953 *Max-Planck*-Institut) für Zellphysiologie. *Warburg* fand 1913, dass die Zellatmung in den Mitochondrien stattfindet, und charakterisierte später (1928) die prosthetische Gruppe der *Cytochromoxidase* (*Warburg*'sches Atmungsferment) als ein eisenhaltiges Porphyrin-Derivat (*Abschn. 10.4*). Ferner klärte *Warburg* die Strukturen der Pyridin- (*Abschn. 10.10*) und Flavin-Nucleotide (*Abschn. 10.14*) auf, die als prosthetische Gruppen der entsprechenden Oxidoreductasen an der enzymatisch katalysierten Übertragung von Wasserstoff beteiligt sind. Im Zusammenhang mit diesen Arbeiten fand *Warburg*, dass Tumorzellen ihre Energie anaerob durch Umsetzung von Glucose in Milchsäure gewinnen, ein Prozess, der in normalen Zellen nur bei Sauerstoffmangel abläuft. Seine grundlegenden Arbeiten über Zellatmung und Photosynthese wurden 1931 mit dem *Nobel*-Preis für Physiologie/Medizin geehrt. (© *Nobel*-Stiftung)

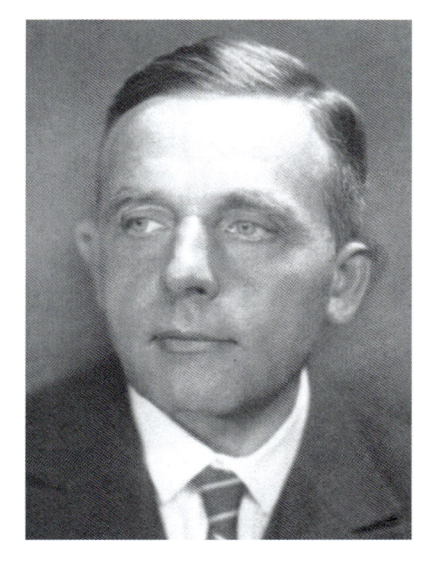

von der *Glutathion-Reductase* katalysiert, einem Enzym, das NADPH (*Abschn. 10.10*) als einen der Cofaktoren enthält:

$$NADP^+ + 2\,e^- + 2\,H^+ \rightarrow NADPH + H^+ \qquad E^{0\prime} = -0{,}324\,V$$

Damit die Differenz beider Redox-Potentiale ($\Delta E^{0\prime}$) positiv wird (d. h. $\Delta G^{0\prime} < 0$), muss die Reaktion mit dem *höheren* Reduktionspotential von der Reaktion mit dem niedrigeren Potential subtrahiert werden, d. h.:

$$GSSG - NADP^+ \rightarrow 2\,GSH - NADPH - H^+ \qquad E^{0\prime} = 0{,}094\,V$$

oder: $GSSG + NADPH + H^+ \rightarrow 2\,GSH + NADP^+$.

Die letzte Gleichung gibt somit die Richtung des exergonischen ($\Delta G^{0\prime} = -nF \cdot \Delta E^{0\prime} = -18{,}1\,kJ\,mol^{-1}$) Reaktionsablaufs an.

Zweielektronen-Redox-Reaktionen, bei denen $\Delta E^{0\prime} \geq 0{,}65\,V$ ($\Delta G^{0\prime} \approx 125\,kJ\,mol^{-1}$), sind praktisch irreversibel (*Abschn. 1.11*). Daher werden in biologischen Systemen größere Potentialunterschiede mit Hilfe von *Elektronentransportketten* überwunden. Sowohl bei der Atmung als auch bei der Photosynthese dienen derartige Elektronentransportketten der Regenerierung von NADH bzw. NADPH unter gleichzeitiger Erzeugung von Protonengradienten, welche die Bildung von ATP antreiben (*Abschn. 10.16*).

In eukaryontischen Zellen findet die Atmung in besonderen Organellen, den so genannten *Mitochondrien*, statt. Diese besitzen zwei Membranen (die äußere und die innere Membran). Die innere Membran umschließt die so genannte Matrix, in der die oxidative Decarboxylierung des Pyruvats (*Abschn. 9.13*) und die Reaktionen des Citrat-Zyklus (*Abschn. 9.5*) stattfinden. In der inneren Membran sind die Enzyme der Atmungskette und der ATP-Biosynthese integriert. Bei aeroben Prokaryonten* (die über keine Mitochondrien verfügen) sind die entsprechenden Enzyme in der Cytoplasmamembran integriert.

Die Atmungskette besteht aus drei Protein-Komplexen: *NADH-Coenzym-Q-Reductase*, *Cytochrom-Reductase* und *Cytochrom-Oxidase*, die in der inneren Mitochondrienmembran eingebettet sind. (*Fig. 6.8*). Jeder dieser Protein-Komplexe besteht aus mehreren Untereinheiten, die mit unterschiedlichen redox-aktiven pros-

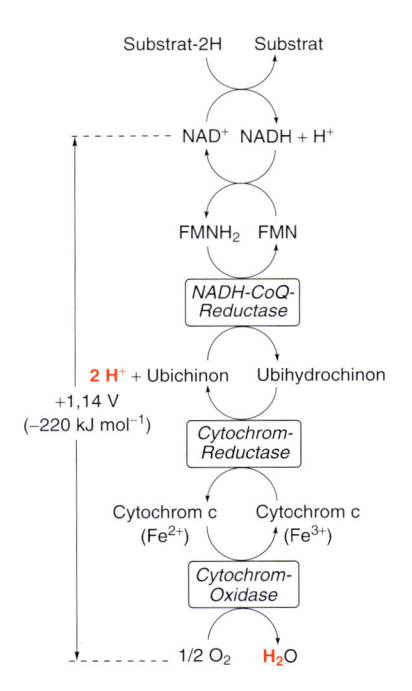

Fig. 6.8. *Redox-Reaktionen der Atmungskette*

thetischen Gruppen steigender Reduktionspotentiale (Flavine, Eisen–Schwefel-Cluster, verschiedene Cytochrome und Cu-Ionen) assoziiert sind. Die vermutlich größte Protein-Komponente der Atmungskette, die *NADH-Coenzym-Q-Reductase*, leitet Elektronen von NADH an das Ubichinon oder Coenzym Q (*Abschn. 8.4*) über FMN (*Abschn. 10.14*) und mehrere (6 bis 7) Eisen–Schwefel-Cluster (vgl. *Abschn. 9.28*).

Bei den Aerobiern ist die Atmungskette an den Citronensäure-Zyklus gekoppelt (*Abschn. 9.5*), und zwar nicht nur durch die Reaktionen, bei denen NAD^+ verbraucht wird, sondern auch durch die FAD-abhängige *Succinat-Coenzym-Q-Reductase*, welche die bei der Dehydrierung von Succinat freiwerdenden Elektronen (*Abschn. 3.7*) an das Coenzym Q weiterleitet. Der Prozess, bei dem Energie, die bei der Reduktion von molekularem Sauerstoff durch NADH oder $FADH_2$ freigesetzt wird, zur Biosynthese von ATP dient, wird *oxidative Phosphorylierung* genannt. Pro Molekül NADH oder $FADH_2$ werden 2 bis 3 bzw. 1 bis 2 ATP-Moleküle gebildet.

Die Photosynthese sauerstofferzeugender Organismen (Cyanobakterien und Pflanzen) hängt vom Wechselspiel zweier komplementärer Photosysteme ab (*Fig. 6.9*). Das Photosystem I wird durch Licht angeregt, dessen Wellenlänge unterhalb von 700 nm liegt, und erzeugt durch Übertragung eines Elektrons aus dem angeregten Chlorophyll-*a*-Molekül (*Abschn. 10.4*) ein starkes Reduktionsmittel (das Ferredoxin), das schließlich zur Bildung von NADPH führt. Dieses wird im *Calvin*-Zyklus für die Reduktion von 1,3-Bisphosphoglycerat zu Glycerinaldehyd-3-phosphat verwendet (*Abschn. 8.29*). Das Photosystem II braucht Licht,

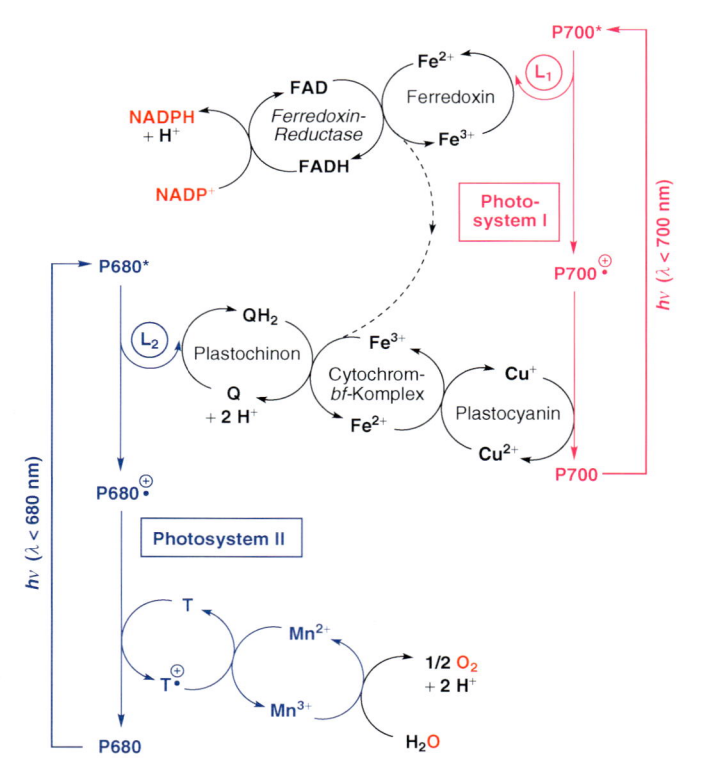

Fig. 6.9. *Redox-Reaktionen bei der oxygenen Photosynthese* (schematisch). P680* und P700* sind durch Lichtabsorption angeregte Chlorophyll-Moleküle; $P680^{+\cdot}$ und $P700^{+\cdot}$ die entsprechenden Radikal-Kationen. $T^{+\cdot}$ ist ein Tyrosin-Radikal-Kation; L_1 und L_2 sind Elektronentransportketten, die aus mehreren nicht einzeln aufgeführten Gliedern bestehen.

dessen Wellenlänge unterhalb von 680 nm liegt, und produziert ein starkes Oxidationsmittel (ein Chlorophyll-Radikal-Kation), das zur Bildung von molekularem Sauerstoff führt. Zusätzlich erzeugt das Photosystem I ein schwaches Oxidationsmittel (das Cu^I-Plastocyanin), das Photosystem II dagegen ein schwaches Reduktionsmittel (das Plastochinol). Sowohl der Elektronenfluss vom Photosystem II auf I als auch innerhalb jedes Photosystems führt zur Erzeugung eines Protonengradienten, der die Synthese von ATP antreibt (sog. photosynthetische Phosphorylierung oder *Photophosphorylierung*).

Für Elektronen aus dem Reaktionszentrum P700 des Photosystems I existiert ein alternativer Weg, der zur Vielseitigkeit der Photosynthese beiträgt. Das im reduzierten Ferredoxin enthaltene Elektron kann nämlich statt auf $NADP^+$ auf den Cytochrom-*bf*-Komplex übertragen werden (gestrichelte Linie in *Fig. 6.9*). Dieses Elektron fließt dann über das Plastocyanin zurück zum oxidierten P700. Durch diesen zyklischen Elektronenfluss werden ausschließlich Protonen durch den Cytochrom-*bf*-Komplex gepumpt. Der Protonengradient treibt dann die Synthese von ATP an. In diesem Prozess der *zyklischen Photophosphorylierung* wird die Bildung von ATP nicht von der Bildung von NADPH begleitet. Das Photosystem II ist daran nicht beteiligt und deshalb entsteht dabei kein O_2 aus H_2O. Die zyklische Photophosphorylierung findet statt, wenn aufgrund eines sehr hohen $NADPH/NADP^+$-Verhältnisses kein $NADP^+$ zur Verfügung steht, um Elektronen vom reduzierten Ferredoxin zu übernehmen.

An der anoxygenen Photosynthese der anaeroben phototrophen Bakterien (Schwefelpurpurbakterien, schwefelfreie Purpurbakterien und Grüne Schwefelbakterien) sind nur die Reaktionen einer dem Photosystem II ähnlichen Elektronentransportkette beteiligt, die *zyklische Photophosphorylierung* betreiben. Die Lichtreaktion hat somit nur die Erzeugung eines Protonengradienten und damit die Bildung von ATP zur Folge und nicht die Reduktion von NAD^+. Die anoxygene Photosynthese ist auf die Verfügbarkeit reduzierter Substrate im Medium angewiesen (H_2S, Thiosulfat oder Schwefel bei den Schwefelpurpurbakterien; Wasserstoff oder organische Substrate – Malat, Succinat, u. a. – bei anderen anaeroben phototrophen Bakterien), deren Oxidation statt Sauerstoff Schwefel, Sulfat, Protonen bzw. die entsprechenden oxidierten organischen Verbindungen erzeugt. Als Photosynthesepigment (P870) fungiert bei den Purpurbakterien das Bacteriochlorophyll *a* statt dem Chlorophyll *a*. Die Elektronen fließen über Ubichinon zu einem Cytochrom-Komplex, und von dort werden sie zur Regenerierung des Grundzustandes des Photosynthesepigments zurückgeleitet. Die bisher nicht völlig geklärte Photosynthese der Grünen Schwefelbakterien stellt ein Bindeglied zwischen der Photosynthese der Purpurbakterien und derjenigen der Cyanobakterien und Pflanzen dar.

6.4. Sulfoxide und Sulfone

Im Gegensatz zu sauerstoffhaltigen organischen Verbindungen, bei denen die Oxidationszahl (vgl. *Abschn. 5.10*) des O-Atoms maximal -2 beträgt, können Thioether zu Derivaten (sog. *Sulfoxide* und *Sulfone*) oxidiert werden, bei denen die Oxidationszahl des S-Atoms 4 bzw. 6 beträgt (*Fig. 6.10*). Da bei Sulfoxiden nicht alle Valenzelektronen des S-Atoms Bestandteil der kovalenten Bindungen sind, bewirkt die elektrostatische Abstoßungskraft zwischen dem nichtbindenden Elektronenpaar und den Bindungselektronen, dass die entsprechenden Moleküle nicht planar sind. Sulfoxid-Moleküle sind deshalb pyramidal (im Dimethyl-sulfoxid beispielsweise betragen der (C–S–C)- und beide (C–S–O)-Bindungswinkel 96,6° bzw. 106,6°). Sind beide C-haltigen Liganden eines Sulfoxids konstitutiv verschieden, so ist das Molekül chiral. In der Tat können die Enantiomere derartiger Sulfoxide im Gegensatz zu chiralen tertiären Aminen, deren Moleküle ebenfalls pyramidal gebaut sind (*Abschn. 7.2*), aufgrund der hohen Aktivierungsenthalpie ihrer Racemisierung ($\Delta H^{\ddagger} = 146$ bis 176 kJ mol^{-1}) voneinander getrennt werden. Erwar-

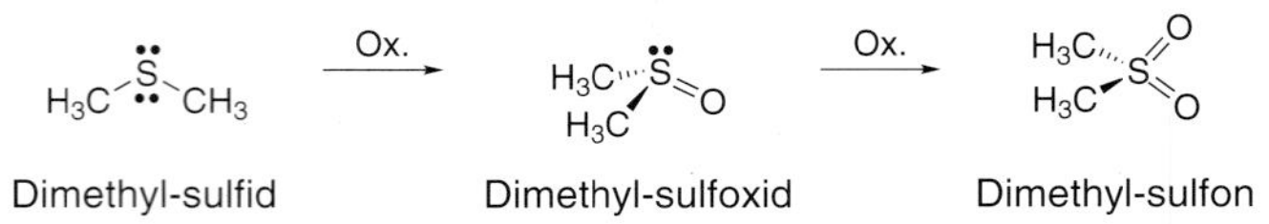

H₃C—S—CH₃ →(Ox.) H₃C—S(=O)—CH₃ →(Ox.) H₃C—S(=O)₂—CH₃

Dimethyl-sulfid   Dimethyl-sulfoxid   Dimethyl-sulfon

Fig. 6.10. *Oxidationsprodukte der Thioether.* (S—O)-Bindungen können entweder als dative Bindungen (S → O; *Abschn. 1.4*) oder als Resonanz-Hybride zweier Grenzstrukturen (S⁺—O⁻ ↔ S=O) dargestellt werden. Obschon (S—O)-Bindungen keine Doppelbindungen im herkömmlichen Sinne sind, bringt die (S=O)-Grenzstruktur den Doppelbindungscharakter der (S—O)-Bindung, der aus den Bestimmungen seiner Dissoziationsenergie und Bindungslänge hergeleitet werden kann, am besten zum Ausdruck.

tungsgemäß weisen Sulfon-Moleküle die Geometrie eines irregulären Tetraeders auf. Im Dimethyl-sulfon z. B. betragen die (O—S—O)- und (C—S—C)-Bindungswinkel 120° bzw. 103°.

Sowohl Sulfoxide als auch Sulfone sind in der Biologie jedoch von untergeordneter Bedeutung. Dimethyl-sulfoxid und Dimethyl-sulfon sind unter den niedermolekularen Schwefel-Verbindungen (hauptsächlich Methanthiol und Dimethyl-sulfid) nachgewiesen worden, die für den charakteristischen stechenden Geruch des Urins einiger Personen nach dem Verzehr von Spargel verantwortlich sind. Da genetisch bedingt nur *ca.* 50% der Spargelkonsumenten einen riechbaren Urin ausscheiden, handelt es sich bei den oben erwähnten Schwefel-Verbindungen um Produkte des enzymatischen Abbaus des *S*-Methylmethionins und der in den Spargeln vorkommenden Asparagusinsäure (*Abschn. 6.2*).

Aufgrund seiner hohen Polarität ist Dimethyl-sulfoxid (DMSO) ein ausgezeichnetes, mit H_2O in jedem Verhältnis mischbares Lösungsmittel (s. *Tab. 5.2*). Dimethyl-sulfoxid wird sehr leicht über die Haut resorbiert und wirkt somit als Träger für toxische Stoffe als auch für Heilmittel. Sein Einsatz in der Kosmetik ist in einigen Ländern jedoch verboten, und auch seine Einsatzmöglichkeiten in der Medizin werden heute zurückhaltender beurteilt als noch vor 20 Jahren.

Alkyl-sulfoxide können analog den Trialkylsulfonium-Salzen (*Abschn. 6.1*) durch starke Basen (Natrium-hydrid) an den α-C-Atomen deprotoniert werden. Die entsprechenden konjugierten Basen werden in der organischen Synthese als vielseitig einsetzbare Nucleophile verwendet.

6.5. Organische Schwefelsäuren

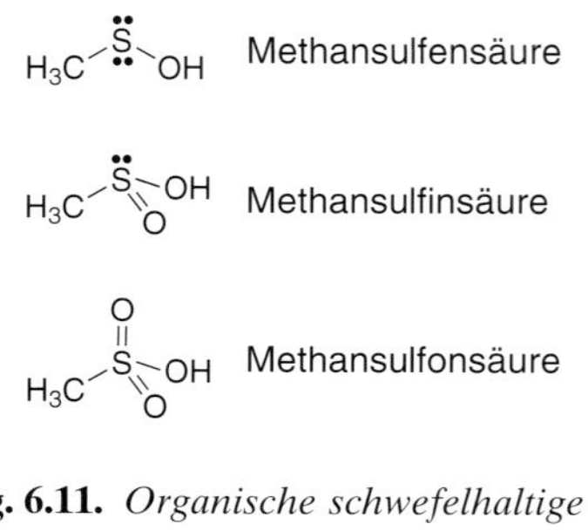

Durch Oxidation von Thiolen mit Salpetersäure (HNO_3) entstehen *Sulfonsäuren*, deren Acidität (Methansulfonsäure: $pK_s = -1,9$, Benzolsulfonsäure: $pK_s = -2,8$) wesentlich höher ist als diejenige der Carbonsäuren (*Abschn. 9.2*). Formal leiten sich die Sulfonsäuren aus H_2SO_4 durch Austausch einer OH-Gruppe gegen ein C-haltiges Radikal ab (*Fig. 6.11*). Dementsprechend lassen sich die *Sulfinsäuren* von der schwefligen Säure (H_2SO_3) ableiten. Amide und Ester der Sulfinsäuren kommen als Enantiomere vor, die getrennt werden können. *Sulfensäuren* lassen sich wegen ihrer leichten Disproportionierung, die zur Bildung der entsprechenden Sulfinsäure und des entsprechenden Thiols führt, im Allgemeinen nicht isolieren. Eine Ausnahme stellt die 1,1-Dimethylethansulfensäure dar. Die Natrium-Salze der langkettigen Alkansulfonsäuren werden als Tenside in Detergenzien (Waschmittel) verwendet (s. *Abschn. 9.18*). Wegen ihrer antibiotischen Eigenschaften sind Sulfonsäure-amide (Sulfonamide) die wichtigsten Derivate der Sulfonsäuren (*Abschn. 7.13*).

H₃C—S—OH   Methansulfensäure

H₃C—S(=O)—OH   Methansulfinsäure

H₃C—S(=O)₂—OH   Methansulfonsäure

Fig. 6.11. *Organische schwefelhaltige Säuren*

6. Thiole und ihre Derivate

Weiterführende Literatur

E. Block, 'Die Organoschwefelchemie der Gattung Allium und ihre Bedeutung für die organische Chemie des Schwefels', *Angew. Chem.* **1992**, *104*, 1158–1203; *Angew. Chem., Int. Ed.* **1992**, *31*, 1135–1178.

F. Hoffmann, 'Senföle', *Chemie in unserer Zeit* **1978**, *12*, 182–188.

D. G. Nicolls, S. J. Ferguson, 'Bioenergetics', 2. Aufl., Academic Press, New York, 1992.

B. Anderson, 'The two photosystems of oxygenic photosynthesis', in 'Molecular Mechanisms in Biosynthesis', Hrsg. L. Ernster, Elsevier, Amstredam, 1992, S. 121–143.

Übungsaufgaben

1. Thiole fungieren als Inhibitoren bei Reaktionen, an denen freie Radikale beteiligt sind, wobei die entsprechenden Disulfide gebildet werden. Die Bindungsdissoziationsenergie der (S–H)-Bindung im Methanthiol beträgt 314 kJ mol^{-1}. Berechnen Sie ΔH^0 für die Reaktion: $CH_4 + H_3C-S\cdot \rightleftharpoons H_3C\cdot + H_3C-SH$. Auf welcher Seite liegt das dargestellte chemische Gleichgewicht?

2. Vergleichen Sie den Wert von $\Delta G^{0\prime}$ für die Oxidation von Succinat zu Fumarat durch NAD$^+$ und FAD unter Verwendung der in *Tab. 6.3* angegebenen Redox-Potentiale. Warum ist FAD und nicht NAD$^+$ der Elektronenakzeptor bei der Reaktion, die von der Succinat-Dehydrogenase katalysiert wird?

3. Durch Oxidation von enantiomerenreinem (1-Methylheptyl)-phenyl-sulfid wurde ein Gemisch der optisch aktiven (1-Methylheptyl)-phenyl-sulfide **A** und **B** im Verhältnis von 2:3 erhalten, dessen optische Drehung in Ethanol mit $[\alpha]_{546} = +27$ bestimmt wurde. Erhitzt man das Gemisch der Sulfoxide mit Kalium-*tert*-butanolat in Dimethyl-sulfoxid, so tritt am C(2)-Atom, nicht aber am S-Atom, Isomerisierung ein. Nach Erreichen des Gleichgewichtes wurde das Diastereoisomerengemisch isoliert und dessen optische Drehung in Ethanol mit $[\alpha]_{546} = -39{,}71$ bestimmt. Darauf folgende Oxidation dieses Gemisches mit H_2O_2 lieferte ein Gemisch der entsprechenden (1-Methylheptyl)-phenyl-sulfone, für das $[\alpha]_{546} = +3{,}3$ in CHCl$_3$ gemessen wurde. Das Produkt der Oxidation des Gemisches der (1-Methylheptyl)-phenyl-sulfoxide **A** und **B** mit H_2O_2 weist dagegen eine optische Drehung von $[\alpha]_{546} = +14{,}5$ in CHCl$_3$ auf. Berechnen Sie den Wert von $[\alpha]_{546}$ für **A** und **B** in Ethanol.

7. Amine

7.1. Nomenklatur der Amine

Ebenso wie Alkohole formal aus H₂O durch Ersetzung eines H-Atoms durch Alkyl- (oder Aryl-) Reste abgeleitet werden können (*Abschn. 5.5*), resultieren Amine aus der Ersetzung der H-Atome des Ammoniaks durch Alkyl- oder Aryl-Gruppen. Allerdings unterscheidet sich die Nomenklatur der Amine von derjenigen der Alkohole hauptsächlich dadurch, dass sich die Bezeichnung *primär, sekundär* oder *tertiär* nicht auf den Substitutionsgrad des C-Atoms bezieht, das an das N-Atom gebunden ist, sondern auf die Anzahl von H-Atomen des Ammoniaks, die durch C-haltige Gruppen substituiert worden sind (*Fig. 7.1*). Derivate, bei denen alle vier H-Atome des Ammonium-Ions durch Alkyl- (oder Aryl-) Reste substituiert worden sind, werden als *quartäre Ammonium-Salze* bezeichnet.

Zur Benennung konstitutiv einfacher primärer Amine wird der Name des Alkans (früher des dazugehörigen Radikals) mit dem Suffix *-amin* ergänzt; z.B. Methanamin bzw. Methylamin, Propan-2-amin (Isopropylamin, 1-Methylethylamin) usw. Sekundäre und tertiäre Amine mit gleichen Liganden am N-Atom können benannt werden, indem man entweder dem Namen des Radikals das Präfix di- (bis-) bzw. tri- (tris-) voranstellt (z.B. Dimethylamin, Bis(2-hydroxyethyl)amin, Trimethylamin) oder den zweiten und dritten Liganden als N-ständige Substituenten des primären Amins betrachtet, dessen Name sich vom Liganden höchster Priorität ableitet (z.B. *N*-Ethylethanamin statt Diethylamin, *N*-Ethyl-*N*-(1-methylethyl)propan-2-amin statt Ethyl(diisopropyl)amin). Die zweite Variante wird heutzutage meist verwendet, wenn alle Liganden am N-Atom verschieden

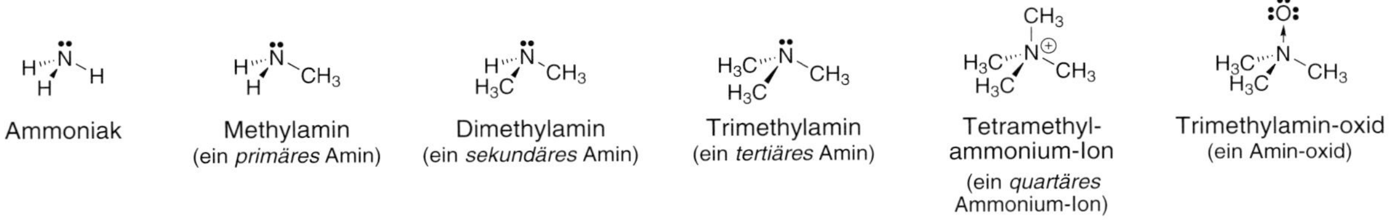

7.1.	Nomenklatur der Amine
7.2.	Struktur der Amine
7.3.	Biogene Amine
7.4.	Hormone
7.5.	Alkaloide
7.6.	Reaktivität der Amine
7.7.	Basizität der Amine
7.8.	Nucleophilie der Amine
7.9.	Die *Hofmann*'sche Eliminierung
7.10.	Aromatische Amine
7.11.	Bildung von Diazonium-Ionen
7.12.	Synthetische Farbstoffe
7.13.	Chemotherapie

Ammoniak — Methylamin (ein *primäres* Amin) — Dimethylamin (ein *sekundäres* Amin) — Trimethylamin (ein *tertiäres* Amin) — Tetramethylammonium-Ion (ein *quartäres* Ammonium-Ion) — Trimethylamin-oxid (ein Amin-oxid)

Fig. 7.1. *Amine leiten sich formal vom Ammoniak ab, indem die H-Atome sukzessiv durch Alkyl- (oder Aryl-) Reste ersetzt werden.*

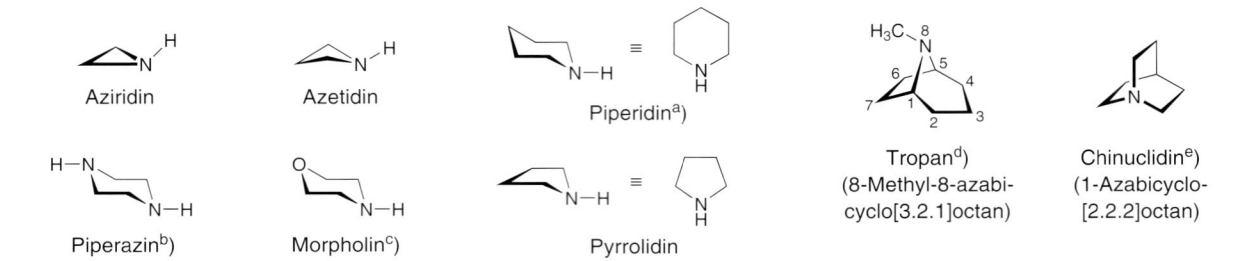

Fig. 7.2. *Einige wichtige cyclische bzw. bicyclische Amine.* [a]) Piperidin (Hexahydropyridin) wird bei der Hydrolyse des *Piperins* freigesetzt. Letzteres ist das Hauptalkaloid von weißem und schwarzem Pfeffer, das den scharfen Geschmack der Früchte dieser tropischen Kletterpflanze (*Piper nigrum*) verursacht (*Abschn. 7.5*). [b]) Hexahydropyrazin wird wegen seiner strukturellen Verwandtschaft zum Piperidin auch *Piperazin* genannt. Piperazin ist ein synthetischer Stoff, der u. a. als Zwischenprodukt zur Herstellung von Polyamiden (*Abschn. 9.28*), Korrosionsinhibitoren, Insektiziden sowie als Anthelmintikum bei Infektionen mit Oxyuren und Ascariden angewandt wird. Seine Wirkung beruht auf der Lähmung der Wurmmuskulatur durch Stabilisierung des Membranpotentials. [c]) Irrtümlicherweise vermutete *Ludwig Knorr* (*Abschn. 10.3*) einen Oxazin-Ring als Teilstruktur des *Morphins* (*Abschn. 10.11*) und nannte den entsprechenden unsubstituierten gesättigten Heterocyclus *Morpholin* (= Tetrahydro-1,4-oxazin). [d]) *Tropan* (trotz der Endung *-an* handelt es sich dabei nicht um ein Alkan!) stellt das Grundgerüst einer Reihe von Alkaloiden dar (z.B. *Atropin*, worauf der Name zurückzuführen ist), die entweder aus Nachtschattengewächsen oder aus dem Cocastrauch isolierbar sind (*Abschn. 7.3*). [e]) Durch Chromsäureoxidation des (+)-Cinchonins (*Abschn. 10.11*) erhielt *Wilhelm Koenigs* (1851–1906) neben Chinolin-4-carbonsäure (= Cinchoninsäure) *Merochinen* (3-Vinylpiperidin-4-essigsäure). Dieses erwies sich später als Spaltungsprodukt eines bicyclischen tertiären Amins, dessen Grundgerüst aufgrund seiner Herkunft *Chinuclidin* (lat. *nucleus* = Kern) genannt wurde.

voneinander sind. Ist die R_2N-Gruppe nicht die funktionelle Hauptgruppe im Molekül (*Abschn. 1.16*), so wird sie mit dem Präfix *Amino-* (R = H), Dimethylamino (R = CH_3) usw. bezeichnet.

Für die Benennung cyclischer Amine bestehen ebenfalls zwei Möglichkeiten: Bei der so genannten 'Austauschnomenklatur' wird der Name des entsprechenden cyclischen Alkans verwendet, und das C-Atom, welches samt den daran gebundenen H-Atomen durch ein N-Atom ersetzt worden ist, durch den entsprechenden Lokanten gefolgt vom Präfix *Aza-* angegeben. Beispielsweise wird *Chinuclidin* – ein Strukturelement des Chinins (*Abschn. 10.11*) – 1-Azabicyclo[2.2.2]octan genannt (*Fig. 7.2*), wobei das Präfix *1-Aza* auf den Austausch des Brückenkopf-Atoms des Bicyclo[2.2.2]octans (*Abschn. 2.25*) durch ein N-Atom hindeutet. Bei der zweiten Möglichkeit leitet sich der Name des cyclischen Amins von demjenigen des entsprechenden Heteroaromaten ab; so ist z.B. *Pyrrolidin* das Tetrahydro-Derivat des Pyrrols (*Abschn. 10.3*). Schließlich werden einige cyclische und bicyclische Amine mit Trivialnamen benannt (*Fig. 7.2*).

7.2. Struktur der Amine

Wie Ammoniak selbst sind Amin-Moleküle pyramidal aufgebaut. Diese Geometrie ist in der Abstoßung zwischen den Bindungselektronen der (N–C)-Bindungen und dem nichtbindenden Elektronenpaar am N-Atom begründet.

Der (H−N−H)-Winkel beim NH$_3$ beträgt 107,3°; er ist somit etwas kleiner als der Tetraederwinkel beim Methan (109,5°). Wegen der verschiedenen Raumbeanspruchung der H-Atome und der CH$_3$-Gruppe beträgt dieser Winkel beim Methylamin nur *ca.* 106°, während die (C−N−H)-Winkel auf 112° erweitert sind. Beim Dimethyl- und Trimethylamin sind die (C−N−C)-Winkel annähernd gleich 108°.

Dennoch ist die Anordnung, bei der sich das N-Atom in der Ebene befindet, die von seinen drei Liganden definiert wird, nur um *ca.* 20 kJ mol^{-1} (bei NH$_3$: 24 kJ mol^{-1}) energiereicher als die pyramidale (*Fig. 7.3*). Demzufolge findet bei Raumtemperatur ein ständiges, äußerst schnelles (bei NH$_3$ 2×10^{11} mal in der Sekunde) 'Durchschwingen' des Moleküls statt (sog. *Stickstoff-Inversion*), welches somit als statistisch planar betrachtet werden kann (vgl. *Abschn. 2.22*). Aus diesem Grunde gelingt die Racemat-Spaltung bei Aminen, deren N-Atom an drei verschiedene Liganden gebunden ist, nicht, obwohl sie in zwei pyramidalen Strukturen vorkommen, die enantiomorph zueinander sind. Bei anderen Elementen, deren Inversionsbarrieren höher sind (*Tab. 7.1*), ist dagegen die Racemat-Spaltung möglich (*Abschn. 2.7*)

Bei quartären Ammonium-Ionen und bei den *Amin-oxiden* (*Fig. 7.1* und *7.4*) bildet jedoch das 'freie' Elektronenpaar am N-Atom eine *dative* kovalente Bindung (s. *Abschn. 1.5*) mit einem C- bzw. einem O-Atom, die im Gegensatz zu den (N−H)-Bindungen der Ammonium-Ionen in Lösung nicht dissoziiert werden. Chirale Amin-oxide und quartäre Ammonium-Salze (z.B. (Allyl)(benzyl)(methyl)(phenyl)ammonium-iodid) können deshalb als reine Enantiomere voneinander getrennt werden.

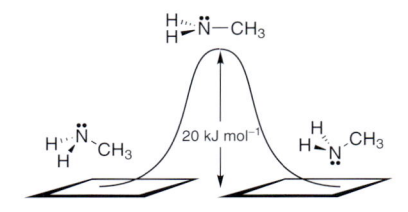

Fig. 7.3. *Bei der 'Stickstoff-Inversion' schwingt das N-Atom eines Amins durch die Ebene, die von dessen drei Liganden definiert wird.*

Tab. 7.1. *Energiebarrieren der Inversion und Racemisierungsintervalle einiger pyramidaler Moleküle*

	$\Delta E_{inv.}$ [kJ mol^{-1}]	$t_{rac.}$ [s]
NH$_3$	24	$2,1 \times 10^{-11}$
PH$_3$	155	$1,7 \times 10^{7}$
CH$_4$	6390	$\sim 10^{25}$

Amin-oxide werden durch Oxidation *tertiärer* Amine mit H$_2$O$_2$ hergestellt. Primäre und sekundäre Amine bilden keine *N*-Oxide, weil die entsprechenden dazu isomeren *Hydroxylamine* (RR'N−OH; R, R' = H, Alkyl oder Aryl) die thermodynamisch bevorzugte Struktur darstellen.

7.3. Biogene Amine

Als biogene Amine bezeichnet man Amine des Zellstoffwechsels, die meist durch Decarboxylierung von Aminosäuren (vgl. *Abschn. 9.13*) biosynthetisiert werden (*Tab. 7.2*). Die wichtigsten biogenen Amine weisen hormonelle Wirksamkeit auf (*Abschn. 7.4*). Einige biogene Amine sind Vorläufer der Biosynthese von Alkaloiden und werden aus diesem Grunde auch *Protoalkaloide* genannt (*Abschn. 7.5*).

Fig. 7.4. *Coccinellin ist ein in der Natur vorkommendes Amin-N-oxid, das beim Marienkäfer (Coccinella semptempunctata) als Abwehrstoff (Allomon) gegen Ameisen wirkt.*

Putrescin und *Cadaverin* gehören zwar zu den so genannten 'Leichengiften' (*Ptomaine*), sie sind aber nicht toxisch. Sie werden als Produkte des Katabolismus des Ornithins bzw. Lysins gebildet (*Fig. 7.5*). Beide Stoffe kommen außerdem als Bestandteile der Ribosomen vor (s. *Abschn. 10.18*). Cadaverin wird auch von Mikroorganismen im Darm gebildet. Ferner werden *Spermidin* und *Spermin* aus Putrescin biosynthetisiert, und zwar durch Alkylierung einer bzw. beider primären Amino-Gruppe(n) mit 3-Aminopropyl-Resten, die aus decarboxyliertem *S*-Adeno-

Struktur und Reaktivität der Biomoleküle

Tab. 7.2. *Die wichtigsten biogenen Amine*

Aminosäure	Biogenes Amin	Folgeprodukte
Ornithin	→ Putrescin	→ Spermidin, Spermin, Pyrrolidin-Alkaloide
Lysin	→ Cadaverin	→ Piperidin-Alkaloide
3,4-Dihydroxy-phenylalanin	→ Dopamin	→ Adrenalin, Isochinolin-Alkaloide (*Abschn. 10.11*)
3,4,5-Trihydroxy-phenylalanin	→ Mescalin	
Tryptophan	→ Tryptamin	→ Serotonin, Indol-Alkaloide (*Abschn. 10.6*)
Histidin	→ Histamin	
Cystein	→ Cysteamin	→ Pantethein (*Abschn. 9.22*)
Serin	→ Ethanolamin	→ Cholin

sylmethionin (*Abschn. 10.16*) stammen. *Spermidin* und *Spermin* kommen u. a. im Sperma vor, dessen Geruch von beiden Aminen geprägt wird. Eine wichtige physiologische Rolle beider Amine besteht darin, die helicale Struktur der *bakteriellen* DNA-Moleküle zu stabilisieren (*Abschn. 10.17*).

Durch Decarboxylierung von Cystein entsteht das *Cysteamin*, welches ein Bestandteil des Coenzyms A und des Acyl-Carrierproteins ist (*Abschn. 9.22*).

Fig. 7.5. *Die wichtigsten aliphatischen biogenen Amine*

2-Aminoethanol ('Ethanolamin', Cholamin) ist das Produkt der Decarboxylierung von Serin, welche nach der Umwandlung des Serins in das entsprechende Phospholipid (*Abschn. 9.16*) stattfindet. Das quartäre Trimethylammonium-Ion des 2-Aminoethanols ist das Cholin (*Fig. 7.6*). Sein biologisch wichtigstes Derivat ist das *Acetylcholin*, welches als *Neurotransmitter* eine wichtige Rolle bei der Übertragung von Nervenimpulsen spielt.

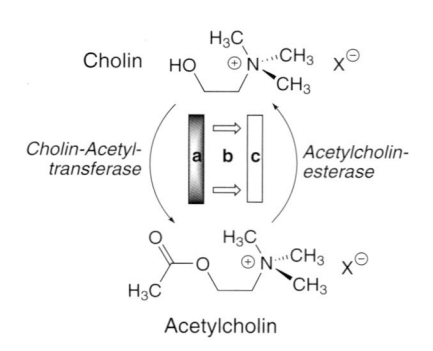

Fig. 7.6. *Molekularer Mechanismus der Übertragung von Nervenimpulsen* (schematisch). **a**: Präsynaptische Membran, **b**: synaptischer Spalt, **c**: postsynaptische Membran. Die breiten Pfeile deuten die Richtung des Acetylcholin-Flusses an. X^- = Gegenion des biologischen Systems; bei isoliertem Cholin ist $X^- = OH^-$.

Nervenzellen haben Kontakt untereinander über die so genannten *Synapsen*. Nervenimpulse werden an den meisten Synapsen durch chemische Transmitter weitergeleitet, die kleine diffusionsfähige Moleküle wie Acetylcholin und Adrenalin sind. Acetylcholin ist der Transmitter der parasympatischen Nerven, während Adrenalin der Neurotransmitter ist, der an den sympathischen Nerven der glatten Muskulatur wirkt. Beide Systeme wirken antagonistisch auf ein und dasselbe Erfolgsorgan (sog. *Effektor*). Der Sympathikus (griech. συμπάσχω (*sympáschō*): mitleiden, mitempfinden) ist der Teil des vegetativen (nicht dem Willen unterworfenen) Nervensystems, der hauptsächlich die ergotrope Wirkung (Energieentladung, Katabolismus) der Organe anregt. Die trophotrope Wirkung (Energiespeicherung und Anabolismus) derselben Organe wird dagegen durch den Parasympathikus gesteuert. Acetylcholin ist auch der Transmitter an den motorischen Endplatten (neuromuskuläre Übertragung), welche die Verbindung zwischen den Nerven und der quergestreiften Muskulatur herstellen.

In der Synapse ist die präsynaptische Membran (**a** in *Fig. 7.6*) von der postsynaptischen Membran (**c**) durch einen Spalt (den synaptischen Spalt (**b**)) von etwa 50 nm getrennt. Im Ruhezustand ist die Konzentration von K$^+$-Ionen im Cytoplasma *höher*, diejenige von Na$^+$-Ionen *niedriger* als außerhalb der Zelle. Dadurch entsteht ein elektrisches Potential zwischen beiden Seiten der Zellmembran, sie ist *polarisiert*. Das Eintreffen eines Nervenimpulses führt zur Freisetzung von Acetylcholin aus den synaptischen Vesikeln der präsynaptischen Membran in den synaptischen Spalt. Die Acetylcholin-Moleküle diffundieren dann zur postsynaptischen Membran, wo sie sich an spezifische *Rezeptoren* anlagern. Dies ruft eine Erhöhung der Permeabilität der postsynaptischen Membran für Na$^+$- und K$^+$-Ionen hervor, wodurch die Konzentrationen beider Ionen außer- und innerhalb der Zelle ausgeglichen werden, d. h. die postsynaptische Membran wird depolarisiert. Diese Depolarisierung wird entlang der elektrisch erregbaren präsynaptischen Membran einer zweiten Nervenzelle fortgeleitet und bewirkt das Eindringen von Ca^{2+}-Ionen in das Cytosol, deren Konzentrationserhöhung wiederum die Freisetzung von Acetylcholin zur Folge hat. Nach seiner Bindung an den Rezeptor wird Acetylcholin von der *Acetylcholinesterase* hydrolysiert, wodurch Cholin entsteht und die Polarisation der postsynaptischen Membran wiederhergestellt wird. Acetylcholin wird durch Acetylierung von Cholin unter Mitwirkung der *Cholinacetylase* (*Cholin-Acetyltransferase*) resynthetisiert (*Fig. 7.6*).

Eine entscheidende Rolle bei der Isolierung und Aufklärung der Struktur des Acetylcholin-Rezeptors spielte das elektrische Organ des Zitteraals (*Gymnotus electricus*). Dieses aus modifizierten Muskelzellen bestehende Organ, das sehr reich an cholinergen postsynaptischen Membranen ist, kann elektrische Entladungen von bis zu 750 Volt erzeugen.

Synapsen, die auf den Neurotransmitter Acetylcholin ansprechen, werden cholinerge Synapsen genannt. Man kennt zwei Arten cholinerger Synapsen:

1) Solche mit nicotinischen Rezeptoren, die auf *Nicotin* (*Abschn. 10.10*) ansprechen, und
2) solche mit muscarinischen Rezeptoren, die auf *Muscarin* ansprechen.

Muscarin (lat. *musca*: Fliege; *Fig. 7.7*) ist ein Parasympathikomimeticum, das im Fliegenpilz (*Amanita muscaria*) in toxikologisch unbedeutender Konzentration vorkommt (vgl. *Abschn. 10.7*). Eine Muscarin-Vergiftung kann durch Herzlähmung zum Tode führen. Ursache ist eine Dauererregung, die dadurch zustande kommt, dass Muscarin das Acetylcholin bei der Reizübertragung verdrängt, jedoch im Gegensatz zu diesem nicht abgebaut wird.

Im Gegensatz zu Acetylcholin bewirkt die Bindung von γ-Aminobuttersäure, kurz GABA genannt (*Abschn. 9.7*) an den entsprechenden Rezeptor eine Hyperpolarisierung der Membran infolge der Öffnung spezifischer Cl$^-$-Kanäle. Bei einer verminderten Produktion von GABA kommt es zu epileptischen Anfällen. Neben GABA ist die Glutaminsäure selbst (*Abschn. 9.8*) ein Neurotransmitter des Zentralnervensystems der Vertebraten. Besonders im Gehirnstoffwechsel spielt die Bildung von Glutamin aus Glutaminsäure eine wichtige Rolle für die Ammoniak-Entgiftung, da Glutamin im Gegensatz zur Glutaminsäure die Blut–Hirn-Schranke durchdringen kann. Die leistungssteigernde Wirkung der Glutaminsäure beruht vermutlich auf der durch sie hervorgerufenen Erhöhung des Blutzucker- und Adrenalinspiegels (*Abschn. 7.4*) sowie Puls- und Blutdrucksteigerung. Glutamat spielt eine entscheidende Rolle bei der Entstehung der Demenz (Verlust von intellektuellen und kognitiven Hirnfunktionen). Symptomatisch führt bei *Alzheimer*-Patienten u. a. die überhöhte Ausschüttung von Glutamat zu chronischer Zerstörung der Gehirnzellen.

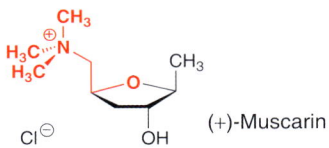

Fig. 7.7. *Das hochtoxische Muscarin, das die Partialstruktur des Cholins* (rot hervorgehoben) *enthält, ist hauptsächlich in einigen giftigen kleinen weißen Trichterlingen (z. B.* Clitocybe phyllophila *im Bild) und den meisten Risspilzen* (Inocybe *sp.*) *enthalten.*

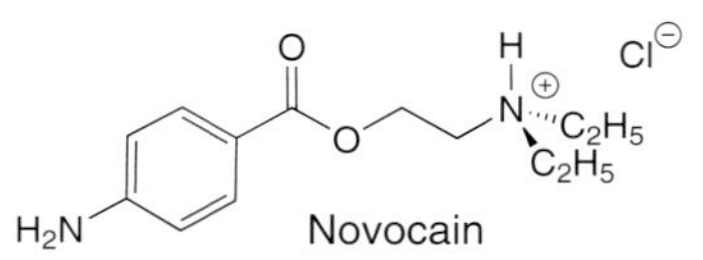

Struktur und Reaktivität der Biomoleküle

Fig. 7.8. *Novocain* (Procain Hydrochlorid) *wurde 1904 von* Alfred Einhorn (1856–1917) *erstmalig synthetisiert.* Damit begann die systematische Suche nach anderen synthetischen Lokalanästhetika. Novocain wird oft in der Zahnmedizin verwendet.

Antagonisten (griech. ἀνταγωνιστής (*antagonistés*): Gegner, Widersacher) sind Stoffe, welche der physiologischen Funktion eines zelleigenen Metaboliten oder eines anderen, als Agonist (griech. ἀγωνιστής (*agonistés*): (Wett)Kämpfer) bezeichneten Stoffes, entgegenwirken. Häufig wirken Antagonisten als Antimetabolite (*Abschn. 10.14*).

Lokalanästhetika sind Stoffe, welche die Leitung von Nervenimpulsen entlang der Nervenzellen zum zentralen Nervensystem vorübergehend inhibieren. Vergleicht man die Strukturformel eines typischen synthetischen Lokalanästhetikums wie *Novocain* (*Fig. 7.8*) mit jener des Acetylcholins, so erkennt man, dass es sich bei beiden Stoffen um Derivate des 2-Aminoethanols handelt. Es leuchtet somit ein, dass der physiologische Effekt des Novocains auf dessen Wechselwirkung mit dem Substrat-Rezeptor eines oder mehrerer der am Prozess der Übertragung von Nervenimpulsen beteiligten Enzyme beruht, d. h. Novocain wirkt als *Antagonist* des Acetylcholins.

So einleuchtend diese als Grundsatz der *Chemotherapie* (*Abschn. 7.13*) geltende Beziehung zwischen chemischer Struktur und Funktion körperfremder Stoffe (*Xenobiotika*) ist, um so problematischer gestaltet sich die Feststellung, *welches* der an einem physiologischen Prozess beteiligten Enzyme mit einem gegebenen Antagonisten in Wechselwirkung tritt.

In der Tat kann die Funktion eines Enzyms durch so genannte *Effektoren* (Stoffe, welche die katalytische Aktivität eines Enzyms verändern) auf verschiedenen Wegen beeinflusst werden (*Tab. 7.3*). Meistens handelt es sich dabei um *kompetitive negative* Effektoren, d. h. um Hemmstoffe (sog. *Inhibitoren*) der Enzym-Aktivität, deren chemische Struktur im Allgemeinen der des Enzym-Substrats ähnelt. Bei der nichtkompetitiven und der unkompetitiven Hemmung dagegen wird das Enzym durch Bindung des Inhibitors an eine andere Stelle als das Substrat deaktiviert, so dass eine strukturelle Ähnlichkeit der entsprechenden Moleküle nicht notwendig ist. Im Gegensatz zur kompetitiven Hemmung kann weder die nichtkompetitive noch die unkompetitive Hemmung durch Erhöhung der Substrat-Konzentration aufgehoben werden. Bei der unkompetitiven Hemmung bindet der Inhibitor an den (Enzym–Substrat)-Komplex, nicht aber an das freie Enzym.

Tab. 7.3. *Die Struktur physiologisch aktiver* Xenobiotika *ähnelt oft der von Enzym-Substraten.*

Effektoren	Hemmung	Beispiele
Reversible Inhibitoren	kompetitiv	Hemmung der Biosynthese von Tetrahydrofolat durch Sulfanyl-säure-amid (s. *Abschn. 10.14*)
	nichtkompetitiv unkompetitiv	
Irreversible Inhibitoren (Inaktivatoren)		Hemmung des Abbaus von Acetylcholin durch Diisopropyl-fluorophosphat (vgl. *Abschn. 4.1*)
Positive Effektoren		Aktivierung des Lactose-Operons (*Abschn. 8.31*) durch Bindung von Isopropyl-β-thiogalactosid an den *lac*-Repressor (sog. Derepression durch einen *Induktor*)

Demzufolge inhibieren einige Lokalanästhetika die Leitung von Nervenimpulsen durch Erregung bzw. Hemmung der parasympathischen Rezeptoren (*direkte Parasympathomimetika* bzw. *Parasympatholytika*), während andere die Acetylcholinesterase hemmen (*indirekte Parasympathomimetika*). Inhibitoren des postsynaptischen Acetylcholin-Rezeptors (z. B. das Schlangengift *Kobratoxin*) oder Neurotoxine, welche die Freisetzung von Acetylcholin aus den Nervenendigungen hemmen (z. B. *Botulinustoxin*) unterbrechen oft die neuromuskuläre Impulsübertragung an der motorischen Endplatte und bewirken dadurch die Lähmung der Muskelfunktion.

Botulinustoxin (lat. *botulus*: Wurst) wird von anaeroben Bakterien (*Clostridium botulinum*) gebildet, die sich in nicht genügend sterilisierten Fleischwaren und Bohnenkonserven entwickeln. Bei der Maus beträgt die letale Dosis (LD_{50}) von Botulinustoxin *ca.* 1 ng/kg. Es ist somit neben dem vom *Clostridium tetani*, dem Erreger des Wundstarrkrampfes, ausgeschiedenen Neurotoxin das wirksamste aller für den Menschen tödlichen Gifte überhaupt.

Das am längsten bekannte Lokalanästhetikum ist das *Cocain* (Fig. 7.9), ein Alkaloid, welches in den Blättern des tropischen Cocastrauches (*Erythroxylon coca*) enthalten ist. Obwohl auf den ersten Blick Cocain kein Derivat des Cholins ist, enthält das Molekül ebenfalls die Partialstruktur eines Amino-alkohols (nämlich eines 3-Aminopropan-1-ols), bei dem aufgrund der starren Geometrie des Tropan-Grundgerüstes der Abstand zwischen den N- und O-Atomen demjenigen im Cholin sehr nahe kommt. Außer der stark lokalanästhetischen Wirkung ruft Cocain beim Menschen Euphorie hervor, weshalb es als Rauschgift verwendet wird. Cocain hemmt die aktive Wiederaufnahme von Noradrenalin in die entsprechenden Membranrezeptoren.

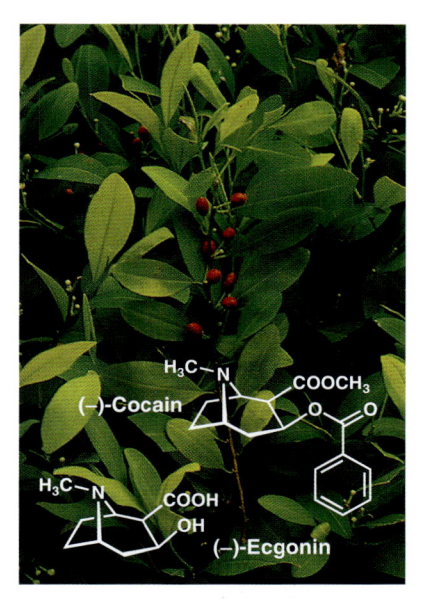

Fig. 7.9. Cocain *und dessen biogenetischer Vorläufer, das* Ecgonin, *sind Tropan-Alkaloide, die in den Blättern des südamerikanischen Cocastrauches* (*Erythroxylum coca* LAM.) *vorkommen.*

7.4. Hormone

Hormone (griech. ὁρμαίνω (*hormaínō*): antreiben) sind Signalstoffe, die sowohl bei Tieren als auch Pflanzen von spezialisierten Zellen biosynthetisiert werden und auf die Funktion im Allgemeinen an einer anderen Stelle des Organismus liegender Organe oder sogar bei anderen Individuen (*Abschn. 3.20*) bestimmte physiologische Wirkungen ausüben.

Im Allgemeinen unterscheidet man zwischen glandulären Hormonen, die in spezifischen endokrinen Drüsen gebildet werden und an vom Entstehungsort entfernten Organen ihre Wirkung entfalten, und Gewebs- oder aglandulären Hormonen, von denen die meisten (jedoch nicht alle) direkt in der Nachbarschaft ihres Produktionsortes wirken. Eine definitionsgemäß unscharfe Abgrenzung besteht jedoch zwischen den Gewebshormonen und den Neurotransmittern, die sowohl lokal an den Nervenendigungen wirken als auch von ihrem Bildungsort in die Blutbahn übertreten können.

Sowohl Neurotransmitter als auch *Hormone* dienen der Informationsübertragung zwischen den einzelnen Zellen (vgl. *Abschn. 3.20*). Während bei der neuronalen Koordination jedoch Sender und Empfänger direkt verschaltet sind, empfangen bei der *hormonalen Koordination* nur spezielle Zellen die 'an alle' gerichtete Information. Telefon- und Rundfunkempfänger verdeutlichen in der Technik den Unterschied zwischen den beiden Arten der interzellulären Informationsübertragung. In mehrzelligen Organismen ist jedoch eine strikte Trennung beider Informationssysteme nicht möglich. Gemäß ihrer chemischen Struktur gehören die wichtigsten Hormone der Vertebraten drei Kategorien an:

- Biogene Amine mit hormonaler Wirkung,
- Steroid-Hormone (*Abschn. 8.2*) und
- Peptid-Hormone (*Abschn. 9.30*).

Hormone sind endogene organische Stoffe, die zur Regulation der Funktionen der Zellen eines Organismus dienen.

Struktur und Reaktivität der Biomoleküle

Tab. 7.4. *Hauptklassen bekannter Phytohormone*

Ethylen	*(Abschn. 3.2)*
Abscisinsäure	*(Abschn. 3.23)*
Gibberelline	
Brassinoide	*(Abschn. 8.2)*
Auxine	*(Abschn. 10.5)*
Cytokinine	*(Abschn. 10.15)*

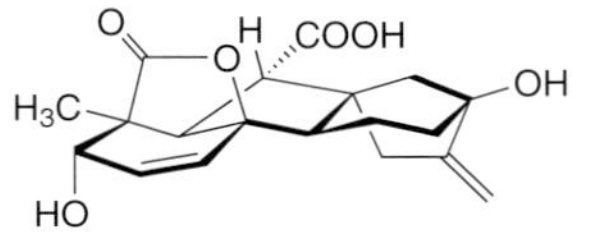

Gibberellinsäure (Gibberellin A₃)

Fig. 7.10. *Gibberellinsäure wurde ursprünglich aus dem japanischen reisschädigenden Pilz* Gibberella fujikuroi *isoliert, der ein übermäßiges Wachstum der jungen Reissetzlinge verursacht.*

Auch aus höheren Pflanzen sind Stoffe mit Hormoncharakter isoliert worden (sog. *Phytohormone*), welche u.a. die Stoffwechselintensität, die Streckung der Zellwände, die Entwicklung der Blätter, Blüten und Samen regulieren (*Tab. 7.4*). Phytohormone werden eingeteilt in *Pflanzenwachstumsinhibitoren* wie Ethylen und *Abscisinsäure*, und *Pflanzenwachstumshormone*, zu denen sowohl Terpenoide – wie die *Gibberelline* (*Fig. 7.10*) und die *Brassinosteroide* – als auch Produkte des Aminosäure-Metabolismus – wie *Auxine* und *Cytokinine* – und des Acetat-Metabolismus – z.B. die *Traumatinsäure* ((*E*)-Dodec-2-endisäure), welche die Wundheilung in höheren Pflanzen durch Anregung der Neubildung von Epidermisgewebe begünstigt, gehören.

Ein wichtiges biogenes Amin mit hormonaler Wirkung ist das (−)-*Adrenalin* (Epinephrin), das 1901 aus dem Nebennierenmark (lat. *ad renem*: an der Niere) isoliert und drei Jahre später als erstes Hormon synthetisch hergestellt wurde (*Fig. 7.11*). Adrenalin sowie das es bei allen Wirbeltieren und einigen Wirbellosen zu 25% begleitende (−)-*Noradrenalin* sind so genannte *Catecholamine*, die strukturell vom Brenzcatechin (Catechol) abgeleitet sind (s. *Abschn. 5.9*). Catecholamine werden durch Decarboxylierung des 3,4-Dihydroxyphenylalanins (DOPA) und darauf folgende Hydroxylierung des gebildeten *Dopamins* (vgl. *Abschn. 9.13*) biosynthetisiert. Dopamin wirkt im Gehirn als Inhibitor von Nervenimpulsen. Bei der *Parinson'*schen Krankheit geht der Verfall der Neurone, die Dopamin produzieren, mit ungewollten Muskelkontraktionen einher. Ebenfalls hormonelle Wirkung besitzt das *Thyroxin*, ein Derivat des Phenylalanins (*Abschn. 5.9*).

Zahlreiche regulierende und koordinierende Wirkungen von Hormonen auf Stoffwechsel, Mineralhaushalt, Kreislauf, Wachstum, Entwicklung, Sexualverhalten und viele andere somatische Funktionen sind schon länger bekannt. Bisher sind zwei grundlegend verschiedene molekulare Wirkungsmechanismen der Hormone nachgewiesen worden, wobei die vielfältigen Wirkungen mancher Hormone über beide Mechanismen realisiert werden.

1) Wechselwirkung des Hormons mit einem spezifischen Rezeptor-Protein auf der Oberfläche der Zellmembranen, wodurch an der Innenseite die Bildung eines 'sekundären Botenstoffes' (meist vom cyclischen Adenosin-3′,5′-monophosphat; *Abschn. 10.16*) induziert wird, das als allosterischer Effektor die katalytische Aktivität bestimmter Enzyme beeinflusst. Dazu gehören neben den Catecholaminen und den *Prostaglandinen* (*Abschn. 9.4*) einige Peptid- und Proteohormone (ACTH, Vasopressin, Insulin, Glucagon u.a.).

2) Induktion der Biosynthese von Enzymen auf der Ebene der Transkription (*Abschn. 10.18*). Hormone dieses Wirkungsprinzips dringen in die Zelle ein und vereinigen sich im Cytoplasma mit einem spezifischen Protein zum Hormon–Rezeptor-Komplex, der in den Zellkern gelangt und dort bestimmte Gene aktiviert. Dazu gehören neben einigen Peptid- und Proteohormonen (ACTH, Insulin u.a.) auch Phenylalanin-Derivate (Thyroxin, Triiodothyronin) und Steroid-Hormone (*Abschn. 8.2*). Auch Cholesterin inhibiert seine eigene Biosynthese auf diesem Wege (s. *Abschn. 5.28*).

Adrenalin und Noradrenalin sind die Neurotransmitter (beide Verbindungen sind ebenfalls Derivate des 2-Aminoethanols!), die an spezifischen, so genannten adrenergen, Rezeptoren der sympathischen Nerven der glatten Muskulatur

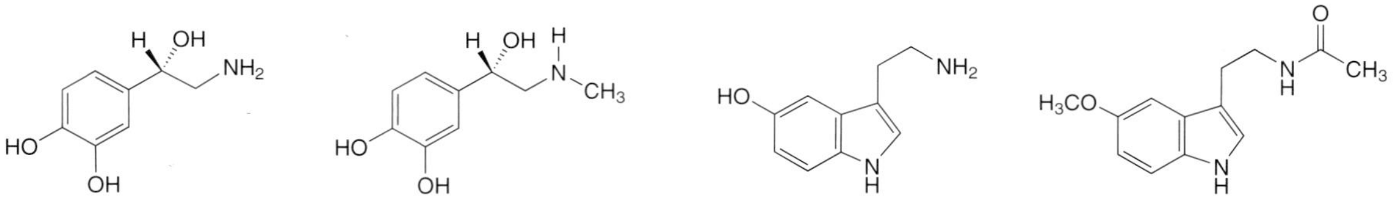

(−)-Noradrenalin (−)-Adrenalin Serotonin Melatonin

Fig. 7.11. *Biogene Amine, die Hormonaktivität aufweisen*

wirken. Als ein *primärer Botenstoff* stimuliert Adrenalin den Glycogen-Abbau in den Muskeln, wodurch der Blutzuckerspiegel erhöht wird. Adrenalin steigert die Kontraktionskraft des Herzens und durch Erhöhung der Schlagfrequenz den systolischen Blutdruck. Da Adrenalin außerdem den oxidativen Stoffwechsel in den Zellen steigert, bewirkt es insgesamt eine erhöhte Einsatzbereitschaft des Organismus, sei es zur Arbeit, zum Angriff oder zur Flucht. Der Antagonist des Adrenalins ist das *Insulin* (*Abschn. 9.30*).

Arzneimittel, welche die sympathomimetisch wirkenden Neurotransmitter Adrenalin und Noradrenalin an den zellulären Rezeptoren des jeweiligen Effektors kompetitiv hemmen, werden *Sympathikolytika* (griech. λύω (*lýō*): lösen, aufheben, trennen) genannt. Entsprechend den qualitativ verschiedenen Wirkungen der Sympathikolytika nimmt man die Existenz verschiedener adrenerger Rezeptoren (sog. α_1-, α_2-, β_1- und β_2-Rezeptoren) an. Sympathikolytika mit Spezifität für α-Rezeptoren werden α-Blocker, die für β-Rezeptoren β-Blocker genannt, sie werden zur Therapie von Herz–Kreislauf-Erkrankungen verwendet. Konstitutiv und biogenetisch verwandt mit Noradrenalin ist das *Mescalin*, ein haluzinogen* wirkendes Alkaloid (*Abschn. 7.5*), das aus der mexikanischen 'Zauberdroge' *Peyotl* oder *Peyote* isoliert werden kann (*Fig. 7.12*).

Ebenfalls konstitutiv verwandt mit Adrenalin und Noradrenalin sind die *Amphetamine* (*Fig. 7.13*). Sie stimulieren an noradrenergen und dopaminergen Nervenendigungen die Freisetzung von Noradrenalin bzw. Dopamin und hemmen deren Wiederaufnahme. Amphetamine, zu denen die Droge *Ecstasy* (3,4-(Methylendioxy)methamphetamin) gehört, sind Psychopharmaka, die antidepressiv wirken und die Herztätigkeit anregen. Sie werden als *Anabolika*, welche die geistige und körperliche Leistungsfähigkeit für eine begrenzte Zeit steigern, und als *Anoretika* (Appetitzügler) eingesetzt. Ihre euphorisierende Wirkung kann jedoch Süchtigkeit erzeugen.

Histamin ist ebenfalls ein *Gewebshormon*, das im menschlichen und tierischen Organismus weit verbreitet vorkommt, insbesondere aber in der Haut und im Lungengewebe. Im menschlichen Körper wird es in den basophilen Granulozyten und in den so genannten Mastzellen des Immunsystems gespeichert und bei allergischen Hautreaktionen im Überschuss ausgeschüttet. Histamin bewirkt u. a. Erweiterung der Blutkapillaren, Senkung des Blutdrucks, Kontraktion der glatten Muskulatur, Erhöhung der Permeabilität der Zellmembranen sowie Steigerung der Herzschlagfrequenz und der Magensäuresekretion. Histamin ist auch im Wein, im Bienengift und im Brennhaarsekret der Brennnessel enthalten (*Fig. 7.14*). Hohe Mengen an Histamin (1,4 mg je g Frischgewicht) findet man in Spinatblättern.

Serotonin (5-Hydroxytryptamin) ist ein bei Tieren und Pflanzen ubiquitär vorhandenes Gewebshormon, welches sehr verschiedenartige Wirkungen aufweist. Im Allgemeinen bewirkt es bei Tieren die Verengung der Blutgefäße und bei höherer Konzentration eine Erhöhung des Blutdrucks. Im Zentralnervensystem besitzt das Serotonin Neurotransmitterfunktion, die jedoch auf wenige Neurone des Mittelhirns beschränkt ist. Zum Teil ist Serotonin an der Regulation des Schlaf–Wach-Rhythmus beteiligt. Zudem zählt Serotonin wie Histamin zu einer Reihe körpereigener Stoffe, die Schmerz erzeugen.

Durch Acetylierung der NH$_2$-Gruppe und Methylierung der OH-Gruppe wird in der Zirbeldrüse (Epiphyse) der Wirbeltiere und des Menschen aus Serotonin *Melatonin* gebildet. Dessen Biosynthese unterliegt einer circadianen Rhythmik, wobei das im zweiten Syntheseschritt wirkende Enzym tagsüber weniger aktiv ist als nachts. Die Ursache dafür beruht offenbar auf einer rhythmisch aktivierten Genexpression für dieses Enzym. Bei Säugern senkt Melatonin insgesamt den Stoffwechsel, inhibiert die Schilddrüsenfunktion (*Abschn. 5.9*), senkt die Sekretion vom luteinisierenden Hormon (*Abschn. 8.2*), und verhindert damit sexuelle Reifungsprozesse.

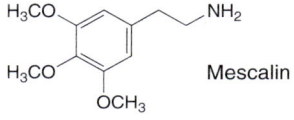

Fig. 7.12. *Mescalin ist der Hauptwirkstoff der mexikanischen Zauberdroge Peyotl, der in Scheiben geschnittenen und getrockneten Mittelstücke des Kaktus* Lephophora williamsii.

Fig. 7.13. *Amphetamine gehören zu den so genannten 'Weckaminen'.*

Fig. 7.14. *Der Reizstoff in den Brennhaaren der Brennnessel (*Urtica dioica *L.) enthält ein Gemisch von Histamin und Acetylcholin.*

7.5. Alkaloide

Es gibt keine eindeutige Definition der Alkaloide. Es handelt sich dabei um eine sehr heterogene Gruppe von Naturstoffen, die im weitesten Sinne des Begriffes sämtliche sekundäre Metabolite umfasst, deren Moleküle Stickstoff enthalten. Der größte Teil der Alkaloide besteht aus heterocyclischen Naturstoffen, die meist in Pflanzen, einige jedoch auch von Tieren (*Abschn. 5.28*), biosynthetisiert werden. Bei der überwiegenden Mehrzahl der Alkaloide ist das N-Atom Bestandteil einer Amino-Gruppe, so dass sie Basen sind.

Die meisten (jedoch nicht alle) Alkaloide (griech. εἶδοσ (*eídos*): Aussehen, Gestalt, Form) haben alkalischen Charakter. Alkali stammt aus dem Arabischen *al qalïy*: gebrannte Asche, denn Asche, die als Rückstand aus der Verbrennung pflanzlicher oder tierischer Zellen erhalten wird, hauptsächlich aus Alkali- und Erdalkali-carbonaten und -phosphaten besteht. Darum wurde früher das Kaliumcarbonat Pottasche genannt, woraus später der englische Chemiker *Sir Humphry Davy* den Namen *potassium* für Kalium ableitete.

Fig. 7.15. *(−)-Ephedrin ist das Hauptalkaloid in* Ephedra-*Arten. Im Bild: die in den Alpen vorkommende* Ephedra helvetica.

Darüber hinaus ist eine klare Abgrenzung der Alkaloide von den biogenen Aminen nicht möglich. *(−)-Ephedrin* beispielsweise, ein Alkaloid, das in Pflanzen der Familie *Ephedraceae* vorkommt (*Fig. 7.15*), ist ein Amphetamin-Derivat, das als oral wirksames indirektes *Sympathikomimetikum* (griech. μιμέομαι (*mīméomai*): nachahmen) vorwiegend die Freisetzung von endogenem Noradrenalin aus adrenergen Nervenendigungen stimuliert.

Ephedra-Drogen (*Ma Huang*) waren in China schon vor 4000 Jahren in Gebrauch; in die europäische Medizin wurden sie erst zwischen 1920 und 1930 eingeführt. Aufgrund seines vasokonstriktorischen Effektes kann Ephedrin zur Schleimhautabschwellung bei Rhinitis und Sinusitis angewandt werden. Am wichtigsten ist seine bronchodilatatorische Wirkung; sie wird zum Abbruch des beginnenden Asthma-bronchiale-Anfalls genützt. (−)-Ephedrin erhöht Herzfrequenz und Minutenvolumen. Schon therapeutische Dosen können zu Herzarrhythmien führen.

Am sinnvollsten werden die Alkaloide nach ihrer chemischen Struktur klassifiziert, weil sie in den meisten Fällen mit der biogenetischen Herkunft des Alkaloids (meist eine Aminosäure) zusammenhängt (*Tab. 7.5*). Diese Regel hat jedoch zahlreiche Ausnahmen. Beispielsweise ist *Chinin* ein Derivat des Chinolins (*Abschn. 10.11*), obwohl es aus Tryptophan biosynthetisiert wird, und *Coniin*, ein einfaches Derivat des Piperidins, wird nicht aus Lysin sondern aus Acetat biosynthetisiert (*Abschn. 9.24*).

Ebenfalls entsprechen sich die Biosynthesewege von Noradrenalin (*Abschn. 7.4*) und Ephedrin, obwohl deren gemeinsamer Vorläufer Phenylalanin ist, nicht ganz: Während beim Noradrenalin alle C-Atome aus Phenylalanin stammen, wird nur die Phenyl-Gruppe und das benzylische C-Atom des Letzteren für die Biosynthese des Ephedrins verwendet; die übrigen zwei C-Atome der C-Seitenkette stammen aus Pyruvat.

7. Amine

Tab. 7.5. *Biogenetische Klassifizierung der wichtigsten Alkaloid-Strukturen*

Vorläufer	Klasse	Beispiel	
Ornithin	Pyrrolidin-Alkaloide	Hygrin	(*Fig. 7.16*)
	Tropan-Alkaloide	Cocain	(*Fig. 7.9*)
	Pyrrolizidin (Senecio)-Alkaloide	Heliotridin	(*Fig. 7.18*)
Lysin	Piperidin-Alkaloide	Piperin	(*Fig. 7.17*)
	Chinolizin-Alkaloide	Lupinin	(*Fig. 7.19*)
Nicotinsäure	Pyridin-Alkaloide	Nicotin	(*Fig. 10.44*)
Tryptophan	Indol-Alkaloide	Ergotamin	(*Fig. 10.27*)
		Yohimbin	(*Fig. 10.29*)
Anthranilsäure	Chinolin-Alkaloide	Dictamnin	(*Fig. 10.53*)
Phenylalanin	Ephedra-Alkaloide	Ephedrin	(*Fig. 7.15*)
	Isochinolin-Alkaloide	Papaverin	(*Fig. 10.55*)
		Morphin	(*Fig. 10.56*)
Acetat	Polyketid-Alkaloide	Coniin	(*Fig. 9.105*)
Mevalonat	Isoprenoid-Alkaloide	Samandarin	(*Fig. 5.67*)
Inosin-monophosphat	Purin-Alkaloide	Coffein	(*Fig. 10.78*)

Fig. 7.16. *Hygrin ist als Hauptalkaloid zu 0.1% in den Wurzeln der Giftbeere* (Nicandra physaloides L.) *enthalten.*

Wie bereits erwähnt (*Abschn. 7.3*) dienen einige biogene Amine als biosynthetische Vorläufer der Alkaloide, deren Mehrzahl zu den heterocyclischen Naturstoffen gehört. Die konstitutiv einfachsten Alkaloide sind aliphatische Amine, die aus den Aminosäuren Ornithin oder Lysin biosynthetisiert werden (*Tab. 7.5*).

Putrescin, das Decarboxylierungsprodukt des Ornithins, dient in zweikeimblättrigen Pflanzen als biogenetischer Vorläufer des Pyrrolidin-Ringes, der zahlreiche Alkaloide – z. B. *Hygrin* (*Fig. 7.16*) – charakterisiert. Dementsprechend wird der Heterocyclus der Piperidin-Alkaloide – z. B. *Piperin* (*Fig. 7.17*) – aus Cadaverin, dem Decarboxylierungsprodukt des Lysins, biosynthetisiert.

Bei zahlreichen von Ornithin oder Lysin stammenden Alkaloiden handelt es sich um bicyclische tertiäre Amine, deren Grundgerüste von den Heterocyclen *Pyrrolizin* bzw. *Chinolizin* (s. *Fig. 10.1*) abgeleitet sind.

Sir Robert Robinson (1886–1975) Professor an den Universitäten Sydney (1912), Liverpool (1915), St. Andrew in Dundee (1921), Manchester (1922), London (1928) und Oxford (1930), synthetisierte im Jahre 1917 das *Tropinon* (3-Oxotropan) nach einem Verfahren, das wegweisend für die später hauptsächlich von Chemikern bearbeitete Fragestellung zu den Mechanismen der Biosynthese sekundärer Metabolite wurde. Seine bedeutenden Beiträge zur Aufklärung der Strukturen pflanzlicher Farbstoffe – insbesondere der Anthocyane (*Abschn. 9.24*) – und der Alkaloide (Morphin, Papaverin, Strychnin u.a.) wurden 1947 mit dem *Nobel*-Preis für Chemie gewürdigt. (© *Nobel*-Stiftung)

Fig. 7.17. *Piperin verursacht den scharfen Geschmack des Pfeffers* (Piper nigrum).

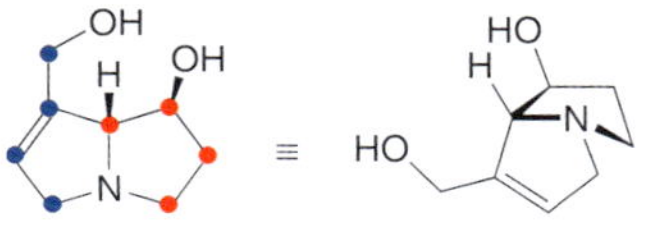

An der Biosynthese von *Heliotridin*, dem Alkaloid-Teil mehrerer Pyrrolizidin-Derivate, die hauptsächlich in Pflanzen der Genera *Senecio* (Compositae), *Heliotropium* (Boraginaceae) und *Crotalaria* (Leguminosae) vorkommen, sind zwei Moleküle des Putrescins beteiligt, deren C-Atome in *Fig. 7.18* mit verschiedenen Farben dargestellt worden sind. Als Zwischenprodukt dient 4-Aminobutanal, der durch Transaminierung (*Abschn. 9.8*) des Putrescins gebildet wird. Dementsprechend wird das Chinolizin-Gerüst des *Lupinins* aus zwei Molekülen des Cadaverins biosynthetisiert (*Fig. 7.19*). Bei den Tropan-Alkaloiden (*Fig. 7.9*) stammen dagegen die C(2)-, C(3)- und C(4)-Atome des Bicyclus aus Acetoacetyl-Coenzym A.

7.6. Reaktivität der Amine

Die charakteristischen chemischen Eigenschaften der Amine sind:

- Basizität
- Nucleophilie
- Bildung von Diazonium-Salzen (aus primären Aminen)

7.7. Basizität der Amine

Als organische Derivate, die sich formal vom NH_3 ableiten, sind Amine basisch. In Gegenwart eines Protonendonors stehen sie somit im thermodynamischen Gleichgewicht mit den entsprechenden konjugierten Säuren – den Ammonium-Ionen – gemäß der Gleichung:

$$R-\ddot{N}H_2 + H^+ \rightleftharpoons R-NH_3^+$$

deren Gleichgewichtskonstante der Dissoziationskonstante des Ammonium-Ions entspricht:

$$K_s = \frac{[R-NH_2][H^+]}{[R-NH_3^+]}$$

Obwohl die Stärke von Basen oft als Funktion ihrer pK_b-Werte angegeben wird, lassen sich anhand einer einzigen Aciditätsskala, in der stattdessen die pK_s-Werte der entsprechenden *konjugierten* Säuren enthalten sind, Gleichgewichtskonstanten von Reaktionen zwischen Säuren und Basen leichter berechnen. In wässriger Lösung bei Raumtemperatur erhält man den pK_b-Wert durch die Beziehung:

$$pK_s + pK_b = 14$$

Amine sind basischer als NH_3 (die pK_s-Werte ihrer konjugierten Säuren sind höher als derjenige des NH_4^+-Ions). Im Allgemeinen sind aliphatische sekundäre Amine stärkere Basen als primäre (*Tab. 7.6*). Der Grund ist derselbe wie beim relativen Energiegehalt von Carbenium-Ionen (*Abschn. 3.9*), nämlich die Polarisation der

(+)-Heliotridin

Fig. 7.18. *Beim in den Pflanzen enthaltenen Heliotrin, das u. a. in der Sonnenwende (Heliotropium europaeum L.) vorkommt, ist die primäre Alkohol-Gruppe des Heliotridins mit Heliotrinsäure ((2S,3R)-2-Hydroxy-2-(1-methoxyethyl)isovaleriansäure) verestert.*

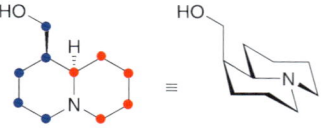

(−)-Lupinin

Fig. 7.19. *Lupinin, das in den Samen der aus Nordamerika stammenden Wolfsbohne (Lupinus polyphyllus) vorkommt, kann den Tod durch Atemlähmung verursachen.*

Tab. 7.6. *pK_s-Werte der konjugierten Säuren einiger stickstoffhaltiger Basen*

konj. Säure	Base	pK_s (in H_2O, 25 °C)
NH_4^+	Ammoniak	9,24
$C_6H_5-NH_3^+$	Anilin	4,63
$H_3C-NH_3^+$	Methylamin	10,66
$(CH_3)_2NH_2^+$	Dimethylamin	10,73
$(CH_3)_3NH^+$	Trimethylamin	9,81
NH_3	NH_2^-	34

(C—N)-Bindung, welche die positive Ladung am N-Atom des entsprechenden Ammonium-Ions herabsetzt.

Da aber pK_s-Werte im thermodynamischen Gleichgewicht bestimmt werden, spielt nicht nur der inhärente Energiegehalt des Ammonium-Ions sondern auch die durch Solvatisierung desselben freigesetzte Energie eine wichtige Rolle. Aus diesem Grunde sind tertiäre Amine, bei denen die Annäherung der Lösungsmittel-Moleküle durch die Liganden des N-Atoms am meisten gehindert wird, weniger basisch als sekundäre Amine (*Tab. 7.6*).

Trotz ihrem basischen Charakter können Amine (ebenso wie NH_3) in Gegenwart einer noch stärkeren Base (eines Alkalimetalls oder eines Carbanions) gemäß der Gleichung:

$$R-\ddot{\underset{..}{N}}H^- + H^+ \rightleftharpoons R-\ddot{N}H_2$$

deprotoniert werden. Die dadurch gebildeten Alkalimetall-*amide* (derselbe Name wird irreführenderweise für die funktionelle Gruppe verwendet, die im *Abschn. 9.25* behandelt wird) sind sehr starke Basen, denn die pK_s-Werte der entsprechenden konjugierten Säuren (die Amine selbst) sind noch größer als beim NH_3 (*Tab. 7.6*):

$$K_s = \frac{[R-NH^-][H^+]}{[R-NH_2]} < 10^{-34}$$

Als extrem starke Basen finden Alkalimetall-amide (insbesondere das Lithium-diisopropylamid = LDA) in der synthetischen organischen Chemie breite Anwendung (*abschn. 8.16*).

7.8. Nucleophilie der Amine

Amine werden außer durch ihre Basizität durch ihre *Nucleophilie* charakterisiert. Beide Begriffe drücken verschiedene Aspekte ein und derselben Eigenschaft aus, nämlich der Affinität eines Moleküls für einen elektrisch positiv geladenen Reaktionspartner. In diesem Sinne ist die Basizität (Affinität für das Proton) ein Spezialfall der Nucleophilie, die in der organischen Chemie meist als Nucleophilie

> Ein **Nucleophil** ist ein Teilchen (Molekül oder Ion), das von einem ganz oder partiell positiv geladenen Atom elektrostatisch angezogen wird.

für das C-Atom, als Träger einer ganzen oder partiellen Elementarladung verstanden wird. Die mittels einer Skala von pK_s-Werten ausgedrückte Basizität ist jedoch eine *thermodynamische* Größe, welche die Lage des Gleichgewichtes charakterisiert, das sich zwischen einer Base und der dazugehörigen konjugierten Säure in Lösung einstellt. Die Nucleophilie dagegen ist eine *kinetische* Größe, die durch Vergleich der Geschwindigkeiten der S_N2-Reaktion (*Abschn. 5.13*) verschiedener Nucleophile mit einem gegebenen Substrat gemessen wird. Allerdings lässt sich dadurch keine absolute Nucleophilie-Skala aufstellen, denn die Reaktivität des Nucleophils hängt vom jeweiligen Nucleofug ab.

Um beide Begriffe – Nucleophilie und Basizität – zu differenzieren, werden Basen als *stark* oder *schwach* bezeichnet, je nachdem ob die entsprechenden konjugierten Säuren schwach bzw. stark ionisiert vorliegen. Nucleophile dagegen können *weich* oder *hart* sein (*Ralph G. Pearson*, 1963). Harte Nucleophile werden durch folgende Merkmale des die negative Ladung oder das freie Elektronenpaar tragenden Atoms charakterisiert:

1) kleiner Ionenradius
2) hohe effektive Kernladung (definiert als die Ladung des Atomkerns unter Abzug der nichtbindenden Elektronen der inneren Schalen)
3) hohe Elektronegativität
4) geringe Polarisierbarkeit der äußeren Elektronenschale.

Da alle vier Merkmale weder voneinander unabhängig sind noch quantitativ den gleichen Beitrag zur 'Härte' des betreffenden Nucleophils leisten, ist die Aufstellung einer mit den pK_s-Werten vergleichbaren Skala nicht möglich. Die nachstehende Reihenfolge nach abnehmender 'Härte' geordneter Nucleophile hat daher nur qualitative Bedeutung:

$$F^- > RO^- > NR_3 > Cl^- > Br^- > I^- > RS^-$$

Darüber hinaus hängt der Energiegehalt des Übergangskomplexes der S_N2-Reaktion vom so genannten *symbiotischen Effekt* ab (*Pearson*, 1967), d.h. die Reaktionsgeschwindigkeit ist am höchsten, wenn sowohl das Nucleophil als auch das Nucleofug den gleichen Charakter aufweisen (entweder beide hart oder beide weich).

Auch thermodynamisch stellt die Wechselwirkung zwischen Nucleophilen und Elektrophilen, die den gleichen Charakter aufweisen, eine günstigere Beziehung als jene von Paaren mit verschiedenem Charakter dar. Da das Proton alle Kriterien eines harten Elektrophils erfüllt, ist beispielsweise HF als Folge der günstigen Kombination mit einem ebenfalls harten Nucleophil (das Fluorid-Ion) nur wenig dissoziiert. Das Iodid-Ion dagegen ist ein weiches Nucleophil; seine Wechselwirkung mit dem harten Proton ist schwach, wodurch sich erklärt, dass HI die stärkste unter den Halogenwasserstoffsäuren ist.

Die oben erwähnten Kriterien ermöglichen in den meisten Fällen geeignete Bedingungen für eine gegebene Reaktion zu wählen. Insbesondere die Selektivität der Reaktionen von Molekülen, die an zwei verschiedenen Stellen nucleophil reagieren können (sog. *ambidente Ionen*) lässt sich mit Hilfe der oben genannten Kriterien zutreffend voraussagen (*Abschn. 8.16*).

Amine befinden sich ungefähr in der Mitte der oben angeführten Reihenfolge gängiger Nucleophile. Somit eignen sie sich für nucleophile Substitutionsreaktionen, die in den meisten Fällen nach dem S_N2-Mechanismus ablaufen. Ein typisches Beispiel dafür ist die Reaktion von NH_3 mit einem Alkyl-halogenid, wobei Alkyl-iodide im Allgemeinen reaktiver sind.

Obwohl gemäß der *Pauling*'schen Elektronegativitätsskala (*Tab. 1.4*) die (C–I)-Bindung nicht polarisiert ist, verschieben sich die Bindungselektronen bei der Annäherung des Nucleophils zum I-Atom hin, so dass die Bildung des Übergangskomplexes der S_N2-Reaktion durch die leichte *Polarisierbarkeit* der (C–I)-Bindung (*Abschn. 1.7*) begünstigt wird.

Wird CH_3I verwendet, so besteht das Produkt der Reaktion aus einem Gemisch von Methylaminen und Tetramethylammoniumiodid als Hauptkomponente. Der Grund dafür ist die durch den $(+I)$-Effekt der CH_3-Gruppe bedingte Erhöhung der Nucleophilie des N-Atoms bei zunehmender Substitution der H-Atome durch CH_3-Gruppen, die zu einer Beschleunigung der Reaktion nach jedem Alkylierungsschritt führt (*Fig. 7.20*). Verwendet man äquimolare Mengen von NH_3 und CH_3I, so bleibt am Ende der Reaktion nicht umgesetztes NH_3 zurück. Unter Verwendung eines Überschusses an CH_3I (*erschöpfende* oder *exhaustive* Alkylierung) bildet sich nur das Tetramethylammonium-Salz.

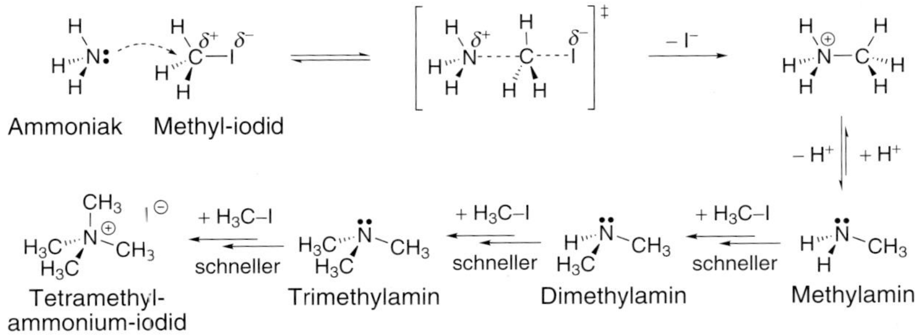

Fig. 7.20. *Die Alkylierung von NH_3 mit Alkyl-halogeniden wie CH_3I ist eine bimolekulare nucleophile Substitutionsreaktion.*

Enzymatische Methylierungen biogener Amine finden nach dem gleichen Reaktionsmechanismus statt. Als 'Alkylierungsreagenz' wirkt das *S*-Adenosylmethionin, dessen S-Atom ein sehr weiches Nucleofug darstellt (*Fig. 7.21*).

Fig. 7.21. *Biosynthese des Adrenalins durch enzymatische Methylierung des Noradrenalins*

7.9. Die *Hofmann*'sche Eliminierung

Hängt bei S_N2-Reaktionen die 'Qualität' eines Nucleophils vom jeweiligen Nucleofug ab (sog. *symbiotischer* Effekt), so sind im Allgemeinen schwache Basen die besseren Nucleofuge. Aus diesem Grund findet die Dehydratisierung von Alkoholen in saurem Medium (*Abschn. 5.19*) leichter als die Spaltung der (N–C)-Bindung bei Aminen statt, denn H_2O ist eine wesentlich schwächere Base (pK_s der konjugierten Säure = –1,74) als NH_3 (pK_s = 9,24) bzw. Aminen (pK_s = 10–11). In alkalischem Medium dagegen können Tetraalkylammonium-Salze unter Bildung eines tertiären Amins und eines Alkens durch Erhitzen (>125 °C) gespalten werden (*Hofmann*-Abbau).

Im Gegensatz zur säurekatalysierten Dehydratisierung von Alkoholen verläuft die *Hofmann*-Eliminierung im Allgemeinen nach dem $E2$-Mechanismus, d.h. an der Bildung des Übergangskomplexes des reaktionsgeschwindigkeitsbestimmenden Schrittes der Reaktion ist je ein Molekül des Substrats und der Base beteiligt. Somit findet die Abspaltung des tertiären Amins als Nucleofug und die Entfernung eines Protons vom benachbarten C-Atom durch die Base konzertiert statt (*Fig. 7.22*). Enthält das quartäre Ammonium-Ion Substituenten,

August Wilhelm von Hofmann (1818–1892)
ein Schüler von *Justus von Liebig* (*Abschn. 2.13*), gründete 1845 das Royal College of Chemistry in London und wurde später Ordinarius an den Universitäten Bonn (1864) und Berlin (1865). Seine Arbeiten über Anilin führten zur Entdeckung mehrerer Reaktionen der Amine (Alkylierung, Synthese von tertiären Aminen aus Tetraalkylammonium-Salzen (*Hofmann*-Eliminierung), Bildung von Isonitrilen zum Nachweis primärer Amine (*Hofmann*'sche Isonitril-Reaktion), Synthese von Aminen durch Umlagerung von Carbonsäure-amiden (*Hofmann*'scher Säureamid-Abbau) u.a.), die eine wichtige Voraussetzung für die Entwicklung der industriellen Synthese von Anilin-Farbstoffen waren. Er führte die Endungen '-*an*, -*en*, -*in*' für gesättigte und ungesättigte Kohlenwasserstoffe in die Nomenklatur ein. *Hofmann* wurde 1867 der erste Präsident der von ihm mitgegründeten Deutschen Chemischen Gesellschaft. (Mit Genehmigung der Royal Society of Chemistry, Library and Information Centre, London)

aus denen bei der Eliminierung mehrere isomere Olefine gebildet werden können, so entsteht, anders als bei der Dehydratisierung von Alkoholen, das am wenigsten substituierte Alken (*Hofmann*-Regioselektivität).

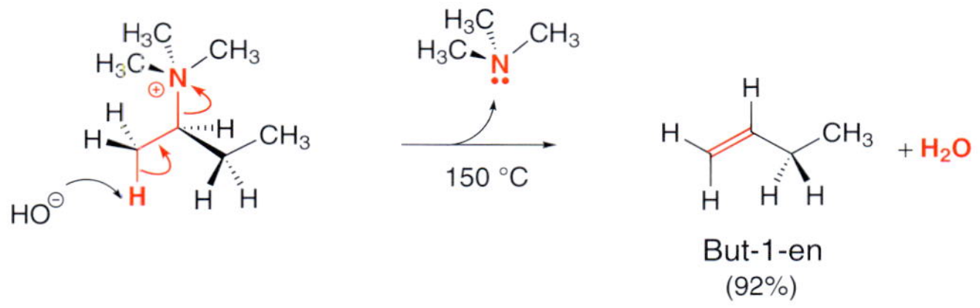

Fig. 7.22. Hofmann'*sche Eliminierung*

Darüber hinaus lässt sich mit geeigneten Substraten nachweisen, dass im Übergangskomplex der *Hofmann*'schen Eliminierung jene Konformation des Übergangskomplexes bevorzugt ist, bei der das Proton, das von der Base übernommen wird, und das Nucleofug (die quartäre Ammonium-Gruppe) *anti*-periplanar zueinander angeordnet sind (*Fig. 7.22*). Zur Erklärung dieser für *anti*-E2-Reaktionen charakteristischen Stereoselektivität sind unterschiedliche Strukturen des Übergangskomplexes postuliert worden, die mit den Bezeichnungen *E*2H, *E*2 und *E*2C charakterisiert werden. Sie entziehen sich jedoch – wie alle Übergangskomplex-Strukturen im Allgemeinen (*Abschn. 2.15*) – dem experimentellen Beweis.

Der *Hofmann*-Abbau quartärer Ammonium-Salze stellt eine wichtige Methode zur Aufspaltung N-haltiger heterocyclischer Ringe dar. Beispielsweise wird Piperidin durch wiederholte erschöpfende Methylierung und darauf folgende Eliminierung von Trimethylamin in Penta-1,4-dien umgewandelt, das aber unter den Reaktionsbedingungen zum Penta-1,3-dien (= *Piperylen*) isomerisiert (*Fig. 7.23*).

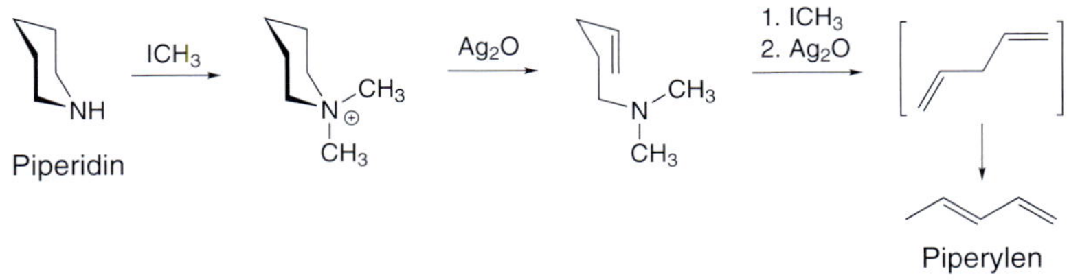

Fig. 7.23. Hofmann-*Abbau des Piperidins*

Bei einigen enzymatischen Reaktionen dient die *Hofmann*-Eliminierung zur Übertragung der Amino-Gruppe des Aspartats auf organische Substrate. Beispielsweise wird in einer für Pflanzen und Mikroorganismen spezifischen reversiblen Reaktion Aspartat durch das Enzym *Aspartase* (= *Aspartat-Ammoniak Lyase*) zu Fumarat und NH$_3$ gespalten (*Fig. 7.24*). Analog wird Histidin zu Urocaninsäure (*Abschn. 10.8*) abgebaut. Ferner wird im Harnstoff-Zyklus (*Abschn. 9.26*) Citrulin

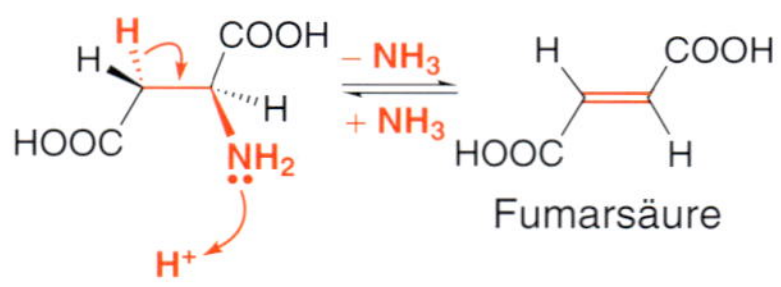

Fig. 7.24. *Von der* Aspartase *katalysierte Transformation der Asparaginsäure in Fumarsäure*

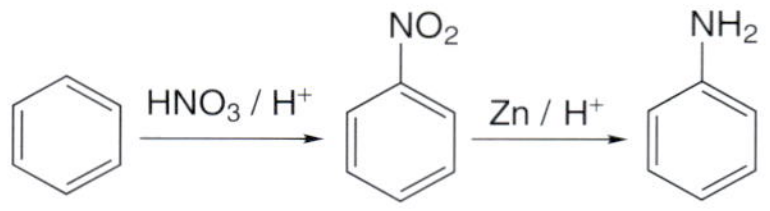

Fig. 7.25. *Synthese des Anilins aus Benzol*

in Arginin umgewandelt, indem sich die Amino-Gruppe des Aspartats unter Mitwirkung von ATP an die Carbonyl-Gruppe des Citrulins addiert und anschließend Fumarat eliminiert wird. Reaktionsmechanistisch gleicht der letzte Schritt, bei dem Arginin aus dem Primärprodukt der Reaktion (dem Arginin-succinat) freigesetzt wird, der *Hofmann*-Eliminierung. Diese wird durch die Acidität des H-Atoms, das im Succinat-Rest α-ständig zur Carboxy-Gruppe ist, wesentlich erleichtert.

7.10. Aromatische Amine

Der Prototyp der aromatischen Amine ist das *Anilin*, der Stoff, der seit der Entdeckung der Nitrierung von Benzol – einem Nebenprodukt der Leuchtgasgewinnung aus Steinkohle – durch *Mitscherlich* (*Abschn. 4.4*) und der Reduktion des Nitrobenzols durch *Hofmann* als Ausgangsmaterial für die Herstellung synthetischer Farbstoffe im technischen Maßstab zur Verfügung steht (*Fig. 7.25*).

Anilin wurde zum ersten Mal 1826 von *Otto-Paul Unverdorben* (1806–1873) in seinem Privatlabor in Dahme (Mark) durch trockene Destillation des natürlichen Indigos erhalten. Er nannte den neuen Stoff, den er als kristallines Ammonium-Salz isolierte, *Crystallin*. Acht Jahre später fand *Friedlieb Ferdinand Runge* (*Abschn. 5.8*), damals in der Chemischen Produktenfabrik zu Oranienburg tätig, bei seinen Untersuchungen über Verwendungsmöglichkeiten des Steinkohlenteers eine flüssige basische Verbindung, der er wegen ihrer blauen Färbung durch Chlorkalklösung den Namen *Kyanol* (griech. κυανοῦς (*kyanoús*): blau) gab. 1841 erhielt *Carl Julius Fedorovič von Fritzsche* (1808–1871) bei der Destillation von Indigo mit KOH eine Substanz, die er *Anilin* (arab. *añil*: blau) nannte. Im selben Jahr gelang es *Nikolaj Nikolaevič Zinin* (1812–1880) durch Reduktion des Nitrobenzols mit Ammonium-hydrogensulfid, das *Benzidam* herzustellen. Erst 1843 erkannte *Hofmann* (s. *Abschn. 7.9*), dass alle vier Stoffe identisch waren, und konnte zwei Jahre später Anilin durch Reduktion von Nitrobenzol mit Zn und Salzsäure herstellen. Die Entdeckungen verschiedener synthetischer Farbstoffe durch *Hofmann* und seine Schüler waren eine wichtige Voraussetzung für die Entwicklung der industriellen Teerfarbenchemie (*Abschn. 7.12*).

Prinzipiell werden aliphatische und aromatische Amine durch gleiche chemische Eigenschaften charakterisiert. Bedingt durch die Delokalisierung des nichtbindenden Elektronenpaares am N-Atom in den Benzol-Ring übt jedoch die Amino-Gruppe einen ausgeprägten $(+M)$-Effekt aus, so dass Reaktionen mit Elektrophilen bevorzugt am aromatischen Ring stattfinden (*Fig. 7.26*). Die Reaktivität der aromatischen Amine gleicht somit derjenigen des Phenolat-Ions (*Abschn. 5.9*).

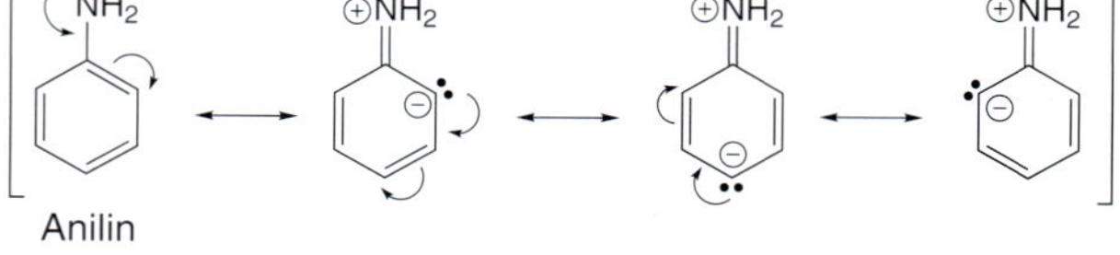

Fig. 7.26. *Resonanz-Strukturen des Anilin-Moleküls*

Aus dem gleichen Grund sind aromatische Amine weniger basisch als aliphatische (*Tab. 7.6*), denn am Mesomerie-Hybrid der Ersteren sind Resonanz-Strukturen beteiligt, bei denen das N-Atom positiv geladen und somit nicht fähig ist, ein Proton aufzunehmen (*Fig. 7.26*).

Wegen der synergetischen Wirkung von Substituenten am aromatischen Ring (*Abschn. 5.9*) ist 3-Nitroanilin eine sehr schwache Base. Die konjugierten Säuren der 2- und 4-Nitroaniline sind sogar sehr starke Säuren (*Fig. 7.27*). In der Reihe der Benzoldiamine (auch Phenylendiamine genannt) sind die beiden Dissoziationskonstanten beim *meta*-Isomeren etwa gleich, während beim *para*-Benzoldiamin und hauptsächlich beim *ortho*-Isomeren die Protonierung der zweiten NH_2-Gruppe aufgrund des starken $(-I)$-Effektes der bereits im Molekül vorhandenen Ammonium-Gruppe (*Abschn. 4.5*) bedeutend ungünstiger ist (*Fig. 7.28*).

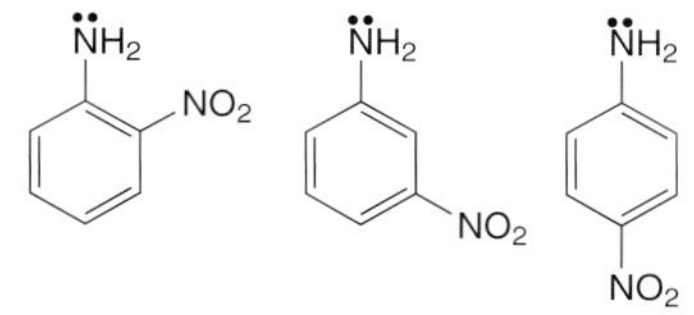

$pK_s = -0.05 \quad 2.5 \quad 1.0$

Fig. 7.27. *Basizität der Nitroaniline* (pK_s-Werte in H_2O bei 25 °C)

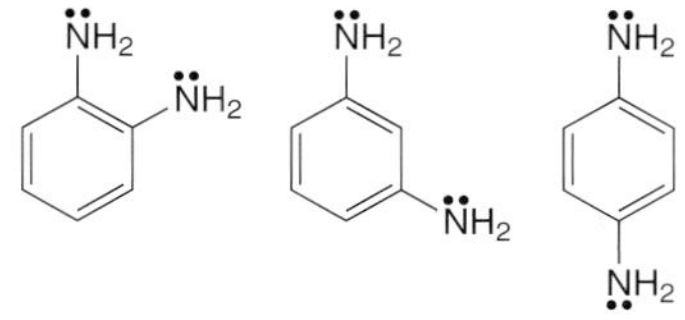

$pK_{s1} = 4,6 \quad 4,9 \quad 6,2$

$pK_{s2} = 1,9 \quad 4,6 \quad 3,0$

Fig. 7.28. *Basizität der Benzoldiamine* (pK_s-Werte in H_2O bei 25 °C)

7.11. Bildung von Diazonium-Ionen

Eine charakteristische chemische Eigenschaft der primären aromatischen Amine ist die Bildung von Diazonium-Salzen bei der Reaktion mit Natrium-nitrit in einem protonenhaltigen Medium.

In Gegenwart einer relativ starken Säure reagiert Natrium-nitrit unter Bildung von salpetriger Säure (HNO_2), die nur in der Gasphase bekannt ist. Bei genügend hoher Protonen-Konzentration dissoziiert die salpetrige Säure ($pK_s = 5,2$) unter Freisetzung von H_2O und einem *Nitrosonium*-Ion, dessen Salze mit harten Anionen (Perchlorat, Tetrafluoroborat u. a.) isolierbar sind (*Fig. 7.29,a*). Das Nitrosonium-Ion (im Reaktionsgemisch liegt hauptsächlich Nitrosonium-nitrit vor) ist ein reaktives Elektrophil, welches mit dem nichtbindenden Elektronenpaar am N-Atom der Amino-Gruppe reagiert (*Fig. 7.29,b*). Das gebildete Zwischenprodukt ist die konjugierte Säure eines *Nitrosamins*, welches am O-Atom unter Bildung eines isomeren 1-Hydroxy-2-phenyldiazens (*Hydroxyazobenzol*) erneut protoniert werden kann.

Nitrosamine und die entsprechenden Hydroxyazobenzole sind Analoge der Keto–Enol-Tautomere (*Abschn. 8.16*).

Protonenkatalysierte Eliminierung der OH-Gruppe des (Hydroxy)(phenyl)diazens liefert das entsprechende *Diazonium*-Ion (*Fig. 7.29,c*). Diazonium-Ionen von aliphatischen Aminen werden nach der gleichen Reaktionsfolge gebildet, zersetzen sich aber spontan unter Freisetzung eines Carbenium-Ions und molekularen Stickstoffs (*Fig. 7.29,d*). Bei aromatischen Aminen trägt wahrscheinlich die Delokalisierung der π-Elektronen des Benzol-Ringes in die Diazonium-Gruppe zur Stabilisierung der entsprechenden Diazonium-Ionen bei, so dass sich in eisgekühlter Lösung ihre Zersetzung vermei-

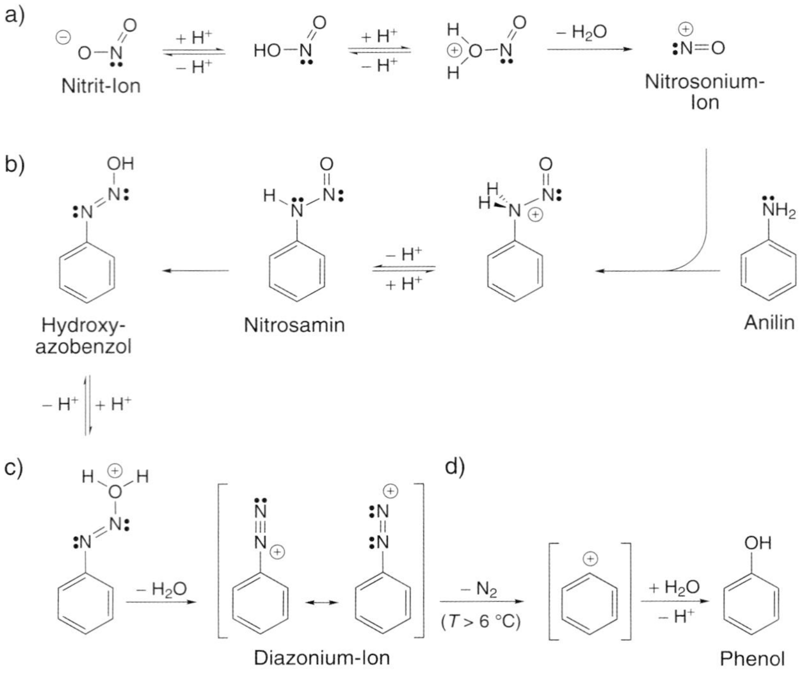

Fig. 7.29. *Diazotierung des Anilins*

den lässt. Aromatische Diazonium-Ionen können somit als elektrophile Reagenzien verwendet werden (*Abschn. 7.12*).

Die oben erläuterte *Diazotierung* von Aminen ermöglicht ferner, primäre und sekundäre Amine analytisch zu unterscheiden, denn nur die sekundären bilden Nitrosamine, die nicht zu den entsprechenden (Hydroxy)(phenyl)diazenen isomerisieren können. Tertiäre aliphatische Amine reagieren nicht.

Ein physiologisch wichtiges Merkmal der Nitrosamine ist, dass viele von ihnen Carcinogene* sind, die nicht nur weit verbreitet sind, sondern auch im Organismus gebildet werden, beispielsweise aus Grundnahrungsmitteln unter dem Einfluss von Nitritpökelsalz (ein Gemisch aus Speisesalz mit einem gesetzlich vorgeschriebenen Höchstgehalt von 4–5‰ Natrium-nitrit), das zur Erhaltung der roten Farbe (Bildung von Nitrosomyoglobin) von Fleisch verwendet wird.

7.12. Synthetische Farbstoffe

Von besonderer Bedeutung für die rasante Entwicklung der modernen chemischen Industrie, die sich in der zweiten Hälfte des 19. Jahrhunderts vollzog, war die Vermarktung synthetischer Farbstoffe, welche die seit der Antike verwendeten natürlichen Pigmente (*Abschn. 8.5*) in kürzester Zeit verdrängten.

Kurz nachdem Anilin, der Stoff, der im Mittelpunkt dieser Entwicklung steht, in technischem Maßstab zugänglich wurde (*Abschn. 7.11*), stellte *William Henry Perkin* den ersten vermarkteten synthetischen organischen Farbstoff, das *Mauvein*, durch Oxidation des Anilins her.

Vor der Entdeckung des Mauveins hatte 1704 der Färber *Diesbach* aus Eisen-(III)-chlorid und Kalium-hexacyanoferrat *Berlinerblau* hergestellt, einen synthetischen anorganischen Farbstoff, der zur Färberei von Seide und Baumwolle, später auch von Wolle, verwendet wurde. Noch heute gehört Berlinerblau zu den preiswerten lichtechten Blaupigmenten. Die ersten Farbstoffe aus Steinkohlenteer (Aurin und Anilinschwarz) wurden um 1831 von *Runge* (*Abschn. 5.8*) aus Phenol bzw. Anilin hergestellt. Als Anilinschwarz bezeichnet man eine Gruppe polymerer schwarzer Pigmente, die meist direkt auf Baumwollfaser (seltener auf Seide) durch Oxidation von Anilin-hydrochlorid mit Kalium-dichromat u.a. in Gegenwart von Übergangsmetall-Salzen erzeugt werden. Anilinschwarz gehört zu den echtesten und schönsten schwarzen Farbstoffen und wird in der Textildruckerei angewendet.

Die Farbigkeit der meisten industriellen Pigmente rührt von der Vielzahl von Resonanz-Strukturen her, die am Mesomerie-Hybrid ihrer Moleküle beteiligt sind (*Fig. 7.30*), wodurch der Energiegehalt der entsprechenden Anregungszustände herabgesetzt wird (*Abschn. 3.21*). Ferner rufen Substituenten oder funktionelle Gruppen, die *Auxochrome* (griech. αὔξη (*aúxē*): Wachstum, Zunahme) genannt werden, eine Verschiebung des Absorptionsmaximums oder eine Vertiefung der Farbintensität hervor, so dass die Lichtabsorption der Moleküle über das gesamte sichtbare Spektrum moduliert werden kann.

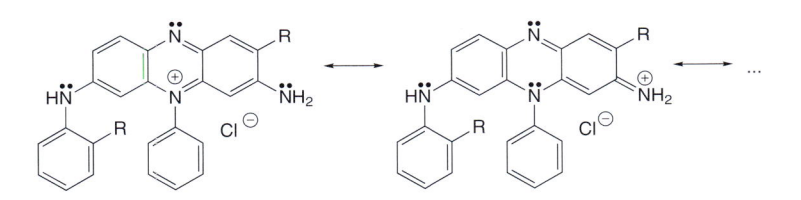

Fig. 7.30. *Das 1856 von* Perkin *hergestellte Mauvein stellte sich als Gemisch zweier basischer Pigmente heraus, dem* Pseudomauvein (R = H), *das aus Anilin stammte, und dem* Mauvein (R = CH$_3$), *das durch die Anwesenheit von ortho-Toluidin als Verunreinigung gebildet wurde.*

Sir William Henry Perkin (1838–1907) entdeckte das Mauvein im Jahre 1856, als er mit 17 Jahren *Hofmann*s Assistent am Royal College of Chemistry in London war, und den (eigentlich sinnlosen) Versuch unternahm, Chinin zu synthetisieren, dessen elementare Zusammensetzung damals zwar bekannt war, nicht aber seine molekulare Struktur (*Abschn. 10.11*). *Perkin* behandelte mit *ortho*-Toluidin (2-Methylanilin) verunreinigtes Anilin mit Kalium-dichromat und konnte aus dem voluminösen Niederschlag von Anilinschwarz eine blassviolette Substanz isolieren, die sich zur Färbung von Seide als geeignet erwies, und die er *Mauvein* (fr. *mauve*: Malve) nannte (*Fig. 7.30*). *Perkin* selbst gründete 1857 mit seinem Vater in Greenford Green bei London die erste Anlage zur industriellen Produktion synthetischer Farbstoffe. (Gemälde von *Sir Arthur Stockdale Cope* (1857–1940) aus dem Jahre 1906. Mit Genehmigung der National Portrait Gallery, London)

Mauvein und die konstitutionell damit verwandten *Safranine*, die größere praktische Bedeutung haben, sind Derivate des *Phenazins* (s. *Fig. 10.1*). Eine allgemeine Methode zur Herstellung von *Phenazin* selbst und seinen Derivaten besteht in der Kondensation von '*ortho*-Phenylendiaminen' (Benzol-1,2-diaminen) mit *ortho*-Chinonen, die durch Oxidation der entsprechenden *ortho*-Diphenole (z.B. von Brenzcatechin) *in situ* gebildet werden können (*Abschn. 5.12*). Dem Phenazin analoge Strukturen weisen die Derivate des *Phenothiazins* (z.B. Methylenblau) und des *Xanthens* (z.B. Fluorescein und Eosin) auf (*Fig. 7.31*). *Phenothiazin* wird durch Erhitzen von Diphenylamin mit Schwefel erhalten. Es wird als Vertilgungsmittel für Mückenlarven und als Darmantiseptikum bei Tieren angewandt. Der wichtigste Farbstoff der Phenothiazin-Reihe ist das *Methylenblau,* das durch Oxidation eines Gemisches aus 4-Amino-*N,N*-dimethylanilin und *N,N*-Dimethylanilin mit Natrium-dichromat in Gegenwart von Natrium-thiosulfat, Zink-chlorid und Salzsäure hergestellt wird. Methylenblau, das aufgrund seines Herstellungsverfahrens meist als Zinkchlorid-Doppelsalz in den Handel kommt, ist ein basischer Farbstoff, der mit Tannin gebeizte Baumwolle sowie Wolle, Seide, Papier und Leder lebhaft blau färbt. Es wird außerdem in der Tiermedizin als Antiseptikum und in der Histologie zur Färbung von Präparaten für die Mikroskopie verwendet (*Abschn. 7.13*). Ferner ist Methylenblau ein Redoxindikator, der unter Aufnahme von Wasserstoff leicht in das farblose Dihydro-Derivat übergeht. Dementsprechend kann Methylenblau als H-Akzeptor bei enzymatischen Reaktionen wirken.

Xanthen (Dibenzopyran) und seine Derivate (sog. *Pyronine*) werden meist durch thermische Dehydratisierung der entsprechenden Bis(2-hydroxyphenyl)methane erhalten. Somit stellen Pyronine Derivate des Diarylmethans dar, während die ebenfalls vom Xanthen abgeleiteten *Phthaleine* Derivate des Triarylmethans sind. Fluorescein, ein Phthalein, das 1871 zum ersten Mal von *A. von Baeyer* (*Abschn. 2.21*) durch Reaktion von Phthalsäure-anhydrid (*Abschn. 9.12*) mit Resorcin (Formel in *Fig. 5.19*) synthetisiert wurde, ist durch seine intensive grüne Fluoreszenz ausgezeichnet; darum dienen seine Derivate zur Fluoreszenzmarkierung biochemischer Substrate. Wegen seiner geringen Beständigkeit wird jedoch Fluorescein in der Färberei kaum verwendet. Durch Bromierung von Fluorescein erhält man sein Tetrabromo-Derivat, das *Eosin* (griech. ἕως (*héōs*): Morgenröte). Letzteres diente früher zur Färbung von Wolle, Baumwolle und Papier. Es wird in der Bakteriologie und Histologie zur Kontrastfärbung sowie in der Hämatologie zur Unterscheidung der so genannten eosinophilen Granulozyten von anderen Typen von Leukozyten verwendet.

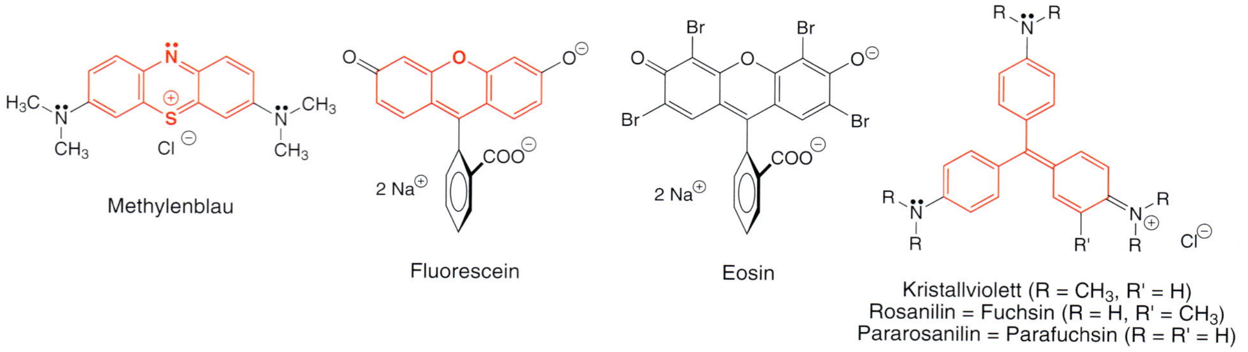

Fig. 7.31. *In der Mikrobiologie verwendete Phenothiazin-, Xanthen- und Triphenylmethan-Farbstoffe*

Bessere synthetische Farbstoffe für die Färberei wurden später in der Reihe des Triphenylmethans – Pararosanilin, Rosanilin (Fuchsin), Kristallviolett (das an den N-Atomen sechsfach methylierte Derivat des Pararosanilins), u. a. – sowie anderer Stoffklassen entdeckt (*Tab. 7.7*).

Tab. 7.7. *Wichtigste Klassen synthetischer Farbstoffe*

Azo-Farbstoffe
Cyanin-Farbstoffe (*Abschn. 8.14*)
Phthalocyanine (*Abschn. 10.4*)
Di- und Triphenylmethan-Farbstoffe: Xanthene, Pyronine, Phthaleine
Phenazine (Safranine, u. a.)
Phenoxazine und Phenothiazine
Azulene (*Abschn. 4.2*)

Einige der vorerwähnten Farbstoffe (z. B. Kristallviolett) sind schwache organische Säuren bzw. Basen, die im undissoziierten Zustand eine andere Konstitution und Farbe aufweisen als im ionisierten Zustand. Sie eignen sich somit in der chemischen Analytik als *pH-* oder *Säure/Base-Indikatoren*.

Den größten Marktanteil (70% des gesamten Farbstoffsortiments) erlangten jedoch die 1862 von *Griess* entdeckten Azo-Farbstoffe. Sie werden durch Reaktion (sog. *Azo-Kupplung*) eines Diazonium-Ions mit einem elektronenreichen Benzol-Derivat (einem aromatischen Amin oder einem Phenol) hergestellt (*Fig. 7.32*). Dabei handelt es sich um eine elektrophile aromatische Substitution, deren Reaktionsmechanismus im *Abschn. 4.4* erläutert ist.

Da die Einzelschritte der Diazotierungs- und Kupplungsreaktion mit hohen Ausbeuten verlaufen, eignet sich die Bildung von Azo-Farbstoffen als eine empfindliche analytische Methode für Nitrit-Ionen, die bis zu Konzentrationen ≤ 2 ppm (engl. *parts per million*) nachgewiesen werden können.

Peter Griess (1829–1888) entdeckte 1858 an der Universität Marburg die Diazotierungsreaktion aromatischer Amine und 1862, nach seiner befristeten Tätigkeit als Assistent von *A. von Hofmann* am Royal College of Chemistry in London, die Reaktion der Diazonium-Salze mit aromatischen Aminen, die so genannte Azo-Kupplung, die zweite grundlegende Reaktion der Azo-Farbstoff-Bildung. (Mit freundlicher Genehmigung des Archivs der Gesellschaft Deutscher Chemiker)

Fig. 7.32. *Bildung von Anilingelb ((4-Aminophenyl)(phenyl)diazen; 4-Aminoazobenzol) durch Azo-Kupplung von diazotiertem Anilin mit Anilin*

7.13. Chemotherapie

Die Behandlung von (ursprünglich infektiösen) Krankheiten mit chemischen Stoffen ist Gegenstand der Chemotherapie (griech. θεραπεία (*therapeía*): Heilung). Obwohl *Paracelsus* bereits in der Renaissance die Behandlung von Krankheiten mit chemischen Mitteln propagierte, wurden die wissenschaftlich fundierten Grundlagen der modernen Chemotherapie erst vom berühmten Arzt und Chemiker *Paul Ehrlich* geschaffen.

Kurz nach der Entdeckung synthetischer Pigmente beobachtete der Leipziger Pathologe *Carl Weigert* (1845–1904) im Jahre 1875, dass sich sowohl Bakterien als auch bestimmte Gewebearten mit Anilin-Farbstoffen (z. B. mit dem 1859 zum ersten Mal hergestellten Fuchsin) anfärben lassen, wodurch sie besser sichtbar unter dem Lichtmikroskop werden. Tatsächlich sind die Chromophore zahlreicher synthetischer Farbstoffe kationisch (s. *Fig. 7.31*), so dass sie sich mit negativ geladenen zellulären Stoffen (z. B. Nucleinsäuren und Polysaccharidcarbonsäuren in den Zellwänden) verbinden (*Abschn. 8.33*).

Paracelsus (1493–1541)
Philippus Aureoulus Theophrastus Bombastus von Hohenheim nannte sich selbst *Paracelsus*. Er verspottete die damals übliche Behandlung der Syphilis mit geraspeltem, eingeweichtem Guajakholz (vgl. *Abschn. 4.2* und *5.9*) und wandte die chemotherapeutische Methodik (zuerst Arsen, dann Quecksilber) für die Behandlung dieser hauptsächlich durch Geschlechtsverkehr übertragbaren, chronisch verlaufenden Krankheit an, die sich nach der Entdeckung Amerikas (1492) in Europa rasch ausbreitete. Damit begründete *Paracelsus* die als Iatrochemie (griech. ἰατρική (*iatriké*): Heilkunst) bekannte medizinische Lehre des 16. Jahrhunderts, welche die Organfunktionen als chemische Prozesse und Krankheiten als deren Störungen verstand. (Nach einem Stich von *Augustin Hirschvogel* (1503–1553), *Edgar Fahs Smith* Collection, mit Genehmigung der University of Pennsylvania Library, Philadelphia)

Paul Ehrlich (1854–1915)
Arzt und (ab 1884) Titularprofessor an der Berliner Charité, wurde 1908 für seine bahnbrechenden Leistungen als Gründer der modernen Chemotherapie zusammen mit dem russischen Zoologen und Arzt *Ilja Iljitsch Metschnikow* mit dem *Nobel*-Preis für Medizin geehrt. 1909 erfand *Ehrlich* das Salvarsan, ein Analogon des Bis(3-amino-4-hydroxyphenyl)diazens, bei dem zwei Arsen-Atome die Azo-Gruppe ersetzen, welches sich als das erste wirksame Mittel gegen den Syphiliserreger (das Bakterium *Treponema pallidum*) erwies. Zweifelsohne trug dieser Erfolg auf entscheidende Weise dazu bei, das Vertrauen der Fachwelt zu den Möglichkeiten der Chemotherapie zu gewinnen. (© *Nobel*-Stiftung)

Neun Jahre später (1884) entwickelte der dänische Pathologe *Hans Christian Joachim Gram* (1853–1938) ein Färbeverfahren, das noch heute als Kriterium der Bakterienklassifikation nach *Bergey* angewandt wird, und welches die Grundlage der orientierenden mikroskopischen Differentialdiagnostik von Krankheitserregern darstellt (*Fig. 7.33*).

Die Färbung nach *Gram* beruht auf der verschiedenen Beschaffenheit der Zellwand grampositiver und gramnegativer Bakterien (*Abschn. 8.33*). Sie wird durchgeführt indem man das auf einem Objektträger getrocknete Ausstrichpräparat nacheinander mit einer phenolhaltigen Lösung von Methylenblau oder Kristallviolett (in der angelsächsischen Literatur auch Gentianaviolett genannt) in verdünntem Ethanol und einer wässrigen I$_2$/KI (1:2)-Lösung (in der Medizin nach dem französischem Arzt *Jean Georges Antoine Lugol* (1786–1851) sog. *Lugol*-Lösung) überschichtet. Anschließend wird durch kurzzeitiges Spülen mit einer Mischung aus gleichen Volumenanteilen von 95%igem Ethanol und Aceton der blaue Farbstoff aus gramnegativen Mikroorganismen (z.B. *Escherichia coli*, ein häufiger Erreger von Infektionen der Harnwege) entfernt, die nach Färbung mit einer phenolhaltigen Lösung von Fuchsin in verdünntem Ethanol und Spülen mit Wasser unter dem Mikroskop rot erscheinen, während grampositive Bakterien (z.B. *Staphylococcus aureus*) dunkelblau bleiben.

Im Jahre 1885 bemerkte *Paul Ehrlich*, dass Methylenblau sowohl die graue Substanz im peripheren Nervensystem als auch die Erreger des Sumpffiebers aus der Gattung *Plasmodium* sowie bestimmte Bakterien, nicht aber sämtliche Gewebe, anzufärben vermochte (sog. *Vitalfärbung*). Aufbauend auf diesen Beobachtungen verfolgte *Ehrlich* den Gedanken, dass infektiöse Krankheiten auch mit chemischen Stoffen bekämpft werden könnten, wenn diese analog den Farbstoffen eine selektive Affinität für pathogene Mikroorganismen gegenüber den Wirtszellen aufweisen würden. Bei der systematischen Untersuchung zahlreicher Azo-Farbstoffe fand *Ehrlich* im Jahre 1904 das *Trypanrot* (*Fig. 7.34*), als erstes bei Versuchen mit Mäusen wirksames synthetisches Präparat gegen Trypanosomen.

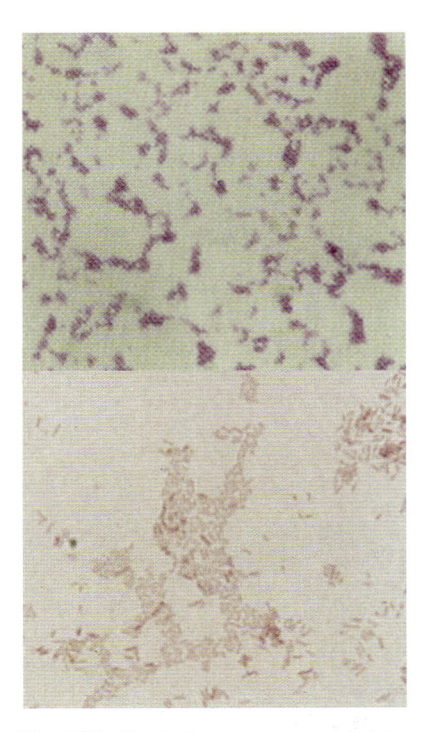

Fig. 7.33. Staphylococcus aureus (oben; ein grampositives Bakterium) *und* Escherichia coli (unten; gramnegativ) *sind zwei häufig vorkommende pathogene Mikroorganismen.*

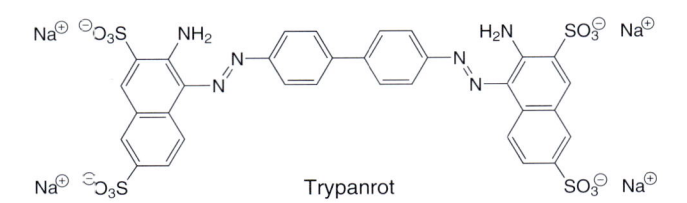

Fig. 7.34. Trypanrot, *das erste gegen Trypanosomen wirksame Chemotherapeutikum*

Trypanosomen (griech. τρύπανον (*trýpanon*): (Drill)bohrer) sind Protozoen, die der Klasse der Geißeltierchen (Flagellaten) angehören. Unter ihnen befinden sich mehrere pathogene Typen: *Trypanosoma gambiense*, der Erreger der Schlafkrankheit (afrikanische Trypanosomiasis), wird durch den Stich der Tsetsefliege (*Glossina*) übertragen. Die im tropischen Süd- und Mittelamerika endemisch vorkommende *Chagas*-Krankheit wird durch den Stich von blutsaugenden Raubwanzen übertragen, in deren Kot sich der Krankheitserreger, *Trypanosoma cruci*, befin-

Proflavin
(3,6-Diaminoacridinium-chlorid)

Ethidium-bromid

Fig. 7.35. *Planare Heteroaromaten mit einer Fläche von mindestens 2.8 nm² und einer Höhe von 0.34 nm eignen sich zur Interkalation in DNA-Moleküle.*

det. Die *Chagas*-Krankheit ist vor allem wegen ihrer Spätfolgen (u. a. chronische Myokarditis), die zum Tode führen können, gefürchtet.

Danach untersuchte *Ehrlich* Derivate des Acridins (s. *Fig. 10.1*) und fand, dass *Proflavin* (*Fig. 7.35*) die Wirksamkeit des Trypanrots gegen Trypanosomen übertraf. Noch heute werden *Trypaflavin*® und *Panflavin*® (beide sind Handelsbezeichnungen der Fa. *Hoechst AG* für das Acriflavinium-chlorid, eine Mischung aus Proflavin (Acridin-3,6-diamin-hydrochlorid) und 10-Methyl-3,6-diaminoacridinium-chlorid) als Haut- und Schleimhautantiseptika verwendet.

Bemerkenswert ist die Eigenschaft der Acridin-Derivate, sich zwischen zwei benachbarte Basenpaare der DNA-Doppelhelix (*Abschn. 10.17*) einzuschieben, ein Vorgang, der *Interkalation* genannt wird. Als Folge der dadurch verursachten Streckung des DNA-Moleküls wird die Bindung der DNA- und RNA-Polymerasen sowie der Topoisomerasen inhibiert, wodurch Fehler sowohl bei der Replikation als auch der Transkription der genetischen Information auftreten können (s. *Abschn. 10.18*). Bei Viren wirken Acridin-Derivate mutagen und stellen dadurch potentielle Mittel für die Behandlung (aber auch für die Erzeugung) von Tumoren dar. Neben den Proflavin-Derivaten gehört das *Ethidium-bromid* (später *Homidium-bromid* genannt; ein Derivat des Phenanthridins (Dibenzo[*b,d*]pyridin)) und einige Antibiotika (z. B. *Anthracycline* (*Abschn. 9.24*) und *Actinomycine* (*Abschn. 9.30*)) sowie Antimalariamittel (Chinin u. a. (*Abschn. 10.11*)) zu den typischen interkalierenden Xenobiotika.

Als logische Schlussfolgerung der bahnbrechenden Arbeiten von *Ehrlich* wurde in der Folgezeit die Wirksamkeit zahlreicher synthetischer Farbstoffe gegen bakterielle Erkrankungen untersucht. Im Jahre 1935 wandte *Gerhard Domagk* das 1932 von *Fritz Mietzsch* (1896–1958) und *Josef Klarer* (1898–1953) synthetisierte *Prontosil rubrum* (*Fig. 7.36*) erfolgreich gegen Streptokokken an. Andere Forscher zeigten bald, dass Prontosyl auch gegen Meningitis, Lungenentzündung und Gonorrhoe wirkte. Der Erfolg des Prontosils löste eine weltweite, sehr erfolgreiche Suche nach weiteren Sulfonamid-Derivaten aus, bei der sich vor allem Sulfathiazole und Sulfathiadiazole (*Abschn. 10.1*) als sehr aussichtsreich erwiesen.

Prontosil → *in vivo* → **Sulfanilamid**

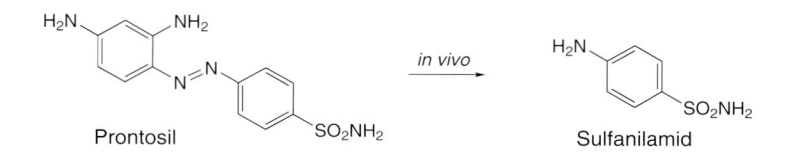

Fig. 7.36. *Sulfanilamid, das erste therapeutisch eingesetzte Sulfonamid, entsteht in vivo durch reduktive Spaltung des Prontosils.*

Gerhard Domagk (1895–1964)
Leiter der Pathologie und Bakteriologie der *Baeyer*-Werke in Wuppertal-Elberfeld und Professor an der Universität Münster, erhielt 1939 den *Nobel*-Preis für Medizin, den er aber erst 1947 entgegennehmen durfte. (© *Nobel*-Stiftung)

Aufgrund der Tatsache, dass Prontosil zwar *in vivo*, nicht aber *in vitro* wirksam ist, konnte *Fourneau Tréfouël* am Institut *Louis Pasteur* in Paris beweisen, dass Prontosil durch enzymatische Reduktion unter Bildung von zwei Molekülen des bereits seit 1908 bekannten 4-Aminophenylsulfonamids (= Sulfanilamid) im Organismus des Empfängers metabolisiert wird (*Fig. 7.36*). Schließlich fanden *Sir Paul Gordon Fildes* (1882–1971) und *Donald D. Woods*, dass das Sulfanilamid die bakterielle Biosynthese des Tetrahydrofolats (*Abschn. 10.14*) kompetitiv hemmt und dadurch die von ihm abhängigen Reaktionen blockiert. Da Säuger keine Folsäure synthetisieren, sind sie weitgehend resistent gegen Sulfonamide, was die therapeutische Wirksamkeit dieser Stoffe erklärt. Der Befund von *Fildes* und *Woods* eröffnete eine neue Strategie bei der Suche nach therapeutisch wirksamen Substanzen, nämlich nach metabolischen Antagonisten, welche erwartungsgemäß die normale Funktion bereits bekannter Zellmetabolite beeinträchtigen können.

Der historische Zusammenhang zwischen der Herstellung synthetischer Teerfarbstoffe und ihrer Anwendung in der Medizin kann nicht übersehen werden (*Fig. 7.37*). Von ebenso großer Bedeutung ist jedoch das bis heute anhaltende Bestreben zahlreicher Chemiker, die Wirkstoffe aus den bereits von den Urvölkern bekannten Heil- und Giftpflanzen zu isolieren und ihre Strukturen systematisch aufzuklären, um schließlich geeignete Synthesen zu entwickeln, die bedeutend größere Mengen an reinen Präparaten liefern als deren Gewinnung aus Naturprodukten.

Eine neue Ära der Chemotherapie, in der die Sulfonamide, wenn auch nicht vollständig, von den *Antibiotika* weitgehend verdrängt worden sind, leitete die zufällige Entdeckung des Penicillins durch *Sir I. A. Fleming* im Jahre 1929 ein (*Abschn. 9.30*). Heute kennt man weit über 2000 Antibiotika, von denen allerdings nur ungefähr 50 in der Chemotherapie in größerem Rahmen genutzt werden. Dem Einsatz neuartiger Antibiotika in der Humanmedizin steht häufig eine erhebliche Toxizität sowie die gelegentliche Entwicklung spezifischer Allergien im Wege. Darüber hinaus entwickeln Bakterien im Verlauf dauernder Behandlungen resistente Stämme, so dass heute oft Kombinationen von Antibiotika und Sulfonamiden angewandt werden müssen. Besonders dramatisch ist die Zunahme resistenter Bakterienstämme beim nicht unumstrittenen Gebrauch von Antibiotika (insbesondere Tetracycline) in der Tierhaltung.

Völlig neue Wege, die in Zukunft die Methoden der empirischen Pharmakologie ablösen werden, eröffneten die in der zweiten Hälfte des 20. Jahrhunderts errungenen Fortschritte der Molekularbiologie, die ein besseres Verständnis der komplexen Mechanismen der Wirkung von Chemotherapeutika auf zellulärer Ebene ermöglicht haben (vgl. *Tab. 7.3*). Insbesondere die Kontrolle der Genexpression sowohl in gesunden als auch in kranken Zellen eines Organismus böte unvergleichbar erfolgversprechendere Möglichkeiten bei der Behandlung von Krankheiten mit Hilfe synthetischer Stoffe an.

1834
Friedlieb Ferdinand Runge (1794–1867) isoliert Anilin aus Steinkohlenteer.

⇩

1845
August Wilhelm von Hofmann (1818–1892) stellt Anilin aus Nitrobenzol synthetisch her.

⇩

1856
Sir *William Henry Perkin* (1838–1907) synthetisiert den ersten Farbstoff (Mauvein) durch Oxidation von Anilin.

⇩

1862
Peter Griess (1829–1888) entdeckt die Synthese der Azo-Farbstoffe durch Reaktion von Anilin mit salpetriger Säure.

⇩

1875
Carl Weigert (1845–1904) entdeckt, dass Bakterien mit Anilin-Farbstoffen (z. B. Fuchsin) gefärbt werden können.

⇩

1904
Paul Ehrlich (1854–1915) setzt einen Azo-Farbstoff (Trypanrot) gegen Trypanosomen ein.

⇩

1932
Fritz Mietzsch (1896–1958) und *Josef Klarer* (1898–1953) synthetisieren Prontosil (einen Azo-Farbstoff).

⇩

1935
Gerhardt Domagk (1895–1964) entdeckt die von Prontosil abgeleiteten Sulfonamide.

Fig. 7.37. *Chronologie der Entwicklung synthetischer Farbstoffe und der Chemotherapie*

Weiterführende Literatur

P. Karlson, 'Was sind Hormone?', *Naturwissenschaften* **1982**, *69*, 3–14.

E. W. Sutherland, 'Untersuchungen zur Wirkungsweise der Hormone', *Angew. Chem.* **1972**, *84*, 1117–1125.

F. Hoffmann, 'Phytohormone – Werkzeuge pflanzlicher Zellkulturen', *Chemie in unserer Zeit* **1977**, *11*, 108–117.

C. E. Sekeris, 'Die Wirkung von Hormonen auf den Zellkern', *Chemie in unserer Zeit* **1969**, *3*, 171–177.

T. Hartmann, L. Witte, 'Chemistry, biology and chemoecology of the pyrrolizidine alkaloids', in 'Alkaloids, Chemical and Biological Perspectives, Vol. 9', Hrsg. S. W. Pelletier, John Wiley & Sons, Inc., 1995, S. 155–233.

A. R. Pinder, 'Pyrrole, pyrrolidine, pyridine, piperidine and related alkaloids', in 'Methods in Plant Biochemistry, Vol. 8', Hrsg. P. G. Waterman, Academic Press, London, 1993, 241–269.

E. Leete, 'Recent Developments in the Biosynthesis of the Tropan Alkaloids', *Planta Med.* **1990**, *56*, 339–352.

H. Geneste, M. Hesse, 'Polyamine und Polyamin-Derivate in der Natur', *Chemie in unserer Zeit* **1998**, *32*, 206–218.

H.-T. Macholdt, 'Organische Pigmente für Photokopierer und Laserdrucker', *Chemie in unserer Zeit* **1990**, *24*, 176–181.

Übungsaufgaben

1. Geben Sie alle möglichen Strukturen, welchen die Bruttoformel $C_4H_{11}N$ zukommt. Wie kann man die entsprechenden Verbindungen aufgrund ihrer Reaktivität voneinander unterscheiden?

2. Ein Gemisch, das aus drei Komponenten, **A**, **B** und **C**, besteht, wird in Diethyl-ether gelöst und mit 1N Salzsäure geschüttelt. Nach Trennung beider Phasen wird die wässrige Phase durch Zugabe wässriger 1N NaOH-Lösung auf pH = 10* gebracht und anschließend die Komponente **A** durch Extraktion mit Ether und Abdampfen des Lösungsmittels isoliert. Danach wird die etherische Phase der ersten Extraktion mit einer 1N NaOH-Lösung geschüttelt, die wässrige Phase durch Zugabe von 1N Salzsäure angesäuert, und die Komponente **B** durch Extraktion mit Ether und Abdampfen des Lösungsmittels isoliert. Schließlich wird aus der etherischen Phase der dritten Extraktion durch Abdampfen des Lösungsmittels ein Rückstand erhalten, der mit der Komponente **C** identifiziert wird. Welches sind die drei Komponenten des Reaktionsgemisches?

   a) Ethylenglycol + Benzol + Phenol
   b) Hexan + 4-Nitrotoluol + Anilin
   c) Anisol + 4-Nitrophenol + Anilin
   d) *N,N*-Dimethylanilin + Pyrrolidin + Pikrinsäure

3. Die Energiebarriere der 'Stickstoff-Inversion' beträgt bei tertiären Aminen ungefähr 25 kJ mol^{-1} (*Abschn. 7.2*). Würden Sie für *N*-Methylaziridin eine höhere oder eine niedrigere Energiebarriere erwarten? Begründen Sie Ihre Antwort.

4. Die bei 25 °C experimentell bestimmten Dipolmomente des *N,N*-Dimethylanilins und des *N,N,N',N'*-Tetramethylbenzol-1,4-diamins betragen μ = 1,58 D bzw. 1,29 D. Wie ist das Dipolmoment des *N,N*-Dimethylanilins im Bezug auf die Molekülebene ausgerichtet?

Wie erklären Sie sich, dass die an zweiter Stelle genannte Verbindung trotz ihrer symmetrischen Molekülstruktur ein Dipolmoment aufweist?

5. Während die Alkylierung von Isopropylamin mit 2-Iodopropan zum Diisopropylamin führt, wird bei der Reaktion des Letzteren mit dem gleichen Reagenz nicht Triisopropylamin sondern Propen gebildet. Erklären Sie diesen experimentellen Befund.

6. Bei der Aufklärung der Struktur des *Cocains* (*Fig. 7.9*) durch *Richard Willstätter* (*Abschn. 10.4*) im Jahre 1898 spielte die *Hofmann*'sche Eliminierung eine entscheidende Rolle. Formulieren Sie die Reaktionsschritte, die dazu dienten, *Tropin* (**A**) in *Tropiliden* (**B**) zu überführen.

7. Obwohl es sich beim *N,N*-Dimethylanilin um kein sekundäres Amin handelt, reagiert es mit wässr. HNO$_2$-Lösung unter Bildung eines Nitroso-Derivats in *ca.* 85% Ausbeute. Um welches Nitroso-Derivat handelt es sich?

8. Die Kupplung von Diazonium-Salzen mit primären und sekundären aromatischen Aminen (nicht aber mit tertiären aromatischen Aminen) wird durch eine Nebenreaktion beeinträchtigt, bei der ein Isomeres der Azo-Verbindung entsteht. Formulieren Sie die Struktur dieses Nebenproduktes. Mit Mineralsäuren werden aus dem Nebenprodukt die Ausgangsstoffe wieder freigesetzt, die sich zur thermodynamisch bevorzugten Azo-Verbindung vereinigen. Welche Aufgabe erfüllt bei diesem Prozess die Mineralsäure?

9. Bei der Reaktion von 1-(Aminomethyl)-2-methylcyclohexanol (**A**) mit HNO$_2$ in H$_2$O werden die zwei Produkte **B** und **C** gebildet:

Schlagen Sie unter Berücksichtigung vom *Abschn. 5.21* einen plausiblen Mechanismus für diese Reaktion vor. Welches ist Ihrer Ansicht nach das Hauptprodukt der Reaktion?

10. Die nebenstehende Sulfonsäure (4-{[(4-Dimethylamino)phenyl]diazenyl}benzolsulfonsäure; pK_s = 3,46) bildet ein *gelbes* Natrium-Salz, dessen Farbe in saurem Medium deutlich nach *rot* umschlägt. Aus diesem Grunde wird dieser Farbstoff, der *Methylorange* genannt wird, oft als Säure/Base-Indikator verwendet. Wie kann man die unterschiedliche Farbe des Farbstoffes in saurem und alkalischem Medium erklären?

Berechnen Sie, bei welcher Protonen-Konzentration der Farbumschlag stattfindet, unter der Voraussetzung, dass der Umschlagspunkt des Indikators bei demjenigen pH-Wert liegt, bei dem die Konzentration des gefärbten Indikator-Ions (A^-) ebenso groß ist wie die Konzentration der anders gefärbten konjugierten Säure (HA). Da aber das menschliche Auge die (1:1)-Mischung der Farbkomponenten nur selten scharf zu erkennen vermag, sind Abweichungen vom Umschlagspunkt bei Verhältnissen von $[A^-]/[HA] \approx 9:1$ bzw. $1:9$ kaum wahrnehmbar. Berechnen Sie demnach in welchem Bereich der Protonen-Konzentration der Farbumschlag wahrgenommen werden kann.

8. Carbonyl-Verbindungen

8.1. Die Carbonyl-Gruppe

Die Carbonyl-Gruppe ($>$C=O) ist die charakteristische funktionelle Gruppe mehrerer Klassen von organischen Verbindungen (sog. *Carbonyl-Verbindungen*), die wegen ihrer vielseitigen Reaktivität eine zentrale Stellung in der chemischen Synthese einnehmen. Die wichtigsten dieser Verbindungsklassen sind in *Fig. 8.1* zusammengefasst. Repräsentativ für die charakteristische Reaktivität der Carbonyl-Verbindungen sind die *Aldehyde* (lat. *alcohol dehydrogenatus*: dehydrierter Alkohol) und *Ketone* (abgeleitet aus (A)ceton), die durch Oxidation primärer bzw. sekundärer Alkohole synthetisiert werden können (*Abschn. 5.5*).

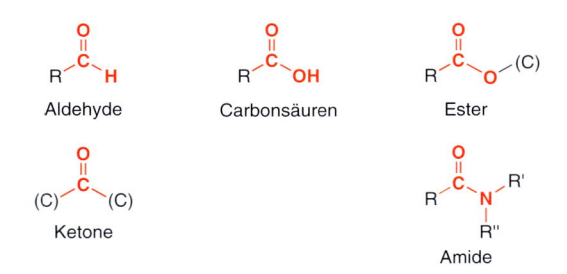

Fig. 8.1. *Klassen der Carbonyl-Verbindungen.* R, R′ und R″ = H, Alkyl oder Aryl. (C) = Alkyl oder Aryl.

8.1.	Die Carbonyl-Gruppe
8.2.	Steroid-Hormone
8.3.	Chinone
8.4.	Chinone im Zellmetabolismus
8.5.	Natürliche Farbstoffe
8.6.	Die Reaktivität der Carbonyl-Gruppe
8.7.	Die *Prins*-Reaktion
8.8.	Polymerisation der Aldehyde
8.9.	Die α-Ketol-Umlagerung
8.10.	Reaktivität der Aldehyde und Ketone
8.11.	Reduktion der Carbonyl-Gruppe
8.12.	Oxidation der Carbonyl-Gruppe
8.13.	Nucleophile Addition von Alkoholen: Acetal-Bildung
8.14.	Nucleophile Addition von Aminen: Imin-Bildung
8.15.	Reduktion der Imine
8.16.	(C—H)-Acide Verbindungen: Enolate
8.17.	Oxidation der Enolate
8.18.	Enol-ether: Die *Claisen*-Umlagerung
8.19.	Die Imin–Enamin-Tautomerie
8.20.	Die Aldol-Addition
8.21.	Das Vinylogie-Prinzip: *Michael*-Addition
8.22.	Cyanhydrine: Die Benzoin-Kondensation
8.23.	Kohlenhydrate
8.24.	Die *Fischer*'sche Spezifikation der Chiralität
8.25.	Struktur der Monosaccharide
8.26.	Konformationen der Zucker-Moleküle

Die klassenbestimmende funktionelle Gruppe der Aldehyde ist die *Formyl-Gruppe* (–CHO). In der systematischen Nomenklatur werden Aldehyde mit dem Namen des Alkans, das dieselbe Anzahl von C-Atomen enthält, gefolgt vom Suffix *-al* bezeichnet (z. B. Propanal, Pentanal, usw.). Für cyclische Aldehyde verwendet man den Namen des Alkans, das keine Aldehyd-Gruppe enthält, gefolgt vom Suffix *-carbaldehyd* (z. B. Cyclohexancarbaldehyd). Für Aldehyde, die sich von Carbonsäuren mit Trivialnamen ableiten, wird meist die Stammsilbe des Trivialnamens mit der Endung *-aldehyd* verwendet (z. B. Formaldehyd, Acetaldehyd, Benzaldehyd usw.). Ist eine vorrangigere funktionelle Gruppe vorhanden, so wird die Aldehyd-

Struktur und Reaktivität der Biomoleküle

- 8.27. Nachweis von Sacchariden
- 8.28. Präbiotische Bildung der Monosaccharide
- 8.29. Metabolismus der Monosaccharide
- 8.30. Zuckersäuren
- 8.31. Disaccharide
- 8.32. Glycoside
- 8.33. Polysaccharide

Gruppe mit dem Präfix *Formyl-* angegeben. Der einfachste Dialdehyd (OCH−CHO) wird *Glyoxal* genannt.

Formaldehyd (HCHO) ist die einzige bei Raumtemperatur gasförmige Carbonyl-Verbindung (Sdp. −21 °C). Vermutlich aufgrund seiner Reaktivität gegenüber der Amino-Gruppe von Aminosäuren und Proteinen (s. *Abschn. 8.14*) wirkt Formaldehyd stark reizend und ätzend auf Haut und Schleimhäute. Das in der Leber verschiedener Wirbeltiere sowie in der Hefe vorkommende NAD^+-abhängige Enzym *Formaldehyd-Dehydrogenase* oxidiert Formaldehyd zu Ameisensäure unter Beteiligung von Glutathion (s. *Abschn. 6.2*).

Benzaldehyd (Bittermandelöl) wurde zuerst 1818 aus bitteren Mandeln als Zersetzungsprodukt des *Amygdalins* erhalten (*Abschn. 9.34*). Seine strukturelle Beziehung zur Benzoesäure wurde später (1832) von *Friedrich Wöhler* und *Justus von Liebig* festgestellt. Auf die Freisetzung von Benzaldehyd aus Amygdalin wird in Pfirsichbaumplantagen die so genannte Pfirsichbodenmüdigkeit zurückgeführt, da Benzaldehyd ein Allomon ist (*Abschn. 3.20*), welches das Wachstum der Pfirsiche zu hemmen scheint.

Zur Benennung der Ketone wird entweder das Suffix *-on*, das dem Namen des entsprechenden Alkans nachgestellt wird (z. B. Pentan-3-on) oder das Präfix *Oxo-* (früher auch *Keto-*) angewandt (z. B. 3-Oxobutansäure). Gelegentlich wird der Klassenname *Keton* mit den Namen der beiden Liganden der Carbonyl-Gruppe als Substituenten (Radikale), die in alphabetischer Reihenfolge angegeben werden, verwendet: Ethyl-methyl-keton (= Butanon), Methyl-(*tert*-butyl)-keton (= *Pinakolon* oder *Pinakolin*), Methyl-phenyl-keton (= *Acetophenon*), Diphenyl-keton (= *Benzophenon*) usw. Das erste Glied der homologen Reihe der Ketone (das Propanon) wird *Aceton* genannt, woraus der Name *Acetonyl* für den entsprechenden Rest ($H_3C-CO-CH_2-$) abgeleitet wird.

Aceton entsteht bei der thermischen Decarboxylierung des Calcium-Salzes der Essigsäure (lat. *acetum*: Essig); dies erklärt die Etymologie seines Namens, obwohl beide Verbindungen nicht die gleiche Anzahl von C-Atomen enthalten.

Eine besondere Klasse von Carbonyl-Verbindungen stellen die *Chinone* dar (*Abschn. 8.3*).

8.2. Steroid-Hormone

Eine wichtige Gruppe glandulärer Hormone (*Abschn. 7.4*) bilden die Steroid-Hormone, die aus Cholesterol biosynthetisiert werden (*Abschn. 5.28*). Dazu gehören die Geschlechtshormone, die Corticoide, die Brassinosteroide und die Ecdysteroide, deren bekanntester Vertreter das Insektenhormon *Ecdyson* ist (vgl. *Tab. 5.3*). Bei der Mehrzahl der Steroid-Hormone handelt es sich um Steroid-ketone.

Der biogenetische Vorläufer der Steroid-Hormone der Vertebraten ist das *Pregnenolon* (lat. *praegnatio*: Schwangerschaft), ein Steroid-keton, das in der Nebennierenrinde durch enzymatische Spaltung

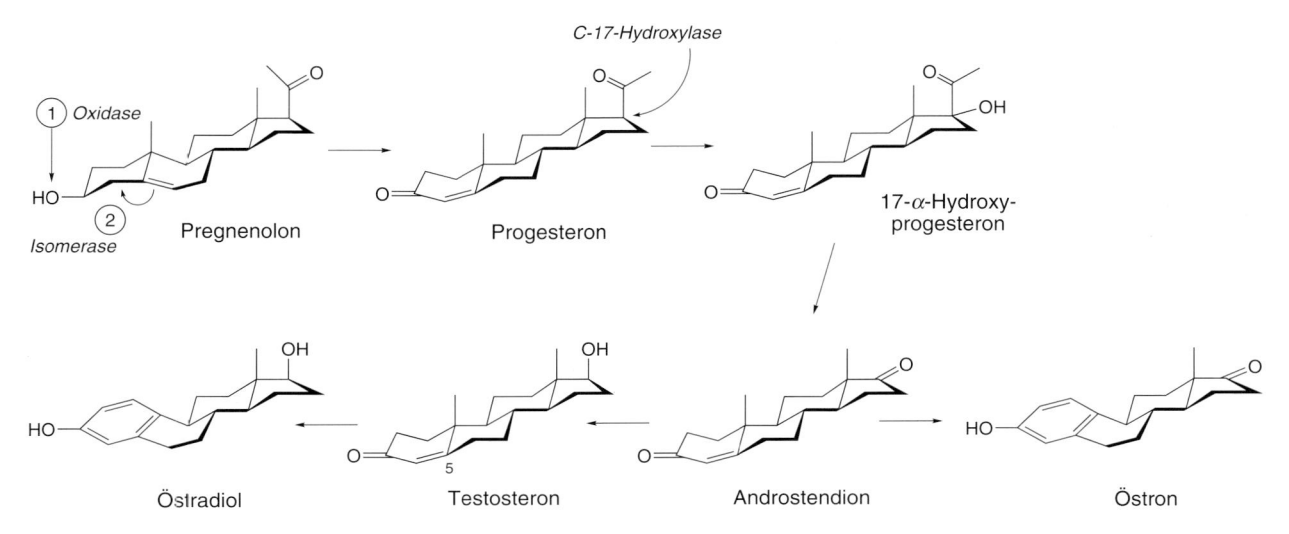

Fig. 8.2. *Biosynthese der Sexualhormone*

der Isoprenoid-Kette des Cholesterols biosynthetisiert wird (*Abschn. 5.3*). Durch Oxidation der sekundären Alkohol-Gruppe des Pregnenolons und darauf folgende Isomerisierung der (C(5)=C(6))-Bindung in die energetisch günstige zur Carbonyl-Gruppe konjugierte Position (*Abschn. 8.21*) wird *Progesteron* gebildet, das der Vorläufer der Corticoide und der Sexualhormone ist (*Fig. 8.2*). Die Inaktivierung der Steroid-Hormone findet in der Leber statt, wo durch Biosynthese und Abbau eine flexible, selbst regulierbare Einstellung des Hormonspiegels erreicht wird.

Gemäß ihrer physiologischen Funktion werden die Sexualhormone bei Wirbeltieren und Menschen in Androgene (griech. ἀνδρός (Gen.) (*andrós*): des Mannes), Östrogene (griech. οἰστράω (*oistráō*): anstacheln, reizen) und Gestagene (lat. *gestare*: an sich tragen) unterteilt. Sie werden je nach Geschlecht in den Ovarien bzw. Testikeln gebildet. Die Biosynthese der Androgene und Östrogene beginnt mit der Hydroxylierung des C(17)-Atoms des Progesterons. Die Abspaltung der C(17)-ständigen Acetyl-Gruppe findet anschließend durch *retro*-Aldol-Reaktion statt (*Abschn. 8.20*).

Androgene (*Testosteron* und *Stanolon*) sind die männlichen Keimdrüsenhormone, die virilisierende Wirkung haben und somit für die Bildung der männlichen Charaktere im Organismus verantwortlich sind. Stanolon (4,5α-Dihydrotestosteron) wird aus Testosteron unter Wirkung der *Steroid-5α-Reductase* gebildet. Im fortgeschrittenen Alter ist Stanolon für Kopfhaarausfall und Prostatavergrößerung verantwortlich. Ebenfalls androgene Wirksamkeit besitzt das *Androsteron* (= 3α-Hydroxy-5α-androstan-17-on), das in kleiner Menge (15 mg) erstmals 1931 in den Laboratorien von *A. Butenandt* aus 15000 Litern männlichen Urins isoliert wurde. Beim Androsteron handelt es sich jedoch nicht um ein Sexualhormon, sondern um ein Inaktivierungsprodukt der Androgene, das in der Leber gebildet wird.

Östrogene oder Follikelhormone (Östron, Östradiol und Östriol = 16-Hydroxyöstradiol) werden in den *Graaf*'schen Follikeln und dem Gelbkörper (*corpus luteum*) des Ovars sowie während der Schwangerschaft auch zum großen Teil in der Plazenta gebildet. Sie bestimmen die weiblichen Geschlechtsmerkmale. Gestagene oder Schwangerschaftshormone (Progesteron und 17α-Hydroxyprogesteron)

Adolf Friedrich Johann Butenandt (1903–1995), Ordinarius an der Technischen Hochschule Danzig (1933) und den Universitäten Tübingen (1945) und München (1956), von 1936 bis 1945 Direktor des *Kaiser-Wilhelm*-Instituts für Biochemie in Berlin-Dahlem, erhielt 1939 zusammen mit *Leopold Ružička* (s. *Abschn. 3.19*) den *Nobel*-Preis für Chemie, mit dem seine Arbeiten zur Strukturaufklärung und Synthese der Steroid-Hormone (Östron, Androsteron, Progesteron und Testosteron) gewürdigt wurden. Später arbeitete *Butenandt* an der Isolierung und Konstitutionsaufklärung von Insektenwirkstoffen (Ommochrome, Ecdyson und Bombykol). (© *Nobel*-Stiftung)

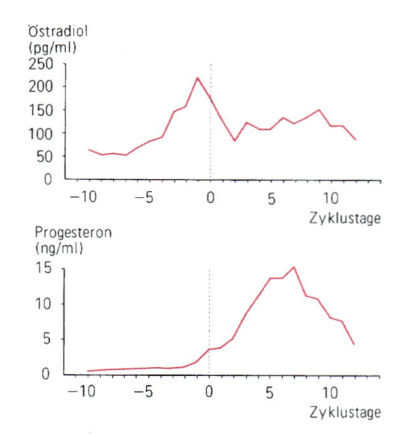

Fig. 8.3. *Normalwerte für Östradiol und Progesteron im Serum im Verlauf eines ovulatorischen Zyklus*

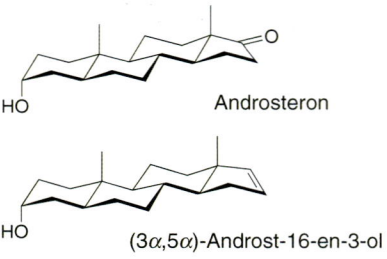

Fig. 8.4. *(3α,5α)-Androst-16-en-3-ol kommt als Geruchsstoff in der Trüffel (Tuber magnatum) vor.*

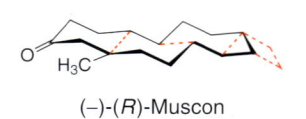

Fig. 8.5. *Muscon* (3-Methylcyclopentadecanon). Die gestrichelten Linien zeigen die Ähnlichkeit der abgebildeten Konformation mit dem Grundgerüst eines Steroids.

werden hauptsächlich in dem sich nach der Ovulation aus dem Follikel entwickelten *corpus luteum* und in der Placenta gebildet. Progesteron bewirkt nach der Ovulation die Umwandlung des proliferierten Endometriums, um eine Einnistung der befruchteten Eizelle zu ermöglichen, und verhindert weitere Follikelreifung und Ovulation. Progesteron hat offenbar keinen Einfluss auf die Bildung der sekundären Geschlechtsmerkmale. Seine Inaktivierung erfolgt vorwiegend in der Leber durch Reduktion zu 5α- und 5β-Pregnan-3α,20α-diol, die als *Diglucuronide* (*Abschn. 8.30*) im Urin ausgeschieden werden. Die Konzentrationen von Östradiol und Progesteron im Serum schwankt im Verlauf eines ovulatorischen Zyklus (*Fig. 8.3*).

Über ihre endokrine regulatorische Funktion hinaus wirken Sexualhormone sowie einige ihrer unmittelbaren Umwandlungsprodukte bei zahlreichen Vertebraten und vermutlich auch beim Menschen als Pheromone (*Abschn. 3.20*). Beispielsweise wird das dem Androsteron konstitutiv ähnliche (3α,5α)-Androst-16-en-3-ol vom Eber mit dem Speichel ausgeschieden, um die Sau deckbereit zu machen. Derselbe Geruchsstoff kommt auch in einigen Arten von Schlauchpilzen vor, die symbiotisch mit den Wurzeln bestimmter Bäume unter der Erdoberfläche wachsen und somit für die Verbreitung ihrer Sporen auf ihre Ausgrabung angewiesen sind (*Fig. 8.4*). Aus diesem Grunde werden Trüffel (*Tuber magnatum*) in den Gegenden, wo sie in großen Mengen vorkommen, mit Hilfe abgerichteter Hunde und Schweine aufgespürt. Ähnliche Steroide sind im männlichen Schweiß nachgewiesen worden, so dass ihre Rolle als menschliche Pheromone vermutet wird. Auch das Phänomen synchroner Menstruationszyklen bei Frauen, die zusammenleben, wird durch Pheromoneinwirkung erklärt.

Bemerkenswerterweise ähnelt der Geruch des (3α,5α)-Androst-16-en-3-ols dem des Moschus, während das entsprechende Keton, das *5α-Androst-16-en-3-on*, nach abgestandenem Harn riecht. Moschus, dessen wichtigster Geruchsstoff das *Muscon* ist (*Fig. 8.5*), ist ein salbenähnliches Sekret, das besonders während der Brunstzeit von den Vorsteherdrüsen des in Zentral- und Ostasien lebenden Moschushirsches (*Moschus moschiferus*) in einen am Unterbauch gelegenen Drüsenbeutel sezerniert wird. Moschus, der bereits im Mittelalter ein wichtiges Handelsprodukt zwischen Ost und West war, findet in der Parfümerie Anwendung sowohl wegen seines Duftes als auch als Fixativ; d.h. er verzögert die Verdunstung von leichter flüchtigen Duftstoffen, denen er in Konzentrationen zugesetzt wird, die manchmal so gering sind, dass sein Eigengeruch nicht wahrgenommen wird.

Die *Corticoide* stellen eine biologisch wichtige Gruppe von Steroid-Hormonen dar, die unter dem Einfluss des adrenocorticotropen Hormons (*Abschn. 9.31*) in der Nebennierenrinde aus Cholesterol biosynthetisiert werden. Je nach ihrer Wirkung unterscheidet man zwischen *Glucocorticoiden*, welche den Kohlenhydrat-Metabolismus (insbesondere die Gluconeogenese in der Leber) steuern, und *Mineralocorticoiden*, welche den Mineralsalz-Stoffwechsel regulieren (*Tab. 5.3*). Neben *Cortison* (17α,21-Dihydroxy-11-oxoprogesteron), dem ersten von *T. Reichstein* und *E. C. Kendall* (*Abschn. 8.30*) charakterisierten Nebennierenrindenhormon, gehören Cortisol und Corticosteron zur Gruppe der Glucocorticoide. Beim wichtigsten Mineralocorticoid – dem *Aldosteron* – ist die $CH_3(18)$-Gruppe des Corticosterons durch Oxidation in eine Aldehyd-Gruppe umgewandelt worden. Aldosteron bewirkt eine Erhöhung der Wasser- und Na^+-Reabsorption in distalen Nierentubuli bei gleichzeitiger K^+-Ausscheidung. Seine Biosynthese wird u.a. durch das Renin-Angiotensin-System, welches den Blutdruck steuert, stimuliert (*Abschn. 9.30*). Mangel an Corticosteroiden – z.B. durch pathologische Veränderung der Nebenniere – führt zur *Addison*'schen Krankheit, zu deren Symptomen die für die Erkrankung typische dunkle Pigmentierung der dem Licht ausgesetzten Hautstellen (Bronzediabetes) gehört.

An der Biosynthese des Cortisols sind drei Hydroxylasen beteiligt, welche die Atome C(11), C(17) und C(21) des Progesterons sukzessive hydroxylieren (*Fig. 8.6*). Während die Hydroxylierung von C(17) der von C(21) vorausgeht, ist die Hydroxylierung von C(11) an keine Reihenfolge gebunden. Der am häufigsten

8. Carbonyl-Verbindungen

Fig. 8.6. *Biosynthese der Corticoide*

vorkommende erbliche Defekt bei der Steroid-Hormon-Biosynthese ist das Fehlen der *21-Hydroxylase*, des Enzyms, das zur Biosynthese aller Corticoide benötigt wird. Eine verminderte Glucocorticoid-Produktion führt zu einer erhöhten ACTH-Sekretion durch den Hypophysenvorderlappen. Dieser Effekt ist Ausdruck eines normalen Rückkopplungsmechanismus, der die Aktivität der Nebennierenrinde reguliert. Aufgrund des hohen ACTH-Spiegels im Blut vergrößern sich die Nebennieren, wobei mehr Pregnenolon gebildet wird. Als Folge davon steigt die Biosynthese der Androgene an. Der auffälligste klinische Befund beim 21-Hydroxylase-Mangel besteht in einer bereits bei der Geburt sichtbaren Virilisierung weiblicher Individuen als Folge des hohen Androgenspiegels. Bei männlichen Individuen tritt bereits einige Monate nach der Geburt sexuelle Frühreife ein, und infolge beschleunigten Wachstums und sehr früher Knochenreifung kommt es zu Zwergwuchs (*Fig. 8.7*).

Einige krankhafte Erscheinungen (z.B. Entzündungen und Asthma), deren Urheber die *Leukotriene* sind (*Abschn. 9.4*), können mit Cortison behandelt werden, da dieses die hydrolytische Freisetzung der Arachidonsäure aus den Phospholipiden der Zellmembran unterdrückt und damit auch die Bildung ihrer Oxidationsprodukte verhindert.

Chemisch modifizierte Corticoide (insbesondere *Prednisolon* und *Prednison* = 1,2-Dehydrocortisol bzw. -cortison) werden als Heilmittel mit hoher antirheumatischer und antiallergischer Aktivität angewandt. Bei Langzeittherapien üben sie jedoch einen Einfluss auf das Gehirn unter Veränderung des Verhaltensmusters des Patienten aus.

Ecdysteroide kommen im Tierreich als Hormone und im Pflanzenreich als sekundäre Inhaltsstoffe (zur Abwehr nicht angepasster, phytophager Schädlinge?) vor. Bei Insekten stimulieren Ecdysteroide die Häutung (griech. ἐκδύω (*ekdýō*): ausziehen) sowohl im Larval-, als auch Pupal- und Adultstadium. α-Ecdyson wurde 1954 erstmalig aus Seidenspinnerpuppen isoliert und seine Struktur elf Jahre später durch Röntgenkristallstrukturbestimmung aufgeklärt (*Fig. 8.8*). Aufgrund ihrer Artspezifität stellen Häutungshormone potentielle selektive Schädlingsbekämpfungsmittel dar.

Ebenfalls hochwirksame Phytohormone sind die *Brassinosteroide*, die im Pflanzenreich ubiquitär verbreitet sind (*Fig. 8.9*). Sie fördern das Wachstum (u.a. auch der Wurzel), stimulieren Photosynthese und Protein-Biosynthese, modulieren die Aktivität anderer Phytohormone, verzögern Seneszenzvorgänge und wirken bei Insekten als Antagonisten der Ecdysteroide.

Fig. 8.7. Diego Rodriguez de Silva y Velazquez (1599–1660): *Der Hofzwerg Don Sebastian de Morra* (um 1646, Nationalmuseum *El Prado*, Madrid)

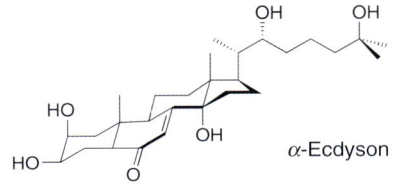

Fig. 8.8. *Aus 500 kg Seidenspinnerpuppen wurden ungefähr 25 mg α-Ecdyson zum ersten Mal isoliert.*

8.3. Chinone

Wie bereits erwähnt (*Abschn. 5.12*), werden *Chinone* (Cyclohexadiendione) vornehmlich durch Oxidation von Diphenolen hergestellt. Auch Aminophenole und Benzoldiamine lassen sich jedoch unter Bildung von Chinonen oxidieren. Technisch wird *para*-Benzochinon

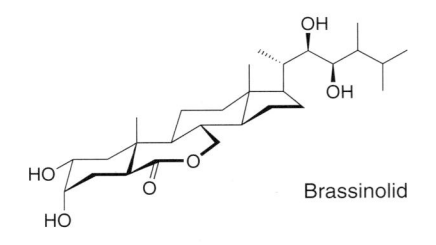

Fig. 8.9. *Brassinolid wurde erstmalig aus dem Pollen von Raps (Brassica napus) isoliert.*

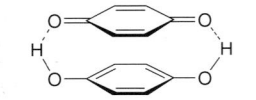

Fig. 8.10. *Struktur des Chinhydrons*

durch Oxidation von Anilin (*Abschn. 7.10*) mit Natrium-dichromat in schwefelsaurer Lösung hergestellt. Anthrachinon (Anthracen-9,10-dion) und Phenanthrenchinon (Phenanthren-9,10-dion) werden durch Oxidation der entsprechenden aromatischen Kohlenwasserstoffe mit Natrium-dichromat synthetisiert (*Abschn. 4.2*).

para-Benzochinon wurde 1838 vom russischen Chemiker *Aleksandr Abramovič Voskresenskij* (1809–1880) während seines Aufenthaltes an der Universität Gießen durch Oxidation der Chinasäure (*Abschn. 9.10*) erhalten, woraufhin zwei Jahre später *Berzelius* den Namen *Chinon* vorschlug.

Chinone sind keine aromatischen Verbindungen (die Resonanz-Energie des *para*-Benzochinons beträgt ungefähr 15 kJ mol^{-1}). Die rote Farbe des *ortho*-Benzochinons sowie die gelbe Farbe des *para*-Isomers rühren von der Anregung der Enon-Chromophore her. In einem äquimolaren Gemisch aus *para*-Benzochinon und Hydrochinon bildet sich eine Additionsverbindung (genannt *Chinhydron*) aus je einem Molekül der beiden Komponenten, das in rotbraunen Nadeln mit grünem Oberflächenglanz kristallisiert (*Fig. 8.10*). Die Bildung des Chinhydrons ist auf die Wechselwirkung zweier π-Elektronensysteme zurückzuführen, von denen der Donator (das Hydrochinon) einen π-Elektronenüberschuss, der Akzeptor (das Chinon) einen π-Elektronenmangel aufweist. Derartige Additionsverbindungen werden *charge-transfer*-Komplexe genannt. Im Falle des Chinhydrons tragen zwei H-Brücken zur Stabilität des Chinhydron-Komplexes bei.

Im Allgemeinen gleicht die Reaktivität der Chinone jener der α,β-ungesättigten Carbonyl-Verbindungen (*Abschn. 8.21*). Eine wichtige Eigenschaft der Chinone ist jedoch ihre Fähigkeit Elektronen aufzunehmen, d.h. sie wirken als starke Dehydrierungsreagenzien, indem sie im Gleichgewicht mit den entsprechenden Hydrochinonen stehen. Beispielsweise beträgt das Redox-Potential des Hydrochinon/*para*-Benzochinon-Systems:

$$E = E^0 - \frac{RT}{2F} \ln \frac{[\text{Chinon}][\text{H}^+]^2}{[\text{Hydrochinon}]}$$

bzw.

$$E = E^0 - \frac{0{,}06}{2} \lg \frac{[\text{Chinon}]}{[\text{Hydrochinon}]} - 0{,}06 \cdot \text{pH}$$

wobei: $E^0 = +0{,}70$ V dem Betrag von $\Delta G^0 = -135$ kJ mol^{-1} (*Abschn. 6.3*) entspricht.

Hydrochinon und Brenzcatechin reduzieren Ag$^+$-Ionen. Darauf beruht ihre Verwendung in photographischen Entwicklern. Pyrogallol (Benzol-1,2,3-triol) dient wegen seiner Oxidierbarkeit zur Entfernung von Sauerstoff aus Gasgemischen. Chinhydron kann für die Messung der Protonen-Konzentration in wässrigen Lösungen verwendet werden, weil das Potential einer Platin-Elektrode in einer gesättigten Lösung von Chinhydron nur vom pH-Wert abhängt, solange die Konzentrationen von Hydrochinon und Chinon unverändert bleiben.

8.4. Chinone im Zellmetabolismus

Die in der Natur vorkommenden Chinone stammen entweder aus Shikimisäure (*Abschn. 9.10*) oder aus Acetat, indem sie durch Cyclisierung von Polyketiden (*Abschn. 9.24*) biosynthetisiert werden. Bei Polyacenchinonen weist oft die Anwesenheit *meta*-ständiger OH-Gruppen an den kondensierten Benzol-Ringen auf den Polyketid-Weg hin. Bei manchen Naphtho- und Anthrachinonen (z. B. Alizarin) stammen die einzelnen Ringe aus verschiedenen Metaboliten (*Abschn. 8.5*).

Eine wichtige Gruppe natürlicher Chinon-Derivate gehört zu den so genannten *Meroterpenoiden* (griech. μέρος (*méros*): Teil). Dazu zählen sowohl Derivate des *para*-Benzochinons – *Ubichinone* einerseits sowie *Plasto-* und *Tocochinone* andererseits – als auch des Naphthochinons: *Mena-* und *Phyllochinone*. Der Benzochinon-Ring der Ubichinone wird aus *para*-Hydroxybenzoesäure biosynthetisiert, einem Metabolit der Shikimisäure, das mit der entsprechenden Polyisopren-Kette enzymatisch alkyliert wird (vgl. *Fig. 4.17*). Analog werden Tocopherole und Plastochinone aus *Homogentisinsäure* (*Abschn. 9.10*) enzymatisch aufgebaut (*Fig. 8.11*).

Phyllochinone (griech. φύλλον (*phýllon*): Blatt) und *Menachinone* (2-<u>M</u>ethyl<u>naphthochinon</u>e) sind ebenfalls Meroterpene, die einen Naphthochinon-Chromophor enthalten. Sie bilden die Gruppe der fettlöslichen Vitamine K, die sich vom *Menadion* (2-Methylnaphthochinon) ableiten, welches als Provitamin wirksam ist (*Fig. 8.12*). Menadion wird vermutlich aus 1,4-Dihydroxy-2-naphthoesäure, die auch als Vorläufer des Alizarins dient (*Abschn. 8.5*), biosynthetisiert. Die isoprenoide Seitenkette der Phyllo- und Menachinone stammt aus Phytol bzw. Geranylgeraniol (*Abschn. 3.19*). Vitamin K$_1$ ist besonders in Pflanzen enthalten, während Vitamine K$_2$ (3-Polyisoprenylmenadione, sog. Menachinone) von Bakterien (auch in der Darmflora) synthetisiert werden. Mangel an Phyllochinon beeinträchtigt die

Edward Albert Doisy (1893–1986) Professor für Biochemie an der School of Medicine der Washington University in St. Louis, und *Henrik Carl Peter Dam* (1895–1976) isolierten zum ersten Mal unabhängig voneinander im Jahre 1939 das Phyllochinon. Beide Forscher wurden 1943 mit dem *Nobel*-Preis für Physiologie und Medizin ausgezeichnet. Zu den wissenschaftlichen Beiträgen von *Doisy* gehört ebenfalls die erstmalige Isolierung des Follikelhormons Östron, die ihm 1929 unabhängig von *Adolf Butenandt* (s. *Abschn. 8.2*) gelang. (© *Nobel*-Stiftung)

Fig. 8.11. *α-Tocopherol* (Vitamin E) *ist das physiologisch wichtigste Tocopherol.*

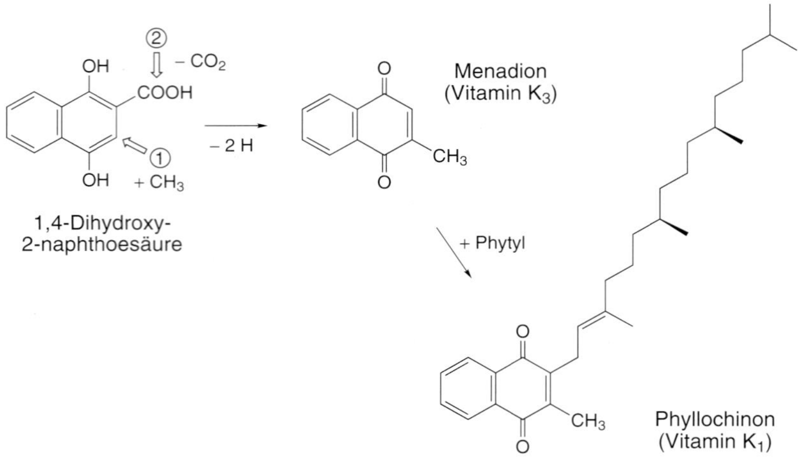

Fig. 8.12. *Die Vitamine K gehören zu den fettlöslichen Vitaminen.*

Blutgerinnung, weil die Vitamine K (K steht für Koagulation) als Cofaktor für die Umwandlung von Glutamat- in γ-Carboxyglutamat-Einheiten der Polypeptid-Kette des Prothrombins erforderlich sind (*Abschn. 9.31*). Da Phyllochinon durch die Darmbakterien biosynthetisiert wird, sind jedoch Avitaminosen beim Menschen selten. Phyllochinon ersetzt bei manchen Bakterien das Ubichinon in der Atmungskette.

Wegen ihrer Redox-Eigenschaften spielen die oben genannten Ubi-, Plasto- und Phyllochinone in zellulären Elektronentransportketten eine wichtige Rolle (*Abschn. 6.3*). Tocopherole, die ja leicht zu den entsprechenden Chinonen, den *Tocochinonen*, oxidiert werden können, wirken vermutlich als Antioxidantien. Sie verhindern die Autoxidation ungesättigter Fettsäuren durch Luftsauerstoff (*Abschn. 3.23*) und tragen damit zur Stabilisierung biologischer Membranen bei.

Als *Tocopherole* (Vitamine E) bezeichnet man eine Gruppe von acht (α-, β-, γ- und δ-Tocopherol sowie die entsprechenden *Tocotrienole*) fettlöslichen *Meroterpenoiden*, deren isoprenoider Teil aus Phytol bzw. Geranylgeraniol stammt (*Abschn. 3.19*). Das physiologisch wichtigste von ihnen ist das α-Tocopherol (*Fig. 8.11*). Ein charakteristisches Strukturmerkmal der Tocopherole ist der Dihydrobenzopyran-Ring, der durch Addition einer der phenolischen OH-Gruppen an die Doppelbindung der Phytol-Seitenkette (bzw. an die erste (C=C)-Bindung der Geranylgeranyl-Seitenkette) gebildet wird (*Fig. 8.11*). Die vier verschiedenen Tocopherole bzw. Tocotrienole unterscheiden sich voneinander durch Anzahl und Stellung der CH_3-Gruppen am Chromophor. Soweit bisher bekannt, werden Tocopherole ausschließlich von Pflanzen biosynthetisiert. Hauptsächlich kommen sie im Weizenkeimöl (ca. 260 mg je 100 g) und Leinöl (23 mg je 100 g) vor. Im Tierexperiment äußert sich Vitamin-E-Mangel in Fortpflanzungsstörungen (griech. τόκος (tókos): Geburt), was beim Weibchen zum Absterben der Embryonen und beim Männchen zu Hodenatrophie und Muskeldystrophie führt. Trotz seiner mutmaßlichen Bedeutung als Antioxidans sind bisher beim Menschen weder Vitamin-E-Mangelerscheinungen noch Hypervitaminosen beobachtet worden.

Ubichinone (lat. *ubique*: überall) bilden zusammen mit den entsprechenden Hydrochinon-Derivaten ein Redox-Paar der Atmungskette in der inneren Mitochondrienmembran bei den Aerobiern. Strukturell unterscheiden sich Ubichinone vom α-Tocochinon durch die Substituenten an den C(5)- und C(6)-Atomen des

Benzochinon-Ringes (zwei CH$_3$O-Gruppen anstelle von CH$_3$-Gruppen) sowie durch die variable Länge der isoprenoiden Seitenkette, die je Isopren-Einheit eine (C=C)-Bindung enthält. Ubichinone werden als Coenzyme Q$_n$ bezeichnet, wobei n die Anzahl von Isopren-Einheiten (manchmal auch die Anzahl der C-Atome) in der Seitenkette angibt. Am häufigsten kommt Coenzym Q$_{10}$ (bzw. Q$_{50}$) vor.

Wie bei der Atmung fließen bei der Photosythese Elektronen durch Transportketten (*Abschn. 6.3*). Bei der oxygenen (sauerstofferzeugenden) Photosynthese, zu der neben Pflanzen auch Cyanobakterien befähigt sind, findet ein Teil des Elektronentransports im Photosystem II statt, das sich bei den Cyanobakterien in der so genannten *Thylakoidmembran* befindet. Letztere ist auch ein Bestandteil der Chloroplasten der Pflanzen. Im Photosystem II spielen *Plastochinone* eine ähnliche Rolle wie Ubichinone in der Atmungskette. Strukturell unterscheiden sich die Plastochinone vom α-Tocochinon durch das Fehlen der CH$_3$-Gruppe am C(3)-Atom sowie durch die variable Länge der isoprenoiden Seitenkette, die in den meisten Fällen je Isopren-Einheit eine (C=C)-Bindung enthält.

Außer in zellulären Elektronentransportketten kommen Chinon-Derivate als prosthetische Gruppen von Oxidoreduktasen (*Abschn. 8.19* und *10.10*) sowie als Chromophore einer Vielzahl pflanzlicher Farbstoffe (*Abschn. 8.5*) vor. Sie dienen ebenfalls als Abwehrstoffe bei einigen Pflanzen (*Fig. 8.13*) und Pilzen sowie in den Wehrsekreten von Insekten (s. *Abschn. 2.16*). Zu den biologisch aktiven Naphthochinonen gehört ebenfalls das *Juglon* (*Fig. 8.14*), das in den grünen Schalen unreifer Walnüsse sowie in Blättern und Wurzeln von Walnussgewächsen vorkommt. Juglon ist ein pflanzliches Allomon (*Abschn. 3.20*), welches das Wachstum vieler anderer Pflanzen in der Nähe von Nussbäumen hemmt. Neben *Lawson* (2-Hydroxy-1,4-naphthochinon), dem Farbstoff des im Orient beheimateten Hennastrauches (*Lawsonia inermis* oder *L. alba*), wird Juglon seit Jahrtausenden als Haarfärbemittel verwendet. Lawson färbt die Haare orange bis fuchsrot, Juglon braun bis gelbbraun.

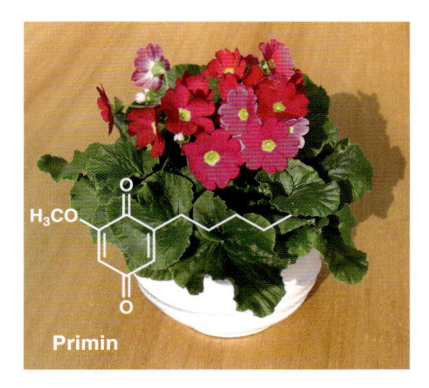

Fig. 8.13. Primin *ist ein Allergen*, das im Sekret der Drüsenhaare der Giftprimel (Primula obconica) enthalten ist.* Bei allergisch reagierenden Menschen ruft es eine durch Rötung und Bläschenbildung gekennzeichnete Dermatitis hervor.

8.5. Natürliche Farbstoffe

In der Kulturgeschichte dienten Naturfarbstoffe ursprünglich der Körperbemalung und später der Verschönerung von Textilien. Verfahren zum Färben von Textilien waren deshalb bereits in vorgeschichtlichen Zeiten bekannt, denn nur wenige Farbstoffe färben Textilfasern direkt an, so dass sie danach durch Spülen nicht ausgewaschen werden.

Fig. 8.14. Juglon *ist ein pflanzliches Allomon, das u. a. in den grünen Schalen der unreifen Früchte des Walnussbaums (Juglans regia L.) vorkommt.*

Beispielsweise färben *Orseille* (ein Flechtenfarbstoff, s. *Abschn. 9.24*) und *Safflor* Wolle und Seide, andere (z. B. *Kurkuma* und *Orlean*) außerdem Baumwolle direkt an. Beim größten Teil der natürlichen Farbstoffe (z. B. Krapp, Cochenille, Wau) jedoch wird eine Fixierung der Farbe erst erreicht, wenn das Textilmaterial vor dem Färbevorgang mit einem so genannten *Beizmittel* (z. B. Alaun = Kalium-aluminium-sulfat und andere Metall-Salze sowie Seifenwurzel, Weinstein u. a.) behandelt wird, eine Technik, die wahrscheinlich in China und Indien vor mehr als 3000 Jahren bekannt war (*Fig. 8.15*).

Eine dritte Gruppe von natürlichen Textilfarbstoffen stellen die so genannten *Küpenfarbstoffe* dar, deren wichtigste Vertreter der Indigo ist (*Abschn. 10.5*). Küpenfarbstoffe sind in Wasser nicht löslich und müssen vor dem Färben in einer wässrigen Lösung aus Alkali und einem Reduktionsmittel, der so genannten 'Küpe', in ein wasserlösliches Derivat überführt werden, das auf das Textilgut aufgezogen wird. Durch Oxidation an der Luft bildet sich dann der wasserunlösliche Farbstoff, der ohne Mitverwendung einer Beize am Textilgut haftet.

Struktur und Reaktivität der Biomoleküle

Aus den verschiedenen Klassen bekannter Naturfarbstoffe (*Tab. 8.1*) verwendeten die Färber der Antike und des Mittelalters hauptsächlich nachstehende Produkte zur Herstellung von Farbnuancen aus den drei Grundfarben:

rot: Krapp (Färberröte), Kermes und Cochenille (*Abschn. 9.24*)
gelb: Safran (*Abschn. 3.22*), Wau und Färberginster (*Abschn. 9.24*)
blau: Färberwaid oder Indigo (*Abschn. 10.5*)

Fig. 8.15. *Mit Krapp rotgefärbter koptischer Stoff aus dem 13. Jh. n. Chr.*

Tab. 8.1. Wichtigste Klassen natürlicher Farbstoffe

Substanzklasse	Farbe	Beispiele	Abschn.
Carotinoide	orange, gelb	Lycopin, β-Carotin, Lutein	3.22
Betalaine	rotviolett, rot	Betanidin, Muscaurin	8.14
Benzopyran-Farbstoffe	gelb	Flavone (Luteolin, u.a.)	9.24
	rotviolett	Anthocyanidine	9.24
Chinoide Farbstoffe	rot	Emodin, Alizarin, Kermes	9.24
Pyrrol-Farbstoffe	rot, rotviolett	Porphyrine (Hämin), Bilirubin	10.4
	grün	Chlorine (Chlorophyll), Biliverdin	10.4
Indigoide Farbstoffe	blau, rotviolett	Indigo, Purpur	10.5
Ommochrome	gelb, rot, rotviolett	Ommatine bzw. Ommine	10.5
Melanine	schwarz, braun	Eumelanine bzw. Phäomelanine	10.5
Pteridine	gelb, orange	Pterine und Flavine	10.14

Um die Mitte des 19. Jahrhunderts nahmen in Europa Krapp und Indigo eine Sonderstellung ein. Krapp, die getrockneten Wurzeln der Färberröte, einer Pflanze, die im Elsass und in Südfrankreich in der Gegend von Avignon angebaut wurde,

Carl Theodor Liebermann (1842–1914)
war 1867 zusammen mit *Graebe* Mitarbeiter von *A. von Baeyer* an der Gewerbeakademie in Berlin. Er wurde später (1873) dort Ordinarius und danach (1879) an der Universität in Berlin. (*Edgar Fahs Smith* Collection, mit Genehmigung der University of Pennsylvania Library, Philadelphia)

Carl Graebe (1841–1927)
wurde 1870 nach mehrjähriger Tätigkeit in der chemischen Industrie Ordinarius an den Universitäten Königsberg (Kaliningrad) und später (1878) Genf. Er klärte die Strukturen mehrerer aromatischer Verbindungen (Naphthalin, Carbazol, Phenanthren, Pyren, Chrysen, Acenaphthen, Picen, Fluoren u.a.) auf. (Mit freundlicher Genehmigung des Archivs der Gesellschaft Deutscher Chemiker)

Fig. 8.17. *Biosynthese des Alizarins.* Fragmente, die aus Shikimisäure und α-Oxoglutarat stammen, sind grün bzw. rot hervorgehoben (schematisch).

Fig. 8.16. *In den Wurzeln der Färberröte* (*Rubia tinctorum* L.) *sind Alizarin* (R = H) *und Purpurin* (R = OH) *enthalten.*

diente zur Herstellung von Türkischrot. Zur damaligen Zeit wurden jährlich etwa 50 000 Tonnen Wurzeln zu 500 bis 750 Tonnen Farbstoff verarbeitet. Nachdem es 1826 den französischen Chemikern *Jean Jacques Colin* und *Pierre Jean Robiquet* (1780–1840) gelungen war, aus der Krappflanze den Farbstoff *Alizarin* (*Fig. 8.16*) zu isolieren, dessen Konstitution 1868 *Graebe* und *Liebermann* aufklärten und 1869 als ersten Naturfarbstoff überhaupt synthetisch herstellten, übernahm 1869 die *Badische Anilin und Soda-Fabrik* (BASF) die Produktion. Bereits im Jahre 1877 erzeugten in Deutschland zwölf Fabriken mehr künstliches Alizarin als je eine französische Jahresernte an Naturkrapp ergeben hatte.

An der Biosynthese des Anthrachinon-Chromophors des Alizarins sind Metabolite sehr verschiedener Herkunft beteiligt: während der Benzol-Ring aus Shikimisäure stammt (*Abschn. 9.10*), ist α-Oxoglutarsäure – unter Verlust der C(1)-Carboxy-Gruppe – der Vorläufer des Chinon-Ringes. Der Brenzcatechin-Ring wird schließlich durch Cyclisierung eines Dimethylallyl-Restes, der durch *Prenylierung* (*Abschn. 3.19*) der 1,4-Dihydroxy-2-naphthoesäure eingeführt wird, gebildet, wobei Oxidation beider und vermutlich decarboxylative Eliminierung einer der endständigen CH$_3$-Gruppen stattfinden muss (*Fig. 8.17*).

8.6. Die Reaktivität der Carbonyl-Gruppe

Bestandteil der Carbonyl-Gruppe ist ein trigonal planares C-Atom (*Abschn. 1.12*), das sich demzufolge in derselben Ebene befindet, die durch seine drei Liganden definiert wird. Ebenso wie bei der (C=C)-Bindung lassen sich die Elektronen der (C=O)-Bindung formal in zwei σ- und zwei π-Elektronen aufteilen (*Abschn. 3.3*). Aufgrund der höheren Elektronegativität des O-Atoms weisen jedoch die beiden dipolaren Resonanz-Strukturen der Carbonyl-Gruppe (*Fig. 8.18*) sehr unterschiedliche Energiegehalte auf, so dass im Grundzustand des Moleküls die dipolare Resonanz-Struktur, bei der die negative Ladung am C-Atom lokalisiert ist (**C**), keinen nennenswerten Beitrag zum Mesomerie-Hybrid leistet. Die charakteristische Reaktivität der Carbonyl-Gruppe lässt sich somit mit Hilfe eines Resonanz-Hybrids erklären, an dem die nicht geladene (**B**) und die am C-Atom positiv geladene Grenzformel

Fig. 8.18. *Resonanz-Strukturen der Carbonyl-Gruppe*

(**A**), die ein 'Carben-oxid' darstellt, etwa zu gleichen Anteilen beteiligt sind. Damit im Einklang stehen ebenfalls das große Dipolmoment der Carbonyl-Verbindungen (z.B. 2,34 D beim Formaldehyd; 2,89 D beim Aceton) sowie die hohe Bindungsdissoziationsenergie der (C=O)-Bindung. Sie beträgt im Durchschnitt 716 kJ mol^{-1} bei aliphatischen Aldehyden und 728 kJ mol^{-1} bei Ketonen. Dem kleineren Dipolmoment des Formaldehyds entsprechend stellt die Bindungsdissoziationsenergie seiner (C=O)-Bindung (690 kJ mol^{-1}) die unterste Grenze für nicht-konjugierte Carbonyl-Gruppen dar.

Als Folge der Polarisierung der Bindungselektronen der Carbonyl-Gruppe ist ihre charakteristische Reaktivität die Aufnahme von Nucleophilen. Reaktionsmechanistisch führen jedoch die gleichen Reaktionsschritte zur nucleophilen Addition von beispielsweise Wasser an die (C=C)-Bindung und die (C=O)-Bindung (*Fig. 8.19*). Der Grund für die unterschiedliche Reaktivität beider Systeme liegt darin, dass bei der Addition an die (C=C)-Bindung deren Protonierung (d.h. die Reaktion mit dem Elektrophil) reaktionsgeschwindigkeitsbestimmend ist. Die darauf folgende Reaktion (die Anlagerung des Nucleophils) folgt dann schnell aufgrund der hohen Reaktivität des primär gebildeten Carbenium-Ions (*Abschn. 3.8*). Bei der Addition an die Carbonyl-Gruppe findet dagegen die Protonierung des O-Atoms statt, und das daraus resultierende *Carboxonium-Ion* (oder Hydroxycarbenium-Ion) steht in thermodynamischem Gleichgewicht mit dem Edukt, so dass die darauf folgende Addition des Nucleophils reaktionsgeschwindigkeitsbestimmend ist.

> Die charakteristische Reaktivität der Carbonyl-Gruppe ist die **nucleophile Addition**.

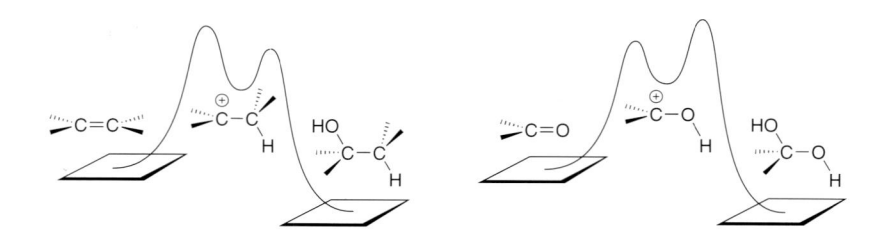

Fig. 8.19. *Vergleich der Energie-Diagramme der säurekatalysierten elektrophilen und nucleophilen Addition*

Bei der Bildung des Carboxonium-Ions handelt es sich um ein Säure–Base-Gleichgewicht, bei dem die Konzentrationen der Carbonyl-Verbindung und deren konjugierten Säure durch ihren pK_s-Wert bestimmt werden. In der Regel sind die konjugierten Säuren der Aldehyde (pK_s = −10,2 beim Acetaldehyd; pK_s = −7,0 beim Benzaldehyd) stärker als die entsprechender Ketone (pK_s = −7,4 beim Aceton; pK_s = −6,15 beim Acetophenon). Die konjugierte Säure des Formaldehyds (pK_s = −4) ist jedoch bedeutend schwächer.

Die nucleophile Addition von H$_2$O an die Carbonyl-Gruppe ist eine reversible Reaktion, deren Produkt das entsprechende *Aldehyd*- bzw. *Keton-hydrat* ist. Im Gegensatz zur (C=C)-Bindung, deren Dissoziationsenergie um 92 kJ mol^{-1} *kleiner* ist als die zweifache Dissoziationsenergie einer (C−C)-Bindung (*Abschn. 3.2*), ist die (C=O)-Bindung fast ebenso stark wie zwei (C−O)-Bindungen, so dass die Lage des Gleichgewichtes von der Konstitution der Substituenten an der Carbonyl-Gruppe abhängt.

Die Reaktion von Formaldehyd mit H_2O beispielsweise ist ein exothermer Prozess:

$$H_2C=O + H_2O \rightarrow H_2C(OH)_2 \; (\Delta H^0 = -9 \text{ kJ mol}^{-1})$$

dessen freigesetzte Reaktionswärme unter der Annahme, dass der π-Bindungsanteil der (C=O)-Bindung gleich der Differenz der Bindungsdissoziationsenergien der (C=O)-Bindung des Formaldehyds (690 kJ mol^{-1}) und der (C−O)-Bindung des Methanols (381 kJ mol^{-1}) ist, aus folgender Energiebilanz leicht berechnet werden kann:

Bruch der (C=O)-π-Bindung	:	+ 309
Bruch der (H−OH)-Bindung	:	+ 498
Knüpfung einer (C−O)-Bindung	:	− 381
Knüpfung einer (O−H)-Bindung	:	− 435
ΔH^0 [kJ mol^{-1}]:		− 9

Zwei Faktoren sind für die Bildung der H_2O-Addukte von Carbonyl-Verbindungen maßgebend: *1*) die Raumbeanspruchung der Liganden der Carbonyl-Gruppe und *2*) deren Elektronenbedarf. Weil in der Carbonyl-Verbindung die beiden Liganden des C-Atoms der (C=O)-Gruppe weiter voneinander entfernt sind (Bindungswinkel *ca.* 120°) als im entsprechenden Hydrat (Bindungswinkel *ca.* 109,5°), ist zu erwarten, dass Aldehyde (bei denen ein Ligand der (C=O)-Gruppe ein H-Atom ist) eine größere Tendenz zur Hydrat-Bildung aufweisen als Ketone. Tatsächlich liegt Formaldehyd, dessen (H−C−H)-Winkel nur 118,3° beträgt, in Wasser bei neutralem pH-Wert und Raumtemperatur fast ausschließlich als Hydrat (Dihydroxymethan: $CH_2(OH)_2$) vor, während Aceton in H_2O keine messbare Konzentration des entsprechenden Hydrats aufweist.

Formalin® oder *Formol* sind Handelsbezeichnungen für wässrige 35–40%ige Formaldehyd-Lösungen, die zur Unterdrückung der Polymerisation (*Abschn. 8.8*) mit *ca.* 10% CH_3OH stabilisiert werden. Sie werden in der Medizin als Konservierungs- und Desinfektionsmittel verwendet (*Abschn. 8.14*).

Beim nächsten Homologen, dem Acetaldehyd, liegt das Gleichgewicht nur noch zu 58% auf der Seite des Hydrats. Dem gegenüber weist Benzaldehyd sowie andere aromatische Carbonyl-Verbindungen, bei denen die Elektronen des Phenyl-Ringes in die Carbonyl-Gruppe delokalisiert werden können, keine messbare Konzentration des entsprechenden Hydrats in Gegenwart von H_2O auf (*Fig. 8.20*). Andererseits liegt Cyclopropanon, dessen *trigonales* C-Atom der Car-

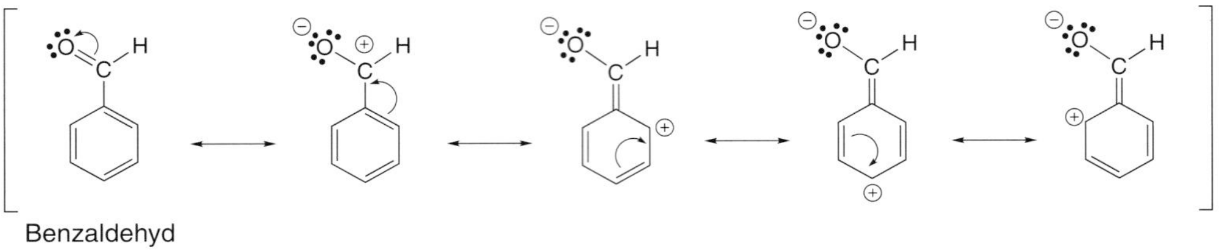

Fig. 8.20. *Resonanz-Strukturen des Benzaldehyd-Moleküls*

bonyl-Gruppe eine beträchtliche Erhöhung der Ringspannung verursacht, in H$_2$O ausschließlich als Hydrat vor, weil der dreigliedrige Ring des Letzteren nur tetragonale C-Atome enthält und somit eine kleinere Ringspannung aufweist (vgl. *Abschn. 2.21*).

Offenbar von größerer Bedeutung sind jedoch elektronische Effekte. Wegen der größeren Polarisierbarkeit der (C–C)-Bindung gegenüber der (C–H)-Bindung (*Abschn. 1.7*) ist die dipolare Resonanz-Struktur der Carbonyl-Gruppe (Formel **A** in *Fig. 8.18*) bei Ketonen stärker begünstigt als bei Aldehyden, so dass bei den Letzteren die Bildung des Hydrats mit einem kleineren Verlust an Resonanz-Energie einhergeht. Ebenfalls wirken elektronenziehende Substituenten der Delokalisierung der π-Elektronen der (C=O)-Bindung entgegen und demzufolge begünstigen sie die Hydrat-Bildung. Hexafluoroaceton liegt aus diesem Grunde in Wasser zu 100% als Hydrat vor. Trichloroacetaldehyd (*Chloral*) bildet ein derart stabiles Hydrat, dass es nach Abdampfen von H$_2$O als Feststoff (Schmp. 58 °C) isoliert werden kann und erst bei der Siedetemperatur des Chlorals (98 °C) Wasser freisetzt.

Chloral-hydrat ist das älteste künstlich hergestellte Schlafmittel; es wurde 1869 von dem Pharmakologen *Matthias Eugen Oskar Liebreich* (1839–1908) eingeführt. Wegen der Gefahr der Gewöhnung und chronischer Vergiftung wird es heute nur noch selten verwendet.

Besonders begünstigt ist die Bildung eines Monohydrats an der mittleren Carbonyl-Gruppe von 1,2,3-Tricarbonyl-Verbindungen, z.B. *Dehydroascorbinsäure* (*Abschn. 8.30*) oder *Ninhydrin* (*Abschn. 9.6*), weil dadurch die elektrostatischen Wechselwirkungen der Dipolmomente dreier (C=O)-Bindungen stark vermindert werden.

Außer H$_2$O ist die Carbonyl-Gruppe befähigt, andere Nucleophile (z.B. Hydroxid-Ionen) anzulagern und zwar ohne Beteiligung eines dazugehörigen Elektrophils (*Fig. 8.21*). Die (negativ geladenen) Addukte, die als solche nicht isoliert werden können, fungieren oft als Zwischenprodukte charakteristischer Reaktionen der Carbonyl-Verbindungen, bei denen aus den vorstehend erwähnten Gründen Aldehyde im Allgemeinen reaktiver sind als Ketone.

Neben der nucleophilen Addition, die bei allen Carbonyl-Verbindungen nach dem gleichen Grundmechanismus abläuft, werden in den folgenden Abschnitten Reaktionen der Aldehyde und Ketone behandelt, die zum Teil gruppenspezifisch sind.

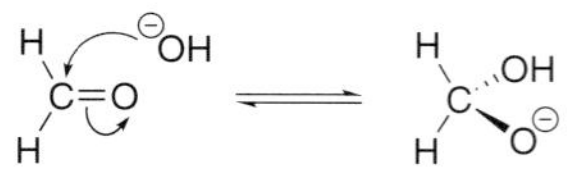

Fig. 8.21. *Nucleophile Addition an die Carbonyl-Gruppe*

8.7. Die *Prins*-Reaktion

Die protonierte Carbonyl-Gruppe stellt ein sehr reaktives Elektrophil dar, das nicht nur mit den herkömmlichen Nucleophilen (Anionen oder *Lewis*-Basen) sondern auch mit elektronenreichen funktionellen Gruppen zu reagieren vermag. Zu diesen gehört insbesondere die (C=C)-Bindung der Alkene (*Abschn. 3.8*), deren nucleophile Addition an die Carbonyl-Gruppe von Aldehyden in Gegenwart eines Säurekatalysators als *Prins*-Reaktion bekannt ist.

Als reaktives Zwischenprodukt der *Prins*-Reaktion wird vermutlich ein β-Hydroxyalkylcarbenium-Ion gebildet, das entweder unter Abspaltung eines Protons oder durch Reaktion mit einem H_2O-Molekül in die Primärprodukte der Reaktion (ein ungesättigter Alkohol bzw. ein 1,4-Diol) übergeht (*Fig. 8.22*). Da normalerweise ein Überschuss an Formaldehyd verwendet wird, bildet das 1,4-Diol ein cyclisches Acetal (*Abschn. 8.13*), das als Folgeprodukt der Reaktion isoliert wird. Bei der *Prins*-Reaktion des ((Z)- oder (E)-) But-2-ens in Gegenwart von H_2SO_4 beträgt beispielsweise die Ausbeute des cyclischen Acetals über 90%.

Hendrik Jacobus Prins (1889–1958) trat 1924 in die *Nederlandsche Thermo-Chemische Fabrieken* ein, die er später als Präsidialdirektor leitete. *Prins* wissenschaftliche Beiträge gingen aus Experimenten hervor, die er in seinem Privatlabor neben seinem Haus durchführte. (Mit freundlicher Genehmigung von Prof. Dr. *H. van Genderen*, Bilthoven)

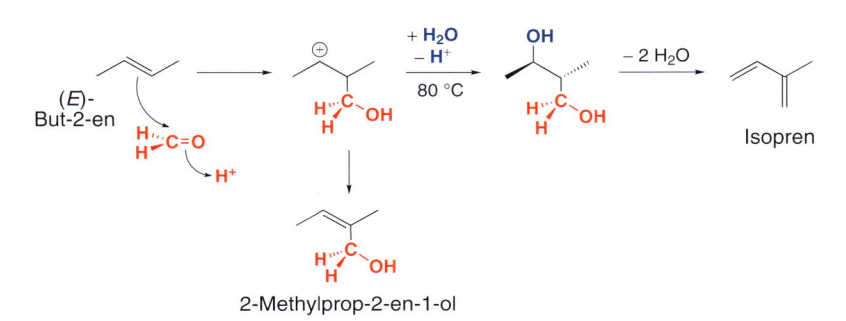

Fig. 8.22. *Mit But-2-en als Substrat ist die* Prins-*Reaktion des Formaldehyds anti-stereoselektiv.*

Möglicherweise spielen jedoch intramolekulare Wechselwirkungen im β-Hydroxyalkylcarbenium-Ion für die in einigen Fällen (z.B. bei der Addition von Formaldehyd an die (C=C)-Bindung des (Z)- oder (E)-But-2-ens) beobachtete *anti*-Stereoselektivität (*Abschn. 3.6*) der *Prins*-Reaktion eine Rolle (*Fig. 8.22*).

Da But-2-en durch säurekatalysierte Dimerisierung von Ethylen (vgl. *Abschn. 3.11*) und darauf folgende säurekatalysierte Allyl-Umlagerung des dabei gebildeten But-1-ens (*Abschn. 3.9*) entstehen kann, stellt die *Prins*-Reaktion des Letzteren eine plausible präbiotische Synthese des *Isoprens*, des formalen Vorläufers aller Terpene, dar (*Abschn. 3.19*).

Die Addition von Alkenen an die Carbonyl-Gruppe von Aldehyden oder Ketonen kann ebenfalls thermisch in Abwesenheit eines Säurekatalysators stattfinden. In solchen Fällen steht ein cyclischer Übergangskomplex des Typs, der für die pericyclischen Reaktionen charakteristisch ist (*Abschn. 4.6*), besser im Einklang mit den experi-

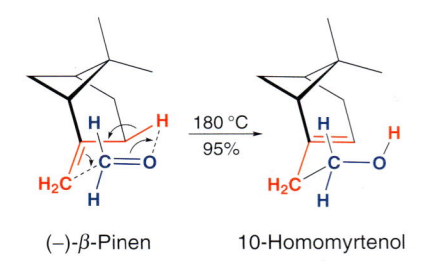

Fig. 8.23. *Bei der Anlagerung von wasserfreiem Formaldehyd an die (C=C)-Bindung des β-Pinens findet keine Wagner–Meerwein-Umlagerung statt.*

mentellen Befunden als die Bildung eines Carbenium-Ions als Zwischenprodukt (*Fig. 8.23*).

8.8. Polymerisation der Aldehyde

Die Resonanz-Struktur **A** in *Fig. 8.18*, bei der das O-Atom der (C=O)-Gruppe negativ, das C-Atom dagegen positiv geladen ist, deutet an, dass beide Atome intermolekular miteinander reagieren können. In der Tat polymerisieren niedermolekulare Aldehyde (nicht aber Ketone) sehr leicht, besonders in Gegenwart einer Säure als Katalysator, wenn kein Nucleophil im Reaktionsmedium vorhanden ist. Formaldehyd ist ein Gas (Sdp. $-20\,°C$), das bei Raumtemperatur langsam Oligomere – 1,3,5-Trioxan (= Trioxymethylen oder Metaformaldehyd) und 1,3,5,7-Tetroxocan (= Tetraoxymethylen oder Tetraoxan) – bildet (*Fig. 8.24*). In verdünnter wässriger Lösung findet die Polymerisation des Formaldehyds infolge der Addition von H_2O an die (C=O)-Bindung (*Fig. 8.19*) nur sehr langsam statt, bei hinreichender Konzentration dagegen bilden sich Additionspolymere aus 6 bis 50 Monomer-Einheiten, die als ein weißer kristalliner Feststoff (Schmp. $122\,°C$) – so genannter *Paraformaldehyd* (= Polyoxymethylen) – nach Abdampfen von H_2O erhalten wird. Höhere Polymerisationsgrade (>100) werden in wässriger Lösung in Gegenwart konzentrierter H_2SO_4 bzw. bei tieferen Temperaturen ($-80\,°C$) in inerten Lösungsmitteln in Gegenwart einer Base als Initiator erzielt. Polyoxymethylen ist im Schweif des *Halley*'schen Kometen nachgewiesen worden. Da durch Erhitzen der Polymere das reine Monomer zurückgewonnen wird, sind 1,3,5-Trioxan und Paraformaldehyd zur 'Aufbewahrung' des gasförmigen Formaldehyds sehr gut geeignet.

Das cyclische Tri- und Tetramer des Acetaldehyds wird *Paraldehyd* bzw. *Metaldehyd* genannt (*Fig. 8.25*). Paraldehyd wird bei Erregungszuständen als Sedativum

Fig. 8.24. *Säurekatalysierte Oligo- und Polymerisation des Formaldehyds*

und Hypnotikum angewandt. Metaldehyd wird als Sicherheitsbrennstoff (Meta®) sowie als Molluskizid verwendet. Es ruft bei Schnecken Schleimabsonderung, Lähmung und Tod hervor und wird daher als Fraß- und Kontaktgift eingesetzt.

Außer dem oben erwähnten Typ von Additionspolymeren, deren Moleküle aus einer Kette alternierender C- und O-Atome besteht, können Aldehyde ebenfalls durch nucleophile Addition an die Carbonyl-Gruppe Polymere bilden, die Kohlenhydrat-Struktur aufweisen. Der Mechanismus ihrer Entstehung wird in *Abschn. 8.29* erläutert.

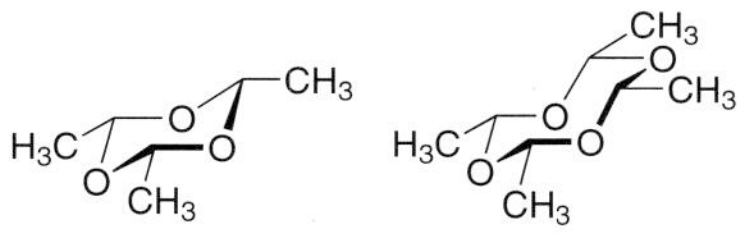

Fig. 8.25. *Cyclische Oligomere des Acetaldehyds*

8.9. Die α-Ketol-Umlagerung

Es wurde in *Abschn. 8.6* darauf hingewiesen, dass die energieärmere dipolare Resonanz-Struktur der Carbonyl-Gruppe als ein 'Carben-oxid' aufgefasst werden kann. Ebenso liegt bei der konjugierten Säure, die durch Protonierung des O-Atoms der Carbonyl-Gruppe gebildet wird, ein *Hydroxycarbenium-Ion* vor (*Fig. 8.19*). Es verwundert daher nicht, dass unter geeigneten Reaktionsbedingungen α-Hydroxyaldehyde und -ketone (α-Ketole) nach einem der Pinakol-Umlagerung (*Abschn. 5.14*) analogen Mechanismus isomerisieren können. In Gegenwart von Protonen wird nämlich das C-Atom der Carbonyl-Gruppe positiv geladen, so dass einer der Liganden des α-ständigen C-Atoms anionotrop 'wandern' kann. Am dabei entstehenden Carbenium-Ion befindet sich auch eine OH-Gruppe, deren Deprotonierung zum Umlagerungsprodukt (ebenfalls ein α-Ketol) führt (*Fig. 8.26*). Ist die α-ständige OH-Gruppe *tertiär*, so kann die α-Ketol-Umlagerung ebenfalls durch eine Base katalysiert werden.

Im Zellmetabolismus ist die α-Ketol-Umlagerung im Zusammenhang mit der Biosynthese des Valins von Bedeutung (*Abschn. 9.8*).

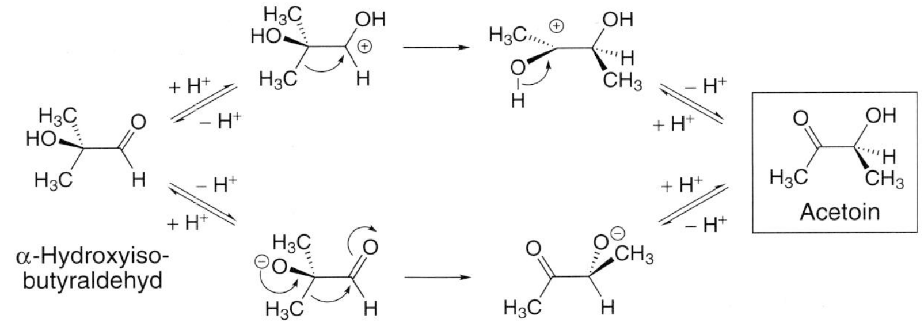

Fig. 8.26. *Sauer und basisch katalysierte α-Ketol-Umlagerung*

8.10. Reaktivität der Aldehyde und Ketone

Die wichtigsten Reaktionen der Aldehyde und Ketone sind:

- Reduktion
- Oxidation

- Nucleophile Addition
- Acidität α-ständiger H-Atome
- *Michael*-Addition

8.11. Reduktion der Carbonyl-Gruppe

Prinzipiell findet die Reduktion organischer Verbindungen durch H-Donatoren nach einem der folgenden Mechanismen statt:

a) Addition von 2 H-Atomen ($+ 2\ H^\cdot$)
b) Addition von einem Hydrid-Ion und einem Proton ($+ H^- + H^+$)
c) Addition von 2 Elektronen und 2 Protonen ($+ 2\ e^- + 2\ H^+$)

Die drei Typen von Mechanismen sind bei der Reduktion der Carbonyl-Gruppe bekannt, denn Aldehyde und Ketone können

1) durch katalytische Hydrierung
2) mit Hydrid-Ion-Donatoren
3) mit Alkalimetallen

in die entsprechenden primären bzw. sekundären Alkohole überführt werden.

Im Vergleich zur Hydrierung der (C=C)-Bindung, bei der 116–134 kJ mol^{-1} freigesetzt werden (*Abschn. 3.5*), ist die Hydrierungswärme der (C=O)-Bindung bedeutend kleiner (*Fig. 8.27*). Sie ist beim Formaldehyd wegen seiner gegenüber anderen Carbonyl-Verbindungen niedrigeren Bindungsdissoziationsenergie der (C=O)-Bindung am höchsten:

$$H_2C=O + H_2 \rightarrow H_3COH$$

Bruch der (C=O)-π-Bindung:	+ 309
Dissoziation des H$_2$-Moleküls:	+ 436
Knüpfung der (C–H)-Bindung:	– 402
Knüpfung der (O–H)-Bindung:	– 435
$\Delta H_{\text{hydr.}}$ [kJ mol^{-1}]:	– 92

Demzufolge lassen sich bei Molekülen, die beide funktionellen Gruppen enthalten, (C=C)-Bindungen in Gegenwart von (C=O)-Bindungen selektiv hydrieren. Die selektive Hydrierung der Carbonyl-

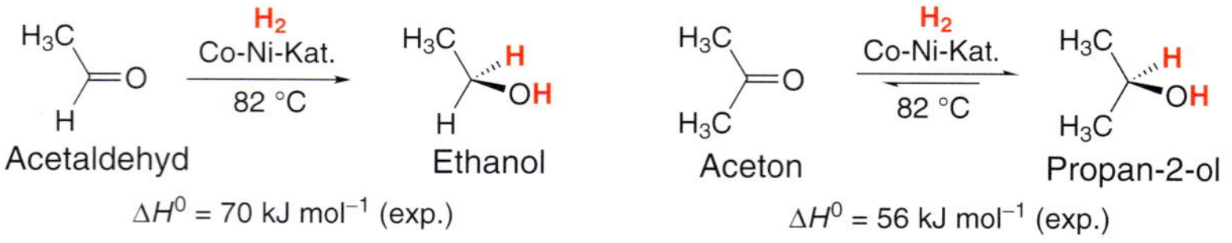

Fig. 8.27. *Katalytische Hydrierung der Carbonyl-Gruppe*

Gruppe gelingt dagegen mit Reagenzien, die als Hydrid-Ion-Donatoren wirken (Metall- und Borhydride sowie Aluminium-alkoholate). Derartige Reaktionen stellen formal eine nucleophile Addition des Hydrid-Ions an die (C=O)-Bindung des Substrats dar; das O-gebundene H-Atom wird erst bei der Hydrolyse des Reaktionsproduktes eingeführt. Bei der *Meerwein–Ponndorf–Verley*-Reduktion von Aldehyden oder Ketonen mit Aluminium-triisopropanolat (*Abschn. 5.6*) findet die Übertragung des Hydrid-Ions in einem vermutlich cyclischen Übergangskomplex statt (*Fig. 8.28*), der analog den Übergangskomplexen pericyclischer Reaktionen ist (*Abschn. 4.6*).

Die Reduktion von Aldehyden oder Ketonen mit Aluminium-isopropanolat ist eine reversible Reaktion. In Gegenwart dieses Reagenzes lassen sich primäre und sekundäre Alkohole mit Aceton zu den entsprechenden Carbonyl-Verbindungen oxidieren (*Oppenauer*-Oxidation).

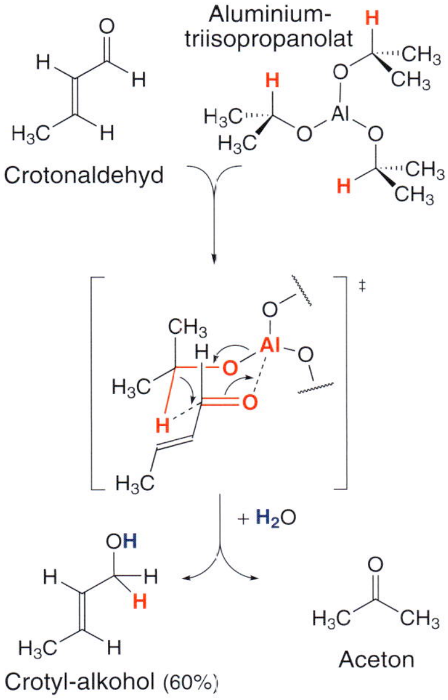

Allerdings ist der ionische Mechanismus, bei dem ein Hydrid-Ion als reduzierende Spezies postuliert wird, äquivalent mit einem radikalischen Mechanismus, bei dem zwei Elektronen und ein Proton vom Substrat aufgenommen werden, so dass in Ermangelung experimenteller Beweise, Reduktionen unter Beteiligung von Hydrid-Ionen formalistischen Charakter haben können. Beispielsweise findet die Reduktion der Carbonyl-Gruppe durch ein Alkalimetall (*Bouveault–Blanc*-Reduktion) in einem *protonenhaltigen* Medium (Alkohol) stufenweise statt; als Primärprodukt wird ein *Ketyl-Radikal* gebildet. Die H-Atome stammen aus dem Lösungsmittel (*Fig. 8.29*).

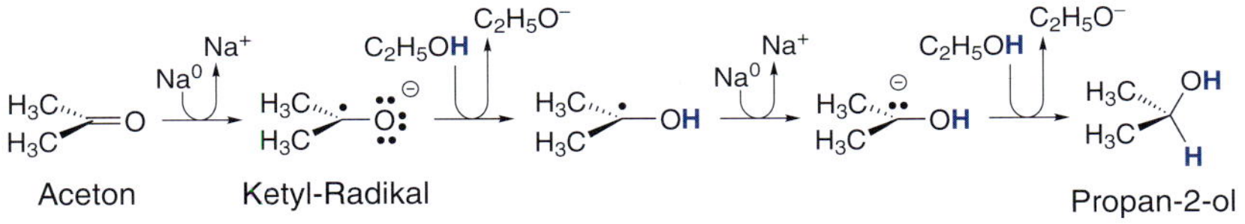

Fig. 8.28. *Meerwein–Ponndorf–Verley-Reduktion des Crotonaldehyds*

Fig. 8.29. *Reduktion der Carbonyl-Gruppe mit Alkalimetallen*

Enzymatische Hydrierungen finden unter formaler Übertragung eines Hydrid-Ions statt, die von NADH oder NADPH als Cofaktoren katalysiert werden. Derartige Reaktionen sind durch ihre hohe Stereoselektivität sowohl in Bezug auf das Substrat als auch auf das Coenzym charakterisiert (*Fig. 8.30*). Bei der alkoholischen Gärung beispielsweise findet die enzymatische Hydrierung des Acetaldehyds durch die *Alkohol-Dehydrogenase* der Hefe so statt, dass ausschließlich das H-Atom (H_{pro-R}) auf der *Re*-Seite (*Abschn. 3.10*) des Dihydropyridin-Ringes des NADH-Coenzyms (*Abschn. 10.10*) auf die *Re*-Seite der prochiralen Carbonyl-Gruppe des Acetaldehyds übertragen wird. Die gleiche Stereospezifität wird u. a. bei der *Alkohol-Dehydrogenase* der Leberzellen und bei den früher genannten A-spezifischen Dehydrogenasen (Milchsäure-, Äpfelsäure-, Glycerat- und Glyoxylat-Dehydrogenase u. a.) beobachtet. Andere NAD^+- bzw. $NADP^+$-abhängige Dehydrogenasen (Glycerinaldehyd-3-phosphat-, 3-Hydroxyacyl-Coenzym A-, 3-Oxoacyl-ACP-Dehydrogenase u. a.) tauschen dagegen das H_{pro-S}-Atom des Pyridin-Ringes (früher H_B-Atom genannt) mit dem Substrat aus.

Fig. 8.30. *Enantioselektive enzymatische Hydrierung der Carbonyl-Gruppe des Acetaldehyds durch die* Alkohol-Dehydrogenase *der Hefe*

Bei den meisten enzymatischen Redox-Reaktionen tritt NADPH als reduzierendes Coenzym auf, während NADP$^+$ hauptsächlich an Oxidationsprozessen beteiligt ist (*Abschn. 10.10*). Bei der Dehydrierung von Ethanol handelt es sich jedoch um eine reversible Reaktion, deren Rückreaktion (die Hydrierung von Acetaldehyd) vom selben Enzym mit NADH als Cofaktor katalysiert wird.

8.12. Oxidation der Carbonyl-Gruppe

Die Oxidation von Aldehyden führt zu den entsprechenden Carbonsäuren. Es handelt sich dabei um eine Reaktion, die sehr leicht stattfindet; oft genügt dafür die Anwesenheit molekularen Sauerstoffs.

Wie andere Radikal-Reaktionen mit molekularem Sauerstoff (*Abschn. 2.14*) wird die *Autoxidation* von Aldehyden durch die Abstraktion eines H-Atoms initiiert. Die relativ kleine Dissoziationsenergie der (C−H)-Bindung der Formyl-Gruppe (sie beträgt beim Formaldehyd 368 kJ mol^{-1}, beim Benzaldehyd nur 310 kJ mol^{-1}) begünstigt die Bildung eines *Acyl-Radikals*, das mit Triplett-Sauerstoff unter Bildung eines Acylperoxy-Radikals reagiert (*Fig. 8.31*). Letzteres erzeugt durch Abstraktion des Formyl-H-Atoms eines zweiten Aldehyd-Moleküls ein neues Acyl-Radikal, das die Kettenreaktion fortsetzt, und eine Peroxycarbonsäure (s. *Abschn. 9.14*) deren konjugierte Base an die (C=O)-Bindung eines dritten Aldehyd-Moleküls nucleophil angelagert wird. Die Spaltung des daraus resultierenden Addukts, die bei einem cyclischen Übergangskomplex besonders leicht stattfinden sollte, liefert zwei Moleküle der dem Aldehyd entsprechenden Carbonsäure.

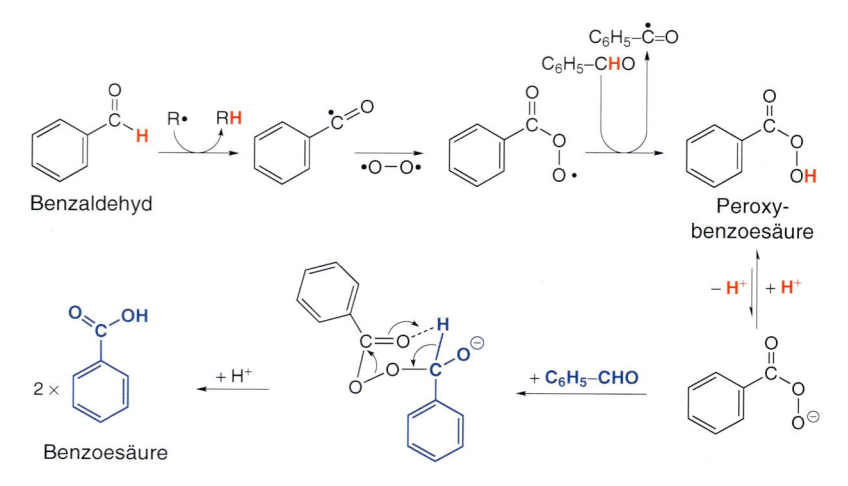

Fig. 8.31. *Mechanismus der Autoxidation des Benzaldehyds*

8. Carbonyl-Verbindungen

Fig. 8.32. *Oxidation von Alkoholen und Aldehyden mit Übergangsmetall-Ionen*

Bei der Oxidation von Aldehyden mittels Übergangsmetall-oxiden (z. B. CrO_3), die unter milden Bedingungen stattfindet, werden zwei Elektronen vom Metall-Ion übernommen, wobei dessen Oxidationszahl (N) abnimmt (*Fig. 8.32*). Reaktionsmechanistisch ähnelt die Reaktion der Oxidation primärer und sekundärer Alkohole (*Abschn. 5.11*); es handelt sich somit um eine Dehydrierung des dem Aldehyd entsprechenden Hydrats, so dass ein O-Atom der Carbonsäure-Gruppe aus dem Medium (H_2O) stammt.

Ein geeignetes Oxidationsmittel für Aldehyde ist Silber-oxid, das aus einer 5%igen wässrigen Lösung von Silber-nitrat durch Zugabe 10%iger NaOH-Lösung und darauf folgende Auflösung des gebildeten Niederschlags mit 2%iger NH_3-Lösung hergestellt wird (sog. *Tollens*-Reagenz). Die Lösung enthält das $Ag(NH_3)_2$-Ion, wodurch verhindert wird, dass in alkalischem Medium AgOH ausfällt. Die Oxidation der Formyl-Gruppe findet durch Reduktion der Ag^+-Ionen unter Bildung von metallischem Silber statt, das unter geeigneten Bedingungen einen Ag-Spiegel an der Gefäßwand bildet. Analog reagiert das *Fehling*-Reagenz, das aus einer alkalischen Lösung eines Kupfer(II)-tartrat-Komplexes besteht, der bei der Reaktion mit Aldehyden einen roten Niederschlag von Kupfer(I)-oxid bildet. Beide Reagenzien eignen sich sowohl zur Unterscheidung von reduzieren-

Bernhard Christian Gottfried Tollens (1841–1918)
war maßgeblich an der Erforschung der Zucker (Saccharid-Synthese aus Formaldehyd, Abbau von Kohlenhydraten mit Schwefelsäure, Isolierung von Glucose aus Holzabfällen, u. a.) beteiligt, die er als Leiter des Agrikulturchemischen Institutes der Universität Göttingen durchführte. (Mit Genehmigung der Niedersächsischen Staats- und Universitätsbibliothek Göttingen)

Hermann von Fehling (1812–1885)
Professor für Chemie am Polytechnikum Stuttgart, widmete sich insbesondere der Entwicklung genauer Methoden für die Wasseranalyse. Er entdeckte 1844 das Benzonitril. (Digital Clendening Portrait Collection)

Stanislao Cannizzaro (1826–1910) Professor an der Nationalschule in Alessandria sowie an den Universitäten Genua, Palermo und Rom, gehört durch seine Arbeiten auf den Gebieten der theoretischen und organischen Chemie (Bestätigung der *Avogadro*'schen Theorie u. a.) zu den bedeutendsten Chemikern Italiens. (*Edgar Fahs Smith* Collection, mit Genehmigung der University of Pennsylvania Library, Philadelphia)

den und nichtreduzierenden Zuckern (*Abschn. 8.31*) als auch von Aldehyden und Ketonen, denn Letztere werden unter den Versuchsbedingungen nicht oxidiert. Das *Tollens*-Reagenz eignet sich jedoch für alle Aldehyde, während das *Fehling*-Reagenz nur auf aliphatische Aldehyde anspricht.

Ferner kann die Oxidation von Aldehyd-hydraten unter Abspaltung eines Hydrid-Ions stattfinden. Tatsächlich werden Formaldehyd und andere Aldehyde, deren Carbonyl-Gruppe an ein quartäres C-Atom gebunden ist, in konzentrierten Alkali-Lösungen zu den entsprechenden Carbonsäuren oxidiert (*Cannizzaro*-Reaktion). Bei der *Cannizzaro*-Reaktion wirkt als Oxidationsmittel ein zweites Aldehyd-Molekül, das zum entsprechenden Alkohol reduziert wird. Es handelt sich somit um eine *Disproportionierungsreaktion* (früher auch Dismutation genannt), bei der vermutlich analog der *Meerwein–Ponndorf–Verley*-Reduktion (*Abschn. 8.11*) intermolekulare Übertragung eines Hydrid-Ions stattfindet (*Fig. 8.33*). Bei einigen Dialdehyden (z. B. Glyoxal) findet die Disproportionierungsreaktion unter Bildung einer α-Hydroxycarbonsäure intramolekular statt.

Fig. 8.33. *Mechanismus der* Cannizzaro-*Disproportionierung des Formaldehyds*

Da in alkalischem Medium Aldehyde im Allgemeinen als Substrate der Aldol-Kondensation fungieren (*Abschn. 8.20*), findet die *Cannizzaro*-Reaktion nur bei Aldehyden statt, die keine H-Atome am α-ständigen C-Atom tragen. Die präparative Anwendung der *Cannizzaro*-Reaktion ist außerdem limitiert, weil die maximale Ausbeute des gewünschten Reaktionsprodukts (die Carbonsäure oder der Alkohol) höchstens 50% betragen kann. Wird die Reaktion jedoch mit einem äquimolekularen Gemisch aus einem Aldehyd und Formaldehyd durchgeführt, so bildet sich wegen der leichten Oxidierbarkeit des Letzteren fast ausschließlich Natrium-formiat und der dem anderen Aldehyd entsprechende Alkohol (sog. gekreuzte *Cannizzaro*-Reaktion).

Reaktionsmechanistisch relevant sowohl bei der *Tollens*- und *Fehling*-Reaktion als auch bei der *Cannizzaro*-Disproportionierung ist die Tatsache, dass die Oxidation der Aldehyd-Gruppe durch Addition eines Nucleophils (das Hydroxid-Ion) das die Elektronendichte des C-Atoms der Carbonyl-Gruppe erhöht, begünstigt wird. Dies ist insofern verständlich, weil die Oxidation der Carbonyl-Gruppe mit der Abgabe von zwei Elektronen einhergeht und somit durch eine Herabsetzung der positiven Partialladung am Carbonyl-C-Atom erleichtert wird.

Fig. 8.34. *Wahrscheinlicher Mechanismus der von der* Glycerinaldehyd-3-phosphat-Dehydrogenase *katalysierte Biosynthese von 1,3-Bisphosphoglycerat*

Die enzymatische Oxidation von Aldehyden zu Carbonsäuren wird entweder von den NAD^+-abhängigen *Aldehyd-Oxidoreductasen* (*Aldehyd-Dehydrogenasen*) oder von den *Aldehyd-Oxidasen*, die FAD und Molybdän als Cofaktoren enthalten, katalysiert. Mechanistisch gleicht die *reversible* Reaktion mit der (A-spezifischen) *Acetaldehyd-Dehydrogenase*, die in der Leber und Hefe vorkommt, der Oxidation primärer Alkohole durch die Alkohol-Dehydrogenasen (*Abschn. 8.11*). Wie bei der chemischen Oxidation dient als Substrat das dem Aldehyd entsprechende H_2O-Addukt (*Abschn. 8.6*). In anderen Fällen ist die Oxidation der Aldehyd-Gruppe mit deren Phosphorylierung gekoppelt. Das bestuntersuchte Beispiel ist die enzymatische Oxidation des Glycerinaldehyd-3-phosphats durch die entsprechende NAD^+-abhängige Dehydrogenase, bei der die primäre Bildung eines Cystein-Addukts im Reaktionszentrum des Enzyms postuliert wird (*Fig. 8.34*). Durch Abspaltung eines Hydrid-Ions (oder seines Äquivalents) durch den Cofaktor des Enzyms wird B-spezifisch NADH und die an das Apoenzym gebundene 3-Phosphoglycerinsäure gebildet. Letztere wird durch nucleophile Addition von Phosphat an die Carbonyl-Gruppe und darauf folgende Spaltung der (C–S)-Bindung mit der Cystein-Einheit vom Reaktionszentrum gelöst.

Im Gegensatz zu Aldehyden, deren Oxidation zu Carbonsäuren durch Abspaltung eines Hydrid-Ions oder dessen Äquivalent (zwei Elektronen und ein Proton) stattfinden kann, ist die Oxidation der Carbonyl-Gruppe der Ketone nur unter Bruch von (C–C)-Bindungen möglich. Darum lassen sich Ketone nur unter verschärften Bedingungen (z.B. mit Salpetersäure, Kalium-permanganat oder Kalium-chromat in saurem Medium) zu Gemischen aus Carbonsäuren kürzerer Kettenlänge oxidieren. In der Praxis jedoch ist die Anwendbarkeit dieser Methode auf die Synthese von Dicarbonsäuren aus cyclischen Ketonen beschränkt, weil nur Letztere zu einem einzigen Reaktionsprodukt führen können. Die Oxidation des Cyclohexanons mit Salpetersäure in Gegenwart eines Vanadium-oxid-Katalysators wird beispielsweise für die technische Herstellung von Adipinsäure verwendet (*Fig. 8.35*).

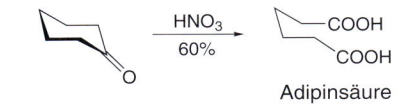

Fig. 8.35. *Oxidative Ringaufspaltung des Cyclohexanons*

Die *regioselektive* Spaltung einer der (C–C)-Bindungen der Carbonyl-Gruppe bei Ketonen gelingt dagegen unter Verwendung von H_2O_2 in saurem Medium als Oxidationsmittel (*Baeyer–Villiger-Oxidation*). Der Bildung von Keton-hydraten entsprechend (*Abschn. 8.6*) findet im ersten Reaktionsschritt die nucleophile Addi-

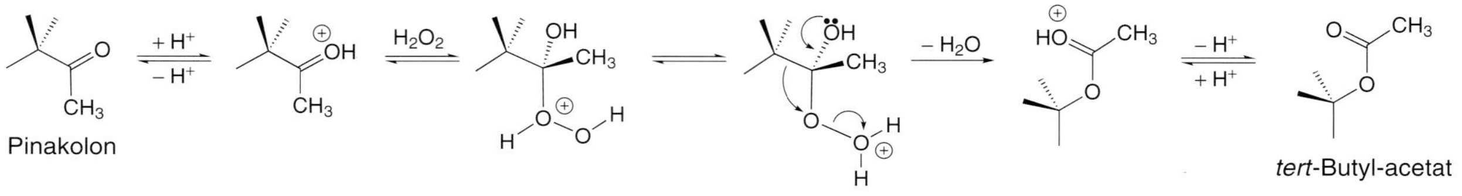

Fig. 8.36. *Vereinfachter Mechanismus der* Baeyer–Villiger-*Oxidation des Pinakolons* ((*tert*-Butyl)-methyl-keton).

tion von H_2O_2 an die Carbonyl-Gruppe unter Bildung eines Hydroperoxid-Adduktes statt, das in einigen Fällen unter geeigneten Bedingungen isoliert werden kann (*Fig. 8.36*).

Da die meisten organischen protischen Säuren mit H_2O_2 unter Bildung von Peroxysäuren reagieren (*Abschn. 9.14*), stellt der in *Fig. 8.36* formulierte Reaktionsmechanismus eine Vereinfachung des tatsächlichen Reaktionsablaufs dar, bei dem vermutlich die konjugierte Base der Peroxysäure anstelle des Hydroperoxid-Ions an die Carbonyl-Gruppe addiert wird. Dennoch reagieren aromatische Aldehyde und Ketone mit H_2O_2 auch in alkalischem Medium, in dem das HO_2^--Ion vorliegt, unter Bildung von Aryl-estern (sog. *Dakin*-Reaktion).

Der entscheidende Schritt der *Baeyer–Villiger*-Reaktion besteht in der Umlagerung einer der Alkyl-Gruppen unter gleichzeitigem Bruch der (O–O)-Bindung des Addukts. Das daraus resultierende Produkt ist ein *Carbonsäure-ester* bzw. ein *Lacton* (*Abschn. 9.15*), je nachdem ob das Edukt ein acyclisches oder ein cyclisches Keton ist.

Mechanistisch gleicht die soeben beschriebene Reaktion der *Wagner–Meerwein*-Umlagerung insofern, dass die Alkyl-Gruppe samt den Bindungselektronen 'wandert'; es handelt sich somit um eine anionotrope Umlagerung. Demzufolge wird in der Regel die höhersubstituierte Alkyl-Gruppe umgelagert, worauf die Regioselektivität der Reaktion zurückzuführen ist. Experimente mit optisch aktiven Substraten beweisen ferner, dass die Umlagerung unter *Retention* der Konfiguration des umgelagerten C-Atoms stattfindet, wenn dieses ein Chiralitätszentrum ist.

Zahlreiche aeroben Bakterien (*Nocardia*, *Pseudomonas*, *Acinetobacter* u.a.) verfügen über flavinabhängige (*Abschn. 10.14*) Monooxygenasen, welche mit molekularem Sauerstoff als Cosubstrat die *Baeyer–Villiger*-Oxidation organischer Substrate (Cyclohexanon, Campher, Progesteron u.a.) katalysieren. Man vermutet, dass bei der ezymatischen Reaktion ein Flavin-hydroperoxid anstelle des Wasserstoff-peroxids als 'aktivierter' Cofaktor auftritt.

8.13. Nucleophile Addition von Alkoholen: Acetal-Bildung

Die Anfangsschritte der Addition von Nucleophilen an die Carbonyl-Gruppe sind die gleichen wie bei der Addition von H_2O (*Abschn. 8.6*); die Konstitution der Endprodukte hängt jedoch vom reagierenden Nucleophil ab (*Fig. 8.37*). Alkoholat-Ionen reagieren

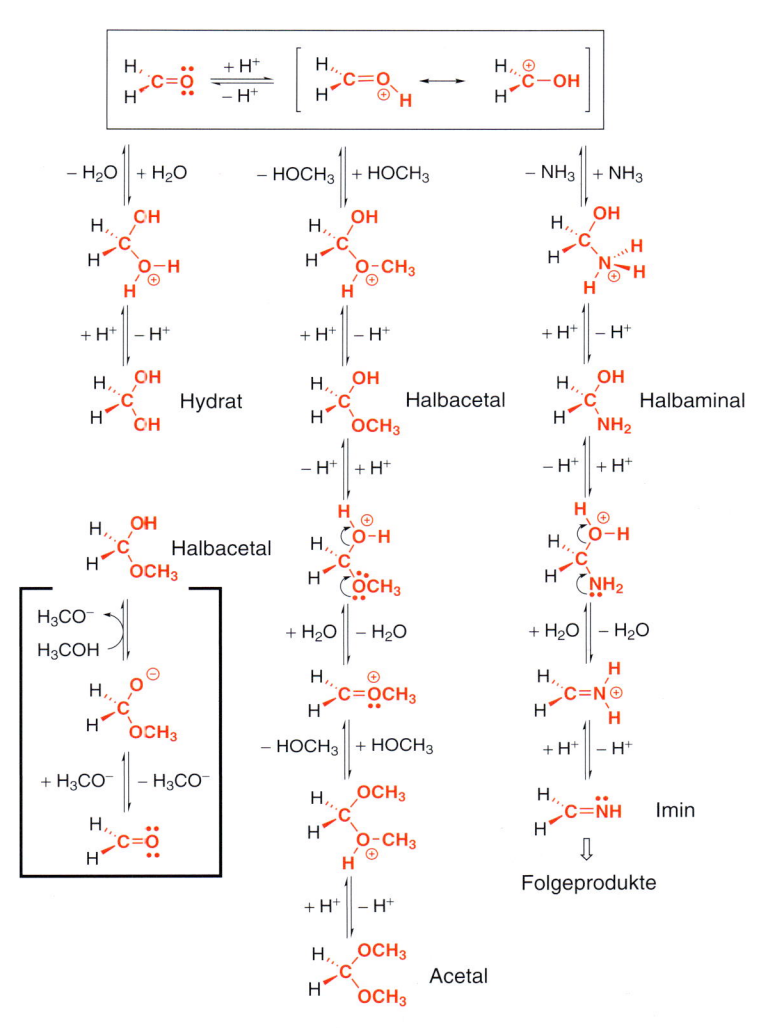

Fig. 8.37. *Reaktionsmechanistische Gegenüberstellung der nucleophilen Addition von H_2O, CH_3OH und NH_3 an die Carbonyl-Gruppe des Formaldehyds*

mit Aldehyden und Ketonen unter Bildung eines Halbacetals (s. Einlage in *Fig. 8.37*), das in basischem Medium das Endprodukt der Reaktion ist.

In Gegenwart von Säuren wird dagegen das Halbacetal, das als Zwischenprodukt gebildet wird, an der OH-Gruppe protoniert, wodurch die Abspaltung eines H_2O-Moleküls unter Beteiligung der nichtbindenden Elektronen der Alkoxy-Gruppe ermöglicht wird. Das dabei gebildete Carboxonium-Ion reagiert mit einem zweiten Alkohol-Molekül unter Bildung eines *Acetals* (Keton-acetale werden oft *Ketale* genannt). Sind beim Aldehyd oder Keton α-ständige H-Atome vorhanden, so kann die H_2O-Abspaltung aus dem Halbacetal zur Bildung eines *Enol-ethers* (*Abschn. 8.18*) anstelle des Acetals führen (*Fig. 8.38*).

Obwohl die Acetal-Bildung in der Regel nur wenig exotherm ist (vgl. *Abschn. 8.6*), kann ihr Gleichgewicht durch Entfernen des

Struktur und Reaktivität der Biomoleküle

Fig. 8.38. *Die Bildung von Enol-ethern kann mit der von Acetalen konkurrieren.*

Spezifische Säure/Base-Katalyse liegt bei Reaktionen vor, deren Geschwindigkeit zwar vom pH-Wert der Lösung, in der sie stattfinden, nicht aber von der Konzentration der vorhandenen Säure bzw. Base abhängt.

gebildeten Reaktionswassers vollständig auf die Produktseite verschoben werden. Im Gegensatz zu den Halbacetalen ist bei den Acetalen kein hinreichend acides H-Atom vorhanden, so dass sie gegenüber Basen stabil sind. In saurem Medium dagegen sind alle in *Fig. 8.37* dargestellten Schritte reversibel und demzufolge werden aus Acetalen unter Einwirkung von Säuren und H_2O die entsprechenden Carbonyl-Verbindungen freigesetzt.

Da die Geschwindigkeit der katalysierten Hydrolyse von Acetalen zwar von der Protonen-Konzentration (d.h. dem pH-Wert des Mediums), nicht aber von der Konzentration der verwendeten Säure abhängt, stellt sie ein Beispiel für (H^+-) *spezifisch katalysierte* Reaktionen dar (vgl. *Abschn. 9.32*).

Aufgrund dieser Reaktivität dient die Acetal-Bildung in der chemischen Synthese als 'Schutz' für die Carbonyl-Gruppe. Meist werden aliphatische Diole als Nucleophile verwendet, die gemäß dem in *Fig. 8.37* dargestellten allgemeinen Mechanismus cyclische Acetale bilden. Mit Ethylenglycol beispielsweise werden fünfgliedrige Acetale (*Dioxolane*) erhalten (s. *Fig. 5.49*). Acetale sind geminale Diether und als solche wenig reaktiv. Die vorübergehende Umwandlung einer Carbonyl-Gruppe in das entsprechende Acetal ermöglicht somit die Durchführung von Reaktionen (z.B. Hydrierungen), die in Anwesenheit der ungeschützten Carbonyl-Funktion diese in Mitleidenschaft ziehen würden.

Befinden sich in ein und demselben Molekül sowohl Carbonyl- als auch OH-Gruppen, so lässt sich die intramolekulare Ketal-Bildung bei geeigneter Entfernung beider funktionellen Gruppen erwarten. Aus diesem Grunde kommen sowohl Mono- als auch Polysaccharide in der Natur als Halbacetale bzw. Acetale vor (*Abschn. 8.25*). Auf die besonders günstige Bildung sehr stabiler bicyclischer (Spiro-) Ketale der 4,4'- und 5,5'-Dihydroxy-ketone ist zurückzuführen, dass Letztere nicht isoliert werden können (*Fig. 8.39*). Spiroketal-Strukturen kommen bei zahlreichen Naturprodukten vor; *Olean* (1,7-Dioxaspiro[5.5]undecan) ist das weibliche Pheromon (*Abschn. 3.20*) der im Mittelmeerraum weitverbreiteten Fruchtfliege (*Dacus oleae*, Gmelin), die Olivenbäume befällt. Die Spiroketal-Gruppe ist charakteristisch für Steroid-Sapogenine, die insbesondere in einkeimblättrigen Pflanzen als Aglycone vorkommen (*Abschn. 5.28*).

1,6-Dioxaspiro[4.4]nonan (Oxeton)

1,7-Dioxaspiro[5.5]undecan (Olean)

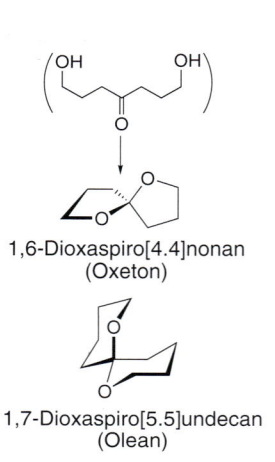

Fig. 8.39. *Spiroketale zeichnen sich durch ihre Stabilität in saurem Medium aus.*

8.14. Nucleophile Addition von Aminen: Imin-Bildung

Sämtliche Reaktionen von Carbonyl-Verbindungen mit Ammoniak, primären oder sekundären Aminen als Nucleophile laufen gemäß dem in *Fig. 8.40* dargestellten Schema ab. Welches Produkt isoliert wird, hängt jedoch sowohl von der Konstitution der Carbonyl-Verbindung als auch von der des Nucleophils ab.

Am eindeutigsten verläuft die Reaktion zwischen aromatischen Aldehyden (z. B. Benzaldehyd) und primären aromatischen Aminen (*Fig. 8.41*). Der nucleophilen Addition von H_2O oder Alkoholen entsprechend wird im reaktionsgeschwindigkeitsbestimmenden Schritt ein Addukt gebildet, das *Halbaminal* oder *Carbinolamin* genannt wird. Durch Protonierung der OH-Gruppe des Halbaminals wird die Abspaltung eines H_2O-Moleküls unter Beteiligung der nicht-bindenden Elektronen der benachbarten Amino-Gruppe erleichtert. Daraus resultiert ein *Iminium*- (oder – in der älteren Literatur – *Imonium*-) Salz, dessen Deprotonierung zum *Imin*, das auch *Azomethin* oder nach seinem Entdecker, dem deutschen Chemiker *Hugo Schiff*, *Schiff*'sche Base genannt wird, als Endprodukt der Reaktion führt.

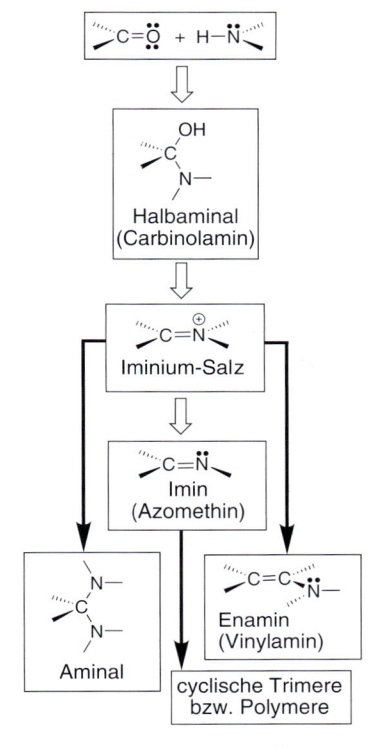

Fig. 8.40. *Produkte der Reaktion von Carbonyl-Verbindungen mit Aminen.*

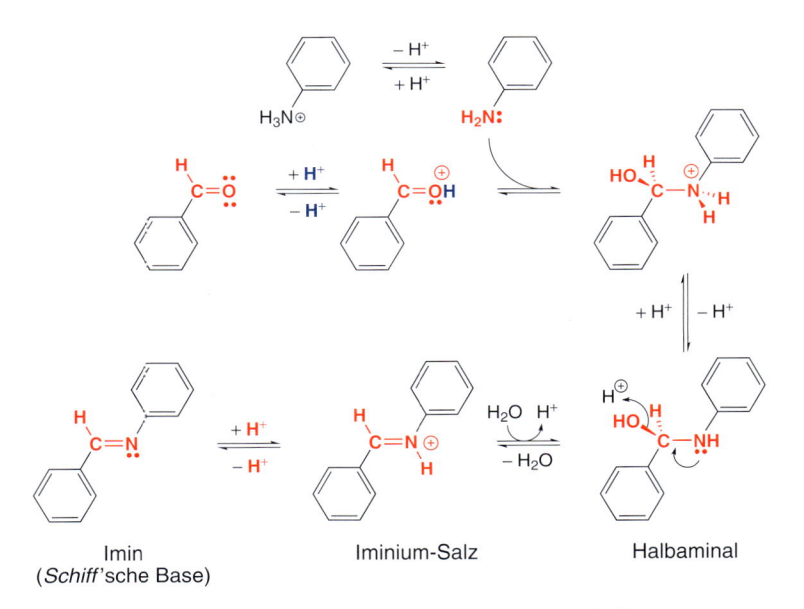

Fig. 8.41. *Mechanismus der Reaktion von Benzaldehyd mit Anilin*

Hugo Schiff (1834–1915) habilitierte sich nach seinem Chemiestudium in seinem Heimatland, Deutschland, an der Universität Bern. Ab 1877 beschäftigte er sich als Professor an den Universitäten Turin und Florenz mit verschiedenen Stoffklassen der organischen Chemie, insbesondere den Naphthalen-Derivaten, den Zimtsäure-Verbindungen sowie den Glycosiden. Berühmt wurde er durch seine Untersuchungen der Kondensation von Aminen mit Aldehyden. (Mit Genehmigung der Royal Society of Chemistry, Library and Information Centre, London)

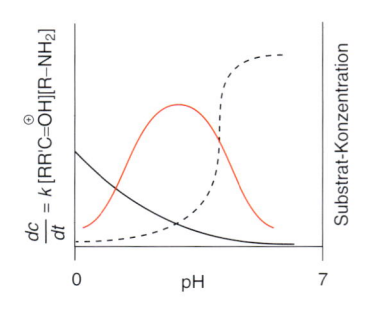

Fig. 8.42. Schematische Darstellung der Abhängigkeit der Bildungsgeschwindigkeit eines Imins (———) sowie der Konzentrationen des Amins (- - -) und der konjugierten Säure der Carbonyl-Verbindung (———) von der Protonen-Konzentration im Reaktionsmedium

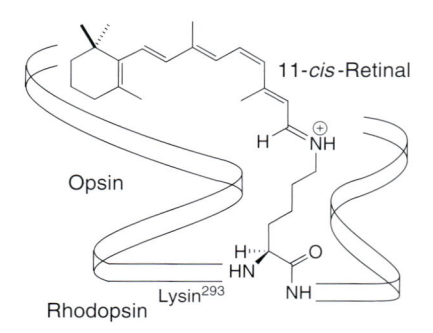

Fig. 8.43. Bindung des Retinals an das Apoprotein im Rhodopsin (schematisch)

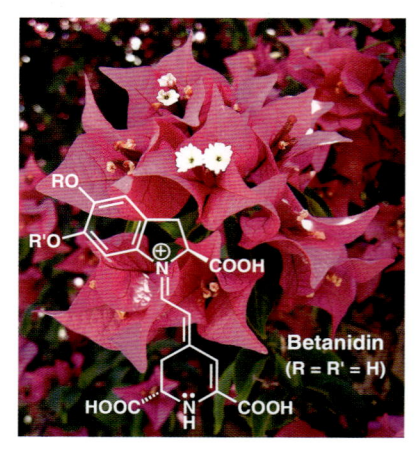

Fig. 8.44. Betanidin kommt in der Roten Beete (*Beta vulgaris*) und in den Scheinblüten des aus Amerika stammenden Kletterstrauches Bougainvillea (*B. spectabilis* und *B. glabra*) als R = 5-O- bzw. R' = 6-O-β-Glycopyranosid vor.

Die Bildungsgeschwindigkeit der Imine hängt auf besondere Weise von der Konzentration der als Katalysator verwendeten Säure ab. Da einerseits die Elektrophilie der Carbonyl-Gruppe durch Protonierung des O-Atoms erhöht wird, andererseits aber die Konzentration des Amins im Reaktionsmedium mit steigender Protonen-Konzentration zugunsten der Bildung der konjugierten Säure, die kein Nucleophil ist, verringert wird, gibt es eine optimale, substratabhängige Protonen-Konzentration, bei der die Reaktionsgeschwindigkeit am größten ist (*Fig. 8.42*).

Ein weiteres wichtiges Merkmal der nucleophilen Addition von Aminen an die Carbonyl-Gruppe ist, dass die Reaktion nicht nur durch Protonen – so genannte *spezifische* Säure-Katalyse (*Abschn. 8.13*) sondern auch durch die im Reaktionsmedium vorhandene *undissoziierte* Säure (*allgemeine Säure-Katalyse*) katalysiert wird. Bei der allgemeinen Säure-Katalyse, die besonders bei enzymatischen Reaktionen eine wichtige Rolle spielt, wird vermutlich die Nucleophilie der Carbonyl-Gruppe nicht erst durch Protonierung des O-Atoms sondern bereits durch H-Brücken-Bindung desselben mit der undissoziierten Säure erhöht.

Die Imin-Bildung spielt nicht nur in der chemischen Synthese – insbesondere bei der Bildung von N-haltigen Heterocyclen (*Abschn. 10.3*) – sondern auch in metabolischen Prozessen eine bedeutende Rolle. Im primären Metabolismus stellt sie beispielsweise den ersten Schritt der Transaminierungsreaktion bei der Aminosäure-Biosynthese (*Abschn. 9.8*) dar.

Das Sehpigment Retinal (*Abschn. 3.23*) ist über eine Imino-Gruppe, die im Rhodopsin protoniert vorliegt, an eine Lysin-Einheit des Apoproteins gebunden (*Fig. 8.43*). Die Delokalisierung der positiven Ladung des Iminium-Ions im Chromophor ist für die beträchtliche bathochrome Verschiebung der Lichtabsorption des Rhodopsins im Vergleich zum isolierten Chromophor ($\lambda_{max} = 500$ bzw. 376 nm) maßgebend.

Ebenso zeichnen sich konjugierte Iminium-Ionen, die als Aglycone (*Abschn. 8.32*) einiger Pflanzenfarbstoffe (sog. *Betalain-Farbstoffe*), vorkommen, durch ihre intensive Farbe aus (*Fig. 8.44*). Synthetische Farbstoffe, die einen ähnlichen Chromophor aufweisen (sog. *Cyanin-Farbstoffe*), haben hauptsächlich zum Färben von Polyacrylnitril-Fasern große Bedeutung. In der Farbphotographie werden sie außerdem als Sensibilisatoren verwendet. Cyanin-Farbstoffe gehören neben den Carotinoiden (*Abschn. 3.22*) zu den *Polymethin-Farbstoffen*, deren Anzahl konjugierter (C=C)-Bindungen direkt proportional zur Wellenlänge der Lichtabsorptionsmaxima ist (*Fig. 8.45*).

Aliphatische Imine, die im Gegensatz zu den aromatischen nicht durch Elektronendelokalisierung stabilisiert werden, sind äußerst polymerisationsfreudige Verbindungen. Deshalb wird als Produkt der Reaktion von Formaldehyd mit NH_3 nicht das entsprechende Imin, sondern eine weiße kristalline Verbindung – so genanntes *Urotropin* oder *Hexamethylentetramin* – isoliert, die aus der Kondensation von sechs Formaldehyd-Molekülen mit vier Ammoniak-Molekülen resultiert (*Fig. 8.46*).

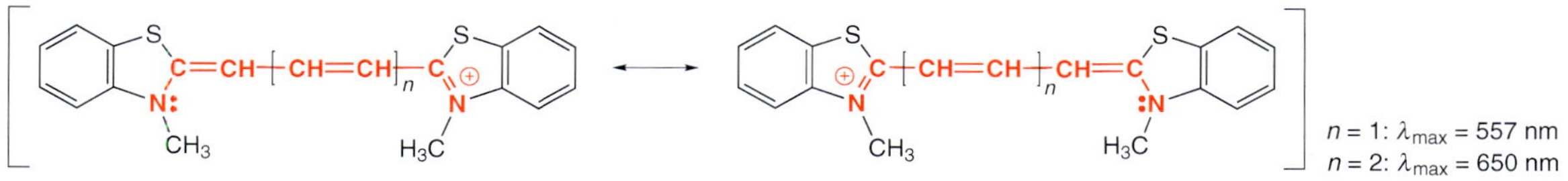

Fig. 8.45. *Symmetrische Cyanin-Farbstoffmoleküle stellen Resonanz-Hybride aus zwei energetisch gleichen Grenzstrukturen dar.*

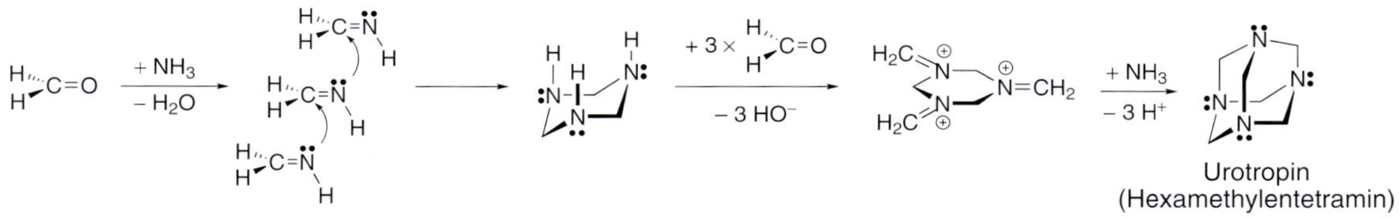

Fig. 8.46. *Cyclische Oligomere des Methanimins*

In der Medizin wurde früher das Urotropin (griech. οὖρον (oúron): Harn; τρέπω (trepō): wenden, vertreiben) gegen Infektionen der Harnwege und Harnsäureablagerung angewandt. In saurem Medium wird Urotropin in NH_3 und HCHO gespalten. Letzterer wirkt als Baktericid (s. *Abschn. 8.6*) und überführt *Harnsäure* (*Abschn. 10.21*) in die löslichere Diformaldehydharnsäure. In hohen Konzentrationen ist Urotropin jedoch nierenschädigend.

Ebenso wie Trioxan durch Trimerisation des Formaldehyds gebildet wird (vgl. *Fig. 8.24*) entsteht vermutlich durch cyclische Kondensation von drei Molekülen des nichtisolierbaren Methanimins Hexahydro-1,3,5-triazin als Zwischenprodukt der Urotropin-Synthese. Entsprechende Derivate (z. B. das Acetaldimin-Trimer) werden aus einfachen aliphatischen Iminen ebenfalls gebildet (*Fig. 8.47*).

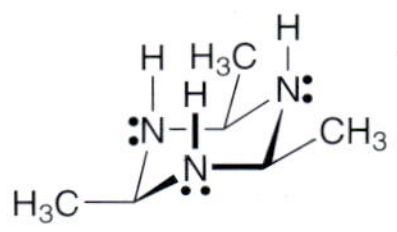

Formaldehyd reagiert ebenfalls mit den Amino-Gruppen von Proteinen unter Bildung wasserunlöslicher Kondensationsprodukte, worauf seine Anwendung als Gerbstoff und Desinfektionsmittel für Wohnräume sowie als Konservierungs- und Härtungsmittel für anatomische Präparate beruht. Die konservierende Wirkung des Räucherns geht ebenfalls hauptsächlich auf Formaldehyd zurück (vgl. *Abschn. 5.8*).

Die Reaktion von sekundären Aminen mit Aldehyden führt zu Iminium-Salzen, die nicht deprotoniert werden können, und somit sehr reaktive Elektrophile sind. Beispielsweise wird als Produkt der Reaktion vom Formaldehyd mit Dimethylamin je nach Mengenverhältnis der beiden Reaktanden (Dimethylamino)methanol oder das entsprechende Aminal (Bis(dimethylamino)methan) isoliert (*Fig. 8.48*). Das Aminal wird in Gegenwart eines Überschusses des Amins durch nucleophile Addition des Letzteren an das *N,N*-Dime-

2,4,6-Trimethylhexahydro-1,3,5-triazin

Fig. 8.47. *Cyclisches Trimer des Acetaldimins*

Fig. 8.48. *Mechanismus der Reaktion von Formaldehyd mit Dimethylamin*

Fig. 8.49. *Mechanismus der Bildung von Enaminen*

thylmethyleniminium-Ion gebildet, das ein Folgeprodukt des Halbaminals ist.

Sind jedoch H-Atome am α-ständigen C-Atom eines Aldehyds oder Ketons vorhanden, so wird das durch Reaktion mit einem sekundären Amin primär gebildete Iminium-Ion unter Abspaltung eines Protons in ein *Enamin* (= Vinylamin) umgewandelt (*Fig. 8.49*).

Enamine sind insbesondere durch Reaktion von Ketonen mit sekundären Aminen leicht zugänglich. Bei der Reaktion der Letzteren mit Aldehyden findet oft die Bildung von Aminalen, die analog dem oben erwähnten Bis(dimethylamino)methan durch nucleophile Addition an das primär gebildete Iminium-Ion entstehen, als Konkurrenzreaktion statt. Enamine stellen wichtige Zwischenprodukte sowohl chemischer als auch enzymatischer Synthesen dar (*Abschn. 8.19*).

Völlig analog zur Bildung von Iminen findet die Reaktion von Aldehyden oder Ketonen mit Hydroxylamin (H_2NOH) oder Hydrazin (H_2N-NH_2) statt. Die entsprechenden Produkte, die *Oxime* bzw. *Hydrazone* genannt werden, sind oft kristalline Stoffe, deren Schmelzpunkte zur Identifizierung von Carbonyl-Verbindungen dienen. In Gegenwart eines Überschusses der Carbonyl-Verbindung reagieren beide Amino-Gruppen des Hydrazins unter Bildung eines *Azins* (*Fig. 8.50*).

Als *Azine* werden ebenfalls sechsgliedrige N-haltige Heterocyclen bezeichnet (*Abschn. 10.10*).

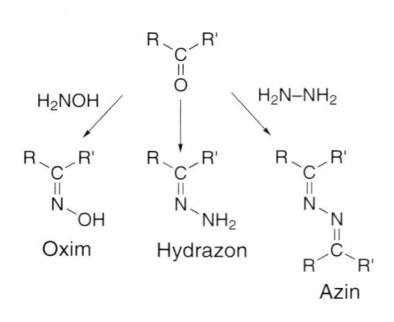

Fig. 8.50. *Derivate der Carbonyl-Verbindungen, die analog zu Iminen gebildet werden* (R, R' = H, Alkyl oder Aryl)

Da alle Schritte der Imin-Bildung reversibel sind (vgl. *Fig. 8.37*), werden Imine und ihre Analoga in Gegenwart von Säuren und H_2O unter Freisetzung der Carbonyl-Verbindung und des Amins, aus denen sie hergestellt werden können, hydrolytisch gespalten. Aufgrund der Polarisierung der (C=N)-Bindung findet allerdings die

Hydrolyse auch in neutralem oder basischem Medium statt (*Fig. 8.51*). *Somit verhalten sich Imine gegenüber* Nucleophilen *gleich wie Carbonyl-Verbindungen.* In der Tat besitzen beide funktionellen Gruppen, deren Doppelbindung in derselben Richtung polarisiert ist, sehr ähnliche Elektronenkonfigurationen (lediglich trägt das Heteroatom der Carbonyl-Verbindung ein nichtbindendes Elektronenpaar an der Stelle des σ-gebundenen Liganden des N-Atoms der Imine).

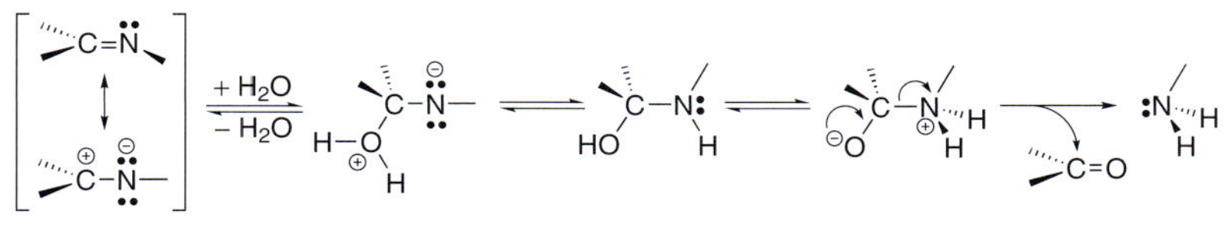

Fig. 8.51. *Mechanismus der Hydrolyse von Iminen* (schematisch)

8.15. Reduktion der Imine

Analog der Reduktion von Aldehyden oder Ketonen zu den entsprechenden primären bzw. sekundären Alkoholen (*Abschn. 8.11*) können Imine sowohl katalytisch (*Fig. 8.52*) als auch mit Hilfe von Hydrid-Ion-Donatoren unter Bildung von sekundären Aminen hydriert werden.

Bedingt durch die Polymerisationsfreudigkeit der Imine, die durch Reaktion von Aldehyden mit NH_3 zugänglich sind (*Abschn. 8.14*), empfiehlt es sich, ihre Hydrierung *in situ* durchzuführen. Die Alkylierung von NH_3 bzw. primären oder sekundären Aminen mit Aldehyden oder Ketonen in Gegenwart eines Reduktionsmittels wird *reduktive Alkylierung* genannt. Bei einer von *Rudolf Leuckart jr.* (1854–1889) entdeckten Variante der reduktiven Alkylierung dient Formamid als Reduktionsmittel. Anstelle von Formamid können Ameisensäure bzw. Ammonium-formiat verwendet werden. Solchen Reaktionen mit Formaldehyd als Carbonyl-Komponente kommt als mögliche präbiotische Synthesen biogener Amine besondere Bedeutung zu (*Fig. 8.53*).

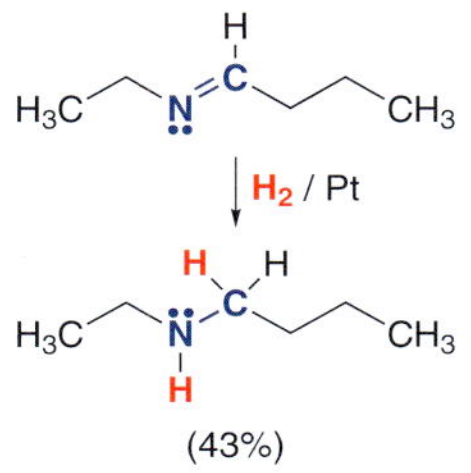

Fig. 8.52. *Synthese sekundärer Amine durch katalytische Hydrierung von Iminen*

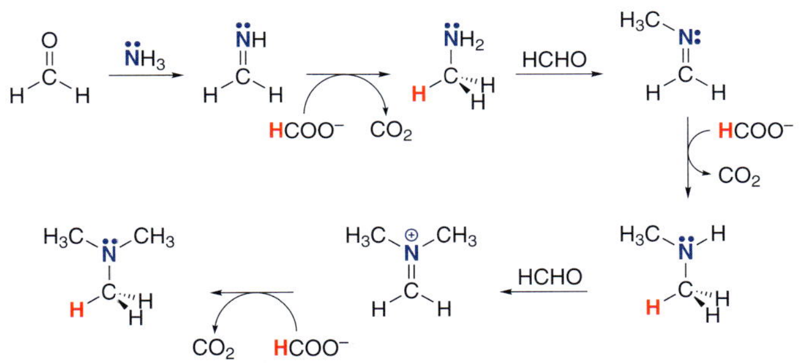

Fig. 8.53. *Synthese des Trimethylamins durch reduktive Alkylierung von Ammoniak* (vgl. *Fig. 8.46*)

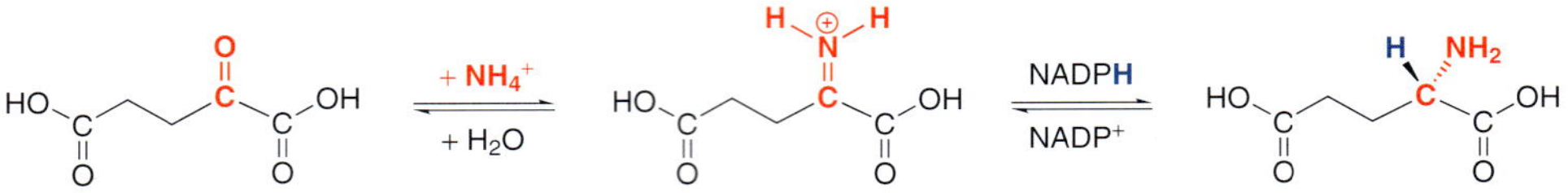

Struktur und Reaktivität der Biomoleküle

Fig. 8.54. *Die Biosynthese der Glutaminsäure wird von der* Glutamat-Dehydrogenase *katalysiert.*

Glutaminsäure, die einzige unter den proteinogenen α-Aminosäuren, die durch Reaktion einer α-Ketocarbonsäure (α-Oxoglutarat) mit *Ammoniak* biosynthetisiert wird (*Abschn. 9.8*), entsteht durch enzymatische Reduktion des Imins der α-Oxoglutarsäure. Das dazu benötigte Enzym, die *Glutamat-Dehydrogenase*, die sowohl NAD$^+$ als auch NADP$^+$ als Cofaktor verwenden kann, katalysiert sowohl die Imin-Bildung als auch die Reduktion der Imino-Gruppe zum Amin (*Fig. 8.54*).

8.16. (C–H)-Acide Verbindungen: Enolate

Bei sämtlichen organischen *Brønsted*-Säuren, die in den vorausgegangenen Kapiteln behandelt worden sind, ist das acide H-Atom an ein Heteroatom gebunden, dessen Elektronegativität höher als die des C-Atoms ist (*Abschn. 1.6*). In der Tat ist die heterolytische Spaltung der (C–H)-Bindung ein sehr ungünstiger Prozess in der flüssigen Phase, weil das daraus resultierende *Carbanion* eine äußerst starke Base ist (*Tab. 8.2*). Aus diesem Grunde ist die Abspaltung eines Protons (*Deprotonierung*) bei Alkanen nicht möglich, denn dafür wäre eine Base erforderlich, die stärker als das Alkylcarbanion sein müsste.

Tab. 8.2. *pK_s-Werte repräsentativer (C–H)-acider organischer Verbindungen* (relativ zu pK_s = 15,74 von H$_2$O)

Säure		Base	pK_s
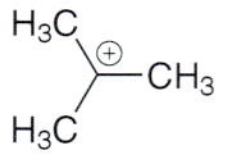 (CH$_3$)$_3$C$^+$		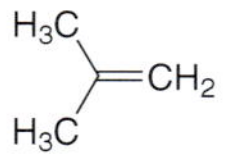 (CH$_3$)$_2$C=CH$_2$	−12,5
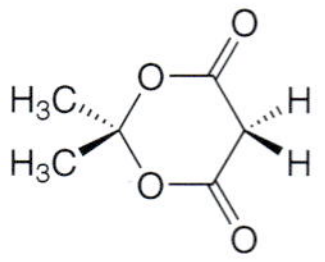 Meldrum-Säure	*Meldrum*'s Säure^a)	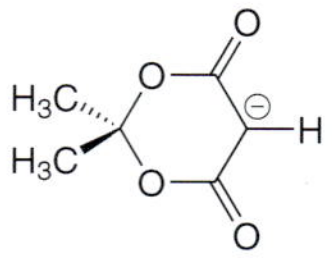 Meldrum-Anion	4,8
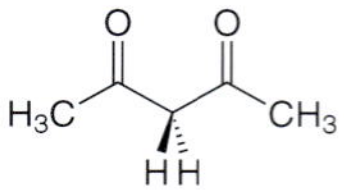 Acetylaceton (CH$_2$)		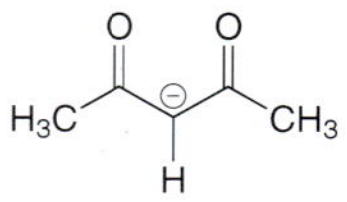 Acetylaceton-Anion	9
H–C≡N		$^\ominus$C≡N	9,3
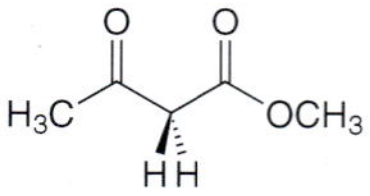 Methylacetoacetat		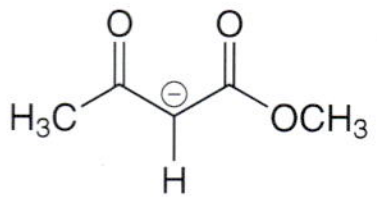 Methylacetoacetat-Anion	11

Tab. 8.2. (Fortsetzung)

Säure	Base		pK_s
H₃CO-C(O)-CH₂-C(O)-OCH₃ (H,H)	H₃CO-C(O)-CH⁻-C(O)-OCH₃		13
Cl₃C–H	Cl₃C⁻		13,6
H₃C-CHO	⁻H₂C-CHO		16,7
Thiazolium (R', R'', R, N⁺, S, H)	Thiazolium-Ionen[b])	Thiazolyliden (R', R'', R, N⁺, S, ⁻)	18
H₃C-CO-CH₃	H₃C-CO-CH₂⁻		19,2
H₃C–C≡N	⁻H₂C–C≡N		25
HC≡CH	HC≡C⁻		25
1,3-Dithian (S,S,H,H)	1,3-Dithian	1,3-Dithianyl-Anion (S,S,⁻,H)	31
C₆H₅-CH₃	C₆H₅-CH₂⁻		40
H₂C=CH-CH₃	H₂C=CH-CH₂⁻		43
C₆H₆	C₆H₅⁻		43
H₂C=CH₂	H₂C=CH⁻		44
CH₄	H₃C⁻		48
H₃C–CH₃	H₃C–CH₂⁻		50

[a]) S. *Abschn. 9.21.* [b]) S. *Abschn. 8.22.*

Metallorganische Derivate der konjugierten Basen von Alkanen sind dennoch durch Reaktion der entsprechenden Alkyl-halogenide mit Alkali- oder Erdalkalimetallen zugänglich. Sie sind wichtige Reagenzien für organische Synthesen.

Mit zunehmender Elektronegativität des C-Atoms nimmt erwartungsgemäß die Acidität eines daran gebundenen H-Atoms zu. Somit ist Acetylen (*Abschn. 3.27*) eine stärkere Säure als die Alkene (z.B. Ethylen), die ihrerseits stärkere Säuren als die Alkane sind. Auch die Substitution von H-Atomen durch elektronenziehende Liganden führt zu einer Erhöhung der (C–H)-Acidität. Chloroform beispielsweise ist eine stärkere Säure als H_2O und Alkohole (s. *Tab. 8.2*).

Ebenso bedingt zum Teil der elektronenziehende Effekt der Carbonyl-Gruppe die Acidität der H-Atome, die an das benachbarte (α-ständige) C-Atom gebunden sind. Ist jedoch die Delokalisierung der negativen Ladung eines Anions möglich, so nimmt sein Anteil im Säure–Base-Gleichgewicht zu, worauf die relativ hohe Acidität der H-Atome der CH_3-Gruppe des Propens und des Toluols zurückzuführen sind (*Abschn. 3.17*).

Gerade aus diesem Grunde können H-Atome, die α-ständig zu einer Carbonyl-Gruppe gebunden sind, in Gegenwart einer Base besonders leicht als Protonen abgespalten werden. Das daraus gebildete Anion, das *Enolat* genannt wird, ist durch Mesomerie stabilisiert (*Fig. 8.55*).

Obwohl der größere Beitrag zum Resonanz-Hybrid zweifelsohne durch die Grenzstruktur geleistet wird, bei der die negative Ladung am (elektronegativeren) O-Atom lokalisiert ist, kann das Enolat-Ion sowohl am C- als auch am O-Atom mit Elektrophilen reagieren. Derartige mehratomige Anionen, die an mindestens zwei verschiedenen Positionen eine Bindung mit einem Elektrophil bilden können, werden als *ambident* (lat. *ambo*: beide; *dens*: Zahn) bezeichnet (*Nathan Kornblum*, 1955).

Die Reaktion mit Protonen, bei der das *Enol* (Alken-Alkohol) gebildet wird, findet allerdings kinetisch zum größten Teil nicht am C- sondern am O-Atom statt, weil letzteres die *härtere* Base ist (*Abschn. 7.8*). Das Enol und die dazugehörige Carbonyl-Verbindung sind Konstitutionsisomere, die mit der besonderen Bezeichnung *Tautomere* (griech. τὸ αὐτόν (*to autón*): dasselbe; μέρος (*méros*): Teil) charakterisiert werden, weil sie aufgrund der Reversibilität der beiden Reaktionen (Deprotonierung der Carbonyl-Verbindung sowie

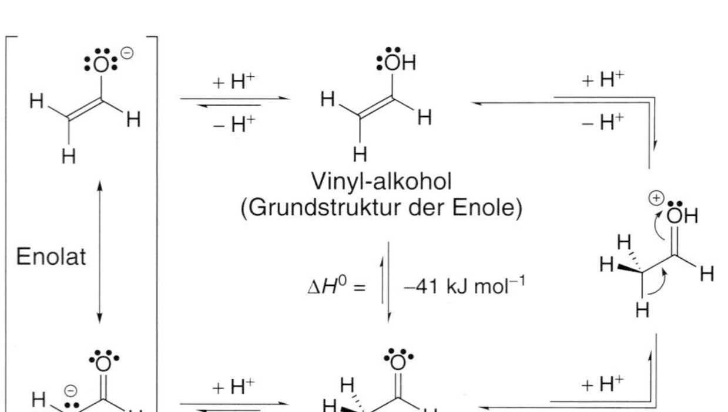

Tautomere sind Konstitutionsisomere, die miteinander im thermodynamischen Gleichgewicht stehen.

Fig. 8.55. *Keto–Enol-Tautomerie des Acetaldehyds*

Protonierung des Enolats), die sie ineinander umwandeln, im thermodynamischen Gleichgewicht stehen.

Dementsprechend wird die reversible Umwandlung von zwei Tautomeren *Tautomerie* genannt (*Conrad Peter Laar*, 1883). Werden zwei Tautomere durch Umlagerung eines Protons ineinander umgewandelt, so wird der Prozess *Prototropie* genannt. Die Keto–Enol-Tautomerie ist somit ein Beispiel für eine Prototropie.

Keto–Enol-Tautomerisierungen kommen bei enzymatischen Reaktionen oft vor. Dazu gehört beispielsweise die wechselseitige Umwandlung von Glycerinaldehyd in Dihydroxyaceton, die beim Metabolismus der Glucose eine zentrale Rolle spielt (*Abschn. 8.28*). Das Enol-Tautomer beider Metabolite ist ein und dieselbe Verbindung, ein Endiol (s. *Abschn. 8.22*), das an beiden C-Atomen der (C=C)-Bindung jeweils unter Rückbildung eines oder des anderen Carbonyl-Tautomers protoniert werden kann (*Fig. 8.56*). Nach dem gleichen Mechanismus findet die ebenfalls gegenseitige Umwandlung von Glucose in Fructose statt (*Abschn. 8.28*).

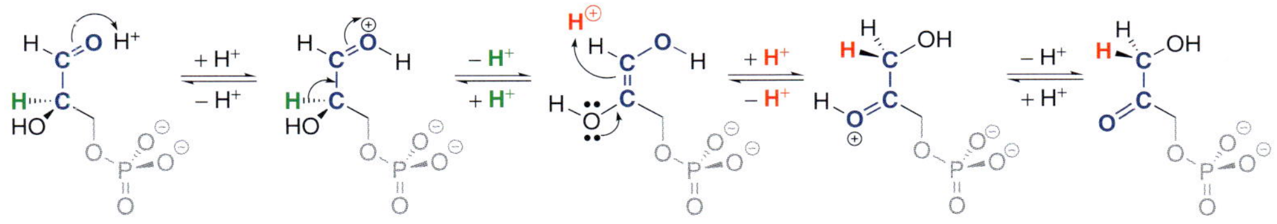

Fig. 8.56. *Von der* Triosephosphat-Isomerase *katalysierte Keto–Enol-Tautomerie*

Die reversible Umwandlung einer Carbonyl-Verbindung in das entsprechende Enol kann nicht nur durch Einwirkung einer Base, sondern ausgehend von der konjugierten Säure der Carbonyl-Verbindung auch in saurem Medium stattfinden (*Fig. 8.56*). Im thermodynamischen Gleichgewicht überwiegt im Allgemeinen die Carbonyl-Verbindung: die Differenz der Bildungsenthalpien der beiden Tautomere beträgt beispielsweise beim Acetaldehyd -41 kJ mol^{-1} und beim Aceton -58 kJ mol^{-1}.

Die Hälfte der beim enzymatischen Abbau der Glucose (*Abschn. 9.5*) freigesetzten Energie rührt von der Hydrolyse des Phosphoenol-pyruvats her, das durch Abspaltung von H$_2$O aus 2-Phosphoglycerat biosynthetisiert wird (*Fig. 8.57*). Die hydrolytische Spaltung des Phosphoenol-pyruvats ist exothermer als die eines Alkyl-phosphats ($\Delta G^0 = -12{,}6$ kJ mol^{-1}), vor allem weil das dabei freiwerdende Enolat in das energieärmere Keto-Tautomer der Brenztraubensäure übergeht.

Die Enolate der Aldehyde und Ketone, die mehr als zwei bzw. drei C-Atome enthalten, kommen im Allgemeinen als Gemische von (*Z*)- und (*E*)-Stereoisomeren vor (*Fig. 8.58*). Unsymmetrisch substituierte Ketone können außerdem zwei regioisomere Enolate (bzw. Enole) bilden. Ist eine CH$_3$-Gruppe an die Carbonyl-Funktion gebunden, wird sie schneller deprotoniert als das 'innenständige' α-C-Atom,

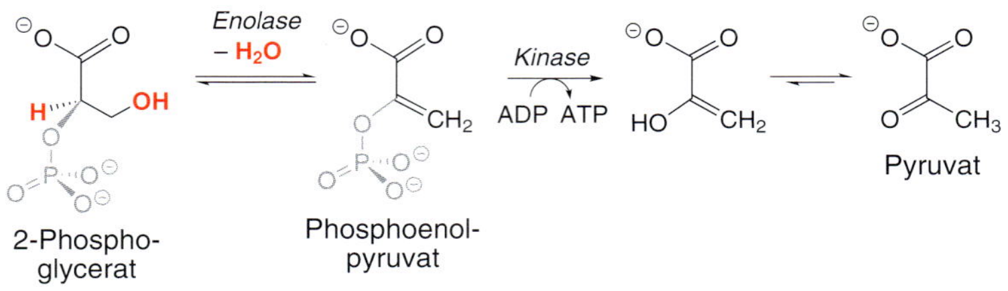

Struktur und Reaktivität der Biomoleküle

Fig. 8.57. *Bei der Hydrolyse des Phosphoenol-pyruvats wird Energie frei* ($\Delta G^0 = -62$ kJ mol^{-1}).

nicht nur weil ihre H-Atome zugänglicher für die Base sind, welche die Reaktion katalysiert, sondern auch weil der elektronenziehende Effekt der Carbonyl-Gruppe, welcher die Acidität der α-ständigen H-Atome zum Teil hervorruft, nicht durch Polarisierung anderer (C–C)-Bindungen geschwächt wird. Das 'innenständige' Enolat ist jedoch thermodynamisch bevorzugt, weil die (C=C)-Bindung höhersubstituiert ist (*Abschn. 3.5*).

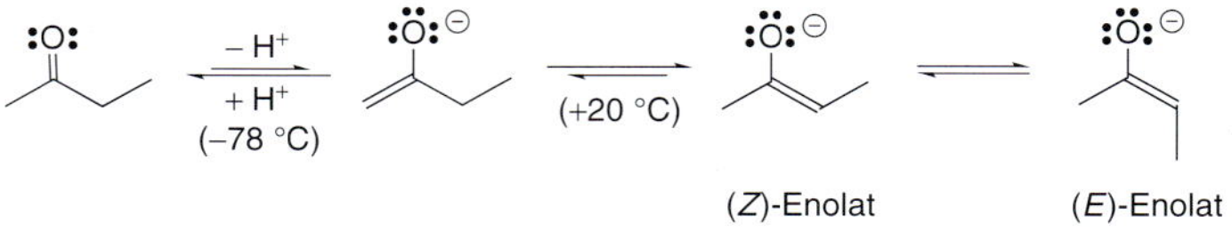

Fig. 8.58. *Enolat-Ionen des Butanons*

Aus diesem Grunde bildet sich bei tiefen Temperaturen das endständige Enolat, das bei Erhöhung der Temperatur in das thermodynamisch bevorzugte Regioisomer übergeht (*Fig. 8.58*). In solchen Fällen ist zwischen der '*kinetischen*' *Acidität* einer (C–H)-aciden Verbindung und ihrer (durch den pK_s-Wert angegebenen) thermodynamischen Acidität zu unterscheiden.

Phenole können als aromatische Enole aufgefasst werden. Die für Enole charakteristische Farbreaktion (von Grün über Blau und Violett nach Rot) mit Eisen(III)-chlorid in wässriger Lösung wird ebenfalls bei vielen (jedoch nicht bei allen) Phenolen beobachtet. Aufgrund der hohen Resonanz-Energie des Benzol-Ringes (*Abschn. 4.1*) kommt jedoch bei Phenolen ausschließlich das 'Enol-Tautomer' vor (*Fig. 8.59*).

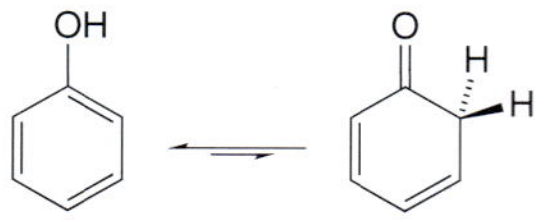

Fig. 8.59. *Bei Phenolen kommt das Keto-Tautomer praktisch nicht vor.*

Dennoch tritt offenbar das Keto-Tautomer der Phenole (das Cyclohexa-2,4-dienon) unter geeigneten Reaktionsbedingungen in Erscheinung. Beispielsweise findet bei der Reaktion des Lithium-2,6-dimethylphenolats mit CH$_3$I nicht nur die zu erwartende Alkylierung des O-Atoms sondern auch zu 19% des benachbarten C-Atoms statt (*Fig. 8.60*).

Bei den so genannten 1,3- oder β-Dicarbonyl-Verbindungen befindet sich die (C–H)-acide Gruppe zwischen zwei Carbonyl-Gruppen,

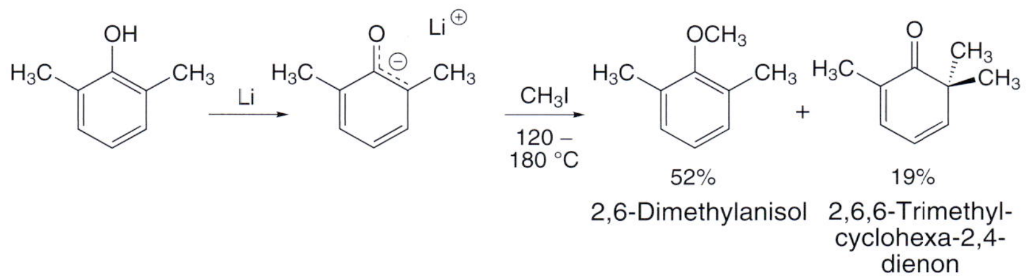

Fig. 8.60. *Einige Cyclohexadienone entstehen als Nebenprodukte der Alkylierung von Phenolen.*

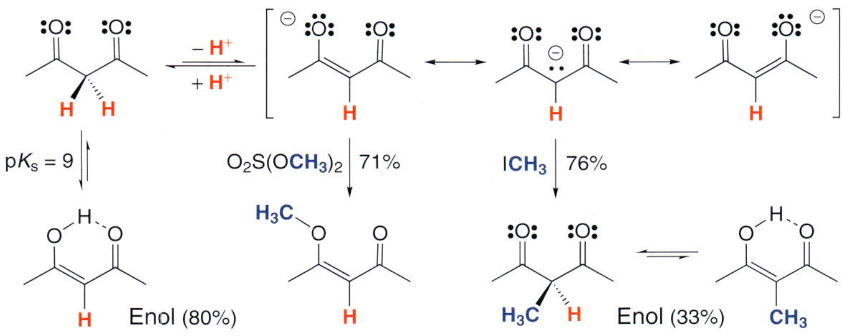

Fig. 8.61. *Keto–Enol-Tautomerie der β-Dicarbonyl-Verbindungen. Beim Enol des Pentan-2,5-dions und seiner an C(3) substituierten Derivate sind zwei identische Tautomere möglich, die durch intramolekularen Protonenaustausch zwischen beiden O-Atomen ineinander umgewandelt werden, wodurch die intramolekulare H-Brücken-Bindung stärker wird. Der geringere Enol-Gehalt des 3-Methylpentan-2,5-dions gegenüber dem Pentan-2,5-dion ist hauptsächlich auf sterische Wechselwirkungen zurückzuführen, die im (planaren) Enol-Tautomer zwischen den CH$_3$-Gruppen auftreten.*

so dass die Resonanz-Stabilisierung des entsprechenden Anions besonders effektiv ist. Demzufolge steigt nicht nur die Acidität der entsprechenden Verbindungen (*Tab. 8.2*) sondern auch ihr Enol-Gehalt (*Fig. 8.61*).

Enolate stellen 'resonanzstabilisierte' Carbanionen dar, die als Gegenstück der Carbenium-Ionen eine zentrale Rolle in der Synthese organischer Verbindungen spielen. Wegen seiner Eigenschaft als weiche Base, eignet sich das C-Atom eines Enolats als Nucleophil bei Substitutionsreaktionen, die unter Anwendung geeigneter Reaktionsbedingungen die Knüpfung von (C–C)-Bindungen ermöglichen. Beispielsweise findet die Alkylierung des Acetylacetons (Pentan-2,5-dions) in Methanol als Lösungsmittel mit CH$_3$I aufgrund des so genannten *symbiotischen Effekts* (*Abschn. 7.8*) zu 76% am C-Atom statt. Dagegen reagiert im selben Lösungsmittel Dimethyl-sulfat, dessen Nucleofug hart ist, mit dem O-Atom unter Bildung des entsprechenden *Enol-ethers* (*Abschn. 8.18*) in 71% Ausbeute (*Fig. 8.61*). Ferner vermögen Enolate, ebenso wie andere Nucleophile, mit Carbonyl-Verbindungen unter Addition an die (C=O)-Bindung zu reagieren (*Abschn. 8.20*).

8.17. Oxidation der Enolate

Ebenso wie Alkyl-ether (*Abschn. 5.24*) und Alkene, die Allyl-Gruppen enthalten (*Abschn. 3.25*), reagieren Aldehyde und Ketone

Fig. 8.62. *Mechanismus der Autoxidation des Acetophenons* (R = C_6H_5)

– besonders in basischem Medium, in dem die entsprechenden Enolate vorliegen – mit Luftsauerstoff bei Raumtemperatur unter Bildung von Autoxidationsprodukten.

Ein plausibler Mechanismus der *Autoxidation* von Carbonyl-Verbindungen ist in *Fig. 8.62* wiedergegeben: durch Redox-Reaktion des in basischem Medium vorliegenden Enolats mit Sauerstoff im Triplett-Zustand werden ein Superoxid-Anion und ein freies Radikal gebildet (*1*). Letzteres reagiert mit einem zweiten O_2-Molekül zu einem Peroxid-Radikal (*2*), das dem Substrat (der Carbonyl-Verbindung) eines der α-ständigen H-Atome entreißt (*3*). Dadurch wird eine Kettenreaktion (vgl. *Abschn. 2.14*) in Gang gesetzt, bei der das in einigen Fällen isolierbare α-Hydroperoxid der Carbonyl-Verbindung gebildet wird. Folgeprodukte der Autoxidation von Ketonen sind die entsprechenden α-Diketone und/oder α-Hydroxyketone, die durch H_2O-Abspaltung bzw. reduktiven Bruch der (O–O)-Bindung aus dem α-Hydroperoxid entstehen. In basischem Medium wird jedoch das α-Hydroperoxid meist deprotoniert, und die intramolekulare nucleophile Addition der entsprechenden konjugierten Base an die Carbonyl-Gruppe führt zu einem Dioxetan-Derivat, dessen spontane Spaltung (*Abschn. 3.25*) eine Carbonsäure und einen Aldehyd oder ein Keton als Endprodukte der Autoxidation freisetzt (*4*).

Vermutlich nach einem vergleichbaren Mechanismus werden *Luciferine*, welche für die Biolumineszenz einiger Leuchtkäferarten verantwortlich sind, enzymatisch oxidiert. Am besten untersucht ist dieser Prozess beim nordamerikanischen Leuchtkäfer *Photinus pyralis* (*Fig. 8.63*). Die Spaltung des gemäß *Fig. 8.62* gebildeten Dioxetan-Derivats des Photinus-Luciferins findet unter Ausstrahlung von sichtbarem Licht statt (s. *Abschn. 3.25*)

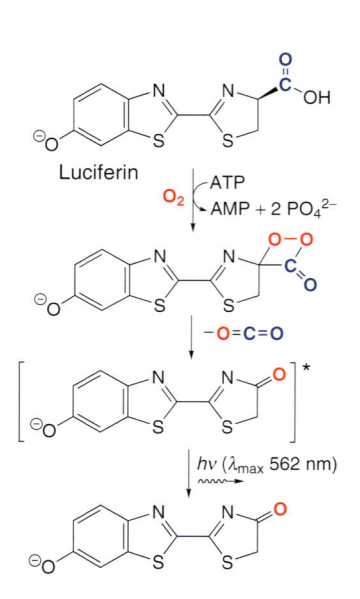

Fig. 8.63. *Mechanismus der Biolumineszenz beim Leuchtkäfer* Photinus pyralis

Außer bei Leuchtkäfern (*Lampyridae*), insbesondere bei deren flügellosen Weibchen (sog. Glühwürmchen), die in der Paarungszeit intensiv leuchten (*Fig. 8.64*), wird Biolumineszenz hauptsächlich bei Bakterien (z.B. sind *Photobacterium phosphoreum, Pseudomonas lucifera* u.a. für das Leuchten von frischem Fleisch und Fisch verantwortlich), Dinoflagellaten (*Pyrocystis lunula* und *Gonyaulax polyedra* beispielsweise verursachen das Meeresleuchten) und Leuchtquallen (*Pelagia noctiluca, Aequorea victoria* u.a.) beobachtet. Auch zahlreiche Tausendfüßer, Gürtelwürmer, Schnecken, Tintenfische, Tiefseefische, Feuerwalzen u.a. besitzen jedoch die Fähigkeit, z. T. durch Symbiose mit biolumineszenten Bakterien, Licht zu emittieren. Vom Standpunkt der Evolution stellt vermutlich die Biolumineszenz einen Prozess dar, der frühere Bakterien beim Anstieg der Sauerstoff-Konzentration in der Erdatmosphäre (*Abschn. 2.16*) vor dessen Toxizität schützte.

8.18. Enol-ether: Die *Claisen*-Umlagerung

Enol-ether (= Vinyl-ether) sind sowohl durch *O*-Alkylierung des Enolat-Ions (*Abschn. 8.16*) als auch durch Anlagerung von Alkoholen an die Carbonyl-Gruppe von Aldehyden oder Ketonen (*Abschn. 8.12*) zugänglich.

Fig. 8.64. *Europäischer Leuchtkäfer* Lampyris noctiluca (Weibchen)

Im Gegensatz zu gesättigten Dialkyl-ethern lassen sich Enol-ether durch Protonenkatalyse leicht spalten. Der Grund dafür liegt in der Delokalisierung der nichtbindenden Elektronen des O-Atoms in die (C=C)-Bindung, wodurch die Nucleophilie des β-ständigen C-Atoms erhöht und somit die Protonierung dieser Stelle begünstigt wird (*Fig. 8.65*). Das so gebildete Primärprodukt der Reaktion ist identisch mit dem Carboxonium-Ion, das als Zwischenprodukt der Acetal-Synthese in saurem Medium gebildet wird (vgl. *Fig. 8.37*), so dass dessen Hydrolyse nach dem gleichen Mechanismus stattfindet.

Werden Phenol-ether als aromatische Enol-ether aufgefasst, so wird leicht verständlich, dass ihre Spaltung nicht an der (O—Aryl)-Bindung stattfindet (*Abschn. 5.23*), denn eine Hydrolyse des Phenol-ethers nach dem gleichen Mechanismus, der zur Spaltung der Enol-ether führt, würde die Protonierung des aromatischen Ringes bedingen und somit den Verlust der Resonanz-Energie desselben zur Folge haben. Die Spaltung von Phenol-ethern erfordert somit hohe Protonen-Konzentrationen und die Mitwirkung eines guten Nucleophils. Vermutlich findet aus diesem Grunde die enzymatische Spaltung von Ethern nicht hydrolytisch sondern oxidativ statt.

Beispielsweise wird die enzymatische Umwandlung des *Codeins* in *Morphin*, zwei Opium-Alkaloide, die beim Menschen unterschiedliche physiologische Wirkung haben, durch Hydroxylierung der Ether-CH_3-Gruppe des Codeins eingeleitet,

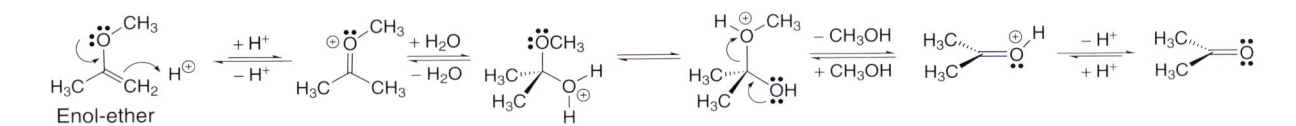

Fig. 8.65. *Mechanismus der Hydrolyse von Enol-ethern*

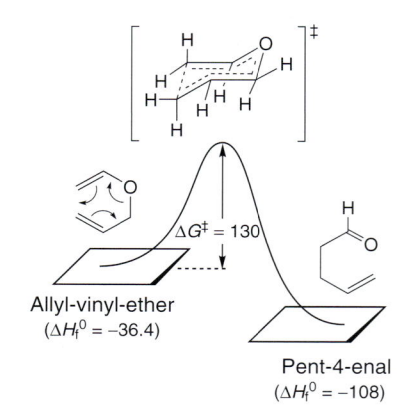

Fig. 8.66. *Energie-Diagramm der Claisen-Umlagerung des Allyl-vinyl-ethers* (Werte in kJ mol^{-1})

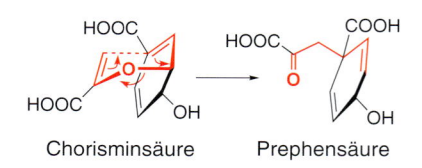

Fig. 8.67. *Die von der* Chorismat-Mutase *katalysierte enzymatische* Claisen-*Umlagerung der Chorisminsäure*

wobei ein Halbacetal gebildet wird, das anschließend unter Abspaltung von Formaldehyd das Morphin freisetzt (*Abschn. 10.11*).

Eine reaktionsmechanistisch interessante Spaltung der (C–O)-Bindung der Enol-ether findet statt, wenn der an das O-Atom gebundene Substituent eine allylische (C=C)-Bindung enthält. In diesen Fällen ist die Spaltung der (C–O)-Bindung nicht säurekatalysiert sondern mit einer Umlagerung des Moleküls gekoppelt, die thermisch stattfindet (*Fig. 8.66*). Es handelt sich dabei um eine sigmatrope Umlagerungsreaktion – so genannte *Claisen*-Umlagerung (vgl. *Abschn. 9.21*) – deren quasiaromatischer Übergangskomplex ein System cyclisch delokalisierter Elektronen darstellt (*Abschn. 4.6*).

Bei der enzymatischen Umwandlung der Chorisminsäure in *Prephensäure*, den biogenetischen Vorläufer des Phenylalanins (*Abschn. 9.8*), handelt es sich um eine *Claisen*-Umlagerung, die zu den bisher wenigen bekannten pericyclischen Reaktionen gehört, die enzymatisch katalysiert werden (*Fig. 8.67*).

8.19. Die Imin – Enamin-Tautomerie

Enamine (*Abschn. 8.14*), Enolate, Enole und Enol-ether besitzen die gleiche Grundstruktur: in allen Fällen findet Delokalisierung der nichtbindenden Elektronen des Heteroatoms in die benachbarte (C=C)-Bindung statt. Demzufolge reagieren Elektrophile mit dem β-C-Atom der Enamine, das aufgrund der Delokalisierung eine hohe Elektronendichte aufweist (*Fig. 8.68*).

In saurem Medium konkurriert die Protonierung des β-C-Atoms mit derjenigen des N-Atoms, wobei Letztere kinetisch bevorzugt ist. Protonierung des β-C-Atoms verlagert dagegen das thermodynamische Gleichgewicht der Reaktion zugunsten des entsprechenden Iminium-Ions. Ist darüber hinaus beim Iminium-Ion Deprotonierung des N-Atoms möglich, so stellt das entsprechende Imin das energieärmere Tautomer dar. Die Reaktion ist somit analog der Keto–Enol-Tautomerie. Die Elektronenkonfiguration beider tautomeren Systeme ähnelt derjenigen des Allyl-Anions (*Abschn. 3.17*), so dass ihre Eigenschaften auf demselben Prinzip der Elektronendelokalisierung beruhen.

Fig. 8.68. *Vergleich der Imin – Enamin-Tautomerie mit der 2-Azoniaallyl-Umlagerung von Iminen*

Dementsprechend findet die direkte Umwandlung zweier Iminium-Ionen ineinander durch prototrope Umlagerung eines H-Atoms, das sich 'auf der Amin-Seite' der Iminium-Gruppe befindet, statt (*Fig. 8.68*).

Eine derartige *Azoniaallyl-Umlagerung* ist der reaktionsgeschwindigkeitsbestimmende Schritt sowohl beim von *Transaminasen* katalysierten Austausch der Amino-Gruppe von Aminosäuren (*Abschn. 9.8*) als auch bei der von *Amin-Oxidasen* katalysierten Oxidation biogener primärer Amine zu den entsprechenden Aldehyden. Beide Umwandlungen stellen intramolekulare Redox-Prozesse dar, bei denen das α-ständige C-Atom des Amins oxidiert, während die Carbonyl-Gruppe des Coenzyms reduziert wird.

Die Regenerierung des Coenzyms findet bei den pyridoxal-phosphat-abhängigen *Transaminasen* durch Umkehrung der Reaktionsfolge mit einer α-Oxocarbonsäure als Substrat statt (s. *Fig. 9.25*). Die meisten *Amin-Oxidasen* sind dagegen kupfer(II)-haltige Enzyme, deren prosthetische Chinon-Gruppe unter Beteiligung von Sauerstoff, der zu H_2O_2 reduziert wird, regeneriert werden (*Fig. 8.69*). Die Mehrzahl der *Amin-Oxidasen* enthalten das dem 2,4,5-Trihydroxyphenylalanin entsprechende Chinon (TPQ) als prosthetische Gruppe, die Bestandteil der Polypeptid-Kette ist. Bei der *Amin-Dehydrogenase*, die bei methylotrophen Bakterien die Oxidation von Methylamin zu HCHO und NH_3 katalysiert, ist dagegen die prosthetische Gruppe ein von Typtophan abgeleitetes 6,7-Indolochinon. Ferner enthalten L- und D-*Aminosäure-Oxidasen* Derivate des *Flavins* (*Abschn. 10.14*) als Cofaktoren, die ebenfalls durch Reduktion von molekularem Sauerstoff zu H_2O_2 regeneriert werden. Bei Pflanzen spielen *Amin-Oxidasen* eine wichtige Rolle beim Wachstum sowie bei der Reaktion auf Verletzungen und der Biosynthese sekundärer Metabolite (z.B. Alkaloide). Bei den Tieren sind sie u.a. an zellulären Entgiftungsprozessen beteiligt.

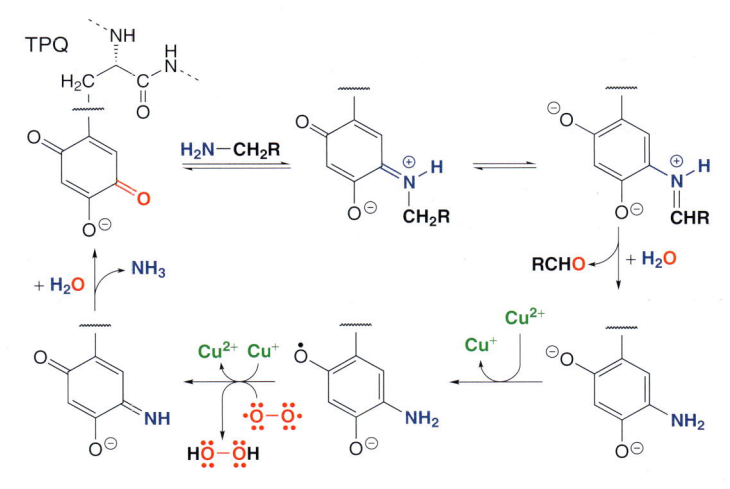

Fig. 8.69. Amin-Oxidasen *dienen sowohl prokaryontischen als auch eukaryontischen Mikroorganismen zur Verwendung von Aminen als Quelle von Stickstoff und Kohlenstoff.*

8.20. Die Aldol-Addition

Die nucleophile Addition von Enolat-Ionen an die Carbonyl-Gruppe wird **Aldol-Addition** genannt. Sie findet am C-Ende des Enolat-Ions statt.

Die nucleophile Addition von Enolat-Ionen bzw. Enolen an die Carbonyl-Gruppe der Aldehyde oder Ketone wurde früher *Aldol-Kondensation* genannt, weil sie bei der Bildung des *Aldols* ('Aldehyd-Alkohol') schlechthin (3-Hydroxybutanal) entdeckt wurde, das durch Dimerisierung des Acetaldehyds in basischem Medium entsteht (*Fig. 8.70*). Da sie ausschließlich am C-Ende des Enolat-Ions stattfindet, stellt sie eine der wichtigsten präparativen Methoden zur Knüpfung von (C–C)-Bindungen dar.

Da bei der Synthese des Aldols kein Nebenprodukt abgespalten wird, handelt es sich dabei nicht um eine *Kondensation*, sondern um eine nucleophile Addition an die CO-Gruppe. Da aber in manchen Fällen *nach* der Aldol-Addition die Abspaltung von H$_2$O aus dem primär gebildeten Aldol stattfindet, hat sich die Bezeichnung Aldol-Kondensation eingebürgert.

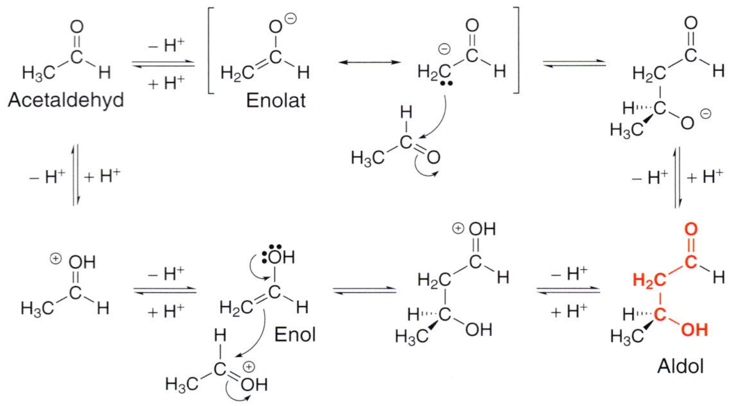

Fig. 8.70. *Mechanismus der Aldol-Addition, die sowohl von Basen* (oben) *als auch Säuren* (unten) *katalysiert wird*

Bei der Aldol-Addition fungiert je ein Molekül des Acetaldehyds als Nucleophil (sog. *Methylen-Komponente*) und als Elektrophil (*Carbonyl-Komponente*). Die Reaktion ist nicht auf zwei gleiche oder verschiedene Aldehyde beschränkt, sondern sie kann auch zwischen einem Aldehyd und einem Keton sowie zwei Ketonen eintreten. Ja sogar CO$_2$ kann als Carbonyl-Komponente reagieren (*Abschn. 9.13*). Da die Carbonyl-Gruppe der Aldehyde reaktiver, d. h. elektrophiler als die der Ketone gegenüber Nucleophilen ist (*Abschn. 8.6*), reagiert bei Gemischen der beiden Carbonyl-Verbindungen der Aldehyd als Carbonyl- und das Keton als Methylen-Komponente, die Reaktion ist somit *chemoselektiv*. Darüber hinaus sind Aldol-Additionen von Ketonen, die zwei regioisomere Enolate (bzw. Enole) bilden können (*Abschn. 8.16*), regioselektiv. Ferner verläuft die Aldol-Addition von (Z)- und (E)-Enolaten (*Abschn. 8.16*) unter geeigneten

Eine chemische Reaktion ist **chemoselektiv**, wenn von mehreren möglichen, chemoisomeren Reaktionsprodukten bevorzugt eines gebildet wird.

Reaktionsbedingungen stereospezifisch, wobei die Stereospezifität der Addition von Lithium-enolaten beispielsweise mit der Bildung eines cyclischen pseudo-aromatischen (*Abschn. 4.6*) Übergangskomplexes erklärt wird (*Fig. 8.71*).

Die Aldol-Addition kann sowohl durch Basen, unter Bildung des Enolats der Methylen-Komponente, als auch durch Säuren, unter Bildung des entsprechenden Enols, katalysiert werden (*Fig. 8.70*). Ferner ist die Aldol-Addition – so wie andere nucleophile Additionen an die Carbonyl-Gruppe – eine reversible Reaktion. Bei der Reaktion zweier Moleküle desselben Aldehyds ist das Gleichgewicht zugunsten des Aldols, bei der Reaktion zweier Moleküle desselben Ketons dagegen zugunsten des Edukts verschoben. Bei der so genannten *retro*-Aldol-Reaktion (lat. *retro:* zurück) werden Aldole unter den gleichen Reaktionsbedingungen wie sie gebildet werden unter Freisetzung zweier Carbonyl-Verbindungen gespalten.

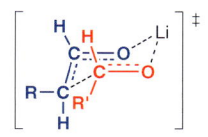

Fig. 8.71. *Postulierter Übergangskomplex der Aldol-Addition von Lithiumenolaten*

Reaktionsmechanistisch sind mehrere präparativ wichtige Reaktionen der Aldehyde (*Claisen-, Darzens-, Döbner-, Knoevenagel-, Perkin-* und *Stobbe-*Reaktion u. a.) sowie die *Claisen-*Esterkondensation (*Abschn. 9.21*) der Aldol-Reaktion analog. Sie werden als Kondensationen des Aldol-Typs bezeichnet.

Wegen ihrer Reversibilität und dreifachen Selektivität erfüllt die Aldol-Addition, die, wie bereits erwähnt, sowohl durch Basen als auch Säuren katalysiert werden kann, ideale Voraussetzungen für die enzymatisch katalysierte Knüpfung (und Spaltung) von (C—C)-Bindungen. Die entscheidende Reaktion bei der Biosynthese der Glucose (sog. *Gluconeogenese*) ist beispielsweise die Bildung von Fructose durch Addition des 1,3-Dihydroxyacetons an die Carbonyl-Gruppe des D-Glycerinaldehyds, die von der *Fructose-1,6-bisphosphat-Aldolase* katalysiert wird (*Fig. 8.72*). Die Knüpfung der (C—C)-Bindung findet jeweils von der *Si*-Seite des β-C-Atoms des Enolats und der Carbonyl-Gruppe. Aufgrund der Reversibilität der Aldol-Reaktion wird Fructose bei der Glycolyse (*Abschn. 8.29*) in je ein Molekül 1,3-Dihydroxyaceton und D-Glycerinaldehyd gespalten.

Gegenüber Carbonyl-Verbindungen als Elektrophile verhalten sich Phenole wie Enole, d. h. die Reaktion findet sowohl in saurem als auch in basischem Medium am C-Atom und nicht am O-Atom statt (vgl. *Abschn. 8.16*). Reagiert beispielsweise Formaldehyd mit

Fig. 8.72. *Biosynthese der D-Fructose*

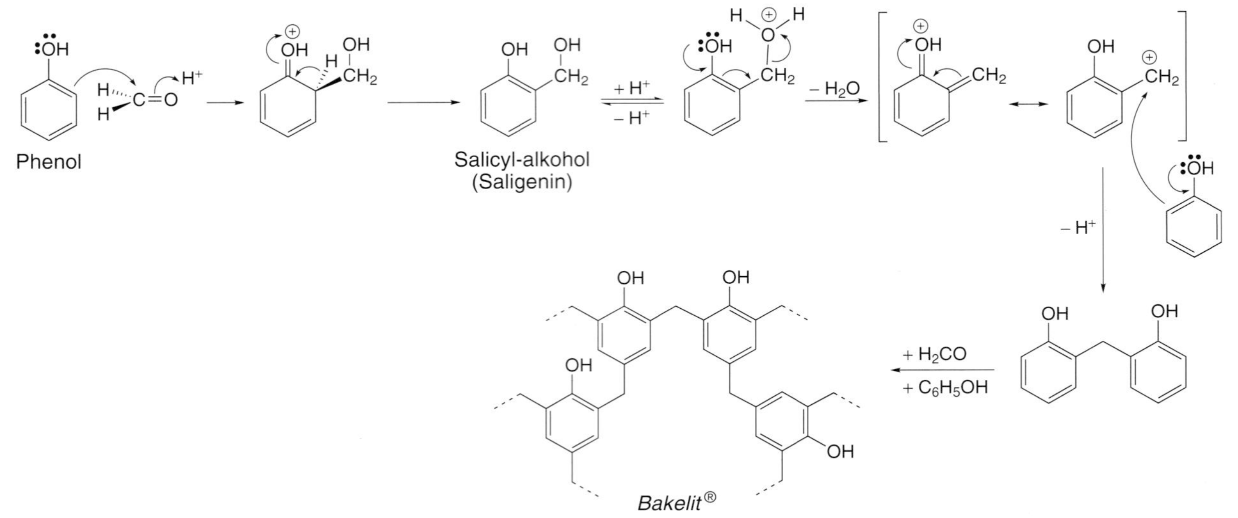

Fig. 8.73. *Mechanismus der Reaktion von Formaldehyd mit Phenol*

Phenol, so wird nicht das entsprechende Halbacetal gebildet (*Abschn. 8.13*), sondern es findet elektrophile Substitution am aromatischen Ring statt, dessen *ortho*- und *para*-ständigen C-Atome aufgrund der Delokalisierung der nichtbindenden Elektronen am O-Atom besonders reaktiv gegenüber Elektrophilen sind (*Fig. 8.73*).

Diphenylacetale des Formaldehyds und anderer Aldehyde sind jedoch durch Reaktion des entsprechenden geminalen Alkyl-dihalogenids mit Phenolat-Ionen zugänglich.

Die Reaktionsprodukte, *Salicyl-alkohol* (s. *Abschn. 9.10*) und 4-Hydroxybenzyl-alkohol, sind jedoch sehr säureempfindlich. Der Protonierung der OH-Gruppe des Salicyl-alkohols folgt die Eliminierung von H_2O unter Bildung eines Methylidencyclohexa-2,4-dienons, das mit einem zweiten Phenol-Molekül nach dem Mechanismus der aromatischen elektrophilen Substitution reagiert. Da Letztere sowohl an den *ortho*- als auch an den *para*-Positionen des aromatischen Ringes stattfinden kann, reagiert das primär gebildete Diarylmethan mit Formaldehyd und Phenol weiter, wobei zunächst leicht schmelzende lineare Oligomere entstehen, die je nachdem ob die Reaktion in saurem oder basischem Medium durchgeführt wird, *Resole* bzw. *Novolake* genannt werden. Unter Druck und durch geeignete thermische Behandlung findet die weitere Vernetzung der kettenförmigen Moleküle zu einem hochmolekularen zweidimensionalen Polymer statt, dem so genannten *Bakelit*®.

Die Bezeichnung Bakelit geht auf den Namen seines Erfinders, *Leo Hendrick Baekeland* (1863–1944) zurück. Im Gegensatz zu linearen Additionspolymeren (*Abschn. 3.11*), die zu den Thermoplasten (Plastomeren) gehören, ist *Bakelit* ein *Duroplast* (*Duromer*), d. h. ein hochpolymerer Werkstoff, der bis zu seiner Zersetzungstemperatur erwärmt werden kann, ohne dass er dadurch verformbar wird.

Derartige Polymere, die *Phenoplaste* oder *Phenol-Harze* genannt werden, sind die ältesten Kunststoffe, die industriell hergestellt wurden. Sie gehören zu den Formaldehyd-Harzen, die auch als Klebstoffe verwendet werden (s. *Tab. 3.5*). Die Struktur des *Bakelits* erinnert an die des Lignins (*Abschn. 5.12*).

Wie bereits erwähnt, kann die Aldol-Addition sowohl durch Basen als auch durch Säuren katalysiert werden. In basischem Medium sind die meisten aliphatischen Aldole stabil. Wegen der Acidität der α-ständigen H-Atome des Aldols findet jedoch, besonders in saurer Lösung, oft die Abspaltung von H_2O unter Bildung α,β-ungesättigter Aldehyde als Produkte der Aldol-Kondensation statt. Besonders leicht findet die Abspaltung von H_2O bei den Produkten der Aldol-Addition an aromatische Aldehyde statt, weil die dadurch entstandene (C=C)-Bindung sowohl mit der Carbonyl-Gruppe als auch mit dem aromatischen Ring in Konjugation steht. Zimtaldehyd, ein Bestandteil des Zimtöls (*Fig. 8.74*), wird beispielsweise bei der basenkatalysierten Reaktion von Benzaldehyd mit Acetaldehyd gebildet (*Fig. 8.75*). Im Gegensatz zur Dehydratisierung von Alkoholen, die gemäß dem *E*1-Mechanismus abläuft (*Abschn. 5.19*), findet aber bei der Dehydratisierung des Aldols *zuerst* die Abspaltung des Protons und danach die des H_2O-Moleküls statt. Ein derartiger Eliminierungsmechanismus wird *E1cB*-Mechanismus (cB: *conjugate base*) genannt.

Fig. 8.74. *Zimtöl, das hauptsächlich aus der Rinde des Ceylon-Zimtbaumes* (Cinnamomum verum) *gewonnen wird, enthält Zimtaldehyd zu 65–75%.*

Fig. 8.75. *Die Aldol-Addition des Acetaldehyds an Benzaldehyd dient zur Synthese des Zimtaldehyds.*

8.21. Das Vinylogie-Prinzip: *Michael*-Addition

Ebenso wie Enolat-Ionen und das Allyl-Anion analoge Systeme mit derselben Zahl delokalisierter Elektronen darstellen (*Abschn. 8.16*), enthalten Carbonyl-Verbindungen, bei denen eine (C=C)-Bindung in Konjugation mit der CO-Gruppe steht (sog. α,β-ungesättigte Carbonyl-Verbindungen), dieselbe Anzahl konjugierter Doppelbindungen wie das Butadien. Aufgrund der höheren Elektronegativität des O-Atoms ist jedoch die Beteiligung der Resonanz-Struktur, bei der die Elektronen der (C=C)-Bindung in die Carbo-

Arthur Michael (1853–1942)
kehrte nach seinem Studium der Chemie an den Universitäten Berlin, Heidelberg, Paris und St. Petersburg in die USA zurück, wo er 1881 zum Professor am Tufts College in Medford bei Boston berufen wurde. Später (1909) wurde *Michael* Direktor des Chemischen Laboratoriums der Clark University in Worcester und 1942 Professor für Chemie an der Harward University in Cambridge (Massachusetts). Nachdem ihm 1879 die erste Synthese eines natürlichen Glucosids (Helicin) gelang, fand er 1887 die nach ihm benannte Addition (C–H)-acider organischer Verbindungen an elektronenarmen (C=C)-Bindungen. (Mit Genehmigung der Harvard University Archives)

Vinylogie-Prinzip: Durch Konjugation einer funktionellen Gruppe mit einer oder mehreren (C=C)-Bindungen wird die charakteristische Reaktivität der Ersteren auf das entfernteste C-Atom der Polyen-Kette übertragen.

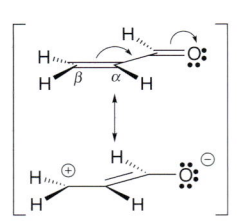

Fig. 8.76. *Energetisch bevorzugte Resonanz-Strukturen des Acroleins (Prop-2-enal)*

nyl-Gruppe delokalisiert sind, am Mesomerie-Hybrid höher als die entsprechender dipolarer Strukturen des Butadien-Moleküls (*Fig. 8.76*). Demzufolge können Nucleophile mit dem β-ständigen C-Atom der α,β-ungesättigten Carbonyl-Verbindung statt mit dem C-Atom der Carbonyl-Gruppe reagieren. Eine derartige Übertragung der charakteristischen Reaktivität der Carbonyl-Funktion auf das β-C-Atom der damit konjugierten (C=C)-Bindung stellt die Definition des *Vinylogie-Prinzips* dar.

Somit reagieren α,β-ungesättigte Carbonyl-Verbindungen mit den meisten Nucleophilen, die zur nucleophilen Addition an die (C=O)-Bindung befähigt sind, unter formaler *Addition* an die (C=C)-Bindung (sog. *konjugierte Addition*). Reaktionsmechanistisch handelt es sich jedoch um eine nucleophile 1,4-Addition gefolgt von einer Tautomerisierung des primär gebildeten Enols. Wird Fumarsäure beispielsweise mit H_2O auf 150–200 °C erhitzt, so erhält man racemische Äpfelsäure. Da unter diesen Bedingungen keine Anlagerung von H_2O an die (C=C)-Bindung eines Olefins (z. B. But-2-en) stattfindet, ist der Mechanismus der Reaktion als konjugierte Addition zu formulieren (*Fig. 8.77*).

Nach dem gleichen Mechanismus findet vermutlich die enzymatische Umwandlung von Fumarat in Malat im Citronensäure-Zyklus statt. (*Abschn. 9.5*). Die *Fumarat-Hydratase* katalysiert die *anti*-stereoselektive Addition von H_2O,

Fig. 8.77. *Mechanismus der konjugierten Addition von H_2O an die (C=C)-Bindung der Fumarsäure in vitro*

wobei die nucleophile Addition der OH-Gruppe von der *Si*-Seite der (C=C)-Bindung unter Bildung von (*S*)-Äpfelsäure stattfindet.

Ebenso findet die enzymatische Umwandlung des Fumarats in Succinat durch konjugierte Addition eines Hydrid-Ions und darauf folgende Tautomerisierung des primär gebildeten Esterenolats statt, wobei im zweiten Reaktionsschritt das Proton *anti*-periplanar zum Hydrid-Ion angelagert wird. Formal kommt die enzymatische Reduktion des Fumarats einer Hydrierung der (C=C)-Bindung an Metall-Katalysatoren gleich; bei dieser werden jedoch beide H-Atome von derselben Seite der (C=C)-Bindung, d. h. *syn*-stereoselektiv addiert (*Abschn. 3.6*). Ferner ist die enzymatische Addition eines Hydrid-Ions im Gegensatz zur Addition von Wasserstoff an die (C=C)-Bindung (*Abschn. 3.5*) reversibel.

Die basenkatalysierte konjugierte Addition eines Enolats an die (C=C)-Bindung einer α,β-ungesättigten Carbonyl-Verbindung wird als *Michael*-Addition bezeichnet. Sie stellt in der präparativen organischen Chemie eine wichtige Methode zur Knüpfung von (C–C)-Bindungen dar.

Das Vinylogie-Prinzip gilt im Allgemeinen für alle funktionellen Gruppen, die einen (positiven oder negativen) mesomeren Effekt auf (C=C)- oder (C≡C)-Bindungen ausüben können. Darum sind Enole vinyloge Alkohole und Enamine vinyloge Amine, die demzufolge mit Protonen bei thermodynamisch kontrollierten Reaktionen am β-C-Atom reagieren. Außerdem kann sich die Elektronendelokalisierung über zwei oder mehr konjugierte Mehrfachbindungen erstrecken. Man bezeichnet solche Systeme als dienylog (oder bisvinylog) bzw. polyenylog.

8.22. Cyanhydrine: Die Benzoin-Kondensation

Unter den verschiedenartigen Nucleophilen, die Addukte mit Carbonyl-Verbindungen bilden, verdient das Cyanid-Ion (CN⁻) wegen der wichtigen Rolle, die Nitrile bei der präbiotischen Synthese organischer Verbindungen gespielt haben können (*Abschn. 9.35*), erwähnt zu werden. Darüber hinaus stellt die Cyanhydrin-Bildung die Schlüsselreaktion bei der *Kiliani–Fischer*-Synthese von Monosacchariden dar (*Abschn. 8.24*).

Das Produkt der nucleophilen *exothermen* Addition von HCN an die (C=O)-Bindung ist ein α-Hydroxynitril, ein *Cyanhydrin*. Die Reaktion mit Formaldehyd beispielsweise liefert Glycolsäure-nitril (*Fig. 8.78*). Das Cyanhydrin des Benzaldehyds kommt als Glycosid in den Kernen der bitteren Mandeln und vielen anderen Kernen von Steinobstsorten vor (*Abschn. 9.34*). So wie andere nucleophile Additionen an die Carbonyl-Gruppe ist die Bildung des Cyanhydrins eine reversible Reaktion. Deshalb empfiehlt es sich, die Reinigung der meisten niedermolekularen Cyanhydrine durch Destillation in Gegenwart eines Tropfens konzentrierter H_2SO_4 durchzuführen, um ihre thermische Zersetzung zu vermeiden.

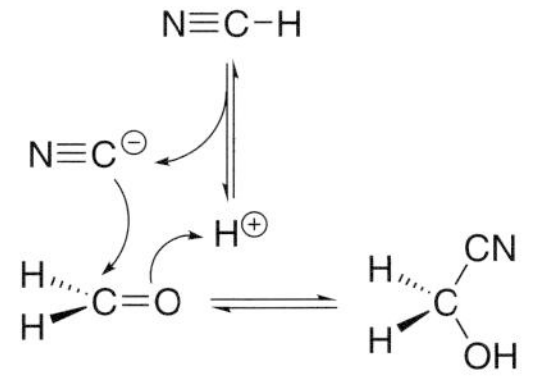

Fig. 8.78. *Mechanismus der Addition von HCN an die Carbonyl-Gruppe des Formaldehyds*

Nitrile sind (C–H)-acide Verbindungen (*Tab. 8.2*). Wie bei den Aldehyden oder Ketonen erleichtert sowohl der elektronenziehende Effekt der funktionellen Gruppe als auch die Elektronendelokalisierung in der konjugierten Base die heterolytische Spaltung der α-ständigen (C–H)-Bindung. Darauf beruht eine charakteristische Reaktion der Cyanhydrine einiger aromatischer Aldehyde (z. B. Benzaldehyd), die *Benzoin-Kondensation* bzw. *-Addition* genannt wird.

Behandelt man Benzaldehyd mit einer 1M Lösung von KCN in Ethanol/H$_2$O 5:1, so stellt sich offenbar ein Gleichgewicht zwischen dem als Primärprodukt der Reaktion gebildeten Cyanhydrin-alkoholat und dem am ursprünglichen Formyl-C-Atom deprotonierten Cyanhydrin ein. Letzteres reagiert analog zu einem Enolat-Ion mit einem zweiten Benzaldehyd-Molekül unter Bildung eines Adduktes, das unter Abspaltung des Cyanid-Ions das entsprechende α-Hydroxyketon (sog. Benzoin) liefert (*Fig. 8.79*).

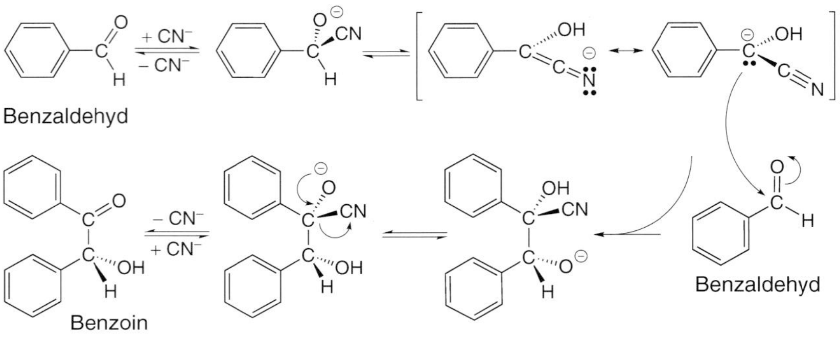

Fig. 8.79. *Mechanismus der Benzoin-Synthese* (in H$_2$O)

Benzoin gehört zur Verbindungsklasse der α-Hydroxyketone (R–CHOH–CO–R′), die *Acyloine* genannt werden. Das Enol-Tautomer eines Acyloins ist ein *Endiol* (R–C(OH)=C(OH)–R′).

Dieser von *Arthur Lapworth* (1872–1941) vorgeschlagene Reaktionsmechanismus erklärt die besondere Rolle des Cyanid-Ions als Katalysator der Benzoin-Addition, denn *1)* das Cyanid-Ion ist ein gutes Nucleophil; *2)* die CN-Gruppe stabilisiert das Carbanion des Cyanhydrins und *3)* das Cyanid-Ion kann als Nucleofug abgespalten werden.

Der wesentliche Aspekt der Benzoin-Bildung besteht darin, dass der Addition des Cyanid-Ions zufolge das ursprünglich *elektrophile* C-Atom der Carbonyl-Gruppe in ein *Nucleophil* umgewandelt wird. Bei der Reaktion von aliphatischen Aldehyden mit Cyanid-Ionen wird kein Acyloin gebildet, vermutlich weil die α-ständigen H-Atome des Substrats acider sind als diejenigen des entsprechenden Cyanhydrins.

Obwohl Formaldehyd keine (C–H)-acide Verbindung ist, findet die Dimerisierung von Formaldehyd zu *Glycolaldehyd* in Gegenwart von Cyanid-Ionen nicht

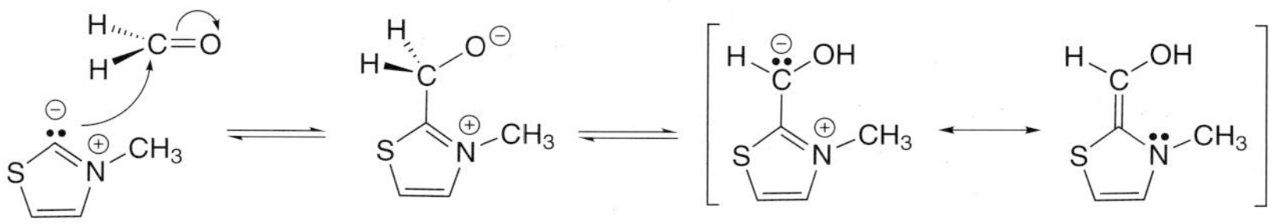

Fig. 8.80. *Deprotonierte Thiazolium-Ionen können als Katalysatoren der Benzoin-Synthese Cyanid-Ionen ersetzen.*

statt (vgl. *Abschn. 8.28*). Es ist jedoch bemerkenswert, dass als Hauptprodukt (bis zu 95%) der Selbstkondensation von Formaldehyd in Gegenwart von Thiazolium-Katalysatoren (*Abschn. 10.9*), die an Stelle von Cyanid-Ionen die Acyloin-Bildung auch bei aliphatischen Aldehyden ermöglichen, 1,3-Dihydroxyaceton entsteht. Vermutlich wird bei dieser der Benzoin-Kondensation analogen Reaktion das an den Thiazolium-Ring gebundene Carbanion (*Abschn. 10.9*) besser stabilisiert als im entsprechenden deprotonierten Cyanhydrin (*Fig. 8.80*). Der 1958 von *Ronald Breslow* (* 1931) vorgeschlagene Mechanismus der durch Thiazolium-Ionen katalysierten Benzoin-Addition wird zwar zur Erklärung der enzymatischen Aktivität des Thiamin-pyrophosphats als prosthetische Gruppe dreier Enzyme des Intermediärstoffwechsels – der *Pyruvat-* und *α-Oxoglutarat-Dehydrogenase* (*Abschn. 9.13*) sowie der *Transketolase* (*Abschn. 8.29*) – allgemein postuliert, obwohl er nicht widerspruchslos bewiesen ist (*Fig. 8.81*).

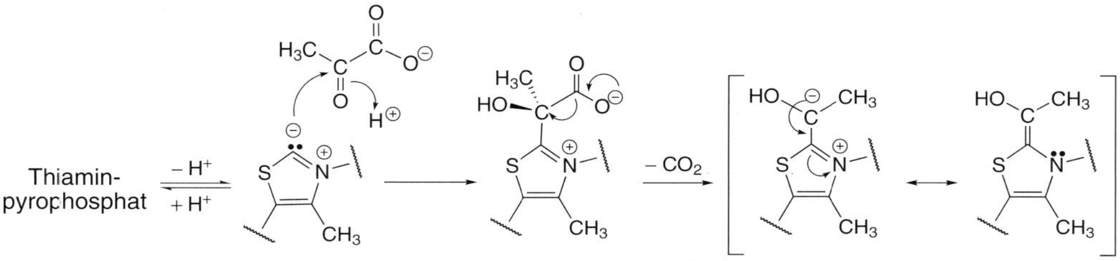

Fig. 8.81. *Analog der Benzoin-Synthese soll die katalytische Wirkung des Thiamins bei der oxidativen Decarboxylierung des Pyruvats durch die* Pyruvat-Dehydrogenase *auf der Stabilisierung des Carbanions beruhen, das durch Decarboxylierung des Adduktes des Pyruvat-Moleküls an das Enzym entsteht.*

8.23. Kohlenhydrate

Als Kohlenhydrate, Zucker oder *Saccharide* (sanskrit *sarkara*: Sand, Kies, woraus etymologisch ebenfalls das Wort Zucker (griech. σάκχαρον (*sákcharon*)) abgeleitet ist), werden als Polyhydroxy-carbonyl-Verbindungen (Aldehyde oder Ketone) bezeichnet, deren allgemeine Bruttoformel im Regelfall $C_nH_{2n}O_n$ lautet. Diese Zusammensetzung entspricht einem Mehrfachen der Formel $C(H_2O)$, wodurch die Bezeichnung Kohle- oder Kohlenhydrate begründet ist. Selbstverständlich gibt es aber zahlreiche organische Verbindungen, welche dieselbe Bruttozusammensetzung aufweisen – z.B. die den Hexosen strukturell ähnlichen *Cycliten* (*Abschn. 5.3*) – die keine Kohlenhydrate sind. In weiterem Sinne werden als Saccharide auch mit ihnen

Glycolaldehyd

Fig. 8.82. *Struktur des Glycolaldehyds*

Emil Hermann Fischer (1852–1919) Ordinarius an den Universitäten Erlangen (1881), Würzburg (1885) und Berlin (1892), wurde 1902 für seine Arbeiten zur Synthese von Zuckern und Purinen mit dem *Nobel*-Preis ausgezeichnet. Das von *Fischer* erstmalig synthetisierte Phenylhydrazin erwies sich als ein geeigneter Ausgangsstoff für die nach ihm benannte Synthese des Indols (1883) sowie als wichtigstes Reagenz zur Charakterisierung der Monosaccharide. Nach 1899 beschäftigte sich *E. Fischer* mit der hydrolytischen Zerlegung natürlicher Proteine und der Bestimmung der darin enthaltenen α-Aminosäuren. 1907 gelang ihm die erste Synthese eines Polypeptids. (© *Nobel*-Stiftung)

konstitutiv verwandte Verbindungen (Amino- und Desoxyzucker u. a.) bezeichnet, bei denen eine oder mehrere OH-Gruppen durch andere Liganden substituiert worden sind.

Beispielsweise D-*Glucosamin* (*Abschn. 8.33*) bzw. (+)-L-Rhamnose (6-Desoxy-L-mannose), ein Desoxyzucker, der als Bestandteil von Glycanen in Bakterienzellwänden vorkommt.

Die monomeren Polyhydroxy-aldehyde (*Aldosen*) und Polyhydroxy-ketone (*Ketosen*) nennt man *Monosaccharide*. Das einfachste Monosaccharid ist der *Glycolaldehyd* (*Fig. 8.82*), welcher jedoch im Metabolismus der Kohlenhydrate keine Rolle spielt. Je nach Anzahl der im Molekül vorhandenen C-Atome werden Monosaccharide Biosen (Glycolaldehyd), Triosen (Glycerinaldehyd und 1,3-Dihydroxyaceton), Tetrosen, Pentosen usw. genannt.

8.24. Die *Fischer*'sche Spezifikation der Chiralität

Mit wenigen Ausnahmen sind die Kohlenhydrat-Moleküle chiral, weil sie mehrere asymmetrische C-Atome enthalten. Obwohl die Struktur jeder Aldose oder Ketose mit Hilfe der *CIP* (*Cahn–Ingold–Prelog*)-Deskriptoren eindeutig beschrieben werden kann (*Abschn. 2.8*), ist es noch immer üblich, zur Spezifikation der Konfiguration von Zuckern und Aminosäuren die Ende des 19. Jahrhunderts von *Emil Fischer* eingeführte Nomenklatur zu verwenden. Im Gegensatz zur *CIP*-Konvention stellen die heute beim *Fischer*'schen System verwendeten Chiralitätsdeskriptoren (D- und L-) zumindest in ihrem Ursprung nicht eine formale Beschreibung der dreidimensionalen Geometrie eines chiralen Moleküls, sondern die *relative* Konfiguration eines gegebenen asymmetrischen C-Atoms in Bezug auf die Konfiguration einer willkürlich gewählten Bezugssubstanz dar. In der Reihe der Kohlenhydrate wurde als solche der Glycerinaldehyd gewählt, weil er als Ausgangsstoff für die Synthese aller bekannten unverzweigten Monosaccharide diente.

Bei dem von *Heinrich Kiliani* und *E. Fischer* entwickelten Verfahren zur Synthese der Monosaccharide wird die C-Kette einer Aldose durch Bildung des entsprechenden Cyanhydrins (s. *Abschn. 8.22*), darauf folgende Hydrolyse der CN-Gruppe (s. *Abschn. 9.34*) und Reduktion des dabei gebildeten Lactons (s. *Abschn. 9.15*) um eine HCOH-Einheit verlängert. (Eine effizientere Alternative zur Reduktion des Zuckersäure-Lactons besteht in der später entdeckten direkten Hydrierung des Cyanhydrins unter Anwendung von Pd/BaSO$_4$ als Katalysator). Da die nucleophile Addition des Cyanid-Ions von den beiden *diastereotopen* Seiten der Formyl-Gruppe stattfinden kann (vgl. *Abschn. 8.11*) erhält man bei jeder Reaktionsfolge ein Gemisch aus zwei *epimeren* Aldosen (*Abschn. 8.25*), die getrennt werden müssen, bevor die C-Kette weiter verlängert wird (*Fig. 8.83*). Darüber hinaus ist die Bestimmung der relativen Konfiguration beider Epimere jeweils möglich, weil das eine sowohl durch Reduktion als auch durch Oxidation der endständigen C-Atome ein achirales Polyol bzw. eine achirale Dicarbonsäure liefert (s.

Fig. 8.83. *Homologisierung einer Tetrose mit Hilfe der* Kiliani–Fischer-*Reaktion*

Abschn. 2.9), während beim anderen Epimer die entsprechenden Derivate optisch aktiv sind.

Da bei der *Kiliani–Fischer*-Methode die C-Kette des Aldose-Moleküls letztlich durch sukzessive Einführung des C-Atoms der Formyl-Gruppe – d.h. des Atoms, bei dem die Nummerierung der Kette beginnt – verlängert wird, ist das vom Glycerinaldehyd stammende asymmetrische C-Atom jeweils das *am weitesten von der Carbonyl-Gruppe entfernte Chiralitätszentrum* des Monosaccharid-Moleküls. Je nachdem ob rechtsdrehender oder linksdrehender Glycerinaldehyd der Ausgangsstoff ist, teilte der amerikanische Chemiker ukrainischer Herkunft *Martin André Rosanoff* (1874–1951) die daraus abgeleiteten linearen Aldosen und Ketosen in zwei Gruppen ein, deren gleichnamigen Elemente (z.B. D- und L-Glucose, D- und L-Fructose usw.) enantiomer zueinander sind.

Die *relative* Konfiguration aller anderen asymmetrischen C-Atome des Moleküls wird durch den Trivialnamen des Zuckers spezifiziert. Zum Beispiel sind die Konfigurationen der zwei asymmetrischen C-Atome der Threose entgegengesetzt, während sie bei der *Erythrose* dieselbe Konfiguration aufweisen (*Fig. 8.84*). Die meisten in der Natur vorkommenden Kohlenhydrate sind formal vom D-Glycerinaldehyd abgeleitet.

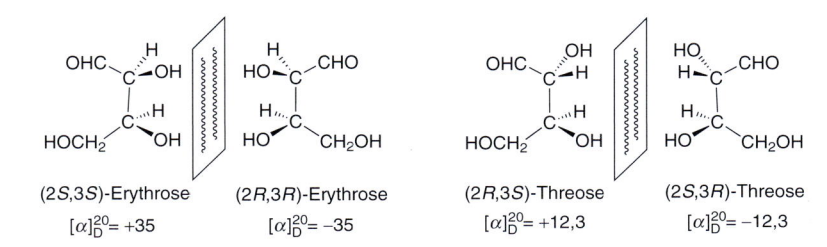

Fig. 8.84. *Strukturformel der enantiomeren Tetrosen*

Erythrose kommt als Naturprodukt nicht vor. D-Erythrose-4-phosphat ist jedoch ein Glied des Pentosephosphat-Zyklus (*Abschn. 8.29*) und dient u. a. als biogenetischer Vorläufer der Shikimisäure (*Abschn. 9.10*). Das der Erythrose entsprechende Tetraol (Erythrit) kommt verestert mit *Lecanorsäure* (*Abschn. 9.24*) als Bestandteil des *Erythrins* in Flechten (*Rocella tinctoria* u.a.) vor, die früher zur Gewinnung von Farbstoffen (griech. ἐρυθρός (*erythrós*): rot) verwendet wurden (*Abschn. 8.5*). Threose kommt ebenfalls nicht als Naturprodukt vor. Wie das Erythrit kommt das der Threose entsprechende Tetraol (Threit) in Pflanzen (darunter Algen), Flechten und Pilzen nur vereinzelt vor. Die Vorsilbe *Thre* ist durch Umstellung einiger Buchstaben der Vorsilbe *Erythr* gebildet worden.

Da die absolute Konfiguration des optisch aktiven Glycerinaldehyds zur damaligen Zeit nicht bekannt war, wurde das *rechtsdrehende* Enantiomer als D-Glycerinaldehyd (lat. *dexter*: rechts) bezeichnet und seine Struktur mit Hilfe einer *Projektionsformel* graphisch dargestellt (*Fig. 8.85*).

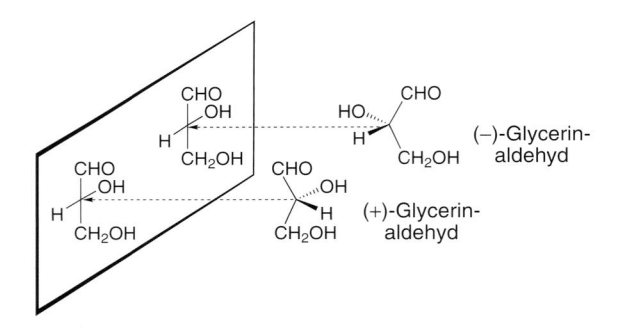

Fig. 8.85. *Auf eine Ebene projiziert ergeben* D- *und* L-*Glycerinaldehyd-Moleküle identische Bilder.*

Es sei jedoch darauf hingewiesen, dass *Fischer*'sche Projektionsformeln zweidimensionale Darstellungen der eigentlichen dreidimensionalen Molekülstrukturen sind. Folglich können beide enantiomeren Glycerinaldehyde beispielsweise *dieselbe* Projektionsformel ergeben, je nachdem wie sie im Raum orientiert sind (*Fig. 8.85*). Erst nachdem die absolute Konfiguration des Glycerinaldehyds aufgeklärt werden konnte (s. *Abschn. 2.10*), wurde die *Fischer*'sche Projektionsformel des D-Glycerinaldehyds zugunsten der Molekülstruktur entschieden, die sich in *Fig. 8.85 vorne* befindet.

Vor 1951 war die Situation des Chemikers diejenige eines (allerdings unerfahrenen) Papageienliebhabers, der je ein Pärchen (im chemischen Fall ein Racemat) von vier verschiedenen Papageienarten (chiralen Stoffen) erwarb. Mangels erkennbarer Geschlechtsmerkmale (bekanntlich lässt sich das Geschlecht bei vielen Papageienarten nur durch Endoskopie bestimmen) gab er den roten Vögeln (im chemischen Fall beispielsweise den rechtsdrehenden Enantiomeren) männliche, den grünen Vögeln (den linksdrehenden Enantiomeren) weibliche Namen (*Fig. 8.86,a*). Kurz danach musste er jedoch feststellen, dass auch Vögel gleicher Farbe Zuneigung zueinander zeigten (im chemischen Fall sind damit die

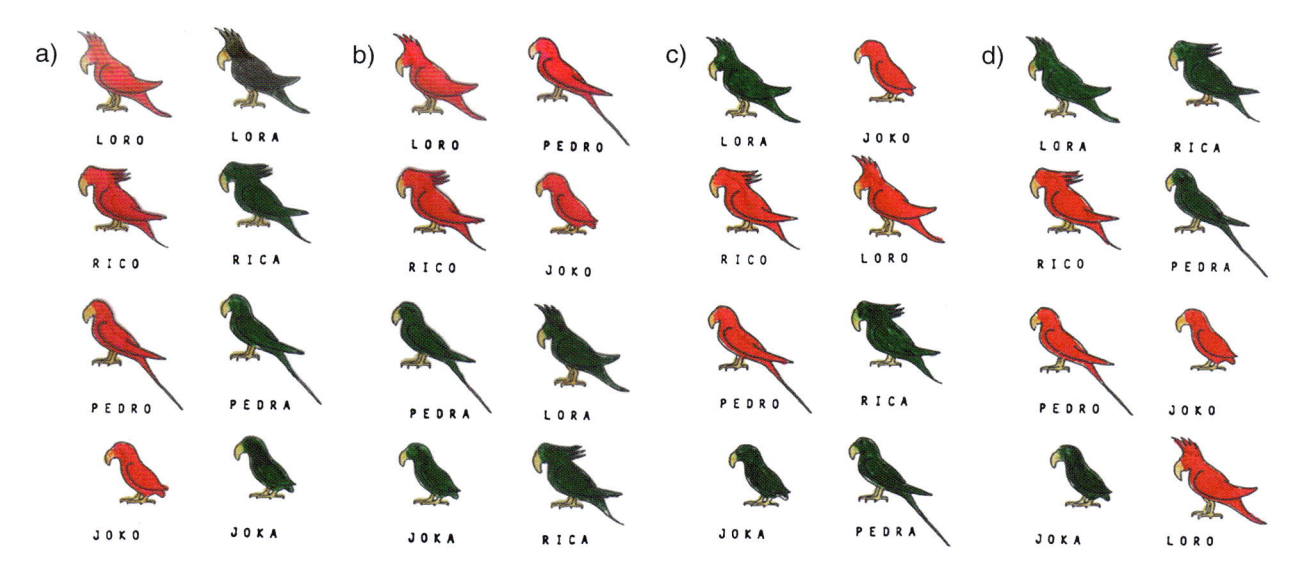

Fig. 8.86. *Paarungsverhalten nach ihrer Farbe benannten Papageien* a) *am ersten,* b) *am zweiten,* c) *am dritten und* d) *am vierten Tag ihrer Gefangenschaft*

von *E. Fischer* hergestellten Korrelationen gemeint). Es wurde dem Papageienliebhaber somit klar, dass die Farbe des Gefieders (die optische Drehung) in keinerlei Beziehung zum Geschlecht (der absoluten Konfiguration) der Vögel stand (*Fig. 8.86,b – d*). Nach längerer Beobachtung bemerkte der Papageienliebhaber jedoch, dass nur bestimmte Paarungen (d. h. nur bestimmte Korrelationen) vorkamen, und somit dass *Loro*, *Rica*, *Pedra* und *Joko* einerseits, *Lora*, *Rico*, *Pedro* und *Joka* anderseits zum *gleichen* Geschlecht gehörten. Erst als einer der Vögel ein Ei legte (das Experiment von *Bijvoet*) konnte Dank der bestehenden Korrelationen das Geschlecht aller Vögel auf einmal aufgeklärt werden.

Die *Fischer*'sche Projektionsformel des D-Glycerinaldehyds gibt die absolute Konfiguration des asymmetrischen C-Atoms wieder, wenn bei der dreidimensionalen Darstellung des Moleküls die waagerecht angeordneten Liganden dem Beobachter zugewandt sind. Diese bereits 1891 von *E. Fischer* willkürlich postulierte Korrelation gilt bei allen *Fischer*'schen Projektionsformeln chiraler Moleküle unter der Voraussetzung, dass sie gemäß nachstehenden Konventionen dargestellt werden:

1) Das 'Rückgrat des Moleküls' wird senkrecht gezeichnet. Es stellt die längste C-Kette des Moleküls in einer Konformation dar, bei der die Liganden der asymmetrischen C-Atome ekliptisch zueinander stehen (*Fig. 8.87*).

2) Das gemäß den Grundregeln der IUPAC-Nomenklatur als erstes bezifferte C-Atom der längsten C-Kette befindet sich oben (der 'Molekülkopf'). In den meisten Fällen handelt es sich dabei um das C-Atom höchster Oxidationszahl.

3) Das Enantiomer, bei dem sich die funktionelle Gruppe am asymmetrischen C-Atom rechts befindet, wird mit dem Deskriptor D bezeichnet; sein Spiegelbild mit dem Deskriptor L.

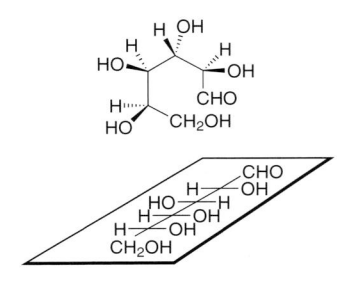

Fig. 8.87. *Die Fischer'sche Projektion der* D-*Glucose resultiert aus einer Konformation des Moleküls, bei der alle Bindungen zu den chiralen C-Atomen ekliptisch zueinander stehen.*

Man beachte, dass die Deskriptoren D- und L- eine andere Bedeutung haben, als die ursprünglich von *E. Fischer* verwendeten *d*- und *l*-. Letztere sind die Abkürzungen von *dextro*- bzw. *lävorotatorisch* (*Abschn. 2.9*), die in der modernen Terminologie durch die Zeichen (+)- bzw. (−)-, die dem Namen der Verbindung vorangestellt werden, verdrängt worden sind.

Die Anwendung der *Fischer*'schen Spezifikation, die eigentlich für Kohlenhydrate und Aminosäuren konzipiert wurde, ist jedoch bereits bei einfachen chiralen Molekülen, insbesondere wenn sie cyclisch sind, problematisch.

Die Problematik der D/L-Nomenklatur wird dadurch verdeutlicht, dass eine so einfache Verbindung wie die rechtsdrehende Weinsäure von europäischen Chemikern, die sich *Emil Fischer* und dem Stereochemiker *Karl Freudenberg* (1886–1983) anschlossen, als D bezeichnet wurde, während man in der amerikanischen Fachliteratur dieselbe Verbindung nach einem Vorschlag von *M. A. Rosanoff* als L bezeichnete, dies weil sie auf verschiedenen Reaktionswegen sowohl mit D- als auch mit L-Glycerinaldehyd chemisch korreliert werden kann.

8.25. Struktur der Monosaccharide

Das am häufigsten vorkommende Monosaccharid ist die D-*Glucose* (eine Aldohexose), deren strukturelle und chemische Eigenschaften repräsentativ für alle anderen Kohlenhydrate sind.

Da in ein und demselben Kohlenhydrat-Molekül eine Carbonyl-Gruppe neben mehreren OH-Gruppen vorkommt, ist bei den meisten Sacchariden die intramolekulare Bildung eines cyclischen Halbacetals möglich (vgl. *Abschn. 8.13*). In der Tat kommen Pentosen und Hexosen fast ausschließlich als cyclische Halbacetale vor. Unter Bezugnahme auf die zugrundeliegenden Heterocyclen – Furan bzw. Pyran (s. *Fig. 10.1*) – werden derartige cyclische Halbacetale als *Furanosen* oder *Pyranosen* bezeichnet, je nachdem ob der Ring fünf- bzw. sechsgliedrig ist, wobei Pyranosen wegen der geringeren *Baeyer*-Spannung eines sechsgliedrigen Ringes (*Abschn. 2.21*) im Allgemeinen energetisch bevorzugt sind.

Durch die Bildung des cyclischen Halbacetals wird die Zahl asymmetrischer C-Atome im Saccharid-Molekül um eins erhöht. Bei der Glucose beispielsweise wird das C-Atom der Formyl-Gruppe asymmetrisch. Von jedem Glucose-Molekül gibt es somit zwei Stereoisomere, die sich nur durch die Konfiguration dieses Chiralitätszentrums voneinander unterscheiden (*Fig. 8.88*). Derartige Stereoisomere, die diastereoisomer zueinander sind, werden *Epimere* genannt (griech. ἐπί (*epí*): auf, dazu). Bei einigen Naturstoffklassen (hauptsächlich Kohlenhydraten und Steroiden) wird die *relative* Konfiguration des asymmetrischen C-Atoms, das zwei Epimere voneinander unterscheidet, mit den Deskriptoren α bzw. β spezifiziert, wobei allerdings eine zwar willkürlich gewählte jedoch konsequent gebrauchte Darstellung des betreffenden Moleküls zugrunde gelegt wird. Unter dieser Voraussetzung wird ein Epimer als α oder β bezeichnet, je nachdem ob

---

Gibt es in einem Molekül mehrere asymmetrische C-Atome, so bezeichnet man als **Epimere** jene Diastereoisomere, die sich durch die Konfiguration an nur einem der Chiralitätszentren unterscheiden.

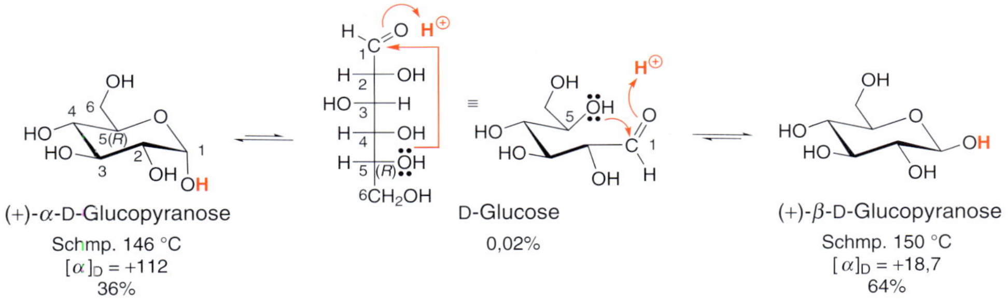

Fig. 8.88. *Glucose-Moleküle liegen als cyclische Halbacetale vor, die zueinander* epimer *sind.*

sich der Ligand, der das betreffende asymmetrische C-Atom charakterisiert, *unterhalb* bzw. *oberhalb* der als solche definierten Molekülebene befindet. Demnach kommt die D-Glucopyranose als Gemisch zweier Epimere – der α- und der β-D-Glucopyranose – vor.

Da es sich bei den Epimeren um Diastereoisomere handelt, weisen sie verschiedene physikalische (Schmelztemperatur, spezifische Drehung u.a.) sowie chemische Eigenschaften auf (*Fig. 8.88*). Aufgrund der Reversibilität der nucleophilen Anlagerung von Alkoholen an die Carbonyl-Gruppe (*Abschn. 8.13*) können die reinen Epimere der Glucose jedoch nur in kristalliner Form isoliert werden, und zwar die α-Glucose durch Kristallisation aus kaltem H_2O oder Ethanol und die β-Glucose aus heißem Pyridin.

Löst man das eine oder das andere reine Epimer in H_2O, so ändert sich beim Stehenlassen kontinuierlich die optische Drehung der Lösung bis schließlich ein konstant bleibender Wert von $[\alpha]_D = +52,5$ erreicht wird. Dieses Phänomen, das *Mutarotation* (lat. *mutare*: ändern) genannt wird, beruht darauf, dass beide Epimere der Glucose über das offene Isomer, das aber nur zu 0,02% in Lösung vorkommt, ineinander umgewandelt werden, bis das thermodynamische Gleichgewicht erreicht wird. Innerhalb der Stoffklasse der Saccharide werden derartige Epimere, die im thermodynamischen Gleichgewicht stehen, *Anomere* (griech. ἄνω (*ánō*): oben, nimmt Bezug auf die Stelle des C(1)-Atoms in der *Fischer*-Projektion) genannt. Das asymmetrische C-Atom, dessen Konfiguration bei der Umwandlung des einen Epimers in das andere invertiert wird, nennt man das *anomere C-Atom*. Da die Energiegehalte beider Anomere verschieden sind, ist ihr Anteil im Gleichgewicht verschieden. Aus dem Wert der spezifischen Drehung der Lösung im thermodynamischen Gleichgewicht lassen sich unter Berücksichtigung der spezifischen Drehungen der reinen Anomere ihre relativen Konzentrationen – x bzw. $(1 - x)$ – bestimmen:

$$[\alpha]_D = 52,5 = x \cdot (+112) + (1 - x) \cdot (+18,7)$$

> **Anomere** sind Epimere, die sich im thermodynamischen Gleichgewicht befinden.

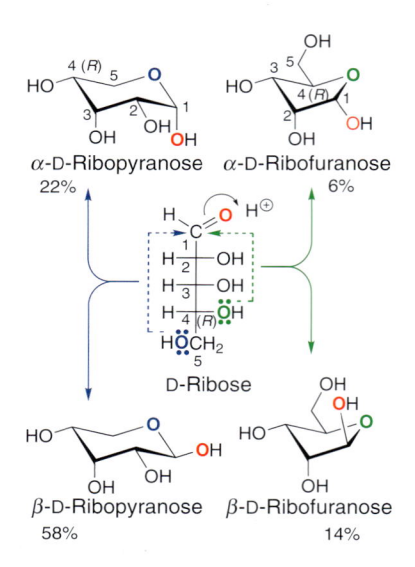

Fig. 8.89. *Cyclische Halbacetale der D-Ribose*

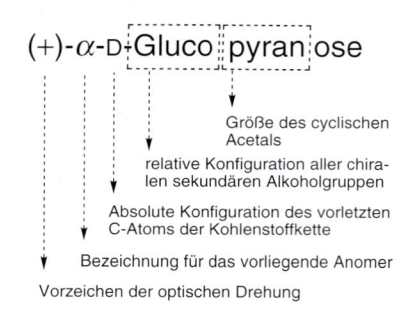

Fig. 8.90. *Der systematische Name der Saccharide gibt Auskunft über fünf Merkmale der betreffenden Struktur.*

Sie betragen 36% für das α- und 64% für das β-Epimer.

Das Übergewicht des β-Epimers, bei dem die OH-Gruppe äquatorial angeordnet ist, ist keineswegs selbstverständlich, denn in der Regel sind α-Epimere thermodynamisch bevorzugt (sog. *anomerer Effekt*).

Etwas komplexer gestaltet sich die Zusammensetzung des Gemisches aus den Produkten der intramolekularen Cyclisierung anderer Hexosen sowie der Pentosen (*Tab. 8.3*). Ribose beispielsweise besteht aus den Anomeren der Ribofuranose und der Ribopyranose (*Fig. 8.89*). Erwartungsgemäß ist die Cyclisierung zur Ribopyranose mit 80% Anteil energetisch bevorzugt, wobei das β-Epimer – wie im Falle der Glucose – überwiegt. Da aber viele Derivate der Ribose – darunter die Nucleoside, die als Monomere der Nucleinsäuren dienen (*Abschn. 10.16*) – die Ribofuranose-Struktur aufweisen, werden Pentosen in der Regel als cyclische fünfgliedrige Halbacetale formuliert. Auch Ketosen bilden cyclische Halbacetale, Fructose beispielsweise liegt in wässriger Lösung zu 67,45% als Fructopyranose und zu 31,75% als Fructofuranose vor. Der Anteil des offenkettigen Isomers beträgt nur 0,8%.

In den acyclischen Strukturen der Glucose und der Ribose kommen 4 bzw. 3 asymmetrische C-Atome vor, deren Konfiguration bei der Bildung des intramolekularen Halbacetals unverändert bleibt. D-Glucose und D-Ribose sind somit je eins der insgesamt 16 bzw. 8 möglichen Konfigurationsisomere beider Verbindungen (vgl. *Abschn. 2.11*). Da jeweils die Hälfte dieser Stereoisomere aus Enantiomeren der anderen Hälfte besteht, dient der Deskriptor D (bzw. L) dazu, jeweils die Komponenten eines Enantiomerenpaares zu unterscheiden (z.B. ist D-Glucose enantiomer zu L-Glucose, D-Ribose, die im Gegensatz zu D-Glucose lävorotatorisch ist ($[α]_D$ = $-23,7$), zu L-Ribose, usw.).

Der vollständige systematische Name eines Saccharids einschließlich des Vorzeichens der optischen Drehung gibt somit Auskunft über die Molekülstruktur (*Fig. 8.90*). Die Enantiomerenpaare (4 bei den Aldopentosen und 8 bei den Aldohexosen), deren Strukturen in *Fig. 8.91* wiedergegeben sind, werden untereinander durch verschiedene Trivialnamen differenziert, deren Endung -*ose* auf das Vorliegen eines Zuckers hindeutet.

Darüber hinaus stellt *Fig. 8.91* den synthetischen Aufbau aller möglichen unverzweigten Aldosen, deren Moleküle bis zu 6 C-Atome enthalten, ausgehend von D-Glycerinaldehyd (*Abschn. 8.24*) schematisch dar. Da Verlängerungen der C-Kette durch Reaktion an der Formyl-Gruppe durchgeführt werden, entstehen jeweils zwei epimere Reaktionsprodukte; die Konfiguration der bereits vorhandenen C-Atome bleibt aber unverändert. Beispielsweise dient D-*Arabinose* zur Synthese von D-Glucose und D-Mannose bzw. D-*Xylose* zur Synthese von D-Gulose und D-Idose. Die Reihenfolge der Trivialnamen der Aldopentosen und Aldohexosen, die in *Fig. 8.91* mit ihren cyclischen Strukturen dargestellt sind, wurde so gewählt, dass jeweils der Name des α-Epimers dem des β-Epimers vorausgeht. Somit kann der Leser, der einen Sinn darin sieht, die dazugehörigen Strukturen

Tab. 8.3. *Experimentell bestimmte Anteile* (Gewichts-%) *epimerer Halbacetale der Aldosen im thermodynamischen Gleichgewicht bei Raumtemperatur in wässriger Lösung*

Monosaccharid	α-Pyranose	β-Pyranose	α-Furanose	β-Furanose
Pentosen				
Ribose	22	58	6	14
Arabinose[a]	61	35	2	2
Xylose[b]	35	65	–	–
Lyxose	71	29	–	–
Hexosen				
Allose[c]	18	70	5	7
Altrose	27	40	20	13
Glucose[d]	36	64	–	–
Mannose[e]	67	33	–	–
Gulose[f]	22	78	–	–
Idose[g]	31	37	16	16
Galactose[h]	27	73	–	–
Talose	40	29	20	11

[a] L-*Arabinose* ist als Monomer von Polysacchariden (sog. *Arabane*) in Pflanzen- und Baumsäften (z.B. von Pflaumen und Kirschen), die an der Luft erhärten und Harze bilden, weit verbreitet. Derartige Gummen (z.B. *Gummi arabicum*: Arabisches Gummi oder Senegalgummi, das in mehr als 30 verschiedenen Akazienarten vorkommt) werden vielseitig als Binde-, Klebe und Emulgierungsmittel verwendet. Das der D-Arabinose und der D-Lyxose entsprechende Pentaol (D-*Arabit* = D-*Lyxit*) kommt in Pilzen und Flechten vor. Durch Umstellung einiger Buchstaben des Stammnamens *Arabin-* wurde das Präfix *Rib-* des Trivialnamens der Ribose gebildet. Das der Ribose entsprechende Pentaol *Ribit* oder *Adonit* kommt in Adonisröschen (*Adonis vernalis*) sowie als Bestandteil des Riboflavins (*Abschn. 10.14*) vor. [b] D-*Xylose* kommt als Monomer von Polysacchariden (sog. *Xylane*) neben Cellulose und Lignin in zahlreichen Laub- und Nadelbäumen (griech. ξύλον (*xýlon*): Holz) sowie in Stroh und Kleie vor. Das der Xylose entsprechende Pentaol *Xylit* ist ein Zwischenprodukt beim Glucuronsäure-Abbau in der Leber. Da sein Stoffwechsel insulin-unabhängig ist, dient es als Zuckerersatz für Diabetiker. Durch Umstellung der Buchstaben des Präfixes *Xyl-* wurde das Präfix *Lyx-* des Trivialnamens der Lyxose gebildet. [c] Die Namen *Allose* (griech. ἄλλος (*állos*): ein anderer) und *Altrose* (lat. *alter*: der andere) wurden 1910 von P. Levene (s. *Abschn. 10.17*) ohne Begründung eingeführt. [d] D-*Glucose* ist der Hauptbestandteil des Traubenzuckers (griech. γλυκύς (*glykýs*): süß). Das der D-Glucose entsprechende Hexaol (D-*Glucit* oder D-*Glucitol*) ist identisch mit D-Sorbit (s. Legende zu *Fig. 8.92*). Er spielt eine wichtige Rolle bei der reversiblen Umwandlung von Glucose in Fructose in extrahepatischen (außerhalb der Leber) Geweben. [e] D-*Mannose* kommt häufig als Monomer von Polysacchariden (sog. *Mannanen*) vor. Das der Mannose entsprechende Hexaol (Mannit) ist der Hauptbestandteil (40–60%) des eingetrockneten süßen Safts der in Süditalien verbreiteten Mannaesche (*Fraxinus ornus*), deren Name wohl in Zusammenhang mit dem biblischen Manna (der beim Exodus der Israeliten vom Himmel gefallenen Nahrung) steht. [f] Die Vorsilbe *Gul-* ist ein Anagramm von *Glu-*, der Vorsilbe der Glucose. [g] Der Name *Idose* wurde von E. Fischer von lat. *idem*: derselbe abgeleitet. [h] D-*Galactose* (griech. γάλα (*gála*): Milch) und D-Glucose sind die Bestandteile der Lactose (lat. *lac*: Milch), die das wichtigste Kohlenhydrat der Milch ist (s. *Abschn. 8.31*). Der Name *Talose* wurde 1891 von E. Fischer (durch Umkehrung der Silbe Lact- in t(c)al- ?) ohne Begründung gebildet.

auswendig zuordnen zu können, die angegebene Reihenfolge der Trivialnamen als mnemotechnische Regel verwenden.

Aldopentosen und Aldohexosen werden in die entsprechenden 2-Ketosen enzymatisch reversibel umgewandelt (s. *Fig. 8.56*). Da Ketose-Moleküle ein asymmetrisches C-Atom weniger als die entsprechenden Aldosen enthalten, verringert sich die Anzahl der möglichen Konfigurationsisomere auf die Hälfte. In der Tat liefern beide Aldosen, die ein C(2)-Epimerenpaar bilden (*Fig. 8.91*) durch Keto–Enol-Tautomerisierung dieselbe Ketose. Mit Ausnahme der 2-Ketohexosen, die eigene Trivialnamen besitzen, werden Aldosen durch die Endsilbe *-ose* von Ketosen, deren Trivialnamen mit der Silbe

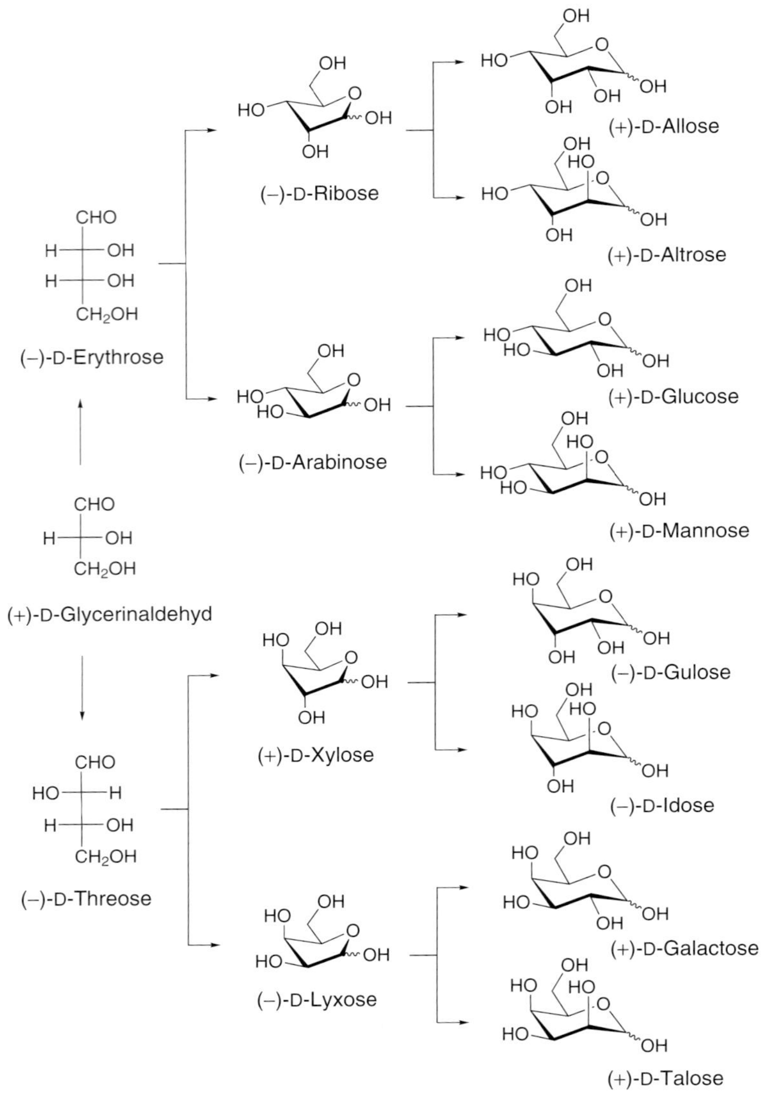

Fig. 8.91. *Stereochemische Korrelationen zwischen allen möglichen* D-*Aldosen, die bis zu 6 C-Atome enthalten* (Die Konfiguration des anomeren C-Atoms ist nicht festgelegt).

-*ulose* enden, differenziert. Die Strukturformel und Trivialnamen der wichtigsten 2-Ketosen sind in *Fig. 8.92* wiedergegeben. Obwohl sich in der Regel Aldehyde durch ihre leichtere Oxidierbarkeit von den Ketonen unterscheiden (*Abschn. 8.12*), reduzieren sowohl Aldosen als auch Ketosen das *Tollens*- oder *Fehling*-Reagenz.

(−)-D-Ribulose   (−)-D-Xylulose   (+)-D-Psicose[a]   (−)-D-Fructose[b]

(+)-D-Sorbose[c]   (+)-D-Tagatose[d]   (+)-D-Sedoheptulose[e]

Fig. 8.92. *Die wichtigsten 2-Ketosen.* [a] *Psicose* ist die Abkürzung des ursprünglichen Namens Pseudofructose (griech. ψευδής (*pseudés*): falsch). [b] *Fructose* (= Lävulose) ist in Pflanzen weit verbreitet (lat. *fructus*: Frucht). Als Tautomer der D-Glucose (und der D-Mannose) spielt sie außerdem im Metabolismus der Kohlenhydrate eine wichtige Rolle (*Abschn. 8.29*). [c] D-Sorbose ist das Tautomer der D-Gulose (und der D-Idose). In der Natur kommt aber die L-Sorbose als Produkt der enzymatischen Oxidation von D-Sorbit (= L-Gulit) vor, das zu ca. 10% in den Früchten des Vogelbeerbaums (*Sorbus aucuparia*) enthalten ist. [d] Der Name Tagatose wurde 1897 von *Cornelis Adriaan Lobry van Troostenburg de Bruyn* (1857–1904), dem Entdecker der wechselseitigen Umlagerung epimerer Zucker in alkalischen Medium, ohne Begründung eingeführt. [e] Sedoheptulose wurde erstmalig aus dem Saft vom Weißen Mauerpfeffer (*Sedum album*), der zur Familie der Dickblattgewächse (*Crassulaceae*) gehört, isoliert.

8.26. Konformationen der Zucker-Moleküle

Glucose ist die einzige Aldohexose, in deren Pyranose-Struktur sämtliche funktionelle Gruppen äquatorial angeordnet sind. Dieses äußerst wichtige Strukturmerkmal, worauf die zentrale Rolle zurückzuführen ist, welche die Glucose bei Lebewesen spielt, kommt bei der immer noch oft verwendeten Haworth-*Formel* nicht zum Ausdruck (*Fig. 8.93*), und aus diesem Grunde ist die Perspektivdarstellung der Sessel-Konformation des Moleküls vorzuziehen.

Aufgrund der Nichtplanarität fünfgliedriger Ringe (*Abschn. 2.19*), die in der Haworth-*Formel* der Ribofuranose ebenfalls nicht berücksichtigt wird, kommt der Ribofuranose-Ring, hauptsächlich bei Nucleosiden, die Bestandteile von DNA-Molekülen sind (*Abschn. 10.16*), in je zwei energetisch günstigen Twist- und Halbsessel-Konformationen vor (*Fig. 8.94*). Ringatome werden als *endo* oder *exo* bezeichnet, je nachdem ob sie sich in Bezug auf die von den Atomen C(4)−O−C(1) definierten Ebene auf derselben bzw. entgegengesetzten Seite wie C(5) befinden. In Lösung stehen alle Konformere der Ribofuranose im dynamischen Gleichgewicht.

8.27. Nachweis von Sacchariden

Eine im Reagenzglas leicht durchzuführende Nachweisreaktion, die für Kohlenhydrate im Allgemeinen charakteristisch ist, wird als *Molisch*-Test bezeichnet:

Sir Walter Norman Haworth (1883–1950), Professor am Armstrong College der Universität Durham in Newcastle (1920) und an der Universität Birmingham (1925), erhielt 1937 zusammen mit *Paul Karrer* (s. *Abschn. 3.22*) den *Nobel*-Preis für seine Arbeiten zur Aufklärung der Struktur der Polysaccharide und des Vitamins C, das er unabhängig von *T. Reichstein* (s. *Abschn. 8.30*) synthetisierte. *Haworth* gelang es, die Ringstruktur der Zucker-Moleküle, die er Furanosen und Pyranosen nannte, zu beweisen. (© *Nobel*-Stiftung)

(+)-β-D-Gluco-pyranose   (−)-β-D-Ribo-furanose

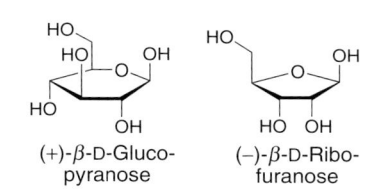

Fig. 8.93. Haworth-*Formel der* D-*Glucopyranose und* D-*Ribofuranose*

2-*endo*   3-*exo*

2-*exo*   3-*endo*

Fig. 8.94. *Energieärmste Konformationen des* D-*Ribofuranose-Moleküls*

Zu einer Lösung oder Suspension von *ca.* 5 mg der Testsubstanz in 0,5 ml H$_2$O werden 2 Tropfen einer 10%igen Lösung von α-Naphthol in Alkohol oder CHCl$_3$ gegeben. Anschließend lässt man 1 ml konz. H$_2$SO$_4$ an der Wand des Reagenzglases sorgfältig herunterfließen, so dass keine Mischung eintritt. An der Grenze zwischen den beiden so entstandenen Schichten bildet sich ein roter Ring, dessen Farbe sich beim Stehenlassen schnell verändert, bis eine dunkle purpurrote Lösung entsteht. Wird diese geschüttelt und danach *ca.* 2 min stehengelassen, so scheidet sich sofort beim Verdünnen mit 5 ml Wasser ein mattvioletter Niederschlag aus.

Die wichtigste Nachweisreaktion für alle Mono- und einige Disaccharide (*Abschn. 8.31*) ist die von *E. Fischer* entdeckte Bildung von *Osazonen* durch Reaktion mit Phenylhydrazin. Obwohl die ursprüngliche Ableitung des Namens aus -ose und Hydr*azon* (*Abschn. 8.14*) auf ein Zucker-Derivat hindeutet, werden heute als Osazone im Allgemeinen die *bis*-Hydrazone von 1,2-Dicarbonyl-Verbindungen bezeichnet (in der Zucker-Reihe werden die den Osazonen entsprechenden 1,2-Dicarbonyl-Verbindungen *Osone* genannt). Primär reagiert das Phenylhydrazin mit dem in Lösung zwar kleinen aber nachweisbaren Anteil von Molekülen der Aldose oder Ketose, bei denen die Carbonyl-Gruppe frei (d. h. nicht als Halbacetal) vorliegt, unter Bildung des entsprechenden farblosen Hydrazons (vgl. *Abschn. 8.14*). In schwach saurer Lösung geht die Reaktion mit überschüssigem Phenylhydrazin unter Abscheidung des gelben kristallinen Osazons und Bildung von Anilin und NH$_3$ weiter (*Fig. 8.95*). Die Bildung des Osazons ist insofern ungewöhnlich, als Phenylhydrazin, welches ein starkes Reduktionsmittel ist, in Anilin und NH$_3$ reduktiv

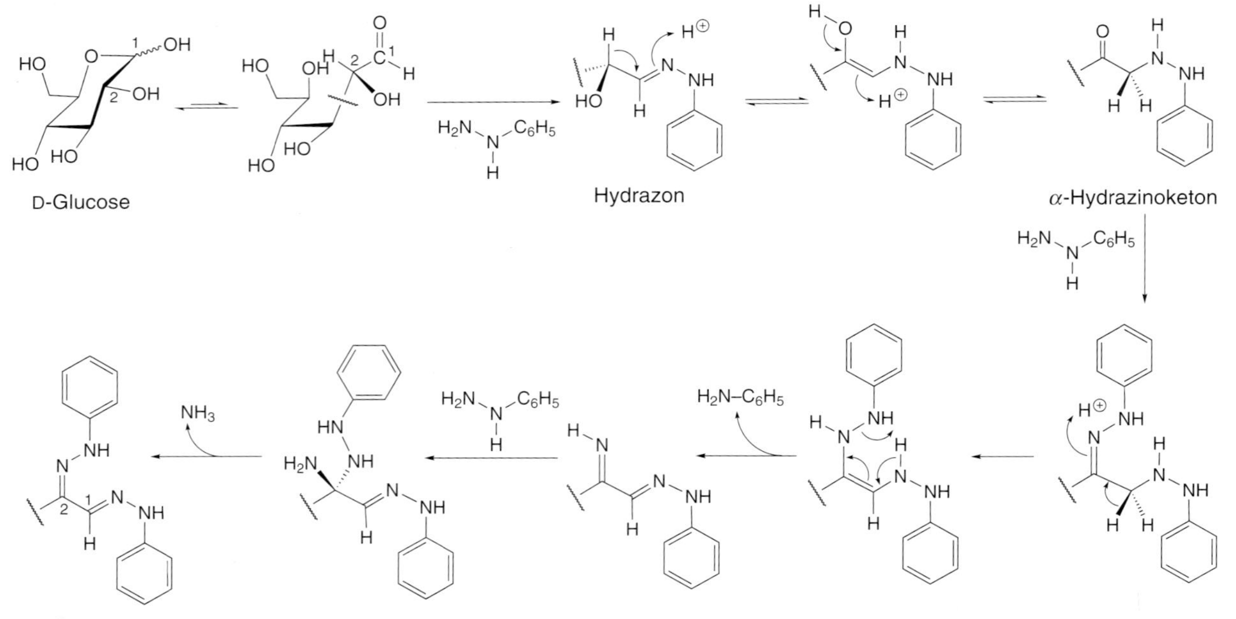

Fig. 8.95. *Mechanismus der Osazon-Bildung*

gespalten wird, wobei die der Carbonyl-Gruppe des Monosaccharids benachbarte Alkohol-Gruppe oxidiert wird.

Einen plausiblen Mechanismus der Reaktion gibt *Fig. 8.95* wieder. Die Tautomerisierung des primär gebildeten Hydrazon zum α-Hydrazinoketon, die auch bei *N*-monosubstituierten *N*-Glycosiden beobachtet wird (sog. *Amadori*-Umlagerung), ist reaktionsmechanistisch analog zu der in *Abschn. 8.16* erläuterten Umwandlung einer Aldose (z. B. Glycerinaldehyd oder Glucose) in die entsprechende Ketose (Dihydroxyaceton bzw. Fructose). Die dabei gebildete α-Hydrazinoketose reagiert anschließend mit einem zweiten Phenylhydrazin-Molekül unter Bildung des entsprechenden α-Hydrazinohydrazons, dessen En-*bis*-hydrazin-Tautomer im entscheidenden Reaktionsschritt der Osazon-Bildung unter Abspaltung von Anilin in das entsprechende α-Iminohydrazon übergeht. Bei dieser Reaktion handelt es sich vermutlich um eine intramolekulare Redox-Reaktion, die formal bei einem cyclischen Übergangskomplex stattfinden kann. Die Reaktion des α-Iminohydrazons mit einem dritten Phenylhydrazin-Molekül ist reaktionsmechanistisch analog der Bildung eines Hydrazons aus der entsprechenden Carbonyl-Verbindung (*Abschn. 8.14*), wobei unter Abspaltung von NH_3 das Osazon gebildet wird.

Osazone sind kristallisationsfreudige Derivate, deren Schmelztemperatur, spezifische Drehung, Kristallform (*Fig. 8.96*) und Bildungszeit in Lösung (*Tab. 8.4*) charakteristisch für die verschiedenen Saccharide sind und somit zur leichten Identifizierung einfacher Zucker dienen. Ferner können sie zur Konfigurationsbestimmung verwendet werden, denn epimere Monosaccharide (z. B. D-Glucose und D-Mannose) sowie deren entsprechende Ketose (D-Fructose) bilden *dasselbe* Osazon.

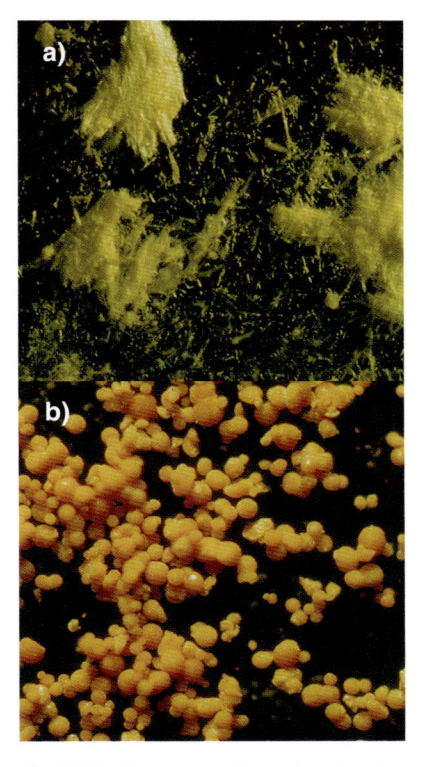

Fig. 8.96. *Osazone weisen charakteristische Kristallformen auf:* a) *Glucosazon;* b) *Galactosazon.*

Tab. 8.4. *Schmelztemperaturen und Bildungszeiten einiger Osazone*

Saccharid	Schmp. [°C]	Bildungszeit [min]
D-Glucose	205	4
D-Fructose	205	2
D-Mannose	205	0,5
D-Galactose	201	15–19
Sucrose	205	30

8.28. Präbiotische Bildung der Monosaccharide

Ein vielzitiertes Modell der präbiotischen Zucker-Bildung ist die um 1861 vom russischen Chemiker *Aleksandr Michajlovič Butlerow* (1828–1886) beobachtete Oligomerisierung von Formaldehyd in alkalischer Lösung – ursprünglich vorzugsweise in Kalkmilch (wässrige Suspension von $Ca(OH)_2$) – zu 'Formose', einem Gemisch aus mehr als 30 Polyhydroxyaldehyden, -ketonen und -carbonsäuren unterschiedlicher Kettenlänge und Struktur, in dem meist Pentosen gegenüber Hexosen, Ketosen gegenüber Aldosen und geradekettige gegenüber verzweigten Zuckern vorherrschen.

Zwar lässt sich im Prinzip die Bildung linearer Polyhydroxyaldehyde und -ketone aus Formaldehyd anhand bekannter Reaktionen der Carbonyl-Verbindungen – nämlich der Benzoin- und Aldol-Addition sowie der Keto–Enol-Tautomerisierung – postulieren, spätere Untersuchungen der Formose-Reaktion ergaben jedoch, dass sie unter primitiven Erdbedingungen wohl kaum als Quelle für die in lebenden Organismen vorkommenden Kohlenhydrate in Frage kommen kann.

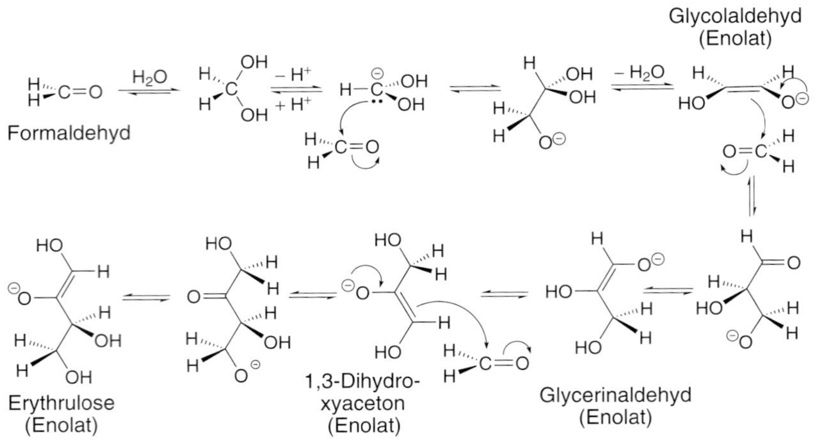

Fig. 8.97. *Plausibler Mechanismus der Formose-Reaktion*

Setzt man gezwungenermaßen voraus, dass unter den Bedingungen der Formose-Reaktion Glycolaldehyd durch Acyloin-Kondensation (*Abschn. 8.22*) von zwei Formaldehyd-Molekülen in ausreichender Konzentration gebildet werden kann, so würde die Addition des entsprechenden Enolats an Formaldehyd zu Glycerinaldehyd führen, dessen Tautomer – das 1,3-Dihydroxyaceton (*Abschn. 8.16*) – ebenfalls durch Aldol-Addition an Formaldehyd *Erythrulose* bilden könnte (*Fig. 8.97*). Die Fortsetzung dieses Prozesses könnte zur Bildung von Ketopentosen und Ketohexosen führen, die sich durch Tautomerisierung in die entsprechenden Aldosen umwandeln können.

Darüber hinaus könnten Hexosen entsprechend der enzymatisch katalysierten Synthese der Glucose (*Abschn. 8.29*) durch Aldol-Addition von 1,3-Dihydroxyaceton an Glycerinaldehyd, bzw. von Erythrulose an Glycolaldehyd gebildet werden. Dementsprechend wären Pentosen durch Aldol-Addition von 1,3-Dihydroxyaceton an Glycolaldehyd zugänglich. Da sämtliche Aldol-Additionen reversibel sind (*Abschn. 8.20*), ist es verständlich, dass Glycerinaldehyd immer wieder durch Spaltung höherer Kohlenhydrat-Moleküle gebildet werden kann, so dass die Formose-Reaktion – da die Acyloin-Kondensation von zwei Formaldehyd-Molekülen erwartungsgemäß sehr langsam stattfindet – autokatalytisch verläuft.

In der Tat bleibt die Konzentration 2%iger wässriger Lösungen *reinen* Formaldehyds während mehrerer Stunden – so genannte *Induktionsperiode* einer autokatalysierten Reaktion (*Abschn. 1.11*) – nahezu unverändert, wenn man sie mit Calcium-carbonat unter Rückfluss kocht, später jedoch nimmt die Formaldehyd-Konzentration schneller ab, bis schließlich der Aldehyd vollständig verschwindet. Die Induktionsperiode wird kürzer je verdünnter die Formaldehyd-Lösung und je ausgeprägter die Komplexbildungstendenz des Kations der verwendeten Base ist. Damit im Einklang stünde die Bildung eines Calcium-diolats, das nur am C-Atom deprotoniert werden kann, aus dem Formaldehyd-hydrat, das in wässriger Lösung vorliegt (*Abschn. 8.6*). Kocht man nur, bis die Hälfte des Formaldehyds umgesetzt worden ist, so lassen sich Glycolaldehyd und 1,3-Dihydroxyaceton nachweisen. Die Induktionsperiode fällt aus, wenn Glycolaldehyd, Glycerinaldehyd oder 1,3-Dihydroxyaceton zu Reaktionsbeginn zugegeben wird.

Obwohl in Wasser Glycolaldehyd aus Formaldehyd in Gegenwart von Ca(OH)$_2$ in mäßiger Ausbeute gebildet wird, ist die der Acyloin-Kondensation analoge Dimerisierung des Formaldehyds der umstrittenste Schritt der Formose-Reaktion. Abgesehen davon, dass sich Formaldehyd in der Gasphase thermisch und durch Bestrahlung (d.h. unter 'präbiotischen Bedingungen') unter Bildung von CO und H$_2$ leicht zersetzt, in Lösung dagegen leicht polymerisiert (*Abschn. 8.8*) und mit NH$_3$ oder HCN schnell reagiert (*Abschn. 8.14* bzw. *8.22*), ist die Hauptreaktion des Formaldehyds in alkalischem Medium die *Cannizzaro*-Disproportionierung (*Abschn. 8.12*), die um so stärker in den Vordergrund tritt, je konzentrierter und stärker die katalytisch wirkende Base ist. Für eventuell durch Polymerisation von Formaldehyd entstandene Zucker gilt Ähnliches: sie zersetzen sich in basischem Medium oder reagieren mit Aminosäuren und Aminen weiter zu Polymeren, die für weitere Reaktionen unbrauchbar sind.

Die Reaktion von reduzierenden Zuckern mit Aminosäuren, Peptiden oder Proteinen wurde 1912 vom Mediziner und Pharmazeuten *Louis Camille Maillard* (1878–1936) erstmals beschrieben. Die *Maillard*-Reaktion, deren Verlauf uneinheitlich ist, spielt eine zentrale Rolle sowohl bei der Bildung von Aromastoffen (Koch- und Röstaromen) und braunen Pigmenten (sog. *Melanoide* oder *Melanoidine*) in Lebensmitteln als auch bei der Wertveränderung von Lebensmitteln durch Lagerung und Verarbeitung. Vermutlich spielen für den Ablauf der *Maillard*-Reaktion *Amadori*-Umlagerungen (*Abschn. 8.27*) und *Strecker*-Abbaureaktionen (*Abschn. 9.35*) eine Rolle.

Die vorstehend erläuterte Problematik lässt vermuten, dass unter präbiotischen Bedingungen Glycolaldehyd nicht aus Formaldehyd sondern aus einem anderen, bisher nicht bekannten Vorläufer gebildet wurde. Als solcher ist in jüngster Zeit das Aziridin-2-carbonitril vorgeschlagen worden. Aziridin-2-carbonitril kann durch Bestrahlung von α-Aminoacrylnitril gebildet werden, das vermutlich auch als präbiotischer Vorläufer einiger Aminosäuren in Frage kommt (*Abschn. 9.35*). Durch hydrolytische Ringaufspaltung des Aziridin-2-carbonitrils wird Serinnitril gebildet, das unter Umkehrung der *Strecker*-Reaktion (*Abschn. 9.35*) Glycolaldimin liefert (*Fig. 8.98*). Die Hydrolyse des Letzteren führt zu Glycolaldehyd.

Darüber hinaus lässt sich experimentell nachweisen, dass durch Aufspaltung des Aziridin-2-carbonitrils mit Phosphat-Ionen Glycolaldehyd-2-phosphat gebildet wird, das durch Aldol-Addition sowohl zu einem Gemisch aus den acht möglichen Aldohexose-2,4,6-triphosphaten (in dem das racemische Allose-2,4,6-triphosphat überwiegt) als auch in Gegenwart von Formaldehyd zum Gemisch der vier möglichen Aldopentose-2,4-bisphosphate (in dem racemisches Ribose-2,4-bisphosphat

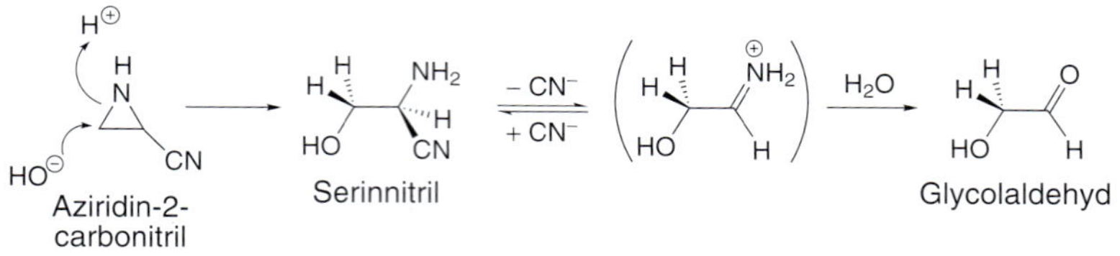

Fig. 8.98. *Eine mögliche präbiotische Synthese des Glycolaldehyds*

überwiegt) umgewandelt wird. Durch die Bildung von phosphorylierten Zucker-Molekülen, deren Stabilität diejenige der nicht veresterten Zucker weitgehend übertrifft, entfällt die generelle Bereitschaft der Aldosen zur Isomerisierung zu Ketosen, welche eine wichtige Ursache der Komplexität der Produktgemische aus der Formose-Reaktion ist. Vom Standpunkt der chemischen Evolution ist darüber hinaus nicht irrelevant, dass die in lebenden Organismen zur enzymatischen Synthese der Monosaccharide und der Nucleinsäuren (*Abschn. 8.30* bzw. *10.19*) verwendeten Kohlenhydrate als Ester der Phosphorsäure metabolisiert werden.

Noch unbeantwortet bleibt die Frage nach der präbiotischen Herkunft der 2-Desoxyribose, die für die Eigenschaften der DNA als Träger der genetischen Information von größter Bedeutung ist (*Abschn. 10.17*). Die naheliegende Bildung von 2-Desoxyribose durch basenkatalysierte Reaktion von Acetaldehyd mit Formaldehyd kommt nicht in Betracht, weil sie *Pentaerythrit* liefert, das durch Aldol-Addition des Acetaldehyds an drei Formaldehyd-Moleküle und darauf folgende 'gekreuzte' *Cannizzaro*-Reduktion der Formyl-Gruppe gebildet wird (*Fig. 8.99*). Verzweigte Kohlenhydrat-Analoga, die unter den Produkten der Formose-Reaktion vorkommen, können jedoch die für Lebewesen unentbehrlichen Monosaccharide nicht ersetzen; einige von ihnen wirken sogar toxisch.

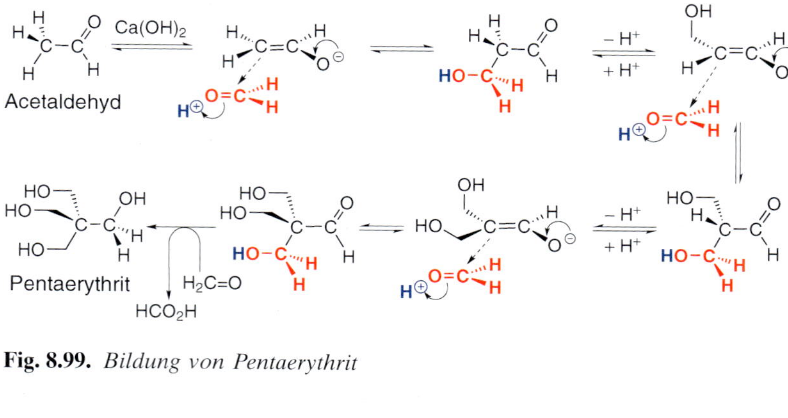

Fig. 8.99. *Bildung von Pentaerythrit*

Pentaerythrit wird zur Herstellung von Klebstoffen, Lacken, Farben, Weichmachern, Insektiziden, synthetischen Schmiermitteln, Polyurethanen, Emulgatoren u. a. verwendet. Das entsprechende Tetranitrat ist ein brisanter Sprengstoff, der anstelle von Nitroglycerin auch als Mittel zur Gefäßerweiterung in der Kardiologie Anwendung findet.

8.29. Metabolismus der Monosaccharide

Zu den inhärenten Eigenschaften der lebenden Materie (*Abschn. 1.2*) gehören die vererbbare *Variabilität* (*Abschn. 10.18*) und ein autogener (selbsterzeugender) *Metabolismus*, denn nur Lebewesen sind imstande, ihre körpereigenen Stoffe durch Umwandlung der im umgebenden Medium vorhandenen Substrate zu erzeugen. Auf die Bedeutung der Kohlenhydrate – hauptsächlich der Glucose – im Zellmetabolismus wurde bereits im *Abschn. 2.16* hingewiesen.

Sowohl bei der *Glycolyse* (dem exergonischen enzymatischen Abbau der Kohlenhydrate zu Pyruvat) als auch bei der *Gluconeogenese* (der Biosynthese der Glucose aus Pyruvat) spielt die reversible Umwandlung der Glucose in Fructose als erster bzw. letzter Schritt der Reaktionsfolge eine wichtige Rolle (*Fig. 8.100*). Der Mechanismus dieser Umwandlung ist der gleiche wie bei der Isomerisierung des D-Glycerinaldehyd-3-phosphats zum Dihydroxyaceton-phosphat (*Abschn. 8.16*).

Da je Glucose-Molekül zwei C_3-Bruchstücke entstehen, lautet die Nettoreaktion der Glycolyse:

$$C_6H_{12}O_6 + 2\ HPO_4^{2-} + 2\ ADP + 2\ NAD^+ \rightarrow$$
$$2\ Pyruvat + 2\ ATP + 2\ NADH + H_2O + 2\ H^+$$

Demnach werden bei der exergonischen ($\Delta G^0 = -77$ kJ mol^{-1}) Umwandlung von Glucose in Pyruvat zwei ATP-Moleküle gewonnen. Die beiden ATP-liefernden Reaktionen, die bei der Umsetzung von Glycerinaldehyd-pyrophosphat zu Pyruvat ablaufen, sind für anaerobe Organismen die wichtigsten Reaktionen der Energieumwandlung. ATP-Erzeugende Reaktionen, die weder auf photosynthetischem noch oxidativem Wege stattfinden, werden als *Substratphosphorylierungen* bezeichnet.

Sowohl der erste Schritt der Glycolyse, die Umwandlung von Glucose in Glucose-6-phosphat, die durch das Enzym *Hexokinase* katalysiert wird, als auch alle folgenden Schritte in *Fig. 8.100*, die ATP verbrauchen bzw. freisetzen, sind irreversibel. Aus diesem Grunde sind bei der Gluconeogenese andere Enzyme an diesen Schritten beteiligt, und die Biosynthese des Phosphoenol-pyruvats findet sogar auf einem Umweg statt. Deshalb stellt die Gluconeogenese nicht die Umkehrung der Glycolyse dar.

Bei der Glycolyse, die im Cytosol stattfindet, werden nicht nur zwei ATP- sondern auch zwei NADH-Moleküle gebildet, die bei Aerobiern zum größten Teil in der in den Mitochondrien lokalisierten Atmungskette für die Reduktion von molekularem Sauerstoff und die Freisetzung zusätzlicher ATP-Moleküle (oxidative Phosphorylierung) verbraucht werden. Da Hydrierungsreaktionen exotherm sind, stellen NADH-Moleküle ebenfalls ein Energiereservoir der lebenden Zellen dar.

Die anaerobe Biosynthese von NADPH findet dagegen hauptsächlich im so genannten *Pentosephosphat-Zyklus* oder *-Weg* statt, der bei Pflanzen und Tieren neben der Glycolyse für den anaeroben Abbau der Glucose zu CO_2 dient. Zum Pentosephosphat-Weg gehört eine Reihe von Umwandlungen von Monosaccharid-Molekülen untereinander, die von zwei Typen von Enzymen, den *Transketolasen* und den *Transaldolasen* katalysiert werden (*Fig. 8.101*). Es handelt sich hierbei um intermolekulare Übertragungen von Molekülfragmenten, die reaktionsmechanistisch wohl nach dem Prinzip der Aldol-Addition und der *retro*-Aldol-Reaktion stattfinden (*Abschn. 8.20*), wobei Transketolasen Glycolyl- ($CH_2OH-CO-$) und

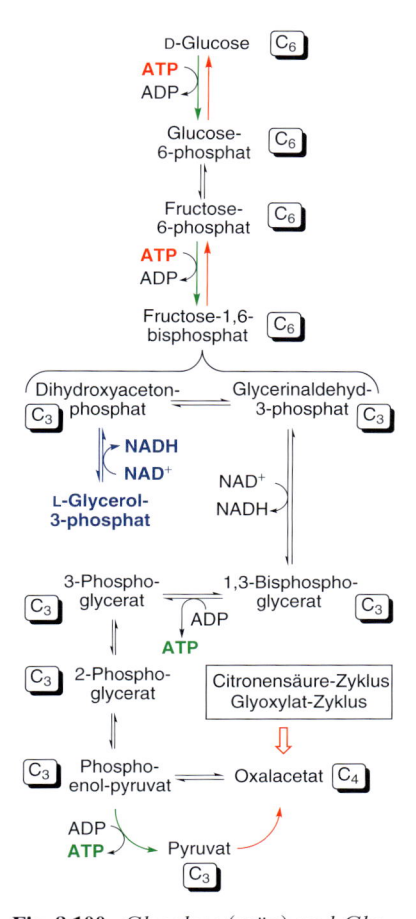

Fig. 8.100. *Glycolyse* (grün) *und Gluconeogenese* (rot) *unterscheiden sich an den irreversiblen Reaktionsschritten. Eine Nebenreaktion beider Prozesse ist die (reversible) Bildung von Glycerolphosphat* (blau).

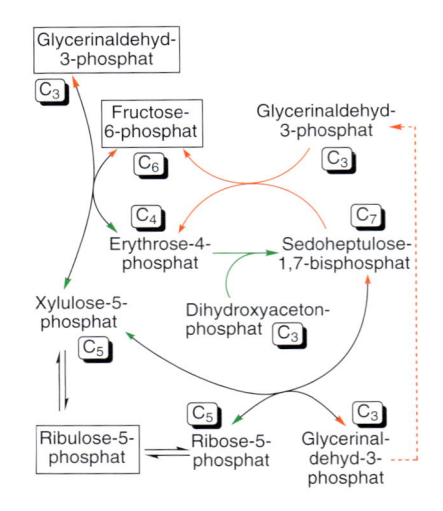

Struktur und Reaktivität der Biomoleküle

Transaldolasen Dihydroxyacetonyl-Gruppen (CH$_2$OH−CO−CHOH−) übertragen. Gemäß *Fig. 8.101* lautet die Nettoreaktion des Pentosephosphat-Zyklus:

$$3 \times \text{Ribulose-5-phosphat} \rightarrow 2 \times \text{Fructose-6-phosphat} + 1 \times \text{Glycerinaldehyd-3-phosphat}$$

Die heterotrophe Biosynthese von NADPH findet auf dem Pentosephosphat-Weg durch Oxidation von Glucose-6-phosphat und darauf folgende oxidative Decarboxylierung von 6-Phosphogluconat zum *Ribulose-5-phosphat* statt (*Fig. 8.102*). Letzteres wird analog zu der vorerwähnten Umsetzung von Glucose-6-phosphat in Fructose-6-phosphat in Ribose-5-phosphat umgewandelt.

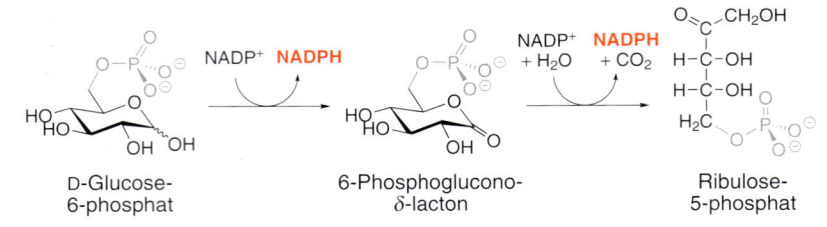

Fig. 8.101. *Die Reaktionen im Pentosephosphat-Zyklus* (rot) *laufen in umgekehrter Richtung als die 'Dunkelreaktionen' der Photosynthese* (grün) *ab.*

Fig. 8.102. *Die biologische Bedeutung des Pentosephosphat-Weges liegt in der Bildung von NADPH.*

Ribulose-5-phosphat ist ebenfalls die Schlüsselkomponente des so genannten Ribulose-bisphosphat-Zyklus (*Calvin – Basshan*-Zyklus), in dem das im Photosystem I der grünen Pflanzen unter Einwirkung der Sonnenenergie synthetisierte NADPH zur Assimilation von CO$_2$ und Biosynthese von Glucose verwendet wird (*Fig. 8.103*). Beim entscheidenden Schritt des *Calvin*-Zyklus reagiert vermutlich das Enolat des Ribulose-1,5-bisphosphats mit CO$_2$ unter Bildung einer β-Oxocarbonsäure (*Abschn. 9.13*), deren 'Säurespaltung' (*Abschn. 9.21*) die treibende Kraft der stark exergonischen Gesamtreaktion ($\Delta G^{0'} = -35{,}1$ kJ mol^{-1}) bereitstellt und zwei Moleküle Glycerinsäure-3-phosphat liefert. Die darauf folgenden Reaktionen (auf der rechten Seite der *Fig. 8.103*) sind die gleichen wie bei der Gluconeogenese und dem Pentosephosphat-Zyklus.

Melvin Calvin (1911 – 1997)
Professor an der University Berkeley (Kalifornien), erhielt für die Aufklärung der CO$_2$-Assimilation in Grünalgen (*Chlorella*) den *Nobel*-Preis im Jahre 1961. Seine Untersuchungen der Blutgruppenfaktoren führten zur Isolierung des Rh-Antigens aus dem Blut des Rhesusaffen (*Macaca mulatta*), woraus die Abkürzung Rh abgeleitet wurde. (© *Nobel*-Stiftung)

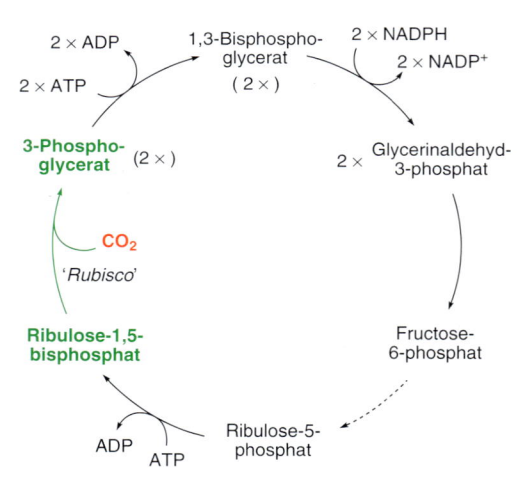

Fig. 8.103. *Im Calvin-Zyklus wird CO$_2$ durch Reaktion mit Ribulose-1,5-bisphosphat assimiliert. Die Reaktion wird von der Ribulose-1,5-bisphosphat-Carboxylase* ('*Rubisco*' *genannt*) *katalysiert, das mehr als 16% des gesamten Protein-Gehalts in den Chloroplasten ausmacht. Rubisco ist vermutlich das in der Biosphäre am häufigsten vorkommende Protein.*

8. Carbonyl-Verbindungen

Die stöchiometrische Gleichung der 'Dunkelreaktion' der Photosynthese, die im Stroma (dem Cytoplasma der Chloroplasten und anderen Plastiden) stattfindet, lautet:

$$6\ CO_2 + 6\ NADPH + 6\ H^+ \rightarrow C_6H_{12}O_6 + 6\ NADP + 6\ H_2O$$

Da bei jedem Durchlauf des *Calvin*-Zyklus nur ein CO_2-Molekül assimiliert wird, sind sechs Durchläufe nötig um ein Molekül Glucose zu synthetisieren. Glucose-Moleküle werden jedoch nicht schrittweise aufgebaut, sondern sie resultieren aus gegenseitigen Umwandlungen mehrerer Monosaccharide, bei denen das für die Inkorporation von CO_2 benötigte *Ribulose-5-phosphat* regeneriert wird. Die dabei beteiligten Reaktionen sind analog zu denen des Pentosephosphat-Zyklus (s. *Fig. 8.101*).

Anaerobe autotrophe Bakterien (*Abschn. 2.17*) verfügen über zwei andere Mechanismen der CO_2-Assimilation. Methanogene, acetogene und sulfatreduzierende (sulfidogene) Bakterien reduzieren CO_2 über den reduktiven Acetyl-Coenzym-A-Weg (*Abschn. 9.5*). Grüne Schwefelbakterien u. a. fixieren CO_2 ausschließlich über den reduktiven Tricarbonsäure-Zyklus, wobei CO_2 durch Carboxylierung von Succinyl-Coenzym A inkorporiert wird (*Abschn. 9.5*).

8.30. Zuckersäuren

Durch milde Oxidation der Aldosen werden die entsprechenden *Zuckersäuren* erhalten, die zu drei Klassen gehören: *Onsäuren*, und *Uronsäuren*, die durch Oxidation der Aldehyd- bzw. der primären Alkohol-Gruppe gebildet werden, und *Arsäuren* (Zuckerdicarbonsäuren), die aus der Oxidation beider Endgruppen resultieren (*Fig. 8.104*). Da es sich dabei um Hydroxycarbonsäuren handelt, kommen sie oft als *Lactone* vor (vgl. *Abschn. 9.15*). Uronsäuren können außerdem als Halbacetale vorliegen. Die einfachste Onsäure ist die *Glycerinsäure*, die wichtigste Arsäure die *Weinsäure*.

Die Biosynthese der (+)-L-Weinsäure aus D-Glucose in Pflanzen findet auf zwei verschiedenen Wegen statt, die zum selben Vorläufer, der 5-Keto-D-gulonsäure (= 5-Keto-L-idonsäure), führen (*Fig. 8.105*).

D-Glycerinsäure spielt sowohl als 2- und 3-Phosphorsäureester als auch als 2,3- und 1,3-Bisphospho-Derivat eine wichtige Rolle im

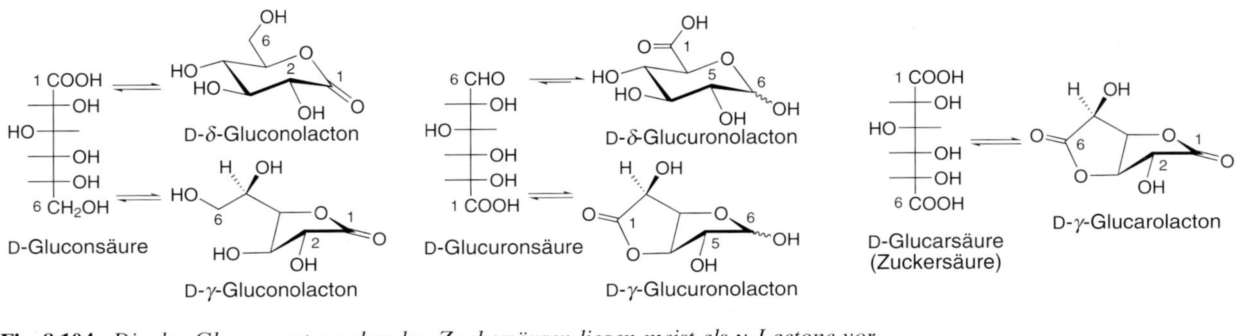

Fig. 8.104. *Die der Glucose entsprechenden Zuckersäuren liegen meist als γ-Lactone vor.*

Struktur und Reaktivität der Biomoleküle

D-Gluconsäure $\xleftarrow{b}$ **D-Glucose** $\xrightarrow{a}$ D-Glucuronsäure $\xrightarrow{a}$ L-Gulonsäure

$\downarrow b$ $\qquad\qquad\qquad\qquad\qquad\qquad\qquad\qquad\qquad\downarrow a$

5-Keto-D-gluconsäure $\xleftarrow{a}$ L-Idonsäure $\xleftarrow{a}$ 2-Keto-L-idonsäure $\xrightleftharpoons{a}$ L-Ascorbinsäure

$\downarrow$ (C(4)–C(5))-Spaltung

(+)-L-**Weinsäure**

Fig. 8.105. *Biosynthese der Weinsäure in Weingewächsen: Hauptweg (a) und Nebenweg (b) in der Amerikanischen Rebe (Vitis labrusca)*

D-Glycerinsäure

1,3-Bisphosphoglycerat

Fig. 8.106. *Das 1,3-Bisphosphat der D-Glycerinsäure ist ein Zwischenprodukt der Glycolyse.*

Stoffwechsel der Kohlenhydrate. D-Glycerinaldehyd-3-phosphat, ein Spaltprodukt der Glucose (*Abschn. 8.29*) wird durch oxidative Phosphorylierung in 1,3-Bisphosphoglycerat umgewandelt (*Fig. 8.106*), dessen reaktive funktionelle Gruppe eines gemischten Säure-anhydrids (*Abschn. 9.12*) zur Biosynthese von ATP dient. Am Ende der Glycolyse wird das dabei freigesetzte 3-Phosphoglycerat zum 2-Phosphoglycerat isomerisiert, und Letzteres durch H_2O-Abspaltung in Phosphoenol-pyruvat umgewandelt (s. *Fig. 8.57*).

Die der D-Glucose entsprechenden Carbonsäuren sind die D-*Gluconsäure*, die D-*Glucuronsäure* und die als 'Zuckersäure' schlechthin bezeichnete D-*Glucarsäure*, der keine besondere biologische Bedeutung zukommt (*Fig. 8.104*). Den Aldohexosen entsprechende Carbonsäuren können γ- oder δ-Lactone bilden, wobei das γ-Lacton der Gluconsäure thermodynamisch bevorzugt ist. Glucarsäuren können auch Bis-γ-lactone bilden. Die der D-Galactose entsprechende Dicarbonsäure wird *Schleimsäure*, ihre Salze *Mucate* (lat. *mucus*: Schleim) genannt. Glucuron- und Galacturonsäure treten als Stoffwechselprodukte auf und sind Bestandteile der Polysaccharide (*Abschn. 8.33*).

In mehreren Mikroorganismen (*Aspergillus niger* u.a.) katalysiert ein FAD-abhängiges Enzym (*Abschn. 10.14*), die *Glucose-Oxidase*, die Oxidation von D-Glucose zu D-δ-Gluconolacton unter Bildung von H_2O_2. Glucuronsäure wird dagegen in der Leber durch Oxidation von Uridinphosphatidyl-Glucose und darauf folgende Hydrolyse der Uridinphosphatidyl-Gruppe biosynthetisiert. Das dazugehörige Enzym – *UDP-Glucose-Dehydrogenase* – enthält NAD^+ als prosthetische Gruppe. Glucuronsäure bildet u.a. mit toxischen Metaboliten (z.B. Bilirubin, Phenole, Steroide) wasserlösliche Glycoside (sog. *Glucuronide* oder *Glucuronsäure-Konjugate*), die mit dem Harn ausgeschieden werden (s. *Abschn. 10.4*).

Tadeuz Reichstein (1897–1996)
Professor für pharmazeutische und organische Chemie an der Universität Basel, stellte im Jahre 1933 gleichzeitig und unabhängig von *Haworth* (s. *Abschn. 8.26*) Vitamin C synthetisch her. *Reichstein* entwickelte auch die erste industrielle Synthese von Vitamin C. Insbesondere für seine Arbeiten über Nebennierenhormone (u.a. Isolierung und Strukturaufklärung des Cortisons im Jahre 1935) erhielt *Reichstein* zusammen mit *Edward Calvin Kendall* (1886–1972) und *Philip Showalter Hench* (1896–1965) im Jahre 1950 den *Nobel*-Preis für Physiologie und Medizin. (© *Nobel*-Stiftung)

Während Glucon- und Glucarsäure *in vitro* durch Oxidation der Glucose mit Hypobromit oder *Tollens*-Reagenz (*Abschn. 8.12*) bzw. mit Salpetersäure leicht zugänglich sind, kann die Glucuronsäure auf chemischem Wege direkt – d.h. ohne Anwendung einer geeigneten Schutzgruppe für die Aldehyd-Gruppe (*Abschn. 8.13*) – nicht hergestellt werden.

Ein wichtiges Stoffwechselprodukt der D-Glucuronsäure ist die *Ascorbinsäure* (Vitamin C), die hauptsächlich in frischem Obst (bes. in Citrusfrüchten) und Gemüse vorkommt. Die Biosynthese der Ascorbinsäure aus Glucuronsäure stellt ein deutliches Beispiel des Überganges von der D-Reihe in die L-Reihe der Monosaccharide

Fig. 8.107. Biosynthese der L-Ascorbinsäure

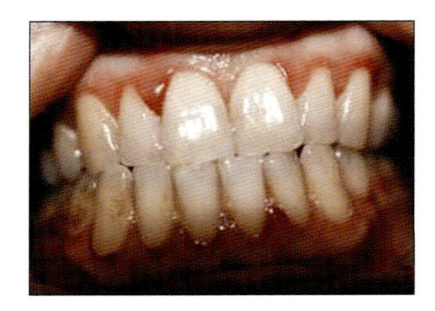

Fig. 8.108. *Zum Syndrom der durch Vitamin-C-Mangel verursachten Hypovitaminose* (Skorbut) *gehört die Erkrankung des parodontalen Bindegewebes.*

dar, der lediglich durch Vertauschen der Molekülenden vollzogen wird (*Fig. 8.107*).

An der Biosynthese der Ascorbinsäure sind drei Enzyme beteiligt: die *Glucuronat-Reductase*, welche die Aldehyd-Gruppe der D-Glucuronsäure unter Bildung von L-*Gulonsäure* reduziert, die *Aldonolactonase*, die durch H_2O-Abspaltung L-Gulonolacton bildet, und die *Gulonolacton-Oxidase*, welche die C(2)-ständige Alkohol-Gruppe des L-Gulonolactons oxidiert. Ascorbinsäure ist das γ-Lacton der L-2-Oxogulonsäure. In *Fig. 8.107* ist das thermodynamisch bevorzugte Endiol-Tautomer (*Abschn. 8.16*) dargestellt. Ascorbinsäure bildet mit Dehydroascorbinsäure, die in wässriger Lösung als 2-Monohydrat vorliegt (s. *Abschn. 8.6*), in Gegenwart der kupferhaltigen *Ascorbinsäure-Oxidase* ein Redox-System, das bei enzymatischen Hydroxylierungen (Biosynthese des Noradrenalins, Cholesterin-Abbau u. a.) von Bedeutung ist.

Im Gegensatz zu den meisten Tieren verfügen Menschen, Menschenaffen, Meerschweinchen, fliegende Säugetiere und Insekten nicht über die Gulonolacton-Oxidase. Sie sind somit darauf angewiesen, Ascorbinsäure mit der Nahrung aufzunehmen. Der tägliche Bedarf an Ascorbinsäure liegt für den Menschen mit 1 mg/kg erheblich höher als für andere Vitamine. Beim Menschen führt Mangel an Ascorbinsäure in der Nahrung zu einer als *Skorbut* bekannten Avitaminose, einer bis Mitte des 18. Jahrhunderts unter Seefahrern weit verbreiteten Krankheit, zu deren Symptomen Gingivitis, später Zahnfleischgeschwüre mit Zahnausfall (*Fig. 8.108*), geschwollene und entzündete Gelenke, Blutungen unter der Haut, eine verlangsamte Wundheilung und Muskelschwäche gehören. Todesursache ist meist Herzinsuffizienz. Dieses Krankheitsbild resultiert aus der mangelhaften Biosynthese des Kollagens (*Abschn. 9.31*) durch die *Prolyl-Hydroxylase*, für deren Regenerierung Ascorbinsäure (griech. *ã-*: ohne, Skorbut) benötigt wird.

Die *Prolyl-Hydroxylase* ist eine Fe^{II}-haltige Dioxygenase (s. *Abschn. 2.17*), die kein Häm als prosthetische Gruppe enthält (vgl. *Abschn. 10.4*). Sie aktiviert molekularen Sauerstoff, wobei eines der beiden O-Atome auf das C(4)-Atom der Prolin-Einheiten, das andere auf α-Oxoglutarat unter Abspaltung von CO_2 und Bildung von Succinat übertragen wird. Die Gesamtreaktion findet ohne Oxidation des enzymgebundenen Fe^{II}-Ions statt (*Fig. 8.109*). Prolyl-Hydroxylase kann aber auch α-Oxoglutarat oxidativ decarboxylieren, ohne dass dabei Hydroxyprolin gebildet wird. Bei dieser Reaktion wird Fe^{II} in Fe^{III} umgewandelt, das nicht mehr befähigt ist, Sauerstoff zu binden (*Abschn. 2.16*). Zur Regenerierung des Fe^{II}-Ions benötigt die Prolyl-Hydroxylase Ascorbinsäure als Cofaktor, der als Reduktionsmittel wirkt und bei der Reaktion zur Dehydroascorbinsäure oxidiert wird.

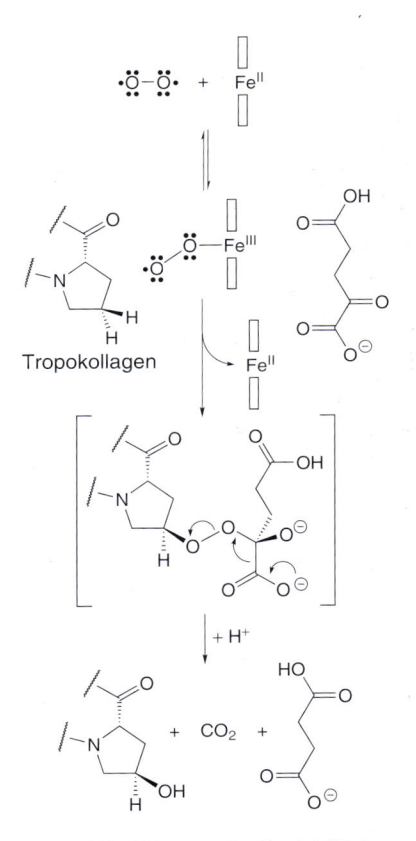

Fig. 8.109. *Die von der* Prolyl-Hydroxylase *katalysierte C(4)-Hydroxylierung der Prolin-Einheiten des Protokollagens ist mit der oxidativen Decarboxylierung von α-Oxoglutarat gekoppelt.*

8.31. Disaccharide

Ebenso wie Halbacetale befähigt sind, in Gegenwart von Säuren mit einem zweiten Alkohol-Molekül unter Bildung von Acetalen zu reagieren (*Abschn. 8.13*), können Furanosen oder Pyranosen mit den OH-Gruppen eines anderen Zucker-Moleküls *Disaccharide* und darüber hinaus *Polysaccharide* bilden.

Die Bindung zwischen zwei Zucker-Molekülen wird *glycosidische* Bindung genannt. Das anomere C-Atom ist nunmehr Bestandteil einer Acetal-Gruppe und kann wie im Falle des Monosaccharids die α- oder die β-Konfiguration aufweisen, je nachdem ob das als Alkohol dienende Zucker-Molekül von der 'unteren' bzw. 'oberen' Seite des Akzeptor-Moleküls angelagert worden ist. Beispielsweise können zwei Moleküle der D-Glucose unter Bildung von *Maltose* (Malzzucker) oder *Cellobiose* miteinander reagieren (*Fig. 8.110*).

Cellobiose ist ein Abbauprodukt der *Cellulose* (*Abschn. 8.33*), das unter Einwirkung des in Bakterien, Pilzen und Schnecken vorkommenden Exoenzyms *Cellulase* hydrolytisch gebildet wird. Die Verdauungssysteme von Tieren besitzen keine eigenen Cellulasen; daher wird die mit der Nahrung aufgenommene Cellulose unverdaut ausgeschieden, wobei Cellulose den größten Anteil der Fäces ausmacht. Durch Symbiose mit im Rinderpansen oder im Blinddarm lebenden Mikroorganismen kann Cellulose auch von grasfressenden Säugern als Kohlenhydratquelle genutzt werden. Das gleiche gilt für die Termiten, die mit Hilfe von in ihrem Speichel enthaltenen Bakterien Holz verdauen können.

In beiden Fällen handelt es sich um Disaccharide, die mit dem Namen der als Alkohol fungierenden Komponente, dessen Endung *-ose* durch *-osyl* ersetzt wird, gefolgt vom Namen der als Acetal vorliegenden Komponente systematisch bezeichnet werden. Ferner wird im systematischen Namen jeweils die relative Konfiguration des anomeren C-Atoms dem Namen der dazugehörigen Komponente vorangestellt, wobei die (als erste angegebene) Konfiguration der glycosidischen Bindung auf keinen Fall ausgelassen werden darf. Beispielsweise ist 4-*O*-α-D-Glucopyranosyl-D-glucopyranose die systematische Bezeichnung für Maltose und 4-*O*-β-D-Glucopyranosyl-D-glucopyranose die für Cellobiose. Der dem systematischen Namen

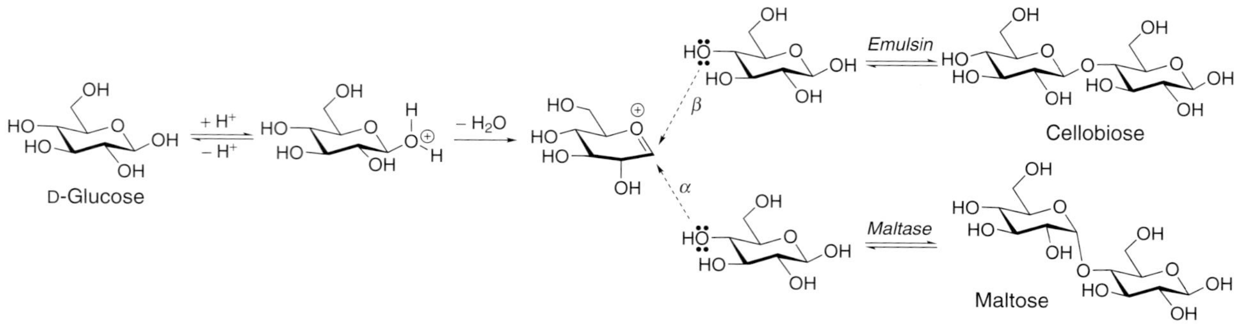

Fig. 8.110. *Maltose und Cellobiose sind epimere Disaccharide.*

vorangestellte Lokant gibt an, dass die glycosidische Bindung das anomere C-Atom der als Acetal vorliegenden Komponente mit der Position C(4) der als Alkohol fungierenden Komponente über ein als *O* angegebenes O-Atom verbindet. Oft wird die Notation (1 → 4) verwendet, um zu verdeutlichen, dass die glycosidische Bindung das (als Acetal vorkommende) C(1)-Atom mit dem C(4)-ständigen O-Atom des als Alkohol fungierenden Zucker-Moleküls verbindet.

Disaccharide können auch aus zwei Molekülen verschiedener Zucker gebildet werden. Beispielsweise setzt sich *Lactose* (Milchzucker) aus D-Galactose und D-Glucose zusammen, die β-glycosidisch verknüpft sind (*Fig. 8.111*).

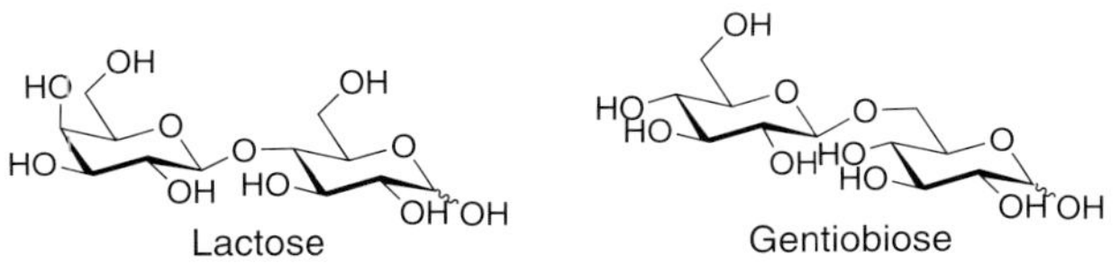

Lactose
4-*O*-(β-D-Galactopyranosyl)-
D-glucopyranose

Gentiobiose
6-*O*-(β-D-Glucopyranosyl)-
D-glucopyranose

Fig. 8.111. *Lactose und Gentiobiose weisen zwei verschiedene Typen β-glycosidischer Bindungen auf.*

Lactose, das wichtigste Kohlenhydrat der Milch, (lat. *lac*: Milch) wird von einer Glycosidase, der *Lactase* (= β-Galactosidase), in ihre Komponenten, D-Glucose und deren *C(4)*-Epimere, die D-Galactose (griech. γάλα (*gála*): Milch), gespalten. Anschließend wird das Gleichgewicht zwischen der an Uridin-diphosphat gebundenen D-Galactose (UDP-Galactose) und UDP-Glucose durch eine NAD$^+$-abhängige *Epimerase*, welche die Oxidation der HCOH-Gruppe an C(4) zur Keto-Gruppe und die darauf folgende unstereospezifische Hydrierung der Letzteren katalysiert, hergestellt. Eine genetisch bedingte Erhöhung des Galactosespiegels im Blut (Galactosämie) führt mit Beginn der Milchfütterung (auch Muttermilch) u. a. zu Erbrechen, Durchfall, Leber- und Milzvergrösserung sowie Gedeihstörungen und sogar dem Tod des Säuglings. Im Gegensatz zu Kindern, die mit wenigen Ausnahmen über Lactase verfügen, sind weltweit die meisten erwachsenen Menschen sowie andere Säuger lactasedefizient. Durch die Akkumulation von Lactose im Dünndarm erhöht sich der osmotische Druck derart, dass es zu Brechreiz, Krämpfen und Diarrhöe führt. Lactasedefizienz ist vermutlich ein autosomal rezessives Merkmal, das rassentypisch ist: mit nur 3% sind die Dänen am seltensten, mit 97% die Thailänder am häufigsten lactasedefizient.

Die glycosidische Bindung kann im Prinzip mit jeder der OH-Gruppen eines Monosaccharid-Moleküls gebildet werden. Beispielsweise sind in der *Gentiobiose*, einem Disaccharid, das als Zucker-Komponente des *Amygdalins* (*Abschn. 9.34*) in den Samen zahlreicher Steinobstarten vorkommt, zwei Moleküle der D-Glucose über eine (1 → 6)-Brücke miteinander verknüpft (*Fig. 8.111*).

Sofern nur eines der anomeren C-Atome an der glycosidischen Bindung beteiligt ist, weist das resultierende Disaccharid in Lösung reduktive Eigenschaften auf, weil einer der Zucker-Ringe als Halbacetal vorliegt und somit im Gleichgewicht mit einem zwar kleinen aber nachweisbaren Anteil von Molekülen der entsprechenden

Struktur und Reaktivität der Biomoleküle

Aldose steht. Verbindet dagegen die glycosidische Bindung die beiden anomeren C-Atome der Disaccharid-Komponenten, so weist das Disaccharid keine reduzierenden Eigenschaften auf. Beide Typen von Disacchariden können somit mit Hilfe der *Tollens*- oder *Fehling*-Reaktion leicht unterschieden werden.

Ein wichtiges nichtreduzierendes Disaccharid ist die *Saccharose* (Sucrose), die außer in fast allen Früchten besonders im Presssaft der Zuckerrübe (12–20%) und des Zuckerrohrs (14–21%) angereichert ist (*Fig. 8.112*). Ihre Bestandteile sind D-Glucose und D-Fructose, wobei Letzteres anders als ungebunden, die Furanose-Struktur aufweist (*Fig. 8.113*). In der systematischen Nomenklatur werden nichtreduzierende Disaccharide von reduzierenden Disacchariden mit der Endung *-osid* statt *-ose* differenziert. Der systematische Name der Saccharose lautet somit: β-D-Fructofuranosyl-α-D-glucopyranosid.

Fig. 8.112. *Saccharose (Rohrzucker) ist im Zuckerrohr (Saccharum officinarum) reichlich vorhanden.*

Saccharose (Rohrzucker, Rübenzucker) ist der als Nahrungs-, Genuss- und Konservierungsmittel am häufigsten verwendete Zucker, der bei grünen Pflanzen im Cytosol biosynthetisiert und als erstes nicht phosphoryliertes Produkt der Photosynthese innerhalb der Leitgewebe transportiert wird.

Als Bestandteil einer Acetal-Gruppe wird die glycosidische Bindung in saurem Medium hydrolytisch gespalten (*Abschn. 8.13*). Auch Enzyme (sog. Glycosidasen) vermögen glycosidische Bindungen zu spalten, wobei sie im Gegensatz zur chemischen Hydrolyse aufgrund ihrer Spezifität den Vorteil bieten, zwischen α- und β-Glycosiden zu unterscheiden. Beispielsweise spaltet die im Dünndarm, Pankreas, Blut und Leber des Menschen sowie in Pflanzen (Hefen, Getreide u.a.) vorkommende *Maltase* (= α-Glucosidase) ausschließlich α-glycosidische Bindungen, während das *Emulsin* (eine β-Glucosidase, die in vielen Steinobstarten vorkommt) β-glycosidische Bindungen hydrolysiert (s. *Fig. 8.110*).

Bei der hydrolytischen Spaltung der glycosidischen Bindung der Saccharose werden zwei Monosaccharide (D-Glucose und D-Fructose) zu gleichen Anteilen freigesetzt, deren spezifische optische Drehungen entgegengesetzt sind. Da der *positive* $[\alpha]_D$-Wert der D-Glucose *kleiner* ist als der *negative* $[\alpha]_D$-Wert der D-Fructose (weshalb Letztere auch *Lävulose* genannt wird), ist die resultierende Mischung im Gegensatz zu Saccharose-Lösungen, die rechtsdrehend sind, linksdrehend (s. *Fig. 8.113*). Aus diesem Grund werden äquimolekulare Gemische aus D-Glucose und D-Fructose *Invertzucker* genannt. Die *Glycosidase*, welche die glycosidische Bindung des Rohrzuckers spaltet, wird demzufolge *Invertase* (= Saccharase) genannt. Sie kommt hauptsächlich in Hefe, Pilzen und höheren Pflanzen, aber auch im Magensaft der Bienen vor. Honig besteht zum größten Teil aus Invertzucker, aus dem durch Stehenlassen bei Raumtemperatur die Glucose auskristallisiert.

Saccharose (Sucrose)
β-D-Fructofuranosyl-α-D-glucopyranosid
$[\alpha]_D = +66$

↓

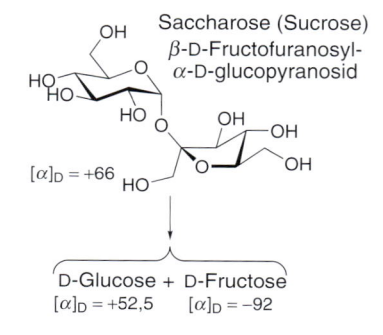

D-Glucose + D-Fructose
$[\alpha]_D = +52{,}5$ $[\alpha]_D = -92$

Fig. 8.113. *Bei der Hydrolyse der Saccharose werden D-Glucose und D-Fructose freigesetzt.*

8.32. Glycoside

Definitionsgemäß werden glycosidische Bindungen nicht nur durch Reaktion von Zucker-Molekülen untereinander, sondern auch durch Reaktion eines Zucker-Moleküls mit anderen Nucleophilen (Alkoholen, Phenolen, primären oder sekundären Aminen u. a.) gebildet, die nicht zu den Monosacchariden gehören. Derartige Acetale werden *heteromere* Glycoside genannt, um sie von den Glycosiden, an deren Bildung ausschließlich Monosaccharide beteiligt sind (*homomere* Glycoside), zu unterscheiden. Bei heteromeren Glycosiden wird der Bestandteil, der kein Zucker ist, als *Aglycon* oder *Genin* bezeichnet. Glycoside, deren Zucker-Komponente nur Glucose enthält, werden *Glucoside* bzw. *Glucane* genannt. Eine Übersicht über die verschiedenen Klassen von Glycosiden gibt *Tab. 8.5* wieder.

Tab. 8.5. *Klassifizierung der Glycoside und Glycane*

homomere Glycoside		
Disaccharide		Maltose, Cellobiose, Saccharose
Oligosaccharide		
Glycane	Reservepolysaccharide	Stärke, Glycogen
	Strukturpolysaccharide	Cellulose, Chitin, Murein, ...
	Mucopolysaccharide	Hyaluronsäure, Heparin, ...
heteromere Glycoside		
O-Glycoside		Arbutin, Amygdalin, Indican, Anthocyane, Cardenolide, ...
N-Glycoside		Nucleoside

Beispielsweise ist *Arbutin* ein heteromeres Glucosid, das aus D-Glucose und Hydrochinon (als Aglycon) besteht (*Fig. 8.114*). Ebenso setzt sich das in *Streptomyces griseus* entdeckte Antibiotikum *Streptomycin* aus einem Cyclit-Derivat (vgl. *Abschn. 5.3*) als Aglycon und einem aus 5-Desoxy-3-formyl-L-lyxose (L-Streptose) und *N*-Methyl-L-glucosamin bestehenden Disaccharid zusammen (*Fig. 8.115*). Arbutin ist in den Blättern des Erdbeerbaums (*Arbutus unedo*), der Bärentraube und der Preiselbeere u. a. enthalten. Die Schwarzfärbung der Blätter, die bei bestimmten Birnbaumsorten im Herbst beobachtet werden kann, rührt von deren hohem Arbutin-Gehalt her. Aus dem Glucosid wird durch enzymatische Hydrolyse Hydrochinon freigesetzt, das durch Luftsauerstoff unter Mitwirkung einer *Phenol-Oxidase* (*Abschn. 5.17*) zu *p*-Benzochinon (*Abschn. 8.3*) und weiterhin zu schwarzen Polymeren oxidiert wird (*Fig. 8.114*).

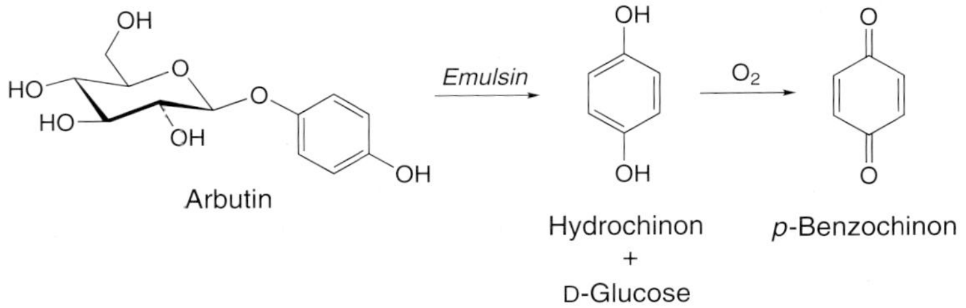

(−)-Streptomycin

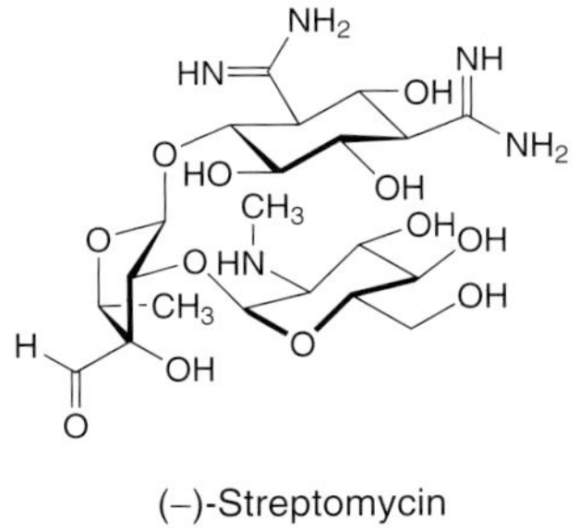

Fig. 8.115. *Die bakterizide Wirkung des Streptomycins beruht auf der Hemmung des Elongationsschrittes bei der Protein-Biosynthese durch Bindung an die kleinere Untereinheit der Ribosomen (Abschn. 10.18). Wie bei anderen Aminoglycosid-Antibiotika können lang andauernde Behandlungen Hör- und Nierenschädigungen verursachen.*

Arbutin → (Emulsin) → Hydrochinon + D-Glucose → (O_2) → *p*-Benzochinon

Fig. 8.114. *Die herbstliche Schwarzfärbung der Birnbaumblätter rührt von deren Arbutin-Gehalt her.*

Struktur und Reaktivität der Biomoleküle

Fig. 8.116. *Nachts oder bei kleinster Berührung falten sich die Fiederblätter der Sinnpflanze* (Mimosa pudica) *zusammen.* (Mit freundlicher Genehmigung von Prof. *Shosuke Yamamura*, Keio University, Yokohama)

Eine interessante Gruppe pflanzlicher Glycoside bilden die so genannten *Turgorine* oder 'Leaf-Movement-Factors'. Sie stellen oft eine der Komponenten dar, die bei Pflanzen als Antwort auf einen äußeren Reiz (Wärme, Berührung, Tag/Nacht-Rhythmus, u. a.) Bewegungen, insbesondere das Zusammenklappen der Blätter, hervorrufen. Der Ursprung der Bewegung ist ein Fluss von Ionen (insbesondere K^+-Ionen), welcher den Transport von H_2O zwischen den Flexor- und Extensor-Zellen des Gelenkpolsters (*Pulvini*) stimuliert, die oberhalb bzw. unterhalb des zentralen vaskulären Gewebes angeordnet sind. Am besten untersucht ist die Sinnpflanze (*Fig. 8.116*), obwohl Turgorine auch in anderen Pflanzen, meist aus der Familie der Schmetterlingsblütler vorkommen. Bei der Sinnpflanze wird das Zusammenklappen der Blätter beim Einbruch der Dunkelheit (Nyktinastie) durch die enzymatische Hydrolyse des Glucosids der Gentisinsäure induziert, während die entgegengesetzte Bewegung von seinem Antagonist (s. *Anschnitt 7.3*), dem *Mimopudin* verursacht wird (*Fig. 8.117*). Das blitzartige Zusammenklappen der Mimoseblätter bei Berührung (Thigmonastie) wird dagegen von einem Gemisch aus drei Komponenten (Kalium-L-malat, Kalium/Magnesium-*trans*-aconitat und Dimethylammonium-Ionen) stimuliert, wobei jedoch jede einzelne Komponente des Gemisches inaktiv ist.

Kalium-5-*O*-β-glucopyranosylgentisat   Mimopudin

Fig. 8.117. *Das Komponentenpaar des 'Leaf-Movement'-Faktors der* Mimosa pudica

Als Aglycone wirken oft Derivate der Steroide (*Abschn. 5.28*) oder Acetogenine (*Abschn. 9.24*). Ist das Aglycon über ein O-Atom an das Zucker-Molekül gebunden, so handelt es sich dabei um ein *O*-Glycosid. Primäre oder sekundäre Amine können ebenfalls mit der Halbacetal-Gruppe von Saccharid-Molekülen unter Bildung der entsprechenden Halbaminale reagieren (*Abschn. 8.14*). Die daraus resultierende glycosidische Bindung charakterisiert die *N*-Glycoside. Die biologisch wichtigsten *N*-Glycoside sind die Nucleoside (*Abschn. 10.16*).

8.33. Polysaccharide

Reduzierende Disaccharide verfügen über eine Halbacetal-Gruppe, die befähigt ist, mit einem weiteren Alkohol-Molekül zu reagieren. Handelt es sich beim Letzteren um ein Monosaccharid, so entsteht ein Trisaccharid. Nach dem gleichen Reaktionsprinzip können längere Polymere, so genannte *Polysaccharide*, gebildet werden. Es handelt sich dabei um *Kondensationspolymere*, denn jeder Schritt der Polymerisation findet unter Abspaltung eines Fragments des Monomers (im vorliegenden Falle ein H_2O-Molekül) statt. Biologisch wichtige Kondensationspolymere sind außer den Polysacchariden die Polyester (*Abschn. 9.15*) und die Polypeptide (*Abschn. 9.28*).

Polysaccharide, die bis *ca.* 10 Monomer-Einheiten enthalten, werden *Oligosaccharide* (griech. ὀλίγος (*olígos*): wenig) genannt. Hochmolekulare Polysaccharide, die auch *Glycane* genannt werden, können hunderte bis tausende von Monomer-Einheiten enthalten.

Maltose und Cellobiose (s. *Fig. 8.110*) repräsentieren die zwei wichtigsten Verkettungsvarianten der Polysaccharide, in denen ihre biologische Funktion als Nahrungsvorrat bzw. als gerüstbildende Biopolymer-Fasern begründet ist (*Tab. 8.5*). Polysaccharide, die aus Molekülen eines einzigen Monosaccharids aufgebaut sind (z.B. Stärke, Glycogen und Cellulose), werden *Homoglycane* genannt. Zu den Reservepolysacchariden gehören *Stärke* bei den höheren Pflanzen und *Glycogen* bei den Tieren. Beide sind Kondensationspolymere der D-Glucose, deren Monomer-Einheiten – wie bei der Maltose – β-glycosidisch miteinander verknüpft sind.

Stärke wird biosynthetisiert und gespeichert in den Chloroplasten. In eigens für Nährstoffspeicherung modifizierten Chloroplasten (*Amyloplasten*) pflanzlicher Zellen der Wurzel, Knollen, Mark und Samen findet man Stärkekörner, die aus zwei unterschiedlichen Polysacchariden bestehen: *Amylopektin* (80%), das eine wasserunlösliche Hülle bildet, und die wasserlösliche *Amylose* (20%), die in deren Inneren enthalten ist (*Fig. 8.118*) Amylopektin (lat. *amylum*: Stärke(mehl)) und griech. πηκτός (*pēktós*): verfestigt, geronnen) und *Pektine* haben zwar dieselbe Etymologie, sie sollen jedoch nicht miteinander verwechselt werden.

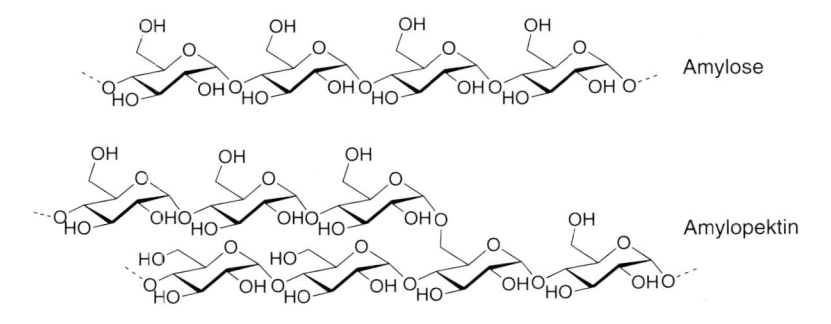

Fig. 8.118. *Amylose und Amylopektin bestehen aus* D-*Glucose-Einheiten, die α-(1 → 4)-glycosidisch miteinander verbunden sind. Im Gegensatz zur Amylose, die ein lineares Polysaccharid ist, weist das Amylopektin Seitenketten mit 20–25 Monomer-Einheiten auf, die an den Hauptstrang α-(1 → 6)-glycosidisch gebunden sind.*

Die Kristallstrukturen der Stärke, der Cellulose und ähnlicher Polysaccharide sind wegen der Uneinheitlichkeit ihrer Zusammensetzung und dem damit verbundenen Mangel an Kristallisierbarkeit wenig bekannt. Die helicale Struktur der Polysaccharide mit α-glycosidischen Bindungen zwischen den Monomer-Einheiten lässt jedoch die Eigenschaften dieser Biopolymere am besten erklären. Amylose besteht aus unverzweigten Glycosid-Ketten mit 100 bis 1400 Monomer-Einheiten, die sich in einer helicalen Sekundärstruktur anordnen, deren Hohlraum hydrophob ist. Demzufolge bilden die in einer Lösung von I_2 und KI in H_2O (*Lugol*-Lösung) enthaltenen I_3^--Ionen Einschlusskomplexe, deren charakteristische violette Farbe

($\lambda_{max} = 600$ nm) als sehr empfindliche Nachweisreaktion für die Stärke dient. Amylopektin besteht ebenfalls aus D-Glucose-Ketten, die (1 → 4)-glycosidisch verknüpft sind. Diese Ketten sind jedoch zusätzlich durch kürzere Seitenketten aus 20–25 Monomer-Einheiten, die (1 → 6)-glycosidisch gebunden sind, verzweigt. Amylopektin quillt beim Erhitzen mit H_2O sehr leicht und ist dadurch für die Bildung von *Stärkekleister*, der als Papierklebstoff verwendet wird, maßgebend.

Die Stärke der Kartoffel und von Getreide liefert den Hauptanteil des Kohlenhydratbedarfs für die menschliche Ernährung. Sowohl Amylopektin als auch Amylose werden von den *Amylasen* (Diastasen) unter Bildung von *Dextrinen*, die 12 bis 180 Monomer-Einheiten enthalten sowie Maltotriose (eine Triose) und Maltose hydrolysiert.

Die α-*Amylase*, die von den Speicheldrüsen und dem Pankreas sezerniert wird, ist eine Endoglycosidase (vgl. *Abschn. 9.32*), die α-glycosidische Bindungen an allen Positionen der Polysaccharid-Kette spaltet. Maltotriose und Maltose werden von der *Maltase*, Dextrine von der *Dextrinase* zu D-Glucose hydrolysiert.

Die β-*Amylase*, die vorwiegend in den keimenden Samen der Pflanzen vorkommt, ist dagegen eine Exo-α-glycosidase, die Stärke durch Spaltung der Acetal-Bindung endständiger D-Glucopyranosyl-Gruppen zu Maltose hydrolysiert. Da Hefen Stärke nicht zu Alkohol vergären können, werden Gerstenkörner mit Wasser bei *ca.* 15 °C zum Keimen gebracht und das so erhaltene *Malz*, das β-Amylase enthält, für die Bierherstellung verwendet. Während α- und β-Amylase nur (1 → 4)-glycosidische Bindungen zu spalten vermögen, hydrolysiert die aus Pilzen, Hefen oder Bakterien isolierbare γ-Amylase auch (1 → 6)-glycosidische Bindungen unter Freisetzung von Glucose.

Darüber hinaus entstehen beim Abbau der Stärke durch *Bacillus macerans* cyclische sechs- bis achtgliedrige *Dextrine* (*Cyclodextrine*), deren Moleküle im Kristallgitter so aufeinandergeschichtet sind, dass sie durchgehende innermolekulare Kanäle bilden, in denen sie fremde Moleküle (z. B. Gase, Alkohole oder Kohlenwasserstoffe) einschließen können (*Fig. 8.119*).

Ebenso können nach künstlicher Quervernetzung der verzweigten Polysaccharid-Ketten der *Dextrane* unlösliche als *Sephadex*® bekannte Gele mit einheitlichen Porengrößen hergestellt werden, die sich gut zur chromatographischen Trennung unterschiedlich großer Moleküle eignen (sog. Ausschlusschromatographie). Kleinere Moleküle dringen mit den Lösungsmittel-Molekülen in die Hohlräume des Polymer-Gerüsts ein, während größere Moleküle an diesen Hohlräumen vorbeifließen. Dextran ist ein aus mehreren tausend (1 → 6)-α-glycosidisch gebundenen Glu-

α   1,37 / 0,57 nm

β   1,53 / 0,78 nm

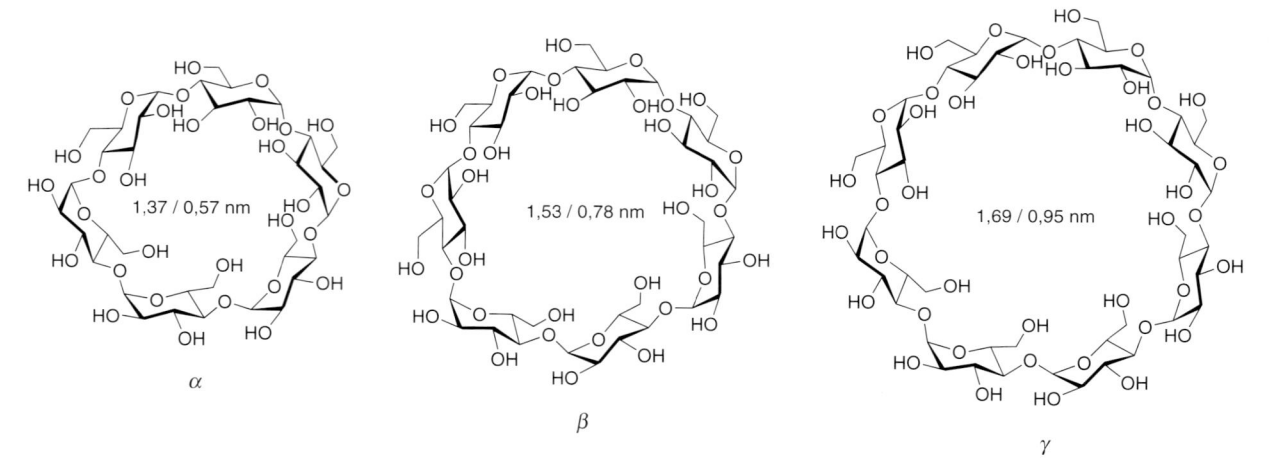

γ   1,69 / 0,95 nm

Fig. 8.119. *Cyclodextrine sind toroidförmige Moleküle verschiedener Ringgröße.* Der äußere Durchmesser und der Durchmesser des Hohlraumes sind angegeben. Die Höhe des Ringes ist für alle Cyclodextrine die gleiche: 0,78 nm.

cose-Einheiten aufgebautes Reservepolysaccharid, das von Hefen und einigen Milchsäurebakterien (u.a. dem in Zuckerfabriken als 'Froschleichbakterium' berüchtigten *Leuconostoc mesenteroides*) aus Saccharose biosynthetisiert wird.

Analog dem Amylopektin sind die Kohlenhydrat-Ketten im *Glycogen*, dem Reservepolysaccharid der Tiere, verzweigt, allerdings mit kürzeren Seitenketten. Die D-Glucose-Hauptketten im Glycogen sind dagegen länger (25 000 bis 90 000 Monomer-Einheiten) und stärker verzweigt als im Amylopektin, wodurch Glycogen löslicher ist, und die Hydrolyse der Seitenketten schneller stattfinden kann. Die (1 → 4)-glycosidischen Bindungen der Seitenketten des Glycogens werden von einer Phosphorylase unter Freisetzung von Glucose-1-phosphat hydrolysiert. Der Abbau der Seitenketten hört jedoch vier Monomer-Einheiten vor der Verzweigungsstelle der Hauptkette auf. Ein anderes Enzym (eine *Transferase*) überträgt ein Fragment eines Zweigs zum anderen und ermöglicht dadurch die Fortsetzung der Funktion der Phosphorylase. Einzelne, an den Verzweigungsstellen übrig gebliebene D-Glucose-Moleküle, werden durch ein drittes Enzym (eine 1,6-Glucosidase) gespalten. Anschließend wird die Hauptkette von der Phosphorylase abgebaut. Tiere können Glucose in der Leber (bis 15 Gew.-%) und in den Skelettmuskeln (bis 1 Gew.-%) als Glycogen speichern.

Ähnlich aufgebaut wie die Amylose sind die *Pektine*, bei denen statt D-Glucose die D-Galacturonsäure (*Abschn. 8.30*) die Monomer-Einheit ist (*Fig. 8.120*). Pektine kommen als Begleitstoffe der Cellulose in pflanzlichen Zellwänden, besonders in den Mittellamellen von Primärzellwänden, vor. Auch in fleischigen Früchten, Blättern, Stängeln und Wurzeln sind sie reichlich enthalten. Ihre hydrophilen Gruppen verleihen den Pektinen ein hohes Wasserbindungsvermögen, was die Grundlage ihrer Fähigkeit, Gele zu bilden, ist. Als Geliermittel finden Pektine vielfache Anwendung in Nahrungsmitteln, Pharmaka und Kosmetika.

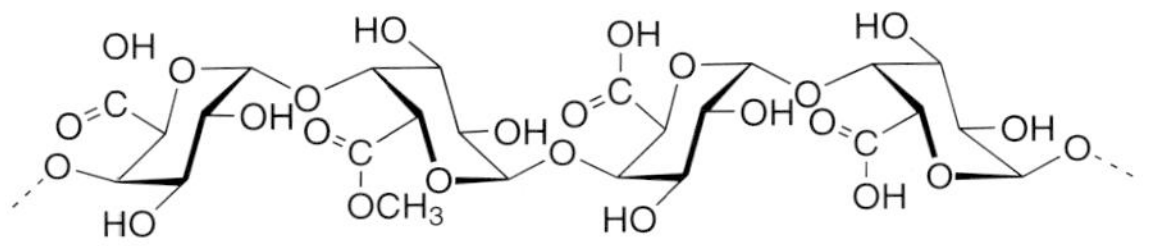

Fig. 8.120. *Pektine sind aus* D-*Galacturonsäure, die zu 20 bis 80% als Methyl-ester vorliegt, aufgebaute hochmolekulare Polysaccharide* (Molmasse: 10 000 bis 500 000 Dalton), *deren Monomer-Einheiten* α-*(1 → 4)-glycosidisch miteinander verknüpft sind.*

Heparin ist aus äquimolaren Mengen D-Glucuronsäure und D-Glucosamin aufgebaut. Die Monomer-Einheiten sind α-(1 → 4)-glycosidisch miteinander verknüpft und enthalten zusätzlich *O*- und *N*-gebundene Sulfat-Gruppen (*Fig. 8.121*). Obwohl Heparin physiologisch nicht als interzellulärer Gleitstoff wirkt, wird es den Mucopoly-

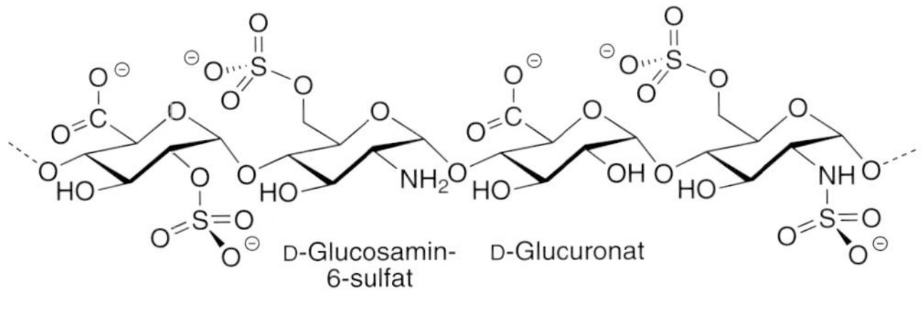

Fig. 8.121. *Heparin ist ein wasserlösliches Glucosaminglycan vom Molekulargewicht 17 000 bis 20 000 Dalton, dessen Monomer-Einheiten zusätzlich O- und N-gebundene Sulfat-Gruppen enthalten.*

Fig. 8.122. *Die Samenhaare des zu den Malvengewächsen gehörenden Baumwollstrauches (Gossypium herbaceum) bestehen aus fast reiner Cellulose.*

sacchariden zugeordnet (*Tab. 8.5*), deren Monomer-Einheiten β-glycosidisch untereinander verknüpft sind.

Heparin, das in der Leber (griech. ἧπαρ (hépar): Leber), den Gewebmastzellen und in Zellen des Endothels vorkommt, bindet spezifisch an Antithrombin III und erhöht dadurch die Fähigkeit des Letzteren, Thrombin durch irreversible Bildung eines Komplexes zu desaktivieren. Heparin wirkt somit der Blutgerinnung (Abschn. ¼9.31) entgegen.

Im Gegensatz zu den Reservepolysacchariden sind die Monomer-Einheiten bei den Strukturpolysacchariden β-glycosidisch miteinander verknüpft. Demzufolge wird durch Partialhydrolyse von *Cellulose* (lat. *cellula*: Zelle), einem typischen Strukturpolysaccharid, aus dem pflanzliche Zellwände vorwiegend bestehen, Cellobiose erhalten.

Baumwolle (*Fig. 8.122*) ist fast reine (98%) Cellulose, die ebenfalls in Holz (50%) und Stroh (*ca.* 30%) enthalten ist. Die sehr zugfesten Baumwollfäden bestehen aus Cellulose-Fasern, welche in Längsrichtung ineinander verdrillt sind. Jede Faser besteht aus Bündeln von Cellulose-Ketten, die sich regelmäßig um eine Achse anordnen, und durch H-Brücken-Bindungen miteinander verbunden sind (*Fig. 8.123*). Cellulose ist von großer technischer Bedeutung. Der Hauptteil der Cellulose wird aus Holz gewonnen und dient zur Herstellung von Papier.

Fig. 8.123. *In der Cellulose sind die Glucose-Moleküle β-(1 → 4)-glycosidisch gebunden und alternierend um jeweils 180° gegeneinander gedreht angeordnet.* Diese Biopolymer-Struktur aus Cellobiose-Einheiten, die sich nach 1,03 nm wiederholen, wird vermutlich durch intramolekulare H-Brücken-Bindungen stabilisiert.

Eine besondere Eigenschaft der Cellulose ist ihre Löslichkeit in ammoniakalischer Kupfer(II)-hydroxid-Lösung (*Schweizer*s Reagenz), die auf der Bildung eines Metall-Komplexes beruht. Durch Zerstörung des Komplexes mit Mineralsäuren wird die Cellulose ausgefällt und zu *Kunstseide* (sog. *Kupfer-Reyon*) verarbeitet. Bei einem anderen Verfahren wird Cellulose in 20%iger NaOH Lösung gequollen und in deren wasserlösliches *Xanthogenat* (Abschn. 9.22) überführt. Anschließend wird die Lösung durch einen engen Spalt oder Spinndüsen in ein H_2SO_4-Bad gepresst. Dadurch lassen sich durchsichtige *Cellophan*-Folien bzw. seidenartige Cellulose-Fäden erhalten, die *Viscose-Reyon* (*Viscose-Seide*) genannt werden.

Ferner lassen sich die freien OH-Gruppen der Glucose-Einheiten der Cellulose in Gegenwart von H_2SO_4 mit HNO_3 verestern. Die so gebildeten Polynitrate werden fälschlicherweise *Nitrocellulose* genannt. Hochnitrierte Cellulose (mit einem Stickstoff-Gehalt von *ca.* 13%) is die *Schießbaumwolle*, die an der Luft harmlos brennt, aber in gepresster Form mittels Initialzündung explosionsartig verpufft. Niedernitrierte Cellulose (mit einem Stickstoff-Gehalt von *ca.* 10%) liefert nach Auflösen in einem Gemisch aus Ethanol und Ether die *Kollodiumwolle*, die in der Medizin für Wundverschlüsse verwendet wird. Beim Durchkneten von Kollodiumwolle mit alkoholischer Campher-Lösung entsteht das elastische, hornartige *Celluloid* ein halbsynthetischer Kunststoff, der zur Herstellung von Filmen dient. Celluloid und Reyon gehören zu den ältesten organischen Kunststoffen überhaupt (*Tab. 8.6*). Ein Vorläufer des Celluloids, das *Parkesin®*, wurde bereits 1862 von *Alexander Parkes* (1813–1890) durch Mischen von Nitrocellulose mit Campher und Ricinusöl hergestellt. Die dadurch entstandene in der Wärme knetbare Masse fand jedoch keine industrielle Anwendung.

Tab. 8.6. *Chronologie der Erfindung der Kunstfaser*

Jahr	Kunststoff	Erfinder
1844	Kollodium	*Christian Friedrich Schönbein* (CH)
1868	Celluloid	*John Weley Hyatt* (USA)
1884	Reyon	*Hilaire Bernigaud de Chardonnet* (F)
1908	Cellophan	*Jacques Edwin Brandenberger* (F)
1935	Nylon	*Wallace Hume Carothers* (*DuPont*, USA)
1938	Perlon	*Paul Schlack* (*I.G. Farbenind. AG*, D)
1941	Polyester	*John Rex Whinfield* und *James Tennan Dickson* (*Calico Printers*, GB)
1942	Polyacrylnitril	*Herbert Rein* (*Cassella AG*, D)

Ein ähnlicher Aufbau wie die Cellulose weist *Chitin* (griech. χιτών (*chitōn*): Unterkleid, Panzer) auf, ein Strukturpolysaccharid, das *N*-Acetylglucosamin anstelle von D-Glucose als Monomer-Einheiten enthält (*Fig. 8.124*). Chitin bildet das Außenskelett der Arthropoden Mollusken, Brachyopoden und Bryozoen sowie die Zellwände von Pilzen (*Fig. 8.125*).

Fig. 8.124. *Chitin unterscheidet sich von der Cellulose durch den Ersatz von D-Glucose- gegen D-Glucosamin-Einheiten, die ebenfalls β-(1 → 4)-glycosidisch miteinander verknüpft sind.*

Fig. 8.125. *Besonders reines Chitin findet sich in den Deckflügeln* (Elytren) *des Maikäfers* (Melolontha melolontha L.).

Bemerkenswerterweise erinnert die Struktur des *Mureins* (lat. *murus*: Mauer) an die des Chitins. Murein ist ein aus Polysaccharid-Ketten, die mit Oligopeptid-Ketten quervernetzt sind, aufgebautes Makromolekül (sog. Peptidoglycan-Struktur), das als Stützskelett der Zellwand der meisten Eubakterien (nicht aber der Archaebakterien) dient und daher Festigkeit und Form von Bakterienzellen bestimmt (*Fig. 8.126*).

Die Polysaccharid-Ketten des Mureins sind alternierend aus *N*-Acetylglucosamin und *N*-Acetylmuraminsäure (einem Derivat des *N*-Acetylglucosamins, bei dem das O(3)-Atom einem D-Milchsäure-Rest gehört) aufgebaut. Die glycosidischen Bindungen zwischen dem C(1)-Atom der *N*-Acetylmuraminsäure und dem C(4)-Atom des *N*-Acetylglucosamins bilden den Angriffspunkt für die Lyse (Auflösung) von Bakterien durch *Lysozym*, ein Enzym, das u.a. in Körperflüssigkeiten wie Speichel, Tränen und Nasenschleim vorkommt. Die quervernetzenden Oligopeptide sind artspezifisch und enthalten neben L-Aminosäuren auch in den Proteinen nicht vorkommende D-Aminosäuren (z.B. D-Alanin). Durch das Vorkommen D-konfigurierter Aminosäuren sind die Oligopeptid-Brücken gegen Peptidasen geschützt. Das Antibiotikum *Penicillin* (Abschn. 9.30) inhibiert das Enzym (eine Transpeptidase), das die Verküpfung der Peptidoglycan-Ketten katalysiert.

Die Bakterienwand baut sich aus mehreren konzentrisch angeordneten Peptidoglycan-Schichten auf, die wahrscheinlich zusätzlich dreidimensional vernetzt

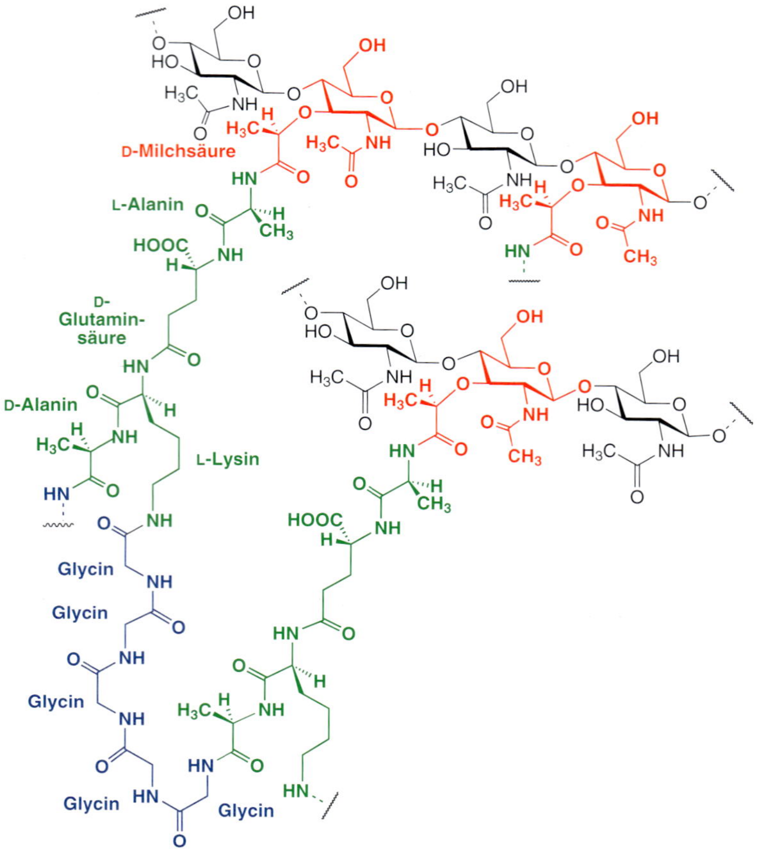

Fig. 8.126. *Bei* Staphylococcus aureus *ist die rot dargestellte* N-*Acetylmuraminsäure über den Lactat-Rest an ein Tetrapeptid (grün dargestellt) gebunden, das* L-*Alanin,* D-*Glutaminsäure,* L-*Lysin und* D-*Alanin enthält, wobei die* D-*Glutaminsäure nicht über die C(1)-, sondern über die C(5)-Carboxyl-Gruppe (Isoglutaminsäure) mit Lysin, und das endständige* D-*Alanin über Pentaglycin (blau dargestellt) mit der ε-Amino-Gruppe des* L-*Lysins des benachbarten Tetrapeptids verbunden ist* (Peptidoglycan-Struktur).

sind. Beispielsweise hat *Staphylococcus aureus*, der häufigste Erreger von eitrigen Wundinfektionen, bis zu 20 solcher Lagen. Tatsächlich besteht die Zellwand bei grampositiven Bakterien (*Abschn. 7.13*) zu 50% aus Murein, während bei gramnegativen die Peptidoglycan-Schicht, die nur ca. 10% Murein enthält, von einer äußeren Schicht aus *Lipopolysacchariden* umgeben ist. Damit ist die geringere Affinität der Zellwand gramnegativer Bakterien zu einem polaren (kationischen) Farbstoff (z.B. Kristallviolett), der beim Färbeverfahren nach *Gram* mit einem Gemisch aus Ethanol und Aceton ausgewaschen wird, begründet. Aufgrund ihrer größeren Polarität behält dagegen die äußere Peptidoglycan-Schicht der grampositiven Bakterien den zuerst aufgetragenen Farbstoff zurück, wobei das hinzugefügte Iod durch Bildung eines Komplexes mit dem Kristallviolett als Beizmittel wirkt (*Abschn. 8.5*). Darüber hinaus wird einerseits die Lipidschicht der gramnegativer Bakterien vom Gemisch aus Aceton und Ethanol aufgelöst, wodurch der Farbstoff aus der darunter liegenden Peptidoglycan-Schicht leichter ausgewaschen wird, andererseits enzieht das Lösungsmittel H_2O aus der Zellwand der grampositiven Bakterien und verursacht dadurch ein Zusammenschrumpfen ihrer Poren, das die Diffusion des Farbstoffes aus der Zellwand erschwert.

Eine ebenfalls der des Chitins ähnliche Struktur weisen einige *Mucopolysaccharide* (*Glycosaminglycane*) auf. Sie sind gallertartige, klebrige oder 'glitschige' Substanzen, die hauptsächlich im Knorpel-, Binde- und Schleimhautgewebe enthalten sind. Wichtigste Vertreter der Mucopolysaccharide sind das bereits erwähnte Heparin, die *Condroitinsulfate* und die *Hyaluronsäure*.

Chondroitin (griech. χόνδρος (*chóndros*): Knorpel) ist ein Glycosaminglycan tierischer Zellhüllen. Es ist aus alternierenden Glucuronsäure- und *N*-Acetylgalactosamin-Einheiten aufgebaut. Durch Veresterung der C(4)- bzw. C(6)-ständigen OH-Gruppen der *N*-Acetylgalactosamin-Einheiten mit H_2SO_4 entstehen die entsprechenden *Chondroitin sulfate*, die als *Proteoglycane* (d.h. an Proteine kovalent gebunden) neben Hyaluronsäure die Hauptbestandteile der Binde- und Stützgewebssubstanz von Tieren und Menschen sind (*Fig. 8.127*). Da es sich dabei um hochmolekulare (Molekulargewicht *ca.* 250 000 Dalton) Polyanionen handelt, die hoch hydratisiert sind, sind die Moleküle elastisch, und können den äußeren Druck dämpfen, indem sie danach trachten, in ihre ursprüngliche Konformation zurückzugehen, wenn sie deformiert werden. Chondroitin-sulfat ist der Hauptbestandteil (bis 40% der Trockenmasse) im Knorpelgewebe.

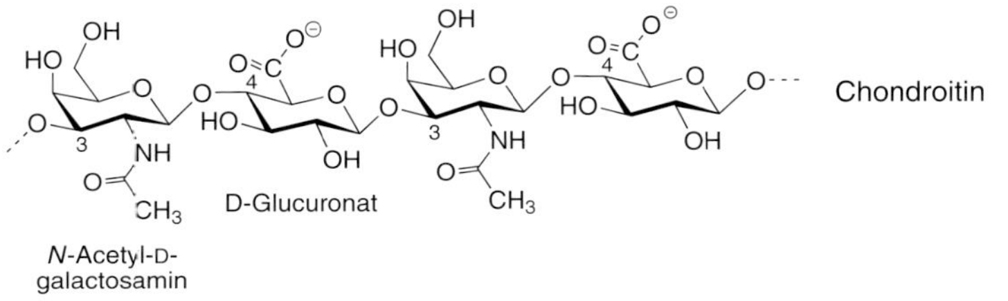

Fig. 8.127. *Chondroitin ist aus alternierenden Glucuronsäure- und* N-*Acetylgalactosamin-Einheiten, die β-(1 → 3)-glycosidisch miteinander verknüpft sind, aufgebaut. Diese Disaccharid-Einheiten bilden aber die Polysaccharid-Kette über β-(1 → 4)-glycosidische Bindungen.*

Einer der Hauptbestandteile der besonders in Haut-, Binde- und Knorpelgewebe sowie in der Synovialflüssigkeit ('Gelenkschmiere') und im Glaskörper des Auges enthaltenen hochmolekularen Proteoglycane ist die *Hyaluronsäure* (griech. ὕαλος (*hýalos*): Glas). Sie ist ein Heteroglycan, das aus mehreren Tausenden von alternierenden Gluconsäure- und *N*-Acetylglucosamin-Einheiten besteht. Ihr Molekulargewicht beträgt 20 000 bis mehrere Millionen Dalton (*Fig. 8.128*)

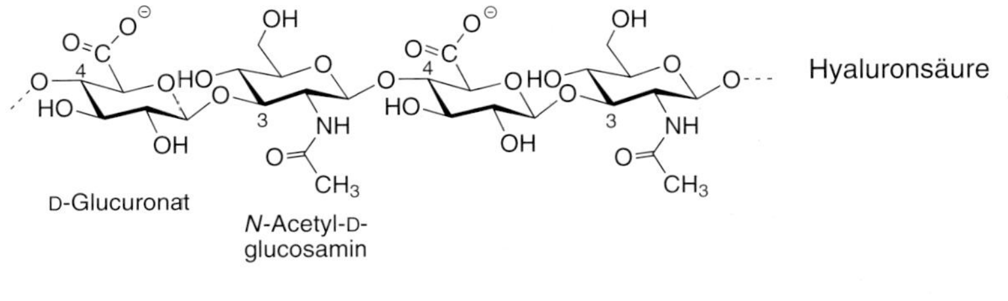

Fig. 8.128. *Hyaluronsäure ist aus alternierenden Glucuronsäure- und* N-*Acetylglucosamin-Einheiten aufgebaut, die durch β-(1 → 4)-glycosidische Bindungen miteinander verknüpft sind.*

Weiterführende Literatur

G. J. Schroepfer Jr., 'Sterol biosynthesis', *Ann. Rev. Biochem.* **1982**, *51*, 555–585.

J. H. Adler, R. J. Grebenok, 'Biosynthesis and Distribution of Insect-Moulting Hormones in Plants – A Review', *Lipids* **1995**, *30*, 257–262.

A. J. J. van den Berg, R. P. Labadie, 'Quinones', in 'Methods in Plant Biochemistry', Ed. J. B. Harborne, Academic Press, London, 1995, Vol. 1, S. 451–491.

P. Dowd, R. Hershline, S. W. Ham, S. Naganathan, 'Mechanism of Action of Vitamin K', *Nat. Prod. Rep.* **1994**, *11*, 251–264.

R. A. Larson, 'The Antioxidants of Higher Plants', *Phytochemistry* **1988**, *27*, 969–978.

R. Entschel, 'Wann ist eine farbige Verbindung ein Textilfarbstoff?', *Chemie in unserer Zeit* **1970**, *4*, 81–94.

M. C. Whiting, 'Farbstoffe in frühen Orientteppichen', *Chemie in unserer Zeit* **1981**, *15*, 179–189.

M. Angrick, D. Rewicki, 'Die Maillard-Reaktion', *Chemie in unserer Zeit* **1980**, *14*, 149–157.

A. Deifel, 'Die Chemie der L-Ascorbinsäure in Lebensmittel', *Chemie in unserer Zeit* **1993**, *27*, 198–207.

M. Ueda, S. Yamamura, 'Chemistry and Biology of Plant Leaf Movements', *Angew. Chem.* **2000**, *112*, 1456–1471; *Angew. Chem., Int. Ed.* **2000**, *39*, 1400–1414.

M. G. Peter, 'Die molekulare Architektur des Exoskeletts von Insekten', *Chemie in unserer Zeit* **1993**, *27*, 189–197.

Übungsaufgaben

1. Bei der Oxidation eines primären Alkohols (R—CH$_2$OH) mit Chromsäure zu einem Aldehyd ist nicht die Bildung der entsprechenden Carbonsäure die Hauptnebenreaktion, sondern die Bildung des Esters (R—COOCH$_2$R). Es wurde experimentell gezeigt, dass ein Gemisch aus Isobutyl-alkohol und Isobutyraldehyd wesentlich schneller oxidiert wurde, als jede der beiden Verbindungen für sich allein. Geben Sie eine plausible Erklärung für diese Befunde.

2. Warum ist die Freie Enthalpie (ΔG^0) der Hydrolyse vom Phosphoenol-pyruvat größer als beim ATP, obwohl in beiden Fällen nur eine Phosphorsäure-ester-Bindung gespalten wird?

3. Unter Bedingungen, die typisch für die Bildung von Acetalen sind (Ethylenglycol in Gegenwart einer *Lewis*-Säure in CH$_2$Cl$_2$ als Lösungsmittel), erhält man aus dem Diketon **A** kein Dioxolan sondern ein Gemisch aus dem Ester **B** und dessen 3-Cyclopentenyl-Isomer in 87%-iger Gesamtausbeute. Formulieren Sie einen plausiblen Mechanismus für diese unerwartete Reaktion.

4. Bei der Reaktion von 2-Methylcyclohexanon mit Pyrrolidin werden zwei isomere Enamine im Verhältnis 90:10 gebildet. Formulieren Sie die Strukturen beider Verbindungen und begründen Sie die Bildung des Hauptproduktes.

5. Einen leichten Zugang zu Iminium-Salzen stellt die Umwandlung tertiärer Aminoxide – z.B. Trimethylamin-oxid (s. *Fig. 7.1*) – in die entsprechenden Acetoxyammonium-Ionen dar, die in Gegenwart einer schwachen Base Essigsäure eliminieren:

$$(CH_3)_3NO \rightarrow (CH_3)_3\overset{\oplus}{N}O-CO-CH_3 \xrightarrow{\text{Base}}$$

$$H_2C=\overset{\oplus}{N}(CH_3)_2 + H_3C-COOH$$

Da unter geeigneten Reaktionsbedingungen das gebildete Iminium-Ion anschließend unter Freisetzung eines sekundären Amins und eines Aldehyds hydrolysiert werden kann, hat diese 1927 von *Max* und *Michel Polonovski* entdeckte Reaktion eine wichtige Rolle bei der Strukturaufklärung von Alkaloiden gespielt. Bei der *Polonovski*-Reaktion von Coccinellin (*Fig. 7.4*) können drei Produkte entstehen. Welches ist das Hauptprodukt?

6. Wird ein Gemisch aus Succinaldehyd (Butandial), Methylamin und Aceton in Wasser bei Raumtemperatur während 30 min stehen gelassen, so entsteht Tropinon in sehr kleiner Ausbeute.

Bessere Ausbeuten (*ca.* 40%) konnte jedoch *Sir Robert Robinson* (s. *Abschn. 7.5*) bei seiner 1917 erstmals beschriebenen chemischen Totalsynthese des Tropinons erzielen, indem er statt Aceton 3-Oxoadipinsäure-diethylester in Ethanol als Lösungsmittel verwendete. Tropinon wurde anschließend durch saure Hydrolyse des entstandenen bicyclischen Addukts erhalten:

Schlagen Sie einen plausiblen Mechanismus für die Bildung des Addukts vor, bei dem das Methylamin, das auch als basischer Katalysator wirkt, zunächst mit dem Succinaldehyd reagiert.

7. Als 'Baustein' für die chemische Totalsynthese von Steroiden spielt das Produkt der basenkatalysierten Reaktion von 2-Methylcyclohexan-1,3-dion (**B**) mit Methyl-vinyl-keton (**A**) eine bedeutende Rolle:

Formulieren Sie einen plausiblen Mechanismus für die Bildung von **C**, eine Reaktion, die nach seinem Entdecker (*Sir Robert Robinson*) *Robinson*-Anellierung genannt wird.

8. Bei der Reaktion der nebenstehenden Verbindung mit einer wässrigen Lösung von KOH werden drei isomere Produkte der Summenformel $C_8H_{12}O$ gebildet. Formulieren Sie die Strukturen der drei Produkte. Welches Produkt entsteht Ihrer Ansicht nach mit der kleinsten Ausbeute?

9. Welche der in *Fig. 8.91* dargestellten Aldohexosen bildet/bilden ein optisch inaktives Hexaol durch Reduktion der Carbonyl-Gruppe? Welche bilden jeweils dasselbe Osazon?

10. Bei der Reaktion von D-Glucose mit Aceton in Gegenwart von H_2SO_4 wird in 80%iger Ausbeute ein Produkt der Bruttoformel $C_{12}H_{20}O_6$ erhalten, das zwei 2,2-Dimethyldioxolan-Ringe enthält (s. *Abschn. 8.13*). In diesem Produkt ('Diaceton-D-glucose'), das keine Mutarotation zeigt und weder mit *Fehling*- noch mit *Tollens*-Reagenz oxidiert wird, kommt kein *trans*-verknüpftes anelliertes Bicyclus vor (vgl. *Abschn. 2.24*). Welche ist die Struktur der Diaceton-D-glucose? Unter gleichen Bedingungen erhält man aus Galactose ein entsprechendes Diacetonid, das zwar dieselben Merkmale aufweist aber eine verschiedene Grundstruktur besitzt. Was lässt sich aus den verschiedenen Grundstrukturen beider Derivate schließen?

11. Welches isotopenangereicherte Substrat würden Sie verwenden, um die in *Fig. 8.105* dargestellten Wege der Weinsäure-Biosynthese voneinander zu unterscheiden?

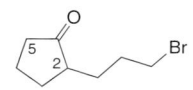

9. Carbonsäuren und ihre Derivate

9.1. Nomenklatur der Carbonsäuren

Die charakteristische funktionelle Gruppe der Carbonsäuren ist die *Carboxy-Gruppe* (*Fig. 9.1*). Carbonsäuren lassen sich aus Gemischen von neutralen und schwach basischen Komponenten mit Alkali-Lösungen (wässrigem NaOH oder Na_2CO_3) leicht extrahieren (*Abschn. 9.2*). Aus diesem Grund gehören sie zu den ersten Naturstoffen, die rein isoliert und charakterisiert werden konnten. Ihre Trivialnamen, die meisten von ihnen heute noch anstelle der systematischen im Gebrauch, gehörten somit sehr früh zum Wortschatz der Chemiker und dienten z.T. als Wurzel für die systematische Nomenklatur (z.B. sind die Namen Propan und Butan aus Propion- bzw. Buttersäure abgeleitet). *Tab. 9.1* fasst die Trivialnamen in den homologen Reihen der unverzweigten aliphatischen Mono- und Dicarbonsäuren zusammen. Bei der systematischen Nomenklatur wird der Name des Alkans mit gleicher Gesamtzahl von C-Atomen gefolgt von der Endung *-säure* (z.B. Butansäure für Buttersäure) bzw. *-disäure* (z.B. Hexandisäure für Adipinsäure) verwendet. Trimethylessigsäure (2,2-Dimethylpropansäure) ist ein Isomer der Valeriansäure, das ursprünglich durch Oxidation des Pinakolons (*Abschn. 5.22*) erhalten wurde, worauf sein Trivialname *Pivalinsäure* zurückzuführen ist. Da der Verbindungsklasse der organischen Säuren nomenklaturmäßig die höchste Priorität unter den nichtgeladenen und nichtradikalischen Verbindungen zukommt (*Abschn. 1.16*), wird die Carboxy-Gruppe (–COOH), nur als Präfix (*Carboxy*) angegeben, wenn nicht alle in einem Molekül vorhandenen Carbonsäure-Gruppen im Suffix berücksichtigt werden können.

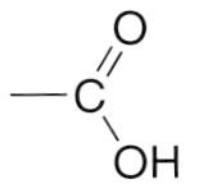

Fig. 9.1. *Die Carboxy-Gruppe*

Der Rest, der aus einer beliebigen Carbonsäure durch formale Abspaltung der OH-Gruppe resultiert, wird *Acyl*-Gruppe (R–CO–) genannt. Die Bezeichnungen für die einzelnen Acyl-Gruppen leiten

9.1.	Nomenklatur der Carbonsäuren
9.2.	Acidität der Carbonsäuren
9.3.	Gesättigte Carbonsäuren
9.4.	Ungesättigte Carbonsäuren
9.5.	Hydroxy- und Oxocarbonsäuren
9.6.	Aminosäuren
9.7.	Nichtproteinogene Aminosäuren
9.8.	Biosynthese der Aminosäuren
9.9.	Metabolismus der Aminosäuren
9.10.	Aromatische Carbonsäuren
9.11.	Reaktivität der Carbonsäuren
9.12.	Säureanhydride
9.13.	Decarboxylierung
9.14.	Austausch der Sauerstoff-Atome
9.15.	Veresterung
9.16.	Lipide
9.17.	Reaktivität der Carbonsäure-ester
9.18.	Ester-Hydrolyse
9.19.	Umesterung
9.20.	Ester-Ammonolyse
9.21.	Esterenolate: Die *Claisen*-Kondensation
9.22.	Thiocarbonsäuren
9.23.	Metabolismus der Fettsäuren
9.24.	Acetogenine
9.25.	Amide
9.26.	Amidoide funktionelle Gruppen
9.27.	Reaktivität der Amide
9.28.	Peptide
9.29.	Struktur der Peptide

Struktur und Reaktivität der Biomoleküle

9.30. Oligopeptide
9.31. Proteine
9.32. Enzyme
9.33. Metabolismus der Proteine
9.34. Nitrile
9.35. Präbiotische Synthese der Aminosäuren

sich vom Namen des entsprechenden Anions durch Ersetzung der Endung -(i)at (*Abschn. 9.2*) durch -yl ab (z.B. Formyl: HCO−, Acetyl: H$_3$C−CO−, Benzoyl: C$_6$H$_5$−CO−, usw.).

9.2. Acidität der Carbonsäuren

In reinem Zustand und in apolaren Lösungsmitteln bilden Carbonsäure-Moleküle Dimere, die durch intermolekulare H-Brücken-Bindungen stabilisiert werden (*Fig. 9.2*). So wie die Alkane (*Abschn. 2.1*) schmelzen aliphatische Mono- und Dicarbonsäuren mit einer geraden Anzahl von C-Atomen bei höherer Temperatur

Tab. 9.1. *Trivialnamen natürlich vorkommender aliphatischer Mono- und Dicarbonsäuren*

R	Trivialname	Etymologie des Trivialnamens
Monocarbonsäuren R−COOH		
H−	Ameisensäure	im Abwehrsekret von Ameisen
H$_3$C−	Essigsäure	im Essig
H$_3$C−CH$_2$−	Propionsäure	als erste aus Käse (griech. πρῶτος (*prõtos*): erster, πίων (*píōn*): fett) isoliert
H$_3$C−[CH$_2$]$_2$−	Buttersäure	aus ranziger Butter (griech. βούτυρον (*boútyron*): Butter) isoliert
H$_3$C−[CH$_2$]$_3$−	Valeriansäure	im Baldrian (*Valeriana officinalis*)
H$_3$C−[CH$_2$]$_4$−	Capronsäure[a]	in der Ziegenmilch (lat. *capra*: Ziege)
H$_3$C−[CH$_2$]$_5$−	Oenanthsäure	im Wein (griech. οἶνος (*oínos*): Wein und ἄνθος (*ánthos*): Blume) entdeckt
H$_3$C−[CH$_2$]$_6$−	Caprylsäure[a]	im Limburger Käse (lat. *capra*: Ziege)
H$_3$C−[CH$_2$]$_7$−	Pelargonsäure	im Öl von *Pelargonium roseum*
H$_3$C−[CH$_2$]$_8$−	Caprinsäure[a]	im Limburger Käse (lat. *capra*: Ziege)
H$_3$C−[CH$_2$]$_{10}$−	Laurinsäure	im Lorbeeröl (*Laurus nobilis*)
H$_3$C−[CH$_2$]$_{12}$−	Myristinsäure	im Muskatnussöl (*Myristica fragans*)
H$_3$C−[CH$_2$]$_{14}$−	Palmitinsäure	im Palmöl sowie in anderen Fetten
H$_3$C−[CH$_2$]$_{16}$−	Stearinsäure	aus Fetten und Ölen (griech. στέαρ (*stéar*): Talg) isoliert
H$_3$C−[CH$_2$]$_{18}$−	Arachinsäure	im Erdnussöl (*Arachis hypogœa*)
H$_3$C−[CH$_2$]$_{20}$−	Behensäure	im Behenöl aus dem Bennussbaum (*Moringa peregrina*)
H$_3$C−[CH$_2$]$_{22}$−	Lignocerinsäure	im Buchenholzparaffin (lat. *lignum*: Holz, *cera*: Wachs)
H$_3$C−[CH$_2$]$_{24}$−	Cerotinsäure	in natürlichen Wachsen (lat. *cera*: Wachs)
H$_3$C−[CH$_2$]$_{26}$−	Montansäure	im Montanwachs (lat. *montanus*: auf Bergen befindlich) aus der Braunkohle
H$_3$C−[CH$_2$]$_{28}$−	Melissinsäure	im Wachs der Honigbiene (*Apis mellifica*)
Dicarbonsäuren HOOC−R−COOH		
−	Oxalsäure	aus Sauerklee (*Oxalis acetosella*) isoliert
−CH$_2$−	Malonsäure	in Äpfeln (griech. μῆλον (*mélon*) und lat. *malum*: Apfel)[b]
−[CH$_2$]$_2$−	Bernsteinsäure	durch trockene Destillation des Bernsteins isoliert
−[CH$_2$]$_3$−	Glutarsäure	im Rübensaft (lat. *glutinosus*: klebrig, zäh)
−[CH$_2$]$_4$−	Adipinsäure	in Fetten (lat. *adeps*: Fett)
−[CH$_2$]$_5$−	Pimelinsäure	in Fetten (griech. πιμελή (*pimelē*): Schmalz)
−[CH$_2$]$_6$−	Korksäure	im Korken; auch *Suberinsäure* (lat. *suber*: Kork) genannt
−[CH$_2$]$_7$−	Azelainsäure	durch Oxidation der Ölsäure (griech. ἔλαιον (*élaion*): (Oliven-)Öl) mit Salpetersäure (franz. *azote*: Stickstoff) erhalten
−[CH$_2$]$_8$−	Sebacinsäure	in Fetten (lat. *sebum*: Talg)

[a] Die Namen Capron-, Capryl- und Caprinsäure sind nicht mehr im Gebrauch. [b] Denselben etymologischen Ursprung haben die Trivialnamen *Malat* (die konjugierte Base der Äpfelsäure) und *Maleinsäure* (*Abschn. 9.5*).

als ihre beiden nächsten Homologen mit einer ungeraden Anzahl (*Fig. 9.3*).

Wie bereits im *Abschn. 2.1* erwähnt, spielt beim Schmelzvorgang eines Kristalls die Entropiedifferenz (ΔS) zwischen dem festen und dem flüssigen Zustand eine entscheidende Rolle. Der bestehende Zusammenhang zwischen der Schmelzentropie und der Anzahl von Atomen in einer aliphatischen C-Kette lässt sich bei den unverzweigten Alkanen am besten erklären. Setzt man nämlich voraus, dass die Kristalle eines linearen Alkans im Idealfall aus 'gestreckten' Molekülen zusammengesetzt sind, die möglichst lückenlos parallel angeordnet vorliegen, so stellt man fest, dass bei Alkanen mit einer ungeraden Zahl von C-Atomen nur eine derartige Anordnung möglich ist, während Alkan-Moleküle mit einer geraden Zahl von C-Atomen zwei Anordnungen gleichen Energiegehalts zulassen (*Fig. 9.4*).

Tatsächlich sind 'gestreckte' Alkan-Moleküle, bei denen alle (C–C)-Bindungen in der gestaffelten Konformation (*Abschn. 2.19*) vorliegen, achiral (*Abschn. 2.7*), wenn sie eine ungerade Zahl von C-Atomen enthalten, während die 'gestreckten' Moleküle eines linearen Alkans mit einer geraden Zahl von C-Atomen *prochiral* sind; die zwei möglichen Anordnungen, die Letztere im Kristall bilden können, sind *enantiomorph* zueinander (s. *Abschn. 2.8*).

Demnach stellen die Kristalle eines Alkans, dessen Moleküle eine ungerade Zahl von C-Atomen enthalten, einen höher geordneten Zustand dar, als Kristalle eines homologen Alkans mit einer geraden Zahl von C-Atomen, so dass:

ΔS_f (C_n ungerade) > ΔS_f (C_n gerade) und folglich:

ΔG_f (C_n ungerade) < ΔG_f (C_n gerade).

Damit im Einklang steht die höhere Schmelztemperatur der (*E*)-Isomere gegenüber den (*Z*)-Isomeren der Alkene (s. *Abschn. 3.3*).

Bei Carbonsäuren werden die oben angegebenen Strukturen durch intermolekulare H-Brücken-Bindungen zusätzlich stabilisiert, die zugrunde liegenden Anordnungen jedoch nicht verändert (*Fig. 9.5*).

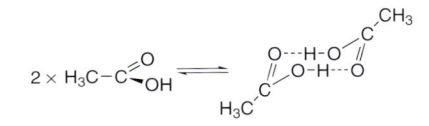

Fig. 9.2. *Cyclisches Dimer der Essigsäure*

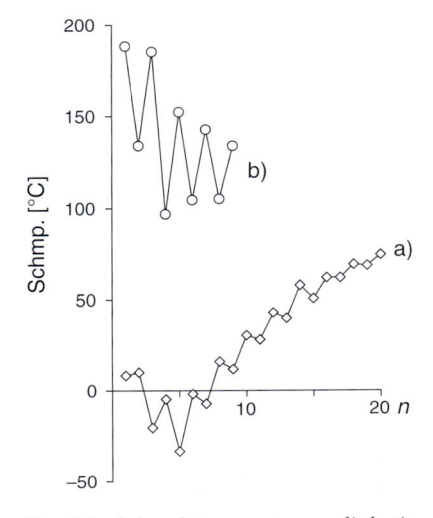

Fig. 9.3. *Schmelztemperaturen aliphatischer unverzweigter* a) *Mono- und* b) *Dicarbonsäuren in Abhängigkeit der Kettenlänge*

In polaren Lösungsmitteln (z. B. Wasser) findet dagegen die Ionisation der Carboxy-Gruppe statt, bei der unter Abspaltung eines Protons das Carboxylat-Ion gebildet wird:

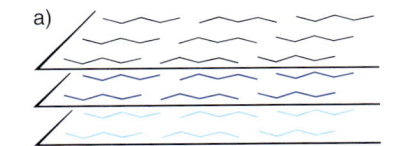

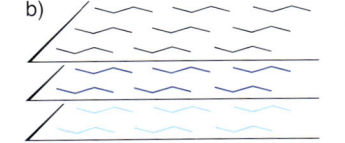

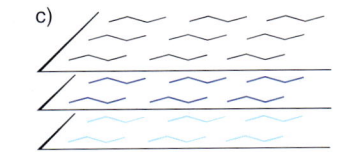

Fig. 9.4. *Mögliche Anordnungen von Alkan-Molekülen ungerader* (*a*) *und gerader Zahl von C-Atomen* (*b* und *c*) *in Kristallen*

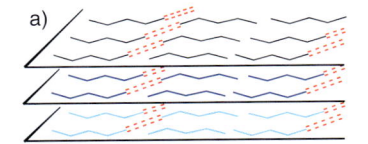

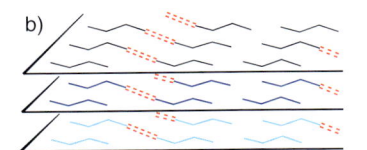

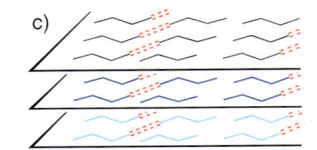

Fig. 9.5. *Mögliche Anordnungen von aliphatischen Monocarbonsäure-Molekülen ungerader* (*a*) *und gerader Zahl von C-Atomen* (*b* und *c*) *in Kristallen* (intermolekulare H-Brücken-Bindungen sind mit gestrichelten roten Doppellinien dargestellt)

Die Salze der Carbonsäuren (Carboxylate) werden mit dem Namen der entsprechenden Carbonsäure bezeichnet indem die Endung -*säure* durch -*at* (Propionat, Malonat usw.) ersetzt wird. In der deutschen Sprache weicht jedoch in einigen Fällen die Bezeichnung für das Anion vom Namen der entsprechenden Carbonsäure ab: Formiat (lat. *formica*: Ameise), Acetat (lat. *acetum*: Essig), Succinat (lat. *succinum*: Bernstein), Malat (lat. *malum*: Apfel), Lactat (lat. *lac*: Milch) usw. Da unter physiologischen Bedingungen die meisten Carbonsäuren ionisiert vorkommen, ist es in der Biochemie üblich, sich auf die entsprechenden konjugierten Basen zu beziehen.

Die Stärke der Carbonsäuren wird durch die Aciditätskonstante (K_s) bestimmt, die in Wasser als Lösungsmittel aus der Gleichgewichtskonstante der vorhergehenden Ionisationsgleichung abgeleitet wird (s. *Abschn. 5.6*):

$$K = \frac{[R-COO^-][H_3O^+]}{[R-COOH][H_2O]}$$

$$\text{und: } K_s = K\,[H_2O] = \frac{[R-COO^-][H^+]}{[R-COOH]}$$

Die entsprechenden pK_s-Werte (*Abschn. 5.6*) der meisten Carbonsäuren liegen im Bereich zwischen 3 und 5:

R	H	C_6H_5	CH_3	C_2H_5	C_3H_7
pK_s (bei 298,16 K)	3,8	4,19	4,8	4,9	4,8

Warum sind Carbonsäuren acider als Akohole? Sofern die thermodynamische Acidität, d.h. die Lage des Gleichgewichtes der reversiblen Reaktion einer Carbonsäure mit H_2O (oder einem anderen Protonenakzeptor) in Betracht gezogen wird, ist die höhere Acidität der Carbonsäuren auf die Resonanz-Stabilisierung des entsprechenden Carboxylat-Ions, das durch zwei gleichwertige Grenzstrukturen dargestellt werden kann, zurückzuführen (*Fig. 9.6*).

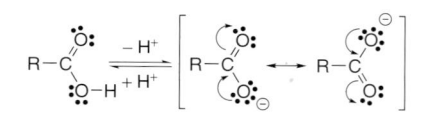

Fig. 9.6. *Ionisation der Carboxy-Gruppe*

Im Allgemeinen wird die Acidität einer Carbonsäure durch *elektronenziehende* Gruppen, deren induktiver Effekt ($-I$) dem Dipolmoment der Carboxylat-Gruppe entgegenwirkt, *erhöht*, weil sie die Elektronendichte an den O-Atomen der konjugierten Base verringern und somit ihre Affinität für Protonen herabsetzten. Für die Trifluoressigsäure beispielsweise ist pK_s = 0,23.

Bei aromatischen Carbonsäuren bewirkt die Delokalisierung der Elektronen des aromatischen Ringes in die CO-Gruppe eine Minderung der Acidität, weil sie die Carboxy-Gruppe durch Mesomerie stabilisiert und die entsprechende Resonanz-Struktur der Carboxylat-Gruppe, die zwei nahe beieinander liegende negative Ladungen aufweist, destabilisiert (*Fig. 9.7*). Eine Delokalisierung der negativen Ladung des Carboxylat-Ions in den aromatischen Ring ist dagegen nicht möglich. Aus diesen Gründen ist die 2-Methylbenzoesäure (*o*-Toluylsäure), bei der aus sterischen Gründen die Carboxy-Gruppe nicht coplanar mit dem aromatischen Ring ist, die stärkste der Toluylsäuren.

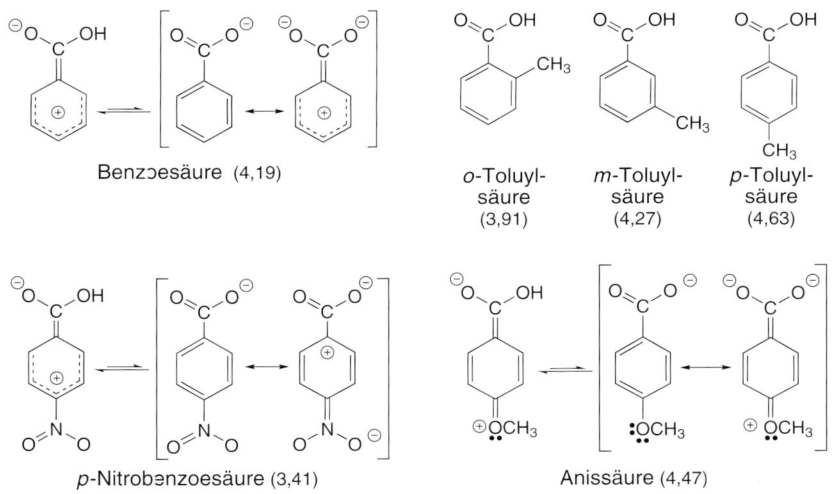

Fig. 9.7. *Acidität aromatischer Carbonsäuren in Wasser* (pK_s-Werte bei 298,16 K)

Wegen der höheren Elektronegativität des trigonalen C-Atoms, an das die Carboxylat-Gruppe gebunden ist, wirkt der aromatische Ring wie eine elektronenziehende Gruppe, worauf die stärkere Acidität der Benzoesäure (R = C_6H_5) gegenüber aliphatischen Carbonsäuren (außer Ameisensäure) zurückzuführen ist. Auch aus diesem Grunde sind Acrylsäure (= Propensäure) und die Propiolsäure (Propinsäure; HC≡C–COOH) stärker (pK_s = 4,25 bzw. 1,85) als die Propansäure (pK_s = 4,88).

Substituenten am aromatischen Ring, die diesen Effekt verstärken, erhöhen erwartungsgemäß die Acidität der aromatischen Carbonsäure, Substituenten dagegen, die aufgrund ihres (+M)-Effektes die Delokalisierung der Elektronen des aromatischen Ringes in die Carboxylat-Gruppe begünstigen, setzen die Acidität herab. Aus diesem Grunde sind die Nitrobenzoesäuren (insbesondere die *ortho*- und *para*-) deutlich stärkere Säuren als die entsprechenden Methoxy-Derivate der Benzoesäure (*Fig. 9.7*).

9.3. Gesättigte Carbonsäuren

Aliphatische Carbonsäuren sind wesentliche Bestandteile des intermediären Metabolismus. Die zentrale Rolle spielt dabei die Essigsäure, deren Veresterungsprodukt mit Coenzym A (Abschn. 9.22) sowohl als Endprodukt des Katabolismus der Kohlenhydrate und der Fette als auch als Ausgangsstoff für die Biosynthese zahlreicher primärer und sekundärer Metabolite fungiert. Höhere natürlich vorkommenden Fettsäuren, die mehr als 8 C-Atome enthalten, weisen fast ausschließlich eine gerade Zahl von C-Atomen auf (Tab. 9.1). Heptadecansäure, die wegen des Glanzes ihrer Kristalle vom französischen Chemiker *Michel Eugène Chevreul* (Abschn. 9.16) Margarinsäure (griech. μαργαρίτης (margarítes): Perle) genannt und deren Glycerid (Margarin) neben Olein und Stearin als Primärkomponente der natürlichen Fette vermutet wurde, kommt – wenn überhaupt – nur in sehr kleinen Mengen in den Letzteren vor.

Außer den langkettigen Fettsäuren, die Bestandteil der Lipide sind (Abschn. 9.16) gehören die *Gallensäuren* zu den biologisch wichtigen lipophilen Carbonsäuren. Es handelt sich dabei um Derivate des *Coprostans* (Abschn. 5.28), die aus Cholesterol biosynthetisiert werden, wobei sowohl die Oxidation der isoprenoiden Seitenkette an der C(17)-Position als auch die Einführung zusätzlicher OH-Gruppen molekularen Sauerstoff benötigen (Fig. 9.8).

Gallensäuren, deren Biosynthese hauptsächlich von der *Cholesterin-7α-Hydroxylase* reguliert wird, werden in der Leber gebildet. Der Abbau der isoprenoiden Seitenkette, bei der als Zwischenprodukt Trihydroxycoprostansäure entsteht, findet nach dem Mechanismus des Fettsäure-Abbaus statt (Abschn. 9.23). Über die Gallenblase gelangen die Gallensäuren als Konjugate mit Glycin oder Taurin in den Dünndarm, wo die Verdauung und Absorption von Lipiden und fettlöslichen Vitaminen hauptsächlich stattfindet. Der *enterohepatische Kreislauf* sorgt dafür, dass die Gallensäuren wieder zurück ins Blut und anschließend von der Leber aufgenommen werden, so dass sie mehrmals am Tag wiederverwendet werden.

Die in den Gallensäuren vorhandenen, einseitig nahezu parallel angeordneten OH-Gruppen verleihen dem lipophilen Molekül einen ausgeprägten polaren Cha-

Heinrich Otto Wieland (1877–1957) Ordinarius an der Technischen Hochschule München (1917) und an den Universitäten Freiburg i. Br. (1921) und München (1925), beschäftigte sich u.a. mit der Aufklärung der Strukturen von Alkaloiden, Krötengiften, Pterinen (Abschn. 10.14) sowie der Mechanismen enzymatischer Oxidationen. Mit der Verleihung des *Nobel*-Preises für Chemie im Jahre 1927 wurde insbesondere sein wesentlicher Beitrag zur Aufklärung der Struktur der Gallensäuren gewürdigt, deren konstitutionelle Verwandtschaft mit Cholesterol 1919 von *Adolf Windaus* (s. Abschn. 5.28) bewiesen worden war. Die von *Wieland* vorgeschlagene Struktur des Cholesterols wurde jedoch 1932 von ihm selbst aufgrund der von *John Desmond Bernal* (1901–1971) in Cambridge (UK) durchgeführten Analyse der Röntgenstrahlenbeugung korrigiert. (© *Nobel*-Stiftung)

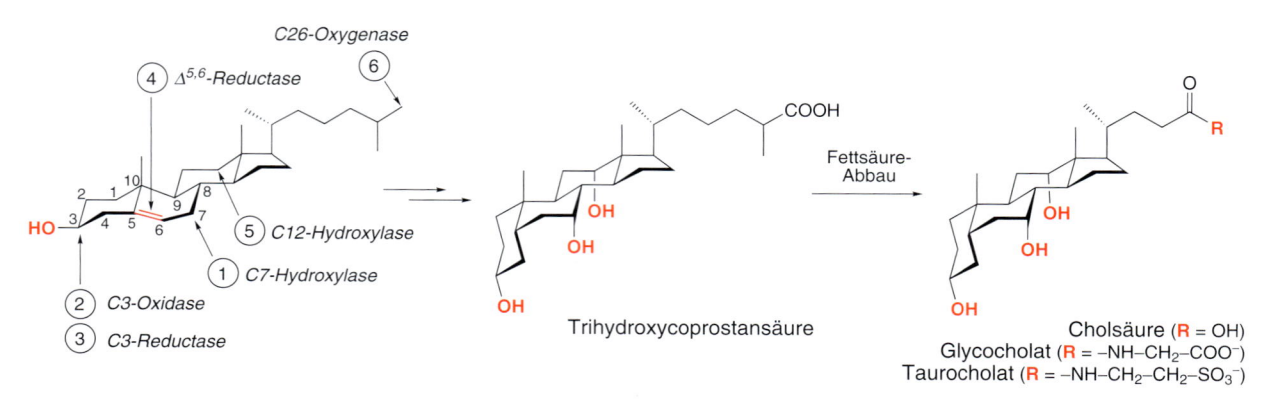

Fig. 9.8. *Biosynthese der Gallensäuren*

rakter. Aus diesem Grunde wirken Gallensäuren als starke Tenside, die mit den Lipoiden Micellen bilden (*Abschn. 9.16*). Darüber hinaus ist die Bildung von Gallensäuren der wichtigste Ausscheidungsweg für Cholesterin sowie für die Regulation des gesamten Steroid-Stoffwechsels im Organismus der Säuger. Bei mangelnder Produktion von Gallensäuren scheiden sich insbesondere die Sterine ab und bilden unlösliche Gallensteine, die Cholesterol, Bilirubin (*Abschn. 10.4*) und Calcium-phosphat enthalten.

9.4. Ungesättigte Carbonsäuren

Die Strukturformeln der wichtigsten ungesättigten Mono- und Dicarbonsäuren sind in *Fig. 9.9* dargestellt. Die strukturell einfachste ungesättigte Carbonsäure ist die *Acrylsäure* (Propensäure), die neben der 2-Methylacrylsäure (= *Methacrylsäure*) als Monomer zur Herstellung von Kunststoffen dient (*Abschn. 3.11*). Beide sind biologisch irrelevant.

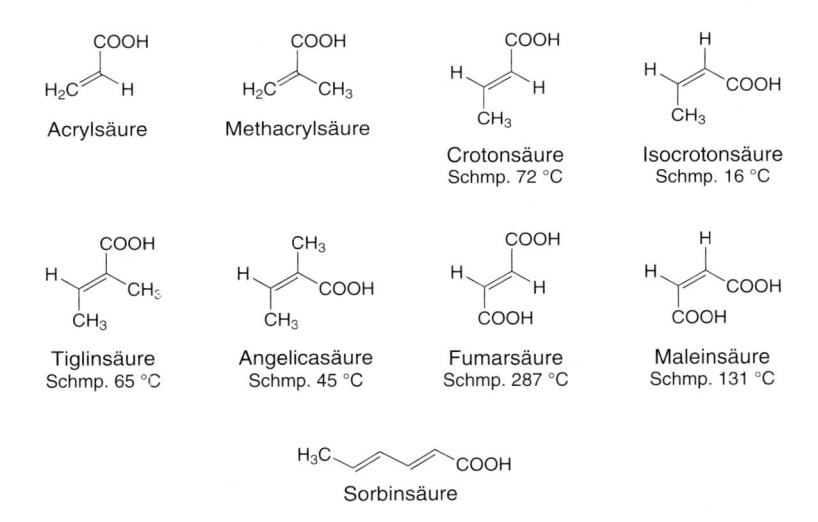

Fig. 9.9. *Ungesättigte Mono- und Dicarbonsäuren*

Acrylsäure ist das Oxidationsprodukt des *Acroleins* (lat. *acriter:* scharf), das u. a. durch thermische Dehydratisierung des Glycerins gebildet wird. Acrolein-Dampf, der beim Überhitzen von Fetten entsteht, riecht stechend und reizt zu Tränen. Methacrylsäure kommt im Kamillenöl vor.

Die *Crotonsäure* (s. *Tab. 3.2*), ein Oxidationsprodukt des Crotylalkohols, ist als Zwischenprodukt der Biosynthese bzw. des Abbaus der Fettsäuren von Bedeutung (*Abschn. 9.23*). Die *Sorbinsäure* ist eine zweifach ungesättigte Monocarbonsäure, die im Saft der Vogelbeeren (*Sorbus aucuparia*) vorkommt und daraus gewonnen wird. Da sie das Wachstum von Hefen und Pilzen stark hemmt, dient sie als wichtiger Konservierungsstoff für Lebensmittel.

Zwei wichtige ungesättigte Dicarbonsäuren sind die *Maleinsäure* und die *Fumarsäure* (*Fig. 9.9*), Letztere als Glied des Citronensäure-Zyklus (*Abschn. 9.5*).

Maleinsäure kommt in der Natur nicht vor; ihr Name leitet sich von der Äpfelsäure (lat. *malum*: Apfel) ab, aus der sie durch Dehydratisierung gebildet wird. *Fumarsäure* wurde erstmalig aus Erdrauch (*Fumaria officinalis*) isoliert.

Die *Ölsäure* ((Z)-Octadec-9-ensäure) ist eine langkettige ungesättigte Monocarbonsäure, die als Bestandteil der Lipide bei allen Zellen (außer den Archaebakterien) vorkommt (*Abschn. 9.16*). Das entsprechende (E)-Isomer, die *Elaidinsäure* (griech. ἔλαιον (*élaion*): (Oliven-) Öl), ist in kleinen Mengen in Rinder- und Butterfett enthalten.

Anaerobe Eubakterien verfügen über Enzyme, die sowohl 3-Hydroxyenoyl-ACP, das bei der Biosynthese gesättigter Fettsäuren als Zwischenprodukt auftritt (*Abschn. 9.23*), zum entsprechenden *cis*-3-Enoyl-ACP dehydratisieren, als auch Letzteres durch Isomerisierung von *trans*-2-Enoyl-ACP (ebenfalls ein Zwischenprodukt der Fettsäure-Biosynthese) bilden. *cis*-3-Enoyl-ACP ist kein Substrat der *Enoyl-ACP-Reductase*, dient aber durch Reaktion mit Malonyl-ACP zur Biosynthese längerkettiger Carbonsäuren, die an den Positionen 7, 9 oder 11 ungesättigt sind.

Ölsäure und Palmitoleinsäure ((Z)-Hexadec-9-ensäure) werden bei Aerobiern (einschließlich Tieren) durch Eliminierung von Wasserstoff, ausgehend vom entsprechenden ACP- oder Coenzym-A-Ester der Stearinsäure bzw. Palmitinsäure biosynthetisiert (*Abschn. 9.23*). Die Ölsäure ist zugleich die Vorstufe für mehrere mehrfach ungesättigte C_{18}-Fettsäuren – *Linolsäure* ((Z,Z)-Octadeca-9,12-diensäure), *α-Linolensäure* ((Z,Z,Z)-Octadeca-9,12,15-triensäure) und *γ-Linolensäure* ((Z,Z,Z)-Octadeca-6,9,12-triensäure) – die unter weiterer Mitwirkung von Oxygenasen gebildet werden. Im Gegensatz zu *Acyl-Coenzym-A-Dehydrogenasen* (*Abschn. 9.23*) enthalten die dazugehörigen eisenhaltigen Enzyme – so genannte *Desaturasen* (z. B. die *Stearoyl-ACP-Desaturase*, die Stearinsäure in Ölsäure überführt) – NADPH (*Abschn. 10.10*) als Kofaktor und benötigen molekularen Sauerstoff, so dass die Reaktion vermutlich analog zur enzymatischen Oxidation von Alkanen (*Abschn. 2.17*) durch die Abstraktion des (pro-*R*) H-Atoms am C(9) der Stearinsäure eingeleitet wird. Desaturasen sind für die Einstellung des Verhältnisses zwischen gesättigten und ungesättigten Fettsäuren in den Zellmembranen und somit für die Aufrechterhaltung von deren Fluidität von außerordentlicher Bedeutung (*Abschn. 9.16*).

Die Biosynthese mehrfach ungesättigter Fettsäuren findet bei Pflanzen und Tieren auf verschiedenen Wegen statt. Während Pflanzen Linolsäure (griech. λίνον (*línon*): Flachs) biosynthetisieren können, vermögen die meisten Säugetiere zwar mehrfach ungesättigte Fettsäuren ausgehend von Linolsäure zu bilden, aber Letztere nicht zu biosynthetisieren. Darum gehören die *Linolsäure* und die *Linolensäure* zusammen mit der *Arachidonsäure* (Icosa-5,8,11,14-tetraensäure), obwohl Letztere im tierischen Organismus aus Linolsäure biosynthetisiert werden kann, zu den essentiellen Fettsäuren (früher Vitamine F genannt), die von den Tieren mit der Nahrung (vor allem Pflanzenfetten) aufgenommen werden müssen.

Unter den langkettigen ungesättigten Fettsäuren, die Bestandteil der Lipide sind (*Abschn. 9.16*), spielt die *Arachidonsäure* (lat. *arachis*: Erdnuss) als biogenetischer Vorläufer der so genannten *Icosanoide* eine wichtige Rolle (*Fig. 9.10*). Arachidonsäure wird aus Membranlipiden unter Wirkung von *Lipasen* (Enzyme, welche die Hydrolyse der Ester-Bindungen der Lipide katalysieren) freigesetzt.

Fig. 9.10. *Biosynthese des Prostaglandins $F_{2\alpha}$*

Zu den Icosanoiden gehören die *Prostanoide* (Prostaglandine, Prostacycline und Thromboxane) einerseits sowie die *Leukotriene* andererseits (*Fig. 9.11*). Prostaglandine wurden 1934 vom schwedischen Physiologen *Ulf Svante Euler-Chelpin* (1905–1983) in der Samenflüssigkeit von Schafen entdeckt. Man nahm an, ihr Produktionsorgan sei die Vorsteherdrüse (griech. προστατέω (*prostatéō*): vorstehen); sie kommen jedoch generell in allen Geweben tierischer Organismen vor und sind sogar in Pflanzen (Rotalgen, Zwiebeln und Knoblauch) nachgewiesen worden. Leukotriene wurden in Leukozyten entdeckt. Sie sind Icosatetraensäuren, bei denen drei der vier (C=C)-Bindungen ein konjugiertes Trien-System bilden

Prostanoide sind Gewebshormone (*Abschn. 7.4*), die mannigfaltige Wirkungen ausüben, indem sie sowohl physiologische Funktionen (Magensaftsekretion, allergische Prozesse, Fettmobilisierung im Fettgewebe, Erhöhung des arteriellen Blutdrucks u.a.) hemmen als auch fördern (Natrium-Ionen-Ausscheidung durch die Niere, Renin-Sekretion, Erregungsübertragung an sympathischen Nervenendigungen, Erhöhung der Kapillarpermeabilität, Blutplättchenaggregation u.a.). Leukotriene sind OH-Derivate der Icosatetraensäure, die ebenfalls durch enzymatische (von einer *Lipooxygenase* katalysierte) Oxidation der Letzteren biosynthetisiert

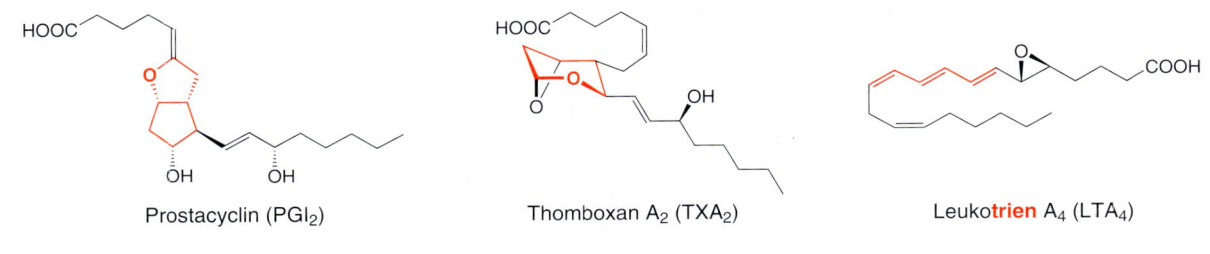

Fig. 9.11. *Einige typische Icosanoide*

werden. Während das so genannte Leukotrien B$_4$ die Adhäsion von Leukozyten an die Gefäßwände chemotaktisch anregt, wirken schwefelhaltige Leukotriene als chemische Vermittler bei Allergien und Entzündungserscheinungen.

Die zentrale Rolle bei der Biosynthese der Prostanoide spielt ein Prostaglandinendoperoxid (PGG$_2$), das durch die von einer *Cyclooxygenase* katalysierte Addition von molekularem Sauerstoff an Arachidonsäure gebildet wird (*Fig. 9.10*). Die Reaktionsfolge weist offensichtliche Analogien zu der Autoxidation der Fettsäuren auf (*Abschn. 3.25*). Die *Prostaglandin-Cyclooxygenase* wird von der Acetylsalicylsäure (*Abschn. 9.10*) durch Acylierung einer Serin-OH-Gruppe irreversibel inhibiert, wodurch die analgetische und antithrombotische Wirkung dieses Präparats zu erklären ist.

9.5. Hydroxy- und Oxocarbonsäuren

Mehrere für den Stoffwechsel wichtige Carbonsäuren enthalten zusätzlich in ihren Molekülen Alkohol- oder Carbonyl-Gruppen (*Fig. 9.12*). Die strukturell einfachste Hydroxycarbonsäure ist die *Glycolsäure*, die insbesondere in jungen Pflanzenteilen und unreifen Früchten (z. B. Äpfel, Wein-, Stachel- und Johannisbeeren) vorkommt.

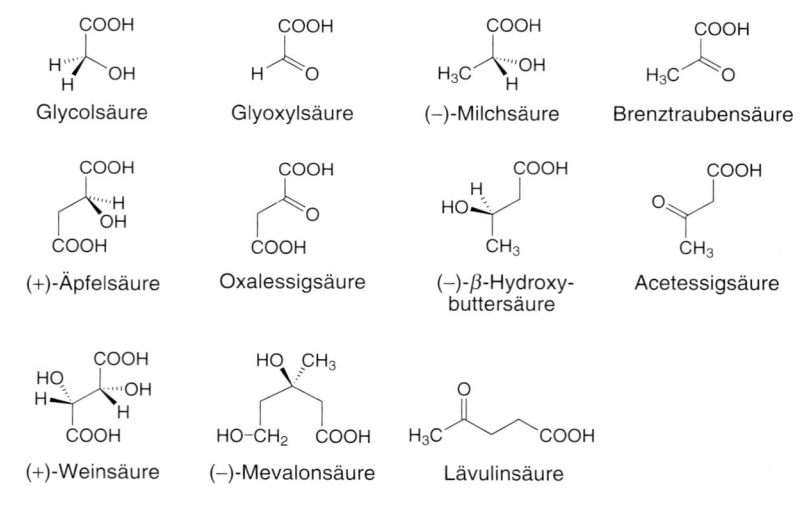

Fig. 9.12. *Einige wichtige Oxo- und Hydroxycarbonsäuren*

Im Zuge der Photosynthese von Kohlenhydraten wird Ribulose-1,5-bisphosphat durch ein und dasselbe Enzym entweder nach Inkorporation von CO$_2$ in zwei Moleküle 3-Phosphoglycerat umgewandelt oder unter Bildung von 3-Phosphoglycerat und Phosphoglycolat gespalten. Die aus dem Letzteren freigesetzte Glycolsäure wird in den Peroxisomen der Pflanzenzellen zu *Glyoxylsäure* oxidiert, die zur Biosynthese von Glycin verwendet wird (s. *Abschn. 9.8*). Die umgekehrte Reaktion (Umwandlung von Glyoxylat in Glycolat) wird von der *Glyoxylat-Reductase* katalysiert.

Der Vorläufer der Essigsäure ist sowohl bei Anaerobiern als auch bei Aerobiern die Brenztraubensäure bzw. das *Pyruvat* (griech. πῦρ

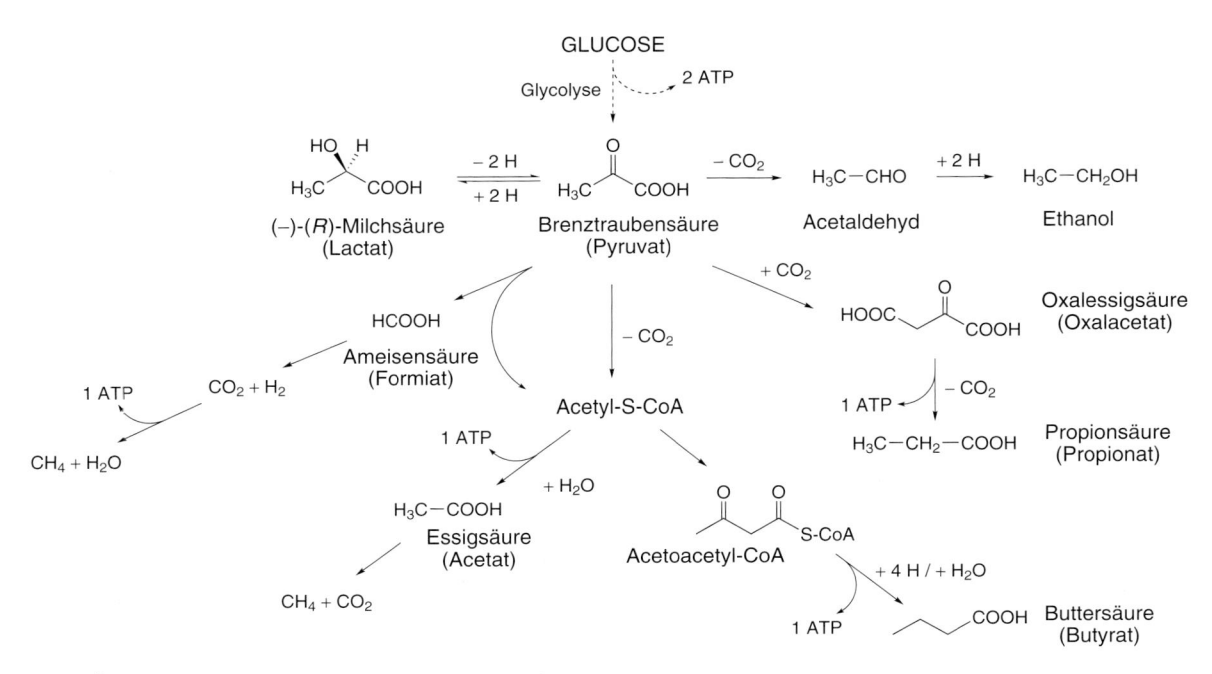

Fig. 9.13. *Übersicht über die Produkte der wichtigsten Gärungen*

(*pyr*): Feuer und lat. *uva*: Weintraube). Sie wird im Cytosol als Endprodukt der Glycolyse auf dem so genannten *Embden–Meyerhof–Parnas*-Weg gebildet (*Abschn. 8.29*) und nach ihrem Transport in die Mitochondrien (s. *Abschn. 6.3*) dort in Acetyl-Coenzym A umgewandelt. Unter anaeroben Bedingungen (Gärung) kann jedoch das Pyruvat auch in Milchsäure (Lactat), Ethanol oder Oxalacetat (*Abschn. 9.13*) umgewandelt werden (*Fig. 9.13*), wobei die Bildung von Milchsäure und Ethanol nicht der Freisetzung von Energie dient, sondern der Regenerierung von NAD^+, das für die Glycolyse verbraucht wird (*Abschn. 8.29*).

Milchsäure ist eines der wenigen Naturprodukte, von denen beide Enantiomere biosynthetisiert werden. Die *rechtsdrehende* L-Milchsäure (Fleischmilchsäure) ist Endprodukt der anaerob verlaufenden Glycolyse und Edukt für die Gluconeogenese. Die (anaerobe) reversible Umwandlung von Pyruvat in Lactat, die von der *Lactat-Dehydrogenase* (LDH) katalysiert wird, findet in den Muskeln – hauptsächlich wenn bei hoher Aktivität ein großer ATP-Bedarf entsteht – statt. Beim anaeroben Abbau von Kohlenhydraten zu der Gärungsmilchsäure durch Milchsäurebakterien ist die Bildung des D- oder L-Enantiomers bzw. des Racemats artspezifisch. Bakterien, die racemische Milchsäure ausscheiden, besitzen etweder zwei Lactat-Dehydrogenasen veschiedener Stereospezifität oder eine Racemase, welche L-Milchsäure in D-Milchsäure umwandelt.

Die Umwandlung von Pyruvat in Ethanol findet in zwei Schritten statt: im ersten wird Pyruvat durch die *Pyruvat-Decarboxylase* unter Beteiligung von Thiamin-pyrophosphat (*Abschn. 9.13*) zu Acetaldehyd decarboxyliert, im zweiten wird Acetaldehyd durch die *Alkohol-Dehydrogenase* mit NADH (*Abschn. 8.11*) zu Ethanol reduziert.

Sir Hans Adolf Krebs (1900–1981) Ordinarius für Biochemie an den Universitäten Sheffield (1945) und Oxford (1954), erhielt 1953 für die Entdeckung des Ornithin-Zyklus (*Krebs – Henseleit*-Zyklus), in dem NH_3 in der Leber zu Harnstoff umgewandelt wird, und des Citronensäure-Zyklus zusammen mit *F. A. Lipmann* den *Nobel*-Preis für Physiologie und Medizin. (© *Nobel*-Stiftung)

Ferner sind einige fakultativ aerobe Mikroorganismen – insbesondere Enterobakterien – imstande, Pyruvat in Acetyl-Coenzym A und Formiat zu vergären. Bei den meisten Stämmen wird jedoch das Formiat nicht ausgeschieden, sondern dient als Zwischenprodukt für die Bildung von CO_2 und H_2 (vgl. *Abschn. 9.13*). Das letzte Glied der anaeroben Nahrungskette bilden die methanogenen Bakterien, die sowohl Acetat als auch CO_2 und H_2 als Substrate zur Biosynthese von Methan verwenden. Sie kommen mit Bakterien, die Wasserstoff produzieren, symbiotisch vor (*Abschn. 2.5*).

Methanogene und acetogene anaerobe Bakterien (*Clostridium thermoaceticum* u.a.), sowie die meisten sulfatreduzierenden Bakterien assimilieren CO_2 auf dem *reduktiven Acetyl-Coenzym-A-Weg* gemäß der Gesamtreaktion: $4\ H_2 + 2\ CO_2 \rightarrow H_3C-COOH$ ($\Delta G^0 = -111$ kJ mol^{-1}). Die aus mehreren Schritten bestehende Reaktion wird von der *Kohlenmonoxid-Dehydrogenase* (*Acetyl-Coenzym-A-Synthase*) katalysiert, die ein CO_2-Molekül zu CO reduziert (s. *Abschn. 2.5*). Evolutionsbiologisch stellt diese Reaktion unzweifelhaft den ersten Weg der autotrophen Assimilation von CO_2 dar.

β-Hydroxybuttersäure gehört zu den so genannten 'Ketonkörpern'. Sie wird durch Reduktion von Acetoacetat biosynthetisiert (*Abschn. 9.23*). Bei Prokaryoten (hauptsächlich chemolithotrophe und phototrophe Bakterien sowie einigen nichtfluoreszierenden *Pseudomonas*-Arten) wird die $(-)$-(R)-β-Hydroxybuttersäure zu Poly(β-hydroxybutyrat) umgesetzt, das den Zellen als Vorratsstoff dient (*Abschn. 9.15*).

Bei den Aerobiern ist die Freisetzung von Energie durch die Oxidation von Kohlenhydraten mit dem so genannten Citronensäure- bzw. Tricarbonsäure-Zyklus (*Krebs*-Zyklus) gekoppelt (*Fig. 9.14*). Die oxidative Decarboxylierung des Pyruvats zu S-Acetyldihydroliponamid, als Vorläufer des Acetyl-Coenzyms A (*Abschn. 9.13*), stellt das Bindeglied zwischen der Glycolyse und dem Citronensäure-Zyklus dar. Als Bestandteil des Citronensäure-Zyklus dient das Oxalacetat als Ausgangsstoff für die Gluconeogenese (*Abschn. 8.29*). Andere Zwischenprodukte des Citronensäure-Zyklus – z.B. α-Oxoglutarat und Succinyl-Coenzym A – werden ebenfalls als Vorläufer der Biosynthese wichtiger Metabolite – Glutamat bzw. δ-Aminolävulinsäure (*Abschn. 10.3*) – verwendet. Andererseits dient hauptsächlich der Abbau von Aminosäuren bei den so genannten *anaplerotischen* (Auffüll-) Reaktionen zur Bildung einiger Zwischenprodukte des Citronensäure-Zyklus (*Fig. 9.14*). Fettsäuren, die eine ungerade Anzahl von C-Atomen enthalten, werden zu Succinyl-Coenzym A abgebaut, das in den Citronensäure-Zyklus eingeschleust wird (*Abschn. 9.23*).

Im Citronensäure-Zyklus, dem Kernstück des aeroben Metabolismus, entsteht Citronensäure durch die von der *Citrat-Synthase* (*Citrogenase*) katalysierte Reaktion von Oxalacetat mit Acetyl-Coenzym A (*Abschn. 9.23*). Bei der darauf folgenden Umwandlung der Citronensäure in Isocitronensäure, die von der *Aconitat-Hydratase* (*Aconitase*) katalysiert wird, wird zuerst durch *reversible* H_2O-Abspaltung (Z)-Aconitsäure ((Z)-Propen-1,2,3-tricarbonsäure) gebildet, die durch Anlagerung von H_2O mit umgekehrter Regioselektivität in Isocitronensäure umgewandelt wird ((E)-Aconitsäure kommt dagegen im Blauen Eisenhut (*Aconitum napellus*) sowie im Zuckerrohr, in der Runkelrübe und in mehreren Getreidearten vor). Die Oxidation der sekundären OH-Gruppe der Isocitronensäure führt zur Oxal-

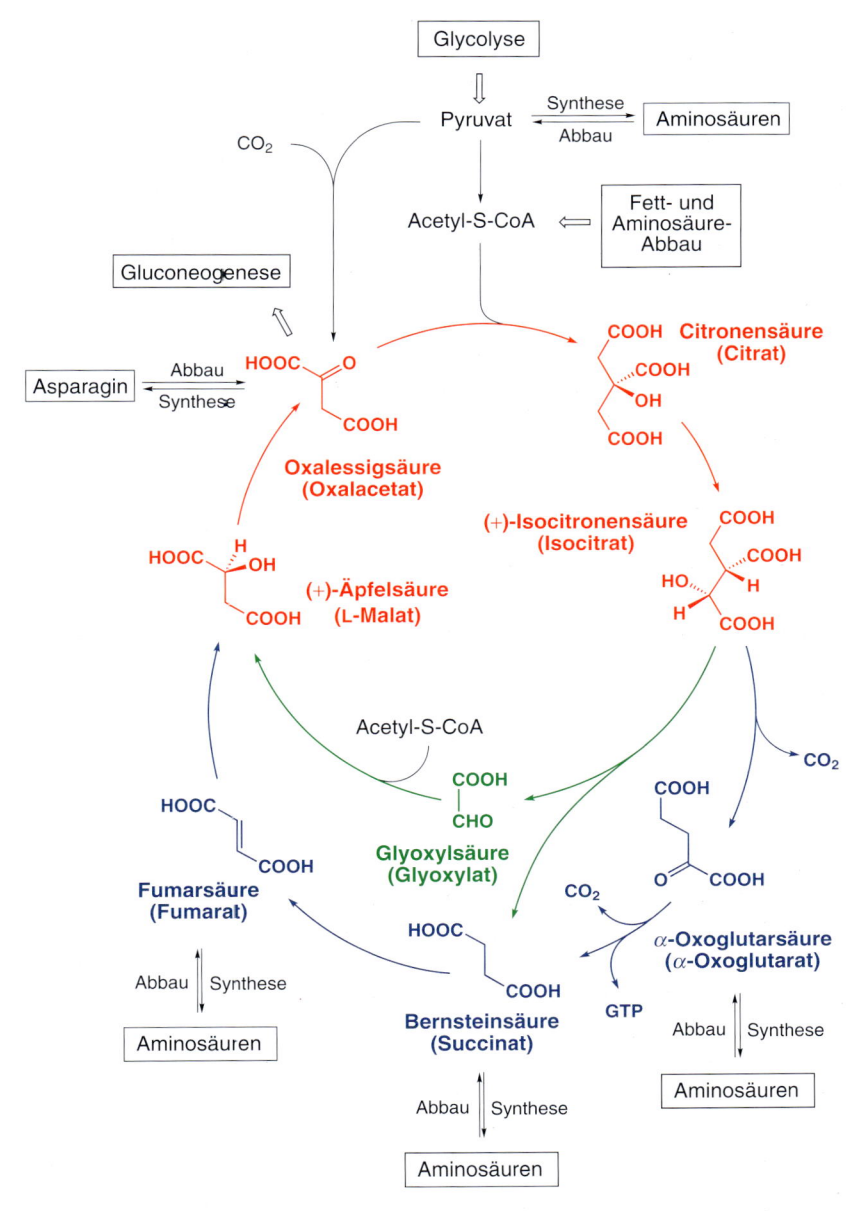

Fig. 9.14. *Der Citronensäure-Zyklus* (rot-blau) *und der Glyoxylat-Zyklus* (rot-grün) *haben gemeinsame Zwischenprodukte.*

bernsteinsäure, einer β-Oxocarbonsäure, die leicht zu α-Oxoglutarsäure decarboxyliert (Abschn. 9.13). Die oxidative Decarboxylierung der Letzteren, bei der Bernsteinsäure gebildet wird, entspricht der Bildung von Acetat aus Pyruvat (Abschn. 9.13); es entsteht somit primär Succinyl-Coenzym A, dessen Spaltung in Succinat und Coenzym A mit der Phosphorylierung von Guanosin-diphosphat (GDP) gekoppelt ist. Aus dem gebildeten Guanosin-diphosphat (GTP) kann ATP gemäß: GTP + ADP $\rightleftharpoons$ GDP + ATP gebildet werden. Dies ist der einzige Schritt des Citronensäure-Zyklus, der direkt zur Bildung von ATP führt. Anschließend katalysiert die *Succinat-Dehydrogenase* (Abschn. 3.7) die Biosynthese von Fumarsäure, die durch H$_2$O-Anlagerung und darauf folgende Oxidation der dabei gebildeten Äpfelsäure Oxalessigsäure regeneriert.

Struktur und Reaktivität der Biomoleküle

Bei den Aerobiern ist der Citronensäure-Zyklus an die Atmungskette gekoppelt (*Abschn. 6.3*). In drei der vier Redox-Reaktionen des Zyklus (Isocitronensäure → Oxalbernsteinsäure, 2-Oxoglutarsäure → Bernsteinsäure und Äpfelsäure → Oxalessigsäure) wird NAD$^+$, bei der Dehydrierung von Bernsteinsäure zu Fumarsäure FAD reduziert, die in der Atmungskette unter Abgabe von insgesamt 8 Elektronen regeneriert werden. Die stöchiometrische Gleichung des aeroben Abbaus der Glucose (*Abschn. 2.16*):

$$C_6H_{12}O_6 + 6\ O_2 + 6\ H_2O \rightarrow 6\ CO_2 + 12\ H_2O$$

verdeutlicht *Fig. 9.15*. Insbesondere die Tatsache, dass bei der Atmung sowohl H$_2$O verbraucht wird, als auch H$_2$O gebildet wird, dessen O-Atome aber ausschließlich aus molekularem Sauerstoff stammen, wird in *Fig. 9.15* erklärt. Die Effizienz des aeroben Metabolismus, wird dadurch deutlich, dass im Citronensäure-Zyklus 10 ATP-Moleküle (9 in der Atmungskette (*Abschn. 6.3*) und 1 bei der Bildung von Succinat) je Acetyl-Coenzym-A-Molekül gegenüber nur *netto* 2 bei der Glycolyse biosynthetisiert werden.

Eine Variante des Citronensäure-Zyklus stellt der Glyoxylat-Zyklus dar (*Fig. 9.14*), bei dem Citrat nach seiner Isomerisierung zu Isocitrat nicht in α-Oxoglutarat umgewandelt, sondern unter Bildung

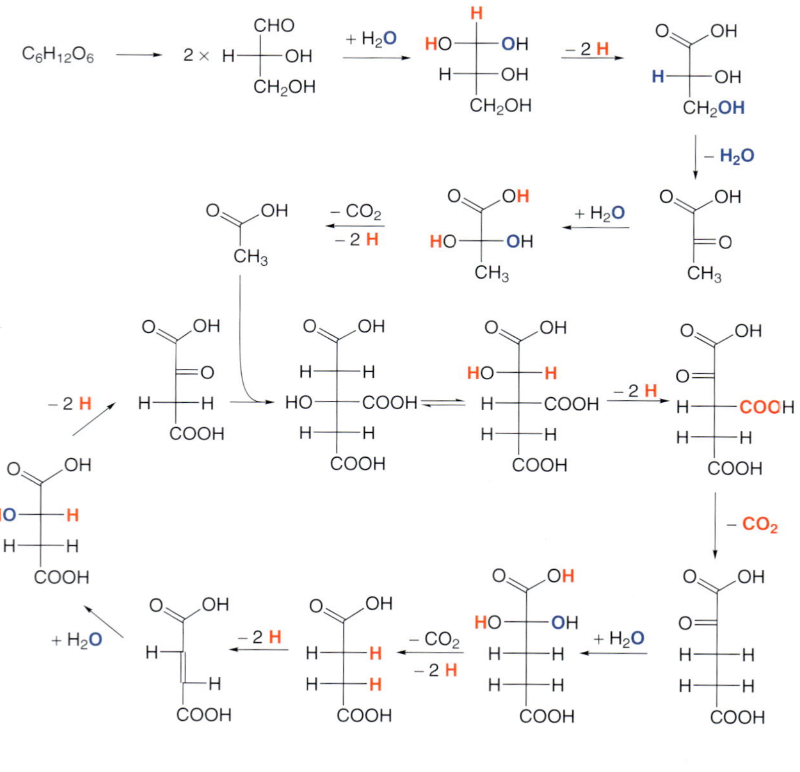

Fig. 9.15. *Stoffbilanz beim aeroben Abbau der Glucose: 2H-Äquivalente werden von NADH oder FADH$_2$ an die Elektronentransportkette übertragen.*

von Succinat und Glyoxylsäure gespalten wird. Die Reaktion der Glyoxylsäure mit Acetyl-Coenzym A führt zur Äpfelsäure als dem gemeinsamen Vorläufer des Oxalacetats in beiden Zyklen. Glyoxylsäure kann ferner durch Sauerstoff-Oxidation der Glycolsäure, die von der *Glycolat-Oxidase* – einem FMN-abhängigen Enzym (*Abschn. 10.14*) – unter Freisetzung von H_2O_2 katalysiert wird, biosynthetisiert werden. *Sämtliche enzymatische Reaktionen des Citronensäure- und des Glyoxylat-Zyklus außer der Dehydrierung von Bernsteinsäure zu Fumarsäure lassen sich durch reaktionsmechanistisch analoge chemische Reaktionen reproduzieren (Fig. 9.16).*

Im Gegensatz zum Citronensäure-Zyklus werden im Glyoxylat-Zyklus *zwei* Acetat-Moleküle je Umlauf in Oxalacetat umgewandelt und kein CO_2 freigesetzt. Somit werden im Citronensäure-Zyklus hauptsächlich Substrate in Energie umgewandelt, während der Glyoxylat-Zyklus eher der Biosynthese dient. Der Glyoxylat-Zyklus, der sich z.T. in pflanzentypischen Organellen (*Glyoxysomen*) abspielt, ermöglicht Pflanzen und manchen Mikroorganismen das durch Abbau von Fettsäuren und bestimmten Aminosäuren gebildete Acetat in Oxalacetat (und somit in Glucose) quantitativ umzusetzen (s. *Abschn. 9.23*). Dagegen sind Tiere in der Lage, das aus dem Fett-Abbau stammende Acetyl-Coenzym A in Pyruvat oder Oxalacetat bzw. Glucose umzuwandeln. Die zwei C-Atome der Acetyl-Gruppe des Acetyl-Coenzyms A treten zwar in den Citrat-Zyklus ein, aber sie verlassen ihn als CO_2. Daher wird zwar Oxalacetat regeneriert, aber nicht *de novo* synthetisiert.

Im so genannten *reduktiven Citronensäure-Zyklus* werden die Reaktionen des Citronensäure-Zyklus z.T. unter Beteiligung anderer Enzyme in umgekehrter Richtung durchlaufen. Auf diesem Wege findet beispielsweise die autotrophe Assimilation von CO_2 bei einigen phototrophen Bakterien (Grüne Schwefelbakterien u.a.) statt. Darüber hinaus katalysiert die *ATP-Citrat-Lyase*, die außer bei Grünen Schwefelbakterien der Familie Chlorobiaceae nur in Eukaryonten vorkommt, die Spaltung von Citronensäure in Oxalat und Acetyl-Coenzym A. Die Reaktion findet unter Verbrauch von ATP im Cytosol statt. Ferner wird bei der anaerob stattfindenden Succinatgärung aus Oxalessigsäure Bernsteinsäure biosynthetisiert, die durch Decarboxylierung in Propionsäure umgewandelt wird. Die Freisetzung von Energie findet bei der Hydrierung der Fumarsäure zur Bernsteinsäure (sog. *Fumaratatmung*), die bei chemoorganotrophen anaeroben Prokaryoten sowie bei mehreren fakultativ anaeroben Würmern (*Ascaris lumbricoides* u.a.) weit verbreitet ist. Möglicherweise ist der gegenwärtige Citronensäure-Zyklus das Ergebnis eines Evolutionsprozesses, bei dem die reduktive Reaktionssequenz: Pyruvat → Succinyl-Coenzym A und die oxidative Reaktionssequenz: Pyruvat → α-Glutarat, sich vereinigten. Beide Reaktionssequenzen kommen heute noch in Cyanobakterien und in anaerob wachsenden *E. coli*-Bakterien vor.

Unter den Bakterien, die Propansäure produzieren, ist *Propionibacterium shermanii* am bekanntesten. Es handelt sich dabei um Bakterien, die im Pansen und

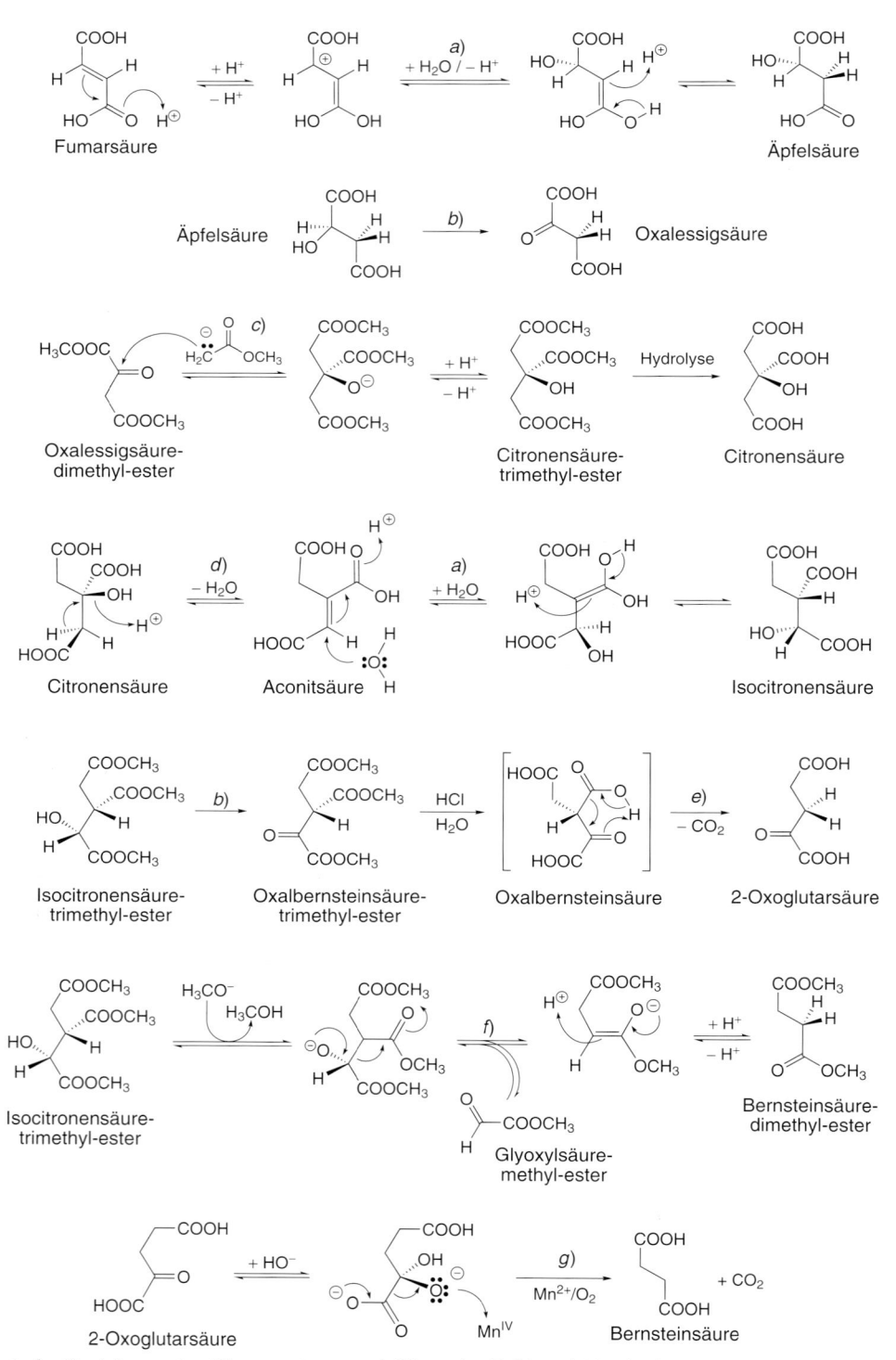

Fig. 9.16. *Chemische Reaktionen des Citronensäure- und Glyoxylat-Zyklus.* a) Konjugierte Addition von H_2O an die (C=C)-Bindung einer α,β-ungesättigten Carbonsäure (*Abschn. 8.21*). b) Oxidation eines sekundären Alkohols zum entsprechenden Keton (*Abschn. 5.11*). c) Addition eines Esterenolats (*Abschn. 9.21*) an die Carbonyl-Gruppe (*Abschn. 8.20*). d) Dehydratisierung eines tertiären Alkohols (*Abschn. 5.19*). e) Decarboxylierung einer β-Oxocarbonsäure (*Abschn. 9.13*). f) *retro*-Aldol-Reaktion (*Abschn. 8.20*). g) Oxidative Decarboxylierung einer α-Oxocarbonsäure (*Abschn. 9.13*).

Darm der Wiederkäuer vorkommen. Sie lassen sich aus Boden oder Wasser nicht isolieren. Propionibakterien gelangen in den Schweizer Käse, zu dessen Reifung und Geschmack sie entscheidend beitragen, durch das Labferment, das bei der Käsebereitung zur Gerinnung der Milch zugesetzt wird. Auch die Erreger der Akne (*Propionibacterium acnes*), einer Entzündung der Haarfollikel der menschlichen Haut, zählen zu den propionat-bildenden Bakterien.

Im Citronensäure-Zyklus wird Äpfelsäure durch H_2O-Anlagerung an die Fumarsäure gebildet. Mechanistisch ist die Reaktion wohl als (nucleophile) *konjugierte Addition* an die elektronenarme (C=C)-Bindung des Substrats zu deuten (*Abschn. 8.21*). Unter Verwendung von Deuteriumoxid (D_2O; 'schwerem Wasser') konnte gezeigt werden, dass bei der Umwandlung der Fumarsäure in (+)-Äpfelsäure, die von der *Fumarat-Hydratase (Fumarase)* katalysiert wird, *erythro*-3-Deuterioäpfelsäure gebildet wird (*Fig. 9.17*). Demzufolge muss die enzymatische Reaktion analog der von der *Succinat-Dehydrogenase* katalysierten Hydrierung der Fumarsäure (*Abschn. 3.7*) gemäß den in *Fig. 3.14* dargestellten stereospezifischen Beziehungen bei stereoselektiven Additionsreaktionen *anti*-stereoselektiv stattfinden.

Auch die Umwandlung von Maleinsäure (*Fig. 9.9*) in (−)-Äpfelsäure, die von der *Maleat-Hydratase* katalysiert wird, einem Enzym, das in den Mitochondrien von Nierenzellen vorkommt, ist *anti*-stereoselektiv. Erwartungsgemäß wird in diesem Falle aber das *threo*-Isomer der 3-Deuterioäpfelsäure erhalten (*Fig. 9.18*). Allerdings sind die Reaktionsprodukte beider enzymatischen Reaktionen reine Enantiomere, so dass die entsprechenden Additionsreaktionen nicht nur diastereoselektiv (wie die Hydrierung der Fumarsäure) sondern auch enantioselektiv stattfinden, d.h. die Additionsreaktion erfolgt nur von der *Si*-Seite der prochiralen C-Atome bei der Fumarsäure (*Fig. 9.17*) bzw. von der *Re*-Seite der prochiralen C-Atome bei der Maleinsäure (*Fig. 9.18*). Eine Unterscheidung der beiden prochiralen C-Atome, an denen die Reaktion stattfinden kann, ist jedoch wegen der Symmetrie der Substrate (die Maleinsäure als Ganzes ist nicht prochiral, die Fumarsäure als Ganzes ist zwar prochiral, besitzt aber eine zweizählige Achse, die senkrecht zur Prochiralitätsebene steht) auch für das Enzym nicht möglich.

Eine entscheidende Rolle bei der Aufklärung der absoluten Konfiguration optisch aktiver organischer Verbindungen spielte die *Weinsäure*, deren rechtsdrehendes (2R,3R)-Isomer als Abbauprodukt der Glucose, in Vogelbeeren, im Weintraubensaft, Weißdorn, Huflattich, Löwenzahn u.a. vorkommt (*Fig. 9.19*). Weinstein-Kristalle bestehen

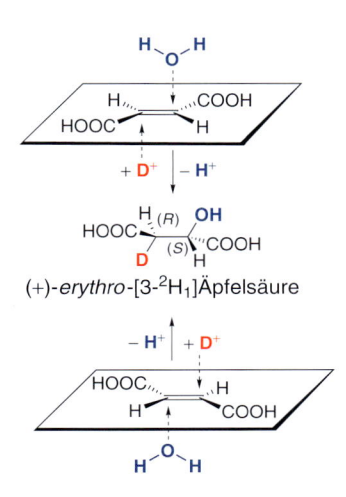

Fig. 9.17. *Stereoselektivität der enzymatischen Umwandlung von Fumarsäure in Äpfelsäure*

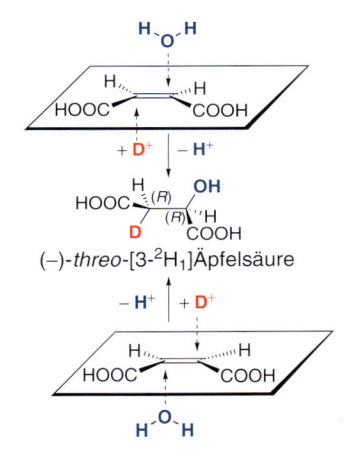

Fig. 9.18. *Stereoselektivität der enzymatischen Umwandlung von Maleinsäure in Äpfelsäure*

Fig. 9.19. *Strukturformel der stereoisomeren Weinsäuren*

aus dem entsprechenden Kalium-hydrogen*tartrat* (franz. *tartre*: Weinstein, auch Kessel- und Zahnstein).

Chemisch wird die rechtsdrehende Weinsäure (*d*-Weinsäure) durch Oxidation der (+)-Threose erhalten. (−)-Threose liefert das entsprechende linksdrehende Isomer (*l*-Weinsäure). Die Oxidation beider Erythrosen ergibt dagegen ein und dieselbe (optisch inaktive) Weinsäure, die *meso*-Weinsäure genannt wird (*Abschn. 2.11*). Die absolute Konfiguration der (+)-Weinsäure wurde 1951 von *Bijvoet* aufgeklärt (s. *Abschn. 2.10*) und diente Dank den bereits bestehenden chemischen Korrelationen zu anderen optisch aktiven Carbonsäuren zur Festlegung der absoluten Konfiguration aller chemischen Verbindungen (*Fig. 9.20*).

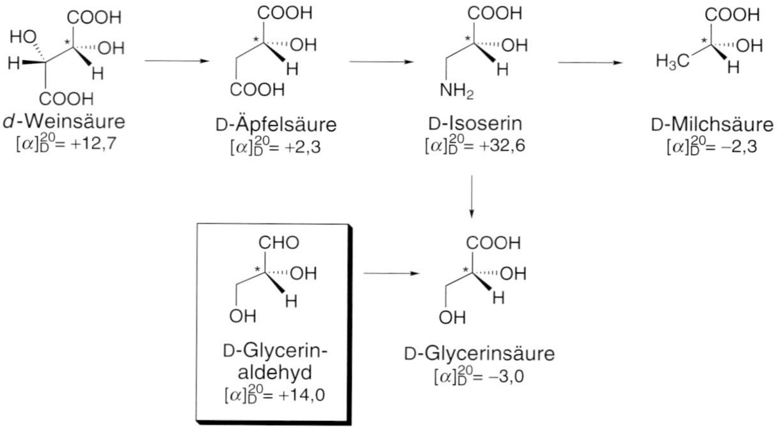

Fig. 9.20. *Chemische Korrelation der absoluten Konfigurationen der Weinsäure und des* D-*Glycerinaldehyds*

Eine ebenfalls im Zellmetabolismus wichtige Hydroxydicarbonsäure ist die *Mevalonsäure*, die aus Acetyl-Coenzym A biosynthetisiert wird (*Abschn. 9.23*) und als biogenetischer Vorläufer der Terpenoide (*Abschn. 3.19*) und der Steroide (*Abschn. 5.28*) sowohl im aeroben als auch im anaeroben Metabolismus dient.

Lävulinsäure (4-Oxopentansäure) entsteht durch mehrstündiges Erhitzen der Lävulose (D-Fructose) und anderer Hexosen in verdünnter Salzsäure. Ihr biologisch wichtigstes Derivat ist die 4-Aminolävulinsäure, der Vorläufer der Tetrapyrrol-Farbstoffe (*Abschn. 10.4*).

9.6. Aminosäuren

Carbonsäuren, deren Moleküle eine oder mehrere Amino-Gruppe(n) enthalten, werden allgemein als Aminosäuren bezeichnet. Im engeren Sinne versteht man jedoch darunter die als Monomere der Peptide und Proteine (*Abschn. 9.28*) in der Natur vorkommenden α-Aminosäuren (*Tab. 9.2*).

Tab. 9.2. *Trivialnamen der proteinbildenden α-Aminosäuren*

α-Aminosäure	Abkürzungen[a]	$[\alpha]_D^{25}$ [b]	pI	Etymologie des Trivialnamens
Glycin	Gly/G	–	5,97	schmeckt süß (griech. γλυκύς (*glykýs*): süß)
Alanin	Ala/A	+ 1,8	6,01	zusammengesetzt aus (Acet)Aldehyd, aus dem Alanin synthetisch zugänglich ist, und Amin
Valin	Val/V	+ 5,6	5,96	zusammengesetzt aus Valeriansäure und Amin
Leucin	Leu/L	− 11,0	5,98	kristallisiert in weißen Plättchen (griech. λευκός (*leukós*): weiß)
Isoleucin	Ile/I	+ 12,4	6,02	(griech. ἴσος (*ísos*): gleich, ähnlich)
Serin	Ser/S	− 7,5	5,68	erstmalig aus Seidenleim (griech. σηρικόν (*sērikón*): Seide) isoliert
Threonin	Thr/T	− 28,5	6,16	der Threose ähnlich
Cystein	Cys/C	− 16,5	5,02	erstmalig aus Nierensteinen (griech. κύστις (*kýstis*): Harnblase) isoliert
Methionin	Met/M	− 9,8	5,74	zusammengesetzt aus '4-Methylthiobuttersäure' und Amin
Asparagin	Asn/N	− 5,6	5,41	erstmalig aus Spargelpflanzen (*Asparagus officinalis*) isoliert
Asparaginsäure	Asp/D	+ 5,0	2,77	
Glutamin	Gln/Q	+ 6,3	5,65	erstmalig aus Gluten (Eiweißstoff von Weizenkleber) isoliert (lat. *glutinosus*: klebrig)
Glutaminsäure	Glu/E	+ 12,6	3,24	
Lysin	Lys/K	+ 13,5	9,82	erstmalig als Hydrolyseprodukt (griech. λύσις (*lýsis*): Auflösung, Trennung) von Kasein (einem Milchprotein) isoliert
Arginin	Arg/R	+ 12,5	10,76	bildet ein charakteristisches Silber-Salz (lat. *argentum*: Silber)
Histidin	His/H	− 38,5	7,59	kommt in jungem Pflanzengewebe (griech. ἱστός (*histós*): Gewebe) vor
Prolin	Pro/P	− 86,2	6,30	zusammengesetzt aus Pyrrolidin-2-carbonsäure
Phenylalanin	Phe/F	− 34,5	5,48	
Tyrosin	Tyr/Y	− 10,0[c]	5,66	erstmalig aus Käse (griech. τυρός (*tyrós*): Käse) isoliert
Tryptophan	Trp/W	− 33,7	5,89	wird bei der Spaltung von Proteinen mit *Trypsin* unzersetzt erhalten (griech. φαίνω (*phaínō*): leuchten, erscheinen). Trypsin wurde erstmalig aus Bauchspeicheldrüsen durch Verreiben (griech. τρίβω (*tríbō*): reiben) mit Glycerin extrahiert.

[a]) Dreibuchstabenabkürzung der älteren Literatur und heute meistens verwendete Einbuchstabenbezeichnung. [b]) Wasser als Lösungsmittel [c]) In 5N HCl.

Von den mehr als 250 bekannten Aminosäuren sind nur 20 Bestandteile der Proteine (*Fig. 9.21*). Sämtliche proteinbildende Aminosäuren sind *homochiral*, d. h. sie weisen die gleiche Konfiguration – nämlich L (*Abschn. 8.24*) – am α-C-Atom auf.

Bedingt durch das Vorhandensein einer aciden und einer basischen funktionellen Gruppe in ein und demselben Molekül bilden Aminosäuren in wässriger Lösung so genannte *Zwitterionen*, die eigentlich ungeladene dipolare Moleküle darstellen (*Fig. 9.22*). Da aber im Allgemeinen der pK_s-Wert der Carboxy-Gruppe und der pK_b-Wert der Amino-Gruppe verschieden sind, reagieren wässrige Lösungen von Aminosäuren nicht neutral.

Der pH-Wert, bei dem das Zwitterion in Lösung vorliegt, wird als *isoelektrischer Punkt* (pI) bezeichnet. Beim isoelektrischen Punkt ist die Löslichkeit der Aminosäure am kleinsten. Der pI-Wert einer Aminosäure wird bestimmt, indem man die Protonen-Konzentration der Lösung misst, bei der sich die Moleküle der Aminosäure in Gegenwart eines elektrischen Feldes weder zur Kathode noch zur Anode bewegen, und somit die Leitfähigkeit der Lösung am kleinsten ist.

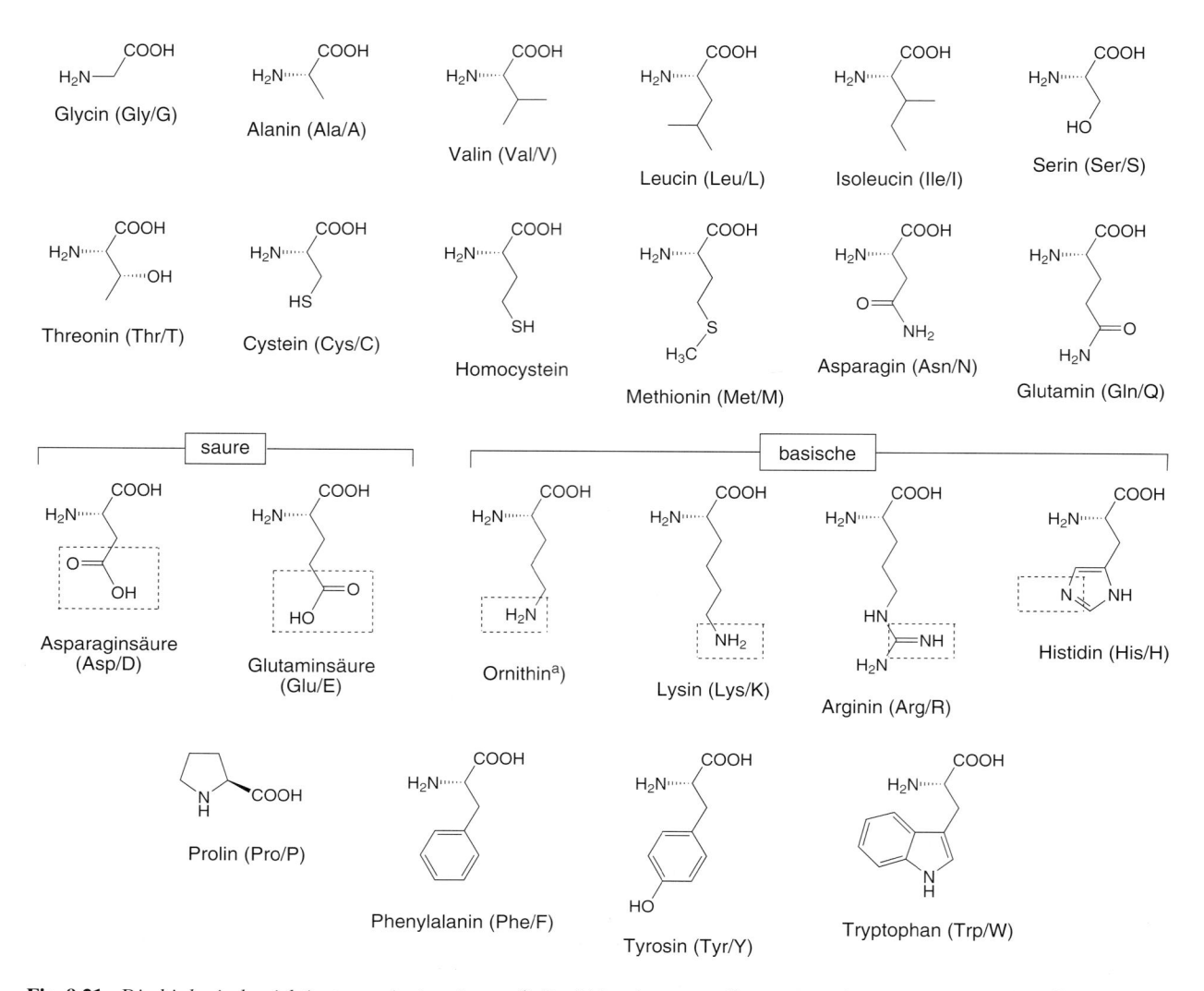

Fig. 9.21. *Die biologisch wichtigsten α-Aminosäuren.* [a]) Ornithin, das erstmalig aus Vogelexkrementen (griech. ὄρνις (órnis): Vogel) isoliert wurde, dient bei den Vögeln zur Ausscheidung von Benzoesäure (als Dibenzoylornithin), die aus dem Katabolismus aromatischer Aminosäuren entsteht. Bei Pflanzen dient Ornithin als biogenetischer Vorläufer der Pyrrolidin-Alkaloide (*Abschn. 7.5*).

Fig. 9.22. *Ionisation der Aminosäuren*

Da sowohl die Acidität der Carboxy-Gruppe als auch die Basizität der Amino-Gruppe von der Konstitution des gesamten Moleküls abhängen, weisen die verschiedenen Aminosäuren charakteristische p*I*-Werte auf (*Tab. 9.2*), die aus den entsprechenden Dissoziationskonstanten errechnet werden können:

$$K_{sa} = \frac{[R-COO^-][H^+]}{[R-COOH]} \quad \text{und} \quad K_{sb} = \frac{[R-NH_2][H^+]}{[R-NH_3^+]}$$

Da bei 'neutralen' Aminosäuren jedes nichtionisierte Molekül nur eine Carboxy- und eine Amino-Gruppe enthält:

und somit: $\dfrac{[\text{R}-\text{COO}^-][\text{H}^+]}{K_{\text{sa}}} = \dfrac{K_{\text{sb}}[\text{R}-\text{NH}_3^+]}{[\text{H}^+]}$

$[\text{R}-\text{COOH}] = [\text{R}-\text{NH}_2]$

Im isoelektrischen Punkt:

$$[\text{R}-\text{NH}_3^+] = [\text{R}-\text{COO}^-] \text{ und somit:}$$

$$\dfrac{[\text{H}^+]}{K_{\text{sa}}} = \dfrac{K_{\text{sb}}}{[\text{H}^+]} \text{ bzw. } [\text{H}^+]^2 = K_{\text{sa}} \cdot K_{\text{sb}}$$

Daraus folgt:

$$2 \cdot \log [\text{H}^+] = \log K_{\text{sa}} + \log K_{\text{sb}}$$

bzw.: $\text{pH} = (\text{p}K_{\text{sa}} + \text{p}K_{\text{sb}})/2$

Im Falle des Glycins beispielsweise entspricht der isoelektrische Punkt (p*I*) der Protonen-Konzentration: pH = (2,34 + 9,60)/2 = 5,97.

Darüber hinaus gibt es α-Aminosäuren, deren Moleküle nicht die gleiche Anzahl saurer und basischer funktioneller Gruppen enthalten. Die p*I*-Werte dieser Aminosäuren liegen somit im sauren (z. B. Asparagin- und Glutaminsäure) bzw. im alkalischen (z. B. Lysin) Bereich der pH-Skala (*Tab. 9.2*).

Zum Nachweis von Aminosäuren dient die sehr empfindliche Reaktion mit *Ninhydrin* (2,2-Dihydroxyindan-1,3-dion), bei der blauviolette Farbstoffe ($\lambda_{\max}$ = 570 nm) gebildet werden (Prolin, die einzige Aminosäure mit einer sekundären Amino-Gruppe, bildet einen gelben Farbstoff mit $\lambda_{\max}$ = 440 nm). Der Mechanismus der Reaktion ist in *Fig. 9.23* dargestellt: Die mittelständige Carbonyl-Gruppe des Ninhydrins, die in wässriger Lösung vorwiegend als Monohydrat vorliegt (*Abschn. 8.6*), reagiert mit der Amino-Gruppe der Aminosäure unter Bildung eines Imins (*Abschn. 8.14*). Durch Azaallyl-Umlagerung (*Abschn. 8.19*) wird ein neues Imin gebildet, dessen Hydrolyse 2-Aminoindan-1,3-dion liefert. Die Reaktion des Letzteren mit einem zweiten Molekül des Ninhydrins führt zum farbigen Imin, dessen Bildung auf das Vorliegen der Aminosäure hindeutet. Die Reaktion

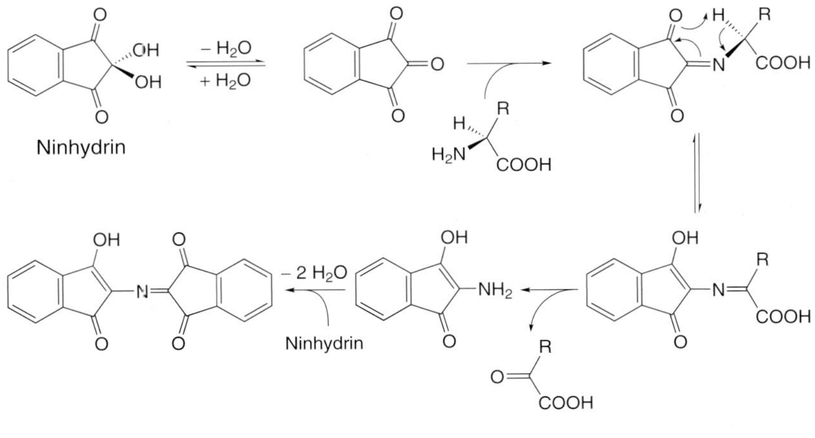

Fig. 9.23. *Mechanismus der Ninhydrin-Reaktion*

dient u.a. zur spektrophotometrischen Bestimmung kleiner Mengen von Aminosäuren sowie zur 'Anfärbung' von Chromatogrammen und Elektropherogrammen.

9.7. Nichtproteinogene Aminosäuren

Außer den Aminosäuren, die dem Aufbau der Proteine dienen (*Abschn. 9.31*), kommen in lebenden Organismen Aminosäuren vor, denen spezifische Fuktionen im Zellmetabolismus zugeordnet werden (*Fig. 9.24*).

Sarkosin (*N*-Methylglycin) beispielsweise, das als Zwischenprodukt des Stoffwechsels der Aminosäuren auftritt, ist ein Abbauprodukt des Kreatins in Muskeln (griech. σάρξ (sarx): Fleisch). Es kommt ebenfalls neben anderen *N*-methylierten α-Aminosäuren in verschiedenen Antibiotika vor. D-*Alanin* verleiht der bakteriellen Zellwand (*Abschn. 8.33*) ihren Widerstand gegen Proteasen, welche normalerweise Peptid-Bindungen zwischen L-Aminosäuren spalten. Es kommt auch als Bestandteil von Cyclosporin A vor, einem Peptid-Antibiotikum (*Abschn. 9.30*). β-*Alanin*, ein Abbauprodukt der Pyrimidinbasen Uracil und Cytosin (*Abschn. 10.21*), ist u.a. Bestandteil des Coenzyms A (*Abschn. 9.22*). Das Selen-Analogon des Cysteins ist Bestandteil des Reaktionszentrums der *Glutathion-Peroxidase*, eines der Enzyme, welche die Reduktion von Peroxiden katalysieren (*Abschn. 6.2*). Ferner ist die γ-*Aminobuttersäure* (GABA), die bei Tieren analog den biogenen Aminen (*Abschn. 7.3*) durch Decarboxylierung von L-Glutamat biosynthetisiert wird (*Abschn. 9.13*), ein an den Synapsen des Zentralnervensystems inhibitorisch wirkender Neurotransmitter (*Abschn. 7.3*).

Besonders erwähnenswert ist die 1-Aminocyclopropancarbonsäure, die aus *S*-Adenosylmethionin durch Abspaltung von *S*-Methylthioadenosin biosynthetisiert wird, und durch enzymatische Oxidation in CO_2, HCN und Ethylen zersetzt wird. Ethylen weist die Wirkung eines Phytohormons auf (*Abschn. 3.2*).

Nichtproteinogene Aminosäuren finden sich insbesondere im Stoffwechsel der Pflanzen und Mikroorganismen. Sie werden in Perioden erhöhten Stickstoffbedarfes (z.B. bei der Knospenbildung und Samenkeimung) gebildet und als lösliche Speichersubstanzen abgelagert. Viele im Stoffwechsel der niederen Organismen gebildete Aminosäuren zeigen antibiotische Wirksamkeit. Zum Teil wirken sie als Aminosäure-Antagonisten, d.h., sie sind kompetitive Inhibitoren innerhalb des Stoffwechsels, hemmen bestimmte Reaktionen der Aminosäure-Biosynthese oder verursachen Fehlsequenzen bei der Protein-Biosynthese.

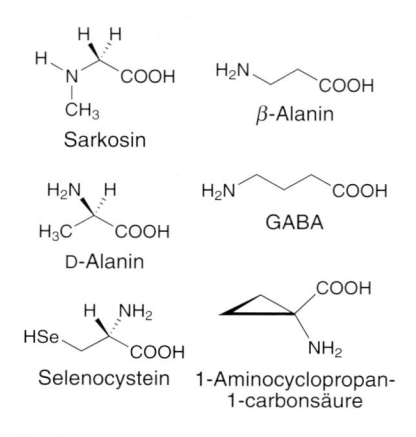

Fig. 9.24. *Einige nichtproteinogene Aminosäuren*

9.8. Biosynthese der Aminosäuren

Die meisten (jedoch nicht alle!) Bakterien und Pflanzen sind imstande, sämtliche Aminosäuren, die als Monomere der Peptide und Proteine vorkommen, *de novo* zu synthetisieren. Dabei spielt die Glutaminsäure eine zentrale Rolle, denn sie ist die einzige α-Aminosäure, die durch Reaktion einer α-Oxocarbonsäure (α-Oxoglutarat) mit *Ammoniak* oder Glutamin biosynthetisiert werden kann (*Abschn. 8.15*). Alle anderen Aminosäuren können aus Glutamat durch *Transaminierung* biosynthetisiert werden, eine Reaktion, die von den *Transaminasen* katalysiert wird, deren prosthetische Gruppe das Pyridoxal-phosphat ist (*Abschn. 10.10*). Bei der reversiblen Übertragung der Amino-Gruppe zwischen zwei Aminosäuren finden folgende Umsetzungen statt (*Fig. 9.25*):

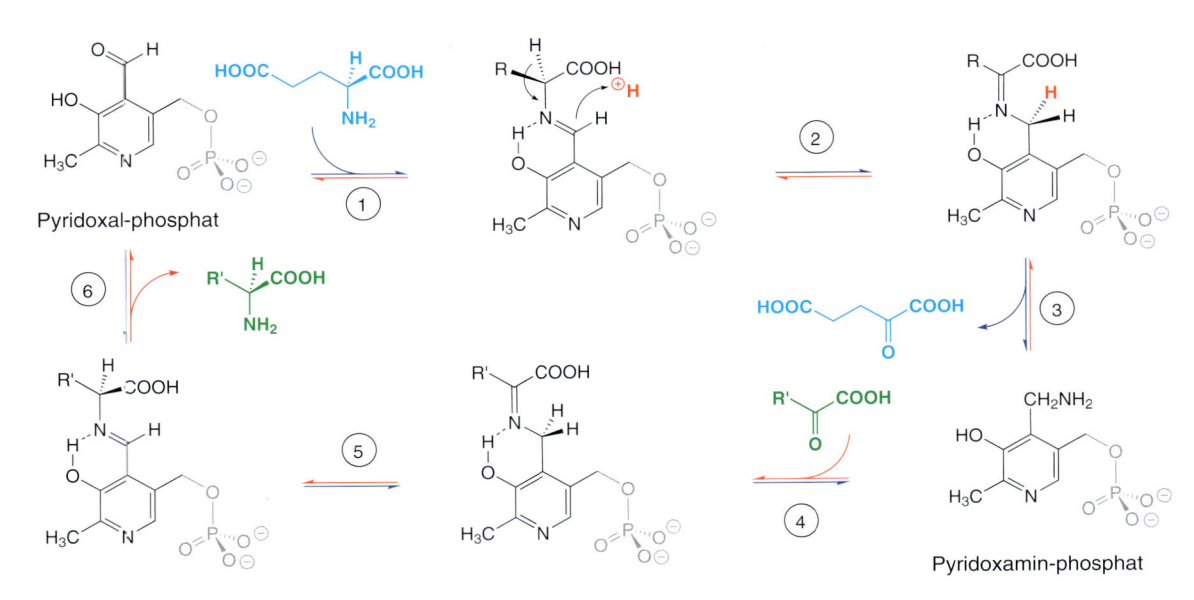

Fig. 9.25. *Durch Übertragung der Amino-Gruppe* (Transaminierung) *werden Aminosäuren sowohl biosynthetisiert* (rote Pfeile) *als auch abgebaut* (blaue Pfeile).

1) Reaktion der Formyl-Gruppe des Pyridoxal-phosphats mit der Amino-Gruppe einer α-Aminosäure (z. B. Glutamat) unter Bildung eines Imins (*Abschn. 8.14*).
2) Azaallyl-Umlagerung des gebildeten Imins (*Abschn. 8.19*).
3) Hydrolyse des neuentstandenen Imins unter Freisetzung einer α-Oxocarbonsäure und Pyridoxamin-phosphat.
4) Reaktion des Pyridoxamin-phosphats mit einer anderen α-Oxocarbonsäure unter Bildung des entsprechenden Imins.
5) Azaallyl-Umlagerung des Imins.
6) Hydrolyse des neuentstandenen Imins unter Freisetzung einer α-Aminosäure und Regenerierung des Cofaktors.

Mechanistisch entspricht die aus den *Schritten 1* bis *4* bestehende Reaktionsfolge der Bildung der für die Reaktion von Aminosäuren mit Ninhydrin charakteristischen Farbstoffe (*Abschn. 9.7*).

Selbstverständlich können α-Aminosäuren nur durch Transaminierung biosynthetisiert werden, wenn die entsprechende α-Oxocarbonsäure ein Metabolit des betreffenden Organismus ist. Lebewesen, die aus diesem Grunde nicht imstande sind, sämtliche für die Protein-Biosynthese benötigten α-Aminosäuren selbst zu synthetisieren, sind darauf angewiesen, einen Teil der proteinogenen Aminosäuren – so genannte *essentielle* Aminosäuren – mit der Nahrung aufzunehmen (*Tab. 9.3*).

Für den Menschen gelten Arginin und Histidin als *semiessentielle* Aminosäuren, weil sie nur in Wachstumsphasen und bei Mangelerscheinungen exogen aufgenommen werden müssen. Arginin kann zwar von Säugern im Harnstoff-Zyklus biosynthetisiert werden, wird aber dort zum größten Teil zur Bildung von Harnstoff verwendet (*Abschn. 9.26*). Kinder (nicht aber Erwachsene) benötigen somit wäh-

Tab. 9.3. *Für den Menschen sind 10 Aminosäuren essentiell.* Da Tyrosin durch Hydroxylierung der essentiellen Aminosäure Phenylalanin biosynthetisiert wird, ist es eigentlich ebenfalls als essentiell anzusehen. Der erforderliche Gehalt an Phenylalanin in der Nahrung bedingt also gleichzeitig den Tyrosinbedarf.

Arginin	Threonin
Histidin	Lysin
Valin	Methionin
Leucin	Tryptophan
Isoleucin	Phenylalanin

Struktur und Reaktivität der Biomoleküle

rend ihrer normalen Entwicklung größere Mengen Arginin, als dieser Stoffwechselweg liefern kann. Im Milcheiweiß z.B. liegen die Aminosäuren in einem für die menschliche Ernährung optimalen Verhälnis vor.

Alle nichtessentiellen Aminosäuren, außer *Tyrosin*, das beim Menschen durch Hydroxylierung der essentiellen Aminosäure Phenylalanin gebildet wird, werden auf einfachen Wegen synthetisiert, die von vier Grundvorläufern des Stoffwechsels, nämlich Pyruvat, Oxalacetat, α-Oxoglutarat und 3-Phosphoglycerat, ausgehen. Ebenfalls aus denselben Vorläufern (zuzüglich Shikimat) werden bei Mikroorganismen und Pflanzen die essentiellen Aminosäuren biosynthetisiert, so dass insgesamt alle proteinogenen Aminosäuren, außer *Histidin* (Abschn. 10.21), biogenetisch in fünf 'Familien' eingeteilt werden können (Fig. 9.26).

Der Hauptsyntheseweg für *Serin* geht von 3-Phosphoglycerat aus, das von NAD$^+$ zu 3-Phosphohydroxypyruvat dehydriert wird. Durch Transaminierung mit Glutamat entsteht 3-Phosphoserin, das zu Serin hydrolysiert wird. Serin ist der biogenetische Vorläufer des Glycins und des Cysteins (Fig. 9.26). Ferner kann *Glycin*

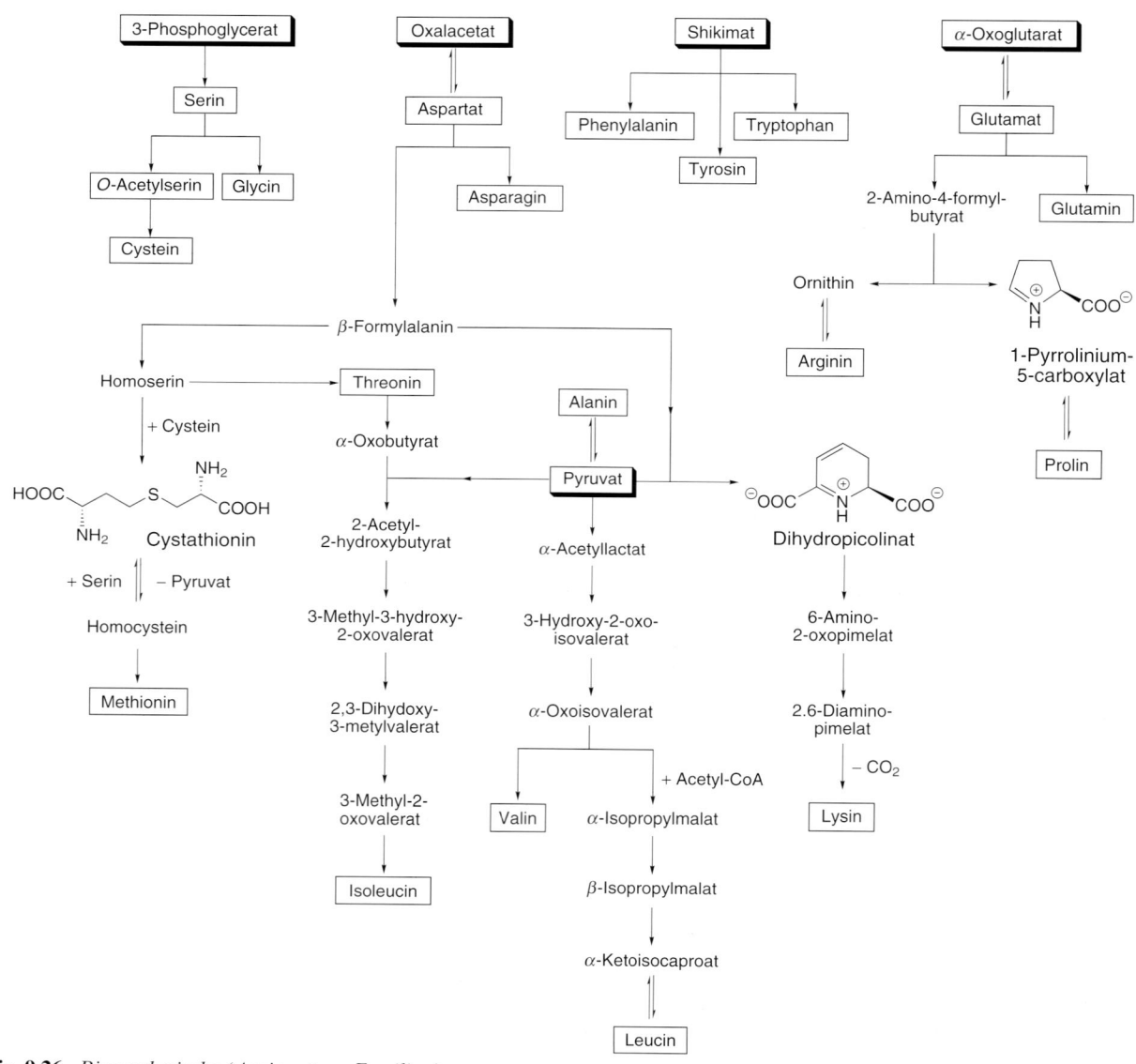

Fig. 9.26. *Biosynthetische 'Aminosäure-Familien'*

in der Leber der Wirbeltiere aus CO_2 und Ammoniak durch Umkehrung seiner Abbaureaktion erzeugt werden (s. *Fig. 9.30*). *Cystein* wird bei einigen Mikroorganismen und Pflanzen durch Reaktion von *O*-Acetylserin mit H_2S unter Mitwirkung der *Cystein-Synthase*, eines pyridoxal-phosphat-abhängigen Enzyms, biosynthetisiert. Bei Tieren dagegen wird Cystein aus *Cystathionin* unter Abspaltung von α-Oxobutyrat und NH_3 gebildet. (*Fig. 9.26*).

Pyruvat, Oxalacetat und α-Oxoglutarat sind die Oxocarbonsäuren, aus denen durch Transaminierung *Alanin, Aspartat* bzw. *Glutamat* entstehen. *Asparagin* und *Glutamin* werden durch Reaktion von Aspartat bzw. Glutamat mit NH_3 unter Phosphat-Spaltung gebildet (*Abschn. 9.25*). Bei manchen Eukaryoten (z.B. bei Säugern) stammt die Amino-Gruppe des Asparagins aus Glutamin, das auch bei zahlreichen anderen biosynthetischen Prozessen als Amino-Gruppen-Donator und NH_3-Speicher fungiert (*Abschn. 9.27*).

Glutaminsäure kommt in vielen Pflanzensamen während der Keimung reichlich vor. Das Mononatrium-Salz der Glutaminsäure ist für das Fleischaroma und den Geschmack von Fleisch maßgebend. Auch Pilze sind reich an glutaminsäurehaltigen Proteinen, was ihr schwach fleischartiger Geschmack und ihre Fähigkeit, das Aroma vieler Gerichte zu verstärken, erklärt. Aus diesem Grunde ist Natriumglutamat ein beliebter Geschmacksförderer in der chinesischen Küche. Manche Personen reagieren jedoch auf größere Mengen Natriumglutamat in den Speisen mit Schwindelgefühl, Kopfweh und Atemnot.

Ferner ist Glutamat der Vorläufer des *Arginins* und des *Prolins*. Als wichtigstes Zwischenprodukt fungiert das 2-Amino-4-formylbutanoat (sog. *Glutamat-5-semialdehyd*), das durch Reduktion der γ-Carboxy-Gruppe der Glutaminsäure (höchstwahrscheinlich als gemischtes Anhydrid der Phosphorsäure) gebildet wird. Intramolekulare (nicht enzymatisch katalysierte) Imin-Bildung führt zu 3,4-Dihydro-2*H*-pyrrol-2-carboxylat (vgl. *Abschn. 8.14*), dessen Reduktion Prolin liefert. Die spontane intramolekulare Imin-Bildung wird bei der Biosynthese des Arginins aus Glutamat-5-semialdehyd durch Acetylierung der Amino-Gruppe des Glutamats vermieden, so dass der eigentliche biogenetische Vorläufer des Arginins nicht Glutamat-5-semialdehyd, sondern sein *N*-Acetyl-Derivat ist. Durch Transaminierung des Letzteren (mit Glutamat als N-Donator) und darauf folgende Hydrolyse der Acetyl-Gruppe wird Ornithin biosynthetisiert, das im Harnstoff-Zyklus (*Abschn. 9.26*) in Arginin umgewandelt wird.

Analog findet die Biosynthese von *Lysin* aus Aspartat statt. Als Zwischenprodukt entsteht β-Formylalanin, dessen *Claisen*-Kondensation mit Pyruvat als Methylen-Komponente (*Abschn. 9.21*) und darauf folgende intramolekulare Imin-Bildung zu Dihydropicolinat führt (*Fig. 9.26*). Hydrierung der (C(3)=C(4))-Bindung des Letzteren und anschließende Hydrolyse der Imin-Gruppe führen zu 6-Amino-2-oxopimelat. Entsprechend der Ornithin-Biosynthese wird die Rückbildung des cyclischen Imins durch Acylierung der Amino-Gruppe des 6-Amino-2-oxopimelats mit Succinyl-Coenzym A verhindert. Darauf folgende Transaminierung (wiederum mit Glutamat als N-Donator) und Hydrolyse der Succinyl-Gruppe führen zu (2*S*,6*S*)-2,6-Diaminopimelat, das zum (symmetrischen) *meso*-Isomer epimerisiert wird, bevor es durch Decarboxylierung in Lysin umgewandelt wird.

Die Biosynthese des *Methionins* geht ebenfalls von β-Formylalanin aus, das durch Reduktion der Formyl-Gruppe in Homoserin umgewandelt wird. Acylierung der OH-Gruppe des Homoserins mit Succinyl-Coenzym A und darauf folgende nucleophile Substitution an C(4), wobei das S-Atom des Cysteins als Nucleophil dient, führen zu *Cystathionin*, das unter Abspaltung von α-Aminoacrylat (bzw. Pyruvat und NH_3) in Homocystein übergeht (s. *Fig. 9.26*). Reaktion des Letzteren mit N^5-Methyltetrahydrofolat ergibt Methionin (*Abschn. 10.14*). Homoserin kann ebenfalls in Threonin umgewandelt werden, und zwar durch Phosphorylierung der OH-Gruppe, Eliminierung von Phosphat, anschließende (C(3) → C(2))-Verschiebung der (C=C)-Bindung und konjugierte Addition von H_2O (vgl. *Abschn. 8.21*).

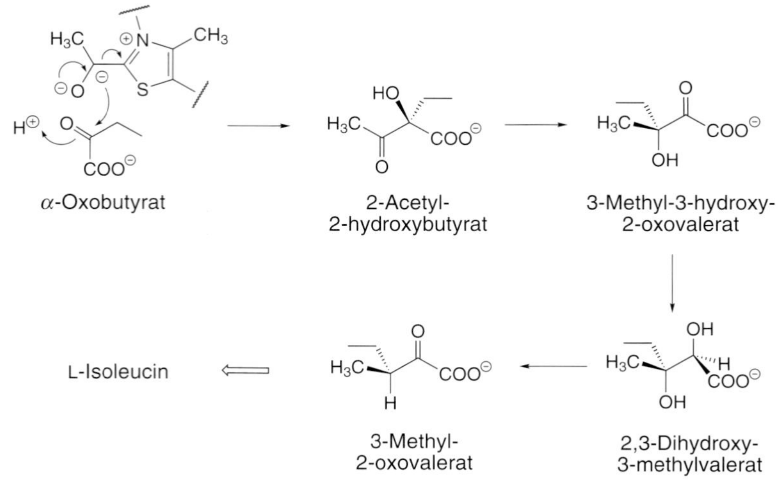

Struktur und Reaktivität der Biomoleküle

Fig. 9.27. *Biosynthese des Isoleucins*

Threonin kann unter Mitwirkung des pyridoxal-phosphat-abhängigen Enzyms *Threonin-Desaminase* (= *Serin-Dehydratase*) in α-Oxobutyrat, den Vorläufer des *Isoleucins*, umgewandelt werden. Durch nucleophile Addition des durch Reaktion von Pyruvat mit Thiamin-pyrophosphat gebildeten Carbanions (s. *Abschn. 9.13*) an die Carbonyl-Gruppe des α-Oxobutyrats entsteht 2-Acetyl-2-hydroxybutyrat (= 2-Ethyl-2-hydroxyacetoacetat), das durch α-Ketol-Umlagerung (*Abschn. 8.9*) in 3-Methyl-3-hydroxy-2-oxovalerat umgewandelt wird (*Fig. 9.27*). Anschließende Reduktion der Carbonyl-Gruppe und Eliminierung von H$_2$O aus dem dabei gebildeten 2,3-Dihydroxy-3-methylvalerat führen zum 3-Methyl-2-oxovalerat (vgl. *Abschn. 5.14*), dessen Transaminierung (mit Glutamat als N-Donator) Isoleucin liefert. Die an der Biosynthese des Isoleucins beteiligten Enzyme sind dieselben, welche die Biosynthese des Valins katalysieren.

Analog findet die Biosynthese des *Valins* und des *Leucins* aus Pyruvat statt. Durch nucleophile Addition des durch Reaktion von Pyruvat mit Thiamin-pyrophosphat gebildeten Carbanions (s. *Abschn. 9.13*) an die Carbonyl-Gruppe eines (zweiten) Pyruvat-Moleküls wird 2-Acetyllactat gebildet, dessen α-Ketol-Umlagerung (*Abschn. 8.9*) zum 3-Hydroxy-2-oxoisovalerat führt (*Fig. 9.28*). Durch Hydrie-

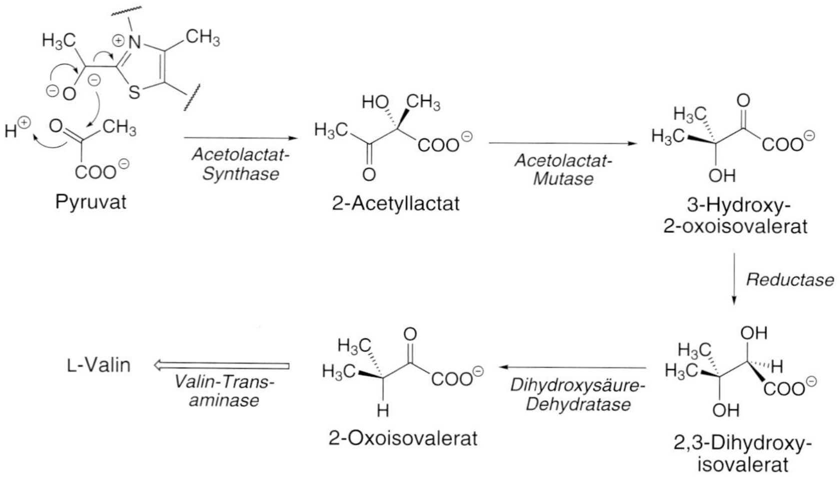

Fig. 9.28. *Biosynthese des Valins*

rung der Carbonyl-Gruppe und darauf folgende H₂O-Abspaltung wird 2-Oxoisovalerat synthetisiert, aus dem durch Transaminierung (mit Glutamat als N-Donator) Valin gebildet wird. Andererseits führt die *Claisen*-Kondensation des 2-Oxoisovalerats mit Acetyl-Coenzym A als Methylen-Komponente (*Abschn. 9.21*) zum α-Isopropylmalat, das unter H₂O-Abspaltung und darauf folgende Anlagerung von H₂O mit umgekehrter Regioselektivität in β-Isopropylmalat umgewandelt wird. Durch Oxidation der sekundären OH-Gruppe und anschließende Decarboxylierung der dabei entstehenden β-Oxocarbonsäure wird 4-Methyl-2-oxopentansäure (α-Oxoisocaproat) gebildet, dessen Transaminierung (mit Glutamat als N-Donator) Leucin liefert.

9.9. Metabolismus der Aminosäuren

Im Gegensatz zu den Kohlenhydraten und den Fetten werden bei Tieren Aminosäuren, die nicht in die Biosynthese der Proteine (*Abschn. 9.31*) oder anderer Metabolite eingesetzt werden, nicht gespeichert, sondern (hauptsächlich in der Leber) zu allgemein verwertbaren Zwischenprodukten des Stoffwechsels abgebaut. Das gleiche gilt für die Aminosäuren, die durch Abbau der Proteine freigesetzt werden (*Abschn. 9.33*).

Für Pflanzen ist dagegen Stickstoff eine wachstumsbegrenzende Komponente, weshalb er nicht ausgeschieden, sondern u. a. in Glutaminsäure, Glutamin, Allantoin und Allantoinsäure (*Abschn. 10.21*) gespeichert wird.

Die meisten Abbauwege beginnen mit der Transaminierung einer Aminosäure zur entsprechenden α-Oxocarbonsäure (s. *Fig. 9.25*). Dabei spielt wiederum das Glutamat eine entscheidende Rolle, denn es wird durch Übertragung der Amino-Gruppe der meisten Aminosäuren auf α-Oxoglutarat gebildet und danach in den Mitochondrien unter Mitwirkung der *Glutamat-Dehydrogenase* oxidativ in α-Oxoglutarat zurückverwandelt (*Abschn. 8.15*). Für den *extrazellulären* Transport vom NH₃ wird anstelle von Glutamat Glutamin verwendet, das aus Ersterem unter Mitwirkung der *Glutamin-Synthetase* biosynthetisiert wird (*Abschn. 9.25*). Glutamin ist somit (neben Alanin für die Muskelzellen) die Haupttransportform von NH₃. Normalerweise liegt es im Blut in viel höheren Konzentrationen vor als die anderen Aminosäuren.

Interessanterweise weisen die Konzentrationen der Aminosäuren im Serum des Menschen geschlechtsspezifische Unterschiede auf. Bei Frauen findet man im Allgemeinen (außer für Cystein) einen niedrigeren Aminosäurespiegel als bei Männern. Ebenfalls ist vermutlich der Gehalt von Aminosäuren im Schweiß die Ursache dafür, dass manche Menschen von Mücken stärker geplagt werden als andere. Besonders stark mückenanlockend wirken offensichtlich Lysin und Tyrosin, während andere Aminosäuren schwächere Lockwirkung zeigen. Fast die Hälfte der proteinogenen Aminosäuren (insbesondere Leucin und Tryptophan) wirkt sogar abstoßend auf Mücken.

Das in den Leberzellen freigesetzte Ammoniak wird im Harnstoff-Zyklus (*Abschn. 9.26*) für die Harnstoff-Biosynthese verwendet und schließlich durch die Niere ausgeschieden. Abgesehen von seiner Rolle beim Transport von NH_3 dient Glutamin bei verschiedenen Biosynthesen als Donator von Amino-Gruppen (*Abschn. 9.27*).

In den meisten Organen, insbesondere aber im Zentralnervensystem und Muskeln der Tiere wirkt NH_3 als starkes Zellgift. Die molekulare Grundlage dieser Toxizität ist noch nicht völlig geklärt. Möglicherweise werden bestimmte Oxocarbonsäuren durch Reaktion mit NH_3 dem Citrat-Zyklus entzogen. Zudem kann die Zelltoxizität von NH_3 auf Änderungen der Protonen-Konzentration im Cytoplasma und Schädigungen der Zellmembran beruhen. In Gehirnzellen führt außerdem die Entfernung von NH_3 durch Glutamin-Biosynthese zu einem Verbrauch von Glutamat, das neben seinem Decarboxylierungsprodukt GABA ein wichtiger Neurotransmitter ist (*Abschn. 7.3*).

Gemäß ihrem Katabolismus lassen sich Aminosäuren in zwei Klassen einteilen: *1)* Glucogene Aminosäuren, deren C-Gerüst in die Glucose-Vorläufer Pyruvat, α-Oxoglutarat, Fumarat, Oxalacetat oder Succinyl-Coenzym A umgewandelt wird, und *2)* ketogene Aminosäuren, deren C-Gerüst zu Acetyl-Coenzym A oder Acetoacetat abgebaut und für die Biosynthese von Fettsäuren oder Ketokörpern (*Abschn. 9.23*) verwendet wird. Demnach lassen sich proteinogene Aminosäuren in sieben Gruppen unterteilen (*Tab. 9.4*). Isoleucin, Phenylalanin, Tryptophan und Tyrosin werden jedoch z. T. für die Biosynthese von Fetten und z. T. für die Biosynthese von Glucose abgebaut.

Drei proteinogene Aminosäuren (*Alanin, Aspartat, Glutamat*) werden direkt durch Transaminierung in die entsprechenden α-Oxocarbonsäuren umgewandelt. *Serin* wird mit Hilfe der *Serin-Dehydratase* (ein pyridoxal-phosphat-abhängiges Enzym) in α-Aminoacrylat umgewandelt, dessen Hydrolyse Pyruvat liefert (*Fig. 9.29*). Auf analoge Weise wird *Cystein* abgebaut. Ein alternativer Abbauweg für Serin, der von der *Serinhydroxymethyl-Transferase* katalysiert wird, findet durch (reversible) Umwandlung in Glycin statt, wobei das β-C-Atom des Serins zur Biosynthese vom N^5,N^{10}-Methylentetrahydrofolat aus Tetrahydrofolat (THF) verwendet wird (*Fig. 9.30*). Wahrscheinlich katalysiert das Enzym, das Pyridoxalphosphat (PLP) als Cofaktor enthält (*Abschn. 10.10*), eine der *retro*-Aldol-Addition analogen Reaktion (*Abschn. 8.20*), bei der Formaldehyd freigesetzt wird. Letzterer wird von den sekundären Amino-Gruppen an N(5) und N(10) des Tetrahydrofolats (*Abschn. 10.14*) unter Bildung eines Aminals (*Abschn. 8.14*) 'abgefangen' (*Fig. 9.30*).

Tab. 9.4. *Einteilung der proteinogenen Aminosäuren gemäß ihren charakteristischen Abbauprodukten*

Glucogene					Ketogene	
Glycin	Valin	Aspartat	Aspartat	Glutamat	Leucin	Leucin
Alanin	Isoleucin	Phenylalanin	Asparagin	Glutamin	Isoleucin	Lysin
Serin	Methionin	Tyrosin		Arginin	Threonin	Phenylalanin
Threonin				Histidin	Tryptophan	Tyrosin
Cystein				Prolin		
Tryptophan						
↓	↓	↓	↓	↓	↓	↓
Pyruvat	Succinyl-CoA	Fumarat	Oxalacetat	α-Oxoglutarat	Acetoacetat	Acetyl-CoA

Fig. 9.29. *Enzymatischer Abbau des Serins* (PLP = Pyridoxal-phosphat)

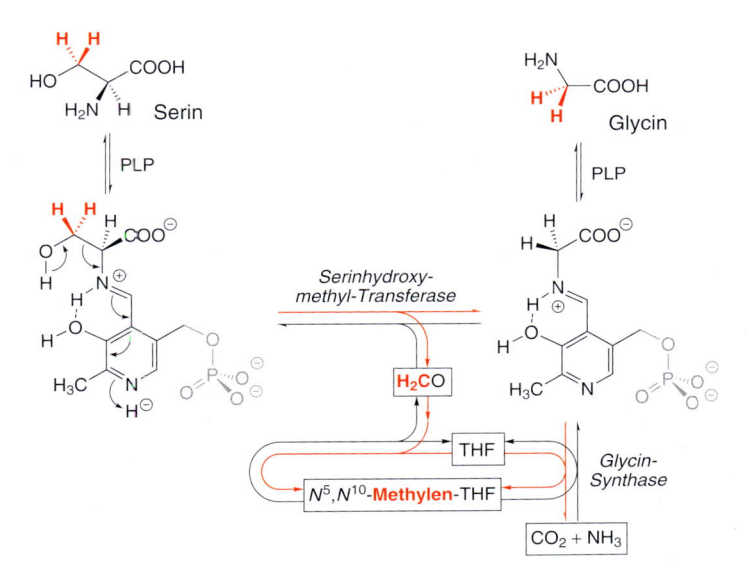

Fig. 9.30. *Enzymatische Abbauwege des Glycins*

Der enzymatische Abbau von *Glycin* findet bei Tieren hauptsächlich unter Abspaltung von CO_2 und NH_3 statt, wobei das α-C-Atom der Aminosäure, wie im Falle des Serins, zur Bildung von N^5,N^{10}-Methylentetrahydrofolat verwendet wird (*Fig. 9.30*). Die Reaktion, die reversibel ist (*Abschn. 9.8*), wird von der *Glycin-Synthase* katalysiert, einem Enzym, das neben Pyridoxal-phosphat NAD^+ (*Abschn. 10.10*) als Cofaktor benötigt.

Der Abbau des *Methionins* erfolgt über *S*-Adenosylmethionin und Homocystein (sein Biosynthese-Vorläufer) zu Cystathionin, das zu Cystein und α-Oxobutyrat hydrolysiert wird. Letzteres dient zur Biosynthese des Propionyl-Coenzyms A, das auch ein Abbauprodukt ungeradzahliger Fettsäuren ist. Ebenfalls zu Propionyl-Coenzym A führt der Abbau des *Isoleucins* und des *Valins*.

Threonin wird durch eine enzymatisch katalysierte *retro*-Aldol-Reaktion (*Abschn. 8.20*) zu Acetaldehyd und Glycin gespalten (*Fig. 9.31*). In umgekehrter

Reihenfolge ihrer Biosynthese werden *Arginin* und *Prolin* zu α-Oxoglutarat abgebaut (s. *Fig. 9.26*). Der erste Schritt des Abbaus von *Leucin* – die Umwandlung in α-Oxoisocaproat, das anschließend dem Abbauprozess verzweigter Fettsäuren unterliegt (*Abschn. 9.23*) – stellt ebenfalls die Umkehrung seiner Biosynthese dar. *Lysin* wird zu Acetoacetyl-Coenzym A abgebaut. Ein wichtiges Zwischenprodukt ist hierbei die L-2-Amino-5-formylglutarsäure (= L-α-Aminoadipinsäuresemialdehyd), die zu α-Aminoadipinsäure oxidiert wird. Transaminierung der Letzteren führt zu α-Oxoadipinsäure, das durch oxidative Decarboxylierung (*Abschn. 9.13*) in Glutaryl-Coenzym A umgewandelt wird.

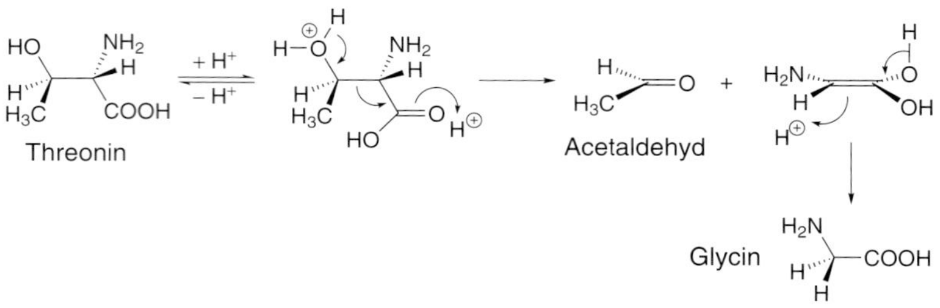

Fig. 9.31. *Enzymatische Umwandlung des Threonins in Glycin*

Der Katabolismus des *Histidins* erfolgt über Uroconat, das zu Glutamin hydrolysiert wird (*Abschn. 10.8*). *Tryptophan* wird unter Bildung von Kynurenin zu Alanin und 3-Hydroxyanthranilsäure abgebaut (*Abschn. 10.5*). Phenylalanin wird zu Tyrosin hydroxyliert (*Abschn. 5.27*), das über Homogentisinsäure in 4-Maleylacetoacetat umgewandelt wird (*Abschn. 9.10*). Letzteres wird nach Isomerisierung zum 4-Fumarylacetoacetat in Fumarat und Acetessigsäure gespalten.

Wichtige Primärabbauprodukte der Aminosäuren sind ferner die biogenen Amine (*Abschn. 7.3*), die hauptsächlich durch Decarboxylierung von 3,4-Dihydroxyphenylalanin (DOPA), Histidin, Tryptophan, Glutamat, Methionin und Ornithin biosynthetisiert werden. Darüber hinaus werden proteinogene ebenso wie nichtproteinogene Aminosäuren als biogenetische Vorläufer sekundärer Metabolite verwendet. Beispielsweise dienen proteinogene Aminosäuren in zahlreichen *Angiospermen* zur Synthese der *Alkaloide* (*Abschn. 7.5* und *10.6*). Tyrosin und 3,4-Dihydroxyphenylalanin sind die Vorläufer aromatischer Carbonsäuren, aus denen die natürlichen Polymere *Lignin* (*Abschn. 5.12*) bzw. *Melanin* (*Abschn. 10.5*) biosynthetisiert werden. Bakterien verwenden L-Alanin für die Biosynthese von *Biotin*, das als prosthetische Gruppe von Enzymen, die CO_2 fixieren, an Carboxylierungsreaktionen bei allen lebenden Organismen beteiligt ist. (*Abschn. 9.13*).

Biotin zählt heute (als Vitamin B_7) zu den Vitaminen der B-Gruppe. Mangel an Biotin ruft im Tierversuch Hauterkrankungen (Seborrhoe) und Haarausfall hervor, weshalb es früher Vitamin H (Hautvitamin) genannt wurde. Biotin wird im menschlichen Organismus von der Darmflora gebildet und im Gehirn sowie proteingebunden in der Leber gespeichert. Übermäßiger Verzehr roher Eier kann beim Menschen eine Avitaminose bewirken, weil das im Eiklar vorkommende Glycoprotein *Avidin* (lat. *avidus*: gierig) spezifisch das Biotin in stöchiometrischen

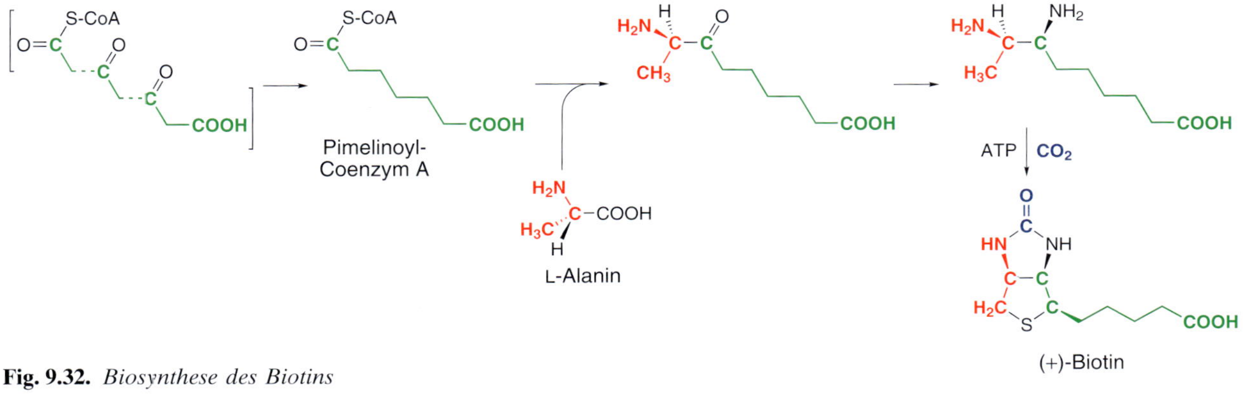

Fig. 9.32. *Biosynthese des Biotins*

Mengen bindet und dadurch dessen Resorption durch die Darmschleimhaut verhindert. Biotin wurde aus Leberextrakten und aus Eigelb erstmalig isoliert.

Das C-Gerüst des Biotins wird aus Alanin und Pimelinoyl-Coenzym A gebildet. Letzteres enthält ein Malonat- und drei Acetat-Fragment(e), die auf dem üblichen Wege der Fettsäure- und Polyketid-Biosynthese (*Abschn. 9.23*) miteinander verknüpft worden sind. Anschließend wird der Imidazolon-Ring durch Reaktion der intermediär gebildeten 7,8-Diaminopelargonsäure mit Kohlendioxid geschlossen (*Fig. 9.32*). Der Ursprung des Schwefel-Atoms des Tetrahydrothiophen-Ringes ist noch unbekannt. Es ist vom evolutionären Standpunkt aus gesehen bemerkenswert, dass die Biosynthese des Biotins zwei Carboxylierungsschritte (die Synthese des Malonyl-Coenzyms A (*Abschn. 9.22*) und die Bildung des Imidazolon-Ringes) beinhaltet, für die im heutigen Metabolismus das Coenzym selbst notwendig ist.

9.10. Aromatische Carbonsäuren

Der Prototyp der aromatischen Carbonsäuren ist die *Benzoesäure*. Benzoesäure kommt frei oder als Ester in vielen Harzen und Balsamen (s. *Abschn. 4.1*) sowie in Preiselbeeren vor. Bei pflanzenfressenden Säugetieren wird sie als *N*-Benzoylglycin – so genannte *Hippursäure* (griech. ἵππος (*híppos*): Pferd) – mit dem Harn ausgeschieden. Wichtige synthetische aromatische Dicarbonsäuren sind die *Phthal*- und die *Terephthalsäure* (*Fig. 9.33*).

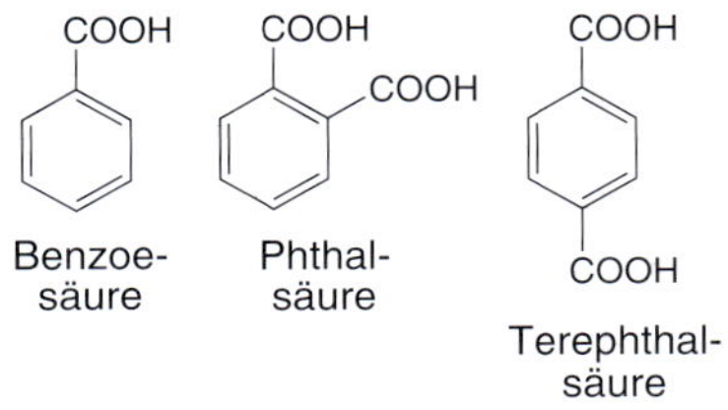

Phthalsäure ist das Produkt der Hydrolyse des Phthalsäure-anhydrids (*Abschn. 9.12*), das technisch durch Oxidation von Naphthalin oder *ortho*-Xylol hergestellt wird. Terephthalsäure wurde erstmalig als Oxidationsprodukt des Terpentinöls (*Abschn. 3.19*) isoliert, worauf die Vorsilbe *Tere* zurückzuführen ist.

Fig. 9.33. *Wichtige aromatische Carbonsäuren*

Mit wenigen Ausnahmen (s. *Abschn. 9.24*) werden Carbonsäuren, die von Benzol abgeleitet sind, nicht aus aromatischen Vorläufern sondern aus *Shikimisäure* biosynthetisiert.

Shikimisäure ist weit verbreitet in Pflanzen (besonders in Ginkgoblättern, Fichten- und Kiefernadeln). Sie wurde erstmalig 1885 aus dem japanischen Sternanisbaum (*Illicium anisatum*) isoliert, dessen japanischer Name *shikimi-no-ki* (Baum des Shikimi) lautet. Obwohl bisher nicht alle reaktionsmechanistischen Details

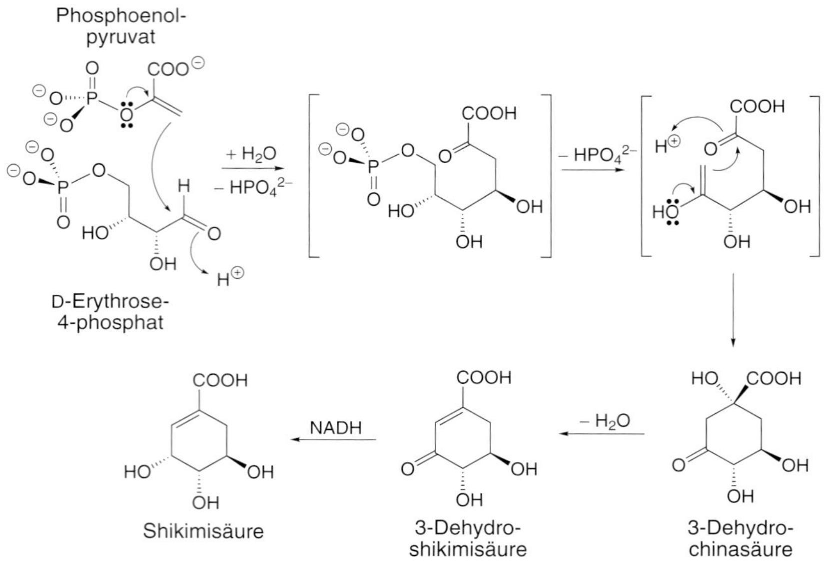

Fig. 9.34. *Biogenese der Shikimisäure*

der enzymatischen Bildung von Shikimisäure aus D-Erythrose und Brenztraubensäure (bzw. seinem phosphorylierten Enol-Tautomer) aufgeklärt sind, lassen sich zwei aufeinander folgende Aldol-Additionen (*Abschn. 8.20*) als entscheidende Schritte der Cyclisierungsreaktion vermuten (*Fig. 9.34*). Das primäre Cyclisierungsprodukt ist die 3-Dehydrochinasäure, die entweder unter H_2O-Abspaltung in 3-Dehydroshikimisäure, dem Vorläufer der Shikimisäure, oder durch Hydrierung der Oxo-Gruppe in *Chinasäure* überführt wird.

Chinasäure, die außer in der Chinarinde (*Abschn. 10.11*), aus der sie erstmalig isoliert wurde, in den Blättern von Heidel- und Preiselbeeren, in Zuckerrüben, Wiesenheu, Kaffeebohnen, Stachel- und Brombeeren vorkommt, wird durch Dehydratisierung und Oxidation in *Gallussäure*, den Vorläufer der *Tannine* (*Abschn. 9.15*) umgewandelt (*Fig. 9.35*).

Durch nochmalige Reaktion der Shikimisäure mit Phosphoenol-pyruvat wird *Chorisminsäure* gebildet, die ein Allyl-enol-ether der Brenztraubensäure darstellt (*Fig. 9.35*). Als solcher wird die Chorisminsäure durch eine enzymatisch katalysierte *Claisen*-Umlagerung in *Prephensäure* umgewandelt (*Abschn. 8.18*). Die vinyloge decarboxylative Dehydratisierung (*Abschn. 9.13*) der Prephensäure führt zu Phenylpyruvat, dem biogenetischen Vorläufer des Phenylalanins. In Gegenwart des NAD^+-abhängigen Enzyms *Prephenat-Dehydrogenase* wird dagegen *p*-Hydroxyphenylpyruvat gebildet, das durch Transaminierung in Tyrosin umgewandelt wird.

Sowohl Phenylalanin als auch Tyrosin sind Vorläufer der meisten benzolringhaltigen Naturprodukte, wie z.B. *Flavonoide* (*Abschn. 9.24*), *Plastochinone* (*Abschn. 8.4*) und *Lignine* (*Abschn. 5.12*). Das primäre Produkt des Katabolismus des Tyrosins ist die 4-Hydroxyphenylbrenztraubensäure (*Fig. 9.35*), deren oxidative Decarboxylierung (*Abschn. 9.13*) 4-Hydroxyphenylessigsäure liefert. Durch enzymatische Epoxidierung (*Abschn. 5.27*) des aromatischen Ringes der Letzteren wird nach einem der Pinakol-Umlagerung (*Abschn. 5.22*) entsprechenden Mechanismus *Homogentisinsäure* gebildet (*Fig. 9.36*), die als Vorläufer der Plastochinone dient. Der enzymatische Abbau der Homogentisinsäure findet nach dem Mechanismus der oxidativen Aufspaltung aromatischer Ringe statt (s. *Abschn. 3.23*).

Andere vom Benzol abgeleitete Metabolite – z.B. einige natürlich vorkommende Chinone, wie Ubi- und Plastochinone u.a. (*Abschn. 8.4*), sowie Tocopherole

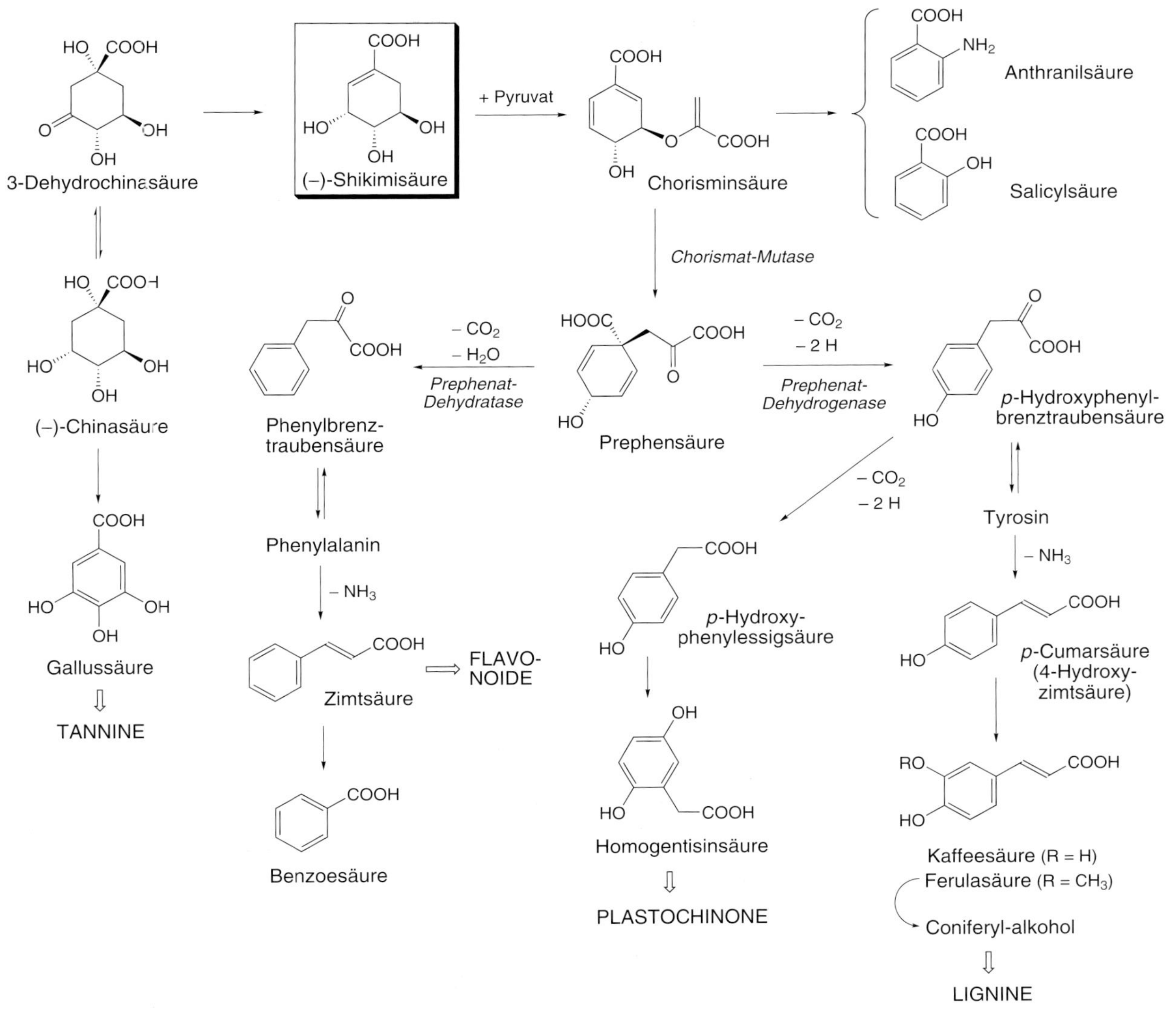

Fig. 9.35. *Vom 'Shikimisäure-Weg' biogenetisch abgeleitete Carbonsäuren* (schematisch)

– werden auch aus Shikimisäure bzw. aus ihren oben erwähnten Folgeprodukten biosynthetisiert. Wichtige Metabolite der Chorisminsäure sind die *Anthranilsäure* (= 2-Aminobenzoesäure), und die *Salicylsäure* (= 2-Hydroxybenzoesäure). Anthranilsäure, die sowohl Vorläufer der Biosynthese des Tryptophans als auch ein Abbauprodukt desselben ist (*Abschn. 10.5*), wurde 1841 von *Carl Julius Fedorovič Fritsche* (1808–1871) als Abbauprodukt des Indigos entdeckt (s. *Abschn. 7.10*). Bei stärkerem Erhitzen zerfällt sie in Anilin und CO_2.

Salicylsäure (Spirsäure) wurde zuerst als Oxidationsprodukt des Salicyl-alkohols (*Saligenin*) erhalten. Letzterer ist das Aglycon (*Abschn. 8.32*) des *Salicins*, ein phenolisches Glucosid, das hauptsächlich in Blättern und Rinde der Weide (lat. *salix*) vorkommt. Salicylsäure ist als Methyl-ester und dessen Glycoside hauptsächlich im Birkenrindenöl und im aus dem Amerikanischen Wintergrün (*Gaultheria procumbens*) hergestellten Öl vorhanden. Sie kommt aber auch in zahlreichen anderen Pflanzen (Eichen, Stiefmütterchen u. a.) vor, darunter in *Spiraea-*

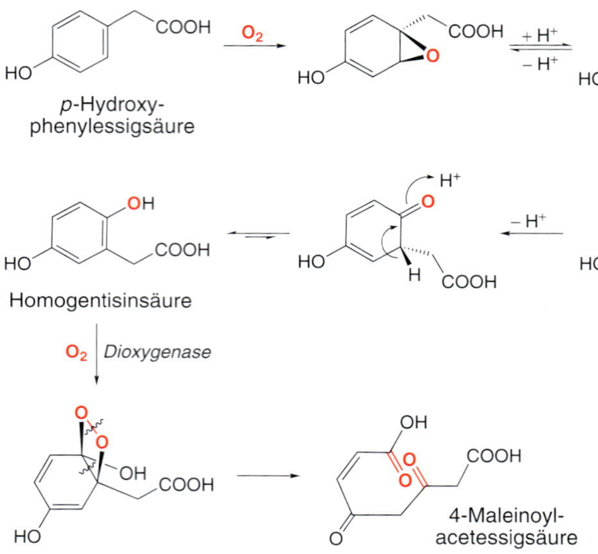

Fig. 9.36. *Biosynthese und Abbau der Homogentisinsäure*

Arten, woher der Name *Aspirin*® (*O-*Acetylspirsäure) für die *O*-Acetylsalicylsäure hergeleitet wurde. Aspirin ist ein bedeutendes Analgetikum*, Antipyretikum* (nur bei infektiös ausgelöstem Fieber), Antirheumatikum, Antiphlogistikum* und Antikoagulans*. Aufgrund des Salicin-Gehalts wurde Weidenrinde (sog. europäische Fieberrinde) früher als Antirheumatikum verwendet.

9.11. Reaktivität der Carbonsäuren

Die wichtigsten Reaktionen der Carbonsäuren sind:

- Dehydratisierung
- Decarboxylierung
- Austausch der O-Atome
- Veresterung

9.12. Säureanhydride

Einige Dicarbonsäuren lassen sich durch Erhitzen in ihre entsprechenden *Anhydride* überführen. Aufgrund der Geometrie des Moleküls findet die intramolekulare Dehydratisierung der *Maleinsäure* und der *Phthalsäure* besonders leicht statt (*Fig. 9.37*). Unter Anwendung geeigneter chemischer Methoden sind jedoch auch Säureanhydride von Monocarbonsäuren (z.B. Essigsäure-anhydrid = Acetanhydrid) sowie 'gemischte' Anhydride aus zwei verschiedenen Säuren zugänglich. Zu den Letzteren gehören formal die Säure-halogenide und die bei enzymatischer Reaktionen häufig vorkommenden Acylphosphate (s. *Fig. 9.110*), die gemischte Anhydride aus einer Car-

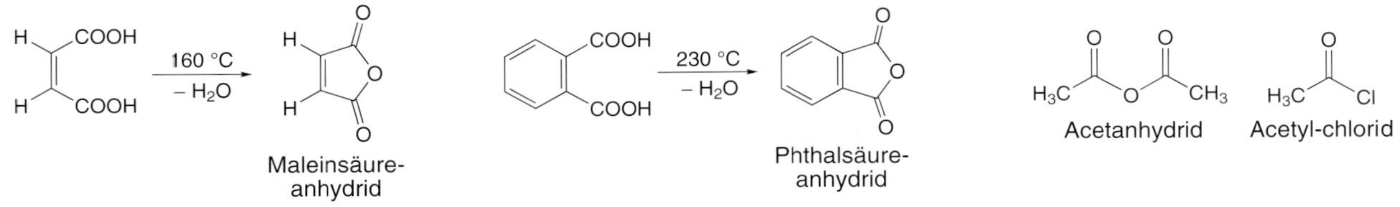

Fig. 9.37. *Einige Säure-anhydride*

bonsäure und einer anorganischen Säure (Halogenwasserstoffsäure bzw. Orthophosphorsäure) darstellen. Im Allgemeinen eignen sich Säure-anhydride zur Herstellung von Estern (*Abschn. 9.15*) und Amiden (*Abschn. 9.25*) besser als die entsprechenden Carbonsäuren.

9.13. Decarboxylierung

Die Abspaltung von Kohlendioxid aus der Carboxy-Gruppe einer Carbonsäure wird als *Decarboxylierung* bezeichnet (*Fig. 9.38*). Obwohl die Reaktion exergonisch ist, findet sie in der Regel bei Carbonsäuren, die keine Anhydride bilden (*Abschn. 9.12*) erst bei hohen Temperaturen statt. Dies ist mit dem hohen Energiegehalt des Primärprodukts der Abspaltung von CO_2 (ein Carbanion oder ein Alkyl-Radikal) und der damit zusammenhängenden hohen Aktivierungsenthalpie der Reaktion begründet.

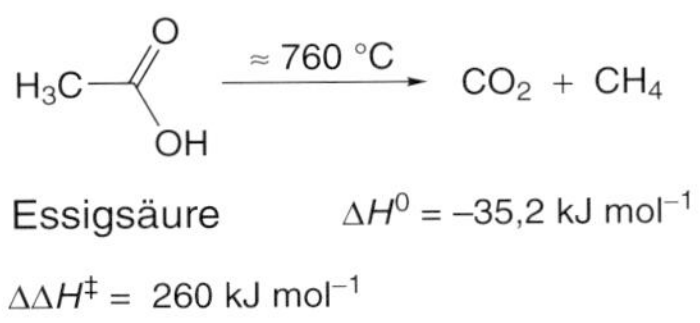

Fig. 9.38. *Decarboxylierung der Essigsäure*

Methanbildende Bakterien verfügen trotzdem über geeignete Enzyme, welche die Nutzung der bei der Decarboxylierung der Essigsäure freiwerdenden Energie ermöglichen. In der Tat stammen ungefähr 70% des insgesamt durch anaeroben Abbau organischer Substanz gebildeten Methans aus Acetat und nur 30% aus CO_2 und H_2 (*Abschn. 2.5*).

Die Decarboxylierung von aliphatischen Carbonsäuren wird durch Substituenten am β-C-Atom begünstigt, die Elektronen aufnehmen können. Die bei Raumtemperatur spontan verlaufende Decarboxylierung der Acetessigsäure wird damit erklärt, dass sie über einen cyclischen Übergangskomplex abläuft, bei dem die Übertragung des H-Atoms der Carboxy- zu der Oxo-Gruppe des Moleküls intramolekular erfolgt. Da bei der Abspaltung von CO_2 das Enol des Acetons gebildet wird, das schließlich zum Aceton tautomerisiert (*Fig. 9.39*), wird die Reaktion *Keton-Spaltung* des Acetessigesters genannt.

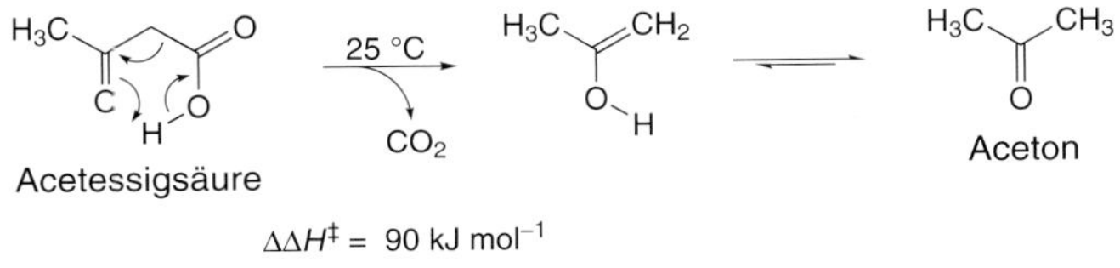

Fig. 9.39. *Decarboxylierung der Acetessigsäure*

Der Aceton-Geruch der Atemluft und des Urins (Ketonurie) im Hungerzustand oder bei Diabetikern ist auf diese Reaktion zurückzuführen. Tatsächlich sind Menschen und Tiere im Gegensatz zu Pflanzen oder Bakterien nicht befähigt, Glucose aus Fetten zu synthetisieren, d.h. Acetyl-Coenzym A in die Vorläufer der Gluconeogenese, Pyruvat oder Oxalacetat, umzuwandeln (s. *Abschn. 9.5*). Die Aufnahme des Acetyl-Coenzyms A in den Tricarbonsäure-Zyklus hängt somit von dem zur Verfügung stehenden Oxalacetat ab, das zur Citrat-Bildung erforderlich ist (s. *Fig. 9.14*). Beim Fasten wird Oxalacetat vermehrt für die Gluconeogenese benötigt, denn hauptsächlich Gehirnzellen und Erythrozyten sind auf Glucose als Energiequelle angewiesen. Demzufolge stehen der Fett- und Kolenhydrat-Abbau nicht in einem ausgewogenenen Verhältnis zueinander: das beim Fettsäure-Abbau entstehende Acetyl-Coenzym A (*Abschn. 9.23*) tritt nicht in den Tricarbonsäure-Zyklus ein und wird in der Leber in Acetoacetyl-Coenzym A umgewandelt, welches zur Freisetzung von Acetessigsäure führt, die entweder zu (−)-(R)-β-Hydroxybuttersäure reduziert oder unter Bildung von Aceton decarboxyliert wird. Aceton, Acetoacetat und (−)-(R)-β-Hydroxybutyrat sind die so genannten '*Ketokörper*', die im Blut von Diabetikern vermehrt auftreten. Bei andauerndem Fasten stellen sie die Hauptenergiequelle für Gehirnzellen und Herzmuskel.

Ebenfalls wird der im Zuge der enzymatischen Umwandlung von Lanosterol in Cholesterol (*Abschn. 5.28*) stattfindende Abbau der C(4)-ständigen CH_3-Gruppen am Steroid-Gerüst durch Oxidation der C(3)-Position ermöglicht (*Fig. 9.40*). Das durch aufeinander folgende Oxidation der α-ständigen CH_3- und der C(3)-ständigen OH-Gruppe resultierende Zwischenprodukt ist eine β-Oxocarbonsäure, die analog der Acetessigsäure leicht decarboxyliert. Durch Wiederholung des Prozesses wird dementsprechend die β-ständige CH_3-Gruppe ebenfalls als CO_2 abgespalten.

Von besonderem Interesse im intermediären Metabolismus ist ferner die Decarboxylierung der Oxalessigsäure (auch eine β-Oxocarbonsäure), die je nach den daran beteiligten Enzymen zu Pyruvat oder zu Phosphoenol-pyruvat führt (*Fig. 9.41*). Bei der Biosynthese der Glucose aus den Produkten der Glycolyse dient die Oxalessigsäure als Zwischenprodukt der Umwandlung von Pyruvat in Phosphoenol-pyruvat (den Vorläufer der Glucose). Daran sind zwei Enzyme beteiligt, die *Pyruvat-Carboxylase* (in den Mitochondrien) und die *Phosphoenol-pyruvat-Carboxykinase* (im Cytosol), die ATP bzw. GTP verbrauchen. Damit wird jedoch die energieaufwendige ($\Delta G^{0\prime} = 31{,}4$ kJ mol^{-1}) direkte Phosphorylierung des Pyruvats umgangen. Die umgekehrte Reaktion, nämlich die Umwandlung von Phosphoenol-pyruvat in Pyruvat über Oxalacetat wird von den so genannten C_4- sowie CAM-Pflanzen verwendet, um CO_2 in den Mesophyll-Zellen* zu fixieren, das nachträglich in den Zellen der Leitbündelscheide* zum Antrieb des *Calvin*-Zyklus (*Abschn. 9.5*) dient. Da bei den beiden oben erwähnten Prozessen Pyruvat und Phosphoenol-pyruvat in verschiedenen Zellkompartimenten, ja sogar Zellen vorkommen, muss ein Transport von Oxalacetat stattfinden. Zu diesem Zweck wird in beiden Fällen Oxalacetat zuerst zu Malat reduziert und dann am Zielort zum Oxalacetat reoxidiert.

CAM ('*crassulacean acid metabolism*') ist charakteristisch für zahlreiche Sukkulenten, die während der Nacht CO_2 fixieren und in den Vakuolen deren fleischi-

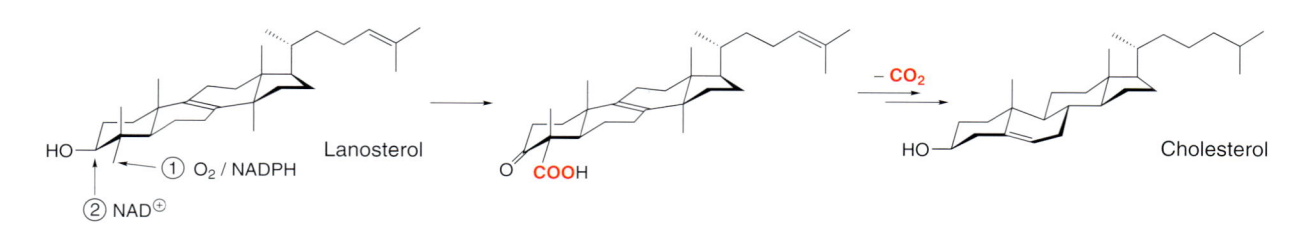

Fig. 9.40. *Oxidativer Abbau der C(4)-ständigen CH_3-Gruppen bei der Cholesterin-Biosynthese*

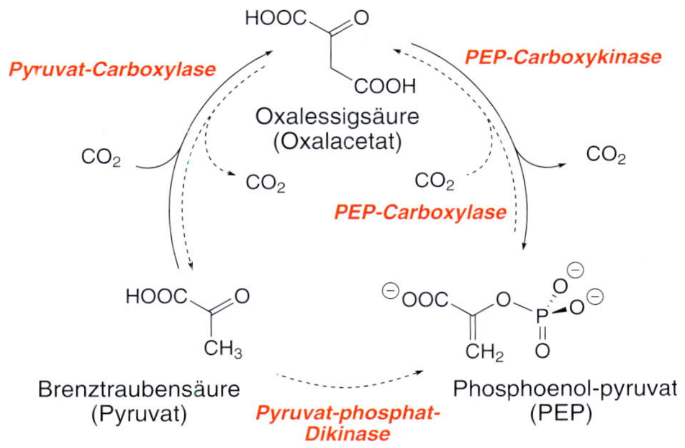

Fig. 9.41. *Oxalacetat fungiert als Zwischenprodukt bei der Gluconeogenese und bei der Assimilation von CO_2 durch C_4-Pflanzen.*

gen Blättern Carbonsäuren (hauptsächlich Äpfelsäure) speichern, die am darauf folgenden Tag unter Freisetzung von CO_2 für den *Calvin*-Zyklus abgebaut werden. Andererseits vermögen die an tropischen und subtropischen klimatischen Bedingungen angepassten C_4-Pflanzen (Zuckerrohr, Mais u. v. a.), die so genannt werden, weil sie CO_2 in Oxalessigsäure ($C_4H_4O_5$) inkorporieren, im Gegensatz zu C_3-Pflanzen, die CO_2 ausschließlich über den *Calvin*-Zyklus in Phosphoglycerinsäure ($C_3H_7O_7P$) fixieren, sogar bei extrem niedrigem CO_2-Partialdruck Photosynthese durchzuführen.

Der C_4-Weg für den CO_2-Transport beginnt in der Mesophyll-Zelle mit der Reaktion von CO_2 und Phosphoenol-pyruvat zu Oxalacetat; diese Reaktion wird von der *Phosphoenol-pyruvat-Carboxylase* katalysiert. Das Oxalacetat wird an der NADP-abhängigen *Malatdehydrogenase* zu Malat reduziert, das in die Leitbündelscheidenzellen exportiert wird. In den sich dort befindenden Chloroplasten wird Malat in Oxalacetat umgewandelt, dessen Decarboxylierung Pyruvat liefert. Während das freiwerdende CO_2 in der üblichen Weise in den *Calvin*-Zyklus eintritt (*Abschn. 9.5*), kehrt das Pyruvat in die Mesophyll-Zelle zurück, wo es in einer ungewöhnlichen von der *Pyruvat-phosphat-Dikinase* katalysierten Reaktion unter ATP- und Orthophosphat-Verbrauch in Phosphoenol-pyruvat umgewandelt wird (*Fig. 9.41*).

Der gleiche Mechanismus der Decarboxylierung der Acetessigsäure vermag die Spaltung der Malonsäure in Essigsäure und CO_2 zu erklären (*Fig. 9.42*), die bei Temperaturen oberhalb ihres Schmelzpunktes (134 °C) *monomolekular* stattfindet. Das Primärprodukt der Reaktion ist ein Säureenol, dessen Enthalpiegehalt größer ist als der eines entsprechenden Ketoenols (*Fig. 9.39*), wodurch die größere Stabilität der Malonsäure gegenüber der Acetessigsäure zu erklären

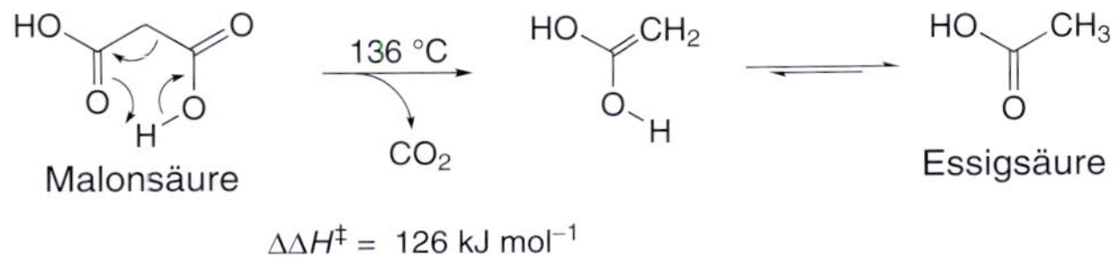

Fig. 9.42. *Decarboxylierung der Malonsäure*

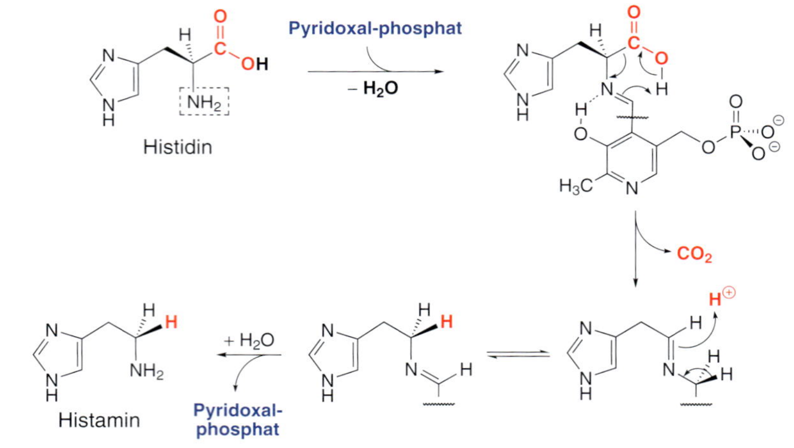

Fig. 9.43. *Enzymatische Decarboxylierung der Aminosäuren*

ist. Nach dem gleichen Reaktionsmechanismus findet auch die enzymatische Decarboxylierung der Aminosäuren statt, die zur Biosynthese der biogenen Amine dient (*Fig. 9.43*).

Als Coenzym der *Aminosäure-Decarboxylasen* fungiert meistens Pyridoxalphosphat (*Abschn. 10.10*), dessen Formyl-Gruppe mit der Amino-Gruppe der Aminosäure unter Bildung eines Imins (*Abschn. 8.14*) reagiert. Aufgrund der bestehenden Analogie zwischen der (C=N)- und der (C=O)-Gruppe (*Abschn. 8.14*), lässt sich ein Übergangskomplex der Reaktion formulieren, der demjenigen der Decarboxylierung der Acetessigsäure entspricht, und bei dem die intramolekulare Übertragung eines H^+-Ions konzertiert mit der Abspaltung von CO_2 stattfindet. Darauf folgende Azaallyl-Umlagerung (*Abschn. 8.19*) und Hydrolyse des gebildeten Imins führen zum biogenen Amin. Von besonderer Bedeutung sind die Aminosäure-Decarboxylasen der Nervenzellen, die u.a. die Decarboxylierung von Glutaminsäure und Dihydroxyphenylalanin katalysieren und somit für die Biosynthese von γ-Aminobuttersäure (GABA) und der Catecholamine verantwortlich sind (*Abschn. 7.4*).

Andere biogene Amine, z.B. Cysteamin, Phosphatidylethanolamin und β-Alanin (*Abschn. 9.7*), werden ebenfalls durch Decarboxylierung der entsprechenden Aminosäuren (Cystein, Phosphatidylserin bzw. Aspartat) biosynthetisiert. Als prosthetische Gruppe der dazugehörenden Decarboxylasen dient jedoch nicht Pyridoxal-phosphat, sondern die Brenztraubensäure, die am Apoprotein kovalent gebunden ist. Pyruvat ist auch bei allen Organismen die prosthetische Gruppe der *S-Adenosylmethionin-Decarboxylase*, welche die 3-Aminopropyl-Reste der biogenen Polyamine Spermidin und Spermin bereitstellt (*Abschn. 7.3*). Ebenfalls Pyruvat anstelle des Pyridoxal-phosphats verwenden einige Bakterien (*Lactobacillus* sp.) für die Biosynthese des Histamins

Reaktionsmechanistisch ist die von der Brenztraubensäure katalysierte Decarboxylierung analog der in *Fig. 9.43* dargestellten Reaktionsfolge. Ebenso wie Pyridioxal-phosphat bildet die Oxo-Gruppe der Pyruvoyl-Gruppe mit der Amino-Gruppe des Substrats ein Imin als das entscheidende Zwischenprodukt der Reaktion. Nach der Abspaltung von CO_2 wird das Amin freigesetzt und der Pyruvoyl-Rest für das nächste Substrat-Molekül wiederhergestellt.

Auch β-Hydroxycarbonsäuren decarboxylieren leichter (unter Anwendung geeigneter wasserentziehender Reagenzien sogar unterhalb der Raumtemperatur) als unsubstituierte Carbonsäuren. Bei der Reaktion handelt es sich um eine *decarboxylative Eliminierung*, die mechanistisch analog zur Abspaltung von H$_2$O aus Alkoholen (*Abschn. 5.19*) stattfindet (*Fig. 9.44*). Je nach Reaktionsbedingungen kann jedoch die decarboxylative Eliminierung in zwei Schritten ablaufen: beim ersten findet eine intramolekulare H$_2$O-Abspaltung unter Bildung eines β-Lactons (*Abschn. 9.15*) statt, das beim zweiten Schritt durch Erhitzen auf 140–160 °C das Olefin unter CO$_2$-Abspaltung liefert.

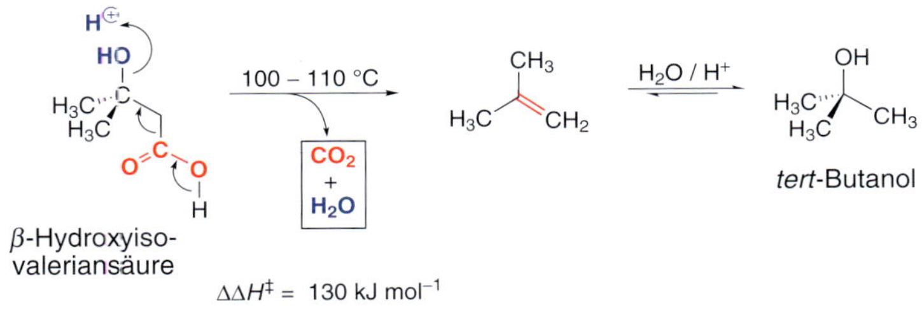

Fig. 9.44. *Decarboxylierung der β-Hydroxyisovaleriansäure.* Die Bildung von Isobuten als Primärprodukt, welches unter den angewandten Reaktionsbedingungen das im ersten (geschwindigkeitsbestimmenden) Schritt freigesetzte Wasser wieder anlagert, erklärt, dass *tert*-Butanol erhalten wird.

Die Biosynthese von Isopentenyl-pyrophosphat, dem biogenetischen Vorläufer der Terpenoide (*Abschn. 3.19*), findet unter decarboxylativer Eliminierung der Mevalonsäure (bzw. deren 5-Pyrophosphats) statt. Vermutlich wird durch Phosphorylierung der zu eliminierenden OH-Gruppe Letztere in ein geeignetes Nucleofug umgewandelt (*Fig. 9.45*). Unter Anwendung isotopenmarkierter Substrate lässt sich beweisen, dass bei der enzymatisch katalysierten Reaktion die Konformation der Mevalonsäure bevorzugt wird, bei der die Carboxy- und die OH-Gruppe *anti*-periplanar zueinander stehen, so dass (allerdings nicht zwingend) ein einstufiger Verlauf der Reaktion angenommen wird.

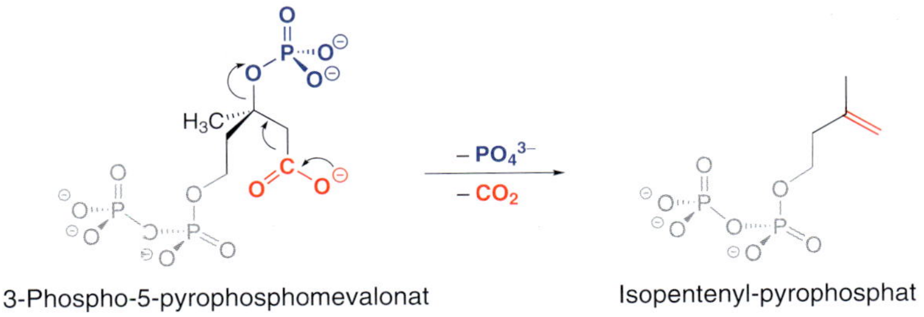

Fig. 9.45. *Biosynthese des Isopentenyl-pyrophosphats*

Im Gegensatz zu den β-Oxocarbonsäuren sind α-Oxocarbonsäuren thermisch stabil. Die Struktur ihrer Decarboxylierungsprodukte hängt von den Reaktionsbedingungen ab. Beispielsweise lassen sich die wichtigsten enzymatischen Umwandlungen, die im anaeroben Metabolismus von der Brenztraubensäure ausgehen, im Reagenzglas leicht reproduzieren (*Fig. 9.46*). Neben Milchsäure, die durch Reduktion der Brenztraubensäure auch *in vitro* hergestellt werden kann,

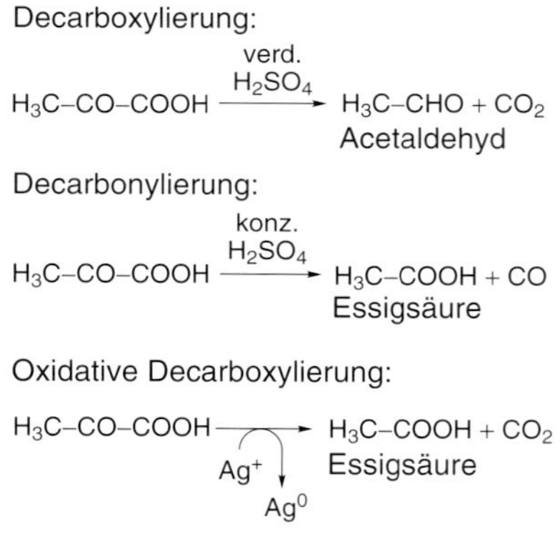

Decarboxylierung:

$$H_3C-CO-COOH \xrightarrow[]{\text{verd. } H_2SO_4} H_3C-CHO + CO_2$$
Acetaldehyd

Decarbonylierung:

$$H_3C-CO-COOH \xrightarrow[]{\text{konz. } H_2SO_4} H_3C-COOH + CO$$
Essigsäure

Oxidative Decarboxylierung:

$$H_3C-CO-COOH \xrightarrow[Ag^+ \to Ag^0]{} H_3C-COOH + CO_2$$
Essigsäure

Fig. 9.46. *Spaltprodukte der Brenztraubensäure* in vitro

sind die Endprodukte der in *Fig. 9.46* dargestellten Reaktionen (Acetaldehyd, Essigsäure, CO und CO_2) formal dieselben, die enzymatisch gebildet werden. Acetaldehyd ist das primäre Produkt der Alkohol-Gärung durch Hefe und Bakterien (*Fig. 9.13*). Die Bildung von Essigsäure durch *oxidative Decarboxylierung* der Brenztraubensäure in Gegenwart eines milden Oxidationsmittels wie Ag^+- (*Abschn. 8.12*) oder MnO_3^{2-}-Ionen, die aus Mn^{2+}-Ionen durch Luftoxidation *in situ* gebildet werden, gleicht der vom *Pyruvat-Dehydrogenase*-Komplex katalysierten Synthese von Acetyl-Coenzym A aus Pyruvat.

Die Umwandlung von Pyruvat, dem Endprodukt der Glycolyse, in Acetyl-Coenzym A wird durch einen aus drei Enzymen (der *Pyruvat-Dehydrogenase*, der *Dihydrolipolyl-Transacetylase* und der *Dihydrolipolyl-Dehydrogenase*) bestehenden Komplex katalysiert, der außer FAD, NAD^+ und Coenzym A zwei charakteristische Cofaktoren enthält, nämlich *Thiamin-pyrophosphat* (*Abschn. 10.9*) und die *Liponsäure* (*Abschn. 6.2*), die mit der ε-Amino-Gruppe einer Lysin-Einheit des Apoproteins ein Amid bildet. Durch die besondere Eigenschaft des im Thiamin vorhandenen Thiazol-Rings, am C(2)-Atom deprotoniert werden zu können, wird ein Nucleophil gebildet, das an die Carbonyl-Gruppe des Pyruvats angelagert wird (*Fig. 9.47*). Die darauf folgende Decarboxylierung des Addukts (einer β-Iminocarbonsäure!) liefert ein als Enol-Tautomer vorliegendes 2-Acetyl-2,3-dihydrothiazol-Derivat, welches mit Liponamid unter Spaltung der (S−S)-Bindung des Dithiolan-Ringes reagiert. Aus dem gebildeten Zwischenprodukt wird *S*-Acetyldihydroliponamid unter Regenerierung des Thiamin-Anions freigesetzt.

Durch Umesterung (*Abschn. 9.19*) des *S*-Acetyldihydroliponamids mit Coenzym A wird Acetyl-Coenzym A als Endprodukt der Reaktion gebildet. Der katalytische Zyklus wird durch Oxidation des gebildten Dihydroliponamids mit einem aus FAD und NAD^+ bestehenden Redox-System geschlossen, wobei Liponamid regeneriert wird. Analog findet im Citronensäure-Zyklus die von der α-*Ketoglutarat-Dehydrogenase* katalysierte Umwandlung der α-Oxoglutarsäure in Bernsteinsäure statt (*Abschn. 9.5*).

Im anaeroben Metabolismus dagegen katalysiert die *Pyruvat-Decarboxylase* die Decarboxylierung des Adduktes von Pyruvat an Thiamin-pyrophosphat zum Hydroxyethylthiamin-pyrophosphat, das sich unter Bildung von Acetaldehyd zersetzt (s. *Abschn. 9.5*).

Sogar die von der *Pyruvat-Formiat-Lyase* katalysierte Spaltung von Pyruvat in Acetyl-Coenzym A und Formiat findet ihre Analogie in der durch konzentrierte H_2SO_4 herbeigeführten *Decarbonylierung* der Brenztraubensäure, denn CO und Ameisensäure befinden sich auf der gleichen Oxidationsstufe. Tatsächlich wird industriell Natrium-formiat durch Einleiten von CO in Natronlauge bei 210 °C unter Druck (6–10 bar) hergestellt. Die umgekehrte Reaktion, nämlich die Spaltung von Ameisensäure in CO und H_2O findet in konzentrierter H_2SO_4 statt:

$$CO + H_2O \underset{H_2SO_4}{\overset{NaOH}{\rightleftharpoons}} HCOOH$$

Die Reaktion von CO mit H_2O, bei der CO_2 und H_2 gebildet werden, ist exotherm (*Abschn. 2.5*). CO_2 und H_2 sind ebenfalls die Produkte der durch *Formiat-Dehydrogenasen* katalysierten Spaltung von Ameisensäure, einer Reaktion, die in Pflanzen, Hefen, methylotrophen Bakterien (*Abschn. 2.17*), vor allem aber in den meisten *Escherichia-coli*-Stämmen und anderen gasbildenden Arten von Darmbakterien eine wichtige Rolle spielt (*Abschn. 9.5*).

Fig. 9.47. *Mechanismus der enzymatischen Decarboxylierung des Pyruvats*

Da bei der Decarboxylierung der Carbonsäuren nicht viel Energie freigesetzt wird, ist die Reaktion vom thermodynamischen Standpunkt aus gesehen reversibel. Chemisch gelingt die 'Umkehrung' der Reaktion, indem man Carbanionen, die ja in den meisten Fällen das Primärprodukt der Decarboxylierung sind, mit CO_2 umsetzt, wozu in der Regel metallorganische Verbindungen verwendet werden (*Abschn. 8.16*). Ebenso sind resonanzstabilisierte Carbanionen (z.B. Enolate) fähig, mit CO_2 als Carbonyl-Komponente zu reagieren (*Abschr. 8.20*). Beispielsweise wird das unter den Bedingungen der kinetisch kontrollierten Deprotonierung des Butanons zugängliche Enolat an CO_2 unter Bildung von 3-Oxopentansäure nucleophil addiert (*Fig. 9.48*).

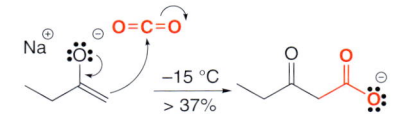

Fig. 9.48. *Carboxylierung des 1-Enolats des Butanons*

Eine analoge Reaktion stellt den entscheidenden Schritt der Assimilation des in der Luft enthaltenen CO_2 bei den meisten Organismen, die mit CO_2 als einziger C-Quelle zu wachsen vermögen (aerobe chemolithoautotrophe und phototrophe Bakterien sowie Grüne Pflanzen). Als Glied des *Calvin*-Zyklus (*Abschn. 8.29*) rea-

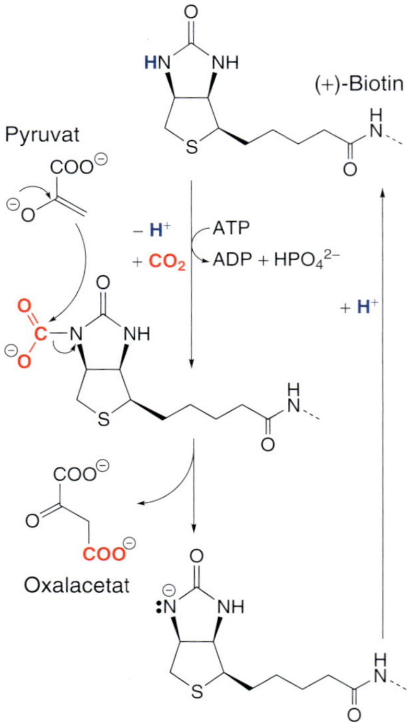

Struktur und Reaktivität der Biomoleküle

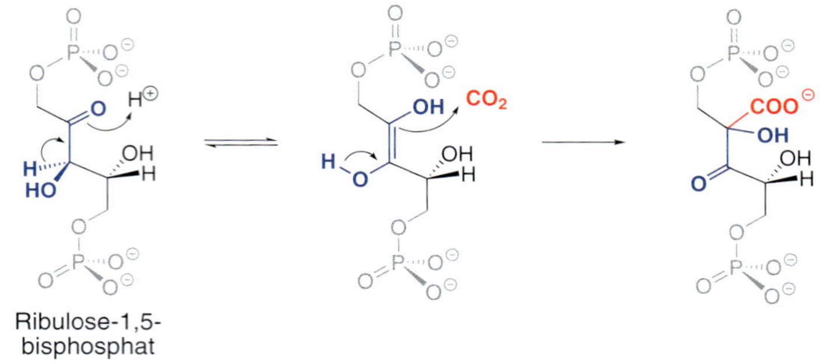

Fig. 9.49. *Plausibler Mechanismus der Carboxylierung von Ribose-1,5-bisphosphat im Calvin-Zyklus*

Fig. 9.50. *Mechanismus der von der Pyruvat-Carboxylase katalysierten Reaktion*

giert vermutlich das Enolat des Ribulose-1,5-bisphosphats mit CO_2 (bzw. Carbonat) unter Bildung einer β-Oxocarbonsäure (*Fig. 9.49*), deren 'Säurespaltung' (*Abschn. 9.21*) zwei Moleküle des 3-Phosphoglycerats freisetzt.

Die Enzyme, welche die Umwandlung von Pyruvat in Oxalacetat (s. *Fig. 9.41*) sowie von Acetyl-Coenzym A in Malonyl-Coenzym A (*Abschn. 9.23*) katalysieren, enthalten als prosthetische Gruppe *Biotin* (*Abschn. 9.9*) dessen Carbonsäure-Gruppe mit der endständigen Amino-Gruppe einer Lysin-Einheit des Apoproteins ein Amid bildet. Die Fixierung von CO_2, die vermutlich unter Bildung eines gemischten Anhydrids der Orthophosphor- und der Kohlensäure als Acylierungsmittel (vgl. *Abschn. 9.25*) stattfindet, wird unter Verbrauch von ATP angetrieben (*Fig. 9.50*).

Noch unbekannt sind die Reaktionsmechanismen der Carboxylierung von Glutaminsäure-Einheiten im so genannten *anomalen Prothrombin*, die dadurch in γ-Carboxyglutamin-Einheiten umgewandelt werden sowie der Einführung des aus CO_2 stammenden C(6)-Atoms des Purin-Ringes bei der Biosynthese des Inosinmonophosphats (*Abschn. 10.19*). Beide Reaktionen sind vom Biotin unabhängig. Bei der in der Leber stattfindenden posttranslationalen Umwandlung vom anomalen Prothrombin in Prothrombin, die molekularen Sauerstoff benötigt, ist Vitamin K ein Cofaktor (*Abschn. 8.4*).

9.14. Austausch der Sauerstoff-Atome

Aufgrund der Acidität der Carbonsäuren führen manche der für die Carbonyl-Gruppe charakteristischen Reaktionen mit Elektrophilen (die ebenfalls Basen sind) nicht zur Bildung der Produkte der nucleophilen Addition (*Abschn. 8.14* und *8.20*). Dennoch vermag die Carbonyl-Gruppe der Carbonsäuren und deren entsprechende Carboxylat-Ionen mit H_2O analog zu Aldehyden oder Ketonen zu reagieren (*Abschn. 8.6*). Darauf beruht beispielsweise der Austausch der O-Atome der Carboxy-Gruppe, der in wässriger Lösung durch *reversible* nucleophile Addition eines H_2O-Moleküls an die (C=O)-Bindung stattfindet (*Fig. 9.51*).

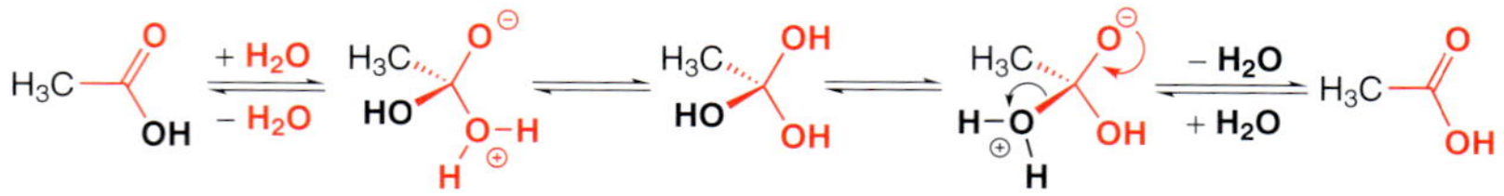

Fig. 9.51. *Austausch der OH-Gruppe der Carbonsäuren*

Nach dem gleichen Mechanismus werden *Peroxycarbonsäuren* (= Peroxysäuren oder Persäuren) in Gegenwart von H_2O_2 gebildet (*Fig. 9.52*). Peroxycarbonsäuren werden in der präparativen organischen Chemie als wirksame Reagenzien zur Synthese von Epoxiden (*Abschn. 5.27*) verwendet.

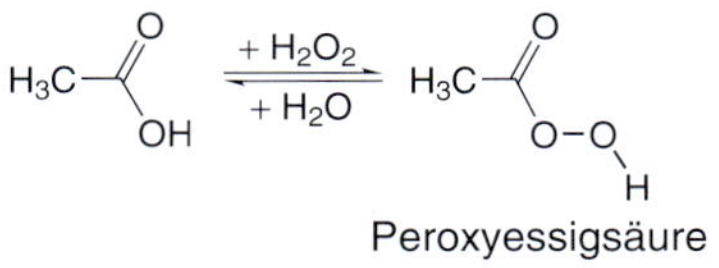

Fig. 9.52. *Bildung von Persäuren*

9.15. Veresterung

Carbonsäuren reagieren mit Alkoholen in Gegenwart von katalytischen Mengen einer starken Säure unter Bildung von *Estern*. Der Name Ester leitet sich vom *Essigäther* ab, der früheren Bezeichnung für den Ethyl-ester der Essigsäure (vgl. *Abschn. 5.23*). Mechanistisch gleicht die Veresterung einer Carbonsäure der säurekatalysierten Bildung von Acetalen (*Abschn. 8.13*). Der Unterschied zwischen beiden Reaktionen besteht darin, dass nach der nucleophilen Anlagerung des Alkohol-Moleküls das C-Atom der Carboxy-Gruppe an zwei Nucleofuge gebunden ist (*Fig. 9.53*).

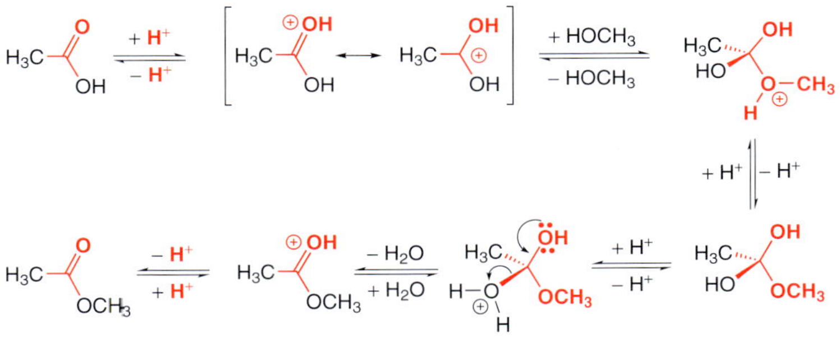

Fig. 9.53. *Veresterung nach* Emil Fischer

Während die Abspaltung der Alkoxy-Gruppe – wie im Falle der Halbacetale – zum Edukt führt, wird durch Abspaltung der OH-Gruppe (als H_2O) der Ester gebildet. Analog der Acetal-Bildung sind alle Reaktionsschritte der Veresterung reversibel; das Gleichgewicht der Reaktion verschiebt sich zunächst zugunsten des Esters wegen der hohen Bildungsenthalpie des Wassers. Soll die Reaktion jedoch möglichst vollständig ablaufen, so wird ein wasserentziehendes Mittel benötigt, das in der Regel dieselbe als Katalysator verwendete Schwefelsäure ist.

Die Veresterung einer Carbonsäure durch Reaktion mit einem Alkohol unter basischen Bedingungen ist nicht möglich, denn in basischem Medium liegt die Carbonsäure als (negativ geladenes) Carboxylat-Ion vor, das nicht mit einem Nucleophil zu reagieren vermag.

Befinden sich in ein und demselben Molekül sowohl eine Carboxy- als auch eine OH-Gruppe, so kann die Veresterung entweder *intra*- oder *intermolekular* stattfinden. Das Reaktionsprodukt im erstgenannten Falle ist ein *Lacton*, dessen Ringgröße durch den griechi-

Struktur und Reaktivität der Biomoleküle

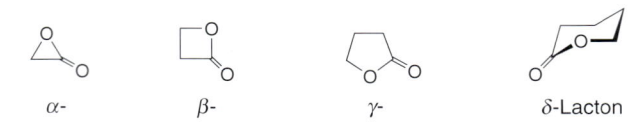

Fig. 9.54. *Lactone verschiedener Ringgröße*

(−)-Erythromycin

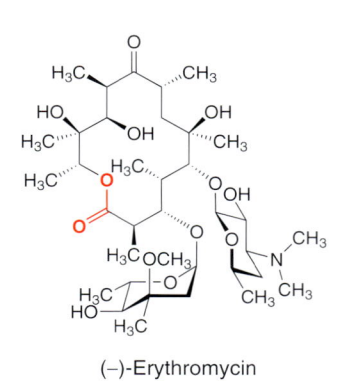

Fig. 9.55. *Erythromycin ist die Hauptkomponente des von* Saccharopolyspora erythraea *(früher* Streptomyces erythreus*) gebildeten Gemisches 14-gliedriger Makrolid-Antibiotika.*

Fig. 9.56. *Exaltolid ist der Hauptbestandteil des Wurzelöls der Engelwurz (*Angelica archangelica *L.).*

ortho-Cumarin-säure → Cumarin (2-Oxo-2*H*-chromen)

Fig. 9.57. *Bildung des Cumarins durch Lactonisierung der cis-2-Hydroxyzimtsäure*

schen Buchstaben des C-Atoms angegeben wird, an welches das O-Atom der ursprünglichen OH-Gruppe gebunden ist (*Fig. 9.54*).

Zwei Moleküle der Milchsäure bilden einen cyclischen Diester, der ursprünglich *Lactid* (lat. *lac*: Milch) genannt wurde. Später bürgerte sich der Name *Lacton* für alle cyclische Monoester ein.

Lactone, deren Moleküle 12 oder mehr Ringglieder enthalten, werden als Makrolactone oder *Makrolide* bezeichnet, deren bekannteste Vertreter die Makrolid-Antibiotika sind (*Fig. 9.55*). *Exaltolid* (*Fig. 9.56*) ist ein 16-gliedriges Makrolid, das aufgrund seines moschusartigen Duftes in der Parfümerie-Industrie von Bedeutung ist.

Ein phenolisches Lacton ist das *Cumarin*, das aus Zimtsäure (*Abschn. 9.10*) durch Hydroxylierung des Phenyl-Ringes an der *ortho*-Position, *trans/cis*-Isomerisierung der exocyclischen (C=C)-Bindung und intramolekulare Cyclisierung biosynthetisiert wird (*Fig. 9.57*).

Hydroxylierte Derivate des Cumarins (Umbelliferon, Asculetin u.a.) kommen als Glycoside in den Blüten und Blättern zahlreicher Gras- und Kleearten vor. Sie werden bei Verletzung bzw. beim Welken der Pflanzen durch Abspaltung des Zuckers freigesetzt, worauf u.a. der Duft frisch gemähten Heus zurückzuführen ist. Cumarin selbst ist das Produkt der spontanen Lactonisierung der *cis*-2-Hydroxyzimtsäure (*ortho*-Cumarinsäure), die bei der Hydrolyse des entsprechenden, hauptsächlich in der Tonkabohne (franz. *coumaron*), im Steinklee und Waldmeister vorkommenden, Glycosids freigesetzt wird (*Fig. 9.58*).

Cumarine sind toxisch. In größeren Mengen rufen sie Kopfschmerzen, Übelkeit, Schwindel und schließlich Bewusstlosigkeit und Atemlähmung sowie Schädigungen von Leber und Nieren hervor. Bei Rindern kann das im durch Gärung verdorbenen Süßklee vorkommenden *Dicumarol* (*Fig. 9.59*) tödliche Blutungen auslösen, denn einige Hydroxycumarine hemmen die Blutgerinnung, weil sie als kompetitive Inhibitoren der Vitamine K wirken (*Abschn. 8.4*). Aufgrund dieser Eigenschaft wird *Warfarin* und das analoge *Marcumar*® (beide 4-Hydroxycumarin-Derivate) medizinisch als Antikoagulantien* gegen Thrombose eingesetzt. Bei Pflanzen wirken Cumarine als Hemmstoffe, insbesondere bei der Keimung.

Wichtige Derivate des Cumarins sind die Furocumarine (Psoralene und Angelicine), die durch Prenylierung (s. *Abschn. 3.19*) des aromatischen Ringes des Cumarins biosynthetisiert werden (*Fig. 9.60*). Es handelt sich dabei um photodynamische Verbindungen, die in der asiatischen Hülsenfrucht *Psoralea corylifolia* sowie in zahlreichen ätherischen Ölen aus den Schalen von Citrusfrüchten (Bergamotte, Zitrone, Mandarine, Orange, Pomeranze u.a.) und anderen Rautengewächsen sowie in Dolden- und Schmetterlingsblütlern vorkommen.

Im Gegensatz zu den photodynamischen Farbstoffen, welche die Bildung von Singulett-Sauerstoff sensibilisieren (*Abschn. 3.25*), reagieren Furocumarine mit DNA-Molekülen unter Verbrückung benachbarter Pyrimidin-nucleotide (vgl. *Fig. 2.71*) und können somit mutagen* wirken. Viele Furocumarine rufen Pigmentierung auf der Haut hervor, wenn diese intensiver Sonnenstrahlung ausgesetzt

9. Carbonsäuren und ihre Derivate

wird. Daher können Furocumarine zur Hautbräunung eingesetzt werden. Oft jedoch tritt besonders bei empfindlicher Haut *Photodermatitis* auf. Ebenso kann Kölnisch-Wasser, wenn zu dessen Herstellung psoralenhaltige Citrusöle verwendet werden, bei Sonnenstrahlung Hautpigmentierungen und Dermatitis hervorrufen. Dennoch haben sich Psoralene (insbesondere 8-Methoxypsoralen) in Kombination mit UV-A-Bestrahlung für die Behandlung der *Psoriasis* (Schuppenflechte), einer bisher unheilbaren erblichen Hautkrankheit, als sehr hilfreich erwiesen (*Fig. 9.61*).

Ist aus geometrischen Gründen die intramolekulare Lacton-Bildung energetisch benachteiligt, so können zwei oder mehrere Moleküle einer Hydroxycarbonsäure Di- oder *Polyester* bilden. Das primäre Produkt der Reaktion von Terephthalsäure mit Ethylenglycol ist beispielsweise ein Ester, dessen noch vorhandene Carboxy-Gruppe mit der Alkohol-Funktion eines gleichen Moleküls reagieren kann (*Fig. 9.62*).

Da jede weitere Ester-Bildung zu Molekülen führt, die nach demselben Prinzip miteinander reagieren können, ist das Endprodukt der Reaktion ein *Kondensationspolymer* (*Abschn. 8.33*), nämlich Polyethylenglycolterephthalat (PET), das zur Herstellung von Kunstfasern verwendet wird, die unter den Handelsnamen *Dracon*® (USA), *Terylen*® (UK), *Trevira*® (D), oder *Diolen*® bekannt sind (*Fig. 9.63*). Kondensationspolymere unterscheiden sich von den Additionspoly-

Fig. 9.58. *Der typische Geruch des Waldmeisters* (Gallium odoratum *L.*) *rührt vom Cumarin her.*

Fig. 9.59. *Dicumarol ist ein Vitamin-K-Antagonist.*

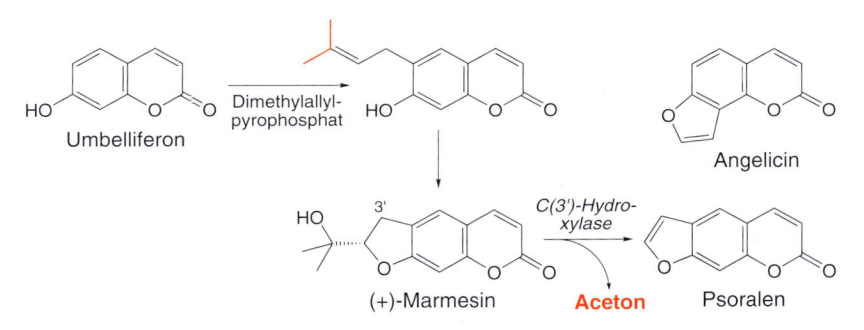

Fig. 9.60. *Biogenese der Furocumarine*

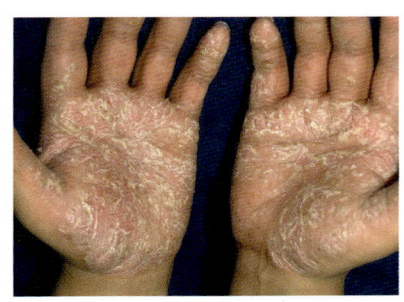

Fig. 9.61. *Psoriasis vulgaris* ist eine autosomal dominante chronische Dermatose.

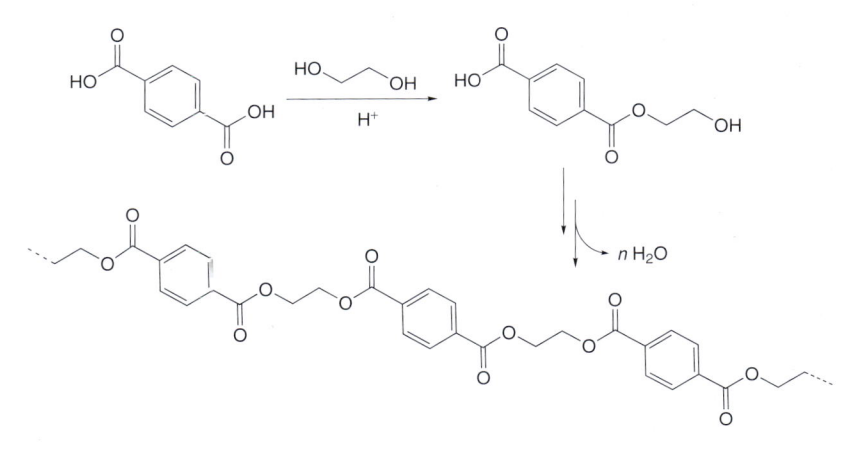

Fig. 9.62. *Polymerisation des Ethylenglycol-terephthalats*

Fig. 9.63. *PET wird oft zur Herstellung von Getränkeflaschen verwendet.*

Poly(β-hydroxybuttersäure) (PHB)

Fig. 9.64. *(−)-Poly(β-hydroxybutyrat) besteht aus 60* (max. 2500) *Monomer-Einheiten.*

meren (Abschn. 3.11) dadurch, dass jeder Schritt der Polymerisation unter Abspaltung eines Fragments des Monomers (im vorliegenden Beispiel ein H_2O-Molekül) stattfindet. Im Gegensatz zu den Additionspolymeren ist somit die Bruttoformel eines Kondensationspolymers nicht ein Mehrfaches der Bruttoformel des Monomers.

Polyester werden von zahlreichen Bakterien u. a. aus β-Hydroxybuttersäure, β-Hydroxyvaleriansäure und Milchsäure als Vorratsstoffe gebildet (Abschn. 9.5). (−)-Poly(β-hydroxybutyrat) (PHB) ist ein typischer Vorratsstoff der Prokaryoten, dessen Anteil am Trockengewicht der Zellen bis zu 80% betragen kann (*Fig. 9.64*).

Auch aromatische Phenolcarbonsäuren – z. B. die *Gallussäure* (s. *Fig. 9.35*) – können intermolekular unter Ester-Bildung reagieren. Die entsprechenden Kondensationsprodukte werden *Depside* genannt. In der Natur kommen Depside als Flechten- und Gerbstoff-Bestandteile vor, z. B. in Galläpfeln, Kaffee, Bohnenkraut, Eichenmoos u. a. Beim so genannten Tannin (Gallusgerbsäure, Gerbsäure, Tanninsäure), das durch seinen adstringierenden Geschmack charakterisiert ist, handelt es sich hauptsächlich um Gemische von Estern der Digalloylsäure, welche ein Didepsid ist (*Fig. 9.65*), mit Glucose. Wegen ihres Gehaltes an Tannin wurden Galläpfel bereits im Altertum bei den Babyloniern und Assyrern zum Gerben tierischer Häute verwendet. Sie wirken aus dem gleichen Grunde gegen Durchfall. Tannine finden sich auch in Bier, Rotwein und Tee. Hauptsächlich bei Letzterem rufen sie einen bitteren Geschmack hervor, wenn er zu lange gezogen hat. Beim Reifen des Weines wird das Tannin durch Reaktion mit den Anthocyanidinen (Abschn. 9.24) z. T. entfernt, wodurch der Geschmack des Weines verbessert wird.

Tanninsäure

Fig. 9.65. *Charakteristische Galläpfel an Eichen werden durch die Eiablage der Gallwespe* Andricus kollari *verursacht.* Galläpfel (Cecidien) sind Gewebewucherungen, die bei Pflanzen als Reaktion auf einwirkende Fremdorganismen (Bakterien, Pilze, Blattläuse, Milben, Würmer, Wespen, Mücken u. a.) entstehen, die artspezifische wuchsstoffartige Substanzen ausscheiden. So genannte *Entomocecidien*, die durch die Eiablage von Insekten verursacht werden, bieten den Larven während ihrer Entwicklung Schutz und Nahrung.

9.16. Lipide

Die Bezeichnung *Lipide* (griech. λίπος (*lípos*): Speck) wird für strukturell sehr unterschiedliche Stoffe verwendet, die unlöslich in Wasser, löslich dagegen in organischen Lösungsmitteln sind. Zu den Lipiden gehören die eigentlichen Fette, die Glycerin-ester langkettiger Carbonsäuren sind, und die fettähnlichen Stoffe, die früher im deutschen Sprachraum als *Lipoide* bezeichnet wurden, eine Unter-

9. Carbonsäuren und ihre Derivate

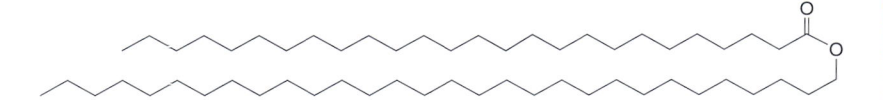

Fig. 9.66. *Hauptbestandteil des Bienenwachses ist Myricincerotat.*

scheidung, die sich zwar sachlich rechtfertigen lässt, aber im internationalen Gebrauch nicht üblich ist. Eine Übersicht der verschiedenen Klassen von Lipiden gibt *Tab. 9.5* wieder. Phosphoglyceride und Sphingosin-phosphatide (Sphingomyeline) werden mit der Bezeichnung *Phospholipide* (= *Phosphatide*) zusammengefasst. Strukturell sind Wachse die einfachsten Lipide; sie sind Ester aus langkettigen Fettsäuren und langkettigen aliphatischen Alkoholen (*Fig. 9.66*). Die Ester des *Myricyl-alkohols* ($C_{30}H_{62}O$) mit Cerotin- und Palmitinsäure sind beispielsweise die Hauptbestandteile des Bienenwachses (*Fig. 9.67*).

Manche Fettsäure-ester dienen zum Transport wichtiger Stoffe in den lebenden Organismen. Beispielsweise wird Cholesterol, das eine wesentliche Rolle bei der Stabilisierung der Cytoplasmamembranen aller eukaryotischen Zellen spielt (s. unten) durch Lipoproteine transportiert, die aufgrund ihrer Dichte klassifiziert werden. Das wichtigste Transportsystem für Cholesterol im Blut ist das so genannte *LDL* (*low-density lipoprotein*), das zusammen mit Phospholipiden (s. unten) und Cholesterol die äußere Schale kugelförmiger Partikel bildet, deren Kern hauptsächlich aus dem Cholesteryl-ester der Linolsäure ((Z,Z)-Octadeca-9,12-diensäure) besteht (*Fig. 9.68*). Im Cytosol wird das Cholesterol dagegen als Ester der Öl- oder

Fig. 9.67. *Bienenwachs ist ein durch Bauchdrüsen der Honigbiene (Apis mellifera L.) ausgeschiedenes Sekret, das dem Wabenbau dient.*

Tab. 9.5. *Klassifizierung der Lipide*

- Isoprenoidlipide
  - Carotinoide
  - Sterine
- Fettsäure-ester
- Wachse
- Glycerinlipide
  - Triglyceride (Fette und Öle)
  - Phosphoglyceride
    - Lecithine
    - Kephaline
    - Plasmalogene
- Phospholipide (Phosphatide)
- Sphingolipide
  - Sphingosin-phosphatide
  - Glycolipide
    - Cerebroside
    - Ganglioside
- Aminolipide
- Lipoproteine

Lipoide

Struktur und Reaktivität der Biomoleküle

Michel Eugène Chevreul (1786–1889)
war über 80 Jahre am Muséum National d'Historie Naturelle in Paris tätig, ab 1804 als Professor der Chemie und später (1864) als Direktor. Als einer der bedeutendsten französischen Chemiker entdeckte *Chevreul* 1811 die Konstitution der Fette, deren von ihm vermuteten drei Primärkomponenten – Olein, Stearin und Margarin – in Glycerol und Fettsäuren zerlegte. In der von ihm 1824 in Paris gegründete Kerzenmanufaktur wurden beruhend auf einer eigenen Patentanmeldung Stearinkerzen hergestellt, welche die bis anhin verwendeten schwelenden Talgkerzen ablösten. Als 1824 von *Louis XVIII* ernannter Färbereidirektor der Königlichen Gobelinmanufaktur von Paris leistete *Chevreul* wichtige Beiträge zur Farbstoffchemie; seine Beobachtungen der Kontrastfarben inspirierten den Pointillismus in der impressionistischen Malerei, die sich in der 2. Hälfte des 19. Jahrhunderts in Frankreich entwickelte.

der Palmitoleinsäure ((Z)-Hexadec-9-ensäure) gespeichert. Eine defekte Biosynthese der LDL-Rezeptoren hat eine Erhöhung der LDL-Cholesterol-Konzentration (Normalwert < 160 mg/dl) und somit der Cholesterol-Konzentration (Normalwert: bis 200 mg/dl) im Blutplasma (*Hypercholesterinämie*) zur Folge, die zu *Atherosklerose*, der häufigsten Form der Verhärtung der Arterien (*Arteriosklerose*) durch Ablagerung von Cholesterol in den Blutgefäßen führt (*Fig. 9.69*). HDL (*high-density lipoproteins*) dagegen entfernen überschüssige Lipide aus dem Gewebe der Gefäßwände und führen sie der Leber zu.

Fette und Öle sind Triester des Glycerins mit unverzweigten langkettigen Carbonsäuren, besonders Palmitin-, Stearin- und Ölsäure ((Z)-Octadec-9-ensäure). Mit Ausnahme der Bakterien (s. *Abschn. 9.15*) verwenden lebende Zellen Lipide als Vorratsstoffe.

Der Unterschied zwischen Fetten und Ölen besteht im Gehalt an ungesättigten Fettsäuren (*Fig. 9.70*). Vor allem die Ölsäure, deren an der (Z)-(C(9)=C(10))-Bindung gewinkelte C-Kette eine reguläre Anordnung der Moleküle im festen Zustand stört, ist Hauptbestandteil der Öle. Darauf ist es zurückzuführen, dass bei Raumtemperatur Öle flüssig, während Fette fest sind. Aus diesem Grunde wird *Marga-*

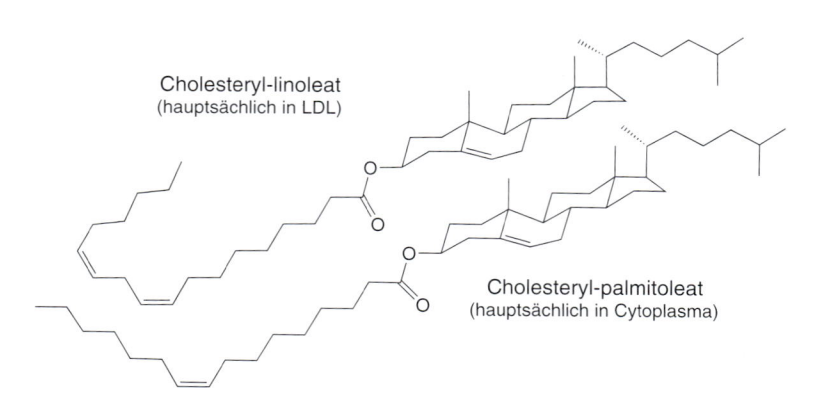

Fig. 9.68. *Cholesterol wird als Ester ungesättigter Fettsäuren transportiert und gespeichert.*

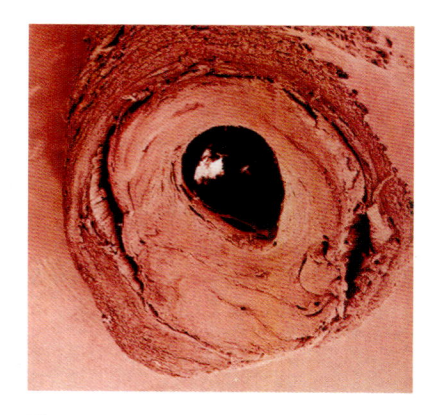

Fig. 9.69. *Cholesterin-Ablagerungen in den Blutgefäßen* (atherosklerotische Plaques) *verengen den Innenraum (das Lumen) der Blutgefäße und können dadurch zum Herzversagen führen.*

rine – die trotz gleicher Etymologie ihres Namens keine nennenswerten Mengen an Margarinsäure (*Abschn. 9.3*) enthält – durch partielle Hydrierung von Pflanzen oder Fischölen hergestellt. Ebenso ist die Überführung der Ölsäure (Schmp. 16 °C) in ihr *trans*-Isomer, die *Elaidinsäure* (Schmp. 45 °C), bei der Fetthärtung von Bedeutung. Sie findet zu 66% unter Einwirkung von salpetriger Säure oder Salpetersäure auf Ölsäure statt.

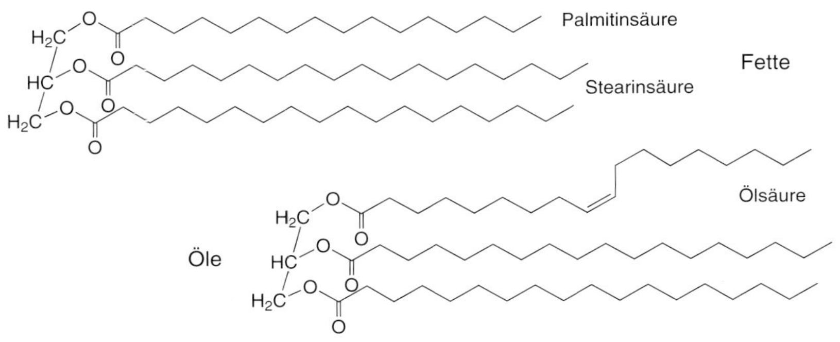

Fig. 9.70. *Fette und Öle unterscheiden sich durch ihren Gehalt an ungesättigten Fettsäuren.*

In den pflanzlichen Fetten sind die primären OH-Gruppen des Glycerins im Allgemeinen mit gesättigten Fettsäuren verestert, während die mittelständige sekundäre OH-Gruppe mit einer ungesättigten Fettsäure verestert ist. Bei den tierischen Fetten kann das Substitutionsmuster umgekehrt sein (*Tab. 9.6*).

Einen ähnlichen Aufbau wie die Triglyceride weisen die Phosphoglyceride (Glycerophosphatide) auf, bei denen jedoch nur zwei OH-Gruppen des Glycerins mit Fettsäuren verestert sind, während die dritte an Phosphorsäure gebunden ist. Alle bisher bekannten Diacylglycerin-3-phosphorsäuren leiten sich vom L-Glycerol-3-phosphat ab, d.h. die absolute Konfiguration am C(2)-Atom ist (*R*). Von den beiden Fettsäuren ist in der Regel diejenige, die an die endständige OH-Gruppe des Glycerins gebunden ist, gesättigt (Palmitin- oder Stearinsäure), die mittelständige dagegen ungesättigt (Öl-, Linol- oder Arachidonsäure). Bei allen Glycerinlipiden ergibt sich aus den verschiedenen Kombinationen dieser Fettsäuren eine Vielzahl natürlich vorkommender Isomere, deren Trennung oft sehr schwierig ist. Phosphatide sind durch ihre Phosphat-Brücke an einen Alkohol (Cholin, Ethanolamin, Serin, *myo*-Inosit u.a.) gebunden.

Phosphatidylcholine werden auch *Lecithine* (griech. λέκιθος (*lékithos*): Dotter) genannt (*Fig. 9.71*). α-Lecithine sind Bestandteil der Zellmembranen aller Lebewesen außer den Archaebakterien (s. unten) und kommen reichlich im Eidotter, Herzmuskel, Blutplasma, Hirn- und Nervengewebe sowie Sperma, Pilzen, Hefen und ölartigen Pflanzensamen vor. Bei den sehr selten vorkommenden β-Lecithinen befindet sich die Phosphat-Gruppe am mittelständigen C-Atom des Glycerin-Moleküls. Bei den besonders im Pflanzenreich weit verbreiteten *Kephalinen* (griech. κεφαλή (*kephalé*): Kopf) ist die Phosphatidsäure entweder mit Cholamin oder mit der Aminosäure Serin verestert. Besonders reich an Kephalinen sind Gehirn (30%), Eigelb (20%) und Leber (10%). In zahlreichen pflanzlichen und tierischen Geweben kommen ebenfalls Inosit-phosphatide vor, bei denen die Phos-

Tab. 9.6. *Fettsäure-Gehalt wichtiger Fette und Öle[a]*

	gesättigte Fettsäuren									ungesättigte Fettsäuren				
	C_4–C_{10}	C_{12}	C_{14}	C_{16}	C_{18}	C_{20}	C_{22}	C_{24}		Tetradecen-säure	Hexadecen-säure	Ölsäure	Linol-säure	Linolen-säure
Tierische Fette														
Butter	7–9	2–5	8–14	24–32	9–13	2	–	–		2	3	19–33	1–4	2–6
Schweineschmalz[b]	+	0,5	1	24–32	8–15	0,5	–	–		+	3	39–52	4–13	1
Rindertalg[c]	+	0,5	3–6	25–38	15–28	0,5	+	–		0,5	3–4	26–50	1–3	0–1
Tierische Öle														
Fischöl	+	+	9	18	0,5–4	0,5–1,5	–	–		0,5–5	15–23	15	2	1
Waltöl[d]	+	0,5	4–10	10–18	1–3	+	+	–		1–3	13–20	24–33	1–2	+
Pflanzliche Fette														
Kokosfett	13	45–50	13–19	8–9	2–3	–	–	–		+	+	5–8	1–3	–
Palmkernfett	7	47–52	16	6–9	2–3	–	–	–		–	–	10–18	1–3	–
Pflanzliche Öle														
1. nichttrocknende Öle														
Erdnussöl	–	–	+	7–12	1,5–5	1,5	4	1,5–2		–	0,5	35–70	14–44	+
Olivenöl	–	–	–	7–16	1–3	0,5	–	–		–	1–2	64–86	4–15	0,5–1
Palmöl	+	+	1–2	40–45	4–6	0,5	–	–		–	0,5	33	10	+
2. halbtrocknende Öle														
Rapsöl[e]	–	+	+	2–4	1–2	0,5–1	0,5–2	0,5		–	0,5	11–24	10–22	7–13
Sesamöl	–	–	+	8–9	3–6	0,5	–	–		–	+	35–46	40–48	–
Sojaöl	–	–	0,5	7–10	3–5	0,5	–	–		–	–	22–31	49–55	6–11
Sonnenblumenöl	–	+	0,2	4–9	3–6	0,5–1	–	0,5		–	0,5	14–35	50–75	0,1
3. trocknende Öle[f]														
Leinöl	–	+	+	6–7	3–5	+	–	+		–	+	20–26	14–20	51–54

[a]) + Nur in Spuren vorhanden; – nicht vorhanden. [b]) Zusätzlich 0,5–1% Arachidonsäure. [c]) Arachidonsäure in Spuren vorhanden. [d]) Zusätzlich 11–21% ungesättigte C_{20}-Fettsäuren und 9–17% ungesättigte C_{22}-Fettsäuren. [e]) Hauptbestandteil (41–52%): Erucasäure (Ruböle von neueren Rapssorten enthalten nur noch etwa 1% Erucasäure ((Z)-Docos-13-ensäure), dafür etwa 60% Ölsäure und 20% Linolsäure. [f]) Trocknende Öle werden durch Luftoxidation hart.

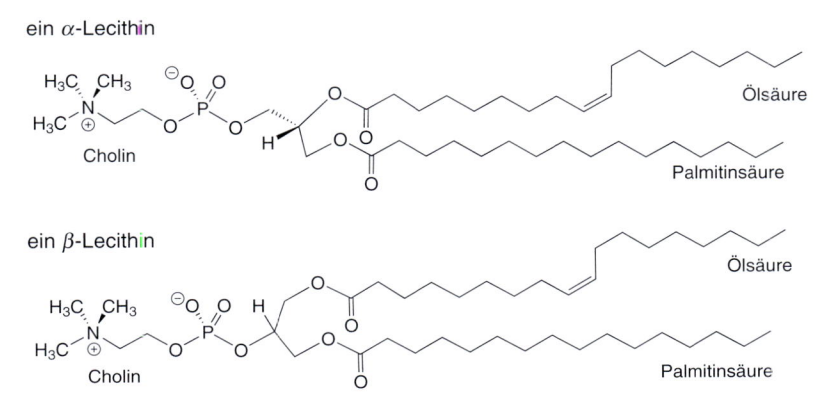

Fig. 9.71. *Lecithine sind Bestandteile der Zellmembranen aller Eukaryoten.*

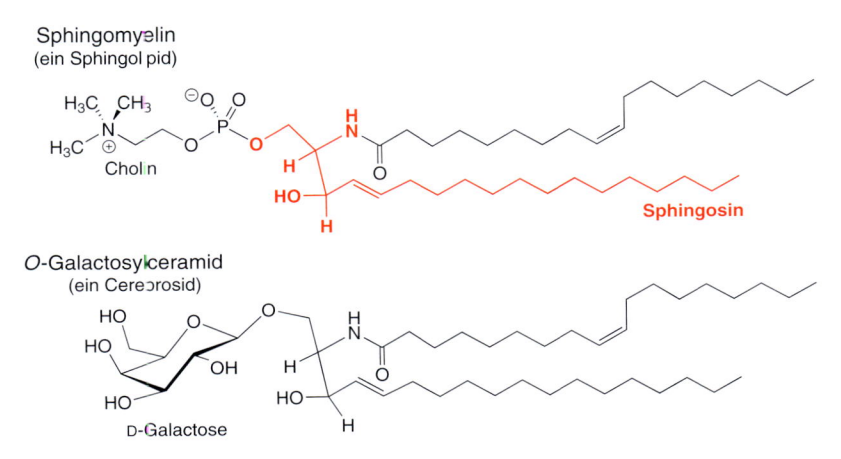

Fig. 9.72. *Sphingolipide sind Derivate des Sphingosins.*

phatidsäure mit *myo*-Inosit (*Abschn. 5.3*) verestert ist. Bei den *Plasmalogenen*, die aus Muskeln, Gehirn und Mammagewebe isoliert werden, ist ein langkettiger Aldehyd (Stearin- oder Palmitinaldehyd) an der Stelle der Acyl-Gruppe an die primäre OH-Gruppe des Phosphatids als Enol-ether gebunden.

Sphingolipide enthalten an Stelle des Glycerins der Glycerin-phosphatide einen ungesättigten Aminodialkohol, das *Sphingosin* ($C_{18}H_{37}NO_2$), dessen primäre OH-Gruppe mit Cholin-phosphat verestert ist (*Fig. 9.72*). Die Säure-amide des Sphingosins werden *Ceramide* genannt. Als Acyl-Gruppen kommen Lignocerin-, Palmitin-, Stearin- oder Nervonsäure ((Z)-Tetracos-15-ensäure) vor. Es gibt drei Typen von Sphingolipiden: Sphingomyeline (Sphingosin-phosphatide), Glycolipide und Ganglioside. Sphingomyeline finden sich besonders im Gehirn und in den Myelinscheiden des Nervengewebes. Bei den *Cerebrosiden* (lat. *cerebrum*: Hirn) ist D-Glucose oder D-Galactose an der Stelle des Phosphatidylcholins an die primäre OH-Gruppe des Ceramids glycosidisch gebunden. *Ganglioside* – die komplexesten aller Sphingolipide – sind *O*-Glucosylceramide, bei denen Glucose Bestandteil eines Oligosaccharids ist. Sphingolipide sind an unterschiedlichen Erkennungsvorgängen an der Zelloberfläche beteiligt. Beispielsweise sind Ganglioside die Determinanten der menschlichen Blutgruppen A, B und 0. Die biologische Funktion der Sphingolipide erschien ihrem Entdecker, dem Arzt und Chemiker *Johann Ludwig Thudichum* (1829–1901), ebenso rätselhaft wie die Sphinx, so dass er sie nach ihr benannte. Sphingosin wird aus Palmitoyl-Coenzym A und Serin biosynthetisiert. Als Primärprodukt wird 3-Oxosphinganin gebildet, das durch die entsprechende NADPH-abhängige Reductase zu *Sphinganin* (= 2,3-Dihydrosphingosin) reduziert wird. Bei Tieren wird die Umwandlung des Sphinganins in Sphingosin durch eine mischfunktionelle Oxidase, die FAD (*Abschn. 10.14*) als prosthetische Gruppe enthält, und zwar *nach* der Bildung des entsprechenden Ceramids aber *vor* der Verknüpfung mit der polaren 'Kopfgruppe' (Phosphatidylcholin bei den Sphingomyelinen bzw. Hexose(n) bei den Cerebrosiden).

Die charakteristischste Eigenschaft der Lipide ist ihre Fähigkeit zur Selbstorganisation im wässrigen Medium. Lipid-Moleküle bestehen aus einem apolaren hydrophoben Teil (den aliphatischen C-Ketten) und einem polaren hydrophilen Teil (bei den Lecithinen beispielsweise der Cholin-Rest und die Phosphat-Gruppe); sie sind *amphiphile* (griech. ἀμφί (*amphí*): auf beiden Seiten) oder *amphipatische* Moleküle (griech. πάθος (*páthos*): Leidenschaft). Gibt man einen Tropfen Öl ins Wasser, so bildet sich eine auf der Wasseroberfläche schwimmende Schicht, deren Dicke – vorausgesetzt, dass ihre Ausbreitung nicht begrenzt wird – der Länge eines einzigen Lipid-Moleküls entspricht. In einer derartigen *Monoschicht* sind die Lipid-Moleküle so angeordnet, dass die polaren Teile die Wasseroberfläche berühren und die hydrophoben Ketten senkrecht dazu und parallel zueinander stehen (*Fig. 9.73,a*). Wird das Lipid mit Wasser vermischt, so bilden sich aus der Monoschicht *Micellen*, kugelförmige Strukturen mit einem Durchmesser, der in der Regel kleiner als 20 nm ist, bei denen die hydrophoben Ketten zum Zentrum hin gerichtet sind, und die polaren 'Molekülköpfe' die äußere Hülle bilden, die in Berührung mit den H_2O-Molekülen steht (*Fig. 9.73,b*).

Wird die Ausdehnung des Lipids auf der Wasseroberfläche begrenzt, so kann sich eine so genannte Doppelschicht bilden, bei der die hydrophoben Ketten ebenfalls nach innen und die hydrophilen 'Köpfe' nach außen gerichtet sind (*Fig. 9.73,c*). Die Dicke der Doppelschicht beträgt in der Regel ungefähr 5 nm. Aus Doppelschichten können sich durch Erschütterung *Vesikel* (*Liposomen*) bilden, die ebenfalls kugelförmig sind, aber einen inneren mit H_2O-Molekülen gefüllten Raum umschließen (*Fig. 9.73,d*)

Die Bildung von Micellen und Vesikeln beruht auf hydrophoben Kräften. Die Zusammenballung der Moleküle verringert die hydrophobe Fläche, die dem Wasser ausgesetzt ist, und minimiert so die Zahl der Moleküle in der geordneten Wasserhülle an der Lipid–Wasser-Grenzfläche, was zu einer Entropiezunahme führt. Die Fähigkeit eines Lipids, Micellen oder Vesikel zu bilden, hängt von den Dimensionen des Lipid-Moleküls ab: ist die Querschnittsfläche der polaren Gruppe größer als die der apolaren Ketten (wie z.B. bei Fettsäuren), so ist die Micellenbildung begünstigt. Sind dagegen die Querschnittsflächen der 'Kopfgruppe' und der Seitenketten ähnlich, was bei den meisten Phospho- und Glycolipiden der Fall ist, so bilden sich Vesikel.

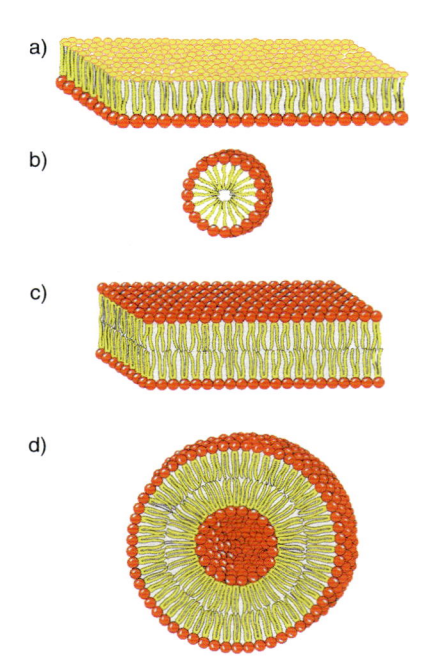

Fig. 9.73. *Selbstorganisation von Lipid-Molekülen in wässrigem Medium:*
a) *Monoschicht;* b) *Micelle;* c) *Doppelschicht;* d) *Vesikel* (Liposom)

Biologische Membranen sind ebenso aus Doppelschichten aufgebaut wie Vesikel. Sie dienen zur Kompartimentierung des Zellraumes, die eine Voraussetzung für die Prozesse des Stoffwechsels ist. Charakteristisch für biologische Membranen ist jedoch ihre Assoziation mit Proteinen, deren Gewichtsanteil 20 bis 75% (meistens 50–60%) beträgt. In der Membran schwimmen Protein-Moleküle wie 'Eisberge' in einem zweidimensionalen 'Lipid-Meer' und sind durch Lateraldiffusion in der Lipidmatrix frei beweglich (*Fluid-Mosaik*-Modell: *Fig. 9.74*).

Biologische Membranen sind außerdem sowohl strukturell als auch funktionell asymmetrisch; ihre äußere und innere Seiten sind aus verschiedenen Lipiden gebaut und unterscheiden sich somit in ihren physikalischen und chemischen Eigenschaften. Die in der Lipiddoppelschicht verankerten Proteine dienen dem enzymatisch kontrollierten Transport von Stoffen und Elektronen durch die Lipidschicht, deren Durchlässigkeit für Ionen und die meisten polaren Moleküle (außer H_2O) sehr klein ist. Darüber hinaus sind sowohl Vesikel als auch biologische Membranen dynamische Systeme, die nicht nur einem ständigen temperaturabhängigen Auf- und Abbau unterliegen, sondern auch einen schnellen (ca. 10^6-mal in der Sekunde) Austausch der Lipid-Moleküle mit benachbarten Molekülen innerhalb einer Schicht ermöglichen. Der Austausch zwischen den Komponenten der Lipiddoppelschicht erfolgt dagegen sehr langsam (etwa einmal in 24 Stunden).

Die Fluidität biologischer Membranen ist eine ihrer wichtigsten physiologischen Eigenschaften, weil es den darin eingebetteten Proteinen die Wechselwirkung mit anderen Molekülen erlaubt. Bei Absenken der Temperatur geht die flüssig-kristalline Doppelschicht in einen gelartigen kristallinen Zustand über. Die Übergangstemperatur, bei der diese Phasenumwandlung stattfindet, liegt bei Säugern deutlich unter der Körpertemperatur. Bakterien und Kaltblüter wie Fische können durch Synthese bzw. Abbau der Lipide die Fettsäure-Zusammensetzung ihrer Membranen an die Umgebungstemperatur anpassen und so die Membranfluidität aufrechterhalten.

Die Fluidität der Lipiddoppelschicht wird ferner von membranstabilisierenden Molekülen wesentlich beeinflusst (*Fig. 9.75*). Bei Eukaryoten werden die mechanischen Eigenschaften der Cytoplasmamembranen durch Cholesterol, dessen Gewichtsanteil am Gesamtlipid meist 25% beträgt, verbessert, weil die starren Steroid-Moleküle über die C(3)-ständige OH-Gruppe mit der polaren Region der Lipiddoppelschicht in Wechselwirkung treten können (*Fig. 9.76*). Bei den meisten Eubakterien übernehmen Hopanoide (*Abschn. 3.19*) die Rolle des Cholesterols. Bei einigen Prokaryoten werden dagegen die Zellmembranen vermutlich durch Carotinoide stabilisiert. Bakterielle Carotinoide haben meist eine größere Kettenlänge als die pflanzlichen und sind mit polaren Endgruppen substituiert. Die Moleküle haben außerdem gerade die richtigen Dimensionen, um die Phospholipiddoppelschicht zu überspannen (*Fig. 9.77*). Archaebakterien unterscheiden sich von allen anderen Bakterien, den Eubakterien, u.a. dadurch, dass ihre Cytoplasmamembranen anstelle von Fettsäure-estern Glycerin-ether des *Phytans* (ein Diterpen) oder des *Biphytans* (ein Tetraterpen) enthalten (*Fig. 9.78*). Die chemische Unreaktivität der Ether-Bindung (*Abschn. 5.23*) sorgt für die Stabilität der Zellmembranen jener Archaebakterien, die an extreme Lebensbedingungen angepasst sind. So vermögen *thermophile* Bakterien im Gegensatz zu *mesophilen* Mikroorganismen, deren maximale Wachstumsrate bei Temperaturen zwischen 20 und 42 °C liegt, oberhalb 40 °C optimal zu wachsen. *Extrem thermophile* Archaebakterien können sogar bei Temperaturen von 85 bis 105 °C optimal wachsen. Andere haben ihren Standort in sauren heißen Quellen bei 59 °C und pH = 1–2. Halobakterien sind extrem halophile Archaebakterien, die in Salzseen bei NaCl-Konzentrationen von 3,5 bis 5 mol/l angetroffen werden.

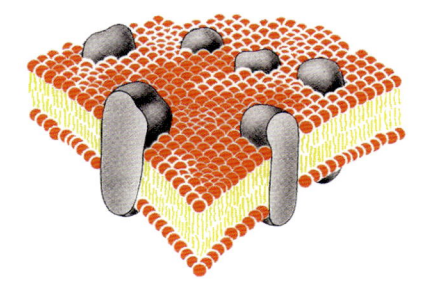

Fig. 9.74. *Das 1972 von S. Jonathan Singer und Garth Nicolson vorgeschlagene Fluid-Mosaik-Model erklärt am besten die Eigenschaften biologischer Membranen.*

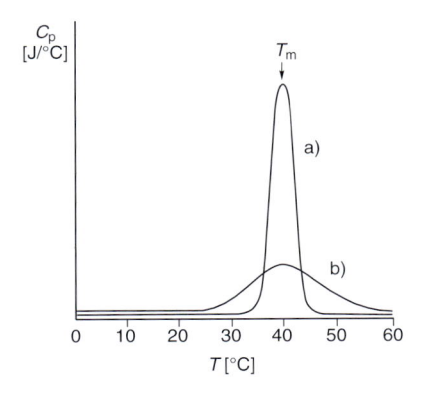

Fig. 9.75. *Der Übergang Gel–flüssig kristallin bei Lipiddoppelschichten: a) reines Dipalmitoylphosphatidylcholin; b) nach Zusatz von 20% Cholesterol*

Struktur und Reaktivität der Biomoleküle

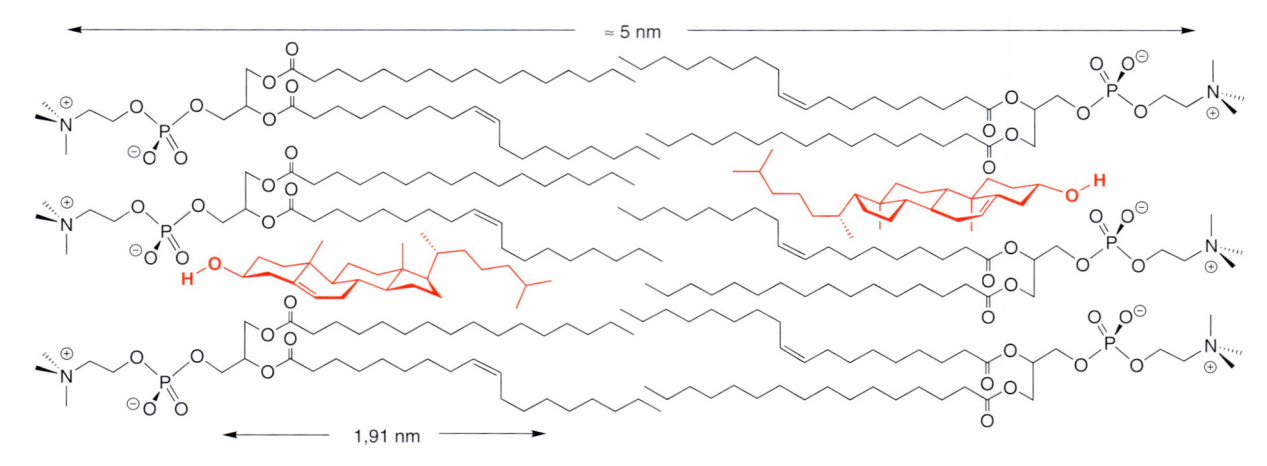

Fig. 9.76. *Stabilisierung der Lipiddoppelschicht durch Cholesterol* (schematisch)

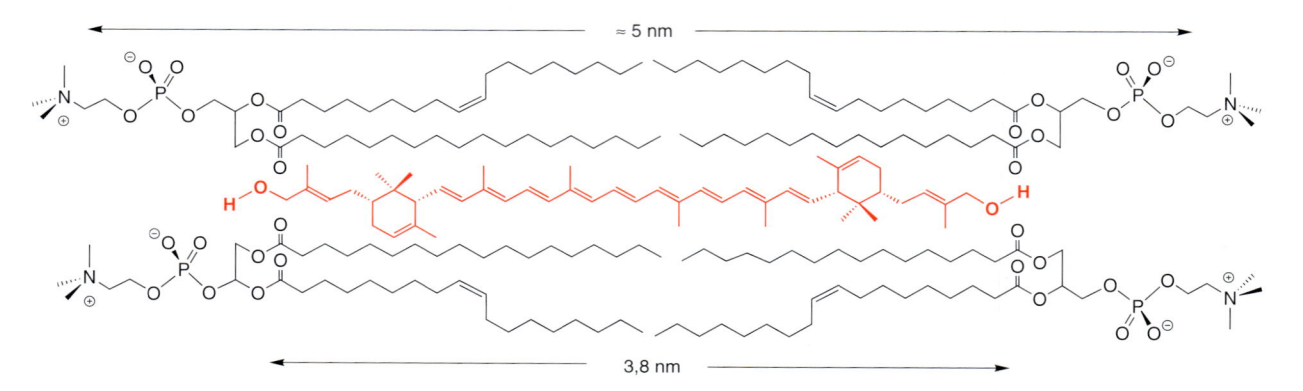

Fig. 9.77. *Mutmaßliche Stabilisierung der Cytoplasmamembran durch Decaprenoxanthin in* Flavobacterium dehydrogenans (schematisch)

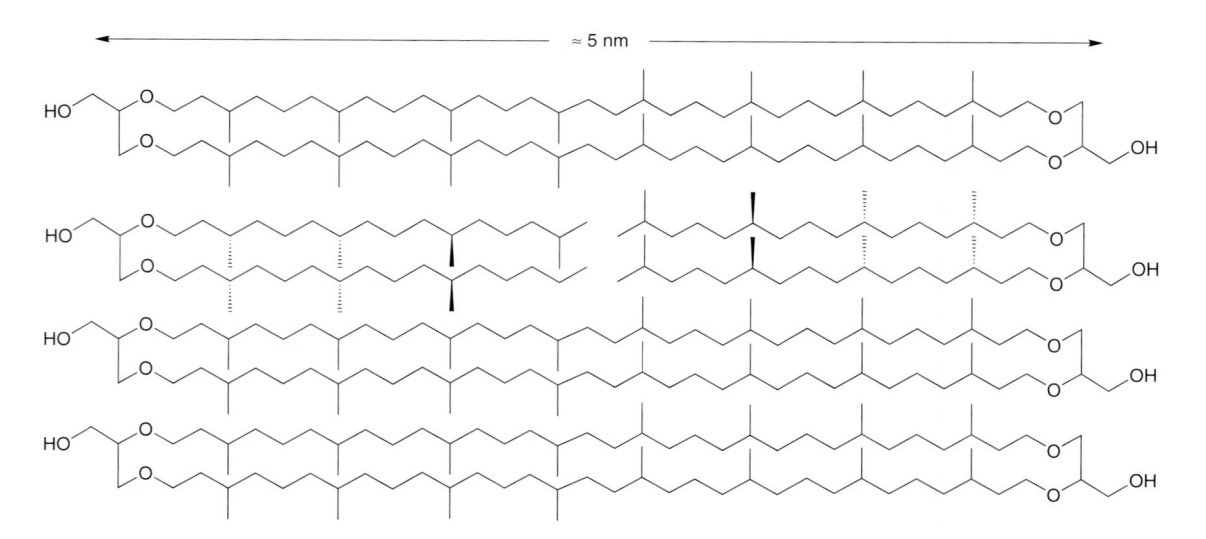

Fig. 9.78. *Die Cytoplasmamembran der Archaebakterien* (schematisch)

9.17. Reaktivität der Carbonsäure-ester

Die wichtigsten Reaktionen der Ester sind:

- Hydrolyse
- Umesterung
- Ammonolyse
- *Claisen*-Kondensation

Bei allen vorstehenden Reaktionen handelt es sich um nucleophile Additionen an die (C=O)-Bindung, die Bestandteil der Ester-Gruppe ist. Am Mesomerie-Hybrid der Ester-Gruppe ist jedoch eine dipolare Grenzstruktur beteiligt, bei der ein nichtbindendes Elektronenpaar des O-Atoms der Alkoxy-Gruppe in der Carbonyl-Gruppe delokalisiert ist (*Fig. 9.79*). Dadurch wird nicht nur die Elektrophilie der Letzteren herabgesetzt, sondern auch – wie Messungen des Dipolmoments von aliphatischen Carbonsäuren und deren Estern belegen – die Rotation um die (C–O(Alkyl))-Bindung stark eingeschränkt (s. *Abschn. 9.25*).

9.18. Ester-Hydrolyse

Bei der Hydrolyse eines Esters werden unter Einwirkung von H_2O die entsprechende Carbonsäure und der entsprechende Alkohol freigesetzt. Die Reaktion kann sowohl in saurem als auch in basischem Medium durchgeführt werden. Bei der säurekatalysierten Hydrolyse handelt es sich um die Umkehrung der *Fischer*'schen Veresterung einer Carbonsäure (s. *Fig. 9.53*), die eine reversible Reaktion ist (*Abschn. 9.15*). Unter alkalischen Bedingungen folgt der nucleophilen Addition eines Hydroxid-Ions an die Carbonyl-Gruppe des Esters die Eliminierung des Alkoholat-Ions, wobei die Carbonsäure freigesetzt wird (*Fig. 9.79*). Da aber in basischem Medium das entsprechende Carboxylat, welches die schwächste Base im System ist, als Endprodukt der Reaktion vorliegt, ist die Reaktion nicht reversibel.

Obwohl die Ester-Hydrolyse häufig gemeinhin *Verseifung* genannt wird, trifft diese Bezeichnung aus etymologischen Gründen nur für die unter *alkalischen* Bedingungen durchgeführte Reaktion zu.

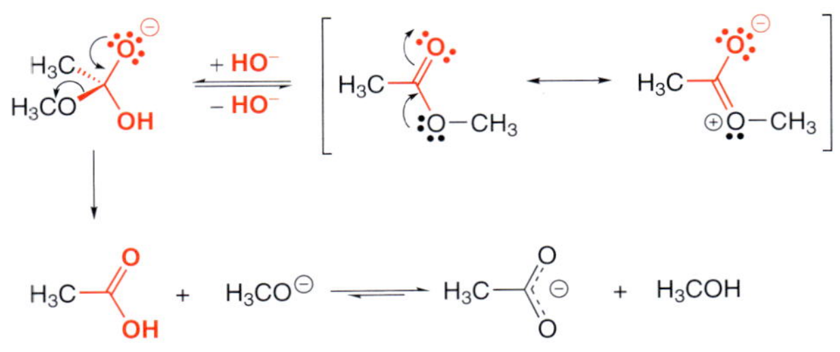

Fig. 9.79. *Mechanismus der alkalischen Ester-Hydrolyse*

Fig. 9.80. *Seife wird durch alkalische Hydrolyse von Triglyceriden hergestellt.*

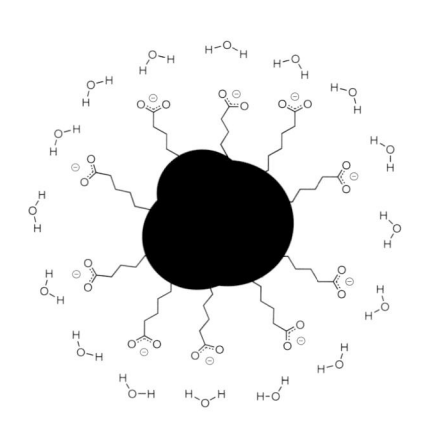

Fig. 9.81. *Beim Waschvorgang werden Schmutzpartikel von Fettsäure-Molekülen umhüllt und emulgiert.*

Als Seifen werden die wasserlöslichen Natrium- und Kalium-Salze der gesättigten und ungesättigten höheren Fettsäuren bezeichnet, deren Herstellung durch Verkochen von Fetten (hauptsächlich Talg) und Ölen in Gegenwart von Pottasche (Kalium-carbonat, das durch Auslaugen von Holzasche gewonnen wurde) bereits in der Antike bekannt war (*Fig. 9.80*). Der erste schriftliche Hinweis auf Seifenherstellung findet sich nämlich auf sumerischen Tontäfelchen, die aus dem Jahre 2500 v. Chr. stammen.

Die Verwendung von Seife für Wasch- und Reinigungszwecke beruht auf der Fähigkeit der langkettigen Carboxylate, in wässrigem Medium Micellen zu bilden (*Abschn. 9.16*), die sich zu Teilchen kolloidaler Größe vereinigen können. Da derartige kolloidale Lösungen eine wesentlich geringere Oberflächenspannung als reines Wasser haben, ist ihr Benetzungsvermögen groß, so dass mit ihrer Hilfe Schmutzpartikel, die an Oberflächen haften, davon abgelöst werden können. Darüber hinaus werden die (fettlöslichen) Schmutzpartikel durch Wechselwirkung mit den lipophilen C-Ketten der Carboxylat-Moleküle von den Letzteren umhüllt und somit in H_2O emulgiert (*Fig. 9.81*). Als Detergenzien (Waschmittel) werden heutzutage jedoch meistens synthetische, biologisch abbaubare *Tenside* verwendet. Die am häufigsten verwendeten anionischen Tenside sind entweder Sulfate unverzweigter langkettiger Alkohole (z. B. Natrium-laurylsulfat: $C_{12}H_{25}-OSO_3Na$) oder Alkyl-benzolsulfonate (z. B. $C_{12}H_{25}-C_6H_4-SO_3Na$).

9.19. Umesterung

Der Austausch der Acyl-Gruppe eines Esters zwischen verschiedenen Alkoholen wird als *Umesterung* oder *Transacylierung* bezeichnet. Es handelt sich dabei eigentlich um die *Alkoholyse* des Esters, d. h. um die nucleophile Addition eines Alkohols (oder des entsprechenden Alkoholats) an die Carbonyl-Gruppe des Esters mit darauf folgender Abspaltung der ursprünglich im Substrat vorhandenen Alkoxy-Gruppe.

Reaktionsmechanistisch findet die Reaktion völlig analog wie die *Fischer*'sche Veresterung einer Carbonsäure oder die alkalische Hydrolyse eines Esters statt. Im Gegensatz zur Letzteren ist jedoch die Umesterungsreaktion sowohl unter sauren als auch unter alkalischen Bedingungen reversibel (*Fig. 9.82*).

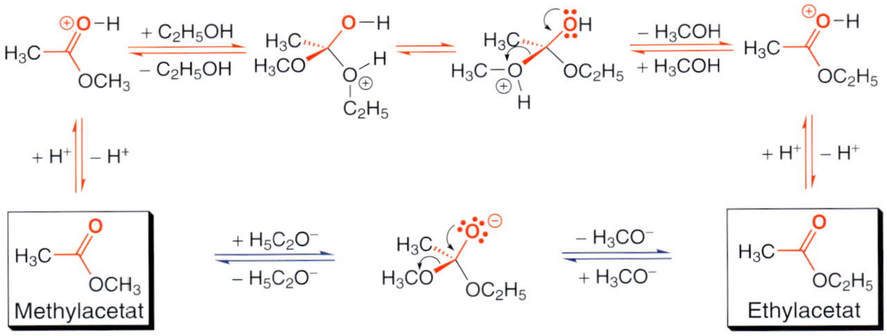

Fig. 9.82. *Mechanismus der Umesterung unter sauren* (rote Pfeile) *bzw. alkalischen* (blaue Pfeile) *Bedingungen*

Nach dem gleichen Mechanismus werden die Acetyl- und Malonyl-Carrierproteine, die zur Biosynthese der Fettsäuren dienen, biosynthetisiert, und zwar durch *Transacylierung* der entsprechenden Coenzym-A-Derivate mit der Thiol-Gruppe der Pantothensäure, die Bestandteil der prosthetischen Gruppe des Acyl-Carrierproteins ist (*Abschn. 9.22*). Ebenso findet im Zuge der oxidativen Decarboxylierung des Pyruvats (*Abschn. 9.13*) die Übertragung der Acetyl-Gruppe des *S*-Acetyldihydroliponamids zum Coenzym A statt (*Fig. 9.83*).

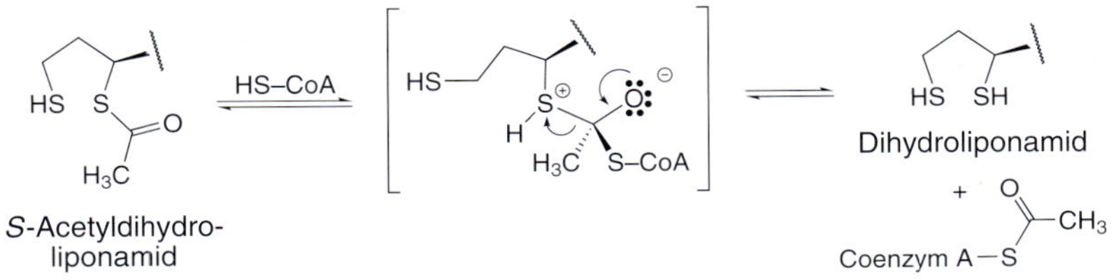

Fig. 9.83. *Acetyl-Coenzym A wird durch Übertragung der Acetyl-Gruppe des S-Acetyldihydroliponamids biosynthetisiert.*

9.20. Ester-Ammonolyse

Entsprechend der Verseifung eines Esters verläuft dessen Reaktion mit NH_3, primären oder sekundären Aminen als Nucleophile (*Fig. 9.84*). Das Endprodukt der Reaktion ist in allen Fällen das entsprechende *Carbonsäure-amid* (*Abschn. 9.25*).

Ebenso wie Ester durch Reaktion von Carbonsäuren mit Alkoholen unter *alkalischen* Bedingungen nicht hergestellt werden können

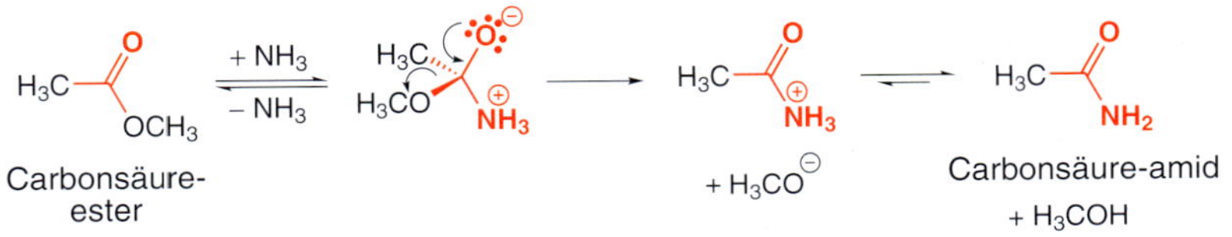

Fig. 9.84. *Mechanismus der Ester-Ammonolyse*

Fig. 9.85. *Prinzip der Biosynthese einer Peptid-Bindung*

(*Abschn. 9.15*), werden im Allgemeinen bei der Reaktion von *Carbonsäuren* mit Aminen oder NH_3 (die ja basisch sind) keine Amide gebildet. Stattdessen ist das Produkt der Reaktion das Ammonium-Salz der Carbonsäure, das nur bei Substraten von kleinem Molekulargewicht (z. B. Ammonium-formiat oder -acetat) durch Erhitzen auf Temperaturen über 100 °C unter Abspaltung von H_2O in das entsprechende Amid überführt werden können.

Ein überzeugendes Beispiel dafür, dass auch enzymatische Reaktionen den Grundsätzen der molekularen Reaktivität unterworfen sind, stellt der Mechanismus der Protein-Biosynthese dar, die in den Ribosomen stattfindet (*Abschn. 10.18*). Tatsächlich werden die einzelnen Aminosäuren einer Polypeptid-Kette (*Abschn. 9.28*) nicht als solche, sondern als Ester der *transfer*-RNA amidartig miteinander verknüpft, indem jeweils die Amino-Gruppe der zuletzt transportierten Aminosäure mit der Ester-Gruppe reagiert, welche die wachsende Polypeptid-Kette mit der 3′-Position der vorhergehenden *transfer*-RNA verbindet (*Fig. 9.85*). Bei der enzymatischen Reaktion handelt es sich somit um die Aminolyse einer Ester-Gruppe, die reaktionsmechanistisch der in *Fig. 9.84* dargestellten Synthese eines Carbonsäure-amids vollkommen entspricht.

9.21. Esterenolate: Die *Claisen*-Kondensation

Die Kondensation zwischen einer Verbindung mit acider Methylen-Gruppe und einem Ester wird *Claisen*-Esterkondensation genannt. Das bekannteste Beispiel dieser Reaktion ist die Synthese des Acetessigesters aus Essigsäure-ethyl-ester. Mechanistisch ist der erste Reaktionsschritt der gleiche wie bei der Aldol-Addition (*Abschn. 8.20*): In Gegenwart einer Base (am zweckmäßigsten wird das Alkalimetall-alkoholat desselben Alkohols verwendet, der zur Herstellung des Carbonsäure-esters diente) werden Carbonsäure-ester entsprechend ihrer α-CH-Acidität ($pK_s \approx 24$) deprotoniert. Die dabei gebildeten resonanzstabilisierten *Esterenolat*-Ionen reagieren mit nicht deprotonierten Ester-Molekülen unter nucleophiler Addition an die Carbonyl-Gruppe.

Ludwig Rainer Claisen (1851–1930)
wirkte als Ordinarius für Organische Chemie an der Technischen Hochschule Aachen (1890) und den Universitäten Kiel (1897) und Berlin (1904). Mit seinem Namen sind mehrere grundlegende synthetische Methoden der organischen Chemie verbunden: Synthese von Derivaten des Zimtsäure-esters, Synthese des Isatins, Umlagerung der Aryl-allyl-ether (*Claisen*-Umlagerung), sowie u. a. die Kondensation von aromatischen Aldehyden mit aliphatischen Aldehyden oder Ketonen (*Claisen*-Kondensation) und die Acylierung von Carbonyl-Verbindungen mit Carbonsäure-estern. Letztere Reaktion ging in die Literatur als *Claisen*-Esterkondensation ein, obwohl die Synthese von Acetessigester aus Essigsäure-ethyl-ester in Gegenwart von metallischem Natrium bereits 1865 von *Johann Anton Geuther* (1833–1889), Ordinarius an den Universitäten Göttingen und Jena, beschrieben worden war. (Mit Genehmigung der Universitätsbibliothek der Humboldt-Universität zu Berlin)

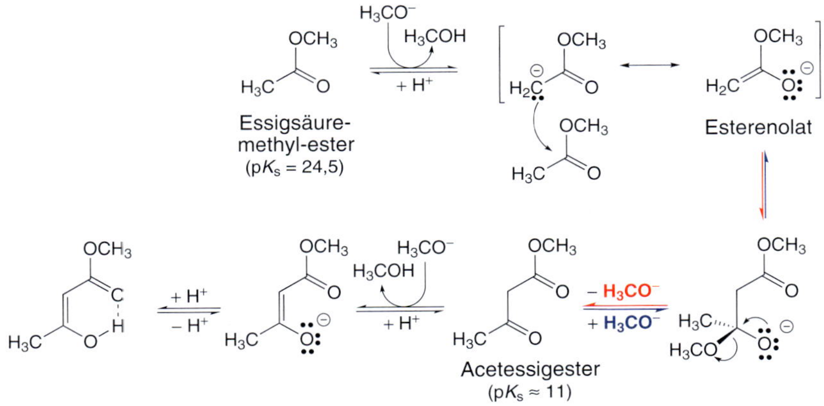

Fig. 9.86. *Mechanismus der* Claisen-*Esterkondensation* (rote Pfeile) *und der* retro-Claisen-*Reaktion* (blaue Pfeile)

Der Unterschied zur Aldol-Kondensation besteht aber darin, dass sich beim primären Addukt der *Claisen*-Kondensation ein Nucleofug (die Alkoxy-Gruppe des Ester-Moleküls, das als Carbonyl-Komponente reagiert) am selben C-Atom befindet, an dem die nucleophile Addition stattgefunden hat. Infolgedessen wird die Oxido-Gruppe nicht protoniert, sondern die Carbonyl-Gruppe wird unter Abspaltung des Nucleofugs zurückgebildet. Statt des Aldols entsteht ein *3-Oxocarbonsäure-ester* (*Fig. 9.86*).

Wie bei der Aldol-Addition sind alle Schritte der *Claisen*-Esterkondensation reversibel. Das Gleichgewicht der Reaktion verschiebt sich zugunsten des 3-Oxocarbonsäure-esters, weil das entsprechende Enolat-Ion – analog dem des Acetylacetons (*Abschn. 8.16*) – eine größere Delokalisierung der negativen Ladung aufweist, worauf seine höhere Acidität ($pK_s = 11$) gegenüber dem Edukt (dem Carbonsäure-ester) zurückzuführen ist.

In Gegenwart eines Lithium-amids (*Abschn. 7.7*) kann Acetessigester zweimal deprotoniert werden. Das entsprechende Dianion wird ebenfalls als vielseitiges Reagenz in der präparativen organischen Chemie angewendet:

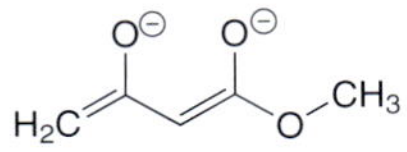

Acetessigester ist jedoch eine schwächere Säure als Acetylaceton ($pK_s = 9$), weil die durch die mesomere Struktur **A** in *Fig. 9.87* wiedergegebene Delokalisierung der negativen Ladung der entsprechenden konjugierten Base in die Ester-Carbonyl-Gruppe, die zur 'Resonanz-Stabilisierung' des Enolats beiträgt, von der Delokalisierung der nichtbindenden Elektronen innerhalb der Ester-Gruppe (*Abschn. 9.17*) unterdrückt wird (vgl. dazu Resonanz-Formel **D** in *Fig. 9.87*). Ebenso weisen die beiden Enol-Tautomere des Acetessig-

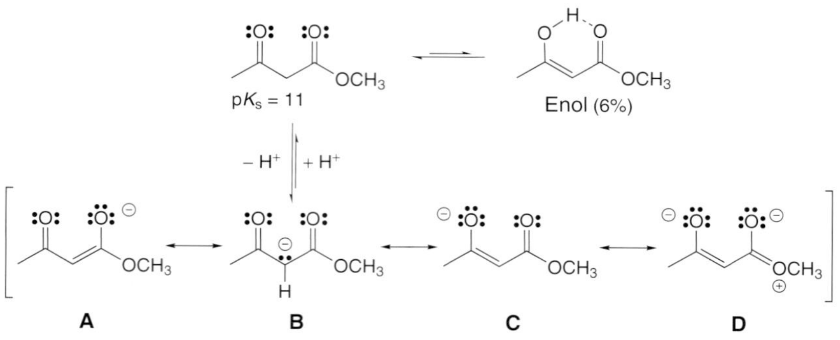

Fig. 9.87. *Keto–Enol-Tautomerie des Acetessigesters*

esters verschiedene Energiegehalte auf, und aus diesem Grunde kommt beim reinen Ester nur das Tautomer mit enolisierter Oxo-Gruppe zu 6% vor.

Der Enol-Gehalt hängt ferner vom Lösungsmittel und von der Temperatur ab. Durch sorgfältige Rektifikation des Acetessigesters kann das bei tieferer Temperatur siedende Enol-Tautomer weitgehend rein isoliert werden, während im Destillationsrückstand der Keto-ester zurückbleibt. In Abwesenheit von Basen oder Säuren kann die Wiedereinstellung des thermodynamischen Gleichgewichtes mehrere Tage, ja, sogar Wochen benötigen. Die gegenseitige Umwandlung von Tautomeren, die voneinander getrennt isoliert werden können, wurde früher *Desmotropie* (griech. δέομιος (*désmios*): gebunden) genannt.

Auf der Reversibilität der *Claisen*-Esterkondensation beruht eine wichtige allgemeine Methode zur Herstellung von Carbonsäuren, bei der zuerst das Enolat des Acetessigesters mit einem Alkyl-halogenid an C(3) alkyliert wird, und danach das so erhaltene Zwischenprodukt mit einer *konzentrierten* Lösung von KOH in Ethanol gekocht wird. Unter diesen Bedingungen findet die Abspaltung der Acetyl-Gruppe des alkylierten Acetessigesters gemäß dem Mechanismus der *retro-Claisen*-Reaktion statt. Die Produkte der Reaktion sind Kalium-acetat und das Kalium-Salz einer Carbonsäure, die der um zwei C-Atome verlängerten Kette des Alkyl-halogenids entspricht. Weil die Produkte der Reaktion Carbonsäuren sind, wird diese präparative Methode *Säurespaltung* des Acetessigesters genannt, obwohl sie, so wie die Keton-Spaltung des Acetessigesters (*Abschn. 9.13*), in basischem Medium durchgeführt wird.

Durch enzymatische Säurespaltung der β-Oxocarbonsäure, die im *Calvin*-Zyklus als Primärprodukt der Assimilation von CO_2 durch Ribulose-1,5-bisphosphat gebildet wird (s. *Fig. 9.49*), werden zwei Moleküle 3-Phosphoglycerat freigesetzt (*Fig. 9.88*), die zur Bildung von Fructose-6-phosphat als Produkt der 'Dunkelreaktion' der Photosynthese in den Grünpflanzen dient.

Ebenso wie Acetessigester werden Ester der Malonsäure in Gegenwart einer Base mit Alkyl-halogeniden an der Methylen-

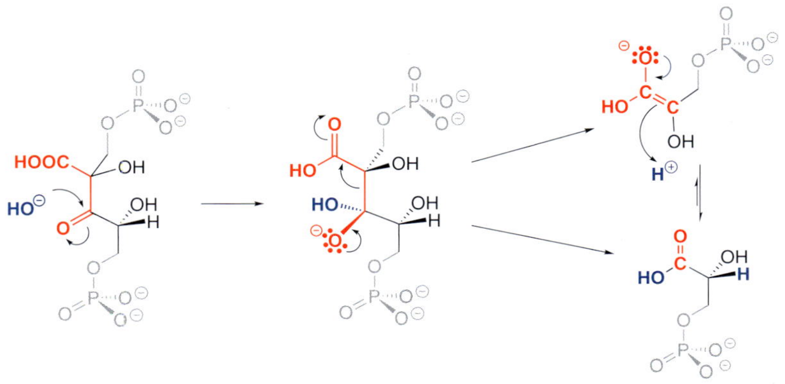

3-Phosphoglycerat

Fig. 9.88. *Plausibler Mechanismus der Bildung von 3-Phosphoglycerat im* Calvin-*Zyklus.* Bei der enzymatisch katalysierten Reaktion übernimmt vermutlich eine nucleophile Gruppe des Apoproteins die Rolle des Hydroxid-Ions als Base, welche die Säurespaltung einleitet.

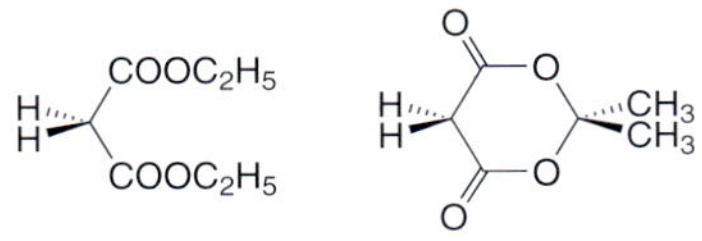

Malonester $pK_s = 13{,}3$ | *Meldrum*'s Säure $pK_s = 4{,}8$

Fig. 9.89. *Acidität von Estern der Malonsäure*

Gruppe alkyliert, oder sie reagieren als Methylen-Komponente bei der nucleophilen Addition an die Carbonyl-Gruppe von Aldehyden (*Knoevenagel-* und *Döbner*-Kondensation). Die konjugierte Base des Malonsäure-esters ist jedoch stärker als die des Acetessigesters (*Fig. 9.89*), weil beide Resonanz-Strukturen, die aus der Delokalisierung der negativen Ladung des Carbanions resultieren, eine Esterenolat-Struktur aufweisen (vgl. *Abschn. 8.16*).

Bemerkenswert ist die extrem hohe Acidität der so genannten *Meldrum*'s Säure (Isopropylidenmalonat) (*Fig. 9.89*). Sie hängt vermutlich mit der cyclischen Struktur des Moleküls, die ein pyramidales ('sp^3-hybridisiertes') Carbanion begünstigt, zusammen. *Meldrum*'s Säure, die durch Reaktion von Malonsäure mit Aceton hergestellt wird, ist die stärkste (C–H)-acide nichtionische Verbindung, die bisher bekannt ist (s. *Tab. 7.2*).

Da Malonsäure leicht decarboxyliert (*Abschn. 9.13*), dienen ihre an der Methylen-Gruppe substituierten Derivate zur Synthese von Carbonsäuren (sog. *Malonester-Synthese*). Die Acidität der Methylen-Gruppe der Malonsäure spielt ebenfalls eine wichtige Rolle bei der Biosynthese der Fettsäuren (*Abschn. 9.23*).

9.22. Thiocarbonsäuren

Ebenso wie die Ersetzung des O-Atoms der OH-Gruppe eines Alkohols durch Schwefel ein Thiol ergibt (*Abschn. 6.1*), leitet sich die Struktur der Thiocarbonsäuren von derjenigen ihrer entsprechenden Sauerstoff-Analoga ab. Je nachdem ob man nur ein bzw. beide O-Atom(e) der Carboxy-Gruppe durch S-Atom(e) ersetzt, unterscheidet man zwischen Mono- und Dithiocarbonsäuren (*Fig. 9.90*).

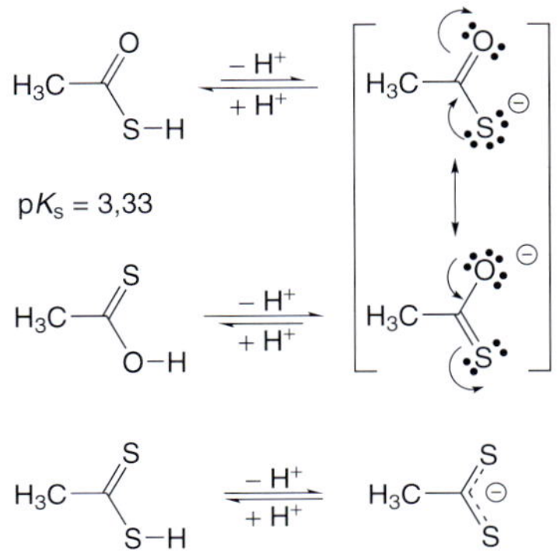

Fig. 9.90. *Struktur und Ionisation der Thioessigsäuren*

Im Prinzip können auf diese Weise zwei isomere Monothiocarbonsäuren formuliert werden, die aus dem Ersatz des O-Atoms der Carbonyl- bzw. der OH-Gruppe resultieren würden. Da aber in Lösung Thiocarbonsäuren, ebenso wie ihre Sauerstoff-Analoga, ionisiert vorliegen, stellt sich ein Gleichgewicht ein, bei dem im Allgemeinen das Thiol-Tautomer überwiegt (*Fig. 9.90*). Die entsprechenden *O*- bzw. *S*-Ester sind dagegen konstitutionsisomere Verbindungen, die durch unterschiedliche Eigenschaften charakterisiert sind.

Thiocarbonsäuren sind stärkere Säuren als Carbonsäuren; sie reagieren sehr leicht mit Alkoholen oder Aminen unter Freisetzung von H_2S und Bildung der entsprechenden Ester bzw. Amide (vgl. *Abschn. 9.15* bzw. *9.25*):

$$H_3C-COSH + HOCH_3 \rightarrow H_3C-COOCH_3 + H_2S$$

$$H_3C-COSH + H_2NCH_3 \rightarrow H_3C-CONCH_3 + H_2S$$

Eine besondere Dithiocarbonsäure stellt die Dithiokohlensäure dar, die als solche nicht isolierbar ist. Ihre *O*-Ester jedoch bilden Salze (sog. *Xanthate* oder *Xanthogenate*), die durch Reaktion von Schwefelkohlenstoff mit Alkali-alkoholaten leicht zugänglich sind:

$$S=C=S + NaOCH_3 \longrightarrow S=C(S^{\ominus}Na^{\oplus})(OCH_3)$$

Bei der Reaktion von Natrium-methylxanthogenat mit Cu^{2+}-Ionen fällt ein *gelber* Niederschlag aus Kupfer(I)-methylxanthogenat aus, worauf der Name Xanthogenat (griech. ξανθός (*xanthós*): gelb; γεννάω (*gennāō*): erzeugen) zurückzuführen ist.

Thiocarbonsäure-ester sind durch die gleichen chemischen Reaktionen charakterisiert wie ihre entsprechenden Sauerstoff-Analoga. Da aber Thiolat-Ionen bessere Nucleofuge als Alkoholat-Ionen sind (s. *Abschn. 7.8*), sind Thiocarbonsäure-ester in der Regel reaktiver als die entsprechenden Carbonsäure-ester.

Auf diesem Reaktivitätsunterschied beruht die Tatsache, dass bei enzymatisch katalysierten Acylierungen das *Acetyl-Coenzym A* (*Fig. 9.91*) bzw. das *Acyl-Carrierprotein* (ACP) als 'Acylierungsreagenzien' fungieren (*Abschn. 9.23*). In beiden Fällen handelt es sich um Thioester der Monothioessigsäure, deren Thiol-Rest bei der Acylierung von OH-Gruppen oder bei der *Claisen*-Kondensation leicht abgespalten wird. Der enzymatisch aktive Molekülteil – das Cysteaminamid der *Pantothensäure* – ist bei beiden prosthetischen Gruppen gleich. Beim Coenzym A ist er über eine Pyrobisphosphat-Gruppe ($-O-P_2O_5^{2-}-O-$) an Adenosin-3'-phosphat, beim ACP über eine Bisphosphat-Gruppe ($-O-PO_2^--O-$) an die OH-Gruppe der Serin-Einheit an der Position 36 der Polypeptid-Kette gebunden.

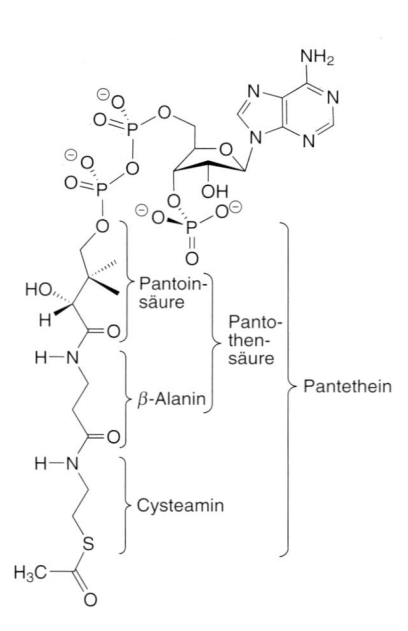

Fig. 9.91. *Struktur des Acetyl-Coenzyms A*

9.23. Metabolismus der Fettsäuren

Das 'biologische Äquivalent' des Acetessigesters stellen die Acetoacetyl-Derivate des Coenzyms A (CoA) und des *Acyl-Carrierproteins* (ACP) dar. Letzteres ist ein Zwischenprodukt bei der *Biosynthese* der Fettsäuren. Acetoacetyl-CoA kommt dagegen sowohl beim *Abbau* der Fettsäuren als auch bei der Biosynthese der Mevalonsäure, des biogenetischen Vorläufers der Terpenoide (*Abschn. 3.19*) und Steroide (*Abschn. 5.28*) vor. Bei zahlreichen Bakterien wird Acetoacetyl-CoA zu β-Hydroxybuttersäure reduziert, dessen Polymer als Vorratsstoff dient (*Abschn. 9.15*).

Reaktionsmechanistisch gleicht die enzymatische Synthese von Acetoacetyl-CoA, die von der *3-Ketothiolase* katalysiert wird, der *Claisen*-Esterkondensation (*Abschn. 9.21*): durch Reaktion zweier Acetyl-CoA-Moleküle wird ein Addukt gebildet, aus dem durch darauf folgende Abspaltung des CoA-Anions Acetoacetyl-CoA entsteht (*Fig. 9.92*).

(−)-(R)-Mevalonsäure ist das Produkt der enzymatischen Reduktion der Carboxy-Gruppe des 3-Hydroxy-3-methylglutaryl-Coenzyms A, das durch enantioselektive Hydrolyse einer der beiden enantiotopen (*Abschn. 2.8*) CoA-Ester-Gruppen des entsprechenden (prochiralen) Bis-CoA-esters gebildet wird (*Fig. 9.93*). Die Biosynthese des Letzteren erfolgt durch Reaktion von Acetoacetyl-CoA mit

Fig. 9.92. *Biosynthese des S-Acetoacetyl-Coenzyms A* (Acetoacetyl-CoA)

Fig. 9.93. *Biosynthese der Mevalonsäure*

Feodor Lynen (1911–1979)
Professor für Biochemie an der Universität München, bewies im Jahre 1951 die von *F. Lipmann* (s. *Abschn. 10.16*) vorgeschlagene Struktur und Funktion des Acetyl-Coenzyms A beim Fettsäure-Abbau. Auch die Rolle des Biotins bei der 'Aktivierung' der Kohlensäure (1958) sowie die Struktur des *Fettsäuresynthetase*-Komplexes (1958) wurden von ihm aufgeklärt. Zusammen mit *Konrad Emil Bloch* (1912–2000) erhielt Lynen 1964 den *Nobel*-Preis für Physiologie und Medizin in Würdigung der Arbeiten beider Forscher zur Identifizierung des Isopentenyl-pyrophosphats als biogenetischer Vorläufer der Terpene und des Cholesterols. (© *Nobel*-Stiftung)

einem dritten Acetyl-CoA-Molekül, wobei dieses als Methylen- und das primär gebildete Acetoacetyl-CoA als Carbonyl-Komponente reagiert (vgl. *Abschn. 8.20*). Analoge Reaktionen dienen im Citronensäure-Zyklus (s. *Fig. 9.14*) zur Biosynthese der Citronensäure aus Oxalacetat und Acetyl-CoA sowie im Glyoxylat-Zyklus (s. *Fig. 9.14*) zur Biosynthese der Äpfelsäure (Malat) aus Glyoxylat und Acetyl-CoA. In beiden Fällen findet die Anlagerung des Acetyl-CoA-enolats von der *Si*-Seite der Carbonyl-Gruppe des Oxalacetats bzw. Glyoxylats statt (*Fig. 9.94*). Jüngste Beobachtungen deuten jedoch darauf hin, dass bei einigen *Eubakterien*, die Isopentenyl-pyrophosphat als Vorläufer der Hopanoide (*Abschn. 3.19*) verwenden, die Biosynthese der Mevalonsäure auf einem anderen, bisher nicht aufgeklärten Weg erfolgen kann.

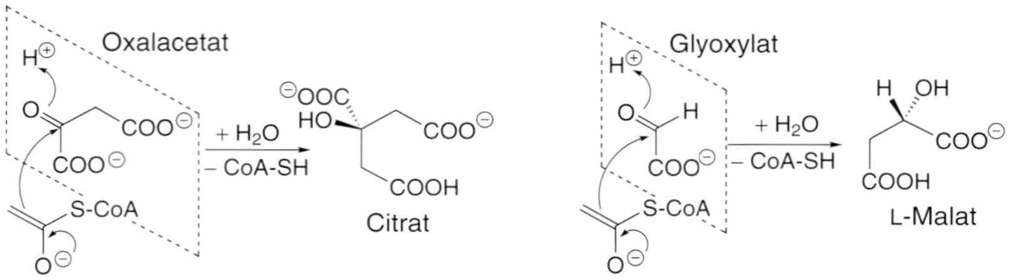

Fig. 9.94. *Stereoselektivität der Biosynthese der Citronensäure* (Citrat) *und* L-*Äpfelsäure* (Malat)

Acetyl-CoA ist ebenfalls der Vorläufer für die Biosynthese der Fettsäuren, die im Cytosol stattfindet. Im Gegensatz zur Biosynthese der Mevalonsäure fungiert jedoch beim Aufbau der Fettsäure-Moleküle nicht Acetyl-CoA als Träger von Acetyl-Gruppen, sondern das schon erwähnte, strukturell verwandte ACP. Für die Biosynthese der Fettsäuren ist ferner Bicarbonat erforderlich. Acetyl-CoA wird damit in Malonyl-CoA umgewandelt. Die Reaktion wird von der *Acetyl-CoA-Carboxylase* katalysiert, einem biotin-abhängigen Enzym (s. *Abschn. 9.13*), das die entscheidende Rolle bei der Regulation des Fettsäure-Metabolismus spielt. Das Enzym wird zentral von drei Hormonen – Glucagon, Noradrenalin (Epinephrin) und Insulin – kontrolliert. Letzteres stimuliert die Biosynthese der Fettsäuren, während Glucagon und Noradrenalin die enzymatische Aktivität inhibieren.

Sowohl Acetyl-CoA als auch Malonyl-CoA werden zu Beginn der Fettsäure-Biosynthese in die entsprechenden ACP-Derivate durch *Transacylierung* (*Abschn. 9.19*) umgewandelt. Reaktionsmechanistisch gleichen jedoch die darauf folgenden Schritte der *Claisen*-Esterkondensation (*Fig. 9.95*). Energetisch ist die Kondensation mit Malonyl-ACP (statt Acetyl-ACP) als Methylen-Komponente von Vorteil, weil die darauf folgende exergonische Decarboxylierung des Adduktes die treibende Kraft für die Reaktion darstellt.

Bei der Biosynthese der Fettsäuren wird die Oxo-Gruppe des Kondensationsproduktes vor jedem Elongationsschritt der C-Kette in eine CH$_2$-Gruppe umgewandelt (*Fig. 9.96*). Erst dann acyliert das daraus gebildete Acyl-ACP das nächste Malonyl-ACP-Molekül. Fände die Reduktion der Oxo-Gruppe nicht statt, so würde die C-Kette durch sukzessive Angliederung von Acetyl-Einheiten zu einem *Polyketid* heranwachsen (*Abschn. 9.24*). Derartige Polyketide spielen vermutlich eine wichtige Rolle bei der Biosynthese zahlreicher Naturprodukte (*Abschn. 9.24*). Der vorstehend skizzierte Weg der Biosynthese von Fettsäuren in lebenden Organismen erklärt ferner, warum die Mehrzahl der in der Natur vorkommenden Fettsäuren eine gerade Anzahl von C-Atomen enthalten, die aus Acetyl-CoA stammen.

Beim enzymatischen Abbau von Fetten werden zunächst die Triglyceride in den Kapillaren von Fettgewebe und Skelettmuskulatur zu Fettsäuren und Glycerin

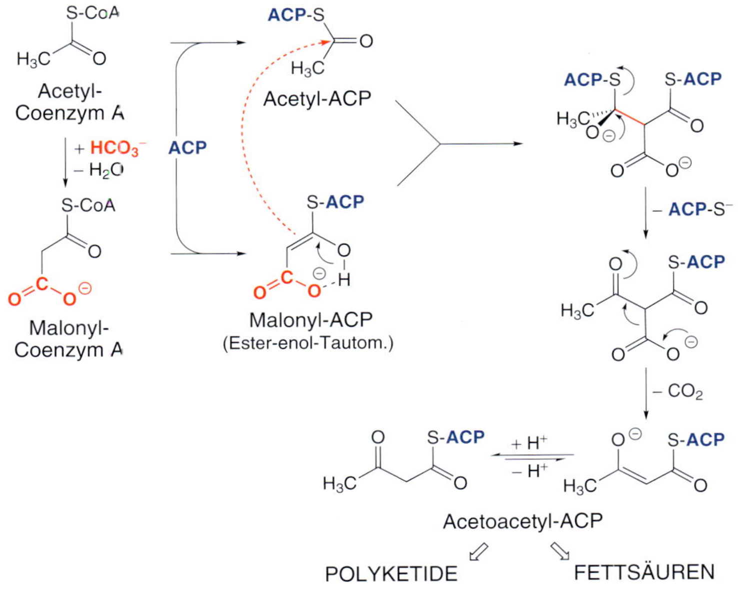

Fig. 9.95. *Der Biosynthese-Vorläufer der Fettsäuren und Polyketide ist das Acetyl-ACP*

hydrolysiert. Letzteres wird zur Leber oder zu den Nieren transportiert, wo es zu Dihydroxyaceton-phosphat, einem Zwischenprodukt der Glycolyse (s. *Fig. 8.100*), umgewandelt wird. Fettsäuren werden in den Mitochondrien nach dem Prinzip der *retro-Claisen*-Esterkondensation unter Freisetzung von Energie abgebaut. Er unterscheidet sich von der Biosynthese u. a. dadurch, dass die Zwischenprodukte an das Coenzym A und nicht an das ACP gebunden sind (*Fig. 9.97*). Der Fettsäure-Abbau beginnt mit der Bildung einer (C=C)-Bindung zwischen den Atomen C(2) und C(3) der Carbonsäure-Kette. Diese Reaktion wird von einem flavinhaltigen Enzym, der *Acyl-CoA-Dehydrogenase*, katalysiert (vgl. *Abschn. 3.8*). Anschließend findet die nucleophile Addition von H$_2$O an die α,β-ungesättigte Acyl-Gruppe statt (*Abschn. 8.21*). Durch Dehydrierung des daraus entstandenen sekundären Alkohols wird ein β-Oxo-ester gebildet, dessen *retro-Claisen*-Esterkondensation zur Freisetzung von Acetyl-Coenzym A führt. Durch Wiederholung der Reaktionsfolge wird die C-Kette unter sukzessiver Abspaltung von Acetyl-CoA-Fragmenten abgebaut, Malonyl-CoA kommt dabei nicht vor.

Das letzte Fragment beim Abbau von Fettsäuren, die eine ungerade Anzahl von C-Atomen enthalten, ist das Propionyl-Coenzym A, das unter Beteiligung von Biotin und Coenzym B$_{12}$ (*Abschn. 10.4*) in Succinyl-Coenzym A umgewandelt und in den Citronensäure-Zyklus eingeschleust wird. Beim Abbau ungesättigter Fettsäuren (z. B. der Ölsäure) kommt es vor, dass die (C=C)-Bindung die Einführung der (C=C)-Bindung zwischen den Atomen C(2) und C(3) der Carbonsäure-Kette verhindert. In diesen Fällen katalysiert eine *Enoyl-CoA-Isomerase* die (Allyl-)Umlagerung der (C=C)-Bindung in die zur Carbonyl-Gruppe konjugierte Position, wodurch der entsprechende Dehydrogenierungsschritt des Fettsäure-

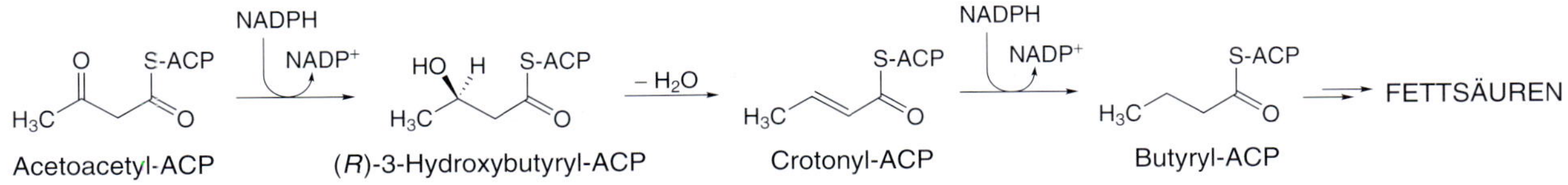

Fig. 9.96. *Biosynthese der Fettsäuren aus Acetoacetyl-ACP*

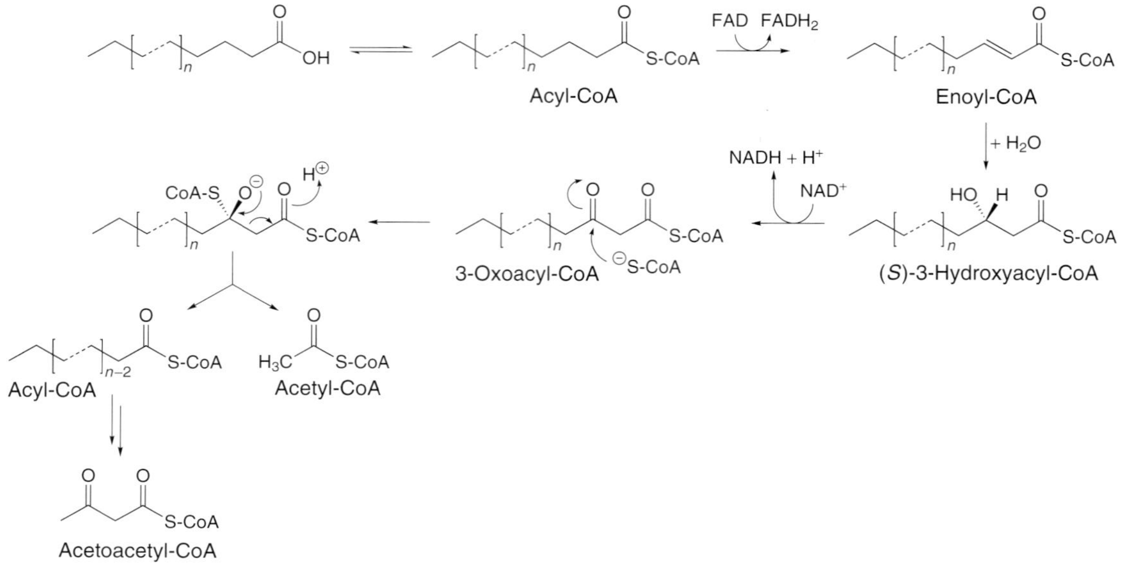

Struktur und Reaktivität der Biomoleküle

Fig. 9.97. *Das Endprodukt des Fettsäure-Katabolismus ist Acetyl-Coenzym A.*

Abbaus entfällt. Ebenso verhindern Alkyl-Substituenten an ungeradzahligen C-Atomen der Carbonsäure-Kette die Oxidation des β-ständigen C-Atoms. In diesen Fällen wird das Substrat am α-ständigen C-Atom enzymatisch hydroxyliert, danach in die entsprechende α-Oxocarbonsäure umgewandelt und Letztere oxidativ decarboxyliert, wodurch der normale Fettsäure-Abbau fortgesetzt werden kann.

Die beim aeroben Fettsäure-Abbau freiwerdende Energie wird unter Bildung von 14 ATP-Molekülen je Acetyl-CoA-Fragment gespeichert (*Abschn. 10.16*). Davon werden zwei ATP-Moleküle benötigt, um die Fettsäure in das entsprechende Acyl-CoA umzuwandeln. Zusätzlich kann gemäß dem in *Fig. 9.97* dargestellten Mechanismus das am Ende des Prozesses gebildete Acetoacetyl-CoA in zwei Acetyl-CoA-Moleküle zerlegt werden, deren Einschleusung in den Citronensäure-Zyklus 2×10 ATP-Moleküle liefert.

9.24. Acetogenine

Als Acetogenine oder Polyketide bezeichnet man Naturprodukte, die aus Acetat-Einheiten biosynthetisiert werden. Acetogenine werden vermutlich aus Poly(β-oxo)carbonsäuren biosynthetisiert, die durch mehrere intramolekulare Aldol-Kondensationen polycyclische aromatische Systeme bilden.

Aliphatische Poly(β-oxo)ester mit mehr als drei Carbonyl-Gruppen sind sehr unbeständig. Der vorgeschlagene Mechanismus der enzymatischen Cyclisierung von Polyketiden lässt sich somit *in vitro* nicht nachvollziehen.

Einleuchtende Beispiele für Naturstoffe, die auf dem Polyketid-Weg biosynthetisiert werden, sind die *Orsellinsäure*, die *Kermessäure* und das *Emodin*. Zahlreiche andere Naturstoffe, zu denen physiologisch wirksame sekundäre Metabolite aus Schimmelpilzen gehören, werden jedoch auch auf dem Polyketid-Weg biosynthetisiert (*Tab. 9.7*)

Tab. 9.7. *Wichtige Acetogenine*

Chinoide Farbstoffe	z. B. Emodin
Flavonoide	z. B. Luteolin, Cyanidin
Aflatoxine	Toxine aus Schimmelpilzen
Tetracycline	Antibiotika aus Schimmelpilzen
Griseofulvin	Antibiotikum aus *Penicillium griseofulvum*
Makrolid-Antibiotika	Erythromycine u. a.
Polyketid-Alkaloide	z. B. Coccinellin, Coniin

Orsellinsäure (*Fig. 9.98*) ist ein Derivat der Benzoesäure, das jedoch nicht aus Shikimisäure biosynthetisiert wird (*Abschn. 9.10*). Sie ist ein Bestandteil von Farbstoffen, die aus Flechten gewonnen werden. Die Naturfarbstoffe dieser Gruppe befinden sich jedoch nicht in den Pflanzen, sondern sie entstehen erst in einem bestimmten Verarbeitungsprozess, für den die so genannten Färberflechten (*Rocella tinctoria* u. a.) bereits in der Antike zur direkten Färbung tierischer Fasern (Seide, Wolle) benutzt wurden. Das zermahlene Flechtenmaterial wurde mit NH_3 (ursprünglich mit Urin) versetzt, und der Brei unter Luftzutritt stehen gelassen. Nach mehreren Tagen konnte der Flechtenfarbstoff abgesiebt werden.

Grundlage der Flechtenfarbstoffe sind neben der Orsellinsäure vor allem aber Depside (z. B. die *Lecanorsäure* (*p*-Diorsellinsäure), deren Erythrit-ester – *Erythrin* – hauptsächlich in *Rocella tinctoria* vorkommt), die in ammoniakalischem Medium zu *Orcin* (das Decarboxylierungsprodukt der Orsellinsäure) abgebaut werden und durch Luftoxidation und Reaktion mit NH_3 rote, violette und blaue Farbstoffmischungen – wie Orcein, Orseille, Lackmus (Tournesol) u. a. – ergeben. In saurer Lösung (pH < 4,5) bilden die Chromophore von Orseille und Lackmus ein rotes Kation, im alkalischen Bereich (pH > 8,3) ein blauviolettes Anion, wodurch sie heute noch neben zahlreichen anderen synthetischen Farbstoffen (*Abschn. 7.12*) in der chemischen Analytik als Säure/Base-Indikatoren verwendet werden.

Kermessäure und Emodin sind Derivate des Anthrachinons (vgl. *Abschn. 8.3*), bei deren Biosynthese O-Atome in die Cyclisierungsprodukte durch enzymatische Oxidation nachträglich eingeführt werden. Die ziegelrote Kermessäure (*Fig. 9.99*) kommt im *Kermes vermilio*, den getrockneten Weibchen der Kermesschildlaus (*Kermococcus ilicis*) vor, die in Südeuropa und im nahen Osten auf der Kermeseiche (*Quercus coccifera*) als Wirtspflanze lebt. Die Verwendung von Kermes zur Färbung von Textilien geht bis in die Vorgeschichte zurück. Es war der wichtigste rote Farbstoff, der schon den alten Babyloniern (um 1300 v. Chr.) bekannt gewesen ist. Im Mittelalter konnte man mit Kermes Wolle auf Alaunbeize in einem Scharlachton färben, der als 'Venezianer Scharlach' und 'Kardinalspurpur' berühmt wurde. Nach der Entdeckung Amerikas wurde aber der Kermeslack durch die bereits von den alten Maya gesammelten Cochenille, die flügellosen Weibchen der Schildlausart *Dactylopius coccus*, welche auf Kakteen lebt, verdrängt. Aus der Cochenille isoliert man die *Carminsäure*. Es handelt sich dabei um ein Derivat der Kermessäure, dessen C(7)-Atom direkt an das anomere C-Atom eines D-Glucose-Moleküls gebunden ist. Carminlacke benutzt man insbesondere in der Kosmetik für Schminken und Lippenstifte, außerdem als Künstlerfarben. Carminsäure-Salze werden auch zum Anfärben histologischer Schnitte verwendet.

Emodin ist ein in der Natur weit verbreiteter orangefarbener Farbstoff. Es ist als Glycosid (*Abschn. 8.32*) in zahlreichen höheren Pflanzen (z. B. in Rhabarber, Faulbaum (*Rhamnus frangula*), Sauerampfer (*Rumex acetosa*), Aloë (*Aloë ferox*)) sowie in Flechten und Tieren enthalten (*Fig. 9.100*). Sein natürlich vorkommendes Dimer ist das *Hypericin* (*Abschn. 5.12*).

Durch oxidative Aufspaltung des Chinon-Ringes des Emodins entstehen die *Ergochrome*, eine Gruppe von Farbstoffen, die den *Xanthen*-Chromophor (s.

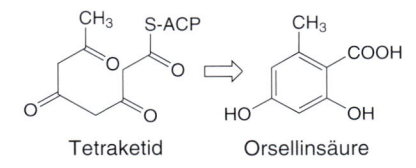

Fig. 9.98. *Biosynthese der Orsellinsäure*

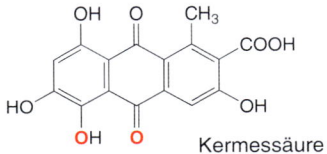

Fig. 9.99. *Kermessäure ist das Hauptpigment der Kermesschildlaus* (*Kermes vermilio*). *O-Atome, die nicht aus dem Polyketid stammen, sind rot gezeichnet.*

Struktur und Reaktivität der Biomoleküle

Fig. 9.100. *Emodin, ein Rhizominhaltsstoff des Rhabarbers (Rheum rhabarberum L.) wird auf dem Polyketid-Weg biosynthetisiert.* Das O-Atom an C(10) und das H-Atom an C(7) werden durch Oxidation bzw. Decarboxylierung eingeführt.

Abschn. 10.1) enthalten. Ergochrome kommen als Mycotoxine in Mutterkorn u. a. Pilzarten sowie in Flechten vor. Emodin und eine Reihe seiner Glycoside werden wegen ihrer abführenden Wirkung, die bereits vor 4000 Jahren in China bekannt war, pharmazeutisch verwendet.

Auf analogem Weg wie die Orsellinsäure wird vermutlich die *Olivetolsäure* biosynthetisiert, und zwar ausgehend von einem Tetraketid, das aus Capronsäure und drei Acetat-Einheiten gebildet wird (*Fig. 9.101*). Olivetolsäure ist ein Meroterpenoid (*Abschn. 8.4*), das als biogenetischer Vorläufer verschiedener Derivate des Dibenzopyrans – so genannte Cannabinoide – dient. Cannabinoide sind im Harz, das aus den weiblichen Blütensprossen des Hanfes (*Cannabis sativa*) isoliert wird, enthalten. Unter denen ist hauptsächlich das Δ^9-Tetrahydrocannabinol für die halluzinogene* Wirkung der Pflanze verantwortlich. Hanf wird sowohl zur Herstellung von Fasern und Öl als auch zur Gewinnung von Haschisch und Marijuana seit dem Beginn des Ackerbaus in vorgeschichtlicher Zeit angebaut.

Flavonoide bestehen aus einem 4*H*-1-Benzopyran- (sog. 4*H*-Chromen-) Chromophor (*Fig. 10.1*), der mit einem meist hydroxylierten Phenyl-Ring substituiert ist. Zu den Flavonoiden gehören mehrere Typen von Naturfarbstoffen, die für die prächtige Farbe zahlreicher Blüten und Früchte verantwortlich sind, nämlich *Chalkone, Flavone* (lat. *flavus*: gelb), *Isoflavone, Aurone* und *Anthocyanidine* (griech. ἄνϑος (*ánthos*): Blume). Sie kommen als Glycoside der Glucose oder der Rhamnose (s. *Abschn. 8.23*) in den Vakuolen (sog. *chymotrope* Farbstoffe) der höheren Pflanzen, der Farne und einiger Moose, nicht aber in Algen, Pilzen oder Bakterien vor. Biologisch spielen die Flavonoide ihre Hauptrolle als Signalstoffe für die Bestäubung der Blütenpflanzen durch anthophile Insekten. Einige Flavonoide schützen jedoch das pflanzliche Gewebe vor Pilzbefall, andere schmecken bitter, so dass sie vermutlich als Abwehrstoffe gegen pflanzenfressende Insekten und ihre Larven dienen.

Chalkone, deren aromatische Ringe mit mehreren OH-Gruppen substituiert sind, zeigen eine rötlich gelbe Farbe (griech. χαλκός (*chalkós*): Kupfer, Bronze) sowohl in konzentrierter H_2SO_4 als auch in alkalischer Lösung. Bei den Isoflavonen ist das C(3)-Atom (statt des C(2)-Atoms) des Benzopyran-Chromophors an den

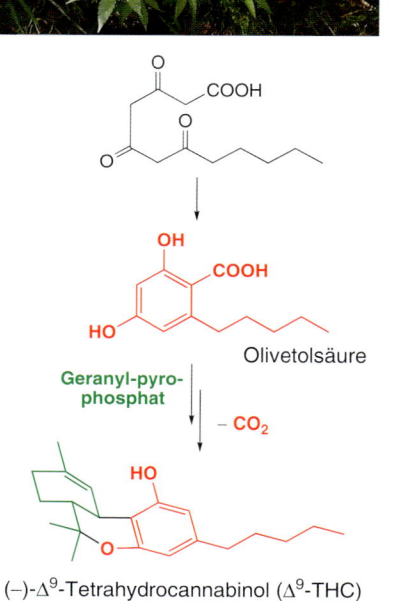

Fig. 9.101. Δ^9-*Tetrahydrocannabinol (THC), das in den Härchen der weiblichen Blüten von Cannabis sativa enthalten ist, wird aus einem Tetraketid (rot) und Geranyl-pyrophosphat (grün) biosynthetisiert.*

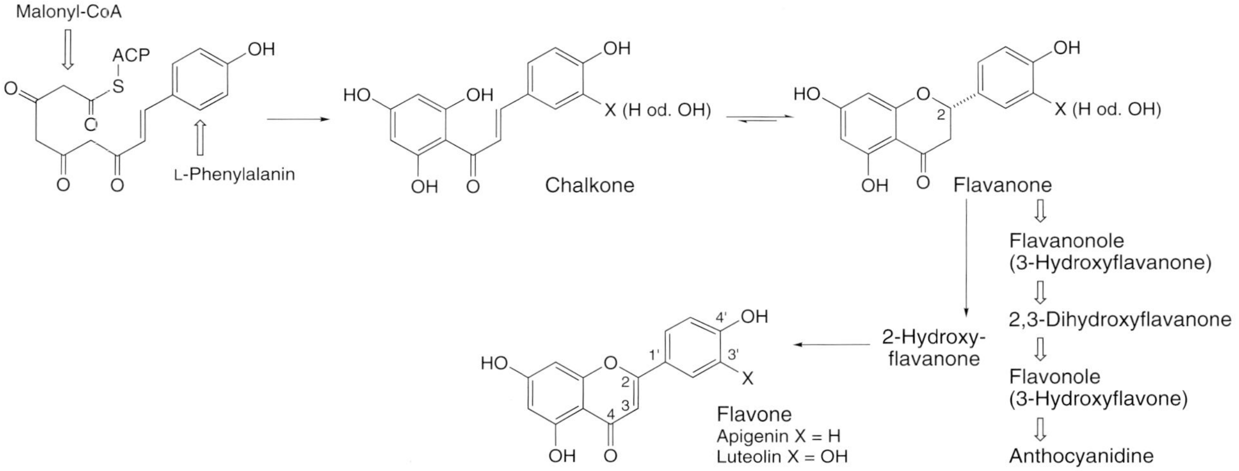

Fig. 9.102. *Plausibler Biosyntheseweg der Flavonoide*

Phenyl-Ring gebunden. *Genistein*, das neben Luteolin im Färberginster (*Genista tinctoria*) vorkommt, ist ein Isoflavon-Derivat. *Aurone* (lat. *aurum*: Gold) sind 2-Benzyliden-Derivate des Benzofuran-3-ons.

An der Biosynthese der Flavonoide sind Metabolite verschiedener Herkunft beteiligt. Der Phenyl-Ring stammt aus Zimtsäure, einem Metaboliten des L-Phenylalanins (*Abschn. 9.10*). Der Benzopyran-Chromophor dagegen wird durch intramolekulare Cyclisierung eines Triketids gebildet, das vermutlich durch sukzessive Verlängerung der Acyl-Kette des Coenzym-A-Derivats der 4-Hydroxyzimtsäure um jeweils eine Acetat-Einheit, die von Malonyl-Coenzym A stammt (vgl. *Abschn. 9.23*), biosynthetisiert wird (*Fig. 9.102*). Bereits die *meta*-ständigen OH-Gruppen am Benzopyran-Chromophor des als Zwischenprodukt auftretenden *Tetrahydroxychalkons* (X = H in *Fig. 9.102*) deuten auf den Polyketid-Weg seiner Bildung hin. Zusätzliche OH-Gruppen werden vermutlich nachträglich durch enzymatische Hydroxylierung (s. *Abschn. 5.27*) eingeführt.

Die meisten enzymatisch synthetisierten Chalkone cyclisieren zu den entsprechenden *Flavanonen* (2,3-Dihydroflavone). Bei dieser Reaktion handelt es sich um eine leicht stattfindende reversible intramolekulare konjugierte Addition (*Abschn. 8.21*). Sie wird jedoch enzymatisch katalysiert, denn sie ist stereoselektiv: das C(2)-Atom aller bekannten Flavanone weist die (S)-Konfiguration auf. *Hesperetin* (der 4'-O-Methyl-ether des dem Luteolin entsprechenden Flavanons kommt beispielsweise besonders in den Früchten verschiedener *Citrus*-Arten, wie Zitronen (*Citrus limon*) und Apfelsinen (*Citrus aurantium*), vor. Flavanone spielen vermutlich die zentrale Rolle bei der Biosynthese der Flavonoide. Durch enzymatische Hydroxylierung der Flavanone an der C(2)-Position werden die entsprechenden 2-Hydroxyflavanone gebildet, deren Dehydratisierung zu den *Flavonen* führt.

Durch Substitution eines der an das C(3)-Atom gebundenen H-Atome der Flavanone (meist H_{Re}) durch eine OH-Gruppe entstehen *Flavanonole*, die durch Hydroxylierung des C(2)-Atoms und darauf folgende Dehydratisierung in die entsprechenden *Flavonole* umgewandelt werden. Aus diesen werden durch Reduktion der Carbonyl-Gruppe und darauf folgende Abspaltung der dabei entstandenen sekundären OH-Gruppe (als Hydroxid-Ion) die entsprechenden *Anthocyanidine* gebildet. Anthocyanidine sind wasserlöslich; sie stellen eine Art von Oxonium-Salzen (*Abschn. 5.26*) dar, die *Pyrylium-Salze* genannt werden.

Luteolin (ein Flavon) ist der gelbe Farbstoff zahlreicher Blüten (z. B. Wau, Färberginster (*Genista tinctoria*), Butterblume, Chrysantheme u. a.), nicht aber der im Herbst vergilbten Blätter, deren Farbe u. a. durch ein Carotinoid (Lutein) hervor-

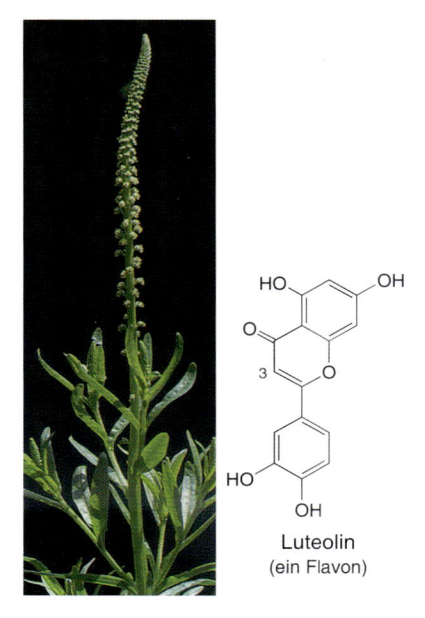

Fig. 9.103. *Im Kraut von Wau (Reseda luteola* L.) *kommt Luteolin sowohl als Aglycon als auch als Glycosid vor.*

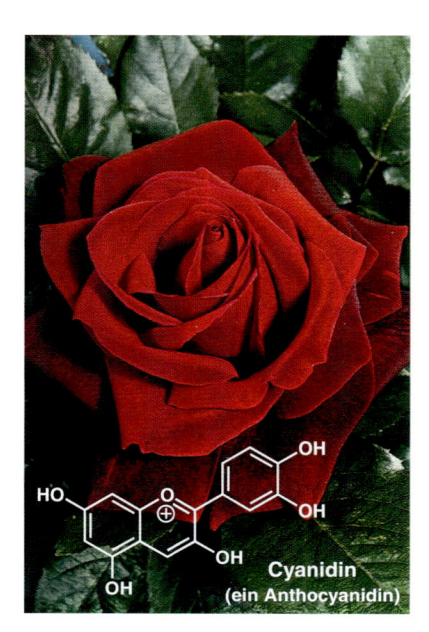

Fig. 9.104. *Cyanidin ist der Farbstoff der roten Rosen.*

gerufen wird (*Abschn. 3.22*). Der Wau ist der älteste der gelben Naturfarbstoffe und der einzige mit brauchbarer Lichtechtheit, der bereits in der Antike bekannt war (*Fig. 9.103*).

Naringenin ist ein Flavanon (X = H in *Fig. 9.102*), das als 5-Rhamnosid (*Naringin*) in Blüten, Früchten und Rinde von Grapefruitbäumen (*Citrus paradisi*) vorkommt. Der höchste Gehalt findet sich in den Schalen von unreifen Früchten, aus denen es auch gewonnen wird. Das entsprechende Flavon ist das *Apigenin*, welches als Hauptfarbstoff in den Blüten des Weißdorns (*Crataegus oxyacantha*) enthalten ist. *Butein* (ein Chalkon) und dessen entsprechendes Flavanon, das *Eriodictyol* (X = OH in *Fig. 9.102*), weisen das gleiche Substitutionsmuster wie Luteolin auf.

Das 3-Hydroxy-Derivat des Luteolins ist das *Quercetin*. Es handelt sich dabei um ein *Flavonol*, das als Glycosid häufig in Rinden und Schalen vieler Früchte und Gemüse sowie in deren Blättern und in gelben Blüten – z. B. der Forsythie (*Forsythia suspensa*) – vorkommt. Daher wurde früher die Rinde der Färbereiche (*Quercus tinctoria*) zum Färben von gebeizten Naturfasern benutzt. Das 3-[6-*O*-(α-L-Rhamnosyl)-D-glucosid] des Quercetins, das *Rutin,* das aus der Gartenraute (*Rutea graveolens*) erstmalig isoliert wurde, kommt ebenfalls in vielen Pflanzenarten vor. Es gehört neben Naringin, Eriodictyol u. a. zu den so genannten *Bioflavonoiden* (fälschlicherweise auch als Vitamin-P-Faktoren bezeichnet), welche die Permeabilität der Kapillargefäße beeinflussen und daher früher als Präparate gegen Blutgefäßschäden verwendet wurden. Auch die Farbe vom Weiß- und Rotwein rührt von deren Gehalt an Quercetin bzw. Anthocyanidinen her.

Anthocyanidine kommen ebenfalls hauptsächlich als Glycoside, die *Anthocyane* oder *Anthocyanine* genannt werden, in Blüten – z. B. Geranie (*Pelargonium*-Arten), Klatschmohn, Malve, *Petunia*-Hybriden, Stiefmütterchen, Veilchen, u. v. a. – sowie anderen Pflanzenteilen vor. Meistens handelt es sich dabei um 3-*O*-Glycoside. Bemerkenswerterweise werden Anthocyane in senescenten Blättern vor dem Laubfall biosynthetisiert und in den Vakuolen gespeichert. Sie verursachen die prächtige purpurrote Farbe des Laubes im Herbst. Cyanidin (griech. κυα-νοῦς (*kyanoús*): blau) ist für die Farbe zahlreicher Früchte (schwarze Johannisbeeren, Brombeeren, Himbeeren, Erdbeeren, Kirschen u. a.) und Blätter (Rotkohl) verantwortlich. Die Farbe der Anthocyane hängt vom pH-Wert des Mediums ab. So kommt Cyanidin, das in saurem Medium rot und in alkalischem blau ist, sowohl in roten Rosen als auch in Kornblumen (bei den Letzteren als Komplex mit Metall-Ionen) als Hauptfarbstoff vor. (*Fig. 9.104*). Aus dem gleichen Grunde gibt man bei der Zubereitung von Rotkohl etwas Zitrone (Citronensäure!) dem Kochwasser zu.

Aflatoxine sind Stoffwechselprodukte bestimmter Schimmelpilze (z. B. *Aspergillus flavus*), die vor allem Pistazien, Erd- und Paranüsse sowie Käse und Getreideprodukte (Mais- und Reismehl u. a.) befallen. Aflatoxine wurden 1960 durch das Massensterben von Truthühnern in Großbritannien entdeckt; sie gehören zu den stärksten natürlich vorkommenden giftigen und insbesondere carcinogenen Stoffen, deren maximaler Gehalt in Lebens- und Futtermitteln gesetzlich geregelt ist. Aflatoxine, die durch verschimmeltes Kraftfutter auch in die Milch gelangen können, werden durch Hitze (Rösten, Backen, Kochen) nicht völlig abgebaut. Pilze der Gattung *Aspergillus*, insbesondere *A. flavus*, sind ebenfalls für Erkrankungen und Todesfälle im Zusammenhang mit Graböffnungen verschiedener Epochen verantwortlich. Besonders aufsehenerregend waren das plötzliche Ableben des Mäzens *Lord Carnavon* und andere Todesfälle, die sich 1922 nach der Graböffnung des *Tut-ench-Amun* (Luxor) ereigneten. Da sie zur damaligen Zeit nicht erklärt werden konnten, wurden sie mystifiziert.

Aflatoxine sind Derivate des Furocumarins (s. *Abschn. 9.15*), die auf dem Polyketid-Weg biosynthetisiert werden (*Fig. 9.105*). Sie weisen im UV-Licht starke Fluoreszenz auf, nach deren Farbe sie in Aflatoxine B (für blau) bzw. Aflatoxine G (für grün) eingeteilt werden. Besonders eingehend erforscht ist der Wirkungsmechanismus von Aflatoxin B_1, das durch mikrosomale Enzyme in ein reaktives 2,3-

Epoxid umgewandelt wird (s. *Abschn. 5.27*), das sowohl an DNA als auch chromosomale Proteine binden kann. Seine mutagene* und carcinogene* Wirkung wird durch die kovalente Bindung an N(7) eines Guanosins der DNA mit anschließenden Folgereaktionen und dadurch bedingte Mutation eines Tumorsuppressorgens erklärt. In Hepatozyten kommt es in Gegenwart von Aflatoxin B_1 zu einer G → T-Transversion, die zu einem Austausch von Arginin gegen Serin im kodierten Protein führt (s. *Abschn. 10.18*). Diese G → T-Transversion findet man in Lebertumoren, die besonders häufig durch Aflatoxine verursacht werden.

Tetracycline und Makrolid-Antibiotika werden von verschiedenen Arten von prokaryotischen Schimmelpilzen der taxonomisch zu den Actinomyceten gehörenden Familie der Streptomyceten biosynthetisiert. Während Makrolid-Antibiotika 14-gliedrige Makrolactone darstellen, (s. *Abschn. 9.15*) sind Tetracycline Derivate des Naphthacens (*Fig. 9.106*), die aus einem Nonaketid biosynthetisiert werden. Sowohl Tetracycline (Tetracyclin, Terramycin, Aureomycin, Vibramycin u. a.) als auch Makrolid-Antibiotika (*Erythromycin* u. a.) sind Antibiotika mit einem breiten Spektrum an bakteriostatischen Eigenschaften, deren Anwendung jedoch wegen der sich besonders gegen Tetracycline sehr leicht bildenden resistenten Stämme der Humanmedizin vorbehalten sein sollte.

Konstitutiv eng verwandt mit den Tetracyclinen sind die *Anthracycline*, die nur von Strahlenpilzen (Actinomyceten) gebildet werden. Während jedoch Tetracycline die Protein-Biosynthese von Pro- und Eukaryoten hemmen, weil sie die Bindung der Aminoacyl-transfer-RNA an die Ribosomen verhindern (*Abschn. 10.18*), beruht die antibiotische Wirkung der Anthracycline auf der Fähigkeit deren aromatischen Chromophors, sich zwischen zwei Basenpaare der DNA-Doppelhelix zu interkalieren, wobei die Funktion der DNA- und RNA-Polymerasen sowie der Topoisomerase inhibiert wird (vgl. *Abschn. 7.13*). Eine völlig andere Konstitution weist dagegen *Griseofulvin* auf, ein fungistatisches Antibiotikum, das bei der Zellteilung in die Ausbildung des Spindelapparates eingreift (*Fig. 9.107*).

Auf dem Polyketid-Weg werden auch Metabolite biosynthetisiert, deren Struktur es nicht vermuten lässt. Beispielsweise werden *Coniin* und *Coccinellin* im Gegensatz zu anderen Piperidin-Alkaloiden (*Abschn. 7.5*) nicht aus Lysin sondern aus Acetat biosynthetisiert. Coniin ist das Hauptalkaloid (*ca.* 90% des Gesamtalkaloidgehalts) des Gefleckten Schierlings (*Fig. 9.108*). Das aus der Pflanze isolierte Alkaloid ist größtenteils racemisch. Coniin ist sehr giftig; es wird von den Schleimhäuten und sogar von der unverletzten Haut schnell resorbiert. Als letale Dosis gilt beim Menschen die orale Aufnahme von 0,5 – 1 g des Alkaloids. Coniin lähmt Rückenmark und motorische Nervenendungen der quergestreiften Muskulatur, wobei der Tod bei vollem Bewusstsein durch Atemlähmung erfolgt. Das vom Gefleckten Schierling, der im Altertum als staatliches Hinrichtungsmittel verwende wurde, hervorgerufene Vergiftungsbild hat *Platon* (*ca.* 427 – 347 v. Chr.) beim Tode seines wegen Asebie verurteilten Lehrers *Sokrates* im Jahre 399 v. Chr. geschildert. Coniin ist ferner mit dem lähmenden Stoff der insektenfressenden amerikanischen Kannenpflanze (*Sarracenia flava*) identifiziert worden.

Coccinellin und damit konstitutiv verwandte Alkaloide dienen einigen Insekten als Abwehrstoffe, so genannte *Allomone* (*Abschn. 3.20*). Coccinellin (*Fig. 7.4*), das

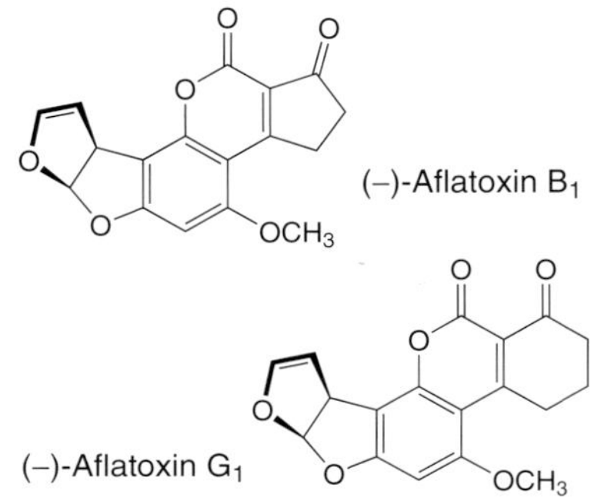

Fig. 9.105. *Aflatoxine sind hochgiftige und carcinogene Stoffwechselprodukte von* Aspergillus flavus *und anderen Schimmelpilzen.*

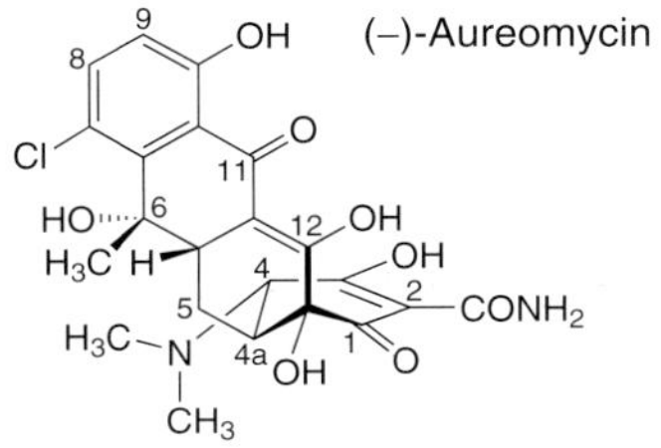

Fig. 9.106. *Als erstes Tetracyclin wurde 1948 Aureomycin (7-Chlortetracyclin) aus Kulturfiltraten von* Streptomyces aureofaciens *isoliert.*

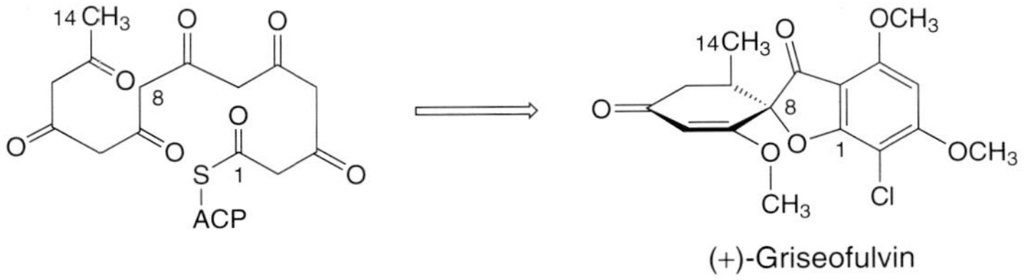

Fig. 9.107. *Das Polyketid-Antibiotikum Griseofulvin wurde in* Penicillium griseofulvum *entdeckt.*

Fig. 9.108. *Der penetrante Geruch des Gefleckten Schierlings (Conium maculatum L.) nach 'Mäuseharn' wird durch das* Coniin, *das in allen Pflanzenteilen enthalten ist, verursacht.*

Fig. 9.109. *Die Carbamoyl-Gruppe*

im von Marienkäfern (*Coccinellidae*) aus den Kniegelenken bei Bedrohung abgesonderten Sekret enthalten ist, wehrt insbesondere Ameisen ab.

9.25. Amide

Carbonsäure-amide werden benannt, indem die Endung -*säure* vom systematischen Namen der entsprechenden Carbonsäure gegen -*amid* bzw. -*carboxamid* ausgetauscht wird. Bei Säuren mit Trivialnamen wird das Suffix -*amid* dem Stammwort des Namens hinzugefügt. Das Substituentenpräfix für *primäre* Carbonsäure-amide heißt *Carbamoyl*- (*Fig. 9.109*). Carbonsäure-amide, die von einem primären oder sekundären Amin abgeleitet sind, werden üblicherweise sekundäre, bzw. tertiäre Amide genannt. Die Substituenten am N-Atom werden als Präfixe mir einem bzw. zwei vorangestellten *N*-Symbol(en) angegeben (z. B. *N,N*-Diethylbenzamid).

Carbonsäure-amide werden durch Reaktion von NH_3, primären oder sekundären Aminen mit Estern (*Abschn. 9.20*) oder anderen Carbonsäure-Derivaten (Säure-anhydride, Säure-halogenide u. a.), bei denen die OH-Gruppe durch ein besseres Nucleofug ersetzt worden ist, hergestellt.

Auch Enzyme verwenden nicht nur Ester als Substrate zur Synthese von Amiden (*Abschn. 9.20*), sondern auch Carbonsäuren, deren Carboxy-Gruppe durch Ersatz der OH-Gruppe durch ein besseres Nucleofug 'aktiviert' wird. Glutamin, das bei vielen Biosynthesen die Rolle eines Amino-Gruppen-Donators spielt und somit als 'Ammoniak-Speicher' der lebenden Zellen dient, wird beispielsweise durch Reaktion von Glutamat mit NH_4^+-Ionen in Gegenwart von ATP biosynthetisiert. Die Rolle des ATP besteht darin, ein gemischtes Anhydrid mit der Glutaminsäure zu bilden, dessen darauf folgende Ammonolyse das Glutamin liefert (*Fig. 9.110*).

Eine wichtige strukturelle Eigenschaft der Amide ist die stark eingeschränkte Drehbarkeit der (C–N)-Bindung, die eine durchschnittliche Länge von nur 132 pm aufweist (*Fig. 9.111*). Experimentell lassen sich bei einfachen Amiden Rotationsbarrieren von 63 bis 84 kJ mol^{-1} bestimmen, die auf die Wechselwirkung des nichtbindenden Elektro-

Fig. 9.110. *Biosynthese des Glutamins*

nenpaares des N-Atoms mit der Carbonyl-Gruppe zurückzuführen sind (vgl. *Abschn. 9.17*). In der Sprache des VB-Modells bedeutet dies, dass am Mesomerie-Hybrid der Amid-Gruppe Resonanz-Strukturen relativ stark beteiligt sind, bei denen die (C—N)-Bindung Doppelbindungscharakter hat (*Fig. 9.112*). Demzufolge stellen die oben erwähnten Werte der Rotationsbarriere der (C—N)-Bindung die Resonanz-Energie der Amid-Gruppe dar.

Aufgrund der vorstehend erwähnten Delokalisierung des nichtbindenden Elektronenpaares des N-Atoms in die Carbonyl-Gruppe sind Carbonsäure-amide nicht basisch (der pK_s-Wert der entsprechenden konjugierten Säuren beträgt ungefähr − 1) sondern eher schwache Säuren mit pK_s-Werten um 15. Die dazu konjugierten Basen sind ebenfalls Mesomerie-Hybride, die sowohl am N- als auch am O-Atom protoniert werden können. Die thermodynamisch ungünstige am O-Atom protonierte Spezies – ein *Hydroxyimin* – entspricht dem Enol-Tautomer bei der Keto–Enol-Tautomerie (*Fig. 9.113*). Demzufolge kommt das Hydroxyimin-Tautomer eines Amids in der Regel nicht vor, wohl aber die dazu gehörigen Ester, die sowohl *Imido-* als auch *Imino-ester* genannt werden.

Außer Formamid (Schmp. 2,5 °C) sind primäre Carboxamide kristalline Verbindungen, deren Schmelztemperaturen wesentlich höher als die der Ester vergleichbarer Molekülmasse (z.B. Methylformiat: − 99 °C; Acetamid: 82 °C) sind. Der Grund dafür ist die Fähigkeit der Amide, starke intermolekulare H-Brücken-Bindungen zu bilden (*Fig. 9.114*).

Cyclische Amide werden *Lactame*, ihre entsprechenden Hydroxy-Tautomere *Lactime* genannt (*Fig. 9.115*). Beide funktionellen Gruppen kommen als Partialstrukturen zahlreicher biologisch wichtiger Heterocyclen vor und sind für ihre Eigenschaften bestimmend (*Abschn. 10.12*). Die Ringgröße der Lactame wird analog derjenigen der Lactone (s. *Fig. 9.54*) durch den griechischen Buchstaben des C-Atoms angegeben, an welches das N-Atom gebunden ist. Den Imido-estern entsprechend können Lactime *O*-substituierte Derivate bilden, die *Lactim-ether* genannt werden.

Ein biologisch wichtiges γ-Lactam ist die *Pyroglutaminsäure* (*Fig. 9.115*), die durch Erhitzen der Glutaminsäure gebildet wird und als N-Ende mehrerer natürlicher Peptid-Hormone (*Abschn. 9.30*) vorkommt. Sie gehört ferner zu den natürlichen Inhaltsstoffen der Hornschicht der Epidermis, welche den Wasser-Gehalt der Haut regulieren.

Fig. 9.111. *Die charakteristischen Eigenschaften der Amide beruhen auf der Delokalisierung des nichtbindenden Elektronenpaares des N-Atoms.*

Fig. 9.112. *Resonanz-Strukturen der Carbamoyl-Gruppe*

Fig. 9.113. *Tautomerie der Carbamoyl-Gruppe*

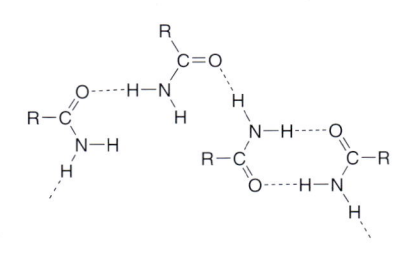

Fig. 9.114. *Intermolekulare H-Brücken-Bindung bei Amiden* (schematisch)

γ-Butyrolactam (2-Pyrrolidon)   Pyroglutaminsäure   δ-Valerolactam (2-Piperidon)   Lactim   Lactim-ether

Fig. 9.115. *Cyclische Amide werden* Lactame *genannt.*

9.26. Amidoide funktionelle Gruppen

Eine Reihe von funktionellen Gruppen, deren Eigenschaften denjenigen der Amide gleichen, leiten sich von diesen ab.

N-Hydroxyamide werden als *Hydroxamsäuren* bezeichnet. Ihre den Hydroxyiminen entsprechenden Tautomere sind die *Hydroximsäuren* (*Fig. 9.116*). Die Amide der Letzteren sind die *Amidoxime*, die auch als *N*-Hydroxyamidine aufgefasst werden können.

Fig. 9.116. *Von Hydroxylamin abgeleitete amidoide funtionelle Gruppen*

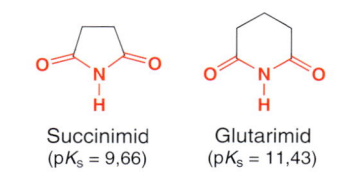

Succinimid (pK_s = 9,66)

Glutarimid (pK_s = 11,43)

Fig. 9.117. *Imide*

Als *Imide* werden meist cyclische Derivate von Dicarbonsäuren bezeichnet, deren Carbonyl-Gruppen mit einem N-Atom verbrückt sind (*Fig. 9.117*). Es handelt sich dabei um Diacylamine, deren Reaktivität derjenigen der Amide entspricht. Da die Delokalisierung des nichtbindenden Elektronenpaares des N-Atoms in beide Carbonyl-Gruppen möglich ist, sind Imide, die am N-Atom nicht substituiert sind, stärkere Säuren als entsprechende Amide.

Amidine leiten sich von den Carbonsäure-amiden ab, indem das O-Atom durch eine Imino-Gruppe ersetzt wird. Demzufolge können Amidine als (*Z*)- (*syn*-) oder (*E*)- (*anti*-) Stereoisomere vorkommen, wobei Letztere in der Regel energetisch bevorzugt sind (*Fig. 9.118*). Die für Imide und Amidine charakteristischen funktionellen Gruppen kommen als Partialstrukturen zahlreicher biologisch wichtiger Heterocyclen vor (*Abschn. 10.13*).

Obwohl Amidine – ebenso wie Amide – sowohl als Säuren als auch als Basen ionisiert werden können, sind sie im Gegensatz zu Amiden starke Basen (z. B. beträgt pK_s = 12,41 bei der konjugierten Säure des Acetamidins), die an der Imino-Gruppe protoniert werden. Dafür gibt es zwei Gründe:

1) Wegen der kleineren Elektronegativität des N-Atoms gegenüber dem O-Atom wirkt sich die Delokalisierung der positiven Ladung im Amidinium-Ion günstiger auf die Resonanz-Energie als im Falle des protonierten Amids aus (vgl. dazu *Fig. 9.118* mit *Fig. 9.6* und *Fig. 9.112*),

2) die Resonanz-Strukturen primärer und an den N-Atomen symmetrisch substituierter *Amidinium*-Ionen sind energetisch entartet (*Abschn. 4.1*), wodurch die Resonanz-Energie des protonierten Amidins größer ist als im Falle des entsprechenden Amids. Demzufolge wird auch die Acidität der Amino-Gruppe durch die Protonierung am Imino-N-Atom erhöht.

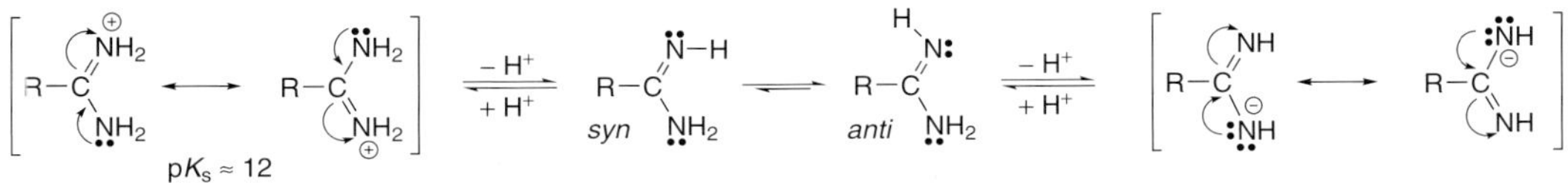

Fig. 9.118. *Die Amidino-Gruppe*

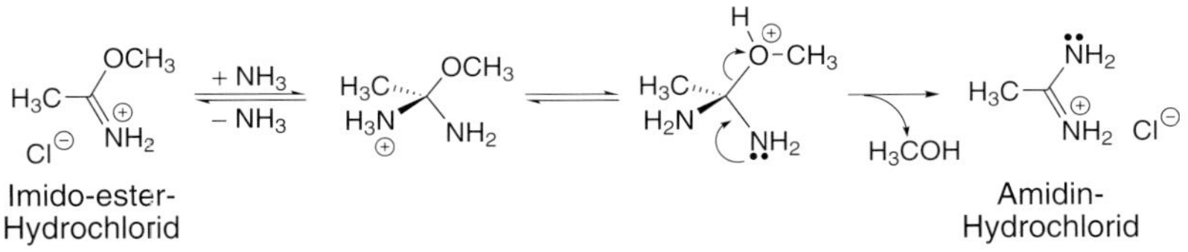

Fig. 9.119. *Synthese von Amidinen*

Amidine sind meist nur als Salze beständig. Letztere sind durch Einwirkung von wasserfreiem NH_3 auf Imido-ester-Hydrochloride zugänglich (*Fig. 9.119*).

Als einzige Monocarbonsäure kann die 'Kohlensäure' sowohl ein Monoamid, die *Carbamidsäure* genannt wird, als auch ein Diamid (*Harnstoff*) bilden. Weder 'Kohlensäure' noch Carbamidsäure können unter Normalbedingungen als reine Substanzen isoliert werden, ihre Salze und Ester sind jedoch synthetisch zugänglich.

'Kohlensäure' existiert in wässrigen Lösungen von CO_2, und zwar im Gleichgewicht mit dem Letzteren, das hauptsächlich hydratisiert vorliegt: $CO_2 + H_2O \rightleftharpoons H_2CO_3$. Die Einstellung des Gleichgewichtes in den Zellen wird von der *Carbohydratase* (*Kohlensäure-Hydratase* oder *Carboanhydrase*) katalysiert.

Die Salze der Carbamidsäure heißen *Carbamate*, ihre Ester *Urethane* (der Name *Urethan* wird schlechthin für den Ethyl-ester verwendet). Das dem Harnstoff entsprechende Amidin wird *Guanidin* genannt (*Fig. 9.120*). Guanidin ist eine noch stärkere Base (pK_s der konjugierten Säure = 13,6) als die Amidine, weil die Resonanz-Energie des Mesomerie-Hybrids des Guanidinium-Ions, in dem die positive Ladung auf die drei N-Atome gleichmäßig verteilt ist, um 25 bis 33 $kJ\,mol^{-1}$ höher geschätzt wird als diejenige des Guanidin-Moleküls, bei dem nur zwei entartete (dipolare) Grenzstrukturen möglich sind.

Guanidin, das im Saft der Zuckerrübe sowie im Samen der Wicken vorkommt, ist eines der Abbauprodukte der Purine. Es wurde erstmalig beim oxidativen Abbau des im *Guano* vorkommenden *Guanins* erhalten (*Abschn. 10.15*). Bemer-

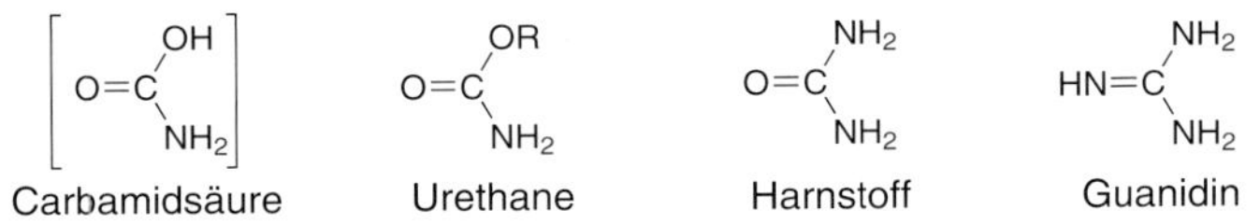

Fig. 9.120. *Amidoide Derivate der Kohlensäure*

Fig. 9.121. *Saxitoxin und Tetrodotoxin kommen gelegentlich in Nahrungsmitteln vor.*

kenswert ist das Vorkommen der Substruktur des Guanidins in den Neurotoxinen *Saxitoxin* und *Tetrodotoxin* (*Fig. 9.121*).

Saxitoxin ist ein von marinen Bakterien der Gattung *Moraxella* produziertes Toxin, das über den Dinoflagellaten *Alexandrium* (*Gonyaulax*) *cantenella* als Glied der Nahrungskette in die Speisemuschel gelangt, die das Toxin in ihrem Hepatopancreas speichern. Saxitoxin blockiert Na^+-Ionenkanäle (*Abschn. 7.3*), wodurch es Lähmungsvergiftungen hervorruft, die durch Atemlähmung manchmal tödlich verlaufen. Bei der Maus wirken bereits 10^{-8} g je g Körpergewicht (intraperitoneal verabreicht) mit 50%iger Wahrscheinlichkeit tödlich. Die landläufige Annahme, dass derartige Vergiftungen durch Verzehr 'verdorbener' Muscheln hervorgerufen werden, trifft somit in den meisten Fällen nicht zu. Vielmehr ist es bekannt, dass die Giftigkeit der Muschel gleichzeitig mit der Vermehrung von Dinoflagellaten in den Monaten Mai bis September auftritt. Davon leitet sich möglicherweise die Meinung ab, dass man 'in den Monaten ohne R' keine Meerestiere essen soll. Obwohl sich die Molekülstruktur des Saxitoxins von Purin ableitet, wird es nicht wie ein Nucleotid (*Abschn. 10.19*), sondern aus Arginin, Methionin und Acetat biosynthetisiert.

Tetrodotoxin ist ein Stoffwechselprodukt des Bakteriums *Shewanella alga*, das über die Nahrungskette oder auf symbiotischem Wege in verschiedene Fische, Amphibien und Schnecken gelangt. Tetrodotoxin ist äußerst giftig (beim Menschen beträgt die mit der Nahrung aufgenommene letale Dosis 10–15 µg/kg), weshalb der Verzehr der in Japan gerne gegessenen rohen Kugelfische (*Fugu*) gelegentlich zu tödlichen Vergiftungen führt. Wie Saxitoxin blockiert Tetrodotoxin die Na^+-Ionenkanäle der Nervenzellmembranen und verursacht den Tod durch Atemlähmung.

Wichtige Guanidin-Derivate sind das *Creatin* (griech. κρέας (*kréas*): Fleisch), dessen Phosphat (Phosphocreatin) als Energiereservoir im Muskelgewebe der Vertebraten dient (*Fig. 9.122*) und die Aminosäure *Arginin*, die ein Glied des *Harnstoff-Zyklus* (*Fig. 9.123*) ist.

Lebende Organismen müssen überschüssiges NH_3, das aus dem Aminosäure-Abbau stammt und durch Hydrolyse von Glutamat freigesetzt wird (*Abschn. 9.9*), wegen seiner Toxizität ausscheiden. Viele im Wasser lebende Tiere geben direkt NH_3 an das umgebende Medium ab. Um den damit verbundenen Wasserverlust zu vermindern, wandeln dagegen Landtiere NH_3 in Verbindungen um, deren Ausscheidung weniger Wasser benötigt: Reptilien und Vögel in Harnsäure (*Abschn. 10.21*), die meisten landlebenden Vertebraten in Harnstoff, der durch Hydrolyse der Amidin-Gruppe des Arginins freigesetzt wird. Die Reaktion findet in der Leber mit Hilfe des Harnstoff-Zyklus statt, in welchem Arginin aus Ornithin biosynthetisiert wird.

Reaktionsmechanistisch sind die Reaktionsschritte, die zur Bildung von Argininsuccinat, dem Vorläufer des Arginins, führen, analog der Ammonolyse von Imido-estern (s. *Fig. 9.119*). Argininbernsteinsäure wird aus *Citrulin* biosynthetisiert, einer nichtproteinogenen Aminosäure, die in der Wassermelone (*Citrullus lanatus*) entdeckt wurde. Sie ist im Tier- und Pflanzenreich weit verbreitet und kommt im Blutungssaft der Birken und Erlen reichlich vor. Bei der enzymatischen

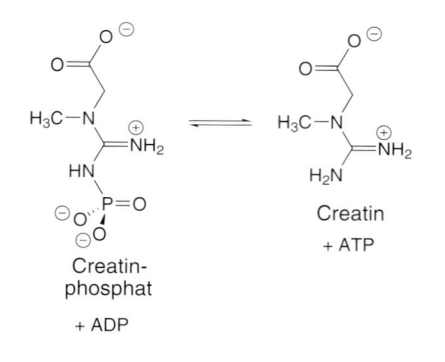

Fig. 9.122. *Da mit ihrem ATP-Vorrat Muskeln nur während weniger als eine Sekunde arbeiten können, stehen in den Muskeln der Vertebraten ATP und Creatin im Gleichgewicht mit Creatinphosphat, das als eigentliches Energiereservoir dient.*

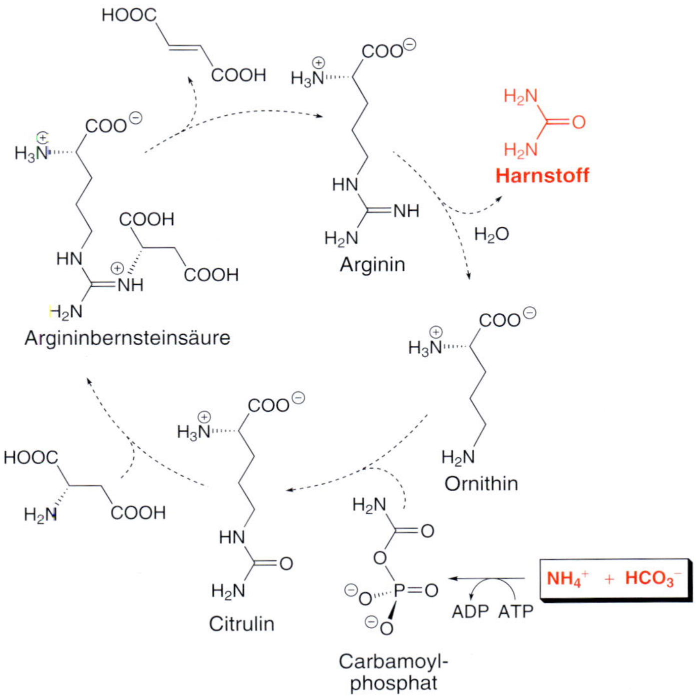

Fig. 9.123. *Der Harnstoff-Zyklus*

Umwandlung von Citrulin in Argininsuccinat findet die 'Aktivierung' der Carbonyl-Gruppe durch Bildung eines Phosphoimido-esters statt, wozu ATP benötigt wird (vgl. *Fig. 9.110*). Die Freisetzung von Harnstoff durch Hydrolyse des L-Arginins wird von der *Arginase*, einem Mn^{II}-haltigen Enzym, katalysiert.

9.27. Reaktivität der Amide

Zwei wichtige Reaktionen der Amide sind:

- Hydrolyse
- Bildung von Nitrilen

Ebenso wie die Ester-Hydrolyse kann die Hydrolyse eines Amids sowohl in saurem als auch in basischem Medium durchgeführt werden (*Fig. 9.124*). In beiden Fällen sind die Reaktionsprodukte eine Carbonsäure bzw. das entsprechende Carboxylat und NH$_3$ oder ein Amin, das in saurem Medium als Ammonium-Salz vorliegt.

Bei mehreren enzymatischen Reaktionen dient die hydrolytische Spaltung der Amid-Gruppe des Glutamins, das sowohl als Amino-Gruppen-Donator als auch als Ammoniak-Speicher fungiert, zur Einführung von Amino-Gruppen in das Substrat der Reaktion. Da aber NH$_3$ zelltoxisch ist, wird seine Freisetzung gemieden, indem vermutlich die Übertragung der Amino-Gruppe aus dem Primärprodukt der Hydrolyse des Glutamins stattfindet, das durch Addition von H$_2$O (oder einer anderen im Apoprotein vorhandenen nucleophilen Gruppe) an die Amid-Gruppe desselben entsteht. Demnach besteht beispielsweise der entscheidende

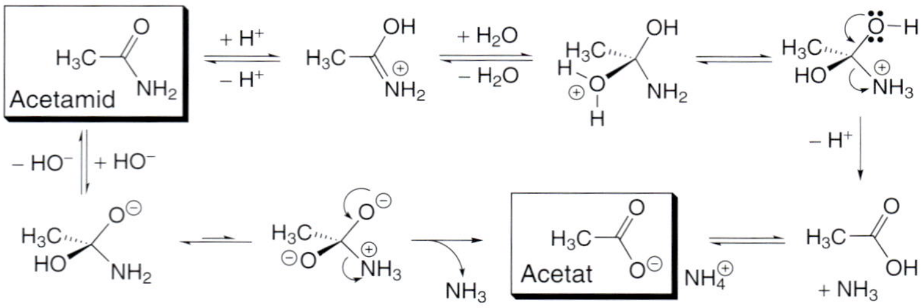

Fig. 9.124. *Mechanismus der säure- bzw. basenkatalysierten Hydrolyse von primären Amiden*

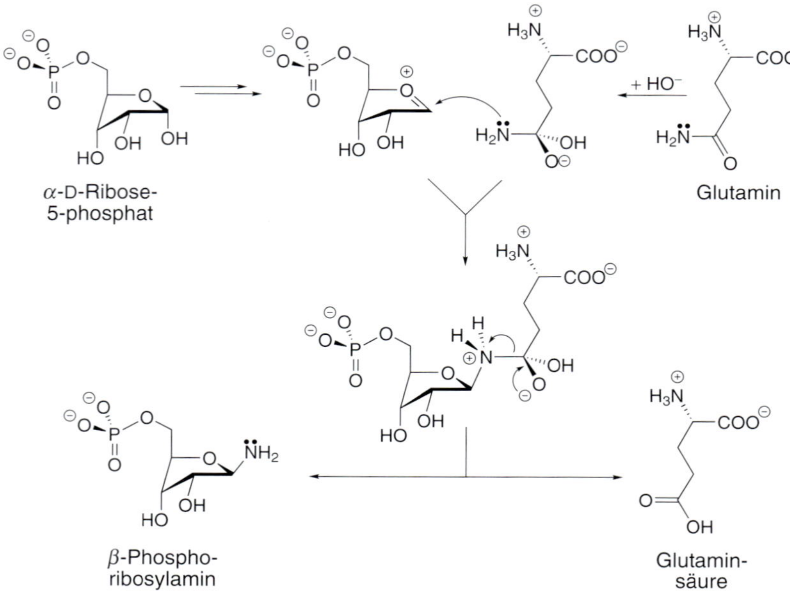

Fig. 9.125. *Bei vielen enzymatischen Reaktionen dient Glutamin als NH₃-Spender.*

Schritt der Biosynthese des β-Phosphoribosylamins (*Fig. 9.125*) – ein Vorläufer der Biosynthese der Purin-Nucleotide (*Abschn. 10.19*) – in der nucleophilen Addition des oben genannten Primärprodukts der Hydrolyse der Amid-Gruppe des Glutamins an das Oxonium-Ion, das durch Pyrophosphorylierung der OH-Gruppe am anomeren C-Atom des α-D-Ribose-5-phosphats und darauf folgende Abspaltung von Pyrophosphat gebildet wird (vgl. *Abschn. 8.31*).

Nach dem gleichen Mechanismus der Amid-Hydrolyse werden Amidine zuerst in Amide und dann in Carbonsäuren umgewandelt, wobei die alkalische Hydrolyse in der Regel schneller erfolgt (*Fig. 9.126*).

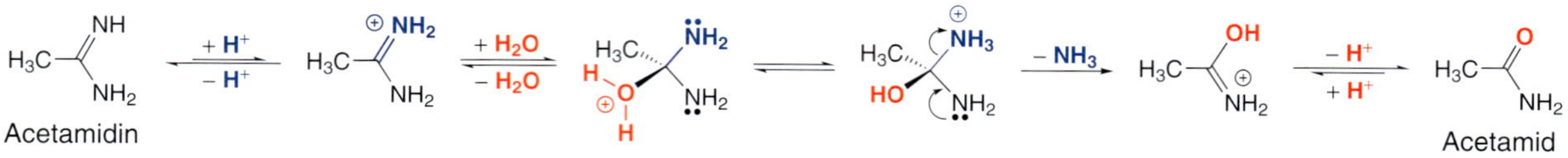

Fig. 9.126. *Mechanismus der Hydrolyse von Amidinen*

In Anwesenheit eines geeigneten Nucleophils reagiert dagegen die am O-Atom protonierte Carbamoyl-Gruppe unter H₂O-Abspaltung und Bildung eines Nitrils. Beispielsweise wird bei langsamer Destillation von Acetamid in Gegenwart von Eisessig oder durch mehrtägiges Kochen von Acetamid mit Eisessig unter Rückfluss *Acetonitril* (Methyl-cyanid) erhalten (*Fig. 9.127*). Da es sich dabei um eine reversible Reaktion handelt, deren thermodynamisches Gleichgewicht die Bildung des Amids begünstigt, sind wasserentziehende Reagenzien besser geeignet als Säurekatalysatoren.

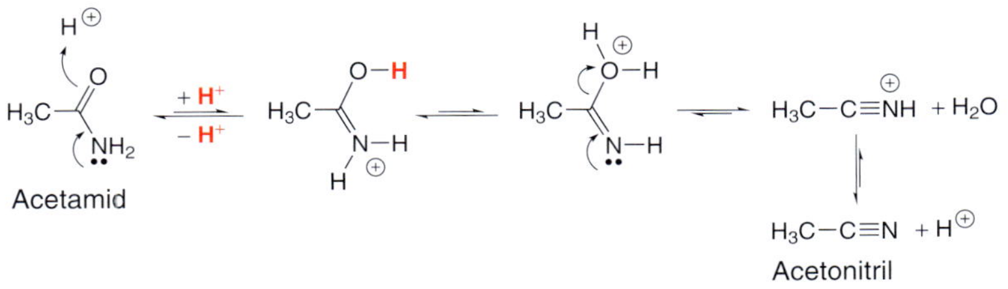

Fig. 9.127. *Mechanismus der säurekatalysierten Dehydratisierung primärer Amide*

Reaktionsmechanistisch bewirken jedoch die üblicherweise verwendeten Dehydratisierungsmittel (P₄O₁₀, Thionyl-chlorid u. a.) nicht der bloßen Entfernung des bei der Reaktion freigesetzten Wassers, sondern sie ersetzen die Protonen bei der Bildung eines geeigneten Nucleofugs, dessen Abspaltung zum Nitrilium-Ion (R–C≡NH⁺) führt.

9.28. Peptide

Die Peptid-Bindung ist nichts anderes als eine Amid-Bindung zwischen α-Aminosäuren (*Abschn. 9.6*). Da in ein und demselben Molekül jeder Aminosäure zwei funktionelle Gruppen (die Amino- und die Carboxy-Gruppe) vorhanden sind, die unter geeigneten Bedingungen miteinander reagieren können, führt die wiederholte Knüpfung von Amid-Bindungen zwischen α-Aminosäuren zu Kondensationspolymeren (*Fig. 9.128*), die *Peptide* genannt werden. Peptide werden ebenfalls bei der Verdauung (griech. πέψις (*pépsis*): Verdauung) von Proteinen gebildet.

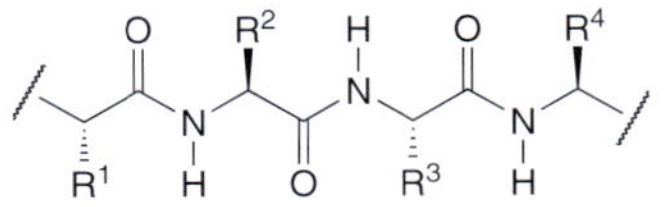

Fig. 9.128. *Die Peptid-Bindung*

Als *Oligopeptide* werden Peptide bezeichnet, deren Moleküle zwei (Dipeptide) bis 10 Monomer-Einheiten enthalten. Eine semantische Abgrenzung zwischen den Begriffen Polypeptide (als Oberbegriff) und *Proteine*, deren Moleküle meist über 100 Monomer-Einheiten enthalten, existiert nicht, obwohl in der Regel als Proteine jene Polypeptide bezeichnet werden, die nur aus proteinogenen Aminosäuren (*Abschn. 9.6*) aufgebaut sind und eine physiologische Funktion in den lebenden Organismen ausüben. Proteine sind neben den Kohlen-

Struktur und Reaktivität der Biomoleküle

hydraten und Fetten die Grundbestandteile der Nahrung bei Tieren und Menschen.

Proteine wurden erstmalig vom holländischen Arzt und Chemiker *Gerardus Johannes Mulder* (1802–1880) systematisch untersucht, der sie für die wichtigsten Inhaltsstoffe von Tieren und Pflanzen hielt (griech. πρωτεῖον (*prōteíon*): Vorrang).

Aufgrund der Tatsache, dass bei einigen natürlich vorkommenden Peptiden Aminosäuren durch andere 'Bausteine' (Hydroxy- und Fettsäuren u.a.) ersetzt werden, unterscheidet man zwischen *homöomeren* Peptiden, die ausschließlich aus Aminosäuren bestehen, und *heteromeren* Peptiden, die außer Aminosäuren auch andere Bausteine enthalten. Entsprechend der Bindungsart erfolgt eine weitere Differenzierung zwischen *homodeten* und *heterodeten* Peptiden, wobei erstere nur Peptid-Bindungen enthalten, während im zweiten Fall neben Peptid-Bindungen auch Ester-, Disulfid- oder Thioester-Bindungen u.a. vorliegen können. Zu den heterodeten Peptiden gehören die *Depsipeptide* (vgl. *Abschn. 9.15*) und die *Peptolide*. Darunter versteht man alle linearen bzw. cyclischen Peptide, die neben Peptid-Bindungen auch Ester-Bindungen enthalten.

Künstliche Polyamide sind ebenfalls Kondensationspolymere (*Abschn. 9.15*), die durch Kondensation von ω-Aminosäuren oder von Dicarbonsäure-estern mit Diaminen hergestellt werden und zur Herstellung von Kunstfasern dienen (*Fig. 9.129*). Deren Grundstruktur ähnelt derjenigen der Polypeptide (*Fig. 9.130*).

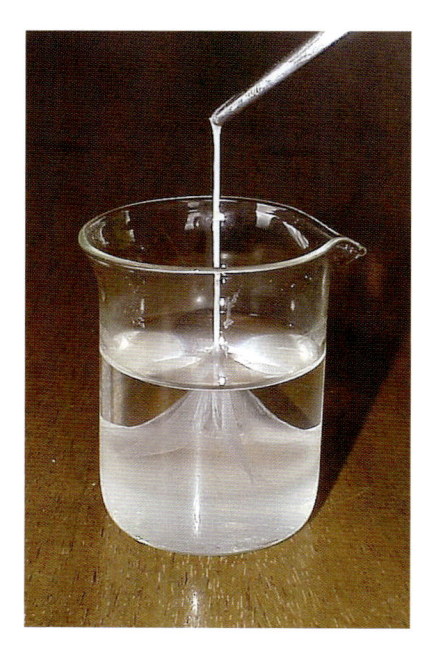

Fig. 9.129. *Aus der Grenzschicht zwischen einer wässrigen Lösung von Hexamethylendiamin und einer Lösung von Adipoyl-chlorid in CCl_4 lässt sich ein Nylonfaden herausziehen.*

Fig. 9.130. *Nylon-Moleküle (**A** und **B**) ähneln einer Polypeptid-Kette, z.B. Polyglycin (**C**). Die bisher stärkste Kunstfaser, das Aramid (**D**), dessen absolute Zugfestigkeit 1,7-mal größer als die des Stahls ist, wird unter dem Handelsnamen Kevlar® (DuPont) u.a. zur Herstellung kugelsicherer Westen verwendet.*

9.29. Struktur der Peptide

Die räumliche Gestalt von Peptid-Molekülen wird von drei Hauptfaktoren bestimmt:

1) die Sequenz der Aminosäuren in der Peptid-Kette,
2) die hohe Rotationsbarriere der (C–N)-Bindung innerhalb der Peptid-Bindung, und
3) die Fähigkeit der Amid-Gruppe, intermolekulare H-Brücken-Bindungen zu bilden.

Darüber hinaus können lange Peptid-Ketten durch Zusammenfaltung und Wechselwirkung mit anderen Polypeptid-Ketten geordnete Strukturen bilden, deren Vielfalt für die spezifische Funktionalität der Proteine verantwortlich ist. Demzufolge unterscheidet man nachstehende Protein-Strukturen:

Die *Primärstruktur* gibt die Sequenz der Aminosäuren in den Polypeptid-Ketten eines Proteins wieder, einschließlich den Disulfid-Brücken zwischen eventuell vorhandenen Cystin-Einheiten. Sie wird durch schrittweise Abspaltung der Aminosäuren (Sequenzanalyse) bestimmt.

An den Enden einer linearen Polypeptid-Kette befinden sich eine nichtacylierte Amino-Gruppe und eine Carboxy-Gruppe. *Konventionsgemäß beginnt die Sequenz der Aminosäuren am Ende der Polypeptid-Kette, an dem sich die Amino-Gruppe befindet,* und wird in der entsprechenden Reihenfolge *von links nach rechts* angegeben. Dadurch wird ebenfalls die *Richtung* der Polypeptid-Kette definiert.

Die Anzahl möglicher Primärstrukturen, die aus dem Satz der 20 proteinogenen Aminosäuren gebildet werden können, ist enorm. Bereits bei kleinen Proteinen mit 100 Monomer-Einheiten ergeben sich $20^{100} \approx 10^{130}$ verschiedene Sequenzen. Demgegenüber wird die Zahl der in lebenden Organismen biosynthetisierten verschiedenen Proteine lediglich auf *ca.* 10^{11} geschätzt von denen etwa 10^3 Sequenzen aufgeklärt worden sind.

Bei der Protein-Biosynthese, die in den Ribosomen stattfindet (s. *Abschn. 10.18*), wächst die Polypeptid-Kette mit einer Geschwindigkeit von 2 Aminosäuren je Sekunde. Sogar mit Hilfe dieser hocheffektiven Katalysatoren wären 5×10^{129} s nötig, um alle möglichen Proteine mit 100 Aminosäuren zu synthetisieren, eine Zeitspanne, die unermesslich viel größer ist als das geschätzte Alter der Erde ($14{,}5 \times 10^{16}$ s). Es leuchtet somit ein, dass es im Zuge der chemischen Evolution nicht möglich gewesen ist, alle möglichen Sequenzen 'auszuprobieren'. Die Anzahl der in der heutigen Biosphäre tatsächlich vorhandenen funktionell verschiedenen Proteine, die verständlicherweise mit der Komplexität des Organismus steigt, lässt sich nur sehr grob abschätzen.

Beispielsweise synthetisiert das Bakterium *Escherichia coli ca.* 3000 verschiedene Proteine, der Mensch deren 50'000–100'000. Geht man von Schätzungen über die Zahl der gegenwärtig lebenden Tierarten aus, die zwischen 2 und 10 Millionen (von denen *ca.* 1,3 Millionen bekannt sind) schwanken, so können allein im Tierreich mindestens 10^{11} verschiedene Proteine vermutet werden, von denen nur etwa 10^3 Sequenzen aufgeklärt worden sind.

Sieht man von allen Unterschieden ab, welche sich zwischen Proteinen mit gleicher Funktion aufgrund der divergenten Evolution der jeweiligen Arten gebildet haben, so reduziert sich die Anzahl der funktionell verschiedenen Proteine auf ungefähr 10^5, die schätzungsweise aus etwa 500 'Urstrukturen' hervorgegangen sind, die zum Beginn der biologischen Evolution auf der Erde vorhanden waren. Vermutlich fand bereits bei wesentlich kleineren Peptiden eine Selektion statt, und die daraus resultierenden Strukturen wurden danach optimiert. So schieden z. B. repetitive Sequenzen der gleichen Aminosäure aufgrund ihrer Unlöslichkeit sehr früh aus. Darüber hinaus kommen nicht alle Aminosäuren mit der gleichen Häufigkeit in den heute bekannten Proteinen vor (s. *Tab. 9.14*). Man stellt ein Übergewicht 'einfacher' Aminosäuren fest, die vermutlich unter präbiotischen Bedingungen entstanden und in großen Mengen auf der Erde vorhanden waren (*Abschn. 9.35*).

Evolutionär verwandte (sog. *homologe*) Proteine resultieren durch Austausch entweder von Aminosäure-Einheiten durch strukturell ähnliche Aminosäuren (sog. *konservative Substitutionen*) oder durch strukturell verschiedene Aminosäuren an Stellen der Polypeptid-Kette (sog. *variable* oder *hypervariable Positionen*), die für die Funktion des Proteins nicht relevant sind. Werden alle Aminosäure-Austausche als gleichwertig angesehen und wird darüber hinaus angenommen, dass die Austauschhäufigkeit während der Evolution konstant gewesen ist, dann ist die Anzahl der Austausche ein Maß für den Entwicklungsabstand und somit auch ein Maß für den Zeitpunkt, an dem die Verzweigung bei einem gemeinsamen Vorfahren stattfand. Damit wird eine 'molekulare Paläontologie' möglich, mit der ein Stammbaum der Spezies aufgestellt werden kann. Die molekulare Paläontologie reicht in wesentlich frühere Zeiten zurück als die konventionelle. Anhand der Sequenzen cytochrom-c-ähnlicher Proteine lassen sich z. B. Bakterien phylogenetisch miteinander verküpfen, bei denen die evolutionären Verzweigungen vor mehr als 3×10^9 Jahren stattfanden.

Unter Berücksichtigung der relativen Häufigkeit der proteinogenen Aminosäuren lässt sich eine fiktive durchschnittliche 'Molekülmasse' von 110 Dalton (Da) je Aminosäure-Einheit errechnen, mit deren Hilfe das Molekulargewicht von Proteinen abgeschätzt werden kann. Da die meisten natürlichen Polypeptid-Ketten zwischen 50 und 2000 Monomer-Einheiten enthalten, schwankt ihre Molekularmasse zwischen 5,5 und 220 kDa.

Die *Sekundärstruktur* eines Proteins wird durch H-Brücken-Bindungen stabilisiert. Man unterscheidet zwei Typen: helicale Strukturen (*α-Helix*) als Folge von intramolekularen H-Brücken-Bindungen zwischen in der Polypeptid-Kette nahe beieinander gelegenen Aminosäure-Einheiten und *β-Faltblatt-Strukturen* als Folge von H-Brücken-Bindungen zwischen den Aminosäure-Einheiten, die entweder zu verschiedenen Polypeptid-Ketten gehören, oder in ein und derselben Polypeptid-Kette genügend voneinander entfernt sind.

Bei der α-Helix beträgt die Ganghöhe 540 pm; jede Windung besteht aus 3,6 Monomer-Einheiten. L-Aminosäuren können sowohl links- als auch rechtsgängige α-Helices bilden (*Fig. 9.131*); in den Proteinen findet man aber nur rechtsgängige. Bei der β-Faltblatt-Struktur der Proteine sind die Polypeptid-Ketten entweder parallel oder antiparallel zueinander angeordnet; der Abstand zwischen den Poly-

Fig. 9.131. L-*Aminosäuren können sowohl links- (a) als auch rechtsdrehende α-Helices (b) bilden.*

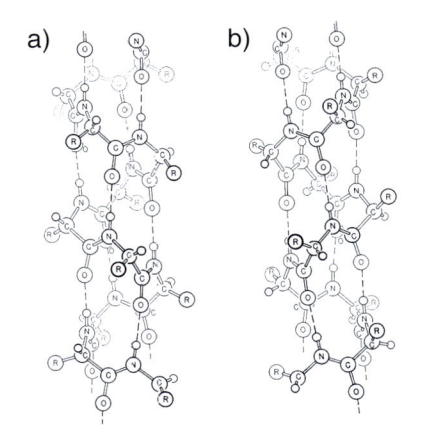

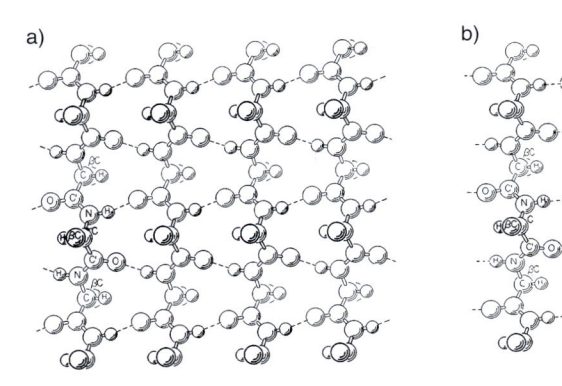

Fig. 9.132. *Bei der β-Faltblatt-Struktur der Proteine sind die Polypeptid-Ketten entweder parallel (a), d.h. die benachbarten durch H-Brücken-Bindungen verknüpften Ketten verlaufen in derselben Richtung, oder antiparallel (b), d.h. die durch H-Brücken-Bindungen verknüpften Ketten verlaufen in entgegengesetzter Richtung, zueinander angeordnet.*

peptid-Ketten beträgt 650 bzw. 700 pm (*Fig. 9.132*). Antiparallele Polypeptid-Stränge in einer Polypeptid-Kette sind außerhalb der β-Faltblatt-Domänen durch haarnadelförmige Schleifen (sog. β-Schleifen) miteinander verbunden, die meistens aus 4 Aminosäure-Einheiten bestehen. In globulären Proteinen (*Abschn. 9.31*) bestehen Faltblatt-Domänen oft aus 2 bis 15 (6 im Durchschnitt) verschiedenen Polypeptid-Strängen mit einer mittleren Gesamtbreite von *ca.* 2,5 nm. Im Allgemeinen sind antiparallele Faltblatt-Strukturen stabiler als parallele; deshalb sind parallele β-Strukturen mit weniger als fünf Strängen selten.

Als *Tertiärstruktur* eines Proteins wird die gesamte dreidimensionale Struktur des Moleküls bezeichnet, das – wie im Falle des *Ferredoxins* – sowohl aus helicalen als auch aus ungeordneten Knäuelbereichen bestehen kann (*Fig. 9.133*).

Nicht alle Polypeptide falten sich spontan, nachdem sie in der Zelle synthetisiert worden sind. Man vermutet sogar, dass körpereigene Proteine – so genannte *Prionen* (engl. *proteinaceous infectous particles*) – lediglich durch Änderung ihrer Tertiärstruktur pathogen werden können. Die Ätiologie einiger chronisch-degenerativer Erkrankungen des Zentralnervensystems (z.B. der *Bovin Spongiform Encephalopathie* (BSE) der Rinder und des *Creutzfeld–Jakob*-Syndroms beim Menschen) wird darauf zurückgeführt. In vielen unterschiedlichen Zellen hat man Proteine – so genannte *Chaperone* oder *Chaperonine* (franz. *Chaperon*: Abdeckung, auch Anstandsdame bzw. ältere Person, die für das standesgemäße Benehmen jüngerer Menschen sorgt) – entdeckt, welche die Faltung der Polypeptid-Kette in ihre physiologisch aktive Konformation unterstützen. Vermutlich dienen die Chaperonine auch dazu, unspezifische Aggregationen schwach bindender Seitenketten zu verhindern, sowie die Anordnung mehrerer Polypeptide zu größeren Aggregaten (Quartärstruktur) zu lenken. Ferner gibt es Proteine, welche die Faltung von Polypeptiden unterstützen, indem sie Vorgänge katalysieren, die normalerweise für die Geschwindigkeit der Faltung limitierend sind. Dazu gehört die reversible Bildung von Disulfid-Brücken (*Abschn. 6.2*) oder die Drehung um Peptid-Bindungen mit dem N-Atom des Prolins.

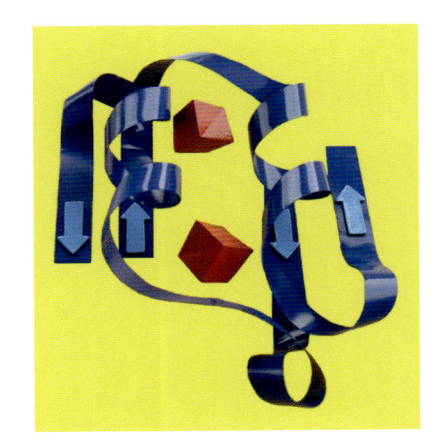

Fig. 9.133. *Modell der tertiären Struktur des aus 54 Aminosäure-Einheiten bestehenden Ferredoxins von* Peptococcus aerogenes. *Die Hauptketten der Proteine sind bänderförmig dargestellt: α-Helices als Wendel und die Polypeptid-Ketten beider zweisträngiger, antiparalleler β-Faltblätter als Pfeile, die in (N → C)-Richtung der Polypeptid-Kette zeigen. Die kubischen, aus je 4 Fe- und S-Atomen bestehenden Reaktionszentren sind rot dargestellt. Ferredoxine sind eisenhaltige Proteine ohne Häm-Gruppe (s. Abschn. 2.17), die als Glieder von Elektronentransportketten der Atmung, Photosynthese und N_2-Fixierung wirken. Bei zahlreichen anaeroben Bakterien dienen Ferredoxin-Oxidoreductasen zur Freisetzung von H_2 aus NADH.*

Die *Quartärstruktur* bezeichnet schließlich den Aufbau eines Proteins aus einer definierten Anzahl von Untereinheiten, die nicht durch kovalente Bindungen sondern durch H-Brücken-Bindungen und hydrophobe Wechselwirkungen zusammengehalten werden (s. *Fig. 1.17*).

9.30. Oligopeptide

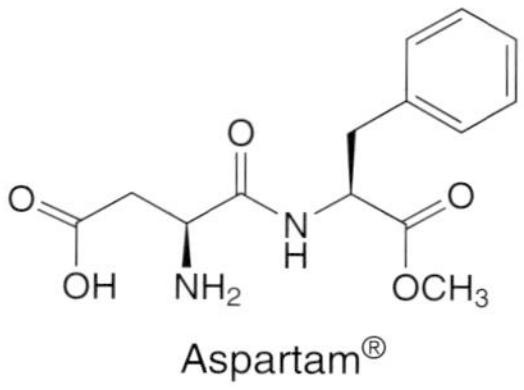

Fig. 9.134. Aspartam® (*N*-L-*α*-Aspartyl-L-phenylalanin-methyl-ester) *ist ein 140-mal stärkerer Süßstoff als Saccharose.*

Die einfachsten Oligopeptide, die Dipeptide, resultieren aus der Kondensation zweier Aminosäure-Moleküle. *Aspartam®* beispielsweise wird als kalorienarmer Süßstoff verwendet (*Fig. 9.134*). *Glutathion* (*Abschn. 6.2*) ist ein aus Glycin, Cystein und Glutaminsäure zusammengesetztes Tripeptid, bei dem die Glutaminsäure nicht wie üblich mit der der Amino-Gruppe benachbarten, sondern mit der *γ*-ständigen Carboxy-Gruppe an das Cystein gebunden ist.

Glutathion ist das am häufigsten vorkommende niedermolekulare Thiol überhaupt und findet sich in nahezu allen Zellen in z. T. relativ hohen Konzentrationen. Es spielt nicht nur bei Entgiftungsprozessen in lebenden Organismen eine wichtige Rolle (z. B. beim Schutz von Lipiden vor Oxidation), sondern es ist auch an der Biosynthese der Leukotriene, der Strukturbildung von Proteinen, der Reparatur von DNA-Schäden sowie an Entwicklungs- und Alterungsprozessen der Zellen beteiligt. Im Gegensatz zu den meisten biologisch aktiven Oligopeptiden, die durch Fragmentierung von Proteinen gebildet werden, wird Glutathion aus Glutamat, Cystein und Glycin im so genannten *γ-Glutamyl-Zyklus* biosynthetisiert.

Von besonderem Interesse ist ebenfalls das so genannte *Arnstein*-Peptid (*Fig. 9.135*), ein aus *α*-L-Aminoadipinsäure, L-Cystein und L-Valin bestehendes Tripeptid, das der biogenetische Vorläufer der *β*-Lactam-Antibiotika (*Penicilline* und *Cephalosporine*) in den entsprechenden Schimmelpilzen ist. Die den Penicillinen und Cephalosporinen zugrunde liegenden bicyclischen Heterocyclen werden *Penam* bzw. *Cepham* genannt; ihre Nummerierung folgt nicht den Regeln der systematischen Nomenklatur (*Fig. 9.135*).

Bei der Cyclisierung des *Arnstein*-Peptids zu Isopenicillin N werden zwei (C-Heteroatom)-Bindungen vermutlich unter Beteiligung freier Radikale geknüpft. Von den natürlich vorkommenden Penicillinen (*Fig. 9.136*) hat *Penicillin G* (Ben-

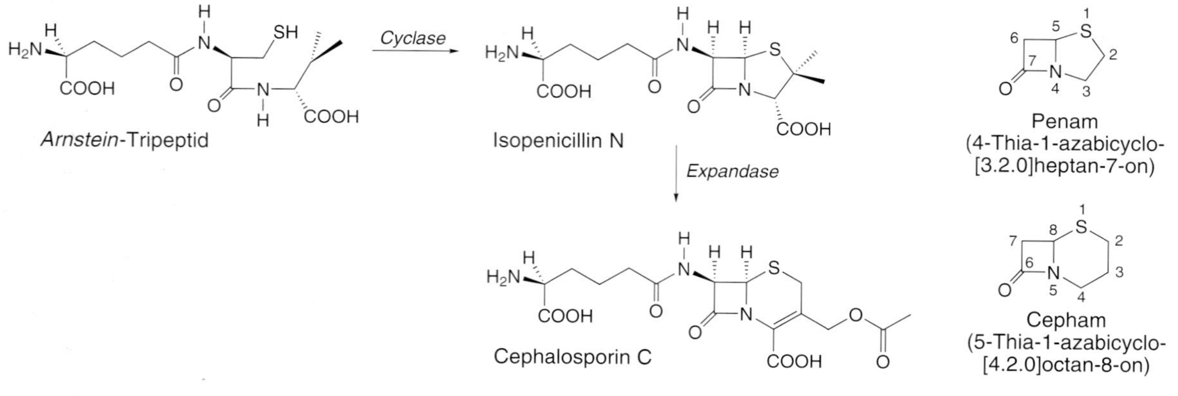

Fig. 9.135. *Das* Arnstein-*Tripeptid ist der biogenetische Vorläufer der Penicilline.*

9. Carbonsäuren und ihre Derivate

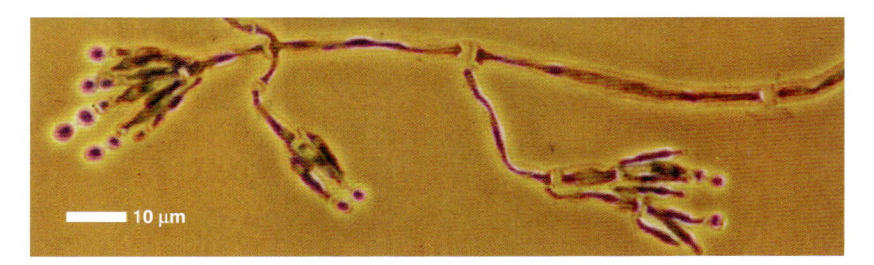

Fig. 9.136. *Die bakteriostatische Aktivität von Penicillin, dem ersten bekannten Antibiotikum überhaupt, wurde im Kulturfiltrat des Schimmelpilzes* Penicillium notatum *entdeckt.*

zylpenicillin), bei dem der 5-Aminoadipoyl-Rest des Isopenicillins N durch eine Phenylacetyl-Gruppe ersetzt worden ist, die größte therapeutische Bedeutung.

Der Dihydrothiazin-Ring der Cephalosporine wird durch Interkalation der *Si*-ständigen prochiralen CH_3-Gruppe am C(2)-Atom zwischen dem S- und dem C(2)-Atom des Thiazolidin-Ringes des Isopenicillins N enzymatisch gebildet. Die gleiche Ringerweiterung findet (allerdings nicht stereospezifisch) im Reagenzglas statt, wenn Penicilline durch Oxidation in die entsprechenden *S*-Oxide umgewandelt, und Letztere thermisch umgelagert werden. Das wichtigste Cephalosporin, das *Cephalosporin C*, wurde 1953 als Stoffwechselprodukt des Pilzes *Cephalosporium acremonium* entdeckt. Cephalosporine werden insbesondere bei Patienten angewendet, die auf Penicillin mit Allergien reagieren. Die bakteriostatische Wirkung der β-Lactam-Antibiotika beruht auf der Blockierung der Synthese der Bakterienzellwand durch Inaktivierung des Enzyms Transpeptidase, das die Quervernetzung der Polysaccharid-Ketten des Mureins katalysiert (*Abschn. 8.33*).

Darüber hinaus sind zahlreiche Oligo- und mittelgroße Peptide bekannt – z. B. Cyclosporine und Actinomycine – die als Stoffwechselprodukte von Bakterien und Pilzen zu den Antibiotika oder ihren Biosynthese-Vorläufern gehören (*Tab. 9.8*).

Cyclosporin A ist ein cyclisches Peptid, das aus elf Aminosäuren besteht, von denen sieben *N*-methyliert sind (*Fig. 9.137*). Es besitzt die bemerkenswerte Eigenschaft, die zelluläre Immunantwort der T-Helferzellen zu unterdrücken. Seit seiner Entdeckung im Jahre 1972 als Inhaltsstoff des Pilzes *Tolypocladium inflatum* ist Cyclosporin A, das im Gegensatz zu anderen Immundepressiva die Immunreaktion gegen Krankheitserreger kaum behindert, das am häufigsten eingesetzte Immundepressivum, ohne dessen Anwendung die Erfolge der Organtransplantationsmedizin nicht möglich gewesen wären.

Bei den *Actinomycinen* (*Fig. 9.138*), die als sekundäre Metabolite bei Streptomyceten häufig vorkommen, sind neben Peptid- auch Ester-Bindungen in der Molekülhauptkette vorhanden; es handelt sich somit um cyclische *Depsipeptide*, die auch *Peptolide* genannt werden (*Abschn. 9.28*). Aufgrund der Eigenschaft ihres Phenoxazon-Chromophors, zwischen Guanin–Cytosin-Basenpaaren der DNA-Doppelhelix zu interkalieren (*Abschn. 7.13*), sind sie antibakteriell und cyto-

> Als **Antibiotika** bezeichnet man sekundäre Stoffwechselprodukte, die das Wachstum von Mikroorganismen hemmen oder sie abtöten.

Alexander Fleming (1881–1955) Leiter der Laboratorien des Impf-Departments am St. Mary's Hospital in London, entdeckte bereits 1929 die wachstumshemmende Wirkung gegen Bakterien (hauptsächlich Staphylo-, Strepto-, Pneumo- und Meningokokken) von Filtraten, die er *Penicillin* nannte, aus Fleischbrühekulturen des Schimmelpilzes *Penicillium notatum*. Es gelang jedoch erst 10 Jahre später durch die Arbeiten des Chemikers *Ernst Boris Chain* (1906–1979) und des Pathologen *Howard Walter Florey* (1898–1968) an der Universität Oxford (UK), das Antibiotikum zu isolieren und es therapeutisch anzuwenden. Den dreien Forschern wurde 1945 der *Nobel*-Preis für Medizin verliehen. (© *Nobel*-Stiftung)

Struktur und Reaktivität der Biomoleküle

Tab. 9.8. *Wichtigste Familien therapeutisch wirksamer Antibiotika, eingeteilt nach ihren Wirkungsmechanismen*

Gestörter Prozess	Antibiotika-Familien
Zellteilung	Griseofulvin (*Abschn. 9.24*)
Nucleinsäure-Biosynthese	Ansamycine (Rifamycine, u. a.)
	Anthracycline (*Abschn. 9.24*)
	Mitomycine
	Nucleosid-Antibiotika (*Abschn. 10.16*)
	Peptid-Antibiotika (Actinomycine, u. a.)
Protein-Biosynthese	Aminoglycosid-Antibiotika (*Abschn. 8.32*)
	Tetracycline (*Abschn. 9.24*)
	Makrolid-Antibiotika (*Abschn. 9.15*)
	Steroid-Antibiotika (Fusidinsäure, Wortmannin)
	Chloramphenicol ((−)-(1R,2R)-2-(Dichloroacetamido)-1-(4-nitrophenyl)propan-1,3-diol)
Zellwand-Synthese	β-Lactam-Antibiotika (Penicilline, Cephalosporine)
	Fosfomycin (*cis*-1,2-Epoxypropylphosphonsäure)
	einige Nucleosid-Antibiotika (z. B. Nikkomycine)
	einige Peptid-Antibiotika (Bacitracin, Vancomycin)
Ionentransport durch die Zellmembran	einige Makrolid-Antibiotika (z. B. Amphotericin B)
	einige Peptid-Antibiotika (Gramicidine, Polymyxine)

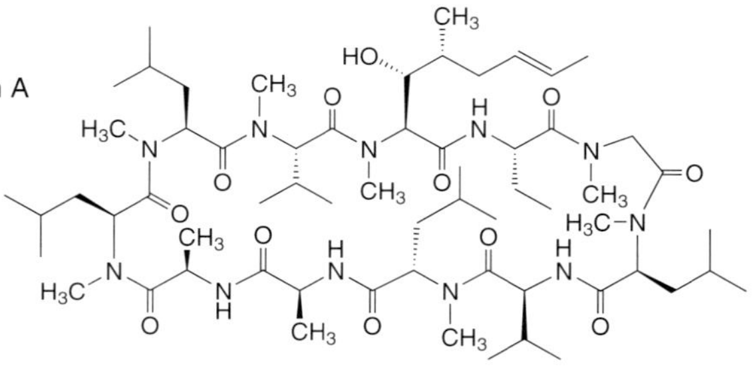

Fig. 9.137. *Neben zwei nichtproteinogenen α-Aminosäuren kommen* D- *und* L-*Alanin, Glycin,* L-*Leucin und* L-*Valin (z. T. als N-Methyl-Derivate) als Bestandteile des Cyclosporins A vor.*

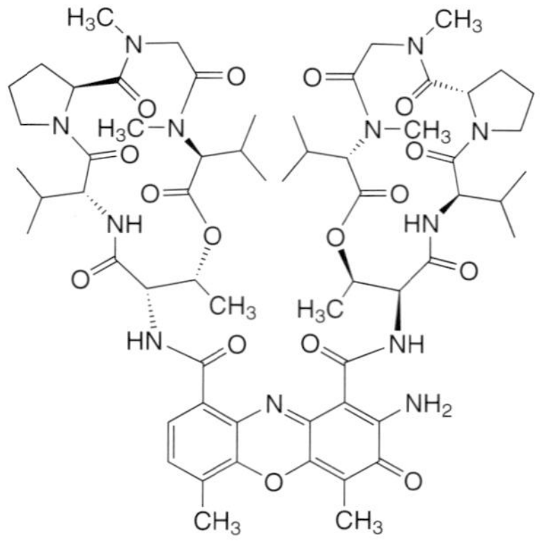

Fig. 9.138. *Die orangeroten Actinomycine sind Chromopeptide, die ein Derivat des Phenoxazins als Chromophor enthalten.*

statisch hoch wirksam. Actinomycine verlieren jedoch ihre Wirksamkeit, wenn die Peptid-Ringe, die neben zwei *N*-methylierten α-Aminosäuren – Sarkosin (*N*-Methylglycin) und *N*-Methylvalin – die nichtproteinogene Aminosäure D-Valin enthalten, hydrolytisch gespalten werden.

Ebenfalls ein cyclisches Depsipeptid ist das aus *Streptomyces fulvissimus* isolierte Antibiotikum Valinomycin. Es besteht aus drei sich wiederholenden Fragmenten, die L-Milchsäure, L-Valin, D-Hydroxyisovaleriansäure und D-Valin enthalten, welche alternierend durch Ester- und Peptid-Bindungen zu einem 36-gliedrigen Ring geschlossen werden. Valinomycin ist ein Ionophor (*Abschn. 5.23*). Es bildet 1:1-Komplexe mit K^+-Ionen, welche die Zellmembran durchdringen.

Nach einem anderen Mechanismus, nämlich durch Bildung eines Kanals durch die Zellmembran, transportieren *Gramicidine* Na^+- und K^+-Ionen. Die offenkettigen Gramicidine bestehen aus 15 Aminosäuren, mit einem auffällig hohen Gehalt an D-Aminosäuren. Das bisher bestuntersuchte Ionophor Gramicidin A, beispielsweise, enthält folgende Aminosäure-Sequenz: *N*-Formyl-L-Val-Gly-L-Ala-D-Leu-L-

Ala-D-Val-L-Val-D-Val-L-Trp-D-Leu-L-Trp-D-Leu-L-Trp-D-Leu-L-Trp-CONH(CH$_2$)$_2$OH.
Die antibiotische Wirkung des Valinomycins und der Gramicidine beruht auf der Zerstörung von H$^+$-Gradienten, die u.a. die oxidative Phosphorylierung (*Abschn. 6.3*) antreiben.

Mehrere Oligopeptide sind hormonell wirksam. *TRH* ('Thyreotropin Releasing' Hormon) ist ein Tripeptid, das *pyro*-Glutaminsäure, Histidin und Prolinamid (statt Prolin am C-Ende) enthält. TRH gehört zu den Neurohormonen, die in verschiedenen Kerngebieten des Hypothalamus unter dem Einfluss von Nervenreizen gebildet werden und auf dem Blutweg zum Hypophysenvorderlappen gelangen, wo sie die Bildung und Sekretion anderer Hormone anregen. TRH, das zur Diagnostik und Therapie von Schilddrüsenerkrankungen verwendet wird, steuert die Synthese und Sekretion des die Schilddrüsen stimulierenden Hormons Thyreotropin.

Als *Endorphine* (<u>end</u>ogenes Mor<u>phin</u>) bzw. Opiat-Peptide werden Peptide mit morphinähnlichen Wirkungen zusammengefasst (s. *Abschn. 10.11*), die vom Organismus gebildet werden und die körpereigenen Liganden der Opiat-Rezeptoren darstellen. Das erste charakterisierte Opiat-Peptid wurde *Enkephalin* (griech. ἐγκέφαλος (*engképhalos*): Gehirn) genannt. Es stellt ein Gemisch zweier Pentapeptide dar: Tyr-Gly-Gly-Phe-Met (sog. Methionin-Enkephalin) und Tyr-Gly-Gly-Phe-Leu (Leucin-Enkephalin). Die physiologischen Funktionen der Opiat-Peptide sind noch weitgehend ungeklärt. Während die physiologische Funktion der Enkephaline als Neurotransmitter als gesichert gilt, wirken die langkettigen Endorphine vermutlich eher als Neurohormone. Möglicherweise ist die Ausschüttung von Endorphinen für die Schmerzunempfindlichkeit bei Schockzuständen und während der Akupunkturanalgesie verantwortlich. Bemerkenswerterweise ist ihre Konzentration bei Frauen während der Schwangerschaft erhöht.

Oxytocin und *Vasopressin* sind Nonapeptid-amide (Cys-Tyr-Ile-Gln-Asn-Cys-Pro-Leu-Gly-NH$_2$ bzw. Cys-Tyr-Phe-Gln-Asn-Cys-Pro-Arg-Gly-NH$_2$), die zu den neurohypophysären Hormonen gehören. Bei beiden Verbindungen schließen die Cystein-Einheiten einen Ring durch Cystin-Bildung. Oxytocin regt die glatte Muskulatur des Uterus (wehenauslösende Wirkung) und der Brustdrüsen zur Kontraktion an. Vasopressin wirkt in der Niere antidiuretisch (d.h. bewirkt die Rückresorption von Wasser durch die Niere) und blutdrucksteigernd.

Corticotropin (adrenocorticotropes Hormon = ACTH) ist ein aus 39 Aminosäuren bestehendes Peptid-Hormon, das in den basophilen Zellen des Hypophysenvorderlappens unter Kontrolle eines entsprechenden *Releasing*-Faktors gebildet wird. *Releasing-* oder 'Freigabe'-Faktoren sind Neurohormonen, die ebenfalls zu den Peptid-Hormonen gehören. Sie werden in verschiedenen Kerngebieten des Hypothalamus (Zwischenhirn) gebildet und gelangen über Nerven und den so genannten Portalkreislauf in die Hypophyse, wo sie die Abgabe bestimmter Hormone steuern (s. *Abschn. 8.2*).

Angiotensine (griech. ἀγγεῖον (*angeíon*): Gefäß und lat. *tensum*: gespannt) sind Komponenten des so genannten Renin–Angiotensin–Aldosteron-Systems (RAAS), eines der physiologischen Mechanismen, die Volumen und osmotischen Druck des Plasmas sowie den Blutdruck regulieren. Angiotensin II ist ein Gewebshormon, das stark vasokonstriktorisch wirkt und somit einen Anstieg des arteriellen Blutdrucks verursacht (als normaler Blutdruck beim erwachsenen Menschen gilt: 120 Torr = 16 kPa (bei der Herzsystole) bzw. 80 Torr = 10,7 kPa (bei der Herzdiastole). *Hypertonie* oder *Hypotonie* wird durch höhere bzw. kleinere Werte charakterisiert). Außerdem stimuliert Angiotensin II in der Nebennierenrinde die Freisetzung von Aldosteron und fungiert vermutlich auch als Neurotransmitter im Zentralnervensystem (*Fig. 9.139*). Die Freisetzung von Aldosteron hat eine Verstärkung der Na$^+$-Rückresorption und eine Verminderung der Wasserausscheidung in der Niere zur Folge, die den Blutdruck ebenfalls erhöhen. Die Inaktivierung des Angiotensins II erfolgt durch enzymatische Hydrolyse. Da diese rasch stattfindet (die Halbwertszeit des Angiotensins beträgt nur 1–2 min), wirkt das Angiotensin nur vorübergehend, und somit kann der Blutdruck kontinuierlich reguliert werden.

Angiotensinogen:
Asp-Arg-Val-Tyr-Ile-His-Pro-Phe-His-Leu-Leu-Val-Tyr-Ser-...

↓ *Renin* ← Niere

Angiotensin I:
Asp-Arg-Val-Tyr-Ile-His-Pro-Phe-His-Leu

↓ *converting enzyme*

Angiotensin II:
Asp-Arg-Val-Tyr-Ile-His-Pro-Phe

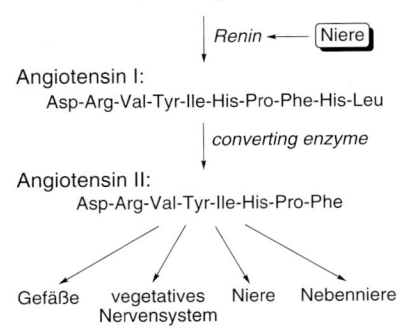

Gefäße   vegetatives   Niere   Nebenniere
         Nervensystem

Fig. 9.139. *Im Stoffwechsel der Säuger wirkt das Renin–Angiotensin–Aldosteron-System auf den Blutdruck ein.*

Struktur und Reaktivität der Biomoleküle

Frederick Sanger (*1918)
bestimmte zum ersten Mal im Jahre 1953 im Biochemie-Department des Medical Research Council der Universität Cambridge (UK) die Primärstruktur eines Proteins (das Schweineinsulin). Für diese Pionierleistung erhielt er 1958 den *Nobel*-Preis für Chemie. Zum zweiten Mal wurde ihm 1980 zusammen mit *P. Berg* und *W. Gilbert* (*Abschn. 10.18*) der *Nobel*-Preis für Chemie für seine Arbeiten zur Bestimmung der Nucleotid-Sequenz in Nucleinsäuren (*Abschn. 10.17*) verliehen. (© *Nobel*-Stiftung)

Angiotensin II ist ein Octapeptid, das aus dem Angiotensin I (Proangiotensin) durch Abspaltung von zwei Aminosäuren am Amino-Ende gebildet wird. Die Reaktion wird von einem Umwandlungsenzym (*angiotensin-converting enzyme* = ACE) katalysiert. Angiotensin I seinerseits wird aus einem sich im Plasma befindenden Glycoprotein mit einem Molekulargewicht von 60 bis 100 kDa – dem *Angiotensinogen* – freigesetzt. Letztgenannte Reaktion wird vom *Renin* katalysiert, einer Endopeptidase (*Tab. 9.11*) mit einem Molekulargewicht von 37 bis 43 kDa, die in den Nieren biosynthetisiert wird. Unter Einwirkung des Enzyms *Tonin* kann ebenfalls Angiotensin II direkt aus dem Angiotensinogen freigesetzt werden. Renin- und ACE-Inhibitoren sowie Antagonisten der Angiotensin-Rezeptoren stellen erfolgversprechende Mittel zur Behandlung der Hypertonie dar.

Gastrine sind aus 17 Aminosäuren bestehende Peptide, die durch Fragmentierung des *Progastrins* (eines Proteins mit einem Molekulargewicht von *ca.* 10 kDa) biosynthetisiert werden. Sie werden durch die Schleimhaut der Pylorus-Region sezerniert und auf dem Blutweg zu den Fundusdrüsen des Magens transportiert, wo sie die Freisetzung von Salzsäure stimulieren und damit den Verdauungsprozess durch das Protein *Pepsin* (eine Protease) in Gang setzen.

Das Polypeptid-Hormon *Insulin* wird bei Wirbeltieren in den B-Zellen der pankreatischen *Langerhans*'schen Inseln (lat. *insula*: Insel) durch proteolytische Spaltung eines aus 30 bis 35 Aminosäure-Einheiten bestehenden Fragments (sog. C-Kette) des *Proinsulins* gebildet. Im Gegensatz zu Proinsulin, bei dem 86 Monomer-Einheiten (beim Menschen) eine einzige Polypeptid-Kette bilden (*Fig. 9.140*), besteht Insulin aus der A- und B-Kette des Proinsulins mit 21 bzw. 30 Monomer-Einheiten, die durch Disulfid-Brücken zwischen Cystein-Einheiten zu einem bicyclischen Molekül verknüpft sind. Während sich die A- und B-Ketten des Insulins von Menschen und Tieren wenig unterscheiden, differiert sowohl die Länge als auch insbesondere die Primärstruktur der C-Kette des Proinsulins in speziesabhängiger Weise, wodurch die handelsüblichen Insuline, die geringe Mengen des entsprechenden Proinsulins enthalten, immunogene Reaktionen auslösen. Insulin erhöht die Durchlässigkeit der Zellmembran für Glucose und senkt dadurch den Blutzuckerspiegel. Es wirkt somit als Antagonist des *Glucagons*, eines aus 29 Monomer-Einheiten bestehenden Polypeptid-Hormons, das in den A-Zellen der *Langerhans*'schen Inseln der Bauchspeicheldrüse (Pankreas) sezerniert wird. Der physiologische Reizeffekt für die Abgabe des Insulins ist in Verbindung mit anderen Faktoren ein erhöhter Glucosespiegel im Blut (Hyperglycämie), dessen Normalwert beim Menschen um 80 mg/100 ml beträgt. Die typischen Insulinmangelsymptome ergeben das Syndrom des *Diabetes mellitus*, über dessen Entstehung relativ wenig bekannt ist. Zur parenteralen Behandlung der Zuckerkrankheit wird Insulin seit 1980 von Bakterien (*Escherichia coli*), denen mit Hilfe der gentechnologischen Methodik die genetische Information zur Insulinproduktion übertragen worden ist, in industriellem Maßstab produziert.

Zahlreiche Peptide kommen in der Natur als Bestandteile von Alkaloiden (*Abschn. 7.5*) oder als Toxine vor. Dazu gehören die *Phallotoxine* und *Amatoxine*, die Giftstoffe des grünen Knollenblätterpilzes (*Amanita phalloides*), welche die Grundstruktur eines bicyclischen Hepta- bzw Octapeptides aufweisen (*Fig. 9.141*). Amatoxine verursachen die Nekrose (Absterben) der Leberzellen dadurch, dass sie die Transkription der DNA vollständig hemmen und somit die

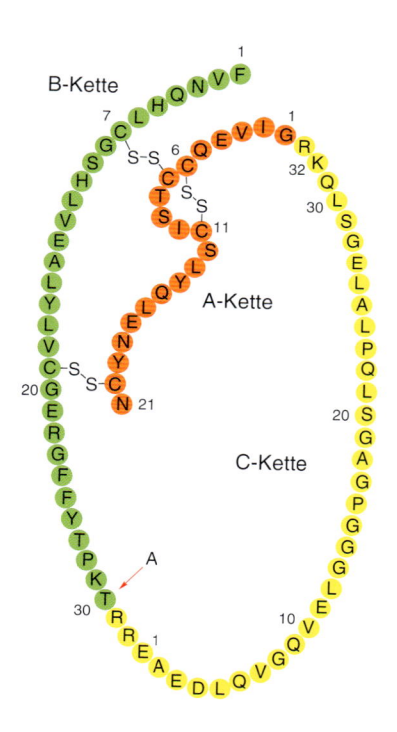

Fig. 9.140. *Primärstruktur von Human-Proinsulin.* Im Zuge der Hormonbildung wird die C-Kette (gelb) proteolytisch entfernt; der rote Pfeil deutet auf den Unterschied der Primärstruktur der B-Kette zum Schweineinsulin hin.

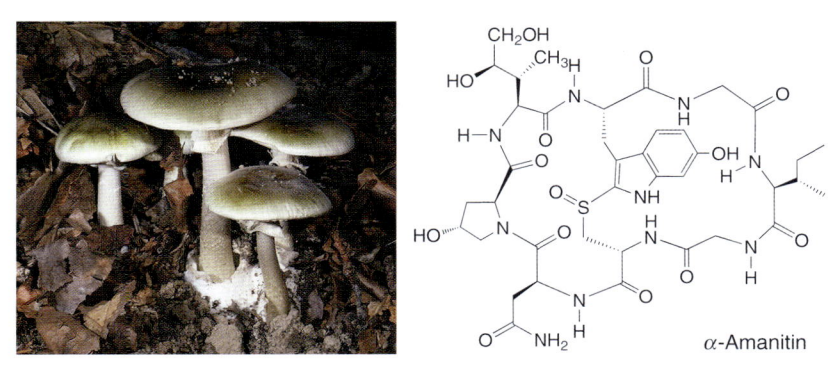

Fig. 9.141. α-*Amanitin kommt im Grünen Knollenblätterpilz* (*Amanita phalloides* L.) *vor.*

Protein-Biosynthese blockieren. Phalloidin dagegen verhindert die Depolymerisation der Mikrofilamente, indem es spezifisch an die Actin-Untereinheiten bindet (s. *Abschn. 9.31*).

Auch bei den Giftstoffen der Arthropoda (Spinnen, Skorpione und Insekten u. a.) handelt es sich um Polypeptide. Bienengift beispielsweise besteht aus einem Gemisch mehrerer basischer Peptide, von denen *Mellitin*, *Apamin* und das *MCD* (Mastzellen degranulierende)-Peptid die wichtigsten sind. Das aus 26 Monomer-Einheiten bestehende *Mellitin* wirkt hämolysierend. *Apamin*, das 18 Monomer-Einheiten enthält, ist die neurotoxische Komponente des Bienengiftes. Die dem Bienengift zugeschriebene günstige Wirkung bei rheumatischen Erkrankungen ist auf das *MCD-Peptid* zurückzuführen, das aus 22 Monomer-Einheiten besteht.

Schlangengifte werden in den Giftdrüsen (d. h. in den Oberkieferspeicheldrüsen) von Giftschlangen produziert und bestehen aus komplexen Gemischen hydrolysierender Enzyme (Phospholipasen, Peptidasen und Proteinasen) und antigen wirkender Peptid-Toxine, die Lähmung und Tötung der Beutetiere verursachen. *Cobratoxin* beispielsweise ist ein aus 62 Monomer-Einheiten zusammengesetztes Polypeptid, das vier intramolekulare Cystin-Brücken enthält. Es bindet spezifisch an den Acetylcholin-Rezeptor (*Abschn. 7.3*) und blockiert somit die neuromuskuläre Transmission.

Durch ihre hohe Toxizität zeichnen sich einige Polypeptide aus, die im Cytoplasma von Bakterien synthetisiert und von diesen ausgesondert werden (bakterielle Exotoxine). Dazu gehören die zwei stärksten Gifte überhaupt, das *Botulin* und das *Tetanustoxin*. Botulin (lat. *botŭlus*: Wurst), das vom anaeroben Bakterium *Clostridium botulinum* synthetisiert wird, führt zu schwersten und oft tödlichen Nahrungsmittelvergiftungen. Bei der Maus wirken bereits 10^{-5} µg tödlich. Das zweitstärkste Toxin (10^{-4} µg töten eine Maus innerhalb von 2 Tagen) ist das Tetanustoxin, das vom Erreger des Wundstarrkrampfes, dem ebenfalls anaeroben Bacillus *Clostridium tetani*, biosynthetisiert wird. Aufgrund ihres Molekulargewichtes von ungefähr 150 kDa gehören beide Neurotoxine (*Abschn. 7.3*) definitionsgemäß zu den Proteinen.

9.31. Proteine

Proteine sind zusammen mit den Nucleinsäuren (*Abschn. 10.17*) die voneinander undissoziierbaren Grundelemente selbstreplikativer molekularer Systeme. Neben den *DNA-* und *RNA-Polymerasen*, welche die unentbehrlichen Katalysatoren für die Polymerisation der Nucleotide darstellen, sind andere Proteine an der Replikation*

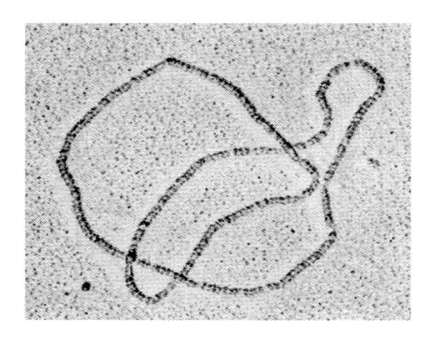

Fig. 9.142. *In Gegenwart von* Topoisomerase I *können eingeschnittene doppelsträngige DNA-Moleküle verknotete Strukturen bilden.* (Mit freundlicher Genehmigung von Prof. *Nicholas R. Cozzarelli*, University of California, Berkeley)

bzw. Transkription der DNA-Moleküle beteiligt, die den Prozess überhaupt ermöglichen, nämlich *Helicasen*, indem sie vor dem Beginn der Polymerisation die Stränge eines DNA-Doppelstranges entwinden und damit die zu kopierenden Sequenzen freilegen, sowie *DNA-Topoisomerasen*, welche einen DNA-Strang (Topoisomerasen vom Typ I) oder beide DNA-Stränge (*Gyrasen* und andere Topoisomerasen vom Typ II) durchtrennen und dadurch die DNA-Doppelhelix während der Biosynthese komplementärer Stränge entdrillen oder die DNA-Moleküle in Superhelices und andere topologisch übergeordnete Strukturen überführen, ohne die Nucleotid-Sequenz zu verändern (*Fig. 9.142*).

Darüber hinaus sind Proteine auch an der Kontrolle der Genexpression, an der Rekombination und Transposition von Genen innerhalb und zwischen den Chromosomen sowie an der Reparatur fehlerhafter Erbmoleküle (*Abschn. 2.21*) beteiligt.

Die Genexpression (*Abschn. 10.18*) wird sowohl bei Prokaryoten als auch bei Eukaryoten hauptsächlich beim Transkriptionsprozess reguliert. Dabei spielen zwei Typen von Proteinen, die *Repressor-* bzw. *Aktivator-Proteine* genannt werden, eine wichtige Rolle. Repressor-Proteine (Repressoren oder Regulator-Proteine) sind oligomere Proteine, die durch reversible Bindung an spezifische Nucleotid-Sequenzen der DNA die Transkription benachbarter Gene oder Gengruppen selektiv blockieren. Repressoren existieren in zwei Konformationen (eine reprimierend, die andere nicht reprimierend), die sich durch allosterische Umwandlungen ineinander überführen lassen. Aktivator-Proteine dagegen induzieren die Expression bestimmter Gene oder Gengruppen ebenfalls durch reversible Bindung an spezifische Nucleotid-Sequenzen der DNA.

Die Eigenschaft vieler aus mehreren Untereinheiten zusammengesetzter Proteine, in mehr als einer stabilen Konformation der Gesamtstruktur vorzukommen, wird *Allosterie* genannt. Die Umwandlung von einer zur anderen Konformation wird als *allosterische Umwandlung* oder *allosterischer Effekt* bezeichnet (s. *Abschn. 1.10*). Sie wird durch niedermolekulare Stoffe (*Effektoren*) bewirkt, die im Gegensatz zum Substrat, dessen Bindestelle das *aktive Zentrum* ist, an das *allosterische Zentrum* gebunden werden. Bei den Regulator-Proteinen werden Effektoren auch *Induktoren* oder *Corepressoren* genannt (s. *Tab. 7.3 in Abschn. 7.3*). Der allosterische Effekt spielt ebenfalls eine wichtige Rolle bei der Änderung der Sauerstoff-Affinität des Hämoglobins (*Abschn. 10.4*).

Nicht nur die Reproduktion jeder Zelle, sondern auch ihr Stoffwechsel, ihre Struktur und Funktion werden von den darin enthaltenen Proteinen maßgeblich bestimmt. Von der Vielzahl der in der lebenden Materie existierenden verschiedenen Proteine ist gegenwärtig nur ein Bruchteil der Strukturen bekannt. Man kann, wie schon erwähnt, davon ausgehen, dass in unserem Lebensraum *ca.* 10^{11} verschiedene Proteine vorkommen, von denen sich ungefähr 10^5 im menschlichen Organismus befinden. Bei der Mannigfaltigkeit der Funktionen, die Proteine ausüben, ist eine systematische Klassifizie-

Tab. 9.9. *Klassifizierung und Funktion der Proteine*

Protein-Klasse	Beispiele/Beschreibung
Globuläre Proteine	Albumine, Globuline, Histone u. a.
Fibrilläre (Struktur)proteine	α- und β-Keratine, Kollagene
Glycoproteine	an Mono- oder Oligosaccharide kovalent gebundene Polypeptide
Lipoproteine	aus Polypeptiden und Lipiden bestehend
Peptid-Hormone	Thyreotropin (TSH), Prolactin (PRL), ACTH u. a.
Chromoproteine	Hämoglobin, Cytochrome, Rhodopsin u. a.
Operationelle Proteine	Myosin, Actin, Ribosomen, Transportproteine u. a.
Enzyme	Biokatalysatoren, meist zusammengesetzt aus Coenzym und Apoprotein

rung nach Struktur–Wirkungskriterien bisher nicht möglich. Die in *Tab. 9.9* aufgeführten Klassen von Proteinen basieren sowohl auf morphologischen als auch auf funktionellen Einteilungskriterien, die sich jedoch in vielen Fällen überschneiden und notwendigerweise unvollkommen sind. Morphologisch wird zwischen globulären (kugelförmigen) und fibrillären (faserförmigen) Proteinen, die auch *Skleroproteine* (griech. σκληρός (*sklērós*): trocken, hart) genannt werden, unterschieden. Während die meisten globulären Proteine in Wasser oder Salzlösungen löslich sind, zeichnen sich fibrilläre Proteine durch ihre Schwerlöslichkeit in Wasser aus.

Zu den globulären Proteinen gehören die *Albumine* und die *Globuline*. Albumine ist eine Sammelbezeichnung für alle in Wasser löslichen natürlichen Proteine, wie beispielsweise Serumalbumin (im Blut), Lactalbumin (in der Milch) und Ovalbumin (in Vogeleiern).

Globuline sind hochmolekulare Proteine, die in Wasser nicht oder sehr wenig, in verdünnten Neutralsalzlösungen dagegen gut löslich sind. Zu den Globulinen gehören die *Gluteline*, eine Gruppe einfacher Proteine, die zusätzlich mit den *Prolaminen* die Speicherproteine der Getreidearten darstellen. Die aus Glutelinen und Prolaminen zusammengesetzte Protein-Fraktion (Gluten) der Brotgetreide bedingt die Backfähigkeit des Roggen- und Weizenmehls. Im Gegensatz zu den Albuminen sind zahlreiche Globuline (darunter die Immunglobuline) an Kohlenhydrat-Moleküle glycosidisch gebunden. Man bezeichnet diese Gruppe von Proteinen als *Glycoproteine*.

Glycoproteine kommen mit Ausnahme von Bakterienzellen in nahezu allen Organismen vor. Glycoproteine sind wesentliche Bestandteile der Zellmembran (*Abschn. 9.15*), wobei oft das Glycosylierungsmuster Antikörpern, Viren und Spermien zur Erkennung der Zielzellen dient. Zu den Glycoproteinen gehören die *Lectine* (lat. *legēre*: (aus)lesen), die vor allem in pflanzlichen Samen gebildet werden. Durch spezifische Bindung können Lectine Zellen agglutinieren (zusammenballen). Ein Lectin ist das äußerst toxische *Ricin*, das in den Samen des Wunderbaums (*Ricinus communis*) enthalten ist. Durch Inaktivierung der eukaryotischen Ribosomen (s. *Abschn. 10.18*) inhibiert das Ricin die Protein-Biosynthese. Die letale Dosis für die Maus beträgt 12 ng je g Körpergewicht. Bei erwachsenen Menschen können bereits 10 Rizinussamen tödlich sein. Ricinusöl, das als Abführmittel

Struktur und Reaktivität der Biomoleküle

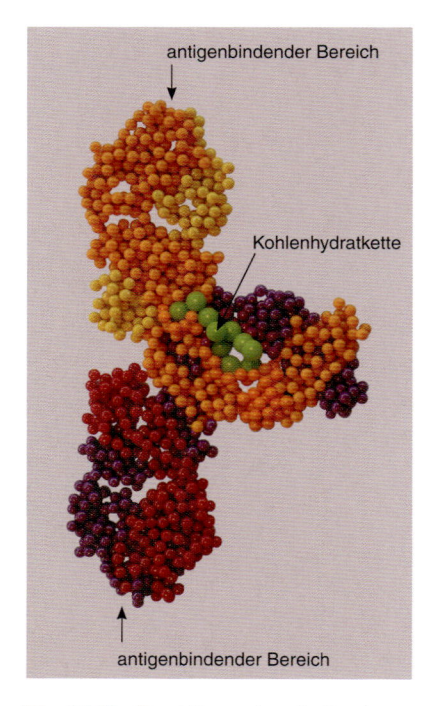

Fig. 9.143. *Zweidimensionale Struktur des G-Immunglobulins* (schematisch). H-Ketten sind in dunkleren, L-Ketten in helleren Farben dargestellt.

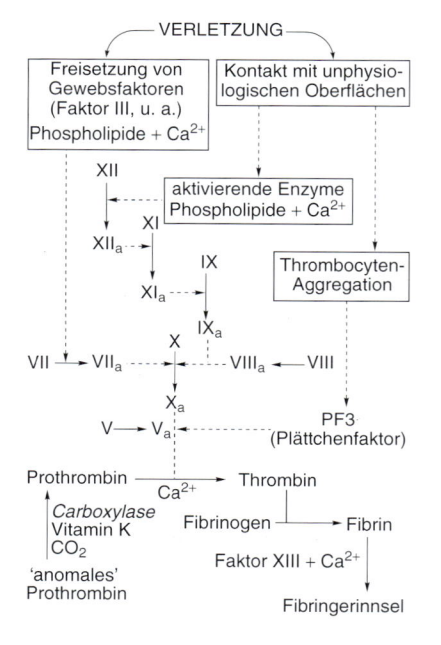

Verwendung findet, wird durch Auspressen der zerkleinerten Samen von Ricin befreit. Zu den Glycoproteinen gehören auch die *Chalone*, welche die Teilungstätigkeit der Mutterzellen von Geweben hemmen.

Immunglobuline (*Ig*) stellen die eigentlichen *Antikörper* des Immunsystems dar, die spezifisch mit einem körperfremden Stoff (*Antigen*) reagieren. Im Gegensatz zu den meisten Globulinen, die in der Leber gebildet werden, entstehen die Immunglobuline in den von B-Lymphozyten abstammenden Zellen des Blutplasmas. Alle Immunglobuline haben die gleiche Y-förmige Struktur, die aus zwei großen 'schweren' *H*-Ketten mit einer Molmasse von *ca.* 50 kDa und zwei kleinen 'leichten' *L*-Ketten mit einer Molmasse von *ca.* 25 kDa bestehen, die durch Cystin-Brücken untereinander verbunden sind (*Fig. 9.143*). Beim Menschen kennt man fünf Antikörperklassen, die sich durch ihre *H*-Ketten ($\alpha, \gamma, \delta, \varepsilon, \mu$) voneinander unterscheiden. Das häufigste Immunglobulin ist das *Gammaglobulin* (*IgG*). Die Antigen-Spezifität der Immunglobuline liegt in den variablen Aminosäure-Sequenzen an den Spitzen des V-förmigen Molekülteils (*hypervariable Regionen*). Dort sind die Aminosäure-Ketten so gefaltet, dass sich Bindungsstellen (*haptophore Gruppen*) für ein ganz bestimmtes Antigen bilden können.

Den Hauptabwehrmechanismus gegen zahlreiche pathogene Viren stellen bei Mensch und Tier die *Interferone* dar. Interferone sind Glycoproteine, die aus einer Protein-Komponente mit *ca.* 160 Aminosäure-Einheiten und einer spezifischen Kohlenhydrat-Komponente bestehen. Im Gegensatz zu den Antikörpern, die oftmals über Jahre im extrazellulären Raum auftreten, sind die Interferone nur für wenige Stunden wirksam. Zu den weiteren Wirkungen der Interferone gehören die günstige Beeinflussung von Immunreaktionen des Körpers, z. B. bei Infektionen und Organtransplantationen, die Aktivierung spezifischer Immunzellen sowie die Hemmwirkung gegenüber sich sehr schnell teilenden Zellen, z. B. Tumorzellen.

Ein wichtiger Bestandteil des Blutes der Wirbeltiere ist ein aus zwei identischen Untereinheiten bestehendes Protein, das *Fibrinogen*, das 2–3% des gesamten Protein-Gehalts im Blutplasma ausmacht. Das in der Leber biosynthetisierte lösliche Fibrinogen mit einer Molmasse von 340 kDa ist der Vorläufer des *Fibrins*, das durch seine Fähigkeit zur vernetzten Polymerisation die Blutgerinnung bewirkt.

Die Bildung eines Blutgerinnsels ist ein komplexer Prozess, der von einer zweigeteilten Kaskade proteolytischer Reaktionen ausgelöst wird, an denen insgesamt 12 Faktoren – die meisten davon Glycoproteine, die in der Leber biosynthetisiert werden – und ebenso viele andere Komponenten mitwirken. Die Umwandlung von Fibrinogen (Faktor I) in Fibrin (Faktor I_a) erfolgt unter dem Einfluss der Protease *Thrombin* (griech. ϑρόμβος (*thrómbos*): Klumpen) in Gegenwart von Calcium-Ionen, die als Faktor IV fungieren. Thrombin (Faktor II_a) seinerseits wird aus dem *Prothrombin* (Faktor II), für dessen Biosynthese in der Leber Vitamin K erforderlich ist (*Abschn. 8.4*) gebildet. Die Umwandlung von Prothrombin in Thrombin wird in Gegenwart von Calcium-Ionen und Phospholipiden durch einen Komplex (*Thrombokinase*) katalysiert, der aus den Faktoren X und V_a (*Proaccelerin*) hervorgegangen ist (*Fig. 9.144*). Das aus Fibrinogen unter Abspaltung zweier kleiner Peptide (sog. Fibrinopeptide) freigesetzte Fibrin aggregiert spontan zu Faserbündeln,

Fig. 9.144. *Vereinfachtes Schema der Blutgerinnung.* Im Blutgerinnungsprozess werden die im Blutplasma vorhandenen 'inaktiven' Faktoren in die entsprechenden 'aktiven' Faktoren, die mit einem tiefgestellten *a* gekennzeichnet werden, umgewandelt. Im Zuge der Aufklärung des Mechanismus der Blutgerinnung erwiesen sich die Faktoren VI und V_a als identisch, dennoch wurde die Bezeichnung der nunmehr 12 voneinander unabhängigen Faktoren mit den römischen Zahlen I bis XIII beibehalten.

die in ein lockeres, durch H-Brücken-Bindungen stabilisiertes, Fibringerinnsel übergehen. Unter Einfluss des Blutgerinnungsfaktors XIII (einer Transpeptidase) erfolgt die Quervernetzung des Fibringerinnsels durch Knüpfung von Amid-Bindungen zwischen den γ-Carboxy-Gruppen von Glutaminsäure- und den ε-Amino-Gruppen von Lysin-Einheiten (sog. *Isopeptid-Bindungen*). Eine Wiederauflösung des Fibringerinnsels bewirkt das *Plasmin* (Fibrinolysin), das als trypsinähnliche Carboxypeptidase das Fibrin-Polymer proteolytisch zu löslichen Spaltprodukten abbaut.

Zu den globulären Proteinen gehören ebenfalls die *Histone*, die in den Kernen fast aller eukaryotischen Zellen vorkommen. Histone werden nach ihrer Molekülmasse in fünf Klassen unterteilt: H1, H2A, H2B, H3 und H4, die 215, 129, 125, 135 bzw. 102 Aminosäure-Einheiten enthalten. Ihre Gesamtmasse entspricht ungefähr derjenigen der zellulären DNA. Charakteristisch für Histone ist der ungewöhnlich hohe Gehalt an den basischen Aminosäuren Lysin und Arginin. In Spermien – besonders von Fischen, Vögeln und Weichtieren – ersetzen *Prolamine* funktionell die Histone. Ihre Funktion besteht wahrscheinlich darin, die besonders dichte Packung von DNA in den Spermien herbeizuführen.

Histone bilden in Kombination mit der DNA die 25 nm dicke *Chromatinfasern*, die sich zu Beginn der Zellteilung zu den für Chromosomen charakteristischen Strukturen verdichten (*Fig. 9.145*). Chromatin lässt sich mit basischen Farbstoffen leicht anfärben (griech. χρῶμα (*chróma*): Farbe). Dadurch können die Chromosomen, die je aus einer Chromatinfaser bestehen, während der Zellteilung sichtbar gemacht werden. Chromatinfasern bestehen aus einem Histon H-1-Rückgrat, um das sich ein perlschnurähnliches 11 nm dickes Filament (*Chromonema*) windet. Dieses besteht seinerseits aus einem DNA-Doppelstrang, der abschnittsweise um flach zylindrische Aggregate aus je zwei der Histone H2A, H2B, H3 und H4 gewunden ist. Die aus Histon-Octameren mit darum gewundenen DNA-Abschnitten von *ca.* 140 Nucleotidpaaren bestehenden Untereinheiten der Chromonemen werden *Nucleosome* genannt. Durch die spiralförmige Aufwindung zu Chromonemen werden die DNA-Stränge auf etwa 2% ihrer ursprünglichen Länge verkürzt. Bei der Bildung eines Chromosoms legt sich jede Chromatinfaser in jeweils 400 bis 800 nm lange Schleifen, die weiter zu kleinen, leicht länglichen Bällen – so genannten *Mikroconvulen* – zusammengepackt werden. Der entstehende Mikroconvulenstrang wiederum windet sich girlandenartig um ein Netzwerk von Nicht-Histon-Proteinen, welches das strukturelle Skelett der beiden identischen, am *Centromer* zusammenhängenden Längseinheiten (sog. *Chromatide*) eines Chromosoms bilden (*Fig. 9.146*).

Fibrilläre Proteine (Skleroproteine) sind faserförmig aufgebaute Proteine, die bei Tieren Gerüst- und Stützfunktion besitzen. Sie werden deshalb auch Strukturproteine genannt. Sie sind weder in Wasser noch in Salzlösungen löslich und daher von Proteasen kaum abbaubar. Demzufolge sind sie schwer verdaulich. Fibrilläre Proteine, die ohnehin keine für den Menschen essentiellen Aminosäuren enthalten, sind somit als Nahrungsproteine nicht geeignet.

Bedingt durch ungewöhnliche Aminosäure-Zusammensetzungen weisen fibrilläre Proteine meist stark dominierende Typen von Sekundärstrukturen auf. Die zur Gruppe der fibrillären Proteine gehören-

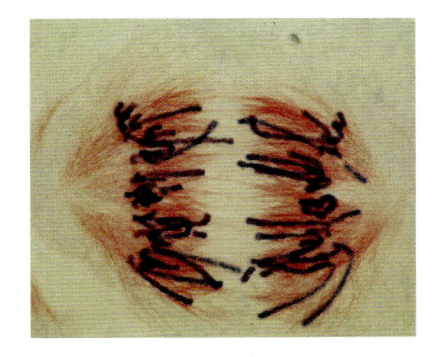

Fig. 9.145. *Mikroskopische Aufnahme einer Pflanzenzelle* (Scadoxus katherinae BAK.) *in der mitotischen Anaphase.* Auf dem Bild ist die von den Zellpolen ausgehende Mitosespindel (rot), die an die Centromeren der Tochterchromosomen greift, deutlich zu erkennen. (Mit freundlicher Genehmigung von Prof. em. *Andrew S. Bajer*, University of Oregon)

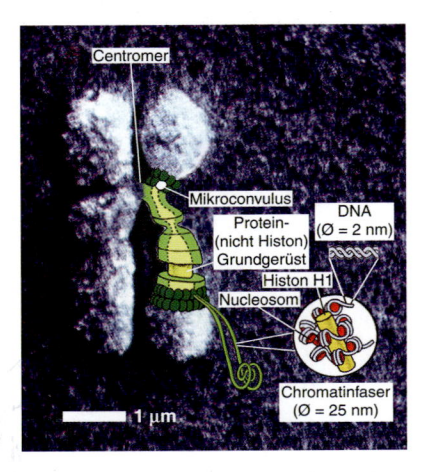

Fig. 9.146. *Elektronenmikroskopische Aufnahme eines Metaphasechromosoms, dessen innere Struktur schematisch gezeigt wird.*

den *Keratine* werden in zwei Klassen, die α- und β-Keratine, eingeteilt. α-Keratine enthalten vorwiegend Aminosäuren mit sperrigen C-Ketten sowie Cystein-Einheiten, die zahlreiche quervernetzende Cystin-Brücken zwischen den Peptid-Ketten bilden. Die in der Horn- und Nagelsubstanz der Tiere vorkommenden α-Keratine enthalten bis zu 22% Cystein, während die flexiblen α-Keratine von Haut, Haar und Wolle nur 10–14% Cystein besitzen. Demzufolge weisen α-Keratine die nach ihnen genannte α-Helix als Sekundärstruktur auf (s. *Fig. 9.131*).

Der Aufbau der makroskopisch erkennbaren Keratinfaser erfolgt durch helicale Aneinanderlagerung mehrerer α-Helices zu einer *Protofibrille*. Beim Aufbau der Wollfaser beispielsweise lagern sich 11 derartige Protofibrillen zu 8 nm dicken stabförmigen *Mikrofibrillen* zusammen, wovon wiederum mehrere Hundert nach Aneinanderlagerung die 200 nm dicke *Makrofibrille* ergeben. Die 20-μm dicke Wollfaser besteht schließlich aus einem Paket abgestorbener Zellen, wovon jede etwa 10 Makrofibrillen enthält. Charakteristisch für die α-Keratine ist die Dehnbarkeit bis auf die doppelte Länge beim Erwärmen unter Feuchtigkeit. Sie beruht auf einer Umfaltung der α-Helices unter vorübergehendem Aufbrechen von H-Brücken-Bindungen zu Faltblatt-Strukturen mit *parallel* zueinander ausgerichteten Peptid-Ketten.

Im Gegensatz zu den α-Keratinen enthalten β-Keratine (z.B. *Fibroin*), die zu über 90% aus den einfachen Aminosäuren Glycin, Alanin und Serin bestehen, keine Cystein-Einheiten und können daher keine Cystin-Brücken bilden, wodurch die Ausbildung der β-Faltblatt-Struktur mit *antiparallel* zueinander ausgerichteten Peptid-Ketten (s. *Fig. 9.132*) energetisch günstiger ist.

Die mechanische Festigkeit von Spinnweben (*Fig. 9.147*) und Seide wird vom *Fibroin* gewährleistet. Die Kokons des Seidenspinners bestehen zu 78% aus Fibroin und zu 22% aus Sericin (Seidenleim), das 37% Serin enthält.

Ein dritter Typ fibrillärer Proteine stellen die *Kollagene* dar, die vorwiegend am Aufbau von Haut, Blutgefäßen, Sehnen und Knorpeln beteiligt sind. Ebenfalls bestehen Knochen und Zähne hauptsächlich aus Kollagenfasern (*Ossein*), die kristallinen Hydroxyapatit – $Ca_5(PO_4)_3(OH)$ – miteinander verkleben. Kollagene sind extrazelluläre Proteine, die den Hauptteil (bis zu 25%) des gesamten Protein-Gehaltes der Vertebraten ausmachen. Kollagene bestehen aus ca. 33% Glycin und 15–30% Prolin, das zum größten Teil am C(4)-Atom hydroxyliert ist. Ein mit den Kollagenen strukturell verwandtes Strukturprotein ist das *Elastin*, der Hauptbestandteil der elastischen Fasern des Bindegewebes (Sehnen, Bänder, Bronchien und Arterienwände) von Wirbeltieren. Die elastischen Eigenschaften des Elastins sind z.T. durch den hohen Anteil an apolaren Aminosäuren – wie Alanin, Glycin und Prolin – bedingt. Einen wesentlichen Beitrag dazu leisten jedoch Aminosäuren mit isoprenähnlicher Seitenkette – wie Valin (17%), Isoleucin und Leucin (zusammen 12%) – sowie die kovalente Quervernetzung der Polypeptid-Ketten über Pyridin-

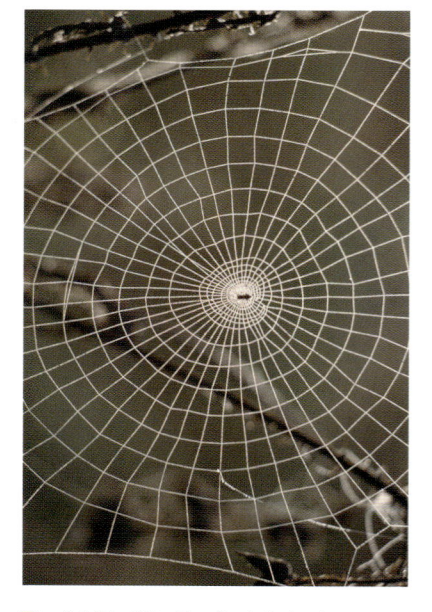

Fig. 9.147. *Die Zugfestigkeit eines Spinfadens gleicht der eines Stahldrahtes gleichen Durchmessers, dessen Gewicht aber sechsmal größer ist.*

Derivate (*Desmosin* oder *Isodesmosin*), an deren Bildung vier Lysin-Einheiten beteiligt sind.

Kollagene (griech. κόλλα (*kólla*): Leim; γεννάω (*gennáō*): erzeugen) werden in heißem Wasser zu *Glutin* und *Gelatine* hydrolysiert. Glutin ist der wesentliche Bestandteil vom Tierleim, der bereits um 3500 v. Chr. als Klebstoff verwendet wurde.

Die Grundeinheit des Kollagens ist das *Tropokollagen*, das aus drei gleich langen, aus *ca.* 1000 Aminosäuren aufgebauten Polypeptid-Ketten besteht. Aufgrund der ungewöhnlichen Aminosäuren-Zusammensetzung, insbesondere aber der zahlreichen Prolin-Einheiten und der durch häufige Wiederholung der Sequenz Glycin-Prolin-Hydroxyprolin resultierenden periodischen Primärstruktur können die einzelnen Ketten keine α-Helix, sondern nur die gestrecktere so genannte *Polyprolin-Helix* bilden, die durch wechselseitige Abstoßung der sperrigen Prolin-Einheiten stabilisiert wird und keine H-Brücken-Bindungen innerhalb der Polypeptid-Kette aufweist. Drei parallel zueinander ausgerichtete Ketten können jedoch, besonders aufgrund des geringen Raumbedarfs der Glycin-Einheiten, intermolekulare H-Brücken-Bindungen ausbilden, wodurch die Tripelhelix des Tropokollagens mit nach außen gerichteten Prolin-Einheiten entsteht. Sie bildet eine steife und zugfeste Faser von 300 nm Länge und 1,5 nm Durchmesser (*Fig. 9.148*). Die Unlöslichkeit des Kollagens ist durch die Vernetzung von Kollagen-Molekülen zu erklären. Da aber Kollagen fast keine Cystein-Einheiten enthält, sind keine Cystin-Brücken wie im Falle der Keratine vorhanden, sondern kovalente Bindungen zwischen (z. T. modifizierten) Lysin- und Histidin-Seitenketten. Die Peptid-Ketten des Kollagens stammen aus einem zunächst biosynthetisierten Vorläufer (dem Protokollagen), dessen Peptid-Ketten länger sind. Noch bevor die Ketten helicale Strukturen ausbilden, werden ein größerer Teil der Prolin- und ein kleiner Teil der Lysin-Einheiten hydroxyliert. Die Prolin-Hydroxylierung, die von der Fe^{II}-haltigen *Prolyl-Hydroxylase* katalysiert wird (*Abschn. 8.30*), ist essentiell für die Stabilisierung der Kollagen-Tripelhelices.

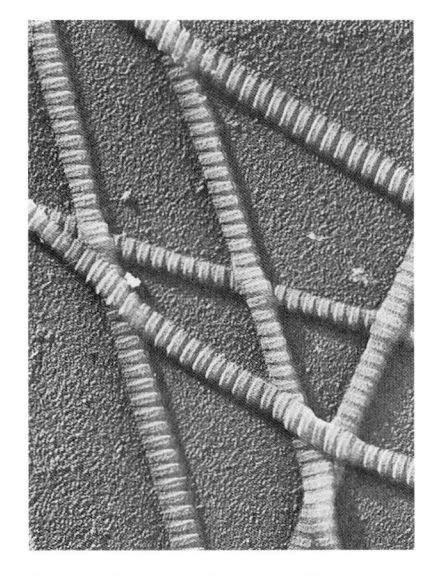

Fig. 9.148. *Die elektronenmikroskopische Aufnahme einer Kollagenfibrille der Haut zeigt deutlich die helicale Struktur der Moleküle.*

Eine besondere Art von fibrillären Proteinen stellen *Myosin* und *Actin* dar. Sie bilden in Lösung einen Komplex (sog. *Actomyosin*), der der Hauptbestandteil der Muskeln ist. Actin kommt jedoch auch in anderen Geweben vor und stellt gewöhnlich als Bestandteil des Cytoskeletts das häufigste Protein im Cytoplasma von Eukaryotenzellen dar. Das Cytoskelett ermöglicht den Zellen u. a. ihre Form zu verändern, sich zu bewegen und Vesikel zu transportieren. Die Kontraktionskraft der Muskeln, deren damit verbundener Energiebedarf durch die Spaltung von ATP zu ADP gedeckt wird, entsteht durch Konformationsänderungen der Myosin-Moleküle, die ihr Vorbeigleiten an den Actin-Filamenten bewirken. Die kontrahierte Konformation des Myosins wird nämlich durch seine starke, jedoch nicht kovalente Bindung an ATP stabilisiert. Bei der Hydrolyse von ATP, die zwar von Myosin selbst katalysiert, aber von Actin stimuliert wird, geht das Protein in eine relaxierte Konformation über, bis ein neues ATP-Molekül gebunden wird.

Muskeln, deren gesamter Protein-Gehalt aus 60–70% Myosin und 20–25% Actin besteht, sind aus langen Bündeln parallel angeordneter, 20- bis 100-nm dicker Muskelfasern aufgebaut, die sich über die gesamte Länge des Muskels erstrecken können. Jede Muskelfaser ist eigentlich eine riesige Zelle, die während

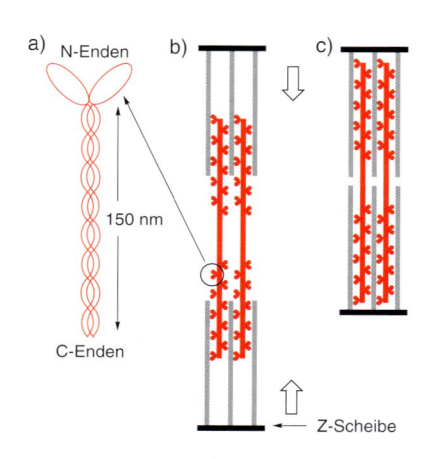

Fig. 9.149. *Bei der Kontraktion des Sarcomers gleiten die ineinandergreifenden Gruppen dünner (grau) und dicker Filamente (rot) aneinander vorbei (schematisch).*

der Muskelentwicklung dadurch entsteht, dass zahlreiche Vorläuferzellen Ende an Ende miteinander verschmelzen. Die Muskelfaser ist ihrerseits ein Bündel aus etwa tausend Myofibrillen von je *ca.* 1 bis 2 µm Durchmesser, die sich über die ganze Länge der Faser erstrecken können. Die Wiederholungseinheit der Myofibrille ist das *Sarcomer*, das aus parallel, wabenförmig gepackten dicken Filamenten von 15 nm Durchmesser und doppelt so vielen ebenfalls hexagonal angeordneten dünnen Filamenten von 7 nm Durchmesser besteht. Die dünnen Filamente sind an den so genannten Z-Scheiben befestigt. Dicke und dünne Filamente greifen in regelmäßigen Abständen ineinander, wodurch das charakteristische, unter dem Mikroskop erkennbare Bandenmuster der quergestreiften Muskeln zurückzuführen ist.

Dicke Filamente bestehen fast ausschließlich aus Myosin, dünne Filamente dagegen hauptsächlich aus Actin. Das Myosin-Molekül weist einen stabförmigen *ca.* 150 nm langen Teil auf, der von zwei ausgedehnten α-Helices, die spiralförmig umeinander gewunden sind, gebildet wird. Wie die verdrehten Spiralen des Faserproteins Keratin, so besitzt auch die Myosin-Helix auf einer Seite einen hydrophoben Streifen, der ihre Zusammenlagerung mit einer zweiten derartigen Helix begünstigt. Am N-Ende falten sich die Polypeptid-Ketten wie bei einem globulären Protein zu einem länglich-runden Kopf von etwa $5,5 \times 20$ nm (*Fig. 9.149,a*). Die dicken Filamente bestehen jeweils aus mehreren hundert Myosin-Molekülen, die eine regelmäßige, versetzte Anordnung bilden, wobei sich die stabförmigen Enden berühren (*Fig. 9.149,b*). Die Myosin-Köpfchen sind verantwortlich für die Querverbindungen zu den dünnen Filamenten, die eine Myofibrille kontraktionsfähig machen.

Unter physiologischen Bedingungen polymerisiert das globuläre Actin zu einem doppelhelicalen, rechtsgängigen Filament (sog. F-Actin), das die Kernstruktur der dünnen Filamente bildet. Jede monomere Untereinheit des F-Actins kann einen einzelnen Kopf des Myosins binden. Bei der Muskelkontraktion gleiten dicke und dünne Filamente aneinander vorbei, indem die Myosin-Köpfchen durch eine ruderartige Bewegung an den dünnen Filamenten entlang gleiten. Dadurch verkürzt sich die Muskelfaser auf zwei Drittel ihrer ursprünglichen Länge (*Fig. 9.149,c*).

Auch zahlreiche Zellen, die nicht Bestandteil des Muskelgewebes sind, können sich jedoch bewegen. Die Zellwanderung bei der Embryonalentwicklung, die Bewegung von Makrophagen zum verletzten Gewebe und die Retraktion von Blutgerinnsel durch Blutplättchen sind einige Beispiele für die Zellbeweglichkeit. Bei Eukaryotenzellen dient oft die Wechselwirkung zwischen Actin und Myosin als Motor. Das innere Gerüst der eukaryotischen Zellen – das Cytoskelett – welches die Gestaltänderung und die Wanderung von Zellen ermöglicht, wird jedoch von *Mikrofilamenten* und *Mikrotubuli* gebildet.

Mikrofilamente von 7 nm Durchmesser entstehen durch Polymerisation des monomeren G-Actins. *In vivo* spielt der Auf- und Abbau der Mikrofilamente, der von zahlreichen actinbindenden Proteinen beeinflusst wird, bei zellulären Bewegungsvorgängen wie amöboider Bewegung, Phagocytose, Cytokinese (Trennung der Tochterzellen im letzten Stadium der Mitose), Ausstrecken der Axone von Nervenzellen, u. a. eine wichtige Rolle.

Hauptbestandteile eukaryotischer Cilien und Geißeln sind dagegen die Mikrotubuli, die sich durch ihren Außendurchmesser von *ca.* 30 nm von den Mikrofilamenten deutlich unterscheiden. Sie spielen ebenfalls bei der Bestimmung der Gestalt von Zellen sowie bei der Trennung der Tochterchromosomen in der Mitose eine wichtige Rolle. Mikrotubuli sind hohle zylindrische Strukturen, die

9. Carbonsäuren und ihre Derivate

Max Ferdinand Perutz (1914–2002) Professor für Physik an der Universität Cambridge (UK), gelang 1959 nach 23-jähriger Arbeit zur röntgendiffraktometrischen Untersuchung der dreidimensionalen Struktur der Hämoproteine, die er 1936 als Doktorand begonnen hatte, die vollständige Aufklärung der quartären Struktur des Hämoglobins (s. *Fig. 1.20*). In seine Arbeitsgruppe trat 1946 *John Cowdery Kendrew* (1917–1997) ein und widmete sich der Strukturaufklärung des kleineren Moleküls des *Myoglobins* (Muskelhämoglobin). Beide Forscher erhielten 1962 für ihre bahnbrechenden Arbeiten zur Aufklärung der Struktur globulärer Proteine den *Nobel*-Preis für Chemie.
(© *Nobel*-Stiftung)

aus zwei Arten von ähnlichen Untereinheiten, dem α- und β-Tubulin, aufgebaut sind. Ein Mikrotubulus besteht aus 13 Protofilamenten, die parallel zur Längsachse verlaufen (*Fig. 9.150*). Mikrotubuli, die in Zellen durch Zusammenlagerung von α- und β-Tubulin-Molekülen mit bereits vorhandenen Filamenten oder Bildungszentren (Centrosomen und Polen der Mitosespindeln) erzeugt werden (vgl. *Fig. 9.145*) sind dynamisch instabile Strukturen; sie werden ständig am freien Ende auf- und abgebaut. Die Polymerisation der Tubulin-Untereinheiten wird durch *Colchicin* (Abschn. 10.11) verhindert, wodurch dieses Alkaloid die Teilung pflanzlicher und tierischer Zellen in der Metaphase* unterbricht. Den entgegengesetzten Effekt zeigt das als Krebstherapeutikum eingesetzte Taxol (ein Diterpen); es fördert die Polymerisation der Tubuline und stabilisiert die Mikrotubuli, wodurch u. a. die Bildung des Spindelapparates verhindert wird. Vermutlich nach dem gleichen Mechanismus wirkt das Griseofulvin (Abschn. 9.24).

Gegenüber der relativ kleinen Zahl der Chromoproteine (z. B. *Hämoglobin* (Abschn. 10.4) das zum Transport des molekularen Sauerstoffes im Organismus der Vertebraten dient) und der oben erwähnten operationellen Proteine, die als eine Art 'molekularer Maschinen' physikalische Vorgänge (Muskelkontraktion, Trennung der Chromosomen in der Anaphase der Zellteilung, Antrieb von Flagellen und Cilien zur Fortbewegung von Zellen, passiver oder aktiver Transport von Ionen oder Molekülen durch Membranen u. a.) ausüben, stellen die *Enzyme* als Katalysatoren fast aller biochemischen Reaktionen die Mehrzahl der Proteine dar.

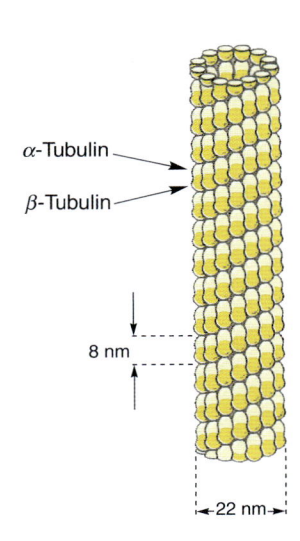

Fig. 9.150. *Ein Mikrotubulus setzt sich aus 13 parallelen, versetzt liegenden Protofilamenten zusammen, die ihrerseits aus abwechselnd angeordneten kopfschwanzverknüpften α- und β-Tubulin-Untereinheiten bestehen (schematisch).*

9.32. Enzyme

Enzyme (früher *Fermente* genannt) sind an fast allen chemischen Umsetzungen, die im Stoffwechsel lebender Organismen stattfinden, als Katalysatoren beteiligt. Ihre Funktion besteht somit darin, die Aktivierungsenthalpie der chemischen Reaktionen herabzusetzen, so dass diese unter physiologischen Bedingungen (Körpertemperatur, Atmosphärendruck u. a.) mit der erforderlichen Geschwindigkeit ablaufen können.

Das von der internationalen Enzym-Kommission (*EC*) erarbeitete Klassifikationssystem teilt die Enzyme gemäß dem Typ der Reaktion, den sie katalysieren, in 6 Hauptklassen ein (*Tab. 9.10*).

Tab. 9.10. *Klassifikation der Enzyme*

Hauptklassen	Beispiele	Funktion
Oxidoreductasen	Dehydrogenasen	Addition oder Eliminierung von Wasserstoff
	Oxidasen	Elektronenübertragung auf O_2 als Akzeptor
	Mono- und Dioxygenasen	Inkorporation von O_2 in Substrate
	Peroxidasen	Oxidation mit H_2O_2
	Dismutasen	Dismutation des Superoxid-Ions in $O_2 + H_2O_2$
	Katalasen	Zersetzung von H_2O_2 in H_2O und O_2
Transferasen	Methyltransferasen	Übetragung von CH_3-Gruppen
	Acyltransferasen	Übetragung von Acyl-Gruppen
	Transaminasen	Übetragung von Amino-Gruppen
	Kinasen	Übertragung von ATP-Phosphat-Gruppen
Hydrolasen	Esterasen	Hydrolyse von Estern
	Lipasen	Hydrolyse der Ester-Bindung bei Glyceriden
	Glycosidasen	Hydrolyse von O-Glycosiden
	Nucleosidasen	Hydrolyse von N-Glycosiden
	Amidasen	Hydrolyse von Amiden
	Proteasen	Hydrolyse der Peptid-Bindung bei Proteinen
	Endo- und Exopeptidasen[a]	Hydrolyse der Peptid-Bindung
	Phosphatasen	Hydrolyse von (P—O)-Bindungen
	Endo- und Exonucleasen[a]	Hydrolyse von (P—O)-Bindungen der Polynucleotide
Lyasen[b]	Decarboxylasen	Abspaltung von CO_2
	Synthasen	Bindungsspaltungen, deren chemisches Gleichgewicht auf der Seite des Edukts ist
	Aldolasen	Katalyse der Aldol-Reaktion
	Dehydratasen	Eliminierung von H_2O
Isomerasen	Racemasen, Epimerasen	Konfigurationsinversion an asymmetrischen C-Atomen
	Mutasen	Intramolekulare Umlagerungen
	Topoisomerasen	Kontrolle der Superspiralisierung der DNA
Ligasen	Synthetasen (Synthasen)	Katalyse von Synthesen im Allgemeinen
	Carboxylasen	Inkorporation von CO_2

[a] Als Exopeptidasen bzw. Exonucleasen werden Enzyme bezeichnet, welche die Monomer-Einheiten des Polymeren von einem Kettenende her schrittweise hydrolytisch abspalten. Endohydrolasen dagegen können Bindungen zwischen den Monomer-Einheiten innerhalb der Polymer-Kette spalten. [b] Griech. λύω (*lýō*): lösen, aufheben, trennen. Enzyme, welche die Spaltung von (C—C)-Bindungen katalysieren. Sie wurden früher *Desmolasen* genannt.

Die in *Tab. 9.10* aufgeführten Gruppennamen dienen auch zur systematischen Nomenklatur der Enzyme, und zwar in der Reihenfolge: *Substrat(e)-Reaktionstyp-Suffix(ase)*

Handelt es sich dabei um eine enzymatisch katalysierte Redox-Reaktion, wird stets zuerst das Substrat, das als Elektronendonator fungiert, und danach der Elektronenakzeptor angegeben. Beispielsweise wird in der systematischen Nomenklatur die *Alkohol-Dehydrogenase (Abschn. 8.11)* mit dem Namen: *Alkohol-NAD$^+$-Oxidoreductase* bezeichnet. So wie andere organische Moleküle werden Enzyme auch mit Trivialnamen genannt, einige davon sind als Beispiele in *Tab. 9.11* angegeben. Bei den *Kinasen* (griech. κινέω (*kinéō*): bewegen), den Enzymen, welche die Übertragung von Phosphat-Gruppen katalysieren, deutet die Vorsilbe ihrer Namen auf den *Akzeptor* hin (z. B. katalysiert die *Hexokinase* unspezifisch die Phosphorylierung von Hexosen, *Glucokinase* die von Glucose usw.). Alle

Kinasen benötigen Mg^{II}-Ionen als Cofaktoren, welche als Gegenion für die negativen Ladungen der Phosphat-Gruppen dienen.

Für die enzymatische Katalyse ist die Bildung eines supramolekularen Komplexes zwischen Enzym und Substrat notwendig. Diese Vorstellung wurde insbesondere von *Leonor Michaelis* und *Maud Menten* zu einer allgemeinen Theorie der enzymatischen Katalyse entwickelt, die sich im Wesentlichen durch nachstehende Gleichung ausdrücken lässt:

$$E + S \rightleftharpoons ES \rightarrow EP \rightleftharpoons E + P$$

In diesem Modell ist der geschwindigkeitsbestimmende Schritt der enzymatischen Reaktion meist die Umwandlung des Enzym–Substrat-Komplexes (ES) in den Enzym–Produkt-Komplex (EP). Betrachtet man den Enzym–Substrat-Komplex (ES) als ein einziges Molekül, so ist die Bildung des Enzym–Produkt-Komplexes (EP) ein monomolekularer Prozess, welcher der Einstellung des Gleichgewichtes der Reaktion des Enzyms (E) mit dem Substrat (S) folgt. Demzufolge hängt die Reaktionsgeschwindigkeit einer enzymatischen Reaktion sowohl von der Konzentration des Substrats als auch von der des Enzyms ab. Daraus folgt, dass die Kinetik enzymatisch katalysierter Reaktionen derjenigen von monomolekularen Reaktionen entspricht, bei denen dem reaktionsgeschwindigkeitsbestimmenden Schritt eine Gleichgewichtsreaktion vorgelagert ist (*Abschn. 5.15*).

Bei hohen Substrat-Konzentrationen ist das Enzym mit seinem Substrat gesättigt, so dass eine weitere Erhöhung der Substrat-Konzentration [S] keinen Einfluss auf die Geschwindigkeit der Reaktion hat. Der Sättigungseffekt ist typisch für enzymatisch katalysierte Reaktionen und verursacht die in *Fig. 9.151* dargestellte charakteristische Abhängigkeit der Reaktionsgeschwindigkeit von der Substrat-Konzentration. Da die Konzentration von ES sowohl von der Reaktionsgeschwindigkeitskonstante seiner Bildung (k_1) als auch von den Reaktionsgeschwindigkeitskonstanten abhängt, mit denen der Enzym–Substrat-Komplex entweder in seine Komponenten dissoziiert (k_{-1}) oder zu EP weiter reagiert (k_2), stellt sich bei der enzymatisch katalysierten Reaktion ein quasistationärer Zustand (Fließgleichgewicht) ein, der durch die *Michaelis–Menten*-Konstante (K_m) definiert ist, wobei: $K_m = (k_2 + k_{-1})/k_1$

Die Anfangsgeschwindigkeit einer enzymatisch katalysierten Reaktion (V_0), bei der nur ein Substrat umgesetzt wird, gehorcht der *Michaelis–Menten*-Gleichung:

$$V_0 = V_{max} [S]/(K_m + [S])$$

so dass die *Michaelis–Menten*-Konstante der Substrat-Konzentration entspricht, bei der die Reaktionsgeschwindigkeit die Hälfte ihres Maximalwertes erreicht hat.

Leonor Michaelis (1875–1949) und seine Mitarbeiterin *Maud Menten* (1879–1960) führten Untersuchungen über die Kinetik enzymatisch katalysierter Reaktionen im von ihm als Direktor geleiteten bakteriologischen Laboratorium des Berliner Krankenhauses Charité. Daneben wirkte *Michaelis* als Professor an der Humboldt-Universität zu Berlin (1908) und 1922–1926 an der Medizinischen Schule in Nagoya (Japan). Ab 1929 bis zur Emeritierung arbeitete er am Rockefeller Institute for Medical Research in New York. (Mit Genehmigung der Rockefeller University Archives)

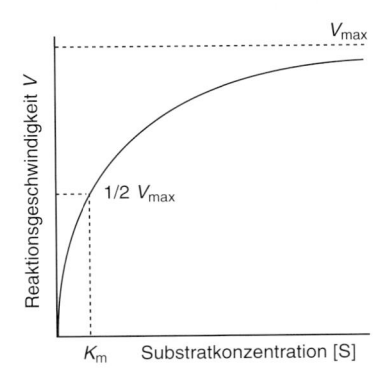

Fig. 9.151. *Graphische Darstellung der Michaelis–Menten-Gleichung*

Struktur und Reaktivität der Biomoleküle

James Batcheller Sumner (1887–1955) gelang zum ersten Mal im Jahre 1926 die Kristallisation eines Enzyms, der Urease aus Schwertbohnen (*Canavalia ensiformis*). Drei Jahre später wurde er zum Professor an der Cornell University in Ithaca (New York) berufen. Die Veröffentlichung seiner bahnbrechenden Arbeiten stieß jedoch allgemein auf Skepsis. Erst als 1930 andere Enzyme (Pepsin, Chymotrypsin, Trypsin, u.a.) von *John Howard Northrop* (1891–1987), damals am Rockefeller Institut in Princeton, ebenfalls kristallin erhalten werden konnten, wurden *Sumner*s Ergebnisse anerkannt. Beide Forscher erhielten 1946 zusammen mit *Wendell Meredith Stanley* (1904–1971), der das Tabakmosaikvirus kristallisierte, den *Nobel*-Preis für Chemie. (© *Nobel*-Stiftung)

Wie kann man jedoch die äußerst effiziente katalytische Wirkung der Enzyme erklären? Dazu sind zwei Faktoren von besonderer Bedeutung:

1) Durch Wechselwirkung mit den Aminosäure-Einheiten, die das *Reaktionszentrum* des Enzyms bilden, wird das Substrat in der für die Reaktion günstigsten Konformation fixiert, so dass die Entropiedifferenz bei der Bildung des Übergangskomplexes der betreffenden Reaktion minimiert wird.

2) Die funktionellen Gruppen einiger Aminosäure-Einheiten des Proteins sind räumlich um das Reaktionszentrum derart angeordnet, dass sie mit den funktionellen Gruppen des Substrats aus nächster Nähe in Wechselwirkung treten können.

Maßgebend für die Aufklärung des Mechanismus der katalytischen Wirkung eines Enzyms ist die Kenntnis seiner dreidimensionalen Struktur, die bislang nur durch Diffraktion von Röntgenstrahlen in kristallinen Proben bestimmt werden kann. Urease, eine Hydrolase, die in Pflanzensamen und Mikroorganismen Harnstoff zu NH_3 und H_2O spaltet (*Abschn. 10.21*), ist das erste Enzym, dessen Kristallisation *James Sumner* im Jahre 1926 gelang. Später wurden Pepsin (1930), Chymotrypsin (1934) und andere Enzyme von *John Northrop* kristallin erhalten.

Chymotrypsin gehört zu einer Gruppe von Endopeptidasen, die *Serin-Proteasen* genannt werden, weil sie einen gemeinsamen katalytischen Mechanismus aufweisen, dessen charakteristisches Merkmal die Beteiligung einer Serin-Einheit an der Bildung des Übergangskomplexes der Reaktion ist. Serin-Proteasen, zu denen u.a. Trypsin und Elastase, die ebenfalls im Pankreas biosynthetisiert werden, sowie Thrombin (*Abschn. 9.31*) und die acrosomalen Proteasen, die das Eindringen der Spermien in das Ei ermöglichen, gehören, sind heute die am gründlichsten untersuchten Enzyme. Die großen strukturellen Ähnlichkeiten von Trypsin, Chymotrypsin und Elastase lassen vermuten, dass sich diese Proteine durch Genduplikationen aus einer 'Ur-Serin-Protease' und anschließende divergente Evolution entwickelt haben.

Chymotrypsin ist ein Verdauungsenzym (eine Protease), das spezifisch Peptid-Bindungen von Polypeptiden oder Proteinen auf der 'Carboxy-Seite' von aromatischen Aminosäure-Einheiten (Phenylalanin, Tyrosin oder Tryptophan) spaltet. Das Enzym besteht aus drei Polypeptid-Ketten (A, B und C genannt) mit 13, 131 bzw. 97 Aminosäure-Einheiten, die durch je eine Cystin-Einheit zusammengehalten werden. Analog einiger physiologisch aktiver Peptide (Angiotensin, Insulin u.a.), die durch Abspaltung kurzer Aminosäure-Sequenzen 'aktiviert' werden (*Abschn. 9.30*), wird Chymotrypsin durch Abspaltung von zwei Dipeptiden aus dessen enzymatisch inaktivem Vorläufer (dem *Chymotrypsinogen*), das in der Bauchspeicheldrüse (Pankreas) biosynthetisiert und in den Dünndarm sezerniert wird, autokatalytisch gebildet. Bei proteolytisch wirkenden Enzymen, deren physiologisch inaktive Proenzyme *Zymogene* genannt werden, ist dies die Regel. Anderenfalls käme es zu einer Selbstverdauung innerhalb der Gewebe, in denen sie biosynthetisiert werden.

Die Wirkungsweise des *Chymotrypsins* verdeutlicht das Prinzip der Stabilisierung des Übergangskomplexes durch das Enzym sowie der 'lokalen' Katalyse durch die Mitwirkung saurer und basischer Aminosäure-Einheiten der dazugehörigen Polypeptid-Kette (*Fig. 9.152*). Die Bindung des Substrats an das Chymotrypsin (die Bildung des *Michaelis–Menten*-Komplexes) findet in einer speziellen, durch die Faltung der Polypeptid-Kette des Enzyms gebildeten hydrophoben 'Tasche' statt, in welche die Seitenkette aromatischer Aminosäure-Einheiten 'hineinpasst'. Chymotrypsin kann sowohl als Esterase als auch als Protease arbeiten, was nicht besonders überraschend ist, da die Reaktionsmechanismen der Hydrolyse von Estern und Amiden fast identisch sind (*Abschn. 9.18* bzw. *9.27*). Der Reaktionsmechanismus der chymotrypsin-katalysierten Hydrolyse von Peptiden besteht aus zwei Hauptphasen: der Acylierung einer Serin-Einheit des Enzyms, bei der die Peptid-Bindung des Substrats gespalten wird (**A → C** in *Fig. 9.152*), und der darauf folgenden Deacylierung der Serin-Einheit des Enzyms, bei der die Ester-Bindung unter Regenerierung des Enzyms hydrolysiert wird (**D → F** in *Fig. 9.152*)

In der Acylierungsphase wirkt die OH-Gruppe der Serin-Einheit an der Position 195 der Polypeptid-Kette des Enzyms als Nucleophil. Beim physiologischen

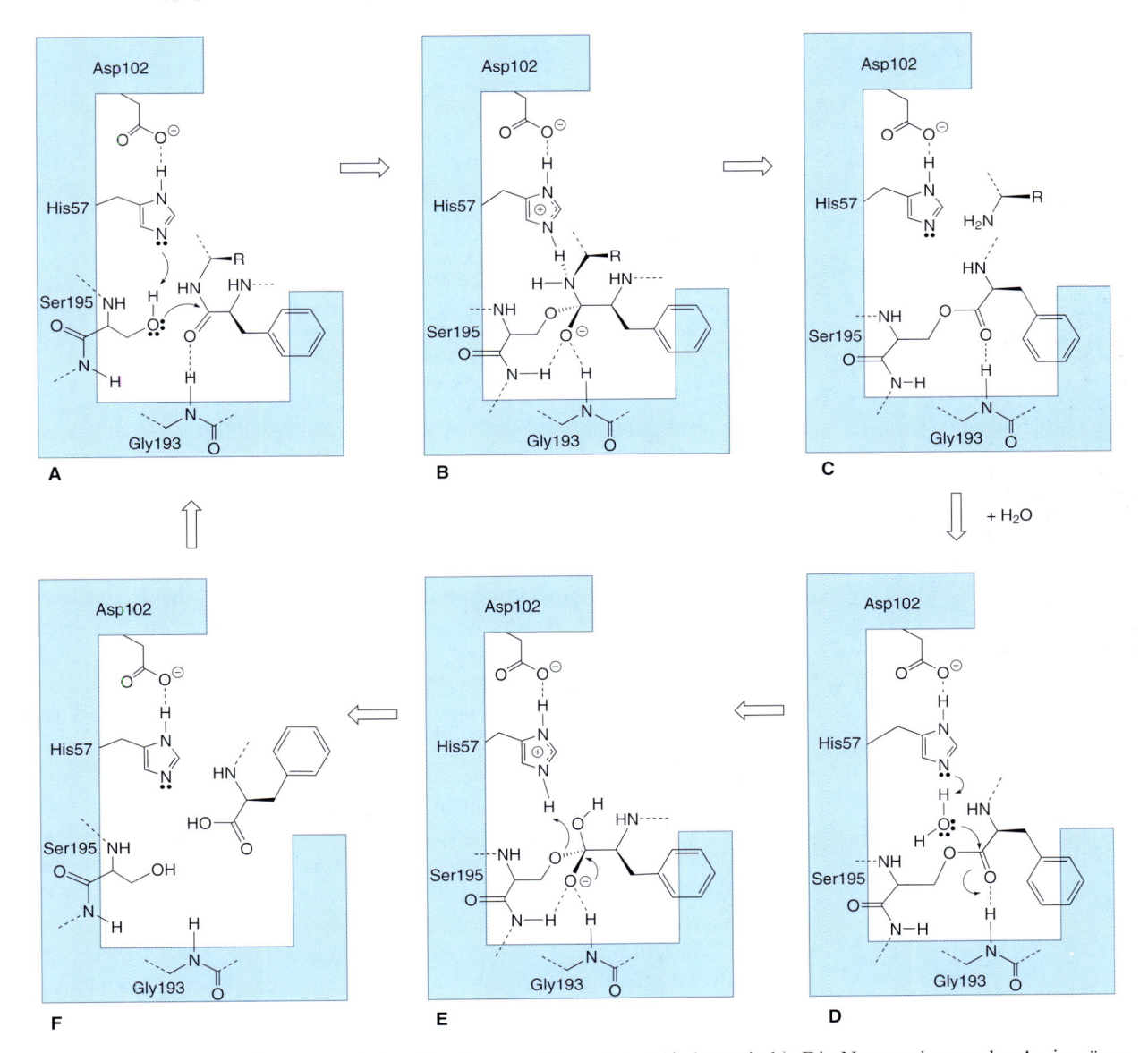

Fig. 9.152. *Mechanismus der enzymatischen Katalyse von Chymotrypsin* (schematisch). Die Nummerierung der Aminosäure-Einheiten des Chymotrypsinogens, das 245 Aminosäure-Einheiten enthält, wird beim Chymotrypsin (obwohl Letzteres nur aus 241 Aminosäure-Einheiten besteht) beibehalten; sie beginnt bei der kürzesten Kette.

pH-Wert liegt die OH-Gruppe des Serins nicht ionisiert vor, im Enzym ist aber Ser195 über eine H-Brücken-Bindung an His57 gebunden, das seinerseits mit Asp102 verbrückt ist. Diese drei Aminosäure-Einheiten der Polypeptid-Kette des Chymotrypsins werden als *katalytische Triade* bezeichnet.

Die nucleophile Addition der OH-Gruppe des Serins an die Carbonyl-Gruppe des Substrats ist ein Beispiel einer enzymatischen *allgemeinen* Säure/Base-Katalyse (vgl. *Abschn. 8.13*): das über H-Brücken-Bindung gebundene His57 zieht das Proton der OH-Gruppe des Serins heran, wobei die ionisierte Carboxy-Gruppe von Asp102 die am Imidazol-Ring der Histidin-Einheit entstehende positive Ladung 'stabilisiert'. Eine Protonenübertragung zwischen den beiden Aminosäure-Einheiten findet jedoch nicht statt. Auf diese Weise wird die Deprotonierung der sehr schwach sauren OH-Gruppe von Ser195 vermieden, die Nucleophilie des entsprechenden O-Atoms jedoch erhöht. His57 kann auch als Protonendonator wirken, indem es die Amino-Gruppe der Aminosäure-Einheit an der Hydrolyse-Stelle des Substrats protoniert.

Die austretende Amino-Gruppe am Ende der gespaltenen Polypeptid-Kette des Substrats löst sich vom Enzym ab und wird durch Wasser aus dem Medium ersetzt (**C → D** in *Fig. 9.152*). Eine ähnliche Folge von Protonenübertragungen findet in der Deacylierungsphase statt. Die Regenerierung des Enzyms erfolgt schließlich unter Freisetzung der neuen C-terminalen Aminosäure-Einheit der geschnittenen Polypeptid-Kette des Substrats (**F → A** in *Fig. 9.152*).

Sowohl bei der nucleophilen Addition der OH-Gruppe des Serins an die Carbonyl-Gruppe des Substrats als auch bei der Hydrolyse des daraus resultierenden Esters bildet sich ein Übergangskomplex, dessen negativ geladenes O-Atom an ein nunmehr tetragonales C-Atom gebunden ist (*Abschn. 9.18*). Die Ladung entsteht innerhalb einer vom Enzym gebildeten 'Tasche', dem so genannten *Oxyanion-Loch*, und wird durch H-Brücken-Bindungen stabilisiert, die mit den N-ständigen H-Atomen der Amid-Gruppen zweier Aminosäure-Einheiten der Polypeptid-Kette des Chymotrypsins (Ser195, dessen OH-Gruppe als Nucleophil fungiert, und Gly193) gebildet werden (**B** und **F** in *Fig. 9.152*). Eine dieser H-Brücken-Bindungen tritt nur im Übergangskomplex auf und erniedrigt dadurch seinen Energiegehalt.

Die funktionellen Gruppen der Aminosäuren, die Bestandteil der Enzyme sind, können eine große Vielfalt chemischer Reaktionen katalysieren, insbesondere säure- oder basenkatalysierte Reaktionen. Zur Katalyse von Redox-Reaktionen und vielen Arten von Gruppenübertragungsprozessen sind sie allerdings weniger geeignet. Aus diesem Grunde sind zahlreiche Enzyme aus dem eigentlichen Polypeptid – dem *Apoprotein* bzw. *Apoenzym* – und einem niedermolekularen, nicht aus Aminosäuren aufgebauten Teil, der *prosthetischen Gruppe*, zusammengesetzt. Prosthetische Gruppen, die nicht durch eine kovalente Bindung an das Apoenzym gebunden sind, werden auch *Coenzyme* oder *Cofaktoren* genannt. Apo- und Coenzym ergeben zusammen das physiologisch wirksame *Holoenzym*. Die Bezeichnung *Proteide* für zusammengesetzte Proteine wird heute nicht mehr verwendet.

Als Cofaktoren einiger Enzyme dienen auch Metall-Ionen, die selbstverständlich mit der Nahrung aufgenommen werden müssen. Dazu gehören die *Spurenelemente*, die z.T. in äußerst geringen Mengen unentbehrlich sind. Einige Beispiele von Enzymen, welche die häufigsten Spurenelemente enthalten, sind in *Tab. 9.11* zusammengestellt. Die wichtigsten prosthetischen Gruppen der Enzyme

Tab. 9.11. *Spurenelemente, die als Bestandteil von Metalloenzymen auftreten*

Spurenelement[a]	Metalloenzym	Funktion
Magnesium (Mg)	Hauptsächlich *Kinasen* und *ATP-asen*	katalysieren die Übertragung von Phosphat-Gruppen bzw. die Hydrolyse von ATP.
Vanadium (V)	einige *Nitrogenasen*	katalysieren u. a. die Reduktion von N_2 zu NH_3 bei N_2-fixierenden Bakterien.
	Hämovanadine	kommen als grüne Bestandteile unbekannter Funktion in bestimmten Blutzellen von marinen Tunikaten (Manteltieren) vor.
Chrom (Cr)	*Glucosetoleranzfaktor* (GTF)	verbessert die Normalisierung der Glucose-Konzentration im Blut nach Kohlenhydrat-Aufnahme.
Mangan (Mn)	*Arginase*	katalysiert die Spaltung von Arginin zu Ornithin und Harnstoff (*Abschn. 9.26*).
	Ribonucleotid-Reductase	katalysiert bei einigen Prokaryonten die Synthese von Desoxyribonucleotiden aus Ribonucleotiden (*Abschn. 10.19*).
	einige *Kinasen*	katalysieren die Übertragung von Phosphat-Gruppen.
	Enzyme des Photosystems II	katalysieren die Spaltung von H_2O zu O_2 und H_2 (*Abschn. 6.3*).
Eisen (Fe)	*Methan-Monooxygenase*	katalysiert die Oxidation von Methan zu Methanol in methylotrophen Bakterien (*Abschn. 2.17*).
	Ferredoxine	Glieder von Elektronentransportketten der Atmung, Photosynthese und N_2-Fixierung (*Abschn. 6.3*).
	Ferritin und *Hämosiderin*	speichern Eisen (als $FeO[OH] \cdot FeO[PO_3H_2]$) im Säugetierorganismus (*Abschn. 10.4*).
	Ribonucleotid-Reductasen	katalysieren die Synthese von Desoxyribonucleotiden aus Ribonucleotiden (*Abschn. 10.19*).
	Prolyl-Hydroxylase	katalysiert die Hydroxylierung des C(4)-Atoms der Prolin-Einheiten des Protokollagens (*Abschn. 8.30*).
	Häm-Proteine	transportieren bei Tieren O_2 bzw. 'aktivieren' O_2 bei Redox-Prozessen (*Abschn. 5.2 und 6.3*).
Kobalt (Co)	*Vitamin B_{12}-Coenzym*	katalysiert u. a. die Synthese von Desoxyribonucleotiden aus Ribonucleotiden (*Abschn. 10.4*).
Nickel (Ni)	*CO-Dehydrogenase*	reduziert CO_2 zu CO (*Abschn. 2.17*).
	Urease	katalysiert die Spaltung von Harnstoff zu CO_2 und NH_3 (*Abschn. 10.21*).
	Hydrogenasen	katalysieren die Reaktion $H_2 \rightleftharpoons 2H^+ + 2e^-$.
	Methyl-S-Coenzym-M Methylreductase	reduziert die CH_3-Gruppe des Methyl-Coenzyms M zu CH_4 bei methanogenen Bakterien.
Kupfer (Cu)	*Cytochromoxidase*	überträgt Elektronen auf O_2 (*Abschn. 2.16*).
	Tyrosinase (*Phenol-Oxidase*)	katalysiert die Oxidation von Tyrosin zu Dihydroxyphenylalanin (*Abschn. 5.27*).
	Amin-Oxidasen	katalysieren die Oxidation von Aminen zu Aldehyden (*Abschn. 8.19*).
	Ascorbat-Oxidase	katalysiert die Oxidation von Ascorbinsäure zu Dehydroascorbinsäure (*Abschn. 8.30*).
	Urat-Oxidase (*Uricase*)	katalysiert den Abbau von Harnsäure zu Allantoin (*Abschn. 10.21*).
	Plastocyanin	Glied der Elektronentransportkette, welche die Photosysteme I und II der Photosynthese verbindet (*Abschn. 6.3*).
	Coeruloplasmin	dient als Speicher und Transportprotein von Cu^{II}-Ionen.
	Hämocyanin	transportiert O_2 bei einigen Mollusken und Arthropoden (*Abschn. 2.16*).
	Nitrit-Reductase	katalysiert die Reduktion von NO_2^- zu NO bei der bakteriellen Nitratatmung.
Zink (Zn)	*RNA-* und *DNA-Polymerasen*	katalysieren die Polymerisation von Nucleotiden zu Nucleinsäuren (*Abschn. 10.18*).
	Alkohol- und *Lactat-Dehydrogenase*	katalysiert die Oxidation von Alkoholen zu Aldehyden bzw. der Milchsäure zu Pyruvat (*Abschn. 9.5*).
	Carboanhydrase (*Carbohydratase*)	katalysiert die Bildung von Bicarbonat aus CO_2 (*Abschn. 9.26*).
	Carboxypeptidasen	katalysieren die Hydrolyse der Peptid-Bindung am Carboxy-Ende von Proteinen.

Tab. 9.11. (Fortsetzung)

Spurenelement[a])	Metalloenzym	Funktion
	PBG-Synthase	katalysiert die Biosynthese des Porphobilinogens aus δ-Aminolävulinsäure (*Abschn. 10.3*).
	alkalische *Phosphatasen*	katalysieren die Hydrolyse von Phosphat-Gruppen z. B. in der Dünndarmschleimhaut.
	Thymidinkinase	katalysiert die Phosphorylierung von Thymidin zu Thymidin-5'-monophosphat.
Cadmium (Cd)	*Cadmium-Carboanhydrase*	katalysiert die Bildung von Bicarbonat aus CO_2 in der marinen Kieselalge *Thalassiosira weissflogii*.
Selen (Se)	*Glutathion-Peroxidase*	katalysiert die Oxidation von Glutathion zum dimeren Disulfid (*Abschn. 6.2*).
	Glycinreductase	katalysiert die Spaltung von Glycin zu Acetyl-phosphat und NH_3.
Molybdän (Mo)	*Aldehyd-Oxidasen*	katalysieren die Oxidation von Aldehyden zu Carbonsäuren (*Abschn. 8.12*).
	Formiat-Dehydrogenase	katalysiert die Spaltung von Ameisensäure zu CO_2 und H_2 (*Abschn. 9.13*).
	Xanthin-Oxidase und *Xanthindehydrogenase*	katalysieren die Oxidation von Xanthin zu Harnsäure (*Abschn. 10.21*).
	Sulfit-Oxidase	katalysiert die Oxidation von SO_3^{2-}- zu SO_4^{2-}-Ionen bei schwefeloxidierenden Bakterien.
	Nitratreductase	katalysiert die Reduktion von Nitrat (NO_3^-) zu Nitrit (NO_2^-) in grünen Pflanzen und zahlreichen Mikroorganismen.
	Nitrogenase	katalysiert u.a. die Reduktion von N_2 zu NH_3 bei N_2-fixierenden Mikroorganismen.
Zinn (Sn)	*Gastrin*	stimuliert u.a. die Sekretion von HCl und Pepsinogen im Magen (*Abschn. 9.30*).
Wolfram (W)	einige *Formiat-Dehydrogenasen*	katalysieren die Oxidation von Aldehyden zu Carbonsäuren in thermophilen Anaerobiern.
	einige *Aldehyd-Oxidasen*	katalysieren die Oxidation von Aldehyden zu Carbonsäuren in thermophilen Anaerobiern.
	Acetylen-Hydratase	katalysiert die Addition von H_2O an Acetylen (*Abschn. 3.27*).

[a]) Die meisten Spurenelemente kommen bei einem Menschen von durchschnittlichem Körpergewicht (70 kg) in Mengen vor, die kleiner als 0,1 g sind. Magnesium, Eisen und Zink sind dagegen in größeren Mengen (35, 4,2 bzw. 2,3 g) vorhanden. Jod, das neben Eisen das am längsten bekannte Spurenelement ist, kommt nicht als Bestandteil von Enzymen vor, wird aber für die Biosynthese des Thyroxins benötigt (*Abschn. 5.9*). Bor hat im menschlichen Organismus wahrscheinlich keine Funktion. Für das Pflanzenwachstum ist es dagegen essentiell. Einige Manteltiere (*Tunicata*) reichern das im Meerwasser enthaltene Vanadium bis auf das Millionenfache in ihren Blutzellen an.

Tab. 9.12. *Prosthetische Gruppen des aeroben Metabolismus, die als Vitamine vorkommen*

Menadion	Vorläufer der Vitamine K und E	*Abschn. 8.4*
Pyridoxin	Vorläufer der prosthetischen Gruppe der Transaminasen und Aminosäure-Decarboxylasen	*Abschn. 9.8*
		Abschn. 9.13
Thiamin	Prosthetische Gruppe der Decarboxylasen und Transketolasen	*Abschn. 9.13*
Biotin	Prosthetische Gruppe der Carboxylasen	*Abschn. 9.13*
Liponsäure	Prosthetische Gruppe des Pyruvat-Dehydrogenase-Komplexes	*Abschn. 9.13*
Pantothensäure	Vorläufer des Coenzyms A	*Abschn. 9.22*
Häm	Vorläufer der Cytochrome	*Abschn. 10.4*
Cobalamin	Chromophor des Vitamin B_{12}-Coenzyms	*Abschn. 10.4*
Nicotinsäure	Vorläufer der NAD^+- und $NADP^+$-abhängigen Dehydrogenasen	*Abschn. 10.10*
PQQ	Prosthetische Gruppe bakterieller Dehydrogenasen	*Abschn. 10.10*
Folsäure	Vorläufer des Tetrahydrofolats	*Abschn. 10.14*
p-Aminobenzoesäure	Vorläufer des Tetrahydrofolats	*Abschn. 10.14*
Riboflavin	Prosthetische Gruppe der Flavoproteine	*Abschn. 10.14*

des aeroben Metabolismus sind in *Tab. 9.12* zusammengefasst. Bei Menschen und Tieren stammen die meisten dieser Coenzyme aus Vitaminen.

9.33. Metabolismus der Proteine

Die Halbwertszeiten cytoplasmatischer Proteine reichen von wenigen Minuten bis zu einigen Wochen; *Hämoglobin* (*Abschn. 10.4*), das vermutlich längstlebige cytoplasmatische Protein überhaupt, wird ungefähr 120 Tage nach seiner *Translation* (*Abschn. 10.18*) abgebaut. Die meisten Enzyme, deren 'Lebensdauer' durch regulatorische Mechanismen begrenzt wird, werden nach 2 min bis 20 Stunden abgebaut. Als Erkennungsmerkmal für die Lebensdauer cytoplasmatischer Proteine dient u.a. die Aminosäure am Amino-Ende.

Bei Eukaryoten findet der durch *Proteasen* katalysierte Protein-Abbau entweder in den *Lysosomen* oder im Cytoplasma statt, wobei im Letzteren nur Proteine abgebaut werden, die vorher durch Verknüpfung mit einem Erkennungsprotein 'markiert' worden sind. Das bisher bestuntersuchte Erkennungsprotein dieser Art ist *Ubiquitin*, das in Eukaryoten überall verbreitet (ubiquitär) vorkommt.

Lysosomen sind von einer einfachen Membran umgebene Zellorganellen, in denen hauptsächlich katabolische Prozesse stattfinden. Die dort befindlichen Enzyme (meist Glycosidasen, Proteasen, Nucleasen, Phosphatasen und Lipasen) sind der hohen intralysosomalen Protonen-Konzentration (pH = 4,5–5,0) angepasst.

Ubiquitin spielt u.a. beim nichtpathologischen Muskelabbau sowie bei diversen degenerativen Syndromen im Neuralbereich, wie z.B. *Alzheimer*'sche Krankheit, *Down*-Syndrom und *Creutzfeld–Jakob*-Erkrankung eine Rolle. Ubiquitin ist das am stärksten konservierte bekannte Protein überhaupt, d.h. die Sequenz seiner 76 Aminosäure-Einheiten ist im Laufe der Evolution fast unverändert geblieben.

Bei anhaltendem Nahrungsmangel folgt der Protein-Abbau demjenigen der Kohlenhydrate und Fette. Da schließlich die durch Hydrolyse der Proteine freigesetzten Aminosäuren in Vorläufer der Gluconeogenese umgewandelt werden, dient der Protein-Abbau dazu, den Energiebedarf des Stoffwechsels zu decken. Über eine gewisse Grenze hinaus führt er jedoch zum Tod des Organismus.

9.34. Nitrile

Die charakteristische funktionelle Gruppe der Nitrile ist die *Cyano-Gruppe* (−C≡N). Nitrile können durch Dehydratisierung von primären Amiden synthetisiert werden (*Abschn. 9.27*).

Struktur und Reaktivität der Biomoleküle

Die für die Carbonyl-Gruppe charakteristische Reaktion, die nucleophile Addition, findet auch bei Nitrilen statt. Die Anlagerung von Wasser oder Alkoholen als Nucleophile führt zu den entsprechenden Amiden (s. *Fig. 9.127*) bzw. zu *Imido-estern* (*Fig. 9.153*), die meist nur in saurem Medium beständig sind. Nitrile werden jedoch wesentlich langsamer zu Amiden hydrolysiert als diese zu Carbonsäuren, so dass in der Regel das Produkt der Hydrolyse eines Nitrils die entsprechende Carbonsäure ist. Die Hydrolyse von Nitrilen wird sowohl in saurem (s. *Fig. 9.127*) als auch in alkalischem Medium beschleunigt (*Fig. 9.154*).

Fig. 9.153. *Säurekatalysierte nucleophile Addition von Alkoholen an Nitrile*

Fig. 9.154. *Alkalische Hydrolyse von Nitrilen*

Nitrile spielen als Naturprodukte keine bedeutende Rolle. Eine große Anzahl so genannter cyanogener Glycoside, zu denen das *Prunasin* und das *Amygdalin* gehören, sind jedoch natürlich vorkommende α-Hydroxynitril-Derivate.

Prunasin und Amygdalin sind β-Glucoside, die Glucopyranose bzw. Gentiobiose (s. *Abschn. 8.32*) als Zucker-Komponente enthalten. Prunasin kommt in den Blättern und Samen der Lorbeerkirsche (*Prunus laurocerasus*) vor. Amygdalin (*Fig. 9.155*) befindet sich in den Kernen der bitteren Mandel (griech. ἀμύγδαλον (*amýgdalon*): Mandel) und vielen anderen Steinobstsorten (Aprikosen, Kirschen, Pflaumen u.a.). Sowohl Prunasin als auch Amygdalin werden durch verdünnte

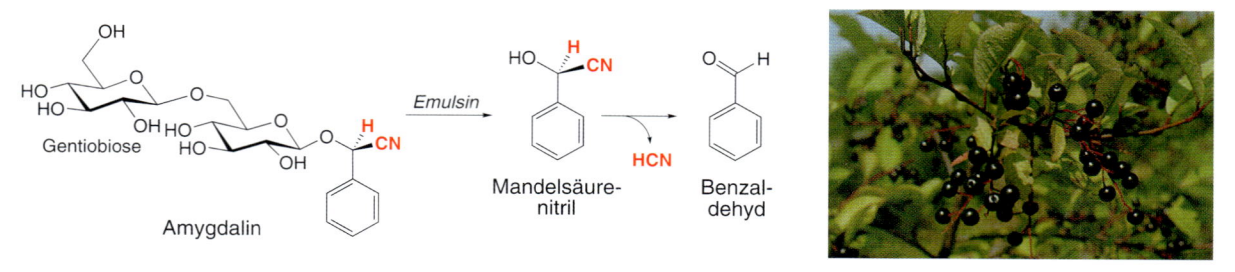

Fig. 9.155. *Das cyanogene Glycosid* Amygdalin *kommt in den Blättern, der Rinde und den Samen der Traubenkirsche (*Prunus padus *L.) vor.*

Säuren in D-Glucose und Mandelsäure-nitril gespalten, wobei sich Letzteres unter Bildung von Benzaldehyd und Cyanwasserstoff (HCN; Blausäure) zersetzt. Die gleiche Reaktion findet in Gegenwart von *Emulsin* statt, einem Enzym, das in den zuvor erwähnten Steinobstarten vorkommt. Der im Boden entstehende Benzaldehyd hemmt z.B. das Wachstum von Pfirsichen (vgl. *Abschn. 8.4*). Wegen der Freisetzung von HCN kann der Genuss von 6–10 Bittermandelkernen für ein Kind tödlich sein.

9.35. Präbiotische Synthese der Aminosäuren

Das überraschende Ergebnis des *Miller*'schen Experiments (*Abschn. 1.2*) war, dass aus NH_3, CH_4 und H_2O durch elektrische Entladungen Aminosäuren, und zwar jene, die Bestandteil der Proteine sind, gebildet werden. Zahlreiche Experimente sind in der Folgezeit durchgeführt worden, um die Mechanismen der unter diesen Bedingungen stattfindenden Reaktionen zu verstehen, die zu einer präbiotischen Synthese essentieller Bausteine lebender Organismen führen.

Eine wichtige Rolle hat dabei vermutlich HCN gespielt, ein Molekül, das sowohl die Eigenschaften der *elektrophilen* (C≡N)-Gruppe aufweist, als auch, als schwache Säure, das *nucleophile* Cyanid-Ion (die konjugierte Base von HCN) liefern kann. Reagieren beide Moleküle miteinander, so entsteht α-Iminoacetonitril, welches bei der präbiotischen Synthese der Nucleinsäuren eine entscheidende Rolle gespielt haben kann (*Abschn. 10.20*).

Andererseits sind eine Reihe kleiner hochreaktiver Moleküle (Methylenimin, Vinylamin, Ketenimin u.a.), deren Bildung in der Gasphase durch Reaktion von HCN oder NH_3 mit Spaltprodukten des Methans (*Abschn. 2.12*) unter Zufuhr von Energie experimentell nachgewiesen worden ist, befähigt, mit HCN unter Bildung der Nitrile gängiger proteinogener Aminosäuren zu reagieren (*Fig. 9.156*).

Wahrscheinlich waren derartige Nitrile während einer Phase der chemischen Evolution, die sich in Abwesenheit von H_2O hat abspielen können, die Edukte für die präbiotische Synthese einer Vielzahl relativ komplexer organischer Moleküle (Coenzyme u.a.), die erst in einer späteren durch hydrolytische Prozesse charakterisierten Phase der chemischen Evolution die 'Bausteine' der heute bekann-

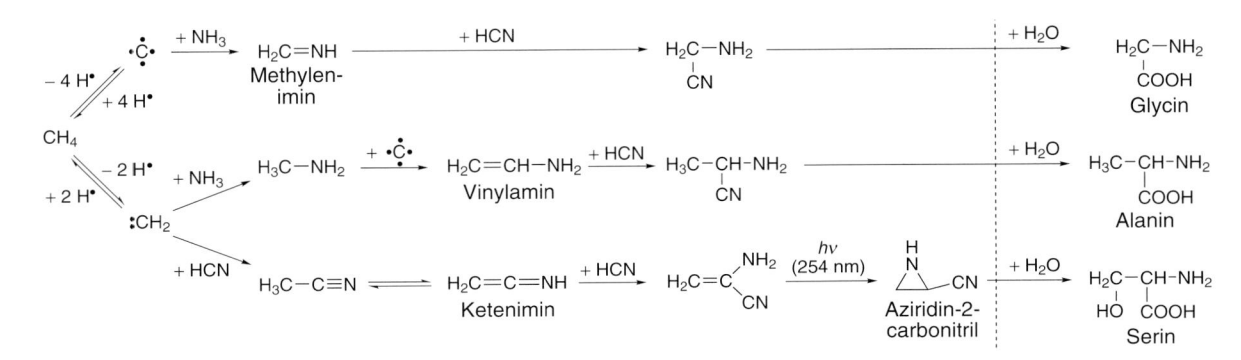

Fig. 9.156. *Plausible präbiotische Entstehung der Aminosäuren Glycin, Alanin und Serin*

Tab. 9.13. *Durchschnittliche Häufigkeit [%] der α-Aminosäuren in Proteinen* (gemäß M. H. Klapper, *Biochem. Biophys. Res. Commun.* **1977**, *78*, 1020)

Ala	Gly	Leu	Ser	Lys	Val	Glu	Thr	Asp	Arg	Pro	Ile	Asn	Gln	Tyr	Phe	Cys	His	Met	Trp
9,0	7,5	7,5	7,1	7,0	6,9	6,2	6,0	5,5	4,7	4,6	4,6	4,4	3,9	3,5	3,5	2,8	2,1	1,7	1,1

Adolph Strecker (1822–1871)
Professor für Chemie an den Universitäten Kristiania in Oslo (1851), Tübingen (1860) und Würzburg (1870), hinterließ ein umfangreiches Werk auf dem Gebiet der organischen Chemie (Methoden zur Synthese und Abbau von Aminosäuren, Konstitutionsaufklärung des Alizarins u.a.). Durch seine Arbeiten zur Bestimmung von Atommassen wurde er zu einem Wegbereiter des Periodensystems der Elemente. (Mit Genehmigung der Royal Society of Chemistry, Library and Information Centre, London)

ten biologisch aktiven Systeme lieferten. Damit im Einklang steht die Tatsache, dass gerade die Aminosäuren, deren Bildung unter präbiotischen Bedingungen sich am plausibelsten erklären lässt, am häufigsten bei den heute bekannten Proteinen vorkommen (*Tab. 9.13*).

In der kondensierten Phase stellt die heute noch industriell verwendete *Strecker*-Synthese von Aminosäuren durch Reaktion von Aldehyden mit NH_3 in Gegenwart von HCN einen möglichen Weg für ihre Bildung unter präbiotischen Bedingungen dar. Bei der *Strecker*-Reaktion wird zunächst ein Imin gebildet (*Abschn. 8.14*), das mit HCN in einer der Cyanhydrin-Synthese (*Abschn. 8.22*) analogen Reaktion zum entsprechenden α-Aminonitril führt (*Fig. 9.157*). Da die Bildung des α-Aminonitrils eine reversible Reaktion ist, kommt für die Hydrolyse des Letzteren nur ein saures Medium in Frage.

Fig. 9.157. *Strecker*-*Synthese vom racemischen Alanin*

Unter gleichen Reaktionsbedingungen kann Glycin aus α-Aminoacetonitril in 92% Ausbeute hergestellt werden. Wegen der Polymerisationsfreudigkeit des Methanimins (*Abschn. 8.14*) ist jedoch das Endprodukt der Reaktion von Formaldehyd mit NH_3 in Gegenwart von HCN nicht α-Aminoacetonitril sondern Hexahydro-1,3,5-triazin-2,4,6-triacetonitril (das cyclische Trimer des Methylenaminoacetonitrils), aus dem unter den sauren Bedingungen der Hydrolyse α-Aminoacetonitril freigesetzt wird.

Ein besonders attraktiver Aspekt der im Vorangehenden erläuterten Hypothese ist, dass der Übergang von Nitrilen zu den entsprechenden Carbonsäuren *ohne Änderung der Oxidationsstufe* des C-Atoms stattfindet, d.h. der Prozess hat sich in Abwesenheit von Sauerstoff als Elektronenakzeptor vollziehen können, eine Bedingung, die an die Tatsache geknüpft ist, dass niedere Lebewesen auf der Erde entstanden sind, bevor die Atmosphäre nennenswerte Mengen an Sauerstoff enthielt (*Abschn. 2.16*).

Weiterführende Literatur

D. W. Russell, K. D. R. Setchell, 'Bile acid biosynthesis', *Biochemistry* **1992**, *31*, 4737–4749.

P. Welzel, 'Prostaglandine', *Chemie in unserer Zeit* **1975**, *7*, 43–48.

R. H. Green, P. F. Lambeth, 'Leukotrienes', *Tetrahedron* **1983**, *39*, 1687–1721.

D. Clissold, C. Thickitt, 'Recent Eicosanoid Chemistry', *Nat. Prod. Rep.* **1994**, *11*, 621–637.

G. M. Bodner, 'Metabolism. Part II. The Tricarboxylic Acid (TCA), Citric Acid, or Krebs Cycle', *J. Chem. Educ.* **1986**, *63*, 673–677.

T. Okuda, T. Yoshida, T. Hatano, 'Hydrolyzable Tannins and Related Polyphenols', *Progr. Chem. Org. Nat. Prod.* **1995**, *66*, 1–117.

O. W. Thiele, 'Lipide, Isoprenoide mit Steroiden', Thieme Verlag, Stuttgart, 1979.

P.-A. Siegenthaler, W. Eichenberger, 'Structure, Function and Metabolism of Plant Lipids', Elsevier, Amsterdam, 1984.

J. Ohlrogge, J. Browse, 'Lipid Biosynthesis', *Plant Cell* **1995**, *7*, 957–970.

J. A. F. Op den Kamp, 'Biological Membranes; Structure, Biogenesis and Dynamics', Springer-Verlag, Berlin, 1994.

H. Zuber, 'Thermophile Bakterien', *Chemie in unserer Zeit* **1979**, *13*, 165–175.

H. G. Hauthal, 'Moderne Waschmittel', *Chemie in unserer Zeit* **1992**, *26*, 293–303.

S.-I. Chang, G. G. Hammes, 'Structure and Mechanism of a Multifunctional Enzyme: Fatty Acid Synthase', *Acc. Chem. Res.* **1990**, *23*, 363–369.

R. D. H. Murray, 'Coumarins', *Nat. Prod. Rep.* **1995**, *12*, 477–505.

C. H. Eugster, E. Märki-Fischer, 'Chemie der Rosenfarbstoffe', *Angew. Chem.* **1991**, *103*. 671–689; *Angew. Chem., Int. Ed.* **1991**, *30*, 654–672.

J. B. Harborne, C. A. Williams, 'Anthocyanins and Other Flavonoids', *Nat. Prod. Rep.* **1995**, *12*, 639–657.

D. M. X. Donnelly, G. M. Boland, 'Isoflavonoids and Neoflavonoids: Naturally Occuring *O*-Heterocycles', *Nat. Prod. Rep.* **1995**, *12*, 321–338.

T. Yasumoto, M. Murata, 'Marine Toxins', *Chem. Rev.* **1993**, *93*, 1897–1909.

K. Bauer, H. A. Offe, 'Penicilline', *Chemie in unserer Zeit* **1972**, *6*, 191–196.

G. Hartmann, 'Antibiotika: Werkzeuge zur Erforschung der Nucleinsäure- und Protein-Synthese', *Chemie in unserer Zeit* **1970**, *4*, 26–32.

J. Nosek, R. Radzio, U. Kück, 'Produktion von β-Lactamantibiotika durch Mikroorganismen', *Chemie in unserer Zeit* **1997**, *31*, 172–182.

J. Jentsch, 'Die Chemie des Bienengiftes Melittin', *Chemie in unserer Zeit* **1974**, *8*, 177–183.

H.-U. Siebeneick, 'Die Biochemie der Schlangengifte', *Chemie in unserer Zeit* **1976**, *10*, 33–41.

T. Wieland, 'Amatoxine, Phallotoxine – die Gifte des Knollenblätterpilzes', *Chemie in unserer Zeit* **1979**, *13*, 56–63.

U. Grawunder, D. Haasner, 'Antikörper', *Chemie in unserer Zeit* **1992**, *26*, 175–186.

F. Duckert, 'Einige Aspekte der Biochemie der Blutgerinnung', *Chemie in unserer Zeit* **1975**. *9*, 1–9.

K. Kühn, 'Struktur und Biochemie des Kollagens', *Chemie in unserer Zeit* **1974**, *8*, 97–103.

H. G. Mannherz, R. H. Schirmer, 'Die Molekularbiologie der Bewegung', *Chemie in unserer Zeit* **1970**, *4*, 165–176.

H. Grünewald, 'Die Evolution der Eiweißstoffe', *Chemie in unserer Zeit* **1967**, *1*, 15–23.

Übungsaufgaben

1. Erklären Sie, warum eine wässrige Lösung von Natrium-acetat *basisch* reagiert.

2. Eine quantitative Beziehung zwischen dem pH-Wert der Lösung einer schwachen Säure (HA) in Gegenwart ihrer konjugierten Base (A^-) und dem pK_s-Wert der Säure wird durch die *Henderson–Hasselbalch*-Gleichung angegeben: $pH = pK_s - \log([HA]/[A^-])$. Beweisen Sie diese Beziehung.

3. Schlagen Sie einen plausiblen Mechanismus für die enzymatische Umwandlung des Bicyclus des Prostaglandin-endoperoxids (*Fig. 9.10*) in den Bicyclus des Thromboxans A_2 (*Fig. 9.11*) vor, bei der keine isolierbaren Zwischenprodukte auftreten.

4. Durch Oxidation der Malonsäure kann 2-Oxomalonsäure (*Mesoxalsäure*) synthetisiert werden, die aus wässriger Lösung mit einem Molekül H_2O auskristallisiert. Wie ist das H_2O-Molekül an die Mesoxalsäure gebunden?

5. Das durch Durst und Kopfschmerzen verursachte Unwohlsein als Folge übermäßigen Alkoholgenusses wird auf die Störung des Wasserhaushalts in den Geweben zurückgeführt, die durch verminderte Rückführung von Wasser aus der Niere in das Blut entsteht. Als ihre Hauptursache wird die Inhibierung von Protein-Hormonen der Hypophyse (*Abschn. 9.30*) durch Acetaldehyd in Betracht gezogen, der als Zwischenprodukt der enzymatischen Oxidation von Ethanol zu Essigsäure (Acetat) gebildet wird (*Abschn. 8.12*). Warum ist der 'Kater' nach dem Genuss zuckerhaltiger alkoholischer Getränke (z. B. Bowle oder Beerenwein) besonders schlimm?

6. Welche ist die maximale Ausbeute an ATP, die beim aeroben Abbau von einem Mol Glucose erhalten wird?

7. Bei der Diazotierung der L-Asparaginsäure in wässriger Lösung erhält man Äpfelsäure mit einem 94%igen Überschuss des rechtsdrehenden Enantiomeren. Geben Sie eine plausible Erklärung für den Befund, dass unter diesen Bedingungen die Reaktion unter *Retention* der Konfiguration am asymmetrischen C-Atom stattfindet.

8. α-Aminosäuren und insbesondere Aminosäure-Einheiten, die sich an den Endpositionen einer Polypeptid-Kette befinden, racemisieren unter Umwelteinflüssen. Da nach dem Tode eines Organismus keine *de novo* Aminosäure-Biosynthese mehr stattfindet, wird in der Paleontologie die Messung der Racemat-Konzentration in Fossilien zur Bestimmung ihres Alters verwendet. Ja sogar das Alter lebender Organismen kann anhand des Racemat-Gehaltes in Geweben, die sich nach der Wachstumsphase nicht mehr erneuern (z. B. Augenlinse, Dentin und Zahnschmelz) aufgrund der relativ hohen Racemisierungsgeschwindigkeit der Asparaginsäure ($k = 7{,}87 \times 10^{-4}$ Jahr^{-1}) bestimmt werden. Welches wäre unter der Annahme, dass der Racemisierungsprozess einer Kinetik erster Ordnung gehorcht, das Alter

eines Individuums, bei dem die aus dem Dentin isolierte Asparaginsäure eine optische Drehung von $[\alpha]_D^{20} = +23{,}81$ statt des für das reine L-Enantiomer in 5N Salzsäure gemessenen Wertes von $[\alpha]_D^{20} = +25{,}16$ aufweist? Der Einfachheit halber kann der Anteil von L-Asparaginsäure, der durch die Reversibilität der Reaktion: L-Asp ⇌ D-Asp zurückgebildet wird, vernachlässigt werden.

9. Formulieren Sie einen plausiblen Mechanismus für die Umwandlung von 1-Methyl-2-oxocyclopentancarbonsäure-methylester (**A**) in 5-Methyl-2-oxocyclopentancarbonsäure-methyl-ester (**B**), die unter den Bedingungen der *Claisen*-Kondensation (Natrium-methanolat in Methanol) stattfindet:

10. Die biologische Aktivität des *Aureomycins* (*Fig. 9.106*) nimmt durch Epimerisierung eines der asymmetrischen C-Atome ab. An welchem C-Atom findet Epimerisierung leicht statt?

11. 'Diethyltoluamid' ($C_{12}H_{17}NO$), das als wirksames Insektenvertreibungsmittel verwendet wird, ist ein Derivat einer aromatischen Carbonsäure, deren Acidität derjenigen der Benzoesäure gleicht. Welche Produkte entstehen bei der alkalischen Hydrolyse des Diethyltoluamids?

12. Wird Ethyl-*N*-cyclohexylcarbamat in einer 1M KOH-Lösung in Methanol während 4 Tagen erhitzt, so wird das entsprechende Methyl-carbamat als einziges Produkt in 95%-iger Ausbeute erhalten. Erklären Sie, warum kein Cyclohexylamin gebildet wird.

13. Welche funktionellen Gruppen erkennen Sie im Isopenicillin-N-Molekül (*Fig. 9.135*).

14. Peptid-Bindungen zwischen Prolin-Einheiten und der C-terminalen Aminosäure werden von Carboxypeptidasen überhaupt nicht gespalten. Erklären Sie warum in diesen Fällen die Reaktion mit wasserfreiem Hydrazin eine zuverlässige Methode zu Identifizierung der C-terminalen Aminosäure darstellt.

15. Erklären Sie warum Prolin als Bestandteil einer Peptid-Kette nur selten in α-Helices vorkommt.

16. Tropomyosin, ein 70-kDa-Muskelprotein, bildet eine doppelsträngige α-Helix. Wie lang ist das Molekül?

10. Heterocyclische Verbindungen

10.1. Nomenklatur der Heterocyclen

Jede organische Verbindung, bei der ein Heteroatom Glied eines Ringes ist, wird als *heterocyclisch* bezeichnet. Definitionsgemäß gehören somit dazu cyclische Ether (*Abschn. 5.23*), cyclische Amine (*Abschn. 7.1*), Lactone (*Abschn. 9.15*) und Lactame (*Abschn. 9.25*) sowie viele andere Verbindungsklassen. Da sich aber die chemischen Eigenschaften dieser Derivate nicht wesentlich von denjenigen der entsprechenden acyclischen Analoga (Ether, sekundäre Amine, Ester bzw. Amide) unterscheiden, erübrigt sich im Allgemeinen eine gesonderte Behandlung der heterocyclischen gesättigten oder ungesättigten Verbindungen. Liegt dagegen ein heterocyclisches konjugiertes System von Doppelbindungen vor, so weisen die entsprechenden Moleküle je nach Art und Zahl der Heteroatome, die Glieder des delokalisierten Systems sind, einen mehr oder weniger ausgeprägten aromatischen Charakter auf (*Abschn. 4.1*). Man bezeichnet sie deshalb als *Heteroaromaten*.

Eine große Zahl heteroaromatischer Verbindungen werden mit Trivialnamen bezeichnet, die ebenfalls als Grundlage der systematischen Nomenklatur dienen (*Fig. 10.1*). Letztere basiert auf dem *Hantzsch–Widman*-System, das für monocyclische Heterocyclen, die keinen Trivialnamen besitzen, die in *Tab. 10.1* aufgeführten Stammsilben (welche die Ringgröße angeben) und Suffixen (an denen der 'Sättigungsgrad' des Heterocyclus erkennbar ist) vorschreibt. Das oder die Heteroatom(e), die Glieder des Heterocyclus sind, werden mit Präfixen (*Az-* für N, *Ox-* für O, *Thi-* für S, usw.) angegeben, wobei für die Nummerierung der Ringatome die Prioritätsreihenfolge: O > S > N gilt. Zwei Beispiele für diese Nomenklatur sind in *Fig. 10.2* dargestellt. Für die Bezeichnung polycyclischer Heteroaromaten enthält das *Hantzsch–Widman*-System ebenfalls präzise Regeln, die eine eindeutige systematische Nomenklatur ermöglichen. Entsprechend der Nummerierung kondensierter aromatischer Kohlenwasserstoffe (*Abschn. 4.2*) erhalten C-Atome, die zu zwei Ringen gehören, keine fortlaufende Nummer (*Fig. 10.3*); Heteroatome, die zu zwei Ringen gehören, werden dagegen fortlaufend nummeriert (s. *Fig. 10.1*). Die meisten in der Natur vorkommenden polycyclischen Heterocyclen werden jedoch mit ihren Trivialnamen bezeichnet (z. B.

- 10.1. Nomenklatur der Heterocyclen
- 10.2. Heteroaromaten
- 10.3. Azole
- 10.4. Pyrrol-Farbstoffe
- 10.5. 1*H*-Indol
- 10.6. Indol-Alkaloide
- 10.7. Oxazole
- 10.8. 1*H*-Imidazol
- 10.9. Thiazol
- 10.10. Azine
- 10.11. Benzopyridine
- 10.12. Tautomerie der Heteroaromaten
- 10.13. Diazine
- 10.14. Pteridin
- 10.15. Purine
- 10.16. Nucleoside und Nucleotide
- 10.17. Nucleinsäuren
- 10.18. Funktion der Nucleinsäuren
- 10.19. Biosynthese der Nucleinsäuren
- 10.20. Präbiotische Synthese der Nucleotide
- 10.21. Katabolismus der Nucleotide

Als **Heteroatome** werden in der organischen Chemie alle Atome eines Moleküls bezeichnet, die weder C- noch H-Atome sind.

Struktur und Reaktivität der Biomoleküle

Arthur Rudolf Hantzsch (1857–1935) Ordinarius für allgemeine und analytische Chemie an der Eidgenössischen Technischen Hochschule in Zürich (1885) sowie später an den Universitäten Würzburg (1893) und Leipzig (1903), wurde hauptsächlich aufgrund seiner allgemeinen Synthesen für Pyridine (1882) und Pyrrole (1890) aus β-Ketocarbonsäure-estern (*Hantzsch*'sche Pyridin- bzw. Pyrrol-Synthese) berühmt. *Hantzsch* synthetisierte auch Thiazol, Imidazol, Oxazol und Selenazol sowie 5-substituierte Derivate des Tetrazols. (Mit Genehmigung der Royal Society of Chemistry, Library and Information Centre, London)

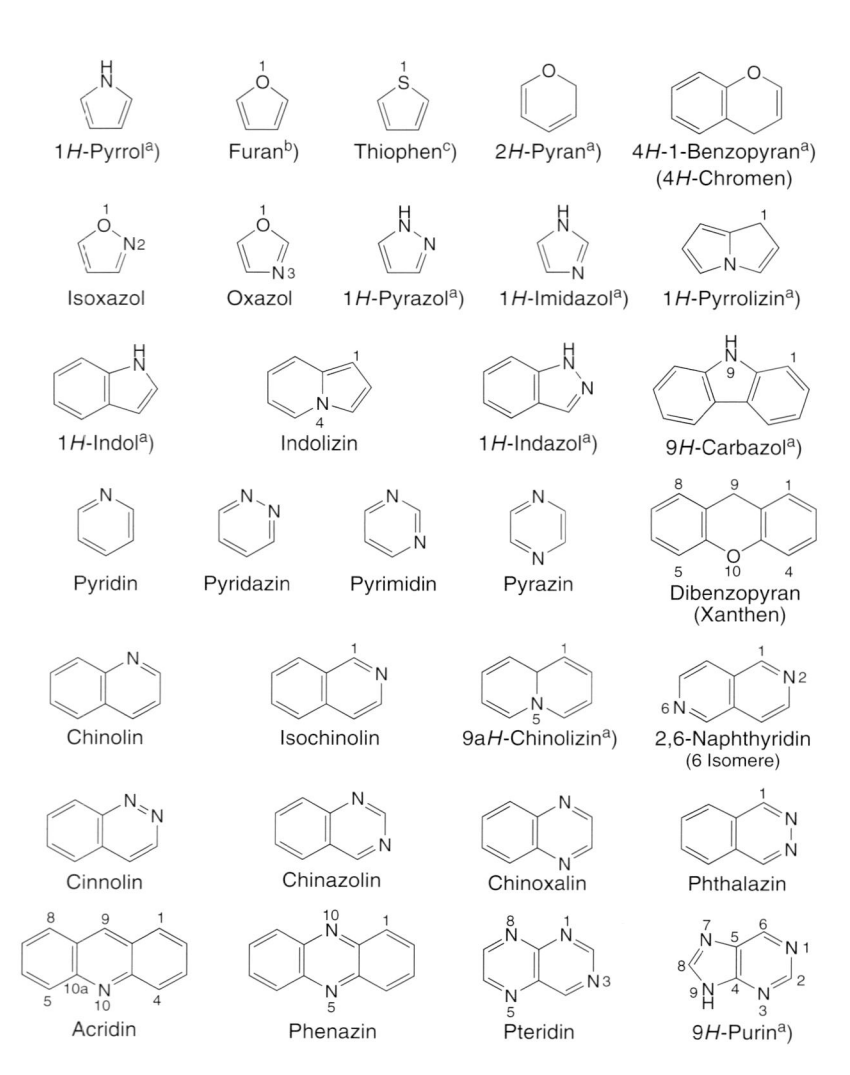

Fig. 10.1. *Trivialnamen der wichtigsten Heterocyclen.* [a] Bei einigen Heterocyclen ist ein System cyclisch konjugierter Doppelbindungen nicht möglich. Bei der Struktur, welche die größte mögliche Anzahl von Doppelbindungen enthält, wird die Position, an der sich ein zusätzliches H-Atom befindet, mit dem entsprechenden Lokanten, dem ein *H* folgt, angegeben. [b] Das erste bekannte Derivat des *Furans*, der Furan-2-carbaldehyd, wurde durch Einwirkung von H_2SO_4 auf Kleie erhalten und *Furfurol* (lat. *furfur*: Kleie und *oleum*: Öl) genannt. Daraus wurde der Name Furan abgeleitet. [c] Thiophen (aus: griech. ϑεῖον (*theíon*): Schwefel und der Bezeichnung *phène* für Benzol (s. *Abschn. 4.1*) abgeleitet) wurde 1882 von *Victor Meyer* (1848–1897) aufgrund eines misslungenen Vorlesungsversuches als Verunreinigung des aus Kohlenteer stammenden Benzols entdeckt. Da Schwefel und Kohlenstoff die gleiche Elektronegativität aufweisen (*Abschn. 5.5*), sind die physikalischen und chemischen Eigenschaften von Thiophen und Benzol sehr ähnlich.

Purin), und ihre ringständigen Atome manchmal nicht systematisch nummeriert (s. *Fig. 10.1*).

Nicht aromatische Heterocyclen können entweder mit Hilfe von Suffixen (-*idin* für gesättigte N-haltige Ringe, -*an* für gesättigte Ringe ohne Stickstoff) oder als hydrierte Derivate der entsprechen-

Fig. 10.2. Muscaflavin *ist neben Muscarin (Abschn. 10.7) ein Farbstoff des Fliegenpilzes;* Sulfamethizol® *ein Sulfonamid der 'zweiten Generation' (Abschn. 7.13).*

Fig. 10.3. Valium® (= Diazepam: 7-Chloro-1-methyl-5-phenyl-1,3-dihydro-2H-1,4-benzodiazepin-2-on) *und andere Benzodiazepin-Derivate werden oft in der Psychotherapie als Anxiolytika* und Tranquilizer* verwendet.*

Tab. 10.1. *Stammsilben und Suffixe im* Hantzsch – Widman-*System*

Ringgröße	Stammsilbe[a]	Suffixe für N-haltige Ringe		Suffixe für Ringe ohne N	
		ungesättigt[b]	gesättigt	ungesättigt[b]	gesättigt
3	-ir	-in	-idin	-en	-an
4	-et	–	-idin	–	-an
5	-ol	–	-idin	–	-an
6	-in	–	[c]	–	-an
7	-ep	-in	[c]	-in	-an
8	-oc	-in	[c]	-in	-an
9	-on	-in	[c]	-in	-an
10	-ec	-in	[c]	-in	-an

[a] Die Stammsilben -ir, -et, -ep, -oc, -on und -ec sind von tri (3), tetra (4), hepta (7), octa (8), nona (9), bzw. deca (10) abgeleitet. [b] Enthält die größte mögliche Zahl konjugierter Doppelbindungen. [c] Wird mit dem Namen der entsprechenden ungesättigten Verbindung vorausgegangen vom Präfix *Perhydro-* genannt.

den Heteroaromaten genannt werden, wenn Letztere einen Trivialnamen besitzen (z.B. Tetrahydrofuran). Ferner können nicht aromatische Heterocyclen mit Hilfe der *Austauschnomenklatur* (sog. *a*-Nomenklatur) bezeichnet werden (*Abschn. 7.1*).

10.2. Heteroaromaten

Die biologisch wichtigsten Heteroaromaten enthalten Stickstoff als Heteroatom; ihre Bildung aus aliphatischen Vorläufern sowie die Mehrzahl ihrer chemischen Eigenschaften werden am besten verstanden, wenn man sie aus der Chemie der Imine und Enamine ableitet (*Abschn. 8.14*). Bezüglich ihrer Reaktivität werden Heteroaromaten in zwei Gruppen eingeteilt, deren Bezeichnungen ('π-Überschuss-' bzw. 'π-Mangel-Heteroaromaten') auf die für aromatische Systeme (z.B. Benzol) charakteristische Verfügbarkeit delokalisierter Elektronen Bezug nehmen. Bei den 'π-Überschuss-Heteroaromaten' sind 6 π-Elektronen auf 5 Atome verteilt, so dass die π-Elektronendichte in den C-Atomen größer als 1 (die des Benzols) ist. Bei den 'π-Mangel-Heteroaromaten' sind zwar 6 π-Elektronen auf 6 Atome verteilt, wegen der höheren Elektronegativität der geläufigsten Heteroatome (O und N) gegenüber den C-Atomen (*Abschn. 1.6*) ist aber die π-Elektronendichte in den Letzteren kleiner als am Heteroatom (s. *Abschn. 10.10*). Der Prototyp der 'π-Mangel-Heteroaromaten' ist das *Pyridin*, derjenige der 'π-Überschuss-Heteroaromaten' das *Pyrrol*. Während Pyridin, analog den Iminen, bevorzugt mit Nucleophilen reagiert, weist Pyrrol die für Enamine charakteristische Reaktivität gegenüber Elektrophilen auf.

10.3. Azole

Obwohl gemäß *Tab. 10.1 Azol* der systematische Name des *Pyrrols* (*Fig. 10.1*) ist, wird die Bezeichnung *Azole* im Allgemeinen für alle fünfgliedrigen Heteroaromaten verwendet, die mindestens ein N-Atom als Ringglied enthalten. Als Bestandteile biologisch relevanter Moleküle kommen hauptsächlich drei Azole vor: Pyrrol, Imidazol und Thiazol.

Pyrrol, dessen Name (griech. πυρρός (*pyrrós*): feuerrot) und Öl auf die charakteristische rote Färbung zurückgeht, die bei Berührung mit einem mit Salzsäure angefeuchteten Fichtenholzspan entsteht, wurde 1834 von *Friedlieb Ferdinand Runge* (s. *Abschn. 7.10*) im Steinkohlenteer entdeckt. Erst 24 Jahre später gelang es *Thomas Anderson* (1819–1874) reines Pyrrol – eine Flüssigkeit (Schmp. – 23,4 °C), die bei 130 °C siedet – aus den Produkten der trockenen Destillation von Knochen und Horn zu isolieren. Die 1870 von *Adolf von Baeyer* (s. *Abschn. 2.21*) aufgrund seiner Arbeiten zur Aufklärung der Struktur des Indigos vorgeschlagene Struktur des Moleküls, wurde erstmals 1877 durch Synthese aus Succinimid bewiesen.

Das von den σ-Bindungen nicht beanspruchte Elektronenpaar des N-Atoms des Pyrrols bildet zusammen mit vier p-Elektronen der Ring-C-Atome ein Elektronensextett cyclisch delokalisierter Elektronen (*Abschn. 4.1*). Somit stellt Pyrrol ein aromatisches System dar, obwohl der Molekülring nur aus fünf (statt sechs) Gliedern besteht. Da das Pyrrol-Molekül nicht als Mesomerie-Hybrid ungeladener entarteter Resonanz-Formeln (entsprechend den *Kekulé*-Strukturen des Benzols) vorkommen kann, fällt die Resonanz-Energie (105 kJ mol^{-1}) kleiner als beim Benzol (151 kJ mol^{-1}) aus. Bei allen am Mesomerie-Hybrid des Pyrrol-Moleküls beteiligten dipolaren Resonanz-Strukturen trägt das N-Atom eine *positive* und jedes Ring-C-Atom eine *negative* Ladung (*Fig. 10.4*). Es handelt sich somit um einen typischen π-Überschuss-Heterocyclus: Reaktionen mit Elektrophilen finden an den Ring-C-Atomen statt, wobei die α- (2- bzw. 5-) Positionen bevorzugt reagieren (*Fig. 10.5*). Diese Regioselektivität der aromatischen Substitution am Pyrrol-Ring entspricht der für ein vinyloges Enamin (s. *Abschn. 8.21*) zu erwartenden Reaktivität. Die Beteiligung der in *Fig. 10.4* dargestellten dipolaren Resonanz-Strukturen des Pyrrol-Moleküls erklärt auch, dass Pyrrol – im Gegensatz zu

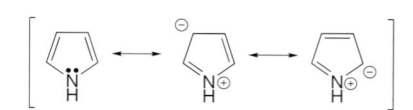

Fig. 10.4. *Pyrrol ist der Prototyp der π-Elektronenüberschuss-Heteroaromaten.*

pK_s = 17,5

Fig. 10.5. *Im Gegensatz zu sekundären Aminen ist Pyrrol eine schwache Säure. In Gegenwart von Säuren wird es nicht am N-Atom, sondern vorwiegend an den α-Positionen protoniert.*

Carl Ludwig Paal (1860–1935)
Ordinarius an den Universitäten Erlangen (1897) und Leipzig (1912), erforschte zu Beginn des 20. Jahrhunderts die Anwendung von Aminosäuren als Schutzkolloide für Platin- und Palladium-Katalysatoren, die er für die Hydrierung organischer Verbindungen verwendete. (Mit Genehmigung des Archivs der Friedrich-Alexander-Universität Erlangen-Nürnberg)

Ludwig Knorr (1859–1921)
Ordinarius an der Universität Jena, widmete sich ab 1883 den Synthesen von Heterocyclen (Pyrrole, Pyrazole, Hydroxychinoline), die er z. T. in Zusammenarbeit mit den *Farbwerken Hoechst* durchführte. Er erfand dabei 1883 die Antipyretika* Antipyrin und zehn Jahre später das Pyramidon (s. *Fig. 10.61*). (*Edgar Fahs Smith* Collection, mit Genehmigung der University of Pennsylvania Library, Philadelphia)

Aminen (z. B. Pyrrolidin) – keine Base sondern eine schwache Säure ist ($pK_s = 17,5$).

In der Chemie der Heteroaromaten sind allgemeine synthetische Methoden nicht die Regel. Die Cyclisierung von 1,4-Dicarbonyl-Verbindungen durch Reaktion mit NH_3 oder primären Aminen (sog. *Paal–Knorr*-Synthese) stellt jedoch ein präparatives Verfahren dar, mit dem sowohl Pyrrol als auch zahlreiche seiner Derivate in guten Ausbeuten hergestellt werden können (*Fig. 10.6*). Dem Reaktionsmechanismus liegt die Bildung und Reaktivität der Imine zugrunde (*Abschn. 8.14*). Reagiert beispielsweise Acetonylaceton (Hexan-2,5-dion) mit NH_3 in Gegenwart einer schwachen Säure, so tautomerisiert das primär gebildete Imin zum entsprechenden Enamin, dessen (nunmehr nucleophiles) N-Atom unter erneuter Imin-Bildung mit der 5-ständigen Carbonyl-Gruppe reagiert. Die Deprotonierung des dabei gebildeten 3*H*-Pyrrol-Derivats, das eine Iminium-Gruppe (*Abschn. 8.14*) enthält, zum entsprechenden Enamin, führt zur Bildung des 1*H*-Pyrrol-Derivats als Produkt der Reaktion (*Fig. 10.6*, links).

Reaktionsmechanistisch analog sind Reaktionen von α-Acyloxy- oder α-Acylamino-ketonen mit NH_3, die (allerdings nicht mit beliebigen Substituenten R und R′) zur Synthese der entsprechenden Oxazol bzw. Imidazol-Derivate dienen (*Fig. 10.6*, rechts).

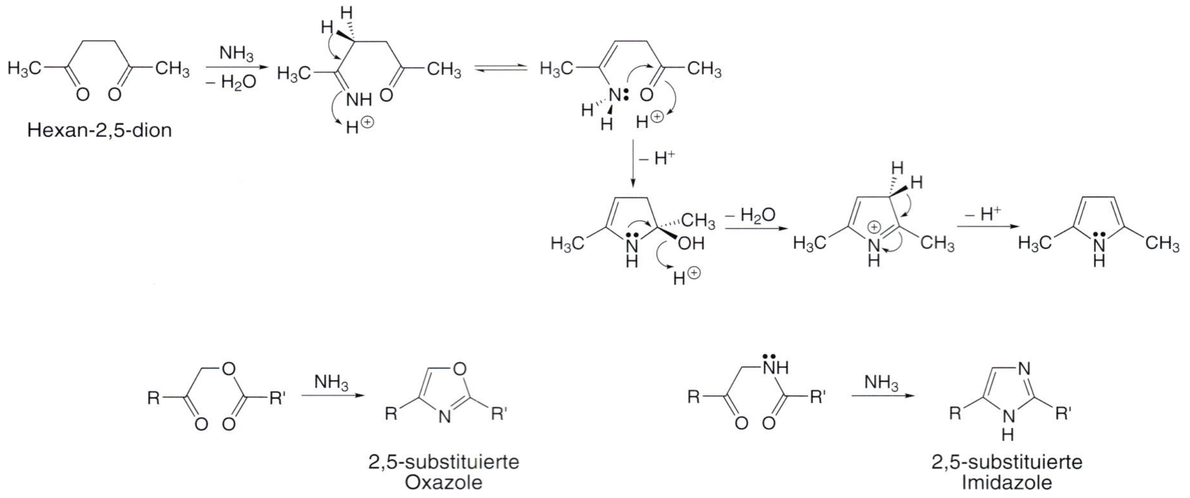

Struktur und Reaktivität der Biomoleküle

Fig. 10.6. *Mechanismus der* Paal–Knorr-*Synthese von Pyrrol-, Oxazol- und Imidazol-Derivaten*

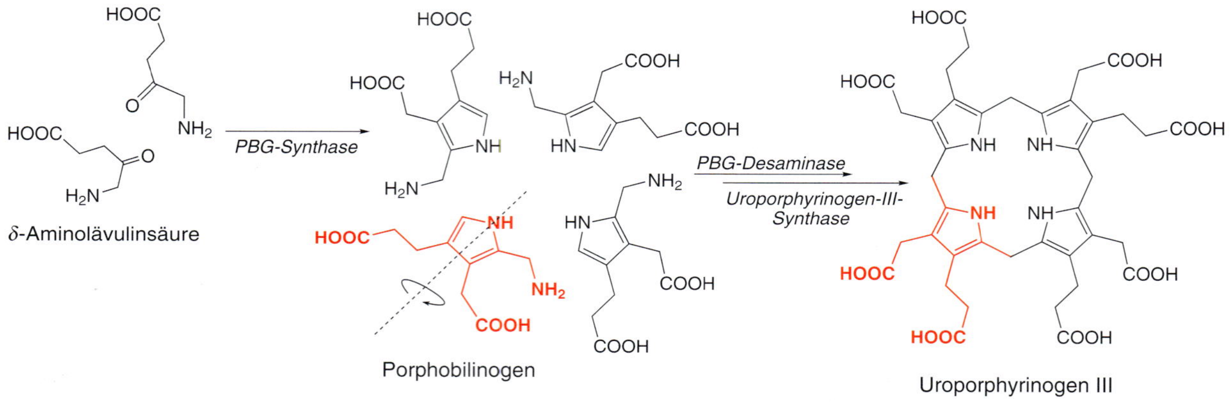

Fig. 10.7. *Uroporphyrinogene entstehen durch Kondensation von vier Molekülen des Porphobilinogens.*

Das biologisch wichtigste Derivat des Pyrrols ist das *Porphobilinogen* (PBG), der biogenetische Vorläufer mehrerer Farbstoffe, die für autotrophe Lebewesen unentbehrlich sind (*Abschn. 10.4*). Porphobilinogen wird durch Kondensation zweier Moleküle der δ-*Aminolävulinsäure* (δ-ALA), die bei Tieren und Pilzen hauptsächlich aus Succinyl-Coenzym A (*Abschn. 9.5*) stammt, biosynthetisiert (*Fig. 10.7*). Das mitwirkende Enzym (*PBG-Synthase* = δ-*ALA-Dehydratase*) verwendet Zn^{II}-Ionen als Cofaktor (*Abschn. 9.32*). Es wird durch Blei-Ionen inhibiert, worauf die Toxizität dieses Schwermetalls zurückzuführen ist. Durch enzymatische Kondensation von vier PBG-Molekülen entsteht das *Uroporphyrinogen III*, der Vorläufer des Protoporphyrins IX (der prosthetischen Gruppe des Häms) und anderer Pyrrol-Farbstoffe (*Fig. 10.8*).

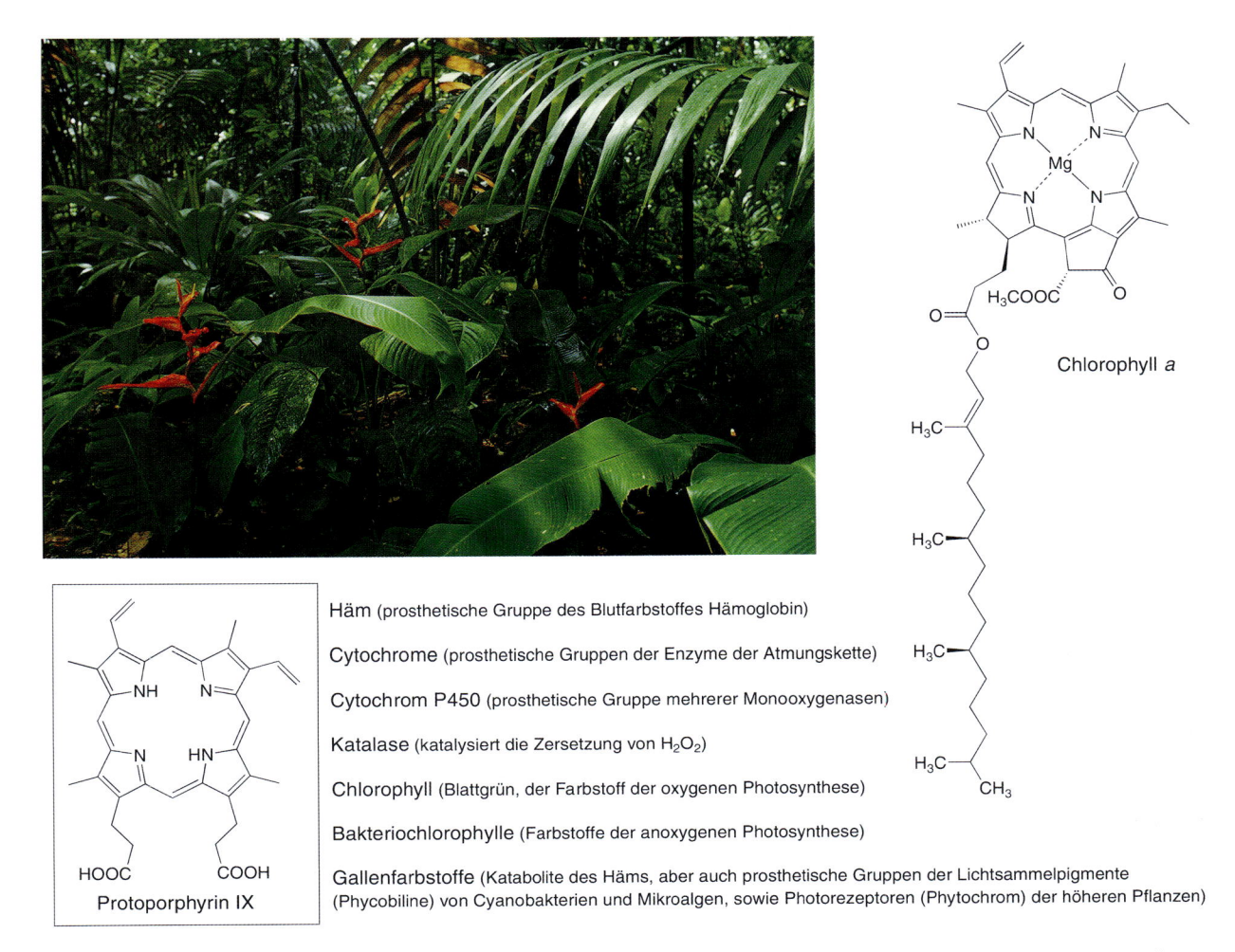

Fig. 10.8. *Vom Protoporphyrin IX abgeleitete Farbstoffe.* Chlorophyll, der Farbstoff, der die Photosynthese der grünen Pflanzen antreibt, spielte bei der Evolution des Lebens auf der Erde die entscheidenste Rolle.

Häm (prosthetische Gruppe des Blutfarbstoffes Hämoglobin)

Cytochrome (prosthetische Gruppen der Enzyme der Atmungskette)

Cytochrom P450 (prosthetische Gruppe mehrerer Monooxygenasen)

Katalase (katalysiert die Zersetzung von H_2O_2)

Chlorophyll (Blattgrün, der Farbstoff der oxygenen Photosynthese)

Bakteriochlorophylle (Farbstoffe der anoxygenen Photosynthese)

Gallenfarbstoffe (Katabolite des Häms, aber auch prosthetische Gruppen der Lichtsammelpigmente (Phycobiline) von Cyanobakterien und Mikroalgen, sowie Photorezeptoren (Phytochrom) der höheren Pflanzen)

Befinden sich je zwei verschiedene Liganden an den vier vom PBG stammenden fünfgliedrigen Ringen des Porphyrinogen-Makrocyclus, so sind insgesamt 4 Konstitutionsisomere möglich, die mit den römischen Zahlen I–IV differenziert werden. Die Anzahl der möglichen Konstitutionsisomere erhöht sich auf 15, wenn die eine Hälfte der fünfgliedrigen Ringe einen anderen Satz von zwei verschiedenen Substituenten trägt als die andere Hälfte. Protoporphyrinogen IX, der biogenetische Vorläufer des Häms, ist beispielsweise eines dieser 15 Konstitutionsisomere. Es ist bemerkenswert, dass die von der *Uroporphyrinogen-Synthase* (= *PBG-Desaminase*) katalysierte Oligomerisation des Porphobilinogens zu einem durch wiederholte Reaktion der H_2NCH_2-Gruppe eines PBG-Moleküls mit dem C(2)-Atom eines anderen (sog. 'Kopf–Schwanz'-Kondensation) gebildeten C_{4h}-symmetrischen Produkt (dem Uroporphyrinogen I) führt, das nicht weiter metabolisiert wird. *Uroporphyrinogen III*, bei dem einer der vier vom PBG stammenden fünfgliedrigen Ringe um 180° 'gedreht' ist, wird nur unter Beteiligung der so genannten *Cosynthase* (= *Uroporphyrinogen-III-Synthase*) gebildet (*Fig. 10.7*).

10.4. Pyrrol-Farbstoffe

Uroporphyrinogen III stellt den biogenetischen Vorläufer sowohl aller in der Natur vorkommenden *Porphyrine* (griech. πορφυροῦς (*porphyroús*): purpurrot) als auch des Vitamin-B_{12}-Coenzyms dar (*Fig. 10.9*).

Vitamin B_{12}, das ausschließlich von Bakterien biosynthetisiert wird, ist das einzige bisher bekannte Naturprodukt, das Kobalt enthält. Besondere Merkmale seiner Struktur sind ferner das Vorkommen von 7 aus *S*-Adenosylmethionin stammenden CH_3-Gruppen im Molekül (s. *Fig. 10.9*) sowie der gegenüber dem Uroporphyrinogen III um ein C-Atom verkleinerte Makrocyclus. Es ist bemerkenswert, dass die Ringkontraktion bei den meisten anaeroben Mikroorganismen (z. B. *Propionibacterium shermanii*) nach der Einführung des Kobalt-Ions, während sie bei einigen Aerobiern (z. B. *Pseudomonas denitrificans*) bei einem metallfreien Vorläufer stattfindet. Die biologische Wirksamkeit des Vitamins B_{12} ist extrem hoch (der Tagesbedarf eines erwachsenen Menschen beträgt nur 0,01 mg). Vitamin-B_{12}-Mangel äußert sich beim Menschen als *perniziöse Anämie*, deren Ursache meistens nicht eine ungenügende Zufuhr des Vitamins mit der Nahrung, sondern die ungenügende Sekretion des für die Aufnahme des Vitamins notwendigen Proteins (sog. *intrinsic factor*) durch die Magenschleimhaut ist. Das von einigen Darmbakterien biosynthetisierte Vitamin B_{12} wird von der Darmwand nicht resorbiert. Höhere Pflanzen enthalten kein Vitamin B_{12}.

In Bakterien sind vitamin-B_{12}-abhängige Enzyme an drei Typen von Reaktionen beteiligt: *1)* Intramolekulare (1 → 2)-Radikal-Verschiebungen benachbarter Liganden, von denen eines ein H-Atom ist (z. B. Umlagerung von Succinyl- zu L-Methylmalonyl-Coenzym A), *2)* Einführung von CH_3-Gruppen (z. B. bei der Biosynthese von Methionin durch Übertragung einer CH_3-Gruppe von N^5-Methyltetrahydrofolat auf Homocystein) und *3)* Reduktion von Ribonucleotiden zu Desoxyribonucleotiden (*Abschn. 10.19*). Bei Säugern sind nur die in Klammern angegebenen Beispiele als Reaktionen bekannt, die vom Vitamin-B_{12}-Coenzym katalysiert werden.

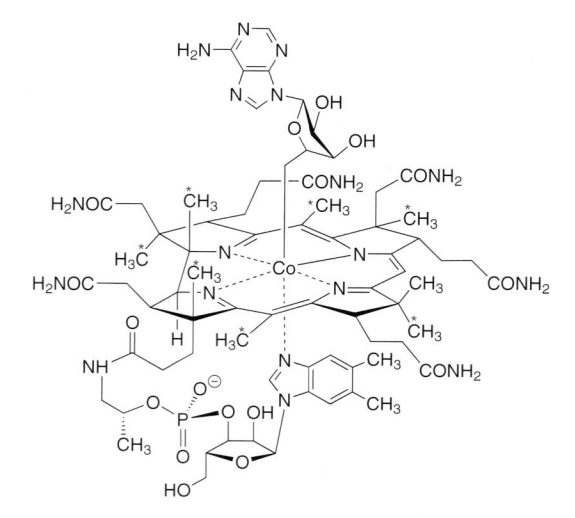

Fig. 10.9. *Strukturformel des Vitamin-B_{12}-Coenzyms* (5′-Desoxyadenosylcobalamin). Die mit * gekennzeichneten CH_3-Gruppen stammen aus *S*-Adenosylmethionin.

Das biologisch wichtigste, vom Uroporphyrinogen III abgeleitete, Porphyrin ist das *Protoporphyrin IX* (griech. πρῶτος (*prótos*): erster), das bei allen Aerobiern als biogenetischer Vorläufer der *Cytochrome*, bei Tieren des Blutfarbstoffs (*Hämoglobin*) und bei Pflanzen und einigen phototrophen Bakterien der *Chlorophylle* dient.

Porphyrin-Derivate, bei denen eine der (C=C)-Bindungen an der Peripherie des Makrocyclus hydriert ist, werden *Chlorine* (griech. χλωρός (*chlōrós*): grün) genannt; sie stellen die Chromophore des Chlorophylls *a* und *b* dar. Letztere sind Bestandteile der so genannten *Thylakoidmembran*, die sich bei Bakterien im Cytoplasma, bei Pflanzen in speziellen Organellen (den Chloroplasten) befindet. Neben den Carotinoiden (*Abschn. 3.22*) und (bei einigen photoautotrophen Einzellern) den *Phycobilinen* dient die überwiegende Zahl ($\geq 99{,}5\%$) der Chlorophyll-Moleküle zur Lichtabsorption und Energieleitung an das so genannte Reaktionszentrum, in dem die Primärreaktion der photoangeregten Chlorophyll-Moleküle stattfindet, nämlich die Abgabe eines Elektrons an einen H-Donator (Malat, Succinat, H_2S oder H_2O u. a.). Bei allen sauerstofferzeugenden photoautotrophen Organismen (Pflanzen und Cyanobakterien) ist Chlorophyll *a* (*Fig. 10.8*), dessen konstitutive Beziehung zu den Porphyrinen von *R. Willstätter* bewiesen wurde, Bestandteil des Reaktionszentrums; bei Prokaryonten, die zur anoxygenen Photosynthese befähigt sind, sind es die Bakteriochlorophylle *a* oder *b*, deren Chromophore eine periphere (C=C)-Bindung weniger als Chlorophyll *a* enthalten und dadurch längerwelliges Licht als das Chlorophyll absorbieren.

Der Blutfarbstoff Hämoglobin, der Sauerstoff reversibel bindet und somit den Luftsauerstofftransport bei der Mehrzahl der Tiere gewährleistet (*Abschn. 2.16*), setzt sich zusammen aus einem Protein (dem *Globin*) und dem Fe^{II}-Komplex des Protoporphyrins IX, der *Häm* (griech. αἷμα (*haíma*): Blut) genannt wird. Die Konstitution des Häms wurde 1927 von *Hans Fischer* aufgeklärt und zwei Jahre später durch chemische Totalsynthese von ihm bestätigt. Einen Meilenstein in der Entwicklung der Molekularbiologie stellte die 1959 *Max Perutz* gelungene Aufklärung der dreidimensionalen Struktur des Hämoglobins durch Röntgendiffraktionsanalyse dar (s. *Abschn. 9.31*).

Richard Martin Willstätter (1872–1942), Ordinarius an der Eidgenössischen Technischen Hochschule in Zürich (1905) und an den Universitäten Berlin (1912) und München (1916), erhielt 1915 den *Nobel*-Preis für Chemie auf Grund seiner Arbeiten zur Aufklärung der Struktur pflanzlicher Farbstoffe, insbesondere Anthocyane (*Abschn. 9.24*) und Chlorophyll. Bereits 1898 hatte *Willstätter* die Struktur des Cocains (*Abschn. 7.5*) aufgeklärt. (© *Nobel*-Stiftung)

Hans Fischer (1881–1945) Ordinarius für medizinische Chemie in Innsbruck (1915) und Wien (1918), zwei Jahre später Professor und Leiter des Instituts für Organische Chemie der damaligen Technischen Hochschule München, klärte die Strukturen der Gallenfarbstoffe und des Häms auf. Seine umfangreichen Arbeiten zur Synthese von Porphyrinen und des Chlorophylls, insbesondere aber seine Totalsynthese des Hämins wurden 1930 mit dem *Nobel*-Preis geehrt. (© *Nobel*-Stiftung)

Struktur und Reaktivität der Biomoleküle

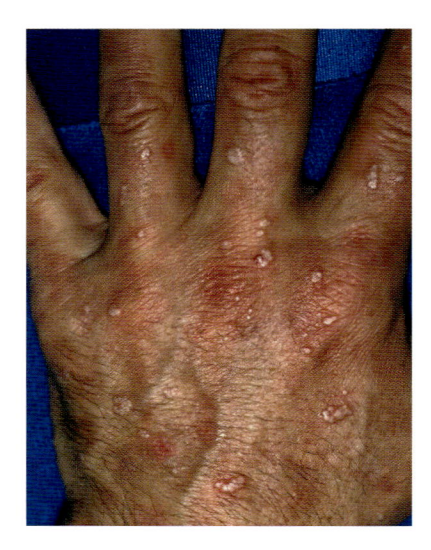

Fig. 10.10. *Photodermatosen bei hepatischer Porphyrie* (Porphyria cutanea tarda), *die auf Mangel an* Uroporphyrinogen-III-Decarboxylase *zurückzuführen ist.*

Protobiliverdin IXα

Fig. 10.11. *Biliverdin ist das Primärprodukt des Häm-Katabolismus.*

Protobilirubin IXα

Fig. 10.12. *Die geringe Löslichkeit von Bilirubin in Wasser ist vermutlich auf intramolekulare H-Brücken-Bindungen zurückzuführen.*

An der Biosynthese des Häms sind außer der *ALA-Dehydratase*, der *PBG-Desaminase* und der *Uroporphyrinogen-III-Synthase* vier weitere Enzyme beteiligt (*Uroporphyrinogen-Decarboxylase, Coproporphyrinogen-Oxidase, Protoporphyrinogen-Oxidase* und *Ferrochelatase*), deren kodierende Gene identifiziert sind. Das genetisch bedingte oder durch Stoffwechselgifte (z. B. Barbiturate, Hexachlorbenzol) erworbene Fehlen eines dieser Enzyme hat schwerwiegende unheilbare Erkrankungen zur Folge, so genannte Porphyria, die von der Ausscheidung (*Porphyrinurie*) und Ablagerung von Porphyrinen in verschiedenen Organen hervorgerufen werden und u. a. von hepatischer Disfunktion, Paresen (Lähmungen), Polyneuritis und Photodermatose (*Fig. 10.10*) begleitet werden. Bei der rezessiv-erblichen *Porphyria congenita*, die infolge Mangels an Uroporphyrinogen-III-Synthase vorkommt, treten bereits in der früheren Kindheit fortschreitende Photodermatosen und Erythrodontie (Ablagerung von Protoporphyrin IX in den Zähnen) auf, später Verstümmelungen an Fingern, Nase, Ohrmuschel sowie u. a. hämolytische Anämie und Milztumor, die meistens zum Tod führen.

Bedingt durch die auf ca. 120 Tage begrenzte Lebensdauer der roten Blutkörperchen (Erythrozyten), die kernlose und somit reproduktionsunfähige Zellen sind, findet im tierischen Organismus ein ständiger Auf- und Abbau des Hämoglobins statt. Der Häm-Makrocyclus wird durch die *Häm-Oxygenase*, ein mit dem Cytochrom P450 verwandtes Enzym (*Abschn. 5.2*), unter Freisetzung von CO und des komplexgebundenen Fe^{III}-Ions oxidativ aufgespalten. Letzteres wird in einem Protein (das *Ferritin*) für die erneute Erythropoese (Bildung von Erythrozyten) gespeichert. Das primäre Abbauprodukt des Häms, das (blaue) *Protobiliverdin IXα* (*Fig. 10.11*) ist bei Reptilien und Vögeln das Endprodukt des Häm-Katabolismus. Darüber hinaus ist Protobiliverdin IXα für die grüne Farbe zahlreicher Insekten – z. B. des Grünen Heupferdes (*Locusta viridissima* L.), der Florfliege (*Chrysopa vulgaris* SCHN.) und der Gottesanbeterin (*Mantis religiosa* L.) u. a. – sowie Eierschalen – z. B. des in Chile beheimateten Araukaner Huhns (*Gallus domesticus*) – verantwortlich. Auch die blaue Farbe einiger Korallen (z. B. *Heliopora caerulea* PALL.) wird vom Protobiliverdin IXα verursacht.

Bei Säugern wird das Biliverdin in der Leber und Milz durch die NADPH-abhängige *Biliverdin-Reductase* in (gelbes) Bilirubin (Protobilirubin IXα) umgewandelt (*Fig. 10.12*). Die typische Farbveränderung eines subkutanen Hämatoms (Bluterguss) ist auf diese Reaktion zurückzuführen. Täglich werden ca. 300 mg des (schwerlöslichen) Bilirubins durch Abbau des Hämoglobins produziert. Der Hauptteil wird als wasserlösliche Glucuronsäure-ester (sog. Bilirubin-Konjugate) mit der Galle in den Darm transportiert (vgl. *Abschn. 8.30*). Der normale Bilirubin-Gehalt im Blut erwachsener Menschen beträgt 1 mg je 100 ml. Da Bilirubin (nicht aber Biliverdin) ebenso wie Ascorbinsäure (*Abschn. 8.30*) und Harnsäure (*Abschn. 10.21*) ein effektives Antioxidans gegenüber wasserlöslichen Sauerstoff-Radikalen ist, trägt vermutlich sein Vorhandensein im Plasma zum Schutz der Zellmembranen bei (vgl. *Abschn. 3.23*).

Bei pathologischen Zuständen, die mit verstärktem Erythrozytenzerfall einhergehen, erhöht sich der Bilirubinspiegel (Hyperbilirubinämie, Gelbsucht). Hohe Bilirubin-Konzentrationen in der Galle führen u. a. zur Bildung von Gallensteinen (Cholelithiasis), die meist aus einem Gemisch von Cholesterol und Calcium-bilirubinat bestehen. Mit der Galle gelangt das Bilirubin in den Darm und wird von Darmbakterien (hauptsächlich *Clostridia*) zu farblosen Derivaten (*Urobilinogen* und *Stercobilinogen*) reduziert. Durch Luftoxidation enstehen schließlich gelbes *Urobilin* bzw. *Stercobilin*, die hauptsächlich mit dem Stuhl ausgeschieden werden. Urobilin und Stercobilin tragen somit zur charakteristischen Farbe der Fäzes von Säugern bei. Trotz seines Namens ist Urobilin (griech. οὖρον (oúron): Harn) nicht für die Harnfarbe verantwortlich. Die Struktur des Harnfarbstoffes ist bisher unbekannt.

Sir Reginald Patrick Linstead (1902–1966) Professor für Chemie an den Universitäten Sheffield (1938), Harvard in Cambridge, Massachusetts (1939), und am Imperial College in London (1949), entdeckte zufällig 1928 in einer Fehlcharge aus der industriellen Phthalimid-Produktion der *Scottish Dyes Ltd.* den später als Eisen-Phthalocyanin erkannten Farbstoff. Bereits früher (1907) hatten jedoch *A. Braun* und *J. Tcherniac* sowie im Jahre 1927 *Henri de Diesbach* (1920–1970), Professor für Chemie an der Universität Fribourg (Schweiz), das metallfreie Phthalocyanin bzw. dessen Cu^{II}-Komplex erhalten, ihre Strukturen jedoch nicht aufklären können. (Mit Genehmigung der Royal Society of Chemistry, Library and Information Centre, London)

Konstitutiv verwandt mit den Porphyrinen sind die *Phthalocyanine* (Tetrabenzotetraazaporphyrine), eine Gruppe *synthetischer* Farbstoffe, deren Metall-Komplexe durch Schmelzen von Phthalsäure-dinitril in Gegenwart von Alkoholaten, Metall-oxiden oder Metall-Salzen leicht zugänglich sind (*Fig. 10.13*). Phthalocyanine gehören zu den wenigen organischen Stoffen, die aufgrund ihrer Licht- und Wärmebeständigkeit für eine Vielfalt technischer Anwendungen geeignet sind. Die Herstellung von Kupfer-phthalocyanin (*Fig. 10.14*), dessen Struktur 1934 von *Linstead* aufgeklärt und ein Jahr später durch Röntgenstrahlenbeugung bestätigt wurde, macht etwa 25% der gesamten Farbstoffproduktion in den Vereinigten Staaten aus.

Bei den seit 1934 technisch hergestellten Phthalocyanin-Farbstoffen handelt es sich um blaue, grüne oder rote, besonders lebhafte, lichtechte Farbstoffe, die u.a. als Küpen- oder Direktfarbstoffe sowie Pigmente zur Herstellung von Kugelschreiberpasten, Kohlepapier, Stempelfarben für Lebensmitteloberflächen und -verpackungen Anwendung finden. Einige Übergangsmetall-Komplexe der Phthalocyanine dienen als Katalysatoren. Aufgrund ihrer Halbleiter- bzw. Photoleitereigenschaften werden Phthalocyanine auch in Brennstoffzellen bzw. als Photosensibilisatoren (z. B. in der Farbphotographie) eingesetzt.

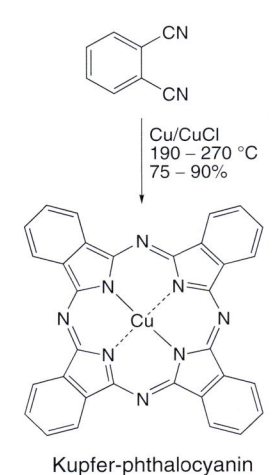

Fig. 10.13. *Synthese des Kupfer-phthalocyanins*

10.5. 1*H*-Indol

Formal kann man sich die Strukturformel des Indol-Moleküls als Superposition eines Benzol- und eines Pyrrol-Ringes vorstellen, so dass im daraus resultierenden bicyclischen Heteroaromaten (dem Benzo[*b*]pyrrol) zwei C-Atome zu den beiden Ringen gehören (*Fig. 10.15*). Mit dieser Betrachtungsweise lässt sich das chemische Verhalten des Indols und anderer kondensierter aromatischer Systeme in den meisten Fällen rationalisieren, denn Resonanz-Strukturen, bei denen der Benzol-Ring erhalten bleibt, sind energetisch wesentlich günstiger als solche, bei denen die für die *Kekulé*-Strukturen des Benzol-Ringes charakteristische cyclische Konjugation der (C=C)-Bindungen aufgehoben wird.

In der Tat ist für die chemische Reaktivität des Indols die regioselektive elektrophile Substitution an C(3) charakteristisch (*Fig. 10.16*).

Fig. 10.14. *Kupfer-phthalocyanin bildet unlösliche blaue, metallisch glänzende Kristallnadel, die bei 580 °C unzersetzt sublimieren.*

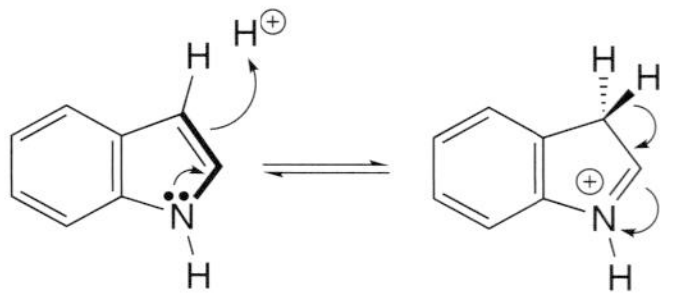

Fig. 10.16. *1H-Indol weist die typische Reaktivität eines Enamins auf.*

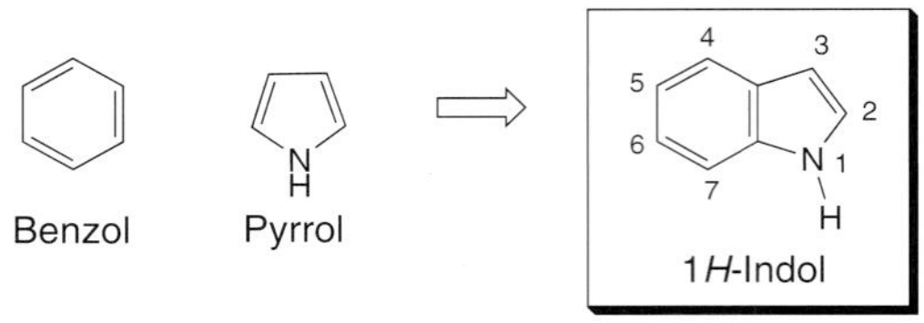

Fig. 10.15. *1H-Indol* (Benzo[*b*]pyrrol) *ist ein Benzo-Derivat des Pyrrols.* Bei der systematischen *Hantzsch–Widman*-Nomenklatur von Heterocyclen, die aus mehreren kondensierten Ringen bestehen, werden die *Bindungen* (statt der Atome) des als Hauptkomponente definierten Heterocyclus (im vorliegenden Fall das Pyrrol-Molekül) mit kleinen Buchstaben in alphabetischer Reihenfolge gekennzeichnet, indem man beim Heteroatom höchster Priorität (*Abschn. 10.1*) beginnt.

Sie ist auf die energetisch ungünstige Delokalisierung des N-ständigen Elektronenpaares in die benachbarten C-Atome zurückzuführen, die eine Aufhebung der Aromatizität des Benzol-Ringes zur Folge hätte (Formel **III** in *Fig. 10.17*). Somit entspricht die Reaktivität des Indols der eines Enamins (*Abschn. 8.19*), während Pyrrol die Reaktivität eines (cyclischen) *vinylogen* Enamins aufweist (*Abschn. 10.3*). Dennoch reagieren 3-substituierte Indol-Derivate mit Elektrophilen oft an der 2-Position. Sind die C(2)- und C(3)-Atome substituiert, so findet die Reaktion mit Elektrophilen bevorzugt am C(6)-Atom statt. Diese Regioselektivität steht mit einer höheren Beteiligung der Resonanz-Struktur **IV** (*Fig. 10.17*) am Mesomerie-Hybrid im Einklang, die allerdings nicht *a priori* selbstverständlich ist.

Das älteste bekannte Derivat des Indols (= Indigo-Öl) ist das *Indigo* oder *Indigotin* (griech. ἴνδός (*índos*): Inder) ein blauer Farbstoff, der schon vor mehreren Jahrtausenden durch Hydrolyse und darauf folgende Luftoxidation des *Indicans* gewonnen wurde (*Fig. 10.18*). Die erste Synthese des Indigos, die aber aus wirtschaftlichen Gründen keine technische Anwendung fand, gelang 1880 *Adolf von Baeyer* (s. *Abschn. 2.21*). Heute noch wird synthetisches Indigo in der Textilfärberei (u. a. zur Färbung von Blue Jeans) weltweit verwendet.

Indican, das β-Glucosid des *Indoxyls* (1*H*-Indol-3-ol), kommt in zahlreichen Stauden der Gattung *Indigofera* (z. B. *Indigofera tinctoria*) vor, die in *Indien*, China und dem tropischen Afrika beheimatet sind. In Europa (hauptsächlich in Frankreich, Deutschland und England) wurde im Mittelalter der Färberwaid (*Isatis tinctoria*), der Indoxyl-5-ketogluconat (Isatan B) enthält, zur Gewinnung

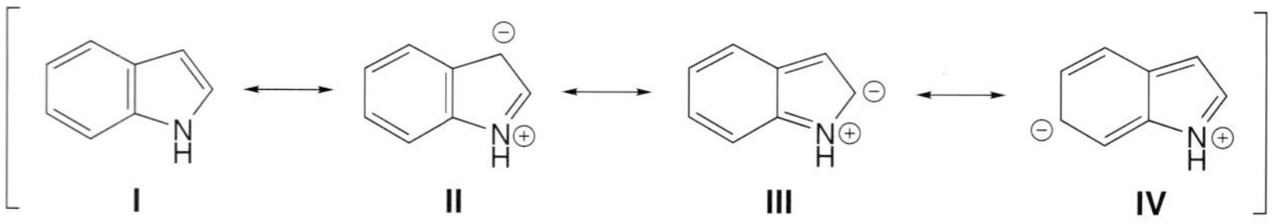

Fig. 10.17. *Energieärmere Resonanz-Strukturen des Indol-Moleküls*

Fig. 10.18. *Bildung und oxidativer Abbau des Indigos*

von Indigo in großen Mengen kultiviert (*Fig. 10.19*). Die hydrolytische Freisetzung des Indigos aus Indican wird von der in der Pflanze vorhandenen Glycosidase unterstützt. Durch Oxidation des Indigos mit Salpetersäure wird *Isatin* gebildet (*Fig. 10.18*), dessen Charakterisierung einen wichtigen Hinweis zur Strukturaufklärung des Indigos lieferte.

Das 6,6'-Dibromo-Derivat des Indigos ist der (Königliche oder Tyrische) *Purpur* (*Fig. 10.20*), der berühmte und kostbare Farbstoff der Antike, der eine bedeutende Rolle in der Entwicklung und Geschichte blühender Zivilisationen im Mittelmeerraum spielte. Die Gewinnung des Pigments (*ca.* 1,4 g aus 12000 Schnecken) durch Luftoxidation unter Sonnenlichteinwirkung des Indol-Derivats, das die Hypobronchialdrüsen der im Mitttelmeer und an der Westküste Afrikas lebenden Purpurschnecken enthalten, ist in der 'Naturalis Historia' von *Plinius dem Älteren* (23–79) ausführlich beschrieben.

Das Strukturelement des Indols kommt ebenfalls im *Melanin*, dem in der Natur am weitesten verbreiteten Farbstoff überhaupt, vor (*Fig. 10.21*). Melanin (griech. μέλας (*mélas*): schwarz) ist eine generische Bezeichnung für hochmolekulare schwarze (*Eumelanine*) oder gelbbraune Polymere (*Phäomelanine*), die in speziellen Zellen (Melanozyten) gebildet werden. Eumelanine sind Umwandlungsprodukte des 3,4-Dihydroxyphenylalanins, deren Bildung von der *Phenol-Oxidase* katalysiert wird (*Abschn. 5.27*); an der Biosynthese der Phäomelanine ist außerdem Cystein beteiligt.

Fig. 10.19. *Färberwaid (Isatis tinctoria L.) wurde früher zur Gewinnung von Indigo verwendet.*

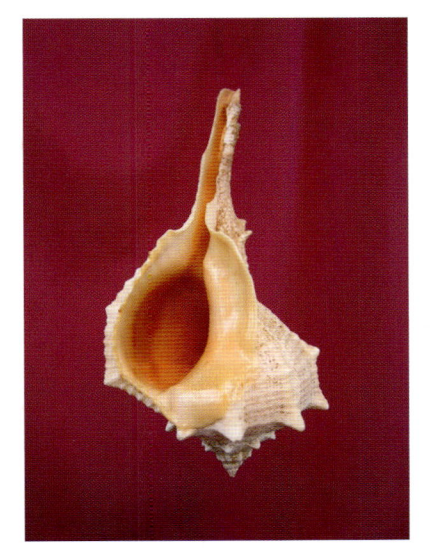

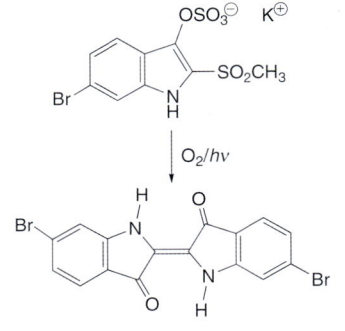

Fig. 10.21. *Melanin ist ein aus quervernetzten 5,6-Indochinon-Einheiten aufgebautes Polymer.*

Fig. 10.20. *6-Bromo-2-(methylsulfonyl)indoxyl-sulfat ist ein Vorläufer des Purpurs in der Purpurschnecke* Bolinus (Murex) brandaris

Struktur und Reaktivität der Biomoleküle

Melanine kommen *in vivo* an Proteine gebunden (Melanoproteine) bei Säugern in Haaren, Haut (als Schutz vor der Sonnenstrahlung) und im Pigmentepithel des Auges vor, in dem sie durch Lichtbeugung die verschiedenen Augenfarben der Iris verursachen. Ferner befinden sie sich in Vogelfedern, in denen sie ebenfalls durch Lichtbeugung oft blaue Farben hervorrufen, in Insekten und Pflanzen (Bräune von Tee, Früchten und Kartoffeln) sowie als *Sepiamelanin* im Sekret der Tintendrüse bei Tintenfischen. In rötlichem Menschenhaar und Hühnerfedern werden Farbnuancen ebenfalls durch weitere Farbstoffe wie die gelborangen bzw. violetten *Trichochrome* hervorgerufen, die Derivate des Benzo-1,4-thiazins sind.

Indol ist der Chromophor des *Tryptophans* sowie einer Vielzahl davon biogenetisch abgeleiteter Pflanzenalkaloide. An der Biosynthese des Tryptophans sind drei Substrate beteiligt: Anthranilsäure, das aus Shikimisäure stammt (*Abschn. 9.10*), D-Ribose und L-Serin. Für den menschlichen Organismus, der die Shikimisäure nicht selbst aufbauen kann, ist Tryptophan eine essentielle Aminosäure (*Abschn. 9.6*).

Die Reaktionsfolge besteht aus sechs Schritten, von denen nur die wesentlichen in *Fig. 10.22* wiedergegeben werden: *1)* Bildung einer *N*-glycosidischen Bindung zwischen der Amino-Gruppe der Anthranilsäure und dem anomeren C-Atom des 5-Phosphoribosyl-α-pyrophosphats. *2)* Aufspaltung des Zucker-Ringes unter Bildung des dem *N*-Glycosid entsprechenden Imins, das zum Enamin tautomerisiert. *3)* Intramolekulare nucleophile aromatische Substitution der Carboxy-Gruppe der Anthranilsäure-Komponente durch das β-ständige C-Atom des Enamins. *4)* H_2O-Abspaltung, die zum Indol-3-glycerol-phosphat führt. In den zwei darauf folgenden Schritten der Tryptophan-Biosynthese, die von der *Tryptophan-Synthase* katalysiert werden, wird das Indol-3-glycerol-phosphat in der α-Untereinheit des Enzyms unter Freisetzung von Glycerinaldehyd-3-phosphat und Indol gespalten. In der $β_2$-Untereinheit des Enzyms wird Serin an das Pyridoxal-phosphat (*Abschn. 9.8*) gebunden. Durch H_2O-Abspaltung entsteht aus dem Serin-Molekül die *Schiff*'sche Base der α-Aminoacrylsäure, ein *Michael*-Akzeptor (*Abschn. 8.21*), an den Indol entsprechend der bereits erwähnten Nucleophilie seines C(3)-Atoms addiert wird (vgl. *Fig. 10.16*). Im Holoenzym (ein aus zwei α-

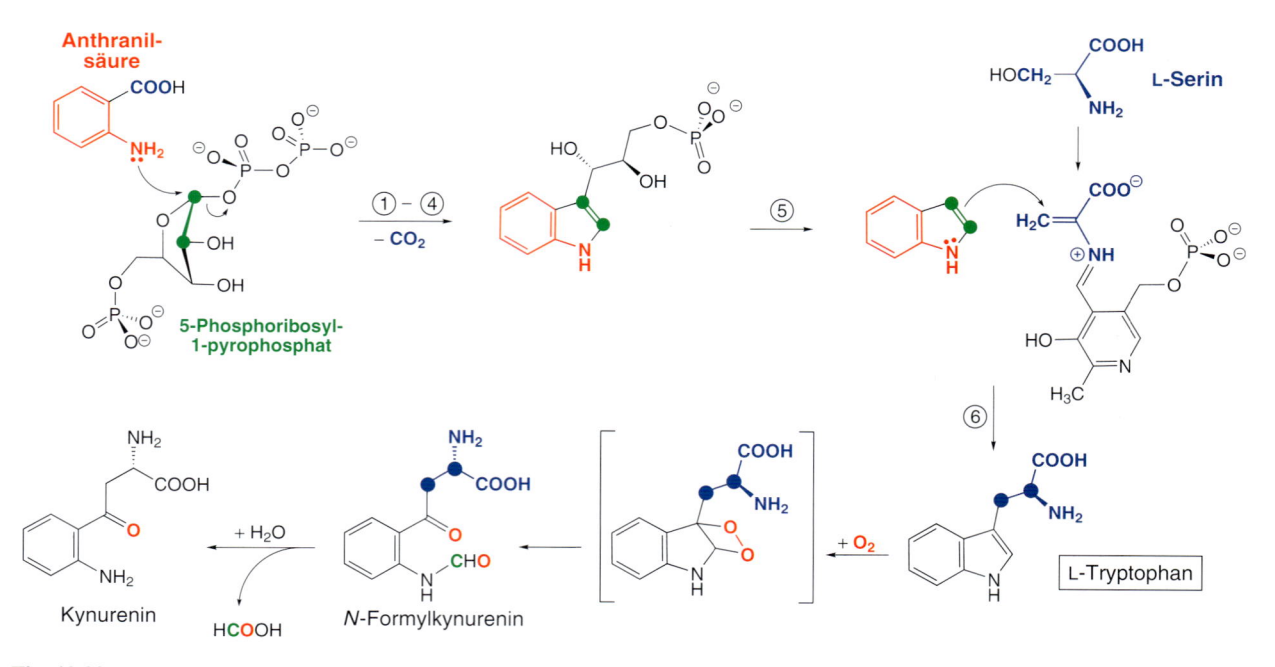

Fig. 10.22. *Biosynthese und enzymatischer Abbau des Tryptophans*

und zwei β-Untereinheiten bestehendes Tetramer) sind die Reaktionszentren der α- und β-Untereinheiten durch einen 2,5 nm langen Tunnel miteinander verbunden, so dass das lipophile Indol nicht hinausdiffundieren kann.

Durch Decarboxylierung des Tryptophans wird *Tryptamin* biosynthetisiert, dementsprechend entsteht *Serotonin* aus 5-Hydroxytryptophan (*Abschn. 7.3*). In Pflanzen wird Indol-3-essigsäure (*Auxin*) aus Tryptophan durch Transaminierung, darauf folgende Decarboxylierung des Indol-3-pyruvats und Oxidation des entstandenen Indol-3-acetaldehyds biosynthetisiert (*Fig. 10.22*). Indol-3-essigsäure ist der wichtigste Vertreter der *Auxine* (griech. αὔξω (*aúxō*): wachsen, gedeihen), Pflanzenhormone (*Abschn. 7.4*), die insbesondere das Längenwachstum der Pflanzen und die Wurzelbildung fördern. Die Wirkungen der Indol-3-essigsäure sind sehr vielfältig und konzentrationsabhängig, wobei sie als Auslöser von Reaktionen wirkt, deren Spezifität vom jeweiligen Differenzierungsstadium der Zelle abhängt. Synthetische Analoga der Indol-3-essigsäure werden u.a. zur Stecklingsbewurzelung, Parthenokarpie (Fruchtbildung ohne vorhergehende Befruchtung) und Beschleunigung der Fruchtreife, aber auch zur Unkrautvernichtung eingesetzt.

Darmbakterien vermögen ebenfalls Indol-3-essigsäure zu synthetisieren, die durch Decarboxylierung in das flüchtige, nach Fäkalien (in sehr starker Verdünnung jedoch blumig) riechende *Skatol* (3-Methyl-1*H*-indol) umgewandelt wird (*Fig. 10.23*). Als Produkt der Zersetzung von Proteinen kommt Skatol (griech. σκώρ (Gen. σκατός) (*skōr* (Gen. *skatós*)): Kot) u.a. in Kot, Mist und Fäkalien sowie im Sekret der Zibetkatze (*Viverra civetta*) vor.

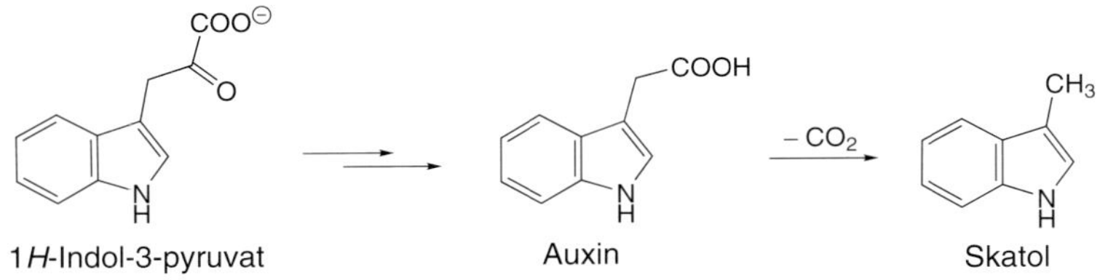

Fig. 10.23. *Enzymatischer Abbau der Aminosäure-Kette des Tryptophans*

Der enzymatische Abbau des Tryptophans wird von der *Tryptophan-Dioxygenase* eingeleitet, welche die Addition von Sauerstoff an die (C(2)–C(3))-Bindung der Indol-Komponente katalysiert. (*Fig. 10.22*). Durch darauf folgende Aufspaltung des gebildeten Dioxetans (s. *Abschn. 3.25*) wird N-*Formylkynurenin* als Primärprodukt des Tryptophan-Katabolismus gebildet. Das durch Hydrolyse der Formamid-Gruppe des N-Formylkynurenins freigesetzte Kynurenin, das erstmalig aus dem Urin von Hunden (griech. κύων (*kýōn*): Hund; οὖρον (*oúron*): Harn) isoliert wurde, wird zum Teil am C(3)-Atom hydroxyliert und im Harn ausgeschieden.

Das 3-Hydroxykynurenin dient aber auch zur Biosynthese sekundärer Metabolite, die – wie die *Actinomycine* (*Abschn. 9.30*) und die *Ommochrome* – einen Phenoxazon-Chromophor enthalten. Ommochrome wurden in den Sehkeilen (Ommatiden) der Augen (griech. ὄμμα (*ómma*): Auge) von Insekten (Schmetterlingen, Fliegen, Heuschrecken u.a.) entdeckt. Sie sind aber keine Sehpigmente und kommen auch in anderen Invertebraten (z.B. Krebsen) vor. Ommochrome sind oft mit Proteinen assoziiert und kaum in Wasser löslich. Sie bilden eine heterogene Substanzklasse, die in zwei Gruppen eingeteilt werden kann: die gelben oder roten niedermolekularen *Ommatine* und die rotvioletten, schwefelhaltigen *Ommine*, die normalerweise als Gemische mehrerer Substanzen vorkommen. Am besten charakterisiert sind die Ommatine; sie sind Derivate des Phenoxazins, deren Struktur von A. Butenandt (s. *Abschn. 8.2*) aufgeklärt wurde (*Fig. 10.24*). Eine wichtige Rolle bei der Aufklärung der Struktur der Ommochrome spielte das Schlupfsekret

Struktur und Reaktivität der Biomoleküle

Fig. 10.24. *Die Augenfarbe der Schmeißfliege* (Calliphora erythrocephala) *und zahlreicher anderer Insekten wird von Xanthommatin und damit verwandten Ommatinen verursacht.*

(Mekonium) vom Kleinen Fuchs (*Aglais urticae* L.). Da sich die Raupen dieses Tagfalters oft unter vorspringenden Gebäudekanten verpuppen, wird die beim Ausschlüpfen der Imago ausgeschiedene rote Flüssigkeit auf der Hausfassade sichtbar ('Blutregen'), ein 'unheilbringendes' Vorkommnis, das im Mittelalter als göttliche Botschaft interpretiert wurde und vielen Unschuldigen das Leben kostete.

10.6. Indol-Alkaloide

In zahlreichen Samenpflanzen dient ferner das Tryptophan zur Biosynthese von Alkaloiden. Mit über 1100 verschiedenen Verbindungen ist die Gruppe der Indol-Alkaloide diejenige, die bei Pflanzen am häufigsten vertreten ist. An der Biosynthese der Indol-Alkaloide sind neben Tryptophan oft andere Substrate (hauptsächlich Terpenoide) beteiligt. Beispielsweise wird *Lysergsäure*, der physiologisch aktive Teil des Ergotamins, das im Mutterkorn vorkommt (*Fig. 10.25*), aus Tryptamin und Dimethylallyl-pyrophosphat biosynthetisiert (*Fig. 10.26*).

Fig. 10.25. *Der Mutterkornpilz (Claviceps purpurea) wächst parasitisch auf Roggen und anderen Gramineen.*

Man kennt ungefähr 30 verschiedene Mutterkorn-Alkaloide, auch *Secale*-Alkaloide genannt. Ergotamine (franz. *ergot*: (Hahn)Sporn) sind α-Rezeptorenblocker (*Abschn. 7.4*). Sie wirken kontrahierend auf die Uterusmuskulatur, worauf ihre Anwendung in der Geburtshilfe begründet ist.

Fig. 10.26. *Biosynthese des Ergotamins*

Mutterkornvergiftungen kamen im Mittelalter durch Verunreinigung des Mehls epidemisch vor. Die Vergiftungen äußern sich durch Halluzinationen und als 'Heiliges Feuer' oder – nach dem *Hl. Antonius Eremita* – 'Antoniusfeuer' bezeichnete Parästhesien in Händen und Füßen, die im weiteren Verlauf der Erkrankung entweder zu schmerzhaften spastischen Krämpfen oder zur Gangrän der Finger und Zehen und tödlicher Sepsis führten. Der Mutterkornpilz scheint im alten Griechenland bei den Eleusinischen Mysterienspielen bewusst als Halluzinogen benutzt worden zu sein. Das 1938 von *Albert Hofmann* in den Forschungslaboratorien der *SANDOZ AG* in Basel synthetisch hergestellte Lysergsäure-diethylamid (LSD) gehört zu den stärksten Halluzinogenen überhaupt, da es bereits in kleinsten Dosen (0,5–2 µg pro kg Körpergewicht) einen lang andauernden (6–12 Std.) Rauschzustand hervorruft.

Bei der Mehrzahl der Indol-Alkaloide ist jedoch der isoprenoide Molekülteil von einem Monoterpen, dem *Loganin*, abgeleitet (*Abschn. 3.19*). Die meisten der insgesamt mehr als 800 verschiedenen dazugehörigen Alkaloide lassen sich in fünf biogenetische Strukturtypen einteilen, deren Bezeichnungen – *Iboga-*, *Aspidosperma-*, *Strychnos-* und *Yohimbe-*Alkaloide – aus den taxonomischen Namen der Pflanzen stammen, in denen sie hauptsächlich vorkommen (*Fig. 10.27*). Bemerkenswerterweise sind Vertreter aller diesen Strukturtypen nebst mindestens 70 weiteren Indol-Alkaloiden aus dem tropischen Immergrün, *Catharanthus roseus*, isoliert worden (s. *Abschn. 3.19*). Die Vielfalt der Strukturen der Indol-Alkaloide rührt von der Verfügbarkeit über fünf funktionelle Gruppen im Secologanin her: eine Ester- und eine Vinyl-Gruppe sowie eine freie und zwei als Glycosid eines Enol-halbacetals 'geschützte' Formyl-Gruppe(n). Durch Drehung um die (C(5)–C(9))-Bindung des 'ringgeöffne-

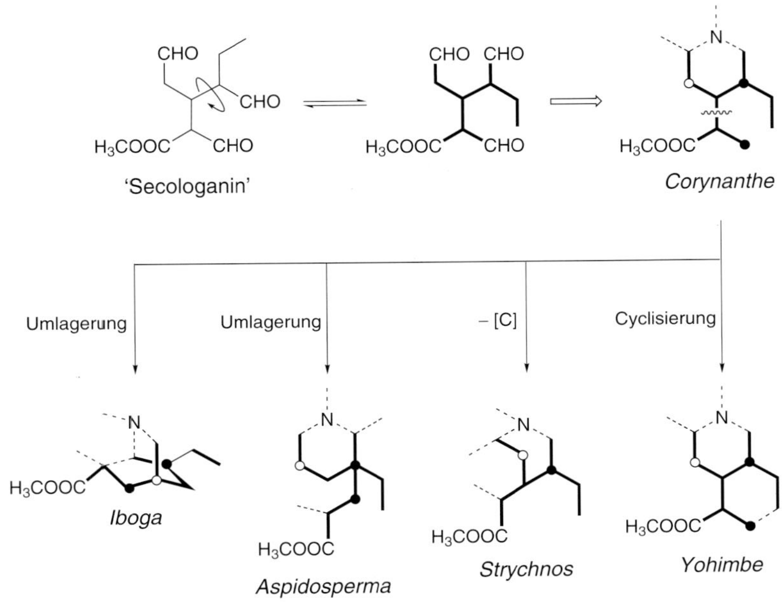

Fig. 10.27. *Biogenetische Klassifizierung der Indol-Alkaloide* (schematisch)

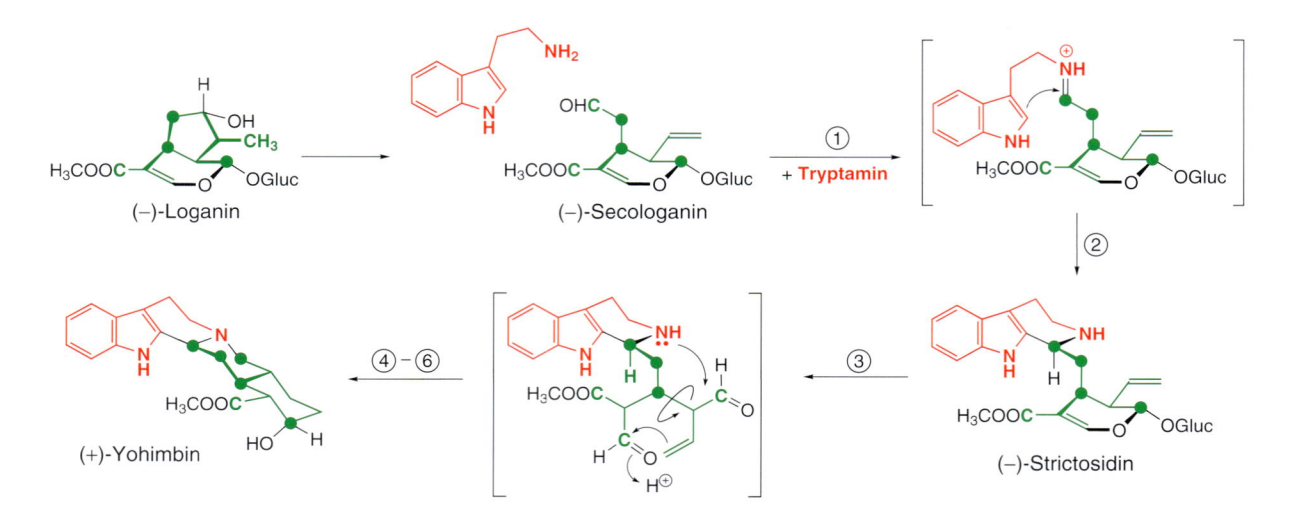

Fig. 10.28. *Biosynthese des Yohimbins:* rot *stammt aus Tryptophan,* grün *aus Loganin* (*Abschn. 3.19*).

ten' Secologanins entsteht die Konformation des Moleküls, die geeignet ist, um die für die Mehrzahl der Indol-Alkaloide charakteristische Chinolizidin-Partialstruktur zu bilden. Als Beispiel möge die Biosynthese des *Yohimbins* dienen (*Fig. 10.28*).

Yohimbin wird aus der Rinde des Yohimbebaums (*Pausinystalia yohimba*), ein Krappgewächs aus dem tropischen Westafrika, gewonnen. Yohimbin ist ein gefäßerweiternd wirkendes Sympathikolytikum, α-Adrenorezeptorenblocker (*Abschn. 7.4*), das als Kreislaufmittel, Anästhetikum in der Augenheilkunde und aufgrund seiner (allerdings umstrittenen) erregenden Wirkung auch als Aphrodisiakum verwendet wird.

Die Biosynthese des Yohimbins findet in sechs Schritten statt, von denen nur die wichtigsten in *Fig. 10.28* wiedergegeben sind: *1*) Reaktion der 'freien' Aldehyd-Gruppe des Secologanins mit der primären Amino-Gruppe des Tryptamins. *2*) Nucleophile Addition von C(2) des Indol-Rings an das gebildete Imin. Das Produkt dieser Reaktion ist das *Strictosidin*, das als biogenetischer Vorläufer aller von Loganin abgeleiteten Indol-Alkaloide dient. *3*) Hydrolytische Spaltung der glycosidischen Bindung im Dihydropyran-Ring des ursprünglichen Secologanins unter Freisetzung zweier Aldehyd-Gruppen. *4*) Nucleophile Addition der sekundären Amino-Gruppe an die Carbonyl-Gruppe des ursprünglichen Glycosids. *5*) Tautomerisierung des dabei gebildeten Imins zum entsprechenden Enamin, wobei die Tetrahydrochinolizin-Partialstruktur des Alkaloids entsteht. *6*) Bildung des Yohimbins durch Reaktion der Formyl-Gruppe der ursprünglichen Enolacetal-Gruppe des Secologanins mit der Vinyl-Gruppe des Zwischenprodukts, welche die endständige (C=C)-Bindung eines vinylogen Enamins darstellt.

10.7. Oxazole

Oxazol-Derivate sind Bestandteil einiger Antibiotika, die von marinen Organismen biosynthetisiert werden. *Ibotensäure*, der Hauptwirkstoff des Fligenpilzes sowie das bis zu 10-mal aktivere *Mus-*

cimol, das durch ihre Decarboxylierung (z. B. beim Kochen) entsteht, sind Derivate des Isoxazols (*Fig. 10.29*).

Der Fliegenpilz ist möglicherweise das älteste Halluzinogen und wahrscheinlich auch das am meisten verbreitete. Bei dem im altindischen 'Rigweda' (1500–1000 v. Chr.) beschriebenen Soma handelte es sich wahrscheinlich um einen aus Fliegenpilzen zubereiteten Trank. Während *Muscarin* (*Abschn. 7.3*), das auch in den Fliegenpilzen in sehr kleiner Konzentration vorkommt, sehr toxisch ist, sind *Ibotensäure* und *Muscimol* für die halluzinogene Wirkung des Fliegenpilzes verantwortlich. Ibotensäure ist Bestandteil des Muscaurins I. Muscaurine kommen neben anderen Iminium-Salzen der Betalaminsäure, die ebenfalls der Chromophor der Betalain-Farbstoffe ist (*Abschn. 8.14*), und des dazu isomeren *Muscaflavins* (s. *Fig. 10.2*) als Hutfarbstoffe des Fliegenpilzes vor.

Fig. 10.29. *Das orangefarbene Pigment des Fliegenpilzes* (*Amanita muscaria* L.) *Muscaurin I ist ein Iminium-Salz der Betalaminsäure, die ebenfalls der Chromophor der Betalain-Farbstoffe ist* (*Abschn. 8.14*).

10.8. 1*H*-Imidazol

Imidazol, auch als *Glyoxalin* bekannt, ist ein farbloser, wasserlöslicher Feststoff vom Schmp. 90 °C. Im Gegensatz zu Pyrazol, dessen Derivate in der Natur selten vorkommen, stellt Imidazol die Grundstruktur zahlreicher wichtiger Metabolite dar.

Imidazol wurde 1858 von *Heinrich Debus* (1824–1916) durch Reaktion von Glyoxal mit NH_3 erstmalig hergestellt, woher der veraltete Name Glyoxalin stammt. Imidazol hat geringe Warmblütertoxizität, wirkt aber (besonders mit Borsäure als Synergisten) bei taxonomisch niederen Tieren als Antimetabolit des Histidins und der Nicotinsäure und wird daher als Schädlingsbekämpfungsmittel verwendet. Ebenso vermögen viele Pilze Histidin aus Imidazol zu biosynthetisieren, so dass Fungizide und Antimykotika mit Imidazol-Resten – z. B. *Clotrimazol* (1-[(2-Chlorophenyl)(diphenyl)methyl]-1*H*-imidazol) – vermutlich als Antagonisten der Histidin-Biosynthese wirken.

Bemerkenswert beim Imidazol ist das Vorhandensein zweier N-Atome mit verschiedenen Eigenschaften, so dass die NH-Gruppe als schwache Säure und das Imin-N-Atom als Base reagieren kann (*Fig. 10.30*). In der Tat besitzt das Imidazol die Partialstruktur eines Amidins (*Abschn. 9.26*), worauf seine ausgeprägte Basizität (pK_s der konjugierten Säure = 7,2) zurückzuführen ist. Aufgrund der Acidität des an das N-Atom gebundenen H-Atoms (pK_s = 14,5) kann Imidazol intermolekulare H-Brücken-Bindungen bilden, die Ketten von bis zu 20 Molekülen zusammenhalten. Deren Vorkommen erklärt beispielsweise seine gegenüber Pyrrol (Sdp. 130 °C) außerordentlich hohe Siedetemperatur von 256 °C (*Fig. 10.31*). Das protonierte Imida-

1*H*-Imidazol
pK_s = 14,5

pK_s = 7,2

Fig. 10.30. *Imidazol ist sowohl eine schwache Säure als auch eine schwache Base.*

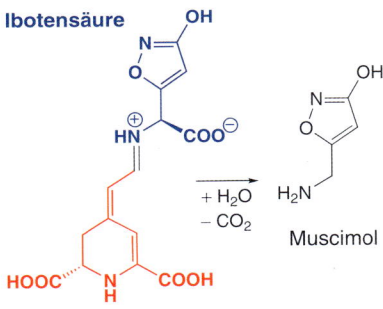

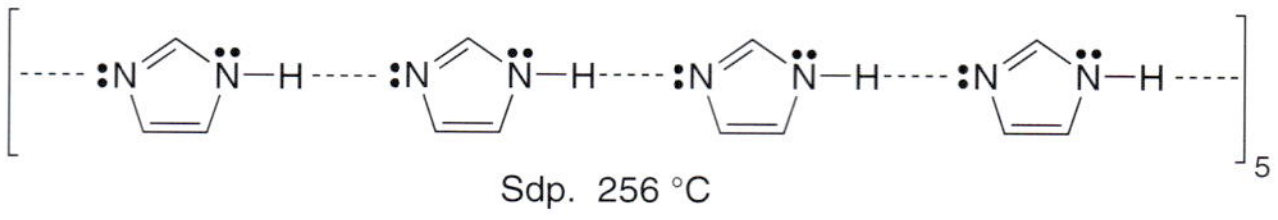

Struktur und Reaktivität der Biomoleküle

Fig. 10.31. *Die relativ hohe Siedetemperatur des Imidazols (Sdp. 156 °C) ist auf die Bildung intermolekularer H-Brücken-Bindungen zurückzuführen.*

zol-Molekül ist ein Resonanz-Hybrid zwischen zwei energetisch entarteten Grenzstrukturen und demzufolge symmetrisch (*Fig. 10.30*). Aus diesem Grunde kommen Imidazol-Derivate, die an den C(4)- und/oder C(5)-Atomen substituiert sind, sofern sie nicht N-ständige Substituenten tragen, als Gemisch zweier Tautomere vor, die durch intermolekularen Austausch des N-ständigen H-Atoms rasch ineinander umgewandelt werden und somit nicht voneinander getrennt werden können.

Das biologisch wichtigste Derivat des Imidazols ist die Aminosäure Histidin. Weitere von Imidazol abgeleitete Naturprodukte sind u. a.: Histamin (*Abschn. 7.4*), Biotin (*Abschn. 9.13*) und Hydantoin (*Abschn. 10.21*), sowie die Pilocarpin-Alkaloide. Ferner ist der Imidazol-Ring Teilstruktur der wichtigen Purine (*Abschn. 10.15*).

Die Biosynthese des Histidins ist bemerkenswert (*Abschn. 10.21*): fünf der sechs Atome stammen aus 5-Phosphoribosyl-α-pyrophosphat, einem Zwischenprodukt, das auch an der Biosynthese des Tryptophans (*Abschn. 10.5*) sowie der Purin- und Pyrimidin-Nucleoside beteiligt ist. Das C(2)-Atom sowie eines der N-Atome des Imidazol-Ringes des Histidins stammen aus dem Pyrimidin-Ring von ATP, das andere N-Atom stammt aus Glutamin (*Abschn. 10.19*). Die ungewöhnliche Biosynthese von Histidin aus einem Purin wird als Stütze für die Hypothese, dass das Leben ursprünglich auf RNA basierte, herangezogen. Man kann sich nämlich im Histidin-Syntheseweg ein 'Fossil' des Überganges von den Ribozymen zu effizienteren, auf Proteinen basierenden Lebensformen vorstellen. Histidin wird über *Urocanat* (griech. οὖρον (oúron): Harn; lat. canis: Hund) zu Glutamin bzw. α-Oxoglutarat enzymatisch abgebaut, wobei das C(3)-Atom des Imidazol-Ringes für die Biosynthese von N^5-Formiminotetrahydrofolat (*Abschn. 10.14*) verwendet wird (*Fig. 10.32*).

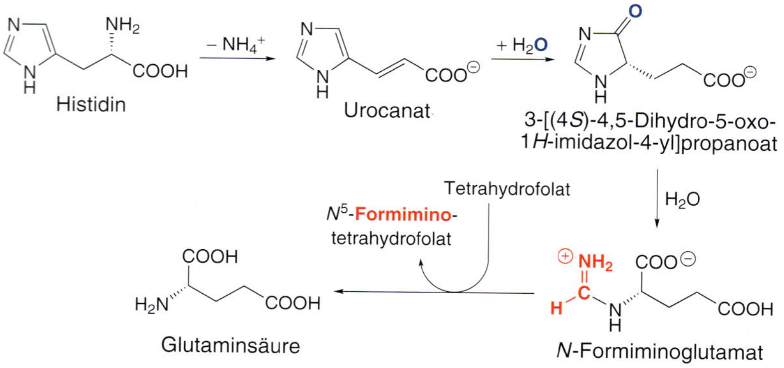

Fig. 10.32. *Histidin wird enzymatisch zu L-Glutaminsäure abgebaut.*

10.9. Thiazol

Eine besondere Eigenschaft der Thiazolium-Salze besteht in der Acidität des H-Atoms, welches an das C(2)-Atom gebunden ist (*Abschn. 8.22*), worauf die enzymatische Funktion des *Thiamins* (Vitamin B_1) bei der oxidativen Decarboxylierung von α-Oxocarbonsäuren beruht (*Abschn. 9.13*).

Das Thiamin-Molekül besteht aus zwei kovalent gebundenen Komponenten, die durch Behandlung mit einer gesättigten wässrigen Natrium-sulfit-Lösung bei Raumtemperatur quantitativ auseinander dissoziieren. Der biologisch aktive Teil des Moleküls ist ein Thiazol-Derivat, das bei der Spaltung des Thiamins unverändert erhalten wird, während die Pyrimidin-Komponente eine Sulfonsäure bildet (*Fig. 10.33*).

Fig. 10.33. *Für die Aufklärung der Molekülstruktur des Thiamins spielte seine Zerlegung in zwei Komponenten eine bedeutende Rolle.*

Thiamin gehört neben Riboflavin (Vitamin B_2: *Abschn. 10.14*), Pyridoxin (Vitamin B_6: *Abschn. 10.10*), Biotin (Vitamin B_7: *Abschn. 9.13*), Folsäure (Vitamin B_9 oder B_c: *Abschn. 10.14*), Cobalamin (Vitamin B_{12}: *Abschn. 10.4*), Nicotinsäureamid (*Abschn. 10.10*) und Pantothensäure (*Abschn. 9.22*) zum *Vitamin-B-Komplex* wasserlöslicher Vitamine, die meist gemeinsam vorkommen. Die Existenz der Vitamine B_3, B_4 und B_5, als so genannter Tauben- und Rattenwachstumsfaktoren sowie anderer Vitamine der B-Gruppe ist umstritten.

Christiaan Eijkman (1858–1930) bewies zum ersten Male im Jahre 1897 den Zusammenhang zwischen dem Auftreten von *Beriberi*, einer durch polyneuritische Störungen (Parästhesien, Muskelschwäche und Herzinsuffizienz) charakterisierten Avitaminose, und der Ernährung mit poliertem (geschältem) Reis. Seine Entdeckung wurde 1929 zusammen mit den Arbeiten von *Sir Frederick Gowland Hopkins* (1861–1947), Professor für Biochemie an der Universität Cambridge (UK), über den Stoffwechsel von Proteinen und die Unentbehrlichkeit der Vitamine in der Nahrung mit dem *Nobel*-Preis für Medizin gewürdigt. Die Isolierung von reinem Vitamin B_1, als erstes Vitamin überhaupt, aus Reisschalen gelang 1926 dem niederländischen Chemiker *Barend Coenrad Petrus Jansen* (1884–1962); seine Molekülstruktur wurde aber erst 1936 durch *Robert Ramapatnam Williams* (1886–1965) und *Rudolf Grewe* (1910–1968) etwa zur gleichen Zeit aufgeklärt. (© *Nobel*-Stiftung)

Vitamine sind für den Zellmetabolismus unentbehrliche exogene organische Stoffe, die nicht vom betreffenden Organismus biosynthetisiert werden können.

Wie andere Vitamine, die von den meisten Tieren und vom Menschen entweder mit der Nahrung oder durch Symbiose mit *Enterobakterien* (Darmbakterien) aufgenommen werden müssen, wird Thiamin von den meisten Mikroorganismen und Pflanzen biosynthetisiert. Nicht alle Pflanzen und Bakterien können jedoch sämtliche Cofaktoren selbst synthetisieren, so dass sie auch auf exogene Quellen angewiesen sind. Der Bedarf an Vitaminen ist bei Bakterien sehr unterschiedlich; während die meisten C-autotrophen und einige C-heterotrophe Bakterien (z.B. das Darmbakterium *Escherichia coli*) ihre Zellsubstanz aus CO_2 bzw. Glucose aufbauen können, benötigen Milchsäurebakterien zahlreiche Vitamine, praktisch alle Aminosäuren sowie Häm, Purine und Pyrimidine.

Mikroorganismen produzieren nur geringe Mengen an Thiamin (ca. 15 µg pro Liter Kulturbrühe). Wie Experimente mit isotopenangereicherten Substraten zeigen, existieren unterschiedliche Wege für die enzymatische Synthese des Thiamins in Enterobakterien und Hefen. Bei beiden jedoch werden der Thiazol- und der Pyrimidin-Ring unabhängig voneinander biosynthetisiert und anschließend miteinander gekoppelt. In Enterobakterien (z.B. *Escherichia coli*) und Pflanzen stammen die N- und C-Atome des Thiazol-Rings aus L-Tyrosin und 1-Desoxy-D-Xylulose, die auch als Vorläufer des Pyridoxols dient (*Abschn. 10.10*); in Hefen (*Saccharomyces cerivisae*) und aeroben Bakterien (*Bacillus subtilis, Pseudomonas putida* u.a.) stammen sie dagegen aus Glycin und einer Pentulose (D-Ribulose oder D-Xylulose). Das S-Atom stammt möglicherweise aus Cystein (*Fig. 10.34*). Auch der Pyrimidin-Ring des Thiamins wird in Enterobakterien und Hefen auf verschiedenen Wegen synthetisiert (*Abschn. 10.10*).

Fig. 10.34. *Lebewesen biosynthetisieren den Thiazol-Teil des Thiamins auf zwei verschiedenen Wegen* (schematisch).

10.10. Azine

Als Azine im Allgemeinen werden sechsgliedrige Heteroaromaten bezeichnet, die mindestens ein N-Atom im Ring enthalten, und zwar auch dann, wenn andere Heteroatome ebenfalls als Ringglieder vorkommen. Das einfachste Azin ist somit das *Pyridin*, das den Prototyp der Gruppe darstellt. Pyridin ist eine Base, die analog den tertiären Aminen (*Abschn. 7.7*) auch als Nucleophil (beispielsweise mit Alkyl-halogeniden) unter Bildung quartärer Ammonium- (in diesem Falle *Pyridinium*-) Salze reagiert (*Fig. 10.35*).

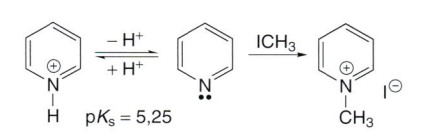

Fig. 10.35. *Reaktionen mit Elektrophilen finden beim Pyridin am N-Atom statt.*

Gemäß *Tab. 10.1* wäre *Azin* der systematische Name des Pyridins, das 1851 von *Thomas Anderson* (1819–1874) bei der trockenen Destillation (griech. πῦρ (*pyr*): Feuer) von Knochen erstmalig isoliert wurde. Pyridin ist bei Raumtemperatur flüssig (Schmp. −42°C) und siedet bei 115°C.

Wegen der höheren Elektronegativität des Heteroatoms gegenüber den Ring-C-Atomen wird die Reaktivität des Pyridins durch die dipolaren Resonanz-Strukturen, bei denen die negative Ladung am N-Atom lokalisiert ist, bestimmt (*Fig. 10.36*). Es handelt sich somit um einen typischen π-Mangel-Heterocyclus. Reaktionen mit Elektrophilen finden am N-Atom statt. Das für die Nucleophilie (und Basizität) des Pyridins verantwortliche nichtbindende Elektronenpaar befindet sich in der Molekülebene und ist demzufolge nicht delokalisiert. Aus diesem Grunde eignet es sich auch sehr gut für die Bildung von intermolekularen H-Brücken-Bindungen. Pyridin ist daher mit Wasser in jedem Verhältnis mischbar. Elektrophile Substitution am aromatischen Ring findet – wenn überhaupt – nur unter extremen Bedingungen (z. B. bei Temperaturen über 200 °C) statt und zwar ausschließlich an den β (3 bzw. 5) -Positionen, die bei keiner der dipolaren Resonanz-Strukturen Träger einer positiven Ladung sind.

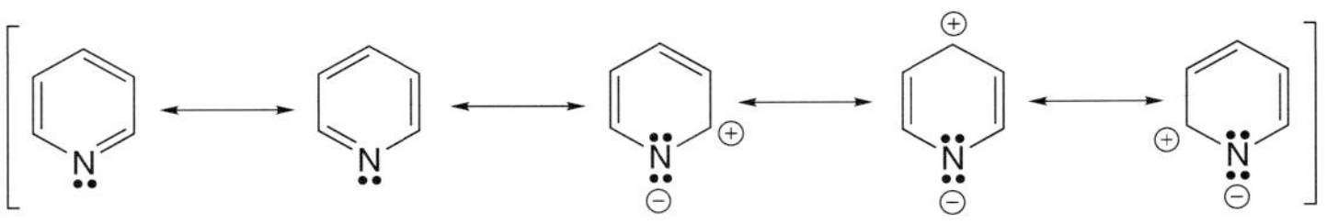

Fig. 10.36. *Die Resonanz-Energie des Pyridins beträgt 134 kJ mol^{-1}.*

Die im Vergleich mit aliphatischen tertiären Aminen geringere Basizität des Pyridins, dessen konjugierte Säure einen pK_s-Wert von 5,25 aufweist, ist hauptsächlich durch die höhere Elektronegativität des trigonalen gegenüber dem tetragonalen N-Atom zu erklären (vgl. *Abschn. 3.5*). Dadurch wird die 'Verfügbarkeit' des an der Konjugation nicht beteiligten (und für die Basizität maßgebenden) Elektronenpaares am N-Atom des Pyridins herabgesetzt.

Diesem Effekt entgegen wirkt allerdings die Beteiligung von Resonanz-Strukturen am Mesomerie-Hybrid des Pyridin-Moleküls, bei denen das N-Atom eine negative Ladung trägt (s. *Fig. 10.36*), und darum erhöhen Substituenten, die einen ($+I$)- oder ($+M$)-Effekt ausüben, die Basizität des Pyridin-Ringes, wenn sie an die α- (2- bzw. 6-) oder γ- (4-) Positionen des Heterocyclus gebunden sind. Keinen bedeutenden Einfluss auf die Basizität haben dagegen β-ständige Substituenten. Deshalb sind in der Reihe der Methylpyridine, die *Picoline* (lat. *pix*: Pech und *oleum*: Öl) genannt werden, weil sie aus dem Steinkohlenteer isoliert wurden, die 2- und 4-Isomere basischer als 3-Picolin, der pK_s-Wert dessen konjugierter Säure sich wenig von demjenigen des Pyridins unterscheidet (*Fig. 10.37*).

Aus dem gleichen Grund ist *4-(Dimethylamino)pyridin* (DMAP) eine relativ starke Base (pK_s der konjugierten Säure = 9,70), die in der präparativen organischen Chemie breite Anwendung findet (*Fig. 10.38*). Demgegenüber und im Gegensatz zu den aromatischen Kohlenwasserstoffen sind *nucleophile* Substitutionen am Pyridin-Ring an den α- und γ-Positionen durch Anionen leicht durchführbar.

Die vom russischen Chemiker *Aleksej Eugeniewitsch Tschitschibabin* (1871–1945) entdeckte Aminierung des Pyridins mit Natrium-

Fig. 10.37. *Die Basizität substituierter Pyridine hängt von der Stellung des Substituenten ab* (pK_s-Werte in H_2O bei 20 °C).

Fig. 10.38. *4-(Dimethylamino)pyridin* (DAMP) *ist ein hochwirksamer Katalysator bei Acylierungsreaktionen.*

amid beispielsweise spielt in der Chemie der Azine eine ebenso zentrale Rolle wie die Nitrierung von Benzol in der Chemie der aromatischen Kohlenwasserstoffe (*Abschn. 7.10*). Analog der aromatischen Substitution handelt es sich bei der *Tschitschibabin*-Reaktion um eine Additionsreaktion, der sich eine Eliminierung anschließt (*AE*-Mechanismus). Mechanistisch kann sie jedoch als nucleophile Addition an die Imino-Gruppe des Pyridins und darauf folgende Eliminierung eines Hydrid-Ions (bzw. von zwei Elektronen und einem Proton) interpretiert werden (*Fig. 10.39*).

Fig. 10.39. *Synthese vom 2-Aminopyridin durch* Tschitschibabin-*Reaktion des Pyridins*

Pyridin kommt in Steinkohlenteer zu *ca.* 0,1% vor und wird daraus technisch gewonnen. Eine aus der Sicht der präbiotischen Bildung von Pyridin-Derivaten, die Bestandteil von Coenzymen sind, interessante Synthese stellt die meist in hohen Ausbeuten stattfindende Cocycloaddition von Acetylen mit Nitrilen in Gegenwart von Co^I-Katalysatoren dar (*Fig. 10.40*).

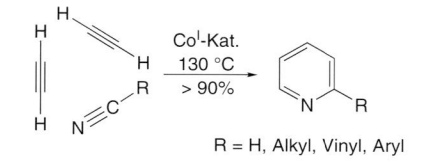

Fig. 10.40. *Die Cycloaddition von Acetylen mit Nitrilen ist die einzige Pyridin-Synthese, die technisch angewandt wird.*

Biologisch wichtige Derivate des Pyridins, die als Coenzyme dienen (s. *Abschn. 9.32*), können von vielen Organismen nicht biosynthetisiert werden, sie sind also Vitamine (*Abschn. 3.22*). Dazu gehören das *Pyridoxin* (Vitamin B_6) und das *Nicotinsäure-amid* (Vitamin PP oder PP-Faktor).

Bakterien biosynthetisieren Pyridoxin (= Pyridoxol) durch Kondensation von 1-Desoxy-D-xylulose und 4-Hydroxy-L-threonin, wobei in *E. coli* sämtliche C-Atome aus D-Glucose stammen (*Fig. 10.41*). Durch Oxidation der primären Alkohol-Gruppe an der C(4)-Position und Phosphorylierung der primären Alkohol-Gruppe am C(5)-Atom des Pyridoxins entsteht Pyridoxal-5-phosphat (PLP), das als prosthetische Gruppe zahlreicher Enzyme fungiert, die an Stoffwechselprozessen der Aminosäuren beteiligt sind. Bei einigen dieser Enzyme konnte nachgewiesen werden, dass die Verknüpfung des Cofaktors mit dem Apoprotein durch Reaktion der Aldehyd-Gruppe des Pyridoxal-phosphats mit der ε-Amino-Gruppe einer Lysin-Einheit des Proteins zustande kommt.

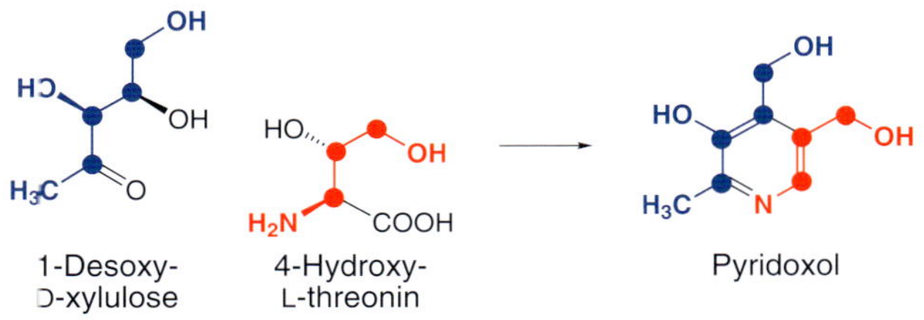

Fig. 10.41. *Biosynthese des Pyridoxols in Bakterien* (schematisch)

Bei Reaktionen, die unter Mitwirkung des Pyridoxal-5-phosphats katalysiert werden, findet ebenfalls die Bildung einer *Schiff*'schen Base als reaktives Zwischenprodukt statt. Zu diesen Reaktionen gehören u.a. die durch Transaminasen (Aminotransferasen) katalysierte reversible Umwandlung von α-Oxocarbonsäuren in Aminosäuren (*Abschn. 9.8*), Decarboxylierungen und Racemisierungen von Aminosäuren und α,β-Eliminierungen, bei denen 3-ständige Substituenten samt dem H-Atom an der C(2)-Position abgespalten werden (*Tab. 10.2*).

Darüber hinaus ist Pyridoxal-5-phosphat ein essentieller Cofaktor der *Glycogen-Phosphorylase*, welche die Spaltung der glycosidischen Bindungen des Glycogens (*Abschn. 8.33*) unter Bildung von Glucose-1-phosphat katalysiert. Im sekundären Metabolismus ist Pyridoxal-5-phosphat ebenfalls an der Biosynthese und Umwandlung biogener Amine (*Abschn. 7.3*) beteiligt. Beispielsweise bleibt das durch Decarboxylierung des Ornithins gebildete *Putrescin* an den Cofaktor gebunden, während es durch Methylierung der primären Amino-Gruppe und darauf folgende intramolekulare Cyclisierung in das 3,4-Dihydro-2*H*-pyrrol-Derivat umgewandelt wird, das als Vorläufer der Biosynthese der Pyrrolidin-Alkaloide (*Abschn. 7.5*) und des aliphatischen Teils des Nicotins dient (*Fig. 10.42*).

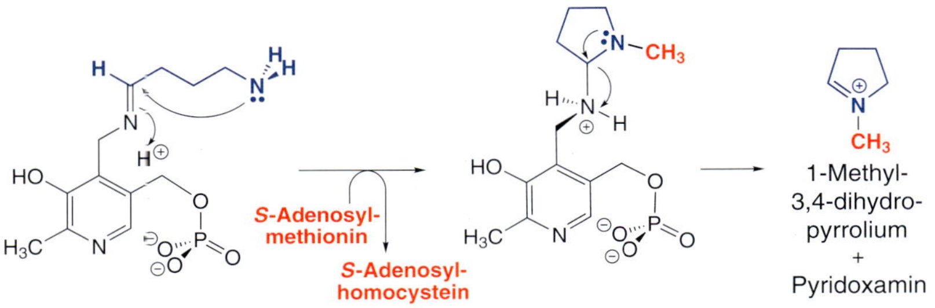

Fig. 10.42. *Biosynthese des Pyrrolidin-Ringes der Pyrrolidin-Alkaloide*

Tab. 10.2. *Reaktionen der α-Aminosäuren, bei denen PLP als Coenzym fungiert*

Transaminierung	*Abschn. 9.8*
Decarboxylierung	*Abschn. 9.13*
Abbau von Glycin zu CO_2 und Ammoniak	*Abschn. 9.9*
Inversion der Konfiguration des C(2)-Atoms von α-Aminosäuren	
α,β-Eliminierungsreaktionen	
Umwandlung von Threonin in α-Oxobutyrat	*Abschn. 9.8*
Spaltung von Cystathionin in Homoserin und Cystein	*Abschn. 9.8*
Abbau von Serin zu Pyruvat	*Abschn. 9.9*
Decarboxylierung von Aspartat zu Alanin	
Konjugierte Addition an α-Aminoacrylsäure-Derivate	
Bildung von Tryptophan aus Serin und Indol	*Abschn. 10.5*
Bildung von Cystein aus *O*-Acetylserin	*Abschn. 9.8*
Bildung von Cystathionin aus Serin und Homocystein	*Abschn. 9.8*
Bildung von Threonin aus Homoserin-phosphat	*Abschn. 9.8*
Acylierung des C(2)-Atoms durch *Claisen*-Kondensation	
Synthese von 2-Amino-3-oxobutansäure aus Glycin und Acetyl-Coenzym A	
Synthese der δ-Aminolävulinsäure aus Glycin und Succinyl-Coenzym A	
retro-Claisen-Spaltung des 3-Hydroxykynurenins	*Fig. 10.44*
retro-Aldol-Spaltungen bzw. Aldol-Additionen	
Reversible Umwandlung von Serin in Glycin	*Abschn. 9.9*
Umwandlung von Threonin in Glycin und Acetaldehyd	*Abschn. 9.9*

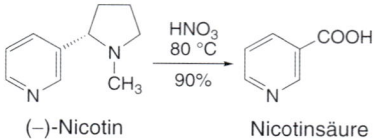

Fig. 10.43. *Nicotin kommt als Hauptalkaloid in den Blättern und Wurzeln der Tabakpflanze (Nicotiana tabacum L.) vor.*

Nicotinsäure (= *Niacin*), ein Vitamin der B-Gruppe, das als biogenetischer Vorläufer des Nicotinamids fungiert, wurde 1867 durch oxidativen Abbau von *Nicotin*, dem Hauptalkaloid der Tabakpflanze erstmalig erhalten (*Fig. 10.43*).

Nicotin ist ein hochgiftiges Pyridin-Alkaloid. Während geringe Mengen auf das Nervensystem anregend wirken, führen hohe Dosen zu Kreislaufkollaps, Erbrechen, Durchfall und Krämpfen und bei Überschreiten der letalen Dosis (beim Menschen 1 mg/kg) zum Tode durch Atemlähmung. Der Gehalt von Nicotin in der Tabakpflanze schwankt zwischen 0,05 und 4%. *Nicotiana rustica* enthält bis zu 7,5% Nicotin.

Biogenetisch stammt der Pyridin-Ring des Nicotins, das in den Wurzeln der Tabakpflanze biosynthetisiert wird, aus der Nicotinsäure; der Pyrrolidin-Ring stammt dagegen aus Putrescin, welches durch Decarboxylierung des Ornithins gebildet wird (*Abschn. 7.3*). Versuche mit isotopenangereicherten Substraten deuten darauf hin, dass in Prokaryonten und Pflanzen die Nicotinsäure aus Glycerinaldehyd und Asparaginsäure unter Mitwirkung eines pyridoxal-phosphat-abhängigen Enzyms, das die Asparaginsäure 'aktiviert', biosynthetisiert wird (*Fig. 10.44*).

Bei Menschen, Tieren, Pilzen und Hefen ist dagegen *3-Hydroxykynurenin*, das durch Hydroxylierung von *Kynurenin*, einem Abbauprodukt des Tryptophans (*Abschn. 10.5*), gebildet wird, der biogenetische Vorläufer der Nicotinsäure. Die Reaktionsfolge besteht aus vier Schritten (*Fig. 10.44*): 1) *retro-Claisen*-Spaltung von Alanin (vgl. *Abschn. 9.21*), die durch das pyridoxal-phosphat-abhängige Enzym *Kynureninase* katalysiert wird. 2) Addition von O_2 unter Mitwirkung einer Dioxygenase und darauf folgende Aufspaltung des gebildeten Dioxetans (*Abschn. 3.25*). 3) Spontane (vermutlich ohne Beteiligung eines Enzyms) intramolekulare nucleophile Addition der Amino-Gruppe des 2-Amino-3-carboxymuconat-6-semialdehyds an die Formyl-Gruppe (vgl. *Abschn. 8.14*). 4) Decarboxylierung der gebildeten *Chinolinsäure*, entsprechend der Biosynthese der Nicotinsäure in Pflanzen.

Fig. 10.44. *Die Biosynthese der Nicotinsäure in Pflanzen* (rechts) *bzw. Tieren* (links)

Die auf Nicotinsäuremangel beruhenden Krankheiten – z. B. Pellagra (griech. πέλλα (*pélla*): Haut, ἄγριος (*ágrios*): wild) – treten vor allem endemisch in Gebieten mit vorwiegender Hirse- und Maisernährung auf, die sehr arm an Tryptophan ist (*Fig. 10.45*). Da die Nicotinsäure normalerweise durch die Bakterien des menschlichen Dickdarms biosynthetisiert wird, sind auch Resorptionsstörungen für die Erkrankung verantwortlich. Bei unzureichender Nicotinsäure-amid-Zufuhr ist der menschliche Organismus imstande, Nicotinsäure aus Tryptophan zu synthetisieren, und daher kann Pellagra zwar durch Verabreichung von Nicotinsäure oder Nicotinamid (sog. PP-Faktor = *Pellagra Preventive Factor*) geheilt, jedoch nicht durch eine vitaminfreie Diät experimentell erzeugt werden.

Nicotinsäure-amid kommt als Bestandteil des Nicotinamidadenindinucleotids (NAD^+) und des Nicotinamidadenindinucleotidphosphats ($NADP^+$) in den prosthetischen Gruppen der Oxidoreductasen vor (*Fig. 10.46*). Die Funktion des Nicotinamids als Coenzym der Pyridin-Nucleotide besteht in der reversiblen Addition eines Hydrid-Ions (bzw. von zwei Elektronen und einem Proton), die zur Bildung der entsprechenden 1,4-Dihydropyridin-Derivate (NADH bzw. NADPH) führt (*Abschn. 8.11*). Aus biologischer Sicht besteht der Unterschied zwischen beiden Coenzymen darin, dass NAD^+ vorzugsweise als *Elektronenakzeptor* bei Oxidationsvorgängen dient, wobei das gebildete NADH Elektronen in die Atmungskette abgibt, um ATP bei katabolischen Prozessen zu bilden, während NADPH in der Regel an *reduktiven Vorgängen* der Biosynthese beteiligt ist. Einige charakteristische Reaktionen, an denen Nicotinamid-Coenzyme beteiligt sind, sind in den *Tab. 10.3 – 10.7* zusammengefasst. Eine Klassifizierung enzymatischer Redox-Reaktionen, die von NAD^+/NADH bzw. $NADP^+$/NADPH katalysiert werden, ist jedoch nicht möglich, zum Teil deshalb, weil ihre Substrat-Spezifität sowohl durch konvergente als auch divergente Evolution der beteiligten Enzyme entstanden ist. Chemisch verwandte Reaktionen können somit in ein und demselben Organismus bzw. in phylogenetisch verschiedenen Lebewesen durch verschiedene Coenzyme katalysiert werden, während chemisch verschiedene Reaktionen durch dasselbe Coenzym katalysiert werden können. Darüber hinaus gibt es Enzyme (z. B. die im *Abschn. 8.15* erwähnte *Glutamat-Dehydrogenase*), die sowohl NAD^+ als auch $NADP^+$ als Cofaktor verwenden können. In der Tat sind die Redox-Potentiale beider Cofaktoren sehr ähnlich (*Tab. 6.2*).

Die 2'-ständige Phosphat-Gruppe in $NADP^+$ dient somit lediglich als Erkennungsmerkmal für die Apoenzyme der Oxidoreductasen, um das sehr unterschiedliche Verhältnis beider Cofaktoren in der Zelle, das für $NADPH/NADP^+$ ungefähr 1:100, für $NADH/NAD^+$ jedoch nur 1:1000 beträgt, aufrechtzuerhalten. NADH und NADPH sind Coenzyme, die leicht dissoziierbar sind; sie verlassen das Apoprotein und übertragen Wasserstoff nach Bindung an eine andere Oxidoreductase

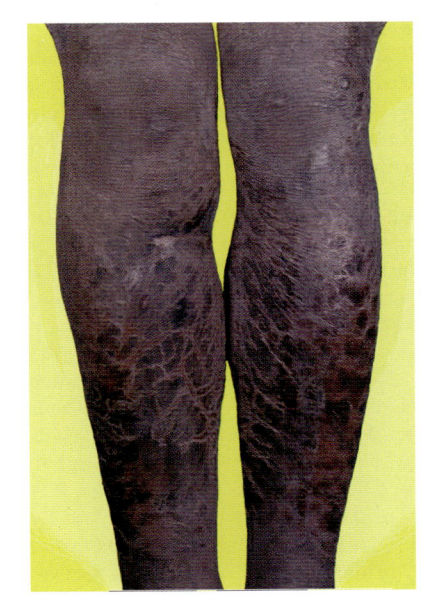

Fig. 10.45. *Pellagra ist eine Avitaminose-Erscheinung, die durch Mangel an Nicotinsäure verursacht wird.*

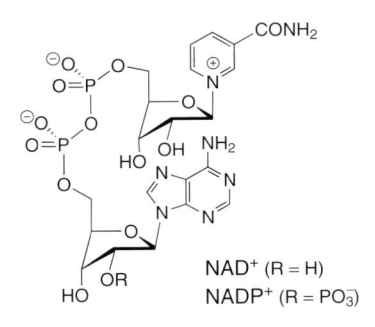

Fig. 10.46. *Struktur der Nicotinamidadenindinucleotide*

Tab. 10.3. *Reaktionen, bei denen NADPH als Coenzym fungiert*

Im Allgemeinen bei der Hydrierung der (C=C)-Bindung α,β-ungesättigter Carbonyl-Verbindungen.
Ferner bei der

Biosynthese von Squalen aus Farnesyl-pyrophosphat	*Abschn. 3.19*
Reduktion von oxidiertem Glutathion zu Glutathion	*Abschn. 6.2*
Biosynthese von Glutamat aus α-Oxoglutarat und NH_4^+	*Abschn. 8.15*
Reaktion von α-Oxoglutarat mit Glutamin zu Glutamat	*Abschn. 8.15*
Reduktion von 1,3-Bisphosphoglycerat zu Glycerinaldehyd-3-phosphat	*Abschn. 8.29*
Reduktion von Glutamat (bzw. *N*-Acetylglutamat) zu Glutamat-γ-aldehyd	*Abschn. 9.8*
Reduktion von Aspartat zu β-Formylalanin	*Abschn. 9.8*
Reduktion von β-Formylalanin zu Homoserin	*Abschn. 9.8*
Reduktion von Dihydropicolinat zu Tetrahydropicolinat	*Abschn. 9.8*
Biosynthese von Prolin durch Hydrierung von 3,4-Dihydro-2*H*-pyrrol-2-carboxylat	*Abschn. 9.8*
Reduktion von Oxalacetat zu Malat	*Abschn. 9.13*
Hydrierung von 3-Ketosphinganin zu Sphinganin	*Abschn. 9.16*
Reduktion von Enoyl-ACP (z.B. Crotonyl) zum entsprechenden Acyl-ACP	*Abschn. 9.23*
Reduktion von β-Ketoacyl-ACP zu D-3-Hydroxyacyl-ACP	*Abschn. 9.23*
Reduktion von Dihydrofolat zu Tetrahydrofolat	*Abschn. 10.14*
Reduktion von Methenyltetrahydrofolat zu Methylentetrahydrofolat	*Abschn. 10.14*
Hydrierung von Dihydropterin zu Tetrahydropterin	*Abschn. 10.14*
Reduktion des 7,8-Dihydrobiopterins zu 5,6,7,8-Tetrahydrobiopterin	*Abschn. 10.14*

Tab. 10.4. *Reaktionen, bei denen NAD^+ als Coenzym fungiert*

Im Allgemeinen bei der reversiblen Oxidation primärer und sekundärer Alkohole	*Abschn. 8.11*
Ferner:	
während der Glycolyse bei der	
Umwandlung von Glycerinaldehyd-3-phosphat in 1,3-Bisphosphoglycerat	*Abschn. 8.12*
Dehydrierung von Dihydroliponsäure	*Abschn. 9.13*
bei der Oxidation von L-Glycerol-3-phosphat zum Dihydroxyaceton-phosphat	*Abschn. 8.29*
bei der Epimerisierung der UDP-Galactose zu UDP-Glucose	*Abschn. 8.30*
bei der Oxidation von Uridinphosphatidyl-Glucose zu Glucuronsäure	*Abschn. 8.30*
im Citronensäure-Zyklus (*Abschn. 9.5*) bei der	
oxidativen Decarboxylierung von Pyruvat zum Acetat (bzw. Acetyl-Coenzym A)	
Oxidation von Isocitrat zu Oxalsuccinat	
oxidativen Decarboxylierung von α-Ketoglutarat zum Succinat	
Oxidation von Malat (Äpfelsäure) zum Oxalacetat	
bei der Oxidation von β-Isopropylmalat zu α-Oxoisocaproat	*Abschn. 9.8*
bei der Oxidation von 3-Phosphoglycerat zu 3-Phosphohydroxypyruvat	*Abschn. 9.8*
bei der oxidativen Desaminierung von Alanin oder Glutamat zu Pyruvat bzw. α-Ketoglutarat	*Abschn. 9.9*
während des Fettsäure-Abbaus (*Abschn. 9.23*) bei der	
Oxidation von L-Hydroxyacyl-Coenzym A zu Ketoacyl-Coenzym A	
Oxidation von D-3-Hydroxybutyrat zu Acetoacetat	
bei der Umwandlung von 4-(2-Amino-3-hydroxypropyl)imidazol in Histidin	*Abschn. 10.21*

auf einen anderen H-Akzeptor. Auch der Austausch von Wasserstoff untereinander gemäß der Reaktion:

$$NAD^+ + NADPH \rightleftharpoons NADH + NADP^+$$

ist möglich und wird *in vivo* durch *Nicotinamid-Nucleotid-Transhydrogenasen* katalysiert.

Außer den nicotinamid- und flavinabhängigen (*Abschn. 10.14*) Oxidoreductasen sind andere Enzyme (sog. *Chinoproteine*) bekannt, die an der Übertragung

Tab. 10.5. *Ausnahme von der Spezifität von NADH und NADP$^+$*

NADH ist das *reduzierende* Coenzym bei der	
Dehydrierung von Stearoyl-CoA zu Oleoyl-CoA in Gegenwart von O_2	*Abschn. 9.4*
Biosynthese von Glycin durch Carboxylierung von Methylentetrahydrofolat	*Abschn. 9.8*
Biosynthese der Plasmalogene durch Ether-Dehydrierung in Gegenwart von O_2	*Abschn. 9.16*
Reduktion von Methylentetrahydrofolat zu Methyltetrahydrofolat	*Abschn. 10.14*
Regenerierung des 5,6,7,8-Tetrahydrobiopterins	*Abschn. 10.14*
NADP$^+$ ist das *dehydrierende* Coenzym bei der	
oxidativen Desaminierung von Glutamat zu α-Ketoglutarat	*Abschn. 8.15*
Umwandlung von gesättigten Carbonsäuren in ihre ungesättigten Analoga	*Abschn. 9.4*
Oxidation primärer Alkohole in Bakterien (*Lactobacillus mesenteroides* u.a.)	
Oxidation von Glycerol-3-phosphat zu Dihydroxyaceton-phosphat bei der Lipid-Biosynthese	
Oxidation von Glycerol zu D-Glycerinaldehyd in der Hefe	

Tab. 10.6. *Reaktionen, bei denen NADPH regeneriert wird*

Im Photosystem I durch Reduktion von NADP$^+$ mit Ferredoxin (Fe^{3+})	*Abschn. 6.3*
Bei der Umwandlung von D-Glucose-6-phosphat in 6-δ-Phosphogluconolacton	*Abschn. 8.29*
Bei der oxidativen Decarboxylierung von 6-Phosphogluconat zu Ribulose-5-phosphat	*Abschn. 8.29*
Bei der oxidativen Decarboxylierung von Malat zu Pyruvat	*Abschn. 9.13*

Tab. 10.7. *Reaktionen, bei denen NAD$^+$ regeneriert wird*

Im aeroben Stoffwechsel durch Oxidation von NADH mit FAD oder FMN	*Abschn. 6.3*
Bei der Reduktion von Dihydroxyaceton-phosphat zu Glycerol-3-phosphat im *Cytosol*	*Abschn. 8.29*
Bei der Umwandlung von 1,3-Bisphosphoglycerat in Glycerinaldehyd-3-phosphat	*Abschn. 8.29*
Bei der Epimerisierung der UDP-Galactose zu UDP-Glucose	*Abschn. 8.31*
Im anaeroben Stoffwechsel bei der Synthese von Ethanol oder Lactat aus Acetaldehyd bzw. Pyruvat	*Abschn. 9.5*
Bei der Reduktion von Oxalacetat zu Malat	*Abschn. 9.5*

von Elektronen unter Aufnahme oder Abgabe von Protonen beteiligt sind. Dazu gehören die Amin-Oxidasen (*Abschn. 8.19*) sowie bakterielle Alkohol- und Glucose-Dehydrogenasen, die *Methoxatin* (Pyrrolochinolinchinon = PQQ) als prosthetische Gruppen enthalten (*Fig. 10.47*). PQQ kommt als Coenzym nur in bakteriellen Dehydrogenasen vor; andere chinoide Coenzyme werden auch in Hefen, Pflanzen und einigen Tieren gebildet. Die am besten bekannten PQQ-haltigen Enzyme sind Alkohol-Dehydrogenasen. In methylotrophen Bakterien (*Abschn. 2.17*) katalysiert die *Methanol-Dehydrogenase* die Oxidation von Methanol zu Formaldehyd. Von besonderer Bedeutung sind Bakterien (*Acetobacter aceti* und *A. pasteurianus*), die Ethanol unter Bildung von Essigsäure oxidieren. PQQ gelangt dabei z.T. in das Nährmedium und trägt zur Gelbfärbung des Speiseessigs bei.

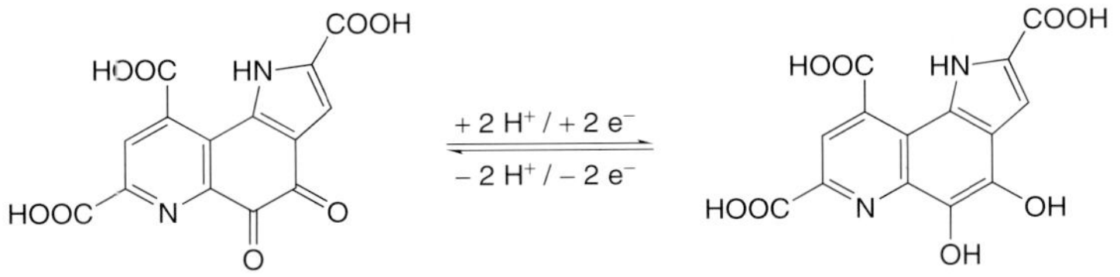

Fig. 10.47. *Bei der Reduktion geht PQQ ($E^{0\prime} = +0,12$ V) in das entsprechende Brenzcatechin-Derivat über.*

10.11. Benzopyridine

Dem Indol entsprechend (*Abschn. 10.5*) können die Molekülstrukturen der beiden *Benzopyridine* – *Chinolin* (Benzo[b]pyridin) und *Isochinolin* (Benzo[c]pyridin) – als Superposition eines Benzol- und eines Pyridin-Ringes aufgefasst werden. Da der Pyridin-Ring ein π-Mangel-Heterocyclus ist (*Abschn. 10.10*), finden Reaktionen mit Nucleophilen sowohl beim Chinolin als auch beim Isochinolin bevorzugt am Pyridin-Ring, elektrophile Substitutionsreaktionen dagegen am Benzol-Ring statt. Damit im Einklang wird bei der Reaktion des Chinolins mit Kalium-permanganat der (elektronenreiche) Benzol-Ring unter Bildung von Chinolinsäure oxidiert. Unter gleichen Bedingungen wird jedoch Isochinolin zu einem nahezu äquimolaren Gemisch aus Phthalsäure und Pyridin-3,4-dicarbonsäure (*Cinchomeronsäure*) abgebaut (*Fig. 10.48*). Die Regioselektivität dieser Reaktionen spricht allerdings für eine weitgehende Lokalisierung der Doppelbindungen, die mit den für beide Heterocyclen ermittelten Bindungslängen im Einklang steht. Demnach kommt den *Kekulé*-Resonanz-Strukturen **II** (*Fig. 10.49*) jeweils die größere Gewichtung zu.

Die geringe Basizität des Chinolins (pK_s der konjugierten Säure = 4,90) gegenüber Isochinolin (pK_s = 5,42) spiegelt sowohl die *Pitzer*-Spannung zwischen den *syn*-periplanar angeordneten H-Atomen an C(8)- und am N-Atom in der konjugierten Säure des Chinolins

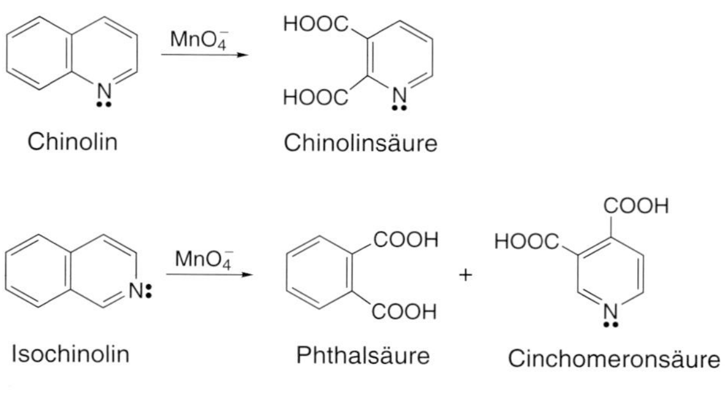

Fig. 10.48. *Oxidativer Abbau der Benzopyridine*

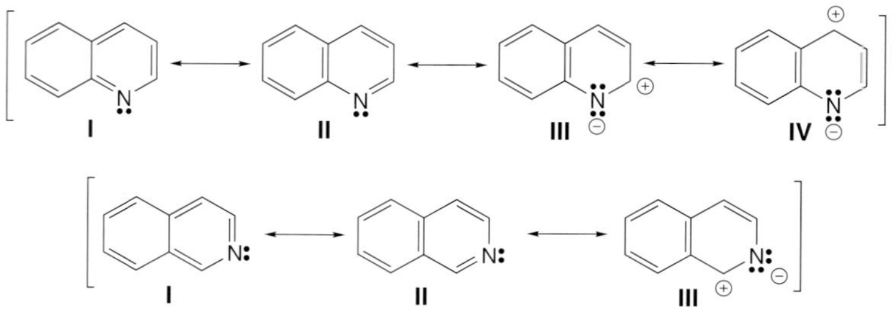

Fig. 10.49. *Energieärmere Resonanz-Strukturen des Chinolins und des Isochinolins*

wider, als auch die Tatsache, dass beim Chinolin zwei Resonanz-Strukturen möglich sind (entsprechend **III** und **IV** in *Fig. 10.49*), bei denen ohne Aufhebung der *Kekulé*-Struktur des Benzol-Ringes positive Ladungen auf den C-Atomen des Pyridin-Ringes delokalisiert sind. Infolge des $(-I)$-Effektes dieser Atome ist die Bindungsaffinität des in der Molekülebene liegenden (und für die Basizität des Moleküls maßgebenden) nichtbindenden Elektronenpaares des N-Atoms (vgl. *Abschn. 10.10*) beim Chinolin kleiner als beim Isochinolin, bei dem unter gleichen Voraussetzungen nur eine Resonanz-Struktur (entsprechend **III** in *Fig. 10.49*), mit einem positiv geladenen C-Atom, formuliert werden kann.

Zahlreiche pflanzliche Alkaloide sind Derivate des Chinolins oder des Isochinolins. Während Isochinolin-Alkaloide jedoch einer sowohl strukturell als auch biogenetisch einheitlichen Verbindungsklasse angehören, werden Chinolin-Alkaloide entweder aus Anthranilsäure oder durch Umwandlung von Indol-Alkaloiden biosynthetisiert. Auf dem zuletzt genannten Weg wird das therapeutisch wichtigste Chinolin-Alkaloid überhaupt, das *Chinin* (6'-Methoxycinchonidin), biosynthetisiert. Chinin kommt neben *Cinchonidin* und den entsprechenden Diastereoisomeren (*Chinidin* bzw. *Cinchonin*) in der Chinarinde (hauptsächlich in *Cinchona ledgeriana*) vor (*Fig. 10.50*). Rohextrakte aus der Chinarinde sind während mehrerer Jahrhunderte als Heilmittel gegen Malaria von den Indianern Südamerikas verwendet worden.

Malaria (= Sumpffieber, ital. *mala aria*: schlechte Luft) ist trotz intensiver Bekämpfungsmaßnahmen heute noch weltweit in den tropischen Ländern verbreitet. Man schätzt, dass vor dem zweiten Weltkrieg ein Viertel der Weltbevölkerung an Malaria erkrankt war (!). Noch heute erkranken nach Erhebungen der Weltgesundheitsorganisation (WHO) 500 Millionen und sterben über 1 Million Menschen jährlich an dieser durch parasitäre Protozoen der Gattung *Plasmodium* (*P. vivax*, *P. malariae* und *P. falciparum*) verursachten Infektionskrankheit, die durch die Weibchen einer Stechmücke (*Anopheles*) übertragen werden. Malaria ist durch chronisch rezidivierende Fieberanfälle charakterisiert, die durch den cyclischen Zerfall

(−)-Chinin (R = CH₃O) (+)-Chinidin (R = CH₃O)
(−)-Cinchonidin (R = H) (+)-Cinchonin (R = H)

Fig. 10.50. *Chinolin-Alkaloide sind in der Rinde des Chinarindenbaumes* (Cinchona succirubra) *enthalten.*

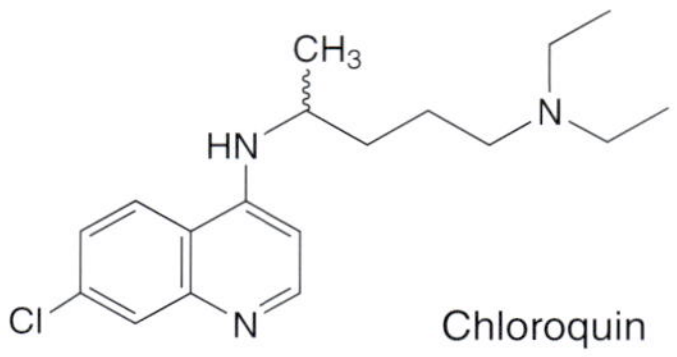

Fig. 10.51. *Chloroquin ist ein synthetisches Chinin-Analogon.*

der mit Plasmodien befallenen Erythrozyten und die daraus freigesetzten Stoffwechselprodukte einhergehen.

Nach seiner Isolierung im Jahre 1819 durch *Friedlieb Ferdinand Runge* (*Abschn. 5.8*) begann die technische Produktion von Chinin, dessen Konstitution erst 1912 aufgeklärt wurde. Chinin ist für den bitteren Geschmack und die Fluoreszenz von *Tonic water* verantwortlich; es trägt auch zum Aroma von *Dubonnet* bei. Als Antimalariamittel ist Chinin hauptsächlich durch das synthetische *Chloroquin* (*Fig. 10.51*) ersetzt worden. Bei langzeitiger Anwendung von Chloroquin (sowie auch anderen Chinolin-Derivaten) besteht jedoch die Gefahr einer irreversiblen Schädigung der Netzhaut. Die Wirkung des Chinins hängt mit der Fähigkeit zur Interkalation des Moleküls in die DNA-Stränge zusammen (*Abschn. 7.13*), wodurch sowohl Replikation als auch Transkription (*Abschn. 10.18*) gehemmt werden. Obwohl Chinin seit fast 200 Jahren als Chemotherapeutikum verwendet wird, sind bis heute keine dagegen resistenten Malariaerreger aufgetreten. Es wird somit trotz der Entwicklung synthetischer Antimalariamittel zur Behandlung der vom *P. falciparum* übertragenen, meist tödlich verlaufenden *Malaria tropica*, besonders bei chloroquin-resistenten Stämmen, eingesetzt.

Bemerkenswert ist die Biosynthese der China-Alkaloide als Folgeprodukte der Biosynthese von *Corynanthein*, einem Indol-Alkaloid (*Abschn. 10.6*). Die mutmaßliche Reaktionsfolge besteht aus mindestens zwölf (z. T. hypothetischen) Schritten, von denen nur die wichtigsten in *Fig. 10.52* wiedergegeben werden: 1) Hydrolyse des Enol-ethers im aus Secologanin stammenden Teil des Moleküls. 2) Hydrolyse der Methyl-ester-Gruppe und darauf folgende Decarboxylierung der daraus entstehenden β-Oxocarbonsäure (vgl. *Abschn. 9.13*). 3) Oxidation am N-Atom der tertiären Amino-Gruppe der Hexahydrochinolizin-Partialstruktur des Alkaloids unter Bildung des entsprechenden Amin-oxids (vgl. *Abschn. 7.2*), dessen in *Fig. 10.52* dargestellte konjugierte Säure (oder ein Derivat derselben) unter Abspaltung von H$_2$O ein Iminium-Ion bildet (eine analoge Reaktion ist in der organischen Chemie als *Polonowski*-Reaktion – s. Übungsaufgabe 5 im *Kap. 8* – bekannt). 4) Hydrolytische Spaltung der Iminium-Gruppe (*Abschn. 8.14*) unter Freisetzung einer Aldehyd-Gruppe und eines sekundären Amins. 5) Transannulare nucleophile Addition des Piperidin-N-Atoms an die Formyl-Gruppe des ursprünglich aus Secologanin stammenden Enol-ethers. 6) Reduktion des gebildeten Halbaminals, wodurch die Biosynthese des Chinuclidin-Teils des Alkaloids vervollständigt wird.

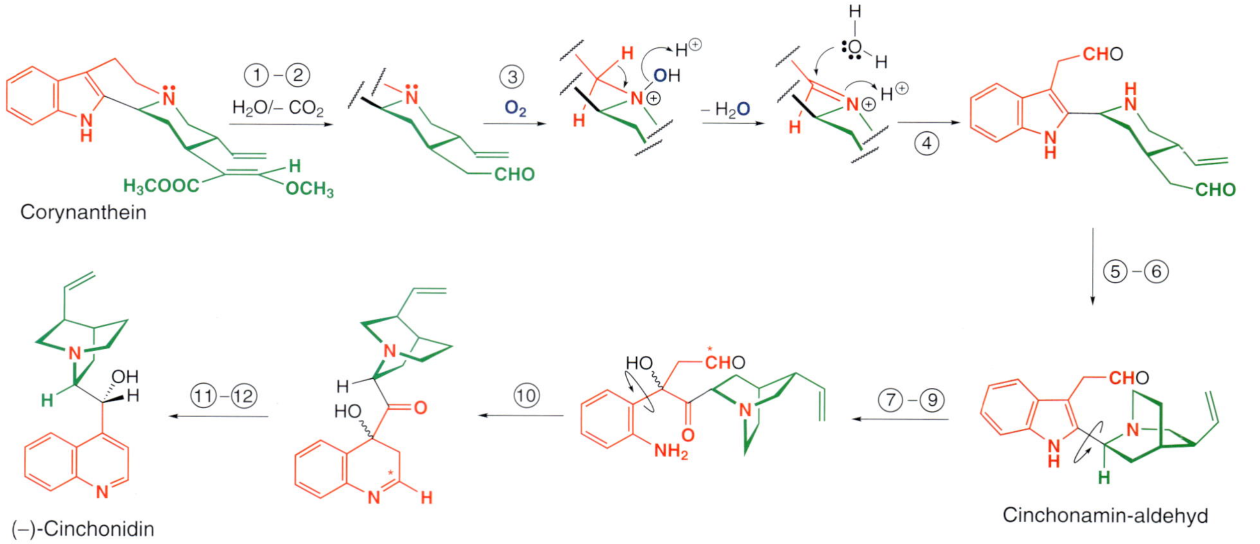

Fig. 10.52. *Biogenese des Cinchonidins* (*rot* stammt aus Tryptophan; *grün* aus Secologanin)

Der dem Zwischenprodukt entsprechende primäre Alkohol (das *(+)-Cinchonamin*) kommt in kleinen Mengen in der Chinarinde vor. 7) Epoxidierung der (C(2)=C(3))-Bindung der Indol-Komponente. 8) Hydrolytische Aufspaltung des Epoxid-Ringes (*Abschn. 5.27*) unter Bildung eines α-Hydroxy-halbaminals. 9) Spaltung des Letzteren unter Bruch der (N(1)–C(2))-Bindung der Indol-Komponente und Freisetzung eines primären aromatischen Amins. *10*) Intramolekulare nucleophile Addition des N-Atoms des Letzteren an die im Molekül vorhandene Aldehyd-Gruppe unter Bildung eines 4-Hydroxy-3,4-dihydrochinolin-Derivats. *11*) H$_2$O-Abspaltung unter Bildung des Chinolin-Teils des Alkaloids. 12) Reduktion der Carbonyl-Gruppe, die den Chinolin- mit dem Chinuclidin-Teil des Alkaloid-Moleküls verbindet.

Ebenfalls durch molekulare Umlagerung des Tryptophan-Grundgerüstes werden *(+)-Camptothecin* und damit verwandte Chinolin-Alkaloide biosynthetisiert; sie kommen in *Camptotheca acuminata* vor. Von geringer Bedeutung sind Chinolin-Alkaloide, die aus Anthranilsäure (*Abschn. 9.10*) biosynthetisiert werden. Sie kommen z. T. in Bakterien (*Pseudomonas* sp.), hauptsächlich aber in Pflanzen der Familien *Rutaceae* (Rautengewächse) und *Compositae* (Korbblütler) vor. Derartige pflanzliche Chinolin-Alkaloide enthalten in der Regel einen monoterpenoiden Teil, der von Isopentenyl-pyrophosphat abgeleitet ist (*Fig. 10.53*).

Der biogenetische Vorläufer der Isochinolin-Alkaloide, die je nach Definition in 25 bis 30 Gruppen eingeteilt werden können, ist Phenylalanin oder Tyrosin. Ein typisches Isochinolin-Alkaloid ist das *Papaverin*, das zu 0,8–1,5% im Opium, dem eingetrockneten Milchsaft der unreifen Samenkapsel des Schlafmohns enthalten ist.

Papaverin ist ein optisch inaktives Alkaloid, denn das Molekül weist kein Chiralitätselement auf (*Fig. 10.54*). Bemerkenswerterweise werden Papaverin und *(−)-Reticulin*, ein Zwischenprodukt der Morphin-Biosynthese, aus den (−)-(*S*)- bzw. (−)-(*R*)-Enantiomeren eines gemeinsamen Vorläufers – des *Norlaudanosolins* – gebildet. *Morphin*, der Prototyp der starken Analgetika*, ist als Hauptvertreter der Opium-Alkaloide durch seine Wirksamkeit als Rauschgift bekannt (*Fig. 10.55*).

Morphin (der römische Dichter *Ovid* beschrieb in seinen 'Metamorphosen' Morpheus als den Gott, der die Macht besitzt, Traumgestalten hervorzurufen), wurde 1805 – als erstes Alkaloid überhaupt – vom Apotheker *Friedrich Wilhelm Sertürner* (1783–1841) aus den Früchten (Kapseln) der Schlafmohnpflanze, in denen das Alkaloid hauptsächlich enthalten ist, isoliert. Die Gewinnung reiner Präparate und damit die Voraussetzung für die industrielle Alkaloid-Herstellung, die

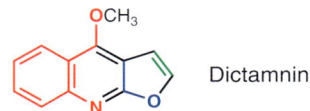

Fig. 10.53. Dictamnin *wird im weißen Diptam* (Dictamnus albus *L.) aus* Anthranilsäure *(rot),* Acetat *(blau) und* Isopentenyl-pyrophosphat *(grün) – unter Abspaltung von Aceton (vgl. Fig. 9.60) – biosynthetisiert.*

Fig. 10.54. *Papaverin ist Bestandteil der Opium-Alkaloide.*

Struktur und Reaktivität der Biomoleküle

heute weltweit auf *ca.* 4700 Tonnen jährlich geschätzt wird, gelang *Heinrich Emanuel Merck* (1794–1855), dem Gründer und Namensstifter des chemisch-pharmazeutischen Unternehmens *E. Merck AG* in Darmstadt (Deutschland). Morphin wirkt schmerzstillend ohne Bewusstseinstrübung. In seiner Wirkung wird es von keinem Analgetikum übertroffen. Bei hohen Dosen (1 bis 10 mg beim Menschen) tritt der Tod durch Atemlähmung ein. Wegen seiner besonderen Gefahr als Suchtmittel setzt man Morphin in der Medizin nur noch sehr beschränkt ein. Ein noch gefährlicheres Suchtmittel ist das *Heroin*, das Diacetyl-Derivat des Morphins.

Die Umwandlung des Reticulins in Morphin findet in 6 Reaktionsschritten statt, von denen nur die wichtigsten in *Fig. 10.56* wiedergegeben werden: *1)* Knüpfung der Bindung zwischen den Phenyl-Ringen gemäß dem Mechanismus der Phenol-Oxidation (Abschn. 5.12), wobei *(+)-Salutaridin* gebildet wird. *2)* Reduktion der Carbonyl-Gruppe des Letzteren unter Bildung von *Salutaridinol*. *3)* Nucleophile Substitution der Alkohol-Gruppe durch das phenolische O-Atom unter Allyl-Umlagerung (Abschn. 5.17), wobei *(−)-Thebain* gebildet wird. *4)* Hydrolyse der Enol-ether-Gruppe des Letzteren unter Bildung von *(−)-Codeinon*. *5)* Reduktion der Carbonyl-Gruppe unter Bildung von *(−)-Codein* (der Monomethyl-ether des Morphins). *6)* Hydroxylierung des C-Atoms der CH$_3$O-Gruppe des Codeins, wobei ein Halbacetal gebildet wird, das anschließend unter Abspaltung von Formaldehyd *(−)-Morphin* freisetzt (s. Abschn. 8.18). Die oxidative Spaltung des Methyl-ethers findet bei einem alternativen Biosyntheseweg des Morphins in *P. somniferum* bereits beim Thebain statt.

Codein, der Monomethyl-ether des Morphins, wurde 1832 von *Pierre Jean Robiquet* (1780–1840) zum ersten Mal aus Opium isoliert. Codein, das aus den unreifen Kapseln des Schlafmohns gewonnen wird, geht bei der Reifung der Früchte in Morphin über. Sowohl Codein als auch Morphin wirken stark hustenstillend. Im Gegensatz zum Morphin wirkt jedoch Codein kaum analgetisch und stellt keine Suchtgefahr dar. Im Organismus wird Codein zum Teil entmethyliert, bevor es weiter abgebaut oder im Harn als Morphin ausgeschieden wird.

Fig. 10.55. *Morphin ist das wichtigste der Opium-Alkaloide, die im Schlafmohn (Papaver somniferum L.) vorkommen.*

Fig. 10.56. *Biosynthese des Morphins*

10. Heterocyclische Verbindungen

Ein der Morphin-Biosynthese analoger Weg führt von L-Tyrosin über *Autumnalin* zu *O-Methylandrocymbin*, einem Isochinolin-Alkaloid, das in der Herbstzeitlose als biogenetischer Vorläufer des *Colchicins* (*Fig. 10.57*) dient. Colchicin wird in der Therapie vorwiegend zur Behandlung akuter Gichtanfälle (*Abschn. 10.21*) eingesetzt. Die Toxizität des Colchicins rührt von der Eigenschaft dieses Alkaloids her, die Polymerisation des Tubulins zu hemmen (*Abschn. 9.31*). Die dadurch verursachte Unterbrechung der Zellteilung wird ausgenützt, um Pflanzenrassen mit erhöhter Chromosomenzahl zu züchten.

Autumnalin, einer der Biosynthese-Vorläufer des Colchicins wird durch Kondensation von Dopamin mit einem Derivat der ebenfalls von Tyrosin – aber ohne Decarboxylierung – abgeleiteten β-(3,4,5-Trihydroxyphenyl)propansäure biosynthetisiert, so dass die C-Kette, die im *O*-Methylandrocymbin den Phenyl- mit dem Cyclohexadienon-Ring verbindet, einen siebengliedrigen Ring (statt einem sechsgliedrigen, wie im Salutaridin) schließt (*Fig. 10.58*). Ein bemerkenswerter Reaktionsschritt bei der Umwandlung von *O*-Methylandrocymbin in Colchicin besteht in der Erweiterung des Cyclohexadienon-Ringes zu einem Cycloheptatrienon (sog. *Tropon*) Ring. Vermutlich enthält das Zwischenprodukt dieser Reaktion einen Cyclopropan-Ring, der durch Knüpfung einer Bindung zwischen den Atomen C(5) und C(4) der ursprünglichen Autumnalin-Struktur unter vorausgehender enzymatischer Oxidation des C(4)-Atoms gebildet wird (s. *Fig. 10.58*). Die drei letzten Reaktionsschritte der Colchicin-Biosynthese sind: *1*) Hydrolyse der Methaniminium-Gruppe unter Bildung von *Demecolcin*, *2*) *N*-Entmethylierung des Letzteren (s. *Abschn. 10.11*) und *3*) Acetylierung der primären Amino-Gruppe.

Fig. 10.57. *Colchicin ist das Hauptalkaloid der Herbstzeitlose* (Colchicum autumnale). *Die Einnahme von fünf Herbstzeitlosensamen kann u. U. für einen Erwachsenen tödlich sein.*

Die biogenetische Verwandtschaft des Morphins mit dem Papaverin und des Colchicins mit dem Autumnalin sind eindrucksvolle Beispiele dafür, dass Moleküle, deren Struktur auf den ersten Blick 'komplex' erscheint, die gleichen strukturellen Elemente enthalten können wie Moleküle, die man als 'einfach' bezeichnen würde.

Fig. 10.58. *Biosynthese des Colchicins.* Man beachte die unterschiedliche Nummerierung der Atome in Autumnalin und Androcymbin (bzw. Colchicin).

10.12. Tautomerie der Heteroaromaten

Der hohen Resonanz-Energie der Amid-Gruppe (*Abschn. 9.25*) sowie der geringeren Resonanz-Stabilisierung aromatischer Heterocyclen zufolge (die Resonanz-Energie des Pyridins ist beispielsweise um 17 kJ mol^{-1} kleiner als diejenige des Benzols), kommen in neutralen Lösungen (pH = 7) die OH-Derivate der Heteroaromaten, bei denen Lactim–Lactam-Tautomerie möglich ist, vorwiegend als Lactam-Tautomere vor. Somit ist Pyridin-2-ol als *Pyridin-2(1H)-on* (= 2-Pyridon) zu formulieren, während seine konjugierte Säure als protoniertes Pyridin-2-ol vorliegt (*Fig. 10.59*). Aufgrund seiner Lactam-Struktur ist Pyridin-2(1H)-on eine wesentlich schwächere Säure (pK_s = 11,68) als Phenol (pK_s = 9,89).

Fig. 10.59. *Tautomerie des Pyridin-2-ols* (pK_s-Werte in H$_2$O bei 20 °C)

Trotz der Aufhebung der cyclischen Konjugation der Doppelbindungen beträgt die Resonanz-Energie des Pyridin-2(1H)-ons 107 kJ mol^{-1}. Dementsprechend kommt Pyridin-4-ol als tautomeres Pyridin-4(1H)-on vor, das die Struktur eines schwach sauren (pK_s = 11,09) vinylogen Amids aufweist. Die entsprechende konjugierte Säure (pK_s = 3,27) ist weniger ionisiert als im Falle des Pyridin-2(1H)-ons (pK_s = 0,75). Weil ein dem entsprechendes Tautomer des Pyridin-3-ols nicht möglich ist, entspricht die Acidität des Letzteren (pK_s = 8,72) derjenigen eines Phenols, dessen konjugierte Base durch den induktiven Effekt des N-Atoms zusätzlich energetisch begünstigt wird. Damit im Einklang stehen die vergleichbaren Basenstärken des Pyridin-3-ols (pK_s der konjugierten Säure = 4,86) und des Pyridins (pK_s = 5,25.) (*Fig. 10.60*).

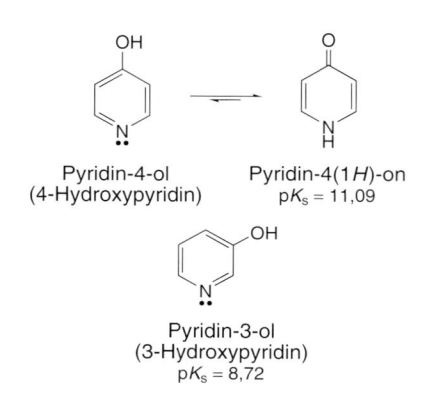

Fig. 10.60. *Die Acidität der Pyridinole weist auf die vorliegende Struktur hin* (pK_s-Werte in H$_2$O bei 20 °C).

Auch bei fünfgliedrigen Heteroaromaten, deren dem Heteroatom benachbartes C-Atom eine OH-Gruppe trägt, ist in der Regel das Lactam-Tautomer bevorzugt. So kommen Pyrrol-2-ol und seine Derivate – z. B. die endständigen Ringe der Gallenfarbstoffe (s. *Fig. 10.11* und *10.12*) – hauptsächlich als Lactam-Tautomere vor. In Abwesenheit anderer Substituenten sind die Energiegehalte des 1,5-Dihydro-2H-pyrrol-2-on und des 1,3-Dihydro-2H-pyrrol-2-on annähernd gleich (*Fig. 10.61*). Dementsprechend kommen Pyrazol-3-ole – z. B. die wegen ihrer antipyretischen (fiebersenkenden) und analgetischen (schmerzstillenden) Wirkung in der Chemotherapie verwendeten *Phenazon*-Derivate – in wässriger Lösung (nicht aber in apolaren Lösungsmitteln) zu 90% als Dihydro-3H-pyrazol-3-one vor. Ebenso

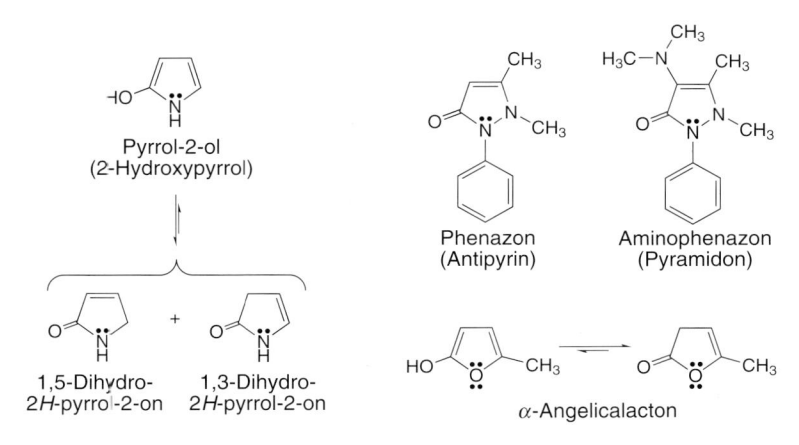

Fig. 10.61. *Tautomerie α-hydroxysubstituierter Pyrrol- und Furan-Derivate*

liegen cyclische ungesättigte Lactone, z. B. *α-Angelicalacton*, welches bei der Destillation von Lävulinsäure (*Abschn. 9.5*) gebildet wird, als Lacton-Tautomer und nicht als Hydroxyfuran-Derivat vor.

10.13. Diazine

Infolge der Anwesenheit von zwei N-Atomen im selben Heterocyclus, die gleichermaßen die delokalisierten Elektronen des aromatischen Systems beanspruchen, sind die drei möglichen Diazine – *Pyridazin, Pyrimidin* und *Pyrazin* – schwächere Basen als Pyridin. Wegen der *meta*-Stellung der Heteroatome im Pyrimidin ist im Gegensatz zu Pyrazin keine Resonanz-Struktur möglich, bei der ein N-Atom Träger einer positiven Ladung infolge der Elektronendelokalisierung in der konjugierten Säure wird, wodurch die höhere Basizität des Pyrimidins verstanden werden kann (*Fig. 10.62*). Die noch höhere Basizität des Pyridazins (pK_s der konjugierten Säure = 2,33) wird auf die elektrostatische Abstoßung der nichtbindenden Elektronen an den *ortho*-ständigen N-Atomen, die durch Protonierung herabgesetzt wird, zurückgeführt.

Als Stammverbindung mehrerer biologisch relevanter Naturstoffe kommt dem Pyrimidin die größte Bedeutung unter den drei Diazinen zu. Seine wichtigsten Derivate sind die Pyrimidin-Nucleobasen:

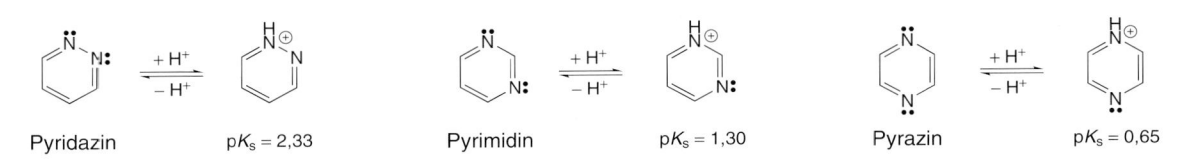

Pyridazin pK_s = 2,33   Pyrimidin pK_s = 1,30   Pyrazin pK_s = 0,65

Fig. 10.62. *Diazine sind schwächere Basen als Pyridin* (pK_s-Werte in H_2O bei 20 °C).

Uracil, *Thymin* (5-Methyluracil), und Cytosin (griech. κύτος (*kýtos*): Höhlung, später Zelle), die Bestandteile der Nucleinsäuren sind. Ferner spielen die Derivate des 4-Hydroxyuracils (Barbitursäure) in der Pharmakologie eine wichtige Rolle.

Thymin wurde erstmals 1893 von *Albrecht Kossel* (*Abschn. 10.17*) aus der Thymusdrüse des Kalbes isoliert. Die Konstitution des entsprechenden 6-Methyl-Isomers, das *Robert Behrend* (1885–1926) durch Reaktion von Harnstoff mit Acetessigester erhielt, wurde von ihm richtig formuliert. Er nannte es Methyluracil (griech. οὖρον (*oúron*): Harn und lat. *acidus*: Säure).

Aufgrund der im *Abschn. 10.12* erwähnten Bevorzugung des Lactam- gegenüber dem Lactim-Tautomer bei N-haltigen Heteroaromaten, dessen dem N-Atom benachbartes C-Atom eine OH-Gruppe trägt, liegt Uracil (Pyrimidin-2,4-diol) hauptsächlich als tautomeres Pyrimidin-2,4(1H,3H)-dion vor (*Fig. 10.63*). Das acidere H-Atom des Dion-Tautomers kann der Partialstruktur eines Imids zugeordnet werden (*Fig. 10.64*), und infolgedessen ist Uracil eine stärkere Säure (pK_s = 9,38) als das Pyridin-2(1H)-on (pK_s = 11,68), welches ja ein Lactam darstellt (*Abschn. 10.12*). Damit im Einklang steht die Acidität des *Uridins* (pK_s = 9,17), das am N(1) substituiert ist (*Abschn. 10.16*), und somit nur an der (imidartigen) HN-Gruppe deprotoniert werden kann. Wegen des induktiven Effekts der CH_3-Gruppe (*Abschn. 4.5*) sind Thymin (pK_s = 9,9) und das entsprechende Nucleosid (*Abschn. 10.16*), *Thymidin* (pK_s = 9,8), schwächere Säuren als Uracil bzw. Uridin.

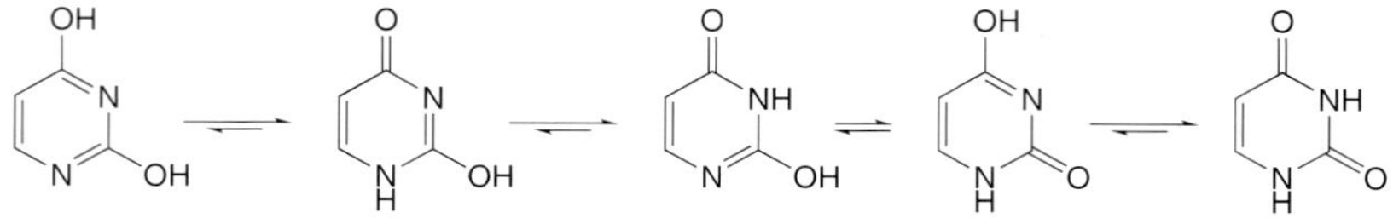

Fig. 10.63. *Tautomere des Uracils*

Die unerwartet hohe Acidität (pK_s = 4,01) der Barbitursäure (Pyrimidin-2,4,6-triol) ist nicht nur darauf zurückzuführen, dass die aciden H-Atome der Substruktur eines 1,3-Diketons angehören (*Abschn. 8.16*), sondern vermutlich auch auf die cyclische Struktur des Moleküls als Ganzes. Eine entsprechend hohe Acidität weist die

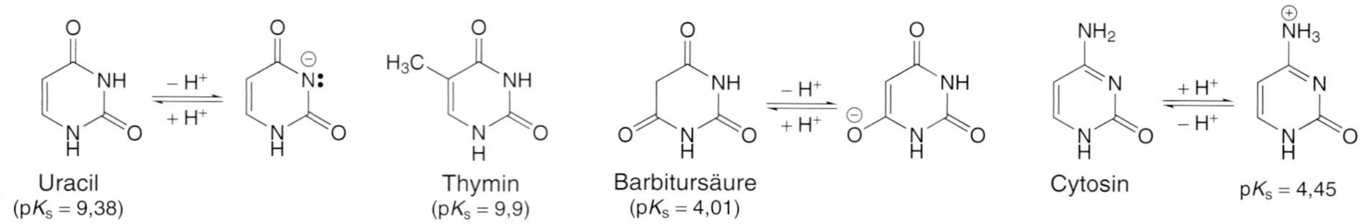

Uracil (pK_s = 9,38)   Thymin (pK_s = 9,9)   Barbitursäure (pK_s = 4,01)   Cytosin   pK_s = 4,45

Fig. 10.64. *Strukturen und* pK_s-*Werte wichtiger Pyrimidin-Derivate*

so genannte *Meldrum*-Säure auf, obwohl sie kein heteroaromatisches System darstellt (*Abschn. 9.21*).

Die Kondensation von Malonsäure-diethyl-ester mit Harnstoff zu *Barbitursäure* wurde 1863 durch *Adolf von Baeyer* (s. *Abschn. 2.19*) entdeckt. Der Name der Barbitursäure und ihrer Derivate (Barbiturate) ist vermutlich von *Barbara*, einer Jugendfreundin *A. von Baeyers* hergeleitet; nach einer anderen Version, weil die Entdeckung dieser Verbindungen am Tag der *Heiligen Barbara* (dem 4. Dezember) stattfand. Barbiturate wirken dosisabhängig sedierend, hypnotisch oder narkotisch, sie haben aber keine muskelrelaxierende Wirkung. Sie finden Anwendung hauptsächlich als Sedativa und Antiepileptika sowie als Narkotika zur Narkoseeinleitung.

Cytosin ist dagegen eine sehr schwache Säure (pK_s = 12,5) als auch eine schwache Base. Der pK_s-Wert (= 4,5) der entsprechenden konjugierten Säure entspricht dem eines aromatischen primären Amins (s. *Tab. 7.5*) und deutet somit darauf hin, dass Cytosin sowie das entsprechende Nucleosid *Cytidin* (*Abschn. 10.16*), dessen pK_s-Wert 4,11 beträgt, an der exocyclischen Amino-Gruppe und nicht an N(3) protoniert werden (*Fig. 10.64*), obwohl Letzteres Bestandteil der Partialstruktur eines Amidins ist (*Abschn. 9.26*).

Uracil, Thymin und Cytosin sind so genannte Nucleobasen (*Abschn. 10.16*). Ihr biogenetischer Vorläufer ist die *Orotsäure*, die aus Asparaginsäure biosynthetisiert wird (*Fig. 10.65*). Erst nach der Bildung des entsprechenden Nucleotids findet die Decarboxylierung des Orotsäure-Restes unter Bildung von *Uridin*-mono- und -triphosphat (UMP bzw. UTP) statt. Letzteres kann anschließend in *Cytidin*-triphosphat umgewandelt werden. Die CH$_3$-Gruppe des Thymins, das ausschließlich in der DNA vorkommt (*Abschn. 10.17*), wird durch Reaktion des 2'-Desoxyuridin-monophosphats mit N^5,N^{10}-Methylentetrahydrofolat (*Abschn. 10.14*) eingeführt. Innerhalb der doppelsträngigen DNA wird dagegen Cytosin durch ein *S*-adenosyl-methionin-abhängiges Enzym an C(5) methyliert (*Abschn. 6.2*), eine Reaktion, die vermutlich zur Differenzierung der zelleigenen DNA gegenüber fremder (viraler) DNA dient.

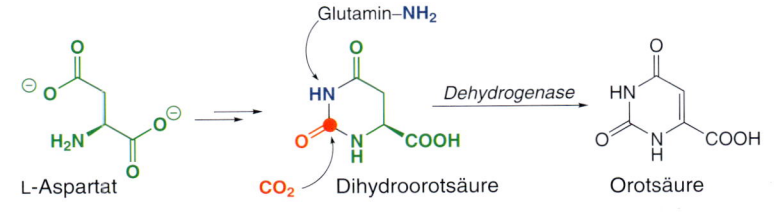

Fig. 10.65. *Biosynthese von Orotsäure, dem biogenetischen Vorläufer der Pyrimidin-Nucleobasen.*

Als Bestandteil des Thiamins (*Abschn. 10.9*) ist das 4-Amino-5-(hydroxymethyl)-2-methylpyrimidin (*Fig. 10.66*) ebenfalls ein wichtiges Pyrimidin-Derivat. Ebenso wie der Thiazol-Ring wird der Pyrimidin-Ring des Thiamins in Enterobakterien und Hefen auf verschiedenen Wegen synthetisiert. Formiat ist zwar immer beteiligt, dessen C-Atom wird aber in verschiedenen Positionen (C(4) bzw. C(2)) des Pyrimidin-Ringes inkorporiert. Die anderen C-Atome des Pyrimidin-Ringes des Thiamins stammen bei den Prokaryonten aus 5-Aminoimidazol-Ribonucleotid, einem Zwischenmetabolit der Biosynthese der Purin-Nucleotide (*Abschn. 10.19*). Bei Hefen stammen die entsprechenden C-Atome des Pyrimidin-Ringes des Thiamins aus Formiat und Glucose, die Zwischenprodukte (u. a. Pyridoxol?) sind jedoch bisher unbekannt.

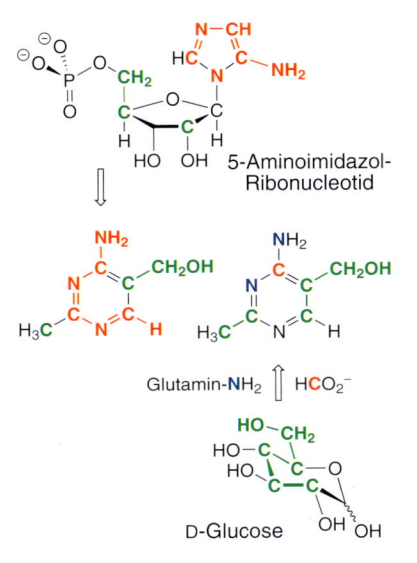

Fig. 10.66. *Lebewesen biosynthetisieren den Pyrimidin-Teil des Thiamins auf zwei verschiedenen Wegen (schematisch).*

10.14. Pteridin

Das bicyclische heteroaromatische System des *Pteridins* resultiert aus der Anellierung eines Pyrimidin- und eines Pyrazin-Ringes (*Fig. 10.67*). Eine besondere Eigenschaft des Pteridins ist die unerwartete Reaktivität der (N(3)=C(4))-Bindung gegenüber Nucleophilen. In wässriger Lösung findet die Addition von H_2O unter Bildung von 3,4-Dihydro-4-hydroxypteridin statt, das im Gleichgewicht mit dem Pteridin steht. Dadurch ist sowohl die schwache Acidität ($pK_s = 11{,}21$) vom Pteridin, einem Molekül, das kein als Proton abspaltbares H-Atom enthält, als auch seine unerwartet hohe Basizität (pK_s der konjugierten Säure $= 4{,}79$) im Vergleich mit Pyrimidin oder Pyrazin (*Abschn. 10.13*) zu erklären. Pteridin stellt die Grundstruktur der *Pterine* (griech. πτερόν (*pterón*): Flügel) dar, einer Klasse von Farbstoffen, die erstmalig 1891 aus den Flügeln von Schmetterlingen der Familie der *Pieridae* isoliert wurden (*Fig. 10.68*). Die biologisch wichtigsten Derivate des Pteridins sind jedoch die *Folsäure* und das *Riboflavin*.

Die Pteridine wurden von *Sir Frederick Gowland Hopkins* (*Abschn. 10.9*) entdeckt. Die Aufklärung ihrer Struktur gelang erst 50 Jahre später *Heinrich Wieland* (*Abschn. 9.3*). Das farblose *Leukopterin* (griech. λευκός (*leukós*): weiß) kommt in den Flügeln aller Weißlinge vor. Die weiße Farbe der Flügel dieser Schmetterlinge rührt jedoch nicht vom Farbstoff her, sondern von der Reflexion des Lichtes auf den Schuppen, in denen Luft eingeschlossen ist. Dagegen ist die gelbe Farbe der Flügel des Zitronenfalters (*Gonepteryx rhamni*) und der Wespe (*Vespula vulgaris*) auf das *Xanthopterin* (= 2-Amino-4,6-dihydroxypteridin) zurückzuführen. Die auffällige Hautpigmentierung des Feuersalamanders (s. *Fig. 5.68*) wird durch *Isoxanthopterin* (= 2-Amino-4,7-dihydroxypteridin) in den gelben Hautbereichen und *Melanin* (*Abschn. 10.5*) im schwarzen Hintergrund hervorgerufen. Pterin-Derivate kommen ebenfalls in anderen Amphibien sowie in Krebsen, Fischen und Reptilien vor.

Das biochemisch aktive Derivat der Folsäure (früher als Folacin, Vitamin B_c, B_9 oder M bezeichnet) ist das *5,6,7,8-Tetrahydrofolat*

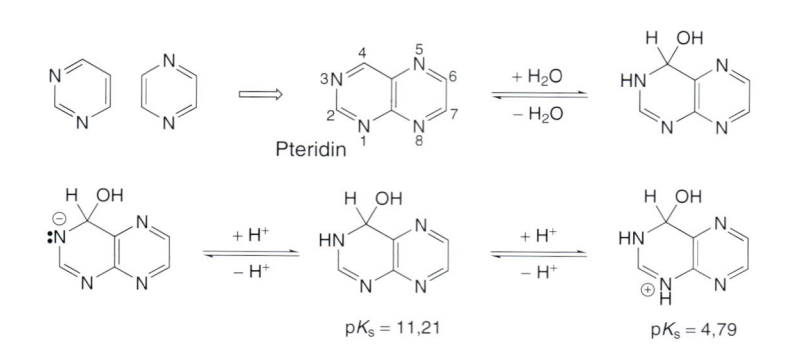

Fig. 10.67. *Pteridin ist sowohl eine stärkere Base als auch eine schwächere Säure als seine Komponenten.*

Fig. 10.68. *Zur Gewinnung von 39 g* Leukopterin *wurden 215 000 Imagines des Rapsweißlings (Pieris napi L.) benötigt, die von Schulkindern in drei Sommern unter Anleitung ihrer Lehrer gesammelt worden waren.*

(H₄Folat oder THF), das durch Einwirkung des NADPH-abhängigen Enzyms *Dihydrofolat-Reductase* aus dem 7,8-Dihydrofolat biosynthetisiert wird. Säuger, deren Bedarf an Folsäure durch die Darmbakterien normalerweise gedeckt wird, können Folsäure nicht selbst synthetisieren, aber sie stufenweise in Tetrahydrofolat umwandeln. Bakterien können wiederum exogene Folsäure nicht verwerten.

Folsäuremangel kann beim Menschen vielmehr durch gestörte Absorption des von der Darmflora biosynthetisierten Vitamins als durch ungenügende Aufnahme der Letzteren mit der Nahrung auftreten. Die Avitaminose betrifft zunächst die blutbildenden Zellen, da sich eine Störung der Nucleinsäure-Biosynthese zuerst an diesem Gewebe mit besonders hoher Zellteilungsrate bemerkbar macht. Es kommt zu einer hyperchromen makrozytären Anämie, Leukopenie und Thrombopenie bei megaloblastischer Erythropoese (Erythrozytenbildung). Folsäure, die zuerst in Spinatblättern (lat. *folium*: Blatt) nachgewiesen wurde, kommt besonders in der Leber sowie in Hefen und grünen Pflanzen vor.

Der Vorläufer der Biosynthese der Folsäure in Pflanzen und einigen Mikroorganismen (hauptsächlich Bakterien) ist N^6-Ribosyl-2,5,6-triaminopyrimidin-4(3H)-on-5'-phosphat, ein Abbauprodukt des Guanosin-5'-triphosphats (*Abschn. 10.21*). Die wichtigsten Reaktionsschritte sind in *Fig. 10.69* wiedergegeben: *1) Amadori*-Umlagerung (*Abschn. 8.27*) des Ribose-Restes unter Bildung des entsprechenden Aminoribulose-Derivats. *2) retro*-Aldol-Reaktion (*Abschn. 8.20*) unter Abspaltung von Glycolaldehyd-2-phosphat. *3)* Bildung des 7,8-Dihydropteridin-Chromophors durch Reaktion der C(5)-ständigen Amino-Gruppe am Pyrimidin-Ring mit der Carbonyl-Gruppe der Seitenkette. *4)* Phosphorylierung der HOCH₂-Gruppe des

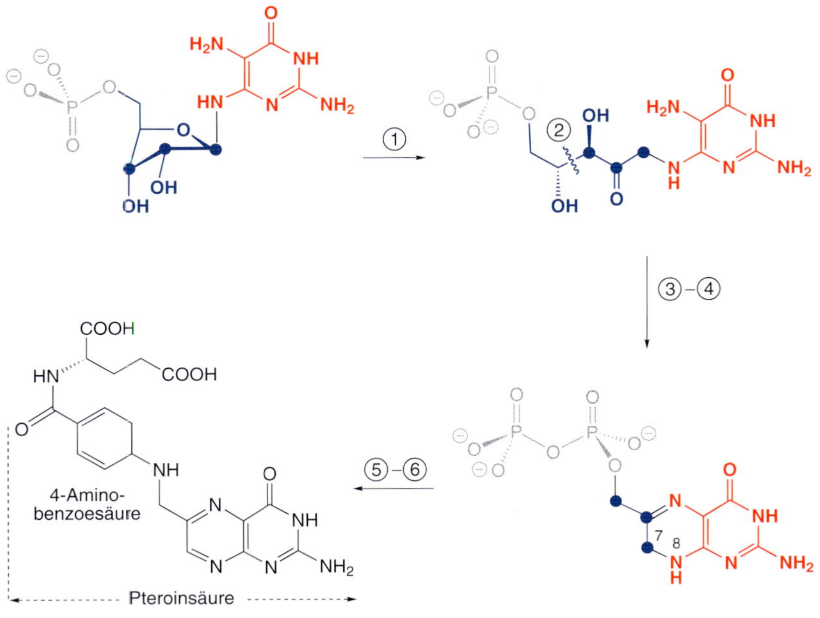

Fig. 10.69. *Biosynthese der Folsäure.* Die antibiotische Wirkung der Sulfonamide (*Abschn. 7.13*), die kompetitive Antagonisten der *p*-Aminobenzoesäure sind, beruht auf dem Ersatz der Letzteren durch ein *p*-Aminosulfonyl-Rest, wodurch die Biosynthese der Folsäure in Bakterien gehemmt wird. Da Säuger zwar Pteridin-Derivate biosynthetisieren können, aber nicht imstande sind, Folsäure aufzubauen, sind sie weitgehend resistent gegen Sulfonamide.

7,8-Dihydropteridin-Chromophors. 5) Bildung von 7,8-Dihydrofolsäure durch nucleophile Substitution der Pyrophosphat-Gruppe durch die Amino-Gruppe der *para*-Aminobenzoesäure und Reaktion mit Glutaminsäure. Letztere kann an bis zu fünf weitere Glutaminsäure-Moleküle über Isopeptid-Bindungen (s. *Abschn. 9.31*) gebunden sein. 6) *Reversible* Dehydrierung der 7,8-Dihydrofolsäure (H_2Folat) zu Folsäure, die vom NADP-abhängigen Enzym *Dihydrofolat-Dehydrogenase* katalysiert wird.

Tetrahydrofolat wirkt als Coenzym bei mehreren metabolischen Prozessen, bei denen C_1-Fragmente in verschiedenen Oxidationsstufen (CH_3-, Methylen-, Methenyl-, Formyl- oder Formimino-Gruppen) übertragen werden (*Fig. 10.70*). In den meisten Fällen stammen diese C_1-Fragmente entweder aus Ameisensäure (Formiat) oder aus dem C(2)-Atom des Serins bzw. des Glycins (s. *Fig. 9.30*). Die direkte Anlagerung des Formiats, das beispielsweise durch Hydrolyse des Formylkynurenins (*Abschn. 10.5*) oder durch Aufspaltung des Purin-Ringes des Guanosintriphosphats (*Abschn. 10.21*) freigesetzt wird, hat jedoch wegen des geringen Formiatspiegels in den lebenden Zellen unter physiologischen Bedingungen nur geringe Bedeutung. Wesentlich wichtiger ist die Bildung von N^5,N^{10}-Methylentetrahydrofolat durch Übertragung des β-C-Atoms des Serins, wobei Glycin gebildet wird (*Abschn. 9.9*). In ähnlicher Weise werden die CH_3-Gruppen von Methionin, Cholin und Thymin nach Oxidation zur $HOCH_2$-Gruppe in die Tetrahydrofolsäure inkorporiert. Durch Reaktion von Formiminoglutamat, das beim Abbau des Histidins entsteht (*Abschn. 10.8*), mit Tetrahydrofolat wird N^5-Formiminotetrahydrofolat gebildet, dessen Hydrolyse N^5-Formyltetrahydrofolat liefert.

N^5-Formyltetrahydrofolat ist der Kohlenstoff-Donator der C(2)- und C(8)-Atome zum biosynthetischen Aufbau des Purinkerns (*Abschn. 10.19*). Außerdem liefert es die Formyl-Gruppe der *N*-Formylmethionin-*transfer*-RNA, die bei Prokaryonten als Startsignal der Translation dient (*Abschn. 10.18*). N^5,N^{10}-Methylentetrahydrofolat liefert das C-Atom für die CH_3-Gruppen von Hydroxymethylcytosin und Thymin (*Abschn. 10.19*). Durch Reduktion des N^5,N^{10}-Methylentetrahydrofolats wird N^5-Methyltetrahydrofolat gebildet, dessen CH_3-Gruppe bei der von der *Methionin-Synthase* katalysierten Regenerierung von Methionin (s. *Abschn. 9.8*) entweder direkt (*Fig. 10.71*) oder unter Beteiligung von Methylcobalamin – einem Derivat des Vitamins B_{12} (*Abschn. 10.4*) – auf Homocystein übertragen wird.

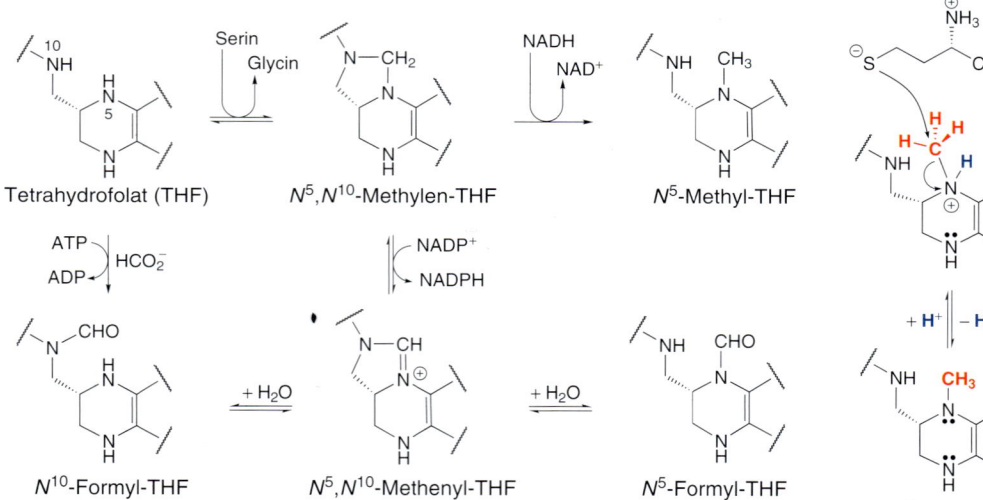

Fig. 10.70. *Gegenseitige Umwandlung der vom Tetrahydrofolat übertragenen C_1-Fragmente*

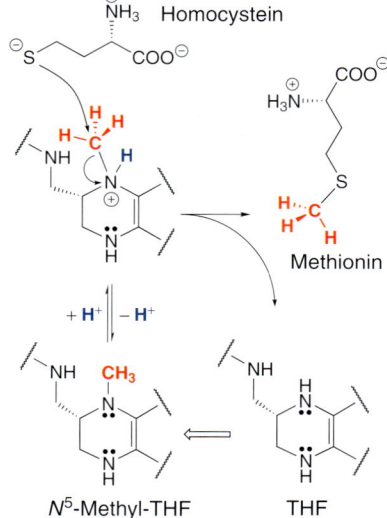

Fig. 10.71. *Biosynthese des Methionins*

Darüber hinaus vermögen viele anaerobe acetogene Bakterien (*Clostridium aceticum, C. thermoaceticum* u. a.), Acetat (bzw. Acetyl-Coenzym A) durch Reaktion von Methylcobalamin, dessen CH$_3$-Gruppe aus N^5-Methyltetrahydrofolat stammt (*Abschn. 10.4*), mit CO, das aus CO$_2$ unter Mitwirkung einer nickelhaltigen Dehydrogenase gebildet wird, zu synthetisieren (*Fig. 10.72*). Im selben Enzym-Komplex wird N^{10}-Formyltetrahydrofolat (als Vorläufer des N^5-Methyltetrahydrofolats) durch Inkorporation von Formiat biosynthetisiert, das durch Reduktion von CO$_2$ unter Mitwirkung einer wolfram- und selenhaltigen *Formiat-Dehydrogenase* (vgl. *Abschn. 9.13*) gebildet wird. Da der Gesamtprozess zwei CO$_2$-Moleküle benötigt, die bei der oxidativen Decarboxylierung vom Pyruvat freigesetzt werden (*Abschn. 9.13*), entstehen bei der Acetat-Gärung im Gegensatz zu anderen Gärungen drei (statt zwei) Acetyl-Coenzym-A-Moleküle je abgebautes Glucose-Molekül.

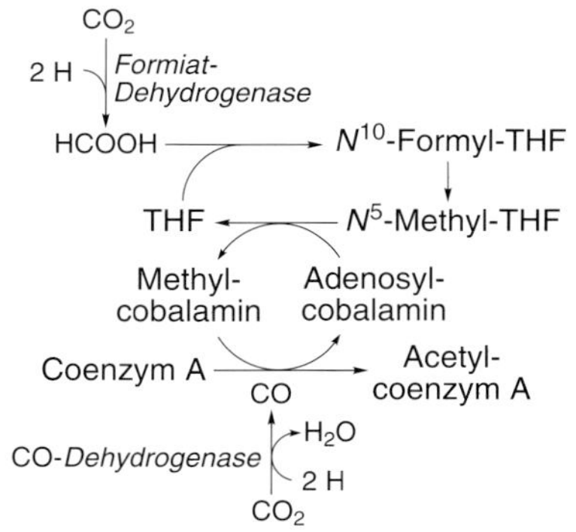

Als Substrat der *Dihydrofolat-Reductase* dient auch das physiologisch inaktive 7,8-Dihydro-Derivat des *Biopterins* (*Fig. 10.73*), dessen Umwandlung in 5,6,7,8-Tetrahydrobiopterin vom Enzym katalysiert wird. Im Stoffwechsel wirkt 5,6,7,8-Tetrahydrobiopterin als Cofaktor der *Phenylalanin-Hydroxylase* (*Abschn. 5.27*), indem es Elektronen für die bei Monooxygenase-Reaktionen mit der Inkorporation von Sauerstoff gekoppelte H$_2$O-Bildung zur Verfügung stellt (s. *Abschn. 2.17*). Dabei wird physiologisch aktives 7,8-Dihydrobiopterin gebildet. Die Regenerierung des 5,6,7,8-Tetrahydrobiopterins aus dem physiologisch aktiven 7,8-Dihydrobiopterins, bei dem es sich vermutlich um ein Tautomer des physiologisch inaktiven Moleküls handelt, wird dagegen von der *Dihydropteridin-Reductase*, einem NADH-abhängigen Enzym, katalysiert. Biopterin ist in Mikroorganismen, Insekten (z. B. im *gelée royale* der Bienenkönigin), Algen, Amphibien und Säugetieren weit verbreitet.

Fig. 10.72. *Bei der Acetat-Gärung wird Acetat gemäß der Gesamtgleichung 4 H$_2$ + 2 CO$_2$ → H$_3$C–COOH + 2 H$_2$O (ΔG^0 = − 107 kJ mol^{-1}) biosynthetisiert.*

Zu den biologisch relevanten Abkömmlingen des Pteridins gehört auch das gelbe *Riboflavin* (lat. *flavus*: gelb), das auch *Lactoflavin* oder Vitamin B$_2$ genannt wird. Es handelt sich dabei um das 10-(D-Ribit-1-yl)-Derivat des Flavins (= 7,8-Dimethylisoalloxazin), das vom Benzo[g]pteridin abgeleitet ist. Riboflavin kommt hauptsächlich als Bestandteil der *Flavoproteine* vor. Letztere, die an Redox-Prozessen beteiligt sind, enthalten entweder Riboflavin-phosphat (= Flavinmononucleotid: FMN) oder Flavinadenindinucleotid (FAD) als Cofaktor. FMN ist Bestandteil der Atmungskette (*Abschn. 6.3*) und von L-Aminosäure-Oxidasen (*Abschn. 8.19*). FAD ist die prosthetische Gruppe mehrerer Flavoproteine.

Lactoflavin wurde erstmals von *R. Kuhn* (*Abschn. 3.21*) aus 50 000 l Molke rein isoliert. Im Allgemeinen wird der Riboflavin-Bedarf des Menschen durch die Nahrung gedeckt, hauptsächlich durch Milch, die freies Riboflavin enthält. Die sichtbaren Symptome eines Riboflavinmangels äußern sich in Hautschädigungen.

Die Wirkungsweise des Enzyms beruht auf der reversiblen 1,4-Hydrierung der konjugierten (C=N)-Bindungen im Pteridin-Teil des Moleküls, das zu FMNH$_2$ bzw. FADH$_2$ reduziert wird. Experimente mit monoklonalen Antikörpern deuten darauf

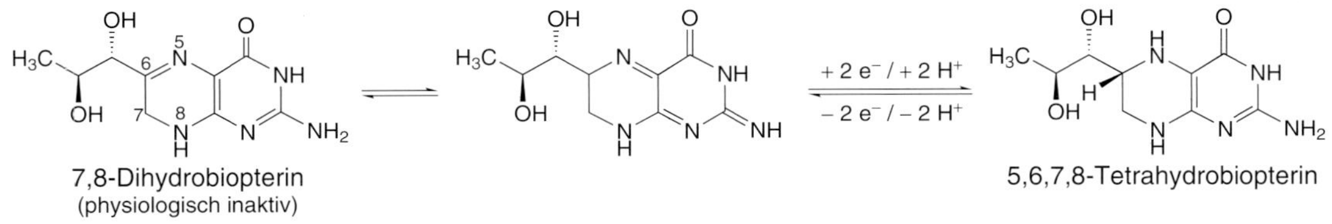

7,8-Dihydrobiopterin
(physiologisch inaktiv)

5,6,7,8-Tetrahydrobiopterin

Fig. 10.73. *Biopterin ist mit der Folsäure konstitutiv verwandt.*

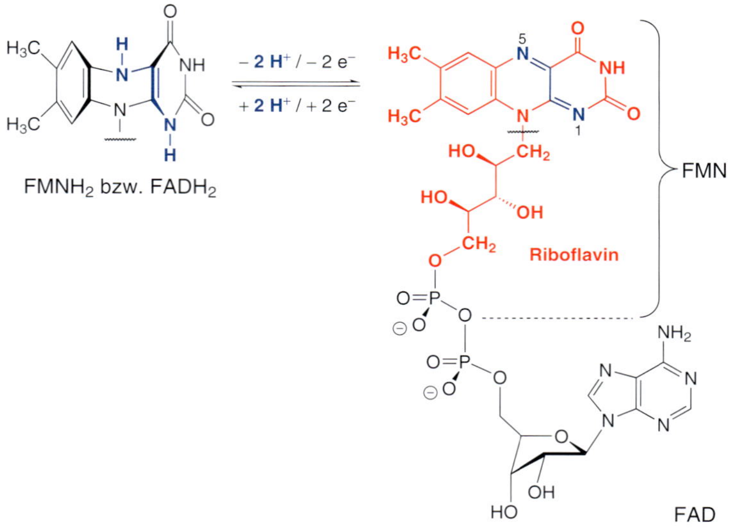

Fig. 10.74. *FMN und FAD sind Derivate des Riboflavins.*

hin, dass im reduzierten Coenzym der Chromophor nicht planar ist (*Fig. 10.74*). Das Redox-Potential des FADH$_2$ ist kleiner ($E^{0\prime} = -0{,}219$ V, bzw. $E^{0\prime} \approx 0$ V im Flavoprotein) als das vom NADH oder NADPH (vgl. *Tab. 6.2*), somit dient FADH$_2$ hauptsächlich zur enzymatischen Hydrierung von (C=C)-Bindungen, während NADH und NADPH als Coenzyme bei der Hydrierung von (C=O)-Bindungen fungieren, deren Hydrierungswärme kleiner als die der (C=C)-Bindungen ist (*Abschn. 8.11*). Ferner vermögen einige fakultativ methylotrophe Organismen (*Abschn. 2.17*) unter Mitwirkung von FAD-abhängigen Enzymen Methylamine zu den entsprechenden Methaniminium-Derivaten zu oxidieren, deren Hydrolyse Formaldehyd freisetzt. Die Regenerierung des Flavoproteins erfolgt über die Atmungskette (*Abschn. 6.3*). Darüber hinaus dient FADH$_2$ zur Übertragung von Wasserstoff auf molekularen Sauerstoff, während FAD an mehreren enzymatischen Oxidationsprozessen beteiligt ist (*Tab. 10.8*).

Riboflavin wird vermutlich aus demselben Abbauprodukt des Guanosin-5′-triphosphats biosynthetisiert, das als Vorläufer der Biosynthese der Folsäure dient, nämlich dem N^6-Ribosyl-2,5,6-triaminopyrimidin-4(3H)-on-5′-phosphat. Durch Hydrolyse der Guanidin-Gruppe des Letzteren wird das entsprechende 5,6-Diami-

Tab. 10.8. *Einige Reaktionen, die von Flavoproteinen katalysiert werden*

Spaltung von Thymin-Dimeren in lichtgeschädigten DNA-Molekülen	*Abschn. 2.21*
Dehydrierung von Succinat zu Fumarat	*Abschn. 3.7*
Regenerierung von NAD$^+$ aus NADH	*Abschn. 6.3*
Oxidation von α-Aminosäuren zu α-Ketocarbonsäuren	*Abschn. 8.19*
Oxidation von Glycerol-3-phosphat zu Dihydroxyaceton-3-phosphat in den Mitochondrien	*Abschn. 9.23*
Oxidation von Glucose zu Gluconolacton in Pflanzen und Mikroorganismen	*Abschn. 8.30*
Oxidation von Glycolat zu Glyoxylat	*Abschn. 9.5*
Oxidation von Dihydroliponsäure zu Liponsäure	*Abschn. 9.13*
Dehydrierung von 2,3-Dihydrosphingosin zu Sphingosin	*Abschn. 9.16*
Dehydrierung von Acyl-CoA zu Enoyl-CoA	*Abschn. 9.23*
Oxidation von Xanthin zu Harnsäure	*Abschn. 10.21*
Reduktion von Hg^{2+} zu elementarem Quecksilber in einigen Bakterien	

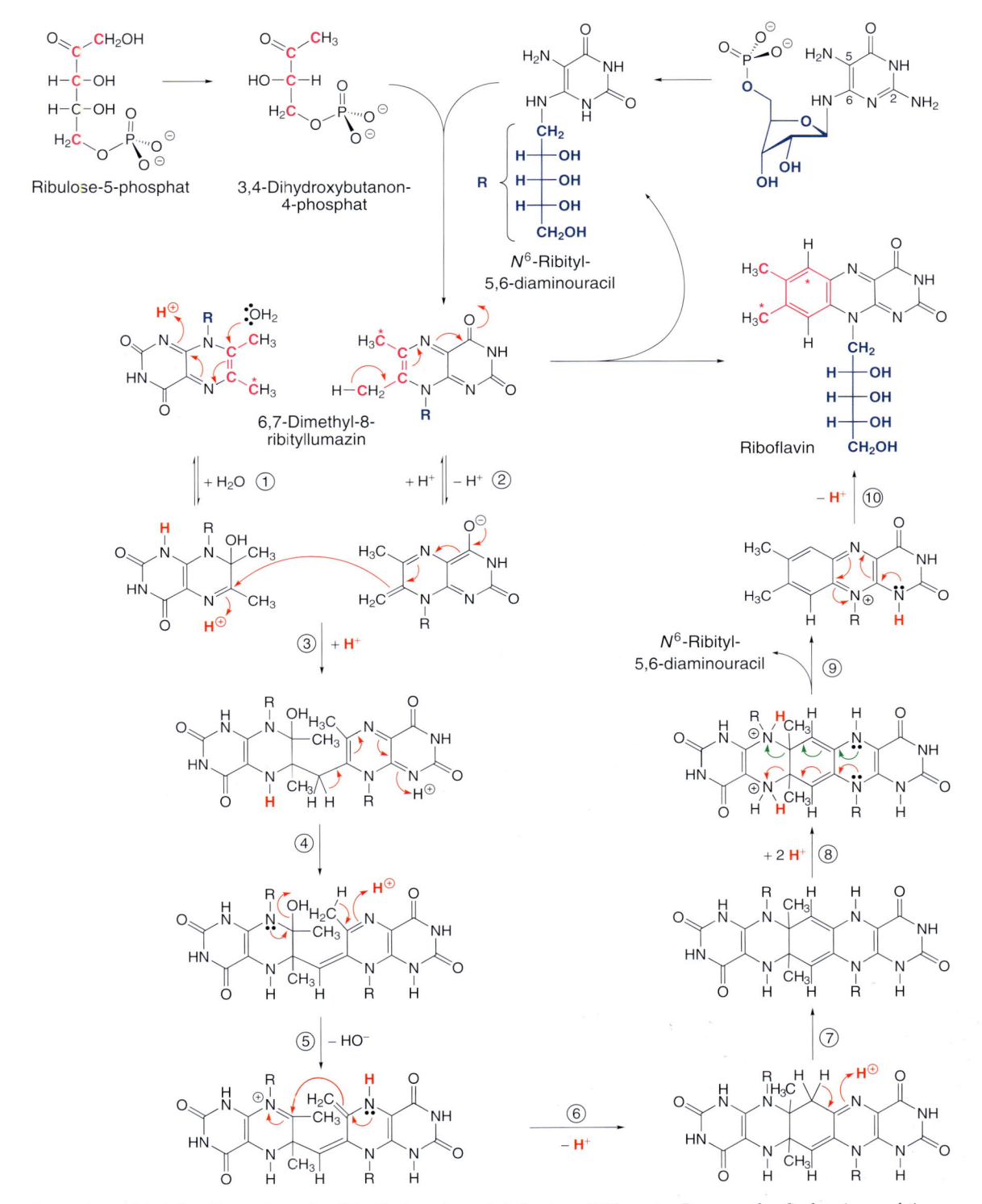

Fig. 10.75. *Sowohl bei der Biosynthese des Riboflavins als auch bei seiner Bildung im Reagenzglas findet eine reaktionsmechanistisch bemerkenswerte Fragmentierung des als Substrat beider Reaktionen dienenden N⁶-Ribityl-5,6-diaminouracils statt.*

nouracil-Derivat gebildet, dessen *Amadori*-Umlagerung (*Abschn. 8.27*) und darauf folgende Hydrierung der Carbonyl-Gruppe des dabei gebildeten Ribulose-Restes zum N^6-Ribityl-5,6-diaminouracil führt (*Fig. 10.75*). Letzteres reagiert mit 3,4-Dihydroxybutanon-4-phosphat, das aus Ribulose-5-phosphat unter Verlust des C(4)-Atoms biosynthetisiert wird, um 6,7-Dimethyl-8-ribityllumazin zu bilden. Bemerkenswert bei der Riboflavin-Biosynthese ist die Bildung des *ortho*-Dimethylbenzol-Ringes des Chromophors durch Disproportionierung von zwei (während der Reaktion antiparallel angeordneten) Molekülen des 6,7-Dimethyl-8-ribityllumazins, wobei N^6-Ribityl-5,6-diaminouracil regeneriert wird. Es ist vom Standpunkt der chemischen Evolution bemerkenswert, dass durch Erhitzen einer neutralen wässrigen Lösung des N^6-Ribityl-5,6-diaminouracils, das präbiotisch aus Ribose und 5,6-Diaminouracil (einem Produkt der Hydrolyse des Guanins) zugänglich gewesen wäre, in Gegenwart einer Pentose bei 120 °C unter Luftausschluss sich ebenfalls 6,7-Dimethyl-8-ribityllumazin bildet, das nach 6 h bei 100 °C in Riboflavin ohne Mitwirkung eines Enzyms übergeht (!).

Fig. 10.75 gibt einen plausiblen Reaktionsmechanismus wieder, der aus folgenden Schritten besteht: *1*) Anlagerung von H_2O an das C(7)-Atom des Pteridin-Chromophors (vgl. *Fig. 10.67*), wodurch die Regioselektivität des 3. Reaktionsschrittes erklärt wird. *2*) Deprotonierung am (dienylogen) α-C-Atom eines Amids (vgl. *Abschn. 9.21*). Damit im Einklang steht die Beobachtung, dass in ^2H_2O-Lösung bei 100 °C die H-Atome der CH_3-Gruppe an C(7) – nicht aber diejenigen der CH_3-Gruppe an C(6) – gegen Deuterium ausgetauscht werden. *3*) Nucleophile Addition des dabei entstandenen Amid-Enolats an die Imin-Gruppe des im 1. Reaktionsschritt gebildeten 7,8-Dihydropteridin-Derivats. *4*) Dienyloge Imin–Enamin-Tautomerisierung (*Abschn. 8.19*). *5*) Imin–Enamin-Tautomerisierung und Abspaltung der OH-Gruppe eines Carbinolamins (*Abschn. 8.14*). *6*) Nucleophile Addition des Enamins an die dabei entstandene Iminium-Gruppe. *7*) Imin–Enamin-Tautomerisierung. *8*) Protonierung zweier Amino-Gruppen. *9*) Zweifache (nicht aber notwendigerweise simultane) vinyloge Aminal-Spaltung (*Abschn. 8.14*). *10*) Deprotonierung einer (dienylogen) Amidinium-Gruppe (*Abschn. 9.26*).

10.15. Purine

Die besondere Bedeutung des *Purins* (= 7*H*- bzw. 9*H*-Imidazo[4,5-*d*]pyrimidin) beruht auf seiner Funktion als Grundgerüst von Nucleobasen (Adenin und Guanin u. a.), die neben den vom Pyrimidin abgeleiteten Nucleobasen (*Abschn. 10.13*) Bestandteile der Nucleinsäuren sind.

Purin (lat. *purum urinae*: Reines vom Harn) wurde 1898 von *Emil Fischer* (*Abschn. 8.24*) aus Harnsäure, die 1776 als erstes Purin-Derivat vom Apotheker *Carl Wilhelm Scheele* (*Abschn. 5.1*) aus Harn und Blasensteinen isoliert worden war, erstmalig synthetisiert. Das unsubstituierte *Purin* tritt als Naturstoff nicht auf; ein Purin-Nucleosid ist das aus dem Ständerpilz *Agaricus nebularis* isolierte Antibiotikum *Nebularin* (N^9-β-D-Ribosylpurin).

Formal resultiert das Purin-Molekül aus der Anellierung eines Imidazol- und eines Pyrimidin-Ringes (*Fig. 10.76*). Obwohl Imidazol selbst (pK_s der konjugierten Säure = 7,2) eine stärkere Base als Pyrimidin (pK_s = 1,31) ist, lässt sich experimentell nachweisen, dass die

Protonierung des Purins (pK_s der konjugierten Säure = 2,39) hauptsächlich am Pyrimidin-Ring stattfindet.

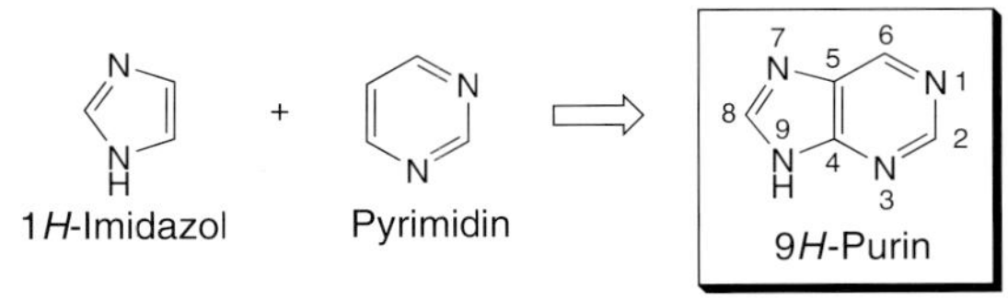

Fig. 10.76. *Purin als Imidazo[4,5-d]pyrimidin.* Die historisch bedingte Bezifferung der Atome des Purin-Moleküls entspricht nicht den Regeln der systematischen Nummerierung polycyclischer Heterocyclen.

Purin besitzt ein einziges als Proton abspaltbares H-Atom; es ist eine wesentlich stärkere Säure (pK_s = 8,93) als Imidazol (pK_s = 14,5), weil bei der entsprechenden konjugierten Base die negative Ladung auf vier N-Atome verteilt ist. Aufgrund der Regel der Erhaltung des Konjugationstyps der einzelnen Molekülsubstrukturen (vgl. *Abschn. 10.6*) sind jedoch die in *Fig. 10.77* dargestellten Resonanz-Strukturen **III** und **IV** gegenüber **I** und **II** energetisch benachteiligt, so dass Purin hauptsächlich als Gemisch zweier Tautomere (7*H*- und 9*H*-Purin) von ungefähr gleichem Energiegehalt vorkommt, die sich durch die Lage des H-Atoms am Imidazol-Ring unterscheiden. Im kristallinen Zustand ist offenbar das 7*H*-Tautomer bevorzugt. Elektrophile Substitution findet dagegen im alkalischen Medium fast ausschließlich am N(9)-Atom statt.

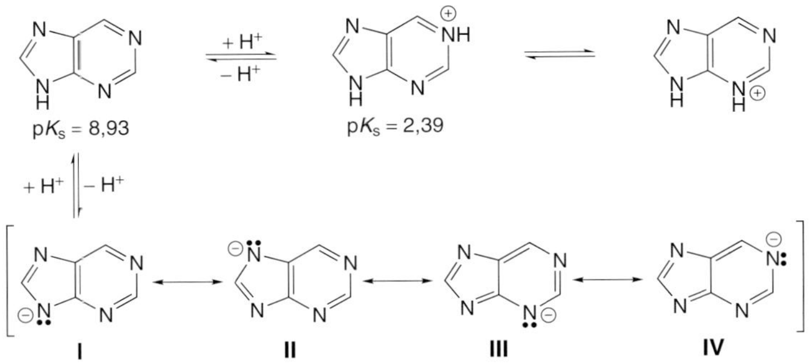

Fig. 10.77. *Purin ist sowohl eine schwache Säure als auch eine schwache Base.*

Wie bereits erwähnt, sind die so genannten Purin-Nucleobasen die wichtigsten Derivate des Purins. *Adenin, Guanin, Xanthin,* und *Hypoxanthin* sind Bestandteile der Nucleinsäuren (*Fig. 10.78*). Obwohl *Isoguanin* (und beispielsweise 2,6-Diaminopurin) ebenfalls fähig wären, Duplexe mit anderen Nucleobasen zu bilden (*Abschn. 10.17*), kommen sie nicht in der Natur vor. Als möglicher präbiotischer Vor-

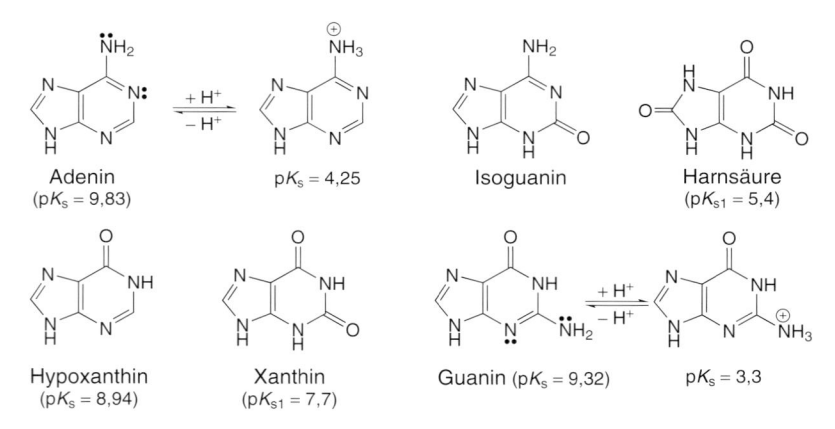

Fig. 10.78. *Strukturen und* pK$_s$*-Werte wichtiger Purin-Derivate*

läufer des Guanins und des Xanthins ist jedoch 2,6-Diaminopurin von Bedeutung (*Abschn. 10.20*).

Erwartungsgemäß setzt die 6-ständige Amino-Gruppe des Adenins (pK_s = 9,83) die Acidität des H-Atoms am Imidazol-Ring des Purins (pK_s = 8,93) herab. Wie Cytosin (*Abschn. 10.13*) wird Adenin und das entsprechende Nucleosid *Adenosin* (*Abschn. 10.16*) vermutlich an der exocyclischen Amino-Gruppe und nicht am N(1) protoniert, obwohl Letzteres als Bestandteil einer Amidin-Partialstruktur basischer sein sollte (*Abschn. 9.26*). Die pK_s-Werte der entsprechenden konjugierten Säuren betragen 4,25 bzw. 3,52.

Ebenso wird Guanin trotz des Vorliegens einer Guanidin-Partialstruktur vermutlich an der exocyclischen Amino-Gruppe protoniert. Die entsprechende konjugierte Säure (pK_s = 3,3) ist schwächer als die des Purins. Guanin und das entsprechende Nucleosid *Guanosin* (*Abschn. 10.16*) sind schwächere Säuren als Adenin. Da Guanosin am N(9)-Atom substituiert ist und somit nicht am Imidazol-Ring deprotoniert werden kann, ist das acidere H-Atom des Guanins (pK_s = 9,32) und des Guanosins (pK_s = 9,16) dem H-Atom zuzuordnen, das an das N(1)-Atom gebunden ist. Die zweite Ionisationskonstante des Guanins, die der Abspaltung des Protons vom Imidazol-Ring zugeordnet wird, ist $K_s = 10^{-12,6}$. Dementsprechend verhält sich Xanthin als eine zweiwertige Säure (pK_{s1} = 7,7; pK_{s2} = 11,94). Noch acider sind die an N-Atome gebundenen H-Atome der *Harnsäure* (pK_{s1} = 5,4; pK_{s2} = 10,6), die durch Oxidation des Xanthins als Endprodukt des Katabolismus der Purinbasen gebildet wird (*Abschn. 10.21*).

Die Kenntnis der Struktur der in Säure–Base-Gleichgewichten von Nucleobasen vorhandenen Spezies ist für das Verständnis der Wechselwirkungen zwischen Polynucleotid-Molekülen von außerordentlicher Bedeutung, denn acide H-Atome der Nucleobasen sind bei der Bildung intermolekularer H-Brücken-Bindungen *Donator*-Stellen, während nichtbindende Elektronenpaare an den Heteroatomen als *Akzeptor*-Stellen dienen (*Abschn. 10.16*).

Adenin (griech. ἀδήν (*adén*): Drüse) wurde erstmalig 1885 von *Albrecht Kossel* aus Pankreasdrüsen vom Rind isoliert. Aufgrund seiner verblüffend 'einfachen' Bildung unter präbiotischen Bedingungen (*Abschn. 10.20*) nimmt *Adenin* eine Sonderstellung unter den Derivaten des Purins ein. Freies Adenin kommt u. a. in Teeblättern, Zuckerrübensaft, Hefe und Steinpilzen vor. Nichtnucleosidische Derivate des Adenins (die jedoch auch als physiologisch inaktive Nucleoside vorkommen können) sind die Cytokinine (griech. κινέω (*kinéō*): bewegen), eine Gruppe von Phytohormonen (*Abschn. 7.4*), die ursprünglich als Stimulatoren der Zellteilungsaktivität von Geweben entdeckt wurden und im Zusammenhang mit anderen Pflanzenhormonen (z.B. Auxin) Keimung, Blattalterung und Morphogenese bei Pflanzen beeinflussen (*Fig. 10.79*).

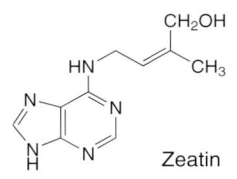

Fig. 10.79. Zeatin, *ein Cytokinin, das besonders in den Wurzeln und sich entwickelnden Samen (z.B. in unreifen Maiskörnern) zu finden ist*

Guanin wurde zuerst 1844 in peruanischem Guano (Quechua: *huano*: Mist), der Ablagerung von Exkrementen von Seevögeln an der südamerikanischen Westküste, entdeckt. Guano, das bis zu 25% Harnsäure enthält, wird als phosphor- und stickstoffhaltiges Düngemittel verwendet. Freies Guanin kommt in der Natur (z.B. in der Milch) zwar vor, aber selten. In Fischhaut oder -schuppen wird Guanin in besonderen chromatophoren Zellen (sog. Guanophore) angereichert. Durch Reflexion und Beugung des Lichtes durch die Guanin-Kristalle entsteht der weiße oder silbrige Glanz der abdominalen Seite zahlreicher Fische u.a. von denen, die als Nahrung der Vögel dienen, die Guano ausscheiden.

Hypoxanthin (griech. ὑπό (*hypó*): unter), das Hydrolyseprodukt des Adenins, ist das Aglycon des *Inosins*, dessen Monophosphat (Inosinsäure) als biosynthetischer Vorläufer aller Purin-Nucleoside fungiert (*Abschn. 10.19*). Freies Inosin kommt u. a. im Fleisch (griech. ἴς (Gen. ἰνός) (*ĩs* (Gen. *īnós*)): Sehne, Muskel, Nerv) und in Hefen vor. Inosin-monophosphat dient zusammen mit Guanylsäure als Würz- und Aromastoff.

Xanthin ist das Hydrolyseprodukt des Guanins. Freies Xanthin, das 1817 vom britischen Arzt und Chemiker schweizerischer Herkunft *Alexandre John Gaspard Marcet* (1770–1822) in einem Blasenstein entdeckt wurde, kommt in kleinen Mengen in Muskeln, Leber, Nierensteinen u.a. vor. Bei Nierenerkrankungen, akuter Leberatrophie und Leukämie tritt Xanthin vermehrt auf, wobei es stark schädigend auf die Herzmuskulatur wirkt. Reines Xanthin (griech. ξανθός (*xanthós*): gelb) ist farblos, sein Name bezieht sich auf die charakteristische Gelbfärbung, die bei der *Murexid-Reaktion*, einer Reaktion, die zum Nachweis der Harnsäure verwendet wird, erscheint. Die Murexid-Reaktion wird ausgeführt, indem eine Spatelspitze der Probe mit einem Tropfen konz. Salpetersäure in einer kleinen Porzellanschale verrieben und auf dem Wasserbad trockengedampft wird. Versetzt man den Rückstand mit einigen Tropfen konz. Ammoniak-Lösung, entsteht eine intensive Rotfärbung, die vom Ammonium-Salz der *Purpursäure* (Murexid), dessen Konstitution bekannt ist, herrührt.

Das 1,3,7-Trimethyl-Derivat des Xanthins ist das *Coffein* (früher *Thein* genannt). Es ist ein Pflanzenalkaloid, das in Kaffee (bis 1,5% in den Kaffeebohnen) hauptsächlich aber in Tee (bis 5% im schwarzem Tee) vorkommt (*Fig. 10.80*). Kaffee gewinnt man aus den gerösteten Samen von *Coffea arabica*, Tee aus den fermentierten Blättern von *Camellia* (*Thea*) *sinensis*. Teeblätter enthalten auch geringe Mengen (je *ca.* 0,04%) an *Theophyllin* (1,3-Dimethylxanthin) und *Theobromin* (3,7-Dimethylxanthin). Letzteres ist besonders in Kakaobohnen (bis zu 2,5%) vorhanden. Coffein kommt auch in den Samen der westafrikanischen Colabäume (*Cola acuminata* und *C. nitida*) vor. Mit Extrakten dieser Pflanzen verleiht man Colagetränken sowohl ihr typisches Aroma als auch ihre anregende Wirkung; sie sind an die Stelle des Cocains getreten, das ursprünglich in diesen Getränken enthalten war. Coffein stimuliert die Hirnrinde, indem es eine Phosphodiesterase hemmt, die gewöhnlich cyclisches AMP zu AMP hydrolysiert, und fördert damit die Atmung und die Durchblutung der Herzkranzgefäße. Coffein ist dennoch eine Droge, die bei chronischem Missbrauch eine leichte Form der Abhängigkeit erzeugen kann. Obwohl in Versuchen mit Bakterien, Pilzen und Algen verschiedentlich gefunden wurde, dass Coffein Mutationen auslöst (vermutlich durch Hem-

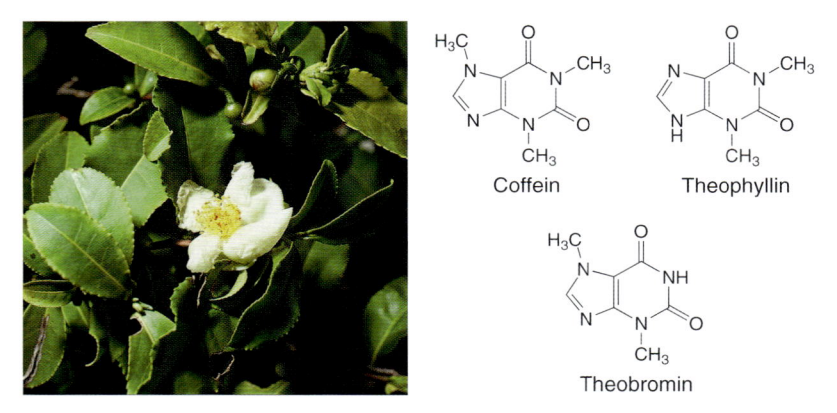

Fig. 10.80. *Purin-Alkaloide kommen im Tee (Camellia sinensis) und anderen Pflanzen vor.*

mung enzymatischer Reparaturmechanismen), konnte eine mutagene Wirkung auf den Menschen bisher nicht nachgewiesen werden.

10.16. Nucleoside und Nucleotide

Als *Nucleoside* werden gewöhnlich heteromere *N*-Glycoside (*Abschn. 8.32*) bezeichnet, deren stickstoffhaltige Komponente eine der so genannten *Nucleobasen* (Uracil, Thymin, Cytosin, Adenin oder Guanin) ist. Im weiteren Sinne zählen zu den Nucleosiden jedoch auch andere *N*-Glycoside (insbesondere Nucleosid-Antibiotika), deren stickstoffhaltige Komponente im Allgemeinen ein Purin- oder Pyrimidin-Derivat (ja sogar andere Heterocyclen wie Maleinimid) ist. Als 'Bausteine' der Nucleinsäuren (*Abschn. 9.17*) kommt den Nucleosiden, deren Zucker-Komponente entweder D-Ribose oder D-2'-Desoxyribose ist, besondere Bedeutung zu.

Nucleoside werden mit Trivialnamen bezeichnet, die sich vom Basenbestandteil ableiten: Pyrimidin-Derivate erhalten die Endung *-idin*, Purin-Derivate die Endung *-osin* (*Fig. 10.81*). Zur Unterschei-

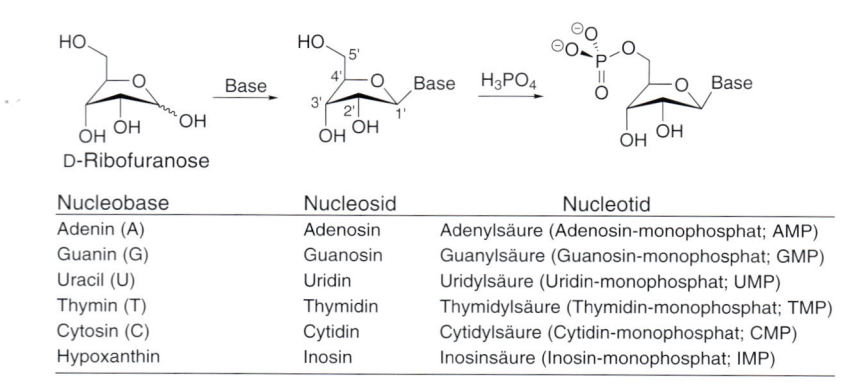

Nucleobase	Nucleosid	Nucleotid
Adenin (A)	Adenosin	Adenylsäure (Adenosin-monophosphat; AMP)
Guanin (G)	Guanosin	Guanylsäure (Guanosin-monophosphat; GMP)
Uracil (U)	Uridin	Uridylsäure (Uridin-monophosphat; UMP)
Thymin (T)	Thymidin	Thymidylsäure (Thymidin-monophosphat; TMP)
Cytosin (C)	Cytidin	Cytidylsäure (Cytidin-monophosphat; CMP)
Hypoxanthin	Inosin	Inosinsäure (Inosin-monophosphat; IMP)

Fig. 10.81. *Nomenklatur der Nucleotide*

10. Heterocyclische Verbindungen

Fritz Albert Lipmann (1899–1986) Professor für Biochemie der Harvard Medical School und an der Rockefeller University in New York, schlug zur Erklärung der Energieübertragung im Stoffwechsel der Zellen ein Modell mit ATP als Zentralglied vor. Für seine grundlegenden Arbeiten zum Stoffwechsel und zur Protein-Biosynthese wurde *Lipmann* zusammen mit *H. A. Krebs* (s. Abschn. 9.5) im Jahre 1953 mit dem *Nobel*-Preis für Physiologie und Medizin ausgezeichnet. (© *Nobel*-Stiftung)

dung von den Atomen im Heterocyclus werden die C-Atome des Zuckers mit 1' bis 5' bezeichnet, wobei C(1') das anomere C-Atom ist. Bei sämtlichen Nucleinsäuren kommt die Zucker-Komponente in der Furanose-Struktur vor.

Adenosin nimmt unter den Nucleosiden eine deutliche Sonderstellung ein. Bemerkenswerterweise ist Adenosin nicht nur Bestandteil der Nucleinsäuren, sondern auch einer Reihe von Coenzymen, die völlig verschiedene Funktionen in der lebenden Zelle ausüben (*Fig. 10.82*).

Adenosin-triphosphat (ATP) dient zur Übertragung chemischer Energie in der Zelle (*Abschn. 2.16*), *cyclisches Adenosin-monophosphat* (cAMP) hat bei Tieren und Mikroorganismen, vermutlich auch bei höheren Pflanzen, eine zentrale Funktion bei der hormonellen Regulation (*Abschn. 7.4*). Bei Bakterien stimuliert cAMP die Expression bestimmter Gene, beispielsweise jene von Enzymen, die bei Glucosemangel andere Energiequellen verwenden.

S-Adenosylmethionin (SAM) ist ein Alkylierungsmittel (*Abschn. 7.8*), *Coenzym A* (HS-CoA) ist das Acylierungsmittel der lebenden Organismen (*Abschn. 9.22*). NAD$^+$ und FAD sind zwei Coenzyme, welche an den meisten Redox-Prozessen der lebenden Zelle beteiligt sind (*Abschn. 10.10* bzw. *10.14*). Auch das Vitamin-

Fig. 10.82. *Wichtige Coenzyme, die vom Adenosin abgeleitet sind*

B₁₂-Coenzym enthält Adenosin, das an das Co-Atom der prosthetischen Gruppe (des Cobalamins) kovalent gebunden ist (*Abschn. 10.4*).

Das Vorkommen ein und derselben Teilstruktur bei allen diesen biologisch wichtigen Stoffen ist möglicherweise dadurch bedingt, dass die ersten Enzyme im Zuge der Evolution Nucleinsäuren waren, welche die entsprechenden Coenzyme durch Basenpaarung gebunden hatten. Darüber hinaus treffen offenbar für Adenin mehrere Eigenschaften, nämlich leichte präbiotische Bildung (*Abschn. 10.20*), Stabilität gegen Bestrahlung oder Hydrolyse unter frühen Erdbedingungen sowie eine durch die Möglichkeit zur Bildung mehrerer H-Brücken-Bindungen und zugleich hydrophober Wechselwirkungen bedingte Funktionstüchtigkeit in optimaler Weise zusammen.

Adenin kommt ferner als Bestandteil der Nucleosid-Analoga *Oxetanocin*, *Aristeromycin* und *Neplanocin A* vor (*Fig. 10.83*), die aus Bakterienkulturen isoliert worden sind (Oxetanocin aus dem *Bacillus megaterium*, Aristeromycin und Neplanocin A aus den Actynomyceten *Streptomyces citricolor* bzw. *Ampullariella regularis*). Vermutlich auf Grund ihrer strukturellen Ähnlichkeit mit den Monomer-Einheiten der Nucleinsäuren zeichnen sich diese Antibiotika durch ihre cytostatische und virucide Wirkung aus. Oxetanocin hemmt die Reverse Transkriptase von Retroviren (*Abschn. 10.18*), Neplanocin A hemmt die *S*-Adenosylmethionin-Hydrolase und inhibiert so Methylierungsprozesse in Zellen und Viren.

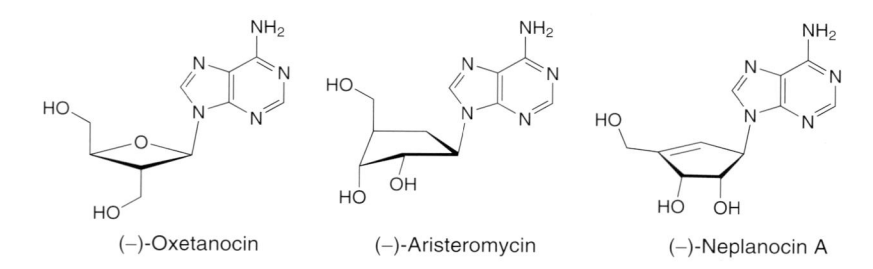

Fig. 10.83. *Aus Bakterien isolierte Nucleosid-Analoga*

Durch Veresterung der C(5′)-ständigen OH-Gruppe eines Nucleosids mit Phosphorsäure werden die entsprechenden *Nucleotide* gebildet (*Fig. 10.81*). Es handelt sich dabei um starke zweiwertige Säuren, deren entsprechende pK_s-Werte beispielsweise bei der Inosinsäure 1,54 und 6,04 betragen. Sie liegen daher unter physiologischen Bedingungen bei pH ≈ 7 fast vollständig als Dianionen vor.

Warum Phosphat? Phosphor is ein selten vorkommendes Element (schätzungsweise kommt im Universum weniger als ein P-Atom je 300 C-Atome vor). Ein wichtiges Merkmal der Phosphorsäure ist jedoch, dass sie eine dreiwertige Mineralsäure ist; ihre pK_s-Werte betragen 2,12, 7,21 und *ca*. 12,67. Sie kann somit Diester bilden, die als Bindeglied der Nucleosid-Einheiten fungieren, und zugleich ionisiert vorliegen. Dadurch sind Polynucleotide wasserlöslich. Ferner stabilisieren die negativen Ladungen die Sekundär- und Tertiärstruktur der Nucleinsäuren und verhindern ihre Hydrolyse. Schließlich eignen sich die Bindungslängen im Phosphorsäure-diester für die Ganghöhe von 3,4 nm in der DNA-Doppelhelix am besten (*Abschn. 10.17*).

Nucleotide stellen die Monomer-Einheiten der Nucleinsäuren dar. Für die Biosynthese der Letzteren werden jedoch Nucleosid-*triphos*-

phate anstelle der entsprechenden Monophosphate verwendet, wobei die Energie ($\Delta G^0 = -33{,}5$ kJ mol^{-1}), die bei der anschließenden Hydrolyse des als Nucleofug abgespaltenen Pyrophosphat-Ions freigesetzt wird, die Polymerisation vorantreibt (*Abschn. 10.17*).

Aus dem gleichen Grunde dient in der Zelle die Biosynthese von ATP zur Übertragung chemischer Energie (*Abschn. 2.16*). Da bei der Hydrolyse von ATP zu ADP oder AMP Energie (jeweils 30,6 kJ mol^{-1}) frei wird (*Fig. 10.84*), sind endergonische enzymatische Reaktionen unter Verbrauch von ATP möglich. Reaktionsmechanistisch bewirkt das ATP eine 'Aktivierung' der an der Reaktion beteiligten funktionellen Gruppen des Substrats durch Phosphorylierung (s. *Tab. 10.9*). Der zugrundeliegende *AE*-Mechanismus ist analog der Veresterung einer Carbonsäure mit einem Alkohol (*Abschn. 9.15*), wobei ADP freigesetzt wird (*Fig. 10.85*). Die Übertragung einer Pyrophosphat-Gruppe durch ATP unter Freisetzung von AMP ist ebenfalls möglich, z. B. bei der Biosynthese von 5-Phosphoribosyl-1-pyrophosphat (*Abschn. 10.19*) aus Ribose-5-phosphat. In einigen Fällen jedoch – beispielsweise bei der Biosynthese von Mevalonsäure-5-pyrophosphat, dem Vorläufer des Isopentenyl-pyrophosphats (*Abschn. 9.13*) – besteht die Diphosphorylierungsreaktion aus zwei aufeinander folgenden Übertragungen je einer Phosphat-Gruppe.

Die Biosynthese von ATP ist bei der oxidativen Phosphorylierung und der Photophosphorylierung eng an die Oxidation von NADH und FADH$_2$ über die Elektronentransportkette gekoppelt (*Abschn. 6.3*). Die durch den Elektronentransport freigesetzte Freie Enthalpie sorgt dafür, dass Protonen von der Matrix- zur Cyto-

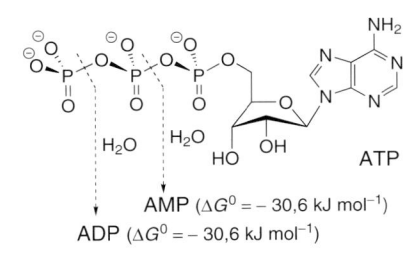

Fig. 10.84. *Bei der Hydrolyse von Adenosin-triphosphat wird Energie freigesetzt.*

Tab. 10.9. *Wichtige Reaktionen, bei denen ATP verbraucht oder gebildet wird*

ATP wird verbraucht bei der Umwandlung von	
Glucose in Glucose-6-phosphat	*Abschn. 8.29*
Fructose-6-phosphat in Fructose-1,6-bisphosphat	*Abschn. 8.29*
3-Phosphoglycerat in 1,3-Bisphosphoglycerat im *Calvin*-Zyklus	*Abschn. 8.29*
Ribulose-5-phosphat in Ribulose-1,5-bisphosphat im *Calvin*-Zyklus	*Abschn. 8.29*
Pyruvat in Oxalacetat	*Abschn. 9.13*
Mevalonat in 5-Pyrophosphomevalonat	*Abschn. 9.13*
5-Pyrophosphomevalonat in Isopentenyl-pyrophosphat	*Abschn. 9.13*
Fettsäuren in die entsprechenden Acyl-Derivate des Coenzyms A	*Abschn. 9.23*
Glutamat in Glutamin	*Abschn. 9.25*
Creatin in Creatin-phosphat	*Abschn. 9.26*
Citrulin in Arginin im Harnstoff-Zyklus	*Abschn. 9.26*
ferner bei der	
Spaltung von Citronensäure in Oxalat und Acetyl-Coenzym A	*Abschn. 9.5*
Biosynthese von Carbamoyl-phosphat im Harnstoff-Zyklus	*Abschn. 9.26*
Pyrophosphorylierung des α-D-Ribose-5-phosphats	*Abschn. 9.27*
Konformationsänderung des Myosins	*Abschn. 9.31*
Biosynthese des Uridin-triphosphats	*Abschn. 10.19*
Biosynthese des Inosin-monophosphats	*Abschn. 10.19*
Umwandlung der Nucleotide in die entsprechenden Triphosphate	*Abschn. 10.19*
Biosynthese des Histidins	*Abschn. 10.21*
ATP wird aus ADP regeneriert	
bei der Oxidation von NADH oder FADH$_2$	*Abschn. 6.3*
durch Austausch von Orthophosphat mit anderen Nucleosid-triphosphaten	*Abschn. 9.5*
sowie bei der Umwandlung von	
Phosphoenol-pyruvat in Pyruvat	*Abschn. 8.29*
1,3-Bisphosphoglycerat in 3-Phosphoglycerat	*Abschn. 8.30*
Creatin-phosphat in Creatin	*Abschn. 9.26*

Fig. 10.85. *Mechanismus der Phosphorylierung organischer Substrate mit ATP*

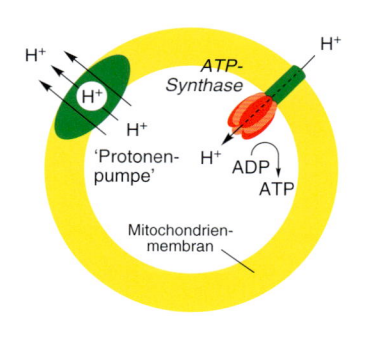

Fig. 10.86. *Der Protonenfluss durch die ATP-Synthase führt zur Freisetzung von festgebundenem ATP.*

sol-Seite der inneren Mitochondrienmembran (*Abschn. 6.3*) gepumpt werden, wodurch ein elektrochemischer Protonengradient erzeugt wird. Der Protonenfluss zurück zur Matrix-Seite durch die *ATP-Synthase* (*ATPase*) treibt die ATP-Synthese an (*Fig. 10.86*). Halobakterien (*Abschn. 9.16*) verfügen über eine durch Licht getriebene 'Protonenpumpe', die Bacteriorhodopsin – ein dem in den tierischen Sehzellen lokalisierten Rhodopsin (*Abschn. 3.23*) ähnliches Pigment – als Photorezeptor enthält.

Unter anaeroben Bedingungen ist den chemoorganotrophen Organismen (*Abschn. 2.17*) die Erzeugung von ATP auf zwei Wegen möglich: durch Gärung (*Abschn. 2.17*) und durch Elektronentransport-Phosphorylierung unter anaeroben Bedingungen. Den gärenden Organismen stehen nur wenige Reaktionen zur ATP-Regeneration zur Verfügung, die als Substrat-Phosphorylierung beschrieben werden. Viele Bakterien machen aber auch unter anaeroben Bedingungen von einer Elektronentransport-Phosphorylierung Gebrauch, indem sie die beim Substrat-Abbau auftretenden Elektronen über eine (verkürzte) Elektronentransportkette auf äußere (im Nährmedium vorhandene) oder innere (beim Substrat-Abbau gebildete) Elektronenakzeptoren übertragen (sog. 'anaerobe Atmung'). Als Elektronenakzeptoren können Fe^{3+}-, NO^{3-}- und SO_4^{2-}-Ionen sowie elementarer Schwefel oder Fumarat fungieren. Acetogene und methanogene Bakterien (*Abschn. 2.5*) reduzieren CO_2 (bzw. CO_3^{2-}-Ionen) unter Bildung von Essigsäure bzw. Methan.

ATP wird in den Zellen ständig hydrolysiert und regeneriert, so dass der ATP-Vorrat in den Zellen sehr gering ist (s. *Fig. 9.122*). Die Halbwertszeit eines ATP-Moleküls reicht von wenigen Sekunden (in den Gehirnzellen) bis zu Minuten. Je Stunde verbraucht und generiert ein gesunder Mensch im Ruhezustand *ca.* 3 mol (1,5 kg) ATP.

Sowohl die Konfiguration als auch die Konformation der Nucleosid-Moleküle spielt für die Struktur der davon abgeleiteten Nucleinsäuren eine entscheidende Rolle (*Abschn. 10.17*). Bei allen Nucleosiden, die Bestandteil der Nucleinsäuren sind, liegt die β-Konfiguration am anomeren C-Atom vor. Nur bei Nucleosiden, die in lebenden Organismen in monomerer Form vorkommen (z. B. α-NADH in *Acetobacter vinelandii* oder 1-(α-D-Ribofuranosyl)-5,6-dimethylbenzimidazol als Teil des Vitamin-B_{12}-Moleküls), liegt gelegentlich die α-Konfiguration vor. Experimentell lässt sich nachweisen, dass β-Nucleosid-Moleküle flexibler sind als die entsprechenden α-Epimere, wodurch die Bevorzugung der Ersteren als 'Bausteine' der Nucleinsäuren zu erklären sein dürfte.

Wegen der konformativen Flexibilität fünfgliedriger Ringe (*Abschn. 2.21*) beeinflusst die Konformation des Ribofuranose-Ringes die Struktur der davon abgeleiteten Nucleinsäure. Wie bereits erwähnt, ist der fünfgliedrige Ring der Ribofuranose nicht planar (*Abschn. 8.26*). Bei der Mehrzahl der untersuchten Nucleosid- und Nucleotid-Kristallstrukturen ragt ein C-Atom aus der von den restlichen vier Ringatomen definierten Ebene heraus. Je nachdem ob sich dieses Atom auf derselben oder auf der entgegengesetzten Seite wie die Nucleobase befindet, wird die entsprechende Konformation als *endo-* bzw. *exo-* bezeichnet.

Bei den meisten bekannten Nucleosid- und Nucleotid-Strukturen ragt entweder C(2′) oder C(3′) aus der Ebene heraus. C(2′)-*endo* ist die am häufigsten auftretende Zucker-Konformation, aber auch C(3′)-*endo* oder C(3′)-*exo* sind verbreitet (*Fig. 10.87*). Andere Ribofuranose-Konformationen kommen selten vor. Bei Nucleosiden in der C(3′)-*endo*-Konformation ist der Abstand zwischen den C(3′)- und C(5′)-ständigen O-Atomen wesentlich kleiner als bei C(2′)-*endo*-Nucleosiden.

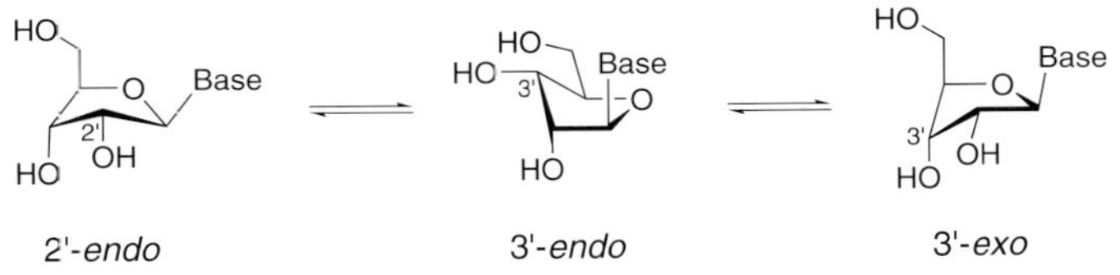

Fig. 10.87. *Konformationen des Ribofuranose-Ringes*

Darüber hinaus ist bei Nucleosiden die Rotation um die glycosidische (C–N)-Bindung durch die Substituenten am Ribofuranose-Ring stark eingeschränkt. Purin-Nucleobasen haben in Bezug auf die Zucker-Komponente zwei sterisch mögliche Orientierungen: die *syn-* und die *anti-*Konformation (*Fig. 10.88*) Bei den Pyrimidin-Nucleobasen kommt fast ausschließlich die *anti*-Konformation vor, da sich in der *syn*-Konformation der Substituent am C(2)-Atom des Pyrimidin-Ringes (ein O-Atom oder eine Amino-Gruppe) und die Atome des Ribofuranose-Ringes sterisch behindern.

Die wichtigste Eigenschaft der Nucleoside ist ihre Fähigkeit, Dimere zu bilden, die durch intermolekulare H-Brücken-Bindung zwischen den Nucleobasen stabilisiert werden. Obwohl diese Art der molekularen Assoziation (bei Nucleosiden *Basenpaarung* genannt) zwischen einem *Donator*-Molekül, das acide H-Atome trägt, und einem *Akzeptor*-Molekül, das Heteroatome mit nichtbindenden Elektronenpaaren enthält, häufig vorkommt (vgl. *Abschn. 5.5, 8.33* und *9.25*), zeichnet sich die Besonderheit der Nucleobasen durch die Komplementarität ihrer Donator- und Akzeptor-Stellen aus (*Fig. 10.89*).

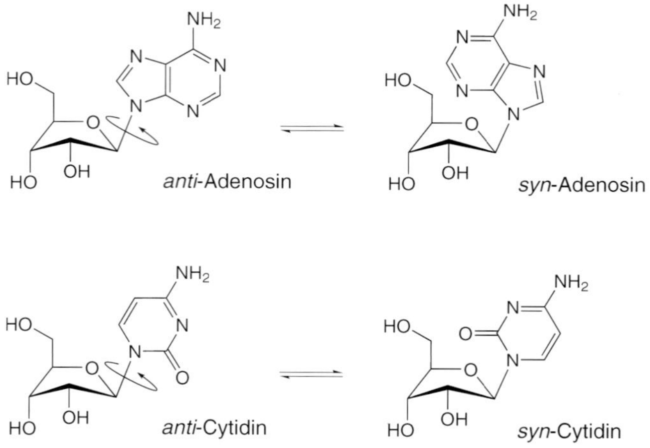

Struktur und Reaktivität der Biomoleküle

Fig. 10.88. *Konformationsisomere der Purin-Nucleoside*

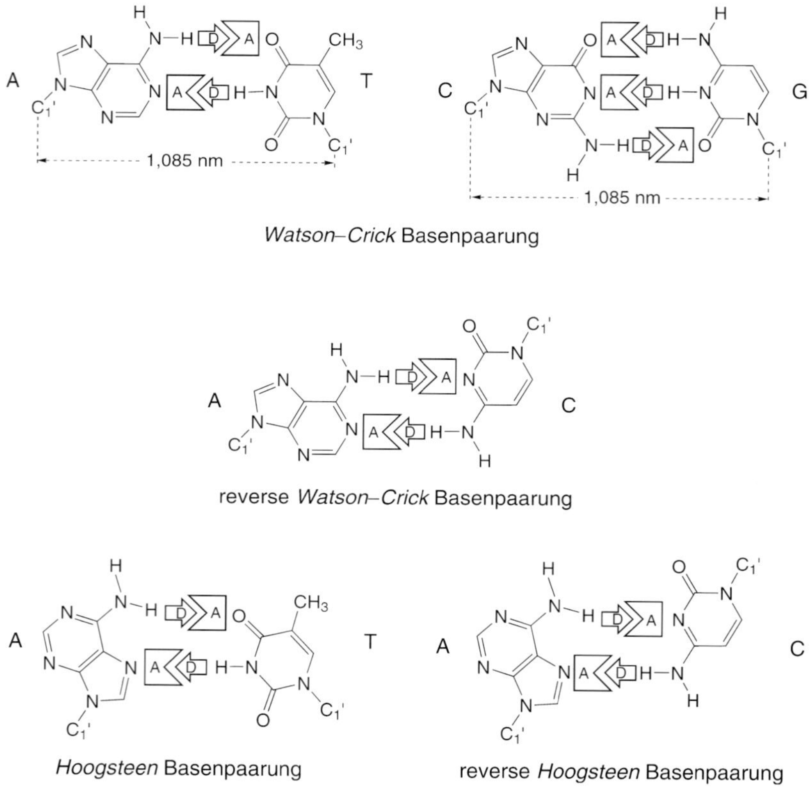

Watson–Crick Basenpaarung

reverse *Watson–Crick* Basenpaarung

Hoogsteen Basenpaarung

reverse *Hoogsteen* Basenpaarung

Tab. 10.10. *Assoziationskonstanten* (in $CDCl_3$ bei 25 °C) *für die Basenpaarbildung von Nucleosiden*

Basenpaar	K [mol]
A · A	3,12
U · U	6,25
C · C	25
G · G	$10^3 - 10^4$
A · U	10^2
G · C	$10^4 - 10^5$

Fig. 10.89. *Paarungen zwischen Nucleobasen verschiedener Konstitution*

Es geht aus *Tab. 10.10* hervor, dass entsprechend der *Chargaff*-Regel diese Komplementarität bei bestimmten Basenpaaren – den so genannten *Watson–Crick*-Basenpaaren (*Abschn. 10.17*) – besonders wirksam ist.

Erwin Chargaff (1905–2002) hatte bei seinen zwischen 1948 und 1950 veröffentlichten Arbeiten über die Konstitution der Nucleinsäuren festgestellt, dass die DNA sämtlicher Organismen die gleiche Anzahl von Adenin- und Thymin-Resten und dementsprechend von Guanin- und Cytosin-Resten enthält (*Chargaff*-Regel), obwohl sich verschiedene Organismen in der DNA-Basenzusammensetzung beträchtlich voneinander unterscheiden können. (Mit Genehmigung der US National Library of Medicine, Bethesda, MD)

Dennoch sind weitere *Paarungs-Konstitutionstypen* möglich, von denen die *Hoogsteen*-Basenpaarung, die durch die Beteiligung des N(7)-Atoms des Imidazol-Ringes des Purins charakterisiert ist, sowohl bei monomeren Adenin−Thymin-Derivaten in kristallinem Zustand als auch bei der Stabilisierung der Tertiärstruktur einsträngiger Nucleinsäure-Moleküle eine wichtige Rolle spielt (*Fig. 10.89*).

Die Tatsache jedoch, dass in den Kristallstrukturen selbstkomplementärer Oligonucleotide nur *Watson*–*Crick*-Basenpaare vorkommen, deutet darauf hin, dass die *Watson*–*Crick*-Geometrie erst durch sterische und andere Einflüsse zum bevorzugten Modus der Basenpaarung in Doppelhelices wird. Ein besonderes Merkmal der *Watson*–*Crick*-Basenpaare ist allerdings der gleiche Abstand von 1,085 nm zwischen den anomeren C-Atomen sowohl im (A · T)- als auch im (G · C)-Paar (*Fig. 10.89*). Tatsächlich entspricht dieser Abstand am besten den geometrischen Parametern (konstitutionsbedingte Länge des Zucker-phosphat-Rückgrates, Durchmesser und Ganghöhe) der DNA-Doppelhelix (*Abschn. 10.17*), so dass andere Basenkombinationen zu einer signifikanten Verzerrung der Doppelhelix-Struktur führen würden und somit aus geometrischen Gründen nicht in Frage kommen.

10.17. Nucleinsäuren

Nucleinsäuren sind Kondensationspolymere der Nucleotide, die durch Veresterung der C(3′)-ständigen OH-Gruppe jeder Monomer-Einheit mit der Phosphat-Gruppe der darauf folgenden gebildet werden. Demzufolge weisen *lineare* Nucleinsäure-Ketten eine Phosphat-Gruppe am so genannten 5′-Ende und eine nicht veresterte OH-Gruppe am 3′-Ende auf. Bei den Nucleinsäuren handelt es sich um die größten bekannten Makromoleküle überhaupt, deren Länge

Albrecht Kossel (1853–1927) Ordinarius an den Universitäten Marburg (1895) und Heidelberg (1901), entdeckte durch Hydrolyse des 1869 vom Schweizer Biochemiker *Johann Friedrich Miescher* (1844–1895) erstmalig isolierten Nucleins (das in den Zellkernen vorkommende Gemisch aus Eiweiß- und Nucleinsäuren, welches das Chromatin bildet), dass Nucleinsäuren aus den fünf Nucleobasen und einem Kohlenhydrat, von dem er richtig vermutete, dass es eine Pentose sei, zusammengesetzt sind. Die Zucker-Komponente wurde später vom russischen Arzt und Chemiker *Phoebus Aaron Theodor Levene* (1869–1940) als D-Ribose (1909) bzw. 2-Desoxy-D-ribose (1929) identifiziert. Für seine Pionierleistungen in der Nucleinsäureforschung wurde *Kossel* im Jahre 1910 mit dem *Nobel*-Preis für Medizin ausgezeichnet. (© Nobel-Stiftung)

Francis Harry Compton Crick
(1916–2004) erarbeitete während seiner Promotion an der Universität Cambridge (Großbritannien) zusammen mit *James Dewey Watson* zur gleichen Zeit im Cavendish Laboratory in Cambridge ein Strukturmodell für die DNA, das 1953 durch Röntgenstrukturanalysen von *Maurice Hugh Frederick Wilkins* (* 1916), dem damaligen Direktor der biophysikalischen Abteilung des Medical Research Councils am King's College in London, bestätigt wurde. Die drei Forscher erhielten 1962 den *Nobel*-Preis für Medizin. (© *Nobel*-Stiftung)

James Dewey Watson (* 1928)
(© *Nobel*-Stiftung)

makroskopische Dimensionen erreicht. Da der molekulare Durchmesser jedoch nur ungefähr 1 nm beträgt, sind Nucleinsäure-Moleküle weder mit dem bloßen Auge noch unter dem Lichtmikroskop sichtbar.

Bei Prokaryonten ist die gesamte genetische Information in einem einzigen (meist kreisförmigen) DNA-Molekül enthalten, dessen Konturlänge (Länge des ausgestreckten Moleküls) bei dem aus 4×10^6 Basenpaaren bestehenden Chromosom von *Escherichia coli* 1,4 mm erreicht. Das größte Chromosom der Fruchtfliege (*Drosophila melanogaster*) besteht ebenfalls aus einem einzigen DNA-Molekül von 1,2 cm Länge (!). Sollten andere eukaryontische Chromosomen ebenfalls nur ein einziges DNA-Molekül enthalten, so könnte deren Länge das 100fache betragen.

Je nachdem ob die Nucleotid-Einheiten D-Ribose oder D-3'-Desoxyribose enthalten, unterscheidet man zwischen Ribonucleinsäuren (RNS) bzw. Desoxyribonucleinsäuren (DNS), wobei im deutschen Sprachgebauch heute zunehmend die englischen Akromyne DNA (*deoxyribonucleic acid*) und RNA (*ribonucleic acid*) anstelle von DNS bzw. RNS verwendet werden.

Während die Diribosyl-phosphat- bzw. Didesoxyribosyl-phosphat-Kette der Nucleinsäuren eine Sequenz repetitiver Strukturelemente darstellt, wird ihre *Primärstruktur* durch die Reihenfolge der vier Nucleinsäurebasen (A, U, G und C in der RNA; A, T, G und C in der DNA) bestimmt. *Konventionsgemäß werden die Nucleotid-Bestandteile der Nucleinsäuren in der (5' → 3')-Richtung angegeben.*

Bedingt durch die Konstitution der Heterocyclen, die Bestandteil der Nucleobasen sind, resultieren definierte komplementäre Wechselwirkungen (*Abschn. 10.16*) zwischen Nucleinsäuren geeigneter Primärstruktur, die zur Zusammenlagerung (sog. *Hybridisierung*) zweier (manchmal mehrerer) Nucleinsäure-Einzelstränge unter Bildung von Doppelsträngen (sog. *Duplexe*) führen (*Fig. 10.90*).

Da mit Hilfe der Hybridisierung, die sowohl zwischen zwei DNA-Strängen als auch einem DNA- und einem RNA-Strang oder zwei RNA-Strängen erfolgen kann, die Komplementarität und damit der Verwandtschaftsgrad von Nucleinsäuren ermittelt werden kann, stellt die von *Edwin Mellor Southern* entwickelte Hybridisierungstechnik ein wichtiges methodisches Hilfsmittel – so genannte *Blotting*-Technik (engl. *blot*: mit Löschpapier auftrocknen) – der molekularen Genetik zur Charakterisierung, Identifizierung und Lokalisierung bestimmter Nucleotid-Sequenzen dar.

DNA-Moleküle liegen normalerweise als rechtsgängige helicale Doppelstränge (*Watson–Crick*-Doppelhelix) von 2 nm Durchmesser vor, in denen die Richtung der beiden komplementären Einzelstränge *gegenläufig* ist. Innerhalb einer Helixwindung, deren Ganghöhe 3,4 nm beträgt, liegen 10 Basenpaare in annähernd senkrecht zur Helixachse angeordneten Ebenen (*Fig. 10.91*). Die H-Brücken-Bindungen zwischen den komplementären Nucleobasen, A · T und G · C, sind nach *innen* gerichtet. An der Oberfläche des DNA-Moleküls, das zwei ungleich breite Furchen von 1,2 und 2,2 nm aufweist (s. *Fig. 1.16*), befindet sich die Didesoxyribosyl-phosphat-Kette, so dass

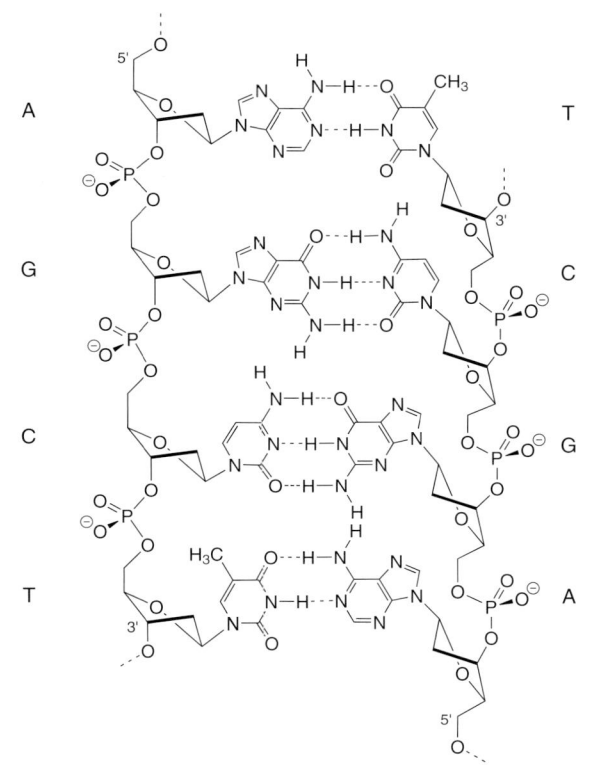

10. Heterocyclische Verbindungen

Fig. 10.90. *Zweidimensionale Darstellung eines selbstkomplementären DNA-Abschnittes* (schematisch)

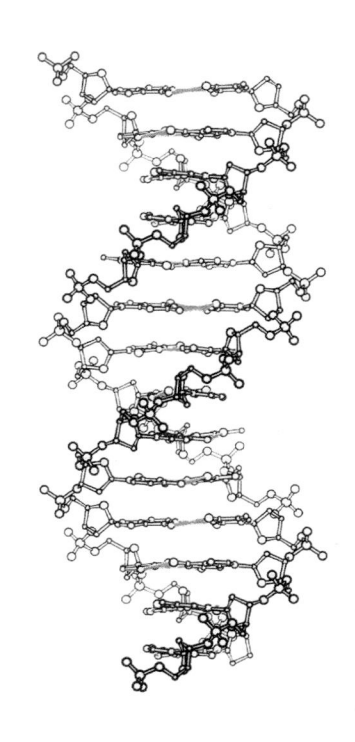

Fig. 10.91. *Dreidimensionale Struktur der DNA*

die Oberfläche negativ geladen und dadurch hydrophil ist. Somit sind Nucleinsäuren trotz ihrer hohen Molekülmasse wasserlöslich.

Die ungefähre Molekülmasse einer Nucleinsäure kann durch Multiplikation der Anzahl deren Nucleotid-Einheiten mit der durchschnittlichen Molekülmasse einer Nucleotid-Einheit (308 Dalton) leicht errechnet werden.

Obwohl die zwischen den Nucleobasen bestehende Komplementarität zur Bildung doppelsträngiger Nucleinsäure-Moleküle führt, ist der Beitrag zur Stabilität der Doppelhelix, der aus der Summierung einer großen Zahl von H-Brücken-Bindungen resultiert, *in wässrigem Medium* relativ klein. Neben hydrophoben Wechselwirkungen (*Abschn. 1.8*) leisten die Wechselwirkungen zwischen den Nucleobasen, die zur Bildung von Stapeln in einem Abstand von 0,34 nm parallel angeordneter Moleküle neigen (vgl. *Abschn. 8.3*), einen wichtigeren Beitrag zur Stabilisierung der DNA-Doppelhelix als die intermolekularen H-Brücken-Bindungen.

Systematische, in jüngster Zeit von *A. Eschenmoser* durchgeführte Untersuchungen der Struktur von Polynucleotiden, deren Zucker-Teil durch Hexosen bzw. D-Ribopyranose ersetzt wurde, zeigen, dass die *Watson–Crick*-Paarungsregeln für die DNA nicht nur eine Konsequenz der Eigenschaften der Nucleobasen, son-

Albert Eschenmoser (* 1925)
von 1965 bis 1992 Ordinarius für Organische Chemie an der Eidgenössischen Technischen Hochschule Zürich, gehört durch seine Arbeiten zur Totalsynthese komplexer Naturstoffe (Colchicin der Herbstzeitlose, Vitamin B$_{12}$ u. a.) sowie seine jüngsten Beiträge zur präbiotischen Chemie zu den prominentesten Chemikern des 20. Jahrhunderts.

dern ebenso sehr eine solche der spezifischen Furanose-Struktur des Zucker-Bausteins des Molekülrückgrats sind. Tatsächlich sind für eine gegebene Komplementarität zwischen den Nucleobasen (z. B. zwischen den thermodynamisch bevorzugten Tautomeren des Adenins und des Thymins) 16 Topoisomere möglich, nach welchen die Paarung innerhalb eines Oligonucleotid-Duplexes erfolgen kann. Die 16 topoisomeren Möglichkeiten ergeben sich aus drei variablen Faktoren: erstens dem Paarungs-Konstitutionstyp (Abschn. 10.16), zweitens der Konformation (*syn* oder *anti*) der (C−N)-Bindung zwischen der Nucleobase und dem anomeren C-Atom des Zucker-Moleküls, und drittens der Strang-Orientierung (parallel oder antiparallel), gemäß welcher die beiden Polynucleotid-Stränge im Duplex angeordnet sein können. Es sei darauf hingewiesen, dass die Gegenläufigkeit der DNA-Stränge im Duplex nicht selbstverständlich ist. Biologisch irrelevant, jedoch vom Standpunkt der Molekülstruktur bemerkenswert, ist die Tatsache, dass Polynucleotide mit β-Konfiguration am anomeren C-Atom Duplexe mit (bei Nucleinsäuren nicht vorkommenden) α-konfigurierten komplementären Strängen bilden, die parallel angeordnet sind.

Darüber hinaus können doppelsträngige DNA-Helices in Abhängigkeit von der Primärstruktur der Polynucleotid-Ketten aber auch von externen Faktoren wie Feuchtigkeit und Natur der anwesenden Gegenionen (Kationen) verschiedene Strukturen annehmen. Die der idealen *Watson–Crick*-Doppelhelix entsprechende B-DNA wird als die native Struktur betrachtet (s. *Fig. 1.19*). Sie liegt vor, wenn das Gegenion ein Alkalimetall (z. B. Na^+) ist und die relative Feuchtigkeit 92% beträgt. Sinkt die relative Feuchtigkeit auf 75%, so findet eine reversible Konformationsänderung der B-DNA in die so genannte A-Form statt (*Fig. 10.92*). Die Strukturänderung wird von der Isomerisierung des Ribofuranose-Ringes, der in der B-Form in der C(2′)-*endo*-, in der A-Form dagegen in der C(3′)-*endo*-Konformation vorliegt, verursacht. In der C(2′)-*endo*-Konformation ist nämlich der Abstand zwischen benachbarten P-Atomen im Zucker-phosphat-Gerüst größer (0,70 nm) als in der C(3′)-*endo*-Konformation (0,59 nm), wodurch die Bildung von H-Brücken-Bindungen mit der Umgebung (H_2O) in der B-Form begünstigt wird. Bei der A-DNA bilden die Ebenen der Basenpaare einen Winkel von 70° zur Helixachse, wodurch die Doppelhelix, deren Inneres einen Hohlraum von 0,6 nm Durchmesser aufweist, breiter und flacher als die der B-Form ist: ihr Durchmesser beträgt *ca*. 2,6 nm, ihre Ganghöhe 2,8 nm. An der Oberfläche der A-DNA bildet sich eine tiefe große Furche und eine extrem flache, kleine Furche. Beide Furchen sind annähernd gleich breit. Die meisten selbstkomplementären Oligonucleotide mit weniger als 10 Basenpaaren kristallisieren in der A-Form. Obwohl bisher die Existenz der A-DNA *in vivo* nicht nachgewiesen worden ist, deuten einige experimentelle Daten darauf hin, dass bestimmte DNA-Segmente normalerweise die A-Konformation einnehmen.

Bei hohen Salz-Konzentrationen geht die Konformation der B-DNA in die der Z-DNA über. Letztere ist eine *linksgängige* Doppelhelix von 4,5 nm Ganghöhe, die 12 Basenpaare je Windung enthält, und eine tiefe kleine Furche, jedoch fast keine große Furche aufweist (*Fig. 10.93*). In der Z-DNA liegen alle Purin-Nucleotide in der C(3′)-*endo*-, die Pyrimidin-Nucleotide dagegen in der C(2′)-*endo*-Konformation vor. Ferner ist bei der Z-Form der DNA die Konformation der Pyrimidin–Zucker-Bindungen zwar *anti*, diejenige der Purin–Zucker-Bindung jedoch *syn*. Eine hohe Salz-Konzentration stabilisiert die Z-DNA gegenüber der B-DNA durch Minderung der sonst beträchtlichen elektrostatischen Abstoßung zwischen den am engsten benachbarten Phosphat-Gruppen auf gegenüberliegenden Strängen (0,8 nm in der Z-DNA gegenüber 1,2 nm in der B-DNA). Die Linie, die aufeinander folgende Phosphat-Gruppen am Polynucleotid-Strang verbindet, verläuft im Zickzackkurs um die Helix (daher der Name Z-DNA) und nicht in Form einer sanften Kurve wie in der A- und B-DNA. Es ist augenfällig, dass DNA-Abschnitte mit einer alternierenden Purin–Pyrimidin-Basen-Sequenz leicht die Z-Konformation einnehmen. *In vivo* ist jedoch die Existenz der Z-DNA schwer nachzuweisen. Die reversible Umwandlung spezifischer DNA-Abschnitte von der B- in die Z-

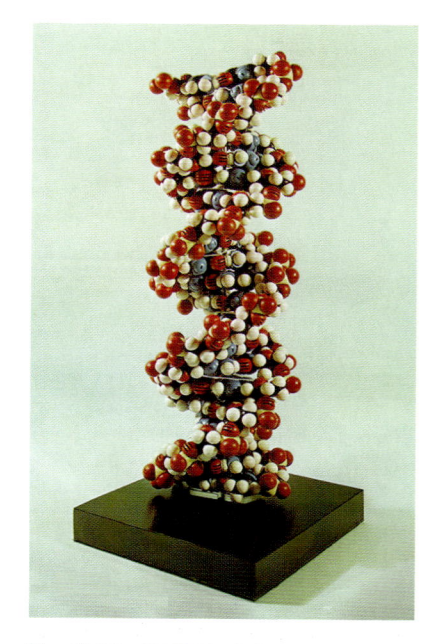

Fig. 10.92. *CPK-Modell der A-DNA-Doppelhelix*

Form könnte aber unter geeigneten Bedingungen eine Schaltfunktion bei der Regulation der Gen-Expression ausüben. Es ist jedenfalls bekannt, dass gewisse methylierende Enzyme *in vitro* nur dann mit bestimmten Basensequenzen reagieren, wenn die DNA in ihrer B-Form, nicht aber in der Z-Form vorliegt. Trotzdem bleibt die biologische Funktion der Z-DNA, wenn es eine solche *in vivo* gibt, vorerst unklar.

Prokaryontische DNA-Moleküle, einschließlich diejenigen, welche als eigenes Genom der Chloroplasten und Mitochondrien dienen, sowie *Plasmide* sind *ringförmig*. Sie besitzen eine Tertiärstruktur, die durch *supercoiling* (Verknäuelung) den Raumbedarf des Moleküls reduziert. Bei den Eukaryonten sind dagegen *lineare* DNA-Moleküle Bestandteil der Chromatinfibrillen, welche die Chromosomen bilden (*Abschn. 9.31*).

Plasmide (Episome) sind ringförmige doppelsträngige DNA-Moleküle, die außerhalb der Chromosomen im Cytoplasma der Bakterien und z. T. auch bei Hefen vorkommen. Sie enthalten 1–2% des Zellgenoms und werden als unabhängige genetische Einheit repliziert.

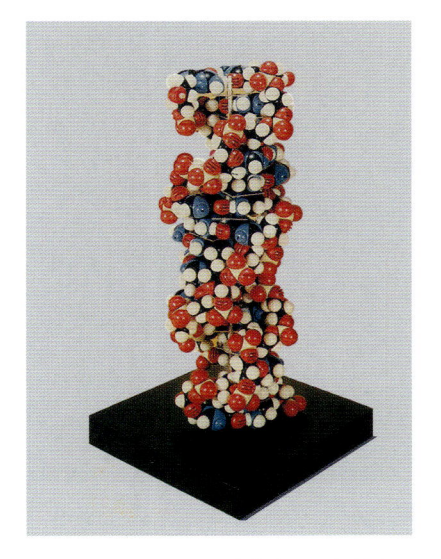

Fig. 10.93. *CPK-Modell der Z-DNA-Doppelhelix*

Im Gegensatz zur DNA kommt die RNA je nach der vorliegenden Primärstruktur und biologischen Funktion (*Abschn. 10.18*) sowohl einsträngig als auch doppelsträngig vor. Doppelsträngige Moleküle können auch durch Hybridisierung eines DNA-Stranges mit einem RNA-Strang entstehen. Wegen der gegenseitigen sterischen Behinderung ihrer C(2′)-ständigen OH-Gruppen kann jedoch eine doppelhelicale RNA keine B-DNA-ähnliche Konformation einnehmen.

Stattdessen liegt gewöhnlich eine der A-DNA entsprechende Konformation der doppelsträngigen RNA vor, die man als A-RNA oder RNA-11 bezeichnet; sie hat 11 Basenpaare je Helixwindung, eine Ganghöhe von 3 nm und ihre Basenpaare haben einen Neigungswinkel von *ca.* 14° zur Helixachse. Hybride Doppelhelices, bei denen ein Strang aus RNA und der andere aus DNA besteht, nehmen auch eine A-DNA ähnliche Konformation ein. Kurze Segmente hybrider (RNA·DNA)-Helices müssen sowohl bei der Transkription von RNA an der DNA-Matrix als auch der Initiation der DNA-Replikation durch ein kurzes RNA-Stück auftreten (*Abschn. 10.18*).

Einsträngige RNA-Moleküle (z. B. *transfer-* und ribosomale RNA) enthalten oft interne komplementäre Sequenzen, die doppelhelicale Strukturen bilden. Charakteristisch für *transfer*-RNA-Moleküle (tRNA), die nur *ca.* 80 (zwischen 60 und 95, meist 76) Nucleotid-Einheiten enthalten, ist die Kleeblatt-Sekundärstruktur (*Fig. 10.94*). Die Tertiärstruktur der tRNA-Moleküle erinnert in ihrer Komplexität an die der Proteine (*Fig. 10.95*). Sie ist Folge zahlreicher intramolekularer Wechselwirkungen (*Hoogsteen*-Basenpaarung, H-Brücken-Bindungen und Basenstapelung), welche die meisten Basenpaare unzugänglich für Lösungsmittel-Moleküle machen.

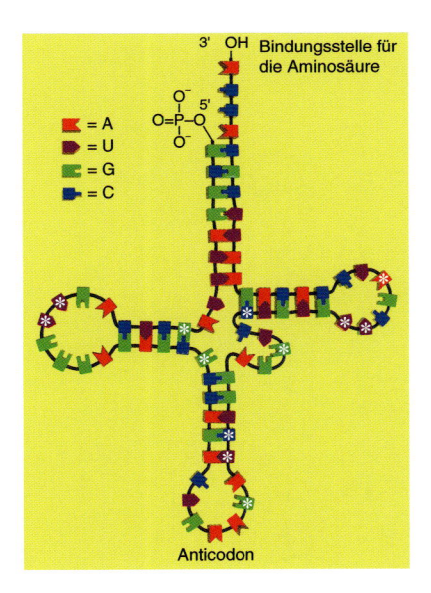

Fig. 10.94. *tRNA-Moleküle besitzen eine kleeblattförmige Sekundärstruktur* (modifizierte Nucleobasen sind mit * gekennzeichnet).

Struktur und Reaktivität der Biomoleküle

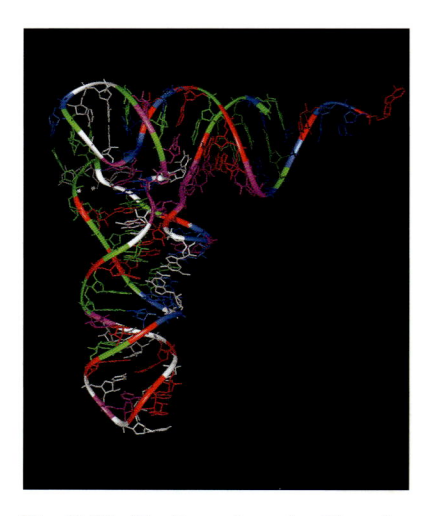

Fig. 10.95. *Tertiärstruktur der Phenylalanin-tRNA der Hefe* (Farbcode s. *Fig. 10.94*) (Mit freundlicher Genehmigung von Dr. *Jürgen Sühnel*, The IBM Jena Image Library of Biological Macromolecules)

Die wichtigsten Merkmale der tRNA-Moleküle sind:

1) Die Anticodon-Sequenz von 3 Nucleotid-Einheiten, die in der Schleife des mittleren Blattes lokalisiert ist.

2) Die Kontaktstellen für die Aminoacyl-tRNA-Synthetase, welche die Knüpfung der Aminosäure an ihre dazugehörige tRNA katalysiert.

3) Das Vorkommen von Nicht-*Watson–Crick*-Basenpaaren (wie G · U, U · U) sowie bis zu 20% posttranslational (nach der Translation) modifizierten Basen: Dihydrouridin (D), Pseudouridin (ψ) u. a. (*Fig. 10.96*).

4) Die Sequenz CCA mit freien 3'- und 2'-OH-Gruppen am Ende aller tRNA-Moleküle, die zur Bindung an die entsprechende Aminosäure durch Ester-Bildung dienen (s. *Abschn. 9.20*).

10.18. Funktion der Nucleinsäuren

Die inhärente charakteristische Eigenschaft der Nucleinsäuren ist ihre Fähigkeit, sich in Gegenwart der komplementären Nucleosid-triphosphate und geeigneter Enzyme (DNA- bzw. RNA-Polymerasen sowie Reverse-Transkriptasen) *zu replizieren*, d. h. Kopien des ursprünglichen Moleküls zu bilden. Mit Ausnahme selbstkomplementärer Sequenzen (wie z. B. die in *Fig. 10.90* dargestellte 5'-AGCT-3'), bei denen Kopie und Original identisch sind, ist die Reihenfolge der Nucleobasen in der Kopie nicht dieselbe sondern komplementär zu derjenigen des Substrats.

Die *Replikation* der DNA ist die molekulare Grundlage für die Weitergabe der genetischen Information von Generation zu Generation aller lebenden Zellen. Bei jeder Zellteilung (außer der zweiten meiotischen Teilung* bei der Gametogenese* aus diploiden* Zellen) werden nämlich beide Einzelstränge der doppelsträngigen DNA 'kopiert', wobei zwei so genannte Tochter-DNA-Moleküle entstehen, die je einen elterlichen und einen neusynthetisierten Einzelstrang enthalten (sog. *semikonservative* Replikation). Darüber hinaus beruht die gengesteuerte Protein-Biosynthese ebenfalls auf der Reproduktionsfähigkeit der Nucleinsäuren: Bei der *Transkription* wird aus einem DNA-Abschnitt (Gen) ein RNA-Einzelstrang kopiert. Es gibt drei Klassen von RNA-Molekülen, die alle an der Protein-Bio-

Dihydrouridin   Pseudouridin (Ψ-Uridin)   Ribothymidin   Dimethyladenosin

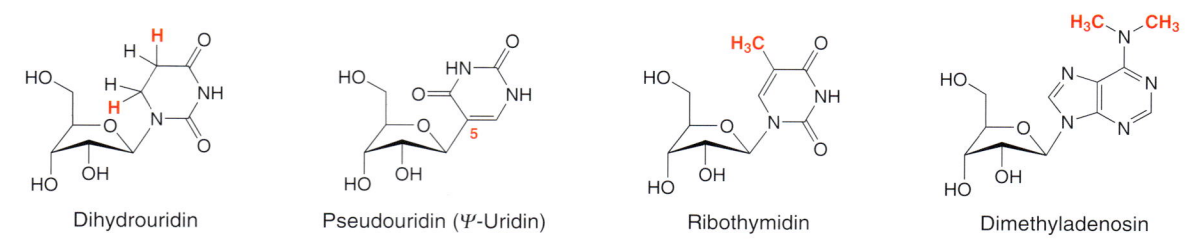

Fig. 10.96. *Modifizierte Nucleoside*

synthese beteiligt sind: ribosomale RNA (rRNA), *transfer*-RNA (tRNA) und Boten- oder *Messenger*-RNA (mRNA). Letztere dient als Matrix für die *Translation*, den Prozess, bei dem die Nucleotid-Sequenz des Gens in eine Aminosäure-Sequenz des entsprechenden Proteins übersetzt wird (*Fig. 10.97*).

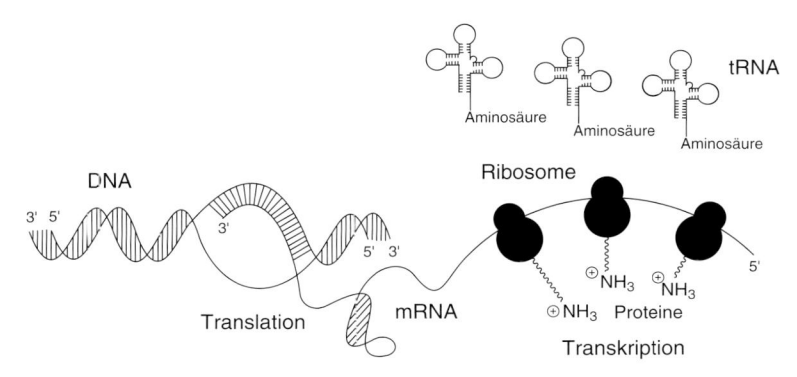

Fig. 10.97. *Molekulare Prozesse bei der Genexpression* (schematisch)

Die Grundlage der Genetik stellen die 1900 wiederentdeckten Vererbungsregeln dar, die zwar bereits 1865 vom Augustinermönch *Johann* (später *Georg*) *Mendel* (1822–1884) formuliert worden waren aber zu seiner Zeit keine Beachtung fanden. Die 1904 von *Nettie Stevens* (1861–1912) beim Mehlwurm (*Tenebrio molitor*) entdeckte geschlechtsgebundene Vererbung, die wegen ihres frühen Todes erst 1910 durch die Arbeiten von *Thomas Hunt Morgan* (1866–1945) bei der Taufliege (*Drosophila melanogaster*) bekannt wurde, erbrachte den Beweis dafür, dass die materiellen Träger der Vererbungsmerkmale (sog. *Gene*) in den Chromosomen lokalisiert sind. Gemessen an ihrer epistemologischen Bedeutung zum Verständnis der komplexesten aller Eigenschaften der Materie, nämlich des Phänomens 'Leben' sowie der Vielfalt ihrer Anwendungen in der Medizin, ist die Aufklärung des Mechanismus der Protein-Biosynthese – d.h. der Genexpression – ohne Zweifel die größte Leistung des menschlichen Intellekts überhaupt.

Morphogenese und Funktion eines Organismus sind somit der Ausdruck der in den Molekülen seines Genoms gespeicherten Information, welche die Biosynthese der am Aufbau seiner Zellen beteiligten Proteine reguliert. Es ist somit bemerkenswert, dass bei der enormen morphologischen Vielfalt lebender Organismen nur einige wenige Unterschiede in ihrem Primärmetabolismus bestehen (*Tab. 10.11*).

Sowohl DNA- als auch RNA-Polymerasen sind DNA-abhängig, d.h. sie katalysieren die Bildung komplementärer DNA- bzw. RNA-Moleküle auf einer DNA-Matrix. *Reverse-Transcriptasen* dagegen sind RNA-abhängige DNA-Polymerasen, die zur Vermehrung der so genannten Retroviren in der Wirtszelle dienen.

Zu den Retroviren zählen bestimmte Tumorviren und das Immunschwächevirus HIV (engl. *human immunodeficiency virus*), das als Ursache für AIDS (engl. *acquired immunodeficiency syndrom*), eine erworbene Immunschwäche, identifiziert worden ist.

Tab. 10.11. *Wichtigste Unterschiede im Primärmetabolismus von Bakterien, Pflanzen und Tieren*

Bakterien	Pflanzen	Tiere (z. B. Primaten)
besitzen *keinen* Zellkern; die DNA ist ringförmig.	ihre Zellen besitzen einen Zellkern; die DNA ist Bestandteil der Chromosomen.	ihre Zellen besitzen einen Zellkern; die DNA ist Bestandteil der Chromosomen.
besitzen eine Zellwand, die aus Murein aufgebaut ist.	ihre Zellen besitzen eine Zellwand, die aus Cellulose aufgebaut ist.	ihre Zellen besitzen keine Zellwand.
enthalten α-Lecithine in der Zellmembran (außer Archaebakterien).	enthalten α-Lecithine in der Zellmembran.	enthalten α-Lecithine in der Zellmembran.
synthetisieren kein Cholesterol.	synthetisieren kein Cholesterol.	synthetisieren Cholesterol.
verwenden Polyester als Vorratsstoffe.	verwenden Fette als Vorratsstoffe.	verwenden Fette als Vorratsstoffe.
synthetisieren Linolensäure.	synthetisieren Linolensäure.	können essentielle Fettsäuren (z. B. Linolensäure) nicht synthetisieren.
können Fettsäuren in Glucose umwandeln.	können Fette in Glucose umwandeln.	können Fette nicht in Glucose umwandeln.
die meisten synthetisieren alle Aminosäuren.	synthetisieren alle Aminosäuren.	können essentielle Aminosäuren nicht biosynthetisieren.
synthetisieren δ-Aminolävulinsäure sowohl aus Glutamat als auch Glycin.	synthetisieren δ-Aminolävulinsäure aus Glutamat.	synthetisieren δ-Aminolävulinsäure aus Glycin und Succinyl-Coenzym A.
die meisten synthetisieren alle Cofaktoren.	können Cofaktoren (außer 5′-Desoxyadenosylcobalamin) synthetisieren.	können Vitamine nicht synthetisieren.
synthetisieren Nicotinsäure aus Glycerinaldehyd und Asparaginsäure.	synthetisieren Nicotinsäure aus Glycerinaldehyd und Asparaginsäure.	synthetisieren Nicotinsäure aus Tryptophan.
katabolisieren Purine zu NH_3.	katabolisieren Purine zu NH_3.	katabolisieren Purine zu Harnsäure.
sind (außer den Cyanobakterien) heterotroph.	sind autotroph.	sind heterotroph.

Alle Nucleinsäure-Polymerasen katalysieren die Bildung der Phosphodiester-Bindung am 3′-Ende des Kopiemoleküls; seine Kettenverlängerung findet somit in (5′ → 3′)-Richtung statt. Da die beiden Stränge des DNA-Duplexes gegenläufig sind, die DNA-Polymerase aber nur in einer Richtung arbeitet, wird ein Strang (sog. *Leitstrang*) kontinuierlich synthetisiert, während der dazu komplementäre *Folgestrang* diskontinuierlich als Sequenz von so genannten *Okazaki*-Fragmenten, die anschließend mit Hilfe eines speziellen Enzyms (der *DNA-Ligase*) miteinander verbunden werden, synthetisiert wird.

Auf den ersten Blick erscheint die diskontinuierliche Replikation des Folgestranges sehr kompliziert. Warum ist im Laufe der Zellevolution eine DNA-Polymerase nicht entstanden, die Polynucleotid-Ketten in (3′ → 5′)-Richtung verlängert? Berücksichtigt man jedoch die chemischen Reaktionen, die bei der DNA-Kettenverlängerung ablaufen, so kommt man zum Schluss, dass die diskontinuierliche Synthese des Folgestrangs ebenfalls die extreme Replikationsgenauigkeit fördert. Würden nämlich die Desoxyribonucleotid-5′-phosphate in (3′ → 5′)-Richtung miteinander verbunden, müsste das 5′-terminale Nucleotid der wachsenden Kette seine Triphosphat-Gruppe behalten, um Energie für den nächsten Kopplungsschritt bereitzustellen. Vorausgesetzt, dass eine solche (3′ → 5′)-Polymerase – ebenso wie die (5′ → 3′)-Polymerase – beim Korrekturlesen auf eine falsch gepaarte Base am 5′-Ende stoßen und das störende Nucleotid entfernen würde, so bliebe durch diesen Vorgang entweder eine 5′-OH- oder eine 5′-Phosphat-Gruppe am vorhergehenden Nucleotid zurück. Keine dieser terminalen Gruppen könnte Energie für

10. Heterocyclische Verbindungen

eine weitere Kettenverlängerung bereitstellen, so dass die korrekturlesende (3′ → 5′)-Polymerase auch die Fähigkeit besitzen müsste, die Schnittstelle zu reaktivieren. Im Endeffekt wäre eine derartige DNA-Polymerase komplexer als die diskontinuierliche Replikation des Folgestranges, die reaktionsmechanistisch nach dem gleichen Prinzip arbeitet, wie die des Leitstranges.

Als Substrate für die Nucleinsäure-Biosynthese werden Ribonucleosid- oder 2′-Desoxyribonucleosid-*Triphosphate* verwendet, die unter nucleophilem Angriff der OH-Gruppe am 3′-Ende der wachsenden Polynucleotid-Kette an die direkt an das C(5′)-Atom gebundene Phosphat-Gruppe eine Phosphodiester-Bindung knüpft (*Fig. 10.98*). Der Reaktionsmechanismus ist somit analog dem der Phosphorylierung (*Abschn. 10.16*). Angetrieben wird die Reaktion durch die (exotherme) Abspaltung und anschließende Hydrolyse von Pyrophosphat. Bei der Letzteren, die von der *Pyrophosphatase* katalysiert wird, wird mehr Energie freigesetzt ($\Delta G^{0\prime} = -33{,}5$ kJ mol^{-1}) als für die Knüpfung der Phosphodiester-Bindung nötig ist ($\Delta G^{0\prime} = +25{,}12$ kJ mol^{-1}).

Es gibt zwei wichtige Unterschiede zwischen DNA- und RNA-Polymerasen:

1) DNA-Polymerasen sind auch Korrekturenzyme, die Fehler bei der Nucleobasenpaarung erkennen und beseitigen und
2) DNA-Polymerasen können nur die *Verlängerung* bereits bestehender Polynucleotid-Sequenzen katalysieren, RNA-Polymerasen können dagegen sowohl die Initiation als auch die Verlängerung von RNA-Molekülen auf einer DNA-Matrix katalysieren.

Aus diesem Grunde muss die Replikation der DNA mit der Synthese eines 1 bis 60 Nucleotiden langen RNA-Segments (sog. RNA-*Primer*), das komplementär zur DNA-Matrix ist, von einer *RNA-Polymerase* eingeleitet werden. 'Reife' DNA-Transkripte enthalten jedoch keine RNA. Die RNA-Primer werden bei den Prokaryonten während der Replikation entfernt und die dadurch entstandenen einzelsträngigen Lücken mit Desoxyribonucleotiden aufgefüllt. Bei den Eukaryonten dagegen kann der RNA-Primer am 5′-Ende eines fertigen (linearen) DNA-Stranges nicht durch DNA ersetzt werden, da es den dazu notwendigen Primer nicht geben kann. Deshalb müssen die DNA-Sequenzen am Ende eukaryontischer Chromosomen – so genannte Telomere (griech. τέλος (*télos*): Ziel, Ende, Vollendung) – nach Abspaltung des RNA-Primers mit Hilfe spezieller Enzyme (*Telomerasen*) ergänzt werden. Derartige Enzyme addieren matrizenunabhängig wiederholt Telomer-Sequenzen, die aus bis zu tausend Wiederholungen einer einfachen speziesabhängigen, G-reichen Sequenz (beim Menschen TTAGGG) bestehen. Ohne die Telomerase würde ein Chromosom bei jeder Replikation und Zellteilung um die Länge eines RNA-Primers verkürzt. Wichtige Gene in der Nähe der Chromosomenenden würden durch diesen Prozess unvermeidlich beschädigt, was zum Absterben dieser Zelllinie führen würde. Sollte die Telomerase nur in Keimzellen aktiv sein, so zeigt dieser Prozess einen möglichen Grund für das (vorprogrammierte) Altern und Sterben vielzelliger Organismen.

Replikations- sowie Transkriptionsfehler werden nicht immer durch Fehlpaarungen verursacht, sondern sie sind gelegentlich auch in der chemischen Reaktivität und der konstitutionellen Variabilität der Nucleobasen begründet. Wird beispielsweise ein Adenosin-Rest

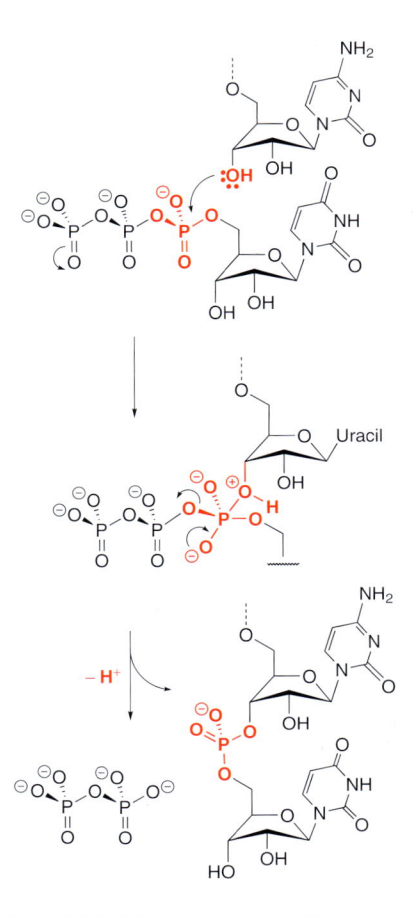

Fig. 10.98. *Mechanismus der Biosynthese von Polynucleotiden*

in der DNA durch Hydrolyse der Amidin-Gruppe in Hypoxanthin umgewandelt, so ist nicht mehr Thymin (bzw. Uracil) der Paarungspartner an der betreffenden Stelle, sondern Cytosin (*Fig. 10.99*, links). Vermutlich ist aus diesem Grunde Thymin statt Uracil, welches als Hydrolyseprodukt des Cytosins auftreten könnte, Bestandteil der DNA, deren Replikation fehlerfreier als deren Transkription in RNA stattfinden muss. Korrekturenzyme sind nämlich imstande, das Hydrolyseprodukt des Cytosins (Uracil) von Thymin aufgrund der im Letzteren vorhandenen CH_3-Gruppe zu unterscheiden. Darüber hinaus können lokale Änderungen der Protonen-Konzentration das labile Tautomeren-Gleichgewicht der Nucleobasen beeinflussen. Liegt beispielsweise ein Thymin-Rest in der DNA als Lactim-Tautomer vor, so ist Guanin statt Adenin der Paarungspartner an der betreffenden Stelle (*Fig. 10.99*, rechts).

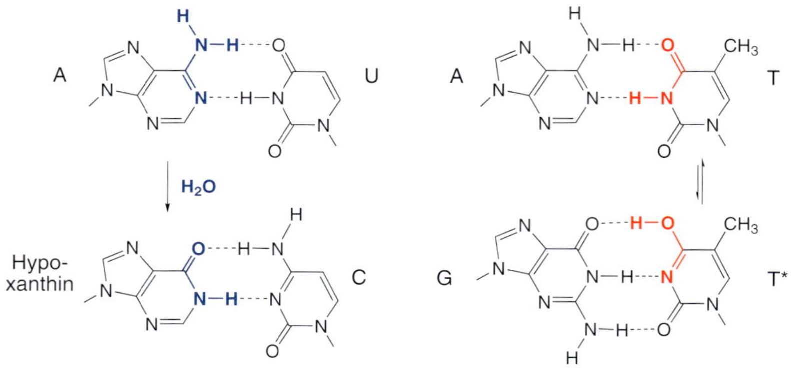

Fig. 10.99. *Durch Hydrolyse* (links) *bzw. Tautomerisierung* (rechts) *einer Nucleobase verursachte Mutationen*

Sporadische Fehler bei der Transkription betreffen nur die Aminosäure-Sequenz eines einzigen Protein-Moleküls, Replikationsfehler dagegen stellen eine *Mutation* (= Veränderung) des Erbgutes dar, die entweder letal für die betreffende Zelle ist, oder von Generation zu Generation weitergegeben wird. Replikationsfehler stellen die Grundlage der vererbbaren *Variabilität* lebender Organismen dar, ohne welche Evolution nicht möglich wäre.

Strukturelle Genmutationen können durch homologen Basenaustausch (sog. *Transition*), wobei Purinbasen oder Pyrimidinbasen untereinander ausgetauscht werden, oder durch heterologen Basenaustausch (sog. *Transversion*), wobei Purin- gegen Pyrimidinbasen oder umgekehrt ausgewechselt werden, erfolgen.

Die extreme Anfälligkeit lebender Organismen für Mutationen ihres Genoms wird deutlich, wenn man sich vergegenwärtigt, dass der Austausch *einer einzigen* Aminosäure (der Glutaminsäure an der Position 6 der β-Kette des Hämoglobins gegen Valin), der lediglich dem Austausch von Thymin gegen Adenin an der mittleren Codonstelle der dazugehörigen RNA entspricht, die Ursache für die Aggregation des defekten Desoxyhämoglobins zu rigiden Fasern von *ca.* 22 nm Durchmesser, die sich über die Gesamtlänge der Blutzelle erstrecken, und somit für die so genannte Sichelzellanämie (= Drepanozytose) ist. Diese besonders bei Schwarzafrikanern verbreitete (*ca.* 25% sind heterozygotische* Träger), dominant erbliche Erkrankung, die oft in Kindes- oder Jugendalter zum Tode führt, äußert sich bei Homozygoten* durch krisenhafte hämolytische Anämie mit schmerzhaften Kapillarverstopfungen sowie zahlreiche Organveränderungen, die von der unter Sauerstoffentzug stattfindenden Umformung der Erythrozyten in gestreckte Zellen (Sichelzellen) und der damit verbundenen Änderung der Viskosität des Blutes verursacht werden. Es ist ebenfalls bekannt, dass die Ursache des menschlichen Blasencarcinoms eine G → T-Transversion in einem Proto-Onkogen* ist, die den Austausch von Glycin gegen Valin in Position 12 des vom entsprechenden (tumorfördernden) Onkogen* kodierten Proteins zur Folge hat.

Für lebende Organismen sind somit Korrekturmechanismen der Replikation unentbehrlich, denn theoretische Modelle zeigen (*M. Eigen*, 1971), dass evolutionäre Selektion nicht stattfinden kann, wenn die Mutationshäufigkeit den Kehrwert der Anzahl der Nucleobasen in einem Gen wesentlich überschreitet. Dank der Korrekturlese-Aktivität der DNA-Polymerase beträgt die Fehlerrate der Replikation trotz der enormen Replikationsgeschwindigkeit (ungefähr 1500 Nucleotide/s bei den Prokaryonten) nur noch *ca.* 10^{-9} bis 10^{-10} gegenüber 10^{-4} bei der enzymatischen Replikation von RNA (*Tab. 10.12*).

Manfred Eigen (* 1927) von 1964 bis 1985 Direktor des *Max-Planck*-Instituts für Physikalische Chemie in Göttingen, anschließend Direktor des *Friedrich-Bonhoeffer*-Instituts für Biophysikalische Chemie der *Max-Planck*-Gesellschaft ebendort, wurde 1967 zusammen mit *Ronald George Wreyford Norrish* (1897–1978), em. Professor für Physikalische Chemie an der Universität Cambridge (UK), und *Sir George Porter* (* 1920), Direktor und Professor für Chemie an der Royal Institution of Great Britain in London, für die Entwicklung neuer Methoden zur Messung sehr hoher Reaktionsgeschwindigkeiten mit dem *Nobel*-Preis ausgezeichnet. (© *Nobel*-Stiftung)

Tab. 10.12. *Experimentell bestimmte Informationsschwellen der biologischen Evolution* (gemäß: M. Eigen, 'Darwin und die Molekularbiologie', Angew. Chem. **1981**, *93*, 221–229)

Prozess	gemessen an	Fehlerrate	Genomgröße
Basenpaarung (enzymfrei)	AU-Polymeren	1×10^{-1}	–
	GC-Polymeren	1×10^{-2}	–
RNA-Replikation (enzymatisch)	Polio-1-Virus	3×10^{-5}	$7{,}4 \times 10^{3}$
	HIV-1	1×10^{-4}	1×10^{4}
DNA-Replikation (enzymatisch)	*E. coli*	7×10^{-10}	$4{,}7 \times 10^{6}$
	Mensch	$\approx 10^{-12}$	$2{,}9 \times 10^{9}$

Die Replikation eukaryontischer Chromosomen findet an vielen Replikationsstellen gleichzeitig statt, so dass sie in der Regel nur wenige Stunden in Anspruch nimmt, obwohl jedes eukaryontische Chromosom typischerweise 60-mal mehr DNA als das prokaryontische enthält.

Von sehr wenigen Ausnahmen abgesehen (es gibt mindestens zwei aus dem Bakterium *Bacillus brevis* isolierte cyclische Polypeptid-Antibiotika – Tyrocidin und Gramicidin S (*Abschn. 9.30*), die nicht auf dem Wege der Transkription sondern mit Hilfe eines Proteins als Matrix biosynthetisiert werden) steht am Anfang der Protein-Biosynthese die Bildung eines mRNA-Einzelstranges (sog. *Transkript*), der komplementär zu der Nucleotid-Sequenz eines oder mehrerer *Cistrone* (Gene) ist.

Als *Cistron* wird jeder Abschnitt der DNA (bei RNA-Viren der RNA), der die Information für die Biosynthese einer tRNA, einer rRNA oder der spezifischen Aminosäure-Sequenz eines Polypeptids enthält. Je nachdem ob das an der DNA-Matrix biosynthetisierte mRNA-Molekül die Information für die Synthese von einem oder mehreren dieser Produkte enthält, wird sie als *monocistronisch* bzw. *polycistronisch* bezeichnet. Gemäß der heute geläufigen Definition bedeutet Cistron dasselbe wie *Gen* (griech. γένος (*génos*): Abstammung) eine Bezeichnung für die materiellen Träger der Vererbungsmerkmale, die vom dänischen Botaniker *Wilhelm Ludvig Johannsen* (1857–1927) eingeführt wurde. Zu den Genen gehören jedoch nicht nur Abschnitte der DNA, die transkribiert werden (Struktur- sowie einige Kontrollgene), sondern auch DNA-Abschnitte, die zwar als Regulatoren der Transkription wirken (z.B. die Operator-Sequenz in einem Operon), aber selbst nicht transkribiert werden. Gemäß neuen Schätzungen verfügt der Mensch über 20000 bis 25000 Gene verteilt auf 23 Chromosomen bei Frauen bzw. 24 Chromosomen bei Männern. Die menschliche DNA besteht aus 2,9 Milliarden Basenpaaren. Längere DNA-Moleküle finden sich bei anderen Lebewesen: die Genome einiger Algen können beispielsweise 5×10^{11} Basenpaare enthalten, so dass weder die DNA-Menge noch die Anzahl der Gene in Korrelation mit der morphologischen Komplexität des Organismus steht (sog. C-Wert-Paradoxon).

Wider Erwarten sind jedoch die unmittelbaren Transkriptionsprodukte, die Primärtranskripte, nicht notwendigerweise funktionelle Moleküle. Um biologische Aktivität zu entfalten, müssen die meisten von ihnen bereits während der Transkription oder *posttranskriptional* spezifisch modifiziert werden (sog. RNA-*Prozessierung*) und zwar durch exo- und endonucleolytische Entfernung von Polynucleotid-Segmenten, durch Anfügen von Nucleotid-Sequenzen an ihre 3'- und 5'-Enden sowie durch Modifikation spezifischer Nucleobasen (*Abschn. 10.17*). Die Gesamtheit dieser Prozesse einschließlich der bei der Biosynthese von Proteinen stattfindenden Translation und deren darauf folgender Modifikationen zu den funktionellen Endprodukten wird als *Genexpression* bezeichnet.

In den Mitochondrien vieler Eukaryonten sowie in Chloroplasten, Viren und auch bei einigen Transkripten kernkodierter Gene von Säugern kommen mRNA-Moleküle vor, die sich von den Genen, von denen sie transkribiert wurden, auf mehrfache, unerwartete Weise unterscheiden. Im manchen extrem veränderten Fällen hybridisiert die so veränderte mRNA nicht mehr mit dem dazugehörigen Gen. Für diese umfangreichen Veränderungen, die vermutlich aus der Information zweier getrennter Gene stammt, wird insgesamt der Ausdruck *RNA-Editierung* (engl. *editing*: herausgeben, druckfertig machen) verwendet.

Sowohl bei Prokaryonten als auch bei Eukaryonten sind die Primärtranskripte der rRNA und tRNA polycistronisch. Die verschiedenen Typen biologisch funktioneller Moleküle werden durch mehrfache Spaltung der Primärtranskripte freigesetzt. Eukaryontische mRNA ist im Gegensatz zu Prokaryonten-mRNA monocistronisch. Prokaryontische mRNA-Transkripte werden in der Regel nur wenig oder gar nicht modifiziert: viele von ihnen werden sogar während der Transkription übersetzt. Im Gegensatz dazu besitzen eukaryontische mRNA-Moleküle modifizierte 5'- und 3'-Enden. Darüber hinaus werden bei den Eukaryonten nur bestimmte Fragmente (sog. *Exons*)

Thomas R. Cech (* 1947)
seit 1978 American Cancer Society Professor an der University of Colorado und Investigator am *Howard Hughes* Medical Institute, studierte Chemie am Grinnell College in Iowa und promovierte an der University of California, Berkeley. Für seine Entdeckung der katalytischen Eigenschaften der RNA wurde ihm 1989 zusammen mit *Sidney Altman* (Yale University in New Haven) der *Nobel*-Preis für Chemie verliehen. (© *Nobel*-Stiftung)

des primären mRNA-Transkripts, während es sich noch im Zellkern befindet, 'ausgeschnitten' und gleichzeitig mit Hilfe von RNA-Ligasen zu einem 'reifen', funktionell aktiven mRNA-Molekül miteinander verknüpft (sog. *Genspleißen*). Die im 'reifen' mRNA-Transkript nicht vorhandenen Abschnitte, deren Länge ohne jede erkennbare Regelhaftigkeit von *ca.* 65 bis zu mehr als 100 000 Nucleotid-Einheiten variiert, werden *Introns* genannt.

Obwohl beim Genspleißen Exons nicht vertauscht werden, d.h. ihre Reihenfolge in der reifen mRNA spiegelt genau die des Gens wieder, aus dem sie stammt, sind bei Eukaryonten wegen dem noch nicht verstandenen Kontrollmechanismus der Intron-Sequenzen Rückschlüsse auf die Basen-Sequenz im Gen aufgrund der Primärstruktur des entsprechenden Proteins nicht immer möglich.

Im Gegensatz zu mRNA-Primärtranskripten enthalten nur wenige eukaryontische rRNA-Gene Introns. Untersuchungen von *Thomas Cech* über das Genspleißen in den Ciliaten *Tetrahymena thermophilia* führten zu der erstaunlichen Entdeckung, dass das Spleißen einiger eukaryontischer rRNA-Primärtranskripte, anders als mRNA-Gene, deren Spleißen in einem Multienzym-Komplex (sog. *Spleißosom*) stattfindet, autokatalytisch stattfinden kann. Dieser Befund deutet darauf hin, dass RNA der eigentliche biologische Katalysator der Replikation während eines Zeitabschnittes der präzellulären Evolution (für den *Walter Gilbert* den Begriff '*RNA World*' geprägt hat) war, und dass die chemisch vielseitigeren Proteine eigentlich 'Nachzügler' solcher RNA-Enzyme (sog. *Ribozyme*) sind.

Die eigentliche Protein-Biosynthese (*Abschn. 9.20*) findet – in Prokaryonten bereits *während* der Transkription – in den *Ribosomen* statt. Unter Beteiligung mehrerer Protein-Initiationsfaktoren (in einigen Eukaryontensystemen mehr als 20), die nicht ständig mit dem Ribosom assoziiert sind, wird das mRNA-Molekül zwischen die beiden Untereinheiten des Ribosoms eingefädelt, in dessen Inneren sich während 0,5 s ein Duplex mit der tRNA jeder Aminosäure bildet, die Bestandteil des jeweiligen Polypeptids ist.

Ribosomen sind Zellorganellen, die unter dem Elektronenmikroskop als rundliche bis ellipsoide Partikel von 15 bis 30 nm Durchmesser erscheinen (vgl. *Fig. 10.97*). Sie setzen sich aus zwei ungleichen, durch einer Furche voneinander getrennten Untereinheiten zusammen. die insgesamt zu 60–66% aus ribosomaler RNA und zu 40–34% aus Proteinen bestehen. Die kleine Untereinheit enthält ein einziges rRNA-Molekül mit 1542 (bei Prokaryonten) bis 1874 (bei Eukaryonten) Nucleotid-Einheiten und 21 bzw. 33 Polypeptide. Die große Untereinheit ist

Walter Gilbert (* 1932)
Professor an der Harvard University in Cambridge (Massachusetts, USA), erhielt 1980 zusammen mit *Paul Berg* und *Frederick Sanger* (s. *Abschn. 9.30*) für die Entwicklung der Methodik zur Sequenzanalyse von Nucleinsäuren den *Nobel*-Preis für Chemie. (© *Nobel*-Stiftung)

aus zwei (bei Prokaryonten) bzw. drei (bei Eukaryonten) rRNA-Molekülen, mit insgesamt 3024 bzw. 4998 Nucleotid-Einheiten und 31 bzw. 49 Polypeptiden aufgebaut. Charakteristisch für alle rRNA-Moleküle ist das Vorkommen von methylierten Nucleobasen. Eine einzige *E.-coli*-Zelle enthält bis zu 20 000 Ribosomen, die etwa 80% ihres RNA-Gehalts und etwa 10% des Zellproteins ausmachen.

Die gegenseitige Erkennung von mRNA und tRNA erfolgt an nur drei aufeinander folgenden Nucleobasen (sog. *Code-Triplett*). Nach jeder Bildung einer Peptid-Bindung bewegt sich das Ribosom entlang der mRNA um eine tRNA-Bindungsstelle in $(5' \rightarrow 3')$-Richtung (dieselbe Richtung, in der mRNA biosynthetisiert wird) weiter. Auf diese Weise wächst die Polypeptid-Kette in $(N \rightarrow C)$-Richtung, bis eine spezifische Nucleotid-Sequenz das Ende der Translation anzeigt.

Da die Transkriptionsgeschwindigkeit bei 37 °C *in vivo* (20 bis 50 Nucleotide/s) wesentlich größer ist als die Translationsgeschwindigkeit, können mehrere aktive Ribosomen gleichzeitig auf der mRNA wie Perlen auf einer Schnur hintereinander angeordnet werden. Die einzelnen Ribosome auf solch einem Polyribosom (*Polysom*) sind durch Zwischenräume von 5 bis 15 nm voneinander getrennt, so dass die mRNA mit maximal einem Ribosom je 80 Nucleotid-Einheiten besetzt ist.

Die Sequenz von drei aufeinander folgenden Nucleobasen *in der mRNA*, welche mit der komplementären Sequenz einer tRNA in Wechselwirkung tritt, wird als *Codon* der entsprechenden Aminosäure bezeichnet und in $(5' \rightarrow 3')$-Richtung angegeben. Die dazu komplementäre Sequenz in der tRNA, welche selbstverständlich der des in der DNA kodierten Gens entspricht, nennt man *Anticodon*. Bei der Protein-Biosynthese wird die richtige tRNA ausschließlich durch Codon–Anticodon-Wechselwirkungen ausgewählt, die Aminoacyl-Gruppe nimmt an diesem Prozess nicht teil.

Da für jedes Basentriplett vier verschiedene Nucleobasen zur Verfügung stehen, ist die Anzahl der möglichen Codons ($4^3 = 64$) viel höher als die der zu kodierenden proteinogenen Aminosäuren (*Tab. 10.13*). Einige Codons (UAG, UAA und UGA) dienen als spezifische Signale für die *Termination* (Abbruch) einer Polypeptid-Kette; sie werden als *Nonsense* (= Unsinn) Codons bezeichnet, da sie keine Aminosäuren spezifizieren.

Das AUG-Codon (in Prokaryonten gelegentlich auch GUG), das den Beginn der Translation anzeigt, ist dagegen nicht spezifisch. Der Beginn (Initiation) der Translation wird bei den Prokaryonten durch die Bindung von Formylmethionin-tRNA (deren Aminosäure-Rest nur am Carboxy-Ende eine Peptid-Bindung knüpfen kann) an ein AUG-Triplett der mRNA eingeleitet. Da AUG ebenfalls für Methionin-Reste kodiert, die sich innerhalb der Polypeptid-Kette befinden, wird die Bindungsstelle der Formylmethionin-tRNA durch Basenpaarung zwischen der rRNA und einer 3 bis 10 Nucleotid-Einheiten langen Sequenz (sog. *Shine–Dalgarno*-Sequenz) der mRNA, dessen Zentrum sich *ca.* 10 Nucleotid-Einheiten oberhalb des Startcodons befindet, differenziert. Die *Shine–Dalgarno*-Sequenz kommt bei Eukaryonten nicht vor. Stattdessen beginnt die Translation der eukaryontischen mRNA, die ohne Ausnahme monocistronisch ist, immer mit der Bindung von (nicht formylierten) Methionin-tRNA an ihrem ersten AUG-Codon.

Har Gobind Khorana (* 1922) Professor am Institute for Enzyme Research der Universität Wisconsin in Madison, gelang die Entschlüsselung des genetischen Codes durch die erstmalige Synthese von Polynucleotiden mit vorgegebener Basen-Sequenz. Ihm wurde 1968 zusammen mit *Marshall Warren Nirenberg* (* 1927) und *Robert William Holley* (* 1922) der *Nobel*-Preis für Physiologie und Medizin verliehen. (© *Nobel*-Stiftung)

Tab. 10.13. *Der genetische Standardcode*

1. Position (5'-Ende)	2. Position				3. Position (3'-Ende)
	U	C	A	G	
U	Phe	Ser	Tyr	Cys	U
	Phe	Ser	Tyr	Cys	C
	Leu	Ser	Stop	Stop	A
	Leu	Ser	Stop	Trp	G
C	Leu	Pro	His	Arg	U
	Leu	Pro	His	Arg	C
	Leu	Pro	Gln	Arg	A
	Leu	Pro	Gln	Arg	G
A	Ile	Thr	Asn	Ser	U
	Ile	Thr	Asn	Ser	C
	Ile	Thr	Lys	Arg	A
	Met	Thr	Lys	Arg	G
G	Val	Ala	Asp	Gly	U
	Val	Ala	Asp	Gly	C
	Val	Ala	Glu	Gly	A
	Val	Ala	Glu	Gly	G

Ferner ist der in *Tab. 10.13* aufgeführte genetische Standardcode zwar weit verbreitet, aber nicht ubiquitär. Bestimmte Mycoplasmen (kleinste selbständig vermehrungsfähige Prokaryonten, die keine Zellwand besitzen) und Ziliaten sowie Mitochondrien, die ihre eigenen Gene und ein eigenes Protein-Biosynthesesystem haben, enthalten Varianten des Standardcodes. Darüber hinaus enthalten einige Bakteriophagen (Viren, die ausschließlich Bakterien infizieren) überlappende Gene, d.h. ein und dieselbe Nucleotid-Sequenz kann je nach Leseraster bis zu drei verschiedenen mRNAs kodieren. Auch bei Bakterien überlappt oft die ribosomale Initiationssequenz für ein Gen in einer polycistronischen mRNA mit dem Ende des vorhergehenden Gens.

Aus *Tab. 10.13* geht hervor, dass der genetische Standardcode hochredundant ist: Arginin, Leucin und Serin werden durch je sechs (synonyme) Codons spezifiziert, die meisten anderen Aminosäuren von zwei bis vier Codons. Nur Methionin und Tryptophan sind durch jeweils ein einziges Codon repräsentiert. Im Allgemeinen besitzen chemisch ähnliche Aminosäuren ähnliche Codons. Codons mit Pyrimidin-Nucleobasen in der zweiten Position kodieren beispielsweise meist hydrophobe Aminosäuren, solche mit Purinen an dieser Stelle kodieren vorwiegend polare Aminosäuren. Dennoch ist die Zahl *verschiedener* tRNA-Moleküle, welche dieselbe Aminosäure binden, kleiner als die der degenerierten Codons, denn diese können durch ein und dieselbe tRNA erkannt werden.

Die Redundanz des genetischen Codes wird somit durch die so genannte *Wobble-Hypothese* (engl. *wobble*: wackeln) erklärt (*F. Crick*, 1965). Demgemäß sind die beiden ersten Codon–Anticodon-Wechselwirkungen normale *Watson–Crick*-Paare, während die dritte Codon–Anticodon-Wechselwirkung eine gewisse Freiheit für die Wahl des Paarungspartners sowie von Nicht-*Watson–Crick*-Paarungskonstitutionstypen zulässt. Aus dem gleichen Grunde kommt *Inosin*, ein ansonsten unübliches Nucleosid, in tRNA-Anticodons häufig vor, denn Inosin kann unspezifisch mit den anderen Nucleobasen (Cytosin, Adenin und Uridin) *Watson–Crick*-Paare bilden. Berücksichtigt man die möglichen Wobble-Paarungen, so sind mindestens 31 verschiedene tRNA-Moleküle für die Translation der 61 kodierenden Tripletts des genetischen Codes erforderlich (und zusätzlich eine für die Initiation der Translation mit *N*-Formylmethionin). Dennoch werden alle tRNA-Moleküle einer Zelle, welche die gleiche Aminosäure binden, nur von einer einzigen Aminoacyl-tRNA-Synthetase erkannt.

Die Vermutung, dass die Redundanz des genetischen Standardcodes die Evolution eines ursprünglich aus Dubletts bestehenden Codes darstellt, erscheint nicht wahrscheinlich, denn eine Änderung der Basenzahl, die für eine bestimmte Aminosäure kodiert, würde sämtliche vorhergehend existierenden Korrelationen außer Kraft setzen und wäre somit letal. Plausibler ist es, dass aus energetischen und/oder geometrischen Gründen die Anzahl der Kontaktstellen zwischen der Matrix und der ursprünglichen tRNA-Moleküle (die aus nur wenigen Nucleotid-Einheiten bestanden haben können) seit dem Beginn der Evolution selbstreplizierender Systeme drei gewesen ist, aber die Spezifität für die entsprechende Aminosäure zunächst nur von einem oder zwei Nucleotid(en) bestimmt wurde. Da ein aus vier Nucleobasen bestehender binärer Code nur für maximal $4^2 = 16$ verschiedene Aminosäuren kodieren kann, war möglicherweise ihre Vielfalt in den ursprünglichen Enzymen kleiner als heute und somit ihre Effizienz nicht optimal. Damit im Einklang steht das deutliche Übergewicht einiger Aminosäuren in den gegenwärtigen Proteinen (s. *Tab. 9.13*). Darüber hinaus besteht der Selektionsvorteil redundanter Codons darin, dass sowohl Fehler bei der Replikation nicht unbedingt den Ersatz von Aminosäuren in der Polypeptid-Kette zur Folge haben müssen, als auch die Zahl von *Nonsense*-Codons minimiert wird. Im Zuge der Evolution kann ein ursprünglich 4-fach degenerierter genetischer Code neue Aminosäuren aufgenommen haben, indem die Redundanz früherer Codons reduziert wurde.

10.19. Biosynthese der Nucleinsäuren

Die für den Chemiker naheliegende konvergente Synthese von Nucleosiden durch Reaktion des entsprechenden Heterocyclus mit D-Ribose bzw. einem geeigneten Derivat des Letzteren findet enzymatisch sowohl bei der Biosynthese des Nicotinamidadenosindinucleotids (NADP$^+$) und der Pyrimidin-Nucleotide als auch bei der Wiederverwertung von Purin-Nucleobasen im Nucleotid-Stoffwechsel statt. Zur Knüpfung der *N*-glycosidischen Bindung dient das 5-Phosphoribosyl-1-pyrophosphat, dessen Pyrophosphat-Gruppe ein geeignetes Nucleofug darstellt. Es ist dagegen kein Enzym bekannt, das Adenin oder andere Purin-Nucleobasen *de novo* synthetisiert, obwohl Adenin vermutlich für die präbiotische Synthese der Nucleinsäuren in unbegrenzten Mengen verfügbar gewesen sein dürfte (*Abschn. 10.20*). Vielmehr werden die entsprechenden Nucleotide – Adenylsäure (AMP) und Guanylsäure (GMP) – durch Umwandlung des Inosin-monophosphats (IMP) biosynthetisiert (*Fig. 10.100*), das unter Beteiligung von 10 verschiedenen Enzymen ebenfalls aus 5-Phosphoribosyl-1-pyrophosphat aufgebaut wird. Es ist dennoch bemerkenswert, dass die Biosynthese des Inosin-monophosphats

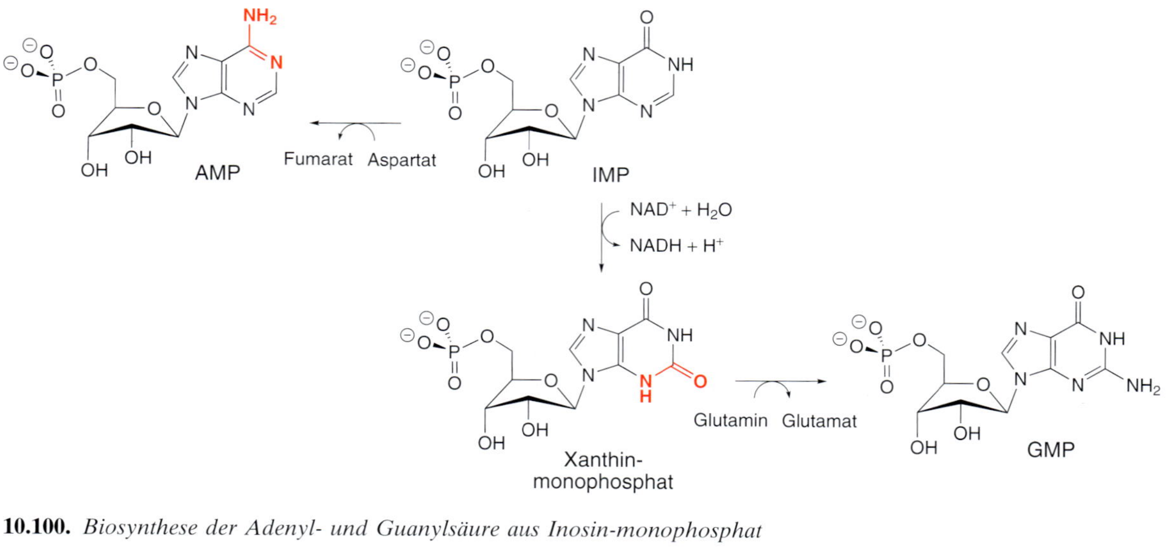

Fig. 10.100. *Biosynthese der Adenyl- und Guanylsäure aus Inosin-monophosphat*

eine Reminiszenz der mutmaßlichen präbiotischen Synthese des Adenosins insofern darstellt, dass das Nucleotid der 5-Aminoimidazol-4-carbonsäure (das Hydrolyseprodukt des 5-Aminoimidazol-4-carbonitril) als Zwischenprodukt auftritt (s. *Abschn. 10.20*).

Sämtliche zur Biosynthese der DNA notwendigen 2′-Desoxyribonucleotide werden durch enzymatische Reduktion der entsprechenden Ribonucleotide biosynthetisiert. Desoxythymidylsäure (üblicherweise Thymidylsäure genannt), die nur in der DNA vorkommt, wird durch Methylierung des Uracil-Ringes des Desoxyuridyl-monophosphats (dUMP) unter Verwendung von N^5,N^{10}-Methylentetrahydrofolat als CH_3-Donator (*Abschn. 10.14*) biosynthetisiert. Desoxyuridyl-monophosphat ist jedoch nicht das unmittelbare Produkt einer *de novo* Synthese, sondern wird durch Hydrolyse des vorerst gebildeten entsprechenden Triphosphats freigesetzt (!).

Substrat der Nucleotid-Biosynthese ist α-D-Ribose-5-phosphat, ein Produkt des Pentosephosphat-Zyklus (*Abschn. 8.29*), das durch Pyrophosphorylierung der OH-Gruppe am anomeren C-Atom unter Bildung von 5-Phosphoribosyl-1-pyrophosphat 'aktiviert' wird. Der Vorläufer der Pyrimidin-Nucleotide ist die *Orotsäure* (*Abschn. 10.13*), die vermutlich gemäß dem üblichen Mechanismus der Glycosid-Bildung mit dem anomeren C-Atom der Zucker-Komponente reagiert (*Fig. 10.101*). Das Reaktionsprodukt ist die *Orotidylsäure,* deren Decarboxylierung *Uridilsäure* liefert. Letztere wird anschließend durch zwei aufeinander folgende Phosphorylierungsreaktionen, die von der *Nucleosid-mono-* bzw. *Nucleosid-diphosphat-Kinase* katalysiert werden, unter Verwendung von ATP in Uridin-triphosphat (UTP), als Substrat zur Biosynthese der RNA (*Abschn. 10.18*), umgewandelt. Das entsprechende Cytosin-triphosphat (CTP) wird erst danach durch Reaktion der 4-ständigen Carbonyl-Gruppe der Nucleobase mit NH_3 (bei Bakterien) oder Glutamin (bei Tieren) als NH_2-Spender (*Abschn. 9.27*) unter Verbrauch von ATP gebildet.

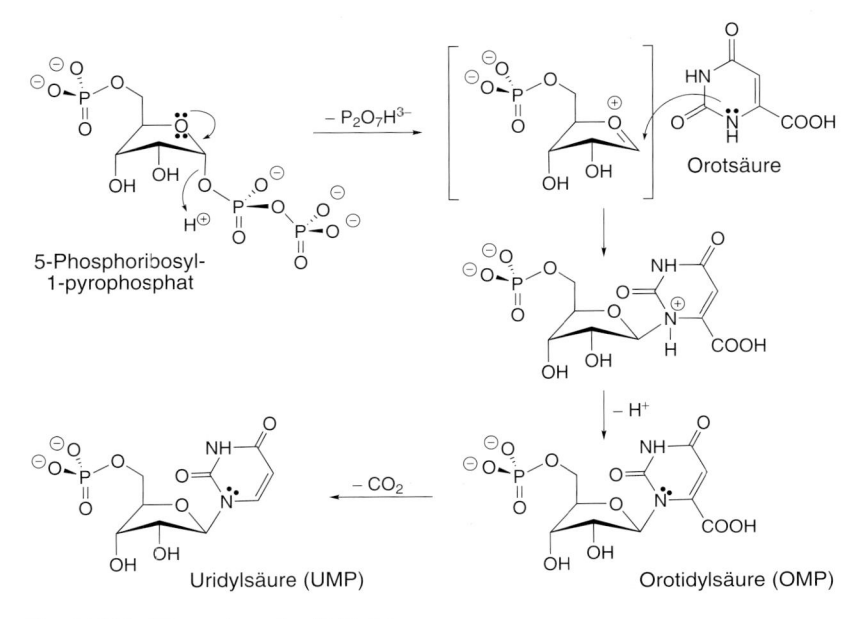

Fig. 10.101. *Biosynthese der Uridylsäure*

Bei der Wiederverwertung von Purin-Nucleobasen – im angelsächsischen Sprachgebrauch *salvage pathway* (engl. *salvage*: Bergung, Rettung) genannt – handelt es sich um Reaktionen, mit deren Hilfe ca. 90% der Zwischenprodukte des Abbaus von Nucleotiden und Polynucleotiden (*Abschn. 10.21*) wieder in biosynthetische Prozesse einbezogen werden, anstatt sie vollständig zu katabolisieren, wodurch Zellen erhebliche Energiebeträge einsparen können. In Säugern werden Purinbasen durch zwei verschiedene Enzyme wiederverwertet: *Adenin-Phosphoribosyltransferase* synthetisiert AMP aus Adenin und 5-Phosphoribosyl-1-pyrophosphat (*Fig. 10.102*). *Hypoxanthin-Guanin-Phosphoribosyltransferase* katalysiert die entsprechende Reaktion mit Hypoxanthin oder Guanin. Mangel am letztgenannten Enzym (ein X-chromosomaler rezessiv erblicher Defekt, der fast nur Männer betrifft) hat eine überschüssige Harnsäureproduktion zur Folge (*Abschn. 10.21*), die zu neurologischen Abnormalitäten wie Spastik, Verzögerung der körperlichen und/oder intellektuellen Entwicklung, sowie stark agressivem und destruktivem Verhalten u. a. Zwang zur Selbstverstümmelung führt. Ein derartiges so genanntes *Lesch–Nyhan*-Syndrom, dessen Ätiologie bisher ungeklärt ist, macht deutlich, dass die Purin-Rückgewinnungsreaktionen nicht nur dazu dienen, die für die *de novo* Biosynthese benötigte Energie einzusparen.

Die *de novo* Synthese des Inosin-monophosphats, deren wichtigste Zwischenprodukte in *Fig. 10.103* wiedergegeben sind, besteht aus 10 Schritten: *1*) Bildung von β-Phosphoribosylamin durch Reaktion des 5-Phosphoribosyl-1-pyrophosphats mit Glutamin (vgl. *Abschn. 9.27*). Diese geschwindigkeitsbestimmende Reaktion wird durch die anschließende Hydrolyse des freigesetzten Pyrophosphat-Ions angetrieben (vgl. *Abschn. 10.16*). *2*) Acylierung der Amin-Gruppe am anomeren C-Atom mit Glycin unter Verbrauch von ATP. *3*) Formylierung der primären Amino-Gruppe mit N^{10}-Formyltetrahydrofolat (*Abschn. 10.14*). *4*) Umwandlung der Carbonyl-Gruppe des ursprünglichen Glycins in eine Amidin-Gruppe durch Reaktion mit Glutamin unter Verbrauch von ATP. *5*) Bildung des Imidazol-Ringes durch *Paal–Knorr*-Cyclisierung (*Abschn. 10.3*) unter Verbrauch von ATP. *6*) Carboxylierung von C(4) des Imidazol-Ringes. Bemerkenswert bei dieser (endergonischen) Reaktion ist, dass sie offenbar weder Biotin (*Abschn. 9.13*) noch eine Energiequelle (z. B. ATP) benötigt. *7*) Bildung des entsprechenden Amids mit der Amino-Gruppe der Asparaginsäure unter Verbrauch von ATP. *8*) Abspaltung von Fumarat unter Freisetzung von 5-Amino-4-carbamoylimidazol-Ribonucleotid (*Abschn. 7.9*). *9*) Formylierung der 4-ständigen Amino-Gruppe des Imidazol-Ringes mit N^{10}-Formyltetrahydrofolat (*Abschn. 10.14*). *10*) Intramolekulare nucleophile Addition des N-Atoms der Carbamoyl-Gruppe an die (C=O)-Bindung der N(5)-ständigen Formyl-Gruppe und darauf folgende Abspaltung eines H_2O-Moleküls, wodurch die Synthese des Purin-Ringes abgeschlossen wird.

Enzyme, welche die Bildung von Desoxyribonucleotiden aus Ribonucleotiden katalysieren (sog. *Ribonucleotid-Reductasen*) enthalten Eisen(III), das aber nicht zu Häm gehört, Coenzym B_{12} (*Abschn. 10.4*) oder (bisher nur bei einigen wenigen Prokaryonten nachgewiesen) Mangan im Reaktionszentrum. Bei den eisen- und coenzym-B_{12}-abhängigen Enzymen verläuft die Abspaltung der 2′-ständigen OH-

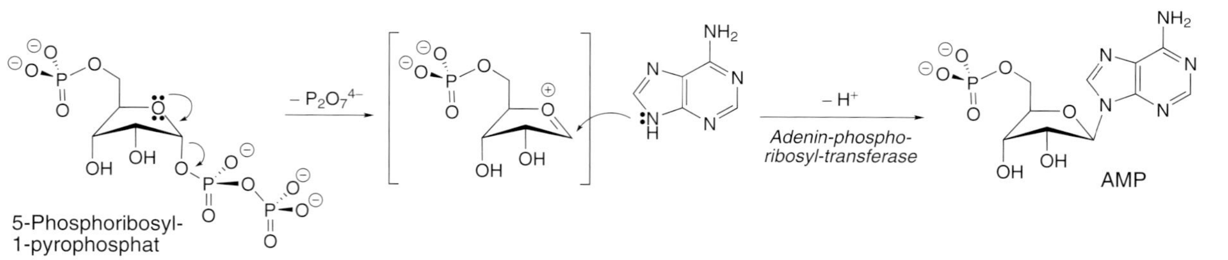

Fig. 10.102. *Wiederverwertung von Adenin im Metabolismus der Nucleinsäuren*

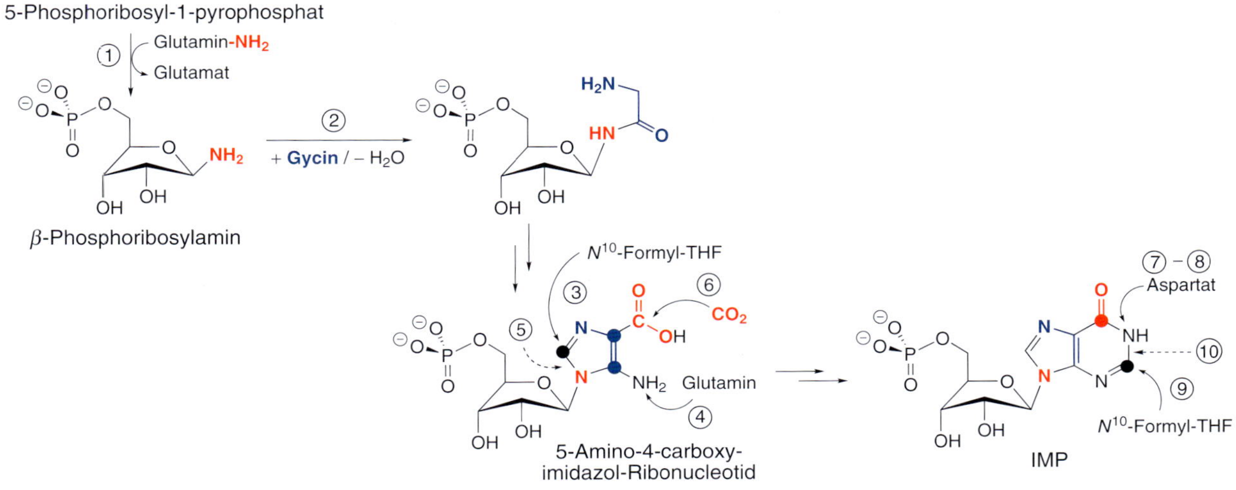

Fig. 10.103. De novo *Biosynthese des Inosin-monophosphats*

Gruppe unter Bildung freier Radikale. Das H-Atom, das die 2'-ständige OH-Gruppe ersetzt, wird von einem Paar SH-Gruppen im Reaktionszentrum des Enzyms unter Bildung einer Disulfid-Brücke zur Verfügung gestellt (vgl. *Abschn. 6.2*).

10.20. Präbiotische Synthese der Nucleotide

Vermochte die *Wöhler*'sche Synthese des Harnstoffs die Dogmatiker des 19. Jahrhunderts vom abiotischen Ursprung organischer Moleküle nicht zu überzeugen (*Abschn. 1.2*), so erbrachte doch die 1960 entdeckte Bildung von Adenin bei der Reaktion von Cyanwasserstoff (HCN) mit Ammoniak (NH_3) den Beweis dafür, dass ebenfalls bis anhin als 'komplex' angesehene organische Stoffe aus sehr einfachen Molekülen außerhalb lebenden Zellen entstehen können. In der Tat ist Adenin, das als Bestandteil der Nucleinsäuren sowie zahlreicher wichtiger Enzyme (*Abschn. 10.16*) in lebenden Organismen ubiquitär vorkommt, ein Pentamer von HCN (*Fig. 10.104*).

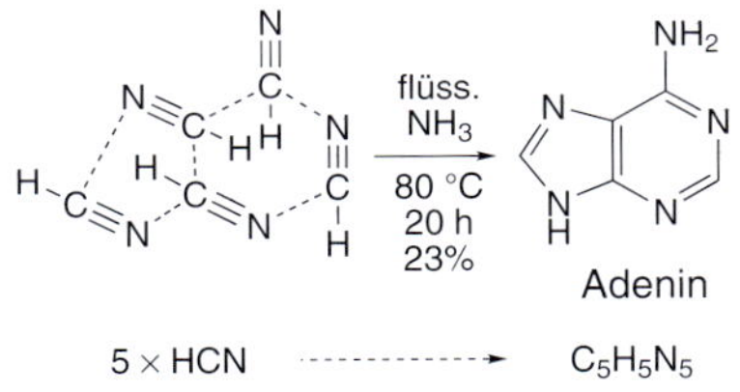

Wie im *Abschn. 9.35* erwähnt wurde, spielte vermutlich HCN, der neben Cyanacetylen sowohl im interstellaren Raum als auch in der Atmosphäre von Himmelskörpern (z. B. Titan, dem größten der Saturn-Monde) nachgewiesen worden ist, eine entscheidende Rolle bei der präbiotischen Synthese organischer Moleküle, deren Bildung allerdings aufgrund der Reaktivität des HCN-Moleküls nur unter besonders günstigen Bedingungen erfolgen konnte. HCN, der in der Gasphase aus CH_4, CO oder CO_2 und NH_3 oder N_2 unter Zufuhr von Energie (UV-Licht, elektrische Entladungen u.a.) gebildet wird, ist eine schwache Säure ($pK_s = 9{,}31$), deren konjugierte Base (das Cyanid-Ion) ein effizientes Nucleophil (bzw. Nucleofug) ist (vgl. *Abschn. 8.22*). Andererseits weist HCN die für die Carbonyl-Gruppe charakteristische Reaktivität gegenüber Nucleophilen auf (*Abschn. 9.34*); mit NH_3 beispielsweise reagiert er unter Bildung von Formamidin. Bei hohen Temperaturen (350–400 °C) unter Druck (35 atm) entsteht *Melamin* (2,4,6-Triamino-

Fig. 10.104. *Formale Anordnung von fünf HCN-Molekülen, die in Übereinstimmung mit der Struktur von Adenin steht.* Unter geeigneten Reaktionsbedingungen beträgt die Ausbeute der Synthese von Adenin aus HCN und NH_3 über 20% (Y. Yamada, I. Kumashiro, T. Takenishi, *J. Org. Chem.* **1968**, *33*, 642–647).

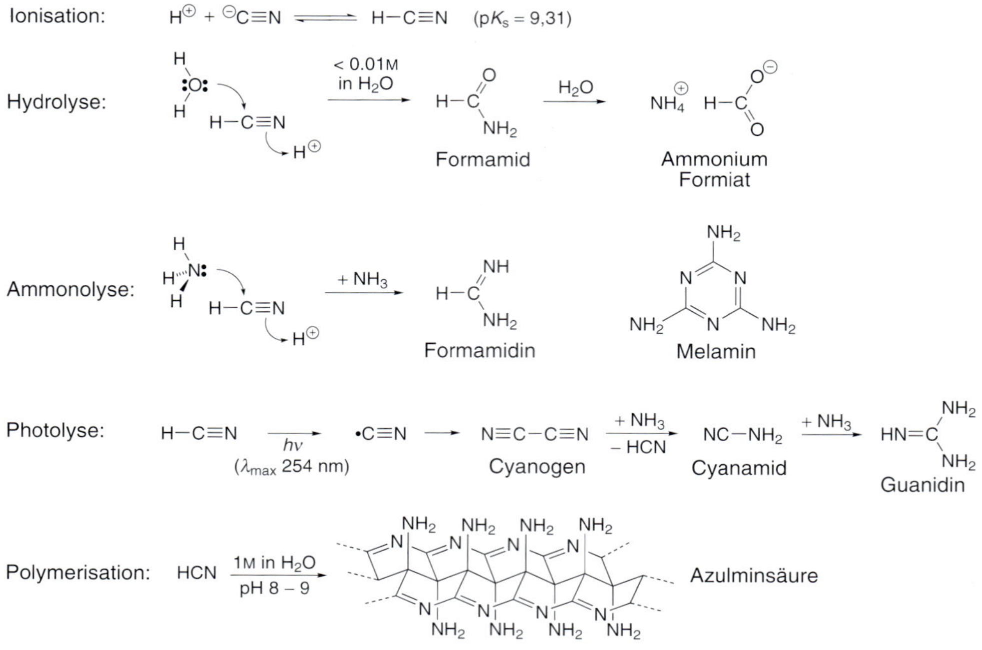

Struktur und Reaktivität der Biomoleküle

Fig. 10.105. *Chemische Reaktivität von HCN*

1,3,5-triazin), ein wichtiges technisches Produkt, dessen Polykondensation mit Formaldehyd zur Herstellung so genannter Melamin-Harze dient. Letztere werden als Duroplaste und Klebstoffe verwendet (s. *Tab. 3.5*). Cyanid-Ionen werden in verdünnter ($< 10^{-2}$M) wässriger Lösung langsam hydrolysiert ($\Delta G^{\ddagger} \approx 120$ kJ mol^{-1}), wobei sukzessiv Formamid und Ameisensäure gebildet werden. Bei höheren Konzentrationen (≥ 1M) polymerisiert HCN zu einem schwarzbraunen, unlöslichen, amorphen Polymer, der so genannten *Azulminsäure* (*Fig. 10.105*).

Die *formelle* Einfachheit der Bildung von Adenin aus fünf HCN-Molekülen darf somit von der *Komplexität* des Mechanismus dieser Reaktion, der keineswegs eindeutig ist, nicht hinwegtäuschen. *Fig. 10.106* gibt einen mechanistisch plausiblen Reaktionsverlauf wieder, bei dem Formamidin, das Produkt der Reaktion von HCN mit NH$_3$ (s. *Fig. 10.105*) nebst HCN als Reaktionskomponente fungiert. Dia-

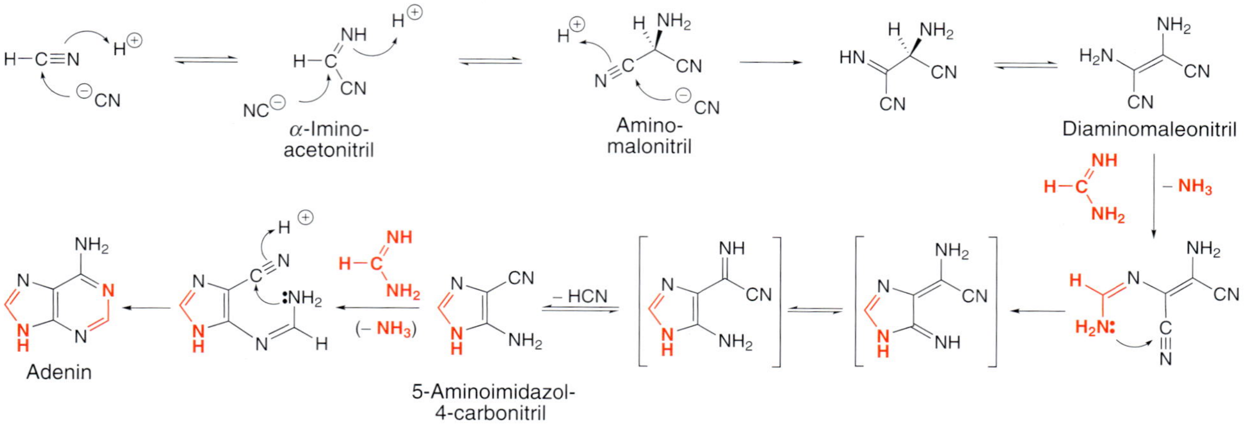

Fig. 10.106. *Oligomerisationsprodukte von HCN sind vermutlich Vorläufer der präbiotischen Synthese von Adenin.*

minomaleonitril, das tetramere Zwischenprodukt der Polymerisation von HCN in wässriger Lösung ist nur im Konzentrationsbereich von 0,1 bis 1,0M isolierbar. Seine Bildung, die vermutlich über α-Iminoacetonitril und Aminomalonitril als Zwischenprodukte stattfindet, ist im Wesentlichen irreversibel (*Fig. 10.106*). In wässriger Lösung bei 20 °C wird in Gegenwart von Formamidin Adenin gebildet.

Ein wichtiges Zwischenprodukt der präbiotischen Synthese von Adenin ist das 5-Aminoimidazol-4-carbonitril, das aus dem Reaktionsgemisch isoliert werden kann. Bemerkenswerterweise entsteht 5-Aminoimidazol-4-carbonitril ebenfalls bei der Photoisomerisierung von Diaminomaleonitril in sehr guter Ausbeute, so dass eine präbiotische Bildung des Adenins auch in Abwesenheit von NH_3 möglich ist (*Fig. 10.107*).

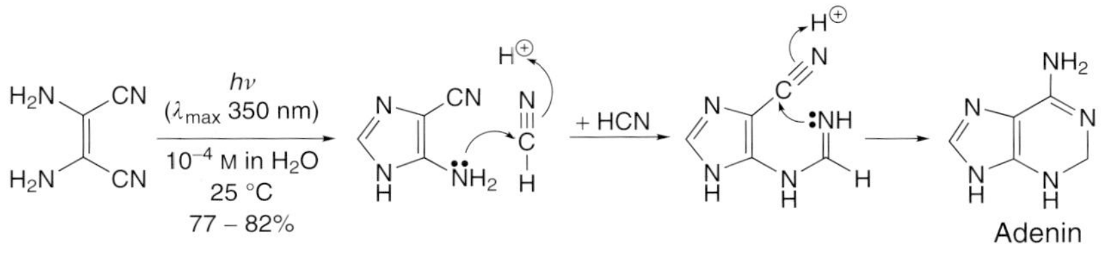

Fig. 10.107. *Photoisomerisierung des Diaminomaleonitrils als möglicher Weg zur präbiotischen Synthese des Adenins*

Geht man von der Hypothese aus, dass die chemische Evolution zunächst unter wasserfreien Bedingungen fortschritt (*Abschn. 9.35*), so stellt das 5-Aminoimidazol-4-carbonitril den Vorläufer aller in lebenden Organismen heute vorkommenden Purinbasen dar. Seine Reaktion mit Guanidin oder Cyanamid – beide Produkte der Ammonolyse von Cyanogen, das unter präbiotischen Bedingungen leicht gebildet wird (s. *Fig. 10.105*) – führt zu 2,6-Diaminopurin, dessen Hydrolyse während der aquatischen Phase der chemischen Evolution Guanin und Xanthin gebildet haben könnte (*Fig. 10.108*). Unter gleichen Bedingungen kann aus Adenin Hypoxanthin entstanden sein (*Fig. 10.109*). Tatsächlich ist Hypoxanthin (bzw. das entsprechende Nucleosid, Inosin) sowohl Vorläufer der enzymatischen Synthese des Adenosins als auch Zwischenprodukt des Katabolismus des Letzteren (*Abschn. 10.21*). Darüber hinaus kommt Hypoxanthin als Nucleobase in vielen tRNA-Spezies, besonders im Anticodon-Bereich, vor (*Abschn. 10.18*).

Dementsprechend lässt sich die präbiotische Bildung der Pyrimidin-Nucleobasen erklären, wobei die *Michael*-Addition von Guanidin an Cyanoacetylen, das u. a. in Gemischen aus CH_4 und N_2 durch elektrische Entladungen gebildet wird, der entscheidende Schritt der Synthese sein dürfte (*Fig. 10.110*). Experimentell wird bei der analogen Reaktion von Cyanoacetaldehyd, welches das Produkt der

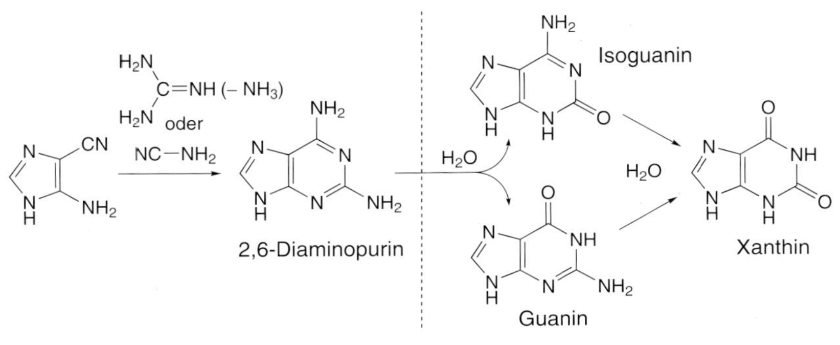

Fig. 10.108. *Plausible präbiotische Synthese der Purin-Nucleobasen*

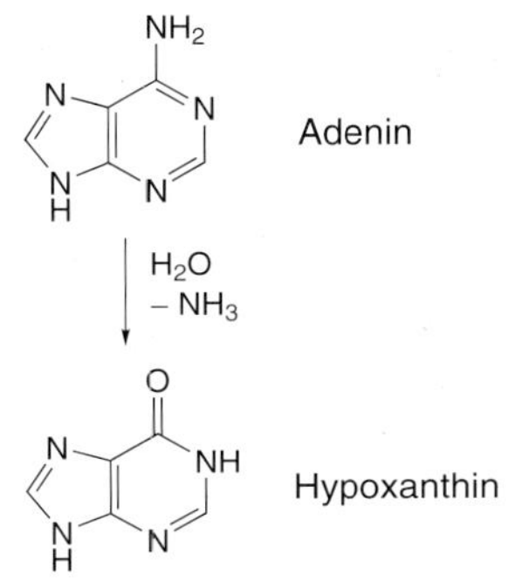

Fig. 10.109. *Hypoxanthin ist das Hydrolyseprodukt des Adenins.*

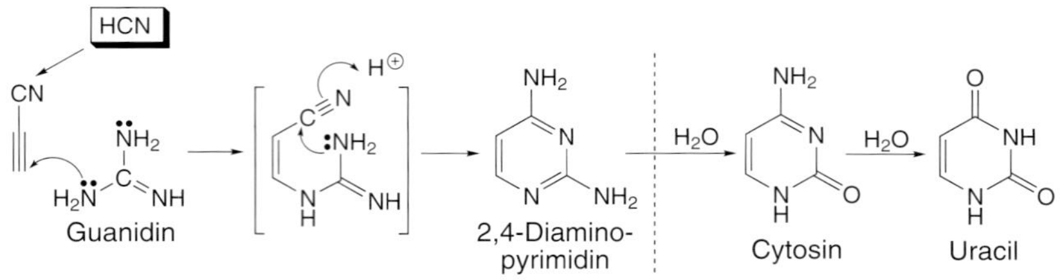

Fig. 10.110. *Plausible präbiotische Synthese der Pyrimidin-Nucleobasen*

Michael-Addition von H₂O an Cyanoacetylen darstellt, mit Harnstoff (dem Hydrolyseprodukt des Guanidins) Cytosin in 30–50% Ausbeute gebildet.

Weniger überzeugend als die Reaktionsmechanismen, die in Abwesenheit von Enzymen zur Bildung der Nucleobasen möglicherweise führten, sind die bisher durchgeführten Experimente zur Synthese von Nucleosiden und deren entsprechenden Nucleotiden unter präbiotischen Bedingungen. Tatsächlich stellt zur Zeit die Beantwortung dieser Frage eines der Hauptprobleme der präbiotischen Chemie dar. Nucleoside entstehen zwar durch Verdampfen von MgCl₂-haltigen Lösungen von *Purin*-Nucleobasen und Ribose (bzw. 2′-Desoxyribose), das Reaktionsprodukt besteht jedoch aus einem Gemisch der α- und β-Epimeren der entsprechenden Furanose- und Pyranose-Derivate, in dem weniger als 8% der in der RNA (bzw. DNA) vorkommenden Isomere vorhanden sind. Unter den gleichen Bedingungen reagieren Pyrimidin-Nucleobasen nicht. Andererseits konnte beim Erwärmen von Nucleosiden mit anorganischen Phosphaten und Harnstoff die Bildung von 2′-, 3′- und 5′-Monophosphaten (Letztere als Hauptprodukte) beobachtet werden. Beim längeren Erhitzen sind 2′,3′-Phosphate die Hauptprodukte. Obwohl diese eine reaktive cyclische Phosphorsäure-diester-Gruppe enthalten, die zur Bildung von Polynucleotiden führen könnte, ist eine solche in Abwesenheit von Enzymen bisher nicht beobachtet worden. In Gegenwart von Mg^{II}-Salzen ist das Nucleosid-5′-diphosphat das Hauptprodukt. Offenbar katalysieren Mg^{II}-Ionen die Bildung von Pyrophosphat-Gruppen. Es ist in diesem Zusammenhang bemerkenswert, dass *Kinasen* – die Enzyme, welche die Phosphorylierung von Substraten unter Verbrauch von ATP katalysieren (s. *Tab. 9.10*) – ebenfalls Mg^{II}-abhängig sind.

10.21. Katabolismus der Nucleotide

Der erste Schritt des enzymatischen Abbaus (Katabolismus*) der Nucleinsäuren ist die hydrolytische Spaltung der Phosphorsäureester-Bindungen. Mit der Nahrung aufgenommene Nucleinsäuren werden nicht von der Magensäure, sondern hauptsächlich im Duodenum durch *Nucleasen* (Phosphodiesterasen) in ihre Nucleotid-Komponenten zerlegt. Diese können die Zellmembran nicht passieren und werden von einer Vielfalt gruppenspezifischer *Nucleotidasen* und unspezifischer Phosphatasen zu Nucleosiden hydrolysiert.

Bei den Nucleasen unterscheidet man zwischen *Exo-* und *Endonucleasen*, je nachdem ob die Spaltung der Polynucleotid-Kette sequentiell von den Enden oder imKetteninneren stattfindet. Während die *Schlangengift-Phosphodiesterase* beispielsweise Polynucleotide vom 3′-Ende her abbaut, werden sie von der *Rindermilz-Phosphodiesterase* vom 5′-Ende her gespalten (*Fig. 10.111*). Andere Enzyme (z. B. die *DNA-Polymerase I*) besitzen sowohl (3′ → 5′)- als auch (5′ → 3′)-Exonuclease-Aktivität. Beide Funktionen sind für die Korrektur von Replikationsfehlern

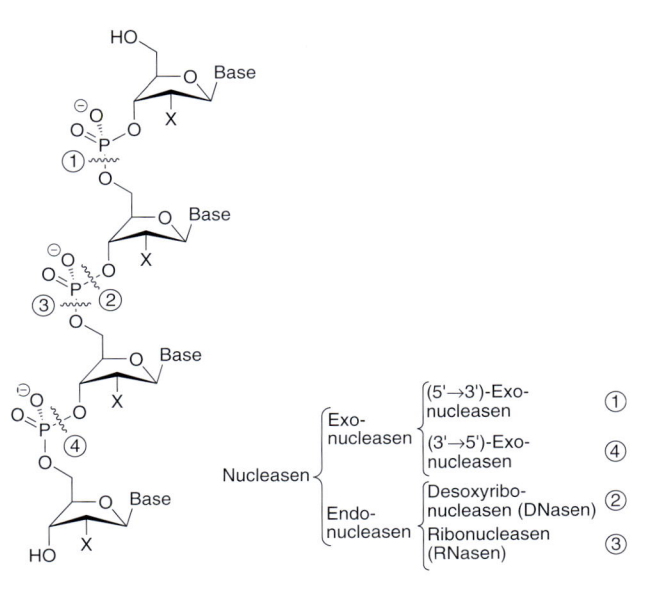

Fig. 10.111. *Verschiedene Nucleasen vermögen Phosphat-Bindungen regioselektiv zu spalten.*

notwendig (*Abschn. 10.18*). Zahlreiche *Endonucleasen* sind nucleobasenspezifisch, d. h. sie spalten die Polynucleotid-Kette nach einer bestimmten Nucleotid-Einheit. Zu den Endonucleasen gehören die *Restriktionsenzyme*, die *sequenzspezifisch* den DNA-Doppelstrang spalten. Sie stellen ein unentbehrliches Hilfsmittel in der molekularen Gentechnologie dar, insbesondere bei der Klonierung und Sequenzierung von Desoxyribonucleinsäuren.

In vitro reagieren RNA-Moleküle äußerst empfindlich auf die basenkatalysierte Hydrolyse. Vermutlich wird unter diesen Bedingungen die 2'-ständige OH-Gruppe deprotoniert und das entsprechende Anion beteiligt sich intramolekular an der Spaltung der Phosphat-Bindung (*Fig. 10.112*). Bei der anschließenden Hydrolyse des freigesetzten 2',3'-cyclischen Nucleotids wird ein Nucleotid mit einer terminalen 2'- oder 3'-Phosphat-Gruppe gebildet. Nach dem gleichen

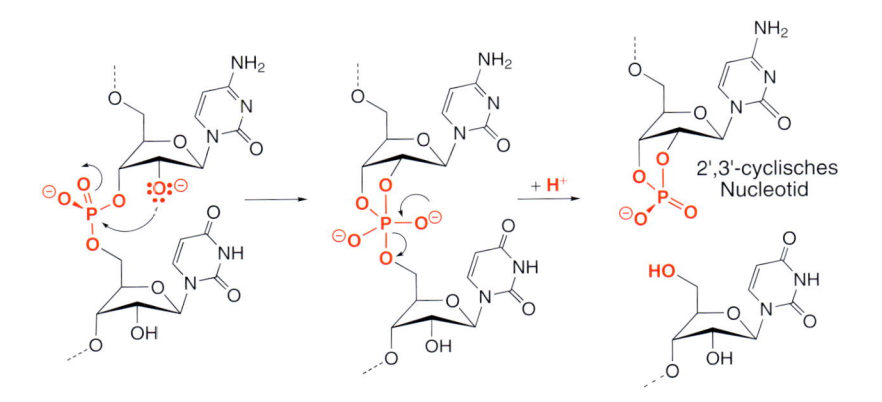

Fig. 10.112. *Mechanismus der basenkatalysierten Hydrolyse von RNA-Molekülen*

Mechanismus findet vermutlich die vom Verdauungsenzym *Ribonuclease A* (= RNase A aus dem Rinderpankreas) katalysierte Hydrolyse von RNA-Molekülen statt, bei der ebenfalls 2',3'-cyclische Nucleotide isoliert werden können. Im Gegensatz zu RNA ist DNA, als Derivat der 2'-Deoxyribose, chemisch sehr viel stabiler und resistent gegenüber der basenkatalysierten Hydrolyse, wodurch sie sich als Trägermolekül der genetischen Information in den Zellen besser eignet.

Bei der DNA sind beide Stränge so miteinander verdrillt, dass ihre Trennung nicht ohne das Aufwinden der Doppelhelix erfolgen kann, eine Eigenschaft, die *plektonemische* (griech. πλεκτός (*plektós*): geflochten, gedreht) Wicklung genannt wird. Die reversible Auftrennung der beiden Stränge der DNA-Doppelhelix (so genannte *Denaturierung*) kann durch Erhöhung der Temperatur hervorgerufen werden. Da die Denaturierung der DNA ein kooperatives Phänomen ist, bei dem der Zusammenbruch eines Teils der Struktur die Residualstruktur ebenfalls destabilisiert, findet der Übergang innerhalb eines eng begrenzten Temperaturbereiches – der so genannten 'Schmelztemperatur' (T_m) – statt, die experimentell durch Messung der Lichtabsorption bei $\lambda_{max} = 260$ nm, dessen Intensität bei Aufhebung der Basenstapelung zunimmt (Hyperchromie), leicht bestimmt werden kann (*Fig. 10.113*). Die Denaturierungstemperatur steigt linear mit dem molaren Anteil der (G·C)-Basenpaare an, da diese durch mehr *Watson–Crick*-H-Brücken-Bindungen stabilisiert werden als (A·T)-Paare. Unterhalb der Denaturierungstemperatur assoziieren komplementäre DNA-Einzelstränge spontan zu einer Doppelhelix. Dieser Renaturierungsprozess wird *annealing* (engl. *anneal*: härten durch abkühlen) genannt.

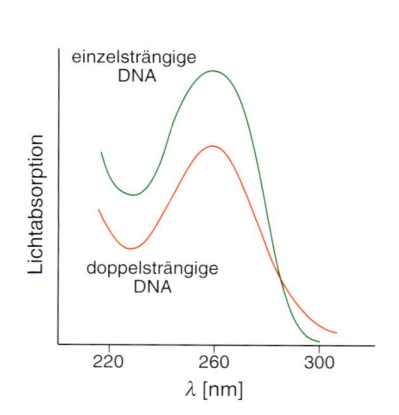

Fig. 10.113. *Bei der Denaturierung der DNA-Doppelhelix in Lösung nimmt die Lichtabsorption bei $\lambda_{max} = 260$ nm zu.*

Nucleoside können entweder direkt von der Darmschleimhaut absorbiert oder durch Einwirkung von *Nucleosidasen* und *Nucleosid-Phosphorylasen* unter Freisetzung der Nucleobase und Ribose bzw. Ribose-1-phosphat gespalten werden. In der Tat wird nur ein kleiner Teil der Basen aus verdauten Nucleinsäuren in die körpereigenen Zellen eingebaut, die meisten werden in Abbauprodukte umgewandelt, die ausgeschieden werden.

Bemerkenswert sind zwei Abbaureaktionen der Nucleotide, die ohne vorausgehende Abspaltung der Nucleobase stattfinden. Sie dienen Bakterien und Pflanzen zur Biosynthese wichtiger Metabolite wie Histidin, Folsäure und Riboflavin. Als Vorläufer der Biosynthese der zwei zuletzt genannten Verbindungen (s. Abschn. 10.14) dient das N^6-Ribosyl-2,5,6-triaminopyrimidin-4(3H)-on-5'-phosphat, bzw. das entsprechende Triphosphat, das durch Aufspaltung des Purin-Ringes des *Guanosin-triphosphats* (GTP) unter Freisetzung von Formiat gebildet

Fig. 10.114. *Aufspaltung des Purin-Ringes durch die* GTP-Cyclohydrolase

wird (*Fig. 10.114*). Die Reaktion wird durch die *GTP-Cyclohydrolase* katalysiert, ein Mg^{2+}-abhängiges Enzym, das im Metabolismus der Nucleotide oft vorkommt.

Andererseits wird durch Abbau des Pyrimidin-Ringes des Adenosin-triphosphats (ATP) Histidin biosynthetisiert. Die Reaktionsfolge besteht aus zehn Schritten, von denen nur die wesentlichen in *Fig. 10.115* wiedergegeben werden: *1*) Knüpfung einer *N*-glycosidischen Bindung zwischen N(1) des Purin-Ringes und dem anomeren C-Atom des 5-Phosphoribosyl-1-pyrophosphats. *2*) Abspaltung von Pyrophosphat aus der C(5')-ständigen Triphosphat-Kette des ursprünglichen ATP-Moleküls. *3*) Hydrolytische Spaltung der (N(1)–C(6))-Bindung der Adenin-Komponente (vgl. *Abschn. 9.27*). *4*) *Amadori*-Umlagerung der α-Aminoribose-Komponente (vgl. *Abschn. 8.27*). *5*) Umwandlung der C(2')-ständigen Carbonyl-Gruppe der Zucker-Komponente in ein Enamin unter Beteiligung von Glutamin (vgl. *Abschn. 9.27*). *6*) Bildung des Imidazol-Ringes des Histidins durch intramolekulare nucleophile Addition des N-Atoms des Enamins an die Amidin-Gruppe (vgl. *Abschn. 9.27*) und darauf folgende Abspaltung von 5-Aminoimidazol-4-carboxamid-Ribonucleotid, das als Vorläufer der *de novo* Purin-Biosynthese dient (*Abschn. 10.19*). *7*) Dehydratisierung des Glycerin-phosphat-Restes unter Bildung von 4-(3-Hydroxyacetonyl)imidazol-phosphat (vgl. *Abschn. 5.22*). *8*) Umwandlung der Carbonyl-Gruppe des Letzteren in eine Amino-Gruppe unter Beteiligung von Glutamat (vgl. *Abschn. 9.27*). *9*) Hydrolyse der Phosphat-Gruppe. *10*) NAD$^+$-abhängige Oxidation des primären Alkohols unter Bildung von L-Histidin.

Die von den Nucleosidasen freigesetzten Nucleobasen werden enzymatisch weiter abgebaut. Uracil, das auch aus der vorangegangenen Hydrolyse von Cytidin in Uridin stammt, und Thymin werden in der Leber *reduziert* und hydrolytisch aufgespalten. Die Endprodukte

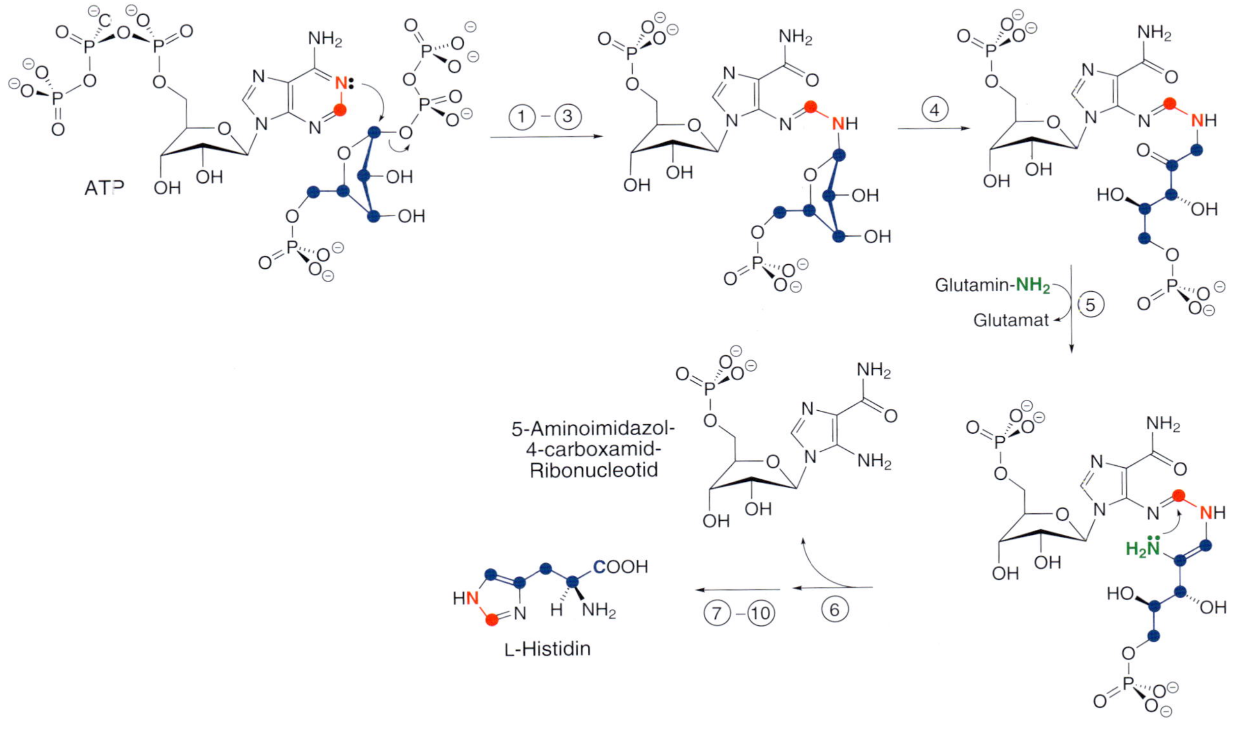

Fig. 10.115. *Biosynthese des Histidin durch Abbau des Adenosin-triphosphats*

sind β-Alanin bzw. β-Aminoisobuttersäure, die über Transaminierungsreaktionen (*Abschn. 9.8*) in Malonyl- bzw. Methylmalonyl-Coenzym A umgewandelt und so in den Primärmetabolismus eingeschleust werden.

Purin-Nucleobasen werden dagegen *oxidativ* abgebaut. Hypoxanthin, welches bei Säugern aus Inosin stammt, das durch Hydrolyse des Adenosins gebildet wird, wird zu Xanthin oxidiert. Dieselbe Purinbase entsteht durch Hydrolyse des Guanins. Anschließend wird das Xanthin durch die *Xanthin-Oxidase*, ein FAD-abhängiges, molybdänhaltiges Enzym, das bei Säugetieren fast ausschließlich in der Leber vorkommt, in *Harnsäure* bzw. *Urat* umgewandelt. Die enzymatischen Reaktionen, die zum totalen Abbau der Harnsäure führen, gleichen den *in vitro* stattfindenden Reaktionen, die zur Aufklärung ihrer Struktur führten (*Fig. 10.116*).

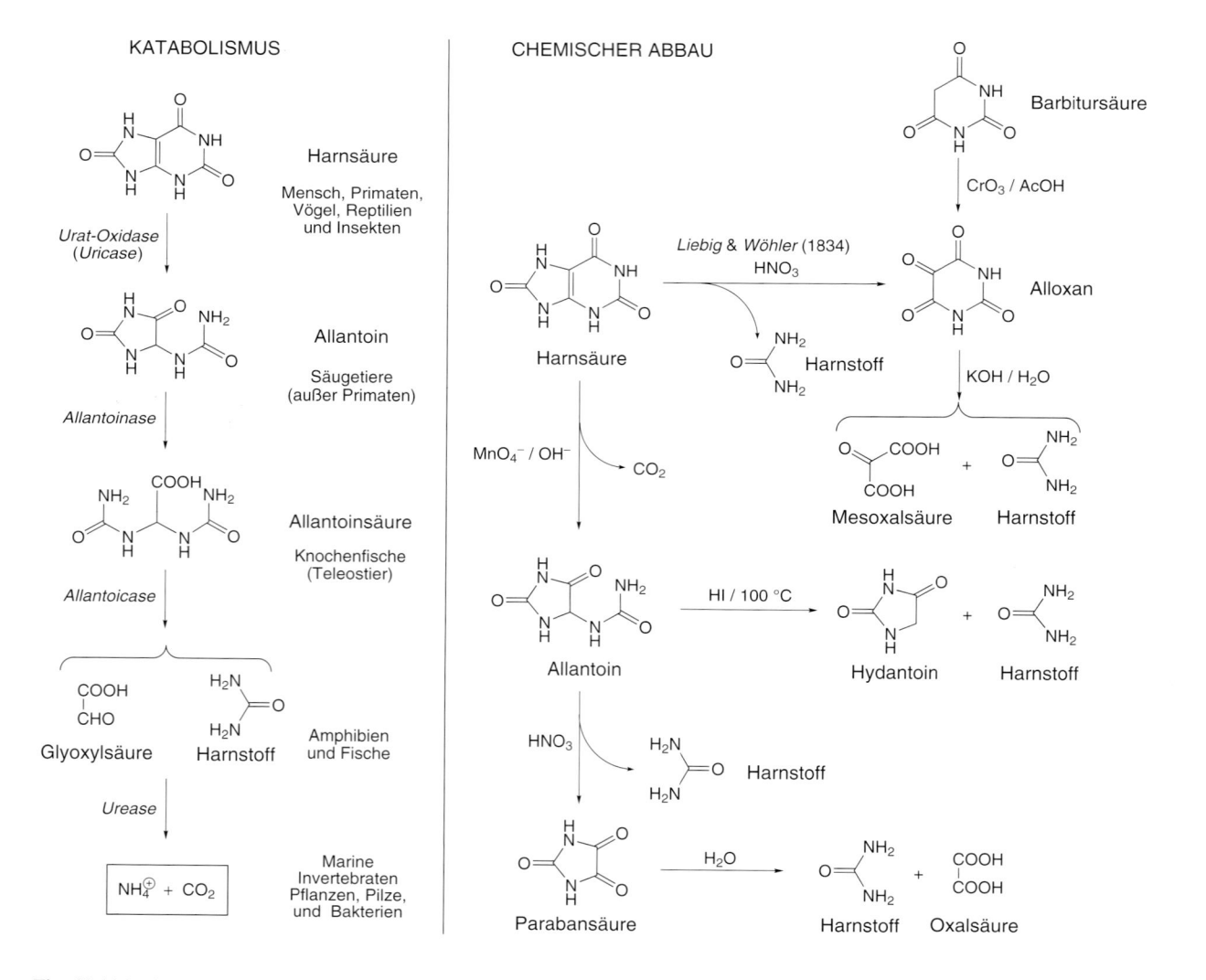

Fig. 10.116. *Gegenüberstellung der Produkte des enzymatischen und chemischen Abbaus der Harnsäure*

Bei Menschen und Primaten ist Urat das Endprodukt des Purin-Abbaus und wird mit dem Urin ausgeschieden. Dasselbe gilt für Vögel, landlebende Reptilien (Schlangenexkremente bestehen zu 90% aus Harnsäure) und viele Insekten; diese Organismen, die keinen Harnstoff ausscheiden, katabolisieren aber auch ihren überschüssigen Aminosäure-Stickstoff *via* Purin-Biosynthese zu Harnsäure. Dieser energieaufwendige Prozess spart Wasser. Harnsäure ist in Wasser nur wenig löslich, so dass sie von den oben genannten Landtieren kristallin ausgeschieden wird. Die äquivalente Menge des viel besser wasserlöslichen Harnstoffs würde dagegen osmotisch eine beträchtliche Wassermenge beanspruchen.

Darüber hinaus ist Harnsäure ein ebenso effektives Reduktionsmittel wie Ascorbinsäure (*Abschn. 8.30*) und wirkt somit als Antioxidans gegenüber Sauerstoff-Radikalen (Hydroxyl-Radikal, Superoxid-Anion, kurzlebige Häm–Sauerstoff-Komplexe u. a.), die zur Alterung der Körperzellen sowie Entstehung von Krebs beitragen können. Der durchschnittliche Serumspiegel des Urats liegt beim Menschen nahe der Löslichkeitsgrenze. Im Gegensatz dazu weisen Halbaffen (z.B. Lemuren) eine zehnmal niedrigere Konzentration auf. Während der Evolution der Primaten erfolgte offenbar ein markanter Anstieg des Uratspiegels, der möglicherweise zur längeren Lebenserwartung des Menschen und geringeren Krebshäufigkeit beiträgt.

In anderen Organismen wird Harnsäure vor dem Ausscheiden weiter abgebaut. Bei den Säugetieren, die nicht zu den Primaten zählen, wird sie von der *Urat-Oxidase* (einem kupferhaltigen Enzym) zu *Allantoin* oxidiert. Ein weiteres Abbauprodukt, *Allantoinsäure*, wird von Teleostiern (Knochenfischen) ausgeschieden. Knorpelfische und Amphibien bauen vor der Exkretion Allantoinsäure weiter zu Harnstoff und Glyoxylsäure ab. Marine Wirbellose und Pflanzen sowie Bakterien zerlegen schließlich den Harnstoff mit Hilfe des nickelhaltigen Enzyms *Urease* in NH_3 und CO_2.

Die Ablagerung von Natrium-urat-Kristallen in der Knorpelflüssigkeit ist die Ursache für die *Gicht*, eine meist erbliche Störung des Purin-Stoffwechsels, die vorwiegend Männer mittleren Lebensalters betrifft. Dem ersten Anfall folgt ein – evtl. jahrelanges – beschwerdefreies Intervall, dem sich spätere Anfälle in immer kürzeren Abständen anschließen. Bei etwa 50% der Patienten entwickelt sich ein chronisches Stadium mit Bildung typischer Gichtknoten (*Fig. 10.117*) und Gelenkdeformierungen sowie Schädigungen innerer Organe (viszerale Gicht) durch Urat-Ablagerung, die häufig vom Auftreten von Nierensteinen begleitet wird.

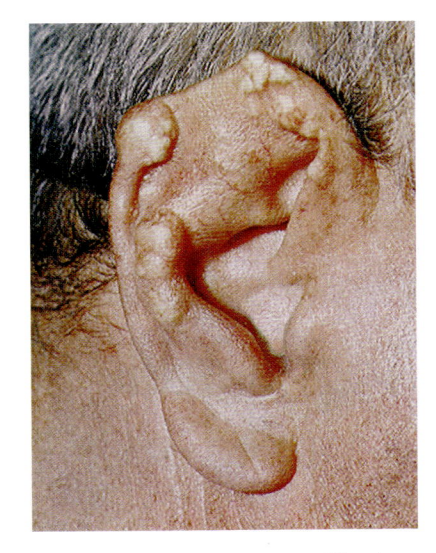

Fig. 10.117. *Gichtknoten am Ohr eines 72-jährigen Mannes*

Somit ist Harnstoff, das erste organische Molekül, dessen Synthese aus anorganischer Materie von *F. Wöhler* am Anfang der Entschlüsselung der molekularen Struktur der Lebewesen steht (*Tab. 10.14*), das Endprodukt jener Stoffe, deren vermutlich einmalige selbstreplikative Eigenschaften die Grundlage des Phänomens 'Leben' darstellen.

Struktur und Reaktivität der Biomoleküle

Tab. 10.14. *Meilensteine in der Geschichte der Aufklärung der Struktur und Funktion der Biomoleküle*

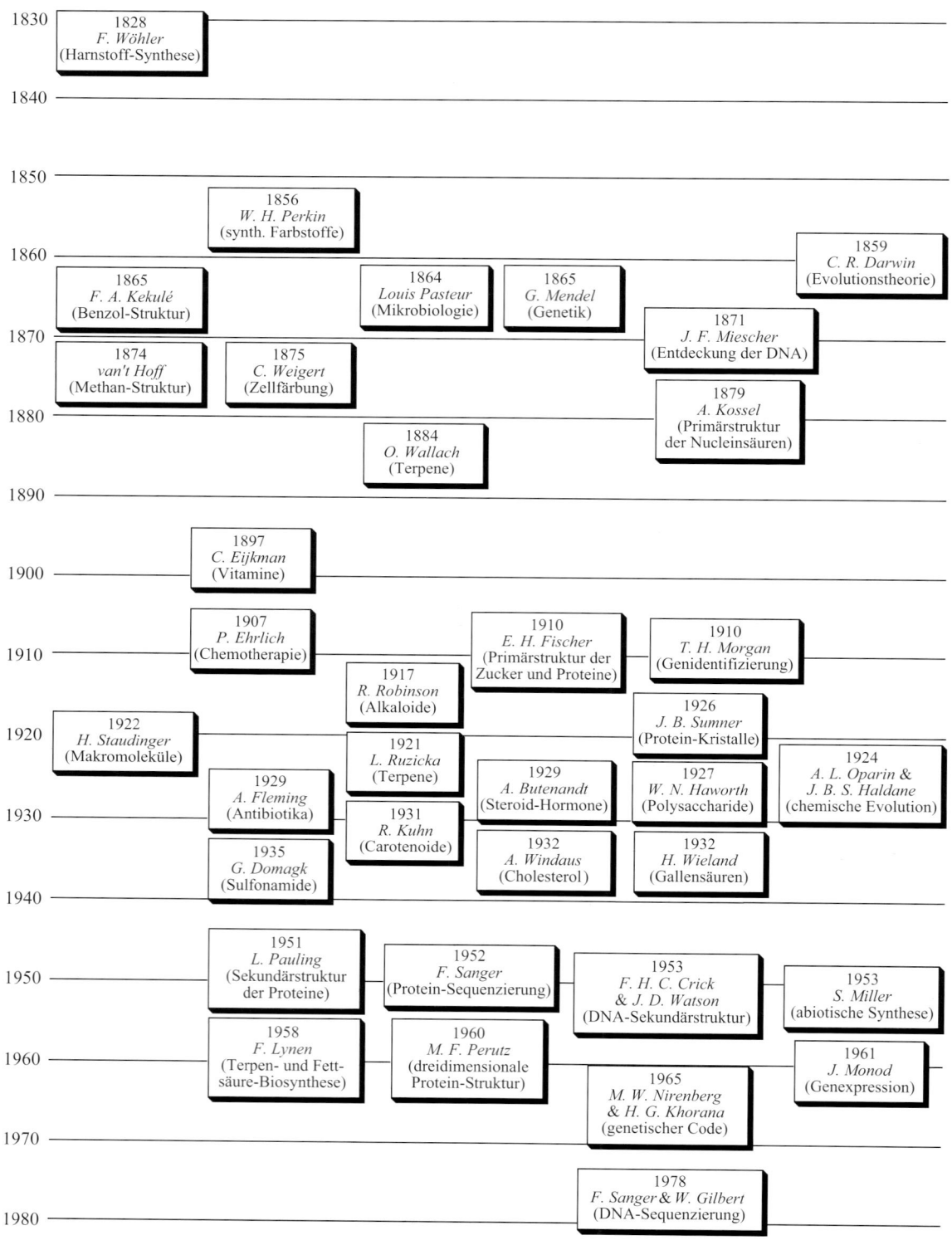

1828	F. Wöhler (Harnstoff-Synthese)
1856	W. H. Perkin (synth. Farbstoffe)
1859	C. R. Darwin (Evolutionstheorie)
1864	Louis Pasteur (Mikrobiologie)
1865	F. A. Kekulé (Benzol-Struktur)
1865	G. Mendel (Genetik)
1871	J. F. Miescher (Entdeckung der DNA)
1874	van't Hoff (Methan-Struktur)
1875	C. Weigert (Zellfärbung)
1879	A. Kossel (Primärstruktur der Nucleinsäuren)
1884	O. Wallach (Terpene)
1897	C. Eijkman (Vitamine)
1907	P. Ehrlich (Chemotherapie)
1910	E. H. Fischer (Primärstruktur der Zucker und Proteine)
1910	T. H. Morgan (Genidentifizierung)
1917	R. Robinson (Alkaloide)
1921	L. Ruzicka (Terpene)
1922	H. Staudinger (Makromoleküle)
1924	A. L. Oparin & J. B. S. Haldane (chemische Evolution)
1926	J. B. Sumner (Protein-Kristalle)
1927	W. N. Haworth (Polysaccharide)
1929	A. Butenandt (Steroid-Hormone)
1929	A. Fleming (Antibiotika)
1931	R. Kuhn (Carotenoide)
1932	A. Windaus (Cholesterol)
1932	H. Wieland (Gallensäuren)
1935	G. Domagk (Sulfonamide)
1951	L. Pauling (Sekundärstruktur der Proteine)
1952	F. Sanger (Protein-Sequenzierung)
1953	F. H. C. Crick & J. D. Watson (DNA-Sekundärstruktur)
1953	S. Miller (abiotische Synthese)
1958	F. Lynen (Terpen- und Fettsäure-Biosynthese)
1960	M. F. Perutz (dreidimensionale Protein-Struktur)
1961	J. Monod (Genexpression)
1965	M. W. Nirenberg & H. G. Khorana (genetischer Code)
1978	F. Sanger & W. Gilbert (DNA-Sequenzierung)

Weiterführende Literatur

G. Renger, 'Biologische Wasserspaltung durch Sonnenlicht im Photosyntheseapparat', *Chemie in unserer Zeit* **1994**, *28*, 118–130.

G. Prota, 'The Chemistry of Melanins and Melanogenesis', *Prog. Chem. Org. Nat. Prod.* **1995**, *64*, 93–148.

I. A. Spenser, R. L. White, 'Die Biosynthese von Vitamin B_1 (Thiamin): ein Beispiel für biochemische Vielfalt', *Angew. Chem.* **1997**, *109*, 1097–1111; *Angew. Chem., Int. Ed.* **1997**, *36*, 1032.

W. Steglich, 'Pilzfarbstoffe', *Chemie in unserer Zeit* **1975**, *9*, 117–123.

A. R. Battersby, 'Alkaloid Biosynthesis', *Q. Rev., Chem. Soc.* **1961**, *15*, 259–286.

G. A. Cordell, 'The Biosynthesis of Indole Alkaloids', *Lloydia* **1974**, *37*, 219–298.

T. Robinson, 'The biochemistry of alkaloids', Springer-Verlag, Berlin, 1968.

A. R. Pinder, 'Pyrrole, Pyrrolidine, Pyridine, Piperidine and Related Alkaloids', in 'Methods in Plant Biochemistry', Vol. 8, Ed. P. G. Waterman, Academic Press, London 1993, S. 241–269.

N. P. Botting, 'Chemistry and Biochemistry of the Kynurenine Pathway of Tryptophan Metabolism', *Chem. Soc. Rev.* **1995**, *24*, 401–412.

V. Kren, 'Bioconversion of Ergot Alkaloids', *Adv. Biochem. Eng. Biotech.* **1991**, *44*, 123–144.

A. I. Gray, 'Quinoline Alkaloids Related to Anthranilic Acid', in 'Methods in Plant Biochemistry', Vol. 8, Ed. P. G. Waterman, Academic Press, London, 1993, S. 271–308.

J. Frackenpohl, 'Morphin und Opioid-Analgetika', *Chemie in unserer Zeit* **2000**, *34*, 99–112.

B. H. Novac, T. Hudlicky, J. W. Reed, J. Mulzer, D. Trauner, 'Morphine Synthesis and Biosynthesis – An Update', *Curr. Org. Chem.* **2000**, *4*, 343–362.

T. Suzuki, H. Ashihara, G. R. Waller, 'Purine and Purine Alkaloid Metabolism in Camellia and Coffea Plants', *Phytochemistry* **1992**, *31*, 2575–2584.

P. Dimroth, 'Wie synthetisieren Zellen ATP?', *Chemie in unserer Zeit* **1995**, *29*, 33–41.

W. Saenger, 'Principles of Nucleotide and Nucleic Acid Structure', Springer-Verlag, Berlin, 1976.

U. Lüpke, F. Seela, 'Seltene Nucleoside', *Chemie in unserer Zeit* **1976**, *12*, 189–198.

H. G. Kloepfer, 'Struktur und Funktion von Ribosomen', *Chemie in unserer Zeit* **1973**, *7*, 49–58.

Z. Shabarova, A. Bogdanov, 'Advanced Organic Chemistry of Nucleic Acids', VCH, Weinheim, 1994.

C. R. Calladine, H. R. Drew, 'Understanding DNA', Academic Press, Cambridge, 1997, 2. Aufl.

H. Domdey, 'Sequenzanalyse von Nucleinsäuren', *Chemie in unserer Zeit* **1980**, *14*, 1–12.

G. Krauss, 'Die PCR – eine Revolution in der DNA-Analytik', *Chemie in unserer Zeit* **1992**, *26*, 325–240.

U. Schleenbecker, H. Schmitter, 'DNA-Analyse in der forensischen Spurensicherung', *Chemie in unserer Zeit* **1994**, *28*, 58–63.

M. Nirenberg, 'Der genetische Code', *Angew. Chem.* **1969**, *81*, 1017–1027.

D. R. Bentley, 'The Human Genome Project – An Overview', *Med. Res. Rev.* **2000**, *20*, 189–196.

Übungsaufgaben

1. Geben Sie die Strukturen von fünf in der Natur vorkommenden *roten* Farbstoffen an, deren Chromophore zu völlig verschiedenen Verbindungsklassen gehören.

2. Ein charakteristischer – obwohl nicht spezifischer – Nachweis für Derivate des Pyrrols (darunter Porphobilinogen und Urobilinogen im Harn) beruht auf der Bildung meist roter Farbstoffe bei ihrer Reaktion mit *Ehrlich*-Reagenz (4-(Dimethylamino)benzaldehyd) in Gegenwart einer Mineralsäure. Formulieren Sie den Mechanismus der Bildung von **A** bei der *Ehrlich*-Reaktion von Pyrrol unter Berücksichtigung der Reaktivität des Letzteren und des in *Fig. 8.73* dargestellten Mechanismus der Synthese des Bakelits.

3. Formulieren Sie die Reaktionsmechanismen aller Schritte der in *Fig. 10.22 (Abschn. 10.5)* dargestellten Biosynthese des Kynurenins.

4. Eine der vom Schweizer Chemiker *Amé Pictet* (1857–1937) durchgeführten Synthesen des Papaverins gilt heute als biomimetisch (griech. μιμέομαι (*mīméomai*): nachahmen), weil ihr Reaktionsmechanismus vermutlich dem der Biosynthese des Alkaloids gleicht:

Schlagen Sie einen plausiblen Mechanismus für die Bildung von Tetrahydropapaverin (**C**) aus den vorstehenden β-Phenylethylamin- und Phenylacetaldehyd-Derivaten in Gegenwart von HCl vor.

5. Wird eine verdünnte Lösung von Colchicin in Methanol unter Luftausschluß bestrahlt, so entstehen zwei primäre Isomerisierungsprodukte, so genannte β- und γ-Lumicolchicine, die unter milden hydrolytischen Bedingungen die entsprechenden α-Diketone bilden. Geben Sie die Strukturen dieser Isomerisierungsprodukte an, die auch in der lebenden Pflanze vorkommen.

6. Formulieren Sie die Reaktionsmechanismen aller Schritte der in *Fig. 10.52 (Abschn. 10.11)* dargestellten Biosynthese des Cinchonidins.

7. Schreiben Sie die komplementäre Sequenz (in der üblichen (5'→3')-Richtung) nachstehender DNA-Abschnitte: a) 5'-CAA-GAATCT-3'; b) 5'-AACGATATA-3'; c) 5'-CCCGCACTC-3'.

Welche Tripeptide werden von den Basen-Sequenzen in der entsprechenden mRNA kodiert?

8. Die Aminosäure Valin wird von vier verschiedenen Nucleinsäure-Tripletts codiert. Welche Codons würden Sie im Genom von Algen, die in Vulkanquellen gedeihen bzw. von Algen, die in der Antarktis vorkommen, häufiger erwarten ?

Lösungen

1. Kapitel

Aufgabe 1.1: Grundsätzlich nimmt die Entropie mit der Bewegungsfreiheit der Teilchen zu.

Aufgabe 1.2: c = (Aktivität der Probe (in Bq) × $\tau_{1/2}$ (in s)/Anzahl Moleküle pro mmol × ln 2) = 50,23 %

Aufgabe 1.3: Das Wachstum von Bakterien folgt einer Kinetik erster Ordnung. Das Wachstum stellt sich beim Erreichen einer durch das Medium bestimmten Populationsdichte ($Z \approx 10^9$ Zellen/ml) ein, die unabhängig von der Anfangszahl der Zellen ist. Somit gilt $2^n = Z = 2 \times 2^{n'}$, wobei n und n' die Anzahl der Zellteilungen im ersten bzw. zweiten Experiment ist. Daraus folgt, daß $n \times \log 2 = \log 2 + n' \times \log 2$ oder $n = 1 + n'$ ist, d.h. das Wachstum hört im zweiten Experiment 20 min früher auf. Intelligenter ist allerdings diese Antwort, wenn sie auf der Überlegung beruht, dass nach der ersten Zellteilung beim ersten Experiment die Anfangsbedingungen des zweiten Experiments erreicht werden. Gemäß: $Z = 2^n$ würde die Anzahl der Zellen nach 46 Generationen $Z = 2^{46} = 7 \times 10^{13}$ betragen.

Aufgabe 1.4: $\overleftarrow{k} = \overrightarrow{k}/K = 20\ \text{s}^{-1}$

2. Kapitel

Aufgabe 2.1: Wegen der hohen Symmetrie des Moleküls ist die Schmelzentropie (ΔS_f) des Methans klein, so dass $\Delta G_f = \Delta H_f - T \Delta S_f$ entsprechend hoch ist.

Aufgabe 2.2: Benzin (C_5–C_9), Ligroin (C_9–C_{11}), Kerosin (C_{11}–C_{15}) und Dieselöl (C_{15}–C_{21}).

Aufgabe 2.3: Aufgrund der hohen Ringspannung ist die Bildungsenthalpie des Bicyclo[1.1.0]butans die höchste aller Isomeren der Formel C_4H_6. Dementsprechend ist seine Verbrennungswärme

$\Delta H^0 = -2650$ kJ mol^{-1}, die des Butadiens z. B. aber nur -2540 kJ mol^{-1}.

Aufgabe 2.4: $\Delta H^0 = -41{,}2 + 44{,}0 = 2{,}8$ kJ mol^{-1}; $\Delta S^0 = -42{,}6 + 118{,}8 = 76{,}2$ J mol^{-1} K^{-1}; $\Delta G^0 = 2{,}8 - 298{,}15 \times 0{,}0762$ (ΔS^0) = $-19{,}9$ kJ mol^{-1}.

Aufgabe 2.5: Setzt man in die Gleichung: cyclo-C_3H_6 + H_2 → C_3H_8 ($\Delta H^0_{hydr.} = -158$ kJ mol^{-1}) die Atomisierungsenergien statt der Bildungsenthalpien beider Alkane ein, so erhält man: $6 \times \Delta_{C-H}$ (im Cyclopropan) + $3 \times \Delta_{C-C}$ (im Cyclopropan) + Bindungdissoziationsenergie der (H-H)-Bindung = $8 \times \Delta_{C-H}$ (im Propan) + $2 \times \Delta_{C-C}$ (im Propan) + 158 kJ mol^{-1}. Die berechnete Atomisierungsenergie des Propans beträgt: $8 \times 415 + 2 \times 344 = 4008$, so dass: Δ_{C-C} (im Cyclopropan) = 1/3 (4008 − 158 − 436 − 6×446) = 246 kJ mol^{-1}.

Aufgabe 2.6: C: 85,207%; H: 14,793%. Die Abnahme bzw. Zunahme des prozentualen Kohlenstoff-Gehaltes bei den nächsten Homologen beträgt nur $1{,}6 \times 10^{-4}$; sie liegt somit innerhalb der Fehlergrenze der Methode.

Aufgabe 2.7: a) Falsch (z. B. (1R,2R,4S,5S)-Tetramethylspiropentan ist eine achirale Verbindung, deren Moleküle zwar eine zweizählige Symmetrieachse aber keine Symmetrieebene besitzen). b) Falsch (z. B. Methylcyclopropan-Moleküle, die achiral sind, besitzen eine Symmetrieebene aber keine Symmetrieachse). c) Richtig.

Aufgabe 2.8: a) *trans*-1,2-Dimethylcyclopropan; b) *cis*- und *trans*-1,3-Dimethylcyclobutan; c) *trans*-1,2-Dimethylcyclobutan.

Aufgabe 2.9: (+)-(3S,8S,9S,10R,13R,14S,17R,20R)-Cholesterol (Nummerierung gemäß *Abb. 5.66*). Es sind 256 Stereoisomere möglich.

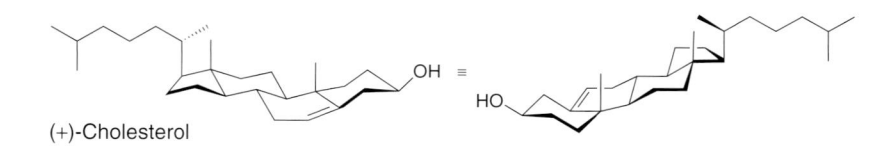

(+)-Cholesterol

Aufgabe 2.10: Bedingt durch die Meßmethode entspricht jeder Messwert der optischen Drehung (α) nicht einem einzigen Wert der spezifischen Drehung ($[\alpha]$) sondern einer Reihe von Drehwinkeln, die um $\pm 180°$ im bzw. gegen den Uhrzeigersinn differieren. Somit gilt $\alpha \pm 180n = [\alpha] \times c \times l$. Durch Einsetzen der α-Werte aus den drei Experimenten erhält man ein Gleichungssystem mit den unbekannten n_1, n_2, n_3 und $[\alpha]$, dessen Auflösung nachstehende Gleichungen liefert: $n_2 = \pm 2 n_1$; $n_3 = 1/4$ ($2 \pm 5 n_2$) und $[\alpha]$ =

$(n_2 + n_3) \times 10^3$. Die kleinsten Lösungswerte betragen: $n_1 = \pm 1$; $n_2 = \pm 2$; $n_3 = +3$ bzw. $n_3 = -2$, so dass $[\alpha] = +5000$ bzw. -4000.

Aufgabe 2.11: $\alpha = 0{,}15 \times 0{,}4 \times (-12{,}7) + 0{,}15 \times 0{,}23 \times (+12{,}7) \times 1 = -0{,}32°$.

Aufgabe 2.12: *a)* D_{3d} ($C_3 + 3\,C_2 + 3\,\sigma_d$); *b)* D_{3h} ($C_3 + 3\,C_2 + \sigma_h + 3\,\sigma_v$); *c)* D_{3d} ($C_3 + 3\,C_2 + 3\,\sigma_d$); *d)* D_2 ($3\,C_2$)

3. Kapitel

Aufgabe 3.1: Alkene: Pent-1-en, Pent-2-en (*cis* und *trans*), 2-Methylbut-1-en, 3-Methylbut-1-en und 2-Methylbut-2-en. Cycloalkane: 1,1-Dimethylcyclopropan, *cis*-1,2-Dimethylcyclopropan, (1*S*,2*S*)- und (1*R*,2*R*)-1,2-Dimethylcyclopropan, Ethylcyclopropan, Methylcyclobutan und Cyclopentan.

Aufgabe 3.2: *a)* 1-Methylcyclopenten; *b)* *cis*-3-Methylpent-2-en; *c)* But-1-en; *d)* 3-Ethylpent-2-en.

Aufgabe 3.3: Die Bildungsenthalpie des Ethylens wird durch Subtraktion der entsprechenden Atomisierungsenergie ($596 + 4 \times 415 = 2256$ kJ mol^{-1}) von der Summe der Atomisierungsenergien seiner konstituierenden Elemente ($2 \times 718 + 2 \times 436 = 2308$ kJ mol^{-1}) erhalten, d.h. $\Delta H_f^0 = 2308 - 2256 = +52$ kJ mol^{-1}.

Aufgabe 3.4: Bei der energieärmsten Konformation des Propens steht ein Wasserstoff der Methyl-Gruppe ekliptisch zur (C=C)-Bindung, bei der energiereichsten ekliptisch zum H-Atom, das an C(2) gebunden ist. Beide Konformationen kommen je dreimal vor.

Aufgabe 3.5: Im Allgemeinen sind Cycloalkene, einschließlich alkylsubstituierter Cyclobutene, gegenüber den entsprechenden Isomeren mit exocyclischer Doppelbindung thermodynamisch bevorzugt: 1-Methylcyclopenten *vs.* Methylencyclopentan um 16,1 kJ mol^{-1}, 1-Methylcyclohexen *vs.* Methylencyclohexan um 9,3 kJ mol^{-1}, 1-Ethylcyclopenten *vs.* Ethylidencyclopentan um 5,6 kJ mol^{-1} und 1-Ethylcyclohexen *vs.* Ethylidencyclohexan um 5,2 kJ mol^{-1}, wobei im Falle der Methyl-Derivate zu berücksichtigen ist, dass die exocyclische (C=C)-Bindung nur zweifach, während die endocyclische dreifach substituiert ist. Dadurch erklärt sich die größere Differenz der Bildungsenthalpien bei den Letzteren.

Aufgabe 3.6: Zwei stereoisomere Reaktionsprodukte sind möglich: *cis*- und *trans*-1,4-Dimethyl- bzw. *cis*- und *trans*-1-*tert*-Butyl-4-methylcyclohexan. Da 4-Methyl-1-methylidencyclohexan als Gemisch zweier Sesselkonformere vorkommt, bei denen die Methyl-Gruppe axial bzw. äquatorial angeordnet ist, kann Addition von H_2 sowohl von derselben Seite der ($C=CH_2$)-Bindung beider Konformere als auch von gegenüber liegenden Seiten der ($C=CH_2$)-Bindung bei ein und demselben Konformer zu einem Gemisch der diastereoisomeren Produkte führen. Aufgrund der größeren Raumbeanspruchung der CH_2-Gruppen gegenüber den axialen H-Atomen ist jedoch die Addition von H_2 auf der Katalysator-Oberfläche günstiger von der *exo*-Seite (*a*) als von der *endo*-Seite (*b*) des Cyclohexan-Ringes. Da die 4-ständige Methyl-Gruppe weit entfernt von der Katalysator-Oberfläche ist, beeinflusst ihre Lage (axial bzw. äquatorial) die Reaktionsgeschwindigkeit kaum, so dass beide Stereoisomere in gleichen Mengen gebildet werden. Dabei spielt die Population der Konformationsisomere des Substrats keine Rolle (vgl. *Aufg. 3.8*). Beim 4-*tert*-Butyl-1-methylidencyclohexan kommt nur die Konformation mit äquatorialer *tert*-Butyl-Gruppe vor, so dass nur *cis*-1-*tert*-Butyl-4-methylcyclohexan als Produkt der Reaktion zu erwarten ist.

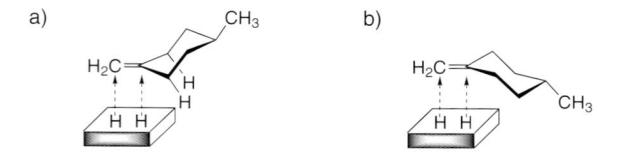

Aufgabe 3.7: Bei kinetisch kontrollierten Reaktionen wird die Zusammensetzung des Reaktionsgemisches (*R*) durch das Verhältnis der Reaktionsgeschwindigkeiten bestimmt, mit denen die verschiedenen Produkte gebildet werden, d.h.:

$$R = \frac{d[P_A]/dt}{d[P_B]/dt} = \frac{[A] \cdot k_A}{[B] \cdot k_B}.$$

Ersetzt man die Reaktionsgeschwindigkeitskonstanten durch die entsprechenden Ausdrücke der *Eyring–Polanyi*-Gleichung, so erhält man:

$$R = \frac{[A] \cdot kT/h \cdot \exp((G_A^\ddagger - G_A)/RT)}{[B] \cdot kT/h \cdot \exp((G_B^\ddagger - G_B)/RT)}$$

$$= \frac{[A] \cdot \exp((G_A^\ddagger - G_B^\ddagger)/RT)}{[B] \cdot \exp((G_A - G_B)/RT)}.$$

Da aber $\Delta G^0 = -RT \ln K$, d.h. $K = [A]/[B] = \exp(-\Delta G^0/RT) = \exp((G_A - G_B)/RT)$ ist, hängt der Wert von *R* ausschließlich von der Differenz der Energiegehalte der Übergangskomplexe ab, die zu den Produkten P_A bzw. P_B führen:

$$R = \exp((G_A^\ddagger - G_B^\ddagger)/RT).$$

Aufgabe 3.8: Katalytische Hydrierungen sind *syn*-stereoselectiv (s. Abschn. 3.6), infolgedessen wird *cis*-Stilben als Hauptprodukt gebildet. Da die Reaktion nicht thermodynamisch kontrolliert ist, spielen die Bildungsenthalpien der Produkte dabei keine Rolle.

4. Kapitel

Aufgabe 4.1: Der σ-Komplex der elektrophilen aromatischen Substitution am Naphthalin ist ein Mesomerie-Hybrid zwischen zwei Resonanz-Strukturen (**A** und **B**), die je einen Phenyl-Ring enthalten. Beim σ-Komplex der Reaktion an der β-Position ist nur eine derartige Struktur (**C**) möglich:

Aufgabe 4.2: Prinzipiell kann die elektrophile aromatische Substitution auch an substituierten C-Atomen des aromatischen Ringes stattfinden (sog. *ipso*-Substitution), wenn der abgespaltene Ligand ein genügend stabiles Kation bildet:

5. Kapitel

Aufgabe 5.1: Die Sessel-Konformation, bei der beide OH-Gruppen axial angeordnet sind.

Aufgabe 5.2: Es handelt sich um die Twist-Konformation, bei der beide *tert*-Butyl-Gruppen pseudoäquatorial angeordnet sind (vgl. Abschn. 2.23):

Aufgabe 5.3: Es gibt neun stereoisomere Inosite (vgl. *Tab. 2.7*), von denen nur zwei chiral sind. Die enantiomorphen Konformationen des *allo*-Inosits sind aufgrund der gegenseitigen Umwandlung der Sessel-Konformationen des Cyclohexan-Ringes nicht trennbar (s. *Abschn. 2.23*):

cis-Inosit   *epi*-Inosit   *allo*-Inosit   *neo*-Inosit   *myo*-Inosit

muco-Inosit   (+)-*chiro*-Inosit   (−)-*chiro*-Inosit   *scyllo*-Inosit

Aufgabe 5.4: Aufgrund des $(+M)$-Effektes der CH_3O-Gruppe findet die Nitrierung des 4-Chloranisols (**A**) an C(2) statt. Dasselbe Produkt könnte sich allerdings durch Anlagerung des Elektrophils an das bereits substituierte C(4)-Atom unter darauf folgender Umlagerung der NO_2-Gruppe bilden. Durch Abspaltung von Cl^+ aus dem entsprechenden σ-Komplex der elektrophilen aromatischen Substitution würde 4-Nitroanisol entstehen. Da aber unter den angewandten Reaktionsbedingungen Hydrolyse der Ether-Gruppe des Letzteren nicht stattfindet, steht die Bildung von 4-Nitrophenol in wässriger Essigsäure mit folgendem Reaktionsmechanismus besser im Einklang:

Aufgabe 5.5: $5\ H_3C-CHOH-C_3H_7 + 2\ KMnO_4 + 3\ H_2SO_4 \rightarrow$
$5\ H_3C-CO-C_3H_7 + 2\ MnSO_4 + K_2SO_4 + 8\ H_2O$.

Aufgabe 5.6: Durch Protonierung der OH-Gruppe des Nerols und darauf folgende Abspaltung von H_2O wird ein *cis*-allylisches Carbenium-Ion gebildet, dessen intramolekulare Addition an die (C(6)=C(7))-Bindung zum α-Terpineyl-Kation führt. Bei der Reaktion des Letzteren mit H_2O entsteht das α-Terpineol. Das aus Geraniol gebildete *trans*-allylische Carbenium-Ion muss durch zwei aufeinander folgende Allyl-Umlagerungen in das *cis*-Isomere umgewandelt werden, bevor Cyclisierung stattfinden kann, wodurch die Reaktion langsamer abläuft.

Aufgabe 5.7: Durch Protonierung der OH-Gruppe des Norbornan-1-ols und darauf folgende Abspaltung von H_2O würde ein tertiäres Carbenium-Ion entstehen, das aufgrund der Geometrie des Moleküls nicht planar sein kann. Seine Deprotonierung würde zu einem Alken führen, bei dem sich die vier Liganden an der (C=C)-Gruppe nicht in derselben Ebene befinden können. Somit sind derartige 'Brückenkopf-Olefine' bei bicyclischen Systemen mit weniger als 9 C-Atomen wegen der zu großen *Baeyer*-Spannung nicht möglich (*Bredt*'sche Regel).

Aufgabe 5.8: In verdünnter H_2SO_4 entsteht durch Protonierung der OH-Gruppe des Butan-1-ols und darauf folgende Abspaltung von H_2O ein sekundäres Carbenium-Ion, dessen Reaktion mit H_2O zu Butan-2-ol führt.

Aufgabe 5.9: *a)* Protonen-katalysierte Allyl-Umlagerung der (C(8)=C(9))-Bindung unter Bildung eines konjugierten Diens. *b)* Bildung eines Allyl-Kations durch Protonierung an C(6) und darauf folgende Addition von C(9) an die (C(2)=C(3))-Bindung, wobei sich die positive Ladung nunmehr an C(3) befindet. *c)* Addition des tertiären Carbenium-Ions an die (C(7)=C(8))-Bindung unter Bildung eines ebenfalls tertiären Carbenium-Ions an C(7). *d)* *Wagner–Meerwein*-Umlagerung der (C(8)–C(9))-Bindung, wobei das C-Gerüst des α-Caryophyllen-Alkohols gebildet wird. Letzteres entsteht durch Reaktion des sekundären Carbenium-Ions an C(8) mit H_2O und darauf folgende Abspaltung von H^+:

Aufgabe 5.10: Durch Protonierung einer der beiden OH-Gruppen des Pinakols und darauf folgende Abspaltung von H_2O entsteht ein Carbenium-Ion, dessen Reaktion mit H_2O schneller als die Umlagerung zum Pinakolon stattfindet.

Aufgabe 5.11: Die absolute Konfiguration des (−)-Ethyloctylethers ist ebenfalls (*R*). Seine maximale optische Drehung beträgt: $[\alpha]_D^{20} = -14{,}6 \times (9{,}9/8{,}24) = 17{,}5$.

Aufgabe 5.12: Die nucleophile Substitution der (protonierten) OH-Gruppe des *tert*-Butanols mit Methanol als Nucleophil ist wegen des kleineren Energiegehalts des *tert*-Butyl-Carbenium-Ions und der kleineren Raumbeanspruchung von nur einer CH_3-Gruppe im Methanol energetisch günstiger als die Reaktion zweier *tert*-Butanol- bzw. Methanol-Moleküle miteinander. *tert*-Butyl-methyl-ether bildet nicht so leicht Peroxide wie Diethyl-ether, einerseits weil der *tert*-Butyl-Rest keine α-ständigen H-Atome zum O-Atom enthält, andererseits weil die Bildung eines (primären) Alkoxymethyl-Radikals mehr Energie benötigt als die des (sekundären) Ethoxyethyl-Radikals beim Diethyl-ether.

Aufgabe 5.13: Prinzipiell kommt 1,2-Epoxycyclohexan in den beiden nebenstehenden enantiomorphen Halbsessel-Konformationen **A** und **B** (jeweils R = H) vor, die sich rasch ineinander umwandeln. Da aber eine *tert*-Butyl-Gruppe als Substituent eines Cyclohexan-Ringes nur äquatorial angeordnet sein kann (*Abschn. 2.23*), stellt Formel **A** (R = $(CH_3)_3C$) die einzige Struktur des $(1S,2R,4R)$-4-*tert*-Butyl-1,2-epoxycyclohexans dar, die an der Reaktion teilnimmt. Bei der Hydrolyse des Oxiran-Ringes führt die regioselektive axiale Annäherung des Nucleophils (H_2O) an das C(2)-Atom mit dem minimalen Aufwand an Energie zum Produkt, da im Letzteren die OH-Gruppe ebenfalls axial angeordnet ist. Somit wird die (C(2)−O)-Bindung gebrochen und $(1S,2S,4R)$-4-*tert*-Butylcyclohexan-1,2-diol gebildet.

6. Kapitel

Aufgabe 6.1: Die Bildung des CH_3-Radikals durch homolytische Spaltung einer (H−C)-Bindung des Methans benötigt 437 kJ mol^{-1} (*Abschn. 2.12*). Da bei der Bildung der (H−S)-Bindung des Methanthiols nur 314 kJ mol^{-1} freigesetzt werden, ist die Reaktion in der durch die Gleichung angegebenen Richtung um 314 − 453 = − 139 kJ mol^{-1} endotherm, d.h. ΔH^0 = 139 kJ mol^{-1}. Demzufolge liegt das dargestellte chemische Gleichgewicht zugunsten der Bildung von Methan.

Aufgabe 6.2: Durch Subtraktion der Reaktion mit dem höheren Reduktionspotential von der Reaktion mit dem niedrigeren Reduktionspotential resultiert die Gleichung: Fumarat + NADH + H$^+$ → Succinat + NAD$^+$, wobei $\Delta G^{0\prime} = -n \times F \times (0{,}031 + 0{,}315) = -2 \times 96{,}5 \times 0{,}346 = -66{,}8$ kJ mol^{-1}. Die umgekehrte Reaktion, d.h. die Reduktion des Succinats durch NAD$^+$ wäre derart endotherm, dass sie nicht stattfindet. Dagegen ist die entsprechende Reaktion mit enzymgebundenem FAD, d.h.: Fumarat + FADH$_2$ → Succinat + FAD, schwach endotherm, denn: $\Delta G^{0\prime} = -2 \times 96{,}5 \times (0{,}031 - 0) = 6$ kJ mol^{-1}.

Aufgabe 6.3: Das Produkt der Oxidation des Gemisches der 2-Octylphenylsulfoxide **A** und **B** mit H_2O_2 ist ein enantiomerenreines Sulfon, dessen absolute Konfiguration mit der des als Ausgangsstoff verwendeten 2-Octylphenylsulfids übereinstimmt. Demzufolge ist die spezifische optische Drehung beider Enantiomere bekannt, die durch Oxidation des Gemisches der entsprechenden Sulfoxide *nach* deren Behandlung mit Kalium-*tert*-butanolat erhalten wird. Aus der optischen Drehung dieses Gemisches lassen sich die Anteile beider Enantiomere berechnen, und zwar:

$$[\alpha]_{546} = 3{,}3 = 14{,}5\,x + (-14{,}5)\,(1-x). \text{ Somit: } x = 0{,}614$$
$$\text{bzw. } 1 - x = 0{,}386$$

Nach der Behandlung mit Kalium-*tert*-butanolat enthält das Reaktionsgemisch vier Diastereoisomere, die zwei Enantiomerenpaare bilden. Bezeichnet man ihre molaren Anteile als $m + m' + n + n' = 1$, so ist die optische Drehung des Gemisches, zu der nur der jeweilige Überschuss eines der Diastereoisomere gegenüber seinem entsprechenden Spiegelbild beiträgt, gleich:

$$[\alpha]_{546} = -39{,}71 = (m - m')\,[\alpha_A] + (n - n')\,[\alpha_B]$$

Da aber bei der Behandlung von **A** und **B** mit Kalium-*tert*-butanolat Isomerisierung am C-, nicht aber am S-Atom eintritt, ist einerseits $m + n = 2/5 = 0{,}4$ und $m' + n' = 3/5 = 0{,}6$. Andererseits ändert sich bei der Oxidation der Sulfoxide zu den entsprechenden Sulfonen die absolute Konfiguration am C-Atom nicht, so dass: $m + n' = x = 0{,}614$ und $m' + n = 0{,}386$. Daraus lässt sich ableiten: $m - m' = 0{,}4 - 0{,}386 = 0{,}014$ und $n - n' = 0{,}4 - 0{,}614 = -0{,}214$. Somit ist:

$$[\alpha]_{546} = -39{,}71 = 0{,}014\,[\alpha_A] - 0{,}214\,[\alpha_B]$$

Ferner beträgt die optische Drehung des Gemisches der 2-Octylphenylsulfoxide **A** und **B** *vor* der Behandlung mit Kalium-*tert*-butanolat:

$$[\alpha]_{546} = +27 = [\alpha_A] \cdot 0{,}4 + [\alpha_B] \cdot 0{,}6$$

Durch Auflösung des Gleichungssystems werden $[\alpha_A]_{546} = -192$ und $[\alpha_B]_{546} = +173$ bestimmt.

7. Kapitel

Aufgabe 7.1: *Primäre Amine*, die durch Diazotierung mit Salpetriger Säure in die entsprechenden Alkohole überführt werden können: *a)* Butan-1-amin; *b)* ((R) und (S)) Butan-2-amin; *c)* Isobutylamin (2-Methylpropan-1-amin); *d) tert*-Butylamin (1,1-Dimethylethanamin). *Sekundäre Amine*, die durch Reaktion mit Salpetriger Säure das entsprechende Nitrosamin bilden: *e)* Methylpropylamin; *f)* Diethylamin; *g)* Methylisopropylamin. *Tertiäres*

Amin, das bei 4 °C mit Salpetriger Säure nicht reagiert: *h*) Dimethylethylamin. Die einzelnen Isomere können mit Hilfe des *Hofmann*-Abbaus voneinander unterschieden werden: *a*) → ein Alken (But-1-en); *b*) → zwei Alkene (das Hauptprodukt But-1-en); *c*) und *d*) → dasselbe Alken (Isobutylen). *c*) und *d*) können aufgrund ihrer Basizität unterschieden werden, denn das höher substituierte C-Atom sollte die Basizität des N-Atoms erhöhen; *c*) pK_s = 10,4, *d*) pK_s = 10,8. *Hofmann*-Abbau von *e*) und *g*) → dasselbe Alken (Propen); *idem* von *f*) → Ethylen (2 mol). *idem* von *h*) → Ethylen (1 mol).

Aufgabe 7.2: *c*): A = Anilin (basisch, löslich in Salzsäure), B = 4-Nitrophenol (sauer, löslich in NaOH-Lösung), C = Anisol (neutral).

Aufgabe 7.3: Die (C–N–C)-Winkel im planaren Übergangskomplex der 'Stickstoff-Inversion' müssen 120° betragen. Demzufolge ist die mit der Spreizung des (C–N–C)-Winkels verbundene *Baeyer*-Spannung im Übergangskomplex bei acyclischen tertiären Aminen kleiner als in Derivaten des Aziridins. Die experimentell bestimmte Energiebarriere der 'Stickstoff-Inversion' beträgt beim *N*-Methylaziridin ungefähr 79,5 kJ mol^{-1}.

Aufgabe 7.4: Aufgrund der Delokalisierung des nichtbindenden Elektronenpaares des N-Atoms in den Phenyl-Ring (s. nebenstehende Resonanz-Struktur) ist das Dipolmoment des *N,N*-Dimethylanilins entlang der Molekülachse gerichtet. Es ist jedoch bekannt, dass beim Anilin im Grundzustand (und vermutlich auch bei seinen Derivaten) sich die Liganden des N-Atoms und demzufolge das Dipolmoment des Moleküls nicht in der Ebene des aromatischen Ringes befinden. Die daraus resultierende Komponente des Dipolmoments senkrecht zur Molekülachse ist bei der Mehrzahl der Konformationen des *N,N,N',N'*-Tetramethylbenzol-1,4-diamin-Moleküls, die durch Drehung beider (CH$_3$)$_2$N-Gruppen um die (Phenyl–N)-Bindungen vorkommen, nicht null, so dass deren Summe das Gesamtdipolmoment des Moleküls ergibt.

Aufgabe 7.5: Sperrige Alkyl-Reste vereiteln die Bildung tertiärer Amine bei deren Synthese durch Alkylierung von sekundären Aminen. Diisopropylamin wirkt somit als Base bei der bimolekularen Eliminierung von HI aus 2-Iodopropan.

Aufgabe 7.6:

Aufgabe 7.7: Im Gegensatz zu sekundären Aminen können tertiäre Amine kein elektrisch ungeladenes *N*-Nitroso-Derivat bilden. Aufgrund der Delokalisierung des Elektronenpaares am N-Atom der Amino-Gruppe kann jedoch die Reaktion mit dem (elektrophilen) Nitrosonium-Ion an den durch den (+*M*)-Effekt der Amino-Gruppe elektronenreichen C-Atomen des aromatischen Ringes stattfinden:

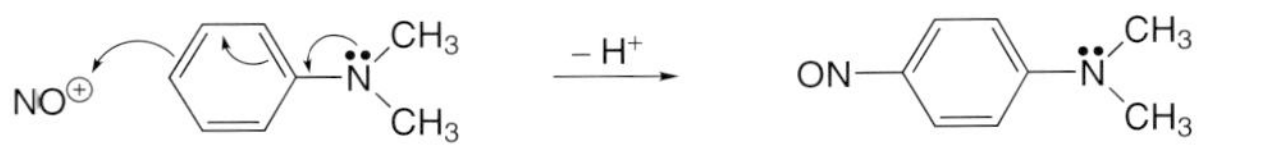

4-Nitroso-*N,N*-dimethylanilin

Aufgabe 7.8: Die Kupplung von Diazonium-Salzen mit aromatischen Aminen findet bei der thermodynamisch kontrollierten Reaktion an den durch den (+*M*)-Effekt der Amino-Gruppe elektronenreichen C-Atomen des aromatischen Ringes statt. Dennoch ist das N-Atom der Amino-Gruppe, das Träger des delokalisierten Elektronenpaares ist, nucleophil, so dass unter kinetischer Kontrolle die Kupplung ebenfalls an diesem Atom unter Bildung eines *Triazens* stattfinden kann:

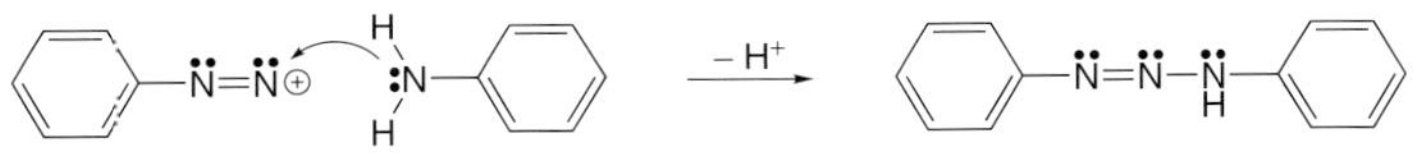

Diphenyltriazen

Die Protonierung der Amino-Gruppe des aromatischen Amins unterdrückt die obige Reaktion.

Aufgabe 7.9: Das Primärprodukt der Reaktion eines aliphatischen primären Amins mit Salpetriger Säure ist ein Carbenium-Ion. Da aus **A** das gleiche Carbenium-Ion gebildet wird wie bei der säurekatalysierten Umlagerung des entsprechenden 1,2-Diols, sind **B** (60%) und **C** (6%) Produkte einer Pinakol-Umlagerung, bei der sich bevorzugt das höher substituierte C-Atom bewegt:

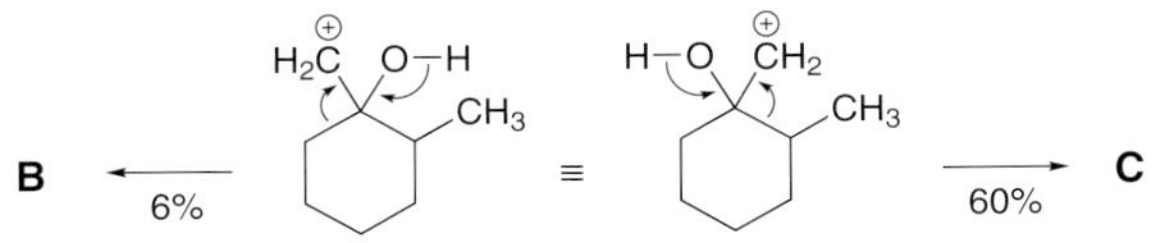

Aufgabe 7.10: Der Umschlagspunkt des Indikators liegt bei demjenigen pH-Wert, bei dem die Konzentration des Indikator-Ions (A$^-$) ebenso groß ist wie die Konzentration der konjugierten Säure (HA), d.h. bei pH = pK_s. Beim Methylorange beträgt das Umschlagsintervall: pH = 3,2 – 4,4. Es ist somit etwas kleiner

als das Intervall von pH = 2,5 – 4,4, das sich aufgrund des Verhältnisses $[A^-]/[HA] \approx 9:1$ errechnen läßt. In saurem Medium liegt der Indikator als Sulfonsäure vor, die zum Teil an der Azo-Gruppe protoniert ist. Insbesondere die Resonanz-Struktur, bei der die positive Ladung der protonierten Azo-Gruppe in der Dimethylamino-Gruppe delokalisiert ist, trägt aufgrund ihrer dem *para*-Benzochinon analogen Struktur zur bathochromen Verschiebung der Lichtabsorption bei:

8. Kapitel

Aufgabe 8.1: Das Primärprodukt der Oxidation des Alkohols ist der entsprechende Aldehyd, der mit noch vorhandenem Alkohol ein Halbacetal bildet. Die Oxidation des Letzteren zum Carbonsäure-ester findet offenbar schneller statt als die des Aldehyds zur entsprechenden Carbonsäure:

Aufgabe 8.2: Durch Hydrolyse des Phosphoenol-pyruvats wird primär das Enol-Tautomer der Brenztraubensäure gebildet, dessen Umwandlung in Brenztraubensäure exotherm ist.

Aufgabe 8.3: Da die gleichen Rektionsbedingungen zur Aldol-Addition dienen, findet zuerst die Bildung eines Ketol-Addukts statt, das nach anschließender Bildung des Glycol-Halbacetals unter Spaltung der (C(2)–C(3))-Bindung in das Produkt der Reaktion übergeht (H. Suemune, K. Oda, K. Sakai, *Tetrahedron Lett.* **1987**, *28*, 3373–3376):

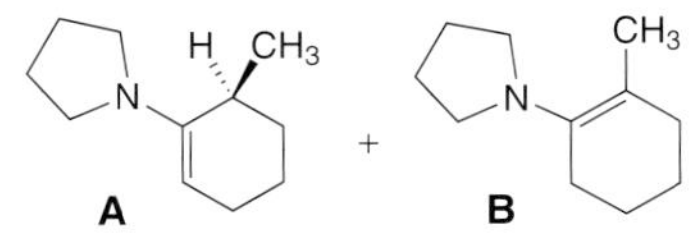

Aufgabe 8.4: Das Enamin **A** entsteht als Hauptprodukt wegen der geringeren *Pitzer*-Spannung gegenüber **B**, in dem der Pyrrolidin-Ring und die CH$_3$-Gruppe am Cyclohexen-Ring koplanar angeordnet sind.

Aufgabe 8.5: *meso*-11-Methyl-5-oxo-13-azabicyclo[7.3.1]bicyclotridecan, weil die Eliminierung von Essigsäure aus dem *O*-Acetylcoccinellin begünstigt wird, wenn das Proton, das abgespalten wird, *anti*-periplanar zur Acetoxy-Gruppe angeordnet ist.

Aufgabe 8.6: *a*) Bildung des Succindialdehyd-*bis*-methylimins. *b*) Deprotonierung einer CH$_2$-Gruppe des 3-Oxoadipinsäure-diethylesters. *c*) Darauf folgende nucleophile Addition des gebildeten Carbanions an die Imino-Gruppe des Succindialdehyd-*bis*-methylimins. Durch Wiederholung der Schritte *b* und *c* wird der Cycloheptanon-Ring gebildet. *d*) Protonierung einer der Methylamino-Gruppen und darauf folgende Eliminierung von Methylamin. *e*) Konjugierte Addition der anderen Methylamino-Gruppe an die (C=C)-Bindung des α,β-ungesättigten Carbonsäure-esters:

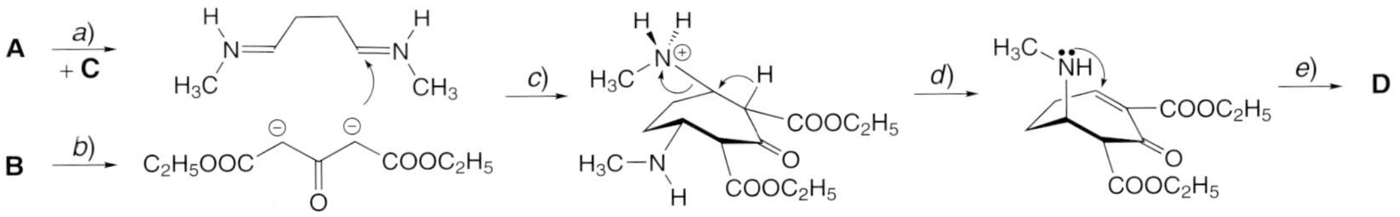

Aufgabe 8.7: *a*) Deprotonierung des C(2)-Atoms des 2-Methylcyclohexan-1,3-dions. *b*) Darauf folgende *Michael*-Addition an die (C=C)-Bindung des Methylvinylketons. *c*) Nucleophile Addition des gebildeten Enolats an eine der Carbonyl-Gruppen des Cyclohexandion-Ringes. *d*) Abspaltung von H$_2$O:

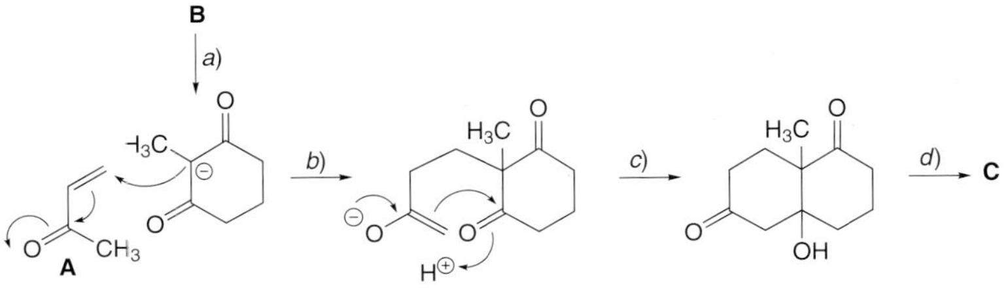

Aufgabe 8.8: Durch intramolekulare Alkylierung des C(2)-, C(5)- bzw. O-Atoms der dem Substrat entsprechenden Enolate werden folgende Produkte erhalten: Spiro[4.3]octan-5-on (13%), Bicyclo[3.2.1]octan-8-on (6%) und 2,3,4,5,6,7-Hexahydrocyclopenta[*b*]pyran (15%).

Aufgabe 8.9: *1)* Allose und Galactose; *2)* alle Paare, die epimer am C(2)-Atom sind.

Aufgabe 8.10: (−)-1,2:5,6-Di-*O*-isopropyliden-α-D-glucofuranose bzw. (−)-1,2:3,4-Di-*O*-isopropyliden-α-D-galactopyranose (siehe nebenstehende Formeln).
Offenbar spielt die Flexibilität der *cis*-Verknüpfung der (fünfgliedrigen) Dioxolan-Ringe mit dem Hexose-Cyclus eine wichtigere Rolle als die Enthalpiedifferenz zwischen der Pyranose- und der Furanose-Struktur. Bei der 1,2:3,4-Di-*O*-isopropyliden-α-D-glucopyranose, deren Struktur derjenigen der 'Aceton-Galactose' entspräche, wäre der Dioxolan-Ring an der (C(3)−C(4))-Bindung *trans*-verknüpft mit dem Pyranose-Cyclus.

Aufgabe 8.11: Beim Weg *a)* findet die Biosynthese der Weinsäure unter Spaltung der (C(2)−C(3))-Bindung der D-Glucose statt. Beim Weg *b)* dagegen wird die (C(4)−C(5))-Bindung gespalten. Am einfachsten lassen sich beide Wege voneinander unterscheiden, wenn man D-Glucose als Substrat verwendet, das an der Formyl-Gruppe (C(1)) isotopenangereichert ist.

9. Kapitel

Aufgabe 9.1: Natrium-acetat ist das Salz einer starken Base (NaOH) und einer schwachen Säure (Essigsäure). Seine wässrige Lösung reagiert basisch, weil Acetat-Ionen in wässriger Lösung im thermodynamischen Gleichgewicht mit der nichtionisierten Essigsäure stehen:

$$H_3C-COO^- + H_2O \rightleftharpoons H_3C-COOH + HO^-$$

so dass ein Überschuss an Hydroxid-Ionen vorhanden ist.

Aufgabe 9.2: Aus der Definition der Aciditätskonstante $K_s = [A^-][H^+]/[HA]$ folgt:

$$\log K_s = \log [A^-] + \log [H^+] - \log [HA]$$
$$\text{bzw.: } pK_s = \log [HA] - \log [A^-] + pH.$$

Aufgabe 9.3: Eine plausible Reaktionsfolge kann analog zum Mechanismus der Umwandlung von Bornylen in α-Pinen (*Abschn. 3.19*) ablaufen:

Aufgabe 9.4: Als Hydrat der Keto-Gruppe: HOOC–C(OH)$_2$–COOH.

Aufgabe 9.5: Acetaldehyd wird durch Oxidation zu Acetat abgebaut (*Abschn. 8.12*). Acetat entsteht aber auch durch Decarboxylierung vom Pyruvat, dem Endprodukt der Glycolyse (*Abschn. 8.29*), so dass Letztere die Acetat-Konzentration in den Zellen erhöht und dadurch den Abbau von Acetaldehyd verlangsamt.

Aufgabe 9.6: Netto liefert die Umwandlung von 1,3-Bisphosphoglycerat in 3-Phosphoglycerat und die Umwandlung von Phosphoenolpyruvat in Pyruvat bei der Glycolyse (*Abschn. 8. 29*) je ein ATP-Molekül. Im Citronensäure-Zyklus (*Abschn. 9.5*) wird ein ATP-Molekül bei der Bildung von Succinat biosynthetisiert, d.h. 2 mol ATP je mol Glucose. Ferner wird bei der Glycolyse je ein NADH-Molekül bei der Oxidation des Glycerinaldehyds und bei der oxidativen Decarboxylierung des Pyruvats gebildet. Jeder Umlauf des Citronensäure-Zyklus erzeugt 3 NADH-Moleküle und ein FADH$_2$-Molekül. Da jedes Glucose-Molekül zwei Substrat-Moleküle der vorstehend genannten Reaktionen liefert, ist die Zahl der NADH- und FADH$_2$-Moleküle zu verdoppeln. Nimmt man an, dass in der Atmungskette maximal 3 ATP-Moleküle je NADH-Molekül und 2 ATP-Moleküle je FADH$_2$-Molekül biosynthetisiert werden (*Abschn. 6.3*), so beträgt die Gesamtausbeute an ATP:

$$2 + 2 + 3 \times 2 \times (2 + 3) + 2 \times 2 \times 1 = 38.$$

Setzt man die durchschnittlichen Werte biosynthetisierter ATP-Moleküle je oxidiertes NADH- und FADH$_2$-Molekül ein, so beträgt die durchschnittliche ATP-Ausbeute beim oxidativen Abbau der Glucose:

$$2 + 2 + 2.5 \times 2 \times (2 + 3) + 1.5 \times 2 \times 1 = 32.$$

Aufgabe 9.7: Findet die Abspaltung von N$_2$ aus dem Diazonium-Ion, das durch Diazotierung der Asparaginsäure gebildet wird, unter Beteiligung der β-ständigen Carboxyl-Gruppe statt, so kann ein β-Lacton (**B**) als Zwischenprodukt entstehen, dessen Ringöffnung gemäß dem S_N2-Mechanismus zur (+)-(S)-Äpfelsäure führt:

Aufgabe 9.8: Die kinetische Gleichung für die Reaktion: L-Asp $\underset{k_D}{\overset{k_L}{\rightleftharpoons}}$ D-Asp lautet: $d[L]/dt = -k_L [L] + k_D [D]$, wobei $k_L = k_D$, weil L- und D-Asp Enantiomere sind. Ferner bedingt die Stöchiometrie der Reaktion, dass $[D] = [L]_0 - [L]$, wobei $[L]_0$ die Konzentration von L-Asp zum Beginn des Racemisierungsprozesses ist. Daraus folgt: $d[L]/dt = -k (2 [L] - [L]_0)$. Zur Lösung dieser Differentialgleichung setzt man: $2 [L] - [L]_0 = [P]$, so dass $d[L] = d[P]/2$ und somit $d[P]/dt = -2 k [P]$. Durch Integration erhält man: $\ln([P]_t/[P]_0) = -2 k (t - 0)$ oder: $\ln(2 [L]_t - [L]_0/2 [L]_0 - [L]_0) = -2 k t$, bzw. $\ln(2 [L]_t - [D]_t - [L]_t/[L]_0) = \ln([L]_t - [D]_t/[L]_0) = -2 k t$. Andererseits resultiert aus der optischen Drehung der partiell racemisierten D-Asparaginsäure: $+ 23{,}81 = [L]_t \times 25{,}16 - [D]_t \times 25{,}16$ bzw. $+ 23{,}81 = x \times 25{,}16 - (1 - x) \times 25{,}16)$, so dass: $[L]_t = 0{,}973$ und $[D]_t = 0{,}027$. Setzt man diese Werte zusammen mit $[L]_0 = 1$ in die integrierte kinetische Gleichung ein, so erhält man $t = 35$ Jahre. Vernachlässigt man den Anteil von L-Asparaginsäure, der durch die Reversibiltät der Racemisierungsreaktion zurückgebildet wird, so wird Letztere als eine irreversible Reaktion erster Ordnung behandelt, so dass $d[L]/dt = -k [L]$. Aus der gemäß *Abschn. 1.11* durchgeführten Integration resultiert: $t = 34{,}8$ Jahre.

Aufgabe 9.9: *a*) *retro-Claisen*-Addition von **A** führt zum Ester-Enolat des 2-Methyladipinsäure-dimethyl-esters, das im thermodynamischen Gleichgewicht mit seinem an C(5) deprotonierten Isomer steht. *b*) Durch anschließende intramolekulare *Claisen*-Addition (sog. *Dieckmann*-Kondensation) des Letzteren wird **B** gebildet:

Aufgabe 9.10: Das C(4)-Atom ist vinylog α-ständig zu der Carbonyl-Gruppe an C(1) und kann somit in Gegenwart einer Base leicht deprotoniert werden.

Aufgabe 9.11: Diethylamin und 3-Methylbenzoesäure.

Aufgabe 9.12: Im Additionsprodukt des Methanols an die Carbonyl-Gruppe des Carbamats ist die schwächere Base ($C_2H_5O^-$) das bessere Nucleofug (s. *Abschn. 7.9*).

Aufgabe 9.13: Zwei Carboxy-Gruppen sowie je eine Amid-, β-Lactam-, Amino- und Thioether-Gruppe.

Aufgabe 9.14: Die nucleophile Anlagerung von Hydrazin an die Carbonyl-Gruppen der Peptid-Kette führt zum Bruch der Peptid-Bindungen unter Bildung der Hydrazide aller Aminosäuren, außer der Aminosäure am C-Ende, mit deren Carboxy-Gruppe Hydrazin ein Salz bildet.

Aufgabe 9.15: Das N-Atom von Prolin ist Bestandteil eines fünfgliedrigen Ringes, so dass die (C(2)−N)-Bindung nicht frei rotieren kann. Demzufolge üben Prolin-Einheiten eine geringe Spannung auf die Bildung von α-Helices aus. Außerdem ist Prolin ein sekundäres Amin, so dass innerhalb einer Peptid-Bindung kein H-Atom mehr vorhanden ist, mit dem H-Brücken-Bindungen mit anderen Aminosäure-Einheiten möglich wären.

Aufgabe 9.16: Jeder Strang der Doppelhelix hat eine Masse von 35 kDa und enthält somit: 35000/110 = 318,2 Aminosäure-Einheiten. Da die Ganghöhe der α-Helix, die 0,54 nm beträgt, aus 3,6 Monomer-Einheiten besteht, beträgt die Länge des Tropomyosin-Moleküls: 318,2/3,6 × 0,54 = 47,7 nm.

10. Kapitel

Aufgabe 10.1: Lycopen (*Abschn. 3.22*), Alizarin (*Abschn. 8.5*) bzw. Emodin (*Abschn. 9.24*), Betanidin (*Abschn. 8.14*), Cyanidin (*Abschn. 9.24*), Protoporphyrin IX (*Abschn. 10.4*), u. a.

Aufgabe 10.2: Die nucleophile Addition von Pyrrol an die Carbonyl-Gruppe von Aldehyden findet bevorzugt an den α-Positionen statt, wobei Addukte entstehen, die unter anschließender Abspaltung von H_2O Farbstoffe bilden. Die H_2O-Abspaltung findet in zwei aufeinander folgenden Schritten statt, die vom Bruch der Bindung *a* bzw. *b* eingeleitet werden:

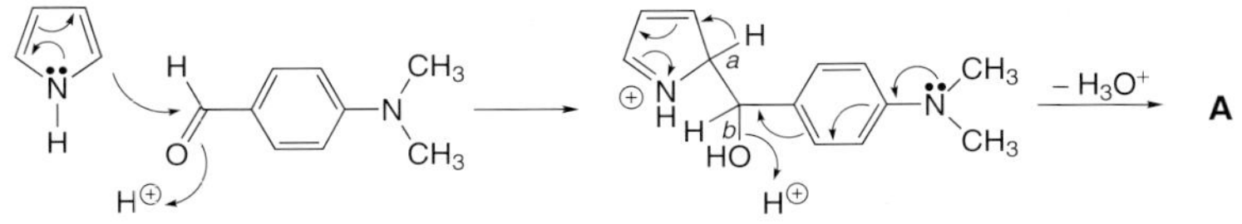

Aufgabe 10.3: Überprüfen sie Ihre Antwort anhand folgender Literaturstelle: N. P. Botting, 'Chemistry and Biochemistry of the Kynurenine Pathway of Tryptophan Metabolism', *Chem. Soc. Rev.* **1995**, *24*, 401–412.

Aufgabe 10.4: **A** und **B** bilden ein Immonium-Salz, das als Elektrophil bei der intramolekularen aromatischen Substitution des C(6)-ständigen H-Atoms am Phenyl-Ring des β-Phenylethylamins fungiert:

Struktur und Reaktivität der Biomoleküle

$$A + B \xrightarrow[-H_2O]{a)} \text{[intermediate structure]} \xrightarrow{-H^+} C$$

Aufgabe 10.5: Das Colchicin-Molekül enthält einen Hexatrien-Chromophor in Konjugation mit einer Carbonyl-Gruppe, der bei $\lambda_{max} = 353$ nm Licht absorbiert. Da die Reaktionsprodukte in die entsprechenden α-Diketone durch milde Hydrolyse überführt werden können, ist offenbar weder die Enol-ether-(C=C)-Bindung noch die CO-Gruppe an der Reaktion beteiligt gewesen. Letztere besteht somit in der lichtinduzierten Cycloisomerisierung des Butadien-Teils des Chromophors unter Bildung eines Cyclobuten-Ringes (vgl. *Abschn. 3.26*). Ferner müssen die an C(8) und C(12) gebundenen H-Atome *cis* zueinander stehen, weil *trans*-Isomere anellierter Cyclobutan-Derivate, die weniger als acht C-Atome enthalten, eine zu große Ringspannung aufweisen würden (vgl. *Abschn. 2.24*). Es gibt somit zwei primäre Cycloisomerisierungsprodukte des Colchicins:

(+)-β-Lumicolchicin   (−)-γ-Lumicolchicin

Aufgabe 10.6: Überprüfen sie Ihre Antwort anhand folgender Literaturstelle: E. Leete, 'Biosynthesis of Quinine and Related Alkaloids', *Acc. Chem. Res.* **1969**, *2*, 59–64.

Aufgabe 10.7: *a*) Arginin – Phenylalanin – Leucin; *b*) Tyrosin – Isoleucin – Valin; *c*) Glutaminsäure – Cystein – Glycin.

Aufgabe 10.8: Aufgrund der größeren Assoziationskonstante der (G · C)-Paarung (s. *Tab. 10.10*) werden GUG- und GUC-Tripletts vermutlich von den Algen aus heißen Quellen häufiger verwendet, um die Schmelztemperatur ihrer DNA zu erhöhen.

Glossar

(Die im Text mit einem Asterisk (*) gekennzeichneten Wörter sind im Glossar zu finden.)

Absolute Temperatur
Die vom absoluten Nullpunkt ($-273{,}15\,°C$) aus gemessene thermodynamische Temperatur. Sie wird in Kelvin* (K, nicht °K!) angegeben.

Addition
Die unter Entstehung neuer kovalenter Bildungen stattfindende Anlagerung von Atomen an ungesättigte Stellen (meist Mehrfachbindungen) eines Moleküls.

Allergen
Körperfremde Substanz, welche infolge der Bildung spezifischer Antikörper (s. *Abschn. 9.31*) eine Allergie auslöst.

Anabolismus (griech. ἀνά (*ana*): hinauf und βάλλω (*ballō*): werfen)
Der Stoffwechsel, bei dem Zellstoffe biosynthetisiert werden.

Analgetikum
Schmerzstillendes Mittel.

Anion (griech. ἀνά (*ana*): hinauf, aufwärts und ἰέναι (*iénai*): gehen)
Ein elektrisch *negativ* geladenes Atom oder Molekül.

Anlagerung
Undifferenzierte Bezeichnung für chemische Prozesse, bei denen aus mehreren materiellen Teilchen (Moleküle, Atome, Ionen, usw.) ein Ganzes wird.

Anticoagulans
Die Blutgerinnung hemmendes oder verzögerndes Mittel.

Antiphlogistikum (griech. φλογίζω (*phlogizō*): in Brand setzen, entzünden)
Entzündungshemmendes Mittel.

Antipyretikum (griech. πῦρ (*pyr*): Feuer)
Fiebersenkendes Mittel.

Anxiolytika (lat. *anxius*: ängstlich und griech. λύω (*lýō*): lösen, aufheben, trennen)
Angstlösende Mittel.

Avogadro-**Zahl**
Die von *Amedeo Avogadro*, Graf von Quaregna und Ceretto (1776–1856), zum ersten Male bestimmte konstante Zahl der Atome oder Moleküle, die in einem Mol* eines beliebigen Stoffes enthalten sind. Sie beträgt $N_A = 6{,}022045 \times 10^{23}$.

Boltzmann-**Konstante**
Der von *Ludwig Boltzmann* (1844–1906) definierte Proportionalitätsfaktor zwischen der mittleren kinetischen Energie eines Moleküls ($\bar{E}_{kin} = 1/2\,\bar{m}^2$) eines idealen Gases und der absoluten Temperatur*: $\bar{E}_{kin} = 3/2\,k_B T$. Deren Wert ($1.3806 \times 10^{-23}$ J K^{-1}) ist gleich dem Quotienten aus der Gaskonstanten (R)* und der *Avogadro*-Zahl (N_A)*

Brønsted-**Base**
Jede Substanz, die durch Reaktion mit H$^+$-Ionen (bzw. H$_3$O$^+$-Ionen) in die entsprechende konjugierte Säure* übergeht.

Brønsted-**Säure**
Jeder Stoff, der einem anderen Stoff H$^+$-Ionen abgeben kann.

Carcinogen (auch: Karzinogen oder Kanzerogen)
Faktor oder Stoff physikalischer, chemischer oder belebter Natur, der am Ort der unmittelbaren Einwirkung oder fern davon die Bildung eines bösartigen *Tumors** auslöst.

Deprotonierung
Abspaltung eines H$^+$-Ions von einem Molekül.

diploid (griech. διπλόος (*diplóos*): zweifach)
Bezeichnung für Zellen, Individuen oder Generationen, deren Zellkerne mit einem doppelten (d.h. vollständigen) Chromosomensatz ausgestattet sind.

Dissoziation (Dissoziierung)
Trennung, Auflösung.

Enthalpie (*H*) (griech. θάλπος (*thalpos*): Wärme)
Eine thermodynamische Zustandsgröße, die als Summe von innerer Energie (*U*)* und Ausdehnungsarbeit definiert wird: $H = U + pV$, wobei p der Druck und V das Volumen des Systems ist. Im Gegensatz zur inneren Energie können Enthalpieänderungen bei konstantem Druck ermittelt werden.

Entropie (*S*) (griech. τρέπω (*trépō*): wenden, richten)
Eine vom 2. Hauptsatz der Thermodynamik (Prozesse, welche spontan stattfinden, sind irreversibel) geförderte Größe, welche proportional dem Logarithmus* der (statistisch bestimmten) thermodynamischen Wahrscheinlichkeit (*W*) bzw. Ordnung der zugehörigen Molekülverteilungen (Mikrozustände) ist: $S = k_B \ln W$. Der Proportionalitätsfaktor k_B ist die *Boltzmann*-Konstante*. Bei spontan stattfindenden Prozessen nimmt die Entropie immer zu. Beim absoluten Nullpunkt ist die Entropie gleich null (3. Hauptsatz der Thermodynamik).

Eukaryont (griech. εὖ (*eu*): gut, κάρυον (*káryon*): Nuss)
Bezeichnung für Organismen, deren Zellen einen durch eine Kernmembran umgebenen Zellkern aufweisen.

Freie Enthalpie (*G*)
Auch *Gibbs*'sches Potential genannt, eine thermodynamische Zustandsgröße, die als $G = H - TS$ definiert wird (wobei *H* die Enthalpie*, *T* die absolute Temperatur* und *S* der Entropiegehalt* des Systems ist).

Gamet (griech. γαμέω (*gaméō*): heiraten)
Der geschlechtlichen Fortpflanzung dienende Zelle (Geschlechtszelle).

Gaskonstante (*R*)
Die bei Erwärmung eines Mols* eines (idealen) Gases um 1 °C bei konstantem Druck geleistete Arbeit. Sie beträgt $R = 8{,}314510$ J K^{-1} mol^{-1} ($= 1{,}985887$ cal K^{-1} mol^{-1}).

Halluzinogen
Auf das Zentralnervensystem wirkende Substanz, die (im Allgemeinen eine Trübung des Bewusstseins) Sinnestäuschungen, bei denen die Wahrnehmung kein reales Objekt hat, hervorruft oder Sinneseindrücke verändert.

haploid (griech. ἁπλόος (*haplóos*): einfach)
Bezeichnung für Zellen, Individuen oder Generationen, deren Zellkerne nur mit einem Chromosomensatz ausgestattet sind.

heterozygotisch (griech. ἕτερος (*héteros*): der andere)
Bezeichnung für eine befruchtete Eizelle nach Verschmelzung der beiden Geschlechtskerne (sog. *Zygote**) bzw. ein daraus hervorgegangenes Lebewesen und dessen Körperzellen, die aus der Vereinigung zweier Keimzellen entstanden sind, deren einander entsprechende (homologe) Chromosomen in Bezug auf die Art der sich entsprechenden Gene oder in Bezug auf die Zahl oder Anordnung der Gene Unterschiede aufweisen.

homozygotisch (griech. ὁμός (*homós*): der gleiche)
Bezeichnung für eine befruchtete Eizelle nach Verschmelzung der beiden Geschlechtskerne (sog. *Zygote**) bzw. ein daraus hervorgegangenes Lebewesen und dessen Körperzellen, die aus der Vereinigung zweier Keimzellen entstanden sind, deren einander entsprechende (homologe) Chromosomen (bzw. deren entsprechende Gene) identisch sind.

innere Energie (U) (griech. ἔργον (*érgon*): Arbeit)
Eine thermodynamische Zustandsgröße, die bei idealen Gasen nur aus der Summe der kinetischen Energien der konstituierenden Teilchen resultiert, bei realen Systemen aber zusätzlich ihre Wechselwirkungen einbezieht. Bei isolierten Systemen ist die innere Energie konstant und nur abhängig von der Temperatur, d.h. sie kann sich nur durch Austausch von Wärme oder Arbeit mit der Umgebung ändern (1. Hauptsatz der Thermodynamik).

Invarianz
Unveränderlichkeit. Die Reproduktion (Fortpflanzung) von Kristallen und Organismen erfolgt unter Erhaltung ihres Erscheinungsbildes (bei Organismen *Phänotyp** genannt).

Ion (griech. ἰέναι (*iénai*): gehen)
Ein elektrisch geladenes Atom oder Molekül.

Ionisation (Ionisierung)
Bildung von Ionen. Sie kann sowohl durch heterolytische Spaltung kovalenter Bindungen als auch durch Abgabe oder Aufnahme von Elektronen erfolgen.

Joule
Die nach dem Physiker *James Prescott Joule* (1818–1889) genannte, seit 1960 allgemein verwendete Energieeinheit im *International System of Units* (SI). Sie entspricht 0,239 Kalorien.

Kalorie (lat. *calor*: Wärme)
Energieeinheit, die als die Energiemenge definiert wird, die benötigt wird, um die Temperatur von einem Gramm Wasser von 14,5 auf 15,5 °C unter Atmosphärendruck zu erhöhen. Sie entspricht 4,1868 Joule.

Karzinom (griech. καρκίνος (*karkinos*): Krebs)
Krebsgeschwulst, bösartiger, oft zu Metastasen (an vom Ursprungsort entfernt gelegene Körperstellen verschleppten Tochtertumoren) neigender Tumor.

Katabolismus (griech. κᾰτᾰ (*kata*): herab und βάλλω (*ballō*): werfen)
Der Stoffwechsel, bei dem Zellstoffe abgebaut werden.

Kation (griech. κὰτὰ (kata): hinunter und ἰέναι (iénai): gehen)
Ein elektrisch *positiv* geladenes Atom oder Molekül.

Kelvin (K, früher °K)
Temperatureinheit, mit der absolute Temperaturen (d.h. Temperaturen, die auf $-273.15\,°C$ bezogen werden) angegeben werden. $1\,K = 1\,°C$. Sie wurde in Würdigung des Physikers *Sir William Thomson, Lord Kelvin of Largs* (1824–1907), der 1848 die absolute Temperatur*-Skala vorschlug, eingeführt.

Kokarzinogen
Stoff, der durch Mitwirken mit einem *Karzinogen** eine Verstärkung der krebserregenden Eigenschaften des Letzteren hervorruft.

Kondensation
Die unter Abspaltung kleinerer Moleküle (Wasser, Ammoniak u.a.) stattfindende Vereinigung mehrerer Moleküle zu einem einzigen Molekül.

konjugierte Säure (Base)
Die Säure (Base), die durch Protonierung (Deprotonierung) einer Base (Säure) entsteht, wird als konjugierte Säure (Base) der entsprechenden Base (Säure) bezeichnet.

Krebs s. Karzinom.

LD_{50}
Abkürzung für mittlere letale Dosis, die in der Toxikologie als die Dosis (griech. δόσις (dosis): Gabe) eines physiologisch wirksamen Stoffes (Arzneimittel, Gift u. a.) angegeben wird, bei der in einem Tierversuch bei 50% der Tiere der Tod eintritt.

Leitbündel
Strangförmig zusammengefasste Verbände des Leitgewebes in Farn- und Samenpflanzen, die als verzweigtes Röhrensystem den ganzen Pflanzenkörper durchziehen. Neben der Festigung des Pflanzenkörpers ist ihre Hauptaufgabe der Transport von Wasser und den darin gelösten Stoffen.

***Lewis*-Base**
Jedes Molekül oder Ion, dessen Valenzschale Elektronenpaare enthält, die nicht Bestandteil einer Bindung sind (s. *Abschn. 1.5*).

***Lewis*-Säure**
Jedes Molekül oder Ion, das bei der Reaktion mit einer *Lewis*-Base als Elektronenpaar-Akzeptor fungiert.

Logarithmus
Der Logarithmus einer Zahl x ist der Exponent (n) mit welchem eine als Basis definierte Zahl (b) potenziert werden muss, um x zu ergeben, d.h. wenn $b^n = x$, ist $\log x = n$. Bei den gewöhnlichen Logarithmen (auch *Briggs*'sche oder dekadische Logarithmen genannt) ist die Basis $b = 10$; sie werden meist als log oder lg abgekürzt. Bei den natürlichen Logarithmen (auch *Neper*'sche oder hyperbolische Logarithmen genannt) ist die Basis die *Euler*'sche Zahl e = 2,71828; sie werden mit ln abgekürzt.

Meiose (griech. μειόω (*meióō*): verkleinern)
Teilungsvorgang im Verlauf der Bildung der Geschlechtszellen, in dem in zwei aufeinander folgenden Kern- und Zellteilungen die diploide* Chromosomenzahl auf die Hälfte (zur haploiden*) reduziert wird.

Mesophyll
Das aus zwei Schichten (dem oberseitigen chloroplastenreichen Palisadenparenchym und dem unterseitigen Schwammparenchym) bestehende Assimilationsgewebe der Grünpflanzen, das sich anatomisch zwischen der oberen und der unteren Epidermis (Haut) des Blattes befindet.

Metabolismus (griech. μεταβάλλω (*metabállō*): umwerfen, verändern)
Stoffwechsel.

Metaphase
Zweite der vier bei der Kernteilung (Mitose) eukaryotischer Zellen durchlaufenden Phasen (nämlich Prophase, Metaphase, Anaphase und Teleophase), bei der sich die Chromosomen zwischen den Zellpolen zur Äquatorialplatte anordnen, bevor sie während der Anaphase zu den Zellpolen gezogen werden.

metastabil
Bezeichnung für Zustände, die nur durch Beseitigung einer Hemmung in stabile Zustände übergehen.

Mol
Die Menge eines chemisch einheitlichen Stoffes, die seiner relativen Molekülmasse in Gramm entspricht. Als Basiseinheit des *International System of Units* (SI) ist das Mol diejenige Stoffmenge einer Substanz, die aus ebenso vielen Teilchen besteht, wie Atome in 12 Gramm des ^{12}C-Isotops enthalten sind. Diese Teilchenzahl ist die *Avogadro*-Zahl*.

molar
Auf das Mol bezogen. Die molare Konzentration eines Stoffes in einem Lösungsmittel wird durch die Anzahl Mole pro Liter (mol l^{-1} oder M) angegeben.

Morphogenese (griech. μορφή (*morphé*): Gestalt, Form und γενεά (*geneá*): Abstammung)
Die individuelle Gestaltbildung wird als *autonom* (griech. αὐτόνομος (*autónomos*): selbständig) bezeichnet, wenn sie durch im Individuum selbst innewohnende Eigenschaften bestimmt ist.

Mutagen
Faktor oder Stoff, der in direkter Reaktion mit genetischen Strukturen oder indirekt durch zellinterne Reaktionsprodukte *Mutationen** auslöst.

Onkogen (griech. ὀγκό (*ongkóō*): schwellen, aufblasen)
Gen, das für die maligne Transformation der Zelle in eine Krebszelle verantwortlich ist.

Pauli-**Ausschließungsprinzip**
Das 1925 vom österreichischen Physiker *Wolfgang Pauli* (1900–1958) formulierte Postulat, dass sich zwei Elektronen in einem Atom (oder Molekül) mindestens durch eine der vier Quantenzahlen, die seinen Zustand kennzeichnen, unterscheiden müssen, d.h. nur zwei Elektronen dürfen im selben Atom-(oder Molekül-)orbital vorkommen, unter der Voraussetzung, dass ihre Spins antiparallel sind.

pH
Der negative dekadische Logarithmus der Konzentration von H^+-Ionen (bzw. H_3O^+-Ionen) in einer Lösung (d.h. $pH = -\log_{10}[H^+]$ und $[H^+] = [H_3O^+] = 10^{-pH}$).

Phänotyp (griech. φαίνω (*phaínō*): leuchten, erscheinen)
Das sich aus der Gesamtheit der Merkmale zusammensetzende Erscheinungsbild eines Lebewesens.

pK_s
Der negative dekadische Logarithmus der Gleichgewichtskonstanten der Ionisierungsreaktion einer *Brønsted*-Säure (d.h. $pK_s = -\log_{10} K_s$ und $K_s = 10^{-pK_s}$)

Planck-**Konstante**
Der von *Max Planck* (1858–1947) bestimmte Proportionalitätsfaktor zwischen der Energie (E) eines Lichtquants (Photon) und der Frequenz (ν) der entsprechenden elektromagnetischen Strahlung: $E = h\nu$. Sie beträgt $h \approx 6{,}626 \times 10^{-34}$ J s.

Prokaryont (griech. πρό (*pro*): vor und κάρυον (*káryon*): Nuss)
Bezeichnung für Bakterien, deren Zellen keinen Zellkern besitzen.

Proton (bzw. **H$^+$-Ion**) (griech. πρῶτος (*prôtos*): erster, vorderster)
Der Atomkern des Wasserstoff-Atoms. Im Allgemeinen werden die elektrisch positiv geladenen Teilchen, die neben den Neutronen Bestandteile der Kerne aller Atome sind, als Protonen bezeichnet. Ob sie dieselbe Struktur wie die des H$^+$-Ions aufweisen, ist jedoch nicht erwiesen.

Protonierung
Anlagerung eines H$^+$-Ions an ein Molekül.

Proto-Onkogen (griech. ὀγκόω (*ongkóō*): schwellen, aufblasen)
Gensequenzen in normalen Zellen, die unter äußeren Einflüssen in das Onkogen* umgewandelt werden.

Quantenmechanik (*Abschn.* Methan)
Teilgebiet der Physik, dessen Grundlage die Dualität der Elementarteilchen (Elektronen, Photonen u. a.), sowohl die Eigenschaften materieller Teilchen als auch elektromagnetischer Wellen zu besitzen, ist. Die wichtigste Konsequenz für die daraus abgeleitete Quantenchemie ist, dass Elektronen und kovalente Bindungen in Molekülen nicht lokalisiert sondern durch dreidimensionale Räume – so genannte Atom- und Molekülorbitale (AO bzw. MO) ersetzt werden, in denen sich Elektronen mit einer hohen aber willkürlich festgelegten Wahrscheinlichkeit (z. B. 98%) befinden. Derartige Atom- und Molekülorbitale lassen sich als Wellenfunktionen ausdrücken, wobei in erster Annäherung Molekülorbitale aus der linearen Kombination von Atomorbitalen resultieren (LCAO-Methode).

Replikation (lat. *replicare*: Wiederholung)
Vervielfältigung, Vermehrung.

Spektrum (lat. *spectrum*: Bild, Erscheinung)
Die graphische Darstellung der Abhängigkeit irgendeiner Form von Energie gegenüber der Anzahl von Teilchen, die ein und denselben Gehalt an entsprechender Energie aufweisen.

Substitution
Ersatz

synergetisch
zusammenwirkend.

Teratogen (griech. τέρας (*teras*): Ungeheuer und γεννάω (*gennáō*): (er)zeugen)
Faktor oder Stoff, der Missbildungen der Leibesfrucht verursacht.

Tranquilizer
Zu den Physchopharmaka (griech. ψυχή (*psyche*): Lebenskraft, Seele) gehörende Stoffe, die als Beruhigungsmittel wirken.

Tumor (lat. *tumere*: geschwollen sein)
Geschwulst. Als Tumor wird allgemein jedes Überschusswachstum von körpereigenem Gewebe bezeichnet, das infolge einer enthemmten Zellproliferation auftritt.

Zygote (griech. ζυγόν (*zygón*): Joch, Verbindung)
Die befruchtete (meist diploide*) Eizelle, die aus der Vereinigung der beiden Gameten* hervorgeht.

Abbildungsverzeichnis

1. Kapitel

Fig. 1.2 *Berzelius* 'Lehrbuch der Chemie'; Aufnahme des Autors.

Fig. 1.3 *Miller*'s Apparatur; Aufnahme des Autors.

Fig. 1.16,d ORTEP-Zeichnung, modifiziert aus C. A. Bear, J. Trotter, *Acta Crystallogr.*, B **1975**, *31*, 903–904; mit freundlicher Genehmigung von Prof. em. James Trotter (Chemistry Department of The University of British Columbia, Vancouver).

Fig. 1.17 *Dreiding*-Modell; Aufnahme des Autors.

Fig. 1.18 *CPK*-Modelle; Aufnahme des Autors.

Fig. 1.19 B-DNA-Modell; mit freundlicher Genehmigung von Harvard Apparatus Inc., Holliston, Massachusetts, USA.

Fig. 1.20 Hämoglobin-Struktur; mit freundlicher Genehmigung von Prof. John J. Stezowski (Chemistry Department at the University of Nebraska, Lincoln).

Fig. 1.21 Cyclotripentacontan-Topoisomere; Aufnahme des Autors.

2. Kapitel

Fig. 2.2 Erdöllagerstätten; Nachdruck aus 'Schweizer Lexikon 91', Verlag Schweizer Lexikon, Visp, 1992, Band 2, S. 447; mit freundlicher Genehmigung des Verlages.

Fig. 2.6 Luftballon-Modell; Aufnahme des Autors.

Fig. 2.8 Kännchen; Aufnahme des Autors.

Fig. 2.11 Hopfen; Aufnahme des Autors.

Fig. 2.17 Linearpolarisiertes Licht; Aufnahme des Autors eines eigens konstruierten Modells.

Fig. 2.18 Kalkspat-Doppelbrechung; Aufnahme des Autors.

Fig. 2.19 Polarimeter; Aufnahme des Autors eines eigens konstruierten Modells.

Fig. 2.20 Zirkularpolarisiertes Licht; Aufnahme des Autors eines eigens konstruierten Modells.

Fig. 2.36 Puschlav-Bergwanderung; Nachdruck aus 'Schweiz Wandern. 50 Rundtouren in erholsamer Natur', Kümmerli +

Frey, Zollikofen, 1996, Band 1, S. 14; mit Genehmigung des Verlages.
Fig. 2.37 O_2-Evolution; modifiziert aus R. P. Wayne, 'Chemistry of Atmospheres', 3. Aufl., Oxford University Press, 2000; mit freundlicher Genehmigung von Prof. R. P. Wayne (Physical Chemistry Laboratory, Oxford University, Oxford (UK)).
Fig. 2.52 *Xeroderma pigmentosum*; Aufnahme Bildagentur Baumann, Würenlingen.

3. Kapitel

Fig. 3.2 Ethylen-Modelle; Aufnahme des Autors.
Fig. 3.42 Geranium; Aufnahme des Autors.
Fig. 3.45 Beifuß; Hans E. Laux, Botanik-Bildarchiv, Biberach an der Riß.
Fig. 3.46 Madagaskar-Immergrün; Aufnahme des Autors.
Fig. 3.49 Kautschuk; Nachdruck aus P. Atkins, 'Chimie générale', Inter Edition, Paris, 1992, S. 695; mit freundlicher Genehmigung des Verlages.
Fig. 3.51 Pyrethrum; Nachdruck aus K. Laubner, G. Wagner, 'Flora Helvetica', Verlag Paul Haupt, Bern, 1996, S. 1097; mit Genehmigung von Dr. Konrad Lauber, Liebefeld-Bern.
Fig. 3.52 Seifenkraut; Nachdruck aus M. Pahlow, 'Das große Buch der Heilpflanzen', Gräfe und Unzer Verlag, München, 1993, S. 289; mit freundlicher Genehmigung von Frau Irene Schimmitat, Blumenau Apotheke, München.
Fig. 3.55 Borkenkäfer; Aufnahme M. Müller, Bioarchiv, Fotoarchiv für Aufnahmen von Natur und Mensch, München.
Fig. 3.56 Seidenspinner; Aufnahme Chang Yi-Wen, Taiwan.
Fig. 3.61 Früchte; Aufnahme des Autors.
Fig. 3.63 Ginkgo; Aufnahme des Autors.
Fig. 3.64 Krokus; Reinhard-Tierfoto, Heiligkreuzsteinach.
Fig. 3.77 Phototherapie; Nachdruck aus 'Handbuch der dermatologischen Phototherapie und Photodiagnostik', Springer, Berlin, 1997, S. 345; mit freundlicher Genehmigung des Verlages.
Fig. 3.87 Das Jesuskind; © Kunsthistorisches Museum, Wien.

4. Kapitel

Fig. 4.8 Kamille; Nachdruck aus L. Roth, M. Daunderer, K. Kormann, 'Giftpflanzen – Pflanzengifte', 4. Aufl., Ecomed Verlagsgesellschaft, Landsberg, 1994, S. 489; mit Genehmigung des Verlages.
Fig. 4.10 Edelreizker; Aufnahme Markus Flück, Laupersdorf; mit freundlicher Genehmigung.

5. Kapitel

Fig. 5.24 Johanniskraut; Nachdruck aus L. Roth, M. Daunderer, K. Kormann, 'Giftpflanzen – Pflanzengifte', 4. Aufl., Ecomed Verlagsgesellschaft, Landsberg, 1994, S. 415; mit Genehmigung des Verlages.
Fig. 5.51 Anis; Hans E. Laux, Botanik-Bildarchiv, Biberach an der Riß.
Fig. 5.68 Fingerhut; Aufnahme des Autors.
Fig. 5.69 Salamander; Aufnahme Blickwinkel, Fotoagentur, Witten.

6. Kapitel

Fig. 6.2 Fuchs; Aufnahme M. & H. Dossenbach, Wildlife Photo Report, Siblingen.
Fig. 6.6 Zwiebelgewächse; Aufnahme des Autors.
Fig. 6.7 Spargel; Aufnahme des Autors.

7. Kapitel

Fig. 7.4 Marienkäfer; Aufnahme Dr. H. Bellmann, Lonsee.
Fig. 7.7 Clitocybe; Aufnahme Markus Flück, Laupersdorf; mit freundlicher Genehmigung.
Fig. 7.9 Cocastrauch; Nachdruck aus A. Bärtels, 'Farbatlas Tropenpflanzen: Zier- und Naturpflanzen', 4. Aufl., Verlag Eugen Ulmer, Stuttgart, 1996, S. 343; mit freundlicher Genehmigung von Dipl. Ing. Andreas Bärtels, Waake.
Fig. 7.12 Peyotl; Aufnahme Holger Dopp, Empfingen; mit freundlicher Genehmigung.
Fig. 7.14 Brennnessel; Aufnahme des Autors.
Fig. 7.15 Ephedra; Aufnahme des Autors.
Fig. 7.16 Giftbeere; Nachdruck aus L. Roth, M. Daunderer, K. Kormann, 'Giftpflanzen – Pflanzengifte', 4. Aufl., Ecomed Verlagsgesellschaft, Landsberg, 1994, S. 513; mit Genehmigung des Verlages.
Fig. 7.17 Pfeffer; Aufnahme Hans E. Laux, Botanik-Bildarchiv, Biberach an der Riß.
Fig. 7.18 Sonnenwende; Nachdruck aus K. Laubner, G. Wagner, 'Flora Helvetica', Verlag Paul Haupt, Bern, 1996, S. 831; mit Genehmigung von Dr. Konrad Lauber, Liebefeld-Bern.
Fig. 7.19 Lupinen; Aufnahme des Autors.
Fig. 7.33 *Gram*-Färbung; Nachdruck aus T. Hart, P. Shears, 'Color Atlas of Medical Microbiology', Elsevier Science, 1997; mit freundlicher Genehmigung des Verlags.

8. Kapitel

Fig. 8.3   Ovulationszyklus; Nachdruck aus W. Pschyrembel, 'Klinisches Wörterbuch', 256. Aufl., Walter de Gruyter, Berlin, 1990, S. 1050; mit freundlicher Genehmigung des Verlages.

Fig. 8.4   Trüffel; Aufnahme Markus Flück, Laupersdorf; mit freundlicher Genehmigung.

Fig. 8.7   Der Hofzwerg; © Museo Nacional del Prado, Madrid.

Fig. 8.8   Seidenraupen; Nachdruck aus R. Toellner, 'Illustrierte Geschichte der Medizin', 6. Band, Andreas & Andreas Verlag, Salzburg, 1990, S. 3079, Abb. 3558; mit Genehmigung des Verlages.

Fig. 8.13   Primel; Aufnahme des Autors.

Fig. 8.14   Walnuss; Aufnahme Silvestris Fotoservice, Kastl.

Fig. 8.15   Teppich; Nachdruck aus H. Schweppe, 'Handbuch der Naturfarbstoffe. Vorkommen, Verwendung, Nachweis', Ecomed Verlagsgesellschaft, Landsberg, 1993, S. 61; mit Genehmigung des Verlages.

Fig. 8.16   Färberröte; Nachdruck aus K. Laubner, G. Wagner, 'Flora Helvetica', Verlag Paul Haupt, Bern, 1996, S. 997; mit Genehmigung von Dr. Konrad Lauber, Liebefeld-Bern.

Fig. 8.44   Bougainvillea; Aufnahme des Autors.

Fig. 8.64   Leuchtkäfer; Aufnahme Blickwinkel, Fotoagentur, Witten.

Fig. 8.74   Zimt; Aufnahme Hans E. Laux, Botanik-Bildarchiv, Biberach an der Riß.

Fig. 8.96   Osazone; Aufnahme des Autors.

Fig. 8.108   Skorbut; © Adam.com; mit freundlicher Genehmigung von Nutrient Deficiency Diseases.

Fig. 8.122   Baumwolle; Nachdruck aus A. Bärtels, 'Farbatlas Tropenpflanzen: Zier- und Naturpflanzen', 4. Aufl., Verlag Eugen Ulmer, Stuttgart, 1996, S. 357; mit freundlicher Genehmigung von Dipl. Ing. Andreas Bärtels, Waake.

Fig. 8.125   Maikäfer; Aufnahme M. Müller, Bioarchiv, Fotoarchiv für Aufnahmen von Natur und Mensch, München.

9. Kapitel

Fig. 9.56   Engelwurz; Reinhard-Tierfoto, Heiligkreuzsteinach.

Fig. 9.58   Waldmeister; Hans E. Laux, Botanik-Bildarchiv, Biberach an der Riß.

Fig. 9.61   *Psoriasis vulgaris*; Aufnahme Bildagentur Baumann, Würenlingen.

Fig. 9.63   PET; Aufnahme des Autors.

Fig. 9.65   Galläpfel; Nachdruck aus J. Zahradnik, M. Chvala, 'Insekten', Aventinum Publishing House, Prag, 1991, S. 418.

Fig. 9.67   Bienen; Aufnahme Blickwinkel, Fotoagentur, Witten.

Fig. 9.69 Atherosklerose; Aufnahme Boehringer Ingelheim GmbH, Nachdruck aus L. Nilsson, 'Eine Reise in das Innere unseres Körpers', Bonnier Fakta Buchverlag, Stockholm, 1987; mit Genehmigung des Verlages.

Fig. 9.73 Vesikel; Nachdruck aus A. L. Lehninger, D. L. Nelson, M. M. Cox, 'Principles of Biochemistry', 3. Aufl., Worth Publishers, 2000; mit Genehmigung des Verlages.

Fig. 9.74 Membran; Nachdruck aus S. J. Singer, G. L. Nicolson, *Science* **1972**, *175*, 723; mit Genehmigung der American Association for the Advancement of Science.

Fig. 9.99 Kermess; Nachdruck aus H. Schweppe, 'Handbuch der Naturfarbstoffe. Vorkommen, Verwendung, Nachweis', Ecomed Verlagsgesellschaft, Landsberg, 1993, S. 255; mit Genehmigung des Verlages.

Fig. 9.100 Rhabarber; Aufnahme des Autors.

Fig. 9.101 Hanf; Aufnahme Piklz 2000 Erovid.org.

Fig. 9.103 Wau; Nachdruck aus K. Laubner, G. Wagner, 'Flora Helvetica', Verlag Paul Haupt, Bern, 1996, S. 419; mit Genehmigung von Dr. Konrad Lauber, Liebefeld-Bern.

Fig. 9.104 Rose; Aufnahme des Autors.

Fig. 9.108 Schierling; Nachdruck aus L. Roth, M. Daunderer, K. Kormann, 'Giftpflanzen – Pflanzengifte', 4. Aufl., Ecomed Verlagsgesellschaft, Landsberg, 1994, S. 259; mit Genehmigung des Verlages.

Fig. 9.129 Nylon; Aufnahme des Autors.

Fig. 9.131 α-Helix; Nachdruck aus Linus Pauling, 'The Nature of the Chemical Bond and the Structure of Molecules and Crystals: An Introduction to Modern Structural Chemistry', 3. Aufl., Cornell University, 1960; mit Genehmigung des Verlages.

Fig. 9.132 β-Faltblatt; Nachdruck aus Linus Pauling, 'The Nature of the Chemical Bond and the Structure of Molecules and Crystals: An Introduction to Modern Structural Chemistry', 3. Aufl., Cornell University, 1960; mit Genehmigung des Verlages.

Fig. 9.133 Ferredoxin; Aufnahme des Autors eines eigens konstruierten Modells.

Fig. 9.136 Penicillium; Photomikrographie Dr. Gordon F. Leedale.

Fig. 9.141 Knollenblätterpilz; Aufnahme Markus Flück, Laupersdorf; mit freundlicher Genehmigung.

Fig. 9.143 G-Immunoglobulin; Aufnahme des Autors eines eigens konstruierten Modells.

Fig. 9.146 Metaphasechromosom; Nachdruck aus L. Nilsson, 'Eine Reise in das Innere unseres Körpers', Bonnier Fakta Buchverlag, Stockholm, 1987; mit Genehmigung des Verlages.

Fig. 9.147 Spinngewebe; Aufnahme Blickwinkel, Fotoagentur, Witten.

Fig. 9.148   Kollagenfibrille; Nachdruck einer Aufnahme von Dr. Jerome Gross aus L. Stryer, 'Biochemistry', 3. Aufl., W. H. Freeman, New York, 1988; mit freundlicher Genehmigung des Verlages.

Fig. 9.150   Mikrotubulus; Nachdruck aus A. L. Lehninger, D. L. Nelson, M. M. Cox, 'Principles of Biochemistry', 2. Aufl., Worth Publishers, 1993; mit Genehmigung des Verlages.

Fig. 9.155   Traubenkirsche; Nachdruck aus L. Roth, M. Daunderer, K. Kormann, 'Giftpflanzen – Pflanzengifte', 4. Aufl., Ecomed Verlagsgesellschaft, Landsberg, 1994, S. 586; mit Genehmigung des Verlages.

10. Kapitel

Fig. 10.8   Tropenwald; Aufnahme Fogden Wildlife Photographs, Perth.

Fig. 10.10   *Porphyria cutanea tarda*; Aufnahme Bildagentur Baumann, Würenlingen.

Fig. 10.14   Kupfer-phthalocyanin; Aufnahme des Autors.

Fig. 10.19   Färberwaid; Nachdruck aus K. Laubner, G. Wagner, 'Flora Helvetica', Verlag Paul Haupt, Bern, 1996, S. 341; mit Genehmigung von Dr. Konrad Lauber, Liebefeld-Bern.

Fig. 10.20   Purpurschnecke; Aufnahme des Autors.

Fig. 10.24   Fliege; Aufnahme des Autors.

Fig. 10.29   Fliegenpilz; Aufnahme Markus Flück, Laupersdorf; mit freundlicher Genehmigung.

Fig. 10.43   Tabakpflanze; Nachdruck aus L. Roth, M. Daunderer, K. Kormann, 'Giftpflanzen – Pflanzengifte', 4. Aufl., Ecomed Verlagsgesellschaft, Landsberg, 1994, S. 516; mit Genehmigung des Verlages.

Fig. 10.45   Pellagra; Aufnahme Bildagentur Baumann, Würenlingen.

Fig. 10.50   Chinarindenbaum; Nachdruck aus A. Bärtels, 'Farbatlas Tropenpflanzen: Zier- und Naturpflanzen', 4. Aufl., Verlag Eugen Ulmer, Stuttgart, 1996, S. 367; mit freundlicher Genehmigung von Dipl. Ing. Andreas Bärtels, Waake.

Fig. 10.53   Diptam; Reinhard-Tierfoto, Heiligkreuzsteinach.

Fig. 10.55   Schlafmohn; Nachdruck aus P. M. Dewick, 'Medicinal Natural Products. A Biosynthetic Approach', J. Wiley & Sons, Chichester, 1997, Titelseite; mit freundlicher Genehmigung des Verlages.

Fig. 10.57   Herbstzeitlose; Reinhard-Tierfoto, Heiligkreuzsteinach.

Fig. 10.68   Rapsweißling; Aufnahme David Jutzeler, Effretikon.

Fig. 10.80   Tee; Hans E. Laux, Botanik-Bildarchiv, Biberach an der Riß.

Abbildungsverzeichnis

Fig. 10.91 DNA-Struktur; Nachdruck aus W. Saenger, 'Principles of Nucleic Acid Structure', Springer, New York, 1984, S. 262; mit freundlicher Genehmigung des Verlages.

Fig. 10.92 A-DNA-Modell; mit freundlicher Genehmigung von Harvard Apparatus Inc., Holliston, Massachusetts, USA.

Fig. 10.93 Z-DNA-Modell; mit freundlicher Genehmigung von Harvard Apparatus Inc., Holliston, Massachusetts, USA.

Fig. 10.94 tRNA; Aufnahme des Autors eines eigens konstruierten Modells.

Fig. 10.117 Gicht; Nachdruck aus R. Hegglin, W. Siegenthaler, 'Differentialdiagnose innerer Krankheiten', 14. Aufl., Georg Thieme, Stuttgart, 2000, S. 28.6; mit Genehmigung des Verlages.

Register

Für die Aufstellung dieses Verzeichnisses sind griechische Buchstaben, die als Präfixe oder Deskriptoren verwendet werden, sowie die in der chemischen Nomenklatur angewandten Präfixe (*cis, trans, ortho, meta, para* u. a.) und Zahlen bzw. Atomsymbole (z. B. *O-, N-*), die zum Namen der betreffenden Verbindungen gehören, bei der alphabetischen Sortierung der Stichworte generell nicht berücksichtigt worden. Personennamen und fremdwörtliche Bezeichnungen sowie taxonomische Bezeichnungen von Gattungen und Arten sind *kursiv* gesetzt. Seitenzahlen, die auf die Hauptstelle des betreffenden Stichwortes hinweisen, sind **fett** gesetzt; bei Personennamen weist die fettgedruckte Seitenzahl auf die jeweilige Kurzbiographie hin. Seiten, auf denen sich Strukturformeln befinden, sind mit (F) gekennzeichnet. Stichwörter, die man unter K oder Z vermisst, suche man unter C.

A

α- (Deskriptor) 63, 221, 322
α- (Lokant) 39
α- (Präfix) 396
Abietinsäure 166 (F)
Abscisinsäure 148, 149 (F)
Absinth 127
absolute Konfiguration axial-chiraler
    Moleküle 153
Absorptionsspektrum 136
Abstinone 134
Abstraktion 71
ACE s. *angiotensin-converting enzyme*
Acenaphthen 278
Acene 165
Acetal-Bildung 292
Acetaldehyd (Ethanal) 190 (F), 310 (F)
    (C–H)-Acidität 301
    Aldol-Addition 310, 313
    nach Alkoholgenuss 462
    aus Brenztraubensäure 392
    Dipolmoment 180
    enzymatische Hydrierung 288
    aus Ethylenglycol 208
    Hydrat-Bildung 281
    katalytische Hydrierung 286 (F)
    Keto–Enol-Tautomerie 302
    Oxidation 289
    pK_s der konjugierten Säure 280
    Produkt der Gärung 363
    Reaktion mit Formaldehyd 332
    Tautomerie 100
    Umwandlung in Alanin 460
Acetaldehyd-Dehydrogenase 291
Acetaldimin-Trimer 297
Acetale 293
Acetamid 409 (F), 430 (F)
    Dehydratisierung 431
    Herstellung aus Acetonitril 458
    Hydrolyse 430
    Schmelztemperatur 425
Acetamidin 430 (F)
    Hydrolyse 430
Acetanhydrid 387 (F)
Acetat (s. a. Essigsäure) 356
    Alkaloid-Vorläufer 249
    Produkt der Gärung 363
    Standardreduktionspotential 232
Acetat-Gärung 507

Acetessigester 410 (F), 411 (F)
  (C–H)-Acidität 300
  Dianion 411 (F)
  Herstellung 411
  Keto–Enol-Tautomerie 412
Acetessigsäure (3-Oxobutansäure) 362 (F)
  Decarboxylierung 387
Acetimidinsäure-methyl-ester 458
Acetoacetyl-ACP 415
  Biosynthese 417
Acetoacetyl-Carrierprotein 415
Acetoacetyl-Coenzym A 415 (F)
  in der Alkaloid-Biosynthese 250
  Biosynthese 415
  im Fett-Abbau 418
  in der Fettsäure-Biosynthese 416
  beim Lysin-Abbau 382
Acetogene Bakterien 335, 364
Acetogenine 418
Acetoin (3-Hydroxybutan-2-on) 285 (F)
Acetolactat-Mutase 378
Acetolactat-Synthase 378
Aceton (Propan-2-on) 190, 270, 286 (F)
  (C–H)-Acidität 301
  in der Atemluft 388
  Dipolmoment 280
  Hydrierungswärme 286
  pK_s der konjugierten Säure 280
Aceton-Halbacetal 294 (F)
Acetonitril 431 (F), 458 (F)
  (C–H)-Acidität 301
  Reaktion mit Methanol 458
Acetonyl- 270
Acetonylaceton (Hexan-2,5-dion) 469, 470 (F)
Acetophenon (1-Phenylethanon) 270, 306 (F)
  Autoxidation 306
  pK_s der konjugierten Säure 280
Acetylacetat, Standardreduktionspotential 232
Acetylaceton (Pentan-2,4-dion) 305 (F)
  (C–H)-Acidität 300
  Enol-Gehalt 305
Acetyl-chlorid 387 (F)
Acetylcholin 242
  in der Brennnessel 247
Acetylcholinesterase 242
Acetyl-Coenzym A 414 (F)
  Biosynthese 409
  im Citronensäure-Zyklus 416

im Fett-Abbau 418
bei der Fettsäure-Biosynthese 416
im Glyoxylat-Zyklus 416
Produkt der Acetat-Gärung 507
Umwandlung in Malonyl-Coenzym A 394
Acetyl-Coenzym-A-Carboxylase 416
Acetyl-Coenzym-A-Synthase 46, 81, 364
S-Acetyldihydroliponamid 392, 409
Acetylen (Ethin) 154 (F)
  (C–H)-Acidität 301
  Hydratisierung 155
  bei der Pyridin-Herstellung 488
  Trimerisierung zu Benzol 174
Acetylendicarbonsäure (But-2-indisäure) 107
Acetylen-Hydratase 155, 456
Acetylenide 156
N-Acetylgalactosamin 347, 349
N-Acetylglucosamin 347, 349
N-Acetylglutamat-5-semialdehyd 377
Acetyl-Gruppe 354
2-Acetyl-2-hydroxybutyrat 376, 378 (F)
Acetylide 156
α-Acetyllactat 376, 378 (F)
N-Acetylmuraminsäure 347
O-Acetylsalicylsäure 386
  Inhibitor der Prostaglandin-Cyclooxygenase 362
O-Acetylserin 377
O-Acetylspirsäure 386
achiral 49, 50
Aciditätskonstante 182, 356
Acivicin 164
Aconitase 364
Aconitat-Hydratase 364
cis-Aconitsäure, im Citronensäure-Zyklus 364
trans-Aconitsäure ((E)-3-Carboxypent-2-endisäure) 364, 368 (F)
ACP s. Acyl-Carrierprotein
Acridin 466 (F)
Acridin-Farbstoffe 147
Acriflavinium-chlorid 264
Acrolein (Prop-2-enal) 121 (F), 314 (F), 359
  als Dienophil 121
acrosomale Proteasen 452
Acrylate 115
Acrylonitril 116
Acrylsäure (Propensäure) 359 (F)
  pK_s 357
ACTH s. adrenocorticotropes Hormon

Actin 447
Actinomycin D 438 (F)
Actinomycine 437, 479
Actomyosin 447
Acyl-Carrierprotein (ACP) 414, 415
   bei der Fettsäure-Biosynthese 416
Acyl-Coenzym A 418
Acyl-Coenzym-A-Dehydrogenasen 360, 417
Acyl-Gruppe 353
Acyloine 316
Acylperoxy-Radikal 288
Acylphosphate 386
Acyl-Radikal 288
Acyltransferasen 450
Adamantanamin 96 (F)
Addison'sche Krankheit 272
Addition, elektrophile (Def.) 108
Addition, nucleophile (Def.) 280
   an die (C=O)-Bindung 280, 282
1,4-Addition 120
Additionspolymere 114, 116, 285
Adenin 511, 512 (F), **513**
Adenin-Phosphoribosyltransferase 538
Adenosin 514 (F), 515
   pK_s 512
anti-Adenosin 520 (F)
syn-Adenosin 520 (F)
Adenosin-diphosphat (ADP) 75, 517, 518 (F)
   Hydrolyse 517
Adenosin-monophosphat (AMP) 514 (F), 515 (F), 517, 536 (F), 538 (F)
   Biosynthese 536
   Hydrolyse 513
Adenosin-triphosphat (ATP) 9, 75, **515** (F)
   Bildung beim Fett-Abbau 418
   Bildung bei der oxidativen Phosphorylierung 233, 234
   Biosynthese 336
   im Citronensäure-Zyklus 366
   bei der Glycolyse 333
   aus Guanosin-triphosphat 365
   bei der Histidin-Biosynthese 484
   Hydrolyse 517
   bei der Phosphoenol-pyruvat-Biosynthese 388
   Reaktionen 517
Adenosylcobalamin 507
S-Adenosylhomocystein 197 (F), 254 (F)

S-Adenosylmethionin (SAM) 207, 228 (F), **229**, 515 (F)
   bei der Amin-Alkylierung 253, 254 (F)
   Decarboxylierung 241
   bei der Methylierung von Cytosin 503
   in Phenol-Methyltransferasen 197 (F)
   bei der Vitamin-B_{12}-Biosynthese 472
Adenosylmethionin-Decarboxylase 390
Adenylsäure 514 (F)
   Biosynthese 536
Adipinsäure (Hexandisäure) 291 (F), 353, 354 (F)
   Herstellung 292
   bei der Nylon-Synthese 432
A-DNA-Doppelhelix 524
Adonisröschen 325
Adonit 64 (F), 325
ADP s. Adenosin-diphosphat
Adrenalin 242, **246** (F), 254 (F)
   Biosynthese 254
adrenocorticotropes Hormon (ACTH) 246, 273, 439
α-Adrenorezeptorenblocker 482
AE-Mechanismus 169, 488
Aerobier 70, 74
Aflatoxin B_1 423 (F)
Aflatoxin G_1 423 (F)
Aflatoxine 419, 422
Agaricus nebularis 510
Aglycon 341
Agonist (Def.) 244
AIDS (*acquired immunodeficiency syndrom*) 527
Akne 369
Aktivator-Proteine 442
Aktivierungsenergie 23
Aktivität, optische 54
Akzeptor-Molekül 519
-al (Suffix) 269
δ-ALA s. δ-Aminolävulinsäure
Alanin 371
   Herstellung aus Acetaldehyd 460
   präbiotische Synthese 459
D-Alanin 374
   Bestandteil des Cyclosporins A 438
   in Murein 347
L-Alanin 371, 372 (F)
   Biosynthese 377, 490
   Katabolismus 380
   bei der Nicotinsäure-Biosynthese 491

β-Alanin (3-Aminopropansäure) 374 (F)
    Abbauprodukt des Uracils 546
    Biosynthese 390
    in Coenzym A 414
    bei der Nicotinsäure-Biosynthese 491
Albumine 443
Aldehyd-Dehydrogenasen 291
Aldehyde 190, 269
    Polymerisation 284
    Reaktion mit Alkoholen 293
    Reaktion mit Aminen 295
    Reaktivität 285
Aldehyd-Hydrate 280
Aldehyd-Oxidasen 291, 456
Aldehyd-Oxidoreductasen 291
Alder, K. 121
Aldol (3-Hydroxybutanal) 310 (F)
Aldol-Addition (Def.) 310
    Übergangskomplex 172, 311
Aldolasen 450
Aldol-Kondensation 310
Aldonolactonase 337
Aldosen 318
Aldosteron 272, 273 (F), 439
alicyclisch 41
aliphatisch 41
Alizarin 279 (F), 460
    Biosynthese 170, 279
alkalische Phosphatase 456
Alkaloide 248
Alkane 41
    biologischer Abbau 81
    enzymatische Oxidation 79
    polycyclische 94
    Verbrennungswärmen 88
Alkene 41, **99**
    konjugierte 117
    Reaktivität 102
Alkine 41, 152, **153**ff.
Alkoholate 183
Alkohol-Dehydrogenase 176, 178, **287**, 363, 455
    bakterielle 493
    systematischer Name 450
Alkohole 175
    Acidität 181
    Biosynthese 176
    Dehydratisierung 196, 203
    Oxidation 190

    primäre 176, 181
    Reaktivität 179
    sekundäre 176, 181
    tertiäre 176, 181
Alkohol-NAD$^+$-Oxidoreductase 450
Alkyl-benzolsulfonate 408
Alkylcyclohexane 92
Alkylierung, reduktive 299
Alkyloxonium-Ionen 182
Allantoicase 546
Allantoin 379, 546 (F), 547
Allantoinase 546
Allantoinsäure 379, 546 (F), 547
Allen (Propa-1,2-dien) 152 (F)
Allene 152
Allen-Isomere 37
Allergen 277
Allomone 133, 270, 277, 423
D-Allose 325, 326 (F)
    cyclisches Halbacetal 325
Allosterie 442
allosterische Umwandlung 442
allosterischer Effekt 442
allosterisches Zentrum 442
Alloxan 546 (F)
Alloxanthin 156
Allyl 100
Allyl-Anion 122
Allyl-Hydroperoxide 146
allylische Bindung 121
Allyl-Kation 120, 122
Allyl-propyl-disulfid 230
Allyl-Radikal 122
Allyl-Umlagerung 111, 122
    bei der nucleophilen Substitution 201
Allyl-vinyl-ether, Umlagerung 308
Aloë 419
Alpenveilchen, Saponine in 132
Altman, S. 533
D-Altrose 326 (F)
    cyclisches Halbacetal 325
Aluminium-isopropanolat 183 (F), 287
Alzheimer-Krankheit 243, 457
Amadori-Umlagerung **329**, 331, 505, 510, 545
α-Amanitin 441 (F)
Amatoxine 440
ambidente Ionen 253, 302
Ameisensäure (s. a. Formiat) 19 (F), 270, 354 (F)

Herstellung 392
pK_s 356
Produkt der Gärung 363, 364
Spaltung 392
Ameisensäure-methyl-ester 19 (F)
Amerikanisches Wintergrünöl 385
Amidasen 450
Amide 251, 424
    Herstellung aus Nitrilen 458
Amidine 426
    Herstellung 427
    Hydrolyse 430
Amidinium-Ionen 426
Amidoxime 426
Aminal 298
Amin-Dehydrogenase 309
Amine 239
    aromatische 256
    Basizität 250
    biogene 242, 382
    Nucleophilie 251
    primäre 239
    Reaktivität 250
    sekundäre 239
    Struktur 240
    tertiäre 239
α-Aminoacetonitril 460
α-Aminoacrylat 380, 381 (F)
    bei der Methionin-Biosynthese 377
α-Aminoacrylnitril 331
Aminoacyltransfer-RNA 423
α-Aminoadipinsäure 382
α-Aminoadipinsäure-semialdehyd 382
4-Aminoazobenzol ((4-Aminophenyl)(phenyl)diazen) 261 (F)
2-Aminobenzoesäure (s. a. Anthranilsäure) 385
4-Aminobenzoesäure 456
    in Folsäure 505, 506
p-Aminobenzoesäure s. 4-Aminobenzoesäure
γ-Aminobuttersäure (GABA, 4-Aminobutansäure) 243, 374
    Biosynthese 390
γ-Aminobutyraldehyd (4-Aminobutanal) 250
5-Amino-4-carbamoylimidazol-Ribonucleotid 539 (F)
2-Amino-3-carboxymuconat-6-semialdehyd 490, 491 (F)
1-Aminocylopropancarbonsäure 374 (F)

3-Amino-2,3-dihydrobenzoesäure 164
2-Amino-4,6-dihydroxypteridin 504
2-Amino-4,7-dihydroxypteridin 504
2-Aminoethanol (s. a. Ethanolamin) 242 (F)
2-Amino-4-formylbutanoat 377
2-Amino-4-formylbutyrat 376
2-Amino-5-formylglutarsäure 382
Aminoglycosid-Antibiotika 341, 438
Amino-Gruppe 240
4-Amino-5-(hydroxymethyl)-2-methylpyrimidin 503 (F)
5-Aminoimidazol-4-carbonitril 540 (F), 541
5-Aminoimidazol-4-carboxamid-Ribonucleotid 545 (F)
    beim ATP-Abbau 545
    bei der Thiamin-Biosynthese 503
β-Aminoisobuttersäure, Abbauprodukt des Thymins 546
δ-Aminolävulinsäure (δ-ALA; 5-Amino-4-oxopentansäure) 364, 470 (F)
    Inhibierung der Biosynthese 164
    in der photodynamischen Therapie 148
δ-Aminolävulinsäure-Dehydratase 470, 474
Aminolipide 399
Aminomalonitril 540 (F)
6-Amino-2-oxopimelat 376, 377
Aminophenazon 501 (F)
4-Aminophenylsulfonamid 264
2-Aminopyridin 489 (F)
    Herstellung 489
Aminosäure-Antagonisten 374
Aminosäure-Decarboxylasen 390
Aminosäuren **370**
    nichtproteinogene 374
D-Aminosäuren in Peptid-Antibiotika 438, 439
α-Aminosäuren 370
    basische 372
    Biosynthese 374
    essentielle 375
    glucogene 380
    Häufigkeit in Proteinen 460
    ketogene 380
    Metabolismus 379
    präbiotische Synthese 459
    Racemisierung 490
    saure 372
ω-Aminosäuren 432
Aminosäure-Oxidasen 309

Aminotransferasen 164, 489
1-Aminotricyclo[3.3.1.1^{3,7}]decan 96
Amin-Oxidasen 309, 455, 493
Amin-oxide 239, 241
Ammoniak 239 (F), 380
    Alkylierung 253
        Inversionsbarriere 241
    pK_s 251
    reduktive Alkylierung 299
    Toxizität 428, 429
Ammonium-Ion, pK_s 251
Ammonium-Salze, quartäre 239, 241
AMP s. Adenosin-monophosphat
Amphetamin 247 (F)
Amphetamine 247
amphipatisch 404
amphiphil 404
Amphotericin B 438
Amygdalin 270, 339, 458 (F)
Amyl-alkohol (Pentanol) 175
Amyl-alkohole 176
α-Amylase 344
β-Amylase 344
Amylasen 344
Amylopektin 343 (F)
Amyloplasten 343
Amylose 343 (F)
β-Amyrin 132
-an (Suffix) 254
Anabolika 247
Analgetika 386, 497, 500
Anämie
    hämolytische 531
    makrozytäre 505
anaplerotische Reaktionen 364
Anästhetika 482
Anderson, T. 468, 486
Androgene 271
Androstan 220 (F)
Androstendion 271 (F)
(3α,5α)-Androst-16-en-3-ol 272 (F)
5α-Androst-16-en-3-on 272
Androsteron 271, 272 (F)
    chemische Synthese 125
anellierte Kohlenwasserstoffe 94, 164
Anethol 210 (F)
α-Angelicalacton 501 (F)

Angelicasäure ((Z)-2-Methylbut-2-ensäure) 359 (F)
Angelicin 397 (F)
Angelicine 396
Angiotensin I 439, 440
Angiotensin II 439
angiotensin-converting enzyme (ACE) 440
Angiotensine 439
Angiotensinogen 439, 440
Anilin 186 (F), 254, 256 (F)
    Diazotierung 258
    mesomere Strukturen 186
    Oxidation zu *p*-Benzochinon 274
    pK_s 251
Anilingelb 261 (F)
Anilinschwarz 184, 259
anionotrop 205, 285
anionotrope Umlagerung 292
Anisol (Methoxybenzol) 209, 210 (F)
Anissäure (*p*-Methoxybenzoesäure) 210, 357 (F)
    pK_s 357
annealing 544
anomale Dispersion von Röntgenstrahlen 59
a-Nomenklatur 467
Anomere (Def.) 323
anomerer Effekt 324
anomeres C-Atom 323
Anoretika 247
Anregungszustand 136
Ansamycine 438
Antagonisten (Def.) 244
    kompetitive 505
Anthocyane 249, **422**, 473
Anthocyanidine 420, **421**, 422
    Biosynthese 421
    im Wein 398
Anthocyanine 422
Anthracen 165 (F)
Anthrachinon 274
Anthrachinon-Chromophor 419
Anthracycline 423, 438
Anthranilsäure (2-Aminobenzoesäure) 173 (F), 385 (F)
    bei der Alkaloid-Biosynthese 249, 495, 497
    bei der Tryptophan-Biosynthese 478
anti- (Präfix) 62, 63
anti-Addition 104
anti-Adenosin 520 (F)

Antibiotika 265, 423, 516
    Definition 437
anticlinal 86
Anticodon 534
anti-Cytidin 520 (F)
anti-Eliminierung 255
Antiepileptika 503
Antigen 444
Antihelmintikum 147, 240
Antikoagulantien 396
anti-Konformation der Nucleoside 519
Antikörper 444
Antimykotika 483
Antioxidantien 276, 474
anti-periplanar 86
Antiphlogistika 386
Antipoden, optische 50
Antipyretika 386, 469, 500
Antipyrin 469, 501 (F)
Antirheumatika 386
Antiseptika (Def.) **184**, 260
Antithrombin III, Bindung an Heparin 346
Antoniusfeuer 481
Anxiolytika 467
Apamin 441
Äpfelsäure (2-Hydroxybutandisäure; s. a. Malat)
    314 (F), 362 (F), 368 (F)
    Biosynthese 416
    Konfigurationskorrelation 369
    optische Drehung 60
    Synthese aus Fumarsäure 314
    Wasseranlagerung 369
Apfelsine, Farbe 421
Aphrodisiaka 482
Apigenin 421 (F), 422
Apoenzym 454
apolar 183
Apoprotein 454
Appetitzügler 247
äquatorial 91
Arabane 325
D-Arabinose 319 (F), 326 (F)
    cyclisches Halbacetal 325
L-Arabinose 325
Arabisches Gummi 325
D-Arabit 325
Arachidonsäure (Icosa-5,8,11,14-tetraensäure)
    360, 361 (F)

in Fetten und Ölen 402
Arachinsäure (Icosansäure) 354 (F)
Araldit® 215
Aramid 432
Araukaner Huhn 474
Arbutin 341 (F)
Archaebakterien 405
Aren-epoxide 217
Arginase 429, 455
L-Arginin 371, 372 (F), 375, 428
    Biosynthese 256, 377
    im Harnstoff-Zyklus 429
    Katabolismus 382
Argininbernsteinsäure 429 (F)
Arginin-succinat 428
Ariëns, E. J. 57
Arine 203
Aristeromycin 516 (F)
Arnstein-Peptid 436 (F)
Aromastoffe 513
Aromaten, polycyclische 164
aromatisch 41, 159
Aromatizität (Def.) 159
Arrhenius, S. A. **23**
Arrhenius-Gleichung 23
Arsäuren 335
Arteriosklerose 400
Aryl 161
Aryloxy-Radikale 191, 193
Ascaridol 147 (F)
Asche 248
Ascorbat (s. a. Ascorbinsäure)
    beim Violaxanthin-Zyklus 215
Ascorbat-Oxidase (Ascorbinsäure-Oxidase) 337, 455
Ascorbinsäure (Vitamin C; s. a. Ascorbat) 79, 336, 337 (F)
    Biosynthese 337
    Vorläufer der Weinsäure 336
Ascorbinsäure-Oxidase (s. Ascorbat-Oxidase) 337, 455
Asculetin 396
L-Asparagin 371, 372 (F)
    Biosynthese 377
L-Asparaginsäure (s. a. Aspartat) 256 (F), 371, 372 (F)
    Biosynthese 377
    Katabolismus 380

bei der Nicotinsäure-Biosynthese 491
Racemisierung 462
Umwandlung in Fumarsäure 256
Asparagusinsäure 231 (F), 236
Aspartam® 436 (F)
Aspartase 255
Aspartat (s. a. Asparaginsäure) 256 (F), 371, 372 (F)
bei der Nucleotid-Biosynthese 536
Umwandlung in Fumarat 255
Vorläufer der Pyrimidin-Nucleobasen 503
Aspartat-Ammoniak-Lyase 255
Aspergillus flavus 422
A-spezifische Dehydrogenasen 287, 291
Asphalt 42
Aspidosperma-Alkaloide 481
Aspirin® 385
Astacen 140
Astaxanthin 140
asymmetrisch 50
asymmetrisches C-Atom (Def.) 51
ataktisch 115
Äther 209
Atherosklerose 400
atherosklerotische Plaques 400
Atmung 74
anaerobe 518
Atmungskette 233, 366
Atomisierungsenergie (Def.) **11**, 66
ATP s. Adenosin-triphosphat
ATP-asen 455, 518
ATP-Citrat-Lyase 367
ATP-Synthase (ATPase) 518
Inhibierung 223
Atropin 240
Atropisomere (Def.) 37, **86**
Augenfarbe 478
Aureomycin 423 (F), 463
Aurone 420, 421
Ausschlusschromatographie 344
Austauschkräfte 12
Austauschnomenklatur 467
Autokatalyse 29
der Formose-Reaktion 330
Autoprotolyse 182
autotroph 80
Autoxidation (Def.) 144
von Aldehyden 288

von Carbonyl-Verbindungen 306
von Enolaten 306
von Ethern 212
Autumnalin 499 (F)
Auxin 479 (F)
Auxine 479
Auxochrom 259
Avidin 382
Avitaminose 337, 485
Axerophthol 148
axial 91
Aza- (Präfix) 240
1-Azabicyclo[2.2.2]octan s. Chinuclidin
Azaserin 164
Azelainsäure (Nonandisäure) 354 (F)
Azetidin 240 (F)
Azine 298, 486
Aziridin 240 (F)
Aziridin-2-carbonitril 331, 332 (F), 459
Azo-Farbstoffe 261
Azo-Kupplung 261
Azol 468
Azole 468
Azomethin 295
Azoniaallyl-Umlagerung 308
Azulen 166
Azulen-Grundgerüst 128
Azulminsäure 540

B

β- (Deskriptor) 63, 221, 322
β- (Lokant) 39
β- (Präfix) 396
Bacillus macerans 344
Bacitracin 438
Bacteriochlorophyll a 235
Baekeland, L. H. 115, 312
Baeyer, A. von **89**, 125, 260, 278, 468, 476, 503
Baeyer-Spannung 89
in Cycloalkanen 88
Baeyer–Villiger-Oxidation 291
enzymatische 292
Bakelit® 115, 312
Bakterien
acetogene 507, 518
Aminosäurebedarf 486
anaerobe 245

anaerobe phototrophe 235
  gramnegative 347
  grampositive 347
  mesophile 405
  methanogene 518
  thermophile 405
  Vitaminbedarf 486
Bakteriochlorophyll a 128
Bakteriochlorophylle 471
Bakteriorhodopsin 518
Bakteriostatika 184
Bakterizide 184, 297
Balata 129
Baldrianöl 206
Banane, Farbe 140
Barbiturate 474, 503
Barbitursäure 502 (F), 546 (F)
Bärentraube 341
Basen
  schwache 252
  starke 252
Basenpaarung 519
Basilikum, Duftstoff 126
bathochromer Effekt 137
Batrachotoxin 211, 223
Baumwolle 346
Bayer, O. 115
Bayöl 210
B-DNA-Doppelhelix 524
Behensäure (Docosansäure) 354 (F)
Behrend, R. 502
Beifuß, Inhaltsstoffe 127, 156
Beizmittel 277
Bell–Evans–Polanyi-Prinzip 27
Benzaldehyd 270, 282 (F), 316 (F)
  aus Amygdalin 458
  Autoxidation 288
  (C–H)-Bindungsdissoziationsenergie 288
  pK_s der konjugierten Säure 280
  Reaktion mit Acetaldehyd 313
  Reaktion mit Anilin 295
  Reaktion mit Cyanid-Ionen 316
Benzidam 256
o-Benzochinon 194 (F), 274
p-Benzochinon 194 (F), 274
  Oxidationsprodukt des Arbutins 341
  Redoxpotential 274
Benzodiazepine 467

Benzoesäure **383** (F)
  Ausscheidung 372, 383
  Bildung aus Acetophenon 306
  Bildung aus Benzaldehyd 288 (F)
  Biosynthese 173 (F), 385 (F)
  Decarboxylierung 161
  Mesomerie 357 (F)
  pK_s 356, 357
Benzoin (2-Hydroxy-1,2-diphenylethanon) 316 (F)
Benzoin-Kondensation 316
Benzol 144 (F), **159**
  (C–H)-Acidität 301
  H/D-Austausch 168
  Hydrierungswärme 162
  Synthese aus Acetylen 174
Benzol-Derivate, Biogenese 173
Benzolhexacarbonsäure 160
Benzolsulfonsäure, pK_s 236
Benzol-1,2,3-tricarbonsäure (Hemimellitsäure) 160
Benzol-1,2,3-triol (Pyrogallol) 274
Benzonitril 289
Benzophenon (Diphenylketon) 270
Benzopyran 466 (F)
4H-1-Benzopyran-Chromophor 420, 421
Benzo[a]pyren 165 (F), 218 (F)
Benzo[b]pyridin (s. a. Chinolin) 466 (F), 494 (F)
Benzo[c]pyridin (s. a. Isochinolin) 494 (F)
Benzopyridine 494
Benzoyl 354
N-Benzoylglycin 383
Benzpyren 218
Benzyl 161
Benzylpenicillin 437
Benzyn 203
Berg, P. 440, 533
Bergamotte, Duftstoff 396
Bergamottöl 128, 206
Beriberi 485
Berlinerblau 259
Bernal, J. D. 220, 358
Bernigaud, de Chardonnet, H. 347
Bernsteinsäure (Butandisäure; s. a. Succinat) 132, 354 (F), 368 (F)
Bernsteinsäure-dimethyl-ester 368 (F)
Berthelot, E. M. 174
Berzelius, J. J. **2**, 139, 274

Betalain-Farbstoffe 296, 483
Betalaminsäure 483 (F)
Betanidin 296 (F)
Betäubungsmittel 210
Bicyclo[1.1.0]butan 95 (F), 143
Bicyclo[2.2.1]heptan 95 (F)
Bicyclo[4.3.0]heptan 95 (F)
Bicyclo[2.2.0]hexan 95 (F)
Bicyclo[3.2.1]octan 95 (F)
Bicyclo[3.3.0]octan 95 (F)
Bicyclo[4.2.0]octan 95 (F)
Bienenhonig, Farbe 140
Bienenwachs 399
Bijvoet, J. M. **60**
Bildungsenthalpie (Def.) 11
Bilirubin 79, 474 (F)
    in Gallensteinen 359
Bilirubin-Konjugate 474
Biliverdin-Reductase 474
Bindegewebe 349
Bindung 11
    allylische 122
    dative 11
    glycosidische 338
    kovalente (Def.) 11
σ-Bindung (Def.) 83
Bindungsdissoziationsenergie (Def.) **9**, 10, 66
    allylischer (C–H)-Bindungen 122
    der (C–C)-Bindung 67
    der (C=C)-Bindung 101
    der (C≡C)-Bindung 154
    der (C–H)-Bindung bei Ethern 212
    von (C–H)-Bindungen 68
    der (C–O)-Bindung bei Ethern 211
    der (C=O)-Bindung 280
Bindungsenergie (Def.) 65
    Bestimmung 67
Bindungslänge (Def.) 8
Bindungspolarisation (Def.) 15
Bindungspolarisierbarkeit (Def.) 15
Bindungspolarisierung 12
7,7'-Binorbornyliden 147
Bioflavonoide 422
biogene Amine 382
    präbiotische Synthese 299
Biogenese (Def.) 7
biologische Membranen 405
Biolumineszenz 306

biomimetisch 550
Biosen 318
Biot, J.-B. 55
Biotin (Vitamin B_7) 382, 415
    Biosynthese 383 (F)
    Coenzym der Carboxylasen 394 (F), 416, 456
    im Fett-Abbau 417
Biphytan 405, 406 (F)
16,16'-Biphytanyl 131
Birkenrindenöl 385
Birnbaum 341
Bisabolan-Grundgerüst 129
γ-Bisabolen 128, 129 (F)
Bisabolene 128
Bis(dimethylamino)methan 297, 298 (F)
2,2'-Bis[4-(2,3-epoxypropoxy)phenyl]propan 215
Bis(dimethylamino)methan 297, 298 (F)
Bis-GMA 115 (F), 116
bis-Hydrazone 328
2,2'-Bis(4-hydroxyphenyl)propan 215
Bisphenol A 215
1,3-Bisphosphoglycerat 234, 291 (F), 336 (F)
    Biosynthese 291
    im *Calvin*-Zyklus 334
    bei der Gluconeogenese 333
    bei der Glycolyse 333
bisvinylog 315
Bittermandelöl 270
Bitumen 42
Blasencarcinom 531
Blattgrün 471
Blattläuse, Farbe 192
Blausäure 459
Blei, Toxizität 470
Bloch, K. E. 415
α-Blocker 247
β-Blocker 247
Blotting-Technik 522
Blutdruck, Regulation 439
Bluterguss, Farbe 474
Blutfarbstoff 473
Blutgerinnung 275, 444
Blutgerinnungsfaktoren 444
Blutgruppen 403
Blutregen 480
Bockshornklee, Inhaltsstoffe 222
Bombardierkäfer, Abwehrstoff 78
Bombykol 134 (F), 271

Borkenkäfer, Pheromon 134
Bornen 127
Borneo Campher 206
Borneol 60 (F), 127, 206 (F)
    optische Drehung 60
    Umlagerung 206
Bornylen 126 (F), 127
Boten-RNA (s. *messenger*-RNA) 527
Botenstoffe
    primäre 247
    sekundäre 247
Botulin 441
Botulinustoxin 211, 244, 245, **441**
Bougainvillea, Farbstoff 296
Bouveault–Blanc-Reduktion 287
Bovine Spongiforme Encephalopathie (BSE) 435
Bowen-Monomer s. Bis-GMA
Boyle, R. 176
Brandenberger, J. E. 347
Brassinolid 274 (F)
Brassinosteroide 273
Braun, A. 475
Brennnessel, Reizstoff 247
Brenzcatechin (Benzol-1,2-diol) 187, 188
    Oxidation 149 (F), 194 (F)
    pK_s 189 (F)
Brenztraubensäure (2-Oxopropansäure; s. a. Pyruvat) 362 (F)
    Biosynthese 304
    Coenzym der Aminosäure-Decarboxylasen 390
    Decarbonylierung 392
    Decarboxylierung 392
    oxidative Decarboxylierung 392
Breslow, R. 317
Brombeere, Farbe 422
2-Bromobutan 200
Bromochlorofluoromethan 54 (F)
6-Bromo-2-(methylsulfonyl)indoxyl-sulfat 477
Bronzediabetes 272
BSE (Bovine Spongiforme Encephalopathie) 435
B-spezifische Dehydrogenasen 287
Buchweizen, Farbstoff 192
Bufadienolide 223
Bufotoxin 211
Bufotoxine 222, 223
Bulnesen 166
α-Bulnesen 128, 129 (F)

Bunsen, R. B. 57
Buta-1,3-dien 118 (F)
    Cycloaddition an Acrolein 121
    Cycloisomerisierung 143
    Hydrierungswärme 117, 119
    katalytische Hydrierung 120
    Konformere 119
    Lichtabsorption 137
    Molekülparameter 117
Butan 86, 112 (F)
    Konformationsisomere 87
    prochirales C-Atom 112
    Verbrennungswärme 67
Butanol (Butan-1-ol) 175
sec-Butanol (Butan-2-ol) 175
    aus 2-Bromobutan 200
    Enantiomere 112 (F)
tert-Butanol (2-Methylpropan-2-ol) 110, 175, 180
    Decarboxylierungsprodukt der β-Hydroxyisovaleriansäure 391
    Dehydratisierung 203
    Reaktion mit Säuren 197
Butanon 304 (F)
    Carboxylierung 393
    Enolisierung 304
Butein 422
But-1-en 111 (F), 255 (F)
    Hydratisierung 112
    Hydrierungswärme 103, 119
    Synthese 255
cis-But-2-en 102 (F), 113 (F)
    Deuterium-Anlagerung 105
    Hydrierungswärme 103
    Prins-Reaktion 283
    Schmelztemperatur 102
    Siedetemperatur 102
trans-But-2-en 102 (F), 111 (F)
    Hydrierungswärme 103
    Prins-Reaktion 283
    Prochiralität 113 (F)
    Schmelztemperatur 102
    Siedetemperatur 102
Butenandt, A. 134, **271**, 275, 479, 548
But-2-en-1-ol s. Crotyl-alkohol
But-3-en-2-ol 120 (F)
Butlerow, A. M. von 329
Butter, Fettsäure-Gehalt 402

Butterblume, Farbstoff 421
Buttersäure (Butansäure) 353, 354 (F)
　　pK_s 356
　　Produkt der Gärung 363
tert-Butyl-acetat 292 (F)
tert-Butyl-chlorid 198
tert-Butylcyclohexan 94
tert-Butyl-Kation 198
γ-Butyrolactam 425 (F)
Butyryl-ACP 417

C

C_4-Pflanzen 388
CaBP (calciumbindendes Protein) 151
Cadalane 128
Cadalin 128
Cadaverin 241, 242 (F)
　　bei der Alkaloid-Biosynthese 249
Cade-Öl 128
Cadinane 128
Cadinan-Grundgerüst 129
β-Cadinen 128, 129 (F)
Cadmium-Carboanhydrase 456
Cahn, R. S. 58
Cahours, A. A. T. 160
Calciferol 123
Calciferole 151
Calcitriol 151, 152 (F)
calciumbindendes Protein (CaBP) 151
Calicheamicine 144
Calvin, M. **334**
Calvin-Zyklus (*Calvin–Basshan–Benson*-Zyklus) 334, 393
CAM (*crassulacean acid metabolism*) 388
cAMP (cyclisches Adenosin-monophosphat) 515 (F)
CAM-Pflanzen 388
Camphen 206 (F)
Campher 60 (F)
　　Molekülstruktur 33
　　optische Drehung 60
Camptothecin 497
Cannabinoide 420
Cannizzaro, S. **290**
Cannizzaro-Disproportionierung 331
Cannizzaro-Reaktion 290
　　gekreuzte 290, 332

Übergangskomplex 172
Canthaxanthin 140
Caprinsäure (Decansäure) 354 (F)
ε-Caprolactam 432 (F)
Capronsäure (Hexansäure) 354 (F)
Caprylsäure (Octansäure) 354 (F)
Capsanthin 140
Carbaldehyd (Suffix) 269
Carbamate 427
Carbamidsäure 427 (F)
Carbamoyl-Gruppe 424
Carbamoylphosphat 429 (F)
Carbanion 300
Carbazol 278, 466 (F)
Carbene 31, 202
Carbenium-Ionen 31, 108, 197
　　Reaktivität 202, 203
　　relativer Energiegehalt 110
　　bei der S_N1-Reaktion 197
Carben-oxid 280
Carbide 156
Carbinol 176
Carbinolamin 295
Carboanhydrase 427, 455
Carbohydratase 427
Carbokationen 31
Carbonium-Ionen 31, 199, 206
　　nichtklassische 32
Carbonsäure-amide 424
　　pK_s 425
　　Reaktivität 429
Carbonsäure-ester 407
　　Alkoholyse 408
　　Ammonolyse 409
　　(C–H)-Acidität 410
　　Hydrolyse 407
　　Reaktionen 407
Carbonsäuren 353ff.
　　aromatische 383
　　Austausch der O-Atome 394
　　Bildung von Dimeren 355
　　gesättigte 358
　　Ionisation 355
　　Reaktivität 386
　　ungesättigte 359
Carbonyl-Gruppe 269
　　Oxidation 288
　　Reaktivität 279

Reduktion 286
Carbonyl-Komponente der Aldol-Addition 310
Carbonyl-Verbindungen 269
  α,β-ungesättigte 313
Carboxonium-Ion 280
Carboxy-Gruppe 353
Carboxylasen 450
Carboxylate 356
Carboxymuconsäure 149
Carboxypeptidasen 455
Carcinogene 210, 258, 423
Cardenolide 222
Carminlacke 419
Carminsäure 419
Carothers, W. H. 347
β-Carotin 138, 139 (F), 148 (F)
  Biosynthese 139
  Lichtabsorption 137
  Umwandlung in Retinal 148
  UV/VIS-Spektrum 136
Carotinoide 124, **138**, 399
  in Zellmembranen 405
Caryophyllan-Grundgerüst 129
β-Caryophyllen 129 (F)
α-Caryophyllen-alkohol 225 (F)
Catalase 78
Catechol 188
Catecholamine 246
  Biosynthese 390
Catechol-O-Methyltransferasen 197, 229
Catharanthus roseus 127, 481
Cech, T. R. **533**
Cecidien 398
Cellobiose 338 (F), 343
  Spaltprodukt der Cellulose 346
Cellophan 346, 347
Cellulase 338
Celluloid 346, 347
Cellulose 338, 346 (F)
Centromer 445
Cephalosporin C 173, 436 (F), 437
Cephalosporine 436
Cephalosporium acremonium 437
Cepham 436 (F)
Ceramide 403
Cerebroside 399, 403
Cerotinsäure (Hexacosansäure) 354 (F), 399
cGMP (cyclisches Guanosin-monophosphat) 143

(C–H)-acide Verbindungen 300
Chagas-Krankheit 263
Chain, E. B. 437
Chalkone 420 (F)
  Biosynthese 421
Chalone 444
Chamazulen 166 (F)
Chaperone 435
Chaperonine 435
Chargaff, E. **521**
Chargaff-Regel 520
Charge-transfer-Komplexe 274
Chemie 1
Chemilumineszenz 146
chemoautotroph 80
Chemoisomere (Def.) 37, **209**
Chemoselektivität (Def.) 310
Chemotherapie 244, 262
chemotroph 80
Chevreul, M. E. 178, 220, 358, **400**
Chinarinde, Inhaltsstoffe 495
Chinarindenbaum 495
Chinasäure 274, 385 (F)
  Biosynthese 384
Chinazolin 466 (F)
Chinhydron 274 (F)
Chinidin 495 (F)
Chinin 173, 184, 248, 259, **495** (F)
Chinolin (Benzo[b]pyridin) 466 (F), 494 (F)
Chinolin-Alkaloide 249, 495
Chinolinsäure (Pyridin-2,3-dicarbonsäure) 491 (F), 494 (F)
Chinolizin 249, 466 (F)
Chinolizin-Alkaloide 249
Chinone 194, 273
  im Zellmetabolismus 275
o-Chinone 259
Chinoproteine 492
Chinoxalin 466 (F)
Chinuclidin (1-Azabicyclo[2.2.2]octan) 240 (F), 496
Chiralität (Def.) 49
  axiale 153
  Spezifikation 78
  zentrale 54
Chiralitätsachse 153
Chiralitätselement 54
Chiralitätszentrum 54

Chitin 347 (F)
Chlorakne 210
Chloral 282
Chloramphenicol 438
Chlorhämin 78
Chlorine 473
1-Chlorobut-2-en 200 (F)
3-Chlorobut-1-en 200 (F)
Chlorocruorin 76
Chloroform (Trichloromethan) 16 (F)
    (C–H)-Acidität 301
    Dipolmoment 16
    Narkosemittel 213
Chlorophenoxyessigsäuren 186
Chlorophyll a 140, 173, 471 (F), 473
    bei der oxygenen Photosynthese 234
    als Photosensibilsator 147
Chlorophylle 473
Chloroplasten 473
Chloroquin 496 (F)
Chlorperoxidasen 187
Cholamin (2-Aminoethanol; s. a. Ethanolamin) 242 (F)
Cholan 220 (F)
Cholecalciferol (Vitamin D_3) 123 (F), 151, 152 (F)
Cholelithiasis 474
Cholesta-5,24-dien-3β-ol 221
Cholesta-8,24-dien-3β-ol 221
Cholestan 220 (F)
Cholesterin 220
    Abbau 359
Cholesterin-7α-Hydroxylase 358
Cholesterol 106 (F), 173, 220
    in biologischen Membranen 405
    Biosynthese 106, 177, 222
    Ester mit Fettsäuren 399
    exogenes 222
    in Gallensteinen 474
    Vorläufer der Gallensäuren 358
    Vorläufer der Sexualhormone 179
Cholesteryl-ester-Transfer-Protein 207
Cholesteryl-linoleat 400 (F)
Cholesteryl-palmitoleat 400 (F)
Cholin 242
    Glycerinlipide 401
Cholinacetylase 243
Cholin-Acetyltransferase 242
Cholin-phosphat in Sphingolipiden 403

Cholsäure 358 (F)
Chondroitin 349 (F)
Chondroitin-sulfate 349
Chorismat-Mutase 308, 385
Chorisminsäure (s. a. Chorismat) 173, 308 (F), 384
    Umwandlung in Präphensäure 308
Chromatide 445
Chromatin 521
Chromatinfaser 445
Chromen 466 (F)
4H-Chromen-Chromophor 420
Chromonema 445
Chromophor (Def.) 136
Chromoproteine 443
Chromosom 445, 522
Chrysantheme, Farbstoff 421
Chrysanthemumsäure 132
Chrysen 165 (F), 278
chymotrope Farbstoffe 420
Chymotrypsin 452
Chymotrypsin-Katalyse 453
Chymotrypsinogen 452
Ciguatera-Vergiftung 211
Cinchomeronsäure (Pyridin-3,4-dicarbonsäure) 494 (F)
Cinchonamin 497
Cinchonaminaldehyd 496
Cinchonidin 495 (F), 496 (F)
    Biosynthese 496
Cinchonin 240, 495 (F)
Cinnolin 466 (F)
CIP-Konvention 59
cis (Deskriptor) 63, 92
cis/trans-Isomere 37
Cistron 532
Citrat (s. a. Citronensäure)
    im Citronensäure-Zyklus 365
    im Glyoxylat-Zyklus 365
Citrat-Synthase 364
Citrogenase 364
Citronellöl 206
Citronensäure (3-Carboxy-3-hydroxypentandisäure; s. a. Citrat) 365 (F), 368 (F)
    Biosynthese 416
    im Citronensäure-Zyklus 365
Citronensäure-trimethyl-ester 368 (F)
Citronensäure-Zyklus 364
    reduktiver 367

Citrulin 256, 428, 429 (F)
Citrusöl 128
Claisen, R. L. **410**
Claisen-Esterkondensation 410
Claisen-Kondensation 311, 410
Claisen-Umlagerung 307, 308, 410
    Übergangskomplex 172
Clarke, W. E. 213
Clostridia sp. 474
Clostridium botulinum 441
Clostridium tetani 441
Clotrimazol 483
cluster 82
CMP (Cytidin-monophosphat) 514
CoA s. Coenzym A
Cobalamin 456
(C=O)-Bindung
    Dissoziationsenergie 280
    nucleophile Addition 280, 282
Cobratoxin 211, 244, 441
Cocain 245 (F), 267, 473
Cocastrauch 240, 245
Coccinellin 241 (F), 423
    chemischer Abbau 351
Cochenille, Farbstoff 277, 278
CO-Dehydrogenase 46, 81, 507
Codein 498 (F)
    enzymatischer Abbau 307
Codeinon 498 (F)
Code-Triplett 534
Codon 534
Codons, degenerierte 535
Coenzym A (CoA) 415, 515 (F)
    bei der Acetat-Gärung 507
    beim Fett-Abbau 417
    im Pyruvat-Dehydrogenase-Komplex 392
Coenzym B_{12} 538
    im Fett-Abbau 417
Coenzym Q 234
Coenzyme 454
Coenzyme Q_n 275 (F), 277
Coeruloplasmin 455
Cofaktor 454
Coffein 513, 514 (F)
Colabaum 513
Colchicin 173, 449, 499 (F), 523
    Biosynthese 499
Colin, J. J. 279

Coniferin 193
Coniferyl-alkohol 193 (F), 210 (F), 385
Coniin 248, 423, 424 (F)
Cope, A. C. **123**
Cope-Umlagerung 123
    Übergangskomplex 172
Coproporphyrinogen-Oxidase 474
Coprostan 220 (F), 358
Corepressoren 442
Corey–Pauling–Koltun-Modelle 34
Cornforth, J. W. 58
Coronen 165 (F)
Corticoide 272
Corticosteron 273 (F)
Corticotropin 439
Cortisol 273 (F)
Cortison 173, 272, 336
Corynanthe-Alkaloide 481
Corynanthein 496 (F)
Cosynthase 471
Cotton-Effekt 59
Couper, A. S. 11, 159
Crafts, J. M. **170**
Creatin 428 (F)
Creatin-phosphat 428 (F)
Creutzfeld-Jakob-Erkrankung 435, 457
Crick, F. H. C. **522**, 535, 548
Crocetin 141 (F)
Crocin 141
Crocoxanthin 156
Crotonaldehyd (But-2-enal) 287 (F)
    Reduktion 287
Crotonsäure ((*E*)-But-2-ensäure) 100, 359 (F)
Crotonyl-ACP 417
Crotyl 100
Crotyl-alkohol (But-2-en-1-ol) 120 (F), 201 (F), 287 (F), 359 (F)
Crotyl-Kation 120
Crystallin 256
CTP (Cytosin-triphosphat) 537
Cumarin 396 (F)
o-Cumarinsäure ((*Z*)-3-(2-Hydroxyphenyl)prop-2-ensäure) 396 (F)
p-Cumarsäure ((*E*)-3-(4-Hydroxyphenyl)prop-2-ensäure) 385 (F)
p-Cumaryl-alkohol 193
Cuminsäure 170
Cumol ((1-Methylethyl)benzol) 170 (F)

Curtin–Hammet-Prinzip 158
C-Wert-Paradoxon 532
Cyanamid 540 (F)
Cyanhydrin 318
Cyanhydrine 315ff.
Cyanidin 422 (F)
Cyanin-Farbstoffe 296, 297 (F)
Cyanoacetylen, Reaktion mit Guanin 542
Cyanoacrylate 115
Cyanobakterien 234, 367
Cyanogen 540 (F)
Cyano-Gruppe 457
Cyanwasserstoff 539
    Ammonolyse 540
    aus Amygdalin 459
    Hydrolyse 540
    Ionisation 540
    Photolyse 540
    pK_s 300
    Polymerisation 540
    präbiotischer Vorläufer der Aminosäuren 459
cyclisches Adenosin-monophosphat (cAMP) 515 (F)
cyclisches Guanosin-monophosphat (cGMP) 143
Cyclite 178, 317
Cycloaddition (Def.) 121
[4 + 2]-Cycloaddition 121
Cycloalkane 41, 87
    Verbrennungswärmen 88
Cycloalkene 149
Cycloartenol 206 (F)
    Biosynthese 206, 207
Cyclobutan 88 (F)
    Baeyer-Spannung 88
    Pitzer-Spannung 88
    Ringaufspaltung 90
Cyclobuten 143 (F), 150 (F)
    Bildung aus Butadien 143
    photolytische Ringaufspaltung 151
    thermische Ringaufspaltung 150
Cyclodextrine 344 (F)
Cycloheptatrienon 499
Cyclohexa-1,3-dien 163
    Hydrierungswärme 162
Cyclohexa-1,4-dien 163
Cyclohexadiendione 273
Cyclohexa-2,4-dienon 304 (F)
Cyclohexan 88 (F), **90**
    Konformationen 91
    Newman-Projektion 91
Cyclohexanon 291 (F)
    oxidative Ringaufspaltung 291
Cyclohexen 150 (F)
    Dehydrierung 163
    Hydrierungswärme 162
Cycloisomerisierungen **143**, 151
Cyclooctatetraen 167 (F)
Cyclopentadien, Dimerisierung 25
Cyclopentadien-Dimer 25
Cyclopentan 88 (F)
    Pitzer-Spannung 88
Cyclopenta[a]phenanthren 220
Cyclopenten 143 (F), 150 (F)
    Photodimerisierung 143
Cyclopropan 88 (F), **89**
    Baeyer-Spannung 88
    Hydrierung 98
    Narkosemittel 213
    Pitzer-Spannung 88
    thermische Umlagerung 89
Cyclopropanon, Hydrat-Bildung 281
Cyclopropen 149, 150 (F)
Cyclopropylium-Ion, bei der *Wagner–Meerwein*-Umlagerung 206
Cyclosporin A 437, 438 (F)
Cyclosporine 437
Cyclotripentacontan-Isomere 37
Cystathionin 376 (F), 377, 381
Cysteamin 227, 242 (F)
    Biosynthese 390
Cysteaminamid 414
L-Cystein 228 (F), 371, 372 (F)
    in der Acetaldehyd-Dehydrogenase 291
    Biosynthese 377
    Decarboxylierung 242
    Katabolismus 380
    in Keratinen 446
    Oxidation zu Cystin 229, 230 (F)
    bei der Thiamin-Biosynthese 486
Cystein-Synthase 377
Cystin 229, 230 (F)
    Standardreduktionspotential 232
Cytidin 514 (F)
    pK_s 503
anti-Cytidin 520 (F)
syn-Cytidin 520 (F)

Cytidin-monophosphat (CMP) 514 (F)
Cytidylsäure 514 (F)
Cytochrom c 79
    in der Atmungskette 233
    Standardreduktionspotential 232
Cytochrom P450 83, 176, 214, 471
Cytochrom-*bf*-Komplex, bei der Photosynthese 234, 235
Cytochrome 471
Cytochrom-Oxidase 79, 233, 455
    in der Atmungskette 233
Cytochrom-P450-Oxidase 179
Cytochrom-Reductase 233
Cytokinine 513
Cytosin 502 (F), 503
    präbiotische Synthese 542
Cytosin-triphosphat (CTP) 537

D

D- (Deskriptor) 318
d- (Deskriptor) 322
δ- (Präfix) 396
Dactylopius coccus 419
Dakin-Reaktion 292
Dalmatinische Wucherblume 132
Dam, H. C. P. 275
Dammaradienol 219 (F)
    Biosynthese 218
Dammarbaum 219
Darmbakterien 486
Darwin, C. R. 548
Darzens-Kondensation 311
Dauerwelle 229
Davy, H. 248
Debus, H. 483
Debye, P. J. W. **15**
Debye-Gleichung 15
Decahydronaphthalin 95 (F)
cis-Decalin 95 (F)
trans-Decalin 95 (F)
Decaprenoxanthin 406 (F)
Decarboxylasen 450
decarboxylative Eliminierung 391
Decarboxylierung 387
Dec-2-en-4,6,8-triinsäure 156
Dehydratasen 450
Dehydratisierungsmittel 431

Dehydroascorbat, Standardreduktionspotential 232
Dehydroascorbinsäure (s. a. Dehydroascorbat) 337 (F)
Dehydroascorbinsäure-2-monohydrat 337
3-Dehydrochinasäure 384 (F), 385 (F)
7,8-Dehydrocholesterol 106 (F), **221**, 222 (F)
    Vorläufer des Vitamins D_3 151, 152 (F),
1,2-Dehydrocortisol 273
1,2-Dehydrocortison 273
Dehydrogenasen 191, 450
Dehydromatricaria-ester 156 (F)
3-Dehydroshikimisäure 384 (F)
Demecolcin 499 (F)
Demenz 243
Denaturierung 544
Dentalkomposite 116
Deprotonierung 300
Depside 398
Depsipeptide 432, 437
Derepression 244
Desaturasen 360
Desepoxidase 215
Desinfektionsmittel 210, 281, 297
Desmolasen 450
Desmosin 447
Desmosterol 221, 222 (F)
Desmotropie 412
5'-Desoxyadenosylcobalamin 472
Desoxyribonucleasen (DNasen) 543
Desoxyribonucleinsäure s. DNA
2'-Desoxyribonucleotide 522
    Biosynthese 472, 537
2'-Desoxyribose 332
    Bestandteil der Nucleinsäuren 521
Desoxythymidylsäure 537
1-Desoxyxylulose 489 (F)
    bei der Pyridoxin-Biosynthese 489
    bei der Thiamin-Biosynthese 486
Detergenzien 236, 408
Dexter-Mechanismus 142
Dextrane 344
Dextrinase 344
Dextrine 344
dextrorotatorisch 56, 322
DGEBA (Diglycidyl-ether des Bisphenols A) 215, 216 (F)
Diabetes 388

Diabetes mellitus 440
Diaceton-D-glucose 352
Dialkyloxonium-Salze 213
Diallyl-disulfid 230 (F)
3,6-Diaminoacridinium-chlorid 264
Diaminomaleonitril 540 (F)
    Photoisomerisierung 541
7,8-Diaminopelargonsäure 383
2,6-Diaminopimelat 376, 377
2,6-Diaminopurin 511, 541 (F)
2,4-Diaminopyrimidin 542 (F)
Diastasen 344
Diastereoisomere (Def.) 61
diastereomer 61
diastereoselektiv (Def.) 105
diastereotop 53
diaxiale Wechselwirkung 92, 94
Diazepam 467 (F)
Diazine 501
Diazonium-Ionen 257, 258 (F)
Diazotierung 258
1,4-Dibenzodioxin 210 (F)
Dibenzopyran 466 (F)
Dibenzoylornithin 372
6,6′-Dibromoindigo 477
1,3-Dicarbonyl-Verbindungen 304
β-Dicarbonyl-Verbindungen 304
Dichloromethan, Dipolmoment 16 (F)
Dickson, J. T. 347
Dictamnin 497 (F)
Dicumarol 396, 397 (F)
1,2-Didehydrobenzol 203
Diederwinkel 84, 86
Dielektrizitätskonstante 15, 183
Diels, O. P. H. **121**
Diels–Alder-Reaktion 121
Diels-Kohlenwasserstoff 166
Dienophil 121
dienylog 315
Diesbach 259
Diesbach, H. de 475
Dieselöl 42
Diethyl-ether 196 (F), 209 (F)
    Alkylierung 214
    Narkosemittel 212
N,N-Diethylpropen-2-amin 298 (F)
Difluoromethylornithin 164
Diformaldehydharnsäure 297

Digitoxygenin 222 (F), 223
Diglucoronide 272
digonal 31
7,8-Dihydrobiopterin 507 (F)
7,8-Dihydrofolat (H_2Folat) 505, 506
Dihydrofolat-Dehydrogenase 506
Dihydrofolat-Reductase 505, 507
3,4-Dihydro-4-hydroxypteridin 504 (F)
Dihydrolipoyl-Dehydrogenase 392
Dihydrolipoyl-Transacetylase 229, 392
Dihydroliponsäure 230 (F)
Dihydroorotsäure 503 (F)
Dihydropicolinat 376 (F), 377
Dihydropteridin-Reductase 507
1,3-Dihydro-2*H*-pyrrol-2-on 500, 501 (F)
1,5-Dihydro-2*H*-pyrrol-2-on 500, 501 (F)
2,3-Dihydrosphinganin 404
2,3-Dihydrosphingosin 404
4,5α-Dihydrotestosteron 271
Dihydrouridin 526 (F)
1,3-Dihydroxyaceton (1,3-Dihydroxypropan-2-on)
    Bildung durch Acyloin-Kondensation 317
    Bildung aus Formaldehyd 330
Dihydroxyaceton-1-phosphat 303 (F), 311 (F)
    beim Fett-Abbau 417
    bei der Gluconeogenese 311, 333
    beim Glucose-Metabolismus 303
    bei der Glycolyse 333
    im Pentosephosphat-Zyklus 334
3,4-Dihydroxybenzoesäure (Protocatechusäure) 149
7,8-Dihydroxybenzo[*a*]pyren 218 (F)
4,4′-Dihydroxy-1,1-biphenyl 191
3,4-Dihydroxybutanon-4-phosphat 509 (F), 510
20,22-Dihydroxycholesterol 179
2,3-Dihydroxyflavone 421
    Biosynthese 421
2,3-Dihydroxyisovalerat 378 (F)
Dihydroxymethan 281
2,3-Dihydroxy-3-methylvalerat 376, 378 (F)
1,4-Dihydroxy-2-naphthoesäure 170, 275, 276 (F), 279 (F)
3,4-Dihydroxyphenylalanin (DOPA) 217
    Decarboxylierung 242
    Vorläufer der Catecholamine 246
    Vorläufer der Melanine 477
    Vorläufer der Phenol-ether 210
3,4-Dihydroxyphenylpyruvat 497 (F)

bei der Alkaloid-Biosynthese 497
Dihydroxysäure-Dehydratase 378
3,5-Dihydroxytoluol (3,5-Dihydroxy-1-methylbenzol) 188
Diisobutylen (2,4,4-Trimethylpent-1-en) 114
Diisopropyl-fluorophosphat 244
α-Diketone 306
Dimethyladenosin 526 (F)
Dimethylallen (Penta-2,3-dien) 153 (F)
Dimethylallyl-pyrophosphat 111 (F)
    bei der Lysergsäure-Biosynthese 480
    Vorläufer der Terpen-Biosynthese 125
Dimethylallyltryptophan-N-Methyltransferase 229
Dimethylamin 239 (F), 253 (F)
    Alkylierung 253
    pK_s 251
p-Dimethylaminobenzaldehyd 550
Dimethylaminomethanol 297, 298 (F)
4-Dimethylaminopyridin (DMAP) 487, 488 (F)
N,N-Dimethylanilin, Dipolmoment 266
2,6-Dimethylanisol (1-Methoxy-2,6-dimethylbenzol) 305 (F)
    Synthese 305
cis-1,2-Dimethylcyclohexan 105 (F)
1,2-Dimethylcyclohexane 93 (F)
1,3-Dimethylcyclohexane 93 (F)
1,2-Dimethylcyclohexen, Hydrierung 105
1,2-Dimethylcyclooctatetraen, Valenzisomerisierung 168
Dimethyl-ether 209 (F)
    Dipolmoment 180
3,4-Dimethylheptan 62 (F)
    Stereoisomere 62
3,4-Dimethylhexan 61, 65 (F)
    Stereoisomere 64
Dimethyloxalacetat-Decarboxylase 455
2,2-Dimethylpentan 50 (F)
2,3-Dimethylpentan 50 (F)
2,4-Dimethylpentan 50 (F)
3,3-Dimethylpentan 50 (F)
2,4-Dimethylpent-2-en 146 (F)
    Reaktion mit Singulett-Sauerstoff 146
2,6-Dimethylphenol 192 (F), 305 (F)
    Alkylierung 305
    Oxidative Kupplung 191
2,2-Dimethylpropan-1-ol (Neopentyl-alkohol) 175, 176, 180

Umlagerung 205
6,7-Dimethyl-8-ribityllumazin 509 (F), 510
Dimethyl-sulfid 228 (F), 236 (F)
Dimethyl-sulfon 236 (F)
Dimethylsulfonium-methylid 228 (F)
Dimethyl-sulfoxid 236 (F)
1,3-Dimethylxanthin 513
3,7-Dimethylxanthin 513
Dinoflagellaten 307, 428
Dioldehydratase 208
Diole, vicinale 208
Diolen® 397
p-Diorsellinsäure 419
Diosgenin 222
1,4-Dioxan 209 (F)
1,6-Dioxaspiro[4.4]nonan 294 (F)
1,7-Dioxaspiro[5.5]undecan 294 (F)
Dioxetane 144, 178
    Spaltung 146, 306
1,4-Dioxin 209 (F)
Dioxine 210
1,3-Dioxolan 209 (F)
Dioxolane 294
Dioxygenasen 147, 450
    intramolekulare 147
    Mechanismus der Dioxetan-Bildung 148
    Reaktionen 80
Dipeptide 431
Diphenochinon 192
1,3-Diphosphoglycerat s. 1,3-Bisphosphoglycerat
Diplopten 133 (F)
Dipolmoment 14
Diptam 497
Disaccharide 338
Dismutasen 450
Dismutation 290
Disparlur 134 (F)
Disproportionierungsreaktion 290
dissymmetrisch 50
Distomer 57
Disulfide 229
Diterpene 124
Dithian, pK_s 301
Dithiocarbonsäuren 413
Dithiokohlensäure 414
1,2-Divinylcyclobutadien 143
DMAP (4-Dimethylaminopyridin) 487, 488 (F)
DNA (Desoxyribonucleinsäure) 522

DNA-(Adenin-N^6)-Methyltransferase   229
DNA-(Cytosin-5)-Methyltransferase   229
DNA-Ligase   528
DNA-Polymerase I   542
DNA-Polymerasen   441, 455, 527
    Inhibierung   264
DNasen (Desoxyribonucleasen)   543
DNA-Topoisomerasen   442
DNA-Transkription   526
    Hemmung   440
DNS (Desoxyribonucleinsäure)   s. DNA
Döbner-Kondensation   311, 413
cis-13-Docosensäure, in Fetten und Ölen   402
Dodec-2-endisäure   246
Doisy, E. A.   **275**
Domagk, G.   **264**, 265, 548
Donator-Molekül   519
DOPA   s. 3,4-Dihydroxyphenylalanin
Dopamin   242, 246, 497 (F)
    bei der Alkaloid-Biosynthese   497, 499
Doppelbindung   100
    konjugierte (Def.)   117
Doppelschicht   404
Dorno-Strahlung   151
Down-Syndrom   457
Dracon®   397
Dralon®   116
Drehspiegelachse   36, 50
Drehung, spezifische   56
Dreiding, A.   **34**
Dreiding-Modelle   34
Drepanozytose   531
Dubonnet   496
Duplexe   522
Durchfall   398
Durol (1,2,4,5-Tetramethylbenzol)   160 (F)
Duromere   312
Duroplaste   312, 540
Dynemicine   144

E

*E*1cB-Mechanismus   313
*E*1-Reaktion   204
    Regioselektivität   204
*E*2-Mechanismus   254
α-Ecdyson   271, 273 (F)
Ecdysteroide   273

Ecgonin   245 (F)
Ecstasy   247
Edelreizker, Farbstoff   166
Edeltannenöl   127
Edukt   18
Efeu, Saponine in   132
Effektor   242, 244, 442
    kompetitiv negativ   244
    positiv   244
Ehrlich, P.   **262**, 265, 548
Ehrlich-Reagenz   550
Ehrlich-Reaktion   550
Eicosanoide (Icosanoide)   360
Eidotter, Farbe   140
Eigen, M.   **531**
Eijkman, C.   138, **485**, 548
Einelektronen-Oxidation   191
Einhorn, A.   244
einstufige Reaktion (Def.)   25, **73**
Eisen-Ionen, Standardreduktionspotential   232
ekliptisch   84
Ektohormone   133
Elaidinsäure ((*E*)-Octadec-9-ensäure)   360, 401
Elastase   452
Elastin   446
elektrocyclische Reaktionen (Def.)   143
Elektrodenpotential   231
Elektronegativität   12ff.
Elektronendelokalisierung   117, 183
Elektronenkonfiguration (Def.)   **118**, 136
Elektronentransportketten   233
Elektronentransport-Phosphorylierung   518
elektrophile Addition, nicht stereoselektive   114
β-Elemen   124 (F)
Elemene   128
anti-Eliminierung   255
Embden–Meyerhof–Parnas-Weg   363
Emodin   192, 418, 419, 420 (F)
Emulgatoren   325, 332
Emulsin   339, 340, 459
-en (Suffix)   254
Enamin   298
Enantiomere (Def.)   37, **50**
enantiomorph   50, 52, 87, 93
enantioselektiv (Def.)   105
enantiotop   53, 112
endergonisch   11
Endiin-Antibiotica   144

Endiol 303, 316
Endiol-Tautomerie 337
endo- (Präfix) 63, 327
Endoglycosidasen 344
Endohydrolasen 450
*endo-*Konformation der Nucleoside 519
Endonucleasen 90, 450, 542
Endopeptidasen 450
Endorphine 439
endotherm 11
Energie-Diagramm 74
Energiegehalt 11
Energiehyperfläche 74
Energieoberfläche 74
Energieprofil 74
Engelwurz 396
Enkephaline 439
Enol 302
Enolat 302
Enolat Oxidation 305
Enolate, (Z/E)-Isomere 304
Enole 208
    Reaktion mit Eisen(III)-chlorid 191
Enol-ether 293, 294, 307
    von 1,3-Diketonen 305
    Hydrolyse 307
Enoyl-ACP-Reductase 360
Enoyl-CoA-Isomerase 417
Enoyl-Coenzym A 418
En-Reaktion (Def.) 146
    Übergangskomplex 172
ent- (Präfix) 57
Enterobakterien 364, 486
enteropatischer Kreislauf 358
Entomocecidien 398
Enzyme 443, 449
    allosterische 5
    Klassifizierung 450
Enzym–Produkt-Komplex 451
Enzym–Substrat-Komplex 451
Eosin 260 (F)
Ephedra-Alkaloide 249
Ephedrin 248, (F)
    Biosynthese 248
Epicote® 215
Epilepsie 243
Epimerasen 450
Epimere (Def.) 322

Epinephrin 246
Episome 525
Epoxidasen 214
Epoxide 178, 214
    Hydrogenolyse 215
    hydrolytische Aufspaltung 216
    säurekatalysierte Umlagerung 217
Epoxid-Harze 116, 215
Epoxidhydratase 218
Epoxyethan (Ethylen-oxid, Oxiran) 209 (F), 214
2,3-Epoxypropan-1-ol (Glycidol) 214
Epoxypropen 216
Epoxysqualen 206
Erdatmosphäre, sekundäre 75
Erdbeerbaum 341
Erdbeere, Farbstoff 422
Erdgas 43
Erdnussöl, Fettsäure-Gehalt 402
Erdöl 42
Erdölwachs 42
Erdrauch 360
Ergocalciferol (Vitamin D_2) 151
Ergochrome 419
Ergostan 220 (F)
Ergosterol 152 (F)
    Vorläufer des Vitamins D_2 151
Ergotamin 480 (F)
Eriodyctiol 422
erschöpfende Alkylierung 253
Erucasäure, in Fetten und Ölen 402
Erythrin 320, 419
Erythrit 320
erythro- (Präfix; Def.) **61**, 63
Erythroaphin 192
Erythrodontie 474
Erythromycin 396 (F), 423
Erythromycin A 173
Erythropoese, megaloblastische 505
D-Erythrose 319 (F), 326 (F)
    Homologisierung 319
    spezifische Drehung 319
    Vorkommen 320
L-Erythrose 319 (F)
D-Erythrose-4-phosphat 320
    im Pentosephosphat-Zyklus 334
    Vorläufer der Shikimisäure 384
Erythrozyten 78
Erythrulose 330

Eschenmoser, A. **523**
Escherichia coli 40, 263
  Formiat-Spaltung 392
  Proteine in 433
Esperamicine 144
Essig, Farbe 493
Essigsäure 289 (F), 354 (F)
  aus Brenztraubensäure 392
  Decarboxylierung 387
  Herstellung aus Acetaldehyd 289
  pK_s 356
  Produkt der Gärung 363, 493
Essigsäurebakterien 493
Essigsäure-methyl-ester 411 (F)
  (C–H)-Acidität 411
Ester 395
Esterasen 450
Esterenolate 410
Estran 220 (F)
Ethan 83 (F)
  (C–H)-Acidität 301
  Schmelztemperatur 97
  Verbrennungswärme 66
Ethan-1,2-diyl 99
Ethanol (Ethyl-alkohol) 175
  aus Acetaldehyd 286
  Biosynthese 288
  Dehydratisierung 196
  Dipolmoment 180
  Oxidation 190, 289
  Produkt der Gärung 363
  technische Synthese 109
Ethanolamin (2-Aminoethanol) 242 (F)
  in Glycerinlipiden 401
Ether 196, 209
  Bildung 196
  Luftoxidation 212
  Reaktivität 211
Ether-Bindung, enzymatische Spaltung 213
Ether-hydroperoxide 212
Ether-peroxide 212
Ethidium-bromid 264 (F)
Ethyl-alkohol (s. Ethanol) 175
1-Ethylcyclohexen, Hydrierungswärme 158
1-Ethylcyclopenten, Hydrierungswärme 158
Ethylen (Ethen) 99, 100
  Bildungsenthalpie 101
  Biosynthese 374

  (C–H)-Acidität 301
  Lichtabsorption 137
  Polymerisation 115
  Verbrennungswärme 101
Ethylenglycol (Ethan-1,2-diol) 178 (F), 294
  Dehydratisierung 208
Ethylenglycol-terephthalat 397 (F)
Ethylen-oxid (Epoxyethan, Oxiran) 209 (F), 214
2-Ethyl-2-hydroxyacetoacetat 378
Ethyliden 99
Ethylidencyclohexan, Hydrierungswärme 158
Ethylidencyclopentan, Hydrierungswärme 158
3-Ethylpentan 50 (F)
Eudesman-Grundgerüst 129
eudismisches Verhältnis 57
Eugenol 210 (F)
Euler-Chelpin, U. S. 361
Eumelanine 477
Eutomer 57
Evolution, chemische 4
Exaltolid 396
exergonisch 11, 27
exhaustive Alkylierung 253
exo- (Präfix) 63, 327
Exoglycosidasen 344
exo-Konformation der Nucleoside 519
Exon 532
Exonucleasen 450, 542
(3' → 5')-Exonucleasen 543
(5' → 3')-Exonucleasen 543
Exopeptidasen 450
exotherm 11, 27
Exotoxine 441
Eyring, H. **24**
Eyring–Polanyi-Gleichung 24

F

F-Actin 448
FAD s. Flavinadenindinucleotid
$FADH_2$ 507, 508 (F)
  im Citronensäure-Zyklus 366
  bei der Photosynthese 234
Fagopyrin 192
Fagopyrismus 192
Faktor F_{430} 455
β-Faltblatt-Struktur 434
Faraday, M. 161

Faraday-Konstante 231
Farben, komplementäre 135
Farbenkreis 135
Färbereiche, Farbstoff 422
Färberflechten 419
Färberginster 278, 421
    Farbstoff 421
Färberröte 278
    Farbstoff 279
Färberwaid 278, 477
    Farbstoff 476
Farbphotographie 296, 475
Farbrezeptoren 136
Farbstoffe 133, 135
    chinoide 419
    natürliche 277
    synthetische 258, 475
Farnesol 128
Farnesyl-pyrophosphat 128, 129, 131 (F)
    Allyl-Umlagerung 201
Faulbaum, Farbstoff 419
Fawcett, E. 115
Fäzes
    Farbe 474
    Geruch 479
Fehling, H. von **289**
Fehling-Reagenz 289, 326, 340
Fehling-Reaktion 289
Fermente 449
Ferredoxin 435, 455
    bei der Photosynthese 234
    Standardreduktionspotential 232
Ferredoxin-Oxidoreductasen 435
Ferredoxin-Reductase, bei der Photosynthese 234
Ferritin 455, 474
Ferrochelatase 474
Ferulasäure 385 (F)
Fett-Abbau 416
Fette 399, 401
Fettsäure-Biosynthese 416, 417
Fettsäure-ester 399
Fettsäure-Metabolismus 415
Fettsäuren, essentielle 360
Fettsäuresynthetase-Komplex 415
Feuersalamander
    Abwehrstoff 223
    Farbe 504
Fibrin 444

Fibrinogen 444
Fibrinolysin 445
Fibrinopeptide 444
Fibroin 446
Fichtennadelöl 127
Filamente 448
Fildes, P. G. 265
Fingerhut, Inhaltsstoffe 222, 223
Fischer, E. H. 61, 233, **318**, 325, 548, 510
Fischer, H. **473**
Fischer-Konventionen 321
Fischer'sche Veresterung 395
Fischer-Spezifikation der Chiralität 318
Fischer–Tropsch-Synthese 45
Fischöl, Fettsäure-Gehalt 402
Flamingo, Farbe 140
Flavanone, Biosynthese 421
Flavanonole 421
    Biosynthese 421
Flavin, Cofaktor der Aminosäure-Oxidasen 309
Flavinadenindinucleotid (FAD) 507, 508 (F),
    515 (F)
    Coenzym der Xanthin-Oxidase 546
    Cofaktor der Aldehyd-Oxidasen 291
    Cofaktor der Glucose-Oxidase 336
    beim Fettsäure-Abbau 418
    bei der Photosynthese 234
    im Pyruvat-Dehydrogenase-Komplex 392
    bei der Sphingosin-Synthese 404
    Standardreduktionspotential 232
Flavinmononucleotid (FMN) 507, 508 (F)
    in der Atmungskette 233
    Cofaktor der Glycolat-Oxidase 367
Flavinnucleotide 233
Flavone 420, 421
Flavonoide 419, 420
    Biosynthese 421
Flavonole, Biosynthese 421
flavoprotein-abhängige Reaktionen 508
Flavoproteine 507
Flechtenfarbstoffe 277, 320, 419
Fleckenkrankheit 6
Fleischmilchsäure 363
Fleming, I. A. 265, **437**, 548
Fliegen, Augenfarbe 480
Fliegenpilz, Farbstoff 467, 483
Florey, H. W. 437
Florfliege, Farbe 474

Fluid-Mosaik-Modell 404
Fluoren 278
Fluorescein 260 (F)
Fluoreszenz 136
Fluoreszenzemission 142
FMN s. Flavinmononucleotid
FMNH$_2$ 507, 508 (F)
   in der Atmungskette 233
Folacin 504
Folgestrang bei der DNA-Replikation 528
Follikelhormone 271
Folsäure 456, 504, **505** (F)
   Biosynthese 505, 544
Formaldehyd 270
   (C–H)-Bindungsdissoziationsenergie 288
   (C=O)-Bindungsdissoziationsenergie 280
   Biosynthese bei methylotrophen Mikroorganismen 508
   Cannizzaro-Reaktion 290
   Dipolmoment 280
   bei der enzymatischen Ether-Spaltung 213
   bei der Formose-Reaktion 330
   Hydrat-Bildung 281
   Hydrierungswärme 286
   bei der Methanol-Verbrennung 72
   durch Oxidation von Methanol 493
   pK_s der konjugierten Säure 280
   Polymerisation 284
   Prins-Reaktion 283
   Reaktion mit Acetaldehyd 332
   Reaktion mit Aminosäuren 297
   Reaktion mit Ammoniak 297
   Reaktion mit Cyanwasserstoff 315
   Reaktion mit Dimethylamin 298
   Reaktion mit Phenol 312
   beim Serin-Abbau 380
   Siedetemperatur 284
   Toxizität 176
Formaldehyd-acetal 293 (F)
Formaldehyd-Dehydrogenase 81, 230, 270
Formaldehyd-diphenyl-acetale 312
Formaldehyd-halbacetal 293 (F)
Formaldehyd-halbaminal 293 (F)
Formaldehyd-Harze 116, 313
Formaldehyd-Hydrat 293 (F)
Formalin® 281
Formamid 425
   aus Cyanwasserstoff 540
   Schmelztemperatur 425
Formamidin aus Cyanwasserstoff 540 (F)
Formiat (s. a. Ameisensäure) 356
   aus Formaldehyd 290
   Produkt der Gärung 363, 364
Formiat-Dehydrogenase 81, 392, 456, 507
Formimin 293 (F)
N-Formiminoglutamat 484
Formol 281
Formose-Reaktion 329, 330
β-Formylalanin 376, 377
Formyl-Gruppe 269, 354
N-Formylkynurenin 478 (F), 479
Formylmethionin-tRNA 506, 534
N^5-Formyltetrahydrofolat 506 (F)
   im Histidin-Katabolismus 484
N^{10}-Formyltetrahydrofolat 506 (F)
   bei der Biosynthese der Purin-Nucleotide 538, 539
Förster-Mechanismus 142
Forsythie, Farbstoff 140, 422
Fosfomycin 438
Fraßhemmer 133
Freiheitsgrad 83
Frequenzfaktor 23
Fresnel, A. **56**
Freudenberg, K. 322
Friedel, C. **169**
Friedel–Crafts-Alkylierung 169
Fritsche, C. J. F. 256, 385
Frobenius, S. A. 209
Froschleichbakterium 345
Fruchtfliege, Pheromon 294
Fructosazon, Schmelztemperatur 329
D-Fructose 327 (F)
   Spaltprodukt der Saccharose 340
   Transformation in Lävulinsäure 370
Fructose-1,6-bisphosphat
   Biosynthese 311
   bei der Gluconeogenese 333
   bei der Glycolyse 333
Fructose-1,6-bisphosphat-Aldolase 311
Fructose-6-phosphat
   im *Calvin*-Zyklus 334
   bei der Gluconeogenese 333
   bei der Glycolyse 333
   im Pentosephosphat-Zyklus 334
Fuchs, Pheromon 228

Fuchsin 260 (F)
    Chemotherapeutikum 262
Fucoxanthin 138, 153 (F)
Fukui, K. 173
Fumarase 369
Fumarat (s. a. Fumarsäure)
    Biosynthese 255
    im Citronensäure-Zyklus 365
    enzymatische Hydrierung 315
    Standardreduktionspotential 232
Fumaratatmung 367
Fumarat-Hydratase 314, 369
Fumarat-Reductase 107
Fumarsäure ((*E*)-But-2-endisaure; s. a. Fumarat) 359 (F), 368 (F)
    Addition von Wasser 314
    Biosynthese 256
    katalytische Hydrierung 107
    Umwandlung in Äpfelsäure 369
4-Fumarylacetoacetat 382
Fungizide 483
Funk, C. 138
funktionelle Gruppe (Def.) 38
Furan 466 (F)
Furan-2-carbaldehyd 466
Furanose-Struktur 327
Furanosen 322
Furfurol 466
Furocumarin 422
Furocumarine 396
    Biosynthese 397
Fuselöl 176
Fusidinsäure 438

G

γ- (Präfix) 396
GABA s. *γ*-Aminobuttersäure
Gabaculin 164
G-Actin 448
Galactosämie 339
Galactosazon, Schmelztemperatur 329
D-Galactose 326 (F)
    cyclisches Halbacetal 325
    in Glycolipiden 403
    in Lactose 339
β-Galactosidase 339
O-Galactosylceramid 403 (F)

D-Galacturonsäure, in Pektinen 345
Galläpfel 398
Gallenfarbstoffe 471
Gallensäuren 222, 358
    Biosynthese 177
Gallensteine 359
Gallusgerbsäure 398
Gallussäure 385 (F), 398
    Biosynthese 384
Gallwespe 398
Gametenlockstoffe 134
Gametone 134
Gammaglobulin (IgG) 444
Ganglioside 399, 403
Garnelen, Farbe 140
Gartenraute, Farbstoff 422
Gärung 363
Gärungsamyl-alkohol 176
Gärungsmilchsäure 363
Gasöl 42
Gastrin 456
Gastrine 440
gauche 86
gauche-Wechselwirkung 93
    in *cis*-Dekalin 95
GDP s. Guanosin-diphosphat
Gefleckter Schierling 423, 424
Gelatine 447
Gelbsucht 474
gelée royale 507
Gen 532
Gene 527
genetischer Standardcode 534
Genexpression 442, 527, 532
Genin 341
Genistein 421
Genspleißen 533
Gentianaviolett 263
Gentiobiose 339 (F)
    in Amygdalin 458 (F)
Gentisinsäure 342
Geranie, Farbstoff 422
Geraniol 126
Geranium, Duftstoff 126
Geraniumöl 126
Geranylfarnesol 130
Geranylfarnesyl-pyrophosphat 130
Geranylgeraniol 128, 275, 276

Geranylgeranyl-pyrophosphat 128, 131 (F)
Geranyl-pyrophosphat **125** (F), 128 (F), 202 (F)
  Allyl-Umlagerung 201, 202
  bei der Meroterpenoid-Biosynthese 420
  Vorläufer der Terpen-Biosynthese 125
Gerbsäure 398
Gerbstoffe 297
Gerhardt, C. F. 41, 184
Germacran-Gundgerüst 129
Germacren A 124, 129 (F)
gestaffelt 84
Gestagene 271
Geuther, J. A. 410
Gewebshormone 247, 361, 439
Gewürznelke, Duftstoff 129
Gibberellin A_3 246 (F)
Gibberelline 246
Gibberellinsäure 246 (F)
Gibson, R. 115
Gicht 499, 547
Giftbeere 249
Giftprimel, Reizstoff 277
Gilbert, W. 440, **533**, 548
Ginkgo 383
  Farbe 140
Ginsengwurzel, Saponine in 132
Gleichgewichtskonstante 27
Globin 473
globuläre Proteine 443
Globuline 443
Glucagon 246
  bei der Fettsäure-Biosynthese 416
Glucane 341
γ-Glucarolacton 335 (F)
D-Glucarsäure 335 (F), 336
D-Glucit 325
D-Glucitol 325
Glucocorticoide 272
Glucokinase 450
Gluconeogenese 311, 333
  Stimulierung 272
γ-Gluconolacton 335 (F)
δ-Gluconolacton 335 (F), 336
D-Gluconsäure 335 (F), 336
α-Glucopyranose 323 (F)
β-Glucopyranose 323 (F)
Glucopyranosen 323
Glucosamin 318

Monomer-Einheit des Heparins 345
Glucosamin-6-sulfat, in Heparin 345
Glucosazon, Schmelztemperatur 329
D-Glucose 289, **323** (F), 326 (F)
  Abbau 333
  Biosynthese 333
  cyclisches Halbacetal 325
  bei Diabetes 440
  in Gentiobiose 339
  in Glucosiden 420
  in Glycolipiden 403
  in Lactose 339
  Spaltprodukt der Saccharose 340
  bei der Thiamin-Biosynthese 503
  Verbrennungswärme 75
  Vorläufer der Weinsäure 336
Glucose-Dehydrogenase, bakterielle 493
Glucose-Oxidase 336
Glucose-1-phosphat
  Spaltprodukt des Amylopektins 345
  aus Glycogen 489
Glucose-6-phosphat
  bei der Gluconeogenese 333
  bei der Glycolyse 333
Glucosetoleranzfaktor (GTF) 455
1,6-Glucosidase 346
α-Glucosidase 340
β-Glucosidase 340
Glucoside 341
O-Glucosylceramide 403
Glucuronat-Reductase 337
Glucuronide 336
γ-Glucuronolacton 335 (F)
δ-Glucuronolacton 335 (F)
D-Glucuronsäure 335 (F), 336
  Abbau 325, 336
  Bilirubin-Konjugate 474
  in Chondroitin 349
  in Heparin 345
  in der Hyaluronsäure 349
  Vorläufer der Ascorbinsäure 337
Glucuronsäure-Konjugate 336
Gluonen 12
Glutamat-Dehydrogenase 300, 379
  prosthetische Gruppe 491
Glutamat-5-semialdehyd 377
L-Glutamin 371, 372 (F)
  als Amino-Gruppen-Donator 424

beim ATP-Abbau 545
Biosynthese 377, 424
bei der Biosynthese von Steroid-Alkaloiden 223
bei der Histidin-Biosynthese 484
Hydrolyse 430
als Neurotransmitter 243
bei der Nucleotid-Biosynthese 536, 538, 539
Glutamin-Amidotransferase 164
D-Glutaminsäure, in Murein 348
L-Glutaminsäure (s. a. Glutamat) 371, 372 (F), 377
beim Aminosäure-Katabolismus 379
Biosynthese 300, 374, 377
bei der Folsäure-Biosynthese 506
beim Histidin-Abbau 484
Katabolismus 380
Neurotransmitter 243
Glutamin-Synthetase 379, 424
γ-Glutamyl-phosphat 424
γ-Glutamyl-Zyklus 436
Glutarimid 426 (F)
Glutarsäure (Pentandisäure) 354 (F)
Glutaryl-Coenzym A 382
Glutathion 79, **230** (F), 270, 436
Redoxreaktion 232
Glutathion-Dimer, Standardreduktionspotential 232
Glutathion-Peroxidase 229, 230, 374, 456
Glutathion-Reductase 230, 233
Gluteline 443
Gluten 443
Glutin 447
Glycane 341, 343
Glycerat-Dehydrogenase, Stereoselektivität 287
Glycerin (Propan-1,2,3-triol; s. a. Glycerol) 178 (F)
im Fett-Abbau 416
in Lipiden 400
Thermolyse 359
Glycerinaldehyd 61
Bildung aus Formaldehyd 330
Fischer-Projektionsformel 320
Konfigurationskorrelation 370
bei der Nicotinsäure-Biosynthese 491
präbiotische Synthese 330
Referenzsubstanz 318
Glycerinaldehyd-3-phosphat
im *Calvin*-Zyklus 234, 334
enzymatische Oxidation 291
bei der Gluconeogenese 311, 333

bei der Glycolyse 333
im Pentosephosphat-Zyklus 334
im primären Metabolismus 397
bei der Tryptophan-Biosynthese 478
Umwandlung in Dihydroxyaceton-1-phosphat 303
Vorläufer der Glycerinsäure 336
Glycerinaldehyd-3-phosphat-Dehydrogenase 287, 291
Glycerinlipide 399
Glycerin-3-phosphat, Biosynthese 518
Glycerinsäure 335, 336 (F)
Konfigurationskorrelation 370
Glycerinsäure-3-phosphat, im *Calvin*-Zyklus 334
Glycerol (Propan-1,2,3-triol; s. a. Glycerin) 178 (F)
Glycerol-3-phosphat 178
absolute Konfiguration 401
bei der Gluconeogenese 333
bei der Glycolyse 333
Glycerophosphatide 401
Glycid 214
Glycidol (Oxiran-2-ylmethanol, 2,3-Epoxypropan-1-ol) 214
Glycidyl-Derivate 214
Glycin 371, 372 (F)
Bildung von Konjugaten 358
Biosynthese 376, 381
bei der Biosynthese der Purin-Nucleotide 538, 539
Katabolismus 381
in Kollagen 446
präbiotische Synthese 459
Strecker-Synthese 460
bei der Thiamin-Biosynthese 486
Glycin-*N*-Methyltransferase 229
Glycin-Reductase 456
Glycin-Synthase 381
Glycocholat 358 (F)
Glycogen 343, 345
Abbau 489
Glycogen-Phosphorylase 489
Glycol (Ethan-1,2-diol) 178
Glycolaldehyd (2-Hydroxyacetaldehyd) 318 (F)
Bildung aus Formaldehyd 330
präbiotische Synthese 332
Glycolaldehyd-2-phosphat 331
Produkt bei der Folsäure-Biosynthese 505

Glycolaldimin 331
Glycolat-Oxidase 367
Glycole 208
Glycolipide 399, 403
Glycolsäure (2-Hydroxyessigsäure) 362 (F)
Glycolsäure-nitril 315
Glycolyse 333
Glycoproteine 443
Glycosaminglycane 349
Glycosidasen 340, 450
Glycoside 341
    heteromere 341
    homomere 341
N-Glycoside 341, 342
O-Glycoside 341, 342
Glycyrrhizin 278
Glyoxal (Ethandial) 270
    Cannizzaro-Reaktion 290
Glyoxalin 483 (F)
Glyoxylat-Dehydrogenase, Stereoselektivität 287
Glyoxylat-Reductase 362
Glyoxylat-Zyklus 366
Glyoxylsäure (Oxoessigsäure) 362 (F)
    Abbauprodukt der Harnsäure 546
    im Glyoxylat-Zyklus 365
Glyoxylsäure-methyl-ester 368 (F)
Glyoxysomen 367
GMA (Glycidylmethacrylat) 116
GMP s. Guanosin-monophosphat
Goethe, J. W. von 135
Goldfisch, Farbe 140
Goldregen, Farbe 140
Gonan 220 (F)
Goodyear, C. N. 130
Gottesanbeterin, Farbe 474
Graebe, C. **278**
Gram, H. C. J. 263
Gram-Färbung 263, 348
Gramicidin S 531
Gramicidine 438
gramnegativ 263
grampositiv 263
Grapefruit, Farbstoff 422
Graphit 165
Grenzstrukturen 117, 118
Grewe, R. 485
Griess, P. **261**, 265
Griseofulvin 419, 423 (F), 438

Grotthus–Draper-Gesetz 141
Grundzustand 136
Grüne Schwefelbakterien 235, 335, 367
GTF (Glucosetoleranzfaktor) 455
GTP s. Guanosin-triphosphat
GTP-Cyclohydrolase 545
Guaian-Grundgerüst 129
Guajakholz 128, 262
    Inhaltsstoffe 166
Guajakol 188, 189 (F)
Guajazulen 166 (F)
Guajol 166 (F)
Guanidin 427 (F), 540 (F)
    Reaktion mit Cyanoacetylen 542
Guanin 511, 512 (F), **513**
    präbiotische Synthese 541
    Reaktion mit 9,10-Epoxy-7,8-dihydroxybenzo-[a]pyren 218
    Vorkommen 427
Guano 427, 513
Guanophore 513
Guanosin 514 (F)
    pK_s 512
Guanosin-diphosphat (GDP) 365
Guanosin-monophosphat (GMP) 514 (F)
    Biosynthese 536
Guanosin-triphosphat (GTP) 365
    bei der Phosphoenol-pyruvat-Biosynthese 388
Guanylsäure 514 (F)
    Biosynthese 536
L-Gulit 327
γ-Gulonolacton, Vorläufer der Ascorbinsäure 337
Gulonolacton-Oxidase 337
L-Gulonsäure 336
    Vorläufer der Ascorbinsäure 337
D-Gulose 326 (F)
    cyclisches Halbacetal 325
Gummen 116, 325
Gummi 130
Gummi arabicum 116, 325
Guttapercha 129
Gypsogenin 132
Gyrasen 442

H

H_2Folat (s. a. 7,8-Dihydrofolat) 506
H_4Folat (s. a. 5,6,7,8-Tetrahydrofolat) 505

Haarfarbe 478
Hagebutten, Farbstoff 138
Hahnenfuß, Farbe 140
Halbacetale 293
　cyclische 322
Halbaminal 295, 298
Halbsessel-Konformation 91, 149
halbtrocknende Öle, Fettsäure-Gehalt 402
Halbwertszeiten 22
Haldane, J. B. S. 4, 548
Halluzinogene 420, 481, 483
Halobakterien 405, 518
Haloperoxidasen 187
Halothan 213
Häm 77, 78, 456, 471
Hämatom, Farbe 474
Hämerythrin 76
Hämin 78, 473
Hämin-Reductase 78
Hämocyanin 76, 455
Hämoglobin 76, 78, 449, 457, **473**
Hämovanadine 455
Häm-Oxygenase 474
Häm-Proteine 455
Hanf 420
Hanson, K. R. 112
Hantzsch, A. R. **466**
Hantzsch'sche Pyridin-Synthese 466
Hantzsch'sche Pyrrol-Synthese 466
Hantzsch–Widman-Nomenklatur 465, 466, 476
haptophore Gruppe 444
Harnsäure (s. a. Urat) 79, 297, 510, **547**
　Abbau 546 (F)
　pK_s 512 (F)
Harnstoff 2, 427 (F)
　Abbauprodukt der Harnsäure 546
Harnstoff-Harze 116
Harnstoff-Zyklus 429
Haschisch 420
Hassner, A. 110
Hautfarbe 478
Haworth, W. N. 139, 548, **327**, 336
Haworth-Formel 327
HDL (*high-density lipoprotein*) 400
Heiliges Feuer 481
Heisenberg'sche Unschärferelation 118
Helicasen 442
Helicin 314

Heliotridin 250 (F)
　Biosynthese 250
Heliotrin 250
Heliotrinsäure (2-Hydroxy-2-(1-methoxyethyl)iso-valeriansäure) 250
α-Helix 434
Helmholtz, H. L. F. von 135
Hemellitol (1,2,3-Trimethylbenzol) 160 (F)
Hemeralopie 148
Hemimellitsäure (Benzol-1,2,3-tricarbonsäure) 160
Hemmung
　kompetitive 244
　nichtkompetitive 244
　unkompetitive 244
Hench, P. S. 336
Henderson–Hasselbalch-Gleichung 462
Heparin 345
　bei der Blutgerinnung 346
Heptan 50
Herbizide 186, 210
Herbstzeitlose 499
Heroin 498
Hersbach, D. R. 24
Hesperetin 421
Heteroaromaten 465
　π-Mangel- 467
　π-Überschuss- 467
Heteroatom (Def.) 2, **465**
Heterocyclen 465
heterolytisch 10
heterotop 53
heterotroph 80
Heupferd, Farbe 474
Hexachlorobenzol 474
Hexadecensäure, in Fetten und Ölen 402
Hexa-1,5-dien 123
Hexafluoraceton 282
Hexahelicen 165 (F)
Hexahydro-1,3,5-triazin 297
Hexahydro-1,3,5-triazin-2,4,6-triacetonitril 460
Hexamethylendiamin, bei der Nylon-Synthese 432
Hexamethylentetramin 297
Hexan-2,5-dion (Acetonylaceton) 469, 470 (F)
Hex-3-en-1,5-diin 144
Hexokinase 176, 333, 450
high-density lipoprotein (HDL) 400

Himbeere, Farbstoff 422
Hippursäure 383
Histamin 242, 247 (F)
    Biosynthese 390
L-Histidin 220, 371, 372 (F), 375
    Biosynthese 484, 544, 545
    Decarboxylierung 242, 390
    Katabolismus 484 (F)
Histidin-Antimetabolite 483
Histone 443, 445
HIV (*human immunodeficiency virus*) 527
HMO (*Hückel*-Molekülorbital) 160
Hoffmann, R. 150, **173**
Hofmann, A. 481
Hofmann, A. W. von **254**, 256, 261, 265
Hofmann, F. 115
Hofmann-Abbau 254
Hofmann-Eliminierung 254
Hofmann-Produkt 204
Hofmann-Regioselektivität 255
Hofmann'sche Isonitril-Reaktion 254
Hofmann'scher Säureamid-Abbau 254
Holley, R. W. 534
Holoenzym 454
Holzschutzmittel 186, 210
Homidium-bromid 264
homochiral 371
Homochiralität 57
Homocystein 228 (F), 372 (F)
    Biosynthese 376, 377
Homogentisinsäure 275 (F), 385 (F)
    Biosynthese 384
    beim Phenylalanin-Abbau 382
Homoglycane 343
Homologe (Def.) 42
homolytisch 10
homomorph 52
10-Homomyrtenol 284 (F)
Homoserin 376
    Vorläufer des Methionins 377
homotop 52
Honigbiene, Pheromon 133
Hoogsteen-Basenpaarung 520, 521, 525
    reverse 520
Hopanoide 133, 405
Hopfen, Duftstoff 129
Hopkins, F. G. 485, 504
Hormone (Def.) 245

    aglanduläre 245
    glanduläre 618
Hostalen 116
Hoyle, F. 23
Hückel, E. A. A. J. **160**
Hückel-Regel 160
Hummer, Farbe 140
Humulan-Grundgerüst 129
α-Humulen 129 (F), 225 (F)
Humulon 129
Hustenmittel 188, 498
Huygens, C. 56
Hyaluronsäure 349
Hyatt, J. W. 347
Hybridisierung 522
Hybridorbital 47
Hydantoin 546 (F)
Hydratation (Def.) 108
Hydratisierung (Def.) 108
Hydrazin, Reaktion mit Carbonyl-Verbindungen 298
α-Hydrazinoketon 329
α-Hydrazinoketose 329
Hydrazone 298, 328
Hydrid-Ion 286, 287, 290, 291
    bei enzymatischen Reduktionen 106, 215, 287
    bei der *Wagner–Meerwein*-Umlagerung 207, 217, 219
Hydrierung (Def.) 103
    antistereoselektive 106
    von (C=C)-Bindungen, enzymatisch 508
    katalytische 103
Hydrierungswärme 103
Hydrindan 95
Hydrochinon (Benzol-1,4-diol) 187, 189 (F)
    Oxidation 194
    Spaltprodukt des Arbutins 341
Hydrogenasen 455
Hydrolasen 450
Hydroperoxide 71, 144, 178
α-Hydroperoxyketone 306
Hydroxamsäuren 426
Hydroximsäuren 426
4-(3-Hydroxyacetonyl)imidazol-phosphat 545 (F)
3-Hydroxyacyl-CoA-Dehydrogenase, Stereoselektivität 287
3-Hydroxyacyl-Coenzym A 418
α-Hydroxyaldehyde 285

N-Hydroxyamidine 426
Hydroxyazobenzol (1-Hydroxy-2-phenyldiazen) 257, 258 (F)
o-Hydroxybenzoesäure (Salicylsäure) 184, 385 (F)
p-Hydroxybenzoesäure 275
4-Hydroxybenzyl-alkohol 312
3-Hydroxybutanal (Aldol) 310 (F)
3-Hydroxybutan-2-on (Acetoin) 285 (F)
β-Hydroxybuttersäure (3-Hydroxybutansäure) 362 (F), 364
    Biosynthese 415
3-Hydroxybutyryl-ACP 417
Hydroxycarbenium-Ion 208, 280, 285
Hydroxycarbonsäuren 362
β-Hydroxycarbonsäuren, Decarboxylierung 390
Hydroxy-Gruppe 175
Hydroxyimin 425
3-Hydroxyindol (Indol-3-ol) 476
α-Hydroxyisobutyraldehyd, Ketol-Umlagerung 285
β-Hydroxyisovaleriansäure 391 (F)
    Decarboxylierung 391
α-Hydroxyketone 285, 306, 316
3-Hydroxykynurenin 479, 480 (F)
    Vorläufer der Nicotinsäure 491
Hydroxylamin, Reaktion mit Carbonyl-Verbindungen 298
Hydroxylamine 241
21-Hydroxylase 273
4-Hydroxy-3-methoxybenzaldehyd 210
3-Hydroxy-3-methylglutaryl-CoA 415 (F)
3-Hydroxy-3-methylglutaryl-CoA-Reductase 415
    Regulation 222
2-Hydroxy-1,4-naphthochinon 277
α-Hydroxynitrile 315
16-Hydroxyöstradiol 271
3-Hydroxy-2-oxoisovalerat 376, 378 (F)
p-Hydroxyphenylbrenztraubensäure 385 (F)
1-Hydroxy-2-phenyldiazen (Hydroxyazobenzol) 257, 258 (F)
p-Hydroxyphenylessigsäure 384, 385 (F)
p-Hydroxyphenylpyruvat 384
17-α-Hydroxyprogesteron 271 (F)
Hydroxyprolin, in Kollagen 447
2-Hydroxypyridin (Pyridin-2-ol) 500 (F)
3-Hydroxypyridin (Pyridin-3-ol) 500 (F)
4-Hydroxypyridin (Pyridin-4-ol) 500 (F)

2-Hydroxypyrrol (Pyrrol-2-ol) 500, 501 (F)
4-Hydroxythreonin, bei der Pyridoxin-Biosynthese 489
5-Hydroxytryptamin 247
5-Hydroxytryptophan 479
o-Hydroxyzimtsäure (3-(2-Hydroxyphenyl)propensäure) 396 (F)
p-Hydroxyzimtsäure (3-(4-Hydroxyphenyl)propensäure) 385 (F), 421
Hygrin 249 (F)
Hyperbilirubinämie 474
Hypercholesterinämie 400
Hyperglycämie 440
Hypericin 192 (F), 419
Hypericismus 192
Hypertonie 439
hypervalente Oxidationsstufen 177
hypervariable Positionen 434
hypervariable Regionen 444
Hypnotika 503
Hypothyreose 187
Hypotonie 439
Hypoxanthin 511, 512 (F), **513**
    Hydrolyseprodukt des Adenins 530, 541
    aus Purinnucleosiden 546
Hypoxanthin-Guanin-Phosphoribosyltransferase 538
hypsochromer Effekt 137

I

Iatrochemie 262
Iboga-Alkaloide 481
Ibotensäure 482, 483 (F)
Icosanoide (Eicosanoide) 360
Icosatetraensäuren 361
-id (Suffix) 33
L-Idonsäure 336
D-Idose 326 (F)
    cyclisches Halbacetal 325
Ig (Immunglobuline) 444
IgG (Gammaglobulin) 444
Imidazol 466 (F), 483 (F)
Imidazole, *Paal–Knorr*-Synthese 470
Imidazo[4,5-d]pyrimidin 510, 511
Imide 426
Imido-ester 425
    Herstellung aus Nitrilen 458

Imido-ester-Hydrochloride 427
Imine 295
    Bildung 295
    Hydrolyse 299
    katalytische Hydrierung 299
    Reduktion 299
Imin–Enamin-Tautomerie 308
Iminium-Salze 295
α-Iminoacetonitril 459, 540 (F)
Imino-ester 425
Immundepressiva 437
Immunglobuline (Ig) 444
Imonium-Salze 295
IMP s. Inosin-monophosphat
-in (Suffix) 254
Inaktivatoren 244
Indazol 466 (F)
Indican 476, 477 (F)
    Abbau 477
Indigo 278, 476, 477 (F)
Indigofera sp. 476
Indigotin 476
1*H*-Indol 318, 466 (F), **475**, 476 (F)
    bei der Tryptophan-Biosynthese 478
Indol-3-acetaldehyd 479
Indol-Alkaloide 242, 249, 480
3-Indolessigsäure 479
Indol-3-glycerol-phosphat 478
Indolizin 466 (F)
6,7-Indolochinon 309
Indol-3-pyruvat 479 (F)
Indoxyl 476
Indoxyl-5-gluconat 476
Induktionsperiode 29
    der Formose-Reaktion 330
induktiver Effekt (Def.) 170, **171**
Induktor 244
Induktoren 442
Ingold, C. K. **58**
Inhalationsnarkotika 213
Inhibitoren 244
    irreversible 244
    reversible 244
Inosin 513, 514 (F), 535
    Alkaloid-Vorläufer 249
Inosin-monophosphat (IMP) 514 (F)
    Biosynthese 538
    Vorläufer der Purin-Nucleotide 536

Inosinsäure 513, 514 (F)
Inosite 178
Inosit-phosphatide 401
Insektenabwehrstoffe 420
Insektenvertreibungsmittel 379, 463
Insulin 246, 247, 440
    bei der Fettsäure-Biosynthese 416
Interferone 444
Interkalation 264, 423, 437, 496
intermolekular 17
intramolekular 17
intrinsic factor 472
Intron 533
Inversion der Konfiguration 50
Invertase 340
Invertzucker 161, 340
Iodoperoxidase 187
α-Ionon 149 (F)
β-Ionon 149 (F)
γ-Ionon 149 (F)
Ionone 148, 149
Ionophore 211, 438
Ipsenol 134
ipso-Substitution 174, 224
Iridan-Grundgerüst 127
Iridoide 127
Irreversibilität (Def.) 28
Isatan B 476
Isatin 477 (F)
    Synthese 410
iso- (Präfix) 45
Isoamyl-alkohol 175
Isoborneol 127
Isobutanol 110, 175
Isobuten (2-Methylpropen)
    aus *tert*-Butanol 203
    Dimerisierung 114
    Hydratisierung 108, 111
Isochinolin (Benzo[c]pyridin) 466 (F), 494 (F)
Isochinolin-Alkaloide 242, 249, 495
Isocitrat (s. a. Isocitronensäure)
    im Citronensäure-Zyklus 364, 365
    im Glyoxylat-Zyklus 365
Isocitronensäure (3-Carboxy-2-hydroxypentandi-
    säure; s. a. Isocitrat) 365 (F), 368 (F)
Isocitronensäure-trimethyl-ester 368 (F)
Isocrotonsäure ((Z)-But-2-ensäure) 359 (F)
Isodesmosin 447

Isodurol (1,2,3,5-Tetramethylbenzol) 160
isoelektrischer Punkt 371
Isoflavone 420
Isoglutaminsäure, in Murein 348
Isoguanin 511, 512 (F)
    präbiotische Synthese 541
Isoheptan (2-Methylhexan) 50
L-Isoleucin 371, 372 (F), 375
    Biosynthese 378
    Katabolismus 382
cis-Isomer 102
Isomerasen 450
Isomere (Def.) 36
Isomerie der Alkane 43
Isomerisierung von Alkenen 111
'Isooctan' (2,2,4-Trimethylpentan) 114
'Isoocten' (2,4,4-Trimethylpent-1-en) 114
Isopenicillin N 436 (F)
Isopentenyl-pyrophosphat
    bei der Alkaloid-Biosynthese 497
    Biosynthese 111, 391
    Vorläufer der Terpen-Biosynthese 126
    Vorläufer der Terpenoide 415
Isopentenyl-pyrophosphat-Isomerase 111
Isopeptid-Bindungen 445
Isopren (2-Methylbuta-1,3-dien) 124, 125
    präbiotische Synthese 283
Isoprenoid-Alkaloide 249
Isoprenoid-Lipide 399
Isoprenregel 124
Isopropanol s. Propan-2-ol
Isopropenyl 100
p-Isopropylbenzoesäure (4-(1-Methylethyl)benzoe-
    säure) 170
Isopropylidenmalonat 413
α-Isopropylmalat 376
β-Isopropylmalat 376
β-Isopropylthiogalactosid 244
Isoserin 370
isotaktisch 115
Isotopeneffekt 217
Isoxanthopterin 504
Isoxazol 466 (F)
-ium (Suffix) 32
IUPAC (*International Union of Pure and Applied
    Chemistry*) 39

J

Jacob, F. 5
Jamswurzel, Inhaltsstoffe 222
Jansen, B. C. P. 485
Jenner, E. 6
Johannisbeere, Farbstoff 422
Johanniskraut, Farbstoff 192
Johannsen, W. L. 532
Jonone s. Ionone
Juglon 277

K

Kaffee, Alkaloide 513
Kaffeesäure 385 (F)
Kairomone 133
Kalium-*tert*-butanolat 183
Kalottenmodelle 34
Kamille, Inhaltsstoffe 166
Kanarienvogel, Farbe 140
Kane, R. J. 160
Kannenpflanze 423
Karbolsäure 184
Kardinalspurpur 419
Karotte, Farbe 137, 138
Karrer, P. **139**, 327
Käse 369
Katalasen 450, 471
Katalysator (Def.) 28
katalytische Triade 454
Kautschuk 129
Kautsky, H. 70
Keimhemmstoffe 396
Kekulé, F. A. **159**, 548
Kekulé-Strukturformel 162
Kelvin, W. T. 49
Kendall, E. C. 272, 336
Kendrew, J. C. 449
Kephaline 399, 401
Keratin 446
Keratine 443
α-Keratine 446
β-Keratine 446
Kermes 278
    Farbstoff 419
Kermes vermilio 419
Kermeseiche 419

Kermessäure 418, 419 (F)
Kermesschildlaus 419
Kerogen 43
Kerosin 42
Kessler, H. 91
Ketale 293
Ketenimin 459 (F)
Keto- (Präfix) 270
D-5-Ketogluconsäure 336
α-Ketoglutarat (s. a. α-Oxoglutarat)
    im Citronensäure-Zyklus 364
α-Ketoglutarat-Dehydrogenase 392
5-Ketogulonsäure 335
Ketohexosen 325
2-Ketoidonsäure 336
5-Ketoidonsäure 335
α-Ketoisocaproat 376, 382
α-Ketole 285
α-Ketol-Umlagerung 285
Ketone 190, 269
    Reaktion mit Alkoholen 293
    Reaktion mit Aminen 295
    Reaktivität 285
Keton-Hydrate 280
Ketonkörper (Ketokörper) 364, 388
Keton-Spaltung des Acetessigesters 387
Ketonurie 388
Ketosen 318, 325
3-Ketothiolase 415
Kettenfortpflanzung 71
Kettenreaktion 71, 306
Ketyl-Radikal 287
Kevlar® 432
Khorana, H. G. **534**, 548
Kiliani–Fischer-Synthese 318
Kinasen 450, 455
Kinetik 21
    erster Ordnung 21
    nullter Ordnung 26
    pseudo-erster Ordnung 26
    zweiter Ordnung 21
kinetische Acidität 304
Kirsche, Farbstoff 422
Klarer, J. 264
Klatschmohn, Farbstoff 422
Klatte, H. R. 115
Klebstoffe **116**, 325, 332, 344, 540
    synthetische 116, 332

Kleeblatt-Struktur 525
Kleiner Fuchs, Sekret 480
Kleister 116
Knoblauch, Riechstoff 230
Knoevenagel-Kondensation 311, 413
Knollenblätterpilz 440, 441
Knorpelgewebe 349
Knorr, L. 240, **469**
Kocarzinogene 218
Kocharomen 331
Koenigs, W. 240
Koffein 184
Kohlendioxid-Assimilation 334, 335, 389
    bei anaeroben phototrophen Bakterien 335
    im *Calvin*-Zyklus 334
Kohlenhydrate 317
Kohlenmonoxid-Dehydrogenase 364
Kohlensäure 427
Kohlensäure-Aktivierung 415
Kohlensäure-Hydratase 427
Kohlenstoff 1
Kohlenwasserstoffe 41
    gesättigte 41
    ungesättigte 41
Kokastrauch s. Cocastrauch
Kokosfett, Fettsäure-Gehalt 402
Kollagene 443, 446
Kollisionskomplex 73
Kollodium 347
Kollodiumwolle 346
Kölnisch-Wasser 397
Komplementarität 520
π-Komplex 186, 187
σ-Komplex 168, 171
Kompositwerkstoffe 215
Kondensationspolymere 397, 432
    natürliche 342
kondensierte Ringe 164
Konfiguration 33
    absolute 58
    relative 60, 319
Konfigurationsinversion 50, 216
Konfigurationsisomere (Def.) 37, **50**
Konfigurationsretention 216
Konformation 84
    ekliptische 84
    gestaffelte 84
    der Zucker-Moleküle 327

Konformationsisomere (Def.) 84
π-Konformere 37, 102
σ-Konformere (Rotamere) 37
Königinsubstanz 133
konjugierte Addition 107, 314, 369
konservative Substitutionen 434
Konservierungsmittel 281, 297, 340
Konservierungsstoffe 359
Konstitution 33
Konstitutionsisomere (Def.) 36
Kontrollgen 532
Koordinationszahl (Def.) 31
'Kopf–Schwanz'-Kondensation 127
Koralle 474
Korianderöl 206
Korkgeschmack 186
Korksäure (Octandisäure) 354 (F)
Kornblum, N. 302
Kornblume, Farbstoff 422
Korrekturenzyme 529, 530
Kossel, A. 502, 513, **521**, 548
kovalente Bindung (Def.) 8
kovalenter Radius (Def.) 8
Krapp, Farbstoff 277, 278
Kreatin 374
Krebs, H. A. **364**, 515
Krebs–Henseleit-Zyklus 364
Krebs-Zyklus 364
Kreosotöl 184
m-Kresol (3-Methylphenol) 185 (F)
o-Kresol (2-Methylphenol) 185 (F)
p-Kresol (4-Methylphenol) 185 (F)
Kresole 184
Kretinismus 187
Kretschmer, E. 118
Kristallviolett 260 (F), 263
Kropf 187
Krötengifte 223
K_s (Def.) 182
Kugelfisch, Toxin 428
Kuhn, R. 86, **138**, 507, 548
Kümmel, Duftstoff 127
Kumulene 152, 153
Kumulen-Isomere 37
Kunstfaser 347
Kunstlacke 215
Künstlerfarben 419
Kunstseide 346

Kunststoffe 115
Küpenfarbstoffe 277
Kupfer-phthalocyanin 475 (F)
Kupfer-Reyon 346
Kurkuma 277
Kyanol 184, 256
Kynurenin 478 (F), 479
Kynureninase 490

L

L- (Deskriptor) 318
l- (Deskriptor) 322
Laar, C. P. 303
Laccasen 218
Lachgas 213
Lachs, Farbe 140
Lacke 332
Lackmus 419
lac-Repressor 244
Lactalbumin 443
β-Lactam-Antibiotika 436
Lactame 425
Lactaroviolin 166
Lactase 339
Lactat (s. a. Milchsäure) 356
Lactat-Dehydrogenase (LDH) 363, 455
Lactid 396
Lactime 425
Lactim-ether 425
Lactoflavin 507
β-Lacton 391
Lactone 204, 395
Lactone der Zuckersäuren 335
Lactose 325, 339 (F)
Lactose-Operon 244
Lampionsblume, Farbe 140
Langerhanssche Inseln 440
Lanosterin 219
Lanosterol 219 (F), 222 (F)
  Biosynthese 219
  Isolierung 125
  Umwandlung in Cholesterol 222, 388
Lapworth, A. 316
Laurent, A. 161
Laurinsäure (Dodecansäure) 354 (F)
Lavendelöl 201
Lavoisier, A. L. de 70

lävorotatorisch 56, 322
Lävulinsäure (4-Oxopentansäure) 362 (F), 370, 501
Lävulose 327, 340
Lawson 277
LCAO (*linear combination of atom orbitals*) 100
LDA (Lithium-diisopropylamid) 251
LDH s. Lactat-Dehydrogenase
LDL (*low-density lipoprotein*) 399
LDL-Rezeptoren 400
Le Bel, A. 47
Le Blon, J. C. 135
leaf-movement factor 342
Lebensdauer, mittlere 21
Lecanorsäure 320, 419
α-Lecithin 403 (F)
β-Lecithin 403
Lecithine 399, 401
α-Lecithine 401
β-Lecithine 401
Lectine 443
Lee, Y. T. 24
Leichengifte 241
Leichtbenzin 42
Leime 116
Leinöl, Fettsäure-Gehalt 402
Leitstrang bei der Replikation 528
Lesch–Nyhan-Syndrom 538
Leuchtbakterien 307
Leuchtkäfer 306, 307
Leuchtquallen 307
L-Leucin 371, 372 (F), 375
   Biosynthese 378
   Katabolismus 381
Leucin-Enkephalin 439
Leuckart, R. 3, 299
Leuckart-Reaktion 299
Leuconostoc mesenteroides 345
Leukopenie 505
Leukopterin 504
Leukotrien A$_4$ (LTA$_4$) 361 (F)
Leukotrien B$_4$ 362
Leukotriene 273, 361
Levene, P. A. T. 325, 521
Lewis, G. N. 11
Licht
   linearpolarisiertes 55
   zirkularpolarisiertes 56

Liebermann, C. T. **278**
Liebig, J. von **68**, 209, 254, 270, 546
Liebreich, M. E. O. 282
Ligasen 450
Lignin 192, 193 (F)
Lignocerinsäure (Tetracosansäure) 354 (F)
   in Sphingolipiden 403
Ligroin 42
Limonen 126 (F), 127, 205 (F)
   Biogenese 204
Linalool 201
Linalyl-pyrophosphat 201, 202 (F)
Linolensäure, in Fetten und Ölen 402
α-Linolensäure ((Z,Z,Z)-Octadeca-9,12,15-triensäure) 360
γ-Linolensäure ((Z,Z,Z)-Octadeca-6,9,12-triensäure) 360
Linolsäure ((Z,Z)-Octadeca-9,12-diensäure) 145 (F), 360
   Autoxidation 145
   in Fetten und Ölen 402
   in Lipiden 399
Linstead, R. P. **475**
Lipasen 360, 450
Lipide 398, 399
Lipmann, F. A. 9, 364, 415, **515**
Lipoat, Standardreduktionspotential 232
Lipoide 398
Liponsäure 229, 230 (F), 392, 456
Lipopolysaccharide 348
Lipoproteine 399, 443
Liposome 404
Lippenstift 419
Lister, J. 184
Lithium-amide 411
lithotroph 80
Loganin 127
   bei der Indol-Alkaloid-Biosynthese 481
Lokalanästhetika 244
Lokant 39, 45
Lorbeerkirsche 458
Lösungsmittel 183, 211
   apolare 183
   aprotische 183
   polare 183
   protische 183
low-density lipoprotein (LDL) 399
Löwenzahn, Farbe 140

LSD (Lysergsäure-diethyl-amid) 481
LTA₄ (Leukotrien A₄) 361
Luciferin 306
Lugol, J. G. A. 263
Lugol-Lösung 263, 343
Lumicolchicine 550
Lumisterin 151
Lupinin 250 (F)
    Biosynthese 250
Lupulon 129
Lutein 139, 140 (F), 421
Luteolin 421, 422 (F)
Lwoff, A. M. 5
Lyasen 450
Lycopen 137, 138
    Biosynthese 139 (F)
Lynen, F. **415**, 548
Lysergsäure 173, 480 (F)
Lysergsäure-diethyl-amid (LSD) 481
L-Lysin 371, 372 (F), 375
    Alkaloid-Vorläufer 249
    Bindung an die Liponsäure 392
    Bindung an Retinal 296
    Biosynthese 377
    Decarboxylierung 242
    Katabolismus 241, 381, 382
Lysosom 457
Lysozym 347
D-Lyxit 325
D-Lyxose 326 (F)
    cyclisches Halbacetal 325

M

m- (*meta*; Lokant) 161
Madagaskar-Immergrün 127, 481
Maiglöckchen, Inhaltsstoffe 222
Maillard, L. C. 331
Maillard-Reaktion 331
Maiskörner, Farbe 140
Maitotoxin 211 (F)
Makrofibrille 446
Makrolid-Antibiotika **396**, 419, 423, 438
Makrolide 396
Makromoleküle 129
Malaria 495
Malaria tropica 496
L-Malat (s. a. Äpfelsäure) 356
    im Citronensäure-Zyklus 365
    im Glyoxylat-Zyklus 365
    bei der Phosphoenol-pyruvat-Biosynthese 388
Malat-Dehydrogenase 389
    Stereoselektivität 287
Maleat-Hydratase 369
Maleinsäure ((Z)-But-2-endisäure) 359 (F), 360
    katalytische Hydrierung 107
    Umwandlung in Äpfelsäure 369
Maleinsäure-anhydrid 387
4-Maleylacetoacetat 382
Malonestersynthese 413
Malonsäure (Propandisäure) 354 (F)
    Decarboxylierung 389
Malonsäure-diethyl-ester 413 (F)
Malonsäure-ester, pK_s 301
Malonyl-Carrierprotein 409
Malonyl-Coenzym A 416
    Biosynthese 417
    Vorläufer der Flavonoide 421
Maltase 338, 340, 344
Maltose 338 (F), 343
Maltotriose 344
Malvaliasäure 150
Malve, Farbstoff 422
Malz 344
Malzzucker 338
Mandarine, Aromastoff 396
Mandel, Inhaltsstoff 458
Mandelsäure-nitril 458 (F)
π-Mangel-Heterocyclus 487
Manna 325
Mannaesche 325
Mannane 325
Mannit 325
Mannosazon, Schmelztemperatur 329
D-Mannose 326 (F)
    cyclisches Halbacetal 325
Marcet, A. J. G. 513
Marcumar® 396
Margarin 358, 400
Margarine 400
Margarinsäure 358
Marienkäfer
    Abwehrstoff 241, 424
    Farbe 138
Marijuana 420
marine Sterole 222

Markownikow, V. V. **110**
Markownikow'sche Regel 110
Marmesin 397 (F)
Masamune, S. 62
Massenspektrum 67
Mauvein 259 (F)
Maxwell, J. C. 56
MCD (Mastzellen degranulierendes) Peptid 441
Mechanismus chemischer Reaktionen 18ff.
Meeresleuchten 307
Meerwein, H. **205**
Meerwein–Ponndorf–Verley-Reduktion 287
    Übergangskomplex 172
(*M*)-Effekt 186
Mekonium 480
Melamin 539, 540 (F)
Melamin-Harze 540
Melanin 477
Melanin-Bildung 218
Melanoide 331
Melanoidine 331
Melanoproteine 478
Melanozyte 477
Melatonin 246 (F), 247
Meldrum's Säure 413 (F), 503
    pK_s 300
Melissinsäure (Triacontansäure) 354 (F)
Mellitin 441
Mellitsäure 160
Menachinon 275
Menachinone 275
Menadion (Vitamin K_3) 275, 276 (F), 456
Mendel, J. (bzw. *G.*) 527, 548
Menten, M. 451
Menthan-Grundgerüst 126
Mercaptane 227
Mercapto- (Präfix) 227
Merck, H. E. 498
Merochinen 240
Meroterpenoide 275, 420
Mescalin 242, 247 (F)
Mesit 160
Mesitylen (1,3,5-Trimethylbenzol) 160 (F)
meso- (Präfix; Def.) 63, **64**
mesomerer Effekt 185, 186
Mesomerie 117
Mesomerie-Hybrid (Def.) 118
mesophil 405

meso-Weinsäure 370
Mesoxalsäure (2-Oxopropandisäure, 2-Oxomalonsäure) 462, 546 (F)
messenger-RNA (mRNA) 5, 527
meta (*m*-; Lokant) 161
Meta® 285
Metabolismus
    aerober 364
    autogener 333
Metaformaldehyd 284
Metaldehyd 285 (F)
Metalloenzyme 455, 456
Metamphetamin 247 (F)
Metarhodopsin 142
metastabil 30
Methacrylsäure (2-Methylpropensäure) 359 (F)
Methacrylsäure-methyl-ester 116
Methan 45
    (C–H)-Acidität 301
    aus Essigsäure 387
    Inversionsbarriere 241
    Molekülstruktur 46
    Produkt der Gärung 363, 364
    Schmelztemperatur 97
    Verbrennungswärme 66
Methanamin (s. a. Methylamin) 239 (F)
Methandiyl 99
Methanimin (Methylenamin) 297 (F)
Methan-Monooxygenase 81, 82, 176, 455
methanogene Bakterien 81, 335, 364, 387
Methanol (Methyl-alkohol) 175
    (C–O)-Bindungsenergie 194
    (O–H)-Bindungsenergie 194
    aus Formaldehyd 290
    bei der Methan-Verbrennung 72
    Oxidation 190
    Oxidation zu Formaldehyd 493
Methanol-Dehydrogenase 81, 493
Methansulfensäure 236 (F)
Methansulfinsäure 236 (F)
Methansulfonsäure, pK_s 236 (F)
Methanthiol 236
    (S–H)-Bindungsdissoziationsenergie 237
N^5,N^{10}-Methenyltetrahydrofolat 506 (F)
L-Methionin 228 (F), 371, 372 (F), 375
    Biosynthese 377, 472, 506
    Katabolismus 381
Methionin-Enkephalin 439

Methionin-Synthase 506
Methoxatin 493 (F)
p-Methoxybenzoesäure (s. a. Anissäure) 210
Methoxybenzol (Anisol) 209, 210 (F)
6'-Methoxycinchonidin 495
2-Methoxyphenol 188
2-Methoxypropen 294 (F)
Methyl 176
Methylacetylen 153
Methyl-alkohol s. Methanol
Methylamin 239 (F)
    Alkylierung 253
    Inversionsbarriere 241
    pK_s 251
O-Methylandrocymbin 499 (F)
2-Methylbuta-1,3-dien s. Isopren
3-Methylbutan-2-ol, Dehydratisierung 204 (F)
3-Methylbutan-2-on 217 (F)
2-Methylbut-2-en 204, 205
3-Methylbut-1-en 204
Methyl-chlorid (Chloromethan), Dipolmoment 16
Methylcobalamin 507
Methyl-*S*-Coenzym-M-Methylreductase 455
O-Methyl-*p*-cumarsäure (3-(4-Methoxyphenyl)-
    prop-2-ensäure) 197 (F)
Methyl-cyanid 431
Methylcyclohexan, *Newman*-Projektionen 92
1-Methylcyclohexen, Hydrierungswärme 157
1-Methylcyclopenten, Hydrierungswärme 157
Methylen 67, 99, 202
Methylenamin (Methanimin) 297 (F), 459 (F)
Methylenaminoacetonitril 460
Methylenblau 260 (F), 263
Methylenimin 459 (F)
Methylen-Komponente 310
N^5,N^{10}-Methylentetrahydrofolat 506 (F)
    bei der Biosynthese des Thymidin-monophos-
        phats 537
    im Glycin-Katabolismus 380
    bei der Thymin-Biosynthese 503
N-Methylglucosamin, in Streptomycin 341
N-Methylglycin 374
2-Methylhexan (Isoheptan) 50
3-Methylhexan 50
3-Methyl-3-hydroxy-2-oxovalerat 376, 378 (F)
Methyliden 99
6-Methylidencyclohexa-2,4-dienon 312

Methylidencyclohexan, Hydrierungswärme 157
Methylidencyclopentan, Hydrierungswärme 157
Methylidin 67
3-Methylindol 479
Methyl-iodid 253
Methylium-Ion 202
Methylmalonyl-Coenzym A, Biosynthese 472
S-Methylmethionin, Abbau 236
Methyl-(3-methylbut-3-enyl)-sulfid 228
2-Methylnaphthochinon 275
3-Methylocta-3,5-dien 122
6-Methylocta-2,4-dien 122
Methylorange, pK_s 267 (F)
methylotroph 80
methylotrophe Bakterien 309
4-Methyl-2-oxopentansäure 379
3-Methyl-2-oxovalerat 376, 378 (F)
3-Methylpentan-2,5-dion 305
2-Methylprop-2-en-1-ol 283
Methyl-Radikal 67, 71
N^5-Methyltetrahydrofolat 506 (F), 507
    bei der Methionin-Biosynthese 377
N^{10}-Methyltetrahydrofolat 507
Methyltransferasen 229, 450
O-Methyltransferasen 210
5-Methyluracil 502 (F)
N-Methylvalin, in Peptid-Antibiotika 438
Metschnikow, I. I. 262
Mevalonsäure (3,5-Dihydroxy-3-methylpentan-
    säure) 362 (F)
    Alkaloid-Vorläufer 249
    Biosynthese 415
    Biosynthese in Eubakterien 416
    Regulation ihrer Biosynthese 222
    Umwandlung in Isopentenyl-pyrophosphat 391
Mevalonsäure-5-pyrophosphat, Biosynthese 517
Meyer, V. 86, 466
Micellen 404, 408
Michael, A. **314**
Michael-Addition 315
Michaelis, L. **451**
Michaelis–Menten-Gleichung 451
Michaelis–Menten-Konstante 451
Miescher, J. F. 521, 548
Mietzsch, F. 264, 265
Mikroconvulen 445
Mikrofibrille 446

Mikrofilamente 448
mikroskopische Reversibilität 27
Mikrotubuli 448
Milchsäure (2-Hydroxypropansäure, s. a. Lactat) 362 (F), 363
    absolute Konfiguration 59
    aus Brenztraubensäure 391
    Konfigurationskorrelation 370
    Lactonisierung 396
    Produkt der Gärung 363
Milchsäurebakterien 363
Milchsäure-Dehydrogenase, Stereoselektivität 287
Milchzucker 339
Miller, S. L. 3, **4**, 548
Mimopudin 342 (F)
Mineralocorticoide 272
Mitochondrien **233**, 518, 532
Mitomycine 438
mitotische Anaphase 445
Mitscherlich, E. 161, 169, 256
Moffit, W. E. 14
Molekül (Def.) 8
molekulare Paläontologie 434
Molekularität (Def.) 25
Molisch-Test 327
Molluskizide 285
monocistronisch 532
Monod, J. L. **5**, 548
monomolekular 25
Monooxygenasen 214, 217, 450
    FAD-abhängige 292
Monooxygenase-Reaktionen 80
Monosaccharide 318
    Metabolismus 333
    präbiotische Synthese 329
Monoschicht 404
Monoterpene 124
Mono-*tert*-butyl-sulfat 108
Monothiocarbonsäuren 413
Monothiocarbonsäure-*O*-ester 414
Monothiocarbonsäure-*S*-ester 414
Montansäure (Octacosansäure) 354 (F)
Moraxella sp. 428
Morgan, T. H. 527, 548
Morphin 240, 249, 497, 498 (F)
    Biosynthese 498
Morpholin 240 (F)

Morse-Kurve 9, 74
Morton, W. 213
Moschus 272
Moschushirsch, Pheromon 272
mRNA (*messenger*-RNA) 5, 527
Mucate 336
Muconsäure (s. a. Mucate) 149 (F)
Mucopolysaccharide 341, 349
Mulder, G. J. 432
Mulliken, R. S. **13**
Murein 347, 348 (F), 437
Murexid 513
Murexid-Reaktion 513
Muscaaurin I 483
Muscaflavin 467 (F), 483
Muscalur 134
Muscarin 211, 243 (F), 483
Muscarin-Rezeptoren 243
Muscimol 482 (F)
Muscon 272 (F)
Muskelfaser 448
Mutagene 396, 423
Mutarotation 323
Mutasen 450
Mutation 530
Mutterkorn 420, 480
Mutterkorn-Alkaloide 480
Mycoplasmen 535
Mycosterine 222
Myofibrille 448
Myoglobin 40, 449
myo-Inosit 178 (F)
    in Glycerinlipiden 401
myo-Inosit-1,4,5-triphosphat 179
Myosin 447
Myrcen 134
Myricincerotat 398 (F)
Myricyl-alkohol 399
Myristinsäure (Tetradecansäure) 354 (F)

N

NAD$^+$ s. Nicotinamidadenindinucleotid
NAD$^+$/NADP$^+$-Austausch 492
NADH 291, 491
    in der Atmungskette 233
    im Citronensäure-Zyklus 366

Coenzym der Dihydropteridin-Reductase 507
Coenzym der Malat-Dehydrogenase 389
Cofaktor der Alkohol-Dehydrogenase 363
beim enzymatischen Ether-Abbau 213
bei enzymatischen Hydrierungen 287
Freisetzung von Wasserstoff 435
bei der Glycolyse 333
Spezifität 493
NADH-Coenzym-Q-Reductase 233, 234
NADP$^+$ s. Nicotinamidadenindinucleotid-2'-phosphat
NADPH 491
Biosynthese im Pentosephosphat-Zyklus 334
Coenzym 492
Coenzym der Biliverdin-Reductase 474
Coenzym der Desaturasen 360
bei der enzymatischen Epoxidierung 214
beim enzymatischen Ether-Abbau 213
bei enzymatischen Hydrierungen 106, 288
bei der enzymatischen Hydroxylierung 177
bei der Fettsäure-Biosynthese 417
bei der Photosynthese 234, 235
Regenerierung 493
bei der Sphinganin-Synthese 404
NADPH/NADH-Austausch 492
Naphtha 42
Naphthacen 165 (F), 423
Naphthalin 165 (F), 278
Naphthene 42, 87, 110
Naphthyridin 466 (F)
Naringenin 422
Naringin 422
Narkotika 503
Narzisse, Farbe 140
Natrium-ethanolat 183
Natrium-glutamat 377
Natrium-laurylsulfat 408
Natrium-methylxanthogenat 414
Natrium-palmitat 408 (F)
Natta, G. 115
Naturgummi 130
Naturstoff (Def.) 7
Nebularin 510
Nekrose 440
Nelkenöl 210
Neopentan (2,2-Dimethylpropan) 44
Bindungsenthalpie 68
Neopentyl-alkohol s. 2,2-Dimethylpropan-1-ol

Neplanocin A 516 (F)
Nernst'sche Gleichung 231
Nerolidol 201
Nerolidoyl-pyrophosphat 201
Neroliöl 201
Nervonsäure ((Z)-Tetracos-15-ensäure), in Sphingolipiden 403
Neryl-pyrophosphat 126 (F), 202 (F)
Neurohormone 439
Neurotoxine 428, 441
Neurotransmitter 242, 374
Newman, M. S. **85**, 165
Newman-Projektion 84
Newton, I. 135
Ngai Campher 206
Niacin 490 (F)
nichttrocknende Öle, Fettsäure-Gehalt 402
Nicolson, G. 404
Nicotin 490 (F)
Nicotinamidadenindinucleotid (NAD$^+$) 232, 491 (F), 515 (F)
in der Atmungskette 233
bei der Biosynthese der Pyrimidin-Nucleotide 536
Coenzym 492
Cofaktor der Formaldehyd-Dehydrogenase 81
Cofaktor der Glutamat-Dehydrogenase 300
Cofaktor der Prephenat-Dehydrogenase 384
Cofaktor der UDP-4-Galactose-Epimerase 339
Cofaktor der UDP-Glucose-Dehydrogenase 336
in Dehydrogenasen 287
bei enzymatischen Hydrierungen 287
beim Fettsäure-Abbau 418
in der Glycerin-3-phosphat-Dehydrogenase 291
im Pyruvat-Dehydrogenase-Komplex 392
Regenerierung 493
Standardreduktionspotential 232
Nicotinamidadenindinucleotid-2'-phosphat (NADP$^+$) 491 (F)
Biosynthese 536
Cofaktor der Glutamat-Dehydrogenase 300
bei der enzymatischen Epoxidierung 214
bei der Photosynthese 234, 235
Spezifität 493
Standardreduktionspotential 232

bei der Steroid-Hormon-Synthese 179
Nicotinamid-Nucleotid-Transhydrogenasen 492
Nicotin-Rezeptoren 243
Nicotinsäure (Pyridin-3-carbonsäure) 456, 490 (F)
    Alkaloid-Vorläufer 249
    Biosynthese 491
Nicotinsäure-amid 491
NIH shift 217
Nikkomycine 438
Ninhydrin 373
Nirenberg, M. W. 534, 548
Nitratreductase 456
Nitriersäure 169
Nitrile 457
    in der Pyridin-Herstellung 488
Nitrilium-Ion 431
Nitrit-Reductase 455
m-Nitroanilin 257 (F)
o-Nitroanilin 257 (F)
p-Nitroanilin 257 (F)
Nitroaniline 257
p-Nitrobenzoesäure, pK_s 357 (F)
Nitrobenzol 186, 256
    Herstellung 169
Nitrocellulose 346
Nitrogenasen 455, 456
Nitronium-Ion 169
m-Nitrophenol 188 (F)
o-Nitrophenol 188 (F)
p-Nitrophenol 188 (F)
Nitrophenole 187
Nitrosamine 257
Nitrosonium-Ion 257
m-Nitrotoluol 171 (F)
o-Nitrotoluol 171 (F)
p-Nitrotoluol 171 (F)
Nomenklatur 39
    systematische 39
Nonnenfalter, Pheromon 134
Nonsense-Codons 534
Noradrenalin 246 (F)
    Biosynthese 248
    bei der Fettsäure-Biosynthese 416
    Umwandlung in Adrenalin 254
Norbornan 95
Norbornan-7-on 147
Norlaudanosolin 497 (F)
Normalpotential, physiologisches 231

Normalredoxpotential 231
Norreticulin *N*-Methyltransferase 229
Norrish, R. G. W. 531
Northrop, J. H. 452
Novocain 244 (F)
Novolake 312
Nucleasen 542
Nuclein 521
Nucleinsäuren 521 ff.
    Biosynthese 536
    Funktion 526
Nucleobasen 503, 511, **514**
Nucleofug (Def.) 194
Nucleophil (Def.) 251
    hartes 252
    weiches 252
nucleophile Addition (Def.) 280
nucleophile Substitution
    bimolekulare 194
    monomolekulare 197
Nucleosid-Antibiotika 438
Nucleosidasen 450, 544
Nucleosid-diphosphat-Kinase 537
Nucleoside 514
    modifizierte 526
    präbiotische Synthese 542
Nucleosid-monophosphat-Kinase 537
Nucleosid-Phosphorylasen 544
Nucleosome 445
Nucleotidasen 542
Nucleotide 514, 516
    Katabolismus 542
    präbiotische Synthese 539
Nyktinastie 342
Nylon 347
Nylon 6® 432
Nylon 6,6® 432

O

o- (*ortho*; Lokant) 161
ω- (Lokant) 39, 81
Ocimen 126 (F)
Octahydropentalen 95
2-Octylcycloprop-1-en-1-heptansäure 150
Oenanthsäure (Heptansäure) 354 (F)
Okazaki-Fragmente 528

Oktanzahl 114
Oktett-Regel 31
Olah, G. A. 32
Öle 399, 401
Olean 294
Oleanan 132
Olefine 41, 99
Olein 400
Oligopeptide 431, 436
Oligosaccharide 343
Olivenöl, Fettsäure-Gehalt 402
Olivetolsäure 420 (F)
Ölsäure ((Z)-Octadec-9-ensäure) 360, 400, 401 (F)
    in Fetten und Ölen 402
    Katabolismus 417
Ommatine 479
Ommine 479
Ommochrome 271, 479
OMP (Orotidylsäure), Biosynthese 537
-on (Suffix) 270
Onkogen 531
Onsäuren 335
Oparin, A. I. 3, **4**, 548
operationelle Proteine 443
Operon 5, 532
Opiat-Peptide 439
Opium 497, 498
Opium-Alkaloide 497
Oppenauer-Oxidation 287
Opsin 142
optische Aktivität 54
Orange, Aromastoff 396
Orangenblütenöl 201
Orcein 419
Orcin 188, 419
organotroph 80
Orgel, L. E. **5**
Orlean 277
Orlon® 116
Ornithin 372 (F)
    Alkaloid-Vorläufer 249
    Biosynthese 376
    im Harnstoff-Zyklus 429
    Katabolismus 241
Ornithin-Zyklus 364
Orotidylsäure (OMP), Biosynthese 537
Orotsäure 503 (F), 537
    Biosynthese 503
Orseille 277, 419
Orsellinsäure (2,4-Dihydroxy-6-methylbenzoe-säure) 418, 419 (F)
    Biosynthese 419
ORTEP-Zeichnung 33
ortho (*o*-; Lokant) 161
Osazone 328
Osone 328
Ossein 446
Osteomalazie 151
Osteoporose 152
Östradiol 271 (F)
Östriol 271
Östrogene 271
Östron 271 (F), 275
Ovalbumin 443
Oxalacetat (s. a. Oxalessigsäure) 364
    bei der Aminosäure-Biosynthese 376
    im Citronensäure-Zyklus 365
    im Fettsäure-Metabolismus 367
    bei der Gluconeogenese 333
    im Glyoxylat-Zyklus 365
    Produkt der Gärung 363
Oxalbernsteinsäure (3-Carboxy-2-oxopentandi-säure) 368 (F)
    im Citronensäure-Zyklus 365
Oxalbernsteinsäure-trimethyl-ester 368 (F)
Oxalessigsäure (2-Oxobutandisäure; s. a. Oxalacetat) 362 (F), 368 (F)
    Biosynthese aus Pyruvat 389
    Decarboxylierung 388
Oxalessigsäure-dimethyl-ester 368 (F)
Oxalsäure (Ethandisäure) 178, 191, 354 (F)
    Produkt des chemischen Abbaus der Harn-säure 546
Oxazol 466 (F)
Oxazole 482
    Paal–Knorr-Synthese 470
Oxetan 209 (F)
Oxetanocin 516 (F)
Oxeton 294
Oxidasen 80, 450
Oxidationszahl (Def.) **14**, 189
Oxidoreductasen 191, 450
    prosthetische Gruppe 491
Oxime 298
Oxiran (Epoxyethan, Ethylen-oxid) 209 (F), 214

Oxo- (s. a. Keto-) 270
3-Oxoacyl-ACP-Dehydrogenase, Stereoselektivität 287
3-Oxoacyl-Coenzym A 418
α-Oxoadipinsäure 382
α-Oxobutyrat 376, 378 (F)
3-Oxocarbonsäure-ester 411
Oxocarbonsäuren 362
α-Oxocarbonsäuren, Decarboxylierung 391
9-Oxodec-2-ensäure 134
α-Oxoglutarat (s. a. α-Ketoglutarat) 382
    in der Aminosäure-Biosynthese 376
    im Citronensäure-Zyklus 364, 365
    Substrat der Prolyl-Hydroxylase 337
    Vorläufer der Glutaminsäure 300, 374
α-Oxoglutarat-Dehydrogenase, Mechanismus 317
2-Oxoglutarsäure (2-Oxopentandisäure; s. a. α-Oxoglutarat) 300 (F), 368 (F)
    bei der Kollagen-Biosynthese 337
    Oxidative Decarboxylierung zu Bernsteinsäure 365
2-Oxogulonsäure 337
α-Oxoisocaproat 376
α-Oxoisovalerat (2-Oxoisovalerat) 376, 378 (F)
2-Oxomalonsäure (2-Oxopropandisäure, Mesoxalsäure) 462, 546 (F)
Oxonium-Ion 182
Oxonium-Salze 213
    tertiäre 213
4-Oxopentansäure 370
3-Oxosphinganin 403
3-Oxotropan (s. a. Tropinon) 249
Oxy- (Präfix) 209
Oxyanion-Loch 454
1,1'-Oxybisethan 209
Oxygenasen 80
Oxyhäm 78
Oxytocin 439

P

p- (*para*; Lokant) 161
P450-Monooxygenase 218
P680 234
P700 234
P870 235
Paal, C. L. **469**

Paal–Knorr-Cyclisierung 538
Paal–Knorr-Synthese 469
Palmarosaöl 126
Palmitinaldehyd (Hexadecanal) 403
Palmitinsäure (Hexadecansäure) 354 (F), 401 (F)
    Bestandteil des Bienenwachses 399
    in Sphingolipiden 403
Palmitoleinsäure ((Z)-Hexadec-9-ensäure) 360, 400
Palmitoyl-Coenzym A 404
Palmkernfett, Fettsäure-Gehalt 402
Palmöl, Fettsäure-Gehalt 402
Panflavin® 264
Pantethein 242, 414
Pantoinsäure 414
Pantothensäure 414, 456
Papaverin 249, 497 (F)
    Synthese 550
Paprikaschoten, Farbe 140
para (*p-*; Lokant) 161
Parabansäure 546 (F)
Paracelsus 175, **262**
Paraffine 41
Paraffinkerze 184
Paraformaldehyd 284 (F)
Parafuchsin 260 (F)
Paraldehyd 285 (F)
Pararosanilin 260 (F)
Parästhesien 481
Parasympath(ik)olytika 244
Parasympath(ik)omimetika 243
    direkte 244
    indirekte 244
Parkes, A. 346
Parkesin® 346
Parkinson'sche Krankheit 246
Pasteur, L. **6**, 58, 548
Paterno–Büchi-Reaktion 143
Pauling, L. C. **12**, 548
PBG s. Porphobilinogen
PBG-Desaminase 471, 474
PBG-Synthase 456, 470
PE (Polyethylen) 115, 116
Pearson, R. G. 252
Pebrine 6
Pektin 345 (F)
Pektine 343, 345
Pelargonsäure (Nonansäure) 354 (F)

Pellagra 491
pellagra preventive factor s. PP-Faktor
Penam 436 (F)
Penicillin 265, 347
Penicillin G 436
Penicillin-Cyclase 436
Penicilline 436
Penicillin-Expandase 436
Penicillium notatum 437
Penta-1,3-dien (Piperylen) 255
Pentaerythrit 332
Pentaerythrit-tetranitrat 332
Pentaglycin, in Murein 348
Pentan, Bildungsenthalpie 68
Pentan-2,5-dion (s. a. Acetylaceton) 305 (F)
Pentanol (Amyl-alkohol) 175
Pentatetraen 153
Pent-4-enal, Reduktion 287
Pentosen 318
Pentosephosphat-Zyklus 333, 334
PEP s. Phosphoenol-pyruvat
Pepsin 440
Peptid-Antibiotika 438
Peptide 431
    heterodete 432
    heteromere 432
    homodete 432
    homöomere 432
    Struktur 433
Peptid-Hormone 443
Peptidoglycan-Struktur 347
Peptolide 432, 437
Perameisensäure, bei der Methanol-Verbrennung 72
Per(oxy)benzoesäure 288 (F)
Perepoxid 146
pericyclische Reaktionen (Def.) 143, 150, **172**
peri-Substitution 165
Perkin, W. H. **258**, 265, 548
Perkin-Kondensation 311
Perlon 347
perniziöse Anämie 472
Peroxidasen 193, 450
Peroxide 146, 178
Peroxid-Radikal 306
μ-Peroxo-Komplex 176
Peroxycarbonsäuren 395
Peroxyessigsäure 395 (F)

Peroxy-Radikal 71
Peroxysäuren 292, **395**
Persäuren 395
Perutz, M. F. **449**, 473, 548
Perylen 165 (F)
PET s. Polyethylenglycolterephthalat
Petrol-ether 42
Petunia, Farbstoff 422
Peyote 247
Peyotl 247
Pfeffer 240, 249
Pfeilgifte 223
Pfifferlinge, Farbe 140
Pfirsichbodenmüdigkeit 270
Pflanzenhormone 148, 479
Pflanzenwachstumshormone 246
Pflanzenwachstumsinhibitoren 246
$PGF_{2\alpha}$ s. Prostaglandin $F_{2\alpha}$
$PGF_{2\alpha}$-Reductase 361
PGG_2 s. Prostaglandin-endoperoxid
PGI_2 s. Prostacyclin
Phalloidin 211, 441
Phallotoxine 440
Phäomelanine 477
PHB s. Poly-β-hydroxybutyrat
Phenanthren 165 (F), 278
Phenanthrenchinon 274
Phenanthridin 264
Phenazin 259, 466 (F)
Phenazon 501 (F)
Phenazon-Derivate 500
phène 184
Phenol 183 (F), 184
    Reaktion mit Brom 186
    Synthese aus Anilin 258
    Tautomere 304
Phenolat-Ion 183 (F)
Phenole 183
    Farbreaktion 304
    Oxidation 191
    oxidative Kupplung 192
    Reaktion mit Eisen(III)-chlorid 191
    Reaktivität 185
Phenol-ether 307
Phenol-Harze 116, 313
Phenol-*O*-methyltransferasen 197
Phenol-Oxidase 217, 341, 477
Phenol-Oxidasen 218

Phenoplaste 313
Phenothiazin 259
Phenothiazin-Farbstoffe 260
Phenoxazin 479
Phenyl 161
L-Phenylalanin 193, 371, 372 (F), 375
    Alkaloid-Vorläufer 249
    Biosynthese 384
    Katabolismus 384
    Umwandlung in Tyrosin 217
Phenylalanin-Hydroxylase 507
Phenylalanin-tRNA 526
Phenylalanylglutaminsäure-methyl-ester 436 (F)
Phenylbrenztraubensäure 173 (F), 385 (F)
m-Phenylendiamin (Benzol-1,3-diamin) 257 (F)
o-Phenylendiamin (Benzol-1,2-diamin) 257 (F)
p-Phenylendiamin (Benzol-1,4-diamin) 257 (F)
Phenylethanolamin-N-Methyltransferase 229
Phenylhydrazin 318, 328
Phenylpyruvat 384
Pheromone 127, 133, 272
Phlogiston 70
Phorbolester 218
Phosphatasen 450
Phosphatide 399
Phosphatidylcholine 401
Phosphatidylethanolamin 390
Phosphin, Inversionsbarriere 241
Phosphocreatin 428
Phosphodiesterasen 542
Phosphoenol-pyruvat (PEP) 304 (F), 336, 389 (F)
    bei der Gluconeogenese 333
    bei der Glycolyse 333
    Hydrolyse 303, 304
    aus Oxalessigsäure 388
    Vorläufer der Shikimisäure 384
Phosphoenol-pyruvat-Carboxykinase 388, 389
Phosphoenol-pyruvat-Carboxylase 389
6-Phosphoglucono-δ-lacton 334 (F)
2-Phosphoglycerat 303 (F), 336
    bei der Gluconeogenese 333
    bei der Glycolyse 333
3-Phosphoglycerat 336
    bei der Aminosäure-Biosynthese 376
    Biosynthese im *Calvin*-Zyklus 334, 412, 413
    bei der Gluconeogenese 333
    bei der Glycolyse 333
Phosphoglycerid 399, 401

3-Phosphoglycerinsäure 291
Phosphoglycolat 362
3-Phosphohydroxypyruvat 376
Phospholipide 399
3-Phospho-5-pyroposphomevalonat 391 (F)
β-Phosphoribosylamin 430, 539 (F)
    bei der Biosynthese der Purin-Nucleotide 538, 539
5-Phosphoribosyl-1-pyrophosphat 545 (F)
    bei der Histidin-Biosynthese 484, 545
    bei der Nucleotid-Biosynthese 537, 538, 539
    bei der Tryptophan-Biosynthese 478
Phosphorylierung 517, 518
    oxidative 234
    photosynthetische 234
3-Phosphoserin 376
photoautotroph 80
Photochemie 141
Photodermatitis 397
Photodermatosen 474
photodynamische Farbstoffe 396
photodynamische Therapie 147
photodynamischer Effekt 147, 192
photographische Entwickler 274
(Z/E)-Photoisomerisierung 142
Photolyase 90
Photolyse 151
Photophosphorylierung 234
    zyklische 235
Photorezeptoren 142
Photosensibilisatoren 141, 475
Photosensibilisierung 141
Photosynthese 234
    anoxygene 235
    Dunkelreaktion 334, 335
    oxygene 75, 234
Photosystem I 234
Photosystem II 234, 235
phototroph 80
Phthalazin 466 (F)
Phthaleine 260
Phthalocyanine 475
Phthalodinitril 475 (F)
Phthalsäure (Benzol-1,2-dicarbonsäure) 383 (F)
    Oxidationsprodukt des Isochinolins 494
Phthalsäure-anhydrid 260, 387 (F)
Phycobiline 471, 473
Phyllobates sp. 223

Phyllochinon (Vitamin K$_1$) 276 (F)
Phyllochinone 275
Physalin 140
Phytan 405, 406 (F)
Phytochrom 471
Phytoen 130, 131 (F), 138, 139 (F)
cis-Phytoen 130
Phytohormone 246, 513
Phytol 128, 275, 276
Phytosterine 222
Picen 165 (F), 278
α-Picolin (2-Methylpyridin) 488 (F)
β-Picolin (3-Methylpyridin) 488 (F)
γ-Picolin (4-Methylpyridin) 488 (F)
Picoline 487
Pictet, A. 550
Pikrinsäure (2,4,6-Trinitrophenol) 185 (F)
Pimelinoyl-Coenzym A 383 (F)
Pimelinsäure (Heptandisäure) 354 (F)
Piment, Duftstoff 126
Pimentblätteröl 210
Pimentöl 210
Pinakol (2,3-Dimethylbutan-2,3-diol) 208 (F)
Pinakolin (3,3-Dimethylbutan-2-on) 270
Pinakolon (3,3-Dimethylbutan-2-on) 208 (F), 270, 292 (F)
Pinakol-Umlagerung 208
α-Pinen 126 (F)
β-Pinen 284 (F)
Pinene 127
Piperazin 240 (F)
Piperidin 240 (F)
   Hofmann-Abbau 255
Piperidin-Alkaloide 242, 249
2-Piperidon 425
Piperin 249 (F), 240
Piperylen (Penta-1,3-dien) 255
Pirol, Farbe 140
Pittendrigh, C. 6
Pitzer, K. S. **85**
Pitzer-Spannung (Def.) 84
   in Butadien 119
   in Butan 87
   in Cycloalkanen 88
Pivalinsäure (2,2-Dimethylpropansäure) 353
p*I*-Wert 371
p*K*$_b$ (Def.) 250
p*K*$_s$ (Def.) 181

planare Moleküle (Def.) 109
Plasmalogene 399, 403
Plasmide 525
Plasmin 445
Plasmodium sp. 263, 495
Plastochinol 235
Plastochinon, bei der Photosynthese 234
Plastochinone 275, 277
Plastocyanin 455
   bei der Photosynthese 234, 235
Plastomere 312
Platon 423
plektonemische Wicklung 544
Plexiglas® 115, 116
PLP s. Pyridoxal-5-phosphat
Plunkett, R. J. 115
Pointillismus 400
Polanyi, J. C. **24**
polar 183
Polarimeter 55
Polarisation 15
Polarisationsebene 55
Polarisierbarkeit 15
Polaritätsskala 183
Polonovski-Reaktion 351, 496
Polyacene 165
Polyacetylene 156
Polyacrylnitril 347
Polyalkohole 178
Polyamide 432
Polychlorophenole 210
polycistronisch 532
Polycycloalkane, Nomenklatur 96
polyenylog 315
Polyester 347, 397, 398
Polyether-Antibiotika 211
Polyether-Toxine 211
Polyethylenglycolterephthalat (PET) 397
Polyglycin 432
Polyisopropylen 115
Polyketid, Biosynthese 416
Polyketid-Alkaloide 249, 419
Polyketide 418
Polymerisation von Alkenen 113
   anionische 115
   kationische 114
   radikalische 115
Polymethin-Farbstoffe 296

Polymyxine 438
Polynucleotid-Biosynthese 529
Polynucleotide, Primärstruktur 522
Polyoxymethylen 284
Polypeptid-Biosynthese 410
Polypeptide 431
Polyprolin-Helix 447
Polypropylen 115
Polysaccharide 338, 342
Polysom 534
Polystyrol 116
Polyterpene 124
Polyurethan 115
Polyurethane 332
Polyvinylacetat (PVAC) 115, 116
Polyvinyl-Harze 116
Poly-β-hydroxybutyrat (PHB) 364, 398
Pomeranze, Aromastoff 396
Pomeranzenschalenöl 127
Porphobilinogen (PBG) 470
Porphyria 474
Porphyria congenita 474
Porphyrine 472
Porphyrinurie 474
Porter, G. 531
postsynaptische Membran 242
posttranskriptional 532
Pottasche 408
PP-Faktor (*pellagra preventive factor*, Vitamin PP) 138, 489, 491
PQQ s. Pyrrolochinolinchinon
präbiotisch 3
Präcalciferol 123, 152 (F)
Präcalciferole 151
Präcarcinogene 218
Präfix 38, 39
Präphensäure, Biosynthese 308
Präphytoen-pyrophosphat 131 (F)
Präsqualen-pyrophosphat 130, 131 (F)
präsynaptische Membran 242
Prednisolon 273
Prednison 273
Pregnan 220 (F)
5α-Pregnan-3,20-diol 272
5β-Pregnan-3,20-diol 272
Pregnenolon 270, 271 (F)
  Biosynthese 179
Prehn, H. von 160

Prehnitol (1,2,3,4-Tetramethylbenzol) 160 (F)
Preiselbeere 341
Prelog, V. **58**
Prenyl 100
Prenylierung **125**, 170, 279, 396
Prenyltransferase 126, 127, 170
Prephenat-Dehydratase 385
Prephenat-Dehydrogenase 384
Prephensäure 384, 385 (F)
Primärmetabolismus 528
Primärstruktur der Peptide 433
Primärtranskripte 532
Prins, H. J. **283**
Prins-Reaktion 283
Prionen 435
Proaccelerin 445
Proangiotensin 440
Proazulene 166
Procain, Hydrochlorid 244 (F)
prochiral (Def.) 51
Prochiralität 111
Prochiralitätsebene 51, 112
Produkt 18
Proflavin 264 (F)
Progastrin 440
Progesteron 271, 272 (F)
Proinsulin 440
Projektionsformel 320
Prolamine 443, 445
L-Prolin 371, 372 (F)
  Biosynthese 377
  Katabolismus 382
  in Kollagen 446
  Ninhydrin-Reaktion 373
Prolyl-Hydroxylase 337, 447, 455
Prontosil 264 (F)
Prontosil rubrum 264
Propa-1,2-dien (Allen) 152 (F)
Propan-1,2-diol 216
Propanol 175
Propan-1-ol 215
Propan-2-ol (Isopropanol) 175
  Herstellung 286
  Oxidation 190 (F)
Propan-1,2,3-triol (s. a. Glycerin, Glycerol) 178
Propargyl 155
Propen
  (C–H)-Acidität 122, 301

(C–H)-Bindungsdissoziationsenergie 122
Propin 153
Propiolsäure (Propinsäure), pK_s 357
Propionat, Produkt der Gärung 363
Propionibacterium shermanii 367, 472
Propionibakterien 369
Propionsäure (Propansäure) 354 (F)
    pK_s 356, 357
    Produkt der Gärung 363
Propionyl-Coenzym A 381
    beim Fett-Abbau 417
Propylen-oxid 216
pro-R (Deskriptor) 112
pro-S (Deskriptor) 112
Prostacyclin (PGI$_2$) 361 (F)
Prostacycline 361
Prostaglandin F$_{2\alpha}$ (PGF$_{2\alpha}$) 361 (F)
Prostaglandin-Cyclooxygenase 361, 362
Prostaglandine 361
Prostaglandin-endoperoxid (PGG$_2$) 361 (F), 362
Prostanoide 361
prosthetische Gruppe (Def.) 454
prosthetische Gruppen 456
Proteasen 450, 457
Proteide 454
Protein-Biosynthese 433, 526
Proteine 431, 441
    in biologischen Membranen 405
    fibrilläre 443, 445
    homologe 434
    Klassifizierung 443
    Metabolismus 457
    Molekulargewicht 434
Protein-Synthese, Inhibierung 443
Protein-Urstrukturen 434
Proteoglycane 349
Prothrombin 444
    anomales 394
Protoalkaloide 241
Protobilirubin IXα 474 (F)
Protobiliverdin IXα 474 (F)
Protocatechusäure (3,4-Dihydroxybenzoesäure) 149
Protofibrille 446
Protokollagen 447
Protonenpumpe 518
Protoporphyrin IX 78, 470, 471 (F), 473
    als Photosensibilisator 148

Protoporphyrinogen IX 471
Protoporphyrinogen-Oxidase 474
Prototropie 303
Provitamin 275
Provitamin A 138
Provitamin A$_1$ 148
Prunasin 458
pseudoasymmetrisch 54, 62, 64
pseudochiral 53
Pseudocumol (1,2,4-Trimethylbenzol) 160 (F)
pseudo-erster Ordnung 26
Pseudofructose 327 (F)
Pseudomauvein 259 (F)
Pseudomonas denitrificans 472
Pseudouridin 526 (F)
D-Psicose 327 (F)
Psoralea corylifolia 396
Psoralen 397 (F)
Psoralene 396
Psoriasis 148, 397
Psychopharmaka 247
Pteridin 466 (F), 504 (F)
Pterine 504
Pteroinsäure 505
N-Pteroyl-L-glutaminsäure 505
Ptomaine 241
Punktgruppe 35, 36
Purin 466 (F), 510
7*H*-Purin 511 (F)
9*H*-Purin 511
Purin-Alkaloide 249
Purine 510
Purin-Nucleobasen, Abbau 546
Purpur 477 (F)
Purpurbakterien, schwefelfreie 235
Purpurin 184, 279
Purpursäure 513
Purpurschnecke 477
Putrescin 241, 242 (F)
    bei der Alkaloid-Biosynthese 249, 490
PVC (Polyvinylchlorid) 115, 116
Pyramidon 469, 501 (F)
2*H*-Pyran 466 (F)
Pyranose 327
Pyranosen 322
Pyrazin 466 (F), 501 (F)
Pyrazol 466 (F)
Pyren 165 (F), 278

Pyrethroide 132
Pyridazin 466 (F), 501 (F)
Pyridin 466 (F), 468, **486** (F)
Pyridin-Alkaloide 249
Pyridin-3,4-dicarbonsäure (Cinchomeronsäure) 494
Pyridine, technische Synthese 488
Pyridinium-Salze 486
Pyridin-Nucleotide 233
Pyridin-2-ol (2-Hydroxypyridin) 500 (F)
Pyridin-3-ol (3-Hydroxypyridin) 500 (F)
Pyridin-4-ol (4-Hydroxypyridin) 500 (F)
Pyridin-2(1H)-on 500 (F)
Pyridin-4(1H)-on 500 (F)
Pyridoxal-5-phosphat (PLP) 489, 490
   Biosynthese 489
   bei der Biosynthese biogener Amine 390
   Coenzym der Cystein-Synthase 377
   Coenzym der Glycogen-Phosphorylase 489
   Coenzym der Serin-Dehydratase 380
   Coenzym der Serinhydroxymethyl-Transferase 380
   beim Serin-Katabolismus 381
   bei der Transaminierung 375
   bei der Tryptophan-Biosynthese 478
Pyridoxamin-phosphat 375
Pyridoxin (Vitamin B$_6$) 456, 489
Pyridoxol 489 (F)
   Biosynthese 489
Pyrilium-Salze 421
Pyrimidin 466 (F), 501 (F)
Pyrimidin-2,4-diol 502 (F)
Pyrimidin-2,4(1H,3H)-dion 502 (F)
Pyrimidin-Nucleotide 233
Pyrogallol (Benzol-1,2,3-triol) 274
Pyroglutaminsäure 425 (F), 439
Pyronine 260
Pyrophosphatase 529
Pyrrol 184, 468
1H-Pyrrol 466 (F), 469
3H-Pyrrol 469
Pyrrole, *Paal–Knorr*-Synthese 470
Pyrrol-Farbstoffe 472
Pyrrolidin 240 (F)
Pyrrolidin-Alkaloide 249
   Biosynthese 489
2-Pyrrolidon 425 (F)
1-Pyrrolin-5-carboxylat 377
1-Pyrrolinium-5-carboxylat 376 (F)
Pyrrolizidin-Alkaloide 249
Pyrrolizin 466 (F)
Pyrrolochinolinchinon (PQQ) 456, 493 (F)
   Standardreduktionspotential 232
Pyrrol-2-ol (2-Hydroxypyrrol) 500, 501 (F)
Pyruvat (s. a. Brenztraubensäure) 364
   bei der Aminosäure-Biosynthese 376
   Biosynthese 304
   bei der Glycolyse 333
   oxidative Decarboxylierung 393
   Umwandlung in Oxalacetat 394
Pyruvat-Carboxylase 388, 389
Pyruvat-Decarboxylase 363
Pyruvat-Dehydrogenase 392
   Mechanismus 317
Pyruvat-Dehydrogenase-Komplex 392
Pyruvat-Formiat-Lyase 392
Pyruvat-phosphat-Dikinase 389

Q

Quantenausbeute 141
Quantenmechanik 47
Quarks 12
Quartärstruktur der Proteine 435, 436
Quercetin 422

R

R (Deskriptor) 59
R* (Deskriptor) 63
Raab, O. 147
RAAS s. Renin–Angiotensin–Aldosteron-System
Racemasen 363, 450
Racemat (Def.) 57
Racemat-Spaltung 58
Racemisierung 50
Rachitis 151
Radikal (Def.) 10
Radikal-Anionen 32
Radikale 32, 44, 71
Radikal-Kationen 32, 67
Radikal-Rekombination 83
Raps 274
   Farbstoff 140
Rapsöl, Fettsäure-Gehalt 402
Rauschgifte 497

Re (Deskriptor) 112
Reaktion 1. Ordnung 21
Reaktion 2. Ordnung 21, 194
Reaktionsgeschwindigkeit 21
reaktionsgeschwindigkeitsbestimmender Schritt (Def.) 26
Reaktionsgeschwindigkeitskonstante 21
Reaktionsgleichung 18
Reaktionskinetik 21
Reaktionskoordinate (Def.) 74
Reaktionsordnung (Def.) 23
Reaktionsschritt 19
Reaktionszentrum 452
Redox-Indikator 260
Redox-Potential 231
Redox-Reaktionen 190, 230
reduktive Alkylierung 299
reduktiver Acetyl-Coenzym-A-Weg 364
Redundanz des genetischen Codes 535
reforming 161
Regel der Erhaltung der Orbitalsymmetrie 150
Regioisomere 37
Regioisomere (Def.) 43, 110
Regioselektivität 204
    der elektrophilen Addition 110
Regulator-Proteine 442
Reichenbach, C. L. von 41, 160
Reichstein, T. 272, 327, **336**
Rein, H. 347
Reinsch, E. H. E. 188
Rekombination 72
Rektifikation 42
relative Konfiguration 318, 319
Relaxationszeit 142
releasing factor 439
Renin 439, 440
Renin–Angiotensin–Aldosteron-System (RAAS) 272, 439
Replikation der DNA 526
Replikationsfehler 529
Replikationsgeschwindigkeit 531
Reppe, W. 154, **155**
Repressoren 442
Repressor-Proteine 442
Reseda luteola 422
Reserpin 173
Reservepolysaccharide 341, 345
Resole 312

Resonanz-Energie (Def.) 119
Resonanz-Hybrid (Def.) 118
Resonanz-Strukturen (Def.) 117, **118**
Resorcin (Benzol-1,3-diol) 187, 188, 189 (F)
    Oxidation 194
Restriktionsenzyme 543
Reticulin 497, 498 (F)
Retinal 136, 296
    Biosynthese 148
    Photoisomerisierung 143
    im Sehvorgang 142
11-*cis*-Retinal 142
all-trans-Retinal 142
Retinal-Isomerase 142
Retinoide 148
Retinol (Vitamin A_1) 138, **148**
Retinsäure 148
retro-Aldol-Addition 311, 333
retro-Claisen-Ester-Kondensation 412, 417
Reverse-Transcriptasen 526, 527
reversibel 27
Reyon 347
Rezeptor 243
Rezeptoren, adrenerge 247
α-Rezeptoren 247
β-Rezeptoren 247
α-Rezeptorenblocker 480
Rhabarber 420
    Farbstoff 419
Rhamnose 318
    in Glycosiden 420, 422
Rh-Antigen 334
Rhodopsin 136, 142, 296
Ribit 64, 325
N^6-Ribityl-5,6-diaminouracil 509 (F), 510
Riboflavin (Vitamin B_2) 325, 456, **507**, 508 (F)
    Biosynthese 509, 544
Riboflavin-phosphat 507
α-Ribofuranose 324 (F)
β-Ribofuranose 324 (F)
Ribonuclease A (RNase A) 544
Ribonucleasen 543
Ribonucleinsäure s. RNA
Ribonucleotid-Reductasen 455, 538
α-Ribopyranose 324 (F)
β-Ribopyranose 324 (F)
D-Ribose 326 (F)
    Bestandteil der Nucleinsäuren 521

cyclisches Halbacetal 325
   bei der Tryptophan-Biosynthese 478
Ribose-5-phosphat 430 (F)
   bei der Nucleotid-Biosynthese 430, 537
   im Pentosephosphat-Zyklus 334
Ribosom 533
N^9-β-D-Ribosylpurin 510
N^6-Ribosyl-2,5,6-triaminopyrimidin-4(3H)-on-5′-phosphat 505 (F)
   bei der Folsäure-Biosynthese 505
   bei der Riboflavin-Biosynthese 508
N^6-Ribosyl-2,5,6-triaminopyrimidin-4(3H)-on-5′-triphosphat 544 (F)
   Biosynthese 544
Ribothymidin 526 (F)
Ribozyme 534
D-Ribulose 327 (F)
Ribulose-1,5-bisphosphat 394 (F)
   im *Calvin*-Zyklus 334
   Reaktion mit CO_2 394
   Vorläufer der Glycolsäure 362
Ribulose-1,5-bisphosphat-Carboxylase 334
Ribulosebisphosphat-Zyklus 334
Ribulose-5-phosphat 334 (F)
   im *Calvin*-Zyklus 334
   im Pentosephosphat-Zyklus 334
   bei der Riboflavin-Biosynthese 509
Ricin 211, 443
Riechstoffe 133
Rifamycine 438
Rindermilz-Phosphodiesterase 542
Rindertalg, Fettsäure-Gehalt 402
Risspilze, Toxizität 243
RNA (Ribonucleinsäure) 522, 525
   monocistronische 532
   polycistronische 532
   ribosomale (rRNA) 525, 527
RNA world 533
RNA-11 525
RNA-Editierung (RNA-Edierung) 532
RNA-Hydrolyse 543
RNA-Polymerase 441, 455, 526ff.
   Inhibierung 264, 423
RNA-Primer 529
RNA-Prozessierung 532
RNase s. Ribonuclease
RNase A (Ribonuclease A) 544
RNS (Ribonucleinsäure) s. RNA

Robinson, R. 163, **249**, 351, 548
Robinson-Anellierung 351
Robiquet, P. J. 188, 279, 498
Rocella tinctoria 419
Röhm, O. 115
Rohrzucker 340
Rosanilin 260 (F)
Rosanoff, M. A. 319, 322
Rose, Farbstoff 422
Rosenöl 201
Rosskastanien, Saponine in 132
Röstaromen 331
Rotamere (Def.) 85
Rotamere (σ-Konformere) 37
Rotationsbarriere 99
rote Beete, Farbstoff 296
Rotkohl, Farbstoff 422
rRNA (ribosomale RNA) 525, 527
Rübenzucker 340
Rubisco 334
Ruböle, Fettsäure-Gehalt 402
Runge, F. F. **184**, 256, 259, 265, 468, 496
Runge-Musterbilder 184
Rutin 422
Ružička, L. **125**, 271, 548

S

S (Deskriptor) 59
S* (Deskriptor) 63
Saccharase 340
Saccharide 317
   Nachweisreaktionen 327
   Nomenklatur 324
Saccharose 340
Sachse, H. 90
Safflor 277
Safran 278
   Farbe 141
Safranine 259
Salamander-Alkaloide 223
Salicin 385
Salicyl-alkohol (2-Hydroxymethylphenol) 312 (F), 385
Salicylsäure (*o*-Hydroxybenzoesäure) 184, 385 (F)
Saligenin 312, 385
Salkowski-Reaktion 221

Salutaridin 498 (F)
Salutaridinol 498
salvage pathway 538
Salvarsan 262
SAM s. *S*-Adenosylmehionin
Samandarin 211, 223 (F)
Sanger, F. **440**, 533, 548
Sapogenine 132, 222
Saponine 132
Sarcomer 448
Sarkosin 374, 438
Sauerampfer 419
Sauerstoff (s. a. Singulett-Sauerstoff) 70
Sauerstoff-Radikale 547
Säure, konjugierte 250
Säure-anhydride 386
Säure/Base-Indikatoren 261, 419
Säure-Katalyse
    allgemeine 296, 454
    spezifische 296
Säurespaltung des Acetessigesters 412
Saxitoxin 211, 428 (F)
Saytzev, A. M. **204**
Saytzev-Produkt 204
Schafgarbe, Inhaltsstoffe 166
Scheele, C. W. **176**, 510
Schießbaumwolle 346
Schiff, H. **295**
Schiff'sche Base 295
Schildläuse, Farbstoff 419
Schlack, P. 347
Schlafkrankheit 164, 263
Schlafmittel 282
Schlafmohn, Inhaltsstoffe 498
Schlangengifte 441
Schlangengift-Phosphodiesterase 542
β-Schleifen 435
Schleimhautgewebe 349
Schleimsäure 336
Schmelztemperatur 180
    der DNA 544
Schönbein, C. F. 347
Schornsteinfegerkrebs 218
Schuppenflechte 397
Schutzgruppe 294
Schwammspinner, Pheromon 134
Schwangerschaftshormone 271
Schwefeläther 196

Schwefelpurpurbakterien 235
Schwein, Pheromon 272
Schweineschmalz, Fettsäure-Gehalt 402
*Schweizer*s Reagenz 346
Schwerbenzin 42
s-cis 119
Sebacinsäure (Decandisäure) 354 (F)
Seborrhoe 382
Secale-Alkaloide 480
sec-Butanol (Butan-2-ol) 175
Secologanin 482 (F)
    bei der Cinchonidin-Biosynthese 496
Sedativa 503
D-Sedoheptulose 327 (F)
Sedoheptulose-1,7-bisphosphat 334
Seegurken, Abwehrstoffe 132
Seesterne, Abwehrstoff 132, 222
Seewalzen, Abwehrstoffe 132
Sehstäbchen 142
Sehvorgang 142
Sehzapfen 142
Seidenleim 446
Seidenspinner 446
    Häutungshormon 273
    Pheromon 134
Seife 408
Seifenkraut 132
Sekundärstruktur der Proteine 434
Sekundenkleber 115
selektiv (Def.) 28
Selenocystein 374
α-Selinen 129 (F)
Selinene 128
Sellerie, Duftstoff 126, 129
semikonservative Replikation 526
Semiochemikalien 133
Senecio-Alkaloide 249
Senegalgummi 325
Sensibilisatoren 296
Sephadex® 344
Sepiamelanin 478
Sequenzanalyse 433
Sericin 446
L-Serin 371, 372 (F)
    Bioynthese 376
    in Chymotrypsin 452
    Decarboxylierung 242
    in Glycerinlipiden 401

Katabolismus 380, 381
präbiotische Synthese 459
in Seide 446
bei der Sphingosin-Biosynthese 404
bei der Tryptophan-Biosynthese 478
Serin-Dehydratase 378, 380
Serinhydroxymethyl-Transferase 380, 381
Serinnitril 331, 332 (F)
Serin-Proteasen 452
Serotonin 242, 246 (F), 247, 479
Sertürner, F. W. 497
Serumalbumin 443
Sesamöl, Fettsäure-Gehalt 402
Sesquiterpene 124
bicyclische 129
cyclische 128
Sessel-Konformation 91
Sesterterpene 124, 130
Sexuallockstoffe 134
Shewanella alga 428
Shikimisäure 173 (F), 275, 279, **383**
bei der Aminosäure-Biosynthese 376
Biogenese 384 (F)
Shine–Dalgarno-Sequenz 534
Si (Deskriptor) 112
Sichelzellanämie 531
sigmatrope [1,5]-H-Umlagerung, Übergangskomplex 172
sigmatrope Umlagerungen (Def.) 122
Signalstoffe 133
Simplex 52
Sinapyl-alkohol 193
Singer, S. J. 404
Singulett-Sauerstoff 70, 146
Addition an (C=C)-Bindungen 146
[4+2]-Cycloaddition 147
Lebensdauer 146
Sinnpflanze 342
Sinovialflüssigkeit 349
Sirenin 134
Skatol 479 (F)
Skleroproteine 443, 445
Skorbut 337
S_N1-Reaktion (Def.) 197, **198**
S_N1'-Reaktion 200
S_N2-Reaktion (Def.) 194
Sojabohne, Saponine in 132
Sojaöl, Fettsäure-Gehalt 402

Sokrates 423
Solvatation 18
Solvatisierung 18
Sonnenblumenöl, Fettsäure-Gehalt 402
Sonnenwende 250
Sorbinsäure (Hexa-2,4-diensäure) 359 (F)
D-Sorbit 325, 327
D-Sorbose 327 (F)
Southern, E. M. 522
Spargel 236
Spektralphotometer 136
Spektrum (Def.) 67
Spermidin 241, 242 (F)
Biosynthese 390
Spermin 241, 242 (F)
Biosynthese 390
Spezifikation der absoluten Konfiguration 78, 153
spezifische Säure/Base-Katalyse (Def.) 294
Sphinganin 404
Sphingolipide 399, 403
Sphingomyelin 403 (F)
Sphingomyeline 403
Sphingosin 403
Biosynthese 403
Sphingosinphosphatide 399, 403
Spinat 505
Histamin-Gehalt 247
Spinnfaden 446
Spiraea sp. 385
Spirane 96
Spiro-Atom 96
Spiro[5.4]decan 96
Spiroketale 294
Spiro[4.4]nonan 96
Spiro-Verbindungen 96
Spirsäure 385
Spleißosom 533
Sprengstoffe 332, 346
Spurenelemente 454
Squalen 130, 219 (F)
Biosynthese 131 (F)
Squalen-epoxid 218, 219 (F)
Stabilität (Def.) 29
Stahl, G. E. 70
Standardbildungsenthalpie (Def.) 11
Standardreduktionspotentiale 232
Stanley, W. M. 452
Stanolon 271

Staphylococcus aureus 263, 348
Stärke 343
    Reaktion mit I$_3^-$-Ionen 343
Stärkekleister 344
Staudinger, H. **129**, 548
Stearin 400
Stearinaldehyd (Octadecanal) 403
Stearinkerze 184, 400
Stearinsäure (Octadecansäure) 354 (F), 401 (F)
    in Sphingolipiden 403
Stearoyl-ACP-Desaturase 360
Steinklee 396
Stercobilin 474
Stercobilinogen 474
Sterculiasäure 150
stereogenes Zentrum 54
Stereoisomere (Def.) **36**, 37
stereoselektiv 105
Stereoselektivität 105
    der katalytischen Hydrierung 104
stereospezifisch (Def.) 106
Sterine 399
sterische Hinderung 86
Sternanisbaum 383
Sternanisöl 210
Steroid-Alkaloide 223
Steroid-Antibiotika 438
Steroide 124, 220
Steroid-Hormone 270
    Desaktivierung 177
Steroid-5α-Reductase 271
Steroid-Sapogenine 222
Steroid-Saponine 222
Stevens, N. 527
Stickstoff-Inversion 241
Stiefmütterchen, Farbe 140, 215, 422
Stigmastan 220 (F)
Stobbe-Kondensation 311
s-*trans* 119
Strecker, A. **460**
Strecker-Reaktion 331, 460
Streptokokken 264
Streptomyces fulvissimus 438
Streptomyces griseus 341
Streptomycin 341 (F)
Streptose 341
Strictosidin 482
Struktur 8

Strukturformel 33
Strukturgene 532
Strukturpolysaccharide 341, 346
Strukturproteine 443, 445
Strychnin 173, 211, 249
Strychnos-Alkaloide 481
Stuart–Briegleb-Modelle 34
Stubenfliege, Pheromon 134
Stützgewebe 349
Styrol 116
Styropor® 116
Substitution
    aromatische elektrophile 168
    aromatische nucleophile 203
    nucleophile bimolekulare 194
    nucleophile monomolekulare 197
    radikalische 72
Substrat 18
Substrat-Phosphorylierung 333, 518
Succinat (s. a. Bernsteinsäure) 356
    Biosynthese aus Fumarat 315
    im Citronensäure-Zyklus 365
    Standardreduktionspotential 232
Succinat-Coenzym-Q-Reductase 234
Succinat-Dehydrogenase 107, 365
Succinatgärung 367
Succinimid 426 (F)
Succinyl-Coenzym A
    beim Aminosäure-Abbau 380
    bei der Aminosäure-Synthese 377
    im Citronensäure-Zyklus 364, 365
    im Fett-Abbau 417
    Umwandlung in Methylmalonyl-Coenzym A 472
    Vorläufer der δ-Aminolävulinsäure 470
Sucrose 340
Suffix 38, 39
Suizid-Inhibitoren 164
Sulfamethizol® 467 (F)
Sulfanilamid 264 (F)
Sulfanyl-Gruppe 227
Sulfanylsäure-amid 244
Sulfathiadiazole 264
Sulfathiazole 264
sulfatreduzierende Bakterien 335
Sulfensäuren 236
sulfidogene Bakterien 335
Sulfinsäuren 236

Sulfit-Oxidase 456
Sulfonamide 505
Sulfone 235
Sulfonium-Ion 197
Sulfonium-Salze 228
Sulfonsäuren 236
Sulfoxide 204, 235
Summenformel, Bestimmung 68
Sumner, J. B. **452**, 548
Sumpffieber 495
Sumpfgas 46
supercoiling 525
Superoxid-Dismutase 78
Supersäuren 32
Süßholzwurzel, Saponine in 132
Süßstoffe 325
Suszeptibilität, magnetische 159
symbiotischer Effekt 252, 305
Symmetrieachse 35
Symmetrieebene 35
Symmetrieelemente 35
Symmetriemodell 5
Symmetrieoperationen 34
Sympathikolytika 247, 565
Sympathikus 242
Sympathomimetika 248
syn- (Präfix) 62, 63
syn-Addition 104
syn-Adenosin 520 (F)
Synapsen 242
synaptischer Spalt 242
synclinal 86
syn-Cytidin 520 (F)
syndiotaktisch 115
syn-Konformation der Nucleoside 519
Synomone 133
syn-periplanar 86
Synthasen 450
Synthesegas 45, 97
Synthetasen 450
Syphilis 262

T

Tabak 490
Tabakmosaikvirus 452
Tachysterin 151
D-Tagatose 327 (F)

D-Talose 326 (F)
    cyclisches Halbacetal 325
Tannenöl 205
Tannin 398
Tanninsäure 398 (F)
Tappeiner, H. von 147
Taraxanthin 140
Taurin (2-Aminoethansulfonsäure) 358
Taurocholat 358 (F)
Tautomere (Def.) 302
Tautomerie 303
    der Heteroaromaten 500
Taxol 449
TCDD (2,3,7,8-Tetrachlorodibenzo-1,4-dioxin) 210
Tcherniac, J. 475
Tee, Alkaloide 513
Teestrauch 514
Teflon 115, 116
Teleonomie 5, 6
Telomerasen 529
Telomere 529
Tenside 236, 359, 408
Teratogene 210
Terephthalsäure (Benzol-1,4-dicarbonsäure) 383 (F)
Termination 534
Termiten 338
Terpene 124
Terpenoide 124
Terpentin 125
Terpentinöl 127, 206
α-Terpinen, Reaktion mit Singulett-Sauerstoff 147
Terpinen-4-ol 207 (F)
Terpinen-4-yl-Kation 127, 207
α-Terpineol 205 (F), 207 (F)
α-Terpineyl-Kation 126, 207
Terpinolen 205 (F), 207 (F)
    Biogenese 204, 205
Terramycin 423
tert- (Präfix) 45
α-Terthiophen 156
Tertiärstruktur der Proteine 435
Terylen® 397
Testosteron 125, 271 (F)
Tetanustoxin 211, 441
Tetrabenzotetraazaporphyrine 475

Tetracen 165
Tetrachlorkohlenstoff, Dipolmoment 16
Tetracos-15-ensäure 403
Tetracyclin 173, 423
Tetracycline 419, 423, 438
Tetradecensäure, in Fetten und Ölen 402
Tetrafluoroethylen 116
tetragonal 31
5,6,7,8-Tetrahydrobiopterin 217, 507 (F)
Δ^9-Tetrahydrocannabinol (THC) 420 (F)
5,6,7,8-Tetrahydrofolat (THF, H$_4$Folat) 504, 505
    Inhibierung der Biosynthese 244, 265
Tetrahydrofuran (THF) 209 (F)
Tetrahydropyran 209 (F)
Tetrahydroxychalkon 421
Tetramethylammonium-iodid 253 (F)
Tetramethylammonium-Ion 239 (F)
N,N,N',N'-Tetramethylbenzol-1,4-diamin,
    Dipolmoment 266
3,3,4,4-Tetramethyldioxetan 146
Tetramethylen-oxid 209 (F)
Tetramethylglycol (2,3-Dimethylbutan-2,3-diol)
    208
Tetraoxan 284
Tetraoxymethylen 284
Tetraterpene 124, 130
Tetrazol 466
Tetrodotoxin 211, 428 (F)
Tetrosen 318
1,3,5,7-Tetroxocan 284 (F)
Textilfarbstoffe 476
THC (Δ^9-Tetrahydrocannabinol) 420 (F)
Thebain 498 (F)
Thein 513
Theobromin 513, 514 (F)
Theophyllin 513, 514 (F)
thermodynamisch kontrolliert (Def.) 27
thermophil 405
Thermoplasten 312
THF s. 5,6,7,8-Tetrahydrofolat
THF (Tetrahydrofuran) 209 (F)
Thiamin (Vitamin B$_1$) 138, 456, **485** (F)
    Biosynthese 503
Thiamin-pyrophosphat (TPP) 392
    bei der Aminosäure-Biosynthese 378
    Cofaktor der Pyruvat-Dehydrogenase 317
Thiazol 485
Thiazolium-Ion 301 (F)
    Katalysator der Benzoin-Kondensation 317
    pK_s 301
Thiazolium-Salze 485
Thigmonastie 342
Thiocarbonsäuren 413
Thioether 227
Thiolcarbonsäuren 414
Thiole 227
Thiophen 466 (F)
Threit 320
threo- (Präfix; Def.) **61**, 63
L-Threonin 371, 372 (F), 375
    Biosynthese 377
    Katabolismus 381, 382
Threonin-Desaminase 378
D-Threose 326 (F)
    Enantiomere 319
    Oxidation zu Weinsäure 370
    spezifische Drehung 319
Thrombin 444, 452
Thrombokinase 445
Thrombopenie 505
Thrombose 396
Thromboxan A$_2$ (TXA$_2$) 361 (F)
Thromboxane 361
Thudichum, J. L. 403
Thujan 127
Thujan-Grundgerüst 132
Thujaöl 206
Thujone 127
Thylakoidmembran 473
Thymidin 514 (F)
    pK_s 502
Thymidinkinase 456
Thymidin-monophosphat (TMP) 514 (F)
Thymidylsäure 537, 514 (F)
Thymin 502 (F)
    Biosynthese 503
    Katabolismus 545
Thymin-Dimer 90
thyreotropin-releasing hormone (TRH) 439
Thyroxin 186, 187 (F), 246
Tierleim 447
Tiglinsäure ((E)-2-Methylbut-2-ensäure) 359 (F)
Tigonenin 222 (F)
Tintenfisch, Farbstoff 478
TMP s. Thymidin-monophosphat
TNT (Trinitrotoluol) 171

α-Tocochinon 275 (F)
Tocochinone 275, 276
α-Tocopherol (Vitamin E) 275 (F)
Tocopherole 276
Tocotrienole 276
Tollens, B. C. G. **289**
Tollens-Reagenz 289, 326, 336, 340
Tollens-Reaktion 289
Tolubalsam 160
o-Toluidin (2-Methylanilin) 259
Toluol (Methylbenzol) 159, 160 (F)
    (C–H)-Acidität 301
    Nitrierung 170
m-Toluylsäure (2-Methylbenzoesäure) 357 (F)
o-Toluylsäure (3-Methylbenzoesäure) 357 (F)
p-Toluylsäure (4-Methylbenzoesäure) 357 (F)
Tolyl- (Radikal) 161
Tolypocladium inflatum 437
Tomate
    Duftstoff 126
    Farbe 137, 138
Tonic water 496
Tonin 440
Tonkabohne 396
Topographie, molekulare 58
Topoisomerasen 450
    Inhibierung 264
    vom Typ I 442
    vom Typ II 442
Topoisomere 37, 524
Topoisomerisierung 91
Topomer 91
Tournesol 419
TPP s. Thiamin-pyrophosphat
TPQ (2,4,5-Trihydroxyphenylalaninchinon) 309
Tranquilizer 467
trans (Deskriptor) 63, 92
Transacylierung 408, 409, 416
Transaldolasen 334
Transaminasen 309, 374, 450, 489
Transaminierung 374, 375
Transducin 143
Transferasen 450
Transfer-Hydrierung 163
transfer-RNA (tRNA) 410, 525, 527
trans-Isomer 102
Transition 530
Transketolasen 317, 333

Transkript 531
Transkription 526
Transkriptionsfehler 529
Translation 527
Transversion 530
Traubenkirsche, Inhaltsstoff 458
Traubenzucker 325
Traumatinsäure 246
Tréfouèl, F. 264
Trehalose 161
Trevira® 397
TRH s. *thyreotropin-releasing hormone*
Trialkyloxonium-Salze 213
2,4,6-Triamino-1,3,5-triazin 539
2,4,6-Tribromophenol 186
Tricarbonsäure-Zyklus 364
1,2,3-Tricarbonyl-Verbindungen, Hydrat-Bildung 282
Trichloroacetaldehyd 282
2,4,6-Trichloroanisol 186
Trichochrome 478
Trichterling, Toxizität 243
cis-Tricos-9-en 134
Tricyclo[5.3.0.0^{2,6}]decan 143
Triethyloxonium-tetrafluoroborat 213, 214 (F)
Triglyceride 399
trigonal 31
Trihydroxycoprostansäure 358 (F)
3,4,5-Trihydroxyphenylalanin, Decarboxylierungsprodukt 242
Triiodothyronin 186, 187 (F), 246
Trimethylamin 239 (F)
    Alkylierung 253
    pK_s 251
    Synthese aus Ammoniak 299
Trimethylamin-oxid 239 (F)
2,2,3-Trimethylbutan 50
2,6,6-Trimethylcyclohexa-2,4-dienon 305 (F)
2,4,6-Trimethylhexahydro-1,3,5-triazin 297
Trimethylmethylium-Ion 198
    pK_s 300
2,4,4-Trimethylpent-2-en 114
Trimethylsulfonium-iodid 228 (F)
1,3,7-Trimethylxanthin 513
2,4,6-Trinitrophenol 185 (F), 187
Trinitrotoluol (TNT) 171
Triosen 318
Triosephosphat-Isomerase 303

1,3,5-Trioxan 284 (F)
Trioxymethylen 284
Tripanosomiasis 164
Triphenylen 165
Triphenylmethan-Farbstoffe 261
Triterpene 124, 130
Tritium 40, 217
Trivialnamen 39
tRNA s. *transfer*-RNA
tRNA-Uracil Methyltransferase 229
trocknende Öle, Fettsäure-Gehalt 402
Troostenburg de Bruyn, C. A. L. van 327
Tropan 95, 240 (F)
Tropan-Alkaloide 249
Tropin 267 (F)
Tropinon (3-Oxotropan) 249
    Synthese 351
Tropokollagen 447
Tropon 499
Tropyliden 267 (F)
Trüffel, Duftstoff 272
Trypaflavin® 264
Trypanosoma sp. 263
Trypanosomiasis 263
Trypanrot 263 (F)
Trypsin 452
Tryptamin 242, 479
    bei der Alkaloid-Biosynthese 480
L-Tryptophan 371, 372 (F), 375
    bei der Alkaloid-Biosynthese 249, 480 (F)
    Biosynthese 478
    Katabolismus 478
Tryptophan-Dioxygenase 479
Tryptophan-Synthase 478
Tschitschibabin, A. E. 487
Tschitschibabin-Reaktion 488
Tubulin, Hemmung der Polymerisation 499
α-Tubulin 449
β-Tubulin 449
Turgorine 342
Türkischrot 279
Twist-Konformation 91
TXA$_2$ (Thromboxan A$_2$) 361 (F)
Tyrocidin 531
L-Tyrosin 187, 210, 371, 372 (F), 375
    bei der Alkaloid-Biosynthese 499
    Biosynthese 217 (F), 384
    Katabolismus 382, 384
    bei der Thiamin-Biosynthese 486 (F)
Tyrosinase 217, 455
Tyrosin-Radikal-Kation 234

U

U-106305 207 (F)
Übergangskomplex (Def.) 73
    Lebensdauer 25
    der S_N1-Reaktion 199
    der S_N2-Reaktion 195
Übergangszustand 73
Ubichinon 233, 234
    in der Atmungskette 233
    Standardreduktionspotential 232
Ubichinone 275 (F), 276
Ubihydrochinon, in der Atmungskette 233
Ubiquitin 457
UDP (Uridin-diphosphat) 336
UDP-Galactose 339
UDP-4-Galactose-Epimerase 339
UDP-Glucose-Dehydrogenase 336
Umbelliferon 396, 397 (F)
Umesterung 408, 409
Umlagerung (Def.) 111
    molekulare 205
UMP (Uridin-monophosphat; s. Uridylsäure)
    514 (F)
α,β-ungesättigte Carbonyl-Verbindungen 313
Unverdorben, O.-P. 256
Uracil 502 (F)
    Katabolismus 545
Urat (s. a. Harnsäure) 546, 547
Urat-Oxidase 455, 546, 547
Urease 452, 455, 547
Urethan 427
Urethane 427
Urey, H. C. 4
Uricase 546
Uridin 514 (F)
    Biosynthese 503
    pK_s 502
Uridin-monophosphat (UMP; s. Uridylsäure)
    514 (F)
Uridin-phosphatidyl-Glucose 336
Uridin-triphosphat (UTP), Biosynthese 537
Uridylsäure (UMP, Uridin-monophosphat)
    514 (F)

Biosynthese 537
Urin, Geruch 272
Urobilin 474
Urobilinogen 474
Urocanat 484 (F)
Uronsäuren 335
Uroporphyrinogen I 471
Uroporphyrinogen III 470, 471, 472
Uroporphyrinogen-Decarboxylase 474
Uroporphyrinogen-III-Synthase 471, 474
Urotropin 297
Urzeugung 6
UTP (Uridin-triphosphat), Biosynthese 537
UV/VIS-Spektren 136
UV-A-Licht 151
UV-B-Licht 151

V

Valenzisomere (Def.) 124, **167**
Valenzisomerisierung 167
Valenzzahl (Def.) 31
Valeriansäure (Pentansäure) 354 (F)
δ-Valerolactam 425
D-Valin, in Peptid-Antibiotika 438
L-Valin 371, 372 (F), 375
    Biosynthese 378
    Katabolismus 381
Valinomycin 438
Valin-Transaminase 378
Valium® 467 (F)
van der Waals, J. D. **17**
Vancomycin 438
van-der-Waals-Abstand (Def.) 18
van-der-Waals-Kräfte 17
van-der-Waals-Radius (Def.) 18
Vanillin 210
Vanillinsäure (4-Hydroxy-3-methoxybenzoe-
    säure) 210 (F)
van't Hoff, J. H. **47**, 548
variable Positionen 434
Vasopressin 246, 439
VB (valence bond)-Methode 118
Veilchen
    Duftstoff 149
    Farbstoff 422
Venetianer Scharlach 419

Veratrumsäure (3,4-Dimethoxybenzoesäure)
    210 (F)
Verbindungsklassen 38
Verbrennung 65
Verbrennungsanalyse 69
Veresterung 395
Verseifung 407
Vesikel 404
Vibramycin 423
vic(inal) 179
Vinci, L. da 135
Vinyl 100
Vinyl-alkohol (Ethenol) 100, 208, 302
Vinylamin 298, 459 (F)
Vinyl-chlorid 116
Vinyl-ether 307
vinyloge Enamine 476
Vinylogie-Prinzip (Def.) 314
Violaxanthin 140, 215
Violaxanthin-Zyklus 215
Virchow, R. 6
Virilisierung 273
Viscose-Reyon 346
Viscose-Seide 346
Vitalfärbung 263
Vitamin A_1 (Retinol) 138, **148**
Vitamin A_2 148
Vitamin B_1 (s. a. Thiamin) 138, 220, **485** (F)
Vitamin B_2 (s. a. Riboflavin) 507, **508** (F)
Vitamin B_6 (Pyridoxin) 456, 489
Vitamin B_7 (s. a. Biotin) 382, 383 (F)
Vitamin B_9 504
Vitamin B_{12} 173, 523
Vitamin B_c 504
Vitamin C (s. a. Ascorbinsäure) 138, **336**, 337 (F)
Vitamin D 220
Vitamin D_1 151
Vitamin D_2 (Ergocalciferol) 151
Vitamin D_3 (Cholecalciferol) 123 (F), 151, 152 (F)
Vitamin E (α-Tocopherol) 275 (F)
Vitamin F 360
Vitamin H 138, 382
Vitamin K 444
    Inhibitoren 396
Vitamin K_1 (Phyllochinon) 276 (F)
Vitamin K_3 (Menadion) 276 (F)
Vitamin M 504
Vitamin PP (s. a. PP-Faktor) 489

Vitamin-A-Säure 148
Vitamin-B$_{12}$-Coenzym 516, 455, **472** (F)
Vitamin-B-Komplex 485
Vitamine (Def.) 138, 486
    fettlösliche 138
    wasserlösliche 138
Vitamine A 138
Vitamine E 138, 276
Vitamine F 138
Vitamine K 79, 138, 275
Vitamine K$_2$ 275
Vitamin-P-Faktoren 422
Vitriol 209
Vogelbeerbaum 327
Vogelbeeren 359
Voskresenskij, A. A. 274
Vulkanisation 130

W

Wachholderteeröl 128
Wachse 399
Wachstumshemmer 459
Wacker–Hoechst-Verfahren 155
Wagner, G. **205**
Wagner–Meerwein-Umlagerung 205
    bei der Lanosterol-Biosynthese 219
Walden, P. von **201**
Walden'sche Umkehrung 200, 201
Waldmeister 396, 397
Wallach, O. **124**, 548
Walnussbaum, Allomon 277
Walöl, Fettsäure-Gehalt 402
Wannen-Konformation 91
Warburg, O. H. **233**
Warburg'sches Atmungsferment 233
Warfarin 396
Waschmittel 408
Wasser
    pK_s 181
    Standardreduktionspotential 232
Wassermelone, Farbe 138
Wasserstoff, Standardreduktionspotential 232
Wasserstoff-Brücken-Bindung 180, 354
    intermolekular 425
Wasserstoff-peroxid, Standardreduktionspotential 232
Watson, J. D. **522**, 548

Watson–Crick-Basenpaarung 520
    reverse 520
Watson–Crick-Doppelhelix 522, 523
Wau 278, 422
    Farbstoff 421
Weckamine 247
weiche Nucleophile 252
Weichmacher 332
Weide 385
Weigert, C. 262, 265, 548
Wein
    Bouquet 176
    Farbe 422
    Tannin in 398
Weinsäure (2,3-Dihydroxybutandisäure) 369
    absolute Konfiguration 322, 370
    Konfigurationskorrelation 370
    (+)-Weinsäure 362 (F)
    Biosynthese 335
Weinstein 369
Weißdorn, Farbstoff 422
Weißer Mauerpfeffer 327
Weißling, Farbe 504
Wellensittich, Farbe 140
Wermutöl 127
Wespe, Farbe 504
Whinfield, J. R. 347
Whyte, L. L. 49
Wieland, H. **358**, 504, 548
Wildrose, Farbstoff 138
Wilkins, M. H. F. 522
Williams, R. R. 485
Williamson, A. W. **197**
Williamson'sche Ether-Synthese 196
Willstätter, R. M. 139, 267, **473**
Windaus, A. 151, **220**, 358, 548
windschief 86
Wobble-Hypothese 535
Wöhler, F. 2, **3**, 270, 539, 546, 547, 548
Wolfsbohne, Alkaloid 250
Wollfett 219
Woods, D. D. 265
Woodward, R. B. 150, **173**
Woodward–Hoffmann-Regel 173
Wortmannin 438
Wunderbaum 443
Wundstarrkrampf 245

X

Xanthate 414
Xanthen 259, 260, 466 (F)
Xanthen-Chromophor 419
Xanthen-Farbstoffe 260
Xanthin 511, 512 (F), **513**
    Abbauprodukt der Purin-Nucleoside 546
    präbiotische Synthese 541
Xanthin-monophosphat 536 (F)
Xanthin-Oxidase 456, 546
Xanthogenat 414
    der Cellulose 346
Xanthommatin 480
Xanthophyll 139
Xanthopterin 504
Xenobiotika 177, 218, 244, 264
Xeroderma pigmentosum 90
Xerophthalmie 148
Xylane 325
Xylindein 192
Xylit 62, 325
m-Xylol (1,3-Dimethylbenzol) 160 (F)
o-Xylol (1,2-Dimethylbenzol) 160 (F)
p-Xylol (1,4-Dimethylbenzol) 160 (F)
D-Xylose 325, 326 (F)
    cyclisches Halbacetal 325
D-Xylulose 327 (F)
Xylulose-5-phosphat 334

Y

Yohimbe-Alkaloide 481
Yohimbin 482 (F)
Young, T. 135

Z

Zähligkeit einer Symmetrieachse (Def.) 35
Z-DNA-Doppelhelix 524, 525
Zeaxanthin 140, 215
(*Z/E*)-Isomere 37, 102
(*Z/E*)-Photoisomerisierung 142
Zibetkatze, Geruchsstoff 479
Ziegler, K. 115
Ziegler–Natta-Katalysatoren 115
Zimt, Aromastoff 313
Zimtaldehyd, Herstellung 313
Zimtöl 313
Zimtrindenöl 210
Zimtsäure (3-Phenylpropensäure) 173 (F), 193, 385, 454
    Vorläufer der Flavonoide 421
Zimtsäure-ester 410
Zinin, N. N. 256
Zitrone
    Duftstoff 396
    Farbe 421
Zitronenfalter, Farbe 504
Zitronenöl 127
Zitteraal 243
Zoosterine 222
Z-Scheibe 448
Zucker 317
Zuckerdicarbonsäuren 335
Zuckerersatz 325
Zuckerrohr 340
Zuckerrübe 340, 427
Zuckersäure 335 (F), 336
Zuckersäuren 335
Zweielektronen-Oxidation 191, 194
Zweikomponentenkleber 215
Zwergwuchs 273
Zwiebel, Riechstoff 230
Zwischenprodukt (Def.) **19**, 108, 199
Zwitterionen 371
Zymogene 452
Zymosterol 221